03

D1669139

Tropfke · Geschichte der Elementarmathematik · Band 1

Johannes Tropfke

Geschichte der Elementarmathematik

4. Auflage

Band 1 · Arithmetik und Algebra

Vollständig neu bearbeitet von
Kurt Vogel · Karin Reich · Helmuth Gericke

Walter de Gruyter · Berlin · New York 1980

Gedruckt mit Unterstützung der Deutschen Forschungsgemeinschaft.

Dr. Kurt Vogel
em. Professor für Geschichte der Mathematik an der Universität München

Dr. Karin Reich
wiss. Mitarb. am Institut für Geschichte der Naturwissenschaften der Universität München

Dr. Helmuth Gericke
em. Professor für Geschichte der Naturwissenschaften an der Universität München

CIP-Kurztitelaufnahme der Deutschen Bibliothek

Tropfke, Johannes:
Geschichte der Elementarmathematik / Tropfke. – Berlin, New York: de Gruyter. Bd. 1. Arithmetik und Algebra / vollst. neu bearb. von Kurt Vogel ... – 4. Aufl. – 1980.
ISBN 3-11-004893-0

NE: Vogel, Kurt [Bearb.]

Satz: R. & J. Blank Composer- & Fotosatzstudio GmbH, München. Druck: Karl Gerike, Berlin. – Bindearbeiten: Dieter Mikolai, Berlin. Printed in Germany.

Vorwort

Im Vorwort zur ersten Auflage seiner „Geschichte der Elementarmathematik" schrieb Johannes Tropfke: „. . . Die vorwiegend historische Anordnung in Cantor's Werk bereitet dem Leser, der sich über ein Thema unterrichten will, große Schwierigkeiten, da die stufenweise Entwicklung des gesuchten Stoffes aus den verschiedenen Kapiteln mit Hilfe des Inhaltsverzeichnisses zusammengetragen werden muß. . . Für ein Werk, das imstande sein soll, schnell Auskunft über diesen oder jenen Punkt zu geben, das also als eine Art Nachschlagewerk dienen kann, ist deshalb die systematische Anordnung durchaus vorzuziehen. Nach diesem Gesichtspunkt ist die vorliegende Geschichte der Elementarmathematik behandelt worden." Und nach diesem Gesichtspunkt wird sie auch in der vorliegenden Neubearbeitung behandelt.

Ein solches Werk muß mit dem Fortschritt der Wissenschaft mitgehen und von Zeit zu Zeit neu bearbeitet werden. So folgte der ersten Auflage in 2 Bänden (Leipzig 1902) eine zweite Auflage in 7 Bänden (Berlin und Leipzig 1921–24). Von der dritten Auflage erschienen nur die Bände 1–4 (Berlin und Leipzig 1930–1940), die Manuskripte für die übrigen Bände waren bereits vorbereitet, gingen aber 1945 bei der Einnahme von Berlin verloren.

Seit der letzten Auflage ist durch die Forschung eine Fülle von Material neu erschlossen worden, so daß eine Neubearbeitung zu einem dringenden Desiderat geworden ist. Dabei erschien eine Straffung des Stoffes zweckmäßig. Statt der früheren 7 Bände sind jetzt 3 vorgesehen:

Band 1: Arithmetik und Algebra,
Band 2: Geometrie,
Band 3: Analysis.

Davon wird der erste hier vorgelegt. Für die Arithmetik und Algebra war die Anordnung des Stoffes in den früheren Auflagen stets die gleiche, lediglich der in der ersten Auflage bei der Geometrie behandelte Abschnitt über Logarithmen wurde in der zweiten Auflage der allgemeinen Arithmetik zugeordnet. Jetzt aber hielten wir eine neue Gliederung des Stoffes zwecks besserer Orientierungsmöglichkeit und größerer Übersichtlichkeit für sinnvoll.

Der vorliegende Band enthält im 1. Teil eine Darstellung der Zahlen und den Zahlbegriff. Ein Abschnitt über Maßsysteme kann und soll keine vollständige Aufzählung geben, sondern nur etwa das enthalten, was zum Verständnis der übrigen Teile, insbesondere der Aufgaben, notwendig ist. Dementsprechend wurde auf den in den früheren Auflagen vorhandenen Abschnitt Zeitmaße verzichtet. Die Eigenschaften der ganzen Zahlen, d.h. die elementare Zahlentheorie und die in der Schule gebräuchlichen Rechenhilfen wie Rechenstab und Taschenrechner sollen nach Möglichkeit in einem Ergänzungsband behandelt werden.

Im 2. Teil werden die Rechenoperationen, sowie die Logarithmen und die elementare Theorie der Proportionen und Reihen dargelegt.

Für den 3. Teil „Algebra“ glaubten wir bis zum Beweis des Fundamentalsatzes von Gauß und etwa bis an die Schwelle der Galois-Theorie gehen zu sollen.

Wesentlich ausführlicher als in den alten Auflagen ist der 4. Teil „Das angewandte Rechnen“, der von K. Vogel und K. Reich allein verfaßt wurde. Die Aufgabengliederung und die Stoffsammlung, die natürlich nicht erschöpfend sein kann, sollen helfen, kulturelle Abhängigkeiten festzustellen und Zusammenhänge mit anderen Gebieten, z.B. der Wirtschaft und Technik, aufzudecken.

Neu erstellt wurde auch speziell für den Band Arithmetik und Algebra ein eigenes Personen- und Sachregister. Außerdem wurde die Art der Zitierung umgestellt; das alte Verfahren mit den vielen Fußnoten und Verweisen war unübersichtlich. Der Darstellung wurde deshalb ein allgemeines Literaturverzeichnis angehängt, auf das sich die Zitate beziehen.

Zu den einzelnen Teilgebieten enthält die Spezialliteratur oft ausführlichere Angaben, die nicht alle aufgenommen werden konnten. Bei vielen Abschnitten ist daher auf weiterführende Literatur nach der Abschnittsüberschrift mit dem Buchstaben *L.* verwiesen. Selbstverständlich sind wir, soweit als möglich, auf die Originaltexte eingegangen. Das Literaturverzeichnis umfaßt nicht die gesamte, in den alten Auflagen angegebene Literatur; die Sekundärliteratur wurde auf einen modernen Stand gebracht; die zitierten Originaltexte sind davon abhängig, welche Bücher für uns zugänglich waren. Manches wertvolle Material, das Johannes Tropfke noch zitiert hat, war nicht mehr beschaffbar, da es, bedingt durch Kriegseinwirkungen, nun in deutschen Bibliotheken nicht mehr nachweisbar ist. Uns zur Verfügung standen vor allem unsere eigene Institutsbibliothek und die reichen Bestände der Bayerischen Staatsbibliothek und der Bibliothek des Deutschen Museums in München. Die im Literaturverzeichnis aufgeführten Bücher und Zeitschriften haben wir eingesehen, sonst wurde darauf verwiesen, woraus wir den Titel zitiert haben.

Die Arbeit wurde im Institut für Geschichte der Naturwissenschaften der Universität München und im Forschungsinstitut des Deutschen Museums durchgeführt und wäre ohne die Mittel dieses Instituts, die z.T. aus der Volkswagenstiftung stammten, nicht möglich gewesen. Die Deutsche Forschungsgemeinschaft gewährte uns Mittel zur Vergütung von Mitarbeitern und einen namhaften Druckkostenzuschuß.

Die Mitarbeiter des Forschungsinstituts des Deutschen Museums und der Institute der Naturwissenschaften und der Technik der Universität und der Technischen Universität haben uns bei unserer Arbeit stets bereitwillig unterstützt. Wir nennen insbesondere Professor Dr. Winfried Petri, der u.a. die Schreibweise der orientalischen Namen und Fachwörter überprüft hat, Professor Dr. Ivo Schneider, Dr. Kurt Elfering, Studienrat Dr. Hellfried Uebele, Studienrat Dr. Engelbert Huber. Rat und Hilfe gewährten uns Professor Dr. Menso Folkerts, bei arabischen Texten Patentanwalt Dr. Heinrich Hermelink, bei Leibniz' Gleichungstheorie Professor Dr. Eberhard Knobloch. Bei der Erstellung des Registers half Herr Willibald Pricha. Das Literaturverzeichnis verdanken wir zum größten Teil Frau Diplombibliothekarin Margret Nida-Rümelin, ohne deren mühevolle und sorgfältige Arbeit es nicht in der vorliegenden Form zustandegekommen wäre. Die Zeichnungen fertigte Herr Artur Weig vom Deutschen Museum, der unseren oft schwierigen Wünschen stets bereitwilligst entgegengekommen ist. Ihnen allen sei an dieser Stelle herzlichst gedankt.

Dem Verlag und der Setzerei danken wir dafür, daß das Werk in einer gediegenen Ausstattung erscheinen kann, und für die Geduld bei der Überwindung der nicht gerade geringen satztechnischen Schwierigkeiten.

Wir hoffen, daß unsere neue Auflage den Ansprüchen gerecht werden kann, die dem Ansehen der früheren Auflagen des Tropfke in der Fachwelt entsprechen.

München, im Frühjahr 1979

Kurt Vogel
Karin Reich
Helmuth Gericke

Hinweise für den Leser

Eckige Klammern [. . .] verweisen auf das Literaturverzeichnis. Dort sind die näheren bibliographischen Angaben zu finden. Die Ziffer nach dem Namen vor dem Semikolon gibt, wenn vorhanden, die Nummer des Titels wieder, die Ziffern nach dem Semikolon geben die Bandzahl (fettgedruckt) oder nur die Seitenzahl. Beispiele hierzu siehe S.661. Ist das zitierte Werk zweisprachig derart, daß Originaltext und Übersetzung getrennt paginiert sind, z.B. bei Mahāvīra, Abraham ben Ezra, so bezieht sich die Seitenzahl normalerweise auf die Übersetzung und nicht auf den Text. Ist dies nicht der Fall, so wurde dies durch besondere Vermerke kenntlich gemacht: Text S. . . ., Übs.S. . . . . Literaturangaben bei der Fachsprache wurden dann weggelassen, wenn sie aus dem Register eines Standardwerkes ersichtlich sind.

Zitate und Fachwörter sind kursiv gesetzt. Eigene Einfügungen innerhalb von Zitaten stehen in spitzen Klammern ⟨ . . . ⟩. Übersetzungen von Zitaten sind als solche nicht besonders kenntlich gemacht. Lagen von Zitaten englische oder französische Übersetzungen vor, so wurden diese nicht immer ins Deutsche übersetzt, weil jede weitere Übersetzung sich weiter vom Original entfernen würde. Schwer erkennbare Abkürzungen innerhalb von Zitaten wurden aufgelöst und mit (. . .) gekennzeichnet, z.B. c^o = c(ento).

Im Text wurden folgende *Abkürzungen* verwendet:

Keilschrifttexte:

AO	Antiquités Orientales, Paris, Musée du Louvre,
BM	British Museum, London,
MLC	Morgan Library Collection, New Haven,
SKT	Strasbourg, Bibliothèque Nationale et Universitaire,
VAT	Vorderasiatische Tontafelsammlung, Berlin, Staatliche Museen,
YBC	Yale Babylonian Collection, New Haven;

Papyri:

Pap.Br.Mus.	Papyrus British Museum;

Codices (Cod.):

Sie sind in der allgemein üblichen Weise unter Nennung des Aufbewahrungsortes der entsprechenden Sammlung und eventuell unter Angabe der Sprache, in der der Codex verfaßt ist, angegeben.

Cgm	Codex germanus Monacensis,
Clm	Codex latinus Monacensis,
Cod.Par.supplgr.	Codex Parisinus supplementum graecum
Cod.Cambridge Un.Lib.Ms.	Codex Cambridge University Library Manuscripts.

Währungseinheiten, s. S.91f.

Inhalt

1 Zahlen

1.1 Arithmetik und Algebra, Geschichte der Begriffe

Aus der vorgriechischen Zeit ist eine Benennung mathematischer Teilgebiete nicht überliefert und auch nicht zu erwarten. Die Überschrift des Papyrus Rhind beginnt mit *tp ḥsb* (richtiges Rechnen), wobei „Rechnen" die ganze damalige Mathematik umfaßt, denn auch in der Geometrie kam es nur auf die zahlenmäßige Ausrechnung an. Während der Papyrus Rhind ein einigermaßen geordnetes Rechenbuch darstellt, sind aus der babylonischen Mathematik nur Beispiele (wenn auch gelegentlich in Serien) erhalten. Es fehlen Worte für das allgemeine Rechnen oder mathematische Teilgebiete.

Die Griechen unterscheiden bereits zwischen *Logistik* (λογιστικὴ τέχνη), der Lehre vom Rechnen, und *Arithmetik* (ἀριθμητικὴ τέχνη), die theoretische Fragen behandelt, z.B. das Gerade und Ungerade, also Zahlentheorie [Platon; Gorgias 451 b, c]. Die Ἀριθμητικὴ εἰσαγωγή des **Nikomachos von Gerasa** ist Zahlentheorie.

Während die Logistik in den überlieferten philosophischen und wissenschaftlichen Werken nur am Rande erwähnt wird, gehört die Arithmetik zu den theoretischen Wissenschaften, deren Einteilung auf die Pythagoreer zurückgeht und z.B. in **Platons** Staat Buch IV auseinandergesetzt wird.

Eine systematische Erörterung gibt **Aristoteles**. Die Mathematik hat es mit Größen zu tun. Dabei sind diskrete und stetige Größen zu unterscheiden (Τοῦ δὲ ποσοῦ τὸ μέν ἐστι διορισμένον, τὸ δὲ συνεχές). [Cat. 6 = 4b 20], ähnlich [Metaphysik Δ13 = 1020 a 10 ff.].

Eine Motivierung der weiteren Einteilung (die als solche schon älter ist) steht bei **Nikomachos von Gerasa** [1; 5 = I,3]:

Die diskreten Größen an sich, sofern sie kein Verhältnis zu anderen haben, sind Gegenstand der Arithmetik, die Verhältnisse diskreter Größen sind Gegenstand der Musik; die unbewegten stetigen Größen behandelt die Geometrie, die ewigen Bewegungen derselben die Astronomie. Jede dieser Wissenschaften baut auf der vorangehenden auf.

Eine etwas andere Einteilung gibt **Heron** [4, 165]:

Wie viele Teile der Mathematik gibt es? Der edleren und höchsten gibt es zwei Hauptteile, Arithmetik und Geometrie, der mit dem Sinnlichen sich befassenden aber sechs: Rechenkunst, Feldmessung, Optik, Musiktheorie, Mechanik, Astronomie.

Boetius hat die Einteilung des **Nikomachos** als *Quadrivium* übernommen [I, Kap. 1], und durch ihn und **Cassiodorus** [Buch II] ist sie in den Lehrplan der mittelalterlichen Schulen und Universitäten eingegangen.

Die Algebra paßt in dieses Schema nicht hinein, weil bei (z.B.) quadratischen Gleichungen irrationale Lösungen auftreten können, die keine Zahlen im griechischen Sinne sind. So steht denn einerseits die Lösung quadratischer Gleichungen bei **Euklid** in geometrischer Form in [El. 6,27-29] – irrationale Zahlen können nur als Streckenverhältnisse aufgefaßt werden –, andererseits achtet **Diophant** darauf, daß keine irrationalen Lösungen auftreten, was u.U. durch Angabe von Nebenbedingungen für die Lösbarkeit einer Aufgabe zu erreichen ist.

Die Chinesen haben ein Fachwort für Rechnen *Suan*, das z.B. in den Titeln der ältesten Rechenbücher auftritt: *Chiu Chang Suan Shu* = Neun Bücher arithmetischer Technik (2. Jh. v. Chr.). *Shu* entspricht dem griechischen *τέχνη* und dem lateinischen *ars* = Kunstfertigkeit, Technik. Oder: *Chou Pei Suan Ching* = Klassisches Buch *(Ching)* des Rechnens *(Suan)* für die Kreisbahnen *(Chou)* – nämlich der Himmelskörper – und den Gnomon *(Pei)* – womit vielleicht das rechtwinklige Dreieck gemeint ist. Diese Interpretation des Titels ist allerdings nicht ganz sicher [N; **3**, 19]. In späterer Zeit verwendet **Li Yeh** in seinem algebraischen Werk *I Ku Yen Tuan* (Neue Schritte im Rechnen) für die Unbekannte den Ausdruck *thien yuan shu* (himmlisches Element), woraus sich wohl auch eine Bezeichnung für Algebra entwickelte, wie im Abendland entsprechend *Coß* aus *cosa* [N; **3**, 45], [Vanhée 3; 505].

Die Inder benützten das schon sehr alte Wort *gaṇita* für Rechnen und Mathematik allgemein, so z.B. **Āryabhaṭa** I in der Eingangsstrophe seines *Āryabhaṭīya* (499). **Brahmagupta** behandelt in seinem astronomischen Lehrbuch *Brāhma-sphuṭa-siddhānta* unter der Überschrift *gaṇita-adhyāya* (= Kapitel über die Mathematik) elementares Rechnen mit Anwendungen, etwa Zinsrechnung, Reihenlehre, Flächen- und Raummessung.

Über dem 18. Kapitel **Brahmaguptas** erscheint *kuṭṭaka* (wörtl.: der Zerhacker) als Fachwort für das euklidische Teilerverfahren; hier werden die damit behandelbaren Gegenstände dargestellt: Das Rechnen mit ganzen und gebrochenen Zahlen, die Gleichungslehre (quadratische und Systeme linearer Gleichungen).

Mahāvīra nennt sein Buch (ca. 830) *Gaṇita-sāra-saṅgraha*, d.h. wörtlich: Zusammenfassung des Besten aus der Mathematik. Es enthält die arithmetischen Operationen bis zur Kubikwurzel (*Parikarma-vyavahāra* = Kapitel über die arithmetischen Operationen [Kap. 2]), Bruchrechnen, Dreisatz, Gleichungen, Flächenrechnung.

Für Algebra ist später die Bezeichnung *bīja-gaṇita* gebräuchlich, und zwar seit der Zeit von **Pṛthūdakasvāmī** (860) [DS; **2**, 1].

Bhāskara II behandelt unter *bīja-gaṇita* nach einer Einleitung über das allgemeine Rechnen vor allem die Gleichungslehre. Ferner benutzt er das Wort *avyakta-gaṇita* für das Rechnen mit unbekannten Größen (Algebra) im Gegensatz zu *vyakta-gaṇita* für das Rechnen mit bekannten Größen, wobei er bereits in der Einleitung das erstere als Grundlage des letzteren an den Anfang stellt [DS; **2**, 1].

Bei den Arabern heißt Rechnen *ḥisāb* (vgl. ägyptisch: *ḥśb*). Bücher, in denen die Rechenoperationen gelehrt werden, enthalten meist dieses Wort im Titel. Sie heißen z.B.:

al-uṣūl fī al-ḥisāb al-hindī (Kapitel über das indische Rechnen) bei **al-Uqlīdisī**,
al-kāfī fī al-ḥisāb (Genügendes über das Rechnen) bei **al-Karağī**,
uṣūl ḥisāb al-hind (Grundlagen des indischen Rechnens) bei **Kūšyār ibn Labbān**,
miftāḥ al-ḥisāb (Schlüssel des Rechnens) bei **al-Kāšī**.

Das Wort Algebra erscheint erstmalig im Titel des Werkes von **al-Ḫwārizmī**: *al-kitāb al-muḫtaṣar fī ḥisāb al-ǧabr wa-l-muqābala* (ein kurzgefaßtes Buch über die Rechenverfahren des *al-ǧabr* und des *al-muqābala*); *al-ǧabr*, wörtlich: Einrichten eines gebrochenen Knochens, wurde mit der Beseitigung negativer Glieder einer Gleichung durch Addition, *al-muqābala* mit der Weglassung von positiven Gliedern, die auf beiden Gleichungsseiten stehen, in Verbindung gebracht. Demgemäß wurde mit *Ergänzung* und *Ausgleichung* übersetzt [Ruska 2; 5–11].

Vielleicht hängt *al-ǧabr* mit dem assyrischen *ǧabru* = entsprechend, Nachbildung zusammen, das wir jedoch in rein mathematischen Texten nicht finden konnten [Gandz 1 und 4; 275].

Die unter *Ergänzung* und *Ausgleichung* begriffenen beiden Operationen erscheinen bereits bei **Diophant** mit den Bezeichnungen *προστιθέναι* und *ἀφαιρεῖν* [1; **1**,14].

Um 1000 gebraucht **Iḫwān al-Ṣafā'** unter Weglassung des *muqābala* die Bezeichnung *al-ǧabriyūn* für „Algebraiker" [Ruska 2; 13]. **Al-Karaǧī** (gest. um 1030) läßt auch die Beseitigung von Brüchen in einer Gleichung durch Multiplikation unter den Begriff *ǧabr* fallen [Ruska 2; 13].

Im Abendland wird die Lehre vom Rechnen mit indischen Ziffern bekannt durch die lateinischen Übersetzungen und Bearbeitungen von **al-Ḫwārizmī**'s Schrift etwa durch **Johannes Hispalensis** (gest. 1153). Ein lateinisches Manuskript aus dem 13. Jh. beginnt mit: *Dixit algorizmi*. . . [al-Ḫwārizmī 2; 8 f.]. Was hier noch als Name kenntlich ist, wird später als Algorithmus zum Fachwort für die Lehre vom Rechnen. Diese Bezeichnung findet sich z.B. bei **Alexander von Villa Dei**: *Carmen de algorismo*, und bei **Sacrobosco**: *Algorismus vulgaris*, bis hin zum *Algorismus Ratisbonensis* und zu **Pedro Ciruelo**: *Tractatus arithmetice practice qui dicitur algorismus* (1495). Die Herkunft dieses Fachworts war sogar zeitweise in Vergessenheit geraten; erst 1849 hat der Orientalist **J. Reinaud** [303 f.] wieder darauf aufmerksam gemacht.

Außerdem wurde das Wort *Abacus* für Rechenbrett zum Ausdruck für das Rechnen allgemein; die Rechenmeister hießen *Abacisten (maestro del Abaco)*; bei **Paolo Dagomari** ist das sogar zum Namen geworden; er wurde **Paolo dell'Abbaco** genannt. Sein Werk hieß *Trattato d'Abbaco* . . . (ca. 1339), dasjenige von **Leonardo von Pisa** *Liber abbaci* (1202). Ein Manuskript von **Luca da Firenze** heißt *Inprencipio darte dabaco* (ca. 1475) [D.E. Smith 1; 435–440, 468 ff.].

Seltener wird die griechische Bezeichnung *Logistik* (für Arithmetik) gebraucht, z.B. von **Barlaam**: *Λογιστική*.

Nebenher ist stets das Wort *Arithmetik* in Gebrauch geblieben, das über **Nikomachos von Gerasa** durch **Boetius** ins Abendland gekommen ist. Es erscheint z.B. in Titeln von **Piero Borghi** (1484), **Filippo Calandri** (1491) und **Luca Pacioli** (1494).

Das Wort *Algebra* wird im Abendland übernommen. So heißt es in der Überschrift zum 15. Kapitel des *Liber abbaci* des **Leonardo von Pisa** . . . *de questionibus algebre et almuchabale* [1; **1**, 387]. **Leonardo** erwähnt im *Liber abbaci* auch einen (nicht erhaltenen) *Liber minoris guise* (Buch über die geringere Art) [1; **1**; 154]. 1460 findet sich in einem italienischen Manuskript: *la regola de Algebra amucabale* [D.E. Smith 1; 463]. **Cardano** stellt die Algebra als *ars magna* dem *computus minor* gegenüber.

Ein weiterer Fachausdruck für das, was wir heute Algebra nennen, entsteht aus der italienischen Bezeichnung *cosa* für die Unbekannte. Das deutsche Wort *Coss* ist auf dem Wege über *Regeln der Coss* – Regeln für das Umgehen mit einer Unbekannten – zur Bezeichnung für Algebra geworden. So heißt ein Buch von **Chr. Rudolff**: *Behend und Hubsch Rechnung durch die kunstreichen regeln Algebre so gemeinicklich die Coß genennt werden.*

Viète führt ein neues Fachwort ein: *Analysis.*

Der Begriff selbst ist nicht neu. Man versteht darunter eine bestimmte Methode, mathematische Ergebnisse zu finden, eine *δύναμις εὑρητική* [Pappos 1; 634] bzw. *doctrina bene inveniendi* [Viète 3; 1], die darin besteht, daß man das Gesuchte als bekannt annimmt, danach durch Folgerungen zu etwas tatsächlich Bekanntem fortschreitet und daraus dann rückwärts (durch *Synthesis*) das Gesuchte gewinnt.

Proklos berichtet [1; 67] = [2; 210], daß **Eudoxos** sich dieser Methode bedient habe. Auch andere griechische Mathematiker haben sie benutzt; eine ausführliche Beschreibung finden wir bei **Pappos** [1; 634].

Viète wendet diese Begriffsbildung auf algebraische Probleme an. In der *Analysis zetetike* etwa nimmt er die gesuchte Größe als bekannt an (was – das sagt **Viète** nicht ausdrücklich – dadurch geschieht, daß man ihr einen Namen gibt, sie durch ein Symbol darstellt) und geht mit ihr wie mit etwas Bekanntem um, bis er aus den vorgelegten Forderungen eine Gleichung oder Proportion erhält.

Mit dem so erläuterten Wort ist nun – anders als durch *Algebra* oder *Coss* – die verwendete Methode sinnvoll und umfassend bezeichnet. **Viète** nennt sein einführendes Werk von 1591 [3; nur in der Originalausgabe, 3^v]: *Opere restitutae mathematicae Analyseos seu Algebrâ novâ.* Er faßt unter diesem Titel eine ganze Reihe seiner Schriften zusammen. In dem Widmungsbrief schreibt er etwas abschätzig: *Zwar stimmten alle Mathematiker darin überein, daß in ihrer Algebra oder Almucabala, die sie priesen und eine große Kunst nannten, unvergleichliches Gold verborgen sei, aber gefunden haben sie es nicht*... [3; 2^v, 3^r] = [12; 34].

Mit **Viète** ist die Reihe der im Abendland benutzten Bezeichnungen vollständig: *Logistik, Arithmetik, Algebra, Algorithmus, Abacus, Coss, Analysis.*

Einige Ausdrücke sind nun ziemlich bald verschwunden: *Logistik* erscheint noch 1559 bei **Buteo**. Der Titel seines Buchs lautet: *Logistica, quae et Arithmetica vulgo dicitur*...; im 3. Buch *tractatur Algebra*. **Viète** fügt zur *logistica speciosa*, worunter das Rechnen mit Arten (Potenzen der Unbekannten) begriffen wird, die *logistica numerosa* hinzu, die von der zahlenmäßigen Auflösung von Gleichungen handelt.

Leibniz gebraucht das Wort *Logistik* für das Rechnen: die vier Grundrechenarten, das Wurzelziehen und die sogenannten *Algorithmen* (Tabellen, Logarithmen) [1; 7, 11].

Hérigone nennt 1644 in seinem *Cursus mathematicus* drei Bezeichnungen gleichbedeutend: *Doctrina analytica, qua Algebra et Italico vocabulo cosa dicitur*; als Definition gibt er die Erklärung der Analysis im Sinne des oben Erläuterten an [2, 1].

Ähnlich 1699 **Samuel Reyher**: *Die Lösekunst (sonst Analysis, Algebra oder Regula Cos genannt) ist eine Wissenschaft/ welche bey aller Größen Betrachtung das Begehrte durch ein oder mehr Gegebene oder Gestandene Dinge ausfindig machet* [87].

Die Bezeichnung *Abacus* für ein mathematisches Teilgebiet ist verschwunden, das Wort *Algorithmus* bekommt einen neuen Sinn als eine nach vorgeschriebenen Regeln eindeutig ablaufende Rechnung im Gegensatz zu *Kalkül*, das eine Zusammenfassung beliebig anwendbarer Regeln bedeutet.

Übrig bleiben die Bezeichnungen *Arithmetik, Algebra, Analysis*; diese überdecken zu verschiedenen Zeiten und bei verschiedenen Autoren nicht die gleichen der anfangs genannten Sachgebiete.

Arithmetik

In einem Prager Codex aus der 2. Hälfte des 15. Jh. steht die Erklärung: *Arismetrica hayßt Die kunst von raiten* ⟨rechnen⟩ [Kaunzner 1; 102 und 2; 1].

Stifels *Arithmetica integra* (1544) umfaßt die Lehre von den Zahlen, den Rechenoperationen und den Gleichungen. Dasselbe gilt von **Stevins** *Arithmétique* (1585). **Wallis**' Werk über unendliche Reihen heißt *Arithmetica infinitorum* (1655), und **Newtons** Algebra trägt den Titel *Arithmetica universalis* (1707). **Leibniz** bezeichnet in einem Manuskript die Lehre von den unbestimmten Gleichungen als *Arithmetica Diophantea* [1; 7, 11].

Weidler setzt *Arithmetica universalis* mit *Analysis* gleich und behandelt hier Gleichungslehre und allgemeine Rechenregeln [4]. **Gauß** nennt sein zahlentheoretisches Hauptwerk *Disquisitiones arithmeticae* (1801). Allmählich bildet sich dann die heutige Bedeutung, elementare Zahlenrechnung und Zahlentheorie, heraus.

Algebra

Bombelli behandelt in *L'algebra* das Rechnen mit Polynomen und die Gleichungslehre. In **Girards** *Invention nouvelle en l'algèbre* (1629) handelt es sich um Gleichungslösungen, insbesondere den heute sog. Fundamentalsatz der Algebra. **Descartes** behandelt algebraische Gegenstände im 3. Buch der *Geometrie* (1637), ohne daß das Wort Algebra dabei auftaucht; er verwendet es dagegen in seinem *Discours de la méthode* [5; 17, 20, 21]. In einem Manuskript erklärt **Leibniz** Algebra als *Methode, die Werte von unbekannten, durch Buchstaben ausgedrückten Zahlen zu finden* oder nach den Regeln der *Logistik* eine Gleichung aufzustellen, die eine Relation zwischen Bekanntem und Unbekanntem ausdrückt, und sie dann durch Wurzelziehen exakt oder durch unendliche Reihen in beliebiger Näherung zu lösen [1; 7, 11]. Ein weiteres Manuskript unter dem Titel *Nova algebrae promotio* [1; 7, 154–189] enthält neben Ausführungen über algebraische Gleichungen u.a. einen Beweis des kleinen Fermatschen Satzes.

Einen erweiterten Sinn bekommt das Wort *Algebra* vor allem im 18. und 19. Jh.: Unter Geometrie und Mechanik verstand man die Lehre von den stetigen, unter Algebra die Lehre von den diskreten Größen. Diese stark erweiterte Auffassung von Algebra findet sich z.B. bei **Euler** in seiner *Vollständigen Anleitung zur Algebra* von 1770. Er betrachtet als Grund aller mathematischen Wissenschaften die vollständige Behandlung der Lehre von den Zahlen und aller Rechnungsarten, die dabei vorkommen können und sagt: *Dieser Grundteil der Mathematik wird Analytic oder Algebra genennet* [5; 1. Teil, 1. Abschn., Kap. 1, § 5]. Der erste Teil des Werkes handelt von den Rechenoperationen, von einfachen und zusammengesetzten Größen sowie von Proportionen, der zweite Teil zunächst *Von den algebraischen Gleichungen und ihrer Auflösung*, dann *Von der unbestimmten Analytik* (d.h. von Gleichungssystemen mit mehr Unbekannten als Gleichungen, deren Lösung durch Nebenbedingungen wie z.B. Ganzzahligkeit in das Gebiet der Zahlentheorie übergreift).

Ähnlich wird der Begriff auch noch von **Vega** in seinen Vorlesungen von 1821 [2] und **Desberger** in seiner Algebra von 1831 [2] gefaßt.

Daneben erscheint *Algebra* immer wieder in engerer Bedeutung als Gleichungslehre oder Auflösekunst.

Diese Auffassung, die sich bis in dieses Jahrhundert hinein gehalten hat, findet sich in **Chr. von Wolffs** Lexikon von 1716, wo außerdem *Algebra numerosa, die gemeine oder alte Algebra, oder die Algebra in Zahlen*, gleichbedeutend mit Rechenkunst oder *Regel Coß*, und *Algebra Speciosa, die neuere Algebra* in der Bedeutung von Buchstabenrechnung (ähnlich wie *logistica speciosa* bei **Viète**) unterschieden werden [3; Sp. 35 ff.]. Algebra als Gleichungslehre erscheint ferner bei **Kästner** (1760) [2; 29], **Gauß** (1801) [2; 5], in den mathematischen Wörterbüchern von **Klügel** (1803) [2; **1**, 43] und **Hoffmann** (1858) [**1**, 43], bei **J. A. Serret** (1849).

Hankel spricht von Algebra als der *Anwendung arithmetischer Operationen auf zusammengesetzte Größen aller Art, mögen sie rationale oder irrationale Zahl- oder Raumgrößen sein* [2; 195].

G. Bauer geht in seinen *Vorlesungen über Algebra* (1903) von den algebraischen Funktionen aus, worunter er solche versteht, in denen die Variablen nur einer endlichen Anzahl von Additionen, Subtraktionen, Multiplikationen, Divisionen oder Potenzierung und Radizierung mit konstanten ganzen Exponenten unterworfen sind [1].

Heute verstehen wir unter Algebra im weitesten Sinne die Theorie der algebraischen Strukturen, d.h. von Mengen, für deren Elemente Verknüpfung definiert sind, die bestimmte Axiome erfüllen.

Analysis

Diese Bezeichnung gebraucht **Harriot** im Sinne von **Viète**; sein Werk heißt *Artis analyticae praxis* (1631) **Viète** nannte den Algebraiker *Analysta* [3; 8] im Gegensatz zum Geometer. Diese Ausdrucksweise kommt u.a. auch bei **Leibniz** [1; **7**, 180] und **Gauß** [7; 4] vor.

Schon von **Newton** wurde das Wort *Analysis* auf die Differential- und Integralrechnung angewandt, seine erste Schrift darüber heißt *De analysi per aequationes numero terminorum infinitas* (1669).

Später unterschied man zwischen Analysis des Endlichen und Analysis des Unendlichen, dabei bedeutet der erste Ausdruck Arithmetik und Algebra, der zweite die Infinitesimalrechnung. Beispiele dafür sind das Werk von **Chr. von Wolff** (1730) mit den Abschnitten *Elementa Analyseos Finitorum* [2; **1**, 297] und *Elementa Analyseos Infinitorum* [2; **1**, 543]; ferner die Lehrbücher von **Euler**: *Introductio in analysin infinitorum* (1748) und **Kästner**: *Anfangsgründe der Analysis endlicher Größen* (1760) und *Anfangsgründe der Analysis des Unendlichen* (1761). Auch in den Wörterbüchern von **Chr. von Wolff** (1716) [3; Sp. 53 f.] und **Klügel** (1803–1836) [2; **1**, 100] findet sich diese Terminologie. **Klügel** definiert übrigens: *Analysis, als wissenschaftliches System, ist die allgemeine Darstellung und Entwickelung der Zusammensetzungsarten der Größen durch Rechnung* [2; **1**, 77].

Im Laufe des 19. Jahrhunderts tritt die Bezeichnung *Analysis des Endlichen* zurück, Analysis wird unter Weglassung des Zusatzes *des Unendlichen* zum Fachwort für die Infinitesimalrechnung. Herausragendes Beispiel ist **A. L. Cauchys** *Cours d'analyse* von 1821 mit dem ersten Teil *Analyse algébrique.*

1.2 Zahlwörter und Zahlsysteme, Zahlzeichen und Maßsysteme

1.2.1 Zahlwörter und Zahlsysteme

1.2.1.1 Allgemein

Schon in den ältesten schriftlichen Denkmälern finden sich Zahlen aufgezeichnet. Auf die schriftlose Zeit geht das Festhalten von Zahlen auf Kerbhölzern bei den Jägern der Steinzeit zurück (s.S. 22 f.). Dieses Verfahren entspricht einer Abbildung des unbekannten Abzuzählenden auf eine Reihe leicht herstellbarer einfacher Symbole, nämlich den Kerben auf einem Holz oder Knochen. Im 4. Jahrtausend v. Chr. wurde wahrscheinlich von den Sumerern die Schrift erfunden (s. S. 26). Wirtschaftstexte aus Uruk (um 3000 v. Chr.) enthalten nicht nur ganze Zahlen, sondern sogar schon Brüche bis zu $\frac{1}{64}$. In Ägypten wurden in Königsinschriften aus der vordynastischen Zeit (um 3000 v. Chr.) sehr große Beutezahlen genannt, z.B. 1 420 000 Ziegen (s. S. 24).

Über die Entstehung und Entwicklung eines Zahlbegriffs in der Frühzeit ist direkt aufgrund von schriftlicher Überlieferung nichts zu erfahren. Lediglich die Sprachen selbst geben Hinweise hierzu. Eine sprachliche Möglichkeit, um die Anzahl von bestimmten Gegenständen zum Ausdruck bringen zu können, besteht in der Form eines über den Singular und Plural hinausgehenden grammatischen Numerus. So bezeichnet der in vielen Sprachen (Griechisch, Arabisch, Altägyptisch, Altindisch, Altpersisch usw.) auftretende Dual die Zweiheit, im Gegensatz einerseits zur Einheit, andererseits zur Mehrheit. Es existieren sogar Sprachen, in denen neben dem Dual noch ein Trial, Quaternal und noch höhere Numeruskategorien vorkommen [Hartner; 67 f.]. So hängen in manchen Primitivsprachen der grammatische Numerus und das Zahlwort engstens zusammen und können prinzipiell nicht voneinander unterschieden werden. Auf bemerkenswerte Weise wird im Sumerischen und im Altägyptischen der Plural gebildet. So bedeutet im Sumerischen das Zahlwort 1 soviel wie „Mann“, das Zahlwort 2 soviel wie „Frau“, das Zahlwort 3 soviel wie „die Mehrheit“. Das Zahlzeichen für 3 bildet sowohl im Sumerischen wie auch im Altägyptischen allgemein das Pluralzeichen.

Auf andere Weise kann eine Zählung durchgeführt werden, indem man ein abstraktes Zahlwort neben das Gezählte stellt. Der Begriff der Zahl hängt dann ausschließlich am Zahlwort selbst. Dabei ist es, wie manche Sprachen zeigen, durchaus keine Selbstverständlichkeit, für die verschiedenen abzuzählenden Gegenstände jeweils dieselben Zahlwörter zu gebrauchen. Es gibt Völker, die z.B., wenn sie runde Gegenstände abzählen, andere Zahlwörter gebrauchen, als wenn sie längliche Gegenstände abzählen [Menninger; **1**, 41]. Reste dieses Phänomens finden sich auch heute noch, wenn wir von einem Joch Ochsen, einem Paar Schuhe, Zwillingen oder einem Duett sprechen. Ähnliche Beispiele liefert die Metrologie; so wurden früher die Eier in Mandeln (15 Stück) oder Stiegen (20 Stück) verkauft, aber niemand hätte damals 1 Mandel Ziegel gesagt. In anderen Sprachen, so im Chinesischen, Japanischen, Neupersischen, Türkischen usw. kommt es zur Ausbildung von bestimmten „Zählklassen“, d.h. die Zahlwörter lassen sich mit den abzuzählenden Dingen nicht unmittelbar verbinden, es muß ein sog. Zählklassenwort zwischen das Zahlwort und dem Abzuzählenden eingeschoben werden; vergleiche z.B. unsere Wendungen „3 Stück Vieh“, „3 Kopf Salat“, „Stück“ und „Kopf“ sind quasi die jeweiligen Zählklassen [Menninger; **1**, 42, **2**, 54, 272], [Fettweis 2; 55 f.].

Ein weiterer Schritt ist es, wenn die jeweils verwendeten Zahlwörter unabhängig sind von der Art des Gezählten; das Gezählte ist dann beliebig austauschbar, man kommt mit nur einer Art von Zahlwörtern aus. Hier wiederum werden in vielen Sprachen die Zahlwörter bis zu einer bestimmten Zahl n als mit dem gezählten Gegenstand so verbunden betrachtet, daß sie wie Adjektive dekliniert werden. Im Griechischen, wie auch in den slawischen Sprachen, werden die Zahlwörter bis $n = 4$, im Lateinischen bis $n = 3$, im Litauischen bis $n = 9$ und im Sanskrit sogar bis $n = 19$ dekliniert [Hartner; 69]. Doch gibt es auch Sprachen, bei denen alle Zahlwörter indeklinabel sind, z.B. das Englische; es besteht dann keine direkte grammatische Verbindung mehr zwischen dem Zahlwort und dem Gezählten.

In manchen Primitivsprachen treten Zahlwörter nur für wenige Einheiten auf. Es gibt auch Völker, bei denen die Zahlwörter durch Gesten oder Namen von Körperteilen ausgedrückt werden [Hartner; 88–92]. Bei den so entstehenden Zahlreihen hat keine „Zahl“ vor der anderen eine Vorrangstellung, es liegt kein Ordnungsprinzip zugrunde [Neugebauer 5; 84]. Andere Völker besitzen Zahlreihen, bei denen in der Sprache bei bestimmten Zahlen Einschnitte auftauchen; diese Einschnitte sind quasi Bündelungen von Einheiten. Das ist eine Grundlage für die Entwicklung eines Zahlensystems. So gibt es einen sumerischen Dialekt, in dem sprachlich ein Dreiersystem angedeutet ist; es bedeutet

3 vorüber		soviel wie 4
3 vorüber	und 1	soviel wie 5
3 vorüber	und 1 und 1	soviel wie 6
3, 3 und 1		soviel wie 7 .

Das klassische Sumerisch weist dagegen eine Fünferbasis auf, es bedeutet hier:

5 + 1 gleich 6
5 + 2 gleich 7
5 + 4 gleich 9

[Neugebauer 5; 85]. In unserer Sprache, die dem indogermanischen Sprachstamm angehört, hat das Zahlwort für 8 im Altindischen *astā̇u*, im Griechischen ὀκτώ, im Indogermanischen *ok'tō̇u* eine Dualendung. Vielleicht handelt es sich hier um die Verdoppelungsform eines sonst im Indogermanischen nicht mehr nachweisbaren Wortes für 4 [Hartner; 77]. Dann könnte „Neun", lateinisch *novem*, in diesem Vierer- bzw. Achtersystem die „neue Zahl" bedeuten. In diesem Zusammenhang ist es bemerkenswert, daß auch die altindische Karoṣṭhi-Schrift eine Gruppierung der Zahlzeichen bis 9 nach einem Vierersystem aufweist (s. S. 43 f.). Ferner hängt vielleicht unser Wort „fünf" mit dem Wort „Hand" zusammen und es ist nicht ausgeschlossen, daß „zehn", althochdeutsch *ze-han*, gotisch *tai-hun(d)* soviel wie „zwei Hände" bedeutet [Menninger; **1**, 142].

Nach **Neugebauer** [5; 85] kann man jedoch von einem Zahlensystem an sich erst dann sprechen, wenn auch die in der Zahlenreihe auftretenden Gruppenzeichen ihrerseits wieder laufend weitergezählt werden. In diesem Sinne liegt im südamerikanischen *Saraweka* (einer Arawakensprache) ein Fünfersystem zugrunde, es bedeutet das Zahlwort:

für 5 gleich Hand
für 10 gleich 2 Hände
für 25 gleich 5 Hände usw.

[Hartner; 77]. Auch reine Vierer- und Sechsersysteme treten in einigen Sprachen – wenn auch nur andeutungsweise – auf. Die meisten Zahlensysteme jedoch sind dezimal aufgebaut. Neben dem Dezimalsystem spielt aber auch das reine Zwanzigersystem eine bestimmte Rolle, so bei den Maya und Azteken (s. S. 38 f.). Ferner benützten es in Westeuropa sowohl die Basken wie auch die Kelten. Erst in historischer Zeit wurde hier das Zwanzigersystem vom Dezimalsystem abgelöst, Reste davon sind heute noch im Französischen erhalten (*quatre-vingts* = 80). Auch im Dänischen, also auf nichtkeltischem Gebiet, werden die Zahlen 50, 60, 70, 80, 90 durch Multiplikation von 20 (tyve) mit $2\frac{1}{2}$, 3, $3\frac{1}{2}$, 4 und $4\frac{1}{2}$ gebildet:

halvtredsindstyve = 50 (dritthalb mal zwanzig)
tresindstyve = 60 (dreimal zwanzig)
halvfjerdsindstyve = 70 (vierthalb mal zwanzig)
firsindstyve = 80 (viermal zwanzig)
halvfemsindstyve = 90 (fünfthalb mal zwanzig) .

(*sind* bedeutet „mal").

Viele der bei den einzelnen Völkern vorkommenden Zahlwörter und Zahlzeichen gehen auf kombinierte Zahlensysteme zurück. So spielt im Sexagesimalsystem der Babylonier auch ein Zehnersystem eine Rolle (s. S. 26). Bei den Germanen weist die Sprache, abweichend vom Indogermanischen, ein duodezimales Element auf. So unterscheiden sich in allen germanischen Sprachen die Namen der Zahlwörter von 11 und 12 deutlich von denen von 13–19. Unseren Wörtern elf und zwölf liegt die Wurzel *lif* zugrunde, was wohl verwandt ist mit griech. *λείπειν*, übriglassen. Gotisch bedeutet *ainlif* 11 und *twalif* 12. Jedoch sind elf und zwölf damit keinesfalls Individualwörter, sondern sie sind nach dem Dezimalsystem konstruiert; nach ihnen aber liegt ein Einschnitt vor [Hartner; 79].

Die Bildung der Vielfachen von Zehnern, Zwanzigern, Hunderten usw. erfolgt im Deutschen gewöhnlich multiplikativ: 2 × 10, 3 × 10 usw. Die Schlußsilbe -zig hängt mit gotisch *tigus* (= Zehner, Zehnheit) zusammen [Menninger; **1**, 162].

Hundert, griechisch:	*ἑκατόν*
lateinisch:	*centum*
althochdeutsch:	*zehenzog*

bedeutet also soviel wie Zehner-Gezehnt. Die zwischen den Zehnern liegenden Zahlen werden gewöhnlich additiv gebildet. Die Subtraktion (im Sumerischen s. S. 144, im Lateinischen z.B. *duodeviginti* = 2 von zwanzig = 18) wird im Deutschen bei der Bildung von Zahlwörtern nicht benutzt.

Wissenschaftliche Betrachtungen über Zahlensysteme gehen bis auf die Griechen zurück. Sie betonten die Bedeutung der Zehn, so z.B. **Philolaos** um 400 v.Chr. [Diels; 44 B 1] und brachten sie mit der Tatsache in Zusammenhang, daß 10 die Summe der ersten vier Zahlen ist. **Aristoteles** erwähnt erstmals, daß vermutlich alle Menschen mit ihren zehn Fingern zu zählen angefangen haben [Probl. XV, 3 = 910b 23 ff., bes. 38/39]. **Theon von Alexandria** hebt in seinem Kommentar zu **Ptolemaios** hervor, daß es günstig ist, als Einheit für den Radius die Zahl 60 zu verwenden, weil sie durch verhältnismäßig viele Zahlen teilbar ist [2, 450]. Dieses Argument findet sich auch bei **Stevin** bei der Darstellung des in den astronomischen Rechnungen üblichen Sexagesimalsystems [3; 31] = [4; 26] und in ähnlichem Zusammenhang bei **Wallis** [4; 30].

Im 17. Jahrhundert rückt die Frage nach Zahlensystemen mit einer Basis ≠ 10 und ≠ 60 ins allgemeine Interesse. So hat sich **Harriot** mit Zweier-, Dreier-, Vierer-, Fünfer- und höheren Systemen beschäftigt; dies bezeugt der bisher nicht edierte Nachlaß [Shirley]. **Harriot** gilt heute als der erste Entdecker des dyadischen Systems (Dyadik) [Zacher; 21]. Die entsprechenden Manuskripte **Harriots** sind leider undatiert. **Harriot** führt vor, wie man Dezimalzahlen in dyadische Zahlen verwandelt *(conversio)* und umgekehrt *(reductio)*, z.B. im Manuskript British Museum Add. MSS (Egremont) 6786, fol. 346^v, Faksimile bei Shirley:

reductio	*conversio*		
1101101	109		
	64	7	
64	45		
32	32	6	1101101
8	13		
4	8	4	
1	5		
109	4	3	
	1	1	

Anschließend führt **Harriot** Addition, Subtraktion, Multiplikation und Division im dyadischen System vor.

Auch **Napier**, ein Zeitgenosse **Harriots**, beschäftigt sich in dem seiner *Rabdologia* angefügten Werk *Arithmetica localis* [3; 115–154] mit einem dyadischen Zahlensystem. Ausgehend von einer Tabelle der Zweierpotenzen, die er als *numeri locales* oder

Tabelle 1: Potenzen von 2 [Napier 3; 116 f.].

a)	32 768
p)	16 384
o)	8 192
n)	4 096
m)	2 048
l)	1 024
k)	512
i)	256
h)	128
g)	64
f)	32
e)	16
d)	8
c)	4
b)	2
a)	1

numeri literales bezeichnet, rechnet **Napier** z.B. die Jahreszahl 1611 in sein dyadisches System um: 1611 = 1024 + 512 + 64 + 8 + 2 + 1 = l k g d b a [3; 118]. In einer *Tabula reductionis* gibt **Napier** die den Dezimalzahlen entsprechenden dyadischen Zahlen an [3; 126 f.] und führt, wie **Harriot**, die einzelnen Rechenoperationen vor. 1623 erscheint in **F. Bacons** *De dignitate et augmentis scientiarum* ein binäres Buchstabensystem der folgenden Art [148]:

A	B	C	D	E	F
aaaaa	aaaab	aaaba	aaabb	aabaa	aabab
G	H	I	K	L	M
aabba	aabbb	abaaa	abaab	ababa	ababb
N	O	P	Q	R	S
abbaa	abbab	abbba	abbbb	baaaa	baaab
T	V	W	X	Y	Z
baaba	baabb	babaa	babab	babba	babbb

Pascal bemerkt 1654 in der Arbeit *De numeris multiplicibus* (publiziert 1665), daß das Dezimalsystem nicht auf einer natürlichen Notwendigkeit, sondern auf einer Konvention beruhe und daß man jede beliebige Zahl als Basis für ein System benützen könne [1; **3**, 316 f.]. Anschließend untersucht er Teilbarkeitskriterien im Dezimalsystem und im Duodezimalsystem und kommt zu dem Schluß, daß während im Dezimalsystem eine Zahl dann durch 9 teilbar ist, wenn ihre Quersumme durch 9 teilbar ist, im Duodezimalsystem dasselbe Gesetz für die Zahl 11 gilt. 1670 bespricht der gelehrte Bischof **Juan Caramuel y Lobkowitz** Zahlensysteme mit den Basen 2 bis 10, 12 und 60 [LV ff., 91]. Für das Rechnen im Zwölfersystem führt er die Zeichen p für 10 und n für 11 ein, bei denen offensichtlich an eine Verschmelzung der Ziffern zu denken ist:

$$10 \to 1^0 \to \mathrm{p} \qquad 11 \to \mathrm{n}\,.$$

Wie **Pascal** so zweifelt auch **E. Weigel** in seiner *Tetractys*, die zwar erst 1673 publiziert, aber sicher schon viel früher ausgearbeitet worden ist, an der „Natürlichkeit" der Zahl 10 und sieht das von ihm entwickelte Vierersystem als die *höchste Vereinfachung sowohl der Arithmetik wie auch der Philosophie* an [Zacher; 31 f.].

Auch **Leibniz**, der früher vielfach als der Erstentdecker des dyadischen Zahlensystems betrachtet worden ist [Shirley; 453], hat sich mit den verschiedenen Zahlensystemen auseinandergesetzt, so z.B. mit dem Zwölfer- und dem Sechzehnersystem [Zacher; 11, 13, 17 f.]. **Leibniz'** Ideen für ein dyadisches Zahlensystem fallen – nach **J.E. Hofmann** – wahrscheinlich in die Zeit 1672–1676 (Pariser Aufenthalt). Vielleicht gingen für **Leibniz** die Anregungen zur Erschaffung der Dyadik von **Weigel**s Vierersystem [Zacher; 9] bzw. vom Werk des **Caramuel y Lobkowitz** [Leibniz 5; 15] aus. Die ersten datierten Abhandlungen von **Leibniz** zur Dyadik stammen, wie aus dem Nachlaß hervorgeht, aus dem Jahre 1679: *De progressione dyadica* und *Summum calculi analytici fastigium* [Zacher; 9, 218–224]. Zum Neujahr 1697 teilte **Leibniz** dem Herzog **Rudolf August von Wolfenbüttel** brieflich seine Erfindung mit und legte ihm zugleich einen Entwurf für eine entsprechende Medaille vor, die allerdings nicht geprägt worden ist [Zacher; 34]. Bei **Leibniz** kommt dem Gedanken, die Dyadik als Bild der biblischen Schöpfung zu betrachten, erhebliche Bedeutung zu. Gedruckt erschienen **Leibniz'** Gedanken zur Dyadik zu seinen Lebzeiten nur in einem einzigen Aufsatz von 1705 (*Explication de l'arithmétique binaire* [1; 7, 223–227] = [Zacher; 293–301]). Aus diesem geht hervor, daß **Leibniz** sein dyadisches System als identisch mit dem System der Hexagramme im chinesischen *I Ching* betrachtet hat. Das *I Ching* spielt ab 1698 im Briefwechsel zwischen **Leibniz** und dem Jesuitenpater **Joachim Bouvet**, der damals Missionar in China war, eine gewisse Rolle. Das *I Ching*, das *Buch der Wandlungen*, ist wohl ein Orakelbuch, das vielleicht aus dem 8. bis 7. Jahrhundert v.Chr. stammt; schriftlich erwähnt wird es erstmals im 3. Jh. v.Chr. [N; **2**, 307]. Das *I Ching* enthält Strichkombinationen von unterbrochenen und durchgezogenen Linien. Die Anzahl der Linien beträgt in einem Fall 3, es gibt dann 8 Kombinationen von unterbrochenen und durchgezogenen Linien, im anderen Fall 6 (Hexagramme), es gibt dann 64 Kombinationen; diese werden *Kua* genannt. Bereits in früher chinesischer Zeit sind für die Strichkombinationen im *I Ching* verschiedene Interpretationen gegeben worden, u.a.

astronomische und alchemistische [N; **2**, 329–335]. Im Jahre 1701 entdeckte **Bouvet**, daß man, wenn man die durchgezogenen Linien in den Strichkombinationen gleich 1 und die unterbrochenen Linien gleich 0 setzt, die Hexagramme des *I Ching* mit dem dyadischen Zahlensystem identifizieren kann [Zacher; 110 f.]. Es entspricht dann

z.B.
———
— —
———
— —
— —
———
= 101 001 = 41. Allerdings sind im *I Ching* die Strichkombinationen nicht in der Reihenfolge der natürlichen Zahlen im dyadischen System aufgeführt. **Leibniz** erhielt den Brief von **Bouvet**, in dem dieser seine Entdeckungen mitteilt, am 1.4.1703; als eine Reaktion darauf verfaßte **Leibniz** u.a. den bereits erwähnten, 1705 im Druck erschienenen Aufsatz *Explication de l'arithmétique binaire* [Zacher; 116].

Später diskutiert **Buffon**, nachdem er Zahlen in verschiedenen Systemen ausgedrückt hat, die Vor- und Nachteile der verschiedenen Zahlensysteme, so z.B. des Zwölfersystems, des Binärsystems, des Sexagesimalsystems etc. [70–82 = Kap. 26,27].

Eine Darstellung des ganzen Gebietes der Zahlensystem gibt **W. Ahrens** [**1**, 24–38, **2**, 319–324], speziell zur Geschichte des binären Zahlensystems siehe **Zacher**.

1.2.1.2 Zahlwörter für große Zahlen

Will man große Zahlen ausdrücken, so kann man entweder immer neue Namen für die höheren Einheiten bilden oder aber man zählt die höheren Einheiten selbst wieder ab. Diesen zweiten Weg gingen die Griechen. Bei ihnen ist die höhere Einheit, die selbst wieder abgezählt wird, gewöhnlich die *Myriade* (μυριάς) = 10^4. **Archimedes** [1; **2**, 236 ff.] faßt die Zahlen bis 10^8 zu einer *Oktade* zusammen; 10^8 wird als Einheit einer neuen Oktade genommen, die also bis 10^{16} reicht; die dritte Oktade geht bis 10^{24}, usw. Im ganzen stellt **Archimedes** 10^8 solcher Oktaden auf; er nennt die Reihe dieser Zahlen die erste Periode. Hier beginnt eine zweite Periode, der noch andere folgen können. Damit kann die Menge der Sandkörner, die eine Kugel vom Radius der Fixsternkugel enthalten kann, nach oben abgeschätzt werden: sie ist höchstens 10 000 000 Einheiten der achten Oktade in der ersten Periode, also 10^{71}. Ähnliche Gruppierungen, aber jetzt zu Myriaden = 10^4, nimmt **Apollonios von Perge** nach dem Zeugnis von **Pappos** vor [1; 2 ff.].

Die Römer drücken große Zahlen durch Vielfache von *mille* = 1 000 aus, so:

centum milia	für 10^5
decies centena milia	für 10^6 .

Bei den Chinesen [N; **3**, 87 f.] erscheinen um 190 n. Chr. Namen für Zehnerpotenzen, die über 10^4 hinausgehen. Diese Namen werden allerdings durch verschiedene Zahlenwerte interpretiert:

1. als Potenzen von $(10^4)^{2^n}$ $(n = 0, 1, ...)$,
2. als Potenzen von $10^{4 \cdot n}$ $(n = 1, 2, ...)$,
3. als Potenzen von 10^{4+n} $(n = 0, 1, ...)$:

	1.	2.	3.
wan	10^4	10^4	10^4
i	10^8	10^8	10^5
chao	10^{16}	10^{12}	10^6
ching	10^{32}	10^{16}	10^7
⋮	⋮	⋮	⋮
tsai		10^{44}	

Bei den Indern [DS; **1**, 10 ff.] treten Bezeichnungen für große Zahlen schon in sehr früher Zeit auf. Im *Lalitavistara* (1. Jh. v. Chr.) bedeutet 1 *koṭi* = 10^7, 100 *koṭis* sind 1 *ayuta*, 100 *ayuta* = 1 *niyuta*, . . ., 1 *tallakṣana* = $10^7 \cdot 10^{23}$. **Āryabhaṭa I** (499 n. Chr.) benennt in Gaṇ. 2 die Potenzen von 10^0 bis 10^9 ebenfalls mit immer neuen Einzelnamen. Mit teilweise anderen Namen erscheint diese Reihe bei **Mahāvīra** [7 f.] bis 10^{23} erweitert, bei **Śrīdhara** [DS; **1**, 13] und **Bhāskara II** [1; 4, Nr. 10–11] bis 10^{17} (siehe Tabelle 2).

Für die Araber sind die Zahlen 10^4 und 10^5 jeweils Vielfache von 1 000 = *'alf*, das – als neue Einheit aufgefaßt – selbst wieder durch Wiederholung abgezählt wird:

'alf–'alf für 10^6
'alf–'alf–'alf für 10^9 usw.,

vgl. **al-Kāšī** [13 f.]. Ferner existiert im Arabischen das Wort *lakk* für 10^5, das indischen Ursprungs ist, vgl. *lakṣa* für 10^5 bei **Mahāvīra**, **Śrīdhara** und **Bhāskara II**.

In Byzanz tritt um 1450 auch das Wort *Legion* für 10^9 auf [Heiberg 1; 168 f.]. In russischen Handschriften des 17. Jhs. kommt dieses Wort in verschiedenen Bedeutungen vor, einmal für 10^5 („kleine Zählung"), einmal für 10^{12} („große Zählung") [Juškevič 1; 361].

Auch im Abendland werden manchmal die höheren Einheiten mit je einem Eigennamen versehen. So stehen in der *Deutschen Algebra* des Cod. Dresden C 80 auf fol. 378^v folgende Namen: *legio* für 10^4, *cuneus* für 10^5, *agmen* für 10^6, *caterna* für 10^7, *phalanx* für 10^8, *tunna* für 10^9; sie sind wohl von der Hand des **Johannes Widman** geschrieben.

Gleichzeitig bezeichnet man Potenzen von 10^3 auch durch Wiederholungen von Tausend, wie z.B. *mille milium* im Cod. Cambridge Un. Lib. Ms. I i 6. 5, 105^v [al-Ḫwārizmī 2; 15 ff.], *milia milia milium* bei **Leonardo von Pisa** [1; **1**, 4], *duysentich-duysent* im anonymen niederländischen Rechenbuch von 1508 [Bockstaele; 68]. **Simon Stevin** sagt noch 1585 für 75 687 130 789 276 [2a; 6]: *septante cinc mille mille mille mille six cents huictantesept mille mille mille, cent trente mille mille, sept cens huictanteneuf mille, deux cens septante six.*

Jedoch waren schon früher auch Bezeichnungen für höhere Einheiten aufgetaucht. Das Wort *Million* ist offenbar italienischen Ursprungs. Nach **Du Cange** [**5**, 389] soll es schon um 1250 gebräuchlich gewesen sein. Im 14. Jh. liest man es bei **Marco Polo** [2,

Tabelle 2: Indische Namen für die Potenzen von 10, vgl. [Elfering; 48 ff.].

	Āryabhaṭa I	**Mahāvīra**	**Śrīdhara**	**Bhāskara II**
10^0	*eka*	*eka*	*eka*	*eka*
10^1	*daśa*	*daśa*	*daśa*	*daśa*
10^2	*śata*	*śata*	*śata*	*śata*
10^3	*sahasra*	*sahasra*	*sahasra*	*sahasra*
10^4	*ayuta*	*daśa-sahasra*	*ayuta*	*ayuta*
10^5	*niyuta*	*lakṣa*	*lakṣa*	*lakṣa*
10^6	*prayuta*	*daśa-lakṣa*	*prayuta*	*prayuta*
10^7	*koṭi*	*koṭi*	*koṭi*	*koṭi*
10^8	*arbuda*	*daśa-koṭi*	*arbuda*	*arbuda*
10^9	*vṛnda*	*śata-koṭi*	*abja*	*abja oder padma*
10^{10}		*arbuda*	*kharva*	*kharva*
10^{11}		*nyarbuda*	*nikharva*	*nikharva*
10^{12}		*kharva*	*mahā-saroja*	*mahā-padma*
10^{13}		*mahā-khavra*	*śaṅku*	*śaṅku*
10^{14}		*padma*	*saritā-pati*	*jaladhi oder samudra*
10^{15}		*mahā-padma*	*antya*	*antya*
10^{16}		*kṣoni*	*madhya*	*madhya*
10^{17}		*mahā-kṣonī*	*parārdha*	*parādha*
10^{18}		*śaṅkha*		
10^{19}		*mahā-śaṅkha*		
10^{20}		*kṣityā*		
10^{21}		*mahā-kṣityā*		
10^{22}		*kṣobha*		
10^{23}		*mahā-kṣobha*		

199], im 15. Jh. in der Treviso-Arithmetik [2ᵛ], bei **Borghi** [5ᵛ] und bei **Luca Pacioli** [a; 19ᵛ]; dieser drückt auch Potenzen von 10^6 einfach durch Wiederholungen aus, z.B. *millione di millioni*. Im Rechenbuch des **Jehan Adam** (1475) [Thorndike; 156] finden sich statt der Wiederholungen die Worte *bymillion* und *trimillion*.

Chuquet verwendet 1484 für $(10^6)^n$ die Worte *million, byllion, tryllion, quadrillion, . . ., nonyllion* (für $(10^6)^9$) [1; 594], ebenso **La Roche** [7ʳ]. **Girard** setzt 1 *Trillion* = 1 *Billion Billionen* = 10^{24} [2; A 1ʳ], doch hat sich das nicht durchgesetzt.

Das Wort *Million* erscheint 1508 im anonymen niederländischen Rechenbuch [Bockstaele; 68], in Deutschland bei **Christoph Rudolff** [2; a 3r]. **Clavius** bemerkt 1585 [2; 11]: *Wenn wir nun gar nach der Sitte der Italiener die millena millia Millionen nennen wollen, werden wir mit weniger Worten und vielleicht deutlicher, jede beliebige gegebene Zahl ausdrücken...* In seinem *Cursus mathematicus* setzt **Kaspar Schott** 1677 [23] bei höheren Zahlen *milliones* mehrfach, er führt aber auch die Worte *Bimilliones* für *milliones millionum, Trimilliones* für 10^{18} usw. bis *Octimilliones* ein. Diese Bezeichnungen nimmt **J. Chr. Sturm** in seiner *Mathesis enucleata* 1689 auf [1;6]. Auch **Leibniz** empfiehlt die Worte *Billion* für 10^{12}, *Trillion* für 10^{18} usw. bis zu *Nonillion* für 10^{54}, *denn weiter braucht man wohl beim Gebrauch der Zahlen nicht zu gehen* [2; **5**, 143]. Durch die weitverbreiteten Lehr- und Handbücher des Freiherrn **Chr. von Wolff** (z.B. [3; Sp. 903], Stichwort *Millio*) sind dann diese Bezeichnungen allgemein üblich geworden.

Die *Billion* bedeutet in Deutschland, England usw. 10^{12}, in den USA und in Frankreich dagegen 10^9. Das Wort *Milliarde* hat bei **Peletier** 1554 noch die Bedeutung *million de millions* [1; 15], nimmt aber schon 1558 bei **Trenchant** den Wert 10^9 an [1; 14]. In Deutschland kommt *Milliarde* erst nach dem Frankfurter Frieden 1871 (5 *Milliarden Francs* Kriegskostenentschädigung) in den allgemeinen Sprachgebrauch.

1.2.1.3 Die Null

In China bezeichnet **Ch'in Chiu-shao** (13. Jh.) die Null entweder durch *k'ung* (= leer) oder durch *wu* (= nichts) [Libbrecht; 74].

In den indischen Texten wird die Null durch Worte ausgedrückt, die die Leere bedeuten können, so durch

śūnya leer, abweisend
in **Varāhamihiras** Pañcasiddhāntikā (z.B. in XVIII, 35) (ca. 505 n.Chr.),
bei **Brahmagupta** (z.B. in seinem *Brāhmasphuṭasiddhānta* XVIII, 31),
im *Bakhshālī*-Manuskript [25],
bei **Bhāskara** II (*Līlāvatī* § 44, 45);

kha Loch, Öffnung, Höhle, Luft, Himmel, Leere
bei **Āryabhaṭa** I [Elfering; 33 ff.],
bei **Mahāvīra** [6],
bei **Bhāskara** II (*Līlāvatī* § 44, 45).

Ferner werden die Wortzahlen (s. S.40 f.) gebraucht, die Synonyme für Raum, Himmel usw. sind, so

ambara Himmel, Luft, Umfang
ākāśa freier Raum, Leere, Himmel, Äther
ananta Himmel, kein Ende habend (z.B. bei **Mahāvīra** [287])

usw., s. [DS; **1**, 54] und [BSS; 173].

Die **Araber** bezeichnen die Null durch *al-ṣifr*, was wörtlich – vgl. bei den Indern – das „Leersein", die „Leere" bedeutet, so *al-ṣifr* bei **Ǧābir ibn Ḥaiyān**, zwischen 760 und 770; siehe [Sezgin; 220 ff.] und [Ruska 3; 263 f.]; ferner s. S. 52, **al-Uqlīdisī** [2; 42, 358], **Kūšyār ibn Labbān** [9, 46, 108], **Ṭabarī** [1; 5 und 7].

Der byzantinische Mönch **Maximos Planudes** verwendet in Anlehnung an das Arabische *τζίφρα* [1; 1].

Im Abendland erscheint das arabische *al-ṣifr* latinisiert als:

ciffra	in einem Algorismus aus dem 12. Jh. [Curtze 5; 18],
cifra	in einer lateinischen Übersetzung der astronomischen Tafeln **al-Ḫwārizmīs**, ebenfalls aus dem 12. Jh. [al-Ḫwārizmī 6; 10], im Codex Salem [M. Cantor 1; 2],
zephirum	bei **Leonardo von Pisa** [1; **1**, 2],
sciffula	bei **Jordanus Nemorarius** [Eneström 3; 26].

Bei **Johannes Hispalensis** (12. Jh.) heißt die Null *circulus* [29], eine Bezeichnungsweise, die auch in dem oben genannten Algorismus [Curtze 5; 19] vorkommt, **Radulph von Laon** schreibt *sipos* und *rotula* [91]. Im 13. Jh. sagt Meister **Gernardus** in seinem Algorismus [1; 293]: *figura talis. 0., quae cifra dicitur sive circulus sive figura nichili*; ähnlich drückt sich auch **Johannes de Sacro Bosco** (13. Jh.) aus [2]: *O dicitur teca, circulus, vel cyfra, vel figura nichili.* Nach **Curtze** [5; 9] bedeutet *tecca* eigentlich das kreisrunde Brandmal, das man Dieben und Räubern auf die Stirn oder in die Wangen einzubrennen pflegte. **Johannes de Sacro Bosco** (bzw. dessen Kommentator **Petrus de Dacia**) ist die eigentliche Bedeutung von *cifra* als „das Leere" nicht mehr bekannt; er erklärt es als aus *circumfacta vel circumferenda* entstanden [26]. **Tartaglia** zählt 1556 folgende, zu seiner Zeit geltende Bezeichnungen für Null auf [1; **1**, 5^{v}]: *teccha, circolo, zerro, nulla.*

Aus *cifra* entsteht in Frankreich *chiffre*, z.B. **Chuquet** 1484 [1; 593]: *chiffre ou nulle ou figure de nulle valeur* (ebenso **La Roche** [7^{r}]), in England im 15. Jh. *cifre* [Steele; 4], und *cyphar* 1542 bei **Recorde** [1; C 3^{v}], in Italien *zevero* bei **Jacobus de Florentia** (um 1307) [Boncompagni 2; 673], *cevero* in der Arithmetik des **Giovanni de Danti** aus Arezzo (um 1370) [D. E. Smith 6; **2**, 71], *cefiro* bei **Borghi** (1484) [2^{r}]. Aus *zefiro* wird *zero*, das in Frankreich 1485 [Jordan; 191], in Italien 1494 bei **Luca Pacioli** [a; 19^{r}], 1518 bei **F. Calandri** [2; b 1^{r}] usw. nachweisbar ist.

In Frankreich bedeutet *chiffre* bereits im 15. Jh. nicht nur die Null, es hat auch schon den erweiterten Sinn für die Bezeichnung aller Zahlzeichen 0, 1, 2, ..., 9 angenommen [Jordan; 191]. Bei **Huswirt** (1501) wird *cifra* noch als Null gebraucht, während es auch als „Ziffer" im modernen Sinn erscheint [7, 23], ebenso bei **Köbel** [1; A 4^{v}]: *die . . . figurenn (die der gemain man Zyfer nendt), newn . . . figuren . . . vnd ain Zyffer.* Bei **Rudolff** [2; a 2^{v}] hat *ziffer* nur noch die erweiterte Bedeutung Zahl bzw. Stelle. *Cifra* bzw. *Ziffer* speziell für Null ist aber noch lange gebräuchlich geblieben, so bei **Metius** 1611 [1], **Cavalieri** 1643 [3, Nr. XXIII], **Hérigone** 1644 [2, 2] usw. 1783 erscheint *cifra* für Null in einer lateinischen Abhandlung **Eulers** [10; 402]. 1789 sagt **Meinert** in seinem *Lehrbuch der Mathematik* historisch getreu [**1**, 15]: *Das Zeichen 0 heißt nach der*

Abstammung Ziffer. Selbst **Gauß** nennt 1799 noch die Null *cifra* [7; 8, Z. 20]. In England ist diese Auffassung von *cipher* gleich Null bis heute nachweisbar: *he is a mere cipher.*

Das Wort *nulle* bzw. *nulla* erscheint fast gleichzeitig in Frankreich bei **Chuquet** [1; 593] (ebenso bei **La Roche** [7^r]), in Italien, z.B. 1478 in der Treviso-Arithmetik [1^v] (vgl. auch [D. E. Smith 5; 316]), 1484 bei **Borghi** [2^r], 1494 bei **Luca Pacioli** [a; 19^r], ferner in einem deutschen Algorismus von 1488 [Rath 2; 244]. Es fehlt im Bamberger Rechenbuch von 1483 sowie bei **Widman** und wird erst wieder in Deutschland in den Rechenbüchern des 16. Jhs. benützt, so:

nulla bei **Böschensteyn** 1514 [A 2^r], **Grammateus** 1518 [1; A 2^v], **Apian** 1527 [A 3^r], **Rudolff** 1550 [2; a 2^v], **Gehrl** 1577 [2], usw.

In den deutschen Schriften behält *Nulla* verhältnismäßig lange seine lateinische Endung. Von **Schwenter** wird es 1636 sonderbarerweise nicht weiblich gebraucht [2; 44, 52]: *ein Nulla.* Im 18. Jh. fängt man an, *eine Nulle* zu sagen, z.B. **Chr. von Wolff** 1716 [3; Sp. 1486] und **Euler** 1770 [5; 2. Teil, 2. Abschn., Kap. 13, § 205, Nr. IX]. In der Bearbeitung des **Wolff**schen Lexikons von 1747 heißt es endlich kurz „Null", (nach [Schirmer 2; 48]). **Karsten** 1767 schreibt ebenfalls nur „die . . . Null" [**1**, 12].

1.2.1.4 Die Beschreibung der Zahlen im Positionssystem

Zur Beschreibung der Zahlen im Positionssystem dienen uns heute die Ausdrücke Einer, Zehner, Hunderter, usw., sowie das Wort Stelle. Für die Anzahl der Einheiten der jeweiligen Stelle haben wir jedoch kein ausgesprochenes Fachwort mehr.

Bei den Griechen nennt **Apollonios** diese Anzahl πυϑμήν [Pappos 1; 2 ff.]. So hat etwa τ (= 300) den *Pythmen* γ (= 3); den gleichen *Pythmen* hat λ (= 30). Um etwa die Zahlen $3 \cdot 30 \cdot 400$ zu multiplizieren, multipliziert **Apollonios** zuerst die *Pythmenes* $3 \cdot 3 \cdot 4$ und dann die zugehörigen Potenzen von 10.

Der Inder **Brahmagupta** verwendet in seinem *Brāhmasphuṭasiddhānta* in XII, Vers 63, in dem das Quadrieren einer Zahl beschrieben wird, den Ausdruck *rāśér ūnam*, was wörtlich und dem Sinn nach „der kleinere Teil einer vorgegebenen Zahl" bedeutet. Bei **Datta-Singh** [DS; **1**, 156] wird dieser Ausdruck als *the digit in the lowest place* interpretiert (ebenso bei **Saidan** [2; 107]). Diese Interpretation ist zwar möglich, aber durchaus nicht zwingend und daher zweifelhaft. Die Dezimalstelle allgemein nennt **Mahāvira** [13] *sthāna*, wörtlich „das Stehen, der Platz, die Stelle", vgl. [DS; **1**, 161].

In der arabischen Arithmetik bemerkt **al-Ḫwārizmī** in seiner Algebra, daß zur Darstellung aller Zahlen nur 12 Wörter benötigt werden, nämlich eins, zwei, –, neun, zehn, hundert und tausend [Ruska 2; 71]: *Und ich fand die Gesamtheit dessen, was von den Zahlen ausgesprochen wird (d.i. wofür es besondere Zahlwörter gibt), was über die Eins hinausgeht bis zur Zehn, fortschreitend um den Betrag der Eins; dann wird die Zehn verdoppelt und verdreifacht wie es getan wurde mit der Eins, so daß daraus die Zwanzig und Dreißig entstehen bis zur Vollendung der Hundert; hierauf wird die Hundert verdoppelt und verdreifacht, wie es getan wurde mit der Eins und mit der Zehn bis zu*

Tausend usw.; dann wird ebenso wiederholt die Tausend bei jedem ᶜaqd bis zum Äußersten des Bereichs der Zahl."

Al-Ḫwārizmī verwendet *ᶜaqd*, wörtlich Knoten, auch noch bei den Stellenangaben bei der Multiplikation; **Ruska** [2; 79 f.] übersetzt *ᶜaqd* mit „Glied, Gliedzahl". Im 10. Jh. bezeichnen die Verfasser einer Enzyklopädie, die sich selbst **Iḫwān al-Ṣafā'** nannten [Sezgin; 348 f.], die einzelnen Stellen einer Zahl als *marātib*, wörtlich „Rangordnungen": „*Und wisse, o Bruder, daß die ganze Zahl abgestuft wird in vier Stufen (marātib) nach Einern, Zehnern, Hundertern und Tausendern.*" [Ruska 2; 76].

Al-Uqlīdisī schreibt, daß es Einer, Zehner, Hunderter und Tausender gibt [2; 186]: *Thus when we say units we mean (something) between one and nine; after that units are over, and ten comes out like one. . . We add up ten to until we reach 90. . . Tens are now over and we say one hundred. . .* **Kūšyār ibn Labbān** führt folgende Reihe auf [9]:

'āḥād	Einer,
ᶜašarāt	Zehner,
mi'īn	Hunderter,
'ulūf	Tausender,
ᶜašarāt 'ulūf	Zehntausender,
mi'īn 'ulūf	Hunderttausender,
⋮	
usw. bis 10^8.	

Die Stelle allgemein nennt **al-Uqlīdisī** sowohl *manzila* (Pl. *manāzil*) wie auch *martaba* (Pl. *marātib*) [2; 41, 357], **Kūšyār** [9; 46 f.] *martaba* sowie *rutba*, was wörtlich alles soviel wie Rang, Stufe bedeutet.

In den lateinischen Darstellungen des Mittelalters verwendet man, um das von den Arabern übernommene neue dezimale Positionssystem zu beschreiben, eine komplizierte, wohl auf dem Arabischen fußende Fachsprache. **Gerbert** [2; 7 f.] unterscheidet um 980 n. Chr. bei den Zahlen *digiti* (= einstellige Zahlen), *articuli* (= Zehnerzahlen, n · 10) und *minuta* (= Brüche). In einem etwa aus derselben Zeit (10./11. Jh.) stammenden Kommentar zu **Gerbert** findet man zwei Bezeichnungsweisen [Gerbert 2; 251 ff.]:

1. *singulares* für Einer,
   deceni für Zehner,
   centeni für Hunderter,
   milleni für Tausender,
   usw.

   sie wird vor allem bei der Bezeichnung der Spalten auf dem Rechenbrett benutzt (vgl. auch [Gerbert 2; 200]);

2. *digiti* = Zahlen 1, 2, ..., 9, wörtlich: Finger⟨zahlen⟩,
   articuli = Zehner, 10, 20, ..., 90, wörtlich: Glied⟨zahlen⟩, Knöchel, Gelenk,
   numeri compositi = aus *digiti* und *articuli*
   zusammengesetzte Zahlen wie 11, 12, ..., 19, 21, ...,

sie hat ihren Ursprung wohl im Fingerrechnen (s.S. 49), das z.B. der Lehrer **Gerberts, Abbo von Fleury** mit eben diesen Termini beschreibt.

Robert von Chester verwendet in seiner Bearbeitung des **al-Ḫwārizimī** nicht *articulus*, sondern *nodus* (= Gelenk, Knoten) [al-Ḫwārizimī 4; 90]. Auch bei **Leonardo von Pisa** kommt *nodus* einmal vor [1; **1**, 5] und zwar bei der Beschreibung des Fingerrechnens. **Ruska** [2; 80] vertritt die Meinung, daß, wer *articulus* bzw. *nodus* verwendet hat, das arabische *ᶜaqd* vor sich gehabt hat, während, wer *unitates* (bzw. *singulares*) geschrieben hat, *'āḥād* übersetzt hat.

Die Bezeichnung der Zahlen durch *digiti, articuli, numeri compositi* ist im Mittelalter weit verbreitet, sie steht z.B. im Codex Salem aus dem 12. Jh. [M. Cantor 1; 2]:
bei Pseudo-Boetius [Boetius; 395 ff.], bei **Johannes Hispalensis** [25 f.], bei **Johannes de Sacro Bosco** [1].

Johannes Hispalensis beschreibt ferner, daß die *digiti* den ersten *limes* bilden, die Zehner den zweiten *limes*, die Hunderter den dritten *limes*, die Tausender den vierten *limes* usw.; an anderer Stelle [133] verwendet er auch *limes* als Synonym für *articulus*. Dies entspricht dann der späteren Definition von *articulus* = eine durch 10 teilbare Zahl. In diesem Sinn von *articulus* steht:
bei **Beldomandi** 1483 [1; 2r]: *digiti, numerus articulus*,
bei **Borghi** [2v]: *numero simplice, numero articolo, numero articolo ecomposito.*

Chr. von Wolff schreibt 1716: *Digiti, die Finger-Zahlen* [3; Sp. 532]. *Articulus, Wird eine Zahl genennet, die sich durch zehen dividiren lässet* . . . [3; Sp. 182].

Articulus erscheint sogar noch in **Klügels** Mathematischem Wörterbuch 1803 [2; **1**, 220]. An das Wort *digiti* erinnert noch heute engl. *digit* = Finger, Zahlen unter 10.

Gleichzeitig waren bereits während des ganzen Mittelalters die Fachwörter unitates (bzw. singulares), deceni, centeni, milleni, usw. üblich, z.B. bei **Leonardo von Pisa** [1; **1**, 21].

Es schreiben:

Chuquet [1; 593] und **La Roche** [7r]	*primes*	*secondes*	*tierces*	*quartes*
Pellos [4r]	*numbre simple*	*desenal*	*centenal*	*milhiers*
Tartaglia [1; **1**, 6r]	*digito = numero*	*decene*	*centenara*	*millia*
Buteo [8 f.]	*monadici = digiti*	*decades = articuli*		

In den deutschen Rechenbüchern benützt **Harsdörffer** [2. Teil, 32]:
einzehlich = *Monadici*
Zehner = *Decadici*
. . . .

Chr. von Wolff verwendet 1728 dann die heute übliche Bezeichnungsweise *Einer, Zehner, Hunderte, Tausende* [4; 18], ebenso 1765 **Pescheck** [2; 9, 12] usw.

Die Stelle einer Zahl heißt in den ältesten lateinischen Schriften, die das indische Rechnen ins Abendland brachten, gewöhnlich *differentia* oder *locus*, so bei **Johannes Hispalensis** [27 f.], im Codex Salem [M. Cantor 1; 2], **Johannes de Sacro Bosco** [1 f.], **al-Ḫwārizmī** [2; 11]. Gelegentlich kommen auch *mansio, ordo, species, statio* und *limes* vor [al-Ḫwārizmī 2; 45]; **Leonardo von Pisa** verwendet *gradus* [1; **1**, 2]. Später tritt entsprechend im Italienischen *luogo* auf, z.B. bei **Borghi** [2ʳ], **Luca Pacioli** [a; 19ʳ], **Tartaglia** [1; **1**, 5ᵛ], im Französischen zunächst *ordre* [Chuquet 1; 593], dann *lieu*, z.B. [Livre de getz; b 3ᵛ], [Trenchant 1; 12], im Englischen *place* [Recorde 1; B 6ʳ]. In den deutschen Rechenbüchern heißt die Stelle

stede	im Clevischen Algorithmus (um 1445) [125],
stat	im Bamberger Rechenbuch von 1483 [4ʳ],
	bei **Widman** [5ᵛ],
	bei **Rudolff** [2; a 2ᵛ],
stet	bei **Stifel** 1546 [3; 2],
	bei **Gehrl** 1577 [2].

Das Wort *Stelle* wird erst im 18. Jh. durch **Chr. von Wolff** bekannt (z.B. [3; Sp. 1486]). **Kästner** bildet die Zusammensetzung *Dezimalstelle* [1; 85].

1.2.2 Zahlzeichen für ganze Zahlen

Nach der Bildung von Zahlwörtern, die das Ohr beim Gespräch aufnahm, ergab sich bald die Notwendigkeit, die Zahlen auch für das Auge sichtbar zu machen. Dies konnte einmal geschehen durch Aufzeigen der entsprechenden Zahl von Fingern oder nach Vereinbarung bestimmter Formen von *Fingerzahlen*, ferner durch Auslegen von handlichen Gegenständen (wie Steinchen, Muscheln, Holzstäbchen). Damit konnten auch große Zahlen dargestellt werden, wenn man nur die Einheiten der einzelnen Zählstufen entweder durch verschiedenartige Objekte unterschied oder sie geordnet auf einem *Abakus* niederlegte, einem durch Kolumnen oder Linien eingeteilten Tisch oder einer Tafel. In diese Kolumnen bzw. auf oder auch zwischen diese vorgezeichneten Linien konnten die Einheiten der verschiedenen Zählstufen in Gestalt von Rechensteinen (*Calculi, Projectiles, Jetons, Rechen-* oder *Legpfennige*) eingelegt werden. Zum längeren Festhalten einer Zahl eignete sich eine derartige Tafel freilich nicht. Eine Verbesserung war die zuerst bei den Römern feststellbare starre Form des Abakus, bei dem die Rechensteine in Rillen oder auf Drähten laufen. Dauerhaft wurde eine Zahl auch festgehalten, wenn man die Zahlzeichen – ursprünglich waren es nur die Einerstriche – in ein *Kerbholz* einschnitt oder durch Knoten in *Zählschnüren (Quipus)* darstellte.

Das gegenständliche Auslegen von Rechensteinen konnte sich wie im mittelalterlichen Linienabakus zu einer *Zahlenschrift* entwickeln: statt der auf und zwischen den Linien aufgelegten Jetons wurde die entsprechende Zahl von Punkten mit Kreide oder Tinte auf die mit dem Linienschema versehene Schreibunterlage eingeschrieben.

Zur schriftlichen Fixierung einer Zahlenangabe z.B. in einem fortlaufenden Text haben ferner folgende Mittel Anwendung gefunden: Man konnte das Zahlwort entweder mit seinem ganzen *Buchstabenbestand* oder auch nur mit dem *Anfangsbuchstaben (akrophonisch)* anschreiben oder besondere *Individualzeichen* einführen. Diese wurden vielfach nur für die Stufenzahlen verwendet, während innerhalb der Stufen die Individualzeichen wie die Zählstriche auf dem Kerbholz aneinandergereiht wurden; die dabei auftretenden langen Reihungen konnten durch multiplikative Bildungen oder durch Einschaltung von Zwischenstufen verkürzt werden. Manchmal – wie bei den Zahlbuchstaben der Griechen, Juden und anderen Völkern des nahen Ostens – treten die Individualzeichen auch innerhalb der Stufen auf.

Die geringste Anzahl von Individualzeichen erfordert die in einem *Positionssystem* geschriebene Zahl. In diesem wird in der zweiten und jeder folgenden Stufe ein Individualzeichen der ersten Stufe verwendet; lediglich der Platz, auf dem das Zeichen steht, legt den Wert der Zahl fest. Nur muß jetzt noch ein Symbol für eine leere Stelle, die Null eingeführt werden.

Im Folgenden soll geschildert werden, welcher Zahlzeichen bzw. Zahlzeichensysteme sich die verschiedenen Völker bedienten, wobei sich zeigen wird, daß vielfach mehrere der genannten Mittel zur Wiedergabe von Zahlen teils nebeneinander, teils zeitlich hintereinander in Gebrauch waren; in diesem Fall ist nicht zu verkennen, daß man bestrebt war, das Bisherige zu verbessern, während ein Nebeneinander seinen Grund darin haben konnte, daß gelehrtere Kreise ein System verwendeten, das zwar besser, aber schwieriger zu verstehen und zu handhaben war als ein anderes einfacheres Verfahren, das für die Bedürfnisse des oft schreibunkundigen Mannes aus dem Volke genügte.

1.2.2.1 Zahlzeichen der Primitiven

Literatur allgemein (im folgenden abgekürzt: L.): Fettweis [2], Frolov, Humboldt, Marshack, Menninger, Zaslavsky.

Von den genannten Möglichkeiten, Zahlen sichtbar zu machen, also Zahlzeichen zu bilden, kommen für die primitiven Völker nur in Betracht: Das Aufzeigen von Zahlen an den Fingern, das Einschneiden von Kerben, welche die Zählfinger ersetzen, ferner Knüpfungen in Zählschnüren und Auslegen von Objekten (Steinchen, Muscheln u. dgl.), was – übersichtlich angeordnet – bald zu einem Abakus führen könnte.

Dabei müssen als Primitive nicht nur die Stämme der vorgeschichtlichen Zeit angesehen werden, die noch nicht die Kenntnis der Schrift erworben hatten (obwohl z.B. die Künstler von Altamira keine Primitiven mehr waren), sondern auch die Menschen aller Zeiten, die schreibunkundig geblieben sind.

Ein hierher gehörendes Dokument ist z.B. ein aus der Altsteinzeit stammender Wolfsknochen, der in Mähren, dem Gebiet der späteren Bandkeramiker, gefunden wurde. Dort ist die Zahl 55 eingekerbt, wobei die nebeneinandergereihten Einerstriche bei 25 zusammengefaßt wurden. Aus demselben Raum, aber bereits der Bronzezeit (ca. –1400) angehörend, stammen ca. 3 bis 4 cm lange Knochen von Haustieren, auf denen Kerben von 1 bis 13, auf einigen auch ein Kreuz (vielleicht 20) eingeritzt sind. Derartige Zahlenangaben gehören wohl zur Buchführung eines Kaufmanns oder sind Aufzählungen der Jagdbeute [VM; **1**, 16].

1.2.2.2 Die ersten Kulturen

Eine systematisch ausgebildete Zahlenschrift findet sich bereits vom 4. vorchristlichen Jahrtausend an in Wirtschaftstexten verschiedener Kulturvölker des Mittelmeerraumes und des Ostens. In einem protoelamischen Text aus *Tepe Sialk* (Zentralpersien) aus dem 3. Jahrtausend v. Chr. sind die Einer durch ∩ und die Zehner durch ° dargestellt, z.B.

∩ ∩ ° ° für 24
∩ ∩

[Ghirshman; 116]. Im *minoischen* Kulturbereich treten in der frühminoischen Periode (ca. 2600–2000) die Zeichen

| für die Einer,
• für die Zehner,
\ oder / für die Hunderter,
◇ für die Tausender

auf, die in den sog. Linearschriften A und B aus mittel- und spätminoischer Zeit (ca. 2000–1550 bzw. 1550–1150) die folgenden Formen annehmen:

Linear-schrift	1	10	100	1000	10 000
A	|	• oder –	o	✧	
B	|	–	o	✧	✧ = 10 · 1000

[Furumark; 116], [Sarton 3; 378], vgl. [VM; **1**, 17 ff.]. Auf den Siegeln von *Mohenjo-daro* und *Harappa* (Induskultur) erscheint nur der Einheitsstrich und zwar bis zu 13mal wiederholt; ein Extrazeichen für 10 existiert hier wohl nicht [Hartner; 102].

1.2.2.3 Die Ägypter

L.: Breadsted, A.H. Gardiner, Gillings, Sethe [1], Vogel [VM; **1**].

Nach **Herodot** haben auch die Ägypter mit Steinchen gerechnet [II, 36, 4]. Schriftlich wurden die Zahlzeichen schon in der Frühzeit (um 3000 v. Chr.) in der vor allem auf Denkmälern verwendeten hieroglyphischen Schrift durch folgende Zahlzeichen wiedergegeben:

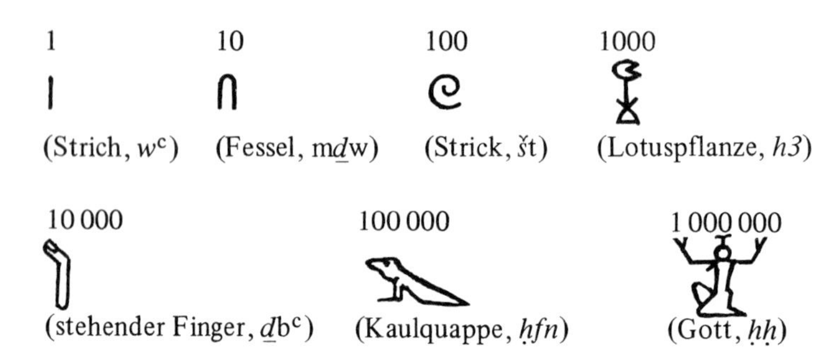

Es treten also außer dem Einerstrich Individualzeichen für die Zehnerpotenzen von 1 bis 10^6 auf. Die Ähnlichkeit der Symbole für 1 und 10 000 legt den Gedanken nahe, daß der Strich, der Eins bedeutet, letztlich eine Andeutung eines einzelnen Fingers darstellt. Die 10 000 wäre bei dieser Auffassung gleichsam eine „große Eins". Diese Deutung wird gestützt durch eine Stelle im Suda-Lexikon [162 b], nach dem der Finger sowohl 1 wie 10 000 bedeutet. Ansonsten kommt den Zahlzeichen ihre Rolle als Ziffern wahrscheinlich nur aus phonetischen Gründen zu; man schreibt die Zahlwörter mit den Bildern solcher Wörter, die die gleichen Radikale enthalten. Das heißt, die ägyptischen Wörter für Strich, Fessel, Strick, . . . haben die Radikale wᶜ, mḏw, št, . . . und diese sind gleichzeitig die Radikale der Zahlwörter 1, 10, 100, . . .

Die übrigen Zahlen, d.h. die Zahlen, die keine Zehnerpotenzen sind, werden durch Aneinanderreihung dargestellt, z.B.

1 234 567

Die größeren Zahlen gehen den kleineren voran, es entstehen oft lange Zahlenbilder. Diese Ordnung der Ziffern in absteigender Reihenfolge entspricht auch dem aus dem Koptischen zu entnehmenden Gebrauch der Sprache.

Große Zahlen wurden bereits in der ganz alten Zeit aufgezeichnet. So steht z.B. auf der Keule des Königs **Narmer** (vordynastisch um 3000 v. Chr.), daß die Zahl der gemachten Gefangenen 120 000 beträgt, die der erbeuteten Rinder 400 000 und die der erbeuteten Ziegen 1 420 000 [Quibell, Plate 26 b].

Im mittleren Reich (12. Dynastie, ab 1991) tritt eine gewisse Änderung der alten Ziffernordnung ein. Das Wort *ḥḥ* hat im Ägyptischen auch die Bedeutung „viel". Vermutlich aus diesem Grunde ist es als Zeichen und Wort für Million nun nicht mehr anzutreffen [Sethe 1; 8 f.]. Die Kaulquappe als Zeichen für 100 000 ist jetzt das höchste Zahlzeichen. So schrieb man 2 800 000 als 28 · 100 000:

Nur einmal erscheint hierbei das Zeichen der Kaulquappe. Das Zahlbild ist nun erheblich kürzer; man bezeichnet diesen Vorgang als „multiplikative Schreibung". Diese

Hieratisch:

1–9	
10–90	
100–900	
1 000–9 000	

Demotisch:

1–9	oder
10–90	
100–900	
1 000–9 000	

Abbildung 1. Ägyptische Zahlzeichen [Sethe 1; Tafel I].

findet sich dann im Neuen Reich, nach etwa 1554/51 (18. Dynastie) herunter bis zu den Tausendern, z.B. für 4 000.

Bei der ägyptischen Zahlenschreibweise ist ein besonderes Zeichen für die Null nicht erforderlich. In einer späten Inschrift am Tempel in Edfu (2./1. Jh. v. Chr.) tritt allerdings ein Bildzeichen für Null auf, die abwehrenden Hände . Es handelt sich dabei um Näherungsberechnungen für die Flächen von schmalen viereckigen Grundstücken mit den Seiten a, b, c, d nach der Formel $F = \frac{a+c}{2} \cdot \frac{b+d}{2}$. Im Falle eines Dreiecks wird mit der Formel $F = \frac{0+c}{2} \cdot \frac{b+d}{2}$ gerechnet [Lepsius 1; 82 f.].

Durch kursive Vereinfachung der Schrift auf Papyri werden im Hieratischen und noch mehr im Demotischen aus den Symbolen für die ursprünglich durch Aneinanderreihung entstandenen Zahlen 1–9, 10–90, 100–900, 1 000–9 000 allmählich Individualzeichen, siehe hierzu Abbildung 1. Es entstehen nun zwar wesentlich kürzere Zahlbilder, diese sind aber nicht mehr so übersichtlich, z.B.

(Pap. Brit. Mus. 10520, aus römischer Zeit) [Parker; 85].

1.2.2.4 Die Babylonier

L.: Falkenstein, Lewy, Meissner, Neugebauer [MKT], [5], [2], Neugebauer/Sachs [MCT], Thureau-Dangin [TMB], [3], Vajman [1], Vogel [VM; 2].

Im Zweistromland lösten sich zwei Kulturen ab. Hier wohnten im 4. Jahrtausend die nichtsemitischen Sumerer, die wahrscheinlich erst nach ihrer Landnahme die Schrift erfunden haben. Sie wurden seit der Mitte des 3. Jahrtausends von den vom Westen eindringenden semitischen Stämmen bedrängt und verloren unter der Dynastie von Akkad (König **Sargon**, um 2300) ihre politische Selbständigkeit. Die sumerische Sprache wurde allmählich durch das Akkadische verdrängt, hat sich aber – dem Lateinischen im Mittelalter vergleichbar – in Literatur und Wissenschaft erhalten.

Die Sumerer schrieben ursprünglich mit Griffeln verschiedenen Querschnitts, die sie senkrecht oder schräg in die weichen Tontafeln eindrückten. Damit wurden in altsumerischer Zeit hauptsächlich die Zahlen 1, 10, 60, 600, 3 600 und 36 000 (s. Abb. 2, Spalte 1) dargestellt. Daneben existierte auch – allerdings weniger häufig verwendet – ein dezimales System mit Zeichen für 1, 10, 100 und einer größeren Einheit, die vielleicht als 300 zu deuten ist (s. Abb. 2, Spalte 2). Als das bisherige Schreibgerät durch einen gespitzten Griffel ersetzt wurde, entstanden zwei neue Formen, der Keil und der

Winkelhaken (s. Abb. 2, Spalte 3). Hier ist die neue Einheit 60 deutlich als ein größerer Keil, also als große Eins zu erkennen, wie auch früher 3 600 und 100 als große „Zehn".

Am Ende der Entwicklung steht, wie es die ältesten Aufgabentexte aus frühbabylonischer Zeit zeigen, ein Positionssystem mit der Basis 60, wobei der Winkelhaken, der Zehner, zur Verkürzung der Reihe innerhalb der einzelnen Stufe diente. Dieses gelehrte System war freilich noch unvollständig. Es diente zwar auch zur Darstellung der 60er

	altsumerisch 60-er System	altsumerisch 10-er System	spät-sumerisch	Positions-system	akkadisch
1					
10					
60					
100					
120					
300					
600					
1 000					
1 200					
3 600					
36 000					
60^3					

Abbildung 2. Sumerische und akkadische Zahlzeichen.

Brüche, aber es existierte kein Trennungszeichen[1]) zwischen den Ganzen und den Brüchen, so daß der wahre Wert aus dem Zusammenhang entnommen werden mußte, wenn er nicht durch eine Glosse bestimmt war (s. S. 101). So wird z.B. die Zahl 44, 26, 40 als 0; 44, 26, 40 festgelegt durch die Erklärung „dies ist $\frac{1}{9}$ von $\frac{2}{3}$ von 10".

Unklarheiten entstehen auch, wenn eine oder beide Ziffern, aus denen eine Sexagesimalstelle besteht, fehlen (gleich Null sind). Solche Unklarheiten können durch die übliche Anordnung der Zeichen schon ausgeschlossen sein, oder lassen sich durch einen Zwischenraum oder durch ein Lückenzeichen ⋞ ausschließen.

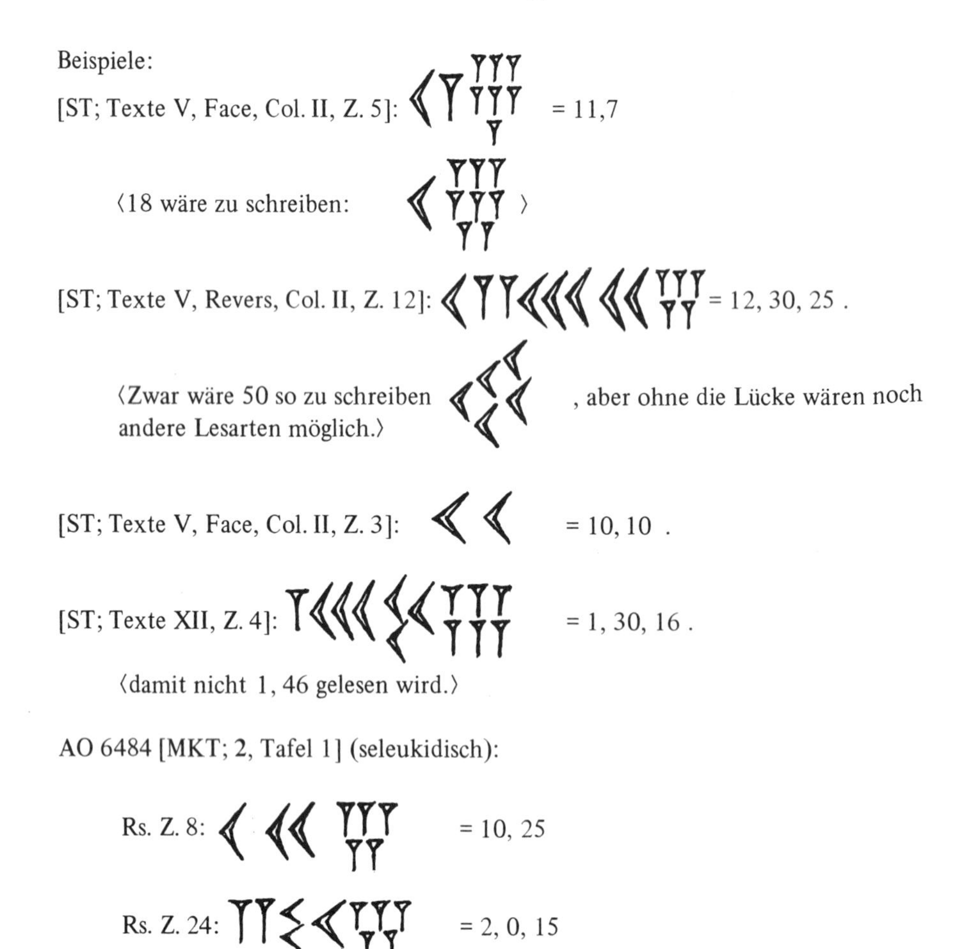

Beispiele:

[ST; Texte V, Face, Col. II, Z. 5]: = 11,7

⟨18 wäre zu schreiben: ⟩

[ST; Texte V, Revers, Col. II, Z. 12]: = 12, 30, 25 .

⟨Zwar wäre 50 so zu schreiben , aber ohne die Lücke wären noch andere Lesarten möglich.⟩

[ST; Texte V, Face, Col. II, Z. 3]: = 10, 10 .

[ST; Texte XII, Z. 4]: = 1, 30, 16 .

⟨damit nicht 1, 46 gelesen wird.⟩

AO 6484 [MKT; 2, Tafel 1] (seleukidisch):

Rs. Z. 8: = 10, 25

Rs. Z. 24: = 2, 0, 15

Rs. Z. 11: = 2, 0, 0, 33

---

[1]) Wir trennen nach dem Vorschlag von **Neugebauer** die einzelnen Sexagesimalstellen durch Kommata, die Ganzen von den Brüchen durch Semikolon.

Das gelehrte sumerische Positionssystem wurde von den Akkadern übernommen, die in der Umgangssprache nur dezimal rechneten und neben 1 und 10 auch besondere Worte und Wortzeichen für 100 (= *me*) und 1 000 (= *lim*) hatten.

Mit Hilfe des Zeichens für *lal* ( ) konnten wie im Lateinischen manche Zahlen auch subtraktiv geschrieben werden, z.B. = 20 – 1 = 19 [Neugebauer 5; 17]. [MKT; **2**, 30].

Über die Frage, wie das sexagesimale Positionssystem entstanden ist, wurden viele Hypothesen aufgestellt. Auf die vielseitige Teilbarkeit der Zahl 60 hatte schon **Theon von Alexandria** [2, 450] hingewiesen. **Wallis** hält die Zahl 60 deshalb als Basis für besonders geeignet (s. S. 10). Dann erklärt man es mit dem angeblichen Zusammentreffen zweier Völker, von denen das eine ein auf 10, das andere ein auf 6 aufgebautes Zahlensystem besaß [Kewitsch 2; 73 ff. und M. Cantor 3; **1**, 32, 37]. Man ging auch von dem Rundjahr mit 360 Tagen [Zimmern] oder von den Winkeln des gleichseitigen Dreiecks aus [Hoppe; 3]; beides kommt zeitlich nicht in Betracht. Daß das sexagesimale Positionssystem – wie jedes andere – auf einem Abakus dargestellt werden kann [Veselovskij; 252], ist richtig. Aber abgesehen davon, daß nur geringe Spuren auf einen babylonischen Abakus hinweisen [VM; **2**, 24, Fn. 2], muß der Entschluß, die Einheiten so zu ordnen, vorausgegangen sein.

Aus den ältesten Keilschrifttafeln aus Uruk um 3000 v. Chr. sieht man, daß eine sexagesimal einzuordnende Zahlenreihe wie sie die Abbildung 2, S. 27 (Spalte 1) zeigt, bevorzugt wurde. Dazu existierten Varianten, wie bei den Getreidemaßen in Texten aus Ǧemdet Naṣr und Warka mit 1, 10, 30, 100, 300, 3 000, wo 30 *qa* die monatliche Verpflegung eines Arbeiters darstellt, die später aufgrund eines verbesserten Lebensstandards (verfeinerte Zubereitung vermindert den Nährwert) auf 60 erhöht worden sein soll [Lewy; 9]. Zur Zeit der Könige von Akkad findet sich auch die Reihe 1, 10, 60, 600, 6 000 [Thureau-Dangin 3; 24].

Ein Beispiel für das in den Texten aus Uruk nur selten verwendete dezimale System (Abb. 2, Spalte 2) steht in [Falkenstein; Tafel 66, Nr. 626 Rs.]. Hier wird 44 zu 231 addiert, was 275 ergibt; Abbildung 3 zeigt die Darstellung der Zahlen:

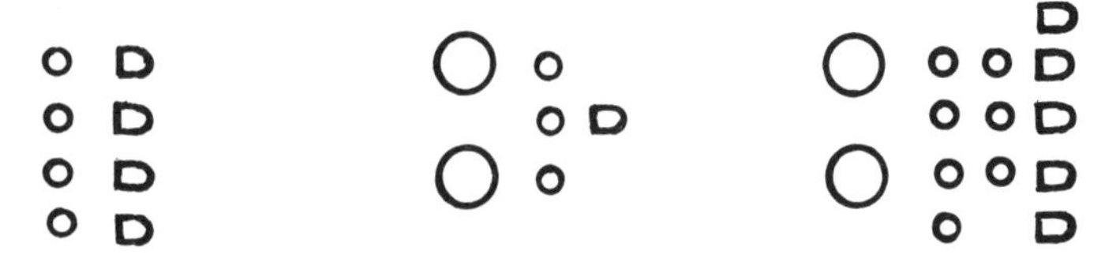

Abbildung 3. Zahlen aus einem Text aus Uruk.

Auch bei verschiedenen Maßsystemen erkennt man Relationen zwischen Einheiten, die in ein dezimales System passen würden. So ist das Flächenmaß 1 *iku* = 100 SAR. Da dies aber als 100 GAR^2 und nicht als $(10\ GAR)^2$ erscheint, fehlt ein Zwischenglied (s. [Powell; 174]). Daß die ganz unterschiedlich – darunter auch mit der Verhältniszahl drei – aufgebauten metrologischen Systeme bei der Entwicklung eine Rolle spielten, spricht eine These **Neugebauer**s aus, daß nämlich das Sexagesimalsystem seine Entstehung einer bewußten Anpassung des Zahlensystems an die Erfordernisse des Wägens und Messens verdanke [2; 43]. In dem Gewichtssystem

1 Talent = 60 Minen = 3 600 Schekel *(gín)*

sieht man einen Teilbereich des Sexagesimalsystems deutlich vor Augen, dessen Erweiterung nach oben und unten (großes Talent, kleiner Schekel) keine Schwierigkeit machen würde.

Thureau-Dangin unterscheidet bei seinen Ausführungen über die Entstehung des Sexagesimalsystem zwischen dem sumerischen System und dem gelehrten System der Babylonier. Während das erste auf der Verbindung der Zahlen 10 (Finger) mit der Zahl 6 (teilbar durch 2 und 3) beruhe [TMB; IX, Fn. 3], knüpfe das andere an die sumerischen, aus dem Gewichtssystem hergeleitete Brucheinheiten $\frac{1}{6}$ (šuš) und $\frac{1}{60}$ (gín) an [Thureau-Dangin 3; 33, 49 f. und TMB; X]. Geschrieben haben die Sumerer $\frac{1}{6}$ als Bild des Sextanten, nämlich als (, dann aber als 10 *gín* und später nur als 10. So hätten sich die Schreiber daran gewöhnt, nur 1 für 10 *gín*, 10 für 1 *šuš* = $\frac{10}{60}$ und 1, 40 für 1 $\frac{40}{60}$ zu schreiben. Wir verstehen ja auch was gemeint ist, wenn wir z.B. einen Preis von 2 M 50 Pf. als 2,50 aussprechen. Bei einer Verallgemeinerung dieses Prinzips sei dann das die Ganzen wie die Brüche umfassende gelehrte System entstanden, in dem man mit nur zwei Zeichen auskommt, mit einem Keil als Einheit jeder Potenz von 60 (Exponent: positiv, negativ oder 0) und einem Winkelhaken als Nebeneinheit 10, die nur fünfmal auftreten kann.

Näheres und Genaueres über die Entstehung des Sexagesimalsystems wird man nicht sagen können; auch der Fragestellung, ob Messen vor Zählen oder Zählen vor Messen anzunehmen ist, kommt keine Bedeutung zu, da sich beides Hand in Hand entwickelt hat. Bei den Babyloniern besteht der Unterschied zwischen dem *gín* als Gewichtsmaß und dem *gín* als $\frac{1}{60}$ der Einheit nicht mehr; für beides wird *šiqlu* (Schekel) verwendet [TMB; X, Fn. 2].

Die Babylonier, die ja im täglichen Leben und in literarischen Texten die Wörter für 100 und 1 000 verwendeten, haben ihre mathematischen Aufgaben in dem gelehrten System niedergeschrieben. Daß dabei aber das Dezimale mitspielt, zeigen die Zahlenwerte, die vielfach bei der Aufgabenstellung gewählt wurden. Beispiele dafür sind neben 100 (1, 40), 200 (3, 20) und 1 000 (60, 40) Zahlen wie 500 (8, 20), 1 300 (21, 40), 2 225 (37, 5), 3 125 (52, 5), 4 400 (1, 13, 20) u.a. [MKT; **1**, 115, 245 f.; und **3**, 7, 23].

Die Babylonier haben auch die sumerischen Namen für 60, 600 und 3 600 als *šuššu*, *neru* und *šāru* übernommen, die sich dann bei dem griechisch-babylonischen Historiker **Berossos** (1. Hälfte des 3. Jhs. v. Chr.) als σῶσσος, νῆρος und σάρος wiederfinden [Thureau-Dangin 3; 26].

1.2.2.5 Die Griechen

L.: Friedlein [2], Heath [2], Löffler, Menninger, Vogel [7].

Die Darstellung von Zahlen mit den Fingern sowie durch Steinchen ist auch für die Griechen bezeugt. An den fünf Fingern zählte der Meergott **Proteus** die Seehunde ab [Homer, δ, 412]; sie werden „abgefünft" (πεμπάζεσθαι). Auch noch später wurde in einfachen Fällen das Fingerrechnen verwendet. So sagt **Aristophanes** in den *Wespen* [Vers 656]: *Rechne ganz einfach, nicht mit Steinen, sondern von der Hand weg* (λόγισαι φαύλως, μὴ ψήφοις ἀλλ'ἀπὸ χειρός). Über das Fingerrechnen in Byzanz s. S. 46.

Das griechische Wort für „Steinchen legen" ψηφίζειν, ψήφους τιθέναι ist das Fachwort für Rechnen überhaupt geworden; schon **Herodot** [II, 36] berichtete davon.

Aus einer Anordnung der Steinchen in Kolumnen auf einer Unterlage konnte dann der griechische Abakus entstanden sein, wie er sich z.B. in einem Exemplar in der Salami-

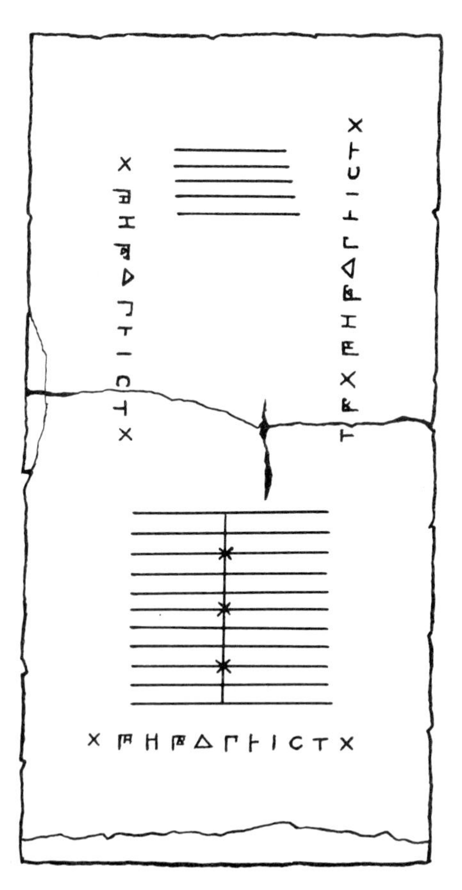

Abbildung 4. Salaminische Rechentafel [van den Waerden 2; 73].

nischen Rechentafel (s. Abb. 4) erhalten hat [Nagl 2; 18 f.]. Die Kolumnenüberschriften 1, 5, 10, 50, 100, 500, 1000, 5000 zeigen den dezimalen Aufbau mit Zwischenstufen. Andere Kolumnen sind, da es sich um ein kaufmännisches Hilfsmittel handelt, bestimmt für das Talent (6000 Drachmen), den Obolos ($\frac{1}{6}$ Drachme) und weitere Bruchteile s. S. 180.

Für die Zahlenschreibung mit Individualzeichen gab es bei den Griechen zwei Systeme: Das erste, auch auf der Salaminischen Rechentafel und auf Tributlisten und Abrechnungen verwendete, ältere attische System [Menninger; 2, 73 f.] ist „akrophonisch", d.h. es verwendet für die Zehnerstufen jeweils den Anfang des betreffenden Zahlwortes; dazu werden Zwischen-Stufen bei fünf eingeschaltet, so daß z.B. 500 als eine Fünf im Bereich der Hunderter erscheint. Die Formen sind (neben dem Einerstrich |):

	10 Δ (έκα)	100 Η (εκατόν)	1000 Χ (ίλιοι)	10000 Μ (ύριοι)
5 Π (έντε)	50 𐅄	500 𐅅	5000 𐅆	50000 𐅇
	πεντήκοντα	πεντακόσια	πεντακισχίλια	πεντακισμύρια

Beispiel: 1978 = Χ 𐅅 ΗΗΗΗ 𐅄 ΔΔ Π ΙΙΙ

Diese Zeichen lassen sich von 454 bis gegen 95 v. Chr. in Inschriften nachweisen [Larfeld; 292]. Sie sind von dem Grammatiker **Herodian** (2. Jh. n. Chr.) beschrieben worden und werden deshalb gelegentlich „Herodianische Zeichen" genannt.

Wesentlich kürzer, aber nicht so übersichtlich ist das jüngere System, das von der Mitte des 5. Jh. v. Chr. an nachgewiesen ist. Es verwendet die 24 Buchstaben des Alphabets zusammen mit den drei Episemen *Vau* (ς), *Koppa* (ϙ) und *Sampi* (ϡ) zur Bezeichnung der Zahlen in der folgenden Weise:

α	1	ι	10	ρ	100
β	2	κ	20	σ	200
γ	3	λ	30	τ	300
δ	4	μ	40	υ	400
ϵ	5	ν	50	φ	500
ς	6	ξ	60	χ	600
ζ	7	ο	70	ψ	700
η	8	π	80	ω	800
ϑ	9	ϙ	90	ϡ	900

Die Tausender erhalten links einen kleinen Strich oder eine Schleife, z.B. [Gerstinger/Vogel; 48], z.B. 1978 = ,αϡοη. Zur Unterscheidung von den Wortbuchstaben werden die Zahlbuchstaben (bei sorgfältiger Schreibung) überstrichen oder es wird ihnen oben ein Strich angehängt, welch letzterer auch bei den Brüchen verwendet wird (s. S. 103). Die Zehntausender werden durch M mit dem darüber gesetzten Zahlenfaktor bezeichnet, z.B.

$$349\,450 = \overset{\lambda\delta}{\mathrm{M}}\ ,\vartheta\overline{\upsilon\nu}..$$

In dem Zahlensystem des **Apollonios** [Pappos 1; 28], das auf Myriaden aufgebaut ist, wurden Myriaden erster, zweiter usw. Ordnung unterschieden, z.B.

$$5462\,3600\,6400\,0000 = \overset{\gamma}{\mu}\ ,\epsilon\upsilon\xi\beta\ \kappa\alpha\grave{\iota}\ \overset{\beta}{\mu}\ ,\gamma\chi\ \kappa\alpha\grave{\iota}\ \overset{\alpha}{\mu}\ ,\varsigma\upsilon.$$

Im Oktadensystem des **Archimedes** wurden keine Zahlen symbolisch bezeichnet. Ein Zeichen für Null war weder beim Abakus-Rechnen noch bei den Herodianischen und den Buchstabenziffern nötig. Über spätere Systeme der griechischen Zahlenschreibung in Byzanz s. S. 60 f.

Sexagesimalzahlen

Vor allem für astronomische Rechnungen verwendeten die Griechen das sexagesimale Zahlensystem, das sie wahrscheinlich zusammen mit Beobachtungsdaten von den Babyloniern übernahmen. Im Gegensatz zu diesen benützten die Griechen das Sexagesimalsystem nicht für die Ganzen, sondern nur für die Brüche, die sie mit den Buchstaben ihres Alphabets wiedergaben, z.B. sieht bei **Theon von Alexandria** die Division von $1515°20'15''$: $25°12'10'' = 60°7'33''$ (vgl. S. 234) so aus: *,αφιε κ ιε* ⟨:⟩ *κε ιβ ι* ⟨=⟩ *ξ ζ λγ* d.h. links stehen die Grade (*τμήματα*, *μοῖραι*, oftmals abgekürzt als $\mu°$), dann die Minuten (*λεπτά* oder ⟨*πρῶτα*⟩ *ἑξηκοστά* = ⟨erste⟩ Sechzigstel), Sekunde (*δεύτερα ἑξηκοστά* = zweite Sechzigstel), usw. Oftmals erscheinen die Minuten und Sekunden, gemäß der Bruchbezeichnungsweise (s. S. 102 f.) mit einem bzw. zwei Akzenten versehen, z.B.

$$\mu°\ \mu\zeta\ \mu\beta'\ \mu'' = \mu o\iota\rho\tilde{\omega}\nu\ \mu\zeta\ \mu\beta'\ \mu'' = 47°42'40''\ .$$

Während der Gebrauch des griechischen Zahlenalphabets bei den Dezimalzahlen ein Symbol für die Null überflüssig macht, gilt das für die griechischen Sexagesimalbrüche nicht mehr, hier ist es wesentlich, eine Leerstelle durch ein Symbol zu kennzeichnen. Dieses Symbol, das in den jeweiligen Handschriften ein etwas anderes Aussehen hat, ist im wesentlichen ein Omikron mit einem Strich darüber, also z.B.:

$\bar{o}$, $\bar{o}$, $\bar{o}$, $\bar{o}$ [Woepcke 5; 467 f.],

was wohl als eine Abkürzung von *οὐδέν* (= nichts) aufzufassen ist. Allerdings stammt die älteste dieser Handschriften mit einem Symbol für eine Sexagesimalnull, eine Ptolemaioshandschrift, erst aus dem 9. Jh. n. Chr. Da jedoch bei **Ptolemaios** in seiner *Syntaxis* häufig Sexagesimalzahlen mit Leerstellen vorkommen, z.B.

$0\ 0\ 0\ 0\ \overline{\iota\alpha}\ \overline{\mu\varsigma}\ \overline{\lambda\vartheta}$ ($0°0'0''0'''\ 11^{IV}46^{V}39^{VI}$) [2; **1**, 204] und [1; **1**, Teil 1, 279]

so darf man wohl annehmen, daß es schon in relativ früher Zeit bei den Griechen üblich war, sexagesimale Leerstellen durch ein Symbol zu kennzeichnen.

1.2.2.6 Die Römer

L.: Friedlein [2], Gardthausen, Kretschmer/Heinsius, Löffler, Menninger, Mommsen [1].

Bei den Römern war das Fingerrechnen stets in Gebrauch. Dies zeigt z.B. eine Stelle bei **Plautus** [Miles glor. 204]: *dextera digitis rationem computat*, späte Zeugnisse liefern die Kirchenväter **Hieronymus** und **Augustinus**, sowie auch **Martianus Capella** [VII, 746] und **Macrobius** [Menninger; 2, 11 ff.]. Dieser berichtet, daß im Denkmal des Gottes **Ianus** in Rom die Zahl 365 also die Anzahl der Tage im Jahr, an den Fingern aufgezeigt werde: *manu dextera trecentorum, et sinistra sexaginta quinque numerum retinens*. Diese Aussage geht fast wörtlich auf **Plinius** zurück.

Als Zahlzeichen verwenden die Römer – ähnlich den herodianischen Zahlzeichen der Griechen – Individualzeichen für die Zehnerpotenzen und die Zwischenstufen 5, 50, 500 usw.

I X C ↀ (auch (|), ∞).
V L (auch ↓, ⊥, ⊥) D

Die Schreibweise M als Tausenderzeichen wird erst im Mittelalter üblich.

Wie beim herodianischen System der Griechen gilt bei den Römern für zusammengesetzte Zahlen gewöhnlich das additive Prinzip: XXXX, LXXXVIIII. Die subtraktive Schreibweise IV = 4, IXX oder XIX = 19 kommt nur vereinzelt vor und bürgert sich im römischen Zahlensystem erst im Laufe des Mittelalters ein [Hartner; 103].

Für höhere Einheiten existierten weitere Symbole:

5 000	10 000	50 000	100 000	1 000 000
|))	((|))	|)))	(((|)))	[X] oder |X| .

Einige dieser Symbole sind auf dem Handabakus (Abb. 5) zu erkennen. Diese Handabaci, von denen noch mehrere Exemplare erhalten sind [Menninger; 2, 112], sind recht praktische Recheninstrumente. Auf einer Bronzetafel sind Rillen eingeschnitten, die in der Mitte unterbrochen sind; hier stehen die Zahlzeichen 1, 10, 100, 1 000, 10 000, 100 000, 1 000 000. Im jeweils oberen Teil der Rille befindet sich eine Kugel, die 5 bedeutet, im unteren Teil sind jeweils vier Kugeln. Will man eine Zahl darstellen, so werden die betreffenden Kugeln gegen die Mitte zusammengeschoben, z.B. werden für 8 in der Einer-Kolumne eine Kugel von oben und drei Kugeln von unten in der Mitte zusammengeschoben (Abb. 6). Für die Bruchteile der Einheit sind weitere Rillen vorhanden. an denen in unserem Bild die Zeichen O , Ɛ , 7 , 2 für $1, \frac{1}{2}, \frac{1}{4}, \frac{1}{3}$ Unzen stehen.

Über den Ursprung der römischen Zahlen besteht keine einheitliche Auffassung. So könnte aus dem Einerstrich durch Hinzufügen eines weiteren Striches (decussatio) der jeweils zehnfache Wert ausgedrückt worden sein. Nach **Mommsen** [1; 598 f.] sollen für die Zahlzeichen 10, 100 und 1 000 die im griechischen, im lateinischen Alphabet nicht vorhandenen Buchstaben X, Θ und Φ verwendet worden sein. Auch hieraus lassen sich die Fünferstufen durch Halbieren herleiten [Menninger; 2, 49]. Demnach haben C und M nichts mit den Zahlwörtern *centum* und *mille* zu tun.

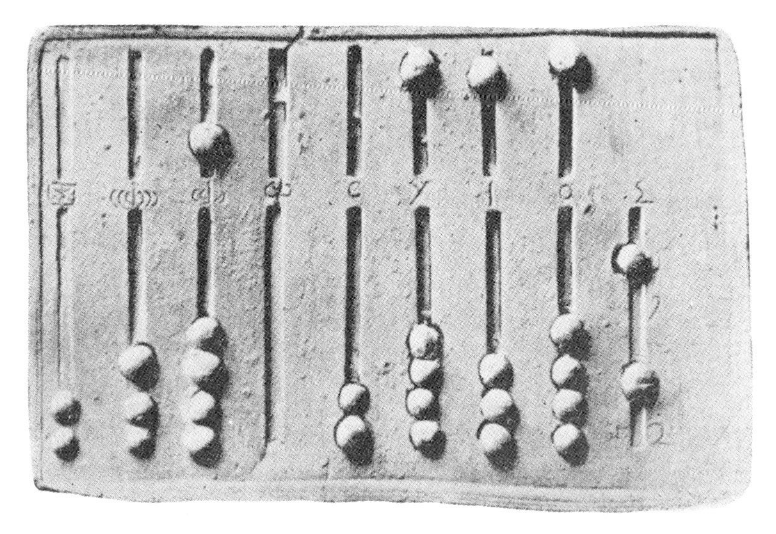

Abbildung 5. Römischer Handabakus [Menninger; **2**, 112].
Abguß von dem Stück im Cabinet des médailles, Paris. Fast natürliche Größe.

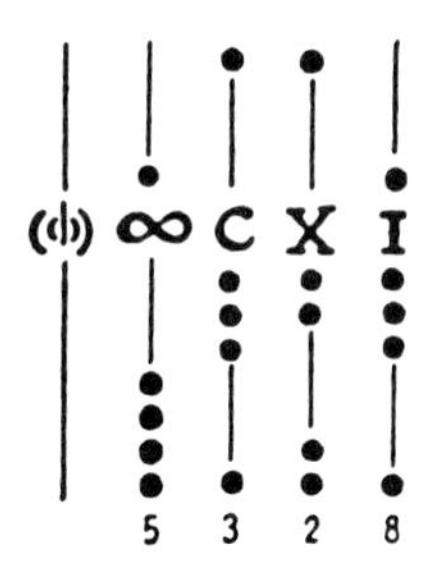

Abbildung 6. 5328 auf dem römischen Handabakus [Menninger; **2**, 113].

1.2.2.7 Die Chinesen

L.: Chiu Chang Suan Shu [3]; Juškevič [1; 9–19], Lam, Libbrecht, Menninger [**2**, 266 ff.], Mikami, Needham [N; **3**], Smith/Mikami.

Bei den Chinesen sind alle Möglichkeiten der Zahlendarstellung von den Fingerzahlen bis zu der Positionsschreibung vertreten. Der Zählfinger ist noch in den Zahlzeichen für 1 bis 3 festgehalten, aber auch 4 und 9 gehen wohl auf alte Zahlgebärden zurück [Menninger; 2, 23 f.]. Daß auch einmal Knotenzahlen in Gebrauch waren, zeigt ein Text aus dem 6. vorchristlichen Jahrhundert, in dem es heißt: Das Volk soll zu den geknoteten Stricken zurückkehren und sie verwenden [D.E. Smith 6; 2, 195]. Noch jetzt sind in Tibet Zählschnüre in Gebrauch, auf denen eine Zahl, z.B. die der auferlegten Gebete, festgehalten wird [Menninger; **2**, 59].

Die Grundformen der chinesischen Zahlzeichen sind schon seit der Han-Zeit (ab 3. Jh. v. Chr.) bekannt (Grundziffern) [Hartner; 105]:

一	1	十一	11	百	100
二	2	十二	12	二百	200
三	3				
四	4			千	1 000
五	5	二十	20	萬	10 000
六	6				
七	7	二十九	29		
八	8				
九	9	九十	90		
十	10				

Es handelt sich um die Individualzeichen von 1 bis 9; dazu kommen noch Zeichen für 10, 100, 1 000, 10 000 sowie ein Zeichen für $10\,000^2 = 100\,000\,000$, für die unten die Abkürzungen Z, H, T, ZT und HM verwendet werden sollen. Vielleicht sind alle diese Symbole identisch mit den Hieroglyphen des betreffenden Zahlwortes selbst; so ist z.B. 1 000 gleichlautend mit dem Wort für Skorpion. Ähnlich war es bei den Ägyptern, bei denen die Lotosblume oder die Kaulquappe auch zur Bezeichnung höherer Zahlenwerte dienten (s. S. 24). Die Zahlenwerte innerhalb der Stufen wurden multiplikativ vermittels der Zeichen von 1 bis 9 wiedergegeben. So wurde in einem Rechenbuch der Han-Zeit, im *Chiu Chang Suan Shu* [3; 105] die Zahl 1 6448 6643 7500 geschrieben als:

1 ZT 6 T 4 H 4 Z ⟨und⟩ 8 HM 6 T 6 H 4 Z ⟨und⟩ 3 ZT 7 T 5 H .

Man sieht, es sind immer vier Stellen zu Myriaden zusammengefaßt. Das derart dezimal aufgebaute Bild sieht so aus, als ob dabei die Kolumnenüberschriften aus einem Abakus übernommen worden wären. Da noch kein vollständiges Positionssystem vorliegt, erübrigt sich auch ein Zeichen für eine Fehlstelle, also für die Null.

Das gleiche multiplikative Prinzip findet sich schon bei Zahlen auf Orakelknochen aus der Shang-Zeit (ca. 1520–1030 v. Chr.) [N; **3**, 14].

Seit dem 2. Jh. v. Chr. ist die Verwendung eines Abakus nachgewiesen, der auch dem Schreibunkundigen die Darstellung der Zahlen und das Rechnen mit ihnen gestattete. An Stelle von Steinen wurden Holz- oder Bambusstäbchen senkrecht und waagrecht für die Zahlen von 1 bis 9 in folgender Weise ausgelegt:

𝍠	𝍡	𝍢	𝍣	𝍤	𝍥	𝍦	𝍧	𝍨
1	2	3	4	5	6	7	8	9

In dieser Form liegen die Stäbchen in der Kolumne der Einer und jeder weiteren 10^{2n}-Kolumne ($n = 0, 1, 2, \ldots$), während in den übrigen Kolumnen die Stäbchen der besseren Übersicht wegen um 90° gedreht ausgelegt werden:

𝍩	𝍪	𝍫	𝍬	𝍭	𝍮	𝍯	𝍰	𝍱
1	2	3	4	5	6	7	8	9

Diese Zahlen konnten nun auch als „Strichzahlen" geschrieben werden, z.B. 27 703 = 𝍡𝍯𝍦 𝍢 . Für die Null ist in allen frühen Rechenbüchern eine Lücke gelassen (vgl. **Ch'in Chiu-shao** [Libbrecht; 69]). Dadurch liegt vorerst eine Art dezimales Positionssystem ohne eine Null vor.

Das Individualzeichen der Grundziffern für die 10 (+) ist vielleicht als eine Kombination von 1 (–) und 10 (|) der Strichzahlen zu denken. (Früher waren die Einer waagrecht und die Zehner senkrecht geschrieben worden.) Damit könnten dann die Zahlen 20, 30 und 40 der Chou-Zeit (ca. 1030–221 v. Chr.), nämlich 卄 , 卅 und 卌 als 2 · 10, 3 · 10 und 4 · 10 erklärt werden [N; **3**, 14].

Mit der Einführung eines eigenen Zeichens für eine fehlende Stelle, der Null, wird die Positionsschrift wesentlich verbessert. Ein Zeichen für die Null, nämlich ein Punkt, erscheint in China erstmals in einem astronomisch-astrologischen Text aus der Zeit zwischen 718 und 729 n. Chr. [N; **3**, 12]. Bei **Ch'in Chiu-shao**, bei dem ein Zeichen für die Null erstmals im Druck auftaucht, hat diese bereits die Form eines Kreises [Libbrecht; 69]. Eine Entlehnung des Zeichens für die Null von den Indern wird von chinesischen Gelehrten bestritten [Chiu Chang Suan Shu 2; 14], zumal in Schriften aus Südostasien die Null schon im 7. Jh., in Indien dagegen erst 870 nachgewiesen ist (s. S. 45) [N; **3**, 11]. Es könnte so sein, daß durch Einrahmung des leeren Platzes das Schriftbild der Stäbchenziffern verbessert werden sollte (bei 27 703 𝍡𝍯𝍦〇𝍢 statt 𝍡𝍯𝍦 𝍢). Außer bei den Strichzahlen wird das Nullzeichen auch bei den mit den Grundziffern dezimal geschriebenen Zahlen verwendet, so in einer Logarithmentafel von 1713 [Menninger; **2**, 279], wo die Zahl 49 420 130 164 (= log 87 501) als

四九四二〇一三〇一六四 geschrieben wird.

Außer den Grundziffern und den Strichziffern gibt es in China besondere „Amtsziffern" und „Handelsziffern" [Menninger; **2**, 274]. Die chinesische Zahlendarstellung hat sich auch in Japan und in Korea durchgesetzt und dort die älteren einheimischen Darstellungen verdrängt [Menninger; **2**, 272]. Erst in neuester Zeit ist man in China und Japan dazu übergegangen, die chinesischen Ziffern durch die arabischen Ziffern mit Stellenwert nach europäischem Vorbild zu ersetzen. Dieser Gebrauch beschränkt sich aber vorläufig noch auf das wissenschaftliche und geschäftliche Schrifttum [Hartner; 105].

Seit dem 15. Jh. existiert in China ein dem römischen ähnlicher fester Abakus mit Rechensteinen, der *Suanpan* [N; **3**, 74–80], der dann im nächsten Jahrhundert in Japan als *Soroban* erscheint. Statt der römischen vier Kugeln unten und einer Kugel oben (s. S. 34 f.) haben aber *Suanpan* und *Soroban* – diesmal auf Drähten – unten fünf, der *Suanpan* oben zwei Kugeln, wodurch das Festhalten auch von Zahlen > 9 (bis 15) auf einem Draht möglich ist [Menninger; **2**, 114–120]. Ob der noch heute in Rußland gebräuchliche Abakus *(sčety)* chinesischen Ursprungs ist, ist umstritten [N; **3**, 80], [Spasskij].

1.2.2.8 Mexiko und Peru

L.: Menninger, Richeson, Satterthwaite, Thomas, Thompson, Wassén.

Unter dem Namen **Maya** faßt man die sprachverwandten Indianerstämme von Yukatan und Guatemala zusammen. Nur mit Unsicherheit ist die Entstehungszeit des Zahlengebäudes der Maya bestimmbar. Zur Zeit der spanischen Eroberung blickte es zweifellos auf ein Alter von mehr als 1000 Jahren zurück.

Das Zahlensystem ist ein auf 20 aufgebautes Positionssystem, in dem seit ältester Zeit ein Symbol für Null existiert. In der Sprache läßt sich außerdem eine Zehnerbasis, in der Schrift eine Fünferbasis nachweisen. Die Zahlen in den Handschriften werden durch 3 Elemente dargestellt, die muschel- bzw. augenförmige Null, der Punkt für die Einheit, und der horizontale Strich für die 5:

1	2	3	4	5	6	7	8	9	10
hun	*ca*	*ox*	*can*	*ho*	*uac*	*uuc*	*uaxac*	*bolon*	*lahun*

11	12	13	14	15	16	17	18	19
buluc	*lah-ca*	*ox-lahun*	...					

Die höheren Stufen heißen:

$$
\begin{aligned}
20 &= \textit{kal} \\
400 &= \textit{bak} \\
8\,000 &= \textit{pic} \\
160\,000 &= \textit{cabal} \\
3\,200\,000 &= \textit{kinchil} \\
64\,000\,000 &= \textit{alau} \\
1\,280\,000\,000 &= \textit{halblat}\,.
\end{aligned}
$$

Mit Hilfe dieser Ziffern werden alle Zahlen nach dem vigesimalen Prinzip dargestellt, die Schrift läuft dabei von oben nach unten, z.B.:

$$
\left.\begin{aligned}
&= 3 \cdot 8\,000 \\
&= 0 \cdot 400 \\
&= 9 \cdot 20 \\
&= 17 \cdot 1
\end{aligned}\right\} = 24\,197\,.
$$

In Monumentalinschriften können die Zahlen 0–19 durch 20 verschieden geformte Götterkopf-Hieroglyphen wiedergegeben werden. Wir entnehmen die Abbildung 7 aus [Hartner; 112]:

Maya-Hieroglyphenzahlen.

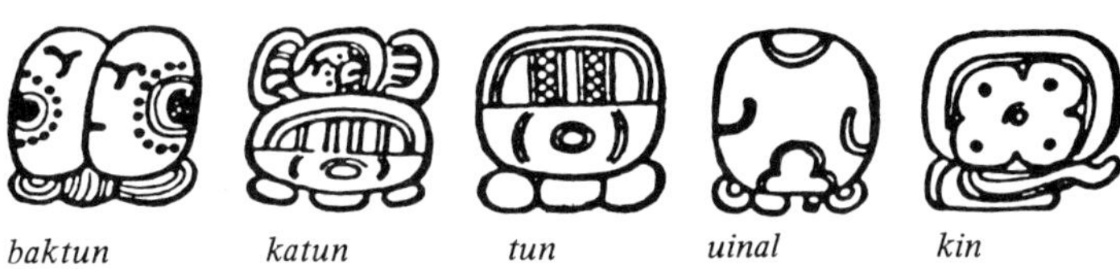

Tageszählungseinheiten.

Abbildung 7. Zahlzeichen der Maya.

Bei den astronomischen Rechnungen der Maya, in deren Mittelpunkt immer die Tageszählung, beginnend bei einem im 34. vorchristlichen Jh. gelegenen Nullpunkt, steht, ist das vigesimale Prinzip mit Rücksicht auf eine Jahreslänge von 360 Tagen durchbrochen, nicht 20, sondern 18 Einheiten 2. Ordnung ergeben eine Einheit 3. Ordnung. An die Stelle von *hun* = 1 tritt *kin* = 1 Tag:

20 Tage	=	20 *kin*	=	1 *uinal* (verkürzter Monat)
360 Tage	=	18 *uinal*	=	1 *tun*
7 200 Tage	=	20 *tun*	=	1 *katun*
144 000 Tage	=	20 *katun*	=	1 *baktun* usw.

Das oben gegebene Beispiel würde im astronomischen Stellenwertsystem $3 \cdot 7\,200 + 9 \cdot 20 + 17 = 21\,797$ Tage bedeuten. [Menninger; **1**, 70 ff.; **2**, 218 ff.], [Hartner; 112 ff.].

Auch die Azteken benützen ein Vigesimalsystem, jedoch mit einer mit der Zahl 5 gegliederten Einerreihe. 5, 10, 15 haben Eigennamen wie die 20-Stufen. Die Schreibweise in den Bilderschriften ist sehr umständlich, da nur folgende Zahlzeichen bekannt sind:

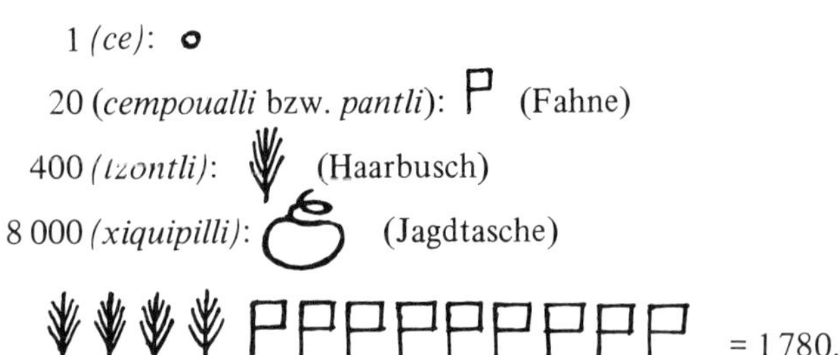

[Menninger; **1**, 73 f.], [Thompson; 41 f.].

Peru

Die Inka in Peru benützen ausschließlich Knotenschnüre *(Quipu)*, um Zahlen festzuhalten. Auf einer Schnur wurden an verschiedenen Stellen Knoten für Einer, Zehner usw. geknüpft. Mehrere Schnüre (zur Bezeichnung verschiedener Gegenstände, verschiedener Steuerbezirke usw.) hängen an einem Hauptstrang; auf einer besonderen Schnur wird die Summe angegeben.

Eine Abart des *Quipu*, *Chimpu* genannt, findet sich bei den Indianern Boliviens und Perus: man zieht Fruchtkapseln für die Einer auf eine Schnur, für die Zehner auf zwei Schnüre, für die Hunderter auf drei Schnüre, usw.
Neben dem *Quipu* hatten die Peruaner in vorkolumbianischer Zeit auch einen Abacus [Wassén].

1.2.2.9 Die Inder

L.: Bose/Sen/Subbarayappa [BSS; 136–212], Datta/Singh, Gokhale, Juškevič [1; 102–109], Kaye, Srinivasiengar.

Wie die meisten Völker haben auch die Inder bei der Wiedergabe der Zahlen die verschiedenen Arten der Darstellung verwendet. Vom Fingerrechnen *(mudrā)*, das in indischen Schriften als die niederste Art der Rechenkunst genannt wird, sind in der *Kharoṣṭhī*-Schrift die Zeichen für die Zahlen bis 5, in der *Brāhmī*-Schrift die bis 3 übrig geblieben [DS; **1**, 105 f.]. Auch die Zahlwörter selbst konnten ausgeschrieben werden; sie wurden auch zu Paaren zusammengefaßt, so daß z.B. 4325 als 43 25 erscheint.

Wortzahlen

In vielen, besonders späteren Schriften werden Zahlen durch Worte von Dingen und Begriffen ersetzt, die in der betreffenden Anzahl auftreten, so 1 durch Mond, Erde, Anfang u.a., 2 durch Zwillinge, Augen, Flügel, Hälfte, Hand, Arm, Ohr u.a. [DS; **1**, 54 ff.]. Bei größeren Zahlen treten diese Wörter dekadisch aneinander.

Diese Wortzahlen erscheinen schon sehr früh – ab der vedischen Literatur – ohne Positionscharakter. Außer in der allgemeinen Literatur kommen sie ab der klassischen Periode (ca. ab 300 n. Chr.) sehr häufig auch in den astronomisch-mathematischen Werken vor, hier bereits als dezimale Positionszahlen. Dazu diene als Beispiel die Zahl 3179 bei **Bhāskara I** [I, 4]:

nava	–	*adri*	–	*rūpa*	–	*agni*
neun		Berg		Form		Feuer
9		7		1		3

Hier steht die höchste Zehnerpotenz entgegen der altindischen Ziffernschreibweise ganz rechts. Dies ist die bei Wortzahlen übliche Richtung. Auch sieht man, daß die gewöhnlichen Zahlworte hier *nava* = 9, mit echten Wortzahlen gemischt werden können.

In dem Beispiel ist
adri = Berg = 7, nach 7 mythischen Hauptbergen bzw. Bergketten
rūpa = Form, Gestalt, Zeichen, Schönheit, Einheit usw. = 1
agni = Feuer = 3, nach den 3 Opferfeuern.

Diese Wortzahlenkombinationen erfreuten sich großer Beliebtheit, da es viele Möglichkeiten gibt, mit ihnen Zahlen auszudrücken und ins Versmaß einzupassen. Seit 600 n. Chr. erscheinen sie auch in Inschriften [BSS; 172–175].

Alphabetische Zahlensysteme

Auch Zahlbezeichnungen durch Buchstaben kommen vor. Solche Darstellungsweisen, sog. alphabetische Zahlensysteme, waren in der indischen astronomisch-mathematischen Literatur, in Inschriften und Widmungen bis in die neuere Zeit hinein beliebt. Das älteste alphabetische Zahlensystem stammt von **Āryabhaṭa I** [Gi. 1] und hat folgende Struktur:

Die 25 sog. „*Varga*-Konsonanten" (in *Gutturale*, *Palatale*, *Cerebrale* und *Labiale* klassifizierte Konsonanten) von k bis m werden mit den Zahlen 1 bis 25, die sog. „*Avarga*-Konsonanten" (nicht klassifiziert) von y bis h mit den Zahlen 3 bis 10 belegt. Der Stellenwert wird durch die indischen Vokale a bis au (ohne Berücksichtigung der Länge) gebildet. Jedem Vokal entspricht eine *Varga*stelle (Wert 10^{2n} mit n = 0, 1, 2, 3, ...). Die *Varga*-Konsonanten können nur der *Varga*stelle eines Vokals zugeordnet werden. Entsprechendes gilt für die Avargastellen. Tabelle 3 verdeutlicht den Zusammenhang:

Tabelle 3

	au	o	ai	l	ḷ	ṛ	u	i	a
varga	10^{16}	10^{14}	10^{12}	10^{10}	10^{8}	10^{6}	10^{4}	10^{2}	10^{0}
avarga	10^{17}	10^{15}	10^{13}	10^{11}	10^{9}	10^{7}	10^{5}	10^{3}	10^{1}

Die Vokalreihe ist von rechts nach links angeschrieben, um die gewohnte Richtung der Positionsstellen zu erhalten.

Varga-Konsonanten:

k	kh	g	gh	ṅ
1	2	3	4	5
c	ch	j	jh	ñ
6	7	8	9	10
ṭ	ṭh	ḍ	ḍh	ṇ
11	12	13	14	15
t	th	d	dh	n
16	17	18	19	20
p	ph	b	bh	m
21	22	23	24	25

Avarga-Konsonanten:

y	r	l	v	ś	ṣ	s	h
3	4	5	6	7	8	9	10

Beispiele für *Varga*-Bildungen:

ka $= 1$, *ki* $= 100$, *kau* $= 1 \cdot 10^{16}$,
ta $= 16$, *ti* $= 16 \cdot 10^2$, *te* $= 16 \cdot 10^{10}$,
ma $= 25$, *mu* $= 25 \cdot 10^4$, usw.

Beispiele für *Avarga*-Bildungen:
ya $= 3 \cdot 10^1$, *ri* $= 4 \cdot 10^3$.

Die Zuordnung der Buchstaben zu den Zahlen ist nicht eindeutig, so ist: *ki* = *ha* = 100; *ku* $= 1 \cdot 10^4 =$ *hi* $= 10 \cdot 10^3$.

Als belegtes Beispiel sei hier die Zahl der Jahre in einer Weltperiode, „Yuga", genannt:

khyughṛ = *kh* *y* *u* *gh* *ṛ*
$2 \cdot 10^4 + 3 \cdot 10^5 + 4 \cdot 10^6 = 4\,320\,000$.

Dieses alphabetische Zahlensystem kommt nur im Werk von **Āryabhaṭa I** vor. Es ist kein Positionssystem, denn die Zehnerpotenz wird angeschrieben und nicht aus der Stellung der Ziffern abgelesen. Es wurde in zahlreichen Abhandlungen der Sekundärliteratur, doch nicht immer korrekt, wiedergegeben. Richtige Darstellungen geben u.a. **Datta/Singh** [DS; **1**, 63–72], **Sen** [297–302] und **Elfering** [29–41].

Ein Positionssystem ist dagegen das sog. *Kaṭapayādi*-System, das in vier Varianten auftritt. In ihm werden die Ziffern 1 bis 9 und die Null verschiedenen Konsonanten nach folgendem Schema zugeordnet:

1 →	*k*,	*ṭ*,	*p*,	*y*
2 →	*kh*,	*ṭh*,	*ph*,	*r*
3 →	*g*,	*ḍ*,	*b*,	*l*
4 →	*gh*,	*ḍh*,	*bh*,	*v*
5 →	*ṅ*,	*ṇ*,	*m*,	*ś*
6 →	*c*,	*t*,	*ṣ*	
7 →	*ch*,	*th*,	*s*	
8 →	*j*,	*d*,	*h*	
9 →	*jh*,	*dh*		
0 →	ñ,	n		

Dieses System hat seinen Namen nach den Konsonanten, die der 1 zugeordnet werden können: *ka-ṭa-pa-ya-ādi*; *ādi* bedeutet soviel wie „beginnend mit". Es wird zuerst bei **Bhāskara I** in seinem Werk *Laghu-Bhāskarīya* [I, 18] erwähnt [DS; **1**, 69–73], ferner bei **Āryabhaṭa II** [I, 2] und anderen Autoren [BSS; 175].

Im *Kaṭapayādi*-System werden die Konsonanten wie Ziffern im dezimalen Positionssystem aneinandergereiht und durch beliebige Vokale, denen keine Bedeutung für die Zahlenbildung zukommt, voneinander getrennt. Auf diese Weise können die Lautkombinationen als Zahlen oder gegebenenfalls auch als Sanskrit-Wörter gelesen werden. Die Ziffern mit der höchsten Zehnerpotenz stehen dabei am rechten Ende, z.B.

sū-r-ya = 127; das Wort *sūrya* bedeutet „Sonne“;
7 2 1

ka-ro-ti = 621; das Wort *karoti* bedeutet „er macht“;
1 2 6

gha-ṭhu-bi-ra = 2324, ohne Wortbedeutung.
4 2 3 2

Auf die Verwendung eines Abakus bei den Indern deutet die Bezeichnungsweise *pāṭīgaṇita* hin, die als ein Synonym für Rechnen anzusehen ist. Es setzt sich zusammen aus *pāṭī*, *paṭṭa* bedeutet ein Brett (Schreibbrett) oder eine Tafel (*paṭ-* = spalten, abspalten, z.B. von Holz) und *gaṇita* = Rechnen. **Śrīdhara** z.B. hat ein Werk über das Rechnen mit dem Titel *Pāṭīgaṇita* [3; 4;] verfaßt.

Dezimales Positionssystem und Ziffernschreibweise

Wann und wie unser modernes, nach allen Berichten aus Indien stammendes dezimales Positionssystem entstanden ist und wann die Null zum ersten Mal dort auftritt, darüber besteht noch keine vollständige Gewißheit. Aus Indien selbst besitzen wir nur wenige Quellen, deren Datierung zum Teil noch umstritten ist [BSS; 175–179]. Dies gilt besonders für eine erste vorchristliche Periode, aus der die *Śulvasūtras* (vgl. *Āpastamba-Śulba-Sūtra*) stammen (vielleicht zwischen dem 5. Jh. v. und dem 2. Jh. n. Chr.). Sie enthalten Regeln, die der rituellen Konstruktion von Altären unter Verwendung von Meßschnüren dienen. Andererseits kam Indien öfters in Berührung mit griechischer Kultur, z.B. hat **Varāhamihira** in seinen *Siddhāntas* auch das astronomische System des Griechen **Paulos von Alexandria** (ca. 380 n. Chr.), den *Puliśa-Siddhānta* und den *Romaka-Siddhānta* seinen Landsleuten bekannt gemacht. Im 5. Jh. n. Chr. nimmt die indische Mathematik einen plötzlichen Aufschwung, und zwar zuerst als Werkzeug der Astronomie. Beginnend mit dem *Sūrya-Siddhānta* und dem *Āryabhaṭīya* stehen uns Quellen zur Verfügung, aus denen man die Entwicklung der indischen Mathematik verfolgen kann. Es ist die sog. „klassische“ oder nach **G. Thibaut** 3. Periode der indischen Naturwissenschaften. Man rechnet sie bis einschließlich **Bhāskara II** (12. Jh. n. Chr.).

Zu den ältesten Zahlzeichen in Indien zählen die in der *Kharoṣṭhī*-Schrift niedergelegten Ziffern. Hier verwendet man Individualzeichen für 1, 4, 10, 20 und 100, die bis 100 additiv miteinander verknüpft werden; die Vielfachen von 100 dagegen werden multiplikativ abgekürzt (Abbildung 7):

I	II	III	X	IX	IIX	IIIX	XX		?
1	2	3	4	5	6	7	8	9	10
3		33	733	333	7333	3333		ꓕI	
20	30	40	50	60	70	80	90	100	
ƐII	ƐIII								
200	300								

Die fehlenden Zahlen sind nicht belegt. Diese *Kharoṣṭhī*-Ziffern weisen bis zu 10 einen rein tetradischen Aufbau auf und zeigen damit, daß das Vierersystem dem Indischen nicht fremd ist [Hartner; 77]. Bemerkenswert ist die – gemäß der von rechts nach links laufenden *Kharoṣṭhī*-Schrift – Linksläufigkeit der mehrstelligen Ziffern. Demgemäß erscheinen größere Zahlen in der Form:

22	74	122	274
ІІ3	x7333	ІІ3ꞆІ	x7333ƐІІ
(2 + 20)	(4 + 70)	(2 + 20 + 100)	(4 + 70 + 200)

[BSS; 177]. Die *Kharoṣṭhī*-Ziffern wurden vom 4. bis zum 2. Jh. v. Chr. verwendet, wobei in der Spätzeit Varianten der Ziffernformen vorkommen.

Neben den *Kharoṣṭhī*-Ziffern wurden gleichzeitig auch die *Brāhmī*-Ziffern verwendet. Diese setzten sich seit der Zeit des Königs **Aśoka**, also von der Mitte des 3. Jhs. v. Chr. an allmählich allgemein durch. Die *Brāhmī*-Ziffern sind Individualzeichen für 1 und von 4 bis 9. In früheren Zeiten existierten ferner Individualzeichen für die Zehnerpotenzen. Im Gegensatz zu den Wortzahlen und den *Kharoṣṭhī*-Ziffern wurden die *Brāhmī*-Ziffern gemäß der *Brāhmī*-Schrift rechtsläufig geschrieben, d.h. die höchste Zehnerpotenz steht links.

Wie sich aus der *Brāhmī*-Schrift die über 200 indischen Schriftarten entwickelt haben, von denen die wichtigste die moderne *Nāgarī*-Schrift ist, so sind aus den ursprünglichen *Brāhmī*-Ziffern für 1 bis 9 über mancherlei Zwischenstufen die heute in den indischen Schriften verwendeten Ziffernformen entstanden.

Will man aus den Quellen feststellen, seit wann das dezimale Positionssystem mit den neun Ziffern und der Null in Indien voll entwickelt ist, dann muß man unterscheiden zwischen literarischen Zeugnissen und der durch epigraphische Dokumente gegebenen Gewißheit.

Es besteht wohl kaum ein Zweifel, daß das dezimale Positionssystem schon in den ersten nachchristlichen Jahrhunderten bekannt war. So ist bei **Āryabhaṭa I** ([Gaṇ. 2], vgl. [Elfering; 47 ff.]) und allen späteren Autoren das Prinzip des Stellenwertes nachweisbar. **Brahmagupta** und **Mahāvīra** nennen die Null und rechnen mit ihr, jedoch ohne das Stellenrechnen selbst ausdrücklich zu erwähnen; sie setzen also das Stellenwertsystem als selbstverständlich voraus. In ihren Texten erscheinen aber keine Ziffern, sondern nur ausgeschriebene Zahlwörter und Wortzahlen.

Als ältestes epigraphisches Beispiel der Ziffern gilt die *Gurjara*-Inschrift von 595 n.Chr. [Dhruva], [BSS; 177], [DS; **1**, 118]. Vom 8. Jh. an werden die Inschriften und Manuskripte mit Positionsziffern häufiger; eine entsprechende Liste gibt **Datta/Singh** [DS; **1**, 40 ff.]. Eine Null in Kreisform erscheint zuerst im Jahre 870 in den *Gwalior*-Inschriften des Bhojadeva [BSS; 177], [DS; **1**, 118], während eine Null in Punktform im *Bakhshālī*-Manuskript [105 ff.] auftritt [DS; **1**, 77]. **Datta** [1; 454] meint aus der Art der Verwendung des Wortes *śūnya* bei **Piṅgala** (200 v. Chr.) schließen zu können, daß bereits zu dieser Zeit nicht nur der Begriff des Leeren, sondern auch ein Symbol für die Null vorhanden war. Ausführlich sind die verschiedenen Ziffernformen aus den Inschriften in [DS; **1**, 118 ff.] zusammengestellt (vgl. auch [Menninger; **2**, 233], [Smith/Karpinski; 49] und [BSS; 176 f.]). Abbildung 13, S. 66 gestattet nur einen kurzen Überblick über die Entwicklung der *Brāhmi*-Ziffern bis zu der modernen *Nāgarī*-Schrift: Schon **al-Bīrūnī** [3; **1**, 174] sind die verschiedenen Formen der Zahlzeichen *(aṅka)* aufgefallen. Über die Weiterentwicklung der indischen Ziffern zu den modernen „arabischen" Ziffern in ihren ost- und westarabischen Formen s. S. 66 f.

Bereits aus einer Zeit, die vor der Zeit der in Indien selbst nachweisbaren paleographischen Dokumente für die Ziffern einschließlich der Null liegt, nämlich aus dem 7. Jh., stammen Inschriften aus Südostasien, auf denen Ziffern im dezimalen Positionssystem geschrieben sind, z.B.

605 608 [BSS; 178]

in Kambodscha (605), Sumatra (605, 606), auf der Insel Banka (608) und Java (682); die jeweiligen Jahreszahlen in Klammern sind *Śaka*-Daten. Daher verwundert es nicht, daß es über die Frage, ob das dezimale Positionssystem eine echte Erfindung der Inder ist oder ob eine Entlehnung von anderer (chinesischer?) Seite angenommen werden muß, unterschiedliche Meinungen gibt. Die Ansichten von **Carra de Vaux** [2], **Kaye** [31] und **Bubnov** [9, 269 f.] stehen in schroffem Gegensatz zu denen von **Gāṅguli** [134] und **Datta** und **Singh** [DS; **1**, 48 f.]. Doch stimmen die Ansichten der Inder mit allen späteren Zeugnissen der Araber und des Abendlandes darüber überein, daß die Methoden beim Rechnen mit den neun Ziffern und der Null aus Indien stammen.

Was die indischen Ziffern gegenüber anderen auszeichnet, ist ihre einfache Form, welche die Durchführung der Rechenoperationen auf knappem Raum ermöglicht und übersichtlich gestaltet. So hebt schon im Jahre 662 n. Chr. der syrische Gelehrte **Severus Sēḇōḵt**, der sich in seinen Schriften gegen „die übertriebene Hochschätzung der Griechen in der Wissenschaft" wendet, die großen Entdeckungen der Inder in der Astronomie und Mathematik rühmend hervor und fügt hinzu, „daß ihre Zahlenschreibweise, die mit Hilfe von neun Zeichen vorgenommen wird, über jedes Lob erhaben sei" [Sezgin; 20, 211], [Nau; 225–227], [DS; **1**, 96]. Freilich teilt **Sēḇōḵt** nicht mit, wie die indischen Ziffern geschrieben wurden; auch spricht er nur von neun Zahlzeichen und nicht von der Null. Es ist jedoch durchaus möglich, daß er die Null zwar kannte, sie aber nicht zu den Zahlzeichen rechnete, wie es bei vielen späteren Autoren üblich war [Juškevič 1; 107]. Aus der Tatsache, daß bereits **Severus Sēḇōḵt** die indischen Ziffern erwähnt, kann man schließen, daß schon im 7. Jh., lange vor den vom Kalifen **al-Manṣūr** angeordneten Übersetzungen indischer astronomischer Werke (s. S. 51 f.) auch Gelehrte anderer Nationen im Nahen Osten – wohl Perser und Araber – mit den indischen Ziffern in Berührung gekommen sind [Sezgin; 212].

Sexagesimalzahlen

Wie in der griechischen Mathematik so erscheinen bei den Indern die Sexagesimalzahlen bei der Gradmessung des Kreises; sie finden aber fast ausschließlich nur in der Astronomie Verwendung. Ein altbabylonischer Einfluß kann nur vermutet werden; belegt ist, daß die Sexagesimalzahlen aus dem hellenistischen Kulturkreis übernommen wurden.

Die Sanskritbezeichnungen lauten:
aṃsa, aṃsaka, lava, bhāga
für Grad (bei **Āryabhaṭa I** [Elfering; 190], im *Sūryasiddhānta* [I, 28], bei **Āryabhaṭa II** [I, 6 ff.] usw.),
kalā, liptā (vom griechischen λεπτή)
für Minute,
vikalā, viliptā
für Sekunde.

Āryabhaṭa I gibt in seiner Sinustafel [Gī. 10] die Sinusdifferenzen mit den Werten 225, 224, 222, ..., 7 in Minuten *(kalā)* an. Hier ist die Bezeichnungsweise Minute quasi nur eine Maßeinheit; von Sexagesimalzahlen kann hier eigentlich nicht die Rede sein. Das *Bakhshālī*-Manuskript dagegen bringt ein Beispiel, bei dem $\frac{178}{29}$ in die Sexagesimalzahl

$$6 + \frac{8}{60} + \frac{16}{60^2} + \frac{33}{60^3} + \frac{6 + \frac{6}{29}}{60^4}$$

verwandelt wird, die im Manuskript folgendermaßen aussieht [24]:

6	
8	
60	
16	*cha*°
60	
33	*li*°
60	
6	*vi*°
60	
śe°	6
	29

Während die Bedeutung von *cha*° unbekannt ist, steht *li*° für *liptā*, das sonst die Benennung für die 2. Sexagesimalpotenz, hier aber für die 3. Potenz ist, und *vi*° für *viliptā* für die 4. Potenz; *śe* ist die Abkürzung von *śeṣam*, was soviel wie Rest bedeutet.

Nach **Kaye** ist dies als das früheste Beispiel für eine Sexagesimalzahl in Indien außerhalb der Astronomie anzusehen; er vermutet daher hier bereits einen Einfluß der arabischen Mathematik, bei der ja die Sexagesimalzahlen eine große Rolle spielen, auf die indische Mathematik [Bakhskālī-Manuskript; 73].

1.2.2.10 Die Juden

L.: Gandz [6; 401–464].

Wie bei anderen Völkern so waren auch bei den Juden mehrere Systeme zur Darstellung von Zahlen in Gebrauch. Bereits aus der Zeit um das 9./8. Jh. v. Chr. existieren Ostraka, auf denen neben dem Einerstrich (I) und der 2 (II) Zahlzeichen vorkommen, über deren spezielle Werte noch keine einheitliche Meinung herrscht und die gewisse Ähnlichkeiten mit den ägyptischen Zahlen aufweisen. Aramäische Inschriften aus der Zeit von 495–404 v. Chr., die man in Assuan gefunden hat, enthalten ein vollständiges Ziffernsystem, deren Ziffernformen den phönikischen Zahlzeichen zu ähneln scheinen (hebräisch-aramäische Zahlzeichen). Die Phöniker schrieben die Zahlen von 1–9 durch Einerstriche |, ||, |||, ..., ||| ||| ||| und kannten spezielle Zeichen für 10 (⇁), 20 (H) und 100 (|°|); z.B. 90 = ⇁HHHH , 300 = |°||| [Gandz 6; 421]. Hebräische Zahlzeichen finden sich ferner auf Ossarien in Jerusalem, die aus dem 1. Jh. v. Chr. stammen [Gandz 6; 408–415].

Eine wesentlich größere Bedeutung als diesen Zahlzeichen kommt den alphabetischen Ziffernsystemen zu. Auch hier waren mehrere Arten in Gebrauch. In einer Sabäischen Inschrift aus dem 8. Jh. v. Chr. z.B. wird ein System angewendet, das, was das Prinzip anbelangt, dem Herodianischen System der Griechen äquivalent ist: die Zehnerpotenzen werden durch die Anfangsbuchstaben des jeweiligen Zahlwortes wiedergegeben:

100, hebr. *mēʾāh*, durch *m* = מ , hier speziell 8 geschrieben,
1000, hebr. *ʾelef,* durch *a* = א , hier speziell ṅ geschrieben.

Die 50 wird durch ٩ $= \frac{100}{2}$ ausgedrückt. Die Zahl 6 350 erhält dann, da das Hebräische eine linksläufige Schrift ist, das folgende Aussehen:

٩888 ṅṅṅṅṅṅ

Ein weiteres alphabetisches Zahlensystem der Juden bestand darin, daß man dem hebräischen Alphabet, das wie das phönikische aus 22 Buchstaben besteht, in entsprechender Reihenfolge die Zahlen 1–22 zuordnete. Dieses System, in dem *yōd* = 10, *kaf* = 11, *lāme*<u>d</u> = 12 . . . ist, kommt auf Münzen im 2. und 1. Jh. v. Chr. vor [Gandz 6; 437 f.].

In einem dritten System wurden, wie beim griechischen Zahlen-Alphabet, den Buchstaben des Alphabets die Zahlenwerte 1, 2, ..., 9; 10, 20, ..., 90; 100, 200, ... beigelegt. Hier bedeutet also *yōd* = 10, *kaf* = 20, *lāme*<u>d</u> = 30, ... Diese Art der Ziffernschreibweise taucht erstmals in der sog. *Gematria* auf, was etymologisch auf griechisch *γραμματεία* zurückgeht [Gandz 6; 439] und soviel wie zahlenmäßige Interpretation der Buchstaben des Alphabets bedeutet. In der Bibel kommt, entgegen früheren Annahmen, die numerische Gematria noch nicht vor, die ältesten schriftlichen Dokumente dieser Art von Gematria gehen auf das 1. Jh. v. Chr. zurück [Gandz 6; 446 f.]. Im Gegensatz zum griechischen Alphabet, das aus 27 Buchstaben besteht, hat das hebräische Alphabet nur 22 Buchstaben; das bedeutet, daß der letzte Buchstabe des Alphabets 400 bezeichnet. Um auch die Zahlen 500, 600, ..., 900 ausdrücken zu können, verwendete man zunächst Zusammensetzungen wie:

500 = 400 + 100,
600 = 400 + 200,
700 = 400 + 300,
800 = 400 + 400,
900 = 400 + 400 + 100 .

Später, um 900 n. Chr., führte man dafür die Formen von fünf hebräischen Buchstaben ein, die diese annehmen, wenn sie am Wortende stehen, nämlich für 500 *kaf*, für 600 *mēm*, für 700 *nūn*, für 800 *pēh*, für 900 *ṣāḏē*. Das ergibt die folgende Zusammenstellung:

1	α	א	*'alef*	10	ι	י	*yōd*	100	ρ	ק	*ḳōf*
2	β	ב	*bēṯ*	20	κ	כ	*kaf*	200	σ	ר	*rēš*
3	γ	ג	*gimmel*	30	λ	ל	*lāmeḏ*	300	τ	ש	*šīn*
4	δ	ד	*dāleṯ*	40	μ	מ	*mēm*	400	υ	ת	*taw*
5	ε	ה	*hē'*	50	ν	נ	*nūn*	500	φ	ך	*kaf*
6	ς	ו	*waw*	60	ξ	ס	*sāmeḵ*	600	χ	ם	*mēm*
7	ζ	ז	*zayin*	70	ο	ע	*ᶜayin*	700	ψ	ן	*nūn*
8	η	ח	*ḥēṯ*	80	π	פ	*pēh*	800	ω	ף	*pēh*
9	ϑ	ט	*ṭēṯ*	90	ϙ	צ	*ṣāḏē*	900	ϡ	ץ	*ṣāḏē*

Die Zahlen ⩾ 1 000 wurden durch zwei über dem jeweiligen Buchstaben stehende Punkte wiedergegeben, z.B.:

א̈ = 1 000 , ב̈ = 2 000 , ..., י̈ = 10 000 .

[Hartner; 106 f.].

Darüber hinaus war es im Mittelalter bei den Juden auch üblich, das vollständige dezimale Positionssystem mit den Ziffern 1, 2, ..., 9, 0, das ja zuvor die Araber von den Indern übernommen hatten (s. S. 51 ff.), mit den entsprechenden hebräischen Buchstabenzahlen (Abb. 9, 1. Spalte), einschließlich dem Zeichen für die Null 0 wiederzugeben; diese habe, so schreibt im 12. Jh. **Abraham ben Ezra**, die Form eines Rades *(galgal)* [2 f.]; also z.B. 1930 = א ט ג O. Auf diese Art schrieben auch andere Autoren wie z.B. **Moses ben Tibbon** (13. Jh.), **Levi ben Gerson** (14. Jh.) und **Šālōm ben Yōsēf ᶜAnābī** (15. Jh., er übersetzte das Rechenbuch des **Kūšyār ibn Labbān** ins Hebräische) usw. ihre Zahlen.

Sexagesimalzahlen

Wie die Griechen (s. S. 33), so benützten auch die Juden das sexagesimale Zahlensystem nur für die Brüche, und zwar bevorzugt für die Brüche, die bei astronomischen Rechnungen auftraten. Entsprechend dem *Abǧad*-System der Araber (s. S. 55) verwendeten die Juden für die Sexagesimalbrüche die hebräischen Buchstabenzahlen für 1, 2, ..., 9 und 10, 20, ..., 50. Im Gegensatz zu den ganzen Zahlen steht hierbei die höchste Sexagesimalstelle rechts und die niedrigste links. Die einzelnen Sexagesimalstellen sind, wie z.B. **Abraham ben Ezra** ausdrücklich erwähnt [27], bei den Rechenbeispielen durch lange Striche voneinander zu trennen, also z.B. 3° 8′ 33″ 42‴ 30⁗.
[Übs. 88, hebr. Text 79]:

	Quarten	Terzen	Sekunden	Minuten	Grade
hebr.	*rḇīᶜīyīm*	*šlīšīyīm*	*šēnīyīm*	*rīšōnīm*	*maᶜalōṯ*
wörtl.	Vierte	Dritte	Zweite	Primen	Stufen
	ל	מב	לג	ח	ג

Bei **Levi ben Gerson** dagegen erscheinen die Sexagesimalbrüche in der anderen Richtung, die höchste Potenz steht links und die niedrigste rechts, z.B. 20′ 40″ 30‴ = למכ [Übs. 61, hebr. Text 52]; dies ist wohl als eine Analogie zur Schreibrichtung der ganzen Dezimalzahlen anzusehen.

Nicht in der oben erwähnten Weise gibt **Abraham ben Ezra** in seinen Rechendiagrammen die Sexagesimalbrüche wieder; hier schreibt er sie wie die ganzen Zahlen im vollständigen Positionssystem, d.h. durch die Ziffern 1, ..., 9 einschließlich der Null in hebräischen Buchstaben, z.B. 3° 18′ 44″ 11‴ [Übs. 45, hebr. Text 43]:

Terzen	Sekunden	Minuten	Grade
אא	דד	חא	ג

1.2.2.11 Die Araber

L.: Gerhardt [1], Juškevič [1; 186–196], Löffler, Ruska [2], Saidan [2], Sezgin, Smith/Karpinski, Uqlīdisī [2], Woepcke [4], [5].

Unter dem Namen Araber pflegt man alle die Autoren zusammenzufassen, die in dem islamischen Kulturbereich vom Ebro bis zum Indus durch die gemeinsame Religion verbunden waren und ihre Schriften vornehmlich in Arabisch, manchmal auch in Persisch verfaßten. Die Araber haben verschiedene Möglichkeiten, eine Zahl wiederzugeben.

Zahlendarstellungen mit Hilfe der Finger

Eine besondere Rolle spielt das Fingerrechnen. Leider ist bisher kein Text ediert, der dem Fingerrechnen allein gewidmet wäre; auch bildliche arabische Darstellungen sind bislang unbekannt [Saidan 2; 21]. Man hielt mit den Fingern nicht nur die Zahlen von 1–10 fest, sondern man konnte unter Berücksichtigung der Möglichkeit, die Finger an 3 bzw. 2 Gelenken abzubiegen, auch mehrstellige Zahlen bequem darstellen. Dies beschreibt **Leonardo von Pisa**, der ja in seinem *Liber abbaci* vor allem arabisches Gedankengut vermittelt, so [1; **1**, 51]: mit den letzten drei Fingern der linken Hand stellt man die Einer dar, mit dem Zeigefinger und dem Daumen der linken Hand die Zehner (*articuli, nodi,* s. S. 20 vgl. Arabisch *ᶜaqd*, Plural ᶜuqūd). Die letzten drei Finger der rechten Hand bezeichnen die Hunderter, der Zeigefinger und der Daumen der rechten Hand die Tausender. Das bedeutet, daß man auf diese Weise an den Fingern die Zahlen von 1–9 999 darstellen kann. Das sagt auch **Abū Manṣūr** (+ 1037) in seinem noch nicht edierten Werk *al-takmila* (= die Vollendung) [Uqlīdisī 2; 349 f.]. Ein Bild, wie man sich demgemäß die Zahlen an den Fingern vorzustellen hat, vermitteln viele mittelalterliche Handschriften sowie z.B. auch **Luca Pacioli** [a; 36ᵛ] (siehe Abb. 8); vgl. [D.E. Smith 6; 2, 196–202].

Sicherlich konnte man nicht beliebig große Zahlen mit Hilfe der Finger wiedergeben. Das Fingerrechnen ist eigentlich ein Kopfrechnen, bei dem man sich die betreffenden Ziffern an den Fingern merkt. Dem Fingerrechnen liegt nicht unbedingt ein dezimales Positionssystem der Zahlen zugrunde, es folgt aber bei den Arabern der in der Sprache verankerten dezimalen Bezeichnungsweise der Zahlen.

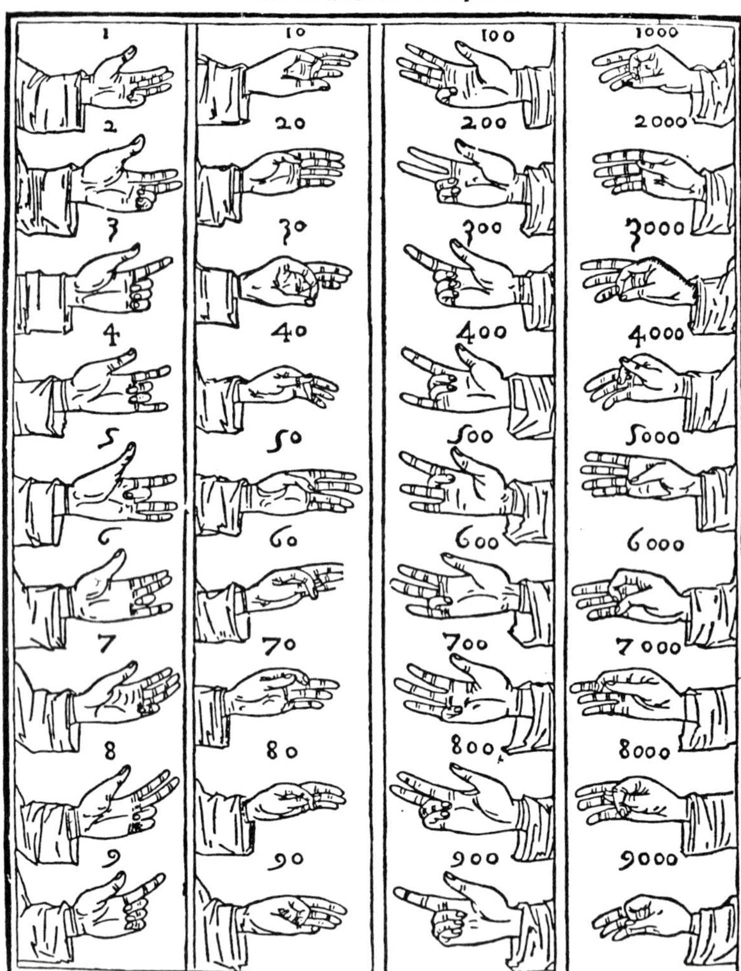

Abbildung 8. Fingerzahlen nach Luca Pacioli.

Sowohl in astronomischen wie auch in mathematischen Texten wird von der Anwendung des Fingerrechnens berichtet, das gewöhnlich als *ḥisāb al-yadd*, wörtlich Hand-Arithmetik bezeichnet wird. Diesen Terminus benützt 952/3 **al-Uqlīdisī**, der synonym auch *ḥisāb al-Rūm wa al-^{c}Arab* (das Rechnen der Byzantiner und Araber) dafür schreibt [Uqlīdisī 2; 7]. Vom Fingerrechnen schreiben ferner **Abū al-Wafā'**, **al-Karaǧī** und viele spätere Autoren [Saidan 2; 453].

Griechische Zahlbuchstaben

Im täglichen Leben verwendeten die Araber, um Zahlen schriftlich wiederzugeben, zunächst die Darstellungsweisen, die in den von ihnen eroberten Gebieten üblich waren.

Im östlichen Mittelmeerraum waren das die griechischen Zahlbuchstaben $\alpha = 1, \beta = 2, \ldots, \iota = 10$ ... Erst allmählich erfolgte eine Arabisierung des Finanz- und Verwaltungswesens. Viele Urkunden und Erlasse aus der Eroberungszeit sind nur griechisch geschrieben, manche zweisprachig griechisch und arabisch [Ruska 2; 38]. Zwischen 705 und 715 hat nach arabischen Quellen in Damaskus der Kalif **Walīd** den Gebrauch der griechischen Sprache bei der Führung von Steuerregistern verboten; er war aber gezwungen, die griechische Zahlbezeichnungsweise beizubehalten, *weil es unmöglich wäre, eins oder zwei oder drei oder acht einhalb usw. auf Arabisch zu schreiben* [Woepcke 5; 237], vgl. [Ruska 2; 39 f.]. Welche Bedeutung den griechischen Zahlbuchstaben im täglichen Leben zukam, zeigen z.B. die vielen arabischen Papyri aus dem Faiyūm (Oberägypten), siehe [Dietrich] und [Papyrus Erzherzog Rainer]. Diese Papyri reichen mit abnehmender Häufigkeit bis ins 10. Jh. Ja sogar aus dem Jahre 1120 existiert eine arabische Schuldverschreibung, bei der die Jahreszahl 513 *Hiğra* in griechischen Zahlbuchstaben geschrieben ist [Papyrus Erzherzog Rainer; 267, Nr. 1281].

Geschriebene Zahlwörter

Eine andere Art, Zahlen schriftlich wiederzugeben, bestand im vollständigen Ausschreiben der Zahlwörter. So existiert ein Erlaß aus dem Beginn des 8. Jhs., der zweisprachig in arabisch und griechisch verfaßt ist. Während in der griechischen Version die Zahlen in griechischen Zahlbuchstaben geschrieben sind, werden in der arabischen alle Zahlenangaben in Worten ausgeschrieben [Sezgin; 22]. Diese Methode wurde auch in Rechenbüchern verwendet. **Woepcke** [4; 52 f.] zählt eine Reihe arabischer Schriften auf, in denen nur geschriebene Zahlwörter vorkommen. Dazu gehören z.B. das Rechenbuch des **Abū al-Wafā'** (10. Jh. [Saidan 3], das Rechenbuch *Genügendes über Arithmetik* von **al-Karağī** [1] (Anfang 11. Jh.) und *Al-lumaᶜ fī ᶜilm al-ḥisāb* (= Weniges über die Wissenschaft der Arithmetik) von **ibn al-Hā'im** (14./15. Jh.). Rechenbücher dieser Art rechnet **Saidan** [Uqlīdisī 2; 15 f.] zu den sog. A-Typen (Abkürzung von „Arabischen" Typen), da sie nicht, was zeitlich möglich wäre, auf die indischen Zahlenschreibweisen und Rechenmethoden eingehen.

Die indischen Ziffern

Wann die Araber Kenntnis von den indischen Ziffern erhielten, ist nicht exakt feststellbar. Kalif **Walīd** (regierte von 705–715) erwähnt in seinem Erlaß, in dem er für amtliche Dokumente die griechische Schrift zwar verbietet, aber die griechischen Zahlbuchstaben zuläßt, die indischen Ziffern nicht, sie waren zu diesem Zeitpunkt wohl noch nicht bekannt (vgl. [Gerhardt 1; 21]). **Ğābir ibn Ḥaiyān** dagegen erwähnt zwischen 760 und 770 sowohl die Null *al-ṣifr* (s.S. 17) als auch die Ziffern. Nach **Ruska** [3; 264] ist damit die Kenntnis der Null und der Ziffern bei den Arabern auf die Zeit um bzw. kurz vor 760–770 anzusetzen (vgl. auch [Sezgin 220 ff.]). Nach einem Bericht von **al-Qifṭī** in seinem Werk *al-hukamā'* (Chronik der Gelehrten) war im Jahre 773 eine indische Gesandtschaft an den Hof des Kalifen **al-Manṣūr** nach Bagdad gekommen; darunter befand sich *ein Mann aus Indien, ein Fachmann im Rechnen, das man mit Sindhind bezeichnet, über die Bewegungen der Sterne sowie über das Gleichsetzen, welches auf die Sinusse angewandt wird* . . . [Woepcke 5; 473]. Mit arabisch *Sindhind* wird das indische Wort *Siddhānta* wiedergegeben, was soviel wie „umfassendes Lehrbuch" bedeutet. Wahrscheinlich handelt es sich bei dem genannten indischen astronomischen Werk um den *Brahmāsphuṭasiddhānta* des **Brahmagupta** (entstanden um 628) [Woepcke 5; 475]. Weiter schreibt **al-Qifṭī**, der Kalif habe eine arabische Überarbeitung des Sindhind durch **al-Fazārī** herstellen lassen, die unter dem Namen *Großer Sindhind* schnell bekannt geworden sei. Dieses Ereignis aus dem 8. Jh. beschreiben ähnlich auch der weitgereiste Gelehrte **al-Masᶜūdī** (+ ca. 957) und **al-Bīrūnī** [Smith/Karpinski; 8 f.]. Diese (nicht erhaltene) Überarbeitung des Sindhind hat selbständige Arbeiten arabischer Astronomen eingeleitet. So erfolgte später unter dem Kalifen **al-Ma'mūn** eine Neubearbeitung durch **Muḥammad ibn Mūsā al-Ḫwārizmī**. Dieser verfaßte u.a. eine Algebra [5], in der allerdings keine indischen Ziffern vorkommen, sowie danach ein Lehrbuch über das indische Rechnen, von dem die Urschrift nicht erhalten ist. Wir besitzen nur mehrere lateinische Bearbeitungen davon, z.B. *Dixit algorizmi* im Cod. Cambridge Un. Lib. Ms. I i. 6.5. [al-Ḫwārizmī 2], *Liber alghoarismi*, das dem **Johannes Hispalensis** zugeschrieben wird, siehe [Allard 2].

Das älteste, bisher bekannte arabische Dokument, auf dem sich indische Ziffern befinden, ist ein Papyrus, auf dem die Jahreszahl 260 der *Hiǧra* (= 873/4 n. Chr.) vermerkt ist: **L7.** [Papyrus Erzherzog Rainer; 216 f., Nr. 798]. Dies gilt zugleich als die älteste arabische Urkunde, auf der die Null – hier als Punkt – dargestellt ist. Ein in Ostberlin aufbewahrter Papyrus gibt die Jahreszahl 275 der *Hiǧra* (= 888/9 n. Chr.) mit folgenden Ziffernformen wieder **ɤV8** [Karabacek 2; 13]. Die in einer Felseninschrift bei Tōr angegebene Jahreszahl 378 H. (= 988/9) sieht so aus: **III VΛ** [Karabacek 1; 187 f.].

Aus dem *Fihrist*, einem zusammenfassenden Werk des **ibn Abī Ya ᶜqūb al-Nadīm** über arabische Geschichte und Literatur (geschrieben im Jahre 987) erfahren wir die Namen mehrerer Verfasser von Rechenbüchern, z.B. **al-Kindī** (ca. 800–870), **ᶜAbd al-Raḥmān al-Ṣūfī** (903–986), usw. [Smith/Karpinski; 10 f., 92 f.], [Suter 2; 23, 63]. Diese Rechenbücher sind jedoch nicht mehr erhalten, so daß uns die verwendeten Ziffernformen nicht überliefert sind. Soweit bisher bekannt, ist das älteste in Arabisch erhaltene Rechenbuch, in dem die indischen Ziffern vorkommen, das Werk *Kitāb al fuṣūl fī al-ḥisāb al-hindī* (= das Buch der Kapitel über das indische Rechnen) des **al-Uqlīdisī**, dessen Text im Jahre 341 H. (= 952/3 n. Chr.) in Damaskus geschrieben worden ist [2; 17 f.]. Dieses Werk steht am Anfang einer langwährenden Tradition von arabischen Rechenbüchern, die das Rechnen mit den indischen Ziffern lehren, so z.B.:

Kūšyār ibn Labbān: *Kitāb fī uṣūl ḥisāb al-hind*
(= Das Buch der Prinzipien des Rechnens der Inder),
al-Nasawī: *Al-muqniᶜ fī al-ḥisāb al-hindī*
(= Das Befriedigende über das indische Rechnen),
al-Ṭūsī [2]: *Ǧawāmiᶜ al-ḥisāb bi al-taḫt wa al-turāb*
(= Zusammenfassungen des Rechnens mit Hilfe von Brett und Staub).

Saidan bezeichnet diese Art von arabischen Rechenbüchern, die ja vielfach schon im Titel *ḥisāb al-hind* (= indisches Rechnen) tragen, als H-Typ. Später erfolgt eine Verschmelzung der A-Typen und H-Typen zu den HA-Typen (z.B. bei **Abū Manṣūr** [Uqlīdisī 2; 15 f., 23–28].

Bemerkenswert ist, daß bei den Arabern das indische Rechnen immer mit dem Staubbrett *al-taẖt* verbunden war, siehe z.B. im Titel des oben genannten Rechenbuchs von **al-Ṭūsī** [2]. Das Wort *al-taẖt* ist eigentlich persischen Ursprungs [Uqlīdisī 2; 351]. Dieses Staubbrett muß man sich als ein Brett bzw. einen Tisch vorstellen, der mit Sand bzw. feinem Staub bedeckt ist, auf dem man mit einem Griffel geschrieben und, wenn notwendig, mit den Fingern wieder ausgelöscht hat; so beschreibt es bereits **al-Uqlīdisī** [2; 35 f.]. Linien, wie etwa beim Abakus, waren jedoch auf einem derartigen Staubbrett nicht vorhanden. Von einem Rechnen auf einem Linienabakus ist in den Texten der frühen Araber – im Gegensatz zu früheren Meinungen, vgl. **Gandz** [2; 310] und **Weißenborn** [2] – keine Rede. Erst im 13. Jh. beschreibt der in Marokko wirkende **al-Bannā'** einen Linienabakus [Uqlīdisī 2; 351 f.].

Die Ziffernformen

L.: Irani

Die Formen der indischen Ziffern bei den Arabern waren nicht einheitlich. In den mittelalterlichen Handschriften lassen sich deutlich 2 Hauptformen der indischen Ziffern bei den Arabern unterscheiden, die östlichen und die westlichen, siehe **Woepcke** [5; 56].

1. Im Osten verwendet **al-Uqlīdisī**, wie aus der 952/3 in Damaskus verfaßten Handschrift hervorgeht, folgende Ziffern:

١ ٢ ٣ ٤ ٥ ٦ ٧ ٨ ٩ ٠

die er als *ḥurūf al-hind* (= indische Ziffern) und als *al-ḥurūf al-tis^{c}a* (= die neun Ziffern) bezeichnet [Saidan 2; 94]. Die Null, *al-ṣifr*, schreibt er als kleinen Kreis ○. Diese Ziffernformen erscheinen, mit geringfügigen Varianten in fast allen mittelalterlichen arabischen Rechenbüchern von Persien bis Ägypten, also im ganzen östlichen arabischen Kulturbereich (indische Ziffern vom ostarabischen Typ). Beispiele s. Abb. 13, S. 66.

Die Null ist bei den eben genannten Ostarabern ein kleiner Kreis, aber schon in den Papyri (s. S. 52) erscheint sie als Punkt. In einer Handschrift der *kifāya* von **al-Arbilī** ist die Null sowohl als • als auch als ○ dargestellt [Uqlīdisī 2; 355]. Noch heute ist in den entsprechenden Ländern diese Art von Ziffern in Gebrauch und zwar in der Form

١ ٢ ٣ ٤ ٥ ٦ ٧ ٨ ٩ ٠ [Menninger; 2, 228 ff.] .

Woepcke zeigte, daß die ostarabischen Ziffernformen aus dem 10. Jh. große Ähnlichkeiten mit den indischen *Devanāgarī*-Zahlen des 10. Jhs. aufweisen [5; 483]. Bereits **al-Bīrūnī** vertritt in seinem Buch über Indien [3; **1**, 174, Kap. XVI] die Meinung, daß die Zahlen, die die Araber benützen, von den entsprechenden indischen Ziffern abstammen.

2. Im westlichen Teil des arabischen Kulturbereichs dagegen, also speziell in Spanien und Marokko, erscheinen zur gleichen Zeit die indischen Ziffern in anderer Weise, sowohl in lateinischen Handschriften (z.B. im Cod. Vigilianus aus dem 10. Jh., s. S. 62), wie auch in arabischen Handschriften, s. Abb. 13, S. 66. Die Null wird generell als Kreis geschrieben.

Diese Ziffern zeigen zwar deutliche Unterschiede gegenüber den ostarabischen, doch scheint festzustehen, daß beide aus denselben Formen entstanden sind; die Varianten von 1, 4 und 9 weisen große Ähnlichkeit auf, die westarabischen Formen 2 und 3 entsprechen in etwa den ostarabischen nach einer Drehung um 90° und auch die anderen Ziffernformen kann man sich durch andere Strichführung entstanden vorstellen [Beaujouan].

Die westarabischen Ziffern werden von den jeweiligen Autoren als *ḥurūf al-ġubār* (= (= Staubziffern) bezeichnet, nicht im Gegensatz zu den ostarabischen indischen Ziffern, sondern im Gegensatz zu den *Ǧummal*zahlen (s. S. 55). Der Name *Ġubār*-Ziffern ist schon in der Mitte des 10. Jhs. in Tunis nachweisbar [D.E. Smith 6; **2**, 73] und gibt einen deutlichen Hinweis auf die Benützung des Staubbretts. Aus diesen westlichen Formen haben sich unsere heutigen in Europa gebräuchlichen Ziffern entwickelt.

Sprachliche Besonderheiten bei den zusammengesetzten Zahlen

Das Arabische wird linksläufig geschrieben, die europäischen Sprachen und das Sanskrit hingegen rechtsläufig. Trotzdem werden bei den Arabern die mehrstelligen Zahlen in derselben Richtung – . . . Tausender, Hunderter, Zehner, Einer – angeschrieben, wie es bei uns geläufig ist, also z.B. 4 321:

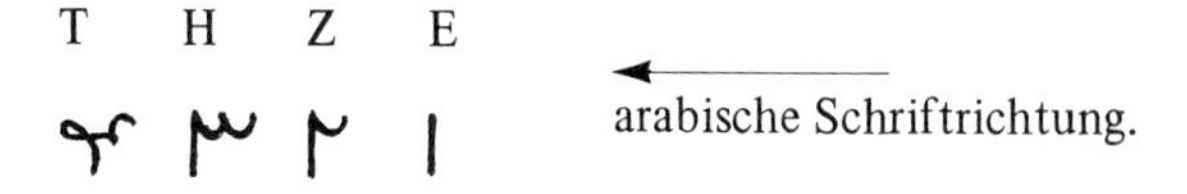

Auf diesem Hintergrund ist es von Interesse, wie die Araber diese mehrstelligen Zahlen ausgesprochen haben. Es gibt im klassischen Arabisch zwei Möglichkeiten dafür:

1. Man spricht eine Zahl genauso wie im Deutschen, und wie es auch im Lateinischen und Griechischen möglich ist, in der Reihenfolge . . . H, E, Z, z.B. bei **al-Uqlīdisī** [2; 357]: ٣٢١ (321): dreihunderteinundzwanzig. So ist es auch heute in den arabischen Ländern üblich.

2. Man nennt gemäß der arabischen Schriftrichtung zuerst die Einer, dann die Zehner, Hunderter, Tausender usw., z.B. liest **al-Ḥaṣṣār** 13 523 als „drei und zwanzig und fünfhundert und dreizehntausend" [Cod. Gotha 1489; 8^b].

Darstellung großer Zahlen

Um größere Zahlen bequemer lesen zu können, teilt man diese in Gruppen zu je 3 Ziffern ein. Dies sieht z.B. bei **al-Ḥaṣṣār** im Cod. Gotha 1489 [6^b] folgendermaßen aus:

    6 5 4 3 2 1
. . . 000000000000000000 .

Die Ǧummalziffern und Sexagesimalzahlen

L.: Luckey [2; 37–53].

Ähnlich wie bei den Griechen, haben auch die Araber den Buchstaben ihres Alphabets Zahlenwerte zugeordnet.

α	β	γ	δ	ε	ϛ	ζ	η	θ	ι	κ	λ	μ	ν
ا	ب	ج	د	ه	و	ز	ح	ط	ى ـى	ک	ل ـل	م ـم	ن ـن
a	*b*	*g*	*d*	*h*	*w*	*z*	*ḥ*	*ṭ*	*i*	*k*	*l*	*m*	*n*
1	2	3	4	5	6	7	8	9	10	20	30	40	50

Abbildung 9. Einfache Ǧummalzahlen.

Diese Zahlenschreibweise bezeichnet man als *Abǧad*-System gemäß der früheren Reihenfolge des arabischen Alphabets *alif, bā, ǧim, dāl . . .*, die der hebräischen und griechischen entspricht, nicht aber der heutigen *alif, bā, tā, ṯā. . .* Ein anderer Name für diese arabischen Buchstabenzahlen ist *Ǧummalzahlen (ḥurūf al-ǧummal)*; *ǧumla*, (Plural *ǧumal*) bedeutet nach **Juškevič** [1; 237] Menge, Summe, Schar.

Die Buchstabenformen 2, 3, 7 und 10 wurden ohne diakritische Punkte geschrieben und die 3 erscheint zur Unterscheidung von der 8 immer nur in der Form des nach links verbundenen Buchstabens.

Zweistellige Zahlen wurden wie Buchstaben verbunden geschrieben; dabei treten dann leicht Unklarheiten auf. So ist z.B. يه (15) und نه (55) nur durch den Punkt zu unterscheiden. Auch die ه (5) und das Zeichen für die Null σ bieten Verwechslungsmöglichkeiten, weshalb man die Null durch m bzw. ϒ ersetzt findet [Woepcke 5; 471 f.]. **Al-Bīrūnī** empfiehlt ferner zur Unterscheidung des ل (30) vom ک (20) dessen breitere Form ک zu verwenden [Luckey 2; 38].

1 ا	10 ى	100 ق	1000 غ	10 000 يغ	100 000 قغ
2 ب	20 ک	200 ر	2000 بغ	20 000 كغ	200 000 رغ
3 ج	30 ل	300 ش	3000 جغ	30 000 لغ	300 000 شغ
4 د	40 م	400 ت	4000 دغ	40 000 مغ	400 000 تغ
5 ه	50 ن	500 ث	5000 هغ	50 000 نغ	500 000 ثغ
6 و	60 س	600 خ	6000 وغ	60 000 سغ	600 000 خغ
7 ز	70 ع	700 ذ	7000 زغ	70 000 عغ	700 000 ذغ
8 ح	80 ف	800 ض	8000 حغ	80 000 فغ	800 000 ضغ
9 ط	90 ص	900 ظ	9000 طغ	90 000 صغ	900 000 ظغ

Abbildung 10. Zusammengesetzte Ǧummalzahlen.

Für die Zahlen > 59 setzte man also die noch übrigen, nur durch diakritische Punkte von den anderen unterschiedenen Buchstaben ein. Allerdings gibt es hierbei auch Unterschiede, s. maghrebinische Form [Woepcke 5; 463, Fn. 1].

Al-Bīrūnī geht in seinem Werk über Astrologie auf die (nach der Umstellung) verwirrend komplizierte Reihenfolge der arabischen Buchstaben bei den *Ǧummalzahlen* ein [5; 40–42], deren Darstellung in Abb. 11 wiedergegeben ist.

Al-Bīrūnī meint, daß man für die Ziffernschreibung auch die neue alphabetische Ordnung *(a, bā, tā, ṯā . . .)* hätte verwenden können, doch schließlich sei dies alles nur eine Sache der Konvention. Als Grund für die Verwendung der Ǧummalziffern führt **al-Bīrūnī** an, sie trügen zur Platzersparnis bei und seien leicht zu schreiben.

Im Gegensatz zu den indischen Ziffern wurden die *Ǧummalziffern* mit von rechts nach links fallenden Potenzen angeschrieben, z.B.:

$$\overrightarrow{59} = \overleftarrow{\text{ṭn}} .$$

Das älteste bisher bekannte schriftliche Zeugnis für die Ǧummalzahlen stellt ein Papyrus aus dem Faiyūm (Oberägypten) dar. Es handelt sich hierbei um eine zweisprachige (griechisch-arabische) Steuerurkunde aus dem 8. Jh., bei der in dem an zweiter Stelle stehenden arabischen Text die Steuersumme in Ǧummalzahlen erscheint [Papyrus Erzherzog Rainer; 154, Nr. 605], vgl. [Ruska 2; 40]. Ebenfalls Ǧummalzahlen weist die *Bilanz des Schatzhauses von el-Faijūm* aus dem Jahre 851 n. Chr. auf [Papyrus Erzherzog Rainer; 200 f., Nr. 761]. Ein weiterer Papyrus aus dem 9./10. Jh. enthält die Zahlenwerte der Buchstaben des arabischen Alphabets zu astronomischen Zwecken [Papyrus Erzherzog Rainer; 246, Nr. 927]. Tabellen der Ǧummalzahlen geben die aus dem 10. Jh. stammenden Schriften der **Iḫwān al-Ṣafā'** [Ruska 2; 44].

In den Rechenbüchern und astronomischen Lehrbüchern finden die Ǧummalzahlen weite Verbreitung. Sie werden hier im Gegensatz zu den Papyri meistens zur Darstellung der Sexagesimalzahlen bzw. Sexagesimalbrüche verwendet. Das heißt, daß vor allem die Zahlen ⩽ 59 von Wichtigkeit sind. Die in den astronomischen Tafelwerken auftretenden Sexagesimalbrüche werden fast ausschließlich in Ǧummalzahlen geschrieben [Woepcke 5; 464 f.]; demzufolge wird das Rechnen mit Sexagesimalzahlen als „Rechnungsverfahren der Astronomen" aufgefaßt, z.B. bei **al-Kāšī** [Luckey 2; 37]. In den Rechenbüchern dagegen werden die Sexagesimalzahlen sowohl in Ǧummalzahlen wie auch in indischen Ziffern, bevorzugt in Kolumnenform, angeschrieben (s. auch S. 109 ff.) **Al-Uqlīdisī** z.B. vertritt die Meinung, daß für die Sexagesimalbrüche die Schreibweise in Ǧummalzahlen der Eindeutigkeit und Klarheit wegen vorzuziehen sei. Doch verwendet er ebenso die indischen Ziffern, dann jedoch sind die Brüche entweder in Kolumnenform oder aber in einer Reihe angeschrieben, z.B. erscheint 2; 26, 38, 21 (zu dieser modernen Schreibweise der Sexagesimalzahlen s. S. 28, Fn. 1) als:

۲∴۲۶∴۳۶∴۲۱∴ [Saidan 2; 165 ff.];

Alif, Wāw und Yā werden auch zur Bezeichnung der langen Vokale ā, ū und ī verwendet. In der Literatur auftretende Varianten der Transkription sind: *j* (für ǧ), *kh* (für ḫ), *dh* (für ḏ), *sh* (für š), *gh* (für ġ), *th* (für ṯ), *k* (für *q*) und *j* (für *y*). ▷

Arabisches Alphabet						Zahlenwerte	
Name	Transkription	Figuren				Normalform	maghrebinische Form
		Nicht verbunden	Nur mit dem vorhergehenden verbunden	Von beiden Seiten verbunden	Nur mit dem folgenden verbunden		
Alif	ʾ	ا	ـا	—	—	1	1
Bā	b	ب	ـب	ـبـ	بـ	2	2
Tā	t	ت	ـت	ـتـ	تـ	400	400
Ṯā	ṯ	ث	ـث	ـثـ	ثـ	500	500
Ǧīm	ǧ	ج	ـج	ـجـ	جـ	3	3
Ḥā	ḥ	ح	ـح	ـحـ	حـ	8	8
Ḫā	ḫ	خ	ـخ	ـخـ	خـ	600	600
Dāl	d	د	ـد	—	—	4	4
Ḏāl	ḏ	ذ	ـذ	—	—	700	700
Rā	r	ر	ـر	—	—	200	200
Zāj	z	ز	ـز	—	—	7	7
Sīn	s	س	ـس	ـسـ	سـ	60	300
Šīn	š	ش	ـش	ـشـ	شـ	300	1 000
Ṣād	ṣ	ص	ـص	ـصـ	صـ	90	60
Ḍād	ḍ	ض	ـض	ـضـ	ضـ	800	90
Ṭā	ṭ	ط	ـط	ـطـ	طـ	9	9
Ẓā	ẓ	ظ	ـظ	ـظـ	ظـ	900	800
^{c}Ain	c	ع	ـع	ـعـ	عـ	70	70
Ġain	ġ	غ	ـغ	ـغـ	غـ	1 000	900
Fā	f	ف	ـف	ـفـ	فـ	80	80
Qāf	q	ق	ـق	ـقـ	قـ	100	100
Kāf	k	ك	ـك	ـكـ	كـ	20	20
Lām	l	ل	ـل	ـلـ	لـ	30	30
Mīm	m	م	ـم	ـمـ	مـ	40	40
Nūn	n	ن	ـن	ـنـ	نـ	50	50
Hā	h	ه	ـه	ـهـ	هـ	5	5
Wāw	w	و	ـو	—	—	6	6
Yā	y	ي	ـي	ـيـ	يـ	10	10

Abbildung 11. Arabische Buchstaben und ihre Zahlenwerte.

Die Potenzen fallen hier im Gegensatz zu den indischen Dezimalzahlen von rechts nach links. Diese Art der Darstellung ist jedoch relativ selten anzutreffen. **Kūšyār ibn Labbān** nennt sie nicht; seine Sexagesimalzahlen erscheinen im laufenden Text entweder in Worten ausgeschrieben oder in Ǧummalzahlen. In den Rechenansätzen dagegen verwendet er die indischen Ziffern in Kolumnenform [Luckey 2; 78 f.]. Und **al-Ṭūsī** führt ausdrücklich zwei Wege für „die Bruchrechnung nach dem Verfahren der Astronomen" an:

1. ihr Verfahren mittels der Rechnung der Inder,
2. ihr Verfahren mittels der Ǧummalrechnung.

Das sexagesimale Positionssystem wird bei den Arabern jedoch nicht nur auf die Brüche, sondern auch auf die ganzen Zahlen mit $n > 60$ angewandt. Es handelt sich dann wieder um allgemeine Sexagesimalzahlen, vergleichbar denen der Babylonier. Von diesen Zahlen im reinen 60er-System handelt wahrscheinlich ein nicht mehr erhaltenes Werk des **Abū al-Wafā'** (940–998) *Kitāb al-ᶜamal bil-ǧadwal al-sittīnī* (= Schrift über die Rechnung mit der sexagesimalen Tafel) [Luckey 2; 82 f.], ferner ein zwar in Handschriften erhaltenes, aber noch nicht ediertes Werk des **Abū Naṣr Manṣūr** (um 1000): *Lehrbrief über die Minutentafel* [Luckey 2; 86] und ein von **Luckey** [2; 39, 65–72] ausführlich beschriebenes Werk des **Sibṭ al-Māridīnī** (1423–1506) *Raqā' iq al-ḥaqā' iq fī ḥisāb al-daraǧ wa al-daqā ' iq* (= Feinheiten der Wahrheiten über die Rechnung der Grade und Minuten). In edierter Form zugänglich ist die reine Sexagesimalrechnung bei **Kūšyār ibn Labbān** [72–99], **al-Ṭūsī** [2; 276–286], **al-Kāšī** [73–101].

Ein besonderes Problem bei den Sexagesimalzahlen liegt in der Kennzeichnung der einzelnen Sexagesimalstellen. Die Stellen mit $a_i \cdot 60^{+n}$, n = 1, 2, ... werden von **al-Kāšī** [Luckey 2; 42, 131] als *al-marfūᶜa* (= Erhöhte) bezeichnet; demgemäß sind die Ziffern bei:

60^1 = einmal Erhöhte
60^2 = zweimal Erhöhte
⋮ ⋮ ⋮

usw. *bis ins Unendliche.*

Entsprechend werden die Stellen für $a_i \cdot 60^{-n}$ als *al-maḥṭūṭā* (= Erniedrigte) bezeichnet und zwar die Ziffern bei:

60^{-1} als Minuten (*daqīqa*, Pl. *daqā ' iq*),
60^{-2} als Sekunden (*ṯānī*, wörtlich „Zweites"),
60^{-3} als Terzen (*ṯāliṯ*, wörtlich „Drittes"),
⋮ ⋮ ⋮

usw. *bis ins Unendliche.*

Die der Einerstelle entsprechenden Zahlen bei 60° werden mit *daraǧāt* = Grade (wörtlich: Leiter, Stufe, Sprosse) benannt. Somit wird eine beliebige Sexagesimalzahl nach dem Schema

m-mal Erhöhtes	zweimal Erhöhtes	einmal Erhöhtes	Grade	Minuten	Sekunden

$$a_m \cdot 60^m + \ldots + a_2 \cdot 60^2 + a_1 \cdot 60^1 + a_0 \cdot 60^0 + a_{-1} \cdot 60^{-1} + a_{-2} \cdot 60^{-2} \ldots$$

mit $0 \leqslant a_i \leqslant 59$ beschrieben. Die Koeffizienten a_i bezeichnet **al-Kāšī** sinngemäß als *al-arqām al-sittīnīya* (= Sexagesimalziffern) [Luckey 2; 41].

Um bei einer beliebigen Sexagesimalzahl die einzelnen Stellenwerte sichtbar zu machen, werden verschiedene Möglichkeiten verwendet. Bei **Sibṭ al-Māridīnī** z.B. findet man in den Handschriften folgende Bezeichnungsweisen:

(4) (25) (40):
Erhöhtes, Grade und Minuten, d.h. alle Stellen werden bezeichnet,
(7) (38) (30) (49) (41) (45):
Quarten, und ihre erste Stelle ist einmal Erhöhtes, d.h. bei längeren Zahlen werden nur die erste und die letzte Stelle bezeichnet,
(0) (30) (0) (36):
Terzen, d.h. die Grade bilden, ohne daß dies gesagt wird, die höchste Stelle.

Die Klammern ( ) bedeuten, daß diese Zahlen im Original als Ǧummalzahlen geschrieben sind. Darüber hinaus schreibt **Sibṭ al-Māridīnī** [Luckey 2; 68]: *Du mußt aber die Stelle der Grade durch ein Zeichen markieren, wenn bei ihnen Erhöhtes steht. . .* Eine derartige Markierung der sexagesimalen Einerstelle entspräche im dezimalen Positionssystem etwa dem Komma. Doch fehlt in den von Luckey untersuchten Handschriften des **Sibṭ al-Māridīnī** eine derartige Markierung.

Al-Kāšī gibt, wenn er im fortlaufenden Text Sexagesimalzahlen schreibt, jeweils deren niedrigste Stelle in Worten daneben an, z.B.:

1 33 26 45 37 Sekunden für 1, 33, 26; 45, 37 .

Ferner stellt **al-Kāšī**, wenn es sich um sexagesimale Rechnungen handelt, die Sexagesimalzahlen in Tabellenform dar, wobei entsprechende Sexagesimalstellen in einer Spalte stehen, z.B.:

Sekunden	Minuten	Grad	Einmal Erhöhtes	Zweimal Erhöhtes	Namen der Stellen
an wl y	m ḥm wy	ḥy k zm	k bm l		Die Zahlen, die wir addieren wollen
zl	hm	wk	gl	a	Das Ergebnis

[Luckey 2; 42 f.]. Hier sind die Sechzigerstellen und die Umschriftbuchstaben der von **al-Kāšī** verwendeten Ǧummalzahlen in der von rechts nach links laufenden Anordnung des Urtextes wiedergegeben.

1.2.2.12 Byzanz

L.: Smith/Karpinski, Tannery [4], Vogel [13].

Belege für das Fingerrechnen gibt es auch bei den Byzantinern, z.B. in einem um 1341 geschriebenen Brief von **Nikolaos Rhabdas** in dem Abschnitt *Ἔκφρασις τοῦ δακτυλικοῦ μέτρου* [90 ff.]. Die Verwendung der Fingerzahlen beim Rechnen schildert sehr anschaulich **Nikolaos Mesarites** (ca. 1200) bei der Beschreibung der Apostelkirche [Heisenberg; 17 ff., 60 ff.]. Im schriftlichen Rechnen benützt man die klassischen griechischen Buchstabenzahlen. Schon bald treten auch die indischen Zahlzeichen auf, doch wird die Positionsschreibung noch nicht voll erfaßt, so im **Euklid**-Scholion von der Hand des **Arethas** in der **Euklid**-Handschrift von 888 [Euklid 1; **5**, XIX] und bei **Neophytos** (um 1200) [Tannery 3]. Die Null tritt hier noch nicht als gleichberechtigt neben die anderen Ziffern, sondern sie erscheint als diakritisches Zeichen (Punkt oder Omikron) über den Ziffern, also 10 = $\dot{1}$, ..., 10 000 = $\overset{::}{1}$. Für die richtige Verwendung der Null haben wir erst ab dem 12. Jh. Belege, so in **Euklid**-Scholien [Euklid 1; **5**, 490, 495]. **Planudes** nimmt in seinem Rechenbuch [1; 1], [3] die östlichen Ziffern formen, während in einer ähnlichen Schrift aus dem Jahre 1253 [Allard 5], die **Planudes** als Quelle benützt hat [Vogel 13; 663], die westlichen Formen erscheinen (z.B. im Cod. Par. suppl. gr. 387 aus dem 14. Jh.). **Planudes** hat seine Vorlage erweitert und die westlichen Ziffern durch die ostarabischen ersetzt, vielleicht unter dem Einfluß der um diese Zeit stärker hervortretenden Beziehung zur persischen Wissenschaft, deren Weg über Trapezunt ging.

Neben den indischen Ziffern bleiben nach wie vor auch die griechischen Zahlbuchstaben in Gebrauch; man sieht dies bei **Pachymeres**, einem Zeitgenossen von **Planudes**, dann bei **Moschopulos**, **Pediasimus**, **Barlaam**, **Isaak Argyros** und sogar bei **Nikolaos Rhabdas**, der das Rechenbuch des **Planudes** neu herausgab [Tannery 4; 204]. Man machte sich auch die Vorteile der neuen Schreibweise zunutze, indem man für die Zahlen von 1 bis 9 an den Buchstaben festhielt und nur noch ein Zeichen für die Null dazunahm, wie in Handschriften der Parlamentsbibliothek in Athen aus dem 14. Jh. [Sarton 2; **3**, 121] oder in einem Rechenbuch aus dem 15. Jh. [Hunger/Vogel; 107]. Die Null ist hier entweder ein Punkt oder ein Zeichen, wie die ostarabische 6 oder die westarabische 5. Manchmal wurden auch beide Prinzipien vermengt, z.B. steht in einer Escorialhandschrift **αφ7o** für 1570 [Vogel 13; 664].

Sexagesimalzahlen

Bei den Byzantinern bleibt für die Sexagesimalbrüche – ganze Sexagesimalzahlen kommen nicht vor – die hellenistische Bezeichnungsweise mit Hilfe des griechischen Zahlenalphabets erhalten. Mit dem Aufkommen der indischen Ziffern findet man auch die ostarabische Kolumnenschreibung (s. S. 109 ff), so in Euklidscholien [Euklid 1; **5**, 571 ff.] und bei **Planudes** die sonst seltene Form der Schreibung in Zeilen mit nach rechts fallenden Potenzen, z.B. [1; 24]:

ζώδια	μοῖραι	λεπτά	δεύτερα
٠.	٢٢.	٥٧.	٣٥
0 Tierkreis-zeichen	22°	57′	35″

Auf die engen Kontakte zwischen Byzanz und Rußland ist es zurückzuführen, daß man auch in Rußland eine alphabetische Zahlenschreibweise benützte, die den griechischen Zahlbuchstaben sehr ähnlich ist [Simonov], [Juškevič 1; 357 f.], [Juškevič 2; 11]. Wie bei den Griechen wurden die Zahlen von 1, 2, ..., 9, 10, 20, ..., 90, 100, 200, ..., 900 durch die Buchstaben des kyrillischen bzw. griechischen Alphabets geschrieben:

1	2	3	4	5	6	7	8	9
а҃	в҃	г҃	д҃	є҃	ѕ҃	з҃	и҃	ѳ҃

10	20	30	40	50	60	70	80	90
і҃	к҃	л҃	м҃	н҃	ѯ҃	о҃	п҃	ч҃

100	200	300	400	500	600	700	800	900
р҃	с҃	т҃	ѵ҃	ф҃	х҃	ѱ҃	ѡ҃	ц҃

1 000	10 000
҂а҃	ⓐ

Die indischen Ziffern erscheinen in einem russischen Lehrbuch erstmals 1703 und zwar in **L. F. Magnizkij**s enzyklopädischem Werk *Die Arithmetik oder die Lehre vom Rechnen.* Doch sind hier noch die Jahreszahl auf dem Titelblatt [Juškevič 2; 60] sowie die Seitenzahlen mit kyrillischen Ziffern dargestellt, siehe hierzu [Juškevič 2; 58–73]. Von diesem Zeitpunkt an werden die Ziffern in kyrillischen Buchstaben allmählich von den indischen verdrängt.

1.2.2.13 Das Abendland

L.: Friedlein [2], Hill, Löffler, Menninger, Smith/Karpinski, Treutlein [1].

Bevor die indischen Ziffern im Abendland bekannt wurden, lernten die jungen Völker, die auf dem Boden des Imperiums Fuß gefaßt hatten, wie die Römer ihre Zahlen darstellten: Sie übernahmen ihre Zahlzeichen und rechneten auch mit ihren Fingerzahlen. Über die „Sprache der Finger“ *(de computo vel loquela digitorum)* hat **Beda** (gest. 735) ausführlich geschrieben [1; 179 ff.]: An den beiden Händen wurden die Zahlen bis 9999 aufgezeigt (s. S. 49); größere Zahlen bis 1 000 000 konnten durch Gesten wiedergegeben werden, z.B. eine Million durch Falten beider Hände über dem Kopf. **Leonardo von Pisa** empfiehlt die Fingerzahlen für den gewandteren Rechner; offenbar sollen Zwischenresultate auf diese Weise besser gemerkt werden [1; **1**, 5, 17 f., 30]. Noch 1727 wurde diese Art von Fingerzahlen beschrieben [Menninger; **2**, 10].

Mußte eine Zahl schriftlich festgehalten werden, wie in den Rechnungsbüchern der Kaufleute, der Klosterverwalter, der Stadt- und Kammerschreiber, so wurden die römischen Zahlzeichen in ihrer kursiv abgewandelten Form bis weit ins 16. Jh. hinein verwendet. **Köbel** nannte sie im Gegensatz zu den neuen Ziffern *die gemein Teutsch zale.* Er gebraucht sie in seinem Rechenbüchlein noch durchwegs – auch bei den Brüchen – zum Nutzen der Laien, *dem die Zyfferzale am Erstenn zu lernen schwere* [1; A 3^v]. Dabei machte er auch von einer multiplikativen Verkürzung des Zahlenbildes Gebrauch, wenn er z.B. 1612 als MVI^{C}XII schreibt [1; A 5^v].

Die indischen Ziffern sind im Abendland zuerst wohl über Spanien bekannt geworden. In einer Handschrift, dem Codex Vigilanus aus dem Kloster Albelda (vollendet 976) z.Zt. im Escorial [Hill; 28 f.], sind die Ziffern 1 bis 9 ohne die Null in einer Form verzeichnet, die im wesentlichen mit den Ġubārziffern übereinstimmt (s. Abb. 14 S. 67). Dasselbe bietet der Codex Emilianus aus San Millan de la Cogolla bei Burgos, vollendet im Jahre 992 [Ewald; 357 f.], [Smith/Karpinski; 138]. Dort in der spanischen Mark hatte sich im Jahre 967 **Gerbert**, der spätere Papst **Sylvester II** (999–1003), aufgehalten, wie sein Schüler und Biograph **Richer** berichtet [100]. **Gerbert** hat dort mathematische Studien betrieben und vielleicht dabei die neuen Ziffern kennen gelernt. Er ist aber vor allem bekannt durch den nach ihm benannten Abakus, auf den sich eine Schrift von ihm bezieht [2; 8–22, 155 f.] und den weitere Autoren beschreiben [Schröbler]. Dieser Abakus besteht aus einem Rechenbrett mit bis zu 27 senkrechten Kolumnen, die der Reihe nach von rechts nach links für die Einer, Zehner usw. bestimmt waren und danach die Überschriften . . . M, C, X, I trugen, manchmal mit darübergesetzten Bögen, „Bögen des Pythagoras" *arcus pictagorae*. [Menninger; **2**, 133 ff.]. Zum Rechnen dienten die sog. *characteres* oder *apices*, Marken aus Holz oder Horn; sie trugen als Aufschrift entweder die römischen Ziffern oder häufiger die indischen Ziffern 1 bis 9, die in ihrer Form den Ġubārziffern nahestehen. Gelegentlich wurden auch die griechischen Zahlzeichen von 1 bis 9 eingetragen [Gerbert 1; 361]. Sie wurden in die jeweiligen Kolumnen eingelegt; eine Null war deswegen unnötig. Vom 12. Jh. an sind auch die Namen für diese Ziffern überliefert: 1 *igin*, 2 *andras*, 3 *ormis*, 4 *arbas*, 5 *quimas*, 6 *caltis*, 7 *zenis*, 8 *temenias*, 9 *celentis* [Gerhardt 1; 11], Wortbildungen, die z.T. latinisierte arabische Zahlwörter wiedergeben. Die Herkunft der Namen und Formen der *Apices* aus dem europäischen Raum herzuleiten, wie es **Bubnov** meint [63 ff.], dürfte nicht haltbar sein [Ruska 2; 82–92].

Dann wurde noch ein Steinchen benutzt, um Kolumnenstellen anzumerken, an denen gerade gerechnet wurde. Es ist dies aber keine Null, auch wenn es in einem Kommentar zu **Gerberts** Beschreibung gelegentlich einmal benutzt wird, um bei der Zahl 302 die fehlende Stelle anzudeuten [Gerbert 2; 275]. Der Name des Merksteins, *sipos*, lat. *rota* oder *rotula*, deckt sich mit dem griechischen Wort für Rechenstein (ψῆφος). **Gerbert** hat nun nicht das Abakusrechnen selbst erfunden; es war schon zu seiner Lehrzeit verbreitet, wie sich aus einem Brief **Gerberts** (ca. 980) [2; 6] und aus zeitgenössischen Berichten ergibt, z.B. aus den Mitteilungen des Mönches **Abbo** [Gerbert 2; 197–204] (ca. 970).

Die den Gubārziffern nachgebildeten Apiceszeichen fanden mit dem **Gerbert**schen Abakus im Abendland Verbreitung, so in einer Handschrift der Kapitularbibliothek von

Ivrea (10. Jh.) [Bethmann 1; 623 und 2; 594], [M. Cantor 3; **1**, 879], bei **Bernelinus** (um 1020) [Gerbert 1; 357–400, bes. S. 362], ferner in einer anonymen, vielfach abgeschriebenen Handschrift, die sich als Geometrie des **Boetius** ausgibt, aber nach Inhalt und Stil als ein Erzeugnis des 11. Jhs. anzusehen ist, siehe [Folkerts 1].

Für die Verbreitung der indischen Ziffern im Abendland waren die im Anschluß an das Rechenbuch **al-Ḫwārizmīs** entstehenden Algorismen von größter Bedeutung. Wie **al-Ḫwārizmī** selbst die Ziffern geschrieben hat, erfährt man nicht, da das Original fehlt. Wir kennen nur spätere lateinische Überarbeitungen und zwar unter den Titeln [al-Ḫwārizmī 2; 42–44]:

Liber Ysagogarum Alchorizmi, erhalten in 5 Handschriften; A 1: 1143, A 2: 1163–1168, A 3 und A 4: 12. Jh., A 5: 13. Jh.
Dixit Algorizmi, erhalten in einer Handschrift aus dem 13. Jh. [al-Ḫwārizmi 2].
Liber alghoarismi des **Johannes Hispalensis**, erhalten in 8 Handschriften aus dem 13.–15. Jh., vgl. dazu [Allard 2; 35–38].
Ferner ist das Werk **al-Ḫwārizmīs** in den *Algorismus vulgaris* von **Johannes de Sacro Bosco** eingegangen.

Die Kenntnis des Ziffernrechnens beschränkte sich anfangs auf gelehrte Kreise, besonders in den Klöstern, durch die von etwa 1200 an die neuen Methoden weiter verbreitet wurden. Zu den ältesten Algorismen gehört der aus dem Kloster Salem [M. Cantor 1] sowie der von **Johannes de Sacro Bosco**, der lange auf den höheren Schulen als Lehrbuch verwendet wurde. Außerhalb der klösterlichen Kreise treten die Ziffern z.B. in einer Handschrift des Lehrgedichtes *Der Wälsche Gast* aus der zweiten Hälfte des 13. Jahrhunderts auf. Hier ist **Pythagoras** und *Arismetrica* im Bild festgehalten, wie sie eine Tafel mit einem arithmetischen Problem vor sich haben, das mit den neuen arabischen Ziffern geschrieben ist [Oechelhäuser; 54 ff.].

Im kaufmännischen Bereich bürgerte sich die Verwendung der arabischen Ziffern nur zögernd ein. Im Jahre 1299 geboten die Florentiner Behörden, *quod nullus de arte scribat in suo libro per abbacum* [Nagl 1; 161 ff.], d.h. es wurde den Kaufleuten verboten, ihre Bücher mit arabischen Zahlen zu führen; die Zahlen sollten entweder in römischen Ziffern oder als Zahlwörter ausgeschrieben erscheinen [Hankel 2; 341, Fn.], vgl. auch [Menninger; **2**, 244]. An diese Bestimmung halten sich, wie aus den Handelsbüchern hervorgeht, die italienischen Kaufleute im 14. Jahrhundert [Badoer; 126 f.]. Erst das 1436–1440 in Konstantinopel entstandene Handelsbuch *Il libro dei Conti* des Venezianers **Giacomo Badoer** ist ausschließlich mit arabischen Ziffern geführt. Wie in Italien, so setzten sich auch in Deutschland die arabischen Ziffern erst allmählich bei den Kaufleuten durch. Viele Handelsbücher des 14. Jhs. weisen ebenfalls nur römische Ziffern auf, so das Handlungsbuch der **Holzschuher** in Nürnberg von 1304–1307, das der **Runtinger** in Regensburg von 1383–1407, eine Kellereirechnung des Deutschordenshauses in Marburg aus dem 14. Jh. [Schillmann]. Dagegen sind in den Handelsbüchern der Nürnberger **Kreß**-Gesellschaft, die vom Firmenteilhaber **Hilpolt Kreß** in der Nähe von Venedig zwischen 1389 und 1392 geführt worden sind, die Kontokolonnen mit arabischen Ziffern geschrieben, nur im laufenden Buchungstext kommen noch die römischen Ziffern vor. Diese Handelsbücher des **Hilpolt Kreß** gelten nach dem jetzigen Stand der Forschung als die ältesten Kaufmannsbücher mit arabischen

Ziffern [Stromer; 787 f.]. Doch auch im 15. Jh. sind die arabischen Ziffern in Deutschland in den Kaufmannskreisen noch keine Selbstverständlichkeit. So wechseln im Handlungsbuch des **Ott Ruland** aus den Jahren 1444–1458 noch römische und arabische Ziffern [Badoer; 126]. Dagegen weist ein Kaufmannsbuch aus München (Lererbuch, um 1450) bereits die arabischen Ziffern auf [Bastian; **1**, 210–214, 256 Abb.].

Auf Grabdenkmälern finden sich in Deutschland Jahreszahlen in arabischen Ziffern z.B. 1371 in Pforzheim und 1388 in Ulm [Günther; 175, Fn. 2]; doch dürfen die Datierungen nicht als gesichert gelten [M. Cantor 3; **2**, 216 f.]. Die älteste deutsche Münze, bei der die Jahreszahl in arabischen Ziffern erscheint, ist ein Plappart, den die Stadt St. Gallen 1424 geschlagen hat [Menninger; **2**, 258]. Eine ausführliche Zusammenstellung über das Auftreten der Ziffern in Europa enthält **Hill**. Zum Eindringen der arabischen Ziffern in England siehe **Yeldham** [85–90].

Mit dem Aufkommen des Buchdrucks, sowohl des Blockdrucks als auch des Typendrucks, verwenden alle Rechenbücher die neuen arabischen Ziffern, z.B. die Treviso-Arithmetik von 1478, die Bamberger Rechenbücher von 1482 und 1483, **Borghi** 1484, **Johannes Widman** 1489 und 1508, usw. Eine Ausnahme bilden lediglich **Jakob Köbels** *A in New geordnet Rechenbiechlin* von 1514 (und später) und *Eyn New geordent Vysirbuͤch* von 1515, die fast durchgehend noch römische Zahlen verwenden.

Was die Formen der Ziffern betrifft, so zeigt sich, daß sie sich, einmal im Druck festgelegt, fast unverändert bis auf die heutige Zeit erhalten haben. Nur für die 4, 5 und 7 erscheinen im Druck gegen Ende des 15. Jhs. neue, etwas gedrehte Formen, die aus Italien stammen:

	alte Formen	neue Formen
4	ጸ	4
5	Ч	5
7	ʌ	7

So findet sich im ältesten deutschen Rechenbuch, im Bamberger Blockbuch von ca. 1470 [Menninger; **2**, 144 f.] nur die neue Form der 4, in den Bamberger Rechenbüchern von 1482 und 1483 jedoch kommen für die 4, 5 und 7 die neuen Formen neben den alten vor. Seit dem Rechenbuch von **Johannes Widman** von 1489 sind die alten Formen verschwunden. Die geöffnete Form der 4, im Gegensatz zu 4, tritt erst im 19. Jh. auf.

Ein besonderes Zahlensystem, das aus einem waagrechten bzw. senkrechten Strich und angesetzten Zusatzstrichen besteht, findet sich bei **Noviomagus**, der es auf *die Chaldäer und Astrologen* zurückführt; dieses ist später auch von **Hostus** beschrieben worden [Friedlein 2; 12 f., Tafel 1], [M. Cantor 3; **2**, 410, 548] (s. Abb. 12).

Darstellung großer Zahlen

L.: Cajori [6; **1**, 57–60], D.E. Smith [6; 2, 86 f.].

Wie bei den Arabern, so teilt man auch im Abendland größere Zahlen in Gruppen zu je drei Ziffern, z.B. durch Punkte oder Bogen. Dies empfiehlt bereits eine anonyme

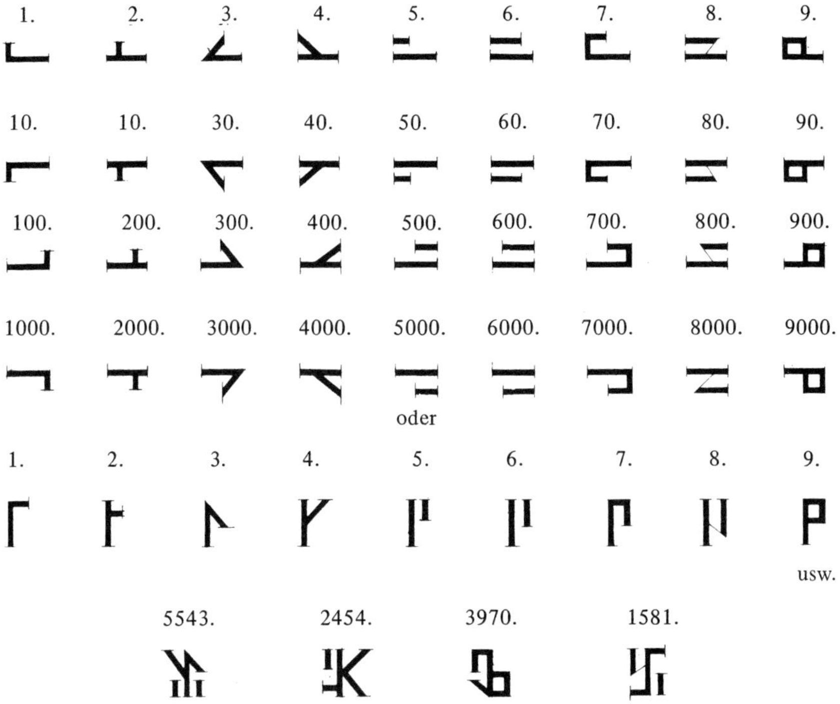

1. 2. 3. 4. 5. 6. 7. 8. 9.

10. 10. 30. 40. 50. 60. 70. 80. 90.

100. 200. 300. 400. 500. 600. 700. 800. 900.

1000. 2000. 3000. 4000. 5000. 6000. 7000. 8000. 9000.

oder

1. 2. 3. 4. 5. 6. 7. 8. 9.

usw.

5543. 2454. 3970. 1581.

Abbildung 12. Zahlen des Noviomagus.

Algorithmusschrift aus der Zeit um 1200, der Codex Salem [M. Cantor 1; 3]: *Notandum quot ternarii tot fiunt puncti, et quot fuerint puncti tociens mille debet pronuntiari* und gibt als Beispiel 495.827.361.052.951. Mit ähnlichen Worten beschreibt dies auch **Johannes de Sacro Bosco** bzw. sein Kommentator **Petrus de Dacia** im *Algorismus vulgaris* [3, 29] und **Leonardo von Pisa**, der die Tausender mit Bogen zusammenfaßt: [1; **1**, 4]: 678935784105296. Dieser Übung folgen später auch die deutschen Rechenmeister, z.B. **Widman** [6^r]: *Vn̄ setz vff ietlich tusent ein punct*, **Grammateus** [1; A 3^r] usw. **Pellos** schreibt 1492 [4^r]:

3 2 1
. . . 7.538.275.136 .

Manchmal werden auch die Millionen, Billionen usw. durch Striche über den Ziffern angegeben. **Kaspar Schott** [23] erwähnt 1677 die beiden Schreibweisen:

III II 1
7697432329089562436 und 42,563″,450,673′ ,189,246.

Die erste empfiehlt auch 1699 **J. Chr. Sturm** [2; 10], die zweite **Chr. von Wolff** [4; 19].

Entwicklung der indischen Ziffern

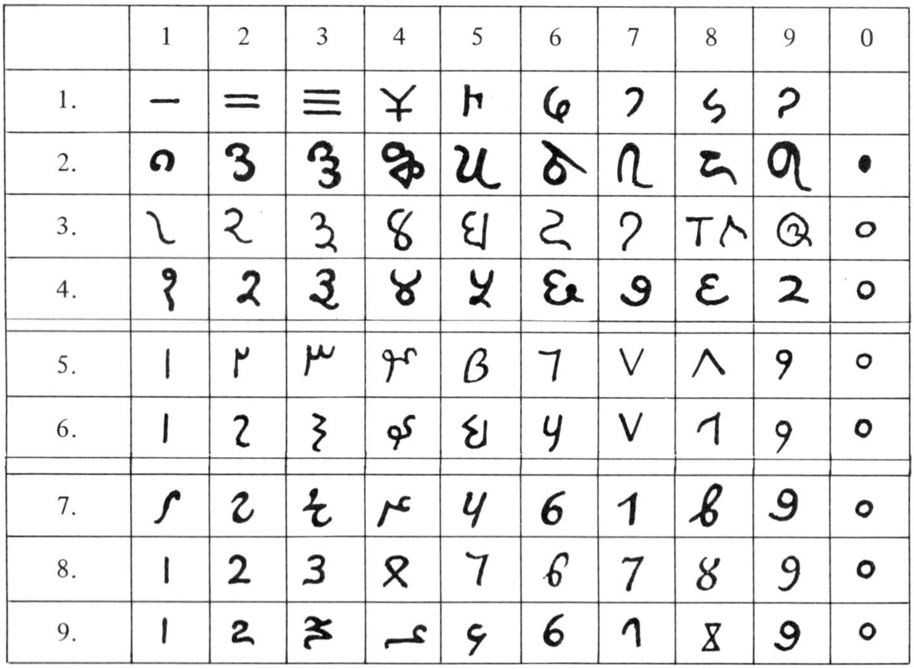

	1	2	3	4	5	6	7	8	9	0
1.										
2.										
3.										
4.										
5.										
6.										
7.										
8.										
9.										

Inder

1. Brāhmī-Ziffern [Menninger; **2**, 233].
2. Bakhshālī-Manuskript [Table IV, 7].
3. Gwalior-Inschriften [BSS; 177].
4. Sanskrit (Nāgarī) [DS; **1**, 120].

Araber

Ostarabisch (s. S. 53):

5. al-Uqlīdisī [Uqlīdisī 2; 355], Kūšyār ibn Labbān (10./11. Jh.) [47], al-Nasawī (11. Jh.) [Uqlīdisī 2; 355], al-Kāšī (15. Jh.) [4v].
6. Manuskript aus Schiraz (um 970) [Woepcke 5; 75].

Westarabisch (s. S. 54):

7. al-Ḥaṣṣār (Ms. von 1432) [Suter 3; 15].
8. al-Umawī (Ms. von 1373) [Uqlīdisī 2; 355].
9. al-Qalaṣādī [Woepcke 5; 62], [Woepcke 2; 358].

Abbildung 13. Die indischen Ziffern bei den Indern und Arabern.

Abendland

	1	2	3	4	5	6	7	8	9	0
1.	1	2	3	4	5	6	7	8	9	
2.	1	2	3	4	5	6	7	8	9	0
3.	1	2	3	4	5	6	7	8	9	
4.	1	2	3	4	5	6	7	8	9	0
5.	1	2	3	4	5	6	7	8	9	0
6.	1	2	3	4	5	6	7	8	9	0
7.	1	2	3	4	5	6	7	8	9	0
8.	1	2	3	4	5	6	7	8	9	0
9.	1	2	3	4	5	6	7	8	9	0
10.	1	2	3	4 4	5 5	6	7	8	9	0
11.	1	2	3	4	5	6	7	8	9	0

1. Cod. Vigilianus (aus dem Jahre 976) [Ewald; 356].
2. Cod. Erlangen, Universitätsbibl. 379 („Boetius"-Geometrie, Mitte des 11. Jhs.) [Folkerts 1; Tafel 1]: Ziffern auf dem Abakus.
3. Clm 13021 („Boetius"-Geometrie, 13. Jh.) [Folkerts 1; Tafel 2].
4. Cod. Vindob. 275 (Algorismusschrift A1, von 1143) [al-Ḫwārizmī 2; 51].
5. Cod. Par. bibl. nat. 16208 (Algorismusschrift A 3, vor 1180) [al-Ḫwārizmī 2; 51].
6. Cod. Par. bibl. nat. 16202 (Algorismusschrift H1, Anfang des 13. Jhs.), Cod. Par. bibl. nat. 7359 (Algorismusschrift H 4, um 1300) [al-Ḫwārizmī 2; 51].
7. Columbia-Algorismus (14. Jh.) [Vogel 24; 12].
8. Algorismus Ratisbonensis [Vogel 11; Tafel VI].
9. Treviso-Arithmetik von 1478 [1^v].
10. Bamberger Rechenbuch von 1483 [9^r].
11. Dürer [42].

Abbildung 14. Entwicklung der indischen Ziffern im Abendland.

Zahlendarstellung auf dem Rechenbrett und auf der Linie

L.: Pullan

Über den von **Gerbert** benutzten Abakus s. S. 62. Eine abakusähnliche Zahlendarstellung des Mittelalters ist die auf einem Rechenbrett mit verschiedenartigen Objekten als Stellvertreter der Zahlen. Diese Objekte, Rechensteine, Rechenpfennige, *Calculi, Projectiles, Jetons* (oder *Getz*), wurden in bestimmter Anordnung aufgelegt. Eine ziemlich alte Form war ein schachbrettartig eingeteiltes Brett *(chess-board)*, wie es in einer englischen Handschrift des 14. Jhs. aufgezeichnet ist [Menninger; 2, 160]. Hier ist für jede Ziffer des zu bezeichnenden Pfundwertes, sowie für die einzelnen Pennies und Schillinge je ein Platz vorgesehen, auf den ein Stein gelegt wird. Eine ähnliche *mensura quadrata ad calculandum* aus derselben Zeit steht in der *Practica della mercatura* von **Pegolotti** [328, Plate 3].

Eine andere Art war ein Rechenbrett, bei dem die Steine horizontal aufgelegt wurden, so daß das Rechnen auf Linien bzw. in horizontalen Streifen erfolgt. Hier ist die einfachste Form der Zählbaum *(arbre de numération)*, dargestellt z.B. im *Livre de getz* und noch bei **Legendre** (1753) [Barnard; 310–319], bei dem die Rechenpfennige nebeneinander, ohne daß Linien vorgezeichnet werden, angeordnet sind. An der Seite liegen in senkrechter Reihe Merksteine (Standmünzen), die sich auf die verschiedenen Zehnerpotenzen oder die Münzsorten beziehen. Zeichnet man mit Kreide auf einem Rechentisch Horizontallinien vor oder ritzt solche ein, dann können die verschiedenen Münzeinheiten in die Horizontalstreifen eingelegt werden. Derartige Rechentische sind in Basel, Straßburg, Dinkelsbühl [Menninger; 2, 153 ff.] sowie im Rathaus in Goslar zu sehen.

Denselben Dienst taten auch Rechentücher [Menninger; 2, 157], die z.B. bei Kassenprüfungen bequem mitgeführt werden konnten.

In zahlreichen Drucken um die Wende des 15. auf das 16. Jh. wird die genannte Methode als Rechnen auf den Linien bzw. als *Algorithmus linealis* beschrieben [Klebs; 35]. Auf die Horizontallinien werden bis zu 9 Rechenpfennige aufgelegt, auf der untersten die Einer, auf der zweiten die Zehner usw., während in den Spalten ein Fünferstein Platz finden kann. Dieses Verfahren wurde noch bis zum 18. Jh. für den einfachen Mann empfohlen und gelehrt. **Chr. von Wolff** beschreibt es im Jahre 1716 als *Arithmetica calculatoria* und bemerkt, daß es besonders bei den französischen Kaufleuten als *l'Art calculatoire* oder *La logistique par Getons* in Gebrauch sei [3; Sp. 170 ff.]. In vielen Rechenbüchern finden sich Zeichnungen, die das Verfahren darstellen, so z.B. bei **Gregor Reisch**. Als Titelblatt des Buches Arithmetik zeigt er die personifizierte Arithmetik, unter deren Augen sich ein anachronistischer Wettkampf zwischen **Pythagoras**, der auf dem Linien-Abakus rechnet, und **Boetius**, der die indischen Ziffern verwendet, abspielt. Aus dem bekümmerten Gesicht von **Pythagoras** und der Siegermiene von **Boetius** ersieht man, wem **Reisch** den Vorzug gibt (Abb. 15).

Wann das Rechnen auf den Linien entstanden ist, das besonders in Mitteleuropa in Gebrauch war, weiß man nicht. Im Codex Dresden C80 [Wappler 1; 9] wird die Erfindung dem **Apuleius** zugeschrieben.

Abbildung 15. Aus Gregor Reisch, Margarita philosophica, Tract. IV.

Die Bezeichnungen Rechentafel, Rechenholz sowie zahlreiche Rechenpfennige in natura finden sich schon im 13. Jh. Daraus kann man aber nicht unbedingt auf die Kenntnis der Methode des Rechnens auf den Linien schließen; man benützte ja auch Steine auf dem *chessboard*, und unter Rechenholz konnte auch ein Kerbholz verstanden sein, wie solche seit frühesten Zeiten in Deutschland in Gebrauch waren [Menninger; 2, 26 ff.].

Aus der Mitte des 15. Jhs. stammen mehrere Handschriften aus bayerischen Benediktinerklöstern sowie aus Krakau, in denen das Rechnen auf den Linien ausführlich erklärt wird, so im Cgm 739, ferner im Cgm 740 aus Tegernsee, ediert von **Kaunzner** [3], Clm 15558 aus Rott am Inn, ediert von **Vogel** [17; 30–46], Cod. Krakau 1928, fol. 411–416 [Curtze 6; 304].

1.2.3 Maßsysteme

L.: Alberti, Berriman, Travaux de la deuxième Conférence internationale sur la métrologie historique.

Im allgemeinen haben die Völker ihre Maßsysteme selbständig aufgebaut; doch sind auch Entlehnungen festzustellen, wie wir es z.B. bei der Übertragung der vorderasiatischen Maße und Gewichte nach Griechenland sehen [Hultsch 2; 495–528].

Die Maße – auch die mit demselben Namen wie Fuß, Elle, Meile usw. – waren von Volk zu Volk, ja sogar von Stadt zu Stadt im gleichen Land verschieden und sie waren auch im Lauf der Zeit mancherlei Veränderungen unterworfen. So schwankt z.B. die Länge des Fußes, die man ja durch einen Versuch bestimmen konnte (s. Abb. 16), zwischen 27 und 35 cm. Für die Meile, die in Deutschland zu 25 000 Rheinische Fuß (= 7,5 km) gerechnet wurde, werden bei **Polack** [289] (1770) ein Dutzend Werte zwischen 1,4 km („Moskowitische" Meile) und 15 km („Dänische" Meile) genannt. Eine erschöpfende Darstellung ist daher hier nicht möglich. Die folgenden Angaben sollen nur dazu dienen, die in den Rechnungen benutzten Fachwörter verständlich zu machen.

Zur genaueren Unterrichtung muß die jeweils angegebene Spezialliteratur hinzugezogen werden. Nur die Längenmaße, die ja die Grundlage für viele andere Maße bilden, sollen hier etwas ausführlicher berücksichtigt werden.

1.2.3.1 Längenmaße

Es lassen sich drei Gruppen unterscheiden:

1. *Körpermaße.* Sie sind kleinere Längen, die sich als Teile des menschlichen Körpers unmittelbar anbieten, z.B. Finger, Fuß, Elle oder Klafter (= Raum zwischen den Fingerspitzen der nach beiden Seiten ausgestreckten Arme).
2. *Feldmaße.* Zu diesen Längen gehören z.B. das Rohr, das Seil, der Stab, mit dem die Tiere angestachelt werden oder andere der Landwirtschaft entnommene Größen wie die Länge der Furche, die der Pflugstier in einem Ansatz ziehen kann (griechisch πλέθρον = „Gewende", von πέλομαι = drehen, wenden; lateinisch *actus* „der Trieb").
3. *Wegemaße.* Dazu gehören vor allem der Doppelschritt – er tritt erst bei den Römern auf – und die Meile.

Wie eyn gerechte Meßrůt/da mit man Felder/Alß Acker/Wingartē/Wieſen/Obß-gartē ꝛc. meſſen wil/gemacht ſol werdē/folgt hernach.

Eyn Meßrůte nach rechter art vnd künſtlichē gemeinē gepꝛauch ſol alſo gemacht werdē. Es ſollen ſechzehen mañ clein vnd groß/wie die vngeuerlich nach einander auß der kirchē gan/ein yder voꝛ den anderñ ein ſchůch ſtellē/vñ do mit ein leng die da gerad ſechzehen/der ſelbē ſchůch begreift/meſſen die ſelb lenge/iſt/vnd ſol ſein/ein gerecht gemein Meß-růte/da mit man das feldt meſſen ſol/vnnd geſchicht in geſtalt wie in nachfolgender Figur angezeigt wirt.

A

Abbildung 16. Bestimmung der Meßrute zu 16 Schuh. [Köbel 4; A 1r].

1.2.3.1.1 Babylonische Längenmaße

L.: Thureau-Dangin [TMB; XIII], [3; 36 f., 41 ff.], Neugebauer [MKT; **1**, 85 ff.], [2], [8; 273 ff.], Neugebauer/Sachs [MCT; 4 ff.], Vogel [VM; **2**, 20].

Tabelle 4

Name		Bedeutung	„Meile"	UŠ	*ašlu*	GAR	*gi*	Elle	Finger	Gerstenkorn
Sumer.	Akkad.									
danna	*beru*	„Meile"	1	30	180	1 800				
UŠ (giš?)	–	Länge		1	6	60				
ZIR	*ašlu*	Seil			1	10	20			
GAR (NINDA)	–	„Grenze"?				1	2	12		
gi	*ganū*	Rohr					1	6	180	
kuš	*ammatu*	Elle						1	30	180
šu-si	*ubānu*	Finger							1	6
še	*še'u*	Gerstenkorn								1

Die Grundmaße sind der Finger (ca. 1,7 cm), die Elle (ca. 50 cm) und das GAR (ca. 6 m); auf dem GAR wurde die quadratische Flächeneinheit SAR (= Beet) aufgebaut (s. S. 80), von dem dann das GAR die „Grenze" darstellt. Die „Meile" *danna* (ca. 10,8 km) und ihr 30. Teil, das UŠ, wurden auch als Zeitmaße verwendet. Da man zu 1 *danna* etwa 2 Stunden braucht, wurde 1 Tag = 12 *danna* = 360 UŠ gerechnet. So entspricht auch 1 UŠ dem Bogengrad und 1 *danna* einem Tierkreiszeichen (30°).

1.2.3.1.2 Ägyptische Längenmaße

L.: Griffith, Hultsch [2; 349–380], Papyrus Rhind [1; 24–26], Parker [10 f.], Peet, Reineke, Vogel [VM; **1**, 29 f.].

Tabelle 5

		Rute	Elle	Handbreit	Finger
ḫt	Rute, „Holz"	1	100		
mḥ	Elle		1	7	28
šsp	Handbreit			1	4
ḏbᶜ	Finger (Zoll)				1

Neben der Grundeinheit, der „königlichen" Elle (52,3 cm) gab es noch eine kleinere Elle zu 6 Handbreit. In der Ptolemaierzeit hatten manche Tempel das Recht, die Länge der Elle selbst zu bestimmen [Parker; 11]. Neben weiteren kleineren Maßen (Spanne usw.) existierte ein großes Wegmaß *Itru (ỉtrw)*, das dem griechischen *Schoinos* (σχοῖνος) entspricht; für dessen Länge werden ganz verschiedene Werte angegeben (s.u.), **A.H. Gardiner** [199] hält 2 km für entsprechend.

1.2.3.1.3 Griechische Längenmaße

L.: Hultsch [2; 27–39, 529–533].

Tabelle 6

		Stadion	Gewende	Meßschnur	Klafter	Elle	Fuß	Spanne	Handbreit	Finger
στάδιον	Stadion	1	6		100	400				
πλέθρον	Gewende		1		$16\frac{2}{3}$	$66\frac{2}{3}$	100			
σχοινίον	„Meßschnur"			1	10					
ὀργυιά	Klafter				1	4	6			
πῆχυς	Elle					1	$1\frac{1}{2}$		6	24
πούς	Fuß						1		4	16
σπιθαμή	Spanne							1	3	12
παλαιστή	Handbreit								1	4
δάκτυλος	Finger									1

Die Länge des *Stadions* (dorisch *σπάδιον* = lat. *spatium*) schwankt örtlich und zeitlich zwischen 179 m (gelegentlich sogar 149 m) und 213 m; als häufigster Wert kann 185 m angesetzt werden. Daraus ergibt sich die Elle zu 46,2 cm.

Die *Parasange* (*παρασάγγης*) = 30 Stadien stammt aus Persien [Heron; **4**, 402], der *Schoinos* (σχοῖνος) = 60 Stadien aus Ägypten [Herodot; II, 6]. **Heron** gibt auch verschiedene andere Werte an [**4**, 402–406].

Die *Parasange* ist mit etwa $5\frac{1}{2}$ km ungefähr der in 1 Stunde zurückgelegte Marschweg. Der *Stathmos* (*σταθμός*) ist ein Tagesmarsch. **Xenophon** gibt in der *Anabasis* [I, 2, 10] kurz hintereinander die folgenden Marschleistungen an: *σταθμούς* 2, *παρασάγγας* 10; *σταθμούς* 2, *παρασάγγας* 12; *σταθμοὺς* 3, *παρασάγγας* 30.

Ferner finden sich bei **Heron** [**4**, 400–404] u.a. die Maße:

βῆμα (Schritt) = $1\frac{2}{3}$ Ellen,
ἄκενα (Treibstecken) = 10 Fuß,
μίλιον (Meile) = 3 000 Ellen ⟨= 1 800 Schritt⟩
oder auch = 2 000 Schritt ⟨3 333 Ellen⟩.

Die griechischen Maße wurden im byzantinischen Reich übernommen; später ergaben sich hier unter dem Einfluß der östlichen Provinzen zahlreiche Varianten der offiziellen und inoffiziellen Lokalmaße [Schilbach 1].

1.2.3.1.4 Römische Längenmaße

L.: Hultsch [2; 74–82, 616, 667 ff.], Agricola.

Tabelle 7

	Bedeutung	*Actus*	*Decempeda*	Doppelschritt	Fuß
actus	Trieb	1	12	24	120
decempeda (pertica)	10-Fuß-Maß (Rute)		1	2	10
passus	Doppelschritt			1	5
pes	Fuß				1

Das Grundmaß, der Fuß (zu 29,6 cm) wurde als *as* duodezimal eingeteilt bis zu $\frac{1}{4}$ Unze = *sicilicus* (s. S. 105 Abbildung 20). Zu einer anderen, von Künstlern und Handwerkern verwendeten „architektonischen" Einteilung des Fußes in 16 *digiti* s. **Hultsch** [2; 700]. Selten gebraucht wurde die Elle *cubitus* bzw. *ulna* = $1\frac{1}{2}$ Fuß.

Tabelle 8: Römische Wegemaße.

	Bedeutung	Meile	Stadium	Doppelschritt	Fuß
milia passuum	Meile ca. 1478,5 m	1	8	1 000	5 000
stadium	Stadium		1	125	625
passus	Doppelschritt			1	5
pes	Fuß				1

1.2.3.1.5 Chinesische Längenmaße

L.: Needham [N; **3**, 82 ff.], Libbrecht [76 f.], Berezkina (Sun Tzu), Vogel (Chiu Chang Suan Shu [3; 139]).

Längenmaße in den *Chiu Chang Suan Shu*.

Diese Maße waren vielfachen Veränderungen unterworfen, wobei der dezimalen Unterteilung, die sich bereits im *Chiu Chang Suan Shu* anbahnte, der Vorzug gegeben wurde. Dies zeigen schon die Tabellen bei **Sun Tzu** [22]. Über die Längenmaße vor der Hanzeit und über die weitere Entwicklung siehe [N; **3**, 82 ff.].

Tabelle 9

		Meile	Rolle	Klafter	Schritt	Fuß	Zoll	*fên*
li	Meile	1			300			
p'i	Rolle		1	4		40	400	
chang	Klafter			1		10	100	
pu	Schritt				1	6	60	
ch'ih	Fuß					1	10	
ts'un	Zoll						1	10
fên	Teil							1

1.2.3.1.6 Indische Längenmaße

Das Grundmaß für die indischen Maße, die oft in Tabellen am Anfang der Rechenbücher – mit allerdings recht verschiedenen Umrechnungswerten – stehen, ist die Elle (*hasta*, ca. 45,7 cm). **Bhāskara II** gibt in seiner *Līlāvatī* die in Tabelle 10 wiedergegebene Übersicht [1; 2].

Tabelle 10: Längenmaße bei Bhāskara II.

		yojana	Meile	Stab	Elle	Finger	Gerstenkorn
yojana	Pferdeweg (ohne Abschirren)	1	4	4 000	16 000		
krośa	„Rufweite“, Meile		1	1 000	4 000		
daṇḍa (*dhanu*)	Stab (Bogen)			1	4	96	
hasta	Elle				1	24	
aṅgula	Finger					1	8
yava	Gerstenkorn						1

Al-Bīrūnī, der **Varāhamihira** und den „Griechen“ **Puliśa** zitiert, hat dieselben Werte, nur rechnet er 1 *yojana* = 8 *krośa* = 32 000 Ellen [3; **1**, 167]. Dieser spezielle Wert für das *yojana* kommt auch im *Bakhshālī*-Manuskript vor [57, 60]. Zur Vermeidung von Verwechslungen wird hier in den Aufgaben hinter die Zahl der betreffenden Längeneinheit noch der jeweilige Umrechnungsfaktor geschrieben, z. B. steht für die Rechnung 100 *yojana* + 6 *krośa* + 3 *hasta* + 5 *aṅgula* angeschrieben:

100
6
8*
3
4 000*
5
24*

[Bakhshālī-Manuskript; 60].

Die Einteilung des Fingers erfolgt entweder im Verhältnis 1 : 7 wie im *Lalitavistara* [DS; **1**, 187], wo „Buddha"'bis zu 7^{-10} geht, oder im Verhältnis 1 : 8 [Mahāvīra; 323] über *Gerstenmaß*, *Lausmaß*, *Haarmaß* usw. bis 8^{-7} = 1 *aṇu*. Dieses Maß von ca. $\frac{1}{100\,000}$ mm bringt **Mahāvīra** noch theoretisch in Verbindung mit dem Moleküldurchmesser, wenn er sagt [4]: *Die unendlich kleine (Größe der) Materie, die weder von Wasser noch von Feuer noch von anderem Derartigen zerstört wird, heißt ein paramāṇu. Eine unendliche Zahl von diesen bildet ein aṇu.* In den *Śulba-sūtras* (Seilregeln) werden andere Längeneinheiten genannt, zum Teil sind es Synonyme wie 1 *vyāma* = 1 *dhanu* = 96 *aṅgulas* [Datta 3; 21].

1.2.3.1.7 Arabische Längenmaße

L.: Hinz.

Das Grundmaß in der islamischen Welt war die Elle zu 24 Fingern (= 49, 875 cm). Neben dieser „kanonischen" Elle gab es – nach Zeit und Ort verschieden – zahlreiche andere Ellen. **Hinz** bringt die Namen von 30 Ellen (von manchmal auch gleicher Größe), von denen die längste, die *Waage-Elle* aus der Abassiden-Zeit, 145,63 cm betrug. Weitere Ellenmaße waren die *schwarze Elle* mit 54,04 cm sowie die große *Ḥāšimī-Elle* („praktische" Elle) mit 66,5 cm, von denen 60 auf eine *Kette* gingen.

Tabelle 11: Arabische Längenmaße.

		Parasange	Meile	Kette	Seil	Rute	Klafter	Elle	Finger
farsaẖ	Parasange	1	3						
mīl	Meile		1				1 000		
ašl	Kette			1		10		60 *Ḥāš.-E.*	
ḥabl	Seil				1			40 *schw. E.*	
bāb	*Rute*					1		6 *Ḥāš.-E.*	
bā^{c}	Klafter						1	4 *kan. E.*	
ḏirā^{c}	Elle							1 *kan. E.*	24
iṣba^{c}	Finger								1

1.2.3.1.8 Europäische Längenmaße

Sicherlich haben – obwohl darüber wenig bekannt ist – die Völker Europas schon in alten Zeiten mancherlei Messungen im täglichen Leben durchführen müssen und sich dazu natürlicher Körpermaße bedient. Als Meßinstrumente wurden Stangen oder Seile verwendet, wie es für die Westgoten berichtet wird [F. Schmidt; 166 f.]. Im 9. Jahrhundert kannte man das Klafter *klāftra* [Kluge; 373]; das Wort für ein keltisches Wegmaß, die *leuca*, hat das Französische als *lieue* übernommen [Hultsch 2; 691]. Maßsysteme aber, in denen die Längeneinheiten in ihrem Verhältnis zueinander zahlenmäßig festgelegt sind, wurden bei den meisten Völkern Europas erst in Anlehnung an die römischen Maße entwickelt. Für Italien ist dies selbstverständlich; **Leonardo von Pisa** übernimmt die Rute *(pertica)* allerdings jetzt zu 6 Fuß, und teilt sie in 18 Punkte ein, wie es bei den römischen Handwerkern der Fall war [1; 2, 3]. Auch in Frankreich, wo die Herrschaft der Römer sich am längsten hielt, lebten deren Maße fort, freilich mit nach Zeit und Landschaft recht unterschiedlichen Längen- und Umbrechnungswerten. Aus der Elle *(ulna)* wurde die *aune*, aus der *pertica perche* und aus *passus* der *pas* (jetzt zu 2 1/2 Fuß). Ein Grundmaß war das Klafter *toise* (von lat. *tensum*, das Ausgestreckte), das in Lyon zu 7 1/2, in Paris zu 6 Fuß (zu 32,5 cm) gerechnet wurde.

Der Fuß wurde zuerst duodezimal eingeteilt, in Zoll *(pouce)*, Linien und Punkte; also ist

$$1 \text{ Fuß } (1') = 12'' = 144''' = 1\,728^{IV} .$$

Für geometrische Vermessungen nahm man $144''' = 1\,440^{IV}$; doch galt später auch $1' = 12'' = 120''' = 1\,200^{IV}$.

Wegmaße waren der Schritt, der Doppelschritt *(pas militaire)* und die gallische Wegstunde *lieue*. Von ihr abhängig waren verschiedene Meilen (von 3,9 bis 9,8 km), wie die *Postmeile* = *lieue de poste*: gesetzlich betrug sie 2 000 *Toisen*. Ein Beispiel für die recht verschiedenen Längen der Elle gibt **Oronce Finé**, der in seiner *Protomathesis* (1532) fünf verschiedene aufzählt [1; 56^r].

Auch in England bildete der römische Fuß das Grundmaß mit 30,5 cm; der zwölfte Teil war der Zoll = *inch* (von lat. *uncia*), die weiteren Einheiten folgten duodezimal. Eine einheitliche Regelung der Längenmaße wurde im Jahr 1215 in der *Magna Charta* festgelegt [Alberti; 94]. Die Größe eines *inch* wurde unter **Eduard II** im Jahre 1324 als die Länge von 3 Gerstenkörnern (*barley corn* oder *size*) festgelegt [Alberti; 95]. Schon im Jahre 1101 wurde das *yard* (von deutsch Gerte) als Körpermaß eingeführt, nämlich als die Entfernung der Nase des Königs **Heinrichs I** bis zum Daumenende seines ausgestreckten Armes. Es galt, 1 *yard* = 3 Fuß; 5 1/2 *yards* waren 1 *perch (pertica)*, auch *rod* oder *pole* genannt.

Ein Wegmaß war die Furchenlänge *furlong* zu 220 *yards*, 8 *furlong* haben die Britische (unsere „englische") Meile = 1,609 km, neben der noch andere Meilen (Englische Meile = 1,584 km, Seemeile = 1,855 km, usw.) existierten. Für Stoffe und Garne waren weitere Maße in Gebrauch.

In Deutschland gab es bis zur Einführung des metrischen Systems eine besonders große Zahl von Längenmaßen, da viele Städte und Länder die Maße selbst bestimmten. Das jeweils geltende Grundmaß, meist der Schuh (Werkschuh) oder die Elle, wurde in

Marktnähe – jedermann zugänglich – in eine Mauer eingelassen (z.B. im Freiburger Münster oder am Regensburger Rathaus) und auch als Urmaß (Etalon) an amtlicher Stelle aufbewahrt. **Georg Agricola** hat nach antiken Texten in mehreren Schriften aus den Jahren zwischen 1533 und 1550 ausführlich auch die griechischen und römischen Längenmaße behandelt. Nur einmal [433] bringt er folgende deutsche Namen:

digitus	*ein querfinger*
palmus	*vier querfinger*
pes	*wergschuch*
passus	*klaffter*
uncia	*zil*
dotrans oder *spithama*	*spanne*
cubitum oder *ulna*	*ele*
pertica	*rute*
milliarium	*meile* .

Zahlenangaben gibt er nur für den Chemnitzer Fuß = 2 römische Fuß weniger 1 römischer Finger, sowie für die Elle = 2 Fuß, 1 Klafter = 3 Ellen und 1 Rute = 7 1/2 Ellen. So war der sächsische Fuß = 28,65 cm, also kleiner als der französische Fuß (32,5 cm), dem der preußische Fuß mit ca. 32 cm näherkommt. Die Verschiedenheit der europäischen Längenmaße konnte auch zu technischen Schwierigkeiten führen. Als die erste deutsche Eisenbahn von Nürnberg nach Fürth im Jahre 1835 gebaut wurde, stellte sich heraus, daß die Spur der von der englischen Firma Stephenson gebaute Lokomotive nach englischen Fuß bestimmt war, die zum Teil schon verlegten Gleise aber in bayerischen Fuß gemessen waren. So mußte umgespurt werden [H. Neumann].

Die Einteilung des Grundmaßes Schuh entsprach dem französischen königlichen Fuß *(pied du roi)* mit

$$1' \text{ (Schuh)} = 12'' \text{ (Zoll)} = 144''' \text{ (Linie)} = 1\,440^{IV} .$$

Doch rechnete man nicht mehr 18 Schuh auf die Rute, sondern meist 16 (auch 12, 14, u.a.). Auch war der Schuh, abgesehen vom Wiener mit ebenfalls 1 440 Punkten, etwas kleiner als der 12-teilige Rheinländische mit 1 391 Punkten [Weidler; 85 f.]. In anderen Gegenden Deutschlands, besonders in Süddeutschland und Österreich, verwendete man die 10-teilige „geometrische" Rute; die Einteilung des Schuhs war dann 1° (Rute) = $10'$ (Schuh) = $100''$ = $1\,000'''$ = $10\,000^{IV}$ (Scrupel oder Punkte). Die Elle, deren Länge auch sehr verschieden war, wurde dyadisch eingeteilt. Das Klafter wurde hauptsächlich bei der Holz- und Waldwirtschaft und im Bergbau verwendet. Die Meile wurde von dem französischen Doppelstundenweg übernommen.

Einige Staaten Europas haben ihre Maße frei von römischer Einwirkung selbständig gebildet. In den Niederlanden wurde der Fuß in 11 Zoll zu je 8 Linien eingeteilt. In Rußland wurde zwar der englische Fuß zu 30,41 cm übernommen, die weiteren Einheiten waren aber:

1 Werst (1,067 km) = 500 Saschen („Faden")
1 Saschen = 3 Arschin (Ellen) und
1 Arschin = 28 Zoll (Daumen) = 280 Linien = 2 800 Punkte.

1585 schlug **Stevin** vor, alle Maße dezimal einzuteilen [4; 27 f.]. Dieser Vorschlag wurde aber erst 200 Jahre später verwirklicht, als noch die Forderung hinzukam, die Norm für die Längeneinheit solle nicht vom menschlichen Körper, sondern von einer in der Natur gegebenen Größe abgeleitet werden. **Huygens** schlug vor [4. Teil, Satz 25], die Länge des Sekundenpendels als Einheit zu nehmen. Dagegen sprach die bei einer Expedition nach Cayenne (1672/73) gemachte Feststellung, daß diese Länge keine vom Ort unabhängige Größe ist; sie war in Cayenne $1\frac{1}{4}$ Linien kürzer als in Paris. 1701 wurde durch die französische Nationalversammlung als Längenmaß der zehnmillionste Teil des Meridianbogens vom Pol bis zum Äquator bestimmt und Meter genannt. Aufgrund der von **LaCaille** und **Cassini de Thury** 1739/40 durchgeführten Vermessung des Pariser Meridians von Dünkirchen bis Barcelona errechnete sich die Länge des Meters zu 3,0794580 alte Pariser Fuß. Dieser Wert wurde durch eine 1792 begonnene Gradmessung auf 3,078444 Pariser Fuß verbessert. Danach wurde ein Urmaß *(mètre des archives)* hergestellt. Seine Mängel – es war etwas zu kurz ausgefallen – führten 1875 zur Gründung des internationalen Maß- und Gewichtsbüros mit dem Sitz in Paris und der Aufgabe, neue internationale Urmaße herzustellen und zu vergleichen. Der hergestellte Prototyp des Meters wurde 1889 von der internationalen Meterkonferenz endgültig anerkannt.

Demnach ist 1 m der Abstand zweier Strichmarken auf einem Stab mit x-förmigem Querschnitt aus einer Legierung von 90% Platin und 10% Iridium bei einer Temperatur von 0 °C und einem Druck von 1 atm. Diese Strichmaßdefinition wurde von der 11. Generalkonferenz für Maß und Gewicht 1960 durch eine Wellenlängendefinition ersetzt. 1 m ist nun das 1 650 763,73-fache der Wellenlänge der von Atomen des Krypton-Nuklids ^{86}Kr beim Übergang vom Zustand $5d_5$ zum Zustand $2p_{10}$ ausgesandten, sich im Vakuum ausbreitenden Strahlung [Kohlrausch; **1**, 22].

Auch nach Einführung des metrischen Systems (s.u.) wurden die alten Namen der Maße vielerorts noch weiterhin geduldet, doch wurden sie in runden Zahlen gegeben. So wurden nach einem Pariser Dekret (vom 12. 2. 1812) 1 *Toise* = 2 m = 6 Fuß zu 1/3 m und die Elle gleich 120 cm gerechnet. In den Niederlanden bestimmte ein Erlaß des gleichen Jahres, daß auch bei dezimaler Einteilung die alten Namen gelten sollen. So war

1 km	die Meile	1 dm	die Handbreite
10 m	die Rute	1 cm	der Daumen
1 m	die Elle	1 mm	die Linie (*streep*, Streifen)

[Chelius; 236 f.].

1.2.3.2 Flächenmaße

Bevor es auf eine exakte Bestimmung von Flächen (Feldern, Grundstücken usw.) ankam, begnügte man sich, deren Größe zu umschreiben, z.B. durch eine auf das betreffende Feld bezogene Arbeit. So war das Joch *(jugerum, Juchart)* ein Flächenstück, das von einem Joch, also von zwei Ochsen in einem Tag gepflügt wurde. Einen Morgen groß war das Feld, das an einem Morgen, das Tagwerk, das an einem Tag von einem Mann abgemäht werden konnte; ein Bremer Maß war die „Kuhweide", deren eine Kuh zur Nahrung im Sommer bedarf [Chelius; 122]. Auch die nach Inhalt (Scheffel) oder Gewicht (Pfund) bestimmte Menge an Saatgut, die für ein Ackerland benötigt wurde, diente zur Beschreibung seiner Größe. Man sieht das noch heute an dem spanischen Flächenmaß *Fanegada* (ca. 55,51 bzw. 64,396 a), das seinen Namen von dem Getreidemaß *Fanega* hat, einem Gewicht von ca. 1 Zentner. Freilich war dies alles ebenso ungenau wie die Größenbestimmung eines Wingerts durch die Zahl der darauf gepflanzten Weinstöcke, wie es in Byzanz der Fall war, wo ein „Tausender" (χιλιάς) als Flächenmaß vorkommt [Schilbach 1; 83]. Alle diese Bezeichnungen, wie auch die noch allgemeineren Acker, Beet, Hufe (verwandt mit griechisch *κῆπος* = Garten) wurden zu genauen Flächenmaßen, als man sie in Beziehung zu den Grundmaßen, dem Quadratfuß oder Quadratelle oder zu deren Vielfachen setzte.

Die Form der Flächeneinheiten war meistens – wie auch heute bei uns – ein Quadrat über der Längeneinheit. Man brauchte dabei das Wort Quadrat gar nicht zu erwähnen, da ja aus dem Zusammenhang ersichtlich war, ob es sich in dem jeweiligen Fall bei dem Fuß, dem *πλέθρον*, oder dem *actus* um eine Länge oder Fläche handelte. Als Flächeneinheit diente manchmal auch ein „Streifenmaß": ein Rechteck von bestimmter Länge und der Längeneinheit als Breite. Noch im 15. Jahrhundert waren solche Maße in Gebrauch; die Flächenrute *(piede superficiale)* war ein Rechteck, 1 Rute lang und 1 Fuß breit (**Arrighi** in [Leonardo von Pisa 2; 18]). Die folgenden Angaben können nur zur allgemeinen Orientierung dienen. Die für weitere Unterrichtung hinzuzuziehende Literatur ist dieselbe wie die bei den Längenmaßen gegebene.

Bei den Babyloniern gab es ein Flächenmaß als Quadrat einer Längeneinheit des oben (S. 72) genannten GAR. Es ist ein SAR = (1 GAR)^2. Wichtig war auch das *iku* (Acker) = 100 SAR. Die zahlreichen anderen Flächenmaße [MCT; 5] sind Vielfache oder Teile, die mit den Reduktionszahlen 2, 10, 50 aber auch 3, 6, 18, 60 und 180 aufgebaut sind. Die Maße *gín* (*Schekel* = 1/60 SAR) und *še* (Gerstenkorn) = 1/180 *gín* erinnern an den Zusammenhang zwischen Fläche und Saatgut (s. hierzu [Neugebauer 2; 25] und [Powell]).

Bei den Ägyptern war ein Flächenmaß die Quadratrute oder die *Arure (st̲3t)* = (100 Ellen)^2. Sie wurde dyadisch unterteilt. Daneben existierte als Streifenmaß die „Elle", ein Rechteck 100 Ellen mal 1 Elle = 100 Quadratellen. Ihr tausendfaches war das „Tausend-Land" *(ḫ3-t3)* = 10 *Aruren.* Seit der 12. Dynastie wurde die *Arure* auch dezimal eingeteilt [Reineke; 161].

Die Flächenmaße der Griechen waren Quadrate der Längeneinheit, wieder nur *Fuß* oder *Plethron* genannt. Auch sieht man manchmal noch die Verbindung der Fläche mit dem Saatgut in byzantinischen Texten [Schilbach 1; 72, 182], wenn es z.B. heißt, 1 *Scheffel* = 2 *Schoinien* = 40 *Pfund* = 200 *Orgyien*.

Bei den Römern sind 2 ursprünglich voneinander unabhängige Gruppen von Flächenmaßen zu erkennen. Die eine enthält Quadrate der Längeneinheiten Fuß, Rute *(decempeda = pertica)* und *actus*, zur anderen gehört das Joch *(iugerum)* und seine Vielfachen. Beide Gruppen wurden miteinander in Verbindung gebracht, indem ein *iugerum* = 2 *actus* gesetzt wurde. Dadurch erhält auch die *decempeda* den Namen *scripulum* (= 1/288). Tabelle 12 gibt eine Übersicht über die bei den Römern gebräuchlichen Flächenmaße:

Tabelle 12: Römische Flächenmaße.

		saltus	*cent.*	*her.*	*iug.*	*act.*	*decemp.*	*pes*
saltus	Weideplatz	1	4					
centuria	100 (her.)		1	100	200			
heredium	Erbschaft			1	2			
iugerum	Joch				1	2	288	28 800
actus	Trieb					1	144	14 400
decempeda	10 Fuß						1	100
pes	1 Fuß							1

Die Flächenmaße der Chinesen, wie sie in den *Neun Büchern* auftreten, zeigt Tabelle 13.

Tabelle 13: Chinesische Flächenmaße. Chiu Chang Suan Shu.

		li	*ch'ing*	*mou*	*pu*
li	(Quadrat)meile	1	$3\frac{3}{4}$	375	90 000
ch'ing	„Moment"		1	100	24 000
mou	Ackerland			1	240
pu	(Quadrat)schritt				1

Dieselbe Einteilung (ohne die Quadratmeile) hat auch im 13. Jahrhundert noch **Ch'in Chiu-shao**. Dazu kommt noch ein *chüeh* = 60 *pu* [Libbrecht; 77].

Auch die Flächenmaße der Inder sind Quadratmaße. **Āpastamba** definiert sie: *Die Zahl der Quadrateinheiten eines Quadrates bekommt man durch Multiplikation der Anzahl der Längeneinheiten einer Seite mit sich selbst* [Datta 3; 95]. Oft bleiben sie auch, da sie sich ja in ihrer Bezeichnung nicht von den Längenmaßen unterscheiden, in den Tabellen der Rechenbücher unerwähnt, wie bei **Śrīdhara** [3; 160]. **Bhāskara II** [1; 2] nennt als Flächenmaß *nivartana*, ein Quadrat mit der Seitenlänge von 20 Bambusstäben zu je 20 Ellen; es sind also 40 000 Quadratellen. Dieses Maß war vielleicht schon in *Mohenjo-daro* bekannt [Berriman; 43].

Die Flächenmaße der Araber sind ebenfalls meist als Quadrate festgelegt, z.B. die Quadratrute *ᶜašīr* mit einer Seitenlänge von 6 *Ḥāšimī*-Ellen, sie ist also gleich 15,92 m^2. Es gibt auch ein Streifenmaß *(azāla)*, nämlich ein Rechteck, 100 Waageellen lang und 1 Elle breit; ihre Fläche ist 145,63 qm [Hinz; 65].

In den Ländern Europas ging man bei der Flächenmessung, auch vor der Einführung der dezimalen Einteilung, von den Quadraten der Längeneinheiten aus. In Frankreich hatte man den Quadratfuß *(pied carrée)* und die Quadratrute *(perche carrée)*, in England *square foot*, *sq. yard*, *sq. mile* usw., in Rußland den Quadratfaden (Quadrat-Saschen), in Deutschland Quadratfuß, -rute, -klafter. Weitere Flächenmaße wurden dann als Vielfache mit den Quadratmaßen gebildet, wobei man für die Bezeichnung auf die alten Na-

men Morgen, Acker usw. zurückgriff. So waren in Frankreich 100 Quadratruten = 1 *arpent* (aus dem Keltischen übernommen), in Rußland 1 *desjatina* = 2400 Quadrat-Saschen. In Deutschland hießen die Flächenmaße: Morgen, Acker, Joch und Tagwerk, die als Vielfache der Quadratrute genommen wurden. In Preußen gingen 180, in Hannover 120 auf den Morgen. Trotzdem waren es beide Male ca. 26 a, da ja die Größe des Fußes schon verschieden war, und einmal (Hannover) 256 Quadratfuß, ein anderes Mal 144 (Preußen) auf die Quadratrute gingen. Besonders bei den englischen Maßen sieht man, wie sie durch die Wahl geeigneter Umrechnungsfaktoren in Beziehung gesetzt werden konnten. Hier waren 40 *sq. poles* = 1 *rood* (Rute) und ein *acre* gleich 4 *roods* genommen worden; das *acre* war also gleich $4 \cdot 40 \cdot (5\frac{1}{2})^2 \cdot 3^2 = 43\,560$ Quadratfuß. **Edmund Gunter** (1581–1626) wollte nun den *acre* der Dezimalrechnung zugänglich machen. Er führte die Kette (*chain*) ein [Pepper; 593] mit
1 *chain* = 100 *links* = 66 Fuß und
1 *acre* = 10 *sq. chains*. So war 1 acre ebenfalls zu $10 \cdot 66^2 = 43\,560$ Quadratfuß geworden.

Ein rechteckiges Flächenmaß, den Flächen- oder Schichtschuh hat **Chelius** in Hanau als Streifenmaß (10 Schuh mal 1 Schuh) festgestellt [182]. Auch finden sich noch zahlreiche Spuren für die Flächenmessung nach Scheffeln, Metzen oder nach dem Gewicht des Saatgutes bzw. des zu versteuernden Ertrages [Alberti; 276, 280, 282].

Obwohl in Deutschland die neuen Maßsysteme 1873 offiziell eingeführt wurden, blieben manche der alten Flächenmaße beim Volk, besonders in der Landwirtschaft und im Grundstückhandel, in Gebrauch. In Bayern z.B. verwendet man weiterhin das Tagwerk mit 400 Quadratruten = 100 Dezimalen = 40 000 Quadratfuß. Und der sächsische Bauer rechnet jetzt noch 1/2 Acker = 1 Scheffel = 150 Quadratruten [Alberti; 276]. In England und in den USA hat man sich auch heute noch nicht von den jahrhundertealten Flächenmaßen getrennt.

1.2.3.3 Raummaße

Antike Raummaße

Die ältesten Raummaße, die im täglichen Leben benötigt wurden, waren Hohlmaße, die nicht in Kubikform entwickelt wurden. Man brauchte Gefäße beim Transport und bei der Verwendung von trockenen und flüssigen Stoffen, Schaffe oder Körbe für Getreide, Eimer oder Kannen für Öl, Wein und dergl. Erst als man rechnen und genauer messen mußte, wurden die alten Maße in Beziehung zueinander gebracht. Bei den Babyloniern geschah dies schon in frühbabylonischer Zeit; im YBC 4669 erscheint das Grundmaß *sìla* (akk. *qa*) als 6^3 Kubikfinger [MKT; **3**, 54]. Bezeichnet wird es als ein „Brot" mit dem Holzdeterminativ; es ist also ein Holzgefäß, das die für ein Brot notwendige Getreidemenge faßt [Thureau-Dangin 4; 80]. Es könnte der täglichen Verpflegung eines Sklaven (Nährwert etwa 2854 Kalorien) in damaliger Zeit entsprechen [Lewy; 7]. Andere Maße waren das *bán (sūtu)* = 10, später = 6 *qa* [Deimel 1; 191], ferner das PI = *bariga (maššiktu)* = 60 *qa* und das *gur (kurru)* = 300 *qa*. Ausführlichere Tabellen siehe [MCT; 6]. Die Form der Einheitsgefäße war wohl zuerst ein Zylinder; das Bild ist ein

Gefäß mit abgerundetem Boden [Neugebauer 2; 29]. In manchen Aufgaben erscheint es als ein Prisma mit quadratischer Grundfläche [MKT; **3**, 28]. In der Aufgabe Nr. 1 von YBC 4669 z.B. ist für ein *bariga (maššiktu)*-Gefäß aus dem Volumen V = 60 *qa* und der Seite des Grundquadrats s = $\frac{2}{3}$ Elle + 4 Finger = 24 Finger, die

Tiefe des Gefäßes $\frac{V}{s^2}$ zu bestimmen; sie ist $\frac{60 \cdot 6^3}{24^2} = 22\frac{1}{2}$ Finger [MKT; **1**, 514 f.].

Neben diesen Hohlmaßen hatten die Babylonier aber bereits allgemeine Volumenmaße. Es waren Schichtmaße von jeweils 1 Elle Höhe und einer quadratischen Grundfläche. So sind ihre Namen auch dieselben wie die der Flächenmaße. Besondere Einheiten existierten für die Anzahl von Ziegeln, ein SAR war 720 Ziegel, also 1 *gín* Ziegel = 12 Ziegel [MCT; 5].

Die Ägypter kannten die Kubikelle, zerlegten aber auch gelegentlich das Volumen in Schichten von einer Elle Höhe [VM; **1**, 67]. Als Hohlmaß für Flüssigkeiten und Getreide diente der Scheffel zu 4,805 Liter [Reineke; 161]. Er wurde dyadisch unterteilt bis zu 1/64 Scheffel (s. Horusauge, Abb. 18). Größere Einheiten waren der Doppel- und Vierer-Scheffel sowie der Sack (ẖ3r) = 20 Scheffel; er wurde zu 2/3 Kubikellen ermittelt. [Pap. Rhind 1; 26] [Reineke; 156, 160].

Das älteste Hohlmaß der Griechen, das *Metron* (ca. 12 Liter) galt bei **Homer** [Hultsch 2; 499] für Flüssiges und Trockenes; **Homer** kennt auch das Trockenmaß *Choinix* [Odyssee 19,28], die Tagesverpflegung eines Mannes, dem *qa* der Babylonier entsprechend, ca. 1 Liter. Zum Grundmaß für Flüssigkeiten wurde der *Metretes* (= Maß), zu dem für Trockenes der *Medimnos* (= Vorsorge, Vorrat); dazu kommen noch weitere Maße, die für beides verwendet wurden. Geeicht wurden die Urmaße (σύμβολα), nach denen weitere Normalmaße (σηκόματα) angefertigt wurden, durch eingefülltes Wasser.

Tabelle 14: Griechische und römische Raummaße.

a) Flüssigkeitsmaße

Liter	Griechen	Römer	metretes	amphora	urna	congius
39,39	μετρητής	——	1	$1\frac{1}{2}$	3	12
26,26	„Maß“ (ἀμφορεύς)	*quadrantal* *amphora* Doppelhenkelkrug		1	2	8
13,13	——	*urna* Wasserkrug			1	4
3,283	χοῦς „Flüssiges“, von χέω	*congius* Muschel				1

Ein Gefäß von 20 Amphoren war noch der *culleus* = Faß, Schlauch.

b) Trockenmaße

Liter	Griechen	Römer	medim-nos	modius	semi-modius	choinix
52,53	μέδιμνος Vorrat	—	1	6	12	48
8,75	ἑκτεύς ein Sechstel	*modius* Scheffel		1	2	8
4,37	ἡμίεκτον halbes Sechstel	*semimodius* Halbscheffel			1	4
1,09	χοῖνιξ Brot	—				1

Der Medimnos war die Last von ca. einem Zentner, die ein Mann auf der Schulter noch tragen kann.

c) Maße für Trockenes und Flüssiges

Liter	Griechen	Römer	sext.	hemina	quartar.	aceta-bulum	cyathus
0,547	ξέστης	*sextarius* $\frac{1}{6}$ *congius*	1	2			
0,274	κοτύλη, ἡμίνα Hohl, ein Halb	*hemina*		1	2		
0,138	τέταρτον ein Viertel	*quartarius*			1	2	
0,069	ὀξύβαφον Essigschale	*acetabulum*				1	$1\frac{1}{2}$
0,046	κύαθος Schöpflöffel	*cyathus*					1

Ein kleineres Maß = ein Viertel *cyathus* war der Löffel *(ligula)*.

Der Zusammenhang mit den Maßen a) und b) ist: 72 *sextarii* = 1 *metretes*, 96 *sextarii* = 1 *medimnos*.

Die „Metronomen" wachten über die Einhaltung der Vorschriften [Hultsch 2; 100]. Das Wassergewicht war beim *Medimnos* 2, beim *Metretes* 1 1/2 attische Talente zu je 26,2 Kilogramm. Einen Zusammenhang zwischen dem Hohlmaß, dem Kubikmaß und dem zugehörigen Wassergewicht hat **Hultsch** aus der Satzung **Solon**s erschlossen: 6 *Metretes* wiegen 9 Talente und haben ein Volumen von 8 Kubikfuß [Hultsch 2; 511].

Mit den Hohlmaßen haben die Römer auch deren Namen von den Griechen übernommen. Als Grundmaß galt 2/3 *Metretes*, also ein Maß mit einem Wassergewicht von einem attischen Talent (= 80 *librae* zu je 327,45 Gramm). Es ist das später *Amphora* genannte *Quadrantal*, so genannt, weil der Körper – es ist nämlich ein Kubikfuß – auf allen Seiten von einem Quadrat begrenzt wird [Hultsch 2; 113]. Das griechische ἀμφορεύς war nur ein mit dem *Metretes* identisches provinzielles Hohlmaß. Umgekehrt sind auch lateinische Namen zu den Griechen übergegangen. Tabelle 14 enthält die für Flüssiges, Trockenes oder für beides gebräuchlichen Raummaße der Griechen und Römer.

Chinesische Raummaße

Die chinesischen Volumenmaße waren Kubikmaße. Schon in den *Neun Büchern* wurden Körperberechnungen mit Kubikfuß (nur „Fuß" genannt) durchgeführt, wobei das Wort Zoll (eigentlich 1/1000 Kubikfuß) auch für den Dezimalbruch 1/10 verwendet wurde (s. S. 106) [46]. Auf den wirklichen Kubikzoll werden von **Sun Tzu** die spezifischen Gewichte von Metallen bezogen [23]. Daneben gab es für Getreide und Flüssigkeiten ein besonderes Hohlmaß, den Scheffel *hu*; er war aber je nach der gemessenen Feldfrucht (Reis, Hirse, Bohnen und Erbsen) mit seinen dezimalen Unterteilungen (*tou, sheng, ko* usw.) verschieden groß. Füllt man die Gewichtseinheit, das Gewichts-*hu*, (identisch mit 1 „Stein" = *shih* [Lam 2; 327]) in ein Gefäß mit der Grundfläche 1 Quadratfuß, so wird die Tiefe der Füllung bei verschiedenen Stoffen verschieden groß. Demnach ist das Volumen-*hu* Reis = 1,62 [Lam 2; 157], das von Hirse 2,7, von Bohnen 2,43 Kubikfuß, wie schon in den *Neun Büchern* [141] und bei **Ch'in Chiu-shao** [Libbrecht; 78]. Das Standardmaß für 1 *hu* = 1,62 Kubikfuß ist in einem Bronzegefäß von **Liu-Hsin** (– 50 bis + 20) erhalten [Reifler]. **Yang Hui**, der die Geschichte des Hohlmaßes schildert, schreibt dazu: *Im Verlauf der Zeit ändern sich die Dinge und Gewichte und Längenmaße werden verschieden* [Lam 2; 158]. Die alten Maße, so fährt er fort, könne man nur verwenden, wenn man sie zu den gegenwärtigen in Beziehung setze. Siehe hierzu auch [N; **3**, 85].

Indische Raummaße

Über den Zusammenhang zwischen dem allgemeinen Kubikmaß und den für Flüssigkeiten und Trockenes verwendeten Hohlmaßen berichtet **Bhāskara II** [1; Kap. 1, 8]. Es ist 1 Kubikelle = 1 *khari* (Erdhaufen); $\frac{1}{16}$ *khari* = 1 *droṇa* (Eimer); kleinere Einheiten, jede gleich $\frac{1}{4}$ der vorhergehenden, sind *aḍhaka* (Kornmaß), *prastha* (Strecke) und *kuḍava* (Obstkern). Diese offenbar alte Einteilung findet sich mit manchen Erweiterungen nach oben und unten im *Kauṭilya Arthaśāstra*, bei **Varāhamihira**, **Mahāvīra** und im *Bakhshālī*-Manuskript [63], allerdings manchmal mit anderen Verhältniszahlen. **Śrīpati** [XXXVII] nimmt diese Maße nur für Korn, während er für Flüssigkeiten andere Namen nennt, welche Vielfache der kleinen Gewichtseinheit *pala* sind. Bei **Varāhamihira** und im Bakhshālī-Manuskript steht ebenfalls am Anfang 1 *pala* = $\frac{1}{4}$ *kuḍava* [63]. Man sieht, daß auch bei den Indern die Festlegung eines Raummaßes vom Gewicht ausgeht. **Al-Bīrūnī**, der in einem Kapitel die indischen Maße mit Kritik an den dort bestehenden Unstimmigkeiten behandelt, zitiert eine Stelle aus **Varāhamira**, in der es heißt, daß in einem Gefäß gesammeltes Regenwasser vom Gewicht 200 *dirham* den Raum von $\frac{1}{4}$ *aḍhaka* einnimmt [3; **1**, 164].

Islamische Raummaße

Die Zahl der islamischen Raummaße ist ungemein groß, weil die Araber von den Völkern ihres Herrschaftsbereiches, der vom Indus bis zum Ebro reichte, vielfach auch deren Maße übernommen haben. **Hinz** nennt nicht weniger als 40 verschiedene Maße. Aber auch wenn die gleiche Bezeichnung vorliegt, sind sie nach Zeit und Landschaft verschieden. Keines von ihnen steht in Beziehung zu linearen arabischen Einheiten, sie sind immer nur bestimmt nach dem Gewicht des in das betreffende Hohlmaß eingefüllten Stoffes und deshalb verschieden für Weizen, Gerste, Reis usw. Ein Grundmaß war das *qafīz*, das nach einer Nachricht von **al-Ḥaǧǧāǧ** gleich dem früheren *ṣāᶜ* des Propheten (= $\frac{1}{60}$ Kamellast) war [Hinz; 48, 53]. Nach einer Nachricht über ein Eichgefäß vom Jahre 1195 läßt sich das *ṣāᶜ* als 4,2125 Liter ermitteln. Man weiß auch, daß in Medina ein *qafīz* das Weizengewicht von 5 $\frac{1}{3}$ *raṭl* (609 Gramm – es ist der *rotulo* im Abendland) faßte; es waren also 3,248 kg Weizen. Unter der Annahme, daß 100 Liter Weizen 77 kg wiegen, ergibt sich für das Volumen etwa der genannte Wert (4,218 Liter).

Im Iraq gab es im 10. Jahrhundert ein großes *qafīz* mit 60 Litern. Dort galt die in Tabelle 15 gezeigte Einteilung [Hinz; 42]:

Tabelle 15: Arabische Raummaße.

	kurr	*kāra*	*qafīz*	*makkūk*
kurr (das babylonische *gur*)	1	30		
kāra		1	2	
qafīz			1	8
makkūk				1

Dieselben Maße (ohne *kāra*) hat auch **al-Karaǧī** [1; **1**, 10].

Abendländische Raummaße

Im Abendland war vor der Einführung des metrischen Systems neben den reinen Kubikmaßen (Kubikrute, Kubikschuh usw.) eine Unzahl von Raummaßen für Trockenes und für Flüssigkeiten in Gebrauch, die nach der Landschaft und nach der Art der in ihnen gemessenen Stoffe oft sehr verschieden waren. So schwankte der Scheffel in Deutschland zwischen 22,8 l (in Oldenbourg) und 222 l (in Bayern) [Blind; 48]. Die gebräuchlichsten Maße für Getreide waren neben dem Scheffel das Malter (von mahlen), die Metze *(modius)*, das Simmer (ahd. *sumbir* = Korb), für Flüssigkeiten das Faß, der Eimer (verwandt mit Amphore), Kanne, Maß und Schoppen. Besondere Maße gab es für Holz (Klafter, Ster), Wein (Fuder, Ohm) und manch anderes. Die Untereinheiten waren meist dyadisch oder duodezimal festgelegt. In Frankreich, wo die römische Einwirkung sich auch wieder in den Namen zeigt, war ein *muid (modius)* = 12 *sétiers (sextarii)*, 1 *sétier* (ca. 156 l) = 12 *boisseaux (bustula)*, 1 *boisseau* = 16 *litrons (librae)*. Dies galt für Getreide, während 1 *sétier* als Flüssigkeitsmaß (ca. 7,5 l) 4 *pots* enthielt, der dyadisch unterteilt wurde. In England gelten seit 1826 die *Imperial Measures*. Dazu gehört 1 *gallon* gleich einer Wassermenge, die 10 Pfund des *Avoirdupois*-Gewichts (s. S. 91) wiegt, das ist 4,45 l. In den USA dagegen ist 1 *gallon* gleich 3,78 l, 8 *gallon* = 1 *bushel*, 8 *bushel* = 1 *quarter* [Noback; 527 ff.], [Alberti; 358].

Agricola stellte den römischen Maßen die entsprechenden sächsischen gegenüber [432 f.], die freilich – wie er betont – wertmäßig nicht identisch sind. Auch die Reduktionszahl 60 kommt vor: in Lübeck war ein Faß = 60 Stübchen oder in Preußen 1 Eimer = 60 Quart [Alberti; 318 f.]. In München galt 1 Eimer 60 Maß, ein Eimer Bier 64 Maß. Man unterschied auch zwischen einer Visiermaß und einer kleineren Schenkmaß. Noch in Rechenbüchern des 19. Jhs. [Decker; 542 ff.]. stehen Aufgaben und Tabellen mit den veralteten Maßen.

1.2.3.4 Gewichts- und Geldmaße

L.: Kisch.

Die Gewichtsmaße spielen im täglichen Leben als Mengen- und Wertmesser eine besonders wichtige Rolle in dreierlei Hinsicht: einmal war ein großes Gewicht nötig für schwere Lasten, dann ein mittleres für Waren des täglichen Bedarfs (z.B. Lebensmittel) und ein kleines für feinere und wertvollere Dinge wie Gewürze oder auch Edelmetallstücke, die bei Preisen und Löhnen als Geldersatz dienen konnten. Diese ursprünglich unabhängig voneinander anzunehmenden Gewichtsarten waren bei den Babyloniern schon in sumerischer Zeit in eine feste Relation zueinander gebracht worden, wie es die folgende Tabelle 16 zeigt [Deimel 1; 201]:

Tabelle 16: Babylonische Gewichtsmaße.

Name		Bedeutung	Talent	Mine	Schekel	kl. Schekel
sum.	akkad.					
gú(n)	*biltu*	Talent, „Last“	1	60		
ma-na	*manū*	Mine, „steinerne Dattel“		1	60	
gín	*šiqlu*	Schekel			1	60
gín-tur	–	kleiner Schekel				1

Dazu gab es noch Zwischenmaße für 20, 30 und 40 kleine Schekel sowie 1 *še* (= *še'u*, Gerstenkorn) = $\frac{1}{180}$ *gín*.

Fundstücke, die sich erhalten haben, zeigen, daß schwere und leichte Gewichtsmaße unterschieden wurden; so wog

1 schweres Talent	60,48 kg,	1 leichtes Talent	30,24 kg	
1 schwere Mine	1008 g,	1 leichte Mine	504 g	[Hultsch 2; 398]
1 schwerer Schekel	16,8 g,	1 leichter Schekel	8,4 g.	

Abgewogene Gold- und Silberstücke dienten als Geldersatz, aber schon für das 16. Jh. v. Chr. kann man von einer babylonischen Geldwährung sprechen, da man für den Zahlungsverkehr besondere Goldgewichte einführte, von denen 50 Einzelstücke auf eine leichte Mine Gold, 3 000 auf ein leichtes Talent gingen und Silber in eine feste Relation zu Gold gebracht wurde, nämlich 10:1 bzw. 13 $\frac{1}{2}$: 1 [Hultsch 2; 399, 402]. Wird dann das Metallstück noch durch Aufdruck eines Stempels oder eines königlichen Siegels gekennzeichnet, dann ist der Übergang zum gemünzten Geld vollzogen, wie es in Assyrien unter den Sargoniden im 7. Jh. v. Chr. der Fall war. Bereits um 2250 v. Chr. sind gestempelte Bleiklumpen in Kappadokien nachweisbar [Berriman; 102], [S. Smith; 184 f.].

Die Gewichtsmaße der Ägypter, die seit dem mittleren Reich nachweisbar sind, waren das *Deben (dbn)* von ca. 91 g und das *Kite (ḳd.t)* = $\frac{1}{10}$ *Deben*. Aber schon aus prähistorischer Zeit (vor – 3500) und dann aus dem mittleren Reich sind Gewichtssätze aus Stein erhalten [Glanville 2]. Bei einem von diesen tragen die Einzelstücke die Bezeichnung *beqa* (= *nub*, Gold) dazu die Zahlenwerte $\frac{1}{4}$, $\frac{1}{2}$, 1, 1 $\frac{1}{2}$, 2, 3, 6, 10. Es existierte also ein älteres Gewichtssystem, das aber in keinem Papyrus erwähnt ist. Das *Deben* diente als Geldersatz nicht nur beim Warentausch, sondern z.B. auch als Bezahlung für eine Pacht, wie es ein Text aus der 11. Dynastie berichtet [Glanville 2; 17]. Echtes Geld dagegen war das Ringgeld *Schaty (š^{c}ty)*, das man auch auf Zeichnungen sieht [VM; **1**, 51]. Ein Ochse kostete z.B. 8 solcher Ringe [A.H. Gardiner; 200]. In der Aufgabe Nr. 62 des Papyrus Rhind waren die Preise für 1 *Deben* Gold, Silber und Blei 12 bzw. 6 und 3 Ringe.

Das babylonische Gewichtssystem mit Talent, Mine und Schekel – aber mit unterschiedlichen absoluten Werten – lebte im vorderen Orient und bei den Völkern um das östliche Mittelmeer, wie bei den Phönikern, Juden und Persern fort. Dabei wurde immer zwischen dem Handelsgewicht und dem Münzgewicht unterschieden – in dem einen Fall wurde der Schekel = $\frac{1}{60}$ Mine, im anderen = $\frac{1}{50}$ Mine gerechnet. **Darius** ließ den Goldschekel von 8,4 g als Münze prägen; es war die von den Griechen *στατὴρ Δαρεικός* genannte Dareike.

Auch die Griechen haben das babylonische Gewichtssystem in abgeänderter Form übernommen. Die Mine (*μνᾶ*) = $\frac{1}{60}$ Talent (*τάλαντον* Last) wurde nicht mehr in 60, sondern in 100 Drachmen (*δραχμή* = Handvoll) eingeteilt. Kleinere Gewichte waren noch der Obolus (ὀβελός = Spieß) = $\frac{1}{6}$ Drachme und der Chalkus (χαλκοῦς = das Kupferne) = $\frac{1}{8}$ Obolus. Die Doppeldrachme = $\frac{1}{50}$ Mine entspricht also dem *στατήρ*, der aber nur als Münze verwendet wurde. Das Gewicht des Talents war ursprünglich 36,2 kg (äginetisches Talent). Bei der Reform **Solons** wurde es als Handelsgewicht beibehalten, als Münzgewicht waren es 26,2 kg, also die Mine 437 g und die Drachme 4,4 g = ca. $\frac{1}{2}$ Stater. Ausführliche Angaben zur Gold-, Silber- und Kupferprägung gibt [Hultsch 2; 211–230].

Die Grundlage des römischen Gewichtssystems war das Pfund, die *libra* (= Waage). Ursprünglich ein größeres Kupfergewicht *(as)*, wurde ihr Gewicht in der Kaiserzeit festgestellt als 75 attische Drachmen = 327,45 g [Hultsch 2; 271, 700], in Byzanz = 326,16 g [Schilbach 2; 160]. Das Pfund wurde eingeteilt in 12 Unzen, deren Namen auch als Bruchbezeichnung diente (s. S. 105, Abbildung 20). Die kleineren Gewichtseinheiten, die zum Teil aus dem Griechischen (besonders als Apothekergewichte verwendet) dazukamen, zeigt Tabelle 17.

Tabelle 17: Römische Gewichtsmaße.

	uncia	*sicil.*	*sextula*	*drachma*	*scrip.*	*obolus*	*siliqua*
uncia (von *unus*)	1	4	6	8	24		
sicilicus		1	$1\frac{1}{2}$	2	6		
sextula, exagium, solidus			1	$1\frac{1}{3}$	4	8	24
drachma				1	3	6	18
scripulum					1	2	6
obolus						1	3
siliqua (= κεράτιον)							1

Bei der Einführung der Silberwährung wurde im Jahre 269/8 v.Chr. ein *Denarius* ausgeprägt im Gewicht von $\frac{1}{72}$ Pfund = 1 *sextula*, das später auf $\frac{1}{84}$ reduziert und nach **Nero** auf $\frac{1}{96}$ Pfund festgesetzt wurde. Ebenfalls im Gewicht von 1 *sextula* (ἐξάγιον) = $\frac{1}{72}$ Pfund (= 4,548 g) hat im Jahre 307 **Konstantin der Große** ein Goldstück, das *νόμισμα* oder *ὑπέρπυρον* prägen lassen. Kleinere Gewichte in Byzanz waren noch das *Gran* = $\frac{1}{24}$ *Unze* sowie das *Karat* (κεράτιον) = $\frac{1}{24}$ *Exagion*, das auch als Rechnungsgeld = $\frac{1}{24}$ *Nomisma* diente und sich als Feinheitsbezeichnung bis heute erhalten hat [Tannery 1; **4**, 190].

Das auf dem Gold- oder Verrechnungspfund (λογαρικὴ λίτρα) aufgebaute Gewichts- und Geldsystem ist in Byzanz im wesentlichen jahrhundertelang erhalten geblieben. Zu den seit dem 11. Jh. eintretenden Veränderungen siehe [Schilbach 2; 161 ff.].

Die Gewichtsmaße der Chinesen waren im Gegensatz zu den anderen Maßen nicht dezimal geordnet. Aus den Aufgaben in den Neun Büchern ergibt sich die folgende Tabelle 18.

Tabelle 18: Chinesische Gewichtsmaße.

	tan	*chün*	*chin*	*liang*	*chu*
shih = Stein = dem Gewichts-*hu* s. S. 85	1	4	120		
chün		1	30		
chin			1	16	
liang				1	24
chu					1

Das *chin* wiegt 0,6 kg, entspricht also ungefähr einem Pfund. Das *chu* hat bei **Sun Tzu** noch zwei weitere Untereinheiten [22], es sind jetzt Dezimalteile. Im Jahre 992 wurde eine dezimale Einteilung des *liang* in *ch'ien, fên, li, hao, ssu* und *hu* offiziell festgelegt [N; **3**, 85].

Bei den Indern treten schon früh Gewichtsmaße auf, die zum Teil auch als Geldmaße dem Handel dienten und zwar teils in administrativen Schriften, wie im *Kauṭilya Arthaśāstra*

[Sarton 2; **1**, 147], teils in den Listen der Rechenbücher, wobei die Namen der Maßeinheiten und die Umrechnungsverhältnisse vielfach variieren, was auch aus den Ausführungen **al-Bīrūnīs** über die indischen Maße hervorgeht [3; **1**, 161]. Hier spielt eine Hauptrolle die Zahl 4 und deren Vielfache sowie 2, 3, 5, 6 und 14. Aber auch $3\frac{1}{5}$ u.a. kommen vor. Aus einer Zusammenstellung bei **Kaye** [68] sieht man, daß die Umrechnungszahlen $6\frac{1}{4}$, 25 und 100 seit dem 6. Jh. auftreten, dies auch in dem schwer datierbaren *Bakhshālī*-Manuskript. Bemerkenswert ist, daß bei der Addition von Gewichtsmaßen, wie auch bei den Längenmaßen hinter bzw. unter dem neuen Summanden die betreffende Verhältniszahl steht. Eine kleine Grundeinheit ist die Abrusbohne *(guñja)* [D.E. Smith 6; **2**, 637], eine große das Strohbündel *pala*. **Bhāskara II** gibt im ersten Kapitel seiner *Līlāvatī* die in Tabelle 19 zusammengestellten Werte an.

Tabelle 19: Indische Gewichtsmaße.

		pala	*karṣa*	*gadyāṇaka*	*dharaṇa*	*māṣa*	*valla*	*guñja*
pala	Bündel	1	4					
karṣa (suvarna)			1			16		
gadyāṇaka				1	2			
dharaṇa	tragend, erhaltend				1			8
māṣa	Bohne					1		5
valla	Weizen						1	3
guñja	Abrusbohne							1

1 Abrusbohne = 2 Gerstenkörner *(yava)*.

Außerdem nennt **Bhāskara II** 1 *dhanaka* = 14 *vallas* und erwähnt, daß 1 *karṣa* als Goldgewicht *suvarna* heißt.

Das islamische System der Geld- und Warengewichte entspricht dem römisch-byzantinischen. Wie hier 1 Pfund = 12 Unzen = 72 *Exagia* = 1728 *keratia* ist, so gilt dort: 1 *raṭl* (das mittelalterliche *rotulo* zu 468 g) = 12 *ūqiya* (Unzen) = 72 *miṯqāl* oder *dīnār* = 1728 *qīrāt*. So entspricht das *miṯqāl* als Gewicht dem *Exagion* und der Golddinar dem byzantinischen Goldsolidus *Nomisma*. Eine weitere Geldeinheit war der Silberdirham (Drachme); er war $\frac{7}{10}$ bzw. in der Praxis $\frac{2}{3}$ des Dinar (s. bes. [Schilbach 1; 176]).

Die Münzgewichte waren verschieden von den Warengewichten. Ein *miṯqāl* als Golddinar wurde zu 4,233 g, als Gewicht zu 4,464 g festgestellt und der Dirham als Silbermünze wog 2,82 g, als Gewichtseinheit waren es 3,125 g [Hinz; 1 ff.]. Größere Einheiten waren das *manū* (= die babylonische Mine) = 2 *raṭl* und das *qinṭār* („Haufen", der mittelalterliche *cantaro*, Zentner) = 100 *raṭl*. Der Dirham wurde in kleinere Einheiten immer im Verhältnis 1:4 eingeteilt (s. Tabelle 20).

Tabelle 20: Arabische Gewichtsmaße und Geldeinheiten.

	dirham	*dānaq*	*qīrāṭ* *ṭassūǧ*	*ḥabba* *šaʿīra*
dirham	1	4	16	64
dānaq (aus dem Pers.) (Gewicht und Geld)		1	4	16
ṭassūǧ (aus dem Pers.) (Gewicht) = *qīrāṭ* (Geld)			1	4
šaʿīra (Gewicht) = *ḥabba* (Geld)				1

dānaq, ṭassūǧ und *šaʿīra* wurden auch als reine Brüche verwendet, aber nicht als Teile des *dirhams*, sondern des Dinars. So bedeuten sie $\frac{1}{6}$, $\frac{1}{24}$ und $\frac{1}{96}$ (s. S. 108). Zu den zahlreichen, nach Zeit und Ort verschiedenen Varianten der Gewichtsmaße muß auf **Hinz** verwiesen werden.

Gewichtsmaße und Geldmaße im Abendland

Das römische Pfund *(libra)* zu 327,45 g bildete mit seinen 12 Unzen auch die Grundlage für das mittelalterliche Gewichts- und Münzsystem. **Karl der Große** hat einen *Goldsolidus* = $\frac{1}{72}$ Pfund entsprechend dem byzantinischen *Nomisma* prägen lassen und die Teile der römischen Unze (*Drachme, scripulum* usw.) haben sich besonders bei den Apothekergewichten erhalten, die z.B. **Agricola** in einer Gegenüberstellung zu den deutschen Benennungen festhält [432]. Als Handelsgewichte wurden in der Karolingerzeit mehrere schwerere Gewichte verwendet [Luschin von Ebengreuth; 160], einmal das Pfund von Troyes mit $13\frac{1}{2}$ römischen Unzen (= 367,13 g), das sich im englischen Troy-Pfund in etwa derselben Größe als Münzgewicht wiederfindet; dann das Kaufmannsgewicht *poids de table* mit 15 Unzen, das Pariser Pfund mit 18 Unzen sowie eines mit 16 Unzen (435,2 g), das man für das vielgesuchte Pfund **Karls des Großen** hält und das seiner Münzordnung zugrunde liegt. Dieses Pfund *(libra, lira, livre = lb)* ist – allerdings mit mancherlei Varianten (man unterschied auch schwerere Pfund für den Grossisten, leichtere für den täglichen Bedarf des Krämers) – zusammen mit dem Zentner (*centenarius librarum*, meist 100 Pfund) zum Handelsgewicht in Europa geworden. Auch das englische *Avoirdupoids*-Pfund enthält 16 Unzen zu 28,35 g.

Als ein neues Gewicht, besonders als Münzgewicht verwendet, erscheint die aus den skandinavischen Ländern stammende *Mark*. Sie findet sich erstmals im Jahre 857 in einer Urkunde des angelsächsischen Königs **Aethelwulf**, dann in Verträgen des englischen Königs **Alfred** (gest. 901) mit den Dänen und in einer norwegischen Marktordnung vom Jahre 1164 [Luschin von Ebengreuth; 162]. Ihr. Gewicht war $\frac{2}{3}$ des römischen Pfundes (= 8 Unzen) oder $\frac{1}{2}$ des schwereren Handelspfundes, der *libra civilis* [Agricola; 433]. Die Kölner Mark, die für den Handel in Europa maßgebend wurde, hatte ein Gewicht von ca. 237,5 g. Sie war also eingeteilt in 8 Unzen; es folgen die kleineren Einheiten Lot,

Quart, (Vierling), Quint (Quentchen), Pfenniggewicht, Hellergewicht, von denen jedes die Hälfte des vorhergehenden wog. Die Mark hatte also 16, das Pfund 32 Lot.

Nach der Einführung des dezimalen Systems sind die Gewichtseinheiten auf die Längeneinheiten bezogen worden. Das Normgewicht ist das Gewicht eines Kubikdezimeters Wasser = 1000 g. In diesem Sinne wurde das Pfund = 500 g im deutschen Zollverein am 1. Juli 1858 eingeführt [Noback; 269].

Neben dem Gewichtssystem hat **Karl der Große** auch das Münzsystem neu geordnet. Da der Vorrat an Gold aus den Beständen der Römer und Awaren zur Neige ging, sowie Bergbau und Handel keinen Ersatz boten, wurden – mit Ausnahme in Bayern – Goldmünzen nicht mehr geprägt. So ging **Karl der Große** zur Silberwährung über. Es wurden aus 1 Pfund Feinsilber 240 Silberpfennige *(denarii)* geschlagen, von denen 20 auf einen *Solidus* (Schilling, franz. *sou* = s, ß) gingen. Diese Einteilung hat sich in England mit 1 pound = 20 shilling = 240 pence bis vor kurzem erhalten. In Süddeutschland wurde 1 Pfund zu 8 langen Schillingen zu je 30 Pfennigen gerechnet. Dies entspricht gerade der in England bekannt gewordenen skandinavischen Mark = 8 Unzen zu je 30 Pfennigen [Luschin von Ebengreuth; 162].

Die Wörter Pfund und Schilling sind auch zum Zählmaß für 240 bzw. 30 Stück geworden. Im Bamberger Rechenbuch von 1482 [Nr. 28] werden 240 Schien (Eisenschienen) = 1 Pfund Eisen genannt. Und in der Handschrift Clm 14032 aus dem 14. Jh. werden die 284 Blattseiten bezeichnet als *folia huius libri est una libra et 44* [284^{v}], [Schmeller; **1**, 400, 435].

Als der im 13. Jh. zunehmende Handel ein größeres Zahlgeld verlangte, tritt auch wieder das Goldgeld auf, zuerst bei Kaiser **Friedrich II**. In Florenz wurde im Jahre 1252 der Gulden *(florenus = fl)* geprägt, in Venedig 1284 der Dukaten, in Deutschland unter **Karl IV** der Gulden = 240 Heller (Pfennige). Eine Ausprägung erfolgte 1386, wobei 66 rheinische Goldgulden auf das Gewicht einer Kölner Mark Gold gerechnet wurden. Dieser rheinische Gulden setzte sich als einigermaßen stabiles Handelsgeld durch, mit dem die Pfennige der verschiedenen Landeswährungen in Beziehung gebracht wurden. Auch Schilling und Heller in Gold wurden beim Großhandel zur Vermeidung der Entwertung rechnungsmäßig notiert [AR; 235]; sie wurden aber nicht als Münzen geprägt. Zahlgeld für den Kleinhandel blieben immer die Landesmünzen Pfennige (₰, *dn̄*, *d*), Heller (*h*, *hlr*) und die vielen anderen, die im Laufe der Zeit noch dazukamen wie der böhmische Silbergroschen (der Dickpfennig zu 7–8 Pfennig), der Taler zu 24 Groschen à 12 Heller, der Kreutzer = $\frac{1}{60}$ Taler.

1.2.3.5 Weitere Maße

Außer den genannten, überall jetzt – mit wenigen Ausnahmen – dezimal aufgebauten Maßsystemen wären noch weitere Maße und Maßsysteme anzuführen, wie die in die Geometrie einzuordnenden Winkelmaße, dann die physikalischen und technischen Maße [Alberti; 431 ff.] sowie die Zeitmaße, für die auf die astronomischen und chronologischen Handbücher verwiesen werden muß, z.B. [Ginzel].

Als besondere Maße sind noch die Zähl- oder Stückmaße zu erwähnen, die im Sprachgebrauch nur mehr eine untergeordnete Rolle spielen oder die ganz abgekommen sind. Dazu gehören außer den schon oben auf S. 92 erwähnten Pfund (240 Stück) und Schilling (30 Stück) und auf S. 8 genannten Stiegen (20 Stück) und Mandeln (15 Stück) auch das Schock (60 Stück), das Dutzend (12 Stück), das Gros (144 Stück) und manch andere Maße, die für spezielle Gegenstände wie für Stoffe (*tuch, saum, . . .*), Wein (Ohm, Fuder), Holz (Ster), Papier (Ries) usw. zum Teil noch gebraucht werden, siehe besonders [Alberti; 426 f.] und [Menninger; **1**, 41 f., 167 f.]. Das Bamberger Rechenbuch von 1483 bringt manche dieser Maße unter der Überschrift *Gemeyn vberschlahen* [59v], wie folgt:

. . . *Item 32 ellen ist 1 tuch*
Item 22 tuch ist 1 sawm
Item 45 parchant ist 1 fardel
Item 22 ellen ist 1 parchant
Item 240 schin ist 1 lb eysen
Item 12 eymer ist 1 fuder weyns
Item 68 maß ist 1 eymer Item 816 maß ist auch 1 fud ⟨er⟩
Item 16 meczen ist 1 sümer korns
Item 32 meczen ist 1 sümer habern
Item 60 groschen ist 1 schock
Item 12 thunen hering ist 1 last .

1.2.4 Brüche

Die Aufgabe, k Objekte in n gleiche Teile zu teilen (z.B. 7 Brote unter 10 Personen zu verteilen) kommt in der Praxis sicher vor jeder schriftlichen Überlieferung vor. Man wird dann vielleicht zunächst jedes einzelne Objekt in n-Teile teilen – so erhält man die „Stammbrüche" $\frac{1}{n}$ sozusagen als neue Einheiten, und man wird dann k dieser neuen Einheiten zusammenfassen. Der „allgemeine Bruch" $\frac{k}{n}$ ist also einerseits als Ergebnis der Division k : n, andererseits als eine Zusammenfassung von k Einheiten $\frac{1}{n}$ aufzufassen.

Die Zerlegung einer Einheit in Untereinheiten ist bei allen Maßsystemen fast selbstverständlich; das spielt auch in der Darstellung von Brüchen und dem Rechnen mit ihnen eine Rolle. Die Ägypter verwenden die Anzahl der kleineren Einheiten, in die eine größere Einheit geteilt ist, ungefähr wie einen Hauptnenner s. S. 94–99; das Sexagesimalsystem der Babylonier hängt eng mit ihren Maßsystemen zusammen, s. S. 29 f., 72, 87, bei den Römern und im Mittelalter wird die Unze als $\frac{1}{12}$ der Einheit (des Pfundes) benutzt s. S. 88.

Zuerst kam man mit wenigen Brüchen aus, die man als „natürliche Brüche" bezeichnen kann. Das sind solche, die im täglichen Leben am häufigsten vorkamen wie $\frac{1}{2}$ mit den durch Halbierung entstehenden Unterteilungen, dann $\frac{1}{3}$, $\frac{1}{5}$ u.a. Welche Brüche bei den verschiedenen Völkern zu den natürlichen zu rechnen wären, läßt sich nicht einheitlich festlegen. Zu diesen Stammbrüchen traten als nächstes wohl die „Komplementbrüche" hinzu, die durch den dazugehörigen Stammbruch zu der Einheit 1 ergänzt oder aufgefüllt wurden, wie $\frac{2}{3}$, $\frac{3}{4}$ oder $\frac{5}{6}$ [Sethe 1; 91 ff.]. Diese ursprüngliche Einteilung aller Brüche in Stamm- und Komplementbrüche war allen Völkern der Antike gemeinsam [Sethe 1; 106]. Die primitiven Völker der Gegenwart kennen meist nur Brüche wie $\frac{1}{2}$, $\frac{1}{3}$, $\frac{1}{4}$ [Fettweis 2; 43]. Erst später haben sich dann die einzelnen Völker – und zwar wieder in ganz verschiedener Weise – eine systematische Darstellung für die allgemeinen Brüche gegeben, was dann auch verschiedenartige Rechenmethoden mit sich brachte.

1.2.4.1 Die Ägypter

Die Grundlage für das Bruchrechnen der Ägypter waren die Stammbrüche. Sie konnten auch symbolisch wiedergegeben werden. Gewöhnlich geschah dies, indem man zuerst das Zeichen ⊂⊃ (*r* = Mund, Teil) und darunter bzw. daneben den Nenner in entsprechenden Zahlensymbolen anschrieb:

⊂⊃ IIIII *r*-5, „Teil 5", d.h. der 5. Teil, denn im Ägyptischen hat die Zahl, die auf *r* folgt, ordinale Bedeutung,

r-276, Zeichen für $\frac{1}{276} = \overline{276}$.

(In Arbeiten über ägyptische Mathematik ist es üblich, die Stammbrüche $\frac{1}{n}$ durch $\bar{n}$ wiederzugeben.)

Im Hieratischen erscheint dann die Hieroglyphe ⊂⊃ zu einem einfachen Punkt zusammengezogen,

$= \frac{1}{6}$, $= \frac{1}{8}$, $= \frac{1}{10}$, $= \frac{1}{11}$, $= \frac{1}{64}$,

im Demotischen wird aus dem Punkt ein schräger Strich:

$= \frac{1}{5}$, $= \frac{1}{10}$, $= \frac{1}{12}$, $= \frac{1}{35}$

Dieser Strich ist im Demotischen auch allgemein das Zeichen für *r* Mund.

Für einige einfache Brüche existieren besondere Individualzeichen, die in Abbildung 17 wiedergegeben sind. Dabei bedeutet:

das Zeichen für $\frac{1}{2}$: ⊏ = *gs* = Seite,

das Zeichen für $\frac{1}{4}$: × = *ḥsb* = brechen.

Ferner gibt es noch besondere Symbole für die durch Halbierung entstandenen Unterteilungen des Ackermaßes (Flächenmaß) *st̲3t (setat)*, das der griechischen *Arure* entspricht. Die Bruchteile des st̲3t sind:

rmn: $\frac{1}{2}$ *st̲3t*

× *ḥsb*: $\frac{1}{4}$ *st̲3t*

s3: $\frac{1}{8}$ *st̲3t*.

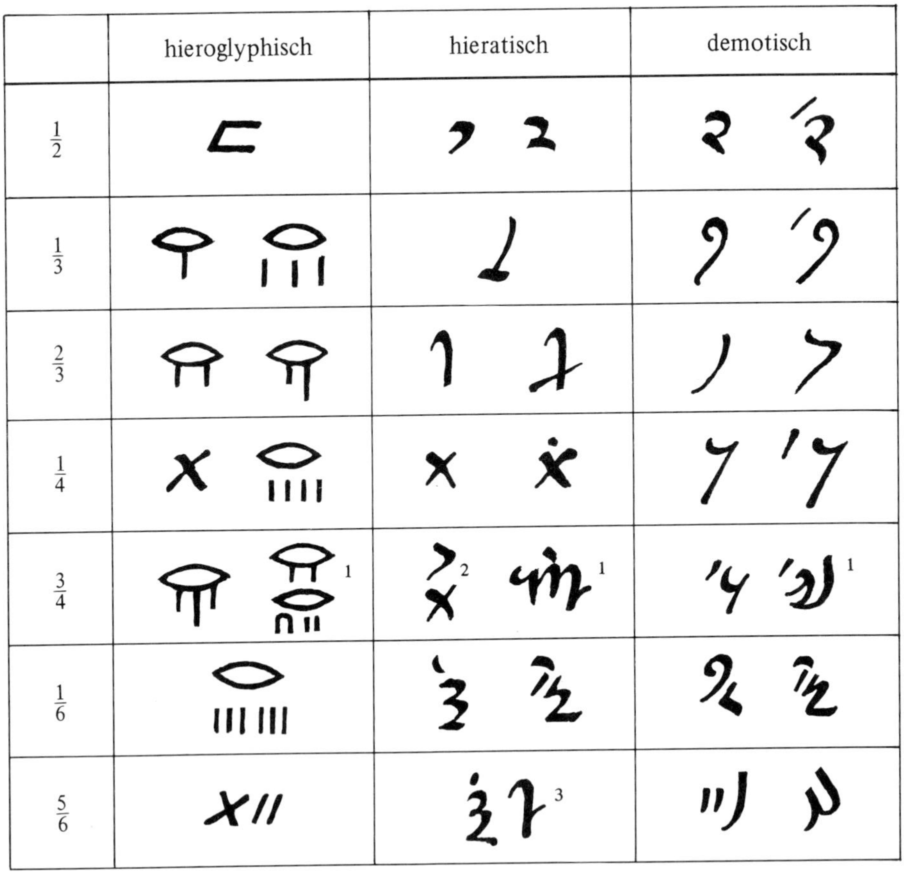

	hieroglyphisch	hieratisch	demotisch
$\frac{1}{2}$			
$\frac{1}{3}$			
$\frac{2}{3}$			
$\frac{1}{4}$			
$\frac{3}{4}$	[1]	[2] [1]	[1]
$\frac{1}{6}$			
$\frac{5}{6}$		[3]	

1) $\frac{2}{3}\ \frac{1}{12}$ 2) $\frac{1}{2}\ \frac{1}{4}$ 3) $\frac{2}{3}\ \frac{1}{6}$

Abbildung 17. Ägyptische Bruchzeichen [Sethe 1; Tafel III].

Zu erwähnen bleiben noch die ebenfalls durch Halbierung entstandenen Unterteilungen des Kornmaßes *ḥk3t* (*hekat* = Scheffel). Sie können zur Figur eines Auges, des sog. Horusauges zusammengesetzt werden. **Horus** ist nach der Sage von seinem Bruder **Seth** zerstückelt und durch **Thoth** wieder geheilt worden (Abb. 18). Die Teile der Figur werden einzeln als Zeichen für die angeschriebenen Stammbrüche benutzt, z.B. [Papyrus Rhind; Pr. 47]. Sie ergeben zusammenaddiert $\frac{63}{64}$, vermutlich wurde das fehlende $\frac{1}{64}$ durch Toth wiederhergestellt [A.H. Gardiner; 197].

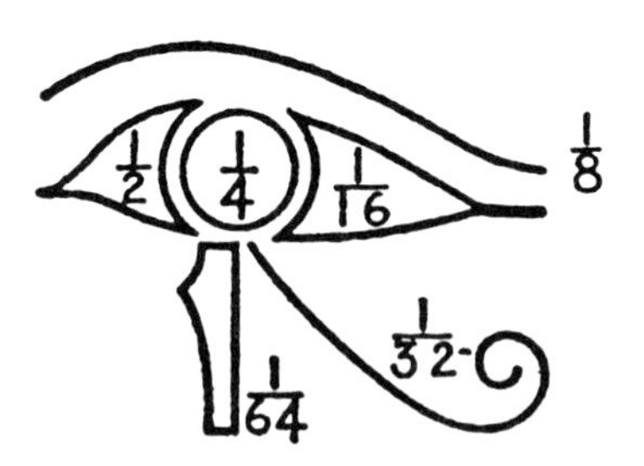

Abbildung 18. Horusauge.

Neben den Symbolen für die Stammbrüche existierten auch einige wenige besondere Zeichen für Komplementbrüche, das sind die Teile, die übrig bleiben, wenn man $\frac{1}{3}$ oder $\frac{1}{4}$ (oder $\frac{1}{n}$) von einer Menge, die aus 3 oder 4 (oder n) Teilen besteht, wegnimmt (s. Abb. 17). In der ägyptischen Arithmetik spielt der Bruch $\frac{2}{3}$ eine große Rolle. Das hieroglyphische Zeichen ist zu lesen: *rwy*; es bedeutet „die zwei Teile" von dreien. In moderner Umschrift wird es gewöhnlich durch $\bar{\bar{3}}$ wiedergegeben. Das hieroglyphische Zeichen für $\frac{3}{4}$ tritt selten auf; in der Spätzeit wird $\frac{3}{4}$ durch $\frac{1}{2}\ \frac{1}{4}$ oder durch $\frac{2}{3}\ \frac{1}{12}$ in schrieben. Im Demotischen ist ein spezielles Zeichen für $\frac{5}{6}$ überliefert, ein anderes aus einem hieroglyphischen Text aus der Ptolemäerzeit [Sethe 1; 100].

In demotischen Papyri treten auch Darstellungen von allgemeinen Brüchen auf, was wahrscheinlich auf griechischen Einfluß zurückzuführen ist. So wird z.B. in dem aus dem 3. Jh. v. Chr. stammenden Pap. Cairo J. E. 89127-30 der Zähler unterstrichen und der Nenner in der gleichen Zeile daneben angeschrieben:

$$5\,\frac{35}{53} = 5\ \underline{35}\ 53 \qquad \text{[Parker; 14].}$$

Als Zähler treten dabei auch gemischte Zahlen auf:

$$1\frac{1}{2}\ \frac{1\frac{1}{2}}{11} = 1\frac{1}{2}\ \underline{1\frac{1}{2}}\ 11 \qquad \text{[Parker; 22]}$$

oder

$$8\frac{1}{3}\frac{1}{15}\ \frac{729\frac{1}{2}\frac{1}{10}}{131} = 8\frac{1}{2}\frac{1}{15}\ \underline{729\frac{1}{2}\frac{1}{10}}\ 1\underset{\cdot}{3}1 \qquad \text{[Parker; 25]}$$

wo der Strich noch durch einen Punkt unter 131 ergänzt ist. Im Pap. Carlsberg 30 (2. Jh. v. Chr.) wird dagegen nicht der Zähler, sondern der Nenner unterstrichen:

$$\frac{110}{76} = 110\ \underline{76} \qquad \text{[Parker; 9, 76].}$$

Bevor diese Schreibweise erfunden war (und oft auch noch nachher) rechnete man mit Stammbruchsummen an Stelle von allgemeinen Brüchen. So erscheint z.B. im Pap. Rhind (Pr. 34):

$$5\,\frac{1}{2}\,\frac{1}{7}\,\frac{1}{14} \quad \text{statt} \quad 5\frac{5}{7}\,.$$

Eine derartige Zerlegung in Stammbruchsummen ist auf vielerlei Weisen möglich. Eine Möglichkeit ist, die Brüche zu den vorhandenen Maßsystemen in Beziehung zu setzen [VM; **1**, 38]. Hat man z.B. $\frac{2}{7}$ und denkt daran, daß 28 Finger auf eine Elle gehen, so sind $\frac{2}{7}$ Ellen gleich 8 Finger = 7 + 1 Finger = $\frac{1}{4} + \frac{1}{28}$ Ellen. Diese Zerlegung $\frac{2}{7} = \frac{1}{4} + \frac{1}{28}$ steht im Papyrus Rhind [2; Plate 2]. Bei dem allgemeinen Bruch $\frac{12}{15}$ wird man an den Monat mit seinen 30 Tagen [VM; **1**, 30] denken; so ist $\frac{12}{15}$ Monat = 24 Tage = 20 + 3 + 1 Tage = $\frac{2}{3} + \frac{1}{10} + \frac{1}{30}$ Monat. Dieser Gedanke steckt wohl hinter der spielerischen Schreibung eines Datums aus der Ptolemäerzeit, bei dem z.B. im Osiris-Zimmer in Dendera der 24. Tag als „$\frac{2}{3} + \frac{1}{10} + \frac{1}{30}$ des Monats“ bezeichnet wird [Lepsius 2; 59], [Lepsius 3; 102]. Die ägyptische Elle, *setat, hekat*, Monat und Jahr lassen sich für folgenden Nenner verwenden: 2, 3, 4, 5, 6, 7, 8, 9, 10, 12, 14, 15, 16, 18, 20, 24, 28, 30, 32, 36, 40, . . . [VM; **1**, 38], Dieses oft schon in einer Kopfrechnung durchzuführende Verfahren ist nicht brauchbar, wenn es sich um keine derartigen „Maßnenner“ handelt. Für solche Zwecke wurden Tabellen verwendet, deren älteste, uns überlieferte im Papyrus Rhind steht [2; Plate 2–33]; sie liefert Stammbruchzerlegungen für die Brüche $\frac{2}{n}$ für ungerade n von 3–101.

Diese in der sog. „2 : n-Tabelle“ niedergelegten Zerlegungen wurden weiterhin beibehalten, wie es spätere ägyptische und auch hellenistische Texte zeigen.

Der Anfang dieser Tabelle im Papyrus Rhind für die Brüche $\frac{2}{n}$ ist:

$$2:3 = \frac{2}{3}\ ;$$
$$2:5 = \frac{1}{3} + \frac{1}{15}\ ;$$
$$2:7 = \frac{1}{4} + \frac{1}{28}\ ;$$
$$2:9 = \frac{1}{6} + \frac{1}{18}\ ;\ \text{usw.}$$

Für den Ägypter war die Division 2 : n identisch sowohl mit dem allgemeinen Bruch $\frac{2}{n}$ wie mit dem Stammbruchprodukt $2 \cdot \frac{1}{n}$.

Dieser Sachverhalt ist klar aus dem Problem 70 des Papyrus Rhind zu ersehen, wo $\frac{2}{63} = 2 \cdot \frac{1}{63} = 2:63$ ist; vgl. hierzu auch [VM; **1**, 44 f.]. Hat man einen allgemeinen Bruch mit einem Zähler größer als 2, z.B. $\frac{3}{7}$, so zerlegte man in $\frac{2}{7} + \frac{1}{7}$.

Wie die Zerlegungen in den 2 : n Tabellen gefunden und warum unter den verschiedenen möglichen Zerlegungen gerade diese gewählt worden sind, ist nicht angegeben. Sicherlich haben dabei mancherlei Gesichtspunkte mitgespielt, so [VM; **1**, 42]:

1. eine geringe Gliederzahl der Stammbruchsumme;
2. ein möglichst großer Hauptbruch (also ein kleiner Nenner);
3. bei einer Summe von mehr als 2 Gliedern ein möglichst großer letzter Restbruch (also möglichst kleiner Nenner).

Auch hierfür kann eine Tabelle für die Zerlegung eines Stammbruchs in mehrere Stammbrüche nützlich gewesen sein. Eine solche ist in der sog. „Lederrolle“ erhalten. Aus ihr ersieht man, daß z.B. $\frac{1}{3} = \frac{1}{4} + \frac{1}{12}$ ist [Glanville 1; 235]. Einige Zerlegungen der insgesamt 26 Zeilen umfassenden Lederrolle lassen sich auf die allgemeine Formel $\frac{1}{n} = \frac{1}{n+1} + \frac{1}{n(n+1)}$ zurückführen. Für $\frac{2}{n}$ gilt also $\frac{1}{\frac{n+1}{2}} + \frac{1}{n \cdot \frac{n+1}{2}}$.

Hier wird auch wieder die enge Verbindung, die in der ägyptischen Mathematik zwischen Stamm- und Komplementbruch besteht, sichtbar. Diese Formel wird bei der

2:n-Tabelle eine Rolle gespielt haben, sie ist jedoch sicherlich nicht überall angewandt worden. So liefert sie für $\frac{2}{9}$ die Zerlegung $\frac{1}{5} + \frac{1}{45}$; der Papyrus Rhind gibt jedoch die Zerlegung $\frac{2}{9} = \frac{1}{6} + \frac{1}{18}$ [2; Plate 3].

Im Papyrus Rhind findet sich auch ein Hinweis dafür, wie die Zerlegungen in der 2:n-Tabelle zustande gekommen sind. Es steht nämlich für die Zerlegung von $\frac{2}{35}$ in $\frac{1}{30} + \frac{1}{42}$ folgendes Schema [2; Plate 10]:

	35	*30*	$1\ \overline{6}$	*42*	$\overline{3}\ \overline{6}$
	6	7		5	
$\overline{30}$	$1\ \overline{6}$				
$\overline{42}$	$\overline{3}\ \overline{6}$				

Aus dem demotischen Papyrus Br. Mus. 10520 (frühe römische Zeit) sieht man, wie gerechnet wurde. Fast wörtlich steht dies auch im griechischen Papyrus Aḫmīm (wohl zwischen dem 6. und 9. Jh. n. Chr. entstanden) [Vogel 20]. Siehe hierzu S. Br. 6b.

	Br. Mus. 10520 [Parker; 66]	Papyrus Aḫmīm [76, Nr. 23] 'Ομοίως Ε, Ζ, ΛΕ
8	Verursache zu machen 2 als Teil von 35. · *my* *ỉr* 2 *r3* *35*	καὶ τῶν Β τὸ λε''
9	Du sollst machen 5 mal 7, gibt 35. *ỉw.k* *ỉr* 5 *sp* 7 *r* 35	Τί ἐπὶ τί ΛΕ; Ε, Ζ, ΛΕ
10	Du sollst addieren 5 zu 7, gibt 12. *ỉw.k* *w3ḥ* 5 *r* 7 *r* 12	Ε καὶ Ζ γί (γνεται) ΙΒ
11	Du sollst tragen 2 <um zu> füllen 12, gibt 6. *ỉw.k* *fy* 2 <r> *mḥ* 12 *r* 6	παρὰ τῶν Β, ς
12	Du sollst machen 5 mal 6, gibt 30; ein Teil, der 1 füllt, ist es. *ỉw.k* *ỉr* 5 *sp* 6 *r* 30 *r3* *mḥ* 1 *p3y*	ς ἐπὶ Ε [Λ]
13	Du sollst machen 6 mal 7, gibt 42; ein Teil, der 1 füllt, ist es. *ỉw.k* *ỉr* 6 *sp* 7 *r* 42 *r3* *mḥ 1* *p3y*	ς ἐπὶ [Ζ], [ΜΒ]
14	Mache, daß Du es weißt, nämlich. *dỉt* *ỉr-rḫ.s*	
15	30 $1\frac{1}{6}$	ὡς εἶναι λ'' μβ''
16	42 $\frac{5}{6}$	

Fachsprache

Bei den Ägyptern existierte naturgemäß kein Fachwort für „Bruch" aber vielleicht eines für Stammbruch. Im Problem 61 B des Papyrus Rhind steht nämlich $\frac{2}{3}$ *zu machen von einem tỉ.t gb.t*, wobei man hier *tỉ.t gb.t* mit „Stammbruch" übersetzen kann. Das Wort *tỉ.t gb.t* ist aus *tỉ.t* Zeichen, Bild und *gb.t* krank, schwach zusammengesetzt. Das Wort *tỉ.t* allein ist im Sinne von „Einheit" belegt [Papyrus Rhind 1; 104]; es soll dort von 12 eine 1 abgezogen werden und es heißt: *subtrahiere von 12 ein Zeichen (tỉ.t), es gibt 11*. So ist wohl *tỉ.t* als Einheit und das *tỉ.t gb.t*, die schwache Einheit, als eine Untereinheit aufzufassen, eben als Stammbruch; vgl. hierzu [VM; **1**, 43].

In dem oben für die Zerlegung $\frac{2}{35} = \frac{1}{30} + \frac{1}{42}$ genannten demotischen Papyrus Br. Mus. 10520 steht sowohl bei $\frac{1}{30}$ als auch bei $\frac{1}{42}$ *r3 mḥ 1 p3y*, wörtlich *ein Teil, der 1 füllt, ist es* [Parker; 65 f.]. Vielleicht ist auch diese Ausdrucksweise ein Synonym für Stammbruch (s. S. 93 f.).

1.2.4.2 Die Babylonier

Auch im Zweistromland kam man zuerst mit den einfachen, natürlichen Stamm- und Komplementbrüchen aus, die durch bestimmte Bildzeichen dargestellt wurden (s. Abb. 19, Spalte 1).

Es sind einmal die in der Grabungsschicht IV b von Uruk (ca. 3000 v. Chr.) vorkommenden Brüche $\frac{1}{2}, \frac{1}{4}, \frac{3}{4}, \frac{1}{16}, \frac{1}{64}$ und $\frac{1}{5}$, deren Symbolik wohl Bilder von Gefäßen (Getreidemaße?) zugrunde liegen. In anderen alten Texten dagegen (ca. 2500 v. Chr.) werden die Sechstel bevorzugt. Auch hier erkennen wir bei $\frac{1}{2}$ ein Gefäß als grundlegendes Bildzeichen; doch werden die Sechstel auch zu Sechzigstel erweitert wiedergegeben [Deimel 1; 185]. Zur Rolle, die der Bruch $\frac{1}{6}$ beim Aufbau des sexagesimalen Positionssystem gespielt haben kann, s. S. 30. Der Komplementbruch $\frac{2}{3}$ wird von den Akkadern – ähnlich wie „die beiden Teile" bei den Griechen – in Worten angegeben mit *šitta qātātu* = die beiden Hände [TMB; XI].

Schon in der Zeit der 3. Dynastie von Ur (ca. 2000) kommt eine allgemeine Bezeichnung für jeden Stammbruch $\frac{1}{n}$ vor in der Umschreibung *igi – n – gál* oder gekürzt nur *igi – n*; ein Beispiel: $\frac{3}{4}$ *gín* wird geschrieben als 1 *gín lal* (= minus) *igi 4 gín* [Legrain; 118]. Was diese Wendung bedeutet, ist nicht geklärt. Igi ist das sumerische Wort für Auge, *gal* (akkadisch *malū*) heißt machen, vervollständigen [Thureau-Dangin 3; 27]. So könnte *Auge n*, wenn man das Auge als *pars pro toto* auffaßt, einfach *Teil n* bedeuten, wie ähnlich bei den Ägyptern das *r* (= Mund) s. S. 94. Es könnte auch ein Hinsehen auf *n* gemeint sein [MKT; **2**, 28], oder auf das Vis-à-vis, das Anti-n oder das Reziproke [TMB; X f.]. Recht einleuchtend ist der Vorschlag, daß es sich bei *Teil n vervollständigend* um den Teil handelt, der zusammen mit dem Komplementbruch $\frac{n-1}{n}$ die Einheit ausmacht [Thureau-Dangin 3; 27 ff.], was die Ägypter in ähnlicher Weise mit *mḥ* = auffüllen zum Ausdruck brachten, s. S. 0.

Nachdem das gelehrte sexagesimale Positionssystem entwickelt war, konnten alle die Stammbrüche $\frac{1}{n}$ endlich dargestellt werden, bei denen n die „reguläre" Form $2^a 3^b 5^c$ [MCT; 11] hat. Als Rechenhilfe dienten Reziprokentabellen, die in zahlreichen Texten erhalten sind [MKT; **1**, 8–32] und [MCT; 11 ff.]. Im Normalfall enthielten sie 30 Paare

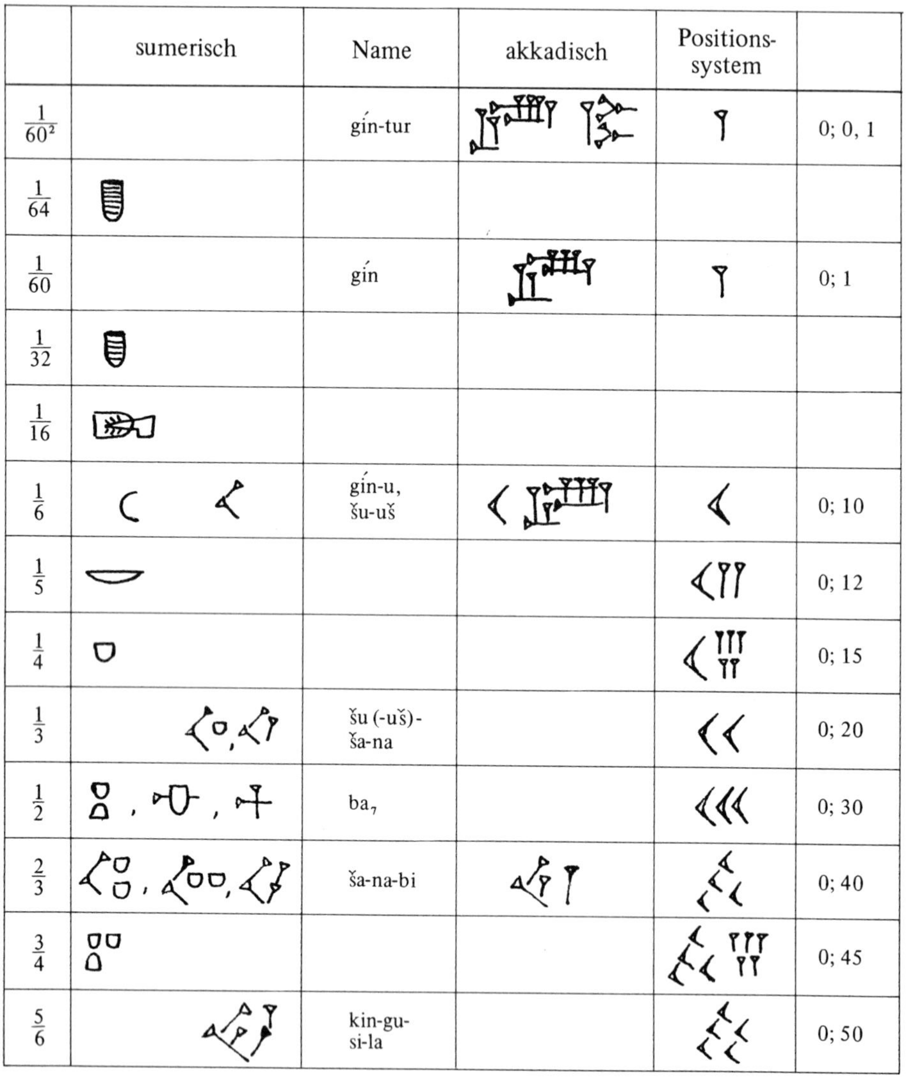

	sumerisch	Name	akkadisch	Positions-system	
$\frac{1}{60^2}$		gín-tur			0; 0, 1
$\frac{1}{64}$					
$\frac{1}{60}$		gín			0; 1
$\frac{1}{32}$					
$\frac{1}{16}$					
$\frac{1}{6}$		gín-u, šu-uš			0; 10
$\frac{1}{5}$					0; 12
$\frac{1}{4}$					0; 15
$\frac{1}{3}$		šu (-uš)-ša-na			0; 20
$\frac{1}{2}$		ba_7			0; 30
$\frac{2}{3}$		ša-na-bi			0; 40
$\frac{3}{4}$					0; 45
$\frac{5}{6}$		kin-gu-si-la			0; 50

Im Positionssystem wird $\frac{1}{64}$ durch 0; 0, 56, 15,

$\frac{1}{32}$ durch 0; 1, 52, 30,

$\frac{1}{16}$ durch 0; 3, 45 wiedergegeben.

Das Bildzeichen des *gín* zeigt die Axt, zum Abhacken der kleineren Gewichtseinheit; vgl. russisch *Rubel* von *rubit'* = hacken, fällen.

gín-tur = kleines *gín*; *gín-u* = 10 *gín*; *šu-uš* = $\frac{1}{6}$; *šu (-uš) – ša-na* = $\frac{2}{6}$; ba_7 = Hälfte.

Abbildung 19. Babylonische Bruchzeichen.

n und $\frac{1}{n}$ für alle regulären n von 2 bis 81. Manchmal sind auch nicht reguläre n in die Tabelle aufgenommen; der Anfang lautet dann:

2 sein Reziprokes: 30
3 sein Reziprokes: 20
4 sein Reziprokes: 15
5 sein Reziprokes: 12
6 sein Reziprokes: 10
7 sein Reziprokes: geht nicht *(igi nu)* [MKT; **2**, 30].
8 sein Reziprokes: 7,30
.
.
.

Für irreguläre n wurden Näherungswerte verwendet; eine Tabelle aus altbabylonischer Zeit gibt die reziproken Werte aller Zahlen von 56 bis 80 [MCT; 16], so z.B. ist für n = 71 oder 1,11 das Reziproke $\frac{1}{71}$ = 0; 0,50, 42, 15.

Da der Stellenwert aus der Tabelle nicht ersichtlich ist – es fehlt ja das Komma – muß der Wert aus dem Zusammenhang gewonnen werden, wenn nicht eine Glosse hilft. So steht z.B. einmal bei 50 der Zusatz *kin-gu̇-si-la* (= $\frac{5}{6}$); man weiß also, daß es 0; 50 sein soll [TMB; 243].

Die allgemeinen Brüche $\frac{m}{n}$ konnten jetzt als *m mal das Reziproke von n* bezeichnet werden [TMB; XIII], [MKT; **1**, 6 f.]. Die Akkader haben die Brüche in Worten bezeichnet als ein Drittel, ein Viertel, drei Viertel usw. [MKT; **1**, 28 f.] und [Thureau-Dangin 3; 28]. Neuerdings ist schon für die altbabylonische Zeit eine Bruchform als Produkt zweier Brüche festgestellt worden, die mit den arabischen „angehängten Brüchen" übereinstimmt. So ist $\frac{1}{24}$ gleich $\frac{1}{8}$ von $\frac{1}{3}$ *(sa-am-na-at ša-lu-uš-ti)* [Sachs 2; 205, 211].

1.2.4.3 Die Griechen

L.: Heath [2; **1**, 41–45]; Heiberg in [Heron; **5**, CXXI ff.], Tannery in [Diophant 1; **2**, XLII ff.], Vogel [7; 406 ff.].

Die sprachliche und symbolische Wiedergabe der Brüche bei den Griechen entspricht vielfach dem Verfahren der Ägypter, von denen sie ja gelernt haben. Für den Stammbruch wurden folgende Bezeichnungen verwendet:

μοῖρα bei **Homer**, K 253 f., (dasselbe Wort verwenden später die Astronomen für $\frac{1}{360}$ des Kreises, d.h. 1°),
μέρος z.B. bei **Euklid** [El. 7, Def. 3],
μόριον z.B. bei **Platon** [Timaios 36 b],
λεπτόν z.B. bei **Heron** [**4**, 220 und öfter],

ferner in byzantinischer Zeit *τσάκισμα* [Hunger/Vogel; 109]). Wie bei den Ägyptern wird der Stammbruch durch die Ordinalzahl bezeichnet: *τὸ τέταρτον μέρος*, *τὸ τεταρτημόριον* [Heath 1; 352] oder kurz *τὸ τέταρτον*. Eine besondere Wendung ist *τὸ δυοστόν* für $\frac{1}{2}$ [Nikolaos Rhabdas; 114]. Einen Übergang zur symbolischen Schreibung bildet die Darstellung durch den Zahlbuchstaben mit Flexionsendung, z.B. *τὸ* γ^{ov}, *τὸ* ϵ^{ov} *μέρος* [Diophant 1; **1**, 52]. Dann genügte auch ein einfacher Akzent als diakritisches Zeichen, das z.B. die ganze Zahl 3 = $\overline{\gamma}$ von $\frac{1}{3} = \gamma'$ unterschied (**Heron**, Codex S aus dem 11. Jh. [Heron; **5**, CXXI]). Im gleichen Text wird auch für die Ganzen der Akzent, für den Bruch ein Doppelakzent verwendet, z.B. $3\frac{1}{3} = \gamma'\gamma''$. Ein besonderes Zeichen für den Stammbruch kennt **Diophant**: **X**, z.B. $\frac{1}{3} = \gamma^{\times}$ [1; **1**, 50 = I,21 und öfter]. Er verwendet die Ordinalzahlform auch für die Unbekannten und ihre Potenzen: *τὸ ἀριθμοστόν* $= \frac{1}{x}$, *τὸ δυναμοστόν* $= \frac{1}{x^2}$. In der theoretischen Auffassung der Brüche als Verhältnisse ist der Stammbruch identisch mit dem „untervielfachen Verhältnis" *ὑποπολλαπλάσιος λόγος* = *ratio submultiplex* (s. S. 325 f.). Besondere Symbole existierten für $\frac{1}{2}$: **Ȼ** Pap. Michigan 621 [54], **L'** **Archimedes** [1; **1**, 238, 240], **Diophant** [1; **1**, 88 = II,6 und öfter], **Heron** [**4**, 184 und öfter], **C** (halbe Obole) Salaminische Rechentafel (s. S. 180), **ꞌ′** **Nikolaos Rhabdas** [148]; weitere Zeichen s. [Vogel 7; 416].

Der Komplementbruch $\frac{2}{3}$ hieß wie bei den Ägyptern „die zwei Teile" *τὰ δύο μέρη*, bei **Homer** *δύο μοῖραι* [K 253 f.], bei **Diophant** *διμόριον*, was bei **Maximos Planudes** [1; 18] erklärt wird: *δύο τρίτα, τουτέστι διμόριον*, und was dem *ὑφημιόλιον* der Verhältnislehre entspricht [Nikolaos Rhabdas; 114]. $\frac{2}{3}$ wird gelegentlich durch ϐ, gelegentlich durch ein dem *ω* ähnliches Zeichen dargestellt [Gerstinger/Vogel; 50], [Heron; **5**, CXXII].

Der allgemeine Bruch wurde, bevor man eine Symbolik schuf, in Worten bezeichnet. So nennt schon **Empedokles** $\frac{2}{8}$: *τὼ δύο τῶν ὀκτὼ μερέων* [Diels; 31 B 96]. **Archimedes** hat für $\frac{10}{71}$: *δέκα ἑβδομηκοστόμονα* [1; **1**, 236]. **Diophant** schreibt für $x = \frac{65}{12768}$: *γίνεται ὁ ς μορίου* $\overset{\alpha}{\text{M}}{}^{\text{Y}}.\overset{\text{o}}{\text{M}}$, $\overline{\beta\psi\xi\eta}$,$\overline{\xi\epsilon}$, wörtlich: es wird das x von dem 12768-ten Teil 65 [1; **1**, 186 = III, 19]. **Ptolemaios**, der sich auf **Eratosthenes** und **Hipparchos** bezieht, umschreibt $\frac{11}{83}$ des Meridians mit: *11 solche Teile, wie der ganze Meridian ihrer 83 hat* [1; **1**, 68]. **Euklid** definiert [El. 7, Def. 3]: *Teil (μέρος) einer Zahl ist eine Zahl, die kleinere von der größeren, wenn sie die größere genau mißt*, [Def. 4]: *und Menge von Teilen* (dafür steht im Griechischen nur der Plural *μέρη*), *wenn sie sie nicht genau mißt.* Damit hat *μέρη* den Sinn des allgemeinen Bruches, wenn auch **Euklid** diese „Teile" nicht als Zahlen ansah, sondern als Angabe des Verhältnisses, in dem zwei Zahlen stehen können.

Barlaam unterscheidet zwischen einem Stammbruch, der durch Einteilung einer Zahl in gleiche Teile entsteht (*μοῖρα*, **Chamber** übersetzt: *pars*) und der weiteren Einteilung in einen oder mehrere Teile (*μέρος* bzw. *μέρη*, **Chamber**: *minutum = partis pars*), [a; 22 und b; 21], ferner zwischen der Summe verschieden benannter Stammbrüche (*ἑτερώνυμα μέρη*) und gleich benannter Stammbrüche (*συνώνυμα μέρη*): $\frac{2}{5} = \frac{1}{3} + \frac{1}{15} = \frac{1}{5} + \frac{1}{5}$ [Vogel 7; 418], [Barlaam; Buch A, Def. 8, 9]. **Barlaam** unterscheidet auch zwischen *der Zahl, nach der die Teile benannt wird* (*ἀριθμός, ἀφ' οὗ τὰ μέρη ὀνομάζεται* [b; 12]), also dem Nenner und *der Menge von Teilen* (*πλῆθος μερῶν* [b; 24]), also dem Zähler.

In diesem Sinne wurde ein Bruch schon lange vorher geschrieben: der Zähler ist eine ganze Zahl, nämlich die Anzahl der durch den Nenner angegebenen Untereinheiten. Deshalb bekommt der Zähler einen Querstrich bzw. einen einfachen Akzent, während der Nenner einen bzw. zwei Akzente erhält. So ist bei **Archimedes** [1; **1**, 242] $\frac{11}{40} =$ $\iota\alpha\,\mu'$; freilich konnten dabei auch Verwechslungen entstehen, da dies auch als $11 + \frac{1}{40}$ gelesen werden konnte. Eine Eindeutigkeit wurde erst durch eine Doppelschreibung des Nenners erzielt. Bei **Heron** findet sich z.B. je nach den Varianten in den Handschriften $\bar{\gamma}\zeta'\zeta'$, $\gamma'\zeta''\zeta''$ und $\zeta'\zeta'\bar{\gamma}$ für $\frac{3}{7}$ [Heron; **5**, CXXI].

Noch eine andere Kurzform tritt bald auf, bei der der Nenner über den Zähler gesetzt wird. In einem Papyrus aus dem ersten vorchristlichen Jahrhundert steht. z.B. $\overset{\epsilon}{\delta}$ für $\frac{4}{5}$ oder $\overset{\kappa'}{\gamma}$ für $\frac{3}{20}$ [Gerstinger/Vogel; 51]. Das Gleiche kennt auch **Diophant**. In der ältesten Handschrift aus dem 13. Jh. finden sich dieselben Anordnungen, z.B.

$$\frac{65}{9} = \frac{\vartheta}{\xi\epsilon} \quad \text{oder} \quad \frac{1878}{484} = \frac{\upsilon\pi\delta}{,\alpha\omega o\eta} \qquad [1; \mathbf{1}, 272, 306 = \text{IV}, 32, 39].$$

Ist der Zähler selbst ein Bruch, dann verwendet **Diophant** wieder die ausführliche Schreibung, z.B.

$$\frac{14\frac{1}{2}}{121} = \rho\kappa\alpha^{\omega\nu}\,\overline{\iota\delta\llcorner'} \qquad [1; \mathbf{1}, 306 = \text{IV}, 29],$$

oder noch ausführlicher, wie z.B.

$$\frac{47}{90} = \overset{\circ}{\text{M}}\overline{\mu\zeta},\ \grave{\epsilon}\nu\ \mu o\rho\acute{\iota}\omega\ \mu o\nu\acute{\alpha}\delta o\varsigma\ \text{ϛ}^{\omega} \qquad [1; \mathbf{1}, 60 = \text{I}, 25]$$

oder

$$\frac{x^2 + x + 8}{x^2 + x} = \Delta^{\text{Y}}\ \bar{\alpha}\varsigma\bar{\alpha}\ \overset{\circ}{\text{M}}\bar{\eta}\ \mu o\rho\acute{\iota}o\upsilon\ \Delta^{\text{Y}}\ \bar{\alpha}\varsigma\bar{\alpha} \qquad [1; \mathbf{1}, 246 = \text{IV}, 25].$$

Das Übereinanderstellen von Zähler und Nenner wurde auch auf Stammbrüche übertragen, so bei **Diophant**

$$\frac{1}{512} = \overset{\circ}{\text{M}}\frac{\varphi\iota\beta}{\alpha} \qquad [1; \mathbf{1}, 256 = \text{IV}, 28]$$

oder im Scholion zum Epigramm XIV, 128 der *Anthologia graeca*:

$$\frac{1}{62} = \overset{\xi\beta}{\alpha} \qquad [\text{Diophant } 1; \mathbf{2}, 62].$$

Der Trennungsstrich zwischen Zähler und Nenner ist kein Bruchstrich, sondern lediglich der Querstrich über den ganzen Zahlen.

Neben all diesen Schreibarten für die allgemeinen Brüche hat sich deren Umwandlung in Stammbruchsummen wohl als ägyptisches Erbe bei den Griechen eingebürgert und bis in die spätbyzantinische Zeit erhalten. Dabei sind dem Rechner wieder Bruchtabellen – ähnlich der im Papyrus Rhind – dienlich gewesen. Man kennt solche aus hellenistischer und byzantinischer Zeit, z.B. im Papyrus Michigan Nr. 621 [52–58] aus dem 4. Jh. n. Chr., im Papyrus Ahmīm (6.–9. Jh.) und in einigen byzantinischen Texten [Papyrus Rhind 1; 8]. Oft werden beide Schreibungen nebeneinander verwendet, bei **Heron** z.B. $\frac{2}{5} = \frac{1}{3}\ \frac{1}{15}$, ($\epsilon'\epsilon'\bar{\beta}$ bzw. $\gamma'\iota\epsilon'$) [**4**, 277 f.]. Die Akzentuierung wird manchmal ganz willkürlich gehandhabt, z.B. im Papyrus Michigan [56] $\phi'\mu'\epsilon'\gamma'\iota'\alpha'\lambda'\gamma' = 545\frac{1}{3}\ \frac{1}{11}\ \frac{1}{33}$. Die Eindeutigkeit wird durch die Reihenfolge der Buchstaben gewährleistet.

Über die Sexagesimalbrüche bei den Griechen s. S. 33.

1.2.4.4 Die Römer

L.: Friedlein [2]

Wie die anderen Völker kannten die Römer zunächst die Stammbrüche; davon zeugen die Namen *semis* = $\frac{1}{2}$, *triens* = $\frac{1}{3}$, *quadrans* = $\frac{1}{4}$, *sextans* = $\frac{1}{6}$. Die Namen *bes* oder *bessis* = $\frac{2}{3}$ = *binae ex tribus assis partes*, zwei von drei Teilen des *As* [Hultsch 1;2, 72], *dodrans* = $\frac{3}{4}$ = *dequadrans* = Einheit weniger $\frac{1}{4}$ und *deunx* = 1 *As* weniger 1 *Unze* = $\frac{11}{12}$ bezeichnen Komplementbrüche. Andere Bruchteile werden durch Stammbruchsummen ausgedrückt, so von **Plinius**, wenn er die Größe von Europa auf etwas mehr als $\frac{1}{3} + \frac{1}{8}$ der ganzen Erde, Asien auf $\frac{1}{4} + \frac{1}{14}$, Afrika auf $\frac{1}{5} + \frac{1}{60}$ angibt [VI, 210]. **Columella** [V, 2, 5] berechnete den Inhalt eines gleichseitigen Dreiecks wie **Heron** [5, 38] mit $\frac{1}{3} + \frac{1}{10}$ des Quadrats der Seite.

Andererseits wurden Teile der Gewichts- und Münzeinheiten als reine Bruchzahlen verwendet. Das *as*, ursprünglich eine Kupfermünze gleich der römischen *libra* vom Gewicht von ca. 327 g (s. S. 88), wurde bei den Rechnern zur abstrakten Einheit, sein 12. Teil, die *uncia* wurde zu $\frac{1}{12}$. Hiervon sind die Namen *quincunx* und *septunx* abgeleitet (**Varro** [Hultsch 1; 2, 50]). Bei **Livius** ist von *terna iugera et septunces* = 3 + $\frac{7}{12}$ Morgen Land die Rede [V, 24, 4], [Friedlein 2; 34 f.].

Auch die Unterteilungen der Unze *semuncia, sicilicus, sextula* und *scripulum* wurden zu Bruchbezeichnungen. Die Namen stehen in einer dem **Balbus** zugeschriebenen Schrift, die vermutlich aus dem 3. Jh. n.Chr. stammt.

L. Volusius Maecianus hat in einer Schrift *Assis Distributio* (146 n.Chr.) alle damals üblichen Bruchnamen und Bruchzeichen zusammengefaßt. Sie finden sich in abgeänderter Form wieder im *Calculus* des **Victorius von Aquitanien** (457 n.Chr.) (s. Abb. 20) und sind im Abendland noch lange in Gebrauch gewesen (noch bei **Leonardo von Pisa**).

Ein Gedicht von **Horaz** [*De arte poetica*, 326–330] hat uns nicht nur einige der Bruchbezeichnungen überliefert, sondern ist zugleich ein Zeugnis dafür, wie mühsam und unübersichtlich das Rechnen mit diesen Brüchen war.

. . . Dicat
Filius Albini: si de quincunce remota est
Uncia, quid superat? Poteras dixisse! ‚Triens'. ‚Eu!
Rem poteris servare tuam. Redit uncia, quid fit?'
‚Semis!

(„Sag mir, Sohn des Albinus: wenn du von fünf Unzen eine Unze wegnimmst, was bleibt übrig? Du hättest schon längst antworten können!" „Ein Drittel!" „Richtig! Du wirst dein Vermögen gut verwalten können. Wird aber die Unze zugelegt, was kommt dann heraus?" „Einhalb."). Anfänge einer dezimalen Bruchrechnung zeigen sich bei der Einführung des *Denar* als Hauptsilbermünze, von der das Kupferas $\frac{1}{10}$ *(libella)* ist, sowie bei der Zinsrechnung, die auf dem normalen Monatszinsfuß von $\frac{1}{100}$ beruhte [Hultsch 3; Sp. 1115].

Als Bezeichnung für einen Bruch verwendete man die allgemeine Bezeichnung *partes assis*, bei „**Balbus**" findet sich auch bereits das Wort *minutia*.

Bruchteil des As	Name	Erklärung	Zeichen Volusius Maecianus	Victorius
$\frac{1}{2}$	semis	$\frac{1}{2}$ as	S	ʃ
$\frac{1}{12}$	uncia	$\frac{1}{12}$ as	—	/
$\frac{1}{24}$	semuncia	$\frac{1}{2}$ uncia	Ɛ	[illegible]
$\frac{1}{48}$	sicilicus	$\frac{1}{4}$ uncia	Ↄ	Ↄ
$\frac{1}{72}$	sextula	$\frac{1}{6}$ uncia	~	ᴗ
$\frac{1}{144}$	dimidia sextula	$\frac{1}{2}$ sextula	[illegible]	Ψ
$\frac{1}{288}$	scripulum	$\frac{1}{24}$ uncia	[illegible]	
$\frac{1}{3}$	triens	4 unciae	= =	[illegible]
$\frac{1}{4}$	quadrans	3 unciae	= –	[illegible]
$\frac{1}{6}$	sextans	2 unciae	=	Ʒ
$\frac{1}{8}$	sescuncia	$1\frac{1}{2}$ unciae	Ɛ –	[illegible]
$\frac{1}{9}$	nona	1 uncia, 2 sextulae	– ~	/ᴗᴗ
$\frac{5}{12}$	quincunx	5 unciae	= = –	[illegible]
$\frac{7}{12}$	septunx	$\frac{1}{2} + \frac{1}{12}$	S –	[illegible]
$\frac{2}{3}$	bessis	$\frac{8}{12}$	S =	[illegible]
$\frac{3}{4}$	dodrans	$\frac{9}{12}$	S = –	[illegible]
$\frac{10}{12}$	dextans	$\frac{10}{12}$	S = =	[illegible]
$\frac{11}{12}$	deunx	1 as – 1 uncia	S = = –	[illegible]

Abbildung 20. Römische Bruchbezeichnungen.

1.2.4.5 Die Chinesen

L.: Chiu Chang Suan Shu [3; 107 f.], Libbrecht [70–75], Needham [N; **3**, 81 f., 84 f.].

Schon die Chinesen der Han-Zeit, umschreiben den allgemeinen Bruch $\frac{a}{b}$ mit „a von b Teilen". Bruch heißt *fên* = der Anteil (auch verteilen), der Zähler ist der „Sohn" und der Nenner die „Mutter" des Bruches. Der Name für $\frac{1}{2}$ ist *pan* (halbieren), doch wird dafür auch die gewöhnliche Bruchumschreibung gebraucht, z.B. „ein Halbes, das ist eins von zwei Teilen" [Chiu Chang Suan Shu 3; 108]. Außerdem existieren einige Namen für $\frac{1}{3}$ und $\frac{2}{3}$ (wörtlich: kleinere und größere Hälfte) sowie für $\frac{1}{4}$ und $\frac{3}{4}$ (wörtlich: schwache und starke Hälfte).

Daneben finden sich schon früh Ansätze zu einem Dezimalbruch, der durch die Anordnung der Rechenstäbe auf dem Rechenbrett wie durch die Metrologie vorbereitet wird; das Raummaß 1 Fuß enthält 1000 Kubikzoll (s. S. 85); wenn aber – wie im *Chiu Chang Suan Shu* [3; 21 = V, 21] – mit 1 Fuß 6 Zoll nicht 1,006, sondern 1,6 Kubikfuß gemeint ist, dann hat das Wort Zoll bereits den Wert $\frac{1}{10}$ angenommen. In einem anderen Fall [Chiu Chang Suan Shu 3; 80 = VII, 20] wird $\frac{8}{10}$ eines Geldstückes als „acht Teile" wiedergegeben.

Daß der Dezimalbruch seinen Ursprung in der Einteilung der Längenmaße hat, sieht man bei **Sun Tzu** [14, 22, 40], der die Dezimalbrüche bis $\frac{1}{10^5}$ kennt. Es sind nämlich

1 *fên*	=	0,1	Zoll *(ts'un)*
1 *li*	=	0,01	Zoll
1 *hao*	=	0,001	Zoll
1 *miao*	=	0,0001	Zoll (bei **Liu Hui** *ssŭ* statt *miao*)
1 *hu*	=	0,00001	Zoll.

Später kamen weitere Dezimalstellen dazu [N; **3**, 86]. **Ch'in Chiu-shao** kennt solche bis $\frac{1}{10^{13}}$ [Libbrecht; 72]. Im Text steht dabei meist noch hinter jeder Zahl der betreffende Name, z.B. 279 Geldstücke 3 *fên* 4 *li* 8 *hao* . . . = 279,348 . . . Beim Auflegen der Stäbchen auf dem Rechenbrett und in dem mit Stäbchenschrift geschriebenen Text fallen diese Namen weg. Unser Komma, das die Ganzen von den Dezimalbrüchen trennt, wird dabei dadurch ersetzt, daß man über oder unter die Einheit bzw. die Zehntelstelle den Namen der verwendeten Einheit bzw. das Wort fên schrieb. Beispiele [Libbrecht; 73 f.]:

1,1446 Tage = — | ≣ |||| ⊥
TAG

0,9340 Zoll = O ⊤||| ≡ |||| O
Zoll

fên
344,00026 = ≡ |||| ≣ O O O = T

Gelegentlich werden auch die Ganzen von den Dezimalstellen dadurch unterschieden, daß man die Dezimalbrüche in eine niedere Reihe gegenüber den Ganzen rückte, z.B. $106368{,}6312 = 106368_{6312}$ [Li Jan'; 248].

Neben der allgemeinen Bezeichnung für Dezimalbruch *fên-li* hat **Ch'in Chiu-shao** die Termini *shou-shu* („Endzahlen") und *wei-wei* („Schwanzstellen") [Libbrecht; 82].

1.2.4.6 Die Inder

L.: Datta/Singh, Kaye, Bose/Sen/Subbarayappa.

Die Inder verwenden die Bezeichnung von Zahlen durch entsprechende konkrete Gegenstände (s. S. 40 f.) auch für Brüche, so finden sich z.B. in den vedischen Schriften:

ardha = $\frac{1}{2}$, ursprüngliche vedische Bedeutung „Seite", „Platz", „Teil" [Ṛgveda; VI, 30, 1],
pad = $\frac{1}{4}$ = Fuß (eines vierfüßigen Tieres [Monier-Williams; 583],
tripad = $\frac{3}{4}$ [Ṛgveda; X, 90, 3–4],
sapha = $\frac{1}{8}$, Wortbedeutung „Huf" (von Kühen) [Monier-Williams; 1052].

Bei kleineren Brüchen ist der Zusammenhang mit konkreten Gegenständen nicht mehr erkennbar. Es kommen die folgenden Bezeichnungen vor:

kuṣṭha = $\frac{1}{12}$ [DS; **1**, 185],
kalā = $\frac{1}{16}$ [Ṛgveda; VIII, 47, 17].

Bei all diesen Bezeichnungen handelt es sich um Stamm- oder Komplementbrüche; aus ihnen werden auch die komplizierteren Rechenausdrücke gebildet, z.B. wird in dem *Āpastamba-Śulba-Sūtra* (nach dem 5. Jh. v. Chr.) zur Berechnung der Quadratdiagonale die Vorschrift gegeben [329 f.]: *Man verlängere das Maß (der Quadratseite) um seinen dritten Teil und diesen um seinen vierten Teil, weniger $\frac{1}{34}$ dieses vierten Teils;* d.h.:

$$d = s \cdot \left(1 + \frac{1}{3} + \frac{1}{3 \cdot 4} - \frac{1}{3 \cdot 4 \cdot 34}\right).$$

Offenbar ist zu dieser Zeit die allgemeine Bezeichnung eines Stammbruchs durch Anhängen der Endung *-ma* an die natürliche Zahl bereits geläufig. Auch allgemeine Brüche werden in der Form *dvi-saptama* = $\frac{2}{7}$ oder *tri-aṣṭama* = tryaṣṭa = $\frac{3}{8}$ wiedergegeben [DS; **1**, 186].

Alle diese Bezeichnungen werden nur in Worten angegeben. Bei **Śrīdhara** [2] und im *Bakhshālī*-Manuskript sind in Ziffern geschriebene Brüche nachweisbar und zwar steht der Zähler über dem Nenner, gelegentlich in Kästchen, z.B. bedeutet

1	1	1	1
4	3	6	12

die Summe $\frac{1}{4} + \frac{1}{3} + \frac{1}{6} + \frac{1}{12}$ und

1 1	1 1 1	1 1 1 1
1 2	1 2 3	1 2 3 5

entspricht dem Ansatz $1 \cdot \frac{1}{2} + 1 \cdot \frac{1}{2} \cdot \frac{1}{3} + 1 \cdot \frac{1}{2} \cdot \frac{1}{3} \cdot \frac{1}{5}$ [Kaye; 26α]. Bei gemischten Zahlen werden die ganzen Zahlen noch über den Zähler gesetzt, z.B. in $\begin{matrix}6\\1\\7\end{matrix} = 6\frac{1}{7}$ [Śrīdhara 3; 192 ff.], eine Anordnung, die sich aus dem Divisionsschema schon bei den Chinesen von selbst ergab. Das dezimale Positionssystem, das in Indien für die ganzen Zahlen seit dem ersten Jahrhundert n. Chr. benutzt wurde (s. S. 43 ff.), wurde nicht auf die Brüche ausgedehnt. In der Astronomie wurden mindestens seit den *Siddhāntas* (um 500 n. Chr.) Sexagesimalbrüche verwendet (s. S. 45 f.). Dezimalbrüche wurden erst in neuerer Zeit eingeführt.

1.2.4.7 Die Araber

L.: Juškevič [1; 199–203], Luckey [2; 27–37, 102–114], Medovoj, Saidan [2; 260–297, 408–419], Sethe [2; 66 f.], Uqlīdisī [2; 415–436, 481–485].

Die Araber hatten, schon bevor sich der indische Einfluß bei ihnen geltend machte, sprachliche Formen für die Wiedergabe von Brüchen entwickelt, die auch nach dem Bekanntwerden der indischen Bruchsymbolik beibehalten wurden. Daneben waren auch, wie bei den Römern metrologische Brüche, besonders bei Geschäftsleuten, in Gebrauch. Es wurden die Namen von Gewichts- und Münzeinheiten unter Loslösung von der konkreten Bedeutung als Bruchbezeichnungen verwendet. Die Einteilung der Einheit *Dirham* bzw. *Dinar* war je nach Zeit und Landschaft verschieden, wie man es aus den Stellen bei **Abū al-Wafā'** [Saidan 2; 264], **al-Karağī** [1; **1**, 10] und **al-Kāšī** [Luckey 2; 35] sieht. Bei letzterem z.B. ist 1 *sa^c^īra* (Gerstenkorn) $= \frac{1}{4}$ *ṭassūğ* $= \frac{1}{16}$ *dānaq* $= \frac{1}{96}$ *dīnār* (s. S. 91), also 1 *dānaq* $= \frac{1}{6}$ *dīnār*, was in allen Ländern galt. Mit ihm werden dann weitere Brüche z.B. $\frac{1}{6}$ einer *sa^c^īra* $= \frac{1}{6}\,\frac{1}{96}$ usw. gebildet.

Bei der Bezeichnung der Brüche spielte die Tatsache eine Rolle, daß die Sprache nur Stammbruchbezeichnungen für die Nenner 2 bis 10 aus den Kardinalzahlwörtern gebildet hat; so ist z.B. $\frac{1}{7}$ = *sūb^c^* von *sab^c^at* = 7.

Abū al-Wafā' teilt in seiner *Schrift über das, was die Schreiber und die Geschäftsleute von der Wissenschaft des Rechnens gebrauchen*, in der er die indische Symbolik nicht berücksichtigt, die Brüche in vier Arten ein [Luckey 2; 29 f.]:

1. *Hauptbrüche* (*ru'ūs* = Köpfe) sind die Stammbrüche $\frac{1}{n}$ mit n = 2, 3, ..., 10; **al-Karağī** nennt sie *einfache Brüche* [1; **1**, 9].
2. *Zusammengesetzte Brüche (murakkab)* sind die allgemeinen Brüche $\frac{m}{n}$ mit $1 < m < n \leqslant 10$, z.B. $\frac{3}{7}$ = drei *sūb^c^*.
3. *Angehängte Brüche (muḍāf)* sind Produkte von Hauptbrüchen, z.B. $\frac{1}{12} = \frac{1}{2} \cdot \frac{1}{6}$ (eigentlich: Brüche von Brüchen).
   Abū al-Wafā' nennt diese drei Arten von Brüchen *aussprechbar*, wenn die Nenner nur die Faktoren 2, 3, 5 und 7 enthalten.

4. Die *nicht aussprechbaren* oder *stummen* Brüche *(aṣamm)* sind für ihn solche, die nicht unter die ersten drei Arten fallen, wie z.B. $\frac{3}{11}$ = drei Teile von elf, was immer mit Worten ausgedrückt wird. **Abū al-Wafā'** bevorzugt in diesem Fall eine Darstellung durch Hauptbruchsummen oder auch eine nur näherungsweise Darstellung durch Hauptbrüche, z.B. $\frac{3}{11} \approx \frac{1}{4} + \frac{1}{5} \cdot \frac{1}{9}$ oder $\frac{3}{11} \approx \frac{1}{5} + \frac{2}{3} \cdot \frac{1}{9}$.

Für die Umwandlung von allgemeinen Brüchen in Stammbruchsummen spielt der Bruch $\frac{1}{60}$ bzw. der Erweiterungsfaktor 60 eine Rolle. So verwandelt man $\frac{7}{15}$ in $(7 \cdot 60):15:60 = (7 \cdot 4):60 = 28:60 = (12 + 10 + 6):60 = \frac{1}{5} + \frac{1}{6} + \frac{1}{10}$. Dieses Verfahren verwendet **Abū al-Wafā'** auch zur Näherungsberechnung von Brüchen mit Primzahlnenner. Es ist z.B. $\frac{3}{17} = (3 \cdot 60):17:60 = 180:17:60 = (10 + \frac{10}{17}):60 \approx \frac{11}{60} = \frac{1}{6} + \frac{1}{6} \cdot \frac{1}{10}$ [Juškevič 1; 201 f.].

Sexagesimalbrüche finden sich bei den Arabern vor allem in den astronomischen Schriften; hier werden bevorzugt die Buchstabenzahlen (Ǧummalzahlen) (s. S. 56, 58 f.) verwendet.

Daneben wird, wie arabische Papyri aus dem 9. Jahrhundert zeigen [Dietrich], auch von der Möglichkeit Gebrauch gemacht, ebenso wie die ganzen Zahlen so auch die Brüche – meistens Stammbrüche – durch griechische Zahlenbuchstaben wiederzugegeben z.B. $\gamma' = \frac{1}{3}$, $\iota\beta' = \frac{1}{12}$. Für spezielle Brüche werden eigene Zeichen verwendet z.B. ɣ $= \frac{2}{3}$, ς $= \frac{1}{2}$, ς $= \frac{1}{48}$. Die beiden letzten erinnern an die römischen Bezeichnungsweisen für semis S $= \frac{1}{2}$ und sicilicus Ɔ $= \frac{1}{48}$. Bei dieser Art der Darstellung werden allgemeine Brüche durch Stammbruchsummen, deren Nenner Teiler von $\frac{1}{48}$ sind, wiedergegeben, z.B. $\eta\varsigma\gamma'\iota\beta' = 8 \frac{1}{2} \frac{1}{3} \frac{1}{12}$. Auch das Zeichen X, das Diophant gelegentlich benützt (s. S. 102), kommt in arabischen Papyri vor und bedeutet hier wohl ebenfalls, daß die danebenstehenden Zahlen als Bruchteile aufzufassen sind [Dietrich; 81 ff.].

Nach dem Bekanntwerden mit den indischen Ziffern verwendeten die Araber auch die indische Bruchschreibweise, die Darstellung in Kolumnenform. Diese wird in einer lateinischen Bearbeitung von **al-Ḫwārizmīs** Abhandlung über das Rechnen mit indischen Ziffern mit den folgenden Worten geschildert: *Cum uolueris constituere numerum integrum et fractiones, pone numerum integrum in altiori differentia; deinde pone quicquid fuerit ex differentia prima, que sunt minuta, sub numero integro et secunda sub minutis et similiter tercia sub secundis et cetera que uolueris ex differentiis.* (Wenn du eine ganze Zahl und Brüche darstellen willst, schreibe die ganze Zahl an die oberste Stelle; schreibe dann das, was auf die erste Stelle folgt, das sind die Minuten, unter die ganze Zahl, und die zweite Stelle unter die Minuten, die dritte unter die Sekunden usw. bei den folgenden Stellen) [al-Ḫwārizmī 2; 37 ff., fol. $111^{r,v}$], d.h.:

Ganze
Minuten
Sekunden
⋮

So schreiben z.B.:

al-Uqlīdisī für $3\frac{3}{4}$: $\begin{array}{c}3\\3\\4\end{array}$ [Uqlīdisī 2; 423],

Abū Manṣūr für $12\frac{1}{10}$: $\begin{array}{c}12\\1\\10\end{array}$ [Saidan 2; 391].

Als Ergebnis für die Division $6525 : 243 = 23\frac{36}{243}$ steht bei **Kūšyār ibn Labbān** [61]: $\begin{array}{c}23\\36\\243\end{array}$. Auch die Sexagesimalbrüche werden, wenn sie mit indischen Ziffern wiedergegeben werden, meistens in Kolumnenanordnung geschrieben, z.B. steht bei **Kūšyār ibn Labbān** [81] für $12°48'11''30'''$:

$$\begin{array}{l}12\\48\\11\\30\end{array}$$

Daneben aber werden im arabischen Westen, also in Spanien usw. die Brüche auch neben die Ganzen geschrieben; entsprechend der arabischen Schreibrichtung stehen die Brüche dann links von den Ganzen, z.B. bei **al-Ḥaṣṣār** [Cod. Gotha 1489; 20ª]:

(für $284\frac{2}{3}$).

Dabei steht nun bemerkenswerterweise zwischen Zähler und Nenner ein Strich, ein Bruchstrich *(al-haṭṭ)*, der auch bei der reinen Bruchbezeichnung angeschrieben wird z.B. $\frac{1}{2}$, $\frac{2}{3}$ usw. [Cod. Gotha 1489; 27ª]. Dieser Bruchstrich erscheint auch bei der Darstellung von Kettenbrüchen, **al-Ḥaṣṣar** z.B. schreibt für:

$$\frac{7}{15} = \frac{2}{5} + \frac{1}{5}\cdot\frac{1}{3} : \quad \frac{1\ \ 2}{3\ \ 5}$$

und [Suter 3; 19 f.]

$$\frac{11}{15} = \frac{3}{5} + \frac{2}{5\cdot 3} : \quad \frac{2\ \ 3}{3\ \ 5}$$

←
arabische Schriftrichtung.

Der Bruchstrich findet sich, wie die Handschriften zeigen, auch bei den späteren westarabischen Autoren wie z.B. **al-Bannā'** und **al-Qalaṣādī**.

Dezimalbrüche

Die Dezimalbrüche, die ja schon bei den Chinesen auftraten (s. S. 106), sind auch den Arabern bekannt. Bereits **al-Uqlīdisī** (952/3 n. Chr.) rechnet mit ihnen [Saidan 1; 484 ff.], [Uqlīdisī 2; 481–485], z.B. beim Halbieren von ganzen Zahlen sowie auch beim

Berechnen des $(1 + \frac{1}{10})$-ten Teils einer ganzen Zahl. Zwar schreibt **al-Uqlīdisī**, daß man die Einerstelle markieren soll, doch fehlt dieses Zeichen in der vorliegenden Handschrift überall bis auf eine einzige Stelle, dort erscheint 163,35 als ١٦٣̍٣٥.

Beispiele:
19 ist 5-mal zu halbieren:

19
95
475
2375
11875
059375.

Berechnung von $135 + \frac{1}{10} \cdot 135 + \frac{1}{10} (\frac{1}{10} \cdot 135) + \frac{1}{10} (\frac{1}{10} (\frac{1}{10} \cdot 135)) + \ldots$

135		1485		163̍35		179685
135	→	1485	→	16335	→	....
				↓		

Nur an dieser Stelle erscheint in der Handschrift das Markierungszeichen der Einerstelle.

Auch die Kolumnenschreibweise wird auf Dezimalbrüche angewandt, z.B. **al-Uqlīdisī** für 10,53:

10
53 [Uqlīdisī 2; 482],
100

und ebenso auch bei **Abū Manṣūr**. Dieser benützt darüber hinaus auch folgende Darstellungsart, z.B. 17,28:

17
02 [Saidan 1; 482 f.] und [Uqlīdisī 2; 483].
08

Al-Kāšī, der ja das sexagesimale Positionssystem nicht nur für die Brüche, sondern auch für die ganzen Zahlen verwandte (s. S. 58 f.), kommt in Anlehnung daran auf den Gedanken, das dezimale Positionssystem nun auch in gleicher Weise auf die Brüche auszudehnen [Luckey 2; 102–114]. Er glaubt, dies als erster zu tun und kennt offenbar seine arabischen Vorläufer nicht. **Al-Kāšī** bezeichnet die Stellen seiner Dezimalbrüche entsprechend seiner Terminologie für die Sexagesimalstellen als

Zehntel (*aᶜšār*, Singular *ᶜušr*)
Dezimalsekunden (*ṯānī al-aᶜšār*, wörtlich: zweites Zehntel)
Dezimalterzen (*ṯāliṯ al-aᶜšār*, wörtlich: drittes Zehntel)
⋮

und schreibt die Brüche in einer Reihe mit den Ganzen, die Zehntel rechts von den Einern, die Dezimalsekunden rechts von den Zehnteln usw.

Ein besonderes Problem stellt wiederum die Kennzeichnung der einzelnen Stellen einer Dezimalzahl dar. Dieses löst **al-Kāšī** auf viererlei Weisen:

1. er benennt einzeln alle Stellen einer Zahl, z.B. 650 844,125:
   6 Hunderttausender
   5 Zehntausender
   0 Tausender
   8 Hunderter
   4 Zehner
   4 Einer
   1 Zehntel
   2 Dezimalsekunden
   5 Dezimalterzen ,
2. er benennt nur die niedrigste Stelle, z.B. 0,414214:
   „414214 Dezimalsexten“,
3. er trennt die Zehntel von den Ganzen durch einen Strich ab, z.B. 420,25:

Ganze	Brüche
420	25

,

4. er schreibt die Ganzen mit schwarzer Tinte und die Dezimalbrüche in roter Tinte.

1.2.4.8 Das Abendland

L.: Friedlein [2], Juškevič [1; 362–365], Sarton [1], Stevin [4; 40–53].

Gewöhnliche Brüche

Im Abendland blieben mit den römischen Zahlzeichen auch die Symbole für die römischen metrologischen Brüche noch lange im Gebrauch, wie z.B. als Apothekengewichte im Cod. Dresden C 80 [378ᵛ], s. [Kaunzner 1; 38]. Doch als – spätestens im 12. Jahrhundert – die Arithmetik der Araber bekannt wurde, übernahm man auch deren Bezeichnungen für Brüche und gemischte Zahlen (s. S. 109 f.). In der Cambridge Handschrift der lateinischen Übersetzung bzw. Bearbeitung der Arithmetik von **al-H̲wārizmī** wird geschildert, wie bei der Aufgabe $3\frac{1}{2}\cdot 8\frac{3}{11}$, bei der die Handschrift abbricht, Zahlen zu schreiben sind: *scribes tres et pones sub eis unum et sub uno duo* und *Scribes . . . VIII et sub eis tres et sub tribus XI* [al-H̲wārizmī 2; 39]. Ausführlich steht das Beispiel im *Liber alghoarismi* von **Johannes Hispalensis** [68], sowie im *Liber Ysagogarum Alchorizmi* – die älteste Handschrift stammt von 1143 – [al-H̲wārizmī 2; 48]. Die gemischten Zahlen erscheinen als

<table>
<tr><td>3
1
2</td><td>8
3
11</td><td>,</td><td>2
|3|
|1|
|8|
|3|
11</td><td>oder auch als</td><td>|3|
|1|
|8|
|3|</td><td>
2

11</td></tr>
</table>

Kommen zu den Ganzen mehrere Stammbrüche, wie $3\frac{1}{3}\frac{1}{9}$, dann setzt **Johannes Hispalensis** alles untereinander als

3
1 3
1 9

[61].

Leonardo von Pisa benützt den Bruchstrich und erläutert ihn folgendermaßen [1; **1**, 24]: *Cum super quemlibet numerum quedam uirgula protracta fuerit, et super ipsam quilibet alius numerus descriptus fuerit, superior numerus partem uel partes inferioris numeri affirmat; nam inferior denominatus, et superior denominans appellatur*[1]). (Wenn über irgendeine Zahl ein Strich gezogen ist, und über diesen eine andere Zahl geschrieben ist, dann bezeichnet die obere Zahl den Teil oder die Teile der unteren Zahl; und daher wird die untere Zahl der Nenner und die obere der Zähler genannt.) Er setzt die Brüche in die Zeile der Ganzen, die jetzt vor, also rechts von den Brüchen zu stehen kommen, wie bei den Arabern. In Handschriften der folgenden Jahrhunderte wird der Bruchstrich manchmal verwendet, ohne daß er besonders erwähnt wird, so z.B. bei **Johannes de Lineriis** [Busard 1; 14], in den Münchner Rechenbüchern zum Linienrechnen im 15. Jh., Cgm 739 [56ᵛ f.], Clm 15558 (siehe [Vogel 17; 36]). **Jordanus Nemorarius** [Eneström 8; 47] und Meister **Gernardus** [2; 143] benützen den Bruchstrich nicht. Er fehlt auch noch in den ersten gedruckten Rechenbüchern, wohl aus drucktechnischen Gründen wie im Bamberger Rechenbuch von 1483, während der Bruchstrich von **Widman** an, also seit 1489, meist vorhanden ist. Bei kleineren Typen fehlt er auch noch später [Rudolff 2; v 4ʳ u. öfter]. Ein Sonderfall ist die Schreibung *3.4* oder *3 quarte* für $\frac{3}{4}$ bei **Jordanus Nemorarius** [Eneström 8; 44], die auch ähnlich in einer Handschrift aus der Mitte des 14. Jhs. als $3\ \overline{5}$ statt $\frac{3}{5}$ vorkommt [Eneström 5; 309]. Nachdem noch die Ganzen links vom zugehörigen Bruch geschrieben wurden, wie bereits im *Algorismus proprotionum* von **Oresme** in der Mitte des 14. Jhs. [1; 9], hat die gemischte Zahl die heutige Form erhalten. So schreibt **Köbel** [1; 17ᵛ f.]: *Du solt mercken/das ayn yeglicher bruch geschriben/unnd außgesprochen virt/durch tzwaierley/zale und wirt die erst zale oben gesatzt/und hayst der Zäler . . . und wirt under die selb zale übertzwerch ain strichlein gemacht/*. . . Eigenartigerweise verwendet er für Zähler und Nenner noch römische Ziffern, wie:

$$\frac{200}{460} = \frac{\text{II}^{\text{C}}}{\text{IIII}^{\text{C}} \cdot \text{LX}}$$ [Köbel 1; 18ᵛ].

Leonardo von Pisa kennt noch besondere Formen für die Darstellung von gemischten Zahlen und Bruchsummen, die er als *unter einem Bruchstrich stehend* bezeichnet, z.B. *tres virgae sub unaquaque virga* und die den aufsteigenden Kettenbrüchen entsprechen. So erscheint das Ergebnis $\frac{1}{6} + \frac{1}{8} + \frac{1}{10}$ der Division 47 : 120 als:

[1]) In der Handschrift, die Boncompagni ediert hat, ist irrtümlich *denominans* und *denominatus* vertauscht.

$$\frac{1\ 5\ 3}{2\ 6\ 10} \left\langle = \frac{3}{10} + \frac{5}{6\cdot 10} + \frac{1}{2\cdot 6\cdot 10} = \frac{3 + \frac{5+\frac{1}{2}}{6}}{10} \right\rangle .$$

Weniger häufig kommen noch zwei andere Formen vor, bei denen der Bruchstrich auf eine Null endigt *(virga terminatur in circulo)* wie

$$\frac{2\ 5\ 4}{5\ 8\ 9}0\ 11 \left\langle = 11 + \frac{4}{9} + \frac{5}{8}\cdot\frac{4}{9} + \frac{2}{5}\cdot\frac{5}{8}\cdot\frac{4}{9} \right\rangle \text{ und } 0\frac{6\ 8\ 9}{7\ 9\ 10}22 \left\langle = 22 + \frac{6}{7}\cdot\frac{8}{9}\cdot\frac{9}{10} \right\rangle .$$

Auch über dem Bruchstrich kann eine Null stehen, mit Ausnahme der Ziffer am weitesten links, wie z.B.:

$$\frac{1}{100} = \frac{1\ 0}{5\ 20} \quad [1;\ \mathbf{1},\ 57\,\text{f.},\ 61,\ 88].$$

Paolo Dagomari nennt eine solche Operation *infilzare. Infilza questi numerj rottj, cioè 2/3, 1/2 e 3/4* bedeutet die Rechnung:

$$\frac{2}{3} + \frac{1}{3\cdot 2} + \frac{3}{4} \text{ von } \frac{1}{6} = \frac{23}{24} \qquad [1;\ 23].$$

Clavius nennt diese Rechnung *insitio fractorum numerorum* [2; 120]: *Solent Arithmetici nonnulli vti operatione quadam minutiarum, quam insitionem vocant.* Seine Bruchsumme

$$\frac{2}{3}, \frac{3}{4}, \frac{2}{5}, \frac{4}{7} = \left\langle \frac{2}{3\cdot 4\cdot 5\cdot 7} + \frac{3}{4\cdot 5\cdot 7} + \frac{2}{5\cdot 7} + \frac{4}{7} \right\rangle$$

entspricht ganz der Form $\frac{2\ 3\ 2\ 4}{3\ 4\ 5\ 7}$ bei **Leonardo**.

Damit berechnet er, ohne einen Hauptnenner zu bilden, den Zähler der Bruchsumme als $[(4\cdot 5 + 2)\cdot 4 + 3]\cdot 3 + 2$ [2; 123]. **Clavius** führt auch noch eine zweite *insitio* ein. Die Bedeutung von $\frac{2}{3}, \frac{3}{4}, \frac{2}{5}, \frac{4}{7}$ wird hier als $\frac{2}{3}\cdot\frac{3}{4}\cdot\frac{2}{5}\cdot\frac{4}{7} + \frac{3}{4}\cdot\frac{2}{5}\cdot\frac{4}{7} + \frac{2}{5}\cdot\frac{4}{7} + \frac{4}{7}$ erklärt [2; 129].

Auch die Sexagesimalbrüche haben im Abendland zuerst die Form der arabischen, die Glieder werden also untereinander geschrieben. So steht bei **Jordanus Nemorarius** für $2°10'32''57'''$ noch $\begin{matrix}2\\10\\32\\57\end{matrix}$ [Eneström 8; 47], während es **Gernardus** nebeneinander auf einer Zeile 2 10 32 57 hat [2; 148].

Dezimalbrüche

Die Leistung des Abendlandes an einer verbesserten Bruchdarstellung besteht vor allem in der Einführung des Dezimalbruches. Soll der Gedanke der dezimalen Positionsschreibung nicht nur für die ganzen Zahlen, sondern auch für die Brüche – diesmal in absteigender Ordnung – verwirklicht werden, so muß zwischen den Stellen der Einer und der Zehntel ein Trennungszeichen (Strich, Punkt, Komma) gesetzt oder ein anderes Merkmal eingeführt werden, wie: Numerierung der Zehntelpotenzen, kleinere Schrifttypen oder Tabellenanordnung. Schon den Chinesen und Arabern (s. S. 106, 110 ff.) war der Dezimalbruch bekannt; allerdings trat er vor dem 15. Jh. nur vereinzelt auf. Erst **Simon Stevin** hat in seiner *Thiende* vom Jahre 1585 [4] die Positionsschreibung der Zehnerbrüche systematisch behandelt. Dagegen war schon vor ihm der Dezimalbruch durch mancherlei Rechenpraktiken vorbereitet worden.

Aus der Bemerkung „fahre fort wie zuvor" in der Beschreibung des im Stäbchenrechnen durchgeführten Radizierens kann man annehmen, daß schon die Chinesen der Han-Zeit es verstanden, auch bei nicht ganzzahligem Wurzelwert die Operation in den Bereich der Zehntelpotenzen fortzusetzen [Juškevič 1; 47 f.], [Chiu Chang Suan Shu 3; 116]. Im schriftlichen Rechnen wurde das Gleiche dadurch erreicht, daß man an den Radikanden bei der Quadratwurzel 2 n, bei der Kubikwurzel 3 n Nullen anhängte und nach dem Radizieren den erhaltenen Wert durch 10^n teilte. So konnte eine beliebige Genauigkeit erzielt werden. Ein frühes Beispiel dafür sieht man schon bei **al-Nasawī** (ca. 1025) [Suter 5; 118]. Er rechnet $\sqrt{17^\circ} = \frac{1}{100}\sqrt{170\,000^\circ} = \frac{1}{100}\cdot 412^\circ$, was dann in Sexagesimalbrüchen umgerechnet $4^\circ 7' 12''$ ergibt. Schon **al-Ḫwārizmī** muß dieses Verfahren gekannt haben. Es steht zwar nicht in der nur unvollständig erhaltenen Übersetzung seines *Algorismus*, findet sich aber dann – am Beispiel von $\sqrt{2}$ ausführlich beschrieben – in der Überarbeitung *Liber alghoarismi de practica arismetrice* durch **Johannes Hispalensis** [86 ff.]. Zuerst werden sechs Nullen angehängt, dies gibt $\sqrt{2\,000\,000} = 1414$, was noch durch 1 000 dividiert werden muß. Im Text steht jetzt $1\overset{000}{414}$; dazu wird bemerkt, daß die *medietas circulorum*, also 3, von rechts her über die Stellen geschrieben werden sollen [Stevin 4; 49].

In einer Handschrift aus dem 12. Jahrhundert [Clm 18927; 32^v, Z. 36 f.] heißt es: *numeravimus ab initio differentiarum quasi dimidium circulorum qui sunt III et superfuerit unus ... hoc est quod exivit nobis de numero entegro*; in der Handschrift Clm 13021 [Curtze 5; 26] wird $\sqrt{26}$ auf dieselbe Weise berechnet. So erscheint also die Idee des Dezimalbruches, allerdings nur intuitiv erfaßt, in einem rechentechnischen Verfahren. Dasselbe findet sich auch bei **Leonardo von Pisa** in dem Beispiel $\sqrt{7234}$ [1; **1**, 355], dann bei **Jordanus Nemorarius**, der sich auf **al-Ḫwārizmī** bezieht [Eneström 8; 53] oder auch noch bei **Johannes von Gmunden**, der dieses Verfahren mit einem viel älteren, sexagesimalen kombiniert, indem er $\sqrt{a}$ als

$$\frac{1}{60^n\,10^m}\sqrt{a\,60^{2n}\,10^{2m}}$$

schreibt [C.I. Gerhardt 2; 5 ff.], [Sarton 1; 170].

Eine Verbindung des sexagesimalen mit dem dezimalen Gefüge erscheint auch bei der Aufstellung der Sinustafeln, z.B. bei **Peurbach** (1423–1461), dessen Tafeln in der Wiener Nationalbibliothek handschriftlich vorhanden sind. In ihnen wird für die Radiuslänge statt der Zahl 60 der ptolemäischen Sehnentafeln jetzt $6 \cdot 10^5$ gewählt. **Peurbachs** Schüler **Regiomontan** nimmt zur Erzielung größerer Genauigkeit $r = 6 \cdot 10^6$.

Die so ausgeführten Tabellen sind einer Abhandlung **Peurbach**s, die erst 1541 zum Druck kam, angeschlossen, wobei die Wahl des Radius eingehend begründet wird [2; B 2^r, C 1^v – G 3^r]. **Regiomontan** unternahm auch den Schritt zu einer reinen Dezimalteilung; sein

1464/1467 berechnetes *Opus tabularum directionum* . . . nimmt bei den Tangententafeln $r = 10^5$, wobei er ausdrücklich bemerkt, daß auf diese Weise die Rechnung wesentlich erleichtert wird [Sarton 1; 171], [M. Cantor 3; 2, 275]. Freilich treten hier die Winkelfunktionen nicht als Dezimalbrüche, sondern als Ganze auf, was auch **Stevin** beabsichtigte, wenn er seine Maße dezimal unterteilte. Immerhin wurde aber so der Gedanke des Dezimalbruchs vorbereitet.

Ein weiterer Schritt auf diesem Weg war die Verwendung eines Trennungszeichens bei einer Division durch Vielfache von Zehnerpotenzen, ein Verfahren, das **Cardano** in seiner *Practica arithmeticae generalis* von 1539 als *ratio monte regij* bezeichnet [2; 45]. Tatsächlich finden sich Beispiele in **Regiomontans** Briefen an **Bianchini** [3; 202, 225].

Die Division von 858 699 387 durch 60 000 schreibt **Regiomontan** so auf:

$\not{2}\not{1}$ 3
$\not{8}\not{5}\not{8}\not{6}\not{9}$ | 9387,
14311

d.h. er trennt vier Stellen ab und dividiert durch 6. (Übrigens wird das Ergebnis auf 14 312 erhöht, weil der Rest größer als der halbe Divisor ist.)

Eine besonders klare Beschreibung des Verfahrens gibt **Borghi** 1484 [23^r]: *Wenn du 234 567 durch 2 000 teilen willst, so trenne zuerst drei Stellen ab, weil der Teiler drei Nullen hat; dann teile das Verbleibende, nämlich 234, durch die Ziffer, die am Anfang des Teilers steht, nämlich 2.*

Am Rand steht:

p 2000
234 ⌊ 567 und darunter $117 \frac{567}{2000}$.
117

Apian 1527 macht es ebenso [C 2^v]. **Pellos** 1492 [11^r] benutzt als Trennungszeichen einen Punkt, **Viète** verwendet in seinem *Canon* 1579 [2] kleinere Typen für die Bruchteile. Dort finden sich die folgenden Schreibweisen:

S. 66: $314, 159, \frac{265,37}{1,000,00}$; S. 15: $314, 159, \overline{265,37}$;
S. 67: 653, 638, 057, 33; S. 64: 86, 602 | 540, 37.

Zu der aus der Rechenpraxis hervorgegangenen Schreibweise gehört das Verständnis dafür, daß an der ersten Stelle Zehntel, an der zweiten Stelle Hundertstel usw. stehen. Das wird von **Johannes de Muris** [Cod. Vindob. 4770; 224^v], [Stevin 4; 49, Fn. 54] ausdrücklich gesagt. **Paolo di Middelburg** schreibt für 2,8561 *habebit ducatos duos cum minutiis 8561 de partibus 10000* [Struik; 307]. Ferner ist es nützlich, die Stellen so zu numerieren, daß man die Kennzahlen der Stellen bei Multiplikation addieren, bei Division subtrahieren muß. Dabei muß die Einheit die Kennzahl 0 erhalten. Das wird bei **Immanuel Bonfils** (ca. 1350) ausgeführt, allerdings nur in Worten; es wird keine Zahl und keine Rechnung in Ziffern hingeschrieben [39].

Ähnliche Gedanken entwickelt **al-Kāšī**, insbesondere auch beim Rechnen mit Kennzahlen (s. S. 111 f.). Mit Kennzahlen für Sexagesimalstellen rechneten auch **Peletier**

[2; 165] und **Chamber** 1600 [Barlaam a; 102]. **Simon Stevin** schrieb 1585 das erste systematische Lehrbuch der Dezimalbruchrechnung, *De Thiende.* Als Zeichen für die Potenzen von 1/10 verwendet er die von **Bombelli** für die Potenzen der Unbekannten in Gleichungen benutzten ⓪, ①, ②, usw. Er definiert [4; 13 f.]:

Jede vorgelegte ganze Zahl nennen wir Anfang, ihr Zeichen ist dann ⓪. . . *Und jeden zehnten Teil der Einheit des Anfangs nennen wir Erstes, sein Zeichen ist* ①; *und jeden zehnten Teil der Einheit des Ersten nennen wir Zweites, sein Zeichen ist* ②; *und so fort . . . wie* ⟨*z.B.*⟩ *3* ① *7* ② *5* ③ *9* ④, *das besagt 3 Erste, 7 Zweite, 5 Dritte, 9 Vierte, und so kann man ohne Ende fortfahren. Um aber von ihrem Zahlenwert zu sprechen, so ist nach dem Wortlaut dieser Erklärung offenbar, daß die genannten Zahlen* $\frac{3}{10}$, $\frac{7}{100}$, $\frac{5}{1000}$, $\frac{9}{10000}$, *zusammen* $\frac{3759}{10000}$ *ausmachen.* Diese Erklärung gibt **Stevin** die Möglichkeit, die Gesetze des Rechnens mit Dezimalbrüchen durch die Gesetze des Rechnens mit gewöhnlichen Brüchen zu beweisen.

Bei Rechnungen schreibt **Stevin** die Stellenzahlen über oder unter die Zahlen, manchmal auch die letzte Stellenzahl neben die Zahl, wie z.B. bei der Multiplikation [4; 18]:

		④	⑤	⑥	
		3	7	8	
			5	4	②
	1	5	1	2	
1	8	9	0		
2	0	4	1	2	
④	⑤	⑥	⑦	⑧	

Diese Bezeichnung gibt den Sachverhalt, nämlich die Ordnung nach Potenzen von 1/10 klar wieder und war deshalb für das Verständnis des Rechnens mit Dezimalbrüchen sehr nützlich. Für die Praxis wurde sie bald durch ein Trennungszeichen zwischen den Ganzen und den Teilen ersetzt. Von nun an kamen die Dezimalbrüche allgemein in Gebrauch. **Clavius** schreibt 1593 gelegentlich z.B. *46.5* für *46 et* $\frac{5}{10}$ [3; 228].

Beyer behauptet: *Zu der Invention dieser Zehentheiligen Brüchen ist mir erstlichen Anno 1597. . . Anlaß gegeben worden* [1; 22], andererseits nennt er unter den von ihm herangezogenen Autoren **Johann Sems**, der das Verfahren von **Stevin** gelernt haben könnte [Hunrath]. **Kepler** schreibt die Erfindung seinem Freund **Bürgi** zu. Er schreibt 1616: *Fürs ander weil ich kurtze zahlen brauche, derohalben es offt Brüche geben wirdt; so mercke das alle ziffer, welche nach dem zeichen (. folgen, die gehören zu dem Bruch, als der Zehler, der Nenner darzu wirt nicht gesetzt, ist aber allezeit eine runde zehnerzahl, von so vil Nullen, als vil ziffer nach dem zeichen kommen. Wann kein zeichen nicht ist, das ist ein gantze zahl ohne Bruch, unnd wann also alle ziffern nach dem Zeichen gehen, da heben sie bißweilen an, von einer Nullen. Dise art der Bruchrechnung ist von Jost Bürgen zu der sinus rechnung erdacht* [Kepler 4; 194].

Seit etwa 1630 sind die Dezimalbrüche allgemein in den einschlägigen Lehrbüchern zu finden.

Fachsprache

Bei allen Völkern hängt der Name für den Bruch mit dem Begriff des Teilens, Abbrechens und Verkleinerns zusammen. So auch im Abendland, wo zuerst die lateinischen Termini verwendet wurden, die vor allem in den Übersetzungen und Überarbeitungen des *Algorismus* von **al-Ḫwārizmī**, dann bei **Leonardo von Pisa** und anderen erscheinen. Sie leben in den romanischen Sprachen *(nombre rompu, rotto, frazzione, fracción)*, sowie im Englischen *(fraction)* weiter. Daneben treten deutsche Fachwörter erst im 15. Jahrhundert auf. Die Termini im einzelnen sind folgende:

numerus fractus bei **Leonardo von Pisa** [1; **1**, 24],
noch bei **Wolff** [3; Sp. 647];
fractio bei **al-Ḫwārizmī** [2; 47];
bei **Johannes Hispalensis** [49],
in einer Algorismusschrift des 12. Jhs. [Curtze 5; 22],
bei **Jordanus Nemorarius** [Eneström 8; 45],
noch bei **Wolff** [3; Sp. 647];
fractum im Algorismus Ratisbonensis [AR; 196]
ruptus bei **Leonardo von Pisa** [1; **1**, 27];
pars (ein Wort, das seiner Bedeutung nach nicht immer als *terminus technicus* verstanden werden muß) im Algorismus **al-Ḫwārizmīs** [2; 47];
fractiones, minutiae aut partes bei **Gemma Frisius** [39];
particola bei **Buteo** [47];
minutum bei **Leonardo von Pisa** [1; **1**, 23] (oft beschränkt auf 60-stel) [al-Ḫwārizmī 2; 47];
minutia (minucia) in einer Algorismusschrift des 12. Jhs. [Curtze 5; 21],
bei **Chr. von Wolff** noch als altertümliche Bezeichnung für den Bruch genannt *(minutiae werden von einigen die Brüche genennet)* [3; Sp. 904].

Die Sexagesimalbrüche heißen:

minutiae phisicae bei **Johannes de Lineriis** [Busard 1; 21],
bei **Johann von Gmunden** [C.I. Gerhardt 2; 5];
fractiones astronomicae bei **Peletier** [2; 164].
Soll der Gegensatz zu diesen betont werden, so heißen *die gewöhnlichen Brüche*:
minutiae oder *fractiones vulgares* bei **Johannes de Lineriis** [Busard; 21],
bei **Ciruelo** [a 2^r^];
fractions vulgaires bei **Trenchant** [1; 22];
minutiae diversorum generum in einer Algorismusschrift des 12. Jhs. [Curtze 5; 23];
minutiae dissimilium denominationum bei **Johannes de Lineriis** [Busard 1; 21].
minutiae vulgares seu mercatoriae [Treutlein 2; 78].

Das deutsche Wort *Bruch* erscheint um die Mitte des 15. Jhs. im Algorismus Ratisbonensis [AR; 136] *(was rọ̈ti ⟨= rupti⟩ hat, das sind pruche)*; im gleichen Text kommen auch noch die Wörter *fractio, fractum* und *minucie* vor [AR; 196]. Das Bamberger Rechenbuch von

1483 spricht von *Minucien* und von den *gebrochen* [2^{v}], **Grammateus** von *bruch* oder *fraction* [1; C 1^{v}].

Der Stammbruch $\frac{1}{n}$ ist ursprünglich der letzte Teil der in n Teile geteilten Einheit [Sethe 1; 108]; die Abkürzung *-tel* erscheint bei **Köbel** (1514) noch als *-tail* z.B. *ayilfftail* [1; 18^{v}]. **Buteo** nennt den Stammbruch *particula monadica* [47 f.] im Gegensatz zu den allgemeinen Brüchen *particulae numerales.*

Der *Nenner* heißt:
denominatio in einer Algorismusschrift des 12. Jhs. [Curtze 5; 23],
bei **Johannes Hispalensis** [49],
auch noch bei **Wolff** [3; Sp. 648];
nomen bei **Buteo** [48];
numerus denominationis bei **Johannes Hispalensis** [49];
numerus denominans bei **Leonardo von Pisa** [1; **1**, 24],
bei **Jordanus Nemorarius** [Eneström 8; 44],
bei **Gernardus** [2; 143],
bei **Johannes de Lineriis** [Busard 1; 21],
im Algorismus Ratisbonensis [AR; 196],
denominator bei **Johannes de Lineriis** [Busard 1; 21].

Verdeutschungen finden sich bereits als
benumunge der teyle in der *Geometria Culmensis* [Mendthal; 46];
Benennung der Teile noch bei **Wolff** [3; Sp. 648];
Nenner im Algorismus Ratisbonensis [AR; 196],
in deutschen Handschriften des 15. Jhs. wie im Cgm 739 [56^{v}], Clm 15558 [Vogel 17; 36],
im Bamberger Rechenbuch von 1483 [14^{r}], noch bei **Wolff** [3; Sp. 508].

Der Zähler heißt entsprechend:
numerus numerans bei **Jordanus Nemorarius** [Eneström 8; 44],
bei **Gernardus** [2; 143],
bei **Johannes de Lineriis** [Busard 1; 21];
numerus denominatus bei **Leonardo von Pisa** [1; **1**, 24];
numerus fractionis bei **Johannes de Lineriis** [Busard 56];
numerator bei **Johannes de Lineriis** [Busard 1; 21],
bei **Regiomontan** [3; 287 und öfter],
im Algorismus Ratisbonensis [AR; 196],
bei **Buteo** [48].

Das deutsche Wort *Zähler* findet sich in der Mitte des 15. Jhs. im Cgm 739 [56^{v}],
im Algorismus Ratisbonensis [AR; 196];
czeler der teyle in der *Geometria Culmensis* [Mendthal; 46].

Zähler und Nenner zusammen werden auch bezeichnet als *die Zahlen über und unter dem Bruchstrich* oder nur als *das oben und unten Geschriebene*:
superior et inferior bei **Leonardo von Pisa** [1, **1**, 24], *sopra* und *sotto* bei **Paolo Dagomari** [1; 23];

obere und untere Figuren im Algorismus Ratisbonensis [AR; 62];
das oberst und das niederst im Bamberger Rechenbuch von 1483 [14^v].

Der Bruchstrich heißt:
virga bei **Leonardo von Pisa** [1; **1**, 24], auch
virgula, hiervon italienisch *vergola* bei **Borghi** [36^r].
linea bei **Buteo** [48].

Das deutsche Wort Strich findet sich
bei **Köbel** [1; 18^r]; er bemerkt ausdrücklich, daß unter dem Zähler *übertzwerch ein strichlein* gesetzt werden muß,
auch noch bei **Wolff** [1; 77], statt wie heute *Bruchstrich.*

Der Bruch von einem Bruch heißt:
minutiae minutiarum bei **Johannes de Lineriis** [Busard 1; 23], **Gemma Frisius** [39];
fractiones fractionum bei **Johannes de Lineriis** [Busard 1; 23], **Gemma Frisius** [39];
Bruchs-Bruch bei **Wolff** [3; Sp. 649];
gebrochen von gebrochen im Bamberger Rechenbuch von 1483 [14^v];
pars partis bei **Chamber** [Barlaam a; 22].

Unsere Einteilung in echte und unechte, sowie eigentliche und uneigentliche Brüche wird im Mittelalter nicht vorgenommen. So rechnet z.B. **Johannes de Lineriis** sowohl $\frac{20}{5}$ als auch $\frac{37}{7}$ zu den *minutiae vulgares* [Busard 1; 24]. Brüche, die größer als 1 sind, werden z.B. erwähnt bei **Gemma Frisius** [46] oder bei **Recorde** [2; G 1^v]. **Tartaglia** versteht sie als Ausdrücke für unausgeführte Divisionen [1; **1**, 109^v], deren Ergebnis unsere gemischte Zahl ist. **Gemma Frisius** spricht hier von *fractiones quae plus integro valent* [40]. Andere Wendungen sind:

numerus cum fractione in einer lateinischen Algorismusschrift [al-Ḫwārizmī 2; 35];
integer cum fractione bei **Johannes Hispalensis** [53];
integra et fractiones im Algorismus Ratisbonensis [AR; 29];
gancz und gebrochen im Bamberger Rechenbuch von 1483 [14^r], bei **Chr. Rudolff** [2; c 8^v].

Kaukol (1696) unterscheidet sieben Arten von Brüchen [9 f.]:
1. *Rechte Brüch / wo der Zehler kleiner ist / als der Nenner.*
2. *Brüche einem Gantzen gleich / wo der Zehler so groß ist / als der Nenner.*
3. *Brüche / wo der Zehler größer ist / als der Nenner.*
4. *Vermischte Brüch / wo das Gantze mit dem Bruch vermischt ist. . .*
5. *Brüch von Brüchen: Als* $\frac{2}{3}$ *von* $\frac{1}{2}$. . .
6. *Unordentliche Brüche: Als* $\frac{1}{2}$ — $_4$. *Ein halb Viertl. . .*
7. *Unordentlich vermischte Brüch / als* $1\frac{1}{2}$ — $_4$. *Anderthalb Viertl.*

Erst **von Segner** scheint die Unterscheidung echte und unechte Brüche in seinen Vorlesungen eingeführt zu haben *(ächter und unächter Bruch)* [1; 4 = I, § 9]. Bei **Wolff** ist der *Bastardbruch (fractio impropria sive spuria)* sowohl der unechte Bruch $\frac{6}{5}$ wie der Scheinbruch $\frac{5}{5}$ [3; Sp. 648], während **Kästner** die eigentlichen *(verae)* von den uneigentlichen Brüchen *(Bastardbrüche, spuriae)* [1; 47 = Kap. 1, § 57] unterscheidet.

Dezimalbruch und *Dezimalrechnung* gehen auf **Beyers** *Logistica decimalis* zurück [1; 7 f.]. Die Dezimalstellen bezeichnet **Stevin** als *Erste, Tweede* usw. [1; 404]. **Beyer** nennt sie *Primen, erste Theil, erste Scrupul, erste decalepta, erste decimalia, erste Zehnder, Zehnder deß ersten Grades*; *Secunden, zweyte theil, zweyte Scrupul, zweyte zehnder*; *Terzen oder dritte Scrupul* usw. [1; 25].

1.3 Der Zahlbegriff und seine Erweiterungen

L.: Gericke

1.3.1 Das Wort „Zahl"

Man sollte erwarten, daß das, was die Völker sich unter dem Begriff „Zahl" vorgestellt haben, in dem Wort zum Ausdruck kommt, das sie für diesen Begriff verwendet haben. Jedoch konnten wir nur wenige und zudem unsichere Beziehungen des Wortes für „Zahl" zu anderen Begriffen bemerken. Wir fanden für „Zahl" die Worte:

Babylonier

sumerisch: *šid* (das Keilschriftzeichen stellt eine Tontafel mit einer Schreibrohrspitze dar) [Deimel 2; **1**, 580], [TMB; 237].
akkadisch: *minutu* [Deimel 2; **2**, 2, 540], [MKT; **2**, 32].

Ägypter

rẖt = Anzahl, Betrag [Pap. Moskau; 103], [Pap. Rhind; Probl. 41, und öfter]
(*rẖ* = Wissen)
ᶜḥᶜ = Haufen [Pap. Rhind; Probl. 24, und öfter] (s. S. 374 f.)
ṯnw = Zahl [A.H. Gardiner; 601].

Chinesen

shu = Zahl, Rechnen.

Im *Chiu Chang Suan Shu* kommt *shu* mit der allgemeinen Bedeutung Zahl, zählen vor [3; 106, 148]. **Ch'in Chiu-shao** unterscheidet vier Arten von Zahlen:

yüan-shu ganze Zahlen
shou-shu Dezimalbrüche
t'ung-shu Brüche
fu-shu Potenzen von 10 [Libbrecht; 82 f.].

Araber

ᶜadad = Zahl, Grundbedeutung vorläufig nicht erklärbar.

Inder

rāśi = Menge, Haufen [Āryabhaṭa I; Gaṇ. 26].
gaṇa = Menge, Haufen, Zahl [Monier-Williams], vgl. *gaṇita* = Arithmetik, S. 168

Griechen

ἀριθμός, indog. Wurzel: rei, *re* = zählen, ordnen (*Ri-tus* = heilige Ordnung), davon *rim* = Reihe (vgl. Reim), vgl. im Mittelhochdeutschen reicen (s. S. 168), auch *ar*, vgl. ἀραρίσκω = fügen.

Römer

numerus, Wurzel: *nem* = zählen, ordnen, wie in griech. νέμειν = ordnen, verteilen, νόμος = Gesetz, νόμισμα = Münze, (deren Wert durch Gesetz festgelegt wird), sowie in lat. *nummus* = Geldmünze.

Das deutsche Wort Zahl hängt zusammen mit mhd. *tal* = Zahl, Rede und mit der indogermanischen Wurzel *del* = spalten, urgerm. *talo* = Einschnitt. – Zahl bedeutet hier etwa Einschnitt in einem Kerbholz [Menninger; **1**, 196 f.].

Bei dem sumerischen Zeichen (Tafel mit Schreibrohrspitze) könnte man daran denken, daß Zahlen vielleicht das Erste waren, was überhaupt „geschrieben" wurde, sei es in der Form von Eindrücken oder Ritzungen in Tontafeln oder als Einschnitte in einem Kerbholz. Weiter sind Zusammenhänge zu bemerken mit den Begriffen Menge, Haufen (Ägypter, Inder) sowie Ordnen, Aufreihen (Griechen, Römer).

1.3.2 Ganze Zahlen

1.3.2.1 Antike Definitionen

Nach **Iamblichos** [1; 10] soll **Thales** im Anschluß an die Ägypter die Zahl als Zusammenfassung von Einheiten (*μονάδων σύστημα*) definiert haben. In den alten Zahldarstellungen ist eine Zahl tatsächlich eine Menge oder Zusammenfassung von Einheiten, nämlich etwa von Strichen oder von Keilen oder von Kerben auf einem Knochen.

Trotzdem darf wohl vermutet werden, daß erst die Griechen allgemein die Notwendigkeit und Bedeutung einer Definition erkannt haben (s. z.B. **Platon**. 7. Brief [342 a, b]). Das schließt nicht aus, daß es schon vor dieser Erkenntnis Definitionen gegeben hat. **Platon** bemerkt auch [Theaitetos 202 b]: *Verflechtung von Namen sei das Wesen der Erklärung. Auf diese Art also wären die Urbestandteile unerklärbar und unerkennbar, wahrnehmbar aber seien sie* (*οὕτω δὴ τὰ μὲν στοιχεῖα ἄλογα καὶ ἄγνωστα εἶναι, αἰσθητὰ δέ*). Obwohl hier von „wahrnehmbar" die Rede ist, möchten wir die entsprechende Einsicht auch für die Grundbegriffe annehmen. Das steht ausdrücklich bei **Aristoteles** [Metaph. α, 2 = 994 b 16 ff.]: *Ein Begriff kann nicht auf immer neue Bestimmungen zurückgeführt werden mit immer umfangreicheren Erklärungen.*

Zu diesen Grundbegriffen gehört der Begriff der Größe, dem der Begriff der Zahl untergeordnet ist. **Aristoteles** sagt [Cat. 4 = 1 b 25 ff.]: *Jedes ohne Verbindung gesprochene*

Wort bezeichnet entweder eine Substanz oder eine Quantität (ποσόν, wir übersetzen „Größe") *oder eine Qualität oder eine Relation oder ein Wo oder ein Wann oder eine Lage oder ein Haben oder ein Wirken oder ein Leiden.* Der Begriff „Größe" wird in [Cat. 6 = 4b20 ff.] und [Metaph. Δ13 = 1020a7 ff.] genauer beschrieben: *Größe heißt, was in Bestandteile zerlegbar ist, von denen jeder seiner Natur nach ein Eines und Dieses ist* (Ποσὸν λέγεται τὸ διαιρετὸν εἰς ἐνυπάρχοντα, ὧν ἑκάτερον ἢ ἕκαστον ἕν τι καὶ τόδε τι πέφυκεν εἶναι). Das darf wohl so interpretiert werden, daß die Teile einer Größe für sich bestehen können und selbst wieder Größen sind; Teile einer Länge sind wieder Längen, im Gegensatz etwa zu Teilen eines Menschen. Vielleicht darf sogar herausgelesen werden, daß die Teile wieder zum Ganzen zusammengesetzt werden können, daß also das Ganze gleich der Summe seiner Teile ist. Diese Aussage tritt in manchen Euklid-Ausgaben als Axiom auf z.B. bei **Clavius** [Euklid 8; El. 1, Ax. 19].

Nach **Aristoteles** gehört zu den Eigenschaften der Größe, *daß sie gleich oder ungleich genannt wird* [Cat. 6 = 6a26 f.], *auch groß und klein, größer und kleiner, für sich gemeint oder in bezug aufeinander, sind Eigenschaften der Größe an sich selbst* [Metaph. Δ13 = 1020a23 ff.; in Kat. 6 = 6a19 steht es etwas anders]. Bezüglich dieser allgemeinen Eigenschaften sind *Größen* durch die Axiome von **Euklid** [El. 1] gekennzeichnet: *Was demselben gleich ist, ist auch einander gleich. Wenn Gleichem Gleiches hinzugefügt wird, sind die Ganzen gleich;* usw. Dabei wird stillschweigend vorausgesetzt, daß Größen addiert werden können. Daß diese Axiome eine abstrakte Definition des Größenbegriffs sind, hat **H. Scholz** bemerkt [35].

Aristoteles teilt nun die Größen folgendermaßen ein: *Was der Möglichkeit nach in nicht zusammenhängende Teile zerlegbar ist, heißt Vielheit* (πλῆθος, lat. *multitudo*; wir werden es auch mit „Menge" übersetzen), *was in zusammenhängende Teile zerlegbar ist, heißt Ausdehnung* (μέγεθος). *Von der Ausdehnung heißt die, die nach einer Richtung zusammenhängt, Länge, nach zwei Richtungen Breite, nach drei Richtungen Tiefe. Die begrenzte Vielheit* (πλῆθος πεπερασμένον) *heißt Zahl, die* ⟨begrenzte⟩ *Länge Linie, die Breite Fläche, die Tiefe Körper.*

Iamblichos schreibt die Definition der Zahl als *begrenzte Vielheit* (auch: πλῆθος ὡρισμένον) dem **Eudoxos** zu [1; 10]. **Euklid** faßt beides zusammen: *Zahl ist aus Einheiten zusammengesetzte Menge* (ἐκ μονάδων συγκείμενον πλῆθος) [El. 7, Def. 2]. Zur Zeit von **Euklid** kann das aber erst hingeschrieben werden, wenn vorher definiert ist, was Einheit ist [Def. 1]: *Einheit ist das, wonach jedes Ding eines genannt wird.*

Diese Definition **Euklids** ist bis in die Neuzeit die gültige geblieben. **Nikomachos von Gerasa** gibt sie in etwas anderer Form [1; 13 = I, 7]: Ἀριθμός ἐστι πλῆθος ὡρισμένον ἢ μονάδων σύστημα ἢ ποσότητος χύμα ἐκ μονάδων συγκείμενον *Zahl ist begrenzte Menge oder Zusammenfassung von Einheiten oder eine Reihe von Größen, die aus Einheiten besteht.*

Boetius übersetzt [13]: *Numerus est unitatum collectio, vel quantitatis acervus ex unitatibus profusus.* **M. Simon** [350] sieht in der Definition des **Nikomachos** eine Dreiteilung des Zahlbegriffs in Anzahl (Kardinalzahl), Ordnungszahl und Maßzahl (relative Zahl . . . der aus Einheiten zusammengesetze Strom der Wievielheit).

Theon von Smyrna definiert [18]: ἀριθμός ἐστι σύστημα μονάδων, ἢ προποδισμὸς πλήθους ἀπὸ μονάδος ἀρχόμενος καὶ ἀναποδισμὸς εἰς μονάδα καταλήγων, μονὰς δέ ἐστι περαίνουσα ποσότης (ἀρχὴ καὶ στοιχεῖον τῶν ἀριθμῶν) *Zahl ist Zusammenfassung von Einheiten, oder die von der Einheit aus aufsteigende und zur Einheit absteigende Reihe der Vielheit. Die Einheit aber ist die begrenzende Größe (der Ursprung und das Element der Zahlen).*

1.3.2.2 Die Eins

Die griechische Zahldefinition umfaßt nur die positiven ganzen Zahlen, und es ist sogar fraglich, ob die Eins nach dieser Definition eine Zahl ist. **Aristoteles** sagt [Metaph. N 1 = 1088 a,6]: *Die Eins ist keine Zahl.*

Er nennt die Eins den Ursprung (ἀρχή) der Zahlen, und so heißt es dann im Mittelalter: *Unitas non est numerus, sed principium numeri* [Reisch; IV, 1,3].

Auch **Euklid** rechnet die Eins nicht zu den Zahlen. Das ersieht man aus El. 7, Def. 11 und 13: *Primzahl ist eine Zahl, die sich nur durch die Einheit messen läßt. Zusammengesetzt ist eine Zahl, die sich durch irgendeine Zahl messen läßt.* Zweifel könnten allerdings entstehen, wenn man Def. 3: *Teil einer Zahl ist eine Zahl, die kleinere von der größeren, wenn sie die größere genau mißt* mit Def. 22 in Verbindung bringt: *Eine vollkommene Zahl ist eine solche, die ihren Teilen zusammen gleich ist.* Bei dieser Def. 22 muß 1 als Teiler mitgezählt werden, und nach Def. 3 wäre ein Teiler einer Zahl selbst eine Zahl. **Euklid** führt auch manche Beweise doppelt, einmal für eine Zahl und noch einmal gesondert für die Einheit, so in El. 7, 9 und 15, ferner im Anhang zu Buch 10 [1; **3**, 408] = [11; 313].

Nikomachos nennt eine weitere Besonderheit der 1 [1; 14 = I, 8]: *Jede Zahl ist die halbe Summe zweier in der Zahlenreihe nach verschiedenen Richtungen gleich weit entfernter Zahlen. Die 1 hat aber nur eine Nachbarzahl 2 und ist die Hälfte von dieser.*

Bei den Dreiecks-Zahlen sagt **Nikomachos**, daß die 1 der Möglichkeit nach (δυνάμει) eine Dreieckszahl sei, aber 3 die erste wirkliche (ἐνεργείᾳ) Dreieckszahl [1; 88 = II, 8]. Allgemein sagt er [1; 86 = II, 7], ähnlich wie Aristoteles: *Es ist nun der Punkt der Ursprung der Strecke, aber keine Strecke, . . . so ist auch bei den Zahlen die Einheit der Ursprung aller Zahlen.* Man erwartet nun „aber selbst keine Zahl“, aber das schreibt **Nikomachos** nicht hin.

In der Folgezeit wurde die 1 von manchen Mathematikern als Zahl anerkannt, von anderen nicht, ohne daß entscheidende neue Gesichtspunkte auftraten. Erst **Petrus Ramus** versuchte die Schwierigkeit durch eine neue Definition der Zahl zu beseitigen. Während er in den ersten Auflagen seiner Arithmetik noch die alte Definition der Zahl bringt, definiert er 1569: *Numerus est, secundum quem unumquodque numeratur* [3; 1].

Stevin, der von **Ramus** beeinflußt war, ging einen Schritt weiter und definierte: *Nombre est cela, par lequel s'explique la quantité de chascune chose* (Zahl ist das, wodurch sich die Quantität eines jeden Gegenstands ausdrückt) [2 a; 1^{v}] = [1; 495]. Mit dieser Definition sind alle reellen Zahlen umfaßt. Zum Anfang, Ursprung, Prinzip der Zahlen wird jetzt die Null.

Wallis hat 1657 ausführlich die Frage besprochen, ob die Eins eine Zahl sei [3; Kap. IV]. Er sagt etwa: Prinzip wird in zweifacher Bedeutung gebraucht, als *primum quod sic* (das erste, das so ist) und *ultimum quod non* (das letzte, das nicht so ist) und erläutert das am Übergang von der Ruhe zur Bewegung. Für die Zahlen ist die Null das Prinzip im Sinne des *ultimum quod non*, die Eins im Sinne des *primum quod sic*. Also ist die Eins eine Zahl. Aber noch 1740 schrieb **Buffon** im Vorwort zu [Newton 8; IX]: *l'unité n'est point un nombre.*

1.3.2.3 Moderne Definitionen

Die moderne Definition der Kardinalzahl beruht darauf, daß es möglich ist, die Anzahl der Elemente zweier Mengen miteinander zu vergleichen, ohne die Elemente in beiden Mengen einzeln abzuzählen. Das gelingt durch umkehrbar eindeutige Zuordnung.

Dieses Verfahren wurde bereits in der Scholastik benutzt. Wir fanden es nach einem Hinweis von **A. Maier** [1; 167 ff.] besonders ausführlich beschrieben in den *Questiones* von **Albert von Sachsen** zu der Schrift *De coelo et mundo* von **Aristoteles** (etwa 1350; [1492 Qu. X, 1516 Qu. VIII]). **Albert** will die Schwierigkeiten des Begriffs Unendlich aufzeigen und formuliert dazu mehrere *Suppositiones* (= Hypothesen, hier wohl im Sinne von „Postulaten" benutzt). Eine davon lautet: . . . *quod quecumque sibi invicem supposita vel per imaginationem applicata sunt, si unum non excedit aliud nec exceditur: unum eorum nec est maius nec est minus alio. et similiter de multitudinibus que sic se habent, quod cuilibet unitati in una correspondet unitas in alia earum, una non est maior altera neque minor. et hoc videtur per se manifestum postquam unum non excedit alterum.* (Wenn irgendwelche ⟨Größen⟩ aufeinandergelegt oder in der Vorstellung aneinandergelegt sind und die eine die andere weder überragt noch von ihr überragt wird: dann ist die eine von ihnen weder größer noch kleiner als die andere. Und ähnlich ist von zwei Mengen (*multitudo* = griech. πλῆθος, (s. S. 123)), die sich so verhalten, daß jeder Einheit in der einen eine Einheit in der anderen entspricht, die eine weder größer noch kleiner als die andere. Das ist von selbst klar, nachdem eine die andere nicht überragt.)

Bemerkenswert ist, daß hier dieser Vergleich zweier Mengen in Verbindung gebracht wird mit **Euklid**s Axiom [El. 1, Ax. 7]: *Was einander deckt, ist einander gleich.*

Albert benutzt diese *Suppositio* so: Man stelle sich einen Streifen von 1 Fuß Länge und beliebiger Breite vor, der *in proportionale Teile geteilt* ist, also in $\frac{1}{2}$, $\frac{1}{4}$, usw. Auf das erste Feld lege man einen weißen Stein, auf das zweite einen schwarzen, auf das dritte wieder einen weißen usw. Nun entferne man den ersten schwarzen Stein und lege an seine Stelle den nächstfolgenden weißen Stein, dessen Stelle wieder durch den nächstfolgenden weißen Stein belegt werden muß. Dann entferne man den nächsten schwarzen Stein usw. Schließlich sind alle Felder mit weißen Steinen belegt. Also sind die weißen und schwarzen Steine zusammen ebensoviele wie die weißen allein.

Galilei hat in den *Discorsi* . . . den mathematischen Sachverhalt ohne anschauliches Beiwerk beschrieben [1. Tag; 31]: *Frage ich nun, wieviel Quadratzahlen es gibt, so kann man in Wahrheit antworten, eben soviel als es Wurzeln gibt, denn jedes Quadrat hat eine Wurzel, jede Wurzel hat ihr Quadrat, kein Quadrat hat mehr als eine Wurzel, keine Wurzel mehr als ein Quadrat.*

Bolzano schreibt (1847/8) [3; 28 f. = § 20] von *einer höchst merkwürdigen Eigenheit, die in dem Verhältnisse zweier Mengen, wenn beide unendlich sind, vorkommen kann, ja eigentlich immer vorkommt . . . zwei Mengen, die beide unendlich sind, können in einem solchen Verhältnisse zu einander stehen, daß es einerseits möglich ist, jedes der einen Menge gehörige Ding mit einem der anderen zu einem Paare zu verbinden mit dem Erfolge, daß kein einziges Ding in beiden Mengen ohne Verbindung zu einem Paare bleibt, und auch kein einziges in zwei oder mehreren Paaren vorkommt; und dabei ist es doch andererseits möglich, daß die eine dieser Mengen die andere als einen bloßen Teil in sich faßt. . .*

Es kommt uns hier nur darauf an, daß das Verfahren, zwei Mengen durch eineindeutige Zuordnung ihrer Elemente zu vergleichen, zur Definition der Kardinalzahl benutzt wird.

Jacob Steiner hat zwei spezielle derartig aufeinander bezogene Mengen, nämlich eine Punktreihe und ein Strahlenbüschel, *von gleicher Mächtigkeit* genannt [1 f.].

G. Cantor hat diesen Ausdruck für beliebige Mengen übernommen [151]. **Frege** sagte *gleichzahlig* (1884) und definierte [79 f. = § 68]: *Die Anzahl, welche dem Begriffe F zukommt, ist der Umfang des Begriffes ‚gleichzahlig dem Begriffe F'.* (Der Umfang eines Begriffes ist bekanntlich die Menge der unter ihn fallenden Objekte.) **Russell** hat die gleiche Definition 1903 mit wenig anderen Worten wiedergegeben [116].

Diese Definition der Kardinalzahl ist auch auf unendliche Mengen anwendbar.

Als Ordinalzahl wurden die ganzen Zahlen z.B. von **Helmholtz** [81] und **Kronecker** [339] angesehen. Beide sahen die Reihe der Ordinalzahlen als gegeben (vom lieben Gott gemacht) an. Eine mathematische Kennzeichnung gab **Dedekind** in *Was sind und was sollen die Zahlen* (1888). Der Übergang von einer Zahl zu ihrem Nachfolger wird als Abbildung der Menge der natürlichen Zahlen in sich aufgefaßt, oder vielmehr die Menge der natürlichen Zahlen als eine Menge definiert, in der es eine derartige Abbildung gibt, die durch (vier) Axiome gekennzeichnet ist.

Peano hat **Dedekinds** Axiome formalisiert [1], [2; 27], hier wiedergegeben nach [Genocchi; 339 f., 353]. Als Grundbegriffe der mathematischen Logik führt er ein:

1. *Die Buchstaben a, b, ... x, y, z bezeichnen beliebige Dinge. . .*
2. *Eine Formel wird durch Klammern oder auch durch Punkte in Teile zerlegt. So sind z.B. die Formeln*

   $$\dots ab \,.\, cd : e \,.\, fg$$

   äquivalent mit ... $[(ab)(cd)]\ [e(fg)]$.
3. *K oder Cls bedeutet „Klasse".*
4. *a sei eine K; x* ϵ *a bedeutet „x ist ein a".*

5. *p und q seien Sätze, welche variabele Buchstaben x, ... z enthalten. Die Formel*

$$p \supset_{x, \dots, z} q$$

bedeutet: „x, ... z mögen beliebige Werte haben; wenn sie der Bedingung p genügen, so genügen sie der Bedingung q"...

6. *pq bezeichnet die gleichzeitige Aufstellung der Sätze p und q.*

In dieser Bezeichnungsweise lauten die Definitionen der Arithmetik:

Grundbegriffe

1. *0 = „Null".*
2. *N_0 = „eine ganze, positive Zahl oder Null".*
3. *$a \in N_0 \,.\supset.\, a+$ = „die auf a folgende Zahl".*

Grundsätze

1. $0 \in N_0$.
2. $a \in N_0 \,.\supset.\, (a+) \in N_0$.
3. $a, b \in N_0 \,.\, (a+) = (b+) \,.\supset.\, a = b$.
4. $a \in N_0 \,.\supset.\, (a+) \sim= 0$. ⟨~ bedeutet „nicht"⟩.
5. $s \in Cls \,.\, 0 \in s : x \in s \,.\supset_x.\, (x+) \in s :\supset.\, N_0 \supset s$.

Ursprünglich hatte **Peano** Axiome der Gleichheit mit hinzugenommen und das Element 1 als Anfangselement gewählt.

Aus diesem Axiomensystem läßt sich beweisen, daß die Menge der Ordinalzahlen *wohlgeordnet* ist, d.h. es gibt in ihr eine Ordnungsrelation „<", die transitiv ist (aus $a < b$ und $b < c$ folgt $a < c$), und bezüglich „<" gilt: jede nicht-leere Untermenge hat ein erstes Element.

Es ist umgekehrt auch möglich, die Wohlordnung zur Definition der Menge der Ordinalzahlen zu verwenden; dann wird das Prinzip der vollständigen Induktion beweisbar. Solche Axiomensysteme sind nach einigen vorangegangenen Versuchen, die noch Lücken enthielten, von **Erhard Schmidt** seit 1920 in Vorlesungen vorgetragen und unabhängig davon von **Kaczmarz** publiziert worden. Eine übersichtliche Darstellung gab **Rohrbach.**

Ordinalzahlen und Kardinalzahlen hängen so miteinander zusammen: Jede Ordinalzahl ist die Anzahl der ihr vorangegangenen. Man muß dabei aber die Reihe der Ordinalzahlen mit 0 beginnen lassen oder die Worte „um 1 größer" hinzufügen.

J. von Neumann hat in dieser Aussage den Begriff „Anzahl" vermieden und den Satz [24]: *Jede Ordnungszahl ist die Menge der ihr vorangegangenen Ordnungszahlen* zum Ausgangspunkt einer Definition der Ordnungszahlen gemacht. Bezeichnet man die leere Menge mit $\emptyset$ und die aus den Elementen a, b, c, ... bestehende Menge mit $\{a, b, c, \dots\}$, so sind die ersten Ordnungszahlen:

$$\begin{aligned} 0 &= \emptyset \\ 1 &= \{\emptyset\} \\ 2 &= \{\emptyset, \{\emptyset\}\} \\ 3 &= \{\emptyset, \{\emptyset\}, \{\emptyset, \{\emptyset\}\}\} . \end{aligned}$$

P. Lorenzen hat 1950 ein konstruktives Verfahren zur Herstellung der Zahlen angegeben [1]. Die Zahlen definiert er als diejenigen Zeichen (Schreibfiguren), die von dem „Anfang" | aus nach der Regel: n → n | hergestellt werden. Dabei ist n eine Variable für ein bereits hergestelltes Zeichen, und → ist zu lesen „gehe über zu" (s. auch [2]; [3]).

1.3.2.4 Fachsprache

Natürliche Zahl

Solange *ἀριθμός* nur die natürliche Zahl bedeutet, ist ein besonderer Name nicht zu erwarten.

Nikomachos von Gerasa benutzt den Ausdruck *φυσικὸς ἀριθμός* [1; 52 = I, 19, 10], [1; 88 = II, 8, 3], [1; 91 = II, 1, 2], auch *φυσικὸς στίχος* [1; 88 = II, 8, 3] oder *φυσικὸν χύμα* [1; 47 = I, 18, 4], [1; 50 = I, 19, 6] für die *natürliche Zahlenreihe* im Gegensatz zu anderen Reihen, z.B. den Vielfachen einer Zahl oder den Dreieckszahlen.

In demselben Sinne findet sich *numerus naturalis* bei **Boetius** [113], im Clm 14836 [Curtze 2; 105] und bei **Gregor Reisch** [Buch 4, Tract. 1, Cap. 24]. Vgl. ferner Scripta Math. **4**, 105.

Ganze Zahl

ἀριθμὸς ὁλόκληρος: **Diophant** [1; **1**, 306], **Eutokios** [Apollonios 1; **2**, 218]. *ἀριθμὸς πλήρης*: [Archimedes 1; **3**, 232].

Die lateinische Übersetzung *numerus integer* findet sich bei **Leonardo von Pisa** [1; **1**, 7], auch bei **Gregor Reisch** [Buch 4, Tract. 3, Kap. 1 und 2], bei **Stifel** [1; 1ʳ], und ist dann allgemein üblich.

Dabei wird die griechische Definition *Zahl ist Menge von Einheiten* auf diese Art von Zahlen beschränkt. In **Klügels** Wörterbuch [2; **5**, 1055] steht (1831): *Man pflegt zwischen ganzen und gebrochenen Zahlen oder Brüchen zu unterscheiden. Jene entstehen durch unmittelbare Vervielfachung der Einheit, und sind völlig einerlei mit dem, was wir so eben eine Zahl schlechthin genannt haben. Brüche entstehen durch Theilung der Einheit in gleiche Theile, und Vervielfachung eines der erhaltenen Theile.*

1.3.3 Brüche und Zahlenverhältnisse

Von der Bildung und Darstellung von Brüchen handelt Kap. 1.2.4, vom Rechnen mit Brüchen Kap. 2.3. Sicher hat sich das Rechnen mit Brüchen aus der Praxis entwickelt und ist in der Praxis von der vorgriechischen bis auf unsere Zeit stets unbedenklich angewandt worden.

Bei den Griechen wird aber neben dem praktischen Rechnen, der *Logistik*, die *Arithmetik* als eine theoretische, streng deduktive Wissenschaft behandelt [Platon 3].

Nachdem die ganze Zahl als Menge von Einheiten definiert ist und die Rechenregeln für ganze Zahlen bekannt sind, hat man nun zu fragen, ob und in welchem Sinne ein Bruch eine Zahl ist und ob für Brüche dieselben Rechenregeln gelten wie für Zahlen oder andere.

Nach der griechischen Definition *Zahl ist Menge von Einheiten* kann ein Bruch nur dann als Zahl aufgefaßt werden, wenn man sich vorstellt, daß die Einheit in Untereinheiten geteilt werden kann. In der Neuzeit wurde diese Auffassung z.B. von **Tacquet** (1656) so ausgesprochen [144]: *Die Brüche unterscheiden sich der Sache nach nicht von den ganzen Zahlen. Der einzige Unterschied ist, daß die Brüche Dinge bezeichnen, die Teile der durch ganze Zahlen bezeichneten Dinge sind, und daß daher die Einheiten der gebrochenen Zahl relative, die der ganzen Zahlen aber absolute* ⟨Einheiten⟩ *sind.*

Aus der Antike gibt es Andeutungen für diese Auffassung: die ägyptischen Wörter *tỉ.t gb.t* (s.S. 98 f.) und die Anweisungen bei der *Hau*-Rechnung (s.S. 385 f.); die babylonische Einteilung jeder Einheit in 60 Untereinheiten (aber die Babylonier haben die Frage „Was ist eine Zahl" anscheinend überhaupt nicht gestellt); die Ausdrücke *2 von 8 Teilen* bei **Empedokles** [Diels; 31 B 96] und *5 vom 8-ten Teil* bei **Diophant** (s. S. 102); ferner die folgende Stelle aus **Platons** Staat [525 d]: *Du weißt doch, daß die echten Meister in dieser Kunst einen auslachen und es nicht zulassen würden, wenn jemand es unternehmen würde, die Einheit in Gedanken zu zerschneiden, und wenn du sie zerteilen wolltest, so würden sie sie vervielfältigen und es nie geschehen lassen, daß die Einheit nicht als Einheit, sondern als viele Teile erschiene.* Diese Stelle zeigt aber auch, daß die Teilung der Einheit von den strengen Grundlagenforschern abgelehnt wurde. **Aristoteles** sagt [Metaphysik 4,6 = 1016 b 23 f.]: *Überall aber ist die Einheit entweder nach Größe oder nach Art unteilbar.* Und wenn **Euklid** definiert [El. 7, Def. 1]: *Einheit ist das, wonach jedes Ding eines genannt wird*, so ist eine Teilung der so abstrakt definierten Einheit gar nicht denkbar.

Was ist nun für die strengen griechischen Mathematiker ein Bruch? Wenn eine Zahl $\frac{2}{8}$ von einer anderen ist, so besteht sie aus mehreren (hier: zwei) Teilen der anderen, und allgemein *verhalten* sich zwei Zahlen stets so zueinander, daß die eine aus einem oder mehreren Teilen der anderen besteht. In diesem Sinne ist ein Bruch ein Verhältnis von Zahlen; oder vielmehr: der Begriff „Bruch" taucht in der wissenschaftlichen Mathematik gar nicht auf; die – von den Pythagoreern entwickelte – Lehre von den Zahlenverhältnissen erfaßt alles, was man braucht. Man überwindet so auch zwanglos die Schwierigkeit, daß zwei verschieden aussehende Brüche wie z.B. $\frac{1}{4}$ und $\frac{2}{8}$ dieselbe Zahl darstellen; die Zahlenpaare sind *dem Verhältnis nach gleich* [Euklid; El. 7, Def. 20].

Da die Zahlenverhältnisse nicht als eine Art von Zahlen aufgefaßt werden, werden auch nicht unmittelbar die Verknüpfungen Addition und Multiplikation eingeführt, sondern andere, dem Begriff des Verhältnisses angepaßte Operationen (s. S. 329 ff.).

Später wird dem Verhältnis eine Zahl zugeordnet, und zwar mittels des Begriffs πηλικότης, den wir hier mit „Wert" übersetzen wollen (**Thaer**: Abmessung, vgl. S. 331). Dieser Begriff wird auch auf Verhältnisse stetiger Größen angewandt. Er bedeutet *das, womit man das nachfolgende Glied multiplizieren muß, um das vorangehende zu erhalten* (**Eutokios** in [Apollonios 1; 2, 218]). Dieser Begriff ist bei **Theon von Alexandria** (um 300 n. Chr.) nachweisbar, er kommt auch in einigen **Euklid**-Handschriften vor, könnte jedoch hier von **Theon** eingefügt sein (s. S. 331, 334).

Es ist nun die Frage, ob die Griechen diesen Wert eines Verhältnisses als *Zahl* aufgefaßt haben. Die folgende Stelle aus **Eutokios'** Kommentar zu den Kegelschnitten des **Apollonios** [1; **2**, 218] gibt darüber eine nicht ganz eindeutige Auskunft: *Ein Verhältnis heißt aus Verhältnissen zusammengesetzt, wenn die Werte der Verhältnisse miteinander multipliziert sind . . ., wobei mit „Wert" die Zahl bezeichnet ist, nach der das Verhältnis benannt ist* (*πηλικότητος δηλονότι λεγομένης τοῦ ἀριθμοῦ, οὗ παρώνυμός ἐστιν ὁ λόγος*). „Das, wonach das Verhältnis benannt ist," könnten die allgemeinen Namen *πολλαπλάσιος* (Vielfaches), *ἐπιμόριον* (ein Teil darüber) usw. oder die speziellen Namen wie *ἡμιόλιον* ($= 1\frac{1}{2}$), *ἐπίτριτον* ($= 1\frac{1}{3}$) usw. sein (s. S. 325).

Bei den vielfachen Verhältnissen ⟨$a = n \cdot b$⟩ *ist es möglich, daß der Wert eine ganze Zahl ist, bei den übrigen Verhältnissen besteht der Wert notwendig aus einer Zahl und einem Teil oder* ⟨*mehreren*⟩ *Teilen, wenn man nicht auch irrationale Verhältnisse* (*ἀρρήτους σχέσεις*) *zulassen will, wie sie bei inkommensurablen Größen* (*κατὰ τὰ ἄλογα μεγέθη*) *vorkommen. Bei allen Verhältnissen ist klar, daß der Wert, mit dem Hinterglied multipliziert, das Vorderglied ergibt.*

Im 13. Jh. schreibt **Barlaam** [b; 62]: *Πηλικότης λόγου ἐστὶν ἀριθμός, ὅς. . . Der Wert eines Verhältnisses ist die Zahl, welche mit dem Hinterglied multipliziert das Vorderglied ergibt.*

Die strenge Definition der Zahl als Menge von (abstrakten) Einheiten ist schon früher in der Praxis aufgegeben bzw. nicht beachtet worden. **Heron** hält sich zwar in den *Definitionen* noch an die traditionelle Auffassung, wenn er schreibt [**4**, 136 f.]: *Die Zahlen sind kommensurabel, weil jede von einem kleinsten Maß gemessen wird.* ⟨Damit könnten allenfalls noch Brüche gemeint sein, wenn man einen Teil der Einheit als kleinstes Maß zulassen würde, jedenfalls keine irrationalen Zahlen.⟩ Andererseits rechnet **Heron** aber oft mit Näherungen für irrationale Zahlen, z.B. $\sqrt{32} = 5\frac{1}{2}\,\frac{1}{14}$ [**4**, 428 f.]; er spricht sogar einmal von *Zahlen, die auf den Größen liegen* [**4**, 80 Z. 5 f.].

Diophant, der stets verlangt, „Zahlen zu finden", läßt Brüche als Lösungen zu, schließt aber irrationale Zahlen durch von vornherein angegebene Nebenbedingungen aus. Als Beispiel Buch 4, Aufg. 34: *Drei Zahlen sind zu finden von der Art, daß die Produkte von je zweien von ihnen, vermehrt um ihre Summen, gegebenen Zahlen gleich sind. Dabei müssen die gegebenen Zahlen Quadratzahlen minus 1 sein.*

In moderner Schreibweise:

$$\begin{aligned} xy + x + y &= a \\ yz + y + z &= b \\ zx + z + x &= c\,. \end{aligned}$$

Eine leichte Umformung ergibt:

$$\begin{aligned} (x+1)(y+1) &= a+1 \\ (y+1)(z+1) &= b+1 \\ (z+1)(x+1) &= c+1\,. \end{aligned}$$

Multipliziert man zwei dieser Gleichungen miteinander und dividiert durch die dritte, so erhält man:

$$(x+1)^2 = \frac{(a+1)(c+1)}{b+1},$$

$$(y+1)^2 = \frac{(a+1)(b+1)}{c+1},$$

$$(z+1)^2 = \frac{(b+1)(c+1)}{a+1}.$$

Hinreichend dafür, daß x, y, z rationale Zahlen sind, ist, daß a + 1, b + 1, c + 1 Quadratzahlen sind. Daß diese Bedingung nicht notwendig ist, sieht man, wenn man $x = 1$, $y = 2$, $z = 3$ setzt.

Diophants Lösungsweg ist ein wenig anders. Mit $a = 8$, $b = 15$, $c = 24$ erhält er $x = \frac{33}{12}$, $y = \frac{7}{5}$, $z = \frac{68}{12}$. Diese Brüche bringt er noch auf den gleichen Nenner: $\frac{165}{60}, \frac{84}{60}, \frac{340}{60}$.

Auch **Nikolaos Rhabdas** nennt $(3\frac{1}{3}\ \frac{1}{14}\ \frac{1}{42})^2$ eine Zahl (ἀριϑμός) [120].

Die Frage, was ein Bruch eigentlich ist, stellte sich bei der Aufgabe, das Rechnen mit Brüchen, insbesondere die Multiplikation mit einem Bruch zu begründen. Grundlage mußte eine neue Zahldefinition sein, die an die Stelle der griechischen treten konnte und mindestens auch die rationalen Zahlen umfassen mußte. Eine solche entstand, nach einem Ansatz von **Stevin**, in der Schule von **Descartes** (s. S. 137). Eine befriedigende Lösung ergab sich aber erst, als im 19. Jh. die ganzen Zahlen durch **Frege, G. Cantor, Dedekind, Peano** u.a. neu definiert wurden und nunmehr die rationalen Zahlen als Paare (a, b) von ganzen Zahlen mit der Äquivalenzrelation

$$(a, b) = (c, d) \qquad \text{wenn} \qquad ad = bc$$

erklärt werden konnten. Diese Erklärung steht in **H. Weber**, Lehrbuch der Algebra (1895) [**1**, 10].

1.3.4 Irrationale Zahlen

In der Geometrie kommen irrationale Zahlen schon früh vor, natürlich ohne daß ihre Eigenschaft, nicht als Bruch darstellbar zu sein, bewußt wird.

Die Ägypter berechneten die Fläche des Kreises mit dem Durchmesser d als $(\frac{8}{9}d)^2$ [VM; **1**, 66].

Bei den Babyloniern wird als *Konstante des Kreises* meist $\langle \pi = \rangle\ 3$ genommen, doch findet sich auch der bessere Wert $\langle \pi = \rangle\ 3\frac{1}{8}$ [MCT; 59], [ST; 28]. Er könnte vom Zehneck abgeleitet sein [Becker 2; 60]. Für $\sqrt{2}$ kannten die Babylonier die Näherung 1;25 und 1;24, 51, 10 [MCT; 42 f.]. Auch die Diagonale eines Rechtecks mit den Seiten 10 und 40 wird näherungsweise berechnet [MKT; **1**, 282, 286].

Die Chinesen berechneten Wurzelausdrücke nach einem dem Horner-Schema entsprechenden Verfahren, bei dem durch die Bemerkung „fahre fort wie zuvor“ darauf hingewiesen wird, daß das Verfahren dezimal beliebig weit fortgesetzt werden kann [Chiu Chang Suan Shu 3; 116]. Zwar wurden die Neun Bücher arithmetischer Technik etwa im 2. Jh. v. Chr. niedergeschrieben, sie zeigen jedoch keinen griechischen Einfluß.

Die Griechen haben erkannt, daß es inkommensurable Strecken gibt, daß z.B. die Seite und Diagonale eines Quadrats sich nicht verhalten wie eine Zahl zu einer Zahl. Bei welchem Anlaß das entdeckt und in welcher Weise es zuerst bewiesen wurde, ist nicht sicher. In **Platons** *Theaetet* wird von der Irrationalität von $\sqrt{3}, \sqrt{5}, \ldots, \sqrt{17}$ berichtet [2; 147 d]. **Aristoteles** zitiert den Fall des Quadrats sehr oft [Heiberg 2; 24], und **Euklid** bringt als Anhang zum 10. Buch [1; **3**, 408] = [11; 313] einen arithmetischen Beweis, indem er zeigt, daß anderenfalls *dieselbe Zahl gerade und ungerade sein müßte.*

Wäre $\sqrt{2} = \frac{p}{q}$, so kann angenommen werden, daß dieser Bruch so weit wie möglich gekürzt, also höchstens eine der beiden Zahlen p, q gerade ist. Aus $p^2 = 2q^2$ folgt, daß p^2 gerade ist, folglich auch p selbst gerade ist: $p = 2r$. Dann wird aber $q^2 = 2r^2$, also müßte auch q gerade sein.

In der spätantiken Überlieferung wird die erste Entdeckung der Inkommensurabilität **Hippasos von Metapont** (2. Viertel des 5. Jh. v. Chr.) zugeschrieben; nach derselben Überlieferung soll sich dieser auch mit der *Kugel aus 12 Fünfecken*, d.h. mit dem regelmäßigen Dodekaeder beschäftigt haben [Diels; 18, 4]. **K. von Fritz** hat daraus und aus weiteren Andeutungen geschlossen, daß die Inkommensurabilität zuerst an der Seite und Diagonale des regelmäßigen Fünfecks, und zwar auf geometrischem Wege, bewiesen worden sein könnte.

Der Beweis ist hier besonders einfach. Die Diagonalen eines Fünfecks bilden im Innern ein kleineres Fünfeck, dessen Seite
$s_1 = d - 2(d - s) = 2s - d$
und dessen Diagonale
$d_1 = d - s$
ist, wie man aus der Abbildung 21 leicht ablesen kann. Ein gemeinsames Maß von d und s muß also auch ein gemeinsames Maß von d_1 und s_1 sein usw. Man kann sich auch leicht überlegen, daß die nach innen konstruierten Fünfecke beliebig klein werden. Ein derartiger Gedankengang wäre zur Zeit des **Hippasos** möglich gewesen, was durch Bemerkungen von **Theon von Smyrna** und **Proklos** über die Behandlung von Seiten- und Diagonalzahlen bei den Pythagoreern gestützt wird [Heller].

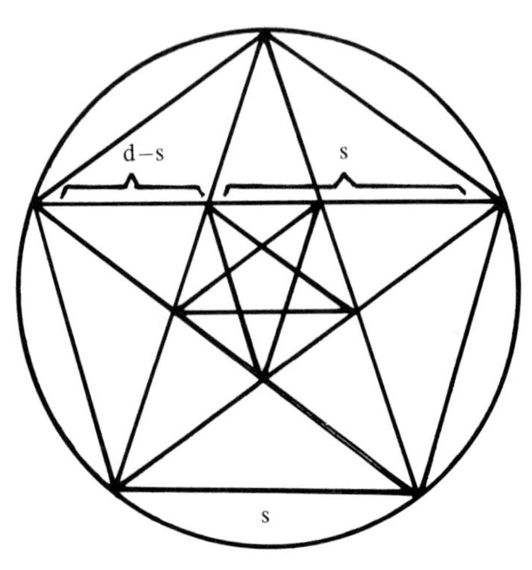

Abbildung 21. Regelmäßiges Fünfeck.

Die Entdeckung der Inkommensurabilität könnte auch aus der Musiktheorie kommen, etwa aus der Frage, ob sich das Intervall der Oktave (1:2) harmonisch halbieren läßt. Das erfordert das Aufsuchen eines geometrischen Mittels zwischen 1 und 2

$$1 : x = x : 2\,, \qquad (*)$$

aber so, daß sich die Verhältnisse 1:x und x:2 durch ganze Zahlen darstellen lassen.

Das ist dann erfüllt, wenn es eine rationale Zahl $x = \frac{p}{q}$ gibt, die (*) erfüllt.

$$1 : \frac{p}{q} = \frac{p}{q} : 2 \qquad \text{entspricht} \qquad q : p = p : 2q\,.$$

Nach **Boetius** [285 f.] hat **Archytas** bewiesen, daß es allgemein zwischen zwei Zahlen, die im Verhältnis n:n + 1 stehen, kein ganzzahliges geometrisches Mittel gibt. Satz und Beweis stehen in der **Euklid** zugeschriebenen *Sectio Canonis* [1; **8**, 162]. Vgl. [van der Waerden 2; 183].

Jedenfalls war seit dem 5. Jh. bekannt, daß es Streckenverhältnisse gibt, die sich nicht durch Zahlenverhältnisse ausdrücken lassen. Es gelang jedoch **Theaetet** und insbesondere **Eudoxos**, einen Kalkül mit Größenverhältnissen zu entwickeln, dessen Grundlage geeignete Kriterien für die Gleichheit und das Größer bzw. Kleiner von Streckenverhältnissen sind (s. S. 331 ff.). Dieses Rechnen mit Größenverhältnissen ersetzte für die Griechen das Rechnen mit reellen Zahlen, jedoch wurden die Größenverhältnisse nicht selbst als eine Art von Zahlen angesehen.

Der Aufgabe, in das Reich des Irrationalen schrittweise einzudringen, innerhalb der Irrationalitäten verschiedene Klassen zu unterscheiden und Verknüpfungsoperationen zu untersuchen, ist das 10. Buch von **Euklid**s Elementen gewidmet, das nach einem Kommentar von **Pappos** dem **Theaetet** zugeschrieben wird [Junge 1; 7 f.]. Seite und Diagonale eines Quadrats sind zwar der Länge nach inkommensurabel (*μήκει ἀσύμμετροι*), aber ihre Quadrate sind kommensurabel; **Euklid** bzw. **Theaetet** nennt sie *δυνάμει σύμμετροι*. Er stellt fest, daß es zu einer gegebenen Strecke unendlich viele kommensurable, unendlich viele linear inkommensurable aber quadratisch kommensurable und unendlich viele nicht quadratisch kommensurable Strecken gibt. Die gegebene Strecke nennt er *εὐθεῖα ῥητή* (= aussprechbare Strecke), die zu ihr linear oder quadratisch kommensurablen Strecken *ῥηταί*, die zu ihr weder linear noch quadratisch kommensurablen Strecken *ἄλογοι*. **Heron** schreibt [4, 136–139]: *Rationale und irrationale Größe* (*Τὸ ῥητὸν καὶ ἄλογον μέγεθος*) *gehören beide nicht zu dem an sich Gedachten, sondern zu dem mit anderem Verglichenen . . . jede Größe ist an und für sich weder rational noch irrational, . . . sondern erst durch Vergleichung mit einer durch Setzung angenommenen Einheit.* Er verwendet auch das Wort *ἄρρητος* (= unaussprechbar) gleichbedeutend mit *ἄλογος* [**4**, 138, Z. 8]).

Die lateinischen Übersetzungen lauten in der Euklidausgabe von **Clavius**: *magnitudines commensurabiles* bzw. *incommensurabiles*; die Grundstrecke heißt *rationalis*, die mit ihr kommensurablen bzw. inkommensurablen Strecken *rationales* bzw. *irrationales*.

Durch Verknüpfungen erhält **Euklid** [El. 10] u.a. die folgenden Grundformen von Irrationalitäten:

§ 21: $\sqrt{\sqrt{a} \cdot \sqrt{b}}$, die *Mediale* (μέση).

Das Rechteck aus nur quadriert kommensurablen rationalen Strecken ist irrational; auch die quadriert dasselbe ergebende Strecke ist irrational; sie heiße Mediale.

§ 36: $\sqrt{a} + \sqrt{b}$, die *Binomiale* (ἐκ δύο ὀνομάτων).

§ 73: $\sqrt{a} - \sqrt{b}$, die *Apotome* (ἀποτομή).

Mediale, Binomiale, Apotome sind die von **Thaer** [Euklid 11] benutzten Ausdrücke. In der Euklid-Ausgabe von **Clavius** steht: *media, ex binis nominibus, apotome.*

Die Übersetzung in Formeln ist unbefriedigend; gemeint ist, daß $\sqrt{a}$ und $\sqrt{b}$ linear inkommensurabel, aber quadratisch kommensurabel sind; eine von beiden darf rational sein.

Euklid teilt diese Formen noch weiter in Klassen ein. Genannt sei nur noch [§ 76 und 94]: *Die Wurzel aus einer „vierten" Apotome*, d.h. $\sqrt{a - \sqrt{b}}$, *heißt Minor.*

Die Definition führt eigentlich auf $\sqrt{p + \sqrt{q}} - \sqrt{p - \sqrt{q}}$, das ist aber gleich $\sqrt{2p - 2\sqrt{p^2 - q}}$.

Angewandt werden diese Namen im 13. Buch:

§ 6: *Teilt man eine rationale Strecke stetig, so wird jeder ihrer Abschnitte eine Apotome.*

§ 11: *Beschreibt man einem Kreis mit rationalem Durchmesser ein regelmäßiges Fünfeck ein, so wird die Fünfeckseite eine Minor* ⟨nämlich $\frac{d}{4}\sqrt{10 - 2\sqrt{5}}$⟩.

§ 16: *Die Ikosaederkante ist bezüglich des Durchmessers der Umkugel eine Minor.*

§ 17: *Die Dodekaederkante ist eine Apotome.*

Für das Rechnen mit Irrationalitäten ist es von Interesse, ob das Resultat von Verknüpfungsoperationen wieder eine Irrationalität von der gleichen oder etwa von einer bestimmten anderen Art ist. Das Produkt zweier Wurzelausdrücke ist wieder ein solcher Ausdruck. Aber wie ist es bei der Summe?

Euklid beweist den Satz [El. 10, 54]: *Wird eine Fläche von der Rationalen* ⟨r⟩ *und einer Ersten Binomialen* ⟨$\sqrt{a} + \sqrt{b}$⟩ *umfaßt, dann ist die Strecke, die quadriert die Fläche ergibt, eine Irrationale, wie man sie Binomiale nennt.*

Das besagt: $\sqrt{r(\sqrt{a} + \sqrt{b})}$ ist in der Form $\sqrt{p} + \sqrt{q}$ darstellbar. Wir setzen r, das ja die Rolle der Einheitsstrecke spielt, = 1. Dann sind p, q so zu bestimmen, daß

$$\sqrt{\sqrt{a} + \sqrt{b}} = \sqrt{p} + \sqrt{q}, \tag{1}$$

d.h.

$$\sqrt{a} + \sqrt{b} = p + q + 2\sqrt{pq} \tag{2}$$

ist.

Man setze also:

$$\sqrt{a} = p + q\,, \quad \sqrt{b} = 2\sqrt{pq}\,. \tag{3}$$

Aus

$$(p-q)^2 = (p+q)^2 - 4\,pq$$

ergibt sich

$$p - q = \sqrt{a-b}\,,$$

somit

$$p = \tfrac{1}{2}(\sqrt{a} + \sqrt{a-b})\,, \quad q = \tfrac{1}{2}(\sqrt{a} - \sqrt{a-b}\,.$$

Euklid erhält dieses Ergebnis durch eine gleichwertige geometrische Überlegung.

Ob in der Praxis des Rechnens diese Ausdrücke und Operationen auch rein arithmetisch aufgefaßt wurden, ist bei den Griechen fraglich. Die Meinungen von **Heron** und **Diophant** wurden oben (S. 130 f.) wiedergegeben. Wir finden die rein arithmetische Auffassung der Wurzelausdrücke und des Rechnens mit ihnen allgemein bei den Arabern, z.B. im Euklid-Kommentar des **al-Nayrīzī**. Er beschreibt u.a. [270] die Operation

$$\sqrt{a} + \sqrt{b} = \sqrt{a + b + 2\sqrt{ab}}$$

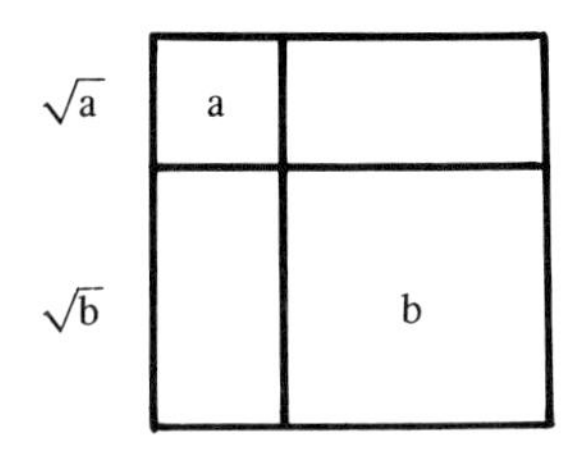

Abbildung 22. $\sqrt{a} + \sqrt{b}$.

mit den Worten: *Wenn wir die Wurzel aus einer Zahl (radicem numeri* in der Übersetzung von **Gerhard von Cremona**) *zur Wurzel aus einer Zahl addieren wollen, so addieren wir zunächst die beiden Quadrate der beiden Wurzeln und dazu noch zweimal die Wurzel aus ihrem Produkt. Aus dem Ergebnis ziehen wir die Wurzel.* Den Beweis führt er allerdings geometrisch mittels der (nicht in dieser Weise beschrifteten) in Abbildung 22 gezeigten Figur.

Abū Kāmil stellt dann auch die Frage, unter welchen Bedingungen $\sqrt{a} + \sqrt{b}$ wieder die Wurzel aus einer Zahl ist [1; 76]: Wünscht man die Wurzel aus einer Zahl zur Wurzel aus einer Zahl zu addieren, so daß die Summe die Wurzel aus einer Zahl ist, so ist das nicht für alle Zahlen möglich. Es ist möglich, wenn die zwei Zahlen Quadrate sind, oder wenn der Quotient eine Wurzel hat oder wenn das Produkt eine Wurzel hat. (Übersetzung etwas gekürzt.)

Abū Kāmil rechnet u.a. die folgenden Zahlenbeispiele vor:

$$\begin{aligned}
\sqrt{9} + \sqrt{4} &= \sqrt{9 + 4 + 2\sqrt{9 \cdot 4}} = \sqrt{25} = 5 \\
\sqrt{9} - \sqrt{4} &= \sqrt{9 + 4 - 2\sqrt{9 \cdot 4}} = \sqrt{1} = 1 \\
\sqrt{8} + \sqrt{18} &= \sqrt{8 + 18 + 2\sqrt{8 \cdot 18}} = \sqrt{50} \\
\sqrt{18} - \sqrt{8} &= \sqrt{8 + 18 - 2\sqrt{8 \cdot 18}} = \sqrt{2} \\
\sqrt{2} + \sqrt{10} &= \sqrt{2\sqrt{20} + 12} \\
\sqrt{10} - \sqrt{2} &= \sqrt{12 - 2\sqrt{20}}\,.
\end{aligned}$$

Die Möglichkeit, Wurzelausdrücke zu addieren und subtrahieren, sowie – was einfacher ist – zu multiplizieren und zu dividieren, erleichtert es natürlich, sie als Zahlen aufzufassen. Daß sich diese Auffassung bei den Arabern mehr und mehr durchsetzte, bezeugen Redewendungen wie die von einer *Linie, die als Wurzel einer Zahl erscheint* oder die synonyme Verwendung der Wörter Zahl, Größe, Linie. Beides kommt in Kommentaren zum 10. Buch **Euklids** vor [Matvievskaja 1].

ᶜOmar Ḫayyām hat sich auch überlegt [Juškevič 1; 254]: *Kann ein Verhältnis von Größen seinem Wesen nach eine Zahl sein oder wird es nur von einer Zahl begleitet oder ist das Verhältnis mit einer Zahl nicht seiner Natur nach, sondern mit Hilfe von irgendetwas Äußerem verknüpft, oder ist das Verhältnis mit einer Zahl seiner Natur nach verknüpft und bedarf daher keines Äußeren?* Er wählt eine gewisse Einheit und setzt deren Verhältnis zu einer Hilfsgröße G gleich dem Verhältnis von A zu B. Diese Größe G, sagt er, wollen wir *nicht als Linie, Fläche, Körper oder Zeit auffassen, sondern wir wollen sie auffassen als eine durch den Verstand von all dem losgelöste und zu den Zahlen gehörende Größe, jedoch nicht zu den absoluten und echten Zahlen, da das Verhältnis von A zu B häufig auch nicht zahlenmäßig sein kann, d.h., daß man keine zwei Zahlen finden kann, deren Verhältnis diesem Verhältnis gleich wäre.*

Als Fachwörter werden *ǧayru munṭaq* = nicht aussprechbar [Klamroth; 302] sowie vor allem *aṣamm* = taub verwendet, so z.B. von **Uqlīdisī** [Uqlīdisī 2; 415, 427] und von **al-Bīrūnī**, der π als eine solche „*taube*" Zahl bezeichnet [Juškevič 1; 250].

Leonardo von Pisa gibt die Einteilung der Irrationalitäten von **Euklid** [El. 10] kurz wieder [1; 2, 228], und zwar bezogen auf Zahlen *(reducens intellectum ipsius ad numerum).* Nach **Euklid** unterscheidet er 15 Arten. Zwei davon sind *rite seu racionate*, nämlich ⟨die linear oder quadratisch mit der Einheit kommensurablen⟩ 1. die Zahlen 1, 2, 3, ... und die Brüche, 2. die Wurzeln aus rationalen Zahlen, die nicht Quadrate sind; sie heißen *numeri surdi.* Die 13 Arten der irrationalen Zahlen sind: 1. *media, per quam intelligitur radix radicis numeri non quadrati*; von den übrigen Arten sind sechs Arten Wurzeln aus binomischen Zahlen *(radices numerorum binomiorum, hoc est duorum nominum).* Die übrigen sind *radices recisorum.* – *Recisus numerus* heißt die Differenz (**Leonardo**: *residuum* = Rest) zwischen einer Zahl und einer Wurzel oder zwischen zwei Wurzeln.

Die Frage, ob die irrationalen Zahlen, die bereits als *numeri irrationales* bezeichnet werden, wirkliche Zahlen sind oder nur fingierte *(an veri sint numeri, an ficti)*, wurde von **Stifel** in seiner *Arithmetica integra* 1544 [1; 103ʳ f.] untersucht. Für die Wirklichkeit der irrationalen Zahlen spricht, daß sie in der Geometrie noch weiterhelfen, wenn die rationalen Zahlen versagen. Dagegen spricht, daß sie sich einer exakten Berechnung immer entziehen (*fugere perpetuo* – vielleicht denkt **Stifel** an die Näherungsverfahren zum Ausziehen von Wurzeln; denn er betrachtet nur Wurzeln als irrationale Zahlen), – und daß sie in einem Nebel des Unendlichen verborgen bleiben; ferner, daß sie kein festes Verhältnis zu rationalen Zahlen haben.

Weiter führt er aus: eine irrationale Zahl kann keine ganze Zahl sein, denn jede irrationale Zahl liegt zwischen zwei aufeinanderfolgenden ganzen Zahlen, so z.B. $\sqrt{6}$ zwischen 2 und 3, $\sqrt{10}, \sqrt{11}, \sqrt{12}, \sqrt{13}, \sqrt{14}, \sqrt{15}$ zwischen 3 und 4.

Eine irrationale Zahl kann auch keine gebrochene Zahl sein, denn eine Potenz einer gebrochenen Zahl kann niemals eine ganze Zahl sein. Hier wird wieder vorausgesetzt, daß jede irrationale Zahl eine n-te Wurzel aus einer ganzen Zahl ist.

Diese Argumente zeigen, welche Kenntnisse über irrationale Zahlen **Stifel** hatte. Er bemerkt auch, daß zwischen zwei ganzen Zahlen sowohl unendlich viele Brüche, wie auch unendlich viele irrationale Zahlen liegen, daß aber trotzdem die einen von den anderen verschieden sind.

Die Lösung der Frage liegt auch hier, wie bei der 1 (s. S. 124 f.) in einer neuen Definition des Zahlbegriffs, wie sie von **Petrus Ramus** und für die reellen Zahlen von **Simon Stevin** erstmals versucht wurde: *Nombre est cela, par lequel s'explique la quantité de chascune chose* (s.o.). Diese Definition leistet, was **Stevin** verlangt, nämlich *descripre la signification des propres vocables de ceste science* [2a; $1^r = 1$; 494]. Sie gestattet auch die Aussagen *que l'unité est nombre* [2a; $1^v = 1$; 495], *que nombre n'est poinct quantité discontinue* [2a; $4^v = 1$; 501] und *qu'il ny a aucuns nombres absurdes, irrationels, irreguliers, inexplicables, ou sourds* [2a; $33^r = 1$; 532]. Doch als Grundlage des mathematischen Arbeitens mit Zahlen ist sie nicht unmittelbar brauchbar.

In der Schule von **Descartes** entstand (nach **Wallis** [3; Kap. 4]) die Definition der reellen Zahl als *dasjenige, was sich zur Eins verhält wie eine gerade Linie* ⟨*Strecke*⟩ *zu einer anderen geraden Linie* (so im Math. Lexikon von **Wolff** 1716). Ebenso hat es **Leibniz** ausgedrückt, der dabei betont, daß diese Definition alle Arten von Zahlen umfaßt [1; 7, 24] (1714): *Ex his manifestum est, Numerum in genere integrum, fractum, rationalem, surdum, ordinalium, transcendentem generali notione definiri posse, ut sit id quod homogeneum est Unitati, seu quod se habet ad Unitatem, ut recta ad rectam.* Bei Newton lautet die Definition ein klein wenig anders [6; 4]: *Per numerum non tam multitudinem unitatum quam abstractam quantitatis cujusvis ad aliam ejusdem generis quantitatem quae pro unitate habetur rationem intelligimus. Estque triplex; integer, fractus et surdus: Integer quem unitas metitur, Fractus quem unitatis pars submultiplex metitur, et Surdus cui unitas est incommensurabilis.*

Im 19. Jh. entstand das Bedürfnis nach einer rein arithmetischen Definition der reellen Zahlen. Sie ist auf zwei Weisen möglich, *genetisch* und *axiomatisch* [Hilbert; 180 f.]. Die genetische Definition setzt die rationalen Zahlen als bekannt voraus und bestimmt die reellen Zahlen als gewisse unendliche Mengen von rationalen Zahlen.

Bolzano spricht von einem *unendlichen Zahlenbegriff*, wenn in ihm *eine unendliche Menge von Verrichtungen, es sei nun des Addierens, oder Subtrahierens, oder Multiplizierens, oder Dividierens, oder aller zugleich gefordert wird,* z.B. $\frac{1}{2} - \frac{1}{4} + \frac{1}{8} - \frac{1}{16} + \ldots$ in inf.

Manche unendlichen Zahlenbegriffe S haben die Eigenschaft, daß es zu jeder natürlichen Zahl q eine Zahl p gibt, für die $\frac{p}{q} \leqslant S < \frac{p+1}{q}$ gilt. Einen solchen nennt Bolzano *meßbar.* Die meßbaren Zahlenbegriffe sind genau die reellen Zahlen.

Bolzanos Theorie wird etwa in den Jahren 1830–1835 entstanden sein. Sie wurde erst 1962 aus dem handschriftlichen Nachlaß veröffentlicht [Rychlík; 5, 15, 18 ff.] (s. auch **Rootselaar** und **Laugwitz**).

Weierstraß ging von der alten Definition der Zahl als Zusammenfassung von Einheiten aus, ließ jedoch verschiedene, sogar unendlich viele Einheiten zu. So faßte er z.B. in einem Dezimalbruch die Potenzen von 10 einzeln als Einheiten auf. Eine *Zahlgröße* ist ein *Aggregat* von Einheiten, wobei bekannt sein muß, wieviel Einheiten von jeder Art es enthält. *Eine Zahlgröße z heißt Bestandteil einer Zahlgröße a, wenn jedes Element von z auch Element von a ist.* Dabei müssen Umformungen wie z.B. von $\frac{3}{4}$ in $\frac{1}{2}+\frac{1}{4}$ zugelassen werden. Eine aus unendlich vielen Elementen bestehende Zahlgröße z heißt endlich ⟨z.B. $1+\frac{1}{2}+\frac{1}{4}+\frac{1}{8}+\ldots$⟩, wenn es eine aus endlich vielen Elementen bestehende Zahlgröße gibt, die nicht in ihr enthalten ist ⟨für das Beispiel etwa: 2⟩. Diese endlichen Zahlgrößen sind die reellen Zahlen [Gericke; 110 f.].

Weierstraß hat seine Theorie in Vorlesungen vorgetragen, wahrscheinlich seit 1859/60. *Im begrifflichen Besitz seiner Theorie war er sicherlich schon 1841/42*, schreibt **Mittag-Leffler**. Veröffentlicht wurde sie von seinen Schülern, erstmals von **Kossak** 1872 nach der Vorlesung von 1865/66. **Dugac** hat kürzlich einige der Nachschriften dieser Vorlesung veröffentlicht. Daß die Definitionen von **Bolzano** und **Weierstraß** äquivalent sind, ist leicht einzusehen; die entsprechenden Sätze sind von **Bolzano** und **Weierstraß** selbst bewiesen worden.

Beide Definitionen ermöglichen einen Beweis des sog. **Cauchy**'schen Konvergenzkriteriums, das 1821 von **Cauchy** [3; Kap. 6, § 1] und bereits 1817 von **Bolzano** [1; 21, § 7] ausgesprochen wurde, nämlich daß eine Folge von (rationalen) Zahlen (a_k) einen Grenzwert hat, wenn für genügend große n und beliebige m die Werte von $|a_{n+m} - a_n|$ beliebig klein werden. (Wir setzen voraus, daß dem Leser die strenge Formulierung bekannt ist.)

G. Cantor [92 ff.] (siehe auch **Heine**) und **Méray** [1], [2; 23 ff.], haben die unendlichen Folgen mit der oben genannten Eigenschaft zur Definition der reellen Zahlen benutzt. **Cantor** nennt sie *Fundamentalreihen*. Notwendig ist, zu definieren, wann zwei Fundamentalfolgen (a_n) und (b_n) gleich sind, nämlich: wenn für genügend große n die Werte $|a_n - b_n|$ beliebig klein werden.

$$\bigwedge_{\epsilon>0} \bigvee_{n_0} \bigwedge_{n>n_0} |a_n - b_n| < \epsilon .$$

Eine Variante ist die von **P. Bachmann** 1892 angegebene Definition der reellen Zahl durch Intervallschachtelung, die eine reelle Zahl durch zwei gegeneinander konvergierende Zahlenfolgen festlegt [8].

Während diese Definitionen die Rechenoperationen, mindestens die Addition benötigen, benutzt **Dedekind** [2] nur die Ordnungsrelation „<“ der rationalen Zahlen. Seine Definition kann daher zur Vervollständigung jeder geordneten Menge verwandt werden.

Ist nun irgendeine Einteilung des Systems R ⟨der rationalen Zahlen⟩ *in zwei Klassen A_1, A_2 gegeben, welche nur die charakteristische Eigenschaft besitzt, daß jede Zahl a_1 in A_1 kleiner ist als jede Zahl a_2 in A_2, so wollen wir der Kürze halber eine solche Einteilung einen Schnitt nennen und mit (A_1, A_2) bezeichnen. Wir können dann sagen, daß jede rationale Zahl a einen Schnitt oder eigentlich zwei Schnitte hervorbringt, welche wir aber nicht als wesentlich verschieden ansehen wollen*, nämlich

1. $A_1 = \{x; x \leqslant a\}$, $A_2 = \{y; y > a\}$
2. $A_1 = \{x; x < a\}$; $A_2 = \{y; y \geqslant a\}$ [2; 11].

Jedesmal nun, wenn ein Schnitt (A_1, A_2) *vorliegt, welcher durch keine rationale Zahl hervorgebracht wird* ⟨**Dedekind** beweist, daß es solche Schnitte gibt⟩, *so erschaffen wir eine neue, eine irrationale Zahl* α, *welche wir als durch diesen Schnitt* (A_1, A_2) *vollständig definiert ansehen* [2; 13]. Auf dieses Erschaffen eines neuen mathematischen Gegenstands hat Dedekind großen Wert gelegt, während **H. Weber** [Dedekind 4] den Schnitt selbst als die reelle Zahl ansah. Tatsächlich läuft ja das Rechnen mit reellen Zahlen darauf hinaus, daß man die Ordnungsrelation sowie Summe und Produkt für Schnitte erklären muß.

Die axiomatische Methode geht in der Geometrie auf **Euklid** zurück, zur Kennzeichnung der reellen Zahlen wurde sie von **Hilbert** benutzt. **Hilbert** beschreibt sie so [181 ff.]: *Hier pflegt man mit der Annahme der Existenz der sämtlichen Elemente zu beginnen . . . und bringt sodann diese Elemente . . . durch gewisse Axiome . . . mit einander in Beziehung. Es entsteht dann die notwendige Aufgabe, die Widerspruchslosigkeit und Vollständigkeit dieser Axiome zu zeigen. . .*

In der Theorie des Zahlbegriffs gestaltet sich die axiomatische Methode wie folgt: Wir denken ein System von Dingen; wir nennen diese Dinge Zahlen und bezeichnen sie mit a, b, c. . . Wir denken diese Zahlen in gewissen gegenseitigen Beziehungen, deren genaue und vollständige Beschreibung durch die folgenden Axiome geschieht:

I. Axiome der Verknüpfung.
⟨Eindeutige Ausführbarkeit und Umkehrbarkeit der Addition und Multiplikation.⟩

II. Axiome der Rechnung.
⟨Assoziative, kommutative und distributive Gesetze.⟩

III. Axiome der Anordnung.

IV. Axiome der Stetigkeit.
IV.1. Archimedisches Axiom.
IV.2. Axiom von der Vollständigkeit: . . . die Zahlen bilden ein System von Dingen, welches bei Aufrechterhaltung sämtlicher Axiome keiner Erweiterung mehr fähig ist.

Es läßt sich beweisen, daß die durch diese Axiome gekennzeichneten Dinge dieselben sind wie die genetisch erzeugten reellen Zahlen.

Das Vollständigkeitsaxiom kann auch durch das *Dedekind'sche Axiom* ersetzt werden, daß jeder Schnitt im Bereich der reellen Zahlen durch eine reelle Zahl hervorgebracht wird. (Bei **Dedekind**, der ja die reellen Zahlen konstruiert bzw. erschafft, ist diese Aussage kein Axiom.)

Der Beweis der Widerspruchsfreiheit dieses Axiomensystems erfordert tiefliegende und nicht unproblematische Hilfsmittel der Logik.

1.3.5 Algebraische und transzendente Zahlen

Die Irrationalität von π wird selten erwähnt. **Aristoteles** behauptet, daß der Durchmesser und der Umfang eines Kreises inkommensurabel sind [Phys. 7,4 = 248 b 5 f.], an anderer Stelle [Cat. 7 = 7 b 31–33] steht aber ein Zweifel, nämlich daß die Quadratur des Kreises vielleicht wißbar (ἐπιστητόν) sei, daß man sie aber jedenfalls zur Zeit noch nicht kenne. **Al-Bīrūnī** schreibt: *Umfang und Durchmesser eines Kreises stehen in einem Verhältnis; es ist dies das Verhältnis der Maßzahl des Kreisumfangs zur Maßzahl des Durchmessers, und dieses Verhältnis ist irrational* [Juškevič 1; 250]. Im arabischen Text steht für „irrational" *aṣamm* = stumm. – Sonst denkt man meist nur an Wurzelausdrücke, wenn von irrationalen Zahlen die Rede ist, so z.B. **Stifel** [1; 103ʳ ff.].

Die Unterscheidung von „algebraisch" und „transzendent" tritt zuerst bei Kurven auf, und zwar bei **Descartes**, der in diesem Sinne „geometrische" und „mechanische" Kurven unterscheidet [2; 319] = [3; 23]. **Leibniz** verwendet zunächst die Namen „analytisch" und „transcendent" ([1; **5**, 103], vermutlich 1679, s. [1; **5**, 86]), später ersetzt er „analytisch" durch „algebraisch" (z.B. 1682 [1; **5**, 119]). Er erläutert „transzendent" dadurch, daß das Problem *sit gradus infiniti et omnem Algebraicam aequationem transcendat* [1; **5**, 229].

Leibniz verwendet den Namen „transcendent" auch bei Größen und Zahlen (s. S. 137). In einem Konzept vom Dez. 1679 unterscheidet er *quantitas fracta, irrationalis, transcendens* nach der Art ihrer Darstellung durch Dezimalbrüche. Bei gebrochenen Zahlen ist die Reihe der Ziffern periodisch, bei irrationalen wird es wenigstens eine Regel geben, nach der man sie aufsuchen *(investigare)* kann. Das gleiche gilt für die Lösung einer Gleichung mit gemischten Gliedern *(radix alicuius aequationis affectae)*, die **Leibniz** hier von der Lösung einer reinen Gleichung unterscheidet. *Schließlich ist jede transzendente Größe durch Zahlen ins Unendliche approximierbar, so daß auch hier immer eine Regel für die Reihe zu finden sein wird* (etwas gekürzt übersetzt, Text [Zacher; 218]).

Der Gebrauch des Wortes „irrational", gleichbedeutend mit *surdus* (s. [1; **7**, 31, 38]) ist bei **Leibniz** nicht ganz eindeutig. Manchmal nennt er jede nicht rationale Zahl *surdus* [4; 566], teilt die irrationalen Größen in *vel Algebraicae vel Transcendentes* [4; 350], manchmal unterscheidet er die irrationalen Zahlen von den transzendenten, die er einmal *surdis surdiores* nennt [1; **7**, 68].

Euler erklärt zunächst die Wurzelausdrücke als irrationale Zahlen (er sagt aber nicht, daß *alle* irrationalen Zahlen Wurzelausdrücke wären) und schreibt bei der Einführung der Logarithmen, sie führen *auf eine ganz neue Art von Zahlen, welche nicht einmal zu den obigen irrationalen gerechnet werden können* [5; 1. Teil, 1. Abschn. Kap. 20, § 219].

In [2; **1**, § 7] nennt **Euler** π (er schreibt c) eine *quantitas transcendens.*

Lambert fand [4; § 12] für *tang* v den unendlichen Kettenbruch

$$\mathit{tang}\ \mathrm{v} = \cfrac{1}{\cfrac{1}{\mathrm{v}} - \cfrac{1}{\cfrac{3}{\mathrm{v}} - \cfrac{1}{\cfrac{5}{\mathrm{v}} - \cfrac{1}{\cfrac{7}{\mathrm{v}} - \cfrac{1}{\cfrac{9}{\mathrm{v}} - \text{etc.}}}}}}$$

Da die Kettenbruchentwicklung einer rationalen Zahl abbrechen muß (was **Legendre** bewiesen hat [3; 157ff.]), ergibt sich: Ist v rational, so ist *tang* v irrational, und umgekehrt. Da *tang* $\pi/4 = 1$ ist, ist also π irrational.

Ebenso erhielt **Lambert** [2; 153]: *e = 2,718 281 828 459 045 235 360 28 . . . est transcendante, en ce qu'aucune de ses dignités* ⟨Potenzen⟩ *ni aucune de ses racines n'est rationelle.* **Lambert** beschreibt die Situation genau (§ 89 f.). Wurzelausdrücke und die irrationalen Wurzeln algebraischer Gleichungen *(les racines irrationelles des équations algébriques)* nennt er *quantités irrationelles radicales.* Er sagt: . . . *et voici le théoreme que je crois pouvoir être démontré. Je dis donc qu'aucune quantité transcendante circulaire* ⟨aus trigonometrischen Funktionen entstehende⟩ *et logarithmique ne sauroit être exprimée par quelque quantité irrationelle radicale, qui se rapporte à la même unité, et dans laquelle il n'entre aucune quantité transcendante* [2; 158].

Liouville konstruierte 1844, zuerst mit Hilfe von Kettenbrüchen, später auf einfacherem Wege Zahlen, *die nicht Wurzeln irgendeiner algebraischen Gleichung sind.* Solche sind z.B. [1], [2]:

$$\frac{1}{n} + \frac{1}{n^{1.2}} + \frac{1}{n^{1.2.3}} + \ldots \text{ für jede ganze Zahl n.}$$

Georg Cantor bewies 1874 [115–118], daß die Menge der algebraischen Zahlen abzählbar ist, die Menge der reellen in einem gegebenen Intervall nicht. Damit war *ein neuer Beweis des zuerst von* **Liouville** *bewiesenen Satzes gegeben, daß es in jedem vorgegebenen Intervalle* ($\alpha \ldots \beta$) *unendlich viele transzendente, d.h. nicht algebraische Zahlen reelle gibt* [116].

Die Transzendenz von *e* bewies **Hermite** 1873 [2], die Transzendenz von π **Lindemann** 1882.

1.3.6 Die Null

Die Darstellung der Null in Wort und Schrift wurde oben behandelt; hier geht es um die Frage, ob die Null als Zahl aufgefaßt wird.

Bis zum Beginn der Neuzeit galt die Null im allgemeinen nur als Lückenzeichen im Positionssystem, das für sich nichts bedeutet (s. Abschnitt 1.2.1.3). Nach der griechischen Definition der Zahl als Menge von Einheiten kann die Null auch keine Zahl sein.

Trotzdem wurde gelegentlich mit Null gerechnet; das älteste Beispiel dafür findet sich in Inschriften am Tempel von Edfu, wo der Flächeninhalt eines Vierecks mit den Seiten a, b, c, d durch $\frac{a+c}{2} \cdot \frac{b+d}{2}$ angegeben und zur Berechnung eines Dreiecks $c = 0$ angesetzt wird [Lepsius 1], [VM; **1**, 65 f.].

Nikomachos von Gerasa macht einmal die Bemerkung, daß *nichts zu nichts hinzugefügt nichts ergibt* (*οὐδὲν οὐδενὶ συντεθὲν οὐδὲν γὰρ ποιεῖ*) [1; 84 = II, 6, 3], doch ist hier eigentlich nicht an die Addition von Null zu Null gedacht, sondern daran, daß das Hinzufügen eines Punktes zu einem Punkt keine Strecke ergibt.

Die indischen Mathematiker sind mindestens seit **Brahmagupta** (geb. 598) mit dem Rechnen mit Null vertraut. **Brahmagupta** gibt die Regeln für die Addition, Subtraktion und Multiplikation korrekt an, hat bei der Division durch Null aber Schwierigkeiten. Er behauptet $0 : 0 = 0$ und für beliebige positive oder negative Zahlen $\pm a : 0 = 0 : \pm a = 0$ [2; Kap. 18, Vers 30–35, bzw. 31–36], [1; 339 f.]. **Colebrooke** interpretiert den betreffenden Vers anders, nämlich so: *Negatives oder Positives dividiert durch Null ergibt einen Bruch mit dem Nenner 0.* Diese Auffassung ist deutlich von **Bhāskara II** (um 1150) ausgesprochen, der sich nun vor die Aufgabe gestellt sieht, zu erklären, was für eine Größe ein Bruch mit dem Nenner 0 ist. Er sagt: *Solch eine Größe läßt keine Änderung zu, mag auch vieles hinzugesetzt oder weggenommen werden* [3; 138]. Dazu bemerkt sein Kommentator **Gaṇeśa** (1545): *Will man zu* $\frac{a}{0}$ *eine Größe b addieren, so hat man beide Größen auf den gemeinsamen Nenner 0 zu bringen;* man erhält also $\frac{a}{0} + b = \frac{a + b \cdot 0}{0} = \frac{a}{0}$ (natürlich formuliert **Gaṇeśa** alles in Worten) [DS; **1**, 244]. Die gleiche Erläuterung gibt **Kṛṣṇa** (1580), bei dem sich auch die folgende Überlegung findet: *Je mehr der Divisor vermindert wird, um so mehr wird der Quotient vergrößert. Wird der Divisor auf das äußerste vermindert, so vergrößert sich der Quotient auf das äußerste. Aber solange noch angegeben werden kann, er sei so oder so groß, ist er nicht auf das äußerste vergrößert; denn man kann alsdann eine noch größere Zahl angeben. Der Quotient ist also von unbestimmbarer Größe und wird mit Recht unendlich genannt* [Bhāskara II 3; 137]. **Bhāskara II** behandelt auch die Aufgabe

$$\frac{\left(x \cdot 0 + \frac{x \cdot 0}{2}\right) \cdot 3}{0} = 63$$

und gibt 14 als Lösung an [1; 20].

Auch im Abendland wurde mit der Null gerechnet. In einer anonymen Abhandlung aus dem 12. Jh. heißt es z.B. *Ter nihil nihil est* (dreimal Null ist Null) [Curtze 5; 10]. **Leonardo von Pisa** findet als Lösung der Aufgabe $x^2 + 4 = 4x$ die Werte $x = 2 \pm \sqrt{4 - 4}$. Er beschreibt diese Lösung so: *Ziehe 4 von dem Quadrat der halben Anzahl der x, das ist 4, ab; es bleibt Null (remanet zephyrum). Dies zu der halben Anzahl der x addiert oder davon subtrahiert, ergibt 2* [1; **1**, 421]. Fast dieselbe Aufgabe, nämlich $3x^2 + 12 = 12x$ behandelt **Chuquet** in der gleichen Weise, aber noch mit der ausdrücklichen Bemerkung, daß $\sqrt{0} = 0$ ist [1; 805].

Andere Mathematiker sind nicht weniger frei im Gebrauch der Null. Im Rechenbuch des **Prosdocimo de Beldomandi** steht [2; B 7^v] über das Multiplizieren mit der Null: *sciendum, quod ex ductu cifre in cifram vel alicuius figurae significatiue in cifram siue e contra semper prouenit cifra siue figura nihili* (Wisse, daß bei der Multiplikation von Null mit Null oder einem bedeutungsvollen Zahlzeichen mit Null oder umgekehrt immer Null, d.h. das Zahlzeichen des Nichts herauskommt). **N. Tartaglia** (1499–1557) rechnet Subtraktionsbeispiele folgender Art vor:

$$\begin{array}{cc} \sqrt{45}+0 & \sqrt{45}-0 \\ \sqrt{5}+3 & \sqrt{5}+3 \\ \hline \sqrt{20}-3 & \sqrt{20}-3 \end{array} \qquad [1; 2, 89^r].$$

Die Lösungstheorie der Gleichungen wird wesentlich vereinfacht, wenn man 0 und negative Zahlen als Koeffizienten zuläßt (vgl. 3.4.2). Man braucht dann die Gleichungen nicht mehr so zu schreiben, daß auf der linken und rechten Seite nur positive Zahlen stehen, sondern kann z.B. alle quadratischen Gleichungen in der Form $x^2 = \pm px \pm q$ schreiben, die alle verschiedenen vorher üblichen Typen umfaßt. Das hat erstmals **Stifel** getan [1; 240^r f.]. Natürlich schreibt er die Gleichung nicht in dieser allgemeinen Form, sondern mit bestimmten Zahlen als Koeffizienten, z.B.:

1 ʒ *aequatus* 725 – 4 ***r*** .

Ebenso verfährt **Stevin**, doch betrachtet er das Vorzeichen als zur Zahl gehörig. Das wirkt sich so aus: Bei **Stifel** heißt die Regel: Von der Zahl der Wurzeln ⟨also vom Koeffizienten von x⟩ bilde die Hälfte . . . addiere oder subtrahiere sie je nach ihrem Vorzeichen. . . Bei **Stevin** ist z.B. die Hälfte von – 6 die Zahl – 3, und es wird in jedem Falle addiert. Dadurch wird die Regel ein wenig einfacher [2a; 285, 289].

Gleichungen in der Form p(x) = 0 treten vereinzelt bei verschiedenen Autoren auf, manchmal ergibt sich diese Form von selbst im Laufe der Rechnung. Beispiele: **Ibn Badr** [80], **Cardano** [3; Cap. 11 – nicht in der Ausgabe von 1663], **Stifel** [1; 283^r], **Bombelli** [1; 250, 263, 270]. **Viète** verwendet diese Form grundsätzlich nicht, und **Harriot**, der das Gleichungspolynom als Produkt von Linearfaktoren darstellt und also naturgemäß auf die Form p(x) = 0 kommt, geht stets schnell zur Darstellung von **Viète** (positive Glieder auf beiden Seiten der Gleichung) über. Als Normalform erscheint die *aequatio ad nihil* bei **Napier** [6; 155 f.], bei **Descartes** in der *Geometrie* und seitdem ständig.

Bei der Divisionsaufgabe $(x^3 + 1) : (x + 1)$ schreibt **Stifel** den Dividenden in der Form $x^3 + 0x^2 + 0x + 1$ [1; 317^v]. Daß man auf diese Weise jede Gleichung als in der vollständigen Form gegeben ansehen kann (in der alle Potenzen von x auftreten), hat **Girard** gesagt [2; E 4^v]. **Napier** verwendet das Symbol 0 in eigenartiger Weise für eine Größe, die nicht näher bestimmt zu werden braucht, z.B. in der Aussage: *ein Quadrat ist Kubikwurzel einer 6. Potenz*, die er so schreibt (ʓ = Quadrat, ℭ = Kubus): *fit ergo 0ʓ radix cubica hujus 0*ʓℭ [6; 124]. Vielleicht ist das aus seiner Definition herauszulesen, daß 0 ein Zeichen ist *qui . . . locis vacuis supplendis destinatur* [6; 28].

Als Lösung eines Gleichungssystems tritt 0 erstmals bei **Chuquet** auf [1; 642]. Hat eine einzelne Gleichung die Lösung x = 0, wie z.B. $x^2 = 5x$, so ist die Gleichung durch x teilbar, und es ist verständlich, daß die Lösung x = 0 nicht beachtet wird. Erst wenn man den Satz ausspricht, daß jede Gleichung so viel Lösungen hat wie ihr Grad angibt, muß man sie mitrechnen (**Girard** 1629 [2; F 1^v]).

Theoretisch ist die Frage, ob die Null eine Zahl ist, erst bei **Stevin** aufgetreten. In seiner Definition (s. S. 124) ist nicht mehr die 1, sondern die Null der Anfang der Zahlen, und daher selbst keine Zahl. Das sagt auch **Wallis** (s. S. 125).

Heute rechnet man die Null manchmal sogar zu den natürlichen Zahlen. Ein wichtiges Argument dafür ist, daß die Kardinalzahlen als Anzahlen der Elemente von Mengen erklärt werden, und daß man aus guten Gründen auch die leere Menge $\emptyset$ zu den Mengen rechnet. Das hat bereits **Boole** getan, 1854 [2; 28] mit ausdrücklicher Erklärung, ohne besondere Betonung schon seit 1847.

1.3.7 Negative Zahlen

Die Babylonier haben ein Zeichen *lal*, das „weniger sein" bedeutet. Es kommt in altbabylonischer Zeit bei einer subtraktiven Schreibung mancher Zahlen vor, z.B. = 20 – 1 = 19 [MKT; 2, 30]. In Serientexten führt die nach einem bestimmten Schema durchgeführte Änderung der Daten gelegentlich zu negativen Zahlen [VM; 2, 61], doch wissen wir nicht, wie das aufgefaßt und ob mit solchen Größen gerechnet wurde.

In astronomischen Texten kommen Tabellen wie z.B. die folgende vor:

Tabelle 21

26, 21	*tab*
31, 23, 30	*tab*
31, 47, 30	*tab*
23, 15	*tab*
7, 55	*tab*
11, 57, 30	*lal*
25, 2, 30	*lal*
31, 20	*lal*
31, 50	*lal*
25, 48, 30	*lal*
11, 43, 30	*lal*
9, 9	*tab*

[Neugebauer 5; 18].

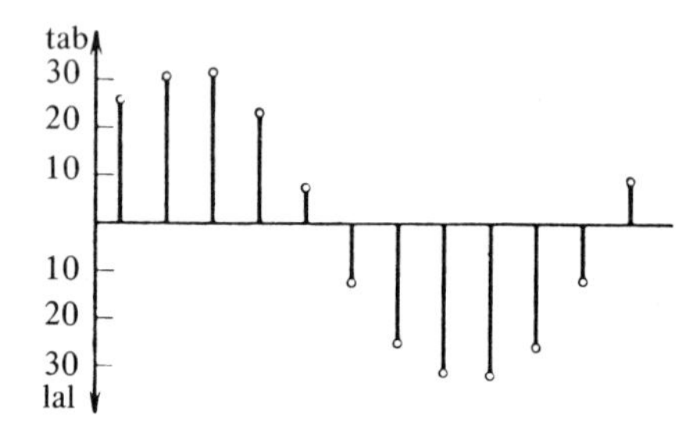

Abbildung 23

Stellt man sie mit *tab* als *plus* und *lal* als *minus* graphisch dar, so erhält man die in Abbildung 23 gezeigte Kurve.

Diophant gibt die Rechenregeln [1; 1, 12]: *λεῖψις ἐπὶ λεῖψιν πολλαπλασιασθεῖσα ποιεῖ ὕπαρξιν, λεῖψις δὲ ἐπὶ ὕπαρξιν ποιεῖ λεῖψιν*. (Minus mal minus gibt plus, plus mal minus gibt minus). Dabei ist an die Ausrechnung von Ausdrücken der Form (a – b) · (c – d) gedacht und nicht an echte negative Zahlen. Das geht aus einem Scholion des **Maximos Planudes** hervor, der sagt: *Οὐχ ἁπλῶς λεῖψιν λέγει, μὴ καὶ ὑπάρξεώς τινος οὔσης, ἀλλὰ ὕπαρξιν ἔχουσαι λεῖψιν* [Diophant 1; 2, 139 f.] (er spricht nicht einfach von *λεῖψις* (Wegnahme), als ob keine *ὕπαρξις* (nichts Positives) vorhanden wäre, sondern von etwas Positivem, das eine Wegnahme enthält). Er gibt dort auch einen geometrischen Beweis (*γραμμικῶς*) für die genannte Rechenregel. Als Gleichungslösungen sieht **Diophant** negative Zahlen als unstatthaft (*ἀδύνατος*, *ἄτοπος*) an; er trifft für die vorhandenen Koeffizienten derartige Bestimmungen, daß Negatives vermieden wird [1; **1**, 38 = I, 16].

In dem chinesischen Rechenbuch *Chiu Chang Suan Shu* kommen negative Zahlen bei der Lösung von Systemen linearer Gleichungen vor [3; VIII]. Die Fachausdrücke sind *chêng* = aufrecht, wirklich, positiv, und *fu* = auf dem Rücken tragen, wegtragen, negativ. Wahrscheinlich wurden schon hier positive Zahlen durch rote und negative durch schwarze Rechenstäbchen dargestellt [N; **3**, 90 f.]. Regeln für Addition und Subtraktion positiver und negativer Zahlen werden ausdrücklich angegeben [Chiu Chang Suan Shu 3; 82 = VIII, Nr. 3]. Aufgabe 8 (S. 85) lautet: *Jetzt hat man zwei Rinder ⟨und⟩ 5 Schafe verkauft ⟨und⟩ damit 13 Schweine gekauft, ⟨wobei⟩ ein Rest von 1 000 Geldstücken ⟨übrig⟩ blieb. Man hat 3 Rinder ⟨und⟩ 3 Schweine verkauft ⟨und⟩ damit 9 Schafe gekauft; das Geld reichte gerade. Man hat 6 Schafe ⟨und⟩ 8 Schweine verkauft ⟨und⟩ damit 5 Rinder gekauft, ⟨aber⟩ das Geld reichte nicht ⟨um⟩ 600 ⟨Geldstücke⟩.* In moderner Schreibweise ergibt das das Gleichungssystem:

$$\begin{aligned} 2x + 5y - 13z &= 1000 \\ 3x - 9y + 3z &= 0 \\ -5x + 6y + 8z &= -600. \end{aligned}$$

Der Text sagt: *Lege hin die 2 Rinder ⟨und⟩ die 5 Schafe ⟨als⟩ positiv, die 13 Schweine ⟨als⟩ negativ, die Anzahl des restlichen Geldes ⟨als⟩ positiv. ⟨Als⟩ nächstes lege hin die 3 Rinder ⟨als⟩ positiv, die 9 Schafe ⟨als⟩ negativ, die 3 Schweine ⟨als⟩ positiv. ⟨Als⟩ nächstes lege hin die 5 Rinder ⟨als⟩ negativ, die 6 Schafe ⟨als⟩ positiv, die 8 Schweine ⟨als⟩ positiv, das Geld, ⟨um das es⟩ nicht reicht, ⟨als⟩ negativ.* Als Lösung wird angegeben: *Der Preis eines Rindes ⟨ist⟩ 1200. Der Preis eines Schafes ⟨ist⟩ 500. Der Preis eines Schweines ⟨ist⟩ 300.*

Bei den Indern bedeuten die Fachwörter *dhana* und *ṛṇa* ursprünglich Vermögen und Schulden, sie werden jedoch ganz abstrakt für Positives und Negatives gebraucht. Die Rechenregeln für diese Größen gibt **Brahmagupta** an [1; 339]. Er sagt auch: *Das Quadrat von Negativem und Positivem ist ⟨in beiden Fällen⟩ dasselbe ⟨nämlich positiv⟩, das von 0 ist 0. Die Wurzel hat dasjenige ⟨Vorzeichen⟩, woraus ihr Quadrat ⟨entstanden ist⟩.* Hiernach sind bei einer Wurzel beide Vorzeichen möglich, aber anscheinend eines als durch die Entstehung des Quadrats bestimmt gedacht. Negative Zahlen werden durch einen darübergesetzten Punkt bezeichnet [Brahmagupta 1; 346].

Mahāvīra sagt: *Es liegt in der Natur der Sache, daß eine negative Größe kein Quadrat ist, also keine Quadratwurzel hat* [7, Nr. 50–52].

Als Beispiel des Auftretens negativer Zahlen in quadratischen Gleichungen sei das Folgende angeführt (**Bhāskara II** [3; 216 f.]): Der fünfte Teil einer Herde Affen minus 3, quadriert, ging in eine Höhle; nur ein Affe war noch zu sehen, wieviel Affen waren es?

In unserer Schreibweise lautet die Aufgabe $\left(\frac{x}{5} - 3\right)^2 + 1 = x$ oder $x^2 - 55x = -250$.

Bhāskara II schreibt die beiden Gleichungsseiten auf zwei Zeilen an:

ya v 1 *ya 55̇* *ru 0*

ya v 0 *ya 0* *ru 25̇0*

⟨mit *ya v* = x^2, *ya* = x, *ru* = x^0⟩, vgl. S. 375 f. Die Lösung ist $x = \frac{55}{2} \pm \frac{45}{2}$, $x_1 = 50$, $x_2 = 5$.

Bhāskara II nennt die Regel: *Wenn die Wurzel der absoluten Seite* ⟨hier $\frac{45}{2}$⟩ *kleiner ist als die bekannte negative Zahl auf der anderen Seite* ⟨hier $\frac{55}{2}$⟩, *so kommen zwei Lösungen heraus, indem man sie (die Wurzel) positiv und negativ macht.* Hier ist also nur von zwei Werten der Wurzel die Rede; die Lösungen der Gleichung sind beide positiv. **Bhāskara II** lehnt hier sogar noch die Lösung 5 ab; denn *absolute negative Zahlen werden von den Leuten nicht gebilligt.* Für x = 5 wird nämlich $\frac{x}{5} - 3$ negativ.

An anderer Stelle erhält **Bhāskara II** bei einer geometrischen Aufgabe (Bestimmung der Abschnitte, in die eine Dreiecksseite durch die Höhe geteilt wird) eine negative Lösung und schließt daraus richtig, daß es sich um eine Strecke entgegengesetzter Richtung handelt (der Fußpunkt der Höhe liegt außerhalb des Dreiecks) [1; 71].

Bei den Arabern kommen negative Lösungen nicht vor.

Im Abendland finden sich Regeln für die Addition von positiven und negativen Zahlen in einem Text, der in mehreren Handschriften erhalten ist und spätestens im 9. Jh. entstanden sein muß [Folkerts 3; 41]. Der betr. Abschnitt beginnt: *Verum cum vero facit verum. Minus cum vero facit verum. Verum cum minus facit minus. Minus cum minus facit minus.* Bei den beiden mittleren Sätzen ist offenbar gemeint, daß der zweite Summand der größere ist. Das wird auch an Beispielen gezeigt. Zunächst aber wird erklärt, daß das Wahre ein Sein, das Minus ein Nichts, ein Nichtsein bezeichnet: *Verum essentiam, minus nihil significat.* Später wird die Rechnung 3 + (– 7) = – 4 so erklärt: *Si iungantur III veri nomine et VII minus, quia maior est nihili quam essentiae summa, vincit septenarius non existens ternarium existentem et consumit eum sua non essentia, et remanent de ipso sibi IIII numeri non existentes.* (Wenn wahre 3 und minus 7 zusammengezählt werden sollen, ⟨so geschieht das folgendermaßen⟩: Da der Betrag des Nichts größer ist als der des Seins, überwindet die nicht-existierende 7 die existierende 3 und verzehrt sie durch ihr Nichtsein, und es bleiben von ihr selbst 4 nicht-existierende Zahlen.)

Sonst ist in dieser Zeit von negativen Zahlen nicht die Rede. Eine negative Zahl als Lösung einer Aufgabe kommt erst bei **Leonardo von Pisa** vor, und zwar bei der Aufgabe *De quatuor hominibus et bursa ab eis reperta, quaestio notabilis* [1; **2**, 238 f.]: Vier Personen haben die unbekannten Geldmengen x_1, x_2, x_3, x_4 und finden eine Börse mit dem unbekannten Inhalt b. Dann soll gelten:

$$x_1 + b = 2(x_2 + x_3) \quad (1)$$
$$x_2 + b = 3(x_3 + x_4) \quad (2)$$
$$x_3 + b = 4(x_4 + x_1) \quad (3)$$
$$x_4 + b = 5(x_1 + x_2). \quad (4)$$

(Das alles wird in Worten angegeben.) **Leonardo** sagt: *Ich werde zeigen, daß dieses Problem unlösbar ist, wenn nicht zugelassen wird, daß der erste Partner Schulden hat,* d.h. daß x_1 negativ ist. Das beweist **Leonardo** so: Mittels (1) und (2) drückt er x_3 und x_4 durch x_1, x_2 und b aus. Trägt er diese Ausdrücke in (3) ein, so ergibt sich $b = \frac{38}{13} x_2 + \frac{9}{13} x_1$; trägt er sie in (4) ein, so ergibt sich $b = \frac{22}{5} x_2 + \frac{33}{5} x_1$. Wenn x_1, x_2 positiv sind, widersprechen sich diese Gleichungen, denn es ist $\frac{22}{5} > \frac{38}{13}$ und $\frac{33}{5} > \frac{9}{13}$.
Leonardo berechnet als Lösung $x_1 = -1, x_2 = 4, x_3 = 1, x_4 = 4, b = 11$.

Während hier die negative Lösung als *Schulden* gedeutet werden kann, erhält **Chuquet** eine negative Lösung bei einer Aufgabe, bei der ohne Einkleidung nach reinen Zahlen gefragt wird [1; 642]: *Gesucht sind fünf Zahlen von der Art, daß sie zusammen ohne die erste 120 ergeben, ohne die zweite 150, ohne die dritte 240, ohne die vierte 300 und ohne die fünfte 360.* Die Lösung ist:

$$x_1 = 180, \quad x_2 = 120, \quad x_3 = 60, \quad x_4 = 0, \quad x_5 = -60$$ *(moins 60).*

Da man das Rechnen mit abzuziehenden Zahlen beherrscht, kann man auch mit $x_5 = -60$ formal rechnen und feststellen, daß die Bedingungen der Aufgabe erfüllt sind.

Stifel nennt die negativen Zahlen *fingierte Zahlen unter Null (numeri ficti infra nihil),* er erläutert sie am Beispiel:

$$\begin{aligned} 12 - 10 &= 2 \\ 10 - 10 &= 0 \\ 8 - 10 &= 0 - 2 \end{aligned}$$ [1; 248ᵛ ff.]

Er vergleicht sie mit den Brüchen: *Wie man über die Einheit die ganzen Zahlen setzt und unter die Einheit die Brüche, so setzt man über die Null die Einheit mit den Zahlen und unter die Null die fingierte Einheit und die fingierten Zahlen.*

Cardano arbeitet unbedenklich mit negativen Gleichungslösungen, die er Lösungen *per minus* oder *fictae* nennt *(... ficta, sic enim vocamus eam, quae debiti est seu minoris)* [3; Cap. I, 3]. Negative Lösungen einer Gleichung können auf *wahre* Lösungen einer anderen führen, so hat z.B. $x^2 = 4x + 32$ eine Lösung $x = -4$ und (entsprechend $x^2 + 4x = 32$ die Lösung $x = +4$. Darin hat **Stevin** den Nutzen negativer Lösungen gesehen [2a; 332].

Viète läßt zwar zu, daß die zu einer reinen Gleichung $A^n = G$ hinzugefügten Glieder positiv oder negativ sind *(adfectio per negationem est vel adfirmationem)* [3; 11], aber da es *für negative Größen keinen Kalkül gibt (de negatis autem ars non statuitur),* formt er die Gleichung $A^3 - B \cdot A = Z$ durch die Substitution $E = Z/A$ um in $Z^2 = B \cdot E^2 + E^3$. [6; 132 f.]. **Viète** hat sogar zwei verschiedene Minuszeichen eingeführt (s. S. 207).

Harriot nennt eine Gleichung, die keine positiven Lösungen hat, *unmöglich* [143]. Sonst aber setzt sich die Anerkennung der negativen Zahlen zu Beginn des 17. Jhs. durch. **Peter Roth** nennt negative Wurzeln einer Gleichung *gedichte geltungen radicis* [B 1ᵛ], **Napier** [6; 153 f.] *exponentia* (*valida* bzw.) *invalida*, **Descartes** *fausses racines* [2; 372].

Seither werden negative Zahlen und Größen allgemein benutzt; ihre Deutung bleibt aber lange problematisch. Was soll man sich unter Größen vorstellen, die *weniger sind als nichts*? Die Deutung als Schulden ist ja nur für einen eng begrenzten Problemkreis brauchbar. In der Geometrie lassen sich positive und negative Zahlen als entgegengesetzt gerichtete Strecken auffassen. Das sahen wir bereits bei **Bhāskara II** (s. S. 146). **Girard** schreibt [2; F 3^v]: *La solution par moins s'explique en Geometrie en retrogradant, et le moins recule, là où le + avance.*

Wallis erklärt es zwar für unmöglich, daß eine Größe weniger sei als nichts oder eine Zahl kleiner als Null. Aber wenn man sie physikalisch betrachtet, können auch solche Größen eine reale Bedeutung haben [1; 2, 286]. In der Tat fanden Größen entgegengesetzter Richtung damals in der Physik Beachtung, sei es bei Bewegungen oder beim Stoß, allgemeiner bei **Newtons** Gesetz von *actio* und *reactio*. **Newton** nennt auch die *Momente*, d.h. die infinitesimalen Änderungen von Funktionen *momenta addititia seu affirmativa*, wenn die Funktion wächst, *momenta subductitia seu negativa*, wenn die Funktion abnimmt [5; II, Lemma II, S. 250. = 1; 2, 278].

Wallis sagt [4; 286 f. = Cap. 66]: *– 3 Schritte vorwärts gegangen ist dasselbe wie 3 Schritte rückwärts gegangen.* Er dehnt diese Betrachtung – mit Rücksicht auf Wurzeln aus negativen Zahlen – auch auf Flächen aus: *Wenn man dem Meer an einer Stelle 30 acre Land abgenommen und das Meer an anderer Stelle 40 acre weggespült hat, so wird man sagen, daß man – 10 acre gewonnen hat.* **Wallis** bemerkt: *Wie die Zahlen 1, 2, 3 von Null aus stetig wachsen, so nehmen die negativen Zahlen von ∞ aus stetig ab* [2; 407]; ferner: *Die Verhältnisse* 1 : – 1, 1: – 2, 1 : – 3 *sind größer als* 1 : 0, d.i. *Unendlich* [2; 409].

Euler machte 1755 darauf aufmerksam, daß zwischen den positiven und negativen Größen ein zweifacher Zusammenhang besteht, sowohl durch 0 wie durch ∞ hindurch [3; 1. Teil, Kap. 3, § 98, § 100].

D'Alembert schreibt in der Encyclopédie [**11**, 72]: *Betrachtet man die Genauigkeit und die Einfachheit der algebraischen Operationen mit den negativen Zahlen, so ist man versucht, zu glauben, daß der exakte Begriff (l'idée précise) den man den negativen Zahlen zuordnen muß, ein einfacher Begriff und nicht von einer gekünstelten Metaphysik abgeleitet sein muß.* Daß eine Größe kleiner sein kann als Null bzw. Nichts, hält er für sinnlos. Doch können negative Größen eine reelle Bedeutung haben wie z.B. in der Geometrie, wo positive und negative Strecken sich durch ihre Richtung unterscheiden.

Kästner hat die Relativität von positiven und negativen Größen betont [1; 65]: *Entgegengesetzte Größen heißen Größen von einer Art, die unter solchen Bedingungen betrachtet werden, daß die eine die andere vermindert. Z.E. Vermögen und Schulden, Vorwärtsgehen und Rückwärtsgehen. Eine von diesen Größen, welche man will, heißt man positiv oder bejahend, die ihr entgegengesetzte negativ oder verneinend. . . Es ist willkürlich, welche von beyden man bejahend nennen will. Schulden sind ein verneinendes Vermögen, und Vermögen kann als verneinende Schulden angesehen werden.*

Kant hat den negativen Größen eine eigene Schrift gewidmet: *Versuch den Begriff der negativen Größen in die Weltweisheit einzuführen,* 1763, in der **Kästner** zitiert wird

[A1]. Auch **Kant** betont die Relativität: *Eine Größe ist in Ansehung einer andern negativ, in so ferne sie mit ihr nicht anders als durch Entgegensetzung kann zusammengenommen werden, nämlich so, daß eine in der andern, soviel ihr gleich ist, aufhebt* [A9]. Daß *die negativen Größen nicht Negationen von Größen, ... sondern etwas an sich selbst wahrhaftig Positives* sind [A6], erläutert er am Beispiel der Unlust, die negative Lust, aber *nicht lediglich ein Mangel* ⟨an Lust⟩, *sondern eine positive Empfindung* ist [A 22]. **Gauß** schreibt [5; 175 f.]: *Positive und negative Zahlen können nur da eine Anwendung finden, wo das gezählte ein Entgegengesetztes hat, was mit ihm vereinigt gedacht der Vernichtung gleich zu stellen ist. Genau besehen findet diese Voraussetzung nur da Statt, wo nicht Substanzen (für sich denkbare Gegenstände) sondern Relationen zwischen je zweien Gegenständen das gezählte sind.*

Bolzano führt die negativen Zahlen durch die Festsetzung ein, daß *die Einheit derjenigen, die wir ursprünglich angenommen hatten, entgegengesetzt ist* (über negative Größen vgl. [4; 249]) [2; 32].

Noch **Hamilton** nimmt 1833 Anstoß daran, daß das Produkt zweier Zahlen, die *weniger als nichts* bedeuten, eine Größe sein soll, die *mehr als nichts* ist. Er findet den Ausweg darin, daß er eine Zahl als Schritt von einem Zeitpunkt A zu einem Zeitpunkt B auffaßt; ein solcher Schritt ist positiv, wenn B später ist als A, negativ, wenn B früher ist als A [2; 4, 5, 11].

Im 19. Jahrhundert entwickelt sich der Begriff *Erweiterung des Zahlsystems* als Leitgedanke für das Verständnis insbesondere der negativen und der komplexen Zahlen. Man geht dabei von den positiven ganzen Zahlen aus (**Peacock** von den positiven rationalen). Für diese stellt man empirisch oder aufgrund der Konstruktion die grundlegenden Rechengesetze fest, nämlich das assoziative und kommutative Gesetz der Addition und Multiplikation, das distributive Gesetz, sowie die Eindeutigkeit der Umkehroperationen, sofern sie ausführbar sind. Dann führt man die Lösungen von $x + b = c$ als neue Symbole $(c - b)$ ein und definiert für sie die Addition und Multiplikation so, daß die genannten Rechengesetze erfüllt sind, wenn das widerspruchsfrei möglich ist *(Permanenzprinzip)*.

In dieser Weise haben **Ohm, Peacock** und **Hankel** den Ausbau des Zahlensystems aufgefaßt, **Ohm** hat bemerkt, daß die Rechengesetze eigentlich nicht die Objekte, sondern die Operationen kennzeichnen und daraus geschlossen, daß sie bei Änderung der Objekte dieselben bleiben [18–20 (1825)]. **Peacock** hat eine *Arithmetische Algebra*, in der die Symbole (Buchstaben) positive rationale Zahlen bedeuten, von einer *Symbolischen Algebra*, in der die Symbole auch negative und komplexe Zahlen bedeuten können, unterschieden; in der arithmetischen Algebra werden die Rechengesetze gewonnen, in der symbolischen Algebra werden die Operationen durch die so gewonnenen Rechengesetze definiert.

Hankel, der die Arbeiten von **Ohm** und **Peacock** kritisch bespricht, hat den oben angegebenen Gedankengang klar dargelegt [1; 5, 10 ff.]. Der Ausdruck *Permanenzprinzip* stammt von **Peacock** [**1**, S. VI, **2**, 59, 488], **Hankel** hat das Prinzip etwas exakter formuliert. Bei **Hankel** findet sich auch der Ausdruck *Erweiterung des Begriffes der Zahlen* [1; 4].

Um die Subtraktion allgemein möglich zu machen, braucht man nicht alle Zahlenpaare b – c neu einzuführen, die Zahlenpaare 0 – a reichen aus. Das hat **Hankel** bemerkt [1; 41]. Etwas anders ausgedrückt: Es genügt, jeder positiven Zahl a genau ein Symbol – a zuzuordnen. Für diese neuen Symbole ist zu definieren:

$$\begin{aligned} -(-a) &= a \\ (-a)b &= -ab \\ a(-b) &= -ab \\ (-a)(-b) &= ab. \end{aligned}$$

In der entsprechenden Weise hat auch **H. Weber** 1895 [1, 16 f.] und noch **E. Landau** 1930 die negativen Zahlen eingeführt [69 ff.]. Daß es sich dabei um einen Sonderfall der Einlagerung einer Halbgruppe in eine Gruppe handelt, wird z.B. von **Bourbaki** ausgeführt [Kap. 1, § 2, No. 5].

Fachsprache

chinesisch
[Chiu Chang Suan Shu 3; 142, 144]: *chêng* = aufrecht, *fu* = wegtragen.

griechisch
Diophant [1; **1**, 12]: *ὕπαρξις* = Vorhandensein, λεῖψις = Mangel.

indisch
Brahmagupta [2; Kap. 18, 31–36]: *dhana* = Vermögen, *ṛṇa* = Schulden.

arabisch
al-Ḫwārizmī [Ruska 2; 13]: *istitnā* = Ausnahme, für subtraktive Größen.

im Abendland
Leonardo von Pisa [1; **1**, 369]: *addita, diminuta.*
Dresdner Codex C 80 *positiv* und *privativ*, *affirmativ* und *negativ* [288r], s. [Kaunzner 1; 114]. (Diese Gegensatzpaare sind eigentlich die sprachlich richtigen.)
Initius Algebras [499]:
... quantitates additae ac diminutae et ea, quae circa easdem versari habent, quae quidem penes affirmationem et priuationem constituuntur.
... werden die quantitet genandt additae vnd diminutae vnd die dobej jnen verhandelt werden, welche quantitet addite vnd diminute werden mit der affirmirung vnd negirung bezeichent und beschrieben.
Stifel [1; 248v ff.]: *signa additionum et subtractorum, numeri ficti infra nihil.*
Johannes Scheybl [2; 42]: *signum affirmativum* und *privativum vel negativum.*
Petrus Ramus: *e duabus negatis fit affirmativus* [2; 269]; auch *affirmatum, negatum* [2; 274].
Viète Isagoge [3; 8r]: *adfirmatio, negatio.*
Harriot [143]: *affirmata, negata.*
Kepler [6; 9]: *positivus, privativus*; ebenso **Leibniz** [1; 7, 208].
Oughtred [1; 10]: *adfirmatum, negatum.*
Wallis [4; 138]: *affirmativus, negatus.*
Napier [1; 5]: *abundantes* und *defectivi numeri.*

de Beaugrand [Descartes 1; **5**, 505]: *positive, negative.*
Descartes [2; 372] spricht bei Gleichungen von *racines vraies* und *racines fausses.*

deutsch
Roth [1ᵛ]: *gedichte* ⟨= negative⟩ Gleichungslösungen.
L. Chr. Sturm 1710 [17]: *Sache* und *Mangel.*
Klügel [1; 7] *bejaht* und *verneint.*
Kästner [1; 65]: *positiv* oder *bejahend* und *negativ* oder *verneinend.*

Positiv und *Negativ* werden als Fachwörter seit **Chr. von Wolff** gebraucht [3; Sp. 1144, 1148] so z.B. auch in **Klügel**s Mathematischem Wörterbuch [2; **2**, 104].

1.3.8 Komplexe Zahlen

Heron stellt sich die Aufgabe, die Höhe eines quadratischen Pyramidenstumpfes zu berechnen, dessen Grundfläche die Seite 28 Fuß, dessen Deckfläche die Seite 4 Fuß hat und dessen Kanten je 15 Fuß lang sind (Abbildung 2). Man überlegt sich leicht, daß ein solcher Pyramidenstumpf nicht existieren kann; z.B. so: die Projektion der Kante auf die Grundfläche müßte die Länge $12 \cdot \sqrt{2}$ haben, und das ist größer als 15.

Heron müßte für die Höhe $\sqrt{81 - 144}$ erhalten, rechnet aber mit $\sqrt{144 - 81}$ weiter [**5**, 34].

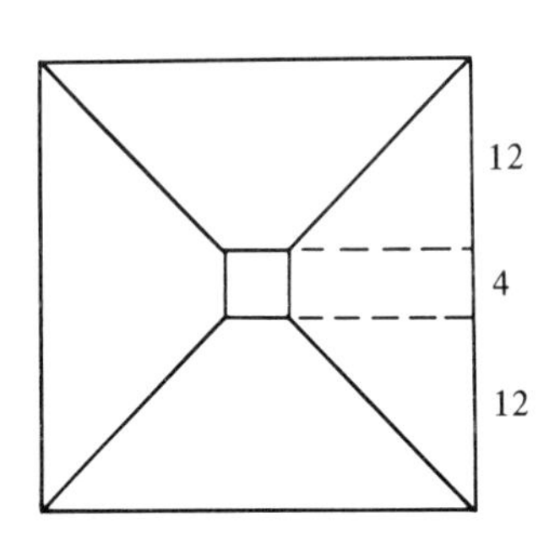

Abbildung 24. Pyramidenstumpf, Grundriß [Heron; **5**, 34].

Das ist wohl das älteste Auftreten einer Wurzel aus einer negativen Zahl, doch fehlt eine richtige Deutung.

Werden quadratische Gleichungen geometrisch formuliert, wie es **Euklid** macht, so läßt sich einsehen, daß Lösungen, bei denen eine Wurzel aus einer negativen Zahl auftreten würde, geometrisch unmöglich sind [El. 6, 27]. In dieser Weise wurden komplexe Lösungen bis ins 16. Jahrhundert für unmöglich erklärt.

Zum erstenmal tritt eine Wurzel aus einer negativen Zahl bei **Cardano** auf. Die Aufgabe, 10 in zwei Zahlen zu zerlegen, deren Produkt 40 ist, führt auf:

$$x = 5 + \sqrt{-15}, \quad y = 5 - \sqrt{-15}.$$

(**Cardano** schreibt: *5. p.* ℞*. m. 15, 5. m.* ℞*. m. 15.*)

Rechnet man nach den bekannten Regeln, so ist tatsächlich $x + y = 10$, $xy = 40$ [3; Cap. 37].

Bombelli (dessen Algebra wahrscheinlich zwischen 1557 und 1560 entstand) stieß bei der Lösung kubischer Gleichungen auf Wurzeln aus negativen Zahlen [1; 169], [1; 294]: bei der Gleichung

$$x^3 = 15x + 4$$

liefert die Cardanische Formel

$$x = \sqrt[3]{2 + \sqrt{-121}} + \sqrt[3]{2 - \sqrt{-121}};$$

man kann aber nicht die Gleichung selbst für unmöglich erklären, denn sie hat die reelle Lösung $x = 4$. **Bombelli** bezeichnet mit *più di meno*, was wir mit $+i$, und mit *men di meno*, was wir mit $-i$ bezeichnen; er gibt die einschlägigen Regeln an, nämlich

più uia più di meno fà più di meno

...

meno di meno uia men di meno fà meno,

und führt einige Rechnungen mit diesen Ausdrücken durch. Er bemerkt auch, daß bei solchen Ausdrücken das *Binom* z.B. $\sqrt{2 + \sqrt{-2}}$ stets zusammen mit seinem *Residuum* $\sqrt{2 - \sqrt{-2}}$ vorkommt [1; 169 f.].

Cardano hat sich in einer späteren Schrift *Sermo de plus et minus*, in der er **Bombelli** zitiert [5; 435], um ein Verständnis der komplexen Zahlen bemüht, konnte aber über die auftretenden Paradoxien nicht hinwegkommen. Er wundert sich u.a. darüber, daß bei

$$(a + bi)^2 = c + di \qquad (\text{z.B. } (2 + i)^2 = 3 + 4i)$$

$a > b$ und $c < d$ sein kann [5, 436].

Stevin lehnt komplexe Lösungen von Gleichungen ab, weil sie nicht dazu helfen, reelle Lösungen zu finden [2a; 309].

Girard, der zuerst den Satz aussprach, daß jede Gleichung genau soviel Lösungen hat, wie ihr Grad angibt, ließ auch komplexe Lösungen zu. Den Nutzen dieser *unmöglichen (impossibles)* Lösungen begründet er mit drei Argumenten:

1. der Gültigkeit der allgemeinen Regel,
2. der Sicherheit, daß es keine weiteren Lösungen gibt,
3. der Möglichkeit, Lösungen anderer Gleichungen zu finden, die mit der gelösten in einem geeigneten Zusammenhang stehen [2; F 1r].

Descartes hat diese Lösungen *imaginär* genannt: *Man kann sich bei jeder Gleichung soviel Lösungen vorstellen (imaginer)* ⟨wie ihr Grad angibt⟩, *aber manchmal gibt es keine Größe, die dem entspricht, was man sich vorstellt* [2; 380]. Dann muß der Fundamentalsatz der Algebra so lauten, wie **Euler** ihn 1749 ausgesprochen hat: *Alle imaginären Wurzeln algebraischer Gleichungen haben die Form* $M + N \cdot \sqrt{-1}$, *wobei* M *und* N *reelle Zahlen sind* [7; 112]. Etwa seit der Zeit von **Descartes** wird mit Wurzeln aus negativen Zahlen allgemein und unbedenklich gerechnet, obwohl die Frage, was eine solche Zahl ist, erst um 1800 befriedigend beantwortet werden konnte.

Wallis erklärte $\sqrt{-bc}$ als mittlere Proportionale zwischen $-b$ und c und versuchte eine geometrische Darstellung. Dabei hatte er den wichtigen Gedanken, daß komplexe Zahlen nicht auf der Zahlengerade, sondern in der Ebene darzustellen seien, fand aber keinen brauchbaren Weg dazu [4; 286 ff. = Kap. 66–68]. Rechnerisch gab er die Lösungen der Gleichung $r^3 = \pm 8$ richtig an [4; 193 f.].

Leibniz rechnete mit komplexen Zahlen z.B. im Anschluß an das Studium **Bombellis** (Sommer 1675), u.a.

$$\sqrt{1+\sqrt{-3}} + \sqrt{1-\sqrt{-3}} = \sqrt{6} \qquad [1; 2, 12].$$

Er nennt die imaginäre Wurzel eine *feine und wunderbare Zuflucht des menschlichen Geistes, ein Monstrum der idealen Welt, fast ein Amphibium zwischen Sein und Nichtsein (Itaque elegans et mirabile effugium reperit in illo Analyseos miraculo, idealis mundi monstro, pene inter Ens et non-Ens Amphibio, quod radicem imaginariam appellamus)* [1; **5**, 357]. An anderer Stelle sagt er: *Den Wurzelgrößen entspringen die unmöglichen oder imaginären Größen, deren Eigenschaft wunderbar, deren Nutzen nicht zu verachten ist. Wenngleich sie an sich etwas Unmögliches bedeuten, zeigen sie nicht nur den Ursprung der Unmöglichkeit, sondern auch, wie die Aufgabe geändert werden kann, um nicht unmöglich zu sein; ja mit ihrer Hilfe können auch reelle Größen ausgedrückt werden (Ex irrationalibus oriuntur quantitates impossibiles seu imaginariae, quarum mira est natura, et tamen non contemnenda utilitas; etsi enim ipsae per se aliquid impossibile significent, tamen non tantum ostendunt fontem impossibilitatis, et quomodo quaestio corrigi potuerit, ne esset impossibilis, sed etiam interventu ipsarum exprimi possunt quantitates reales.)* [1; 7, 73].

Wie **Leibniz** (1712) über imaginäre Zahlen dachte, zeigt sich auch in seiner Argumentation dafür, daß $\log(-1)$ eine imaginäre Zahl ist: $\log(-1)$ kann nicht positiv sein, denn positiv sind die Logarithmen der positiven Zahlen > 1; $\log(-1)$ kann auch nicht negativ sein, denn negativ sind die Logarithmen der positiven Zahlen < 1. Also bleibt nur übrig, daß $\log(-1)$ keine wahre Zahl, sondern imaginär ist. Daran schließt **Leibniz** einen anderen Beweis an: Wäre $\log(-1)$ eine wahre Zahl, so wäre $\frac{1}{2}\log(-1) = \log\sqrt{-1}$ ebenfalls eine wahre Zahl. Es gäbe also einen wahren Logarithmus einer imaginären Größe; das ist absurd [1; **5**, 388].

1702 benutzt **Johann I Bernoulli** Logarithmen von komplexen Zahlen bei Integralumformungen [**1**, 400]. 1714 gab **Cotes**, der damals mit **de Moivre** in Verbindung stand, die Gleichung $\alpha = i \cdot \ln(\cos\alpha + i \cdot \sin\alpha)$ an, freilich in anderer Ausdrucksweise [Schneider; 236]. **De Moivre** bewies 1730, ebenfalls in anderer Schreibweise,

$$\cos\alpha = \tfrac{1}{2}(\cos n\alpha + i\sin n\alpha)^{\frac{1}{n}} + \tfrac{1}{2}(\cos n\alpha + i\sin n\alpha)^{-\frac{1}{n}} \qquad [\text{I. Schneider}; 240].$$

Euler hat 1742 das Theorem

$$a^{+p\sqrt{-1}} + a^{-p\sqrt{-1}} = 2\cos(p \cdot \ln\alpha)$$

an **Goldbach** mitgeteilt [Fuss; **1**, Brief vom 8.5.42]. In seiner *Introductio in Analysin Infinitorum* (1748) bringt **Euler** eine systematische Ableitung der Formeln:

$$(\cos z \pm \sqrt{-1} \cdot \sin z)^n = \cos nz \pm \sqrt{-1} \cdot \sin nz \quad [2; \mathbf{1}, \S 133]$$
$$e^{v\sqrt{-1}} = \cos v + \sqrt{-1} \sin v \quad [2; \mathbf{1}, \S 138].$$

1749 fügt er hinzu, daß sich jede Zahl $a + b\sqrt{-1}$ in der Form $c \cdot \cos \varphi + \sqrt{-1} \cdot \sin \varphi$ darstellen läßt, wenn $c = \sqrt{(aa + bb)}$ und $\varphi = \text{arc tg} \frac{b}{a}$ gewählt wird. Mittels dieser Berechnung und (*) zeigt er, daß

$$(a + b - 1)^{m+n\sqrt{-1}}, \quad \ln(a + b\sqrt{-1}), \quad e^{a+b\sqrt{-1}}$$

und die trigonometrischen Funktionen von $a + b\sqrt{-1}$ stets von der Form $M + N \cdot \sqrt{-1}$ sind [7; 117, § 70].

Euler schließt daraus, *que généralement toutes les quantités imaginaires, quelques compliquées qu'elles puissent être, sont toujours réductible à la forme $M + N\sqrt{-1}$* [7; 147, § 124].

Zu dieser Zeit fehlt freilich eine Definition der imaginären Zahlen. Eigentlich sind darunter immer noch die nur eingebildeten Lösungen einer Gleichung verstanden. **Euler** selbst sagt in der gleichen Arbeit [7; 79, § 3]: *On nomme quantité imaginaire, celle qui n'est ni plus grande que zéro, ni plus petite que zéro, ni égale à zéro; ce sera donc quelque chose d'impossible, comme par exemple $\sqrt{-1}$, ou en général $a + b\sqrt{-1}$.*

Nikolaus Bernoulli hatte einige Jahre vorher (1743) in einem Brief an **Euler** die Vermutung ausgesprochen, *daß jede imaginäre Größe als Funktion oder Aggregat von einer oder mehreren Größen der Form $b \pm \sqrt{-a}$ betrachtet werden kann, was niemand bestreiten wird (quod nemo negabit).* Dann behauptet er weiter, daß sich jeder solcher Funktionswert in der Form $B \pm \sqrt{-A}$ darstellen läßt, beweist es aber nur für $\sqrt{b \pm \sqrt{-a}}$ [Fuss; **2**, 703]. **Euler** hat, wie gesagt, den Beweis für die damals gebräuchlichen Funktionen geführt.

Die Beziehungen (*), (**) sind auch grundlegend für die spätere geometrische Deutung der komplexen Zahlen. Durch die Darstellung $a(\cos \alpha + i \sin \alpha) = a \cdot e^{i\alpha}$ ist jeder komplexen Zahl eine Länge a und ein Winkel α zugeordnet, und bei der Multiplikation

$$a \cdot e^{i\alpha} \cdot b \cdot e^{i\beta} = ab \cdot e^{i(\alpha+\beta)}$$

sind die Längen zu multiplizieren und die Winkel zu addieren.

Zu einer geometrischen Deutung der komplexen Zahlen führte die Aufgabe, gerichtete Strecken in der Ebene und womöglich im Raum der Rechnung zugänglich zu machen. Das Rechnen mit Längen von Strecken hatte **Descartes** gelehrt, zwei zueinander entgegengesetzte Strecken konnte man mit dem positiven und negativen Vorzeichen erfassen. Für Strecken beliebiger Richtung brauchte man

1. eine Kennzeichnung durch Zahlenwerte; das kann geschehen durch Angabe ihrer Länge l und des Winkels φ gegen eine feste Richtung, etwa die x-Achse,
2. eine geometrische Definition der Addition (durch Aneinandersetzen),
3. eine geometrische Definition der Multiplikation, die hier durch die nebenstehende Figur (Abb. 25) oder durch $(l_1, \varphi_1) \circ (l_2, \varphi_2) = (l_1 l_2, \varphi_1 + \varphi_2)$ angedeutet sei.

Setzt man dann $\epsilon = (1, \pi/2)$, so wird $\epsilon^2 = (1, \pi) = -1$.

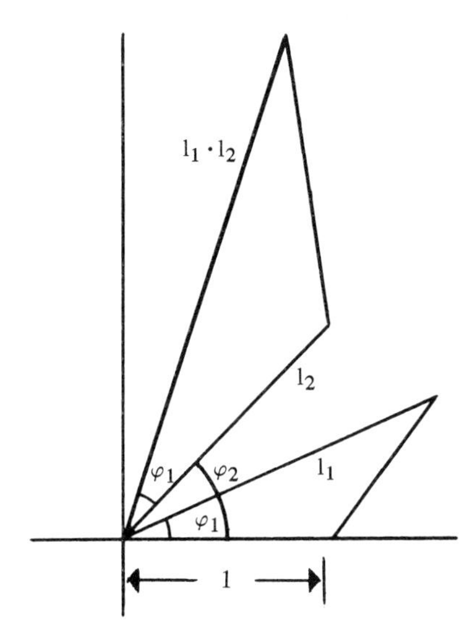

Abbildung 25. Multiplikation gerichteter Strecken als komplexer Zahlen.

In dieser Weise hat **C. Wessel** 1797 die geometrische Darstellung der komplexen Zahlen eingeführt (natürlich nicht in der hier gewählten Kurzschreibweise). Seine Arbeit blieb unbekannt, erst 1897 erschien eine französische Übersetzung.

Auch **Carnot** geht in seinem Buch *Géométrie de Position* 1803 von der Aufgabe aus, Größe und Richtung von Strecken zu erfassen. Zur Kennzeichnung der Richtung will er alle Einheitswurzeln sozusagen als Vorzeichen ansehen, *ebenso wie + und –, die nichts anderes sind als die Koeffizienten + 1 und – 1* [4].

Buée (1805) betrachtet das Zeichen $\sqrt{-1}$ als *Zeichen einer rein geometrischen Operation, nämlich des Senkrechtstehens.* **Argand** (1806) sucht die mittlere Proportionale zwischen + 1 und – 1 [6]. Diese beiden Arbeiten haben ausdrücklich die geometrische Darstellung komplexer Zahlen zum Ziel. **Argand**s Arbeit wurde 1874 von **Hoüel** neu herausgegeben; in der Einleitung nennt **Hoüel** eine Reihe weiterer Autoren, die das gleiche Problem behandelt haben, so z.B. in England **John Warren.**

Allgemein verbreitet wurde diese geometrische Darstellung erst durch **Gauß**, der sie vielleicht beim ersten Beweis des Fundamentalsatzes der Algebra 1799 vor Augen gehabt hat, obwohl er den Beweis rein reell durchführte [7]. Der erste Nachweis ist eine Zeichnung in einem Heft aus dem Jahre 1805 [Gauß 1; **8**, 103]. Am 18. Dezember 1811 schreibt **Gauß** an **Bessel** u.a., daß $\int \varphi x \, dx$ für komplexe x unabhängig vom Weg ist, wenn innerhalb des eingeschlossenen Flächenraumes nirgends $\varphi x = \infty$ wird [1; **8**, 90]. Veröffentlicht hat **Gauß** seine Darstellung der komplexen Zahlen erst 1831 in der Selbstanzeige zur 2. Abhandlung über die Theorie der biquadratischen Reste. Er spricht von der *wahren Metaphysik der imaginären Größen* und sieht ihre Rechtfertigung darin: *Den imaginären Größen kann eben so gut ein Gegenstand unterlegt werden, wie den negativen* [5; 175]. In der angezeigten Abhandlung entwickelt **Gauß** u.a. eine Zahlentheorie der ganzen komplexen Zahlen. Hier führt er den Ausdruck *komplexe Zahlen* ein, und zwar mit der ausdrücklichen Angabe, daß die reellen Zahlen eine Unterart sind: *Tales numeros vocabimus numeros integros complexos, ita quidem, ut reales complexis non opponantur, sed tamquam species sub his contineri censeantur* [4; 102].

In einem etwas anderen Lichte erscheint die geometrische Deutung bei **Hankel** [1]. Er führt ein Symbol für eine Lösung der Gleichung $x^2 = -1$ ein und definiert die Rechenoperationen mit diesem Symbol im Prinzip willkürlich, jedoch so, daß die üblichen Rechengesetze erfüllt sind [1; 67 f.]. Die Frage ist, ob das möglich ist. *Als unmöglich gilt dem Mathematiker streng genommen nur das, was logisch unmöglich ist, d.h. sich selbst widerspricht... Nachdem aber die Zahlen $a + b\sqrt{-1}$ eine geometrische Darstellung gefunden haben, und ihre Operationen geometrisch gedeutet worden sind, kann man in keiner Weise dieselben als unmögliche bezeichnen* [Hankel 1; 6, 7].

Neben der geometrischen Darstellung bestand auch der Wunsch nach einer rein arithmetischen Deutung der komplexen Zahlen. **Cauchy** betrachtet *eine imaginäre Gleichung lediglich als eine symbolische Darstellung von zwei Gleichungen zwischen reellen Größen* [3; IV]. 1847 gab er eine algebraische Deutung, nämlich als Reste, die die Polynome mit reellen Koeffizienten bei Division durch $x^2 + 1$ lassen [4].

Die Deutung der komplexen Zahlen als Paare reeller Zahlen mit geeigneter Definition der Addition und Multiplikation stammt von **R.W. Hamilton** (1833/35) [2; 76 ff.]. Dabei entwickelt er die Definition der Multiplikation u.a. aus der Forderung, daß das distributive Gesetz gelten soll.

Hyperkomplexe Zahlen

Schon **Wessel** hat daran gedacht, außer den Einheiten 1 und ϵ eine weitere Einheit η einzuführen, um gerichtete Strecken im Raum darzustellen, ist aber über die Berechnung von Drehungen um die Achsen nicht hinausgegangen [§ 24 ff.].

Gauß macht 1831 eine Andeutung darüber, daß eine vollständige Arithmetik mit Größen von mehr als zwei Dimensionen nicht möglich sei [5; 178]. In seinem Nachlaß fanden sich Notizen über Rechnungen mit Quadrupeln *(Mutationen des Raumes)* die der Rechnung mit Quaternionen entspricht [1; 8, 357–362].

Hamilton hat sich bemüht, nach dem Rechnen mit Paaren auch ein Rechnen mit Tripeln zu entwickeln und kam nach langen Bemühungen zu dem Ergebnis, daß er Systeme mit vier Einheiten 1, i, j, k, „Quaternionen", nehmen und die Multiplikation durch

$$i^2 = j^2 = k^2 = -1, \quad ij = -ji = k \quad \text{usw.}$$

definieren müsse. Dabei muß auf das kommutative Gesetz der Multiplikation verzichtet werden [1; 159 ff.]. **Cayley** hat ein System mit 8 Einheiten aufgestellt, bei dem das assoziative Gesetz verletzt ist [4], vgl. [Nový].

Die allgemeine Grundlage für solche hyperkomplexen Systeme lieferte **Graßmann** in seiner Ausdehnungslehre (1844, 1862). Er nennt Größen, die aus n Einheiten abgeleitet sind, d.h. die Form haben: $\Sigma \alpha_r e_r$ mit reellen Zahlen α_r, extensive Größen [2; 2]. Wir sagen heute Vektoren. Die Addition zweier Vektoren wird definiert durch

$$\Sigma \alpha_r e_r + \Sigma \beta_r e_r = \Sigma(\alpha_r + \beta_r) e_r \qquad [2; 3],$$

das Produkt eines Vektors mit einer Zahl durch

$$\Sigma \alpha_r e_r \cdot \beta = \beta \cdot \Sigma \alpha_r e_r = \Sigma \beta \alpha_r e_r \qquad [2; 4].$$

Wir nennen diese Gebilde einen Vektorraum der Dimension n. Für die Multiplikation zweier extensiver Größen läßt **Graßmann** alle Möglichkeiten offen. Er verlangt nur das distributive Gesetz. Das Produkt bezeichnet er durch eckige Klammern. Dann soll also gelten:

$$[\Sigma \alpha_r e_r \cdot \Sigma \beta_s e_s] = \Sigma \alpha_r \beta_s [e_r e_s].$$

Das Produkt ist erst bestimmt, wenn die Größen $[e_r e_s]$ bestimmt sind. Diese Produkte brauchen nicht Elemente des ursprünglichen Vektorraums zu sein. Z.B. entsteht im dreidimensionalen Raum das *innere Produkt* oder *Skalarprodukt* durch die Festsetzung

$$[e_r e_s] = \begin{matrix} 1, \text{ wenn } r = s \\ 0, \text{ wenn } r \neq s \end{matrix},$$

das *äußere Produkt* oder *Vektorprodukt* durch die Festsetzung

$$[e_1 e_1] = [e_2 e_2] = [e_3 e_3] = 0$$

$$[e_1 e_2] = -[e_2 e_1] = e_3 \text{ und zyklisch.}$$

Beide Produkte sind nicht assoziativ. Bei beiden gibt es Nullteiler, d.h. es kommt vor, daß ein Produkt = 0 ist, ohne daß einer der Faktoren = 0 ist.

Verlangt man von der Multiplikation, daß die $[e_r e_s]$ wieder Elemente des Ausgangsvektorraums sind, also $[e_r e_s] = \sum_t \gamma_{rs}^t e_t$, so spricht man von einem *hyperkomplexen System.* Verlangt man außerdem, daß die Multiplikation eindeutig umkehrbar ist – dazu ist notwendig, daß keine Nullteiler auftreten – so spricht man von einer *Divisionsalgebra.*

Hankel zeigt (1867): Verlangt man die Gültigkeit aller üblichen Rechengesetze, so sind die komplexen Zahlen die einzige Divisionsalgebra; alle anderen hyperkomplexen Systeme haben Nullteiler. Das scheint die erste Veröffentlichung dieses Satzes zu sein [1; 70]. **Weierstraß** hat ihn 1884 publiziert und sagt dort, daß er ihn erstmals im Wintersemester 1861/62 vorgetragen hat [3]. **Kossak** gibt einen Beweis nach **Weierstraß'** Vorlesung von 1865/66 [24 ff.]. Vgl. auch **Dedekind** (1885) [3].

Frobenius ging von der Forderung aus, daß die Division stets eindeutig ausführbar sein soll. Er zeigte, daß die reellen und komplexen Zahlen die einzigen Divisionsalgebren mit kommutativer Multiplikation sind und daß bei Verzicht auf die Kommutativität nur die Quaternionen hinzukommen (1878) [2; §14].

Fachsprache

Cardano (1545) nennt $\sqrt{-15}$ eine *quantitas sophistica* [3; Cap. 37].
Bombelli (1572) gebraucht das Wort *sophistisch* etwas allgemeiner, ungefähr im Sinne eines nicht gerechtfertigten, nicht legitimen Lösungsverfahrens [1; 169, 262].
Girard (1629) sagt *solutions impossibiles* [2; F 1^r]. Noch zur Zeit von **Gauß** wurde von

unmöglichen Wurzeln *(quantitates impossibiles)* gesprochen [Gauß 6; 5 f.] = [7; 5]. **Descartes** nannte (1637) die positiven und negativen Wurzeln *racines vraies et fausses* und führte die Unterscheidung *racines reelles et imaginaires* ein [2; 380]. **Euler** spricht in seiner Algebra (1770) von *Zahlen, welche unmöglich sind und imaginäre oder eingebildete Zahlen genannt werden* [5; 1. Teil, 1. Abschn., Kap. 20, § 218].

Den Ausdruck *komplex* hat **Gauß** 1831 eingeführt [4; 102].
Die Ausdrücke $a + \sqrt{-b}$ und $a - \sqrt{-b}$ wurden von **Bombelli** als *il Binomio* und *il suo Residuo* bezeichnet [1; 170], von **Cardano** als *binomium* und *recisum* [5; 435]. Diese Bezeichnungen für $a + \sqrt{b}$ und $a - \sqrt{b}$ sind die lateinischen Übersetzungen der bei **Euklid** vorkommenden Ausdrücke *ἐκ δύο ὀνομάτων* [El. 10, 54] und *ἀποτομή* [El. 10, 73]. Die Bezeichnung *konjugiert (conjugué)* stammt von **Cauchy** (1821) [3; 158 = Cap. VII, § 1].

Die Darstellung $a + b\sqrt{-1} = r(\cos\varphi + \sqrt{-1}\cdot\sin\varphi)$ findet sich bei **Euler** (1749) [7; 117, § 70]. Für r hat **Argand** das Wort *Modulus* eingeführt [122], das aber erst durch **Cauchy** [3; 159 ff. = Cap. VII, § 2] Verbreitung fand.

Weierstraß sagte dafür *absoluter Betrag* und schrieb $|a + bi|$ [2; 67 f.]. Den Faktor $\cos\varphi + i\cdot\sin\varphi$ nennt **Cauchy** 1821 *expression reduite* [3; 161 = Cap. VII, § 2].

Den Buchstaben i für $\sqrt{-1}$ benutzte **Euler** 1777 (publ. 1794) [4; **19**, 130], weitere Verbreitung fand er durch **Gauß** [2; 414].

2 Rechenoperationen

2.1 Allgemeines

Die Rechenoperationen Addition, Subtraktion, Multiplikation und Division kommen schon in den ältesten arithmetischen Texten in Ägypten und Mesopotamien vor. Dabei sind Addition und Subtraktion unproblematisch, vor allem, wenn die Zahlen durch Steine oder Striche oder entsprechende Symbole dargestellt werden. Multiplikation und Division erfordern jedoch schon eine gewisse Technik. Die Ägypter führen beide auf schrittweises Verdoppeln und Halbieren zurück (s.S. 208, 233); das führte zu den weiteren Operationen *Duplatio* und *Mediatio*, die bis zum Beginn der Neuzeit allgemein in den Rechenbüchern behandelt werden. Noch **Christian von Wolff** lehrt [1; 61 f., § 58]: *Wenn ihr nur dupliren und halbiren könnet, so könnet ihr das übrige ohne das Ein mal Eins multipliciren. Denn, addiret das Einfache und Zweyfache, so habt ihr das Dreyfache. Dupliret das Zweyfache, so habt ihr das Vierfache. Halbiret das Zehenfache, das ist, die zu multiplicirende Zahl an welcher eine Nulle hänget; so habt ihr das Fünffache. Addiret dazu das Einfache, so habt ihr das Sechsfache. Addiret zum halben Zehenfachen das Zweyfache, so habt ihr das Siebenfache. Ziehet ab vom Zehenfachen das Zweyfache, so habt ihr das Achtfache. Endlich, ziehet das Einfache von dem Zehenfachen ab, so habt ihr das Neunfache.* In § 61 lehrt er entsprechend: *Ohne das Ein mal Eins zu dividiren.*

Die Babylonier haben sich für das Multiplizieren und für das Dividieren Tabellen angelegt.

Das Potenzieren und Wurzelziehen kommt bei Flächen- und Volumenberechnungen ebenfalls seit alter Zeit vor. Bei den Babyloniern gibt es auch dafür Tabellen, aber auch Näherungsrechnungen.

Babylonische Tabellen, die eine arithmetische und eine geometrische Reihe einander gegenüberstellen, können evtl. als eine Art von Logarithmentafeln gedeutet werden (s.S. 298).

Mit dem Aufkommen der indischen Ziffern und des mit diesen Ziffern geschriebenen Positionssystems kommt noch eine weitere Operation hinzu, die *Numeratio*, d.h. die Lehre vom Schreiben und Lesen einer Zahl in diesen Ziffern. Werke, die das Rechnen auf dem Rechenbrett lehren, enthalten statt eines Kapitels *Numeratio* ein Kapitel über die Darstellung der Zahlen auf dem Rechenbrett.

2.1.1 Die Behandlung der Rechenoperationen in den Rechenbüchern

Die aus vorgriechischer Zeit bekannten Schriften sind meist Aufgabensammlungen, in denen die Art der Durchführung der Operationen an den gerechneten Beispielen zu sehen ist, ohne daß sie direkt gelehrt wird – das dürfte mündlich geschehen sein. Der

Papyrus Rhind enthält jedoch in der 2: n-Tabelle und in den Aufgaben 1–21 reine Rechenaufgaben.

Von den Griechen sind keine Lehrbücher des elementaren Rechnens erhalten; nur das Rechnen mit Proportionen wird – als Grundlage oder Ersatz für die Bruchrechnung – in [Euklid, El. 7] gelehrt.

Die Anzahl und Anordnung der behandelten Rechenoperationen sind in der älteren Zeit recht unterschiedlich. Das chinesische Rechenbuch *Chiu Chang Suan Shu* gibt nur Regeln für das Rechnen mit Brüchen, **Sun Tzu** behandelt Multiplikation, Division, Quadrieren und Radizieren mit Stäbchenzahlen. **Mahāvīra** (ca. 850) lehrt Multiplikation, Division, Quadrat, Quadratwurzel, Kubus, Kubikwurzel. Die Addition und Subtraktion fehlen auch z.B. bei **al-Karağī. Abraham ben Ezra** und **Leonardo von Pisa** behandeln die Addition und Subtraktion erst nach der Multiplikation, **Savasorda** sogar erst nach der Division. **Al-Ḫwārizmī** bzw. der Bearbeiter seiner Arithmetik, **Johannes Hispalensis** gibt die Kapiteleinteilung in konsequenter Folge: Numeratio, Addition, Subtraktion, Verdoppelung, Halbierung, Multiplikation, Division. **Sacrobosco** fügt noch hinzu: *progressio* (Summierung von wenigen, einfachen, endlichen Reihen) und *radicum extractio*. Eine übersichtliche Zusammenstellung geben **Levey** und **Petruck** in der Einleitung zu [Kūšyār ibn Labbān; 34 f.]. Im Deutschen kommen später die Bezeichnungen auf: *Zählung; Zusammenthuung, Zusammenraytung; Abziehung; Zwiefachung; Mannigfaltigung, Vielmachung, Mehrung; Halbmachung, Zweiteilung; Teilung; Fürzählung, Aufsteigung, Fortgehung; Ausziehung der Wurzeln* [Felix Müller; 319].

Die Überschrift *Numeratio* fehlt z.B. bei **Jordanus Nemorarius**, jedoch lehrt auch er vor dem Rechnen das Schreiben und Lesen von Zahlen in indischen Ziffern [Eneström 3; 26]. **Gregor Reisch** erklärt die *Mediatio* als *per duo divisio* und die *Duplatio* als *per duo multiplicatio* und behandelt sie daher nicht besonders [Buch IV, Tract. II, Cap. III]. **Gemma Frisius** bezeichnet nur noch Addition, Subtraktion, Multiplikation und Division als die vier *Species*. Er definiert: *Vocamus autem species certas operandi per numeros formas* (wir nennen aber *species* gewisse Arten mit Zahlen zu rechnen) [10].

Petrus Ramus bezeichnet Addition und Subtraktion als *compositiones simplices* bzw. *simplex componendi et resolvendi modus*, Multiplikation und Division als *coniunctus* ⟨componendi et resolvendi modus⟩ [1; 2, 8]. **Napier** [6; 3 ff., 8] nennt *Computatio prima* eine solche, die eine Größe mit einer Größe nur einmal zusammenstellt *(computat)*. Das geschieht bei Addition und Subtraktion. *Computationes ortae ex primis* (aus den „ersten" entstandene) sind solche, die eine Größe mit einer Größe mehrmals zusammenstellen, das sind Multiplikation und Division. *Computationes ortae ex primo ortis* sind die Rechnungen mit Wurzeln.

Von einer *methodischen Behandlung* der verschiedenen Spezies im einzelnen ist in den Texten der Antike und des Mittelalters kaum etwas zu sehen. Meist werden diese – oft in vielen verschiedenen Abarten – dem Leser nur vorgeführt. So bemerkt z.B. **Diophant** [1; **1**, 14] nur ganz allgemein, daß man sich in den verschiedenen Rechnungsarten üben müsse. Vielfach wird die Notwendigkeit betont, das Einmaleins gut zu lernen. Ausführlich bereitet **Tartaglia** den Unterricht in den Spezies durch die Vorübungen Einsundeins, Einsvoneins, Einmaleins, Einsdurcheins vor [1; **1**, 7^{v}, 13^{r}, 18^{r}, 28^{r}]. Daß auch die äußere Behandlung der Rechenaufgaben, die Schrift und Anordnung wichtig ist, betont **Grammateus**; bei der Addition mahnt er: *Hab fleiß dz die figuren gleich stehn vbereynãder/also das die erste sei gesatzt vber die erste/vnd die ander vber die ander/ etc. vnd ein linien darũder gezogen/vnder welche würdt gesatzt die summa* [1; A 3^{r}]. **J. G. G. Hübsch** (1748) [I, 41 ff.], verlangt die schriftliche Ausführung der Exempel *reinlich*, ohne Rasur und Korrektur, *deutlich*, in genügender Größe und sicherer Linienführung der Ziffern, *ordentlich* mit dem nötigen Raum zwischen den einzelnen Ziffern, Zahlen und Aufgaben und gehöriger Verteilung der Rechnungen wie mit entsprechendem Hervorheben durch Unterstreichen; vgl. auch [Unger; 162 f.].

Beweise für die Sätze und Regeln des Rechnens mit bestimmten Zahlen werden selten gegeben. Der Schüler hat nur die vorgegebenen Rezepte zu verwenden, nach dem Motto: „Mache es so" (tu ihm also, *fac ut ita*, *ποίει οὕτως*).

Dagegen rühmt sich **Tacquet** in seiner Arithmetik von 1656, Beweise, wie noch niemand vor ihm, ausführlich beigegeben zu haben [3^{v} f.]. Eine Besserung in der Methodik zeigen die mit Beginn des 18. Jahrhunderts erscheinenden großen Lehrwerke über das gesamte Gebiet der Mathematik: die *Mathesis* von **Leonhard Chr. Sturm**, die *Anfangsgründe aller mathematischen Wissenschaften* von **Chr. von Wolff** [1], das ähnlich betitelte Werk von **Kästner** [1], der *Lehrbegriff* von **Karsten**, die *Vorlesungen* von **J. A. von Segner** und andere.

Chr. von Wolff erklärt: *Es ist nicht genug, daß er* ⟨der Lehrer⟩ *ihnen* ⟨den Schülern⟩ *die Wahrheit saget, sondern sie müssen es auch begreiffen, daß es Wahrheit sey* oder *daß man sie* ⟨die Schüler⟩ *allezeit fraget, warum sie dieses so und nicht anders machen, damit sie . . . angewöhnet werden, nichts ohne Grund von jemanden anzunehmen* [4; Vorrede, 2^{v}, 5^{r}].

Chr. von Clausberg hat auf über 1 500 Seiten den gesamten Stoff theoretisch und methodisch erschöpfend dargeboten. In der Befolgung methodischer Unterrichtsgrundsätze schlossen sich bald auch England und Frankreich dem deutschen Vorgang an, wie **N. L. de La Caille** [1], **Ch. Hutton** oder **Bonnycastle**. Einfluß auf die Elementarmathematik übten auch die Vorlesungen von **Lagrange** aus, die er 1795 in der *École Normale* von Paris hielt.

2.1.2 Wie muß eine strenge Begründung des Rechnens aussehen?

Für die Geometrie gibt es bei **Euklid** 1. Definitionen, 2. Postulate, die in gewissem Sinne die Existenz der definierten Dinge sicherstellen (durch zwei Punkte gibt es eine Gerade; zu jedem Mittelpunkt und Radius gibt es einen Kreis), 3. Axiome, die aber allgemein für Größen, also auch für Zahlen gelten [El. 1]:

1. *Was demselben gleich ist, ist auch einander gleich.*
2. *Wenn Gleichem Gleiches hinzugefügt wird, sind die Ganzen gleich.*
3. *Wenn von Gleichem Gleiches weggenommen wird, sind die Reste gleich.*
4. *Wenn Ungleichem Gleiches hinzugefügt wird, sind die Ganzen ungleich.*

5. *Die Doppelten von demselben sind einander gleich.*
6. *Die Halben von demselben sind einander gleich.*
7. *Was einander deckt, ist einander gleich.*
8. *Das Ganze ist größer als der Teil.*
9. *Zwei Strecken umfassen keinen Flächenraum.*

Die Axiome 7 und 9 gehören in die Geometrie, die übrigen charakterisieren die Gleichheit und Ungleichheit, 2, 3 besagen in heutiger Ausdrucksweise die Verträglichkeit der Gleichheit mit der Addition und Subtraktion, 5, 6 bei der ägyptischen Rechenweise die mit der Multiplikation und Division.

Definitionen für Zahlen und für das Rechnen gibt **Euklid** im Buch 7; Postulate fehlen. Man kann dabei daran denken, daß die Zahlen in höherem Maße reine Erzeugnisse des menschlichen Geistes sind als die Grundbegriffe der Geometrie, die es mit dem wirklichen Raum zu tun haben. Dann müßten sich die Beweise für die Rechenregeln aus den Definitionen ergeben. In welcher Weise das möglich ist, hat **Lorenzen** gezeigt. Notwendig ist, daß schon die Definition der Zahl passend formuliert wird (s. S. 165).

Euklid definiert [El. 7, Def. 2]: *Zahl ist die aus Einheiten zusammengesetzte Menge* (*ἐκ μονάδων συγκείμενον πλῆθος*). Darin kommt das Partizip von *συντιθέναι* = zusammensetzen vor, und das ist das griechische Fachwort für addieren. **Euklid** definiert die Addition und Subtraktion nicht und gibt auch keine Regeln für sie an. Das kommutative und assoziative Gesetz wird selbstverständlich benutzt.

Als nächstes definiert **Euklid**:

Def. 3: *Teil einer Zahl ist eine Zahl, die kleinere von der größeren, wenn sie die größere genau mißt.*

Def. 4: *Und Menge von Teilen, wenn sie sie nicht genau mißt.*

Def. 5: *Und Vielfaches die größere von der kleineren, wenn sie von der kleineren genau gemessen wird.*

Erst später folgt die Definition der Multiplikation:

Def. 15: *Man sagt, daß eine Zahl eine Zahl vervielfältige, wenn die zu vervielfältigende so oft zusammengesetzt wird, wieviel Einheiten jene enthält und so eine Zahl entsteht.*

Das distributive Gesetz wird in §§ 5 ff. bewiesen, das kommutative Gesetz der Multiplikation in § 16. Jedoch beruhen diese Beweise auf anschaulichen Vorstellungen oder zusätzlichen stillschweigend angenommenen Voraussetzungen. In geometrischer Form beweist **Euklid** das distributive Gesetz in Buch 2, § 1.

Noch **Dirichlet** leitet in seinen 1856/57 gehaltenen Vorlesungen über Zahlentheorie das kommutative und das assoziative Gesetz der Multiplikation aus dem Schema ab:

$$\begin{array}{l} c, c, c, c, \dots, c \\ c, c, c, c, \dots, c \\ \cdot \;\; \cdot \;\; \cdot \;\; \cdot \;\; \cdot \;\; \cdot \\ \cdot \;\; \cdot \;\; \cdot \;\; \cdot \;\; \cdot \;\; \cdot \\ c, c, c, c, \dots, c \end{array}$$

welches aus b Horizontalreihen besteht, deren jede die Zahl c gleich oft, nämlich a mal enthält [1].

Euklids Definition der Multiplikation ist nur für ganze Zahlen brauchbar. Deshalb gibt **al-Karağī** [1; **1**, 5] eine zweite Definition:... *daß die Multiplikation die Aufsuchung einer Zahl sei, zu der sich der eine der Factoren verhält, wie die Eins zum anderen* (vgl. S. 322). Wörtlich ebenso steht es in der Euklid-Ausgabe von **Clavius** [Euklid 8; Buch 7, Def. 15], der an anderer Stelle (bei der Parallelentheorie, Scholium zu Buch 1, Prop. 28) andeutet, daß ihm eine arabische Quelle bekannt war.

In dieser zweiten Definition werden die beiden Faktoren nicht unterschieden; darin ist unausgesprochen das kommutative Gesetz enthalten.

Auf die Definitionen folgen bei **Clavius** zwei *Postulata, sive Petitiones: Zu jeder Zahl lassen sich beliebig viele gleiche oder Vielfache angeben. Zu jeder Zahl läßt sich eine größere angeben.* Dann folgen 12 *Axiomata, sive Pronunciata*. Die ersten vier geben ohne Begründung die verschiedenen Fälle der Aussage wieder: Wenn a = b, so ist ac = bc und umgekehrt. Die übrigen handeln von der Teilbarkeit und sind mit Begründungen versehen, die wohl teils als Beweise, teils als Erläuterungen anzusehen sind. Die Aussage 7 ließe sich etwa so übersetzen: Wenn a • b = c ist, so ist c : a = b (wörtlich: b mißt c nach a) und c : b = a.

Viète hat (1591) das Rechnen mit Buchstaben eingeführt; er sagt, mit *species*, und versteht darunter die Arten von Größen, die durch ihre Dimension unterschieden sind (Strecken, Quadrate, Kuben usw.). Für das Rechnen mit diesen Größen braucht er Grundgesetze, er nennt sie *symbola*, die er unbewiesen an den Anfang stellt. Darunter erscheinen:

1. Das Ganze ist seinen Teilen gleich.
2. Was demselben gleich ist, ist untereinander gleich.

Bemerkenswert sind für unsere Betrachtung:

12. Durch einen gemeinsamen Faktor oder Divisor wird eine Gleichung oder ein Verhältnis nicht geändert.
13. Die Produkte mit den einzelnen Teilen sind gleich dem Produkt mit dem Ganzen. ⟨Also das distributive Gesetz.⟩
14. Produkte von mehreren Größen oder die Ergebnisse einer fortgesetzten Division aus ihnen sind gleich, in welcher Reihenfolge man die Größen auch multipliziert oder dividiert. ⟨Bei der Division muß wohl (a : b) : c = (a : c) : b gedacht werden⟩ [12; 38 f.].

Tacquet geht von den Büchern 7–9 von **Euklids** Elementen aus (*Unde substantiam Euclidis do, non verba* [*3^{v}]) und benutzt gelegentlich die Schreibweise von **Viète**. Er bringt im Wesentlichen die gleichen Definitionen und Axiome wie **Clavius**; die beiden Postulate fehlen. Auf die Axiome folgt eine *Admonitio ad Lectorem*, in der das kommutative, distributive und assoziative Gesetz in der folgenden Form erscheinen [10 ff.]:

Si numerus A multiplicandus sit per numerum B, productum erit AB seu BA...
Si A + B + C ⟨multiplicandus sit⟩ *per D; singulis particulis appone D; productum erit AD + BD + CD...*
Ut si productum quaeratur ex numeris A, B, C, D inter se multiplicatis, illud erit vel ABCD vel ACBD vel ADBC etc.

Zur Begründung verweist **Tacquet** z.T. auf die Definitionen, z.T. für die letzte Aussage auf einen später durchgeführten Beweis.

Martin Ohm stellte 1834 die folgenden *Grundwahrheiten für die Addition, Subtraktion, Multiplikation und Division* zusammen [§ 30]: *Die Wahrheiten I–XIV, d.h. die Formeln*

I. $a + b = b + a$;
II. $(a + b) + c = (a + c) + b = a + (b + c)$;
III. $(a - b) + b = a$;
IV. $(a + b) - b = a$;
VIII. $(a + b)\, m = am + bm$;
IX. $(a - b)\, m = am - bm$;
X. $(ab)\, c = (ac)\, b = a(bc)$;
XI. $ab = ba$;
XII. $\frac{a}{b} \cdot b = a$;
XIII. $\frac{ab}{b} = a$;

dann das Gesetz V: wenn zwei Ausdrücke einem dritten gleich sind, so sind sie unter sich selbst gleich; endlich die Wahrheiten VI, VII und XIV: daß Gleiches mit Gleichem addirt, subtrahirt, multiplicirt und dividirt, Gleiches wieder gibt, sind die einzigen Grundwahrheiten für die Addition, Subtraktion, Multiplikation und Division. Aus ihnen sind alle übrigen benötigten Gleichungen abzuleiten.

In der ersten Auflage desselben Werkes (1825) waren diese Grundwahrheiten noch nicht so schön geordnet und zusammengefaßt. Aber schon dort stellte **Ohm** fest [**1**, 18 f.], daß *man die wahrscheinliche Richtigkeit der Lehrsätze ... anschaulich machen* kann, daß sie aber bei einer strengeren Auffassung *eigentlich als Voraussetzungen, die sich von selbst verstehen, bloß ausgesprochen werden.* Auch bemerkt er, daß diese Sätze *eigentlich nichts von den Zahlen selbst lehren, sondern mehr lehren, wie die Operationen des Addirens und Subtrahirens sich gegenseitig zu einander verhalten.*

Hermann Graßmann hat die Operationen durch die Rechenregeln charakterisiert. Er nennt eine Verknüpfung, die assoziativ und kommutativ ist, eine *einfache Verknüpfung* [1; 36 = § 5]. Ist außerdem die Umkehroperation eindeutig ausführbar, so nennt er diese beiden Operationen *Addition* und *Subtraktion* [1; 38 f. = § 6]. Wenn eine weitere Verknüpfung zur Addition distributiv ist, heißt sie *Multiplikation* [1; 42 = § 9] usw. Das ist der Übergang zu einer abstrakten algebraischen Struktur; diese Entwicklung ist hier nicht weiter zu verfolgen.

Die Ausdrücke *assoziativ, kommutativ, distributiv* verwendet **Graßmann** nicht. *Distributiv* und *kommutativ* führte **Servois** 1814 ein [98], und zwar für Funktionen. Er nennt eine Funktion f *distributiv*, wenn $f(x + y) = f(x) + f(y)$ gilt, und er nennt zwei Funktionen f, g *kommutativ*, wenn $f(g(x)) = g(f(x))$ gilt. Der Ausdruck *assoziativ* kommt bei ihm nicht vor; vielleicht deshalb, weil für das Hintereinander-ausführen von Abbildungen (Funktionen) das assoziative Gesetz stets erfüllt ist und daher nicht auffällt. Dagegen war **Hamilton** bei der Einführung der Quaternionen (1843) in der Situation, daß er, gewissermaßen künstlich, Rechenoperationen so einführen mußte, daß, wenn möglich, die üblichen Gesetze gelten. Das gelang ihm in der Weise, daß *der distributive Charakter der Multiplikation erhalten bleibt, . . . der kommutative Charakter verlorengeht, . . . aber eine andere wichtige Eigenschaft der alten Multiplikation erhalten bleibt bzw. sich auf die neue überträgt, nämlich das, was der assoziative Charakter der Operation genannt werden kann* [1; 114].

Im 19. Jahrhundert wurden die Definitionen der Begriffe *ganze Zahl, rationale Zahl, reelle Zahl* neu gefaßt; aufgrund dieser Definitionen sind dann auch die Rechenoperationen zu definieren und die Rechenregeln zu beweisen.

Dedekind definierte die Menge der ganzen Zahlen Z dadurch, daß eine Abbildung von Z in Z existiert

$$a \rightarrow a' = \text{Nachfolger von } a\,,$$

die bestimmte Eigenschaften hat, insbesondere die, daß alle Elemente von Z durch wiederholte Nachfolgerbildung aus einem Anfangselement, geschrieben 1, entstehen. Diese Eigenschaften wurden von **Peano** formalisiert (Peano-Axiome s.S. 126 f.). Zu diesen Axiomen gehört das Axiom der vollständigen Induktion. Nun lassen sich Addition und Multiplikation induktiv definieren:

$$a + 1 = a', \; a + b' = (a + b)'$$
$$a \cdot 1 = a, \; a \cdot b' = a \cdot b + a,$$

und die Rechengesetze durch vollständige Induktion beweisen (s.z.B. **Landau** [4, 14]).

Nach **Lorenzen** [1] erzeugt man die natürlichen Zahlen „operativ" als Zeichen, die aus dem Anfang | nach der Regel hergestellt werden, daß man einem schon hergestellten Zeichen rechts einen Strich anfügen darf (s.S. 128). Von dieser Erklärung aus gelangt man durch „protologische" Überlegungen zu den Peano-Axiomen, die auf diese Weise begründet werden können.

Rationale Zahlen werden als Paare von ganzen Zahlen, reelle Zahlen als Mengen oder Folgen von rationalen Zahlen eingeführt; die Rechenoperationen werden dann mit Hilfe der Rechenoperationen für die ganzen bzw. rationalen Zahlen definiert, z.B.:

$$(a/b) + (c/d) := ((ad + bc)/bd).$$

2.1.3 Proben, insbesondere die Neunerprobe

Proben zur Bestätigung des Ergebnisses einer Rechnung kommen schon im Papyrus Rhind öfter vor. Bei den Hau-Rechnungen [Probl. 24, 25, 26, 27, 29] wird der gefundene Wert für den „Haufen" eingesetzt und die verlangte Gleichung bestätigt.

In anderen Fällen wird das Ergebnis einer Rechenoperation durch die Umkehroperation bestätigt.

Eine weitere Möglichkeit besteht darin, die Aufgabe noch einmal zu rechnen, aber nicht mit den gegebenen Zahlen selbst, sondern mit ihren Resten nach Division durch eine beliebig gewählte Zahl p.

In einem dezimalen Positionssystem ist p = 9 besonders bequem, weil man hier statt einer Zahl selbst ihre Quersumme durch 9 dividieren kann, denn – mit der Bezeichnung

$$a \equiv b \pmod 9 \quad \text{wenn} \quad a - b = k \cdot 9,$$

d.h. wenn a und b bei Teilung durch 9 den gleichen Rest lassen –

gilt

$$10^n \equiv 1 \pmod 9$$

also

$$\sum_{k=0}^{n} a_k \, 10^k \equiv \sum_{k=0}^{n} a_k \pmod 9.$$

Die *Neunerprobe* mit Benutzung der Quersumme ist erstmals bezeugt in den *Mahāsiddhānta* von **Āryabhaṭa II**, wo die Neunerprobe für alle Rechnungsarten einschließlich der Kubikwurzel geschildert wird [DS; **1**, 181]. Die ersten Araber, die indisches Rechnen überliefern, **al-Uqlīdisī** und **Kūšyār ibn Labbān** [70], kennen ebenfalls die Neunerprobe mit Quersumme für alle Spezies [Uqlīdisī 2; 195 f., 468 f.]. Auch **Maximos Planudes**, der das indische Rechnen seinen Landsleuten schildert, verwendet die Quersumme bei der Neunerprobe in der Addition und Multiplikation [1; 4, 14]. Er sagt dabei, daß die Ziffern nicht nach ihrem Stellenwert, sondern *einermäßig* (*κατὰ μοναδικὰς τάξεις*) addiert werden sollen. Eine solche Addition der *πυθμένες* (s.S. 18) nebst Division durch 9 (wie auch durch 7) führte schon der griechische Schriftsteller **Hippolytos** (Anfang des 3. Jhs.) durch, freilich nicht zu Rechenzwecken, sondern in Verbindung mit onomatomantischen Ideen [Honigmann; 518].

Im Abendland findet sich die Neunerprobe zuerst ohne Quersumme in den Bearbeitungen der Arithmetik von **al-Ḫwārizmī** bei **Johannes Hispalensis** [32], sowie in weiteren Algorismen des 12. Jahrhunderts [al-Ḫwārizmī 2; 43], z.B. im Clm 13021 [Curtze 5; 19]. Die Neunerprobe mit Quersumme kennt der Kommentator **Sacroboscos**, **Petrus de Dacia** [37], desgleichen **Abraham ben Ezra** (1140), dem arabische Quellen zur Verfügung standen [29]. **Prosdocimo de Beldomandi** verwendet die Neunerprobe auch bei der Summierung einer arithmetischen Reihe [1; 14r f.].

Daß man auch andere Zahlen als 9 für die Probe verwenden kann, zeigt **al-Karaǧī**. Während aber bei der Neunerprobe die *Ordnungseinheiten* zu addieren und durch 9 zu dividieren sind, müssen – wie er sagt – bei einer Probe mit 11 die gegebenen Zahlen selbst dividiert werden [1; **1**, 9]. Eine vereinfachende Methode beschreibt **Nāṣir al-Dīn al-Ṭūsī**, er sagt [Uqlīdisī 2; 470]: es soll das Zehnfache der Ziffernsummen auf den geraden Stellen zur Ziffernsumme auf den ungeraden Stellen addiert werden. Er rechnet demnach:

$$8\,732\,546 \equiv (4 + 2 + 7) \cdot 10 + 6 + 5 + 3 + 8 = 152 \equiv 9 \pmod{11}.$$

Im **Klügel**schen Wörterbuch [2; **3**, 674 ff.] wird für die Zahl mit den Ziffern edcba gerechnet:

$$\text{e d c b a} \equiv (\text{a} + \text{c} + \text{e}) - (\text{b} + \text{d}) \quad (\text{mod } 11).$$

Diese Methoden beruhen darauf, daß $10 \equiv -1 \pmod{11}$, also:

$$10^{2k+1} \equiv 1 \pmod{11}, \qquad 10^{2k} \equiv 10 \equiv -1 \pmod{11}$$

ist.

Daß die Restproben mit verschiedenen Zahlen gemacht werden können, weiß auch **Leonardo von Pisa**, nämlich mit 7, 11, 13 und so weiter *(et deinceps)* [1; **1**, 34]. Bevorzugt werden von ihm 7 [1; **1**, 35] und 11 [1; **1**, 45]. **Chuquet** (1484) nimmt ebenfalls vor allem die Zahl 7; die Probe sei sicherer als die mit 9, was er begründet mit: *pour cause que . 7. a moins de familiarite auec les nombres que . 9.* [1; 604]. Der Araber **al-Bannā'** macht die Probe mit 7, 8, 9 [1; 9], der Inder **Nārāyaṇa** spricht klar aus, daß jede beliebige Zahl genommen werden kann [DS; **1**, 183]. In den Rechenbüchern des Abendlandes werden oft Proben mit verschiedenen Zahlen verwendet, z.B. von **Johann Fischer** (1559) mit 5, 6, 7, 8, 9, 11 [Unger; 83]. Für weitere Literatur zu den Restproben siehe **Dickson** [**1**, 337 ff.], für die arabischen Autoren **Saidan** [Uqlīdisī 2; 468–472].

Daß die Richtigkeit der Neunerprobe (und die mit anderen Zahlen) notwendig, aber nicht hinreichend ist als Beweis für die Richtigkeit der Rechnung, wissen die Araber, z.B. **al-Uqlīdisī** [Saidan 2; 381], [Uqlīdisī 2; 196], **al-Kāšī** [Luckey 2; 26 f.]. Im Abendland wird dies von **Petrus de Dacia** angedeutet als Ansicht von „Opponenten", die nicht glauben, daß die Probe untrüglich sei. So macht er noch eine Probe mit 8; dann – meint er – könne man sich nicht geirrt haben (*non est possibile errasse* [58]). Besonders klar sagt **Chuquet**, daß die Rechnung trotz richtiger Probe falsch sein kann, nämlich dann, wenn man sich mit 9 oder einem Vielfachen davon verrechnet hat [1; 603]. **Clavius** sagt das fast mit denselben Worten [2; Kap. 2].

2.1.4 Fachwörter für das Rechnen im Allgemeinen

Rechnen

Für alle Rechnungsarten wurde in der Antike und im Mittelalter das allgemeine Wort *machen* gebraucht. Der sprachliche Befund bei spezielleren Fachwörtern zeigt, daß deren Bildung in eine Zeit zurückgeht, in der das Zählen und Rechnen identisch ist, nämlich ein Abzählen am Kerbholz und mit Rechensteinen.

Im Ägyptischen kommen die folgenden Bezeichnungen vor:

ḥśb = hieratisch = rechnen. [Pap. Rhind; Einleitung, Pr. 67, 81] [Pap. Moskau; 101 f.]. In den Pyramidentexten heißt *ḥśb* noch zerbrechen; diese Grundbedeutung ist im mittleren Reich verlorengegangen.

w3ḥ – tp = die Rechenoperation [Pap. Rhind; Pr. 21, 22 und öfter]. Das Wort ist zusammengesetzt aus *w3ḥ* = legen, was auch für die Addition und für die Multiplikation gebraucht wird; dabei kann an das Hinzulegen von Steinchen oder Einerstrichen gedacht werden.

		tp = Kopf. *w3ḥ – tp* bedeutet also eigentlich: den Kopf neigen [Vogel 1; 11] (s. S. 223, 242).
ỉr – t	=	machen; allein gebraucht z.B. [Pap. Rhind; Pr. 24 und öfter] und in der Verbindung ir – ḫr • k w3ḥ – tp = führe die Operation aus [Pap. Rhind; Pr. 40, 41 und öfter].
śšm • t	=	Ausrechnung [Pap. Rhind; Pr. 41 und öfter].

Bei den Babyloniern wird im allgemeinen die spezielle Rechenoperation bezeichnet; *machen, verfahren* allgemein heißt sumerisch *kì*, akkadisch *epéšu*. [MKT; **2**, 14, 29]. Dem ägyptischen *ḥśb* ähnlich ist (akk.) *ḫaṣâbu* = zerschlagen, verkürzen, abbrechen [MKT; **2**, 16].

Die Griechen haben bei dem Wort *ψηφίζεσθαι* = rechnen jedenfalls an das Legen von Rechensteinen (*ψῆφοι*) gedacht. *ἀριθμεῖν* = zählen, rechnen ist wie das Wort *ἀριθμός* = Zahl mit *ἀραρίσκειν* = fügen oder mit der indog. Wurzel rei, re = zählen, ordnen in Verbindung zu bringen (vgl. S. 122). Aus dem Wort *λόγος* ist *λογίζεσθαι* abgeleitet, das z.B. bei **Platon** [Gorgias 451 b, c] das elementare Rechnen im Gegensatz zur theoretischen Arithmetik bedeutet [Vogel 7; 360 f.]. *λόγος* bedeutet in der Mathematik der Pythagoreer eine Beziehung zwischen zwei Größen, später speziell das Verhältnis (s. S. 326).

Im Lateinischen stammt das Wort *calculare* wieder von dem Rechenstein *calx* oder *calculus*; das Wort *numerare* ist von dem Stamm *nem* = ordnen, verteilen abzuleiten (s. S. 122). Das Verhältnis (griech. *λόγος*) heißt *ratio*, demnach das Rechnen auch *ratiocinare. Putare* heißt ursprünglich einschneiden (vgl. amputieren). Dieses Wort für Rechnen, sowie *computare*, könnten an das Kerbholz erinnern.

Das arabische Wort *ḥasaba* und das hebräische Wort *ḥāšab* für Rechnen dürften mit dem ägyptischen *ḥśb* verwandt sein [Sethe 1; 77].

Bei den Chinesen bedeutet *suan* sowohl rechnen wie den dazu verwendeten Rechenstab; *suan-pan* ist das Rechenbrett.

Bei den Indern ist das Wort für Rechnen *gaṇita* oder *pāṭīgaṇita* (*pāṭī* = das Brett, s. S. 43).

Für das deutsche Wort rechnen (althochdeutsch *rēhhanōn*, englisch *reckon*) kann eine Grundbedeutung nur vermutet werden. Zur indogermanischen Wurzel *rek* gehören auch die Begriffe berichten, reden (vgl. russisch *reč'*, die Rede). Das Mittelhochdeutsche kennt (seit dem 13. Jh.) als Wort für rechnen *reicen*, später *raytten* und *rayttung* = Rechnung. *Reicen* bedeutet auch bereiten, zurechtlegen, z.B. eine Geldsumme (siehe *raitten* in der Sacroboscohandschrift [D. E. Smith 1; 450]). Könnte das Wort nicht zusammenhängen mit *ritzen, reißen*, mit Gewalt trennen und damit auf die Verwendung des Kerbholzes hindeuten, in das ja auch die Runen eingeritzt wurden (vgl. englisch *to write*)?

Aufgabe

Trotz des deutschen Wortes *Aufgabe*, das die Rechenbücher des 16. Jahrhunderts bringen, z.B. das von **Chr. Rudolff** (1525) [1; H 7[r]], wird auch weiterhin das Wort *Exempel* verwendet, so auch von **Rudolff** selbst. Es kommt in der deutschen Fassung der *Geometria culmensis* (ca. 1400) als *Exempil* vor [Mendthal; 25]; im Bamberger Rechenbuch von 1483 heißt es z.B. *das drit capitel von Subtrahiren . . . mit seynen exempeln vñ probñ* [Register].

Ergebnis

Das lateinische Wort *facit* = es macht, das schon der Feldmesser **Balbus** ca. 100 n.Chr. verwendet [Schriften der römischen Feldmesser: **1**, 96], bleibt auch in deutschen Texten erhalten, wie im Clm 14908 (Mitte 15. Jh.): *addir 4 vnd 10, facit 14 ellen* [Curtze 1; 40]; bei **Widman** 1489: *so kumpt das facit* [m 3^v] (nicht in der Ausgabe von 1508!) ist das Wort *facit* zum Substantivum geworden. Eine andere Bezeichnung für das Ergebnis ist *Resultat*, von *resultatum* (*resultare* = zurückspringen), was noch **Prosdocimo de Beldomandi** verwendet [1; 4^r], [2; A 5^v]. Das Resultat (italienisch *il resultato*) ist dann das, was aus einer Aufgabe entspringt, sich ergibt. Dem deutschen Wort *herauskommen* oder *davon kommen* (schon um 1400 in der *Geometria culmensis* [Mendthal; 68, 23], sogar *entsprissen* [33]) geht das lateinische *provenire* voraus, wie bei **Boetius** (ca. 500) [42] oder **Johannes de Muris** (14. Jh.) [1; a5^r, und öfter] und *evenire* bei **Leonardo von Pisa** [1; **1**, 7].

Das Ergebnis einer Rechnung wurde früher oft in der obersten Reihe hingeschrieben [Max Schmidt; 145–150]; es heißt deshalb z.B. bei **Herodot** *κεφαλαίωμα* = Kopfende [III, 159], im Lateinischen *summa* = das Höchste. Dieses Wort wird bei **Cicero** [2; I, 18, 59], **Columella** [V, 2, 1] und auch weiterhin, z.B. bei **Leonardo von Pisa** [1; **1**, 12, 27 und öfter] und in deutschen Texten des 15. Jahrhunderts [Curtze 1; 51] für das Ergebnis bei jeder Rechnungsart benutzt. **Descartes** spricht 1637 von einer Summe, die man bekommt, wenn man multipliziert: *la somme qui se produist lorsqu'on multiplie* [2; 348]. Auch **Kaspar Schott** nimmt 1677 die *summa* als Produkt [534]; **Pescheck** schreibt 1765 [2; 91]: *diejenige Summa, so aus diesen beyden Zahlen* ⟨durch Multiplikation⟩ *entstehet, heisset man Productum.*

Die Verwendung von Summe im Sinne von Betrag (vgl. Geldsumme) tritt uns schon bei **Leonardo von Pisa** [1; **1**, 181] entgegen. **Boetius** bezeichnet mit *summa* sogar jede Zahl [19].

Probe

Die Fachwörter *δοκιμή*, *ἀπόδειξις*, *proba*, *Examen*, *Probe* gelten nicht nur für die durch die umgekehrte Rechenoperation erreichte Probe, sondern sie werden ganz besonders auch für die Neunerprobe (bzw. die mit anderen Zahlen) verwendet. Die Wörter *Probe*, *proben* erscheinen deutsch im Clevischen Algorithmus von 1445 [128]: *die subtracion provet die addicion*, im Bamberger Rechenbuch von 1483 [1^vf. und öfter].

Quersumme

Das *Wort* Quersumme scheint eine Bildung des 19. Jahrhunderts zu sein; wir finden es bei **Tellkampf** (4. Aufl. 1847) [18] und bei **Kambly** (11. Aufl. 1869) [116].

Dagegen ist der *Begriff* der Quersumme lange bekannt; er muß umschrieben werden. Bei den Indern heißt es: addiere die Ziffern [DS; **1**, 181], bei den Arabern: addiere die einzelnen Zahlen bzw. die Ordnungseinheiten [Kūšyār ibn Labbān; 70], **Maximos Planudes** spricht vom einermäßigen Addieren (s. S. 166), **Petrus de Dacia** sagt: *collige omnes figuras simul* [37], das gleiche sagt **Gemma Frisius** mit dem Zusatz *neglecto ordine figurarum* [13].

2.1.5 Allgemeine Symbole

Die Symbole für die einzelnen Operationen werden in den einschlägigen Kapiteln behandelt.

2.1.5.1 Gleichheitszeichen und Ungleichheitszeichen [Cajori 6; 1, 297 ff.].

Die Gleichheit wird in früheren Zeiten verbal ausgedrückt. Aus Abkürzungen der Worte bilden sich Symbole, z.B. wird für das griechische *γίνεται* = es ergibt neben der Form ΓΙ in einem Papyrus aus dem ersten Jahrhundert v.Chr. auch der senkrechte Strich nachgewiesen [Gerstinger/Vogel; 48]. Ein Doppelstrich || erscheint in der Diophantübersetzung von **Xylander** 1575 [Diophant 2]; offenbar stand in der handschriftlichen Vorlage *ιι* für ἴσοι = gleich. Die Inder verwenden, um die Gleichheit auszudrücken, das Wort *dṛisya* = *ist zu betrachten als*, in der Abkürzung *dṛi°* [Bakhshālī-Manuskript; 24 f.]. Sie bringen aber auch mit den auf zwei Zeilen verteilten Gleichungsseiten deren Gegenüberstellung klar zum Ausdruck [Bhāskara II, 3; 185 ff.]. **Al-Qalaṣādī** benützt den Endbuchstaben ل des Verbums *ʿdl* = gleich sein [52], [Woepcke 2; 365]. **Regiomontan** [3; 233], **Luca Pacioli** [a; 91ʳ] und **Ghaligai** [106ʳ] setzen einen Strich zwischen die beiden Gleichungsseiten.

Auf eine eigenartige Weise kommt **Buteo** zu einem Gleichheitssymbol [138 ff.]: In der Gleichung (modern geschrieben) $x \cdot 8 = 24$ faßt er die Unbekannte als Linie auf und stellt sie durch das Bild ϱ dar, und 24 als Rechteck, was er durch eckige Klammern ausdrückt. Die Gleichung sieht dann so aus:

ϱ 8 [24].

In der Gleichung $x \cdot 4 + 5 = 17$ ist die rechte Seite noch nicht das Rechteck, dessen Seite gesucht ist; das Rechteck ist noch unvollständig. Deshalb schreibt **Buteo** nur eine der beiden Klammern, also (mit P für +):

ϱ 4 P 5 [17 .

Beim nächsten Schritt entsteht:

ϱ 4 [12].

Auf diese Weise wird [praktisch ein Symbol für die Gleichheit. **Buteo** verwendet auch nicht das Wort *aequale* oder ein ähnliches, sondern nennt die linke Seite *continens*, die rechte *contentum*; gemeint ist anscheinend: das Produkt der Seiten „enthält" das Rechteck.

Hérigone benutzt gewissermaßen Zahlenverhältnisse als Symbole; er schreibt 2 | 2 für „gleich“, 3 | 2 für „größer als“, 2 | 3 für „kleiner als“. Die Gleichung $a^2 + ab = b^2$ sieht bei ihm so aus: a 2 + ba 2 | 2 b 2 [**1**, *Explicatio notarum*, und öfter] (1644, 1. Aufl. 1634).

De Sluse verwendet den senkrechten Doppelstrich || [51] (1668, 1. Aufl. 1659).

Descartes beschreibt die Gleichheit oft verbal, oft durch das Zeichen ∞; dieses findet sich in Notizen von **Beeckman** über **Descartes** 1628/9 [Descartes 1; **10**, 335], sowie häufig in der Geometrie. An einigen Stellen sieht es so aus: **ꝏ** [2; 378 ff., 390 und öfter]. Das spricht für die Vermutung von **Leibniz** [1; **7**, 55], daß es eine umgedrehte Verbindung der Buchstaben *ae* (von *aequatur*) ist. In einem Brief von **Descartes** an **Mersenne** vom 30.9.1640 [Descartes 1; **3**, 190] steht einmal das Zeichen „=“, wenn es in den Oeuvres originalgetreu wiedergegeben ist. In einem von **Frans van Schooten** herausgegebenen Band, in dem Arbeiten von ihm selbst sowie von **Florimond de Beaune**, **Jan Hudde** und **Jan de Witt** zu **Descartes’** Geometrie zusammengefaßt sind, wird allgemein das Zeichen ∝ benutzt [Descartes 4a].

Pierre de Fermat beschreibt die Gleichheit stets durch Worte *(aequatur, est aequalis, est égal à)*. Sein Sohn **Samuel de Fermat** hat in der Edition ausgewählter Werke seines Vaters (1769) gelegentlich das Symbol ∞ benutzt [2; 3, 4, 5, 50].

Dulaurens setzte Π für *gleich*, Γ für *größer*, ⊓ für *kleiner* (1667) [vor S. 1].

Dieses Werk erwähnt **Oldenburg** 1673 in einem Brief an **Leibniz** [Leibniz 1; **1**, 40]. **Leibniz** schreibt manchmal ⊓ für gleich z.B. in einem vom 7. Sept. 1674 datierten Manuskript [4; 171 ff.], aber er verwendet ungefähr zur gleichen Zeit auch ∞, z.B. [4; 99 ff.] und später „=“. Für größer und kleiner bleibt er bei Γ, ⊓, z.B. [1; 7, 55], gelegentlich erscheinen diese Zeichen auch liegend ⊐, ⊏ [1; 7, 222] (vgl. **Oughtred**). Eine ausführliche Zusammenstellung der von **Leibniz** benutzten Zeichen gibt **Cajori** [5].

Das Zeichen „=“ stammt von **R. Recorde**, der es 1557 damit begründete, daß nichts gleicher sei als ein Paar paralleler Linien: *And to auoide the tediouse repetition of these woordes: is equalle to: I will sette as I doe often in woorke vse, a paire of paralleles, or Gemowe lines of one lengthe, thus:* ═, *bicause noe .2. thynges, can be moare equalle* [2; Ff 1^{v}].

Unabhängig von **Recorde** erscheint der waagerechte Doppelstrich in einer wohl um 1557 entstandenen italienischen Handschrift [Cajori 6; **2**, 129 (Figur), 298 (Text)].

Napier verwendet dieses Zeichen in dem vor 1592 verfaßten Werk *De arte logistica* [6; 151, Nr. 2]. Leider ist nicht immer sicher, ob in den gedruckten Ausgaben die Form wiedergegeben ist, die das Zeichen im Manuskript hat. So steht in **Harriots** posthum 1631 herausgegebener *Artis analyticae praxis* ═ für *gleich* (sehr oft), > für *größer als* und < für *kleiner als* [10]. Das Gleichheitszeichen wird gelegentlich senkrecht gestellt, z.B. [63]:

$$\frac{2.bbbb + 2.bbbc + 2.bbbd + 2.bbcd}{\displaystyle \Big\| \atop \overline{}} \quad 2.bbbf + 2.bbcf + 2.bbdf + 2.bcdf$$

In **Harriots** Manuskripten sehen die Zeichen jedoch so aus: II, ⊏⁄ [Tanner; 166 f.] [Lohne; 204]. Frau **Tanner** sagt, **Harriot** habe als Gleichheitssymbol das astronomische Zeichen der Zwillinge, als Ungleichheitszeichen das halbierte Zeichen des zunehmenden Mondes gewählt.

Oughtred hat eine ganze Menge Symbole entworfen. „*Aequalitatis signum sit* =“ steht bereits in der 1. Aufl. der *Clavis mathematicae* 1631 (S. 38). Am Anfang von [2] steht eine Liste von 40 Symbolen; die ersten sind:

Aequale	=	Simile	*Sim.*
Majus	⊏‾‾	Proxime majus	□‾‾
Minus	__⊐	Proxime minus	__□
Non majus	⊏‾‾	Aequale vel minus	⊏__
Non minus	__⊐	Aequale vel majus	‾‾⊐

Bemerkenswert erscheint, daß ein Zeichen für *gleich oder kleiner* eingeführt wird, und sonderbar, daß außerdem ein Zeichen für *nicht größer* auftritt.

In England ist ein wesentlich anderes Gleichheitszeichen als „=“ gar nicht aufgekommen. Nachdem auch **Wallis** und **Newton** es gebrauchten, war es allgemein anerkannt.

Auf dem Festland kommt es 1659 in der *Teutschen Algebra* von **Johann Heinrich Rahn** vor; er schreibt: *Bey disem anlaaß hab ich das namhafte gleichzeichen = zum ersten gebraucht / bedeutet ist gleich, alß 2a = 4 heisset 2a ist gleich 4* [1; 18]. Nach dem Vorbild von **Leibniz** und seinen Nachfolgern setzt sich dieses Zeichen auch außerhalb Englands endgültig durch.

2.1.5.2 Zeichen der Zusammenfassung

Nötig wurden sie zuerst bei Wurzeln aus zusammengesetzten Radikanden.

Chuquet (1484) unterstreicht den Radikanden und erläutert z.B. $\sqrt{14+\sqrt{180}}$ so: *Telles racines de nombres composez se peuent lyer dune ligne et noter en ceste maniere coē la racine seconde de .14.p̄.R². 180. se peult ainsi mettre R². 14.p̄.R². 180. que lon doit ainsi entendre cest que la racine seconde de .180. se doit adiouster auec .14. Et puys de toute laddicion la R². se doit encores prandre* [1; 655].

Initius Algebras fügt noch *cs (radix communis)* am Anfang und ʒ *(zensus)* als Zeichen einer Quadratwurzel am Ende hinzu [582]:

ʃcs |8 + ʃ|60 ʒ bedeutet $\sqrt{8+\sqrt{60}}$.

Bombelli schreibt:

℞³ ⌊2 p. ℞ ⌊0 m. 121⌋⌋ für $\sqrt[3]{2+\sqrt{-121}}$ [2; 11].

Im Druck wird der Anfang des Radikanden durch L (vielleicht auch als *radix legata* zu deuten) und das Ende durch ⅃ bezeichnet, z.B. R.c.L 2.p.di m.11.⅃, zu lesen: *Radix cubica legata 2 piu di meno 11; (piu di meno* bedeutet das, was heute mit i bezeichnet wird) [1; 294].

Christoff Rudolff (1525) schreibt:

√ *des collects 12 + √ 140* für $\sqrt{12+\sqrt{140}}$;

√ *des residui 12 − √ 140* für $\sqrt{12-\sqrt{140}}$ [1; E5^{r}, E6^{r}].

Stifel (1544) faßt den Radikanden durch Punkte zusammen:

√ʒ.√ʒ 32 − 3. bedeutet $\sqrt{\sqrt{32}-3}$ [1; 140^{r}].

Stevin bezeichnet das Ende des Radikanden durch ꭗ; √9 ꭗ② bedeutet $\sqrt{9}\cdot x^2$, √9② bedeutet $\sqrt{9\,x^2}$ [2a; 39 f. = I, Def. 34].

Clavius (1608) schließt den Radikanden in runde Klammern ein:

√ʒ(22 + √ʒ 9.) bedeutet $\sqrt{22+\sqrt{9}}$ [4; 78],

ebenso verfährt **Girard** [2; C2^{r}].

Oughtred (1667, 1. Aufl. 1631) benutzt Doppelpunkte, jedoch nicht regelmäßig, z.B. [1; 54]:

√:5 − 1: *hoc est,* √4, *scil*:2:

Wallis (1655) schließt den Radikanden in Doppelpunkte ein, wobei der am Ende stehende oft fehlt:

√:R^2 − 1 a^2, √: R^2 − 4 a^2, [2; 417, Prop. CXXI]

√: aD − a^2 :+ √: bD − b^2 :+ √: cD − c^2 + etc. [2; 426, Prop. CXXXV]

Descartes bezeichnet die Reichweite der Wurzelzeichen zunächst durch Punkte; so schreibt er in Notizen aus den Jahren 1619/21

√.2 − √.2 + √2. für $\sqrt{2-\sqrt{2+\sqrt{2}}}$

[1; **10**, 286, auch 247 f.].

In den *Regulae ad directionem ingenii* (ca. 1629) findet sich √.$a^2 + b^2$. [6; 456 ff., Reg. XVI].

In der Geometrie (1637) führt er die heute übliche Schreibweise ein, z.B.:

$$\sqrt{\tfrac{1}{4}\,cc-\tfrac{1}{2}\,aa+\tfrac{1}{2}\,a\sqrt{aa+cc}}\quad [2;\ 190].$$

Jedoch kommt noch im 19. Jahrhundert die Klammerschreibweise vor, so z.B. bei **Gauß**, *Disquisitiones circa superficies curvas* (1828) § 12 [1; **4**, 236]:

$$\surd(E\,dp^2 + 2\,F\,dp\,dq + G\,dq^2).$$

Zur Zusammenfassung sonstiger algebraischer Ausdrücke hat **Stifel** in seinem Handexemplar der *Arithmetica Integra* in einer Randnotiz einmal runde Klammern benutzt; er schreibt: . . . *faciant aggregatum (12 − √44) quod sumptum cum (√44 − 2) faciat 10* (. . . sie erzeugen das Aggregat (12 − √44), das zusammengenommen mit (√44 − 2) den Wert 10 ausmacht) [5; 420].

Auch **Cardano** (oder der Herausgeber seiner *Opera* 1663?) hat in der Abhandlung *Sermo de plus et minus* [5; 438, rechte Spalte, Mitte] einmal runde Klammern benutzt. Bei **Tartaglia** kommen sie öfter vor [1; **2**, 167^v, 169^v, 170^v].

Wichtig wurden Zusammenfassungszeichen erst mit der symbolischen Schreibweise der Algebra von **Viète**. Er schreibt in den *Zetetica* (1593) [4] zusammengehörige Ausdrücke untereinander und faßt sie durch geschweifte Klammern auf einer oder auf beiden Seiten zusammen, so z.B. [Zet. I, 8]:

$$\frac{\text{B in A}}{\text{D}} + \left\{\frac{\begin{matrix}\text{B in A}\\ -\text{B in H}\end{matrix}}{\text{F}}\right\} \quad \text{aequabuntur B}$$

⟨das bedeutet: $\frac{B \cdot A}{D} + \frac{B \cdot A - B \cdot H}{F} = B$⟩

[Zet. IV, 10]: $\text{B in}\left\{\begin{matrix}\text{D quadratum}\\ +\text{B in D}\end{matrix}\right.$ ⟨d.h. $B \cdot (D^2 + B \cdot D)$⟩.

Harriot (1631) schreibt zusammengehörige Glieder untereinander und verbindet sie durch Striche, z.B. [12]:

$$\begin{matrix}a - b\\ \underline{a - c}\end{matrix} \;=\!= \begin{matrix}aa - ba\\ \quad - ca + bc\,.\end{matrix}$$

Manchmal setzt er auch geschweifte Klammern über Aggregate, speziell in dem folgenden Fall [100]:

$$\textit{Nam sunt}\quad \overbrace{ccc + \sqrt{cccccc - bbbbbb}}^{I}.\quad \overbrace{bbb}^{II}.\quad \overbrace{ccc - \sqrt{cccccc - bbbbbb}}^{III}.$$

continuè proportionales.

⟨D.h. $(c^3 + \sqrt{c^6 - b^6} : b^3 = b^3 : (c^3 - \sqrt{c^6 - b^6})$⟩.

Girard (1629) verwendet runde Klammern, wie bei Wurzeln (s. S. R 14,3), z.B.:

$B(B_q + C_q^3) + C(B_q^3 + C_q)$ [2; C 3^v]
⟨$= B(B^2 + 3\,C^2) + C(3\,B^2 + C^2)$⟩
$A(1(1) - 3)$ ⟨$= A(x - 3)$⟩ [2; F 4^v].

Descartes (Geometrie 1637) schreibt zusammengehörige Glieder untereinander und faßt sie mit geschweiften Klammern zusammen, z.B. [2; 386]:

$$z^4 * \left.\begin{matrix}+\frac{1}{2}aa\\ -cc\end{matrix}\right\} zz \left.\begin{matrix}-a^3\\ -acc\end{matrix}\right\} z \begin{matrix}+\frac{5}{16}a^4\\ -\frac{1}{4}aacc\end{matrix} \;\infty\, 0$$

⟨d.h. $z^4 + (\frac{1}{2}a^2 - c^2)z^2 + (-a^3 - ac^2)z + \frac{5}{16}a^4 - \frac{1}{4}a^2c^2 = 0$; $*$ bedeutet, daß das Glied mit z^3 fehlt⟩.

Schooten hat in seiner **Viète**-Ausgabe (1646) [Viète 1] die Klammern **Viètes** wenn nötig durch Überstreichen ersetzt. Er schreibt die oben angegebenen Ausdrücke:

[Zet. I, 8]: $\frac{\text{B in A}}{\text{D}} + \frac{\text{+B in A, -B in H}}{\text{F}}$ aequabitur B ,

[Zet. IV, 10]: $\text{B in } \overline{\text{D quad. + B in D}}$.

Im ersten Falle – wie übrigens sehr oft – macht der Bruchstrich ein besonderes Zusammenfassungszeichen überflüssig.

Newton verwendet schon in frühen Notizen (1664) das Überstreichen, z.B.:

$$y = \overline{aa - xx\sqrt{aa - xx}} \quad [3;99],$$

es findet sich auch noch in der Ausgabe seiner Arithmetik 1732:

$$\overline{PR - LR} \times \overline{PR + LR} \quad [6;173].$$

$$\overline{2\,a - b}\,\sqrt{3}:\overline{b + 2\,a} \quad \langle = (2\,a - b)\sqrt[3]{b + 2\,a}\rangle \quad [6;48]$$

Dort kommt auch das Untereinanderschreiben noch vor, z.B.:

$$\begin{matrix} aa \\ -cc \end{matrix} dd \begin{matrix} -aacc \\ +c^4 \end{matrix} \quad \langle = (a^2 - c^2)\,d^2 - a^2 c^2 + c^4\rangle \quad [6;45].$$

Leibniz schreibt in einem Entwurf (etwa 1674): *Quand deux grandeurs differentes sont affectées d'un même signe ou de signes homogenes, alors le vinculum a lieu,* z.B. $\mp \overline{a + c + d} + b \infty 0$ ⟨d.h. $\pm (a + c + d) + b = 0$⟩ [4; 109]. Er benutzt das Überstreichen auch in der Logik, z.B. in folgender Weise: *At τὸ* $\overline{\textit{Hominem esse animal}}$ *est Animalitas hominis* [4; 389]. Aber auch runde Klammern treten bereits 1674 auf, gelegentlich etwas anders verwendet als es heute üblich ist [4; 173, 133 ff.].

Zu Beginn des 18. Jahrhunderts sind offenbar beide Arten gebräuchlich gewesen, sowohl das Einschließen *in eine parenthesin* wie das Überstreichen. **Wolff** erwähnt beide in seinem Lexikon [3; Sp. 1265 f.], sagt aber: *Die erste Art ist bequemer, sonderlich im Drucken.*

Das deutsche Wort *Klammer* erscheint in **Euler**s Algebra (1770) [5; 1. Teil, 2. Abschn., Kap. 1, § 256].

In **Klügel**s Wörterbuch wird erklärt: *Zusammengesetzte (complexe) Größen, welche wie eine einfache Größe betrachtet und behandelt werden sollen, werden in Parenthesen oder Klammern eingeschlossen* [2; **5**, 1180].

2.2 Die elementaren Rechenoperationen

Bei den Methoden zur Durchführung der verschiedenen Spezies kann man drei Stufen der Entwicklung unterscheiden:

1. Das Kopf- und Fingerrechnen.
Mit im Kopf durchdachten Überlegungen kann man schon vor der Kenntnis der Schrift einfache Rechnungen durchführen, wobei Merkzeichen (Steinchen, Fingerstellungen usw.) sich als nützlich erweisen.

2. Das Rechnen auf einem Abakus.
Die Formen des Abakus wurden im Abschnitt „Zahlzeichen für ganze Zahlen" besprochen, denn der Abakus als Rechenhilfsmittel erfordert eine spezielle Darstellung der Zahlen und hat seinerseits auf die allgemeine Zahlendarstellung eingewirkt. Er stellt ja ein Positionssystem dar, bei dem die Null entbehrlich ist. Für das Rechnen kommt es darauf an, ob die aufgelegten Rechensteine oder Stäbchen alle gleich aussehen und je eine Einheit der betreffenden Stufe darstellen oder ob „Apices" mit aufgeschriebenen Ziffern verwendet werden. Diese zweite Möglichkeit leitet über zu den Verfahren des schriftlichen Rechnens.

3. Das schriftliche Rechnen.
Die Darstellung der Zahlen durch die indischen Ziffern im dezimalen Positionssystem ermöglicht und erfordert besondere, dieser Darstellung angepaßte Rechenverfahren. Man wird annehmen dürfen, daß sie in Indien entwickelt wurden, obwohl wir von dort keine direkten Zeugnisse haben, sondern sie nur von den Arabern kennen.

2.2.1 Kopf- und Fingerrechnen

L.: Beda [1; 329 ff., Noten des Herausgebers]; Fettweis [1], [2]; Friedlein [2]; Menninger [**2**, 13 ff.]; Treutlein [2].

Grundlage des Kopfrechnens ist, daß man die Ergebnisse gewisser Rechenoperationen auswendig lernt; zunächst genügt die Addition und Multiplikation einstelliger Zahlen; das Rechnen mit mehrstelligen Zahlen läßt sich dann durch Kombinationen durchführen.

Wie gewinnt man die Ergebnisse, die man dann auswendig lernt? Es scheint, daß das Zählen-können als Grundkenntnis genügt. Addieren ist Weiterzählen um eine bestimmte Anzahl, Multiplizieren ist wiederholtes Addieren.

Jedoch sollen hier keine Theorien entwickelt werden. Wir bemerken, daß das Kopfrechnen schon in frühesten Zeiten gepflegt wurde und damals sogar besser beherrscht wurde als heute. Schon in den ägyptischen Schulen wurde Wert darauf gelegt, wie es eine Ermahnungsschrift an die Schüler aus der Zeit um 1300 v. Chr. zeigt. Es heißt dort: *Wenn du schweigend rechnest, so lasse kein Wort hören!* [Erman; 242]. Auch Bruchrechnungen konnte man wohl unter Verwendung metrologischer Beziehungen im Kopf durchführen [Vogel 1; 33 ff.]. Eine Addition und eine Subtraktion von Brüchen in der römischen Schule schildert **Horaz** (s.S. 104). Selbständige Schriften über das Kopfrechnen kennt man bei den Arabern. So schrieben **ibn al-Samḥ** (gestorben 1035) [Sarton 2; **1**, 715] und ein Anonymus (zwischen dem 14. und 16 Jh.) Bücher über das Kopfrechnen *(Luftrechnen)* [Woepcke 6], [M. Cantor 3; **1**, 816].

Ein Teilresultat mußte gemerkt oder konnte durch Merkzeichen wie Steine, Muscheln, Körner, Schlangenköpfe [Fettweis 2; 12] und dgl. festgehalten werden. Der Babylonier sagt hier: *Dies behalte dein Kopf!* (z.B. im VAT 8512, Vs. 12 [MKT; **1**, 342]) oder *Lege es hin!*, wobei dann beim Weiterrechnen an diese „hingelegte Zahl" wieder angeknüpft wird (hinlegen = sumerisch *gar*, akkadisch *šakānu*, z.B. im BM 85194, Vs. I, 5

[MKT; **1**, 143], [TMB; 21]). Diesen Worten entspricht in griechischen Texten das Zeitwort *ἐκτίθεσθαι* (z.B. in einem Papyrus aus dem 1. Jh. v. Chr. [Gerstinger/Vogel; 22, 27 f. = Nr. 13, 24, 26] und bei **Heron** [**5**, 42]).

Unter Fingerrechnen ist meist nur die Wiedergabe einer Zahl durch die oft komplizierte Fingerstellung zu verstehen, wie es oben für die Griechen, Römer, Inder, Araber, sowie für Byzanz und das Abendland geschildert wurde (s. 1.2.2). Ein wirkliches Rechnen mit den Fingern zur Durchführung des Einmaleins für die Zahlen 6 bis 9 wurde bei rumänischen und französischen Bauern in der Neuzeit festgestellt [Unger; 65]. Das Einmaleins von 1 bis 5 ist offenbar geläufig.

Die unerläßliche Voraussetzung für jegliches Kopfrechnen ist die Kenntnis der Zahlenfolge, also das Einsundeins, sowie die Beherrschung des Einmaleins. Eine Einsundeinstabelle steht in ungelenker, unzialer Schülerschrift auf einem griechischen Papyrus aus dem 1. Jh. v. Chr. Es heißt hier A A B (1 + 1 = 2), A B Γ (1 + 2 = 3), A Γ Δ (1 + 3 = 4), A Δ E (1 + 4 = 5) [Gerstinger/Vogel; 14]. Bezeichnend für das Herunterleiern des Einsundeins in römischen Schulen ist eine Stelle bei **Augustinus** [Sp. 671 = I, 13]: *unum et unum duo, duo et duo quattuor odiosa cantio mihi erat* (1 + 1 = 2, 2 + 2 = 4 war mir ein verhaßter Gesang). Die ältesten Einmaleinstabellen finden sich in babylonischen Texten [Neugebauer 5; 19], [MKT; **1**, 32 f.], sowie bei den Chinesen, von denen mit Lack beschriebene Holztafeln erhalten geblieben sind (ca. 1. Jh.) [Juškevič 1; 18]. Daß man für Multiplikationen das Einmaleins zur Hand haben muß, betont **Aristoteles** [Top. Θ 14 = 163 b, 24 f.]. Er sagt hier: *ἐν ἀριθμοῖς τὸ περὶ τοὺς κεφαλισμοὺς προχείρως ἔχειν μέγα διαφέρει πρὸς τὸ καὶ τὸν ἄλλον ἀριθμὸν γιγνώσκειν πολλαπλασιούμενον* (in der Arithmetik ist es sehr wichtig, das Einmaleins zur Hand zu haben um die Multiplikationen auch der anderen Zahlen zu erkennen). Der Kommentator **Alexander von Aphrodisias** (ca. 200 n. Chr.) sagt zu dieser Stelle, daß **Aristoteles** unter den *κεφαλισμοί* die Multiplikationen der ersten Zahlen bis zu 10 versteht. So könne man z.B., wenn man weiß, daß zwei mal zwei 4 ist, auch zwanzig mal zwei, zwanzig mal zwanzig, zweihundert mal zwanzig usw. sofort angeben [586].

Auch eine Stelle bei **Cicero** erinnert an das Einmaleins: *Quae si, bis bina quot essent didicisset, Epicurus certe non diceret* (**Epikur** würde das nicht sagen, wenn er gewußt hätte, wieviel zwei mal zwei ist) [4; II, 18, 49]. Einmaleinstabellen zum Einüben für Schüler oder zur Kontrolle einer Kopfrechnung finden sich in den meisten Rechenbüchern des 15. und 16. Jahrhunderts, so bei **F. Calandri** [2; B 4^v ff.], wo das Einmaleins bis mit 47 durchgeführt wird, bei **Borghi** 1484 [7^v] usw.; im Bamberger Rechenbuch von 1483 wird es als *Der grund alles Multiplicirens* aufgeführt [9^r]. In **Widmans** Rechenbuch wird dazu bemerkt: *Lern wol mit fleiß das ein mal ein. So wirt dir alle rechnung gmein* [11^r]. **Tartaglia** schickt in seinem *General trattato di numeri et misure* seiner Behandlung der Spezies jeweils Rechenübungen voraus, nämlich das Einsundeins, Einsvoneins, Einmaleins und Einsdurcheins [1; **1**, 7^v, 13^r f., 18^r ff., 28^r f.]; seine Forderungen an das Kopfrechnen sind sogar so groß, daß er das Einmaleins bis zu 40 übt und die Multiplikationen von 1 bis 20 mit beliebigen zweistelligen Zahlen im Kopf auszuführen verlangt.

J. G. G. Hübsch stellt 1762 das Kopfrechnen hinter das schriftliche Rechnen [**3**, 34 f.]: *Man übe sich erst wohl, mit der Feder, ehe man im Kopfe rechnen will* und *Wenn man* *mit der Feder, viel elaboriert hat, und fix ist, so entsteht, nach und nach, das Rechnen im Kopfe daraus, von sich selbst; Sonst aber spannet man die Pferde hinter den Wagen* (vgl. auch [Unger; 168]). Kurz darauf erscheint ein dem Kopfrechnen selbst gewidmetes Buch, die *Anleitung zum Rechnen im Kopfe ohne allen Gebrauch von Schreibmaterialien* (2. Aufl. 1795) von **G.H. Biermann. J.F. Köhler** stellt in seiner *Anweisung zum Kopfrechnen* (1801, erste Aufl. 1797) dieses vor das schriftliche Rechnen.

Fachwörter

Aristoteles verwendet den Ausdruck κεφαλισμός (κεφαλή = Kopf) für das Einmaleinsprodukt (s.S. 177); bei den Arabern kommt für das Kopfrechnen der Ausdruck *al-ḥisāb al-hawā'ī* = Luftrechnen vor [Woepcke 6]. Das Wort Kopfrechnen bürgert sich Ende des 18. Jahrhunderts nach **Biermann** und **Köhler** ein.

Ein Ausdruck für Fingerrechnen, δακτυλικὸν μέτρον findet sich bei **Nikolaos Rhabdas** [90], *computus vel loquela digitorum* bei **Beda** (s.S. 61).

Der Ausdruck *1 mal 1* erscheint 1483 im Bamberger Rechenbuch [9^v].

2.2.2 Das Rechnen auf einem Abakus

Rechnen mit Rechensteinen ohne Ordnungsschema

Die einfachsten Rechenverfahren scheinen diejenigen zu sein, bei denen die Anzahl der betrachteten Gegenstände konkret durch dieselbe Anzahl von Steinen oder Stäbchen oder dergleichen wiedergegeben wird. Man braucht dann nur Häufchen solcher Steine abzuzählen, bei der Addition zwei eventuell verschiedene, bei der Multiplikation mehrere gleiche. Man kann bei der Multiplikation die Steine in Form eines Rechtecks hinlegen und man kann sich auch leicht vorstellen, wie man auf diese Weise dividieren kann. Daß das griechische und das lateinische Wort für „Rechnen" (ψηφίζειν, *calculare*) von dem Wort für „Rechenstein" (ψῆφος, *calx*) abgeleitet sind (s.S. 168) spricht dafür, daß das Rechnen mit Steinen eine sehr frühe Form des Rechnens ist. Diese Rechenweise läßt auch zahlentheoretische Aussagen zu [Becker 2; 40 ff.]. Davon hat sich die Theorie der Polygonalzahlen sehr lange erhalten; sie ist schließlich in die Theorie der arithmetischen Reihen übergegangen (s. Abschn. 2.3.4).

Rechnen mit Rechensteinen mit Ordnungsschema

Unterschiede der Zahldarstellung

Die Darstellung größerer Zahlen durch lauter einzelne Steinchen ist mühsam und unübersichtlich. Das kann auf zwei Weisen verbessert werden:

1. Man verwendet Steinchen oder Metallstücke verschiedener Größe – ein kleiner Stein bedeutet 1, ein größerer 10, usw. – oder man schreibt den Wert auf den Stein. Das tut man von alters her bei Münzen.
2. Man verwendet lauter gleiche Steine, aber ein Rechenbrett, das in Spalten eingeteilt ist; der Wert des Steins richtet sich nach der Spalte, in der er liegt. Statt der Spalten kann man (horizontale) Linien nehmen, auf die Steine gelegt werden.

Diesen beiden Darstellungsweisen entsprechen zwei Schreibweisen der Zahlen selbst. Die erste Art liegt bei den ägyptischen, den herodianischen und den römischen Zahlen vor:

	ägyptisch	herodianisch	römisch
1	I	I	I
10	∩	Δ	X
100	℮	H	C

usw.

Da der Wert des Symbols nur von der Form abhängig ist, ist die Anordnung der Zahlzeichen gleichgültig, was bei den Ägyptern in der Darstellung auf Denkmälern auch ausgenutzt wird. Um ein Wort zu haben, wollen wir von Formzahlen sprechen.

Die zweite Art der Darstellung finden wir bei den Babyloniern und den Chinesen. Man kann zunächst an ein Brett mit senkrechten Spalten denken, die beschriftet sind. Die Zahl 3333 könnte etwa so aussehen:

Tausender	Hunderter	Zehner	Einer
111	111	111	111

(In der Praxis sehen Rechenbretter gewöhnlich anders aus.)

Nun haben die Chinesen die Stäbchen in jeder zweiten Spalte um 90° gedreht. Unsere Zahl sieht dann so aus ≡|||≡||| und die Einteilung des Brettes ist nicht mehr nötig. (Es wird nicht behauptet, daß das tatsächlich der historische Weg gewesen ist.)

Bei den Babyloniern scheint die Entwicklung anders verlaufen zu sein (vgl. Abschn. 1.2.2.4). Einer und Zehner werden durch schrägen und senkrechten Griffeleindruck unterschieden, die Einheiten der höheren Stufe (die hier nicht 100, sondern 60 ist) mit einem größeren Griffel geschrieben. Unsere Zahl sieht also so aus:

O D o D
O D o D
O D o D

Das bedeutet jetzt allerdings 33 · 60 + 33. Nun wird bemerkt, daß aufgrund des regelmäßigen Abwechselns zwischen o und D der größere Griffel entbehrlich ist. Geht man noch zu 𒁹 statt D und 𒌋 statt O über, so entsteht 𒌋𒌋𒌋𒁹𒁹𒁹𒌋𒌋𒌋𒁹𒁹𒁹 .

Man ist also eigentlich von einer Form-Zahl ausgegangen und dann zu einer – wie wir sagen wollen – „Lage-Zahl" übergegangen.

Bei beiden Arten werden zunächst soviel Symbole hingelegt oder hingeschrieben wie die Anzahl der Einheiten der jeweiligen Stufe beträgt. Wir wollen, indem wir die Symbole „Striche" nennen, auch wenn sie verschiedene Formen haben, von „Strich-Zahlen" sprechen, ggf. von Form-Strich-Zahlen oder Lage-Strich-Zahlen. Offenbar ist das Ausschreiben der Strichzahlen unbequem. Bei den Griechen, Römern und Chinesen wird es durch ein Symbol für 5 vereinfacht (herodianisch Π, römisch V, chinesisch – statt IIIII, I statt ≣). Weitere Vereinfachung führt zu Individualzahlzeichen. Wir werden sehen, daß dadurch ein gewisser Vorteil für das Rechnen auf dem Abakus verlorengeht.

2.2.2.1 Beschreibung des Rechnens auf dem Rechenbrett und „auf den Linien“

L.: Pullan

Dieses Rechnen ist der Zahldarstellung durch Lage-Strich-Symbole angepaßt. In späterer Zeit muß sogar gelehrt werden, wie man aus einer in römischen oder indischen Ziffern gegebenen Zahl ein Lage-Strich-Symbol macht.

Gewöhnlich entsprechen die Spalten oder Linien den Potenzen von 10, oft auch den verschiedenen Münzsorten. Auf der Salaminischen Rechentafel haben die Fünfer eigene Spalten, beim Linienrechnen werden sie zwischen die Linien gelegt. Manchmal werden Spalten für die Münzsorten mit Linien für die Potenzen von 10 kombiniert.

Beispiele:

1. Auf der Salaminischen Rechentafel stehen die Bezeichnungen (s. S. 31, Abb. 4):

Τ	𐅈	Χ	𐅅	Η	𐅄	Δ	Γ	⊢	Ι	C	Τ	Χ
Talent = 6000 Drachmen	5000	1000	500	100	50	10	5	1	1	$\frac{1}{2}$	$\frac{1}{4}$	$\frac{1}{8}$
	Drachmen								Obolus			

(Erläuterung: C = $\frac{1}{2}$ O = $\frac{1}{2}$ Obolus, Τ = Tetartemorion = Viertelstück, X = Chalkos = Erz, Kupfer) [Menninger; 2, 106].

2. Einteilung auf dem Straßburger Rechentisch [Menninger; 2, 156]:

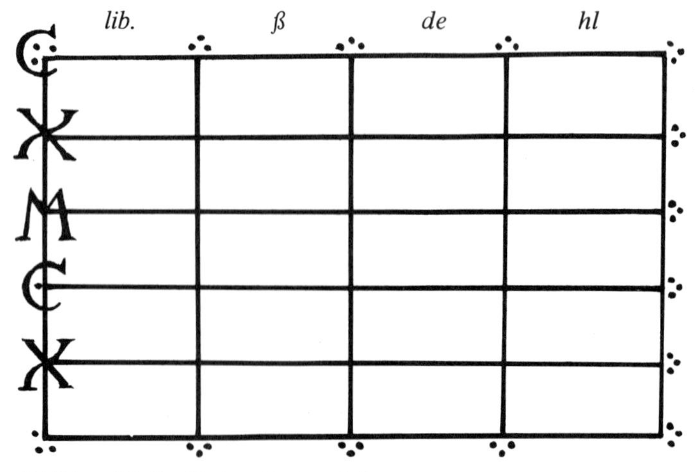

Abbildung 26. Straßburger Rechentisch.

Hierbei muß man natürlich wissen, wieviel Einheiten einer Spalte gleich einer Einheit der nächsten Spalte sind. Bei **Adam Ries** ist z.B. [2; A 3^r]:

1 *lib.* = 1 Pfund = 21 *ß* (Schilling, Groschen)
1 *ß* = 12 *de* (*denarius* = Pfennig)
1 *de* = 2 *hl* (Heller).

3. Addition auf den Linien nach **Gregor Reisch**

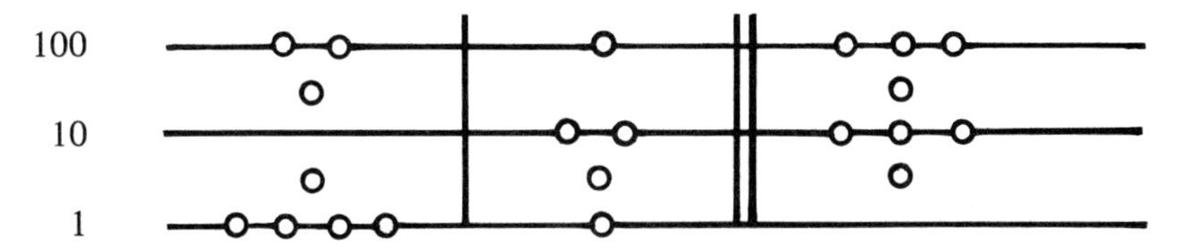

Abbildung 27. 259 + 126 = 385 nach Art von Gregor Reisch [Buch IV, Tract. V, Cap. II].

Bei der Auszeichnung der 5 braucht man auf jeder Linie nur 5 Steine, nämlich 4 für die Einheiten und 1 für die 5. Diese kann man sich auf jeder Linie vorrätig halten, wie das auf dem römischen Abakus der Fall ist (s. S. 34 f.). Beim Rechnen treten dann allerdings gewisse Nachteile auf. Man kann die Multiplikation nicht mehr so durchführen wie **Recorde** (s. S. 182 f.), sondern man braucht das Einmaleins.

Bereits an der Salaminischen Rechentafel sieht man, daß man auf dem Rechenbrett auch mit Brüchen rechnen kann, wenn entsprechende Spalten vorgesehen sind. Die Chinesen legten ebenfalls allgemeine Brüche auf dem Rechenbrett aus, wobei entweder Zähler und Nenner untereinander erscheinen (s. S. 186) oder Zähler und Nenner nebeneinander auf die Zeile unter die Ganzen niedergelegt wurden [Chang Ch'iu-chien; 29].

Hat man Dezimalbrüche, so läßt sich der Rechenbereich des Abakus ohne weiteres durch Hinzufügung neuer Felder auf der rechten Seite oder neuer Linien unter der Einerlinie ausdehnen, wie es z.B. die Chinesen getan haben (s. S. 106).

Wie man „auf den Linien" addiert, ist fast selbstverständlich. Man hat nur die Steine der beiden Summanden zusammenzufassen und je 5 Steine auf einer Linie durch einen Stein im Zwischenraum, je zwei Steine im Zwischenraum durch einen auf der nächsten Linie zu ersetzen. Das geht mit Steinchen leichter als wenn man es in einer Zeichnung oder schriftlich machen muß, weil man Steinchen wegnehmen und durch andere ersetzen kann. Dabei ist es auch gleichgültig, an welcher Stelle man damit anfängt, während man beim schriftlichen Rechnen zweckmäßigerweise bei den Einern anfängt, weil man sonst Ziffern nachträglich ändern muß. Das ist aus dem folgenden Grunde bemerkenswert: Wenn **Bhāskara II** [1; 5] sagt, daß es bei der Addition gleichgültig ist, ob man von links oder rechts anfängt, so kann man daraus schließen, daß er an ein Rechenverfahren denkt, bei dem Zahlen gelöscht bzw. ersetzt werden können. Das kann ein Abakus, aber auch ein Staubbrett sein.

Wie eine Subtraktion auszuführen ist, braucht wohl nicht besonders erklärt zu werden.

Die Multiplikation erläutern wir an einem Beispiel von **Recorde** [1; N 7^{v} ff.]: 365 · 1542. Da sein Werk 1542 erschienen ist, berechnet er damit die Zahl der seit Christi Geburt vergangenen Tage; die Schalttage fügt er am Schluß hinzu.

Zunächst werden die beiden Zahlen „auf den Linien" dargestellt (Abb. 28a). Dann wird die Figur 365 so weit hochgerückt, daß ihre Grundlinie in die Höhe des obersten Steines von 1542 kommt, in dieser Höhe rechts hingesetzt und dafür der oberste Stein von 1542 weggenommen (Abb. 28b). Das ist das Produkt 365 · 1000.

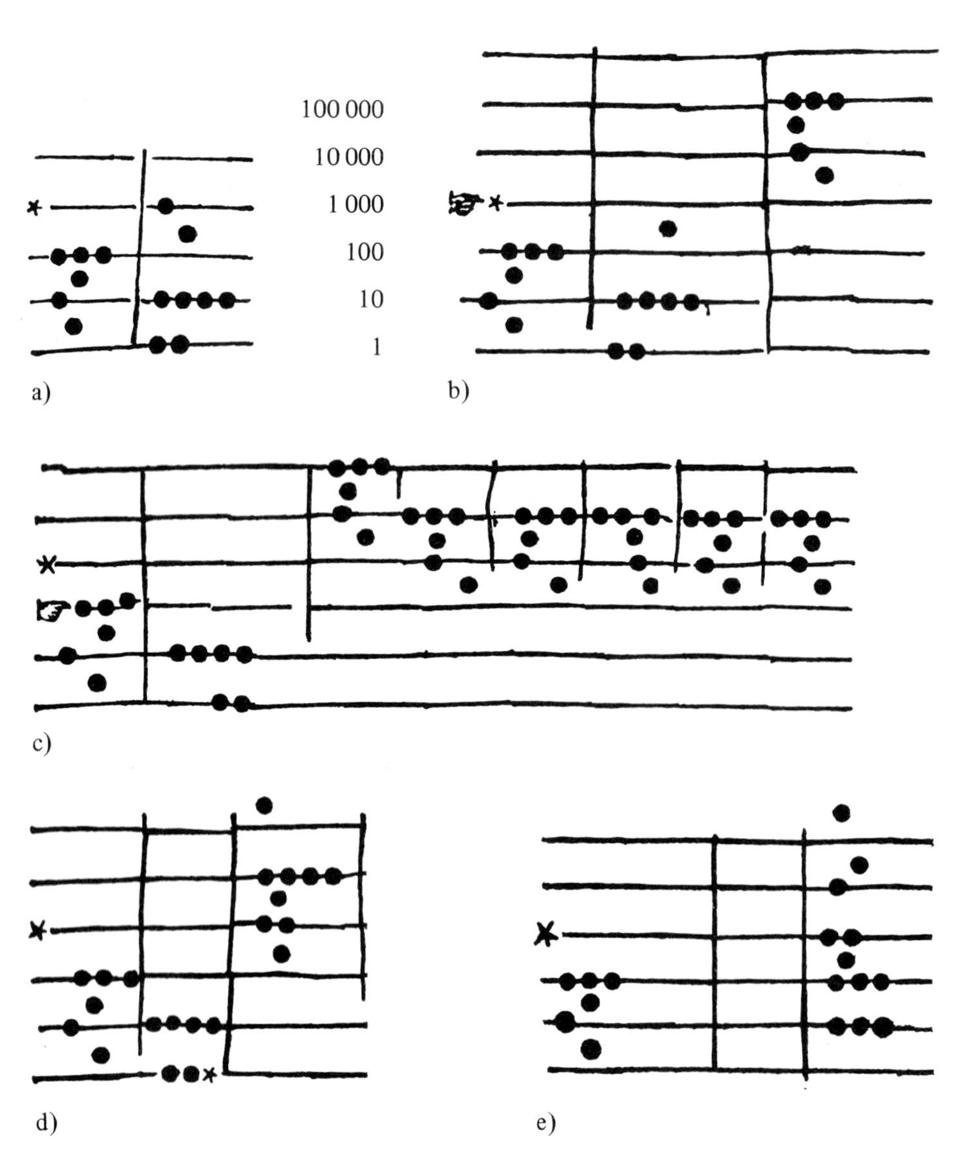

Abbildung 28. Multiplikation auf den Linien, nach Recorde.

Nun wird der nächste Stein von 1542, der 500 darstellt, durch 5 Figuren 365 in der entsprechenden Höhe ersetzt. Es entsteht Abb. 28c.

Ersetzt man nun 5 Steine auf einer Linie durch einen Stein im Zwischenraum, 2 Steine in einem Zwischenraum durch einen Stein auf der nächsthöheren Linie, so entsteht Abb. 28d (die wir etwas verändert haben, weil Recorde gleich den nächsten Schritt mitgezeichnet hat). Die weiteren Schritte verlaufen entsprechend. Das Schlußresultat gibt Abb. 28e. Die mittlere Spalte ist leer geworden.

Wie die Multiplikation auf wiederholte Addition zurückgeführt wird, so die Division auf wiederholte Subtraktion. **Recorde** gibt nur ziemlich einfache Beispiele, eines davon ist 16 320 : 160 [1; O 4^{v} ff.]. Die beiden Zahlen werden wie in Abb. 29a hingelegt; die freigelassene mittlere Spalte ist für den Quotienten vorgesehen.

Nun wird der Divisor möglichst weit hochgerückt, ⟨d.h. mit einer möglichst hohen Potenz von 10 multipliziert⟩, so daß er gerade noch vom Dividenden abgezogen werden kann. Seine Grundlinie ⟨g⟩ geht dabei in ⟨g′⟩ über. Man zieht jetzt den Divisor so oft wie möglich vom Dividenden ab (hier einmal) und legt die so ermittelte Anzahl auf die Linie ⟨g′⟩ (Abb. 29b). Nun wird der Divisor um eine Stufe heruntergesetzt und wieder so oft wie möglich abgezogen (hier 0 mal). Erst beim nächsten Heruntersetzen läßt er sich wieder abziehen, und zwar zweimal; das ergibt die Abb. 29c. Der Quotient ist 102.

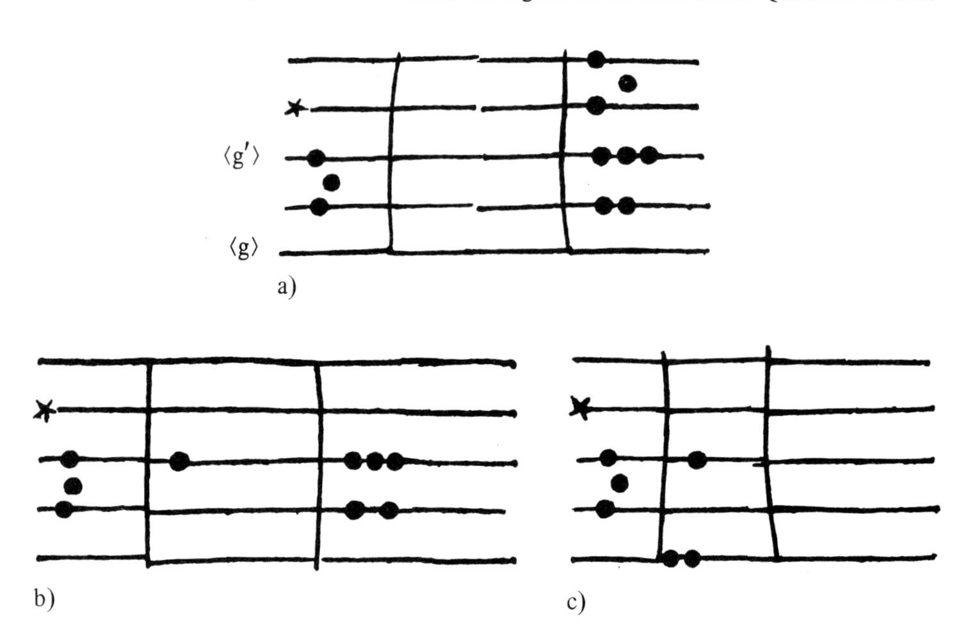

Abbildung 29. Division auf den Linien, nach Recorde.

Die geschichtliche Entwicklung

Herodot schreibt [II, 36, 4]: *Es schreiben Buchstaben und rechnen mit Zählsteinchen die Griechen, indem sie die Hand von links nach rechts führen, die Ägypter von rechts* *nach links.* Ob man daraus auf das Rechnen auf einem Abakus bei den Ägyptern schließen darf, erscheint mindestens fraglich. Ebenso ist bei den Babyloniern die gelegentliche Bemerkung, man solle eine Zahl *hinlegen* [VM; **2**, 24] wohl noch kein ausreichender Beweis für die Benutzung eines Abakus. Auch die aus den erhaltenen Texten ersichtliche Art und Weise, wie Rechnungen durchgeführt wurden, ergibt keinen Hinweis auf ein Rechenbrett oder ein ähnliches Gerät.

Von den Griechen sind außer der Salaminischen Rechentafel (s. S. 31) noch einige Bruchstücke derartiger Tafeln und auch Darstellungen auf Vasen erhalten [Pullan; 114 f.], eine Beschreibung des Rechnens auf ihnen ist nicht bekannt.

Vom römischen Abakus sind einige Exemplare auf uns gekommen (s. z.B. Abb. 5, S. 35) über das Rechnen damit (**Cicero**, **Plinius**, **Horaz** u.a., nach [Pullan; 114 f.]), jedoch auch keine vollständige Rechenanweisung.

Die Stäbchenzahlen der Chinesen und die Rechenvorschriften dazu lassen es als wahrscheinlich erscheinen, daß schon in früher Zeit (ca. 200 v.Chr.) mit ihnen auf einem Abakus gerechnet wurde [N; **3**, 5 ff.]. Einige Rechenvorschriften behandeln wir auf S. 185 f.; sie nähern sich insofern den Vorschriften für das schriftliche Rechnen, als das Einmaleins benutzt wird. In späterer Zeit wurde auch ein dem römischen ähnlicher Abakus mit auf Drähten verschiebbaren Kugeln benutzt [N; **3**, 74 ff.] (vgl. S. 37 f.).

Im Abendland findet sich das Abakus-Rechnen in einem Text, der dem **Boetius** zugeschrieben wurde [395], aber wahrscheinlich aus dem 11. Jahrhundert stammt [Folkerts 1]. Gerechnet wird mit Apices, auf denen die Ziffern eingezeichnet sind (**Gerbertscher** Abakus).

Das dem Abakus-Rechnen äquivalente *Rechnen auf den Linien* wird im Trienter Algorismus und öfter in Handschriften des 15. Jahrhunderts gelehrt, so im Cgm 739, 54^r–62^r, Cgm 740 [Kaunzner 3], Clm 15 558 [Vogel 17; 30–46], ferner in den gedruckten Rechenbüchern von **Widman** (*Algorithmus linealis* 1488 [D.E. Smith 1; 36]), von **Georg von Ungarn** 1499 [22 f.], von **Huswirt** 1501 [21 f.].

Im *Livre de Getz* (1501) sind die waagerechten Linien nicht ausgezogen, sondern nur durch eine senkrechte Reihe von Merksteinen angegeben.

Das Rechnen auf den Linien gehört in dieser Zeit zum allgemeinen Lehrstoff, so bei **Gregor Reisch** 1504 [Buch IV, Tract. V: *Algorithmus cum denarijs proiectilibus: seu calcularis*], **Köbel** 1514 [1; B 1^r ff.], **Grammateus** 1518 [1; B 1^r ff.], **Apian** 1527 [A 5^v ff.], **Adam Ries** 1533 [2; A 2^v ff.], **Recorde** 1542 [1; M 6^v ff.] (daß wir die Beispiele oben aus diesem Buch genommen haben, hat keinen besonderen Grund), **Stifel** 1545 [2; 1^r ff.], **Gehrl** 1577 [7 ff.].

Viele dieser Werke lehren neben dem Linienrechnen auch oder sogar hauptsächlich das schriftliche Rechnen. Dieses hat dann im Laufe des 16. Jahrhunderts das Linienrechnen verdrängt.

Die im heutigen ersten Rechenunterricht verwendete Kugelrechenmaschine zeigt dieselbe Einrichtung wie der Abakus. Sie soll durch **Poncelet** nach seiner Gefangenschaft in Saratov in den Schulen von Metz eingeführt worden sein [Menninger; **2**, 123 f.]. Freilich wird dabei nur der Zählbereich von 1 bis 100 erfaßt, obwohl auch die alte Verwendung, bei der die Kugeln auf verschiedenen Stufen verschiedene Zehnerpotenzen bedeuten, möglich und nützlich wäre.

Das Stäbchenrechnen der Chinesen

Das Abakus- und Linienrechnen vereinfacht sich, wenn der Rechner das Einsundeins und das Einmaleins im Kopfe hat, dann spart man z.B. bei der Multiplikation das oftmalige Auslegen des Multiplikanden. Notwendig werden die erwähnten Kenntnisse, wenn die Zahlen auf dem Abakus nicht durch Strichsymbole, sondern durch Individualzeichen dargestellt werden, also z.B. durch beschriftete Apices, wie auf dem **Gerbert**schen Abakus [Boetius; 397] [Folkerts 1; 139]. Anscheinend haben die Chinesen ihre Stäbchenziffern bereits wie Individualzeichen behandelt; das läßt sich aus den Beschreibungen ihrer Rechenoperationen schließen.

Bei der Addition beginnt man zweckmäßigerweise bei den Einern. Die Addition 719 + 1097 vollzieht sich dann in den in Abb. 30 dargestellten Schritten:

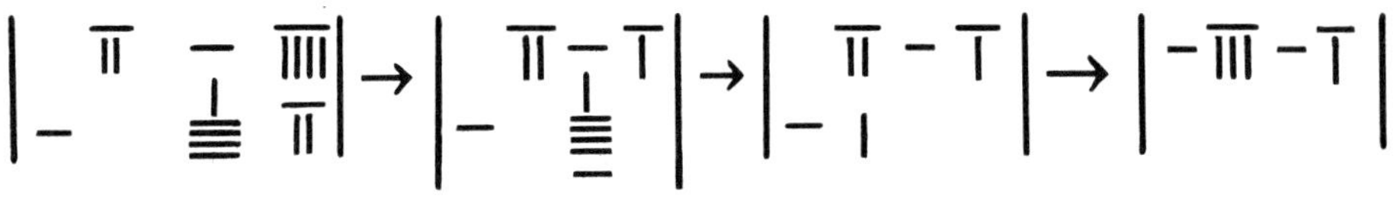

Abbildung 30. 719 + 1097 im chinesischen Stäbchenrechnen.

Wir geben im folgenden die chinesischen Zahlen durch unsere Ziffern wieder. Für die Multiplikation rechnet **Sun Tzu** das Beispiel 81 · 81 vor. Der Deutlichkeit halber wählen wir 81 · 72: Die Rechnung wird in drei Zeilen ausgeführt. In die obere Zeile kommt der Multiplikator 81, die mittlere bleibt für das Produkt frei, in die untere Zeile kommt der Multiplikand 72, jedoch so, daß seine Einheiten unter der höchsten Ziffer des Multiplikators stehen:

```
    8 1
. . . .
  7 2
```

Nun wird 1) 72 mit 8 multipliziert und das Ergebnis in die mittlere Zeile gesetzt, 2) dafür 8 weggenommen und 3) 72 um eine Stelle nach rechts gerückt:

```
    . 1
5 7 6
    7 2
```

Jetzt wird 72 mit 1 multipliziert und das Ergebnis in der mittleren Zeile dazugezählt; die 1 wird gelöscht und die 72 braucht auch nicht mehr hingeschrieben zu werden:

```
|       .|
|5 8 3 2 |
|    . . |
```

Man kann übrigens bemerken, daß in der oberen Zeile gerade die Plätze frei werden, die man für das Anschreiben des Produkts braucht. Man kann die Rechnung also in zwei Zeilen anordnen:

$$\left|\begin{array}{cccc} & & 8 & 1\\ 7 & 2 & & \end{array}\right| \rightarrow \left|\begin{array}{cccc} 5 & 7 & 6 & 1\\ & & 7 & 2 \end{array}\right| \rightarrow \left|\begin{array}{cccc} 5 & 8 & 3 & 2\\ & & (7 & 2) \end{array}\right|$$

(Man kann dann eventuell noch die Stelle markieren, an der die Rechnung jeweils angelangt ist.)

Die Division beschreibt **Sun Tzu** an dem Beispiel 6561 : 9. Er bezeichnet sie ausdrücklich als Umkehrung der Multiplikation, so daß der Dividend am Platz des Produktes, also in der mittleren Zeile steht.

$$\left|\begin{array}{cccc} & 7 & . & .\\ 6 & 5 & 6 & 1\\ & 9 & & \end{array}\right| \rightarrow \left|\begin{array}{ccc} 7 & . & .\\ 2 & 6 & 1\\ 9 & & \end{array}\right| \rightarrow \left|\begin{array}{ccc} 7 & 2 & .\\ 2 & 6 & 1\\ & 9 & \end{array}\right| \rightarrow \left|\begin{array}{ccc} 7 & 2 & .\\ & 8 & 1\\ & 9 & \end{array}\right| \rightarrow \left|\begin{array}{ccc} 7 & 2 & 9\\ & 8 & 1\\ & & 9 \end{array}\right| \rightarrow \left|\begin{array}{ccc} 7 & 2 & 9\\ & . & .\\ & & 9 \end{array}\right| .$$

Hätte sich, wie bei 6562 dividiert durch 9, ein Rest ergeben, so wäre das letzte Bild $\left|\begin{array}{ccc} 7 & 2 & 9\\ & & 1\\ & & 9 \end{array}\right|$; es steht also hier die gleiche Form einer gemischten Zahl wie sie bei den Indern und Arabern im schriftlichen Rechnen mit Ziffern aussieht (s. S. 108, 109 ff.).

Die Vorschriften für die Berechnung von Quadrat- und Kubikwurzeln in den *Chiu Chang Suan Shu* lassen sich ähnlich als Rechnungen auf dem Rechenbrett auffassen [3; 113 ff.]. **Sun Tzu** beschreibt die Berechnung der Quadratwurzel ausführlich in den Aufgaben 19 und 20 des zweiten Kapitels, von denen die erste, nämlich $\sqrt{234567}$ sich folgendermaßen darstellen läßt [53 f.]:

Fang	4 . .	4 . .	48 .	48 .	484	484	484	Wurzel
Shih	234567	74567	74567	4167	4167	311	311	Radikand
Fang-Fa	4	4	88 . .	88 . .	88 .	88 .	968	Divisoren
Lien-Fa			8 . .	8 . .	8 .	84		Divisoren
Yü-Fa					4	4		Divisoren
Hsia-Fa	1	1	1 . .	1 . .	1	1		Divisoren

(*Hsia-Fa* ist identisch mit dem *Chieh-Suan* = Rechenstab. In dieser Zeile wird nur die Stelle bezeichnet, an der gerade gerechnet wird.) Zu den Fachwörtern siehe [N; **3**, 66].

2.2.3 Das schriftliche Rechnen

Das schriftliche Rechnen hat zwei Formen. Die eine entwickelt sich aus der Darstellung der Zahlen durch Form-Strich-Symbole in der Art der Ägypter.

Die Addition ist dabei problemlos; man faßt die Einheiten jeder Stufe, die ja explizit angeschrieben sind, zusammen und ersetzt je 10 Einheiten durch eine Einheit höherer Stufe, wobei man allerdings mit den Einern anfangen sollte.

Um zu multiplizieren, könnte man den Multiplikanden so oft anschreiben wie der Multiplikator angibt. Das läßt sich aber vereinfachen: Eine Multiplikation mit 10 bedeutet nur die Ersetzung jedes Einheitssymbols durch das der nächsthöheren Einheit. Dazu haben die Ägypter den Gedanken der wiederholten Verdoppelung gehabt: Um z.B. $7 \cdot n$ zu berechnen, wird nicht $n + n + n + n + n + n + n$ hingeschrieben, sondern $n + 2n + 2 \cdot (2n)$. Das Verdoppeln ist eine an den Strichfiguren sehr leicht ausführbare Operation, und man braucht nicht sieben Zahlen anzuschreiben, sondern nur drei. Bei einem anderen Faktor als 7 hat man sich aus der durch wiederholte Verdoppelung entstehenden Folge die benötigten Zahlen herauszusuchen. Wie das im einzelnen aussieht, wird bei der Multiplikation und Division geschildert.

Die zweite Art des schriftlichen Rechnens ist der Positionsschreibweise der Zahlen angepaßt. Sie schließt sich logisch – nicht unbedingt historisch – an das chinesische Stäbchenrechnen an. Man führt die Operationen schrittweise für jede Stelle aus.

Nun hat man beim Stäbchenrechnen auf dem Abakus jeweils die bereits verarbeitete Zahl oder Ziffer weggenommen und durch das jeweilige Zwischenresultat ersetzt. Das geht noch, wenn man auf einem Staubbrett rechnet, also die Ziffern weglöschen und durch andere ersetzen kann. Beim Schreiben muß man jedoch die Ziffern durchstreichen und andere darüber oder darunter setzen. Dabei entstehen oft recht unübersichtliche Bilder. So hat man nach Verfahren gesucht, bei denen Zwischenresultate und Endresultat übersichtlich angeordnet sind, derart daß das Endresultat auch ohne Streichen der Zwischenresultate ersichtlich ist.

Ob die Griechen mit den herodianischen Zahlen und die Römer mit ihren Zahlen ohne Abakus rechnen konnten, bleibe dahingestellt. Eventuell könnten die Griechen „ägyptisch" gerechnet haben; die Rechenoperationen des Verdoppelns und Halbierens haben sich ja noch lange in Rechenbüchern erhalten, obwohl sie bei den neuen Methoden für das Rechnen mit indischen Ziffern längst entbehrlich waren.

Für die griechische Darstellung der Zahlen durch Buchstaben sind zum Teil spezielle Methoden entwickelt worden.

Es bleibt noch die Frage, wie die Babylonier gerechnet haben. Sie haben zahlreiche Tabellen gehabt, aber wie haben sie die Tabellen berechnet? Vielleicht durch wiederholte Anwendung sehr einfacher Operationen, wie das z.B. **Bruins** in mehreren Arbeiten untersucht hat.

2.2.3.1 Addition

Definitionen

Bei **Euklid** wird eine Zahl als Zusammenfassung von Einheiten definiert [El. 7, Def. 2]. Das Zusammenfassen mehrerer Zahlen ist dann keine andersartige Operation, **Euklid** definiert sie gar nicht. Bei **Āryabhaṭa II** heißt es: *The making into one of several num-*

bers is addition [DS; **1**, 130], es wird also ausgesprochen, daß mehrere Zahlen zu einer Zahl vereinigt werden sollen. Das ist auch der Inhalt aller übrigen arabischen und abendländischen Definitionen.

Beispiele:
Al-Bannā' [2; 44]: *L'addition consiste à réunir les nombres les uns aux autres pour pouvoir les exprimer par un nom unique.*
Nikolaos Rhabdas [130]: *ἑνοῦμεν τὰς δύο ταύτας πλευρὰς εἰς ἕνα ἀριθμὸν περιστῶντες* (wir vereinigen diese beiden Seiten und machen sie zu einer einzigen Zahl).
Johannes de Sacrobosco [3, 31]: *Additio est numeri vel numerorum ad numerum aggregatio, ut videatur summa excedens.*
Chr. von Wolff [3; Sp. 10 f.]: *Additio, das Addiren, Ist die Erfindung einer Zahl oder auch überhaupt einer Größe, welche so groß ist wie viele andere zusammen genommen.*
Klügel [2; **1**, 12]: *Addition, Zusammenzählung, ist ein Rechnungsverfahren, bey welchem ein Ganzes aus seinen erschöpfenden Theilen zusammengesetzt wird. Das Ganze, welches gefunden ist, heißt die Summe.*

Verfahren

Wenn die Zahlen so geschrieben wurden wie bei den Ägyptern, Babyloniern und Römern, so stellt das Addieren kein Problem dar. Bei der Verwendung von Individualzeichen, wie z.B. bei den Buchstabenzahlen der Griechen dagegen, muß man das Einsundeins im Kopf beherrschen oder eine Tabelle dafür zur Hand haben (s. S. 177); man muß z.B. wissen, daß $\beta + \zeta = \vartheta$ ist. Wie eine Addition im einzelnen ausgesehen hat, ist wenig bekannt.

Auf die Anordnung der Ziffern käme es nicht an, da den Buchstabenzahlen kein Positionssystem zugrunde liegt.

Im Positionssystem der Inder dagegen ist es sehr wohl von Bedeutung, daß man die richtigen Stellen miteinander verbindet. Wie hier Additionen aussehen, zeigt z.B. das Bakhshālī-Manuskript [27 f.]. Es scheint kein einheitliches Schema in Gebrauch gewesen zu sein, denn es kommt vor, daß:

1. die beiden Summanden s_1, s_2 ohne Trennungszeichen auf einer Zeile nebeneinander stehen, das Ergebnis S steht rechts davon: s_1 s_2 ———— S. Dabei kann auch einer der beiden Summanden nicht als Zahl, sondern verbal ausgedrückt sein.
2. die Summanden s_i – in den gegebenen Beispielen sind es dabei immer mehr als zwei – durch einen Strich oder ein Kästchen voneinander abgetrennt auf einer Zeile stehen:

| 924 | 836 | 798 | ... 2558 oder

| 10 | 30 | 90 | ... | 130
1 |

3. die Summanden untereinander stellenmäßig angeordnet erscheinen, die Summe steht rechts in der obersten Zeile:

120	... 377.
90	
80	
75	
12	

Aus dem Bakhshālī-Manuskript geht nicht hervor, wie die Additionen im einzelnen ausgeführt wurden. Dazu äußert sich **Bhāskara II** in seiner *Līlāvatī* [1; 5]: *die Summe der Ziffern einander entsprechender Stellen kann man in direkter oder in umgekehrter Richtung errechnen*, was der Kommentator von **Bhāskara II** als *von der ersten Ziffer rechts angefangen nach links fortschreitend oder von der letzten Ziffer angefangen nach rechts fortschreitend* interpretiert. Diese Angabe legt es nahe, daß die Rechnung auf einer Schreibunterlage (Brett, Staubbrett) erfolgt ist, bei der das Löschen von Ziffern – im Gegensatz zum Papier – problemlos ist. Daß die Inder im Sand gerechnet haben, berichtet schon **al-Bīrūnī** [3; **1**, 174].

Die Araber haben das indische Rechnen übernommen und zwar als Staubbrettrechnen (s. S. 53). **Al-Uqlīdisī** diskutiert die dabei auftretenden Schwierigkeiten [2;37 f.].

a) der Wind kann die Figuren verblasen,
b) man macht sich seine Hände bzw. Finger schmutzig, was man aber durch Verwendung eines Stifts vermeiden kann,
c) man kann die Rechnung nicht mehr kontrollieren, weil die Zwischenresultate und teilweise auch die Angaben selbst gelöscht werden.

Trotzdem hält **al-Uqlīdisī** diese Rechenweise für sehr vorteilhaft. Im allgemeinen beginnen die frühen Araber eine Addition von links; so sieht eine Rechnung bei **Kūšyār ibn Labbān** folgendermaßen aus [48]:

$$\begin{matrix} 5\;6\;2\;5 \\ \;\;8\;3\;9 \end{matrix} \rightarrow \begin{matrix} 6\;4\;2\;5 \\ \;\;8\;3\;9 \end{matrix} \rightarrow \begin{matrix} 6\;4\;6\;4 \\ \;\;8\;3\;9 \end{matrix}.$$

Im Verlauf der Rechnung verschwindet dabei der erste Summand, an seiner Stelle steht das Resultat in der oberen Zeile. Auf diese Weise verfahren z.B. **al-Ḫwārizmī** [2; 19], **al-Uqlīdisī** [2; 46], **Kūšyār ibn Labbāns** Lehrer **al-Nasawī** [385 f.] usw.

Daß man eine Addition auch von rechts, also bei der kleinsten Stelle beginnend, vornehmen kann, erwähnen ebenfalls **al-Uqlīdisī** [2; 46], **Abū Manṣūr**, **al-Ṭūsī** [Uqlīdisī 2; 375 ff.].

Mit dem Vormarsch des Papiers als Schreibunterlage wird die Methode, die Addition mit der größten Stelle zu beginnen, unpraktisch. **Al-Ḥaṣṣār** z.B. beginnt eine Addition nur bei der kleinsten Stelle, also rechts und schreibt das Ergebnis über den ersten Summanden an (dreizeilige Anordnung) [Suter 3; 15]. **Al-Bannā'** [2; 44] sagt dazu: *Man beginnt die Addition entweder bei der ersten Zahl* ⟨das ist gemäß der arabischen Schreibrichtung die niedrigste Dezimalstelle⟩ *oder bei der letzten Zahl. Es ist aber vorzuziehen, bei der ersten zu beginnen*, und **Baha' al-Dīn** schreibt [6]: *Du kannst . . . auch von der Linken anfangen, nur daß du dann wegstreichen, corrigieren . . . mußt, was eine Weitläufigkeit ohne Nutzen ist.*

Das Resultat erscheint bei den Arabern meist oben, entweder anstelle des ersten Summanden oder im Falle einer dreizeiligen Anordnung in einer Zeile über den beiden Summanden. Nur bei **al-Uqlīdisī** wird es, im Falle, daß er die Addition bei der kleinsten Stelle beginnt, unter den beiden Summanden angeschrieben [Saidan 2; 159 f., 162[a]–165[a]]. **Al-Kāšī**, der ebenfalls die Summe unter die Summanden setzt, trennt diese sogar noch durch einen Strich ab [16]:

67024
5294853
5361877

Ebenso entwickelte bereits früher **Levi ben Gerson** die Anordnung, die Summe unter die Summanden zu schreiben, wobei unter alle Summanden jeweils ein Strich gesetzt wird [59 f.]:

2 0 9
3 0 8 9
7 6 3 9
1 0 9 3 7

Das Abendland übernimmt die Vielfalt der arabischen Methoden. Allerdings bevorzugt man hier bereits das Verfahren, bei der Addition bei der kleinsten Stelle anzufangen, erwähnt aber, daß man auch bei der größten Stelle beginnen könne, so z.B. **Johannes Hispalensis** [31], **Johannes de Sacrobosco** [3, 26], **Gernardus** [Eneström 1; 295]; diese Autoren bedienen sich der zweizeiligen Anordnung (das Ergebnis ersetzt den ersten Summanden). In drei Zeilen, bei der kleinsten Stelle beginnend, rechnet **Leonardo von Pisa**; das Ergebnis steht über dem ersten Summanden [19]:

7 4
2 5
4 9

Im Verlauf des 15. Jahrhunderts setzt es sich durch, die Summe unter die Summanden, durch einen Strich getrennt anzuschreiben, so bei **Borghi** [24[r]], **Pellos** [5[v]], **Prosdocimo de Beldomandi** [1; 4[v]], **Luca Pacioli** [a; 20[r]] usw.

Fachwörter

Addieren und Addition

Die Termini der Addition sind zunächst der Umgangssprache entnommen, z.B. *vermehren, vereinigen, wachsen*; andere Ausdrücke sind wieder vom Rechnen mit Objekten (Rechensteine und dergleichen) hergenommen, wie *hinlegen, dazugeben*. Die Einführung eines Symbols für die Addition, das erst im 15. Jahrhundert erscheint, wird durch Bindewörter *(et, und)* und Präpositionen (*εἰς, ad, zu*) oder Adverbien *(plus, mehr)* vorbereitet. Für die verschiedenen Kulturkreise sind folgende Fachwörter zu nennen:

Babylonier

sumerisch:	akkadisch:	
gar-gar	*kamāru,*	vermehren, wachsen (*gar* = setzen, legen);
til	*gamāru*	vollständig machen;
tab, dah̲	*waṣābu*	hinzufügen, mehren (*ṣiptu* = Zuwachs, Zins [MKT; **2**, 22]);
nigin	*naph̲aru, nakmartu*	Summe (umgeben, abschließen);
	ana	zu, auf.

Ägypter

Das allgemein übliche Wort für addieren ist w3ḥ = *setzen, hinlegen*, das mit der Präposition *ḥr* = *auf* gebraucht wird, z.B. im Papyrus Rhind, Probl. 22. Manchmal erscheint auch die Präposition *ḥr* allein, so im Papyrus Rhind, Probl. 37.

In demotischen Papyri steht *w3ḥ* in Verbindung mit der Präposition *r*, die ansonsten das Resultat einer Rechenoperation angibt [Parker; 6 f.]. Auch das an einer Stelle im Papyrus Rhind verwendete Zeichen 𓂻 *ḳ* = *hereingehen* bedeutet an dieser Stelle addieren [Probl. 28] (im Papyrus Rhind geht die Schriftrichtung von rechts nach links, folglich steht dort dieses Zeichen in gespiegelter Form). Daneben findet sich im Papyrus Rhind häufig für die Summe *dmḏ*, das auch allgemein das Ergebnis bedeuten kann und durch eine aufgerollte versiegelte Buchrolle dargestellt wird [Probl. 37 und öfter]. Im demotischen Papyrus Br. Mus. 10520 steht an einer Stelle für die Addition von Brüchen *śtp*, das sonst *wählen* bedeutet [Parker; 7].

Griechen

Addieren und Addition: hauptsächlich werden verwendet Verbindungen mit *τιϑέναι* (setzen, stellen, legen) wie:

ἐπιτιϑέναι (daraufsetzen, darauflegen): **Nikomachos** [1; 103 = II, 14, 3] bei Polygonal- und Körperzahlen.
ἐπισυντιϑέναι (noch dazu setzen); **Archimedes** [1; **1**, 12].
συντιϑέναι (zusammensetzen, -legen, -stellen): **Heron** [**5**, 268]; **Nikomachos** [1; 14 = I, 8, 1]; **Pappos** [1; 108]; bei **Euklid** [El. 9, 7].
προστιϑέναι (daransetzen, dazu setzen): **Diophant** [1; **1**, 264 = IV, 31]; **Nikomachos** [1; 140 = II, 27, 7]; **Pappos** [1; **3**,**2**, 99]; desgleichen für die Addition:
σύνϑεσις (zusammenlegen, Zusammensetzung): **Diophant** [1; **1**, 4]; **Nikomachos** [1; 88 = II, 8, 3], [1; 145 = II, 29, 2].
πρόσϑεσις (zusetzen, hinzusetzen): **Diophant** [1; **1**, 196 = IV, 6]; **Nikomachos** [1; 86 = II, 7, 3];
ferner verwendet werden die Zeitwörter:
μιγνύναι, συμμιγνύναι (mischen): **Heron** [**4**; 394], [**5**, 180].
συνάγειν, συναϑροίζειν (versammeln): **Nikomachos** [1; 38 = I, 14, 4].
σύνδυο λαμβάνειν (je zwei zusammen nehmen): **Archimedes** [1; **2**, 208].
συγκεφαλαιοῦν (zusammenfassen): **Nikomachos** [1; 37 = I, 14, 3].
ἐπισωρεύειν (bei Reihen verwendet; anhäufen): **Nikomachos** [1; 89 = II, 8, 3].

Präpositionen:
εἰς (zu), *πρός* (zu), *μετά* (mit)
Summe:
ὁ συναμφότερος (das von beiden ⟨Zahlen⟩ zusammen): **Archimedes** [1; **2**, 200], **Euklid** [El. 7, 5].
ὁ γενόμενος ἀριθμός (die entstandene Zahl): bei **Archimedes** [1; **2**, 244]; **Nikomachos** [1; 41 = I, 16, 4].
τὸ κατὰ σύνθεσιν: **Nikomachos** [1; 125 = II, 23, 5].
σύμπας (alle zusammen): **Nikomachos** [1; 39 = I, 15, 2].
κεφαλαίωμα (s. S. 169), *συγκεφαλαίωμα* und *συγκεφαλαίωσις* (Kopfende): **Nikomachos** [1; 18 = I, 8, 12].
σωρεία, ἐπισώρευσις (Summe von Reihen): **Nikomachos** [1; 41 f. = I, 16, 4].
συμπλήρωσις bei **Nikomachos** [1; 38 = I, 15, 1]; abgekürzt bezeichnet durch *ὁμοῦ* (zusammen): **Heron** [**5**, 258].
Für Byzanz siehe ferner auch [Vogel 7; 381 ff.], [Hunger/Vogel; 108], [BR; 141].

Römer

Boetius benützt folgende Wörter für addieren, bzw. Addition:
addere (dazugeben), bzw. *additio* [429 f.];
adicere (hinwerfen) [15];
in unum colligere (vereinigen) [123];
iungere, adiungere (verbinden) [456, 430];
adgregare, congregare (versammeln) [430, 438];
superponere (darauflegen) [482];
ohne Zeitwort können verwendet werden: *ad* (dazu), *cum* (mit), *et* (und), *plus* (mehr).

Zum Wort *summa*, dessen Bedeutung zuerst umfassender war, wie *Summe der Multiplikation*, s. S. 169.

Chinesen

Das Addieren ist ein Vereinigen *(ping)*, Wachsen *(chia, tsêng)*, Gewinnen *(i)* oder ein Zusammenlegen *(ho)*, ursprünglich: einschließen, umfassen [Libbrecht; 476, 481, 489]. Die Summe heißt ebenfalls *ho* = *das Addierte* [Chiu Chang Suan Shu 3; 109].

Inder

Bei **Āryabhaṭa I** heißt die Addition *saṃparka, saṃkala, yoga.*

Zeitwörter für addieren sind:
saṃkal- (zusammentun)
saṃyuj- (vereinigen)
miśr- (mischen) und andere. Näheres siehe bei **Elfering** [185] und bei [DS; **1**, 130].

Araber

Bei den Arabern ist das Addieren ein Vereinigen, Verbinden *(ǧamᶜ)*, die Addition heißt *ziyādad* (Zuwachs, Vermehrung, Hinzufügung) [Kūšyār ibn Labbān; 108], [Uqlīdisī 2; 374].

Abendland

Im Abendland werden vorerst die lateinischen Fachausdrücke durch **Boetius** und durch Übersetzungen arabischer Texte, wie der Arithmetik von **al-H̱wārizmī**, bekannt. Sie sind in den Algorismen und Rechenbüchern bis weit in die neue Zeit in Gebrauch. Zu den bei **Boetius** vorkommenden treten, wie bei **Plato von Tivoli**, hinzu:

coadunare (vereinigen)
assumere (hinzunehmen)
superadiungere (noch anfügen)
superaddere (noch dazufügen) [Abraham bar H̱ijja; 48] und andere.

Die Summe heißt bei **Sacrobosco** *aggregatio* oder *additio* [32] und bei **Leonardo von Pisa** *collectio* [1; **1**, 19]. Eine Summe innerhalb algebraischer Ausdrücke dagegen bezeichnet **Leonardo** als *aggregatum* [1; **1**, 445].

Im Deutschen trifft man die Worte *Addition, adderen* bereits im Hildesheimer Rechenbuch (um 1445): *addicio is een vergaderenghe* ⟨= Zusammenbringen⟩ *von enen numer tot enen anderen Aend wāneer ghy wilt adderen enen numer tot enen anderen* [Bernhard; 127]; *addiren* findet sich im Clm 14908 [AR; 123, Nr. 271].

Das Wort *Aggregat* wird, vorerst noch in der umfassenderen Bedeutung wie auch *summa* (s. S. 169) übernommen: **Widman** [19^{v}]. Von *Summe* wird *summiren* gebildet: **Widman** [7^{r}].

Ferner werden gebraucht:
dazulegen: **Mendthal** [54];
dazu tun, zu einander tun: [Cgm 739; 54^{v}];
Heuffelung: **Ries** [1; 54];
einfältig zusammenzehlen (im Gegensatz zu *vielfältig zusammenthun* = multiplizieren): **A. Reyher** [12];
Zusammenziehung: **Kaukol** [4].

Die Glieder einer Summe heißen:
die Summirenden: **Wolff** [4; 13].
Das Wort *Summand* wird aus dem Lateinischen übernommen:
numeri summandi: **Wolff** [2; 31], **Voigt** [33].
Voigt verwendet auch das Wort *Posten* (von *positum*) [33].

Auch die anderen europäischen Sprachen übernehmen die lateinischen Wörter und bilden sie entsprechend um:

italienisch:
sumar: **Borghi** [40^{v}];
azonzer (= adiungere): **Borghi** [40^{v}];

französisch:
joindre: **Chuquet** [1; 594];
aiouster (= ajouter): **Chuquet** [1; 594], **La Roche** [7^{r}], **Stevin** [2a; 91];
aiustar: **Pellos** [4^{v}];

englisch:
to adde: **Steele** [55], **Recorde** [1; M 8r];
cast to-gedur (= together): **Steele** [8];

russisch:
aditsie, sčitanie (= Zählen): in Handschriften;
addicio, složenie (= Zusammenzählen): **Magnizkij** [Juškevič 2; 64].

2.2.3.2 Subtraktion

Definitionen

Āryabhaṭa II (nach [DS; **1**, 132]): *The taking out (of some number) from the* sarvadhana *(total) is substraction; what remains is called* śeṣa *(remainder).*
Al-Bannā' [2; 49] (nach **Souissi**): *La soustraction consiste à rechercher le reste obtenu en ôtant l'un des nombres de l'autre.*
Johannes de Sacrobosco [4]: *Subtractio est propositis duobus numeris maioris ad minorem excessus inventio, vel subtractio est numeri a numero ablatio, ut videatur summa derelicta.* **Sacrobosco** betont anschließend, daß die größere Zahl von der kleineren niemals abgezogen werden kann.
Wolff [3; Sp. 1336]: *Subtractio, das Subtrahieren oder Abziehen, Ist die Erfindung einer Zahl aus zwey gegebenen die mit der einen gegebenen zusammen genommen so groß ist als die andere.*
Klügel [2; **4**, 552]: *Subtraction, Abziehen, ist ein Rechnungsverfahren, wodurch aus einem Ganzen und dem einen Theile desselben der andere Theil gefunden wird.*

Verfahren

Beim Rechnen mit indischen Ziffern hat man bei der Subtraktion natürlich die Zahlen geordnet untereinander zu schreiben. Das Problem ist, wie man zu verfahren hat, wenn eine Ziffer des Subtrahenden größer ist als die entsprechende Ziffer des Minuenden.

Wenn auf einem Staubbrett gerechnet wird, oder allgemeiner, wenn man die Ziffern löschen kann, ist es gleichgültig, ob man von rechts oder von links anfängt; das sagt z.B. **Bhāskara II** [1; 13].

Die arabischen Mathematiker beginnen die Subtraktion in der älteren Zeit meist von links, später aber fangen sie auch rechts, bei der kleinsten Stelle, an.

Eine Rechnung von **Kūšyār ibn Labbān** verläuft so [50]:

$$\begin{array}{c} 5625 \\ 839 \end{array} \rightarrow \begin{array}{c} 4825 \\ \not{8}39 \end{array} \rightarrow \begin{array}{c} 4795 \\ \not{8}\not{3}9 \end{array} \rightarrow \begin{array}{c} 4786 \\ \not{8}\not{3}\not{9} \end{array}$$

Bei **Kūšyār ibn Labbān** sind die Ziffern nicht durchgestrichen, wir haben das hier getan, um den Verlauf der Rechnung sichtbar zu machen. Man braucht dabei nicht daran zu denken, daß man 8 von 6 nicht abziehen kann und daher eine 1 von der vorangehenden Stelle „borgen" muß, sondern kann 56 – 8 rechnen.

Die Subtraktion von links beginnen **al-Uqlīdisī** [2; 46 ff.], **Kūšyār ibn Labbān** [50], **al-Nasawī** [388] und **al-Ḥaṣṣār** [Suter 3; 15].

Al-Bannā' [2; 50] und **al-Ṭūsī** [Uqlīdisī 2; 376] beginnen links, erwähnen aber die Möglichkeit, auch rechts anzufangen. Von rechts beginnen **Abū Manṣūr** [Uqlīdisī 2; 376], **al-Qalaṣādī** [7 f.] und **al-Kāšī** [16 f.]. Auch der byzantinische Mönch **Maximos Planudes** fängt bei der kleinsten Stelle an [1; 8], ebenso der jüdische Gelehrte **Levi ben Gerson** [62].

Von den Arabern ist dieses Subtrahieren von links nach rechts in die lateinischen Übersetzungen und Bearbeitungen der Arithmetik von **al-Ḫwārizmī** übergegangen (z.B. **Johannes Hispalensis** [33]). **Abraham ben Ezra** begründet es [29]: *Immer fangen wir rückwärts zu subtrahieren an, wie bei der Division.* **Johannes de Sacrobosco** jedoch beginnt von rechts, weil das *commodosius* sei [5].

Bei der Verwendung von Papier und Tinte ist das einfache Wegnehmen der Ziffern nicht mehr möglich; es muß ersetzt werden durch Ausstreichen der Ziffern und Darüberschreiben der Reste und eventuell durch Behalten von Zahlen im Kopf. Hierbei erweist es sich wirklich als zweckmäßiger, beim Subtrahieren von rechts zu beginnen, und dieses Verfahren setzt sich schließlich auch durch. Jedoch hält z.B. noch **Petrus Ramus** daran fest, links zu beginnen, und zwar mit der Begründung [5; 6]: diese Art der Subtraktion sei der richtige Weg und sei später für die Division, die ja eine mehrfache Subtraktion ist, notwendig *(Haec subducendi vera via est, et Divisioni, id est, conjunctae subductioni deinde necessaria).* Bei seinem Beispiel 432–345 sieht die schriftliche Darstellung zum Schluß so aus [5; 6]:

$$\begin{array}{ccc} & 8 & 7 \\ \not{4} & \not{3} & \not{2} \\ \not{3} & \not{4} & \not{5} \end{array}$$

Sie wird so erläutert: *Wenn ich 3 von 4 abziehe, schreibe ich nicht 1 darüber, weil an der folgenden Stelle die 4 größer ist als die darüberstehende 3, sondern behalte die 1 im Kopf. Wird die 4 von 13 abgezogen, so bleiben 9, was ich aus demselben Grunde nicht hinschreibe, ich schreibe statt dessen 8 und behalte 1 im Kopf. . . Nachdem 5 von 12 abgezogen sind, notiere ich den Rest 7.*

Das umständliche Durchstreichen der Ziffern erübrigt sich, wenn die Subtraktion bei der Einerstelle beginnt. Dafür haben sich im wesentlichen drei Methoden herausgebildet, die alle von **Luca Pacioli** [a; 24ʳ ff.] und von **Tartaglia** [1; **1**, 14 ff.] beschrieben werden. Sie sollen an dem Beispiel 62 – 47 = 15 dargestellt werden.

1. Methode

Die 1. Methode, die von **Tartaglia** als die älteste bezeichnet wird, verfährt nach dem folgenden Schema:

$$\begin{array}{cc} 6 & 2 \\ 4 & 7 \\ \hline \end{array} \dashrightarrow \begin{array}{cc} 5 & 12 \\ 4 & 7 \\ \hline 1 & 5 \end{array}$$

Hier wird, da 2 < 7, von der 6 im Minuenden ein Zehner weggenommen und zu 2 addiert. Die übernommene 10 wird dabei nicht geschrieben, sondern nur gemerkt. Eine

Handschrift des 13. Jahrhunderts drückt das so aus: Man soll die Zahl nicht schreiben, sondern nur im Kopf behalten.

Mais che n'est mie en escrivant,
Mais en ton cuer la poseras. [Waters; 66].

Es kann auch das Entlehnen durch Setzen eines Punktes bei 6 vermerkt werden.

Maximos Planudes (ca. 1300) schreibt über dem Subtrahenden die um eine Einheit verminderte Ziffer besonders an [1; 8]. Sein Beispiel

35142 – 26158 = 8984

ist folgendermaßen angeordnet:

08984
24031 35142 26158

In der ersten Zeile steht, durch eine Linie getrennt, die Differenz, in der dritten der Minuend, in der vierten der Subtrahend.

Ebenfalls nach dieser Methode verfahren u.a. **Jordanus Nemorarius** [Eneström 3; 30], *Livre de Getz* [16^r], **Stifel** [1; 2^r] (mit Trennungsstrich unter dem Subtrahenden), **Tartaglia** [1; **1**, 14^r], **Buteo** [18 f.], **Stevin** [2a; 83] usw.

2. Methode

In der zweiten Methode, nach dem Schema

$$\begin{array}{cc} 6 & 2 \\ 4 & 7 \end{array} \dashrightarrow \begin{array}{cc} 6 & 12 \\ 5 & 7 \\ \hline 1 & 5 \end{array}$$

wird die Korrektur in die nächste Ziffer des Subtrahenden verlegt, also 1 zu 4 addiert. Wird ein Punkt gesetzt, worauf **Böschensteyn** hinweist [A 3^v] *(setz ain pünctlein . . . das meret herunden vmb ayns)* so steht es jetzt an der nächsten Ziffer des Subtrahenden.

Das Schema für 85 – 39 = 46 bei **Leonardo von Pisa** [1; **1**, 22] erscheint in der Form:

46
85 39

Dabei soll die entlehnte 1 *in der Hand behalten* werden (*retineat in manu* [1; **1**, 23 Zeile 11]).

Maximos Planudes kennt auch diese Methode; sein Beispiel 54612 – 35843 = 18769 schreibt er folgendermaßen [1; 6]:

54612 18769
54612 35843 1111

Statt der Punkte verwendet er (in der letzten Zeile) Merkstriche bzw. die Zahl 1. Hier erscheint der Minuend zweimal.

Nach dieser zweiten Methode verfahren u.a. **Leonardo von Pisa** [1; **2**, 22], **Maximos Planudes** [1; 6], **Paolo Dagomari** in seinen *Regoluzze* [2; 34], **Borghi** [25^r], das Bamberger Rechenbuch von 1483 [8^v], **Chuquet** [1; 596], **Tunstall** [25], **Gemma Frisius** [15], **Cardano** [2; 18 f.], **Tartaglia** [1; **1**, 14^v f.], **Newton** [6; 15], [5; Cap. 3, 16 f.].

Eine Abart der 2. Methode hat unter dem Namen der österreichischen Subtraktion Verbreitung gefunden [Unger; 213]. Der Unterschied besteht darin, daß in den einzelnen Stellen die Differenz nicht durch Subtrahieren sondern durch Daraufzählen gefunden wird. So wird man bei 62 – 47 nicht sprechen: 12 minus 7 ist 5, 6 minus 5 ist 1, sondern 7 und **5** ist 12, 1 und **4** ist 5, und 1 ist 6. Diese Methode, die bei der Division vorteilhaft verwendet wird sowie dann, wenn mehrere Summanden gleichzeitig subtrahiert werden sollen, wird z.B. von **Joseph Salomon** [24, 26] und von **A. Kuckuck** [1; 8 f.] empfohlen.

3. Methode

Bei dieser, besonders im 16. Jahrhundert beliebten Methode wird eine Subtrahendenziffer (s) dekadisch ergänzt und diese Ergänzung (10 – s) zur darüberstehenden Minuendenziffer (m) addiert. Es ist ja m + (10 – s) = (10 + m) – s. Die dabei entliehene 1 muß dann – was die Regel ist – zu der nächsten Ziffer des Subtrahenden addiert oder von der nächsten Ziffer des Minuenden subtrahiert werden. Ein Punkt hilft dabei wieder dem Gedächtnis. Bei unserem Beispiel 62 – 47 haben wir also entweder

$$\begin{array}{cc} 6 & 2 \\ \underline{-4} & \underline{7} \end{array} \dashrightarrow \begin{array}{cc} 6 & 2 \\ \hline -5 & +(10-7) \\ \hline 1 & 5 \end{array} \quad \text{oder} \dashrightarrow \begin{array}{cc} 5 & 2 \\ -4 & +3 \\ \hline 1 & 5 \end{array} .$$

Von dieser dekadischen Ergänzung sprechen andeutungsweise schon **al-Ḫwārizmī**, deutlicher **Johannes Hispalensis** bei ihrer Subtraktion von links nach rechts. Letzterer sagt: *Von diesem (entlehnten) Zehner ziehe die untere (Ziffer) ab und setze den Rest an die Stelle der 0 oder auch addiere ihn zu der dort gefundenen Zahl, von der du das was du solltest nicht wegnehmen konntest* [33]. Ausführlich beschreibt **Rudolff** in seiner *Coss* das Verfahren: *Magstu aber die vnter figur von der obern nit nemen so zeuch sie* *ab von 10/zum pleibenden gib die ober so zu klein war/setz dz collect vnter die linien. Wie offt sich dan̄ begibt/soͤlchs abziehē von 10/addir allweg 1 zu der nagst gegen der lincken handt nachvolgenden vntern figur.* [1; A 5^r]. In der Neuzeit ist es von **Lagrange** in seinen Elementarvorlesungen (1794) wieder aufgenommen worden.

Nach dieser Methode verfahren u.a.
The Crafte of Nombrynge (c. 1300) [Steele; 12], die Treviso-Arithmetik [D.E. Smith 5; 321], das Bamberger Rechenbuch von 1483 [7^r], **Widman** [8^r], **Grammateus** [1; A 7^r], **Adam Ries** [3; B 2^v], **Apian** [B 1^v] mit Punkt beim Subtrahenden, **Tartaglia** [1; **1**, 15^v], **Trenchant** [1; 30], **Buteo** [19] sagt, daß diese Methode zwar dunkler erschiene als die andere, daß sie aber, wenn man sie einmal verstanden habe, jene an Leichtigkeit übertreffe. In der Arithmetik von 1715 von **Jacob Kresa** wird sie mit den Worten *Pro parvulis et fatigata phantasia* eingeführt [15].

Anordnung

Im Bakhshālī-Manuskript [28] stehen Minuend und Subtrahend nebeneinander, manchmal durch Striche getrennt oder in Kästchen eingerahmt. Auf die Reihenfolge wird nicht geachtet; es wird stets die kleinere Zahl von der größeren abgezogen.

Beispiele:

| 5 | | 3 | *rahitaṁ jātaṁ* | 2 |
⟨abgetrennt, geworden 2⟩

6 | 3 *śuddhi* | 3 |
⟨Reinigung, ergibt 3⟩

| 3 | | 7 | *viśoddhya* | 4 |
⟨durch Reinigung entfernt, gibt 4⟩.

Auf dem Staubbrett wird der Subtrahend unter den Minuenden geschrieben, der Minuend durch Löschen und Ersetzen in das Ergebnis verwandelt (s. **Kūšyār ibn Labbān** S. 194).

Beim schriftlichen Rechnen schreibt man dann zunächst das Ergebnis über den Minuenden, oft wird es durch einen Strich abgetrennt, z.B. bei **Maximos Planudes** (s. S. 196), **Leonardo von Pisa** [1; **1**, 22]. **Al-Kāšī** setzt den Subtrahenden über den Minuenden, das Ergebnis steht bei ihm unten, z.B. [16 f.]:

Subtrahend	7026
Minuend	985792
Rest	978766

Bei **Abraham ben Ezra** [29] und bei **Levi ben Gerson** [62] finden wir dann die Anordnung:

Minuend
Subtrahend
―――――――
Ergebnis

Zwischen den gegebenen Zahlen und dem Ergebnis steht ein Trennungsstrich, der sich dann einbürgert. In dieser Form erscheint die Subtraktion in den gedruckten Rechenbüchern, so z.B. in der Treviso-Arithmetik [11^{r}], bei **Borghi** [25^{r}], bei **Prosdocimo de Beldomandi** [1; 5^{r}], **Pellos** [7^{r}] usw.

Fachwörter

Subtrahieren und Subtraktion

Als Bezeichnungen für die Operation und den Rest als Ergebnis genügten zunächst Wörter der Umgangssprache, z.B. verringern, übrig bleiben, vor allem aber Ausdrücke, die vom Rechnen mit Objekten (Rechensteinen u. dgl.) hergenommen wurden wie wegheben, wegnehmen, wegziehen, hinauswerfen. Termini für den Subtrahenden und den Minuenden treten erst spät auf.

Statt des Symbols „–" werden Wörter wie *ἀπό* (von), *de* (von), *sine* (ohne), *weniger*, (mhd. *minner*) *minus* u. dgl. verwendet. Im einzelnen sind für die verschiedenen Kulturkreise die folgenden Fachwörter zu nennen:

Babylonier

sumerisch:	akkadisch:	
zi	*nasāẖu*	herausreißen, entfernen, verausgaben;
dirig	*utāru*	überschüssig, mehr sein, Differenz, Überschuß;
tag$_4$	*šapiltu*	Unterschied, Differenz, Rest;
lal	*maṭū*	abziehen, geringer werden;
	reẖi	spalten, übrig lassen, Rest;
kud	*ẖasābu*	zerschlagen, verkürzen, abbrechen [MKT; **1**, 294 f.].

Ägypter

Das Subtrahieren ist im allgemeinen im Ägyptischen ein *Abbrechen*: *ḫbỉ* [Papyrus Rhind; Probl. 41] oder, als Addition umschrieben, ein *Ergänzen*: *śkm* [Papyrus Rhind; Probl. 7]. Das Übrigbleiben wird durch *wḏ3t* oder *ḏ3t* ausgedrückt [Papyrus Rhind; Probl. 28], das *gesund sein, heil sein* bedeutet. Vergleichbar zur Addition steht an einer Stelle im Papyrus Rhind für subtrahieren △ *prỉ*, *herausgehen* [Probl. 28], s.S. 191).

Die gemeinsame Differenz bei Reihen heißt *twnw* [Pap. Rhind; Probl. 40, 64].

Im Demotischen wird *ḫbỉ* durch *š*^{c}*t*, abschneiden, ersetzt, das mit verschiedenen Präpositionen verwendet wird: *ẖn, ḥr, n,* die alle *von*, *weg* bedeuten. Im Demotischen heißt der Rest *sp* [Parker; 7], anstelle des im Papyrus Rhind verwendeten *ḏ3t* [1; 135].

Griechen

Subtraktion

ἀφαίρεσις das Ab- oder Wegziehen: **Heron** [**4**, 174]; **Nikomachos** [1; 117 = II, 20, 1]; **Diophant** [1; **1**, 14]; **Maximos Planudes** [1; 5].
ὑφαίρεσις **Heron** [**5**, 74].
ἐλάττωσις Verkleinerung: **Diophant** [1; **1**, 178 = III, 16].
ἐκβολή hinauswerfen: **Maximos Planudes** [1; 5].

Subtrahieren

αἵρειν aufheben: **Heron** [**4**, 288]; **Diophant** [1; **1**, 232 = IV, 20].
ἀφαιρεῖν wegnehmen: **Euklid** [El. 7, 7], **Archimedes** [1; **1**, 80]; **Heron** [**4**, 288, 374]; **Nikomachos** [1; 34 = I, 13, 11]; **Diophant** [1; **1**, 14]; **Pappos** [1; 78]; **Maximos Planudes** [1; 5].
ὑφαιρεῖν **Heron** [**4**, 214]; **Diophant** [1; **1**, 14].
ὑπεξαιρεῖν **Heron** [**4**, 84].
λαμβάνειν nehmen: **Heron** [4, 216].
ἀπολαμβάνειν **Pappos** [1; 264, 276].
ἐκβάλλειν herauswerfen: **Heron** [**4**, 332].
παρεκβάλλειν neben-herauswerfen: **Heron** [**4**, 250].

Rest lassen, Rest bleiben

λείπειν lassen, übrig lassen: **Euklid** [El. 7, 2]; **Archimedes** [1; **1**, 234]; **Nikomachos** [1; 35 = I, 13, 12]; **Diophant** [1; **1**, 120 = II, 25]; **Pappos** [1; 2].
ἐλλείπειν **Nikomachos** [1; 38 = I, 15, 1 und 44 = I, 17, 3]; **Diophant** [1; **1**, 114 = II, 19]; **Pappos** [1; 748].
ἀπολείπειν **Nikomachos** [1; 35 = I, 13, 12]; **Pappos** [1; 316].
καταλείπειν **Archimedes** [1; **1**, 336]; **Heron** [**5**, 46]; **Nikomachos** [1; 35 = I, 13, 13]; **Diophant** [1; **1**, 120, 178 = II, 25; III, 16]; **Pappos** [1; 8].
περιλείπειν **Pappos** [1; 28].
καταλιμπάνεσθαι **Diophant** [1; **1**, 274 = IV, 23]; **Maximos Planudes** [1; 5].

Sich unterscheiden um

διαφέρειν **Nikomachos** [1; 20 = I, 9, 4].

Übertreffen, überschüssig sein

ὑπερέχειν **Archimedes** [1; **1**, 234]; **Nikomachos** [1; 44 = I, 17, 3]; **Diophant** [1; **1**, 20 = I, 4]; **Pappos** [1; 72].
ὑπερφέρειν **Nikomachos** [1; 20 = I, 9, 4].

Rest

λοιπός **Euklid** [El. 7, 7]; **Archimedes** [1; **2**, 138]; **Heron** [**4**, 250]; **Nikomachos** [1; 35 = I, 13, 12]; **Diophant** [1; **1**, 16, 322 = I, 1; V, 6]; **Pappos** [1; 40].
περίλειμμα **Archimedes** [1; **1**, 80].

Differenz

διαφορά **Heron** [**4**, 44]; **Nikomachos** [1; 52 = I, 19, 12]; **Diophant** [1; **1**, 322 = V, 6]; **Pappos** [1; 42].

ἔλλειψις **Nikomachos** [1; 138 = II, 27, 4]; **Diophant** [1; **1**, 14]; **Pappos** [1; 968].

Überschuß

ὑπεροχή **Archimedes** [1; **1**, 234]; **Heron** [**5**, 194]; **Nikomachos** [1; 138 = II, 27, 4]; **Diophant** [1; **1**, 4]; **Pappos** [1; 72, 78].

Römer

Die älteste Bezeichnung scheint *deducere* = wegziehen, herabziehen zu sein. Sie findet sich in einem der sog. Lizinisch-Sextischen Gesetze (367 v.Chr.) [M. Schmidt; 145]. Ebenfalls mit der Präposition *de* (weg, herab) sind gebildet: *demere* und *deminuere* bei **Boetius** [38].

Boetius verwendet ferner die Worte [38 f.]: *minuere, auferre, detrahere.*

Das Verbum *subtrahere* = *unten (leise, heimlich) fortziehen* tritt in der Bedeutung von *subtrahieren* erst bei **Frontinus** [M. Schmidt; 254] und bei **Boetius** in der *Musik* [232] auf.

Die Substantive *subtractio* und *deminutio* kommen ebenfalls bei **Boetius** vor [38 f.], ebenso die Ausdrücke *remanere* = übrig bleiben; *relinquere* = übrig lassen; *superesse* = übertreffen.

Der *Rest* heißt im allgemeinen *quod relinquitur* (z.B. bei **Boetius** [232]) und *summa reliqui* (bei **Cicero**, zit. nach [M. Schmidt; 189]).

Bei den Chinesen ist das Subtrahieren ein Wegnehmen, Wegtun *(ch'u)* oder eiṅ Vermindern *(chien)*; der Rest *(yü)* ist *das gegenüber dem anderen Größere* [Chiu Chang Suan Shu 3; 110]. Differenz heißt auch *ch'a* [Libbrecht; 475].

Die Inder benützen die Partikel *vi* = auseinander als Präfix im Sinne von *minus* [Elfering; 196].

Die Subtraktion heißt:
apacaya: **Āryabhaṭa I** [Gaṇ. 4];
vyavakalita (hauptsächlich bei Reihen): **Śrīdhara** [4; 6]; **Bhāskara II** [1; 5];
apavāha: **Bhāskara II** [1; 15].

Subtrahieren:
śudh- = reinigen: **Āryabhaṭa I** [Gaṇ. 4]; **Brahmagupta** [2; Kap. 18, Vers 31]. Hiervon wird auch die Kausativform (= veranlassen, daß . . .) verwendet;
vi-śodhaya: **Āryabhaṭa I** [Gaṇ. 23].

Subtrahiert:
hīna: **Āryabhaṭa I** [Gaṇ. 24].

Minuend:
sarvadhana = das Totale: **Āryabhaṭa II** (zit. nach [DS; **1**, 132]);
viyojya: [DS; **1**, 132].

Subtrahend:
viyojaka: [DS; **1**, 132].

Rest:
śeṣa: **Āryabhaṭa I** [Gaṇ. 12]; **Āryabhaṭa II** [DS; **1**, 132];
vi-śeṣa: **Āryabhaṭa I** [Gaṇ. 15].

Differenz:
antara = zwischen: **Āryabhaṭa I** [Gaṇ. 24]; **Brahmagupta** [2; Kap. 18, Vers 30].

Bei den Arabern heißt „weniger": *illā,* so bei **al-Ḫwārizmī** [5; 189], **al-Kāšī** [Luckey 2; 31].

Subtraktion, subtrahieren:
ṭarḥ = wegwerfen: **al-Bannā'** [2; 49], vgl. *Tara* (S. 532);
nuqṣān = weniger machen: **al-Uqlīdisī; Abū Manṣūr** [Uqlīdisī 2; 374];
tafrīq = trennen, teilen: **al-Uqlīdisī; Abū Manṣūr** [Uqlīdisī 2; 374]; **Bahā' al-Dīn** [7];
isqāṭ = weglassen: **al-Uqlīdisī** [Uqlīdisī 2; 374];
alaqa = herauswerfen: **Kūšyār ibn Labbān** [9].

Minuend:
al-manqūṣ minhu = das wovon abgezogen ist: **al-Uqlīdisī** [2; 374].

Subtrahend:
al-manqūṣ = das Abgezogene: **al-Uqlīdisī** [2; 374].

Rest:
al-bāqī = das Bleibende: **Kūšyār ibn Labbān** [9];
al-baqiyya: **al-Uqlīdisī** [2; 374].

Differenz:
al-faḍl, al-fāḍil: **al-Uqlīdisī** [2; 374];
iḫtilaf: **Kūšyār ibn Labbān** [107].

Das Abendland übernimmt die Fachausdrücke meist von **Boetius**. Es kommen vor:

subtractio bei **Gemma Frisius** [14] und **Sacrobosco** [4];
subductio bei **Gemma Frisius** [14];
diminutio in einem Algorismus aus dem 12. Jahrhundert [Curtze 5; 20];
subtrahere bei **Abbo von Fleury** [Gerbert 2; 199]; **Jordanus Nemorarius** [Eneström 8; 47]; **Sacrobosco** [4];
extrahere bei **Leonardo von Pisa** [1; **1**, 22];
subducere bei **Gemma Frisius** [14];
auferre bei **Gemma Frisius** [14] und in einem Algorismus aus dem 12. Jahrhundert [Curtze 5; 20];
minuere in einem Algorismus [Curtze 5; 23].

Durch den weitverbreiteten Algorismus des **Johannes de Sacrobosco** wird das Wort *subtrahere* vorherrschend; es wird in der Mitte des 15. Jahrhunderts in die deutsche Sprache als Fremdwort *subtrahieren* übernommen [Curtze 1; 40].

Das deutsche Wort *abziehen* erscheint (in der Schreibweise *abezyhen*) in der *Geometria Culmensis* [Mendthal; 42], dann im Bamberger Rechenbuch (1483) [7r] *(subtrahiren, das heist abziehen)*, desgleichen bei **Widman** [8r], der auch *das Subtrahirn oder Abnehmen* schreibt [2v]. **Böschensteyn** gebraucht die Ausdrücke *Abzyehung, Abnemung, Abtragung* [A 3r]. **Andreas Reyher** unterscheidet *einfältiges Abziehen* (= Subtrahieren) und *vielfältiges Abziehen* (= Dividieren) [12].

In England, Holland und Frankreich kommt auch die Schreibweise *substractio, substrahere* vor [D. E. Smith 6; 2, 95] bei **Stevin** *soubstraire* [2a; 82] = [1; 553].

Weitere Fachausdrücke:
cavare: Columbia-Algorismus [40r], [Vogel 24; 26], Treviso-Arithmetik [9v], **Luca Pacioli** [a; 24r];
abattere: Columbia-Algorismus [4v und öfter], [Vogel 24; 26], **Luca Pacioli** [a; 24r];
subtractione, abatimento: **Luca Pacioli** [a; 23v];
suttrattione, sottrare: **Cataneo** [4r];
levar aut sostraire una summa de una autra summa: **Pellos** [6v];
Sustraction est lever et oster ung nombre dun autre: Livre de Getz [a 7v];
soustraire est lever ou oster ung nombre mineur dung autre maieur: **Chuquet** [1; 595]; **La Roche** [8r];
Subtraction oder *rebatynge, I rebate* (oder *subtracte* oder *deducte*) *6 out of 8*: **Recorde** [1; E 2v ff.]; *rebate* = Ermäßigung, Abzug, Rabatt.

Minuend

numerus de quo minuimus oder *minuendus:* **Johannes Hispalensis** [33 f.];
numerus, a quo debet fieri subtractio: **Sacrobosco** [4];
Dal qual si cava: **Luca Pacioli** [a; 24r];
numerus ex quo subducitur: **Gemma Frisius** [16];
numerus integer oder *superior:* **Pescheck** [1; 36];
numerus superior = obere Summe = obere Post: **Pescheck** [2; 76 f.];
numerus minuendus oder *quantitas minuenda* oder *Totum:* **Wallis** [3; 67].

Subtrahend

minuens: **Johannes Hispalensis** [32];
numerus subtrahendus: **Sacrobosco** [4];
Quel che si cava: **Luca Pacioli** [a; 24r];
subducendus: **Gemma Frisius** [16];
numerus inferior oder *subtrahendus:* **Pescheck** [1; 36];
numerus inferior = untere Summe = untere Post: **Pescheck** [2; 76 f.];
Minutor oder *quantitas minuens*, oder *Ablatum:* **Wallis** [3; 67].

Noch im Lexikon von **Wolff** stehen die Ausdrücke *numerus minuendus* und *numerus subtrahendus vel subducendus* unter dem Stichwort *numerus*. In **Klügels** Wörterbuch sind *Minuendus* [2; **3**, 632] und *Subtrahendus* [2; **4**, 556] ohne den Zusatz *numerus* aufgeführt.

Differenz

Das Wort *differentia* hat früher verschiedene Bedeutungen:

1. die „Stelle" in einer Zahl (s. S. 21) [Curtze 5; 18];
2. die verschiedenen Fälle eines Aufgabentyps (**Leonardo von Pisa** [1; **1**, 143 ff.], **Stevin** [1; 596 und öfter] = [2a; 286]);
3. die heute übliche Bedeutung: **Leonardo von Pisa** [1; **1**, 416, 419 und öfter], **Jordanus Nemorarius** [2; 6].

Als Fremdwort im Deutschen steht *differentz* bei **Grammateus** [1; A 4^v] und **Rudolff** [1; A 6^r], usw.

Andere Ausdrücke sind: *excessus:* **Sacrobosco** [4]; *excesso:* **Luca Pacioli** [a; 23^v].

Rest

Für *Rest* wird im mittelalterlichen Latein statt des klassischen *reliquum* seit **Gerbert** *residuum* üblich [2; 161], so z.B. bei **Leonardo von Pisa** [1; **1**, 22]. Unser Wort *Rest* kommt aus dem Italienischen. **Borghi** sagt *restare* für übrig bleiben. In kaufmännischen Rechnungsbüchern hatte sich der Vermerk *pro resto* eingebürgert [Schirmer 2; 63]. In der Treviso-Arithmetik heißt es *lo resto* [9^v], bei **Luca Pacioli** *el resto* [a; 23^v], bei **Chuquet** [1; 595] und **La Roche** [8^r] *la reste*, bei **Pellos** *resta* [7^v]. **Apian** sagt 1527: *dem latein nach wirt in diesem Buch das vberige genandt das resto* [B 1^r], sonst heißt es bei ihm auch *das rest*, z.B. [O 5^v], ebenso bei **Christoph Rudolff** 1525 [1; A 6^r und öfter]. 1538 wird im Rechenbuch von **Eysenhut** die maskuline Form *der Rest* gebraucht (nach [Schirmer 2; 63]). **Recorde** benützt *remainer* [1; E 3^r], **Wallis** *residuum* [3; 67].

Borgen einer Einheit heißt:

mutuare	**Sacrobosco** [4]; **Clavius** [2; 28];
leyhen	Bamberger Rechenbuch von 1483 [7^r];
entlehnen	Bamberger Rechenbuch von 1483 [8^v];
prestare	**Borghi** [25^r]; **Luca Pacioli** [a; 24^v];
emprunter	**Chuquet** [1; 595]; **La Roche** [8^r]; *Livre de Getz* [b 8^r];
leihen	**Widman** [8^r];
entleichen	**Gehrl** [9];
entlehnen	**Neudörffer** [C 1^r];
borgen	**Joh. Ulr. Müller** [5 ff.]; **Wolff** [1; 55].

Die Operationssymbole + und –

Die im Papyrus Rhind verwendeten Schriftzeichen _Δ und Δ_ sehen wie Symbole aus, sie sind aber nur die Hieroglyphen für die entsprechenden Wörter herein- und herausgehen [1; 63]. In alter Zeit wird die Addition oft durch einfaches Nebeneinanderschreiben ohne Operationszeichen wiedergegeben. Für die Subtraktion ist eher ein Symbol nötig. Zum babylonischen *lal* s. S.144. **Diophant** schreibt: *Das Zeichen der Subtraktion ist ein verkürztes und umgekehrtes Ψ, nämlich* ⋔ [1; **1**, 12]. **Heath** vermutet jedoch, daß es eine Ligatur aus ΛI, den Anfangsbuchstaben des Stammes λιπ von λεῖψις ist [2; **2**, 459].

Bei den Chinesen ersetzen die Benennungen *chêng* = positiv, *fu* = negativ, die Operationssymbole [Chiu Chang Suan Shu 3; 106], [Libbrecht; 70]. Bei **Li Yeh** wird eine abzuziehende Zahl dadurch bezeichnet, daß eine (die letzte) ihrer Ziffern durchstrichen wird (s. S. 432) [Mikami; 82], [N; **3**, 45, 133].

Im Bakhshālī-Manuskript wird eine negative oder abzuziehende Zahl durch ein nachgesetztes + bezeichnet, z.B. [26, 28]:

$$\begin{matrix} 4 & 1 \\ 1 & 1 \\ 2 & 4^{+} \end{matrix} \quad \text{bedeutet } (4+\tfrac{1}{2})(1-\tfrac{1}{4}).$$

(Für die Bruchdarstellung s. S. 107 f.). In anderen Sanskrit-Handschriften steht statt dessen ein Punkt vor oder über der Zahl (s. S. 146).

In einem lateinischen Manuskript der astronomischen Tafeln von **al-Ḫwārizmī** [7; 185] wird eine positive Korrektur durch drei Punkte, eine negative Korrektur durch einen Punkt bezeichnet, z.B.

∴ı ·vıı
ıj xlıx xxıx
2 + 1 49 29 – 7

Im Abendland erscheint einmalig eine Bezeichnung abzuziehender und zuzuzählender Terme in einer Gleichung durch daruntergesetzte Punkte bzw. Striche in dem Manuskript Lyell 52 [Kaunzner 9; 11], vgl. S. 377.

Während in französischen und italienischen Werken die Abkürzungen p bzw. p̃ und m bzw. m̃ in Gebrauch blieben, entstanden die heute üblichen Symbole im 15. Jahrhundert in Deutschland. Die übliche lateinische Ligatur für *et* hat in den aus den Jahren 1449–1464 stammenden Handschriften des Algorismus Ratisbonensis sowie in dem Regensburger Bibliothekskatalog von **Menger** (1502) Formen, die ganz wie unser Pluszeichen aussehen [Vogel 11; Tafel VI f.]. Die lateinische Wortabkürzung für *minus* ist *mi̅9*, **Regiomontan** schreibt 1464 *ı̅9* [3; 291]. Die genauen Formen der Zeichen sind in Abb. 31 wiedergegeben. Läßt man die Buchstaben weg, dann bleibt das Minuszeichen übrig. Eine Dresdener Sammelhandschrift, die das arithmetische und algebraische Wissen der Zeit enthält, und die einst im Besitz von **Widman**, der Randbemerkungen hinzufügte, dann von **Adam Ries** war, bringt interessante Einzelheiten [Kaunzner 1; 113 ff.]. Im Kapitel *De additis et diminutis* (es handelt sich um Rechnen mit Binomen) gibt eine Stelle den ersten Hinweis, wie das Minuszeichen entstanden sein könnte. Auf der Zeile 22 von fol. 288^{r} des Cod. Dresden C 80 [Kaunzner 1; 114, Tafel] wurde bei der Differenz 6 x – 2 das m oder m̃ herausradiert und durch den Minusstrich ersetzt und zwar, wie die Tinte zeigt, durch **Widman** selbst; dies wiederholt sich, dann wechselt das durchgestrichene m oder m̃ mit dem einfachen Minusstrich ab und schließlich wird nur noch das Minuszeichen – verwendet [Kaunzner 1; 21]. Auch das Zeichen + steht hier in den Randnotizen von **Widman** deutlich da.

Plus	Minus	
7	m̄	Columbia-Algorismus, 14. Jh., [Vogel 24; 11]
7 z +	mīg mīg	Algorismus Ratisbonensis, ca. 1450
	l̄g	Regiomontan (zwischen 1463 und 1471)
	m̄q	Blockbuch, ca. 1475 [7ᵛ]
+	— —	Codex Dresden C 80, 1481
+	—	Widman 1489 (Druck)
+ + +		= et, als „und" im Text des Katalogs von Menger 1502

Abbildung 31. Entstehung des + und des – Zeichens, nach [AR; Tafel VII].

Die Dresdener Handschrift enthält auch neben einer deutschen Algebra von 1481 (fol. 368ʳ–378ᵛ: *Meysterliche Kunst*) eine von **Wappler** edierte lateinische Algebra [Wappler 1]; dieser Text wurde wieder von **Widman** durch Randbemerkungen ergänzt, er bildet offenbar die Grundlage seiner Algebra-Vorlesung in Leipzig vom Jahre 1486, wie es der Vergleich mit einer Vorlesungsnachschrift in der Leipziger Handschrift Nr. 1470 ergibt [Kaunzner 1; 1]. Während in der lateinischen Algebra die Zeichen + und – durchgehend verwendet werden, heißt es in der deutschen Algebra in der Regel *mer* (bzw. *vnd*) und *minner*, doch kommt auch hier das Zeichen „–" vor, und zwar sowohl als Operationszeichen wie als algebraisches Vorzeichenwort. So wird in der Aufgabe $(3x^2 + 5x) \cdot (2x^2 - 4x)$, was als *3 ʒ vnd 5* r *stund 2 ʒ – 4* r dasteht, das Produkt $(-4x \cdot 3x^2)$ wiedergegeben als *4* r . *Das ist – stund 3 ʒ macht 12 chu –* [Cod. Dresden C 80; 368ᵛ].

In **Widmans** Rechenbuch von 1489 erscheinen die beiden Zeichen + und – erstmals im Druck; aber noch in der Auflage von 1508 verwendet er wahlweise *vnd* und das Zeichen +. Z.B. steht auf fol. 59ʳ die Preisangabe 9 *fl* $\frac{1}{3}$ *vn̄* $\frac{1}{4}$ + $\frac{1}{5}$ *eins fl.* Das Pluszeichen erscheint sogar da, wo keine Addition vorliegt, nämlich statt „und" in *Regula Augmenti + decrementi* [75ᵛ]. **Widman** erklärt auch: *was – ist/das ist minus . . . vnd das + das ist mer* [59ᵛ].

Die neuen Symbole werden in den Rechenbüchern des 16. Jahrhunderts zunächst für die Bezeichnung des Überschusses und des Fehlbetrags beim doppelten falschen Ansatz benutzt, so bei **Grammateus** [1; E 3ʳ] und **Ries** [3; 58ʳ], während **Buteo** [111 ff.] und **Clavius** [2; 233 ff.] *P* und *M* benutzen. Das sind hier noch keine Operationszeichen; solche braucht man hauptsächlich in der Algebra. **Buteo** schreibt auch hier *P* und *M*

[112], **Tartaglia** *piu* oder ꝑ, *men* oder *mẽ* oder *m̃* [1; 2, 83^{r} ff.], **Cardano** *p̃.*, *m̃.*, [3; 223], **Bombelli** *p.*, *m.* [1; 212]. Dagegen werden in einer Wiener Handschrift (16. Jh.) die Zeichen + und – ausgiebig benutzt, es wird sogar die Multiplikationsregel für Binome in die Form gefaßt [Cod. Vindob. 5277; 2^{r}]:

+ per + vel – per – surgit +
+ per – vel – per + crescit – .

Etwa zur gleichen Zeit schreibt **Initius Algebras**: *Dann so einem zeichen wird zugesatzt das zeichen +, bedeut, das sie ist quantitas addita; wird aber dem signo zugeschrieben das zeichen –, bedeut, das es ist quantitas diminuta* [500]. Auch **Grammateus** [1; E 7^{r}] und **Ries** [1; 35 ff.] benutzen die Zeichen + und – in der Algebra, ebenso **Rudolff** [1; D 3^{v} und öfter], **Stifel** [1; 110^{r}], [2; 22^{v}], **Scheybl** [2; 34], **Recorde** [2; X 1^{r}], **Ramus** [3; 138, 269]. Bei **Gehrl** [115] haben sie die Form ✠, ÷. **Clavius**, der 1585, allerdings beim doppelten falschen Ansatz, die Buchstaben *P, M* verwendet, schreibt 1608 [4; 15]: *Plerique auctores pro signo + ponunt literam P, vt significet plus: pro signo vero – ponunt literam M, vt significet minus. Sed placet nobis vti nostris signis, vt à literis distinguantur, ne confusio oriatur.*

Stevin erläutert [2a; 40 f.], daß die mit den Worten *plus et moins* beschriebenen Operationen so oft vorkommen, daß man der Kürze halber die bequemeren Zeichen + und – benutzt.

Viète führt in der *Isagoge* (1591) außer + und – noch das Zeichen = ein, das er *minus incerto* nennt [3; 5^{v}]; A = B bedeutet, daß die kleinere der beiden Größen von der größeren abgezogen werden soll, also in unserer Schreibweise $|A - B|$. In der von **Viète** in dieser Schrift entwickelten Buchstabenrechnung weiß man ja nicht, ob A oder B größer ist.

Oughtred schreibt dafür A″B [2; 2]. **Leibniz** hat das Zeichen =, das er **van Schooten** zuschreibt, als *contre les regles de la caracteristique* kritisiert [4; 99]. Übrigens sind in den Erstdrucken der einzelnen Werke von **Viète** die Worte *plus* und *minus* noch oft ausgeschrieben; in der Ausgabe von **van Schooten** (1646) sind durchgängig die Symbole +, – verwendet.

2.2.3.3 Multiplikation

Definitionen

Euklid definiert [El. 7, Def. 15]: *Man sagt, daß eine Zahl eine Zahl vervielfältige, wenn die zu vervielfältigende so oft zusammengesetzt wird, wieviel Einheiten jene enthält, und so eine Zahl entsteht.* In ähnlicher Weise wird die Multiplikation fast überall erklärt, bei den Indern in Kommentaren z.B. von **Bhāskara I** zum *Āryabhaṭīya* [DS; **1**, 134], in Kommentaren zu *Bījagaṇita* [Bhāskara II, 3; 133], bei den Arabern z.B. bei **al-Karaǧī** [1; **1**, 4 f.] und **al-Bannā'** [2; 54]. Bei **Sacrobosco** lautet sie so [9]: *Multiplicatio est numeri propositis duobus numeris tertii inventio, qui totiens continet alterum illorum, quot unitates sunt in reliquo.* Die Formulierung in **Wolff**s Lexikon liest sich wie eine wörtliche Übersetzung davon [3; Sp. 922 f.]: *Multiplicatio, das Multipliciren oder die Ver-*

vielfältigung, Ist die Erfindung einer Zahl aus zwey gegebenen, in welcher eine von den gegebenen so vielmahl enthalten ist als 1 in der anderen.

Bei **al-Karağī** steht außerdem noch: *dies ist die Definition derjenigen, welche eine Teilung der Einheit nicht annehmen. Diejenigen aber, welche diese annehmen, sagen, daß die Multiplikation die Aufsuchung einer Zahl sei, zu der sich der eine der Factoren verhält, wie die Eins zum anderen.* [1; **1**, 4 f.]. **Al-Karağī** bemerkt also, daß **Euklid**s Definition nur dann brauchbar ist, wenn mindestens einer der Faktoren eine ganze Zahl ist; seine zweite Definition gilt für beliebige Größen, u.a. auch für irrationale Zahlen.

Nun hat man seit **Euklid** rationale und irrationale Zahlen durch Strecken dargestellt. Als Produkt zweier Strecken erhält man dann eine Fläche (Rechteck), als Produkt einer Fläche mit einer Strecke einen Körper usw. Auf diese Dimensionsbetrachtungen hat **Viète** besonderen Wert gelegt [12; 24 ff.].

Mit Hilfe der Proportion a : 1 = ab : b kann man aber, wenn eine Einheitsstrecke fest gewählt ist, mittels der Konstruktion nach Abbildung 32 als Produkt zweier Strecken wieder eine Strecke erhalten. Das lehrt **Descartes** zu Beginn seiner *Geometrie*. Ist AB = 1, so ist BD · BC = BE.

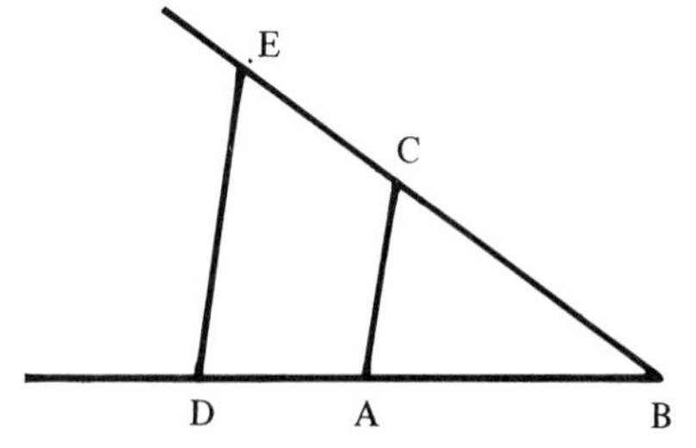

Abbildung 32. Multiplikation und Division von Strecken (nach Descartes).

Verfahren

Bei der ägyptischen hieroglyphischen Zahlenschreibweise ist das Verdoppeln und das Multiplizieren mit 10 besonders einfach. Auf diese beiden Operationen führen die Ägypter alle Multiplikationen zurück.

Beispiele:
Im Zusammenhang mit der Aufgabe 2 : 23 wird im Papyrus Rhind 12 · 23 ausgerechnet:

1	23
/ 10	230
/ 2	46
Ergebnis:	276

(Die Zahlen in den angestrichenen Zeilen werden addiert.) Papyrus Rhind, Probl. 79: 7 · 2801:

/ 1	2801
/ 2	5602
/ 4	11204
Ergebnis:	19607

In einem Positionssystem wird die Multiplikation beliebiger Zahlen auf die Multiplikation einstelliger Zahlen zurückgeführt. Die Produkte der einstelligen Zahlen – das Einmaleins – muß man dann entweder auswendig lernen oder auf Tafeln zur Hand haben.

Derartige Tabellen hat man bei den Babyloniern in großer Zahl gefunden [MKT; **1**, 32–67].

Die „Kopfzahlen", deren Vielfache angegeben werden, sind aber nicht alle Zahlen von 1 bis 59, sondern zunächst die Zahlen 1, ..., 19, 20, 30, 40, 50. Sie genügen, weil das babylonische Zahlensystem so aufgebaut ist, daß 10 Einheiten der ersten Stufe zu einer Einheit der zweiten Stufe zusammengefaßt werden und dann 6 Einheiten der zweiten Stufe zu einer Einheit der nächsthöheren Stufe. Außerdem kommen auch mehrstellige Kopfzahlen vor, und zwar gerade diejenigen, die in den Reziprokentabellen auftreten, also beim Dividieren gebraucht werden (99, 101, 233) [Neugebauer 5; 18 ff.].

Solange die Griechen die Zahlen in der Herodianischen Form, d.h. als Strichsymbole geschrieben haben, konnten sie die Multiplikation vermutlich nur in der Weise der Ägypter (wie im *Charmides*-Scholion angedeutet [Vogel 7; 367]) oder auf dem Rechenbrett ausführen.

In der Buchstabenschreibweise ist eine Zahl gewissermaßen als Summe geschrieben, z.B. 153 = $\overline{\rho\nu\gamma}$ = 100 + 50 + 3. Zwei solche Summen sind dann gliedweise zu multiplizieren. Eine Rechnung von **Eutokios** [Archimedes 1; **3**, 234] sieht so aus:

	$\overline{\rho\nu\gamma}$	153	
ἐπὶ	$\overline{\rho\nu\gamma}$	mal 153	
	$\overset{\alpha}{\mathrm{M}}\ \overline{,\epsilon\tau}$	10 000 + 5 000 + 300	(100 · 153)
	$\overline{,\epsilon}\ \overline{,\beta\varphi}\ \overline{\rho\nu}$	5 000 + 2 500 + 150	(50 · 153)
	$\overline{\tau}\ \overline{\rho\nu\vartheta}$	300 + 159	(3 · 153)
ὁμοῦ	$\overset{\beta}{\mathrm{M}}\ \overline{,\gamma\upsilon\vartheta}$	zusammen 23 409	

Die Umschrift hängt sehr vom Überstreichen ab. Vielleicht wäre $\overset{\alpha}{\mathrm{M}}\ \overline{,\epsilon\tau}$ richtiger als 15 300 zu schreiben. Andererseits könnte statt $\overline{\rho\nu\vartheta}$ = 159 vielleicht $\overline{\rho\nu}\ \overline{\vartheta}$ = 150 + 9 gelesen werden. Es ist also nicht recht ersichtlich, ob **Eutokios** alle neun Einzelsummanden hinschreiben wollte oder einige davon sofort zusammengezogen hat. Man beachte aber, daß die Zahl 15 300 in der griechischen Schreibweise keinerlei Ähnlichkeit mit 153 hat. Ferner sei vermerkt, daß **Eutokios** die Teilprodukte des Multiplikanden mit den einzelnen Summanden des Multiplikators in je einer Zeile für sich angeordnet hat (falls das im Druck richtig wiedergegeben ist).

Hierbei muß man eigentlich das Einmaleins für die 27 Buchstaben-Zahlzeichen für 1, ..., 9, 10, ..., 90, 100, ..., 900 beherrschen. Man kann aber auch, wie **Apollonios** gelehrt hat [Pappos 1; 2 ff.], eine Zahl ⟨z.B. λ = 30⟩ zerlegen in den *Pythmen* ⟨3⟩ (s.S. 18) und die Zehnerpotenz ⟨hier 10^1, die als „Dekade" angesprochen wird⟩, sodann zuerst die Pythmenes mittels des kleinen Einmaleins multiplizieren und dann die entsprechenden Zehnerpotenzen hinzufügen. Im gesprochenen Zahlwort sind der *Pythmen* und die Zehnerpotenz leicht erkennbar.

Eine griechische Einmaleinstabelle ist aus dem 1. Jahrhundert n. Chr. erhalten [D. E. Smith 2], weitere finden sich bei **Nikomachos** [1; 51 = I,19,9], von dem **Boetius** sie übernommen hat [53], und sehr ausführlich bei **Nikolaos Rhabdas** [112].

Methoden, die dem dezimalen Positionssystem angemessen sind, wurden in Indien entwickelt. **Āryabhaṭa I** benutzt diese Zahlendarstellung noch nicht. Er gibt auch keine Regeln für die Ausführung der elementaren Rechenoperationen, wenn man nicht die in Gaṇ. 23 (in Worten) angegebene Formel

$$\frac{(a+b)^2 - (a^2+b^2)}{2} = a \cdot b$$

als eine Multiplikationsregel ansehen will.

Brahmagupta [1; 319] schreibt: Der Multiplikand wird – gleich einem Rinderstrick – so oft wiederholt wie Bestandteile im Multiplikator vorhanden sind, und einzeln mit diesen multipliziert; die Produkte werden addiert.

Ein Rinderstrick ist ein Strick, der an beiden Enden festgemacht ist und so viele Halterungen hat wie Rinder anzubinden sind.

Für die Zerlegung des Multiplikators in Teile gibt es mehrere Möglichkeiten, die **Pṛthūdakasvāmī** am Beispiel 235 · 288 erläutert:

1. Zerlegung in Ziffern:

$$\begin{array}{lccc r}
235 & 2 & & & 470 \\
235 & & 8 & & 1880 \\
235 & & & 8 & \underline{1880} \\
 & & & & 67680
\end{array}$$

2. Zerlegung in Summanden:

$$\begin{array}{lrr}
235 & 9 & 2115 \\
235 & 8 & 1880 \\
235 & 151 & 35485 \\
235 & \underline{120} & \underline{28200} \\
 & 288 & 67680
\end{array}$$

3. Zerlegung in Faktoren:

$$235 \cdot (9 \cdot 8 \cdot 4)\,.$$

Weiter sagt **Brahmagupta** [1; 320]: *Wenn der Multiplikator zu groß oder zu klein ist, ist der Multiplikand mit dem Überschuß oder dem Defekt zu multiplizieren und das zu addieren oder zu subtrahieren.*

Pṛthūdakasvāmī interpretiert: *Wenn fälschlich mit einem zu großen oder zu kleinen Faktor multipliziert wurde. . .*

Seine Beispiele sind:

$$\begin{aligned} 15 \cdot 20 &= 15 \cdot 24 - 15 \cdot 4 \\ &= 15 \cdot 16 + 15 \cdot 4\,. \end{aligned}$$

Die Beispiele von **Bhāskara II** [1; 7]

$$135 \cdot 12 = 135 \cdot (10 + 2) = 135 \cdot (20 - 8)$$

lassen vermuten, daß das Verfahren nicht (nur) zur Korrektur eines Fehlers, sondern zur Vereinfachung benutzt wurde.

Nur die erste dieser Methoden nutzt den Vorteil des dezimalen Positionssystems aus, daß man mit den einzelnen Ziffern multiplizieren kann, wenn man nur die Teilprodukte an die richtige Stelle schreibt. Zu diesem Zweck sind noch weitere Regeln (Methode I–VI) entwickelt worden, die es gestatten, diese Operationen ganz schematisch auszuführen. Diese Methoden werden von den indischen Mathematikern der älteren Zeit zwar mit Fachausdrücken bezeichnet, ihre Beschreibung und Erläuterung durch Beispiele kann aber oft nur aus späteren Kommentaren entnommen werden oder aus arabischen Werken, deren Titel oft schon sagt, daß sie indische Methoden lehren (s. S. 52). Auch die Ψηφοφορία κατ' Ἰνδούς (Das Rechnen nach Art der Inder) des **Maximos Planudes** ist eine wichtige Quelle.

Methode I. Über-Kreuz-Methode, später in italienischen Rechenbüchern *per crocetta* genannt.

Die einzelnen Ziffern werden in derjenigen Reihenfolge multipliziert, in der die Produkte im Endergebnis angeordnet werden müssen, also:

1. Einer mal Einer,
2. Einer mal Zehner + Zehner mal Einer,
3. Einer mal Hunderter + Zehner mal Zehner + Hunderter mal Einer.

Maximos Planudes schildert die Methode an dem Beispiel 432 · 264 [1; 10]. Er schreibt die Rechnung folgendermaßen an:

114048
432 264

Im Text erläutert er sie so:

$$\begin{aligned} 2 \cdot 4 &= \mathbf{8} \\ 2 \cdot 6 + 3 \cdot 4 &= 2\mathbf{4} \\ 2 + 2 \cdot 2 + 4 \cdot 4 + 3 \cdot 6 &= 4\mathbf{0} \\ 4 + 3 \cdot 2 + 4 \cdot 6 &= 3\mathbf{4} \\ 3 + 4 \cdot 2 &= \mathbf{11}. \end{aligned}$$

Die *fettgedruckten* Ziffern sind die des gesuchten Ergebnisses. Der Vorteil der Methode liegt in der Kürze: es steht sofort das Endergebnis da. Allerdings müssen einige Rechnungen im Kopf (oder gesondert als Nebenrechnungen) ausgeführt werden, und es muß die Reihenfolge streng beachtet werden. Das letztere kann man sich durch Striche zwischen den Ziffern erleichtern, wie wir es z.B. bei **Cataneo** [7^r f.] dargestellt finden (wir rechnen mit den Zahlen von **Maximos Planudes**):

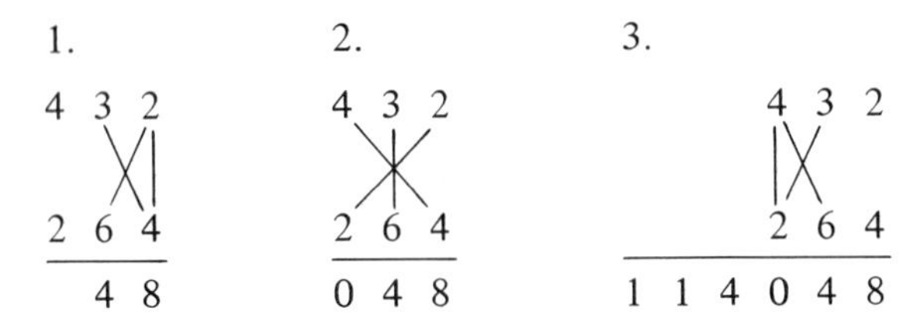

Bei den Indern heißt diese Methode *tatstha*, weil die Faktoren dabei nicht (wie bei der folgenden Methode) verschoben werden, sondern fest stehen bleiben; sie wird erwähnt von **Śrīdhara** [4; 7] und **Śrīpati** [11], erklärt von **Gaṇeśa** im Kommentar zur *Līlāvatī* [Bhāskara II, 1; 6]. Er sagt, daß sie schwierig sei und von dummen Schülern nicht ohne mündliche Unterweisung gelernt werden könne. Spätere Kommentatoren nennen sie *vajra-abhyāsa* = Blitzmultiplikation [Bhāskara II, 3; 171].

Bei den folgenden Methoden wird der Reihe nach jede einzelne Ziffer des Multiplikators mit allen Ziffern des Multiplikanden multipliziert.

Methode II. Staubbrettmethode

a) **Kūšyār ibn Labbān** beschreibt sie im *Kitāb fī uṣūl ḥisāb al-hind* (Buch der Prinzipien des Rechnens der Inder) an dem Beispiel 325 · 243 [52 ff.]. Man schreibt die Zahlen auf dem Staubbrett in der folgenden Anordnung:

```
1.        3 2 5
      2 4 3
```

Zuerst wird 243 mit 3 multipliziert. Man rechnet 3 · 2 = 6 und schreibt die 6 über die 2:

```
2.    6   3 2 5
      2 4 3
```

Die Multiplikation 3 · 4 = 12 ergibt eine 2 über der 4 und das Abändern der 6 in 7:

```
3.    7 2 3 2 5
      2 4 3
```

Beim nächsten Schritt wird die 3 in der oberen Reihe gelöscht, weil die Rechnung mit ihr erledigt ist. An ihre Stelle tritt das Produkt 3 · 3 = 9. Nun wird der Faktor 243 um eine Stelle nach rechts gerückt:

```
4.    7 2 9 2 5
        2 4 3
```

und in der gleichen Weise mit 2 multipliziert; das Ergebnis ist

```
5.    7 7 7 6 5
          2 4 3,
```

wobei wir den Faktor 243 gleich wieder um eine Stelle nach rechts verschoben haben. Die Multiplikation mit 5 führt zu dem Resultat

6.

7	8	9	7	5
		2	4	3.

Den Indern erscheint die Anordnung 1. wie die Verbindung zweier Türen. Die Methode heißt deshalb bei ihnen *kapāṭa-sandhi* = Türverbindung. Sie wird von **Śrīdhara** [2; 208], [4; 7], **Śrīpati** [LI] usw. erklärt, siehe [DS; **1**, 136 f.].

b) Wenn man auf Papier mit Tinte rechnet, kann man die Ziffern nicht löschen, sondern nur die neuen darüber schreiben. Die erledigten Ziffern werden zunächst durchgestrichen, jedoch erweist sich das Durchstreichen als überflüssig, wenn man bemerkt, daß jeweils nur die oberste Ziffer in einer Spalte gilt. Die einzelnen Phasen des eben behandelten Beispiels sehen dann so aus:

1.

		3	2	5
2	4	3		

2.

6		3	2	5
2	4	3		

3.

7				
~~6~~	2	3	2	5
2	4	3		

4.

	7	7		
7	~~6~~	~~9~~	6	
~~6~~	~~2~~	~~3~~	~~2~~	5
2	4	3	3	3
	2	4	4	
		2		

5.

	8	9		
	7	7	7	
7	6	9	6	5
6	2	3	2	5
2	4	3	3	3
	2	4	4	
		2		

Apian, der diese Methode genau beschreibt [P 1v f.], nennt sie eine *art in form eyner gale* ⟨Galeere⟩ und bemerkt: Sie ist *an* ⟨= ohne⟩ *alle beschwer der gedechtnus zu gebrauchen/dieweil sie nix im synn beheldt/sunder sie addirt allemal eins zu dem andern.*

Wir behalten auch für diese Variante b) den Namen „Staubbrettmethode" bei, weil es eine schematische Übertragung einer offensichtlich für das Staubbrett entwickelten Methode ist. Obwohl auf dem Papier alle berechneten Ziffern sichtbar bleiben, ist die Kontrolle der Rechnung dadurch erschwert, daß die Produkte des Multiplikanden mit den einzelnen Ziffern des Multiplikators nicht einzeln erkennbar sind. Diesen Nachteil vermeidet die folgende Methode.

Methode III. Trennung der Plätze = *sthāna – kaṇḍa*

Bhāskara II beschreibt sie so [1; 7]: *Multipliziere den Multiplikanden* ⟨135⟩ *mit den Ziffern des Multiplikators* ⟨12⟩ *und addiere die Produkte entsprechend der Stelle der Ziffern.* In dieser Erklärung kommt freilich die „Trennung der Plätze" nicht gerade deutlich heraus. Sie zeigt sich aber in den Beispielen der Kommentatoren [a.a.O.]:

12	12	12
1	3	5
12		60
	36	
	1620	

oder

135	135
1	2
	270
135	
1620	

Die Methode war schon früher bekannt. **Pṛthūdakasvāmī** bringt im Kommentar zu **Brahmagupta** die Anordnung:

135	1	135
135	2	270
		1620

(vgl. S. 210).

Man kann auch die Teilprodukte genau untereinander schreiben und diagonal addieren:

	1	3	5	
	1	3	5	1
	2	7	0	2
1	6	2	0	

Diese Form heißt bei **Leonardo von Pisa** Schachbrettmethode *(forma scacheri)* [1; **1**, 19].

Eine Variante davon hat selbständige Bedeutung erlangt:

Methode IV. Netz- oder Gittermethode, später *gelosia*-Methode genannt.

Man zeichnet die Diagonalen ein und hat dann Plätze zur Verfügung, in die man die auftretenden Zehner eintragen kann, so daß man sie nicht im Kopf zur nächsten Ziffer zu addieren braucht:

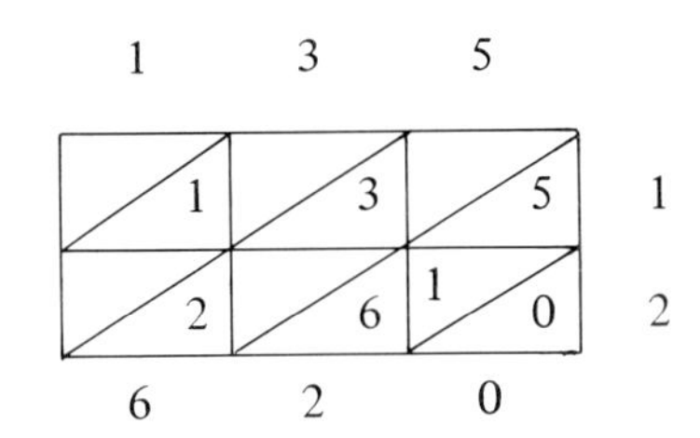

Dieses Beispiel steht im *Līlāvatī*-Kommentar von **Gaṇeśa** [Bhāskara II, 1; 7] [DS; **1**, 145].

Methode V. Zerlegungsmethoden

Wir unterscheiden:

a) Zerlegung des Multiplikators in eine Summe.
b) Zerlegung des Multiplikators in ein Produkt.
c) Wahl eines „falschen" Multiplikators. Dabei wird dieser freilich auch in eine Summe oder eine Differenz zerlegt, jedoch ist die Wahl eines passenden (oder versehentlich eines falschen) Multiplikators der leitende Gedanke.

Alle drei Arten sind bei **Brahmagupta** [1; 319 f.] bzw. **Pṛthūdakasvāmī** und bei **Bhāskara II** [1; 7] aufgeführt (s. S. 210), bei **Śrīdhara** [2; 208] und **Śrīpati** [LI] jedenfalls a) und b).

Die Araber stellen in den bekannten Rechenbüchern die Zahlen entweder in Worten dar, oder durch die Buchstaben des Alphabets (Ǧummal-Zahlen) wie die Griechen, oder mit den indischen Ziffern. Daraus ergeben sich verschiedene Multiplikationsvorschriften.

Al-Karaǧī, der die Zahlen in Worten angibt, beschreibt zunächst [1; **1**, 5] die Multiplikation „einfacher Zahlen", das sind solche, die aus einer einstelligen Zahl multipliziert mit einer Ordnungseinheit, d.h. einer Zehnerpotenz, bestehen. Das sieht ähnlich aus, wie das Rechnen mit den *Pythmenes* bei **Apollonios**, wird aber eben nur auf solche einfachen Zahlen angewandt. Für mehrstellige Zahlen beschreibt **al-Karaǧī** die Multiplikation durch Ausführen aller Produkte wie **Eutokios**.

Ferner gibt er zahlreiche Anweisungen für Vereinfachungen in speziellen Fällen, [1; **1**, 5–7]; z.B.:

$$53 \cdot 48 = (50 + 3) \cdot (50 - 2) = 50 \cdot 50 + 3 \cdot 50 - 2 \cdot 50 - 2 \cdot 3\,.$$

Man kann auch eventuell einen oder beide Faktoren in ein Verhältnis zu einer bequemen Zahl setzen, z.B.:

$$84 \cdot 125 = 84 \cdot \tfrac{1}{8} \cdot 1000 = 10\tfrac{1}{2} \cdot 1000,$$

$$2500 \cdot 750 = 2\tfrac{1}{2} \cdot 1000 \cdot 7\tfrac{1}{2} \cdot 100 = (18\tfrac{1}{2}\tfrac{1}{4}) \cdot 100000.$$

Beides läßt sich kombinieren:

$$123 \cdot 252 = (125 - 2) \cdot 252 = (252 : 8) \cdot 1000 - 2 \cdot 252\,.$$

Das sind nur einige Beispiele. **Abū al-Wafā'** [Uqlīdisī 2; 394–397] lehrt auch dasselbe Verfahren bei **Eutokios** und bringt ähnliche spezielle Regeln, u.a. die folgende: Sei $a \cdot b$ zu berechnen, so setze man mit einer bequemen Zahl p $a = p - a'$, $b = p - b'$; dann ist, wie man leicht bestätigt:

$$a \cdot b = (b - a') \cdot p + a' \cdot b'.$$

Abū al-Wafā' rechnet z.B. $16 \cdot 18$ $(18 - 4) \cdot 20 + 4 \cdot 2 = 288$; aber er berechnet nach demselben Verfahren auch $3 \cdot 5$. Mit $p = 10$ wird dann $b - a' = -2$, $(b - a') \cdot p = -20$. **Abū al-Wafā'** spricht hier von Schulden *(dayn)*. Das ist die einzige bekannte Stelle, an der ein Araber mit negativen Zahlen rechnet.

Al-Karaǧī bringt auch die Regeln

$$a \cdot b = \left(\frac{a+b}{2}\right)^2 - \left(\frac{a-b}{2}\right)^2 \qquad [1; \mathbf{1}, 7],$$

$$a \cdot b = a^2 \cdot \frac{b}{a} \qquad [1; \mathbf{1}, 8],$$

die auch bei **Abū Manṣūr** vorkommen [Uqlīdisī 2; 397].

Die *Ǧummal*-Zahlen wurden hauptsächlich im Sexagesimalsystem benutzt, also hauptsächlich bei trigonometrischen und astronomischen Rechnungen. Die Arten der Multiplikation sind denen im dezimalen Positionssystem analog.

Mit den indischen Ziffern rechnen die Araber auch nach den indischen Methoden. Allerdings haben sie eine große Zahl von Varianten in der Anordnung der Zahlen entwickelt.

Die Methode I (Über-Kreuz-Methode) scheint kaum gebraucht worden zu sein.

Die Methode II a wird in fast allen den Texten gebracht, die indische Methoden lehren. Bei **al-Uqlīdisī** heißt sie *ṭarīq al-naql* (Methode des Verschiebens) [2; 384 f.]. Die Faktoren können auch senkrecht angeschrieben werden, dann heißt die Methode *qā'im* (aufrecht). Das Produkt wird zwischen oder seitlich neben die Faktoren geschrieben. Die Multiplikation von 753 mit 264 geschieht in den folgenden Schritten [Uqlīdisī 2; 127 f.]:

1. 264 · 7

	1	
2	8	7
6	4	5
4	8	3

2. . . . · 5

	(1)	1	
	(8)	9	7
2	(4)	8	5
6	(8)	0	3
4		0	

3. . . . · 3

	(1)	1	
	(9)	9	7
	(8)	8	5
2	(0)	7	3
6	(0)	9	
4		2	

⟨Die eingeklammerten Ziffern stehen nicht mehr da, sondern werden gelöscht (wenn nötig) und durch die neuen ersetzt.⟩

Das Verschieben des einen Faktors nach unten kann man unterlassen, wenn man nur darauf achtet, daß bei jedem folgenden Schritt die Produkte eine Stelle tiefer zu setzen sind als beim vorangegangenen. **Al-Uqlīdisī** nennt das Verfahren dann *al-mušaǧǧar* (Verzweigung). Der Name wird verständlich, wenn man die Multiplikation der einzelnen Ziffern durch Striche angibt (und das Ergebnis nach links schreibt):

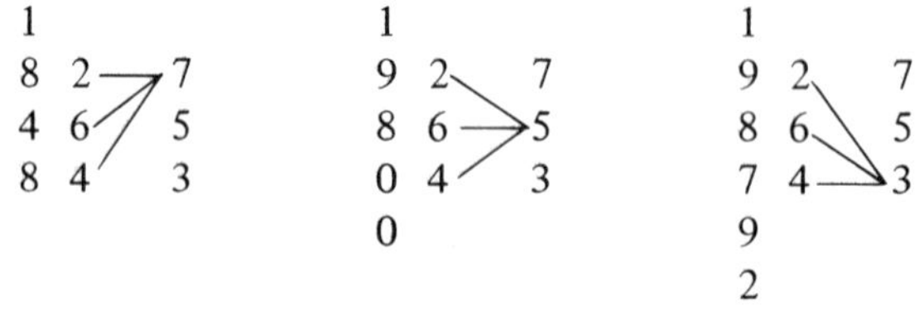

1				1				1		
8	2	7		9	2	7		9	2	7
4	6	5		8	6	5		8	6	5
8	4	3		0	4	3		7	4	3
				0				9		
								2		

[Uqlīdisī 2; 130 ff.].

Anmerkung: Bei der Türverbindungsmethode, wie sie auf S. 212 f. geschildert wurde, wird das Ergebnis in dieselbe Zeile geschrieben wie der Multiplikator. Dann muß die Einerstelle des Multiplikanden unter der höchsten Stelle des Multiplikators stehen, und es muß mit der Multiplikation von links begonnen werden, weil sonst die erste Ziffer des Multiplikators zu früh gelöscht würde. Schreibt man das Ergebnis in eine dritte Reihe, so entfallen diese Bindungen.

Bei der Methode II b überstreicht **al-Uqlīdisī** die erledigten Ziffern statt sie zu durchstreichen [Saidan 2; 213], was uns nach eigenen Versuchen praktisch zu sein scheint.

Auf dem Papier dürfte jedoch die Methode III, die Trennung der Plätze im Laufe der Zeit bevorzugt worden sein, so z.B. bei **al-Kāšī** [Luckey 2; 19 f.].

Tritt bei der Multiplikation zweier einstelliger Zahlen eine zweistellige Zahl auf, so macht das Hinzunehmen der Zehner zur nächsthöheren Stelle Schwierigkeiten, wenn man die Rechnung von links anfängt. **Al-Uqlīdisī** meistert sie, indem er die Zwischenprodukte in *Ǧummal*-Ziffern angibt. Wir deuten das dadurch an, daß wir diese im Dezimalsystem zweistelligen Zahlen in Klammern setzen. Die praktische Wirkung dieser Schreibweise ist mit der *Gelosia*-Methode vergleichbar. [Uqlīdisī 2; 266 f.]:

8023
4638

(32)	(48)	(24)	(64)			
	0	(8)	(12)	(6)	(16)	
			(12)	(18)	(9)	(24)
37	2	1	0	6	7	4

Eine einfache, aber nützliche Bemerkung von **al-Kāšī** sei noch erwähnt: Man schreibe sich zunächst die Vielfachen des Multiplikanden auf ⟨dazu sind nur einfache Additionen nötig⟩ und greife sich die erforderlichen heraus. Um z.B. 2783 mit 456 zu multiplizieren, schreibt man auf:

1		2	7	8	3
2		5	5	6	6
3		8	3	4	9
4	1	1	1	3	2
5	1	3	9	1	5
6	1	6	6	9	8

Dann rechnet man [Uqlīdisī 2; 400]:

1 6 6 9 8	was bei 6 steht
1 3 9 1 5	was bei 5 steht
1 1 1 3 2	was bei 4 steht
1 2 6 9 0 4 8	Ergebnis

Anscheinend haben die Araber gern die Rechnungen in vorgezeichnete „Häuser" eingetragen. **Al-Uqlīdisī** berechnet z.B. 567 · 498 in der folgenden Form:

567
498

20	45	40	⟨498 · 5⟩
24	54	48	⟨498 · 6⟩
28	63	56	⟨498 · 7⟩

Die Ziffern müssen dann diagonal addiert werden; dabei ist zu beachten, daß eine Einheit in einem „Haus" gleich 10 in dem darunterstehenden „Haus" ist [Uqlīdisī 2; 136, 386 f.].

Diese Additionen werden übersichtlicher, wenn man die Diagonalen einträgt:

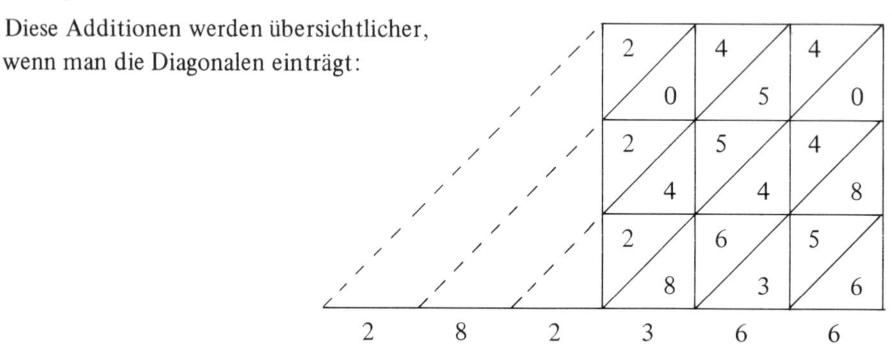

In dieser Form rechnet z.B. **al-Bannā'** [2; 56 f.], **al-Qalaṣādī** [14] und **al-Kāšī** [Luckey 2; 19]. Dieser stellt auch gelegentlich die Diagonalen senkrecht. Bei ihm heißt die Methode *šabaka* = Netz, Gitter, ebenso bei **Bahā' al-Dīn** [12].

Es kommen auch andere Anordnungen vor, bei denen die Ziffern des Multiplikators von unten nach oben geschrieben werden und in anderer Diagonalenrichtung addiert wird.

Diese Netzmethode findet sich auch in byzantinischen Handschriften [Allard 1; 124, 129, 136, 138]. Sie läßt sich auch für Sexagesimalzahlen verwenden, was z.B. **al-Kāšī** getan hat [Luckey 2; 46].

Im Abendland werden zunächst die Multiplikationen von Einern mit Einern, Einern mit Zehnern, Zehnern mit Zehnern usw. ausführlich besprochen, so von **Gerbert** [2; 8 ff.], in der Pseudoboetischen Geometrie [Boetius; 398 f.], von **Johannes de Sacrobosco** [8 f.] und seinem Kommentator **Petrus de Dacia** [53]. Für die Multiplikation beliebiger Zahlen beschreibt **Johannes Hispalensis** die Staubbrettmethode II a [38], ebenso **Johannes de Sacrobosco** [9 f.] und **Petrus de Dacia** [52 ff.]. In der Form IIb wird sie noch von **Widman** [16^r] und **Apian** [P 1^v f.] dargestellt.

Leonardo von Pisa sagt zwar, man solle auf einer Tafel arbeiten, auf der die Buchstaben leicht gelöscht werden können *(in tabula dealbata in qua littere leuiter deleantur)* [1; **1**, 7], beschreibt aber die für das Rechnen auf Papier geeigneten Methoden I [1; **1**, 16 f.] und III [1; **1**, 19]. **Luca Pacioli** bemüht sich um eine möglichst vollständige Aufzählung aller bekannten Arten und Varianten, die alle mit anschaulichen Namen bezeichnet werden. Er zählt auf [a; 25^v–29^r]:

1. die Art, die in Venedig *per scachieri* (Schachbrett) und in Florenz *per bericuocolo* (eine Form von Zuckergebäck) genannt wird (Methode III);
2. *castellucio:* eine Variante von III, bei der freie Stellen durch Nullen aufgefüllt werden;
3. *a colonna overo per tavoletta:* wenn der Multiplikator eine kleine Zahl ist, z.B. 4685 · 13, so kann man jede Ziffer des Multiplikanden gleich mit dem ganzen Multiplikator multiplizieren; man rechnet also 13 · 5, 13 · 8 usw.;

4. *per crocetta sive casella:* die Über-Kreuz-Methode I;
5. *quadrilatero:* ähnlich der Schachbrettmethode;
6. *gelosia sive graticola:* die Netz- oder Gittermethode IV; aus Eifersucht *(gelosia)* werden die Damen hinter Gittern *(graticola)* gesichert;
7. *per repiego* (*piega* = Falte): Zerlegung eines Faktors in ein Produkt;
8. *aschapezzo* (*pezzo* = Stück): Zerlegung eines Faktors in eine Summe. Dabei zitiert **Luca Pacioli Euklid** [El. 2, 1], wo das distributive Gesetz geometrisch bewiesen wird.

Ähnlich ausführlich behandelt **Tartaglia** die verschiedenen Methoden und Varianten; er fügt noch einige weitere Benennungen hinzu, zum Teil ohne Erläuterung [1; **1**, 17^v–27^r].

Methode VI

Vornehmlich in deutschen Rechenbüchern findet man eine Methode (VI) für die Multiplikation einstelliger Zahlen, die (bestenfalls) das Einmaleins für die Zahlen >5 entbehrlich macht; man schreibt die beiden Zahlen untereinander, daneben ihre Differenz von 10:

a	$a' = 10 - a$	z.B.	7	3
b	$b' = 10 - b$		8	2
			5	6

Dann multipliziere man $a' \cdot b'$, schreibe die Einerziffer hin und merke sich die eventuelle Zehnerziffer z. Die Zehnerziffer des Produkts ist dann $z + a - b' = z + b - a'$. Also: $3 \cdot 2 + 10 \cdot (7 - 2) = 56$.

Anmerkung: Es ist $a - b' = a - (10 - b) = b - (10 - a)$.

In Formeln: $a \cdot b = (10 - a)(10 - b) + 10 \cdot (a - b')$. Das ist dieselbe Beziehung, die auch **Abū al-Wafā'** angegeben hat (s. S. 215). Ist $a < b'$, so hat man die Differenz $b' - a$ von z zu subtrahieren. **Ozanam** beschreibt, wie man dieses Rechenverfahren an den Fingern ausführen kann [**1**, 11 f.].

Die folgende Übersicht (Tabelle 22) zeigt, daß die Staubbrettmethode im Abendland sehr bald aufgegeben wurde, auch ihre Übertragung auf Papier (IIb) fand kaum Anklang; dagegen wird die Methode III, die ja auch die unsere ist, in fast allen vorliegenden Werken benutzt. Daneben hält sich eine Zeitlang noch die Über-Kreuzmethode I, auch die Netzmethode IV, die später aber offenbar in Vergessenheit geraten ist, obwohl sie eigentlich recht praktisch ist.

Einmaleins-Tabellen

finden sich in den meisten Rechenbüchern des Abendlandes. Bei **Leonardo von Pisa** haben sie die in Abb. 33 wiedergegebene Form [1; **1**, 6], die wir als „Listenform" bezeichnen wollen. **Leonardos** Tabellen sind hier mit einer Einsundeins-Tabelle verbunden, was sonst meist nicht der Fall ist.

Tabelle 22: Übersicht über die verwendeten Multiplikationsmethoden.

		I	IIa	IIb	III	IV	V	VI
12. Jh.	Johannes Hispalensis		40					
1200	Leonardo von Pisa 1; **1**	16			19			
1230	Sacrobosco		9					
1300	Petrus de Dacia		52					
1410	Prosdocimo de Beldomandi 1 (1483)				11^{r}			
1478	Treviso-Arithmetik	18^{v}			19^{v}	21^{v}		
1483	Bamberger Rechenbuch	10^{v}			11^{r}			
1484	Chuquet				597	598		
1484	Borghi	12^{v}			15^{r}			
1489	Widman (1508)			16^{r}	15^{r}			
1492	Pellos	9^{r}			8^{v}			
1494	Luca Pacioli a	27^{v}			26^{r}	28^{r}	28^{r}	
1501	Livre de getz				C 3^{v}			
1514	Böschensteyn				6^{r}			
1518	Grammateus 1				A 5			A 4^{v}
1526	Rudolff 2 (1550)				a 8^{r}			A 6^{v}
1527	Apian			P 1^{v}	B 5^{r} O 8^{v}	P 2^{r}		B 4^{v}
1533	Ries 2				A 8^{v}			A 8^{r}
1542	Recorde 1				F 7^{v}	G 3^{v}		F 6^{r}
1545	Gemma Frisius				19			17
1546	Stifel 3				9			
1555	Ramus 1				B 1^{v}			
1556	Tartaglia 1; **1**	24^{v}			23^{r}	25^{v}	24^{r} 26^{r}	
1559	Buteo				20			
1585	Clavius 2				42			37

Abbildung 33. Aus Leonardo von Pisa [1; 1, 6] ▷

6

Introductiones in ac ditione (sic) *et multiprichatione numerorum*

2 *et* 2 *fiunt* 4
2 3 5
2 4 6
2 5 7
2 6 8
2 7 9
2 8 10
2 9 11
2 10 12

Ianua ternarii

3 *et* 3 *fiunt* 6
3 4 7
3 5 8
3 6 9
3 7 10
3 8 11
3 9 12
3 10 13

Ianua quaternarii

4 *et* 4 *fiunt* 8
4 5 9
4 6 10
4 7 11
4 8 12
4 9 13
4 10 14

Ianua Quinarii

5 *et* 5 *fiunt* 10
5 6 11
5 7 12
5 8 13
5 9 14
5 10 15

Ianua senarii

6 *et* 6 *fiunt* 12
6 7 13
6 8 14
6 9 15
6 10 16

Ianua sectenarii

7 7 14
7 8 15
7 9 16
7 10 17

8 *et* 8 *fiunt* 16
8 9 17
8 10 18

9 *et* 9 *fiunt* 18
9 10 19

10 *et* 10 *fiunt* 20

20 et 20 fiunt 40
20 30 50
20 40 60
20 50 70
20 60 80
20 70 90
20 80 100
20 90 110

30 *et* 30 *fiunt* 60
30 40 70
30 50 80
30 60 90
30 70 100
30 80 110
30 90 120

40 *et* 40 *fiunt* 80
40 50 90
40 60 100
40 70 110
40 80 120
40 90 130

50 *et* 50 *fiunt* 100
50 60 110
50 70 120
50 80 130
50 90 140

60 *et* 60 *fiunt* 120
60 70 130
60 80 140
60 90 150

70 *et* 70 *fiunt* 140
70 80 150
70 90 160

80 *et* 80 *fiunt* 160
80 90 170

et fiunt
90 90 180

Expliciunt iunctiones

Incipiunt multiplicationes

De binario

2 *uices* 2 *fiunt* 4
2 3 6
2 4 8
2 5 10
2 6 12
2 7 14
2 8 16
2 9 18
2 10 20

De ternario

3 *uices* 3 *fiunt* 9
3 4 12
3 5 15
3 6 18
3 7 21
3 8 24
3 9 27
3 10 30

De quaternario

4 *uices* 4 *fiunt* 16
4 5 20
4 6 24
4 7 28
4 8 32
4 9 36
4 10 40

De Quinario

5 *uices* 5 *fiunt* 5
5 6 30
5 7 35
5 8 40
5 9 45
5 10 50

De senario

6 *uices* 6 *fiunt* 36
6 7 42
6 8 48
6 9 54
6 10 60

De sectenario

7 *uices* 7 *fiunt* 49
7 8 56
7 9 63
7 10 70

De octonario

8 *uices* 8 *fiunt* 64
8 9 72
8 10 80

De nouenario

9 *uices* 9 *fiunt* 81
9 10 90

De decenario

10 *uices* 10 *fiunt* 100
10 20 200

Expliciunt multiplicationes

Oft wird das Einmaleins in Form einer dreieckigen oder quadratischen Form wiedergegeben, so z.B. bei **Widman** [11r] (Abb. 34).

11

gezogen vß hebreischer zungen oder iudischer gleich als vil in sich beschliessen als die taffel im quadrat/welche dann die ander gesetz ist/ als dann hie hernach ietliche an ir selbst form flerlichen beschreiben ist.

1	2							
2	4	3						
3	6	9	4					
4	8	12	16	5				
5	10	15	20	25	6			
6	12	18	24	30	36	7		
7	14	21	28	35	42	49	8	
8	16	24	32	40	48	56	64	9
9	18	27	36	45	54	63	72	81

¶ Lern wol mit fleiß das ein mal ein-
So wirt dir alle rechnung gmein

1	2	3	4	5	6	7	8	9
2	4	6	8	10	12	14	16	18
3	6	9	12	15	18	21	24	27
4	8	12	16	20	24	28	32	36
5	10	15	20	25	30	35	40	45
6	12	18	24	30	36	42	48	54
7	14	21	28	35	42	49	56	63
8	16	24	32	40	48	56	64	72
9	18	27	36	45	54	63	72	81

Abbildung 34. Aus Widman [11r].

Die Listenform findet sich bei **Borghi** [7v f.], **Grammateus** [1; A 3v ff.], **Rudolff** [1; A 5v f.] und [2; a 6r f.] (hier auch für zweistellige Zahlen), **Gehrl** [13 ff.], **Lechner** [27]; die dreieckige Anordnung steht bei **Chuquet** [1; 596], der sie als *le petit liuret de algorisme* bezeichnet, **Widman** (s. Abb. 34), **Apian** [B 4r], **Recorde** [1; F 7r], **Gemma Frisius** [18], **Buteo** [24]; die quadratische Form steht im Bamberger Rechenbuch von 1483 [9r], bei **Widman** (s. Abb. 34), in einem niederländischen Rechenbuch von 1508 [Bockstaele; Fig. 1 bei S. 60], **Stifel** [3; 8], **Clavius** [2; 37], **Schott** [26], **Vega** [**1**, 22]. Hierzu bemerkt **Stifel** [3; 8]: *Dise tafel hat Boetius gesetzt vnd vil dauon speculiret. Es sind eytel progressiones Arithmetice / nach der lenge vnd nach der breyte / das sag ich darumb / das man wisse wie sie gemacht werde.*

Häufig wird die quadratische Tafel *Tabula Pythagorica*, *mensa pythagorica*, *Pythagorischer Rechentisch* oder ähnlich genannt, so bei **Köbel** 1518 [Schirmer 2; 20], **Clavius** [2; 36 f.], **Beyer** [1; 16]; er gebraucht bei einer Multiplikation eine Tafel der Vielfachen des gerade gegebenen Multiplikanden [1; 16, 36], die er *Pythagorica tabella* nennt (vgl. S. 217 al-Kāšī); ferner bei **Schott** [26], **Clausberg** [76], **Lechner** [27], **Peschek** [2; 92 f.], der von *Tabula Cebetis, Mensa Pythagorica, auf Teutsch das Einmahl Eins* spricht, bei **Karsten** [**1**, 35], **Vega** [**1**, 22]. **Klügel** bemerkt hierzu [2; **3**, 933]: *Pythagorische Rechentafel ist das Einmahleins in die Fächer eines Quadrats vertheilt. Man schreibt die Einrichtung dem Pythagoras zu; vermuthlich aus einem Mißverstande. Der Abacus der Pythagoräer, welchen Boethius aufbewahrt hat, ist kein Einmahleins.*

Fachwörter

Das alte ägyptische Wort für multiplizieren ist *w3ḥ-tp m*; es bedeutet wörtlich: den Kopf beugen, also offenbar eine Geste beim Zählprozeß. Das indische Wort *han* und das arabische Wort *ḍarb* bedeuten schlagen. In Mesopotamien und in China werden verschiedene Bilder bzw. Vorstellungen gebraucht (s. unten). Das griechische πολυπλασιάζειν enthält die Teile πολύ = viel, πλάσσω = bilden, formen (vgl. Plastik). *Multiplicare* bedeutet viele Falten machen, ähnlich dem Ausdruck *vervielfältigen*.

Babylonier

sumerisch:	akkadisch:	
tab	*eṣēpu*	mehren, hinzufügen;
kú	*akālu*	verzehren, essen;
	elū	hoch sein, hinaufsteigen;
il	*našū*	tragen, herbeibringen, erheben;
a-rá	*arū*	Faktor, Multiplikator, Produkt;
tab		Faktor, Multiplikator;
a-rá		mal;
	a-na	mal, zu auf;
nim		erhöhen, multiplizieren [MKT; **2**, 30].

Beispiele:
30 *a-na* 40 *ta-na-ši-ma* 20 (BM 13901, Rs. II, 24).
30 mit 0; 40 multiplizierst Du und 20 (ist es) [MKT; **3**, 5], [TMB; 10 = 24, 15].
13, 20 *a-rá* 3 *eṣip* 40 (BM 85194) [MKT; **1**, 147, Z. 44, 157] [TMB; 29 = 16, 7].

Ägypter

Das im mittleren Reich verwendete Fachwort für multiplizieren *w3ḥ-tp m*, oft ergänzt durch *sp* = mal, bedeutet, wie oben gesagt, den Kopf beugen über [A. H. Gardiner; 259, § 338], siehe z.B. Papyrus Rhind, Probl. 26. Seltener sind Konstruktionen wie *ir w3ḥ-tp* [Papyrus Rhind; Probl. 43] bzw. *ir.ḥr.k w3ḥ-tp* [Papyrus Rhind; Probl. 46], *ỉrỉ* = machen. Im Demotischen wird das Multiplizieren auch durch *ỉrỉ* allein ausgedrückt [Parker; 7].

Beispiel:
w3ḥ tp m 100 *sp* 10 [Papyrus Rhind; Probl. 44].
Beuge den Kopf über 100 10 mal. Eine andere Deutung ist: Lege Fälle hin mit 100 10 mal [VM; **1**, 32].

Griechen

Die bei den Griechen am häufigsten vorkommenden Fachwörter stehen z.B. bei **Euklid** [El. 7, Def. 15–17]: zu Def. 15 s.S. 207, Def. 16 lautet: *Wenn zwei einander vervielfältigende Zahlen (πολλαπλασιάσαντες) eine Zahl bilden, so wird die entstehende (ὁ γενόμενος) eine ebene Zahl (ἐπίπεδος) genannt, und die einander vervielfältigenden Zahlen ihre Seiten (πλευραί).* In Def. 17 wird eine aus drei Faktoren bestehende Zahl eine *körperliche Zahl* (στερεός) genannt. Seltener als πολλαπλασιάζειν kommt πολυπλασιάζειν vor, z.B. bei **Heron** [**3**, 68], **Nikomachos** [1; 18 = I, 8, 14] und [1; 106 = II, 15, 4]. Für *Multiplikation* werden die entsprechenden Substantiva benützt:

πολλαπλασιασμός bei **Diophant** [1; **1**, 14]; **Nikolaos Rhabdas** [197].
πολυπλασιασμός bei **Diophant** [1; **1**, 4]; **Nikomachos** [1; 25 = I, 10, 10]; **Nikolaos Rhabdas** [197].
πολυπλασίασις bei **Nikomachos** [1; 111 = II, 17, 7].

Ferner kommen folgende Bezeichnungen für multiplizieren vor:

ποιεῖν ἐπί **Heron** [**3**, 74],
λαμβάνειν **Nikomachos** [1; 130 = II, 24, 10],
γίνεσθαι **Pappos** [1; **3**,**2**, 21],
ἐπιμετρεῖν **Nikolaos Rhabdas** [194],
καταμετρεῖν **Nikolaos Rhabdas** [195].

Das Produkt wird als die entstandene Zahl ὁ γενόμενος bezeichnet. **Nikomachos** drückt sich folgendermaßen aus [1; 18 f. = I, 8, 14]: *τὸ ὑπὸ τῶν ἄκρων πρὸς ἄλληλα πολυπλασιαζομένων συντελούμενον ἴσον ἔσται τῷ ὑπὸ τῶν μέσων πρὸς ἄλληλα . . .* Das aus den äußeren miteinander multiplizierten Zahlen Erhaltene ist gleich dem ⟨Produkt⟩ aus den mittleren Gliedern miteinander. Man sieht hier, wie aus einer verbalen Formulierung durch Kurzfassung Fachwörter entstehen, wie *τὸ ὑπό* für Produkt (siehe z.B. **Heron** [**3**, 66]).

Römer

multiplizieren:
multiplicare: **Columella** [V, 2, 1], **Boetius** [22];
ducere: **Boetius** [21];
facere: in den Schriften der römischen Feldmesser [**1**, 298].

Multiplikation:
multiplicatio: **Vitruv** [IX, praef. 4 und X, 11, 1], **Columella** [V, 2, 1], **Boetius** [21].

Faktor:
multiplicator: **Boetius** [261].

Produkt:
summa ex multiplicatione: **Columella** [V, 2, 1].

Chinesen

Für Multiplizieren hat sich das Fachwort *ch'êng* = fahren, aufsteigen durchgesetzt. Offenbar denkt man an das Hin- und Herfahren; so ist auch die Identität von *fan* = umkehren mit *fan* = mal verständlich [Chiu Chang Suan Shu 3; 110 f.]. Weitere Termini sind *yin* = folgen und *shêng* = hervorbringen, dies nur in Gleichungen und beim Multiplizieren von Koeffizienten im Horner-Schema [Libbrecht; 83].

Inder

multiplizieren:
guṇay- = rechnen, machen: **Āryabhaṭa I** [Gaṇ. 16 und öfter], Bakhshālī-Manuskript [28 f.];
abhyas- = schleudern, werfen auf: **Āryabhaṭa I** [Gaṇ. 9], Bakhshālī-Manuskript [28 f.];
han- = zerstören, töten, schlagen: **Āryabhaṭa I** [Gaṇ. 7];
vadh- = zerstören, töten, schlagen: [DS; **1**, 134];
kṣi- = zerstören, töten, schlagen: [DS; **1**, 134].

Multiplikation:
guṇana, abhyasa: **Bhāskara II** [1; 5];
parasparakṛtaṃ = gegenseitig gemacht: [DS; **1**, 134];
praty-ut-panna = entstanden: **Brahmagupta** [1; 278], **Śrīdhara** [4; 1].

Faktor:
guṇakāra: **Āryabhaṭa I** [Gaṇ. 23];
guṇaca: Multiplikator **Bhāskara II** [1; 5].

Produkt:
praty-ut-panna = entstanden;
guṇana-phala: [DS; **1**, 135] (phala = Frucht);
saṃvarga: **Āryabhaṭa I** [Gaṇ. 3];
ghata: **Bhāskara II** [1; 5].

mal:
guṇa, hata: [Elfering; 187].

Araber

multiplizieren:
ḍarb = schlagen: in allen Texten [Uqlīdisī 2; 384].

Multiplikation:
maḍrab: [Kūšyār ibn Labbān; 109].

Faktor:
maḍrūb = Multiplikand: [Kūšyār ibn Labbān; 9], [Uqlīdisī 2; 384];
maḍrūb fīhī = Multiplikator: [Kūšyār ibn Labbān; 108], [Uqlīdisī 2; 384];
fauqānīya: Multiplikand, obere Zahl;
suflānīya: Multiplikator, niedere Zahl [Kūšyār ibn Labbān; 108 f.].

Produkt:
ḥāṣil al-ḍarb: Resultat der Multiplikation: [Uqlīdisī 2; 384];
mablaġ: das Erreichte, vorwiegend bei sexagesimaler Multiplikation gebraucht [Kūšyār ibn Labbān; 9, 109], **Abū Manṣūr** [Uqlīdisī 2; 384].

Abendland

Im Abendland werden zunächst die lateinischen Worte übernommen, insbesondere *multiplicare* und *ducere* und die von ihnen abgeleiteten Formen *numerus multiplicandus* oder *multiplicatus* und *numerus multiplicans* oder *multiplicator*, z.B. bei: **Johannes Hispalensis** [38, 41], **Johannes de Sacrobosco** [8–10], **Petrus de Dacia** [49–58], **Leonardo von Pisa** [1; **1**, 7–14], **Gemma Frisius** [16–23], **Ramus** [1; 8 ff.], **Buteo** [20 f.], **Clavius** [2; 36].

Das Produkt wird umschrieben als *numerus* oder *summa proveniens ex multiplicatione* oder *ex ductu*, so bei **Johannes Hispalensis** [41] und **Johannes de Sacrobosco** [8–10], oder auch als *numerus productus. Productus* bzw. *productum* findet sich als Fachwort bereits bei **Johannes de Sacrobosco** [8–10]. **Clavius** bezeichnet die Faktoren als *numeri inter se multiplicandi* [2; 40]. Das bei **Boetius** für multiplizieren benützte Wort *facere* kommt im Abendland sonst kaum vor, die Ausdrücke *factores* für die Faktoren und *factum* bzw. *factus* für das Produkt stehen z.B. bei **Geyger** [7], **Beyer** [1; 14] und **Clausberg** [71].

In den modernen Sprachen werden die lateinischen Fachwörter teils assimiliert, teils übersetzt. Bei **Borghi** ist die Schreibweise noch nicht festgelegt: *moltiplichar* [7ʳ], *multiplicar, moltiplicar* [9ʳ]. **Luca Pacioli** schreibt *multiplicare* [a; 25ᵛ], die Faktoren heißen *producentes*, das Ergebnis *productum* [26ʳ]. **Tartaglia** verwendet *moltiplicare* nur für Zahlen, *ducere* für geometrische Größen [1; **1**, 17ᵛ]. Bei **Pellos** heißt multiplizieren *multiplicar*, der Multiplikator *multiplicador*, der Multiplikand *numbre que es a multiplicar* [8ʳ]. **Chuquet** [1; 596] schreibt *multiplier* oder *augmenter*, ferner für Multiplikand *nombre a multiplier*, für Multiplikator *multipliant*; **Trenchant** [1; 34]: *multiplier, nombre à multiplier, multiplieur, la somme provenante de leur multiplication s'apele produit.* Auch im *Livre de getz* [A 8ᵛ] steht *multiplier, multiplication*. Bei **Recorde** [1; F 5ᵛ ff.] findet sich *multiply, multiplication*; in einer englischen Handschrift heißt das Produkt *The profet of this Craft* [Steele; 21]. Ein holländisches Rechenbuch von 1508 enthält außer den angepaßten lateinischen Wörtern den Ausdruck *menichvoudigen, menichfuldigen* [Bockstaele; 70]. **Stevin** schreibt *menichvuldighen*; heute heißt es *vermenigfuldigen*; das Produkt nennt Stevin *Uytbreng* [3; 16]. Im Russischen verwendete man bis etwa zum 18. Jh. das lateinische *mjultiplikasie*, während **Magnizkij** das heute übliche *umnoženie* (mnogo = viel) gebraucht [Juškevič 2; 40, 64].

Im Hildesheimer Rechenbuch wird außer den lateinischen Ausdrücken die Form *multipliceren* benutzt, das Produkt als *die numerus die daer aff coemt* umschrieben [Bernhard; 132]. *Multipliciren* steht im Cgm 740 [Kaunzner 3; 5], im Bamberger Rechenbuch von 1483 [10ʳ], bei **Widman** [10ᵛ] und weiterhin fast überall. Die Verdeutschung *meren, merung* erscheint im Cgm 740 [Kaunzner 3; 4], im Trienter Algorismus [Vogel 15; 187], bei **Böschensteyn** [A 4ᵛ], bei **Köbel** [1; C 2ᵛ], bei **Rudolff** [2; a 5ᵛ], **Apian** [B 3ʳ].

Vilmachung, Manigfaltigung steht bei **Böschensteyn** [A 4ᵛ] und **Köbel** [1; C 2ᵛ], *viel machen* bei **Ries** [2; A 4ᵛ]. **Rudolff** sagt [2; a 5ᵛ] *multiplicirn heißt vilfeltigen, . . . meren oder manichfeltigen,* wie überhaupt die meisten Autoren mehrere verschiedene Ausdrücke anbieten. *Vervielfältigung* findet sich bei **J. Chr. Sturm** [1; 87]. Das Wort *führen* (vgl. lateinisch *ducere*) kommt vor im Cgm 740 [Kaunzner 3; 4]: *ain zal durch die anderen meren und fieren,* ebenso im Trienter Algorismus [Vogel 15; 187]. Auch in einem Prager Codex heißt es: *führen durch* [Kaunzner 2; 2]; bei **Gehrl** [A 5v] und **J. U. Müller** [7] steht: *eine Zahl in eine andere führen.*

Einen gewissen Abschluß der Entwicklung bildet das Lexikon von **Wolff.** Seine Bezeichnungen sind:

Multiplicatio, das Multipliciren oder die Vervielfältigung [3; Sp. 922];
Multiplicandus, . . . die Zahl, welche man multipliciren oder etliche mahl nehmen soll [3; Sp. 922];
Multiplicator, Ist die Zahl, durch welche man multipliciren sol [3; Sp. 923];
Factores, . . . Sie werden auch efficientes genennet [3; Sp. 615];
Factum. . . Es wird auch Productum, das Erwachsene genennet [3; Sp. 615].

Ähnlich drückt sich auch **Klügel** aus [2; **3**, 647].

Das Wort *mal* bedeutet im Mittelhochdeutschen *Fleck, Zeitpunkt* (vgl. Merkmal, malen = ein Zeichen anbringen). Daraus bildete man *z'einemo mâle*, ursprünglich *an einem Zeitpunkt, ze drin mâlen = an drei Zeitpunkten* [Kluge; 456]. Das Wort *stunde, stunt* hängt mit germanisch *standan* = stehen zusammen und bedeutet einen Zeitabschnitt, aber auch einen Zeitpunkt [Kluge; 761]. Daraus wird auch gebildet z.B. *dristunt, tausendstunt*, so bei **Walther von der Vogelweide** [117]: *kuster mich wol tûsentstunt.* In der *Geometria Culmensis* finden sich beide Ausdrücke für die Multiplikation:

wunfczen molen wunfczen, das machen 225 [40];
dristunt alzo gros [67].

Im Dresdner Codex C 80 von 1481 heißt es allgemein *stund* [368r], [Wappler 1; 4], während im Clm 14908 (1461) [Curtze 1; 50], im Bamberger Rechenbuch von 1483 [9v] und weiterhin stets *mal* benutzt wird.

Das englische Wort für *mal, times*, deutet ebenfalls auf einen Zeitpunkt hin. Im Hildesheimer Rechenbuch [137] und im Holländischen kommt *werf* für *mal* vor, z.B. in einem Rechenbuch aus dem Jahre 1508 [Bockstaele; 70] und bei **van den Hoecke** [6v und öfter].

Schreibweise der Multiplikation. Multiplikationssymbol

Die Multiplikation wurde zunächst in Worten beschrieben, aber diese Darstellung wurde schon früh abgekürzt, meist indem nur das unserem *mal* entsprechende Wort stehen blieb.

Beispiele

Ägypter: s.S. 223

Babylonier

BM 85 194, Vs. I, 32, 33 [MKT; **1**, 144, 147]:
10 a-na 4 i-ši 40 ta-mar,
10 mit 4 multipliziere, 40 siehst du.

BM 85 194, Vs. III, 44 [MKT; **1**, 147, 157]:
13, 20 a-rá 3 tab-ba 40 ta-mar,
13, 20 mit 3 vervielfache, 40 siehst du.

AO 8862, III, 10 [MKT; **1**, 110, 115]:
1, 40 a-rá 1, 40 2, 46, 40,
1, 40 mal 1, 40 (ist) 2, 46, 40, ⟨100 mal 100 ist 10000⟩.

Griechen

Euklid [El. 7, 16]: *ὁ . . .* A *τὸν* B *πολλαπλασιάσας τὸν* Γ *ποιείτω.*
Das A das B vervielfachend möge Γ ergeben ⟨es sei A • B = Γ⟩ A, B, Γ sind hier offensichtlich Variable und bedeuten nicht die Zahlen 1, 2, 3. **Euklid** stellt sie durch Strecken dar.
[El. 7, 25]: *ὁ ἐκ τῶν* Δ, A *γενόμενος ἀριθμός ἐστιν ὁ* Γ. Die aus Δ, A entstandene Zahl ist Γ.
[El. 7, 26]: *ὁ δε ἐκ τῶν* Γ, Δ *γενόμενός ἐστιν ὁ* Z.
[El. 7, 27]: *καί ἐστιν ὁ μὲν ἐκ τῶν* A, Γ *ὁ* Δ.

Archimedes [1; **1**, 314]: *τὸ δὴ περιεχόμενον ὑπὸ τᾶν* AΘ, ΘΓ = das von AΘ, ΘΓ umfaßte (nämlich Rechteck).
Heron [**3**, 64]: *ρ . . . ἐπὶ τὰ με γίγνεται ,δφ.* 100 mal 45 ergibt 4.500.

Nikomachos [1; 113 = **II**, 18, 2]: *ὁ ς ὑπὸ τοῦ δὶς γ*: 6 ist das ⟨Produkt⟩ aus zweimal 3.
Leon von Byzanz [Euklid 1; **5**, 713]: *ὁ ὑπὸ α, β ἔστω ὁ δ*: das ⟨Produkt⟩ aus *α*, *β* sei *δ*.

Das Vielfache einer Zahl kann auch durch ein Zahladverb, z.B. sechsmal = *ἑξάκις* = $\varsigma^{\kappa\iota\varsigma}$, oder durch Anhängen von *-πλάσιος* ausgedrückt werden; z.B. **Diophant** [1; **1**, 26 = I, 9]:
δεήσει τὰ μείζονα τῶν ἐλασσόνων εἶναι $\varsigma^{\pi\lambda}$ ⟨*ἑξαπλάσια*⟩˙ $\varsigma^{\kappa\iota\varsigma}$ *ἄρα τὰ ἐλάσσονα ἴσα ἐστὶ τοῖς μείζοσιν.*
Es muß das Größere das 6-fache des Kleineren sein, also 6-mal das Kleinere ist gleich dem Größeren.

Heron [**4**, 414]: . . . ,$\overline{\alpha\sigma\kappa\epsilon}$ • *καὶ ταῦτα πολυπλασίασον ἐνδεκάκις* • *γίνονται ἅ* ,$\overline{\gamma\upsilon o\epsilon}$.
1225, und dieses 11-mal vervielfacht ergibt 13475.

Römer

Außer den Verben *ducere*, *facere*, *multiplicare* kommen auch die Zahladverbien vor.

Balbus [Schriften der römischen Feldmesser; **1**, 96]: *Pedes ut in cubitos redigamus, semper duco octies, et sumo partem XII.* Um Fuß in Ellen zu verwandeln, nehme ich sie achtmal und davon den 12. Teil.

Boetius verwendet verschiedene Ausdrucksweisen:
[20 f.]: *Octies enim .XVI. vel sedecies .VIII., si multiplices, .CXXVIII. summa concrescet.* – Wenn du achtmal 16 oder 16-mal 8 multiplizierst, kommt die „Summe" 128 zusammen.
[21] *quater .XVI. LXIIII. sunt et sedecies .IIII. idem complent.* – Viermal 16 sind 64, und 16-mal 4 ergeben dasselbe.

[27]: . . . *si .VIII. multiplicent .III. nascentur .XXIIII.*
.VIII. in .V. fiunt .XL.
[29]: *Duodecies .XLVIII. faciunt .DLXXVI.*

Inder

An den Multiplikator wird das Wort guṇa angehängt, so z.B. im *Bakhshālī-Manuskript* [28]:

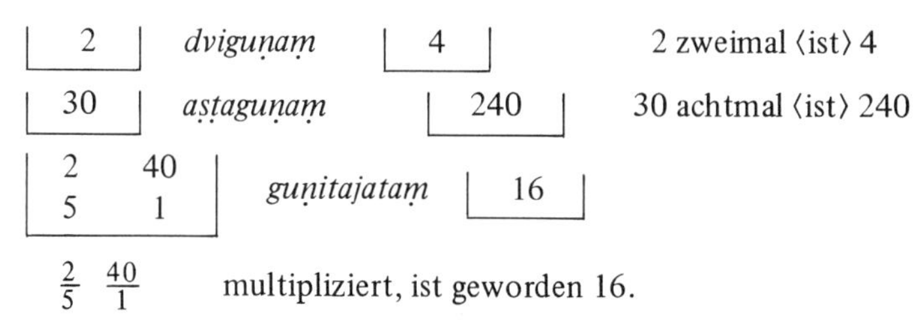

$\frac{2}{5}\ \frac{40}{1}$ multipliziert, ist geworden 16.

Für das Abendland führen wir nur Beispiele für eine abgekürzte Bezeichnung auf.

Leonardo von Pisa [1; **1**, 6]: *2 uices 2 fiunt 4.*
Gemma Frisius [17]: *8 ducta in 9, hoc est, octies novem, vel 7 in 8 etc.*
Ramus [1; 9]: *8 per 4 facit 32.*
Buteo [21]: *2 in 2 fit 4.*
Clavius [2; 38]: *vides ex multiplicatione 7 in 8 vel 8 in 7 produci 56.*
Treviso-Arithmetik [14^v]: *2 fia 2 fa 4.*
Borghi [7^v]: *1 via 1 fa 1.*
Luca Pacioli [a; 112^v]: *piu. via.piu. sempre fa .piu.*
Tartaglia [1; **1**, 18^r]: *0. fia 0. fa 0.*
Bombelli [1; 211]: *più uia più, fa più.*
Chuquet [1; 596]: *2. foiz 2. font 4.*
Niederländisches Rechenbuch [Bockstaele; 59]: *3 werf 1 es 3.*
Hildesheimer Rechenbuch [Bernhard; 137]: *2 werf twe dat ist 4.*
Grammateus [1; A 3^v]: *2 mal 2 macht 4.*
Rudolff [2; a 6^r]: *2 mal 2 ist 4.*
Ries [3; 12^v]: *7 mal 2 sind 14.*
Stifel [3; 8]: *7 mal 8 machen . . . 56.*

Diese Darstellungen waren offenbar so kurz, daß das Bedürfnis nach einem Multiplikationssymbol nicht vordringlich war. Während die Symbole für die Addition und Subtraktion um 1500 allgemein üblich wurden, macht erst 1545 **Stifel** den Vorschlag, M als Symbol für die Multiplikation und D für die Division zu benutzen [2; 74^r], er selbst benutzt diese Symbole jedoch nicht. Sie finden sich bei **Stevin** [2a; 24 = 1; 523, 2a; 396 f. = 1; 679 f.], ferner in einer anonymen Erläuterungsschrift zu **Descartes** Geometrie [1; **10**, 669 f.] und einmal auch in einer Einführung in die Geometrie von **Descartes** von **Bartholinus** 1661 [Descartes 4b; 11].

Viète drückt die Multiplikation durch das Wort *in* aus [3; 5^v]. **Oughtred** schreibt [1; 10 = Kap. IV, 6]: *Multiplicatio speciosa connectit utramque magnitudinem* *propositam cum notā in vel.* ×. Zur Verbreitung dieses Symbols dürfte beigetragen haben, daß **Wallis** es übernahm, und zwar für die Multiplikation zweier Zahlen, z.B. [3; 84]; miteinander multiplizierte „Buchstaben" schreibt er ohne Symbol nebeneinander. **Dulaurens** verwendet das ×, wenn das Nebeneinanderschreiben zu Mißverständnissen führen würde oder wenn ein Faktor eine Summe oder eine Differenz ist [222 und öfter]. Ähnlich verfahren auch andere Autoren, z.B. setzt **Bézout** das Kreuz zwischen Zahlen [5; 27], **Waring** zwischen Summen [1; 1 und öfter], während er zwischen Zahlen den Punkt setzt.

Ein Punkt zwischen den Faktoren erscheint in einem Brief **Regiomontans** [3; 232] (**Curtze** erwähnt ausdrücklich, daß der Punkt im Original steht), desgleichen in einer Prager Handschrift (ca. 1500) [Kaunzner 2; 15]. Nun hat man früher oft Zahlen im Text in Punkte eingeschlossen; der scheinbare Multiplikationspunkt könnte also ein Rest davon sein.

Als bewußte Neuerung wird der Multiplikationspunkt von **Leibniz** eingeführt [1; **3**, 526]. Er schreibt am 29. Juli 1698 an **Johann Bernoulli**: *mihi tamen non placet,* × *multiplicationem significare, ob facilem confusionem cum x; malo adhibere τὸ in vel* ◡ *ut ZC in LM, vel ZC* ◡ *LM. Imo saepe simpliciter duas quantitates puncto interposito conjungo, multiplicationemque designo, ZC · LM.*

Das bloße Nebeneinanderschreiben von Zahlen bedeutet bei der ägyptischen, griechischen und römischen Schreibweise das Addieren, bei der Positionsschreibweise würde es zu Mißverständnissen führen, wie z.B. **Euler** bemerkt (34 heißt weder 3 + 4 noch 3 · 4) [5; 1. Teil, 1. Abschn., Kap. 3, § 29]. Als Ersatz für ein Operationssymbol kann es also erst benutzt werden, wenn mindestens die Unbekannten durch Symbole bezeichnet werden; dabei bedeutet es zunächst auch das Addieren, z.B.:

Diophant [1; **1**, 16 = I, 1]: $\varsigma\bar{\beta}\overset{\circ}{\mathrm{M}}\bar{\mu}$ für 2 x + 40.

Leonardo von Pisa schreibt .b.g. für b + g [1; **1**, 455, Zeile 9]. Bei **Jordanus Nemorarius** [2; 7] bedeutet abc die Summe der durch ihre Endpunkte bezeichneten Strecke ab und der Strecke c (s.S. 381).

ςβ = 2 x, 5 ʒ ***cb*** und ähnliches wird man dabei vielleicht in gewisser Weise als Ausdruck für benannte Zahlen, wie z.B. 3 Gulden, ansehen können. Jedoch werden die Potenzen wie z.B. *δυναμόκυβος* = ΔK^Y bei **Diophant** als Produkte – wir würden sagen: $x^2 \cdot x^3$ – eingeführt [1; **1**, 8]. Später wird z.B. ʒ***cb*** manchmal als Produkt $x^2 \cdot x^3 = x^5$, manchmal als eine Art wiederholter Operation $(x^3)^2 = (x^2)^3 = x^6$ aufgefaßt (s.S. 282).

Erst nachdem für die Addition das Zeichen + eingeführt war, war das Nebeneinanderschreiben für die Multiplikation allgemein frei, und zwar für das Multiplizieren mehrerer Buchstaben und für das Multiplizieren mehrerer Buchstaben mut nur einer Zahl. So verwenden es **Harriot**, der noch einen Punkt zwischen die Zahl und die Buchstaben setzt, z.B. [7]: bc, 2.aa + 2.cc, **Descartes** [2; 299] ohne einen solchen Punkt, ebenso **Euler** [5; 1. Teil, 1. Abschn., Kap. 3, § 23–29], der auch ausdrücklich sagt, daß bei Multiplikation mehrerer Zahlen ein Punkt oder ein Kreuz zwischen die Faktoren gesetzt werden muß.

Wolff nennt nur den Punkt als Multiplikationssymbol [1; 61], **Klügel** verwendet den Punkt beim Produkt von Zahlen [2; **3**, 647 ff.], das Kreuz bei geometrischen Größen [2; **3**, 654 ff.], das einfache Nebeneinanderschreiben bei Buchstaben [2; **1**, 375].

2.2.3.4 Division

Definitionen

Die Division ist sowohl als Teilen des Dividenden in eine bestimmte Anzahl von Stücken wie als Messen des Dividenden mittels des Divisors aufzufassen. Beide Auffassungen sind schon im Papyrus Rhind erkennbar: Probl. 1: *Verteile 1 Brot unter 10 Mann*; Probl. 35: *Ich gehe dreimal in das Scheffelmaß hinein, mein dritter Teil wurde mir dann hinzugefügt und ich kehre völlig befriedigt zurück.*

Euklid bezeichnet eine kleinere Zahl als *Teiler* (μέρος) von einer größeren, wenn sie die größere genau mißt (καταμετρῆ) und als *Menge von Teilen* (μέρη), wenn sie sie nicht genau mißt [El. 7, Def. 3]. Damit ist gewissermaßen die Identität der beiden Operationen Teilen und Messen angegeben. Die Division ist hier gegenüber der Multiplikation, die **Euklid** erst später definiert, eine selbständige Operation. Die Division selbst definiert **Euklid** nicht, sie wird auch von den Geometern kaum benutzt, sondern durch das Arbeiten mit Verhältnissen ersetzt (s. z.B. **Archimedes'** Kreismessung). **Diophant** arbeitet zwar mit der Division, gibt aber keine Definition.

Die Inder haben offenbar die Division als Umkehrung der Multiplikation aufgefaßt, was wir indirekt aus der Form ihrer Erklärungen schließen. **Brahmagupta** betrachtet das Produkt aus Quotient ⟨q⟩ und Divisor ⟨d⟩ als Produkt aus einem anderen Multiplikator ⟨a⟩ und Multiplikanden ⟨b⟩ und bestimmt in der Gleichung $a \cdot b = q \cdot d$ jeweils eine Größe aus den drei anderen [1; 320 f.]. **Āryabhaṭa II** schreibt vor: *Subtrahiere ein geeignetes Vielfaches des Divisors vom Dividenden* [Śrīdhara 4; 8]. Dabei kann man daran denken, daß die Multiplikation darin besteht, den Multiplikanden sooft zu addieren wie der Multiplikator angibt. **Bhāskara II** erklärt [1; 8]: *Die Zahl, mit der der Divisor multipliziert werden muß, . . . ist der Quotient.*

Bei den Arabern kommen die beiden Auffassungen zusammen:

1. Bei denen, die die indische Überlieferung bevorzugen, steht die Erklärung als Umkehrung der Multiplikation im Vordergrund, so z.B. bei:

   al-Ḫwārizmī [2; 27]: *Et scito quod diuisio sit similis multiplicationi, set hec fit econuerso, quia in diuisione minuimus et ibi addimus.* Und man muß wissen, daß die Division der Multiplikation ähnlich ist, nur wird sie umgekehrt durchgeführt, weil wir bei der Division abziehen, dort aber addieren.

   al-Uqlīdisī [2; 55]: *We say: "we want to divide 144 by 6." Dividing this number by 6 and taking one-sixth of it are the same. So is saying: "By how much should 6 be multiplied to give 144?" or "(What is) one-sixth of 144?" – All these mean the same.* ferner **Abū al-Wafā'** [Uqlīdisī 2; 405 f.] und **al-Nasawī** [393].

2. Bei denen, die die griechische Überlieferung vorziehen, findet sich die Erklärung als Bildung des Verhältnisses; meistens werden aber verschiedene Erklärungen aufgeführt, z.B. bei:

   al-Karaǧī [1; **2**, 8]: *Die Division ist das Aufsuchen der* ⟨Anzahl der⟩ *dem Divisor gleichen Addenden, welche der Dividendus enthält. Wenn Du willst, kannst Du auch sagen, sie ist das Aufsuchen von Teilen der vollständigen Einheit. Oder wenn Du willst, kannst Du sagen, sie ist das Aufsuchen einer Zahl, welche in den Divisor multiplicirt den Dividendus gibt. Es muß sich dann die Einheit zum Divisor verhalten, wie der Quotient zum Dividendus oder umgekehrt, die Einheit muß sich zum Quotienten verhalten, wie der Divisor zum Dividendus.*

   al-Bannā' [2; 63]: *La division consiste à décomposer le dividende en autant de partier égales qu'il y a d'unités dans le diviseur. On entend (également) par division le rapport de l'un des deux nombres à l'autre.* Ähnlich steht es auch bei **Bahā' al-Dīn** [13].

Der Byzantiner **Maximos Planudes** schreibt [1; 16], [2; 23]: *Teilung ist es, wenn wir, eine Zahl durch die andere teilend, nachsehen, was* ⟨wieviel Einheiten⟩ *auf jede Einheit des Divisors aufzulegen sind.* Wörtlich genauso drückt sich **Nikolaos Rhabdas** aus [98].

Neue Erklärungen kommen im Abendland nicht hinzu. Wir zitieren daher nur als Beispiele:

Johannes Hispalensis, dessen Werk eine Bearbeitung des Rechenbuchs von **al-Ḫwārizmī** ist [41]: *Numerum per numerum diuidere est maiorem secundum quantitatem minoris partiri, uidelicet minorem de maiore tociens subtrahi, quociens in eo poterit inueniri.*

Eine Zahl durch eine Zahl dividieren, ist die größere nach der Quantität der kleineren teilen, d.h. die kleinere von der größeren so oft abziehen, wie sie in ihr gefunden werden kann.

Rudolff [2; b 1^r f.]: *Diuidirn heißt abteylen / lernet ein zal in die ander teylen / auff das man sehe / wie offt eine in der andern beschlossen werde / oder wieuil auff einen theyl komme.*

Die Erklärung als Verhältnis scheint allmählich zurückzutreten, bis sie bei **Descartes** wieder erscheint [2; 297 f.]: Zu zwei Zahlen und der Einheit soll eine vierte gefunden werden *qui soit a l'une de ces deux, comme l'vnité est a l'autre, ce qui est le mesme que la Diuision.* Diese Erklärung ermöglicht es, eine Strecke durch eine Strecke so zu dividieren, daß das Ergebnis eine Strecke ist, und ist deshalb später auch für das Rechnen mit gerichteten Strecken, also auch mit komplexen Zahlen wichtig geworden. Abschließend seien die Definitionen von **Wolff** und **Klügel** genannt:

Wolff [3; Sp. 554]: *Divisio, das Dividiren oder Theilen, Ist die Erfindung einer Zahl aus zwey gegebenen, welche andeutet, wievielmahl eine von ihnen in der anderen enthalten ist.*

Klügel [2; **1**, 911]: *Division, Theilung, ist ein arithmetisches Verfahren, wodurch man denjenigen Theil einer gegebenen Zahl A findet, welcher darin eben so vielmahl enthalten ist, als die Einheit in einer andern gegebenen Zahl B.*

Verfahren

Die Babylonier dividierten im allgemeinen dadurch, daß sie den Dividenden mit dem reziproken Wert des Divisors multiplizierten. So heißt es z.B. bei der Rechnung 8 : 5 [MKT; **1**, 240]: *Bilde das Reziproke von 5, es gibt dir 12. 0;12 trage hin an 8 ⟨oder: erhöhe mit 8⟩ und es gibt dir 1;36.* Das Problem des Dividierens ist also auf die Berechnung der Reziprokentabellen zurückgeführt. Man hat zwei Zahlen gegenüberzustellen, deren Produkte aufgrund des Sexagesimalsystems 1 = 60 ist. Die einfachsten dieser Zahlen sind unmittelbar zu sehen:

2	30
3	20
4	15
5	12
6	10
⋮	

Wie man mit einfachen Mitteln weitere Paare finden kann, auch Approximationen für die Reziproken irregulärer Zahlen (s. S. 99, 101), hat **Bruins** untersucht. Z.B. kann man aus zwei Paaren

a	$\frac{1}{a}$
b	$\frac{1}{b}$

leicht ohne Division ein drittes finden; es ist nämlich $\left(a \cdot \frac{1}{b}\right)^{-1} = b \cdot \frac{1}{a}$.

Bei den Ägyptern wurde die Division als umgekehrte Multiplikation durchgeführt, das Schema war genau dasselbe. So wird z.B. im Probl. 34 des Papyrus Rhind die Division $10 : 1\frac{3}{4}$ folgendermaßen durchgeführt:

/	1	$1\,\frac{1}{2}\,\frac{1}{4}$
	2	$3\,\frac{1}{2}$
/	4	7
/	$\frac{1}{7}$	$\frac{1}{4}$
	$\frac{1}{4}\,\frac{1}{28}$	$\frac{1}{2}$
/	$\frac{1}{2}\,\frac{1}{14}$	1

zusammen: $5\,\frac{1}{2}\,\frac{1}{7}\,\frac{1}{14}$, die für die Summe benötigten Summanden sind angemerkt.

Gelegentlich kommt auch die babylonische Art der Division (Multiplikation mit dem reziproken Divisor) vor [Pap. Rhind; Probl. 63, 64]. Ein Beispiel in einem Kahun-Papyrus ist:

$\frac{1}{4} \cdot x = 5 \rightarrow 1 : \frac{1}{4} = 4 \rightarrow x = 4 \cdot 5$

(Plate VIII, zitiert nach der Bibliographie in [Pap. Rhind 2; **1**, 159]).

Demgegenüber vereinfacht sich die Division, wenn man nicht nur Stammbrüche, sondern auch allgemeine Brüche zuläßt. Dies geschieht jedoch erst etwa zur Zeit der Römer (s. S. 96). So liefert z.B. der demotische Papyrus Cairo 89127 aus dem 3. Jh. v. Chr. für die Division 100 : 47 das Schema:

47 zu 1
94 zu 2
Rest 6; gibt $\frac{6}{47}$

Ergebnis: $2\frac{6}{47}$ [Parker; 15, Nr. 3].

Bei den Griechen sind aus der klassischen Zeit keine Beispiele für die Durchführung von Divisionen erhalten. Wir möchten in einem von **al-Karaǧī** angegebenen Beispiel ein griechisches Verfahren sehen, 1. weil es der griechischen Zahlendarstellung angepaßt ist ($135 = \rho\lambda\epsilon = 100 + 30 + 5$), 2. weil **al-Karaǧī** als Anhänger der griechischen Wissenschaft bekannt ist. Er schreibt [1; 2, 8]: *Wenn nun gesagt wird: Dividire 20 325 durch 135, so ist das Verfahren folgendes. Du suchst unter den Hundertern die größte Zahl, welche in 135 multiplicirt den Dividendus oder eine demselben nahestehende Zahl giebt, und findest dieselbe in 100. Multiplicirst Du diese in den Divisor, so ergiebt sich 13 500. Nimm dies von 20 325 weg, so bleibt 6 825. Nun suche eine Zahl unter den Zehnern, die in 135 multiplicirt den Betrag oder einen Näherungswerth des Restes giebt, so findest du 50. Multiplicirst Du diese in 135, so erhältst Du 6 750. Nimm dieselbe von 6 825 weg, dann bleibt 75. . . Du setzest 75 zu 135 ins Verhältniss und erhältst* $\frac{5}{9}$. *Nun summire die gefundenen Zahlen, so ergiebt sich* $150\frac{5}{9}$.

Ein Beispiel für die Division größerer Sexagesimalzahlen bringt **Theon von Alexandria** [**2**, 461 f.]. Er führt die Division $1515°20'15'' : 25°12'10''$ so aus: *Wir nehmen 60 als ersten Quotienten, weil 61 zu groß ist, und ziehen 60 mal 25°12'10'' (vom Dividenden) ab, und zwar so:*

	1515° 20'15''
60 · 25 ist 1500. Ziehen wir dies vom	1500
Dividenden ab, so bleibt:	15° 20'15''
Wir lösen die 15° in Minuten auf:	920'15''
Hiervon ziehen wir 60 · 12' ab:	720'
	200'15''
Hiervon ist 60 · 10'' = 10' abzuziehen:	190'15''.

Wir beginnen nun von neuem; und teilen dies durch 25°. Der nächste Quotient ist 7. . . usw. Das Ergebnis ist 60°7'33''.

Die Divisionsverfahren für die dezimale Positionsschreibweise sind nach arabischen und byzantinischen Zeugnissen von den Indern entwickelt worden, müssen also aus den späteren Quellen erschlossen werden. Bei den indischen Autoren selbst finden sich nur

Andeutungen, am ausführlichsten bei **Āryabhaṭa II** [Śrīdhara 4; 8]: *Having placed the divisor underneath the (last digits) of the dividend, subtract the proper multiple of the divisor from the (last digits of the) dividend; the multiple (thus obtained) is the (partial) quotient. Next having moved the divisor (one place to the right) divide what remains. (Continue this process until all the digits of the dividend have been taken).* Ähnlich steht es bei **Mahāvīra** [12] und **Bhāskara II** [1; 8].

Bei **Mahāvīra** [12], **Śrīdhara** [4; 8] und **Bhāskara II** [1; 8] wird bemerkt, daß zuvor Dividend und Divisor wenn möglich durch gemeinsame Faktoren zu dividieren sind.

Bei den Arabern glauben wir z.T. eine griechische Methode zu erkennen (s. S. 234).

Die von **Kūšyār ibn Labbān** in seinem Werk *Prinzipien des Rechnens der Inder* beschriebene Methode der Division auf dem Staubbrett dürfte indischen Ursprung haben. Sein Beispiel ist 5625 : 243 [15 f.]. Wir schreiben daneben, wie dasselbe Verfahren auf dem Papier aussehen würde, wo das Löschen und Ersetzen von Ziffern durch Ausstreichen und Darüberschreiben ersetzt werden muß.

Dividend und Divisor werden so angeschrieben, daß die höchsten Stellen übereinander stehen.

243 läßt sich von 562 2-mal abziehen. Diese 2 wird auf dem Staubbrett über die letzte Stelle des Divisors gesetzt, auf dem Papier rechts neben den Dividenden, evtl. durch eine Klammer abgetrennt:

```
                2
        5 6 2 5         5 6 2 5 (2
        2 4 3           2 4 3
```

Nun wird schrittweise das Doppelte von 243, nämlich 486, von 5625 subtrahiert:

```
1.  5–4         2       1
            1 6 2 5     5̸ 6 2 5 (2
            2 4 3       2̸ 4 3

2. 16–8         2       1̸ 8
              8 2 5     5̸ 6̸ 2 5 (2
            2 4 3       2̸ 4̸ 3

3. 82–6                   7
                2       1̸ 8̸ 6
              7 6 5     5̸ 6̸ 2̸ 5 (2
            2 4 3       2̸ 4̸ 3̸
```

Jetzt wird der Divisor um eine Stelle nach rechts gerückt. In 765 ist er 3-mal enthalten. Die 3 erscheint in der oberen Zeile bzw. rechts:

```
                          7
              2 3       1̸ 8̸ 6
            7 6 5       5̸ 6̸ 2̸ 5 (2 3
            2 4 3       2̸ 4̸ 3̸
                          2 4 3
```

Durch Abziehen der einzelnen Ziffern von 3 · 243 entsteht:

```
                    1 3
                    7 4
  2 3             1 8 6 6
  3 6             5 6 2 5  (2 3
2 4 3             2 4 3
                    2 4 3   .
```

Das Ergebnis ist $23 \frac{36}{243}$.

Wir bezeichnen das links dargestellte Verfahren als *Staubbrettmethode*, das rechts dargestellte als *Überwärtsdividieren*. Das Ausstreichen der Ziffern kann unterbleiben, weil nur die oberste Ziffer in jeder Spalte gilt.

Die Staubbrettmethode wird auch von **al-H̱wārizmī** [2; 27 f.], **al-Uqlīdisī**, und **al-Nasawī** angewandt [Uqlīdisī 2; 55–59, 408].

Al-Uqlīdisī bringt auch eine Anordnung, bei der die Rechnung ohne Löschen oder Durchstreichen von Ziffern übersichtlich ausgeführt wird. Er schreibt bei der Aufgabe 19866 : 42 den Divisor 42 wie üblich, möglichst weit links unter den Dividenden:

```
1 9 8 6 6
  4 2      .
```

42 ist 4-mal in 198 enthalten. Diese 4 wird über den Dividenden gesetzt, und zwar als Ğummalzahl dem Stellenwert entsprechend als 400 = ﺩ ; wir setzen 400 in Klammern. In die Zeile darunter kommt die Differenz 19 866 – 400 · 42 = 3 066:

```
  (400)
1 9 8 6 6
  4 2
  3 0 6 6 .
```

Jetzt wird der Divisor um eine Stelle nach rechts verschoben. Er ist in 3 066 70-mal enthalten; die 70 erscheint als Ğummalziffer usw. Die ganze Rechnung sieht so aus:

```
  (400)
1 9 8 6 6
  4 2   (70)
  3 0 6 6
    4 2   (3)
    1 2 6
      4 2   .
```

Die Ğummalzahlen bringen das Ergebnis: 473 [Uqlīdisī 2; 273].

Ein weiterer Schritt ist dann, daß man den Divisor an andere Stelle schreibt und die jeweils abzuziehenden Zahlen nicht im Kopf abzieht, sondern hinschreibt.

Abū al-Wafā schreibt das Verfahren in Worten [Uqlīdisī 2; 411 f.]. Es sind verschiedene Anordnungen möglich; wir bringen auf S. 237 als Beispiele zwei Schemata von **al-Kāšī**

[27 ff.], [Luckey 2; 21]. **Al-Kāšī** schreibt den Dividenden in die zweite Zeile, den Divisor in die unterste. Das Ergebnis erscheint in der ersten Zeile. Im ersten Beispiel beginnt die Rechnung damit, daß 475 um eine Stelle nach rechts verschoben wird.

Divisionsschemata von **al-Kāšī**:

3565908 : 475

			7	5	0	7
3	5	6	5	9	0	8
2	8					
	7					
	4	9				
	2	7				
		3	5			
	2	4	0			
	2	3	5			
			5			
			2	5		
			3	4		
			2	8		
				6		
				4	9	
				1	1	
					3	5
					8	3
				4	7	5
			4	7	5	
		4	7	5		
	4	7	5			
4	7	5				

2274126 : 565

			4	0	2	5
2	2	7	4	1	2	6
2	2	6	0			
		1	4			
		1	1	3	0	
			2	8	2	
			2	8	2	5
						1
				5	6	5
			5	6	5	
		5	6	5		
	5	6	5			

Statt den Divisor nach rechts zu verschieben, kann man auch den Dividenden nach jedem Schritt nach links verschieben; **al-Kāšī** schreibt oft die beiden Schemata nebeneinander.

Im linken Schema sind die einzelnen Ziffern des Divisors mit der jeweiligen Ziffer des Multiplikanden multipliziert (nur in der 9. Zeile ist 5 · 47 gebildet) und diese Produkte einzeln abgezogen, im rechten Schema ist jeweils der ganze Divisor mit der Ziffer des Quotienten multipliziert, wie es heute auch üblich ist. Ähnlich wie bei der Multiplikation (s. S. 217) empfiehlt **al-Kāšī**, eine Tabelle der Vielfachen des Divisors anzulegen [Saidan 2; 253].

Eine ebensolche schematische Anordnung findet sich auch bei **Bahā' al-Dīn** [13 f.]. Sie wird „lange Division" genannt. Bereits **Abū al-Wafā'** hat ein solches Verfahren in Worten beschrieben; da er aber auch die Zahlen in Worten angibt, ist die schematische Anordnung nicht so gut zu erkennen.

Genau die gleichen Verfahren sind auch auf Sexagesimalzahlen und Sexagesimalbrüche anzuwenden, nur: die Schreibweise der Zahlen ist unbequemer (die einzelnen Sexagesimal„ziffern" bestehen aus zwei indischen Ziffern und bei der Schreibweise als Ǧummalzahlen aus zwei Buchstaben), das Rechnen mit 60 als der nächsten Einheit ist unbequemer, auch muß man nun doch das Einmaleins bis 59 benutzen.

Kūšyār ibn Labbān stellt die Division 49°36′ : 12°25′ in der Staubbrettmethode dar [84 ff.]. Dabei schreibt er die Zahlen nicht waagerecht, sondern senkrecht (was vielleicht zweckmäßig ist):

49	12		03	12			03	00	
36	25	→		21	12	→	59	08	12
					25			25	25

Im zweiten Bild ist 03 die erste Ziffer des Quotienten, 12°21′ = 49°36′ – 3 · 12°25′, durch Löschen an die Stelle von 49°36′ gesetzt; der Divisor ist um eine Stelle nach unten verschoben. Entsprechend entsteht das dritte Bild. Das Verfahren kann beliebig weit fortgesetzt werden. Kūšyār bricht mit dem Quotienten 03,59 und dem Rest 08,25 ab.

Al-Kāšī rechnet 18, 4,19,36 : 25,36,50 nach dem gleichen Schema wie oben links (S. 237), nur rückt er nach jedem Schritt nicht den Divisor nach rechts, sondern den neuen Dividenden nach links [85 f.], [Luckey 2; 49]:

42	20	0	45
18 17	4 55	19 47	36 0
8 8	32 32	36 16	 40
0	19	20	
19	20 25	 36	 50

Wie dabei die Stellenzahl zu ermitteln ist, also die Beziehung, die wir heute in der Form $a \cdot 60^m : b \cdot 60^n = (a : b) \cdot 60^{m-n}$ ausdrücken würden, war den Arabern bekannt (s. S. 273).

Andererseits wurde auch von der Möglichkeit Gebrauch gemacht, Sexagesimalzahlen nach der kleinsten Benennung aufzulösen und dann dezimal zu rechnen.

Neben diesen allgemeinen Verfahren wird gelegentlich empfohlen, den Divisor in Faktoren zu zerlegen, z.B. statt durch 36 zuerst durch 4 und dann durch 9 zu teilen (**al-Ḥaṣṣār** [Suter 3; 20], **al-Qalaṣādī** [19]). Diese Möglichkeit erwähnen später noch **Luca Pacioli** [a; 33ʳ], **Cataneo** [10ʳ ff.] und **Tartaglia** [1; **1**, 35ᵛ f.] als *repiego*.

Die Grenzen zwischen der Staubbrettmethode und dem Überwärtsdividieren sind oft schwer zu ziehen. Wenn die Staubbrettmethode in einem Rechenbuch geschildert werden soll, so nimmt sie in der Darstellung fast von selbst die Form des Überwärtsdividierens an. Auch der sprachliche Ausdruck gibt nicht immer eine klare Entscheidung; **Apian** schreibt einmal [P 1ᵛ]: *lesch 8 ab mit einem strichel, delir 8 setz 1 darüber.* Aus den Wörtern *löschen, delere* und ähnlichem kann man also nicht unbedingt auf die Benutzung eines Staubbrettes schließen. Wenn der Dividend genau zwischen Quotient und Divisor steht, wie z.B. bei **Kūšyār ibn Labbān** (s. S. 235 f.), dann muß wohl ein Staubbrett benutzt worden sein. Schreibt man dagegen das Resultat in eine freigelassene Zeile zwischen Dividend und Divisor, oder rechts daneben, so ist nach oben und unten Platz, um Änderungen des Dividenden und Verrückungen des Divisors anschreiben zu können.

In Byzanz finden wir bei **Maximos Planudes** eine Art Überwärtsdividieren mit etwas geänderter Anordnung [1; 21], [2; 29]. Der jüdische Mathematiker **Abraham ben Ezra** schildert die Staubbrettmethode [12 ff.], **Levi ben Gerson** das Überwärtsdividieren [85 ff.]; bei beiden steht der Quotient zwischen Dividend und Divisor.

Welche Verfahren im Abendland benutzt worden sind, zeigt die folgende Tabelle, wobei sich allerdings nicht immer genau sagen läßt, welche Autoren tatsächlich noch ein Staubbrett benützt haben. Das Überwärtsdividieren wird sehr lange bevorzugt verwendet. Es wird nach dem entstehenden Schriftbild als eine *Galeere* bzw. ein *Boot* bezeichnet (s. [D.E. Smith 6; **2**, 138]), so:
im Bamberger Rechenbuch von 1483: *Teylen in Galein* [12^r],
bei **Borghi**: *partir per batello* [20^r],
bei **Widman**: *teilen in galleen* [17^r],
bei **Luca Pacioli**: *modo dividendi dicto galea vel batello* [a; 34^r],
bei **Cataneo**: *partire a galera* [12^r],
bei **Tartaglia**: *partire detto per Batello, ouer per Galea* [1; **1**, 32^r].

Die „lange Division" erscheint erstmals in einem Manuskript von ca. 1460 [D.E. Smith 1; 462]. Bei **Luca Pacioli** heißt sie *danda* = Gängelband [a; 33^v], ebenso bei **Cataneo** [11^r] und **Tartaglia** [1; **1**, 35^r f.]. **Apian** beschreibt die lange Division [Q 6^r f.] *vō wegen der fleyssigen schuler / ßo alle ding und heymlickheit der rechen kunst / erforschen wöllen* / und empfiehlt für die Praxis das Überwärtsdividieren. Anschließend behandelt er auch ein dem ägyptischen ähnliches Verfahren mittels fortgesetzten Halbierens, kombiniert es aber mit der Positionsschreibweise [Q 7^r f.].

Leonardo von Pisa sagt, daß man für das Dividieren zuerst die Division durch die Zahlen von 2 bis 10 beherrschen müsse, entweder im Kopf oder mit Hilfe einer Tabelle, wie er sie auf [1; **1**, 25 f.] wiedergibt; einige Zeilen der $\frac{1}{4}$-Tabelle lauten:

$\frac{1}{4}$ *de* 1 *est* 0 *et remanet* 1

$\frac{1}{4}$ *de* 2 *est* 0 *et remanet* 2

$\frac{1}{4}$ *de* 3 *est* 0 *et remanet* 3

$\frac{1}{4}$ *de* 4 *est* 1

$\frac{1}{4}$ *de* 5 *est* 1 *et remanet* 1

. . . .

bis: $\frac{1}{4}$ *de* 40 *est* 10

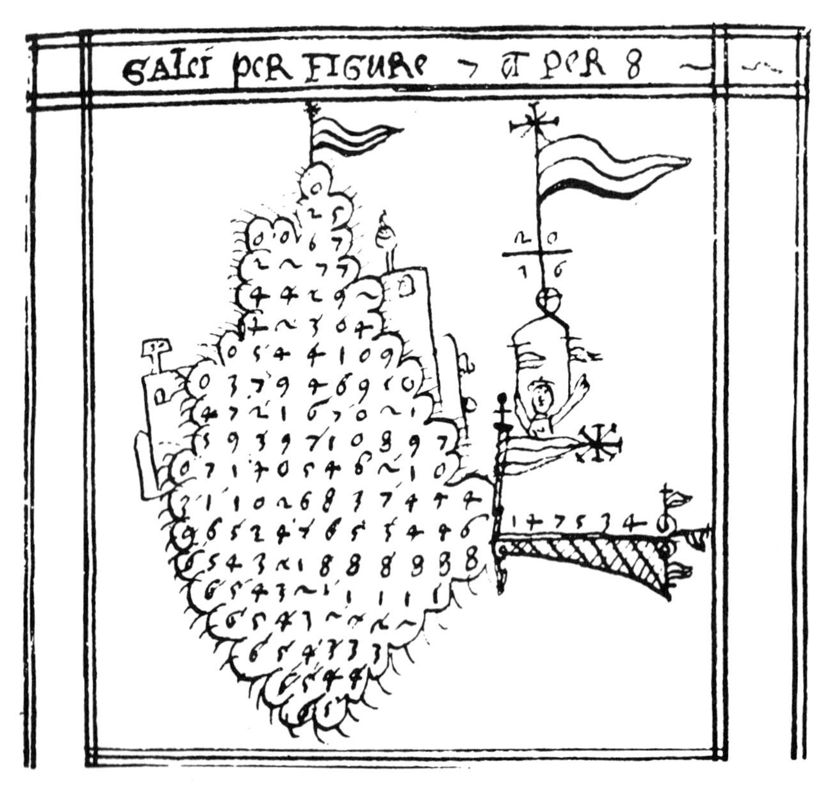

Abbildung 35. Aus einem Manuskript aus dem 16. Jahrhundert, das ein venezianischer Mönch geschrieben hat und das nun in der Plimpton-Library, New York liegt (nach [D.E. Smith 6; 2, 138]).

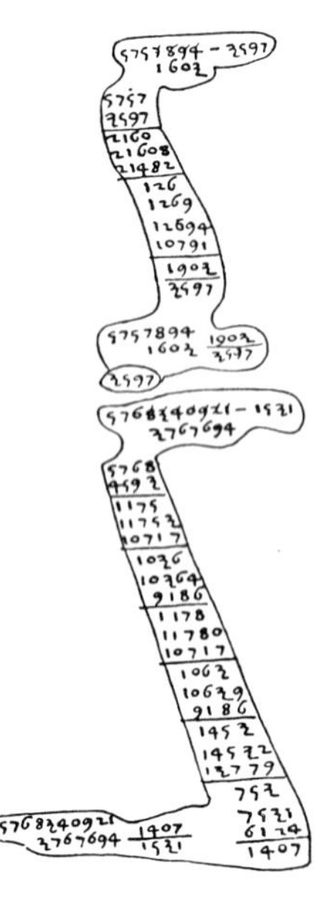

Abbildung 36. Lange Division in einem italienischen Manuskript von ca. 1460 (nach [D.E. Smith 6; 2, 141], [D.E. Smith 1; 462]).

Tabelle 23: Übersicht über die verwendeten Divisionsmethoden.

		Staubbrett-methode	Überwärts-dividieren	lange Division
12. Jh.	Johannes Hispalensis	44	33	
1200	Leonardo von Pisa 1; **1**		33	
1230	Sacrobosco	12		
1300	Petrus de Dacia	61		
1410	Prosdocimo 1 (1483)		13^{r}	
1464	Regiomontan 3		280	
1478	Treviso-Arithmetik		22^{v}	
1483	Bamberger Rechenbuch		12^{r}	
1484	Chuquet		599	
1484	Borghi		20^{r}	
1489	Widman (1508)		17^{v}	
1491	F. Calandri 2 (1518)			e 5^{r}
1492	Pellos		12^{r}	
1494	Luca Pacioli a		34^{r}	33^{v} f.
1501	Livre de getz		C 5^{r}	
1514	Böschensteyn		A 5^{v}	
1518	Grammateus 1		A 7^{v}	
1526	Rudolff 2 (1550)		b 3^{v}	
1527	Apian		B 7^{r}	O 6^{r}
1533	Ries 2		B 1^{r}	
1539	Cardano 2		25	
1542	Recorde 1		G 7^{r}	
1545	Gemma Frisius		23 ff	
1546	Stifel 3		11^{v}	
1546	Cataneo		12^{r}	11^{r}
1555	Ramus 1		10	
1556	Tartaglia 1; **1**		32^{r}	35^{r}
1558	Trenchant 1		41	
1559	Buteo		26	
1585	Clavius		50	
1631	Oughtred (1667)		13	13
1713	Wolff 2 (1730)		48	49
1755	Lechner		38	
1767	Karsten **1**		61	
1821	Vega **1**			31
1825	Ohm **1**			110

Auch **Tartaglia** gibt solche Tabellen unter der Überschrift *Partiri necessari di saper à mente* [1; **1**, 28ʳ].

Gelegentlich wird empfohlen, zunächst der Reihe nach die Vielfachen des Divisors anzuschreiben, z.B. bei **Rudolff** [2; b 3ᵛ, f 3ᵛ] (vgl. **al-Kāšī** S. 237).

Verschiedene Varianten im Anschreiben der langen Division sind auch heute noch üblich. Eine gewisse Vereinfachung erhält man dadurch, daß man die Subtraktion der Teilprodukte durch die österreichische Methode des Heraufzählens ausführt (s. S. 197). Man spart dann das Anschreiben der Zwischenprodukte.

Fachwörter

Babylonier

Die babylonische Fachsprache für die Division betrifft ausschließlich die Reziprokenbildung, der entsprechende Terminus ist *igi* = Auge (s. S. 99, 375). Er kommt häufig in Verbindung mit *gál-bi* = sein, du_8(sumerisch) und *paṭāru* (akkadisch) = spalten, teilen vor [MKT; **2**, 25 f., **3**, 71, 69].

Beispiele:
igi 50 gál-bi 1,12 (BM 34568, Vs. II, 15).
Das Reziproke von 50 (ist) 0; 1,12 [MKT; **3**, 15, 18].

igi 5 gál ta-pa-ṭar-ma 12 in-gar (YBC 6504, Vs. 15).
Den 5-ten Teil brichst Du ab und 0;12 gibt es [MKT; **3**, 22, 23].

igi 10 erim du_8*-ma 6 in sum* (SKT 362 Vs. 7).
Das Reziproke von 10, den Leuten, gebildet und 0;6 gibt es [MKT; **1**, 239, 241].

Ägypter

Die Verwendung von *w3ḥ-tp m* für die Division wurde auf S. 223 erläutert. Außerdem wird das Dividieren durch *niś* = *herausrufen* ausgedrückt:

niś ḫr.k 1 ḫnt 3 $\overline{3}$ [Papyrus Rhind; Probl. 35].

Rufe 1 heraus aus $3\frac{1}{3}$, d.h. man soll 1 durch $3\frac{1}{3}$ dividieren. Ebenso kommt *niś* im Papyrus Rhind, Probl. 38, 63, 66, 67 und im Papyrus Moskau [77, 99, 133] vor.

Verschiedene Bezeichnungsweisen für dividieren finden sich im Demotischen, so z.B. *fy* = tragen, siehe hierzu S. 1/138, *ṯ3* = nehmen, *in* = bringen und *pš* = herbeibringen [Parker; 8].

Griechen

1. Werke, in denen das Divisionsverfahren gelehrt oder beschrieben ist, sind aus der klassischen Zeit nicht erhalten. Infolgedessen kommen Worte für *Dividend, Divisor* gar nicht, ein Wort für *Quotient* selten vor.
2. In den Werken, in denen Rechnungen durchgeführt werden, heißt dividieren durch . . .

   μερίζειν παρὰ . . . **Heron** [4, 244]; **Diophant** [1; **1**, 278 = IV, 33].
   μερίζειν εἰς **Diophant** [1; **1**, 282 = IV, 33 (Lemma)]; **Nikomachos** [1; 13 = I, 7, 2].

In dem Fragment des 2. Buches von **Pappos'** *Collectiones*, in dem Rechenverfahren von **Apollonios** dargestellt sind, steht [1;20]: *μερισθέντα δὲ τὰ λζ' εἰς τὸν δ' ποιεῖ τὸν ἐκ τοῦ μερισμοῦ θ' καὶ καταλείπεται α'*: Die 37 dividiert durch die 4 ergeben die aus der Division ⟨entstehende Zahl⟩ 9 und es bleibt der Rest 1. Hier ist also *ὁ ἐκ τοῦ μερισμοῦ* für Quotient benutzt.

3. Daß eine Zahl *Teiler* einer anderen ist, wird durch *μετρεῖν* = *messen* wiedergegeben, z.B. bei **Euklid** [El. 7, Def. 8,9 und öfter], **Nikomachos** [1; 31 = I, 13, 3], **Diophant** [1; **1**, 134 = II, 34]. **Pappos** (bzw. **Apollonios**) läßt auch zu, daß beim „Messen" ein Rest bleibt [4].

4. In geometrischen Werken wird das Dividieren im allgemeinen durch das Rechnen mit Verhältnissen ersetzt. Die der Division entsprechende geometrische Operation ist das *Anlegen* einer Fläche an eine Strecke: *παραβάλλειν*: **Euklid** [El. 1, 44, ferner 6,27-29]. Nach **Proklos** [1; 419] ist es eine Erfindung der **Pythagoreer**. *Παραβάλλειν* wird auch für die Division von Zahlen gebraucht: **Nikomachos** [1; 140 = II, 27, 7], **Diophant** [1; **1**, 238 = IV, 22], hier wird allerdings ein quadratischer Ausdruck $(x^2 + 2x)$ durch einen linearen $(4x + 9)$ dividiert. **Diophant** gebraucht auch *παραβολή* für den Quotienten $(12 + 6k) : (k^2 - 3)$ [1; **1**, 302 = IV, 39].

5. *διαιρεῖν* oder *τέμνειν* (schneiden) bedeutet das Zerlegen einer Strecke oder einer Zahl in Teile, die nicht notwendig einander gleich sein müssen.

   Platon [Staat 525 d, e]: *ἐάν τις αὐτὸ τὸ ἓν ἐπιχειρῇ τῷ λόγῳ τέμνειν*: wenn jemand es unternähme, die Eins in Gedanken zu zerschneiden.

Euklid [El. 2, 5]: *Ἐὰν εὐθεῖα γραμμὴ τμηθῇ εἰς ἴσα καὶ ἄνισα*. . . Wenn eine Strecke in gleiche und ungleiche ⟨Teile⟩ geteilt wird.

Nikomachos [1; 13 = I, 7, 2]: Gerade ist eine Zahl, die in zwei gleiche geteilt werden kann (*εἰς δύο ἴσα διαιρεθῆναι*); gleich darauf schreibt er im gleichen Sinne *μερισθῆναι*.

Diophant [1, **1**, 296 = IV, 38]: *ταῦτα δεῖ διαιρεθῆναι εἴς τε κύβον καὶ τρίγωνον*. Dies soll in eine Kubikzahl und eine Dreieckszahl zerlegt werden ⟨d.h. in eine Summe⟩.

Die verschiedenen Fachwörter haben also anscheinend ursprünglich jeweils eine ganz bebestimmte Bedeutung, die sich allmählich verwischt hat. **Nikolaos Rhabdas** verwendet für dividieren: *μερίζειν* [98, 100, 146], *διαιρεῖν* [142, 148, 150], *παραβάλλειν* [140, 148]. Er braucht auch Ausdrücke für den Dividenden: *ὁ μεριζόμενος ἀριθμός* [100], *ὁ ἀριθμὸς τῆσ διαιρέσεως* (die Zahl der Teilung) [193], und für den Divisor wenigstens eine Umschreibung: . . . *πρὸς ὃν μερίζεται* (die ⟨Zahl⟩, durch die dividiert wird).

Römer

Dividere bedeutet zunächst allgemein teilen, einteilen, vgl. **Caesar**, *De bell.gall.: Gallia est omnis divisa in partes tres*. . . **Vitruv** benutzt das Wort, wenn Bauelemente in gleiche Teile zu teilen sind, z.B. . . . *dividatur longitudo in partes V* [X, 6, 4]. In den Schriften der römischen Feldmesser wird bei der Einteilung von Feldern *(in agris divisis)* gelegentlich dividiert, was durch *davon nehme ich den 20. Teil (huius sumo partem XX)* [**1**, 290] ausgedrückt wird. Bei **Boetius** steht eine doppelte Bedeutung unmittelbar hintereinander: *Prima divisio* (die erste Einteilung ⟨der Zahlen⟩) *est in inparem atque parem. Et par quidem est, qui potest in aequalia duo dividi. . .* [13]. Fast wörtlich ebenso steht es bei **Martianus Capella** [379] und bei **Cassiodorus** [133].

Chinesen

Das für das Dividieren hauptsächlich gebrauchte Wort ist *ch'u* = wegnehmen, wegtun, das auch für das Subtrahieren verwendet wurde (s. S. 201). Andere Wörter sind *yo* und *ching* = ordnen, regulieren.

Der Dividend heißt *shih* = das wirklich Vorhandene, der Divisor *fa* = das Gesetz.

In Worten wird die Division folgendermaßen ausgedrückt: *shih ju fa ērh i*. Der Dividend kommt zum Divisor und ⟨bildet⟩ 1 [Chiu Chang Suan Shu 3; 111 f.] vgl. [Libbrecht; 84].

Inder

Im *Bakhshālī*-Manuskript [30] wird die Division 300 : 60 so ausgedrückt:

| 60 | *anena dṛṣyaṃ bhājitaṃ* | $\frac{1}{60}\ \frac{300}{1}$ | *jātā* | 5 |

60, durch dieses werde 300 dividiert, $\frac{1}{60}\ \frac{300}{1}$, ist geworden 5.

dividieren:
bhāgaṃ hṛ- oder nur *hṛ-* = den Teil wegnehmen: **Āryabhaṭa I** [Gaṇ. 7, 8], vgl..*bhāga* = Bruch, Teil;
bhaj- = austeilen: **Āryabhaṭa I** [Gaṇ. 5];
chind- = abschneiden, einteilen: **Āryabhaṭa I** [Gaṇ. 11].

Division:
bhāgahāra, bhājana, haraṅa, chedana: bei **Bhāskara II** [1; 8].

Dividend:
bhājya: **Śrīpati** [LV], **Bhāskara II** [1; 8];
hārya: **Śrīpati** [LV].

Divisor:
bhāgahāra: **Āryabhaṭa I** [Gaṇ. 27], **Śrīpati** [LV f.], **Bhāskara II** [1; 8];
hara, hāra: **Śrīpati** [LV f.], **Bhāskara II** [1; 8];
bhājaka: **Śrīpati** [LV f.], **Bhāskara II** [1; 8];
bhāgagṛhāṅka: **Śrīpati** [LV f.].

Quotient:
labdha = das Erlangte, das Erhaltene: **Āryabhaṭa I** [Gaṇ. 4], **Śrīpati** [LVI];
labdhi: **Śrīpati** [LVI], **Bhāskara II** [1; 8].

Araber

Dem Dividieren liegt im Arabischen *qasm* = teilen zugrunde: *qisma* = Division, *maqsūm* = Dividend, *maqsūm ᶜalaihi* = Divisor, *ḥāṣil min al-qisma* = Resultat der Division, Quotient [Uqlīdisī 2; 405], **Kūšyār ibn Labbān** [9, 108, 109]; bei **al-Uqlīdisī** wird der Quotient auch nur als *qism*, bei **Bahā' al-Dīn** als *al-naṣīb* = Teil bezeichnet [Uqlīdisī 2; 405].

Abendland

Die lateinisch geschriebenen Werke übernehmen *dividere* und die davon abgeleiteten Ausdrücke.

Al-Ḫwārizmī bzw. sein Bearbeiter schreibt den Divisor unter den Dividenden und nennt daher den Dividenden *numerus superior quem dividimus* und den Divisor *numerus inferior* oder *numerus super quem dividitur* [2; 27 ff.].

Von **Johannes Hispalensis** zitieren wir ein Stück eines Satzes, in dem alle benutzten Fachwörter vorkommen [44]: *clarum erit quociens dividens contineatur in dividendo* (... dann wird klar sein, wie oft der Divisor im Dividenden enthalten ist).

Gerbert verwendet die Ausdrücke *divisio* [12], aber auch *particio* [12], *divisor, dividendus* [13].

Leonardo von Pisa erklärt [1; **1**, 28]: *Et notandum quod numerus qui dividitur vocatur divisus vel dividendus; et numerus qui dividit vocatur dividens, vel divisor; et numerus qui provenit ex divisione vocatur procedens vel exiens.* (Es ist zu merken: die Zahl, die dividiert wird, heißt die geteilte oder die zu teilende; die Zahl, die teilt, heißt die teilende oder der Teiler; und die Zahl, die bei der Division herauskommt, heißt die hervorkommende oder die herauskommende.) Eine ähnliche Erklärung gibt **Sacrobosco** [11]. Er nennt den Quotienten *numerus denotans quotiens sive numerus exiens* (die Zahl, die angibt, wie oft ⟨der Divisor im Dividenden enthalten ist⟩ ...).

Diese Ausdrücke werden im allgemeinen als Fremdwörter in die europäischen Sprachen übernommen. Bemerkenswert ist, daß das undeklinierbare *quotiens* in ein deklinierbares Adjektiv und in ein Substantiv übergeht. Aus *numerus denotans quotiens* wird *numerus quociens* bei **Jordanus Nemorarius** [1; 162], bei **Johannes de Muris** [2; 145] und bei **Petrus de Dacia** [64]. Hier lautet der Akkusativ noch *numerum quotiens.*

Prosdocimo de Beldomandi aber dekliniert: *numeri quotientis, numerum quotientem* [1; 13^r f.]. Daneben kommt vor: *scribe numerum denotantem quotiens* [1; 13^v]. Bei **Regiomontan** findet sich *numeri quotientes* [3; 234]. Im Algorismus Ratisbonensis kommt neben anderen Formulierungen auch diese vor: *a quotiente numerum 3 detrahe* (vom Quotienten ziehe die Zahl 3 ab) [AR; 334]. Im Cod. Vind. 5277 steht auf fol. 42^v, in einer Übersetzung eines Textes von **Levi ben Gerson**, *divisionis quotiens* [Curtze 7; 373].

Schreibweise, Divisionssymbol

Der Einführung von Divisionssymbolen gehen Abkürzungen der sprachlichen Ausdrücke und gewisse festgelegte Anordnungen voraus.

Abgekürzte sprachliche Ausdrücke kommen schon bei **Diophant** vor.

[1; **1**, 120 = II, 24]: *καὶ πάντα παρὰ* ς = und ⟨dividiere⟩ alles durch x.

[1; **1**, 288 = IV, 36]: $\delta\overline{\gamma}\,\mu o\rho.\,\delta\overline{a}$ $\quad \mathring{M}\overline{\gamma} = \frac{3\,x}{x-3}$.

Tabelle 24: Die für dividieren und für Quotient gebrauchten Ausdrücke.

	dividieren	Quotient
Treviso-Arithmetik	partire [22^v]	la parte [23^v]
Borghi	partir [16^v]	
Luca Pacioli a	partire ouer diuidere [31^v]	proueniens seu numerus quotiens sive lauenimento [33^v]
Cataneo	partire [8^v]	auuenimento [11^v]
Tartaglia 1; **1**	partire ouer diuidere [27^r]	lo auenimento [32^r]
Chuquet 1 ebenso: Estienne de La Roche	partir, diviser [599]	la part ou le quotiens [599]
Pellos	partir [10^r]	quocient [10^v]
Trenchant 1	partir [41]	quotient [41]
Clevischer Algorithmus	diuideren [134]	numerus quociens [135]
Niederländ. Rechenbuch 1508 [Bockstaele]	divideren, deylen [71]	summe die tusscen de linien staat [71]
Stevin 3	deelen [18]	somenichmal [18]
engl. Manuskript [Steele]	dyvyde [43]	quocient [43]
Recorde 1	part, divide [G 7^v f.]	quotient [H 1^r]
Bamberger Rechenbuch 1483	dividiren [13^r]	quotient [13^r]
Geom. Culmensis	teylen [67]	dy czal quociens [67]
Widman	dividieren, partieren, teilen [16^v]	quotient [18^v]
Rudolff 2	diuidiren, theilen [f 2^v]	quotient [f 4^v]
Wolff 3	dividiren, theilen [Sp. 554]	Quodient, auch Quotus sive Exponens [Sp. 1151 f.]

μορ. dürfte Abkürzung von *μορίων* sein; also 3 x von den (x − 3) Teilen, ähnlich zu [1; **1**, 60 = I, 25] $\overline{\gamma}\ \epsilon^{\omega\nu}$ = *τρεῖς πέμπτων* = drei von den Fünfteln.

Beim Überwärtsdividieren wird meist die Anordnung gelehrt:

Dividend Quotient
Divisor.

Der Quotient wird zweckmäßigerweise vom Dividenden getrennt, in der Treviso-Arithmetik [23ʳ] durch ∫, bei **Prosdocimo de Beldomandi** [1; 13ʳ] und **Borghi** [20ʳ ff.] durch einen Strich, sonst allgemein durch eine Klammer, z.B. bei **Widman** [18ʳ], **Grammateus** [1; A 8ᵛ], **Böschensteyn** [A 5ᵛ], **Apian** [O 6ʳ], **Recorde** [1; G 7ᵛ ff.], **Ries** [2; B 1ᵛ], **Stifel** [3; 12 ff.].

Bei einer Division durch eine einstellige Zahl ordnet **Borghi** so [17ʳ ff.]:

$$\text{Divisor}\ \left|\ \begin{matrix}\text{Dividend}\\ \text{Quotient}\end{matrix}\right.,\ \text{z.B. p 3}\ \left|\ \begin{matrix}23456\\ 7818\frac{2}{3}\end{matrix}\right.\ \langle \text{p} = \textit{per} \rangle .$$

Cataneo macht das auch bei der Division mittels Zerlegung des Divisors in Faktoren, z.B. bei der Division von 250047 durch 63 = 7 · 9 [10ᵛ]:

```
        2 5 0 0 4 7
p. 7 )    3 5 7 2 1
p. 9 )      3 9 6 9 .
```

Will man Platz haben, um nach oben und nach unten rechnen zu können, so empfiehlt sich die Anordnung

Divisor) Dividend (Quotient ,

die von **Oughtred** [1; 13] und **John Harris** [**1**, Hh 2ᵛ] gewählt wurde.

Allerdings sind die Klammern hier nur Trennungszeichen, während bei unserer Schreibweise

Dividend : Divisor = Quotient

die Zeichen : und = ihre festgelegte Bedeutung haben.

Der Bruchstrich als Divisionssymbol erscheint bereits bei **Leonardo von Pisa** [1; **1**, 24 und öfter] und **al-Ḥaṣṣār** [Cod. Gotha 1489; 20ᵃ] (s. S. 110). In der Buchstabenrechnung wird er von **Viète** und vielen Späteren als einziges Divisionssymbol gebraucht.

Stifel hat einmal M als Symbol für die Multiplikation, D als Symbol für die Division vorgeschlagen [2; 74ʳ]; anscheinend hat aber nur **Stevin** diese Symbole gelegentlich benutzt [2a; 24 = 1; 523], [2a; 396 f. = 1; 679 f.].

Der Schweizer **J. H. Rahn** führt in seiner *Teutschen Algebra* 1659 ÷ als Divisionszeichen ein [1; 8], das jedoch im kontinentalen Europa nicht in Gebrauch kommt. In England wird **Rahns** Algebra, von **Th. Brancker** übersetzt und von **J. Pell** mit Anmerkungen versehen, 1668 in London herausgegeben, ohne daß auf dem Titelblatt der Name **Rahn** erscheint. Infolgedessen wird dieses Symbol oft **Pell**'sches Divisionszeichen genannt.

Leibniz hat 1666 in *De arte combinatoria* ⌒ als Multiplikationszeichen und ◡ als Divisionszeichen verwendet. Später hat er statt dieser Zeichen den Punkt und den Doppelpunkt gewählt. Ob er den Doppelpunkt von der Schreibweise der Proportionen hergenommen hat, wissen wir nicht. Die Schreibweise a : b :: c : d kam nur selten vor, gebräuchlich was a . b : : c . d (s. S. 343). **Leibniz** hatte aber den Punkt für die Multiplikation verbraucht (s. S. 230). Jedenfalls tritt in einem Manuskript, das vermutlich 1678/79 entstanden ist, der Doppelpunkt sowohl für den Quotienten wie für das Verhältnis auf [1; **5**, 110], und in der ersten Veröffentlichung der Differentialrechnung in den *Acta Eruditorum* 1684 erklärt **Leibniz** [1; **5**, 223]: . . . *notetur, me divisionem hic designare hoc modo: x : y, quod idem est ac x divis. per y seu* $\frac{x}{y}$.

Wolff erklärt in den *Anfangsgründen* [1; 72], *daß das Zeichen der Division zween Puncte (:) sind.* **Euler** erklärt den Doppelpunkt und den Bruchstrich als gleichbedeutend [1; Teil 1, Abschn. 2, Kap. 4, § 282], auch **Cauchy** schreibt im *Cours d'analyse* [3; 338 = Note I]: *Pour indiquer le quotient de A par B, on emploie à volonté l'une des deux notations suivantes:* $\frac{A}{B}$, *A : B.* Er selbst bevorzugt den Bruchstrich.

Der schräge Strich / ist uns in den älteren Werken gar nicht begegnet; er scheint in jüngster Zeit aus druck- oder schreibtechnischen Gründen aufgekommen zu sein.

2.3 Bruchrechnen

2.3.1 Brüche in einem Positionssystem

Mit Brüchen, die in einem Positionssystem geschrieben sind, also im Wesentlichen Sexagesimalbrüchen und Dezimalbrüchen, rechnet man natürlich ebenso wie mit ganzen Zahlen. Dabei hat man nur auf das „Komma" zu achten, d.h. auf die Markierung, die den ganzzahligen Teil von dem echt gebrochenen Teil trennt.

Man kann das z.B. in der Weise machen, daß man Sexagesimalbrüche oder Dezimalbrüche oder auch Brüche mit irgendeiner Grundzahl g mit so hohen Potenzen von g multipliziert, daß sie ganzzahlig werden, und das Ergebnis durch die entsprechende Potenz von g dividiert.

Al-Nasawī und **al-Bīrunī** verwandeln Brüche, die in Grad, Minuten, Sekunden usw. gegeben sind, in *die Art des letzten Bruches* – allerdings zugleich in der Absicht, dann mit dezimalen an Stelle von sexagesimalen Zahlen rechnen zu können [Luckey 2; 44 f.]. Auch **Cardano** beschreibt dieses Verfahren, und zwar mit den Worten, es solle *alles auf die kleinste Benennung zurückgeführt werden (reducantur omnia ad minimam denominationem)* [2; 43 = Cap. 38, Nr. 4]. Bei einer Multiplikation ist dann zu berücksichtigen, daß z.B. Minuten mal Sekunden Terzen ergeben.

Regeln für das Rechnen mit Dezimalbrüchen gibt **Stevin** in der Schrift *De Thiende*, mit der eben dieses Rechnen mit Dezimalbrüchen in Europa eingeführt wurde.

2.3.2 Gewöhnliche Brüche

2.3.2.1 Grundlagen

Zwei Brüche $\frac{a}{b}$ und $\frac{c}{d}$ sind nicht nur dann gleich, wenn a = c und b = d ist, sondern schon dann, wenn ad = bc ist. Das macht es möglich, Brüche unter Erhaltung ihres Wertes umzuformen, nämlich zu kürzen, zu erweitern, auf denselben Nenner zu bringen. Beim Kürzen spielt der größte gemeinsame Teiler (g.g.T.), eine Rolle, beim Aufsuchen des Hauptnenners das kleinste gemeinsame Vielfache (k.g.V.). Die Grundlagen für all dieses stehen im 7. Buch der Elemente **Euklids**. Dieses Buch muß, nach **van der Waerden** [2; 182] „ganz den **Pythagoreern** vor **Archytas** zugeschrieben werden".

Die Definitionen, die für uns hier in Frage kommen, sind:

Def. 3.: *Teil einer Zahl ist eine Zahl, die kleinere von der größeren, wenn sie die größere genau mißt.*
Def. 4.: *Und Menge von Teilen, wenn sie sie nicht genau mißt.*
Def. 5.: *Und Vielfaches die größere von der kleineren, wenn sie von der kleineren genau gemessen wird.*

Wir würden den Begriff „Vielfaches" als Ausgangspunkt wählen und definieren: a ist Teiler von b, wenn b Vielfaches von a ist, d.h. wenn es eine Zahl n gibt, so daß n.a = b ist. Unter *Zahl* wird hier eine positive ganze Zahl verstanden. **Euklid** erklärt aber die Multiplikation zweier Zahlen erst in Def. 15. Wenn er *Teil* durch Messen definiert, so dürfte damit gemeint sein, daß bei wiederholtem Wegnehmen von a von b kein Rest bleibt. Wie oft man wegnehmen muß, ist gleichgültig; die Zahl n tritt nicht in Erscheinung. Trotzdem werden wir **Euklids** Definition als mit unserer Definition gleichbedeutend ansehen.

Wir schreiben:
für *a teilt b:* $a|b$ oder $a = \frac{b}{n}$ oder $a = b/n$,
für *a ist Menge von Teilen von b:* $a = m \cdot \frac{b}{n}$ oder $a = m \cdot (b/n)$.

Def. 11.: *Primzahl ist eine Zahl, die sich nur durch die Einheit messen läßt.*
Def. 12.: *Gegeneinander prim sind Zahlen, die sich nur durch die Einheit als gemeinsames Maß messen lassen.*
Def. 20.: *Zahlen stehen in Proportion* (ἀριθμοὶ ἀνάλογόν εἰσιν), *wenn die erste von der zweiten Gleichvielfaches oder derselbe Teil oder dieselbe Menge von Teilen ist wie die dritte von der vierten.*

Das besagt, wenn wir m = 1 oder n = 1 oder beides zulassen:

a : b = c : d gilt, wenn es zwei Zahlen m, n gibt, so daß
$a = m \cdot \frac{b}{n}$ und $c = m \cdot \frac{d}{n}$ ist.

Euklid bestimmt nun in §§1, 2 den g.g.T. von zwei Zahlen durch das „Euklidische Teilerverfahren", das er mit den Worten beschreibt: *Wenn man abwechselnd immer* *die kleinere Zahl von der größeren wegnimmt, dann muß schließlich eine Zahl übrig bleiben, die die vorangegangene mißt.*

Wenn wir Zahlenverhältnisse als Brüche interpretieren, so besagen die folgenden Sätze:

§§ 5–8: Das distributive Gesetz, wobei sich aus den Fallunterscheidungen von Def. 20 die entsprechenden Fallunterscheidungen ergeben.

§§ 9–12: Wenn $\frac{a}{b} = \frac{c}{d}$ ist, so ist auch $\frac{a}{c} = \frac{b}{d}$.

§ 16: Das kommutative Gesetz ab = ba.

§§ 17, 18: $\frac{na}{nb} = \frac{a}{b}$; das ist also die Grundlage für das Kürzen von Brüchen.

§ 19: $\frac{a}{b} = \frac{c}{d}$ gilt dann und nur dann, wenn ad = bc ist; das ist also die Bedingung für die Gleichheit von Brüchen. Wir zitieren diese Aussage als „Gleichheitssatz“.

Euklid lehrt in § 33: *Zu beliebigvielen gegebenen Zahlen die kleinsten von denen zu finden, die dasselbe Verhältnis haben wie sie.* Das geschieht, indem man durch den größten gemeinsamen Teiler dividiert.

In § 34 lehrt er: *Zu zwei gegebenen Zahlen die kleinste Zahl zu finden, die von ihnen gemessen wird.*

Man verschaffe sich zu den gegebenen Zahlen a, b die kleinsten, f, e, die dasselbe Verhältnis haben. Aus a : b = f : e folgt dann ae = bf, und das ist das gesuchte k.g.V.

In § 35 wird das k.g.V. von drei Zahlen a, b, c bestimmt, indem zunächst das k.g.V. d von a, b, sodann das k.g.V. von d und c bestimmt wird.

Euklid bestimmt also das k.g.V. nicht mittels der Primzahlzerlegung, obwohl ihm die einschlägigen Sätze zur Verfügung stehen, nämlich:

[El. 7, 30]: *Wenn eine Primzahl ein Produkt teilt, so teilt sie einen der Faktoren.* ⟨Gekürzt⟩.

[El. 7, 32]: *Jede Zahl ist entweder Primzahl oder wird von irgendeiner Primzahl gemessen.*

[El. 9, 14]: *Die kleinste Zahl, die von gewissen Primzahlen gemessen wird, läßt sich durch keine andere Primzahl messen außer den ursprünglich messenden.*

Diese Begriffe und Sätze **Euklid**s sind natürlich nicht überall und zu allen Zeiten bekannt gewesen und benutzt worden, zumal auch Brüche und Verhältnisse nicht ohne weiteres als dasselbe anzusehen sind.

Der größte gemeinsame Teiler (g.g.T.)

Es gibt im wesentlichen zwei Verfahren zur Bestimmung des g.g.T.:

1. Das Euklidische Teilerverfahren [El. 7, 1–3]. Damit läßt sich zunächst nur der g.g.T. von zwei Zahlen finden; den g.g.T. von mehreren Zahlen muß man dann

schrittweise berechnen, nämlich aus dem g.g.T. der ersten beiden Zahlen und der dritten usw.

Ein ähnliches Verfahren der wechselseitigen Subtraktion wird in den *Chiu Chang Suan Shu* [3; 8, 108] angewandt. Das Euklidische Verfahren lehrt **al-Karağī** [1; **1**, 11]; ferner finden wir es natürlich in den Euklid-Ausgaben, z.B. bei **Clavius** [zu El. 7, 1–3], dann auch bei **Girard** [2; A 3ʳ] und später bei **Dirichlet** [§ 4].

2. Man zerlegt die gegebenen Zahlen in ihre Primfaktoren und sammelt die allen gemeinsamen Primfaktoren. So beschreibt **Gauß** das Verfahren [2; §18]. Angewandt wurde es jedoch schon früher, z.B. von **Karsten** [**1**, 74] und später u.a. von **Ohm** [115].

Fachworte

maxima communis mensura: **Clavius** [zu El. 7, Prop. 2, 3], **Metius** [36], **Wolff** [3; Sp. 407 f.], **Gauß** [2; §18];
la plus grande commune mesure: **Girard** [2; A 3ʳ];
das größte gemeine Maaß: **Wolff** [3; Sp. 407 f.];
das größte gemeinschaftliche Maß: **Karsten** [**1**, 74], **Klügel** [2; **5**, 58], **Vega** [75];
der größte gemeinschaftliche Teiler: **Ohm** [114], **Klügel** [2; **5**, 58].

Das kleinste gemeinsame Vielfache (k.g.V.)

Zur Bestimmung des k.g.V. gibt es die folgenden Möglichkeiten:

1. Das oben (S. 250) geschilderte Verfahren von **Euklid**:
   Zu den gegebenen Zahlen a, b bestimmt man die kleinsten Zahlen f, e, die in demselben Verhältnis stehen. Dann ist v = ae = bf das k.g.V. Das k.g.V. von mehr als zwei Zahlen muß man dann schrittweise bestimmen. So verfährt z.B. **Clavius** [zu El. 7, Prop. 36 f.].
2. Die beiden Zahlen f, e erhält man, indem man a und b, solange es geht, durch gemeinsame Faktoren dividiert, systematisch: indem man sie durch den g.g.T. d dividiert. Es ist a = d.f, b = d.e, also $v = ae = \frac{a.b}{d}$. Damit hat man eine Variante zum ersten Verfahren: Man erhält das k.g.V. zweier Zahlen, indem man das Produkt durch den g.g.T. dividiert. So machen es z.B. **Girard** [2; A 3ʳ] und **Dirichlet** [§ 7]. Auf diese Weise bestimmt **al-Karağī** [1; **1**, 11 f.] den Hauptnenner von $\frac{1}{2}$, $\frac{1}{3}$, nämlich 6, dann von $\frac{1}{6}$, $\frac{1}{4}$ usw. bis $\frac{1}{10}$; das Ergebnis ist 2520. Ähnlich verfahren **Leonardo von Pisa** [1; **1**, 282] und **al-Kāšī** [Luckey 2; 32 f.].
3. Man zerlegt die gegebenen Zahlen in Primfaktoren und nimmt von jedem Primfaktor die höchste Potenz, die in einer der gegebenen Zahlen vorkommt. So beschreibt es **Gauß** [2; §18].

Fachworte

minimus commensaturus: **Leonardo von Pisa** [1; **1**, 282];
numerus, in quo quilibet numerorum positorum aliquociens contineatur precise: Algo-

rismus Ratisbonensis [AR; 38, Nr. 37];
minimus numerus, quem illi metiuntur: **Clavius** [Euklid 8; El. 7, 36];
minimus communis dividuus: **Metius** [37], **Gauß** [2; § 18];
le moindre mesure: **Girard** [2; A 3^r];
kleinster gemeinschaftlicher dividuus: **Klügel** [2; **5**, 62], **Kambly** [115];
kleinstes gemeinschaftliches Vielfaches: **Klügel** [2; **5**, 62], **Ohm** [115].

2.3.2.2 Das Vergleichen von Brüchen

Beim praktischen Bruchrechnen wird immer und überall benutzt, daß $\frac{na}{nb} = \frac{a}{b}$ ist. Seltener wird dies allgemein als Satz ausgesprochen und noch seltener begründet [Borghi; 36^r].

Der Gleichheitssatz in der Form

$$\frac{a}{b} = \frac{c}{d} \Leftrightarrow ad = bc$$

wird in der Praxis kaum gebraucht. Wir finden ihn z.B. in der **Euklid**-Ausgabe von **Clavius** [Zu El. 7,19], noch ergänzt durch: *Wenn das Verhältnis der ersten* ⟨Zahl⟩ *zur zweiten größer ist als das der dritten zur vierten, dann ist das Produkt aus der ersten und vierten größer als das aus der zweiten und dritten.* Es folgt dann die Umkehrung. Also:

$$\frac{a}{b} > \frac{c}{d} \Leftrightarrow ad > bc\,.$$

Bei **Tacquet** lauten die entsprechenden Sätze [148 = Buch 2, Kap. 2]:
Theorem 4. *Brüche, deren Zähler wechselweise multipliziert mit dem Nenner des anderen Bruches, die gleiche Zahl ergeben, sind gleich.*
Theorem 5. *Derjenige Bruch (A) ist größer als der andere (B), dessen Zähler multipliziert mit dem Nenner des anderen die größere Zahl ergibt.*

Chr. von Wolff sagt [1; 77 f. = § 78, 79]: *Wenn die Zehler in ihren Nennern gleich viel mal enthalten sind, so sind die Brüche einander gleich, als* $\frac{3}{6}, \frac{4}{8}, \frac{5}{10}, \frac{25}{50}$. . . *Wenn man demnach den Nenner und Zehler eines Bruches* ($\frac{4}{6}$) *durch eine Zahl (2) multipliciret oder dividiret; so sind die Brüche, so herauskommen* ($\frac{8}{12}$) *und* ($\frac{2}{3}$) *dem gegebenen* ($\frac{4}{6}$) *gleich.*

Euler entscheidet die Frage, *welcher von zwey gegebenen Brüchen größer oder kleiner sey als der andere,* indem er sie auf den gleichen Nenner bringt [5; 1. Teil, 1. Abschn., Kap.9, § 98].

2.3.2.3 Umformen von Brüchen. Fachsprache

Die Verfahren Brüche zu kürzen, zu erweitern, auf den gleichen Nenner zu bringen, eine gemischte Zahl in einen Bruch zu verwandeln und umgekehrt, sind allgemein so klar, daß wenig oder nichts darüber gesagt werden muß; so brauchen wir meist nur die Fachausdrücke anzugeben.

Kürzen

Daß die Ägypter mindestens durch 2 kürzen konnten, geht daraus hervor, daß im Papyrus Rhind die Werte von 2 : n nur für ungerade n berechnet sind.

Diophant nimmt *von allen das Sechstel πάντων οὖν τὸ ϛ^{ον}*, um bei den Brüchen $\frac{11007}{726}$, $\frac{2817}{726}$, $\frac{87}{726}$ im Nenner eine Quadratzahl (121) zu erhalten [1; **1**, 306 = IV, 39]. Um die Zähler dann wieder ganzzahlig zu machen und im Nenner eine Quadratzahl zu behalten, ist dann noch mit 4 zu erweitern (εἰς δ^α^ ἔμβαλε).

Nikolaos Rhabdas [120, 122] bezeichnet das Kürzen als *περιστῆσαι εἰς μειζόνων μορίων ποσότητα* = Umformen in eine Größe, die aus größeren Teilen besteht, oder als *εἰς ὀλιγοτέραν περιστῆσαι ποσότητα* = Umformen in eine kleinere Größe.

Die Chinesen sprechen von einem Abschätzen, Vergleichen *(yo)* [Chiu Chang Suan Shu 3; 8, 108].

Bei den Indern ist das Kürzen eine Vereinfachung durch Beseitigung gemeinsamer Faktoren bei Zähler und Nenner [DS; **1**, 189] bzw. ein Ausdrücken *in kleinsten Termen* (**Bhāskara II** [1; 15]).

Al-Karağī sagt [1; **1**, 10]: *Wenn ferner zwischen Zähler und Nenner Factorengemeinschaft (tašāruk) stattfindet, so nimmst du von jedem den gemeinschaftlichen Factor weg, damit das Verhältnis zwischen Zähler und Nenner auf seinen kürzesten Ausdruck gebracht werde.*

Im Abendland heißt Kürzen:
ad minorem denominationem reducere: **Jordanus** [Eneström 8; 49];
subtiliores minutias in grossiores reducere: **Gernardus** [2; 118];
ad minores (bzw. *minimos*) *terminos* (bzw. *numeros*) *reducere:* **Clavius** [2; 91], **Tacquet** [151], **Wolff** [2; 76];
Prüch kleiner machen: **Grammateus** [1; C 1^v^], **Rudolff** [2; d 3^r^], **Gehrl** [48];
aufheben: **Rudolff** [2; d 3^r^], **Wolff** [4; 39], **Klügel** [2; **1**, 365];
contrahirn: **Kaukol** [14];
kleinern: **Clausberg** [431];
schisare: **Paolo Dagomari** [1; 27], **Borghi** [36^r^], **Cardano** [2; 26];
schisare, che in francese si chiama Abbrevier: **Luca Pacioli** [a; 48^v^];
abreviar: **Pellos** [33^v^];
abrevier: **Chuquet** [1; 613], **La Roche** [13^r^];
abreger: **Girard** [2; A 3^v^];
abbreviren ⟨heißt⟩ aber abkürtzen oder verkleinern: **Lechner** [128];
abkürzen: **Vega** [74].

Erweitern

Diophant bezeichnet das Erweitern mit 4 durch εἰς δ^α^ ἔμβαλε [1; **1**, 306 = IV, 39], s.o.

Das Fachwort *erweitern* wurde anscheinend erst im 19. Jahrhundert gebildet (**Kroll** 1839 [25]).

Umwandlung gemischter Zahlen in Brüche

Mit gemischten Zahlen kann man wie mit Summen rechnen, z.B. $7\frac{2}{3} \cdot 54 = 7 \cdot 54 + \frac{2}{3} \cdot 54$. Dieses Beispiel steht bei **al-Uqlīdisī** [2; 67], doch wird natürlich oft und überall so gerechnet. Man kann auch die gemischte Zahl zu einem (unechten) Bruch machen, indem man die ganze Zahl mit dem Nenner des Bruches multipliziert usw. Auch das wird in fast allen Rechenbüchern gelehrt, sofern sie überhaupt die Bruchrechnung behandeln. Wir nennen stellvertretend **Brahmagupta** [1; 278], **Mahāvīra** [63 ff.], **Bhāskara II** [1; 15].

Das Verfahren heißt bei den Griechen *ἀναλύειν* [Heron; **4**, 344].

Die Inder unterscheiden bei den gemischten Zahlen solche, bei denen der Bruch addiert wird $\langle a + \frac{b}{c} \rangle$: *bhāgānubandha*, und solche, bei denen der Bruch subtrahiert wird $\langle a - \frac{b}{c} \rangle$: *bhāgāpavāha.* Entsprechend heißt die Umwandlung in einen unechten Bruch *bhāgānubandha-jāti* bzw. *bhāgāpavāha-jāti.* **Bhāskara II** [1; 15], [DS; **1**, 196]. Wörtlich bedeutet: *bhāga* = Zähler des Bruchs, *anubandh-* = anbinden, *apavāh-* = wegziehen, *jāti* = *genus* = Art (des Rechenverfahrens).

Bei den Arabern ist das Überführen in Brüche eine Um-artung, ein Einrichten *(taǧnīs)* [Luckey 2; 32].

Im Abendland heißt es:
reducere in genus fractionum: **Johannes Hispalensis** [61];
retrahere ad suam fractionem: [Curtze 5; 23];
prich das gancz in sein teyl: Bamberger Rechenbuch von 1483 [14r];
einrichten: **Christoph Rudolff** [2; d 1r].

Umwandeln von Brüchen in gemischte Zahlen

Das Herausziehen von Ganzen aus einem unechten Bruch heißt bei den Arabern *rafᶜ* = Erhöhung [Luckey 2; 32]. **Johannes de Lineriis** sagt: *ad integra reducere* [Busard 1; 24], **Girard**: *demesler les entiers des fractions* [2; A 3v]. Feste Fachausdrücke scheinen sich aber im allgemeinen nicht gebildet zu haben. **Rudolff** umschreibt [2; d 1v]: *wann der zeler grösser ist als der nenner / sol man den zeler abtheilen.*

Gleichnamig machen; Hauptnenner

Zum Vergleichen sowie zum Addieren und Subtrahieren sind Brüche auf den gleichen Nenner zu bringen. Das geschieht z.B. in den *Chiu Chang Suan Shu* [3; 8, 108], indem man alle Nenner miteinander und jeden Zähler mit allen übrigen Nennern multipliziert. **Bhāskara II** sagt, daß der intelligente Rechner diese Zahl durch das kleinste gemeinsame Maß verkürzt [1; 13].

Wie **al-Karaǧī**, **Leonardo von Pisa** und **al-Kāšī** den Hauptnenner von $\frac{1}{2}, \frac{1}{3}, \ldots, \frac{1}{10}$ berechnen, wurde auf S. 251 gesagt. Bei **al-Kāšī** heißt das Verfahren *ittiḥād* = Vereinheitlichung (der Nenner) [Luckey 2; 32].

Barlaam lehrt [b; 22]: *Eine gegebene Menge ungleichnamiger Brüche gleichnamig zu machen* = Τὸ δοθὲν πλῆθος ἑτερωνύμων μερῶν ἀναλῦσαι εἰς συνώνυμα μέρη. (Die Definitionen von *gleichnamig* und *ungleichnamig* stehen in Buch 1 Def. H und Θ). **Chamber** übersetzt das: *Datam multitudinem diversi nominis minutiarum, in unius, et eiusdem nominis minutias resolvere* [Barlaam a; 25].

Ferner werden u.a. die folgenden Bezeichnungen gebraucht:
reductio fractorum ad nomen idem: **Tacquet** [152];
Brüche ausrichten: Cod. Vindob. 3029 [17 (16)^v], Bamberger Rechenbuch von 1483 [15^v], Cgm 821 [60^v], **Böschensteyn** [A 7^v];
unter einen namen bringen: **Neudörffer** [B 3^v];
gleichnamig machen: **Simon Jacob** [23^r], **Meinert** [76];
zu gleichen Nennern bringen: **Euler** [5; 1. Teil, 1. Abschn., Kap. 9, §98];
auf gleiche Benennung bringen: **Vega** [84].

Der Hauptnenner heißt:
gemain nenner: Clm 14 908 [AR; 59, Nr. 97];
gemein nenner: **Apian** [F 1^r];
Generalnenner: **Pescheck** [2; 97], **Clausberg** [431].

Die Bezeichnungen *kleinster gemeinschaftlicher Nenner* [Klügel 2; **1**, 364] und *le commune denomination* [Girard 2; A 4^r] wird man nicht eigentlich als Fachworte an-sehen.

2.3.2.4 Addition von Brüchen

Wenn Brüche in einem Positionssystem geschrieben werden, wie schon bei den Babyloniern und bei den griechischen und arabischen Astronomen, werden sie in derselben Weise addiert wie ganze Zahlen.

Die Ägypter konnten nur Stammbrüche (und 2/3) schreiben; was wir als allgemeinen Bruch schreiben, war für sie eine Summe von Stammbrüchen. Die Summe von zwei Summen von Stammbrüchen ist natürlich wieder eine Summe von Stammbrüchen. Würde man sie einfach zusammenschreiben, so wäre die Addition trivial, aber das Ergebnis unübersichtlich. Man half sich mit *Hilfszahlen*, wie z.B. in der Aufg. 7 des Papyrus Rhind. Es soll $(1 + \frac{1}{2} + \frac{1}{4}) \cdot (\frac{1}{4} + \frac{1}{28})$ ausgerechnet werden; das ist in unserer Schreibweise $\frac{7}{4} \cdot \frac{2}{7} = \frac{1}{2}$.

Schreiben wir in Anlehnung an die ägyptische Darstellung $\bar{n}$ für $\frac{1}{n}$, so sieht die ägyptische Rechnung zunächst so aus:

$$\begin{array}{lll} 1 & \bar{4} & \overline{28} \\ \bar{2} & \bar{8} & \overline{56} \\ \bar{4} & \overline{16} & \overline{112}. \end{array} \qquad (1)$$

Es sind die rechts stehenden Stammbrüche zu addieren. Der Rechner ersetzt die Brüche der ersten Zeile durch

7 1 ,

d.h. er verwendet 1/28 als neue Einheit. Man könnte daran denken, daß er Ellen in Fingerbreiten (Zoll) verwandelt; 1 Elle = 28 Zoll. Nun halbiert er diese Zahlen:

$$\begin{array}{rrrr} & & 7 & 1 \\ & 3 & \overline{2} & \overline{2} \\ 1 & \overline{2} & \overline{4} & \overline{4}\,. \end{array} \qquad (2)$$

Jetzt ist die Addition leicht auszuführen; sie ergibt 14, also ist das Ergebnis ⟨14/28⟩ = 1/2.

Die „Hilfszahlen“ (2) stehen im Papyrus Rhind in roter Tusche unter den entsprechenden Zahlen in (1). In gewisser Weise ist hier 28 als „Hauptnenner“ gewählt, aber nicht alle Zähler sind ganze Zahlen. Es genügt, daß ihre Summe leicht zu bilden ist.

Es ist also wichtig, zu wissen, wann sich eine Summe von Stammbrüchen vereinfachen läßt. Das sieht man leicht, wenn die Nenner Potenzen von 2 sind ($\frac{1}{4} + \frac{1}{4} = \frac{1}{2}$), oder wenn der größte Nenner als ein bekanntes Maß betrachtet werden kann, wie im obigen Beispiel oder auch z.B. 30 als die Anzahl der Tage eines Monats. Mit Hilfe solcher Maßnenner kann man sicher ziemlich viel im Kopf rechnen [VM; **1**, 37 f.]. Eine Lederrolle aus der Hyksoszeit [Glanville 1] enthält eine Liste von Stammbruchsummen, die einen Stammbruch ergeben, z.B.:

$$\begin{array}{llllll} & & \overline{10} & \overline{40} & \overline{8} & \text{ist es} \\ \overline{25} & \overline{15} & \overline{75} & \overline{200} & \overline{8} & \text{ist es}\,. \end{array}$$

Daß bei den Griechen das Addieren von Brüchen Gegenstand des Unterrichts war, sieht man aus einem Scholion zu **Platons** *Charmides* [165 E], in dem das Addieren und Zerlegen von Brüchen ausdrücklich genannt wird: *αἱ τῶν μορίων συγκεφαλαιώσεις καὶ διαιρέσεις*.

Beispiele zeigen, daß noch bis in die byzantinische Zeit das Rechnen mit Stammbrüchen beliebt war, obwohl man allgemeine Brüche schreiben und auch mit ihnen rechnen konnte. **Heron** rechnet z.B. [**4**, 220]: $25 : 13 = 1\,\frac{1}{2}\,\frac{1}{3}\,\frac{1}{13}\,\frac{1}{78} = 1\,\frac{12}{13}$ (*μονὰς μία καὶ λεπτὰ ιγ′ ιγ′ $\overline{ιβ}$* vgl. S. 103). Verschiedene Papyri, so Pap. Michigan 145 (2. Jh.), Michigan 146 (4. Jh.), Pap. Aẖmīm (6. Jh.), auch ein Brief von **Nikolaos Rhabdas** enthalten Tabellen für die Zerlegung von $m \cdot \frac{1}{n}$ in Stammbrüche, und Aufgaben, bei denen diese Zerlegungen benutzt wurden, z.B. Pap. Aẖmīm, Aufg. 9 [67]: *Von $\frac{2}{3}$ ziehe $\frac{1}{4}\,\frac{1}{44}$ ab. In welcher Tabelle steht $\frac{1}{4}\,\frac{1}{44}$?* (Ἐν ποίᾳ ψήφῳ δ″ μδ″;). *In der Tabelle der 11-tel bei 3* (Es ist das 11-tel von 3). *$\frac{2}{3}$ von 11 sind $7\frac{1}{3} - 3 = 4\frac{1}{3}$; und von $4\frac{1}{3}$ nimm das 11-tel; so ergibt sich $\frac{1}{3}\,\frac{1}{22}\,\frac{1}{66}$*. (2/3 ist als Stammbruch aufzufassen.)

Andererseits rechnet bereits **Diophant** [1; **1**, 288 = IV, 36]:

$$\frac{3x}{x-3} + \frac{4x}{x-4} = \frac{3x(x-4) + 4x(x-3)}{(x-3)(x-4)}$$

und beschreibt das so: *ς $\overline{γ}$ μορ. ς$\overline{α}$ ⋔ $\overset{\circ}{M}\overline{γ}$ καὶ ς$\overline{δ}$ μορ. ς$\overline{α}$ ⋔ $\overset{\circ}{M}\overline{δ}$, οἱ ς τοῦ μέρους ἐπὶ τὰ ἐναλλὰξ μόρια πολλαπλασιασθήσονται.* Die x jedes Bruches werden wechselseitig mit den Nennern multipliziert. . .

Seither ist das Verfahren mit geringen Modifizierungen das gleiche: die Brüche sind auf einen Nenner zu bringen und die Zähler zu addieren. Die einzelnen Rechenbücher unterscheiden sich nur darin, daß sie als Hauptnenner das Produkt oder das k.g.V. der Nenner wählen, und daß sie bei mehreren Brüchen erst zwei addieren und die anderen einzeln dazunehmen oder gleich den Hauptnenner (das Produkt oder das k.g.V.) für alle Nenner bilden.

2.3.2.5 Multiplikation von Brüchen

Bei der Multiplikation mit einem Bruch als Multiplikator, z.B. $7 \cdot \frac{3}{4}$, versagt die Definition, daß der Multiplikand so oft addiert werden soll wie der Multiplikator Einheiten enthält, es sei denn, man faßt im Beispiel $\frac{1}{4}$ als neue Einheit auf; dann erhält man $7 \cdot 3$ solche Einheiten, also $\frac{21}{4}$. Ein Beispiel von **Heron** [4, 266] könnte auf diese Auffassung hindeuten.

Er beschreibt die Rechnung $\frac{33}{64} \cdot \frac{62}{64}$ so (ξδ'ξδ' bedeutet $\frac{1}{64}$): $\overline{\lambda\gamma}$ *ἐξηκοστοτέταρτα τῶν ἐξηκονταδύο ξδ'ξδ' $\overline{,\beta\mu\varsigma}$ ξδ'ξδ' τῶν ξδ'ξδ' γινόμενα...*

$\frac{33}{64}$ von den $\frac{62}{64}$ ⟨sind⟩ $\frac{2046}{64}$ von den 64-teln,

$$\text{d.h.}\ \frac{33}{64} \cdot \frac{62}{64} = \frac{\frac{33}{64} \cdot 62}{64} = \frac{\frac{33 \cdot 62}{64}}{64}.$$

Bei **Heron** handelt es sich um die Aufgabe, die Fläche eines Rechtecks zu berechnen, dessen Seiten keine ganzzahligen Vielfachen der Maßeinheit sind. Diese Aufgabe dürfte schon früh in der Praxis vorgekommen sein. Später verlangt der Dreisatz oft die Multiplikation von Brüchen.

Von dieser Multiplikation wird in früherer Zeit eine andere Operation unterschieden, die wir in Anlehnung an **al-Karağī** das *Anhängen* nennen wollen: die Bildung eines Bruches von einem Bruch [1; **1**, 9].

Bei den Ägyptern kommen beide Operationen vor, wenn auch nicht ausführlich in Worten beschrieben. Bei der Multiplikation sind, da die Ägypter gebrochene Zahlen als Stammbruchsummen darstellen und die Multiplikation auf Verdoppeln und Halbieren zurückgeführt wird, nur die folgenden Operationen notwendig:

1. Halbieren eines Stammbruchs; das geschieht durch Verdoppeln des Nenners;
2. Verdoppeln eines Stammbruchs; das ist bei geraden Nennern klar, bei ungeraden Nennern bekommt man mittels der 2:n-Tabelle eine Stammbruchsumme;
3. Multiplizieren eines Stammbruchs mit einem Stammbruch; das geschieht durch Multiplikation der Nenner.

Durch diese Operationen entsteht eine Stammbruchsumme, die dann nach Möglichkeit vereinfacht werden muß. Ein Beispiel wurde auf S. 255 f. angegeben.

Die Bildung eines Bruchs von einem Bruch kommt in einer Aufstellung im Pap. Rhind vor [Aufg. 61]. Einige Zeilen davon sind:

$\overline{\overline{3}}$ von $\overline{\overline{3}}$ ist $\overline{3}\ \overline{9}$ ⟨$\frac{2}{3}$ von $\frac{2}{3}$ ist $\frac{1}{3}+\frac{1}{9}$⟩.
$\overline{3}$ von $\overline{\overline{3}}$ ist $\overline{6}\ \overline{18}$; $\overline{\overline{3}}$ von $\overline{3}$ ist $\overline{6}\ \overline{18}$
$\overline{9}$ von $\overline{\overline{3}}$ ist $\overline{18}\ \overline{54}$; $\overline{9}$, $\overline{\overline{3}}$ davon ist $\overline{18}\ \overline{54}$.

Das kommutative Gesetz wird also offenbar nicht als selbstverständlich angesehen, aber in zwei Fällen festgestellt.

Die Griechen haben in der Theorie Brüche als Zahlenverhältnisse angesehen. An die Stelle der Multiplikation tritt das Zusammensetzen (*συντιθέναι*) von Zahlenverhältnissen. Das aus g : h und h : k zusammengesetzte Verhältnis ist g : k. Um also das aus a : b und c : d zusammengesetzte Verhältnis zu bilden, muß man beide Verhältnisse so erweitern, daß das Hinterglied des ersten gleich dem Vorderglied des zweiten wird, also etwa a : b mit c und c : d mit b. Man erhält ac : bc und bc : bd, also als zusammengesetztes Verhältnis ac : bd. **Euklid** nimmt statt des Produktes bc das k.g.V., was darauf hinausläuft, daß ggf. durch einen gemeinsamen Faktor gekürzt wird [El. 8, 4, 5].

Wie in der Praxis mit Brüchen multipliziert wurde, zeigt das auf S. 257 angegebene Beispiel von **Heron**.

Im ersten der *Neun Bücher* (China) wird das Multiplizieren von Brüchen im Rahmen der Bestimmung der Fläche eines Feldes aus den Längen der Seiten gelehrt [12 = I, Nr. 21]: *Die Nenner werden miteinander multipliziert; es ist der Divisor. Die Zähler werden miteinander multipliziert; es ist der Dividend. Teile den Dividenden durch den Divisor.*

Die Inder unterscheiden die Aufgabe, Brüche mit Brüchen zu multiplizieren (**Brahmagupta** [1; 278], **Bhāskara II** [1; 17]), von der Aufgabe, Brüche von Brüchen *in eine homogene Form zu bringen* (**Brahmagupta** [1; 281], **Bhāskara II** [1; 14 f.]). In beiden Fällen gilt die Regel: Bilde das Produkt der Zähler und dividiere es durch das Produkt der Nenner. So steht es auch bei **Śrīdhara** [2; 209].

Nach Möglichkeit soll vor dem Ausmultiplizieren kreuzweise gekürzt werden, z.B.:

$$\frac{3}{8}\cdot\frac{4}{9}=\frac{1}{8}\cdot\frac{4}{3}=\frac{1}{2}\cdot\frac{1}{3}=\frac{1}{6}.$$

Mahāvīra [38] gibt die Regel in Worten, schreibt aber von dem Beispiel nur die Aufgabe und das Ergebnis hin.

Bei den Arabern heißen die Brüche von Brüchen *angehängt (muḍāf)* [Luckey 2; 28]. Wir schreiben nach **Hochheim** $\frac{1}{8}\big|\frac{1}{7}$ für $\frac{1}{7}$ von $\frac{1}{8}$. Die Regeln für das Vereinfachen solcher Brüche sind etwas umständlich, weil die einfachen Brüche $\frac{1}{2}, \frac{1}{3}, \ldots, \frac{1}{10}$ bevorzugt werden. So wird $\frac{1}{8}\big|\frac{4}{5}$ in $\frac{1}{2}\big|\frac{1}{5}$, dieses in $\frac{1}{10}$ umgewandelt, aber $\frac{1}{7}\big|\frac{1}{3}$ nicht in $\frac{1}{21}$ (**al-Karaǧī** [1; **1**, 16]).

Die Multiplikation von $\frac{3}{7}+\frac{1}{7}\big|\frac{1}{4}$ in $\frac{3}{8}+\frac{1}{8}\big|\frac{1}{5}$ beschreibt **al-Karaǧī** [1; **1**, 6] etwa so: Bringe die beiden Faktoren auf ihre Hauptnenner; es ergibt sich $\frac{13}{28}$ und $\frac{16}{40}=\frac{2}{5}$. Das Produkt ist $\frac{13\cdot 2}{28\cdot 5}=\frac{26}{140}=\frac{13}{70}$.

Al-Karaǧī kürzt also zunächst im einzelnen Faktor, aber zwischen den Faktoren erst nach Ausführen der Multiplikation. So macht es z.B. auch **al-Kāšī** [Luckey 2; 34].

An der Regel für das Multiplizieren hat sich seither nichts mehr geändert.

Recht lange hat sich die Unterscheidung zwischen den beiden Operationen gehalten, z.B. bei **Ries** unter den Überschriften *Multipliciren in gebrochnen* [3; 22^{v}] und *Theil von theilen zu suchen* [3; 23^{v}]. Auch **Stifel** unterscheidet die Multiplikation, die er mit dem Schema

$$\frac{3}{4} \text{——} \frac{4}{5}$$

andeutet, von der Lehre *Von den Brüchen anderer Brüche,* die er an dem Beispiel

$\frac{2}{3}$ *von* $\frac{3}{4}$ *fünffer sibenteil. . . machen* $\frac{30}{84}$ *oder* $\frac{5}{14}$

und der folgenden Figur erklärt [2; 19^{v} ff.]:

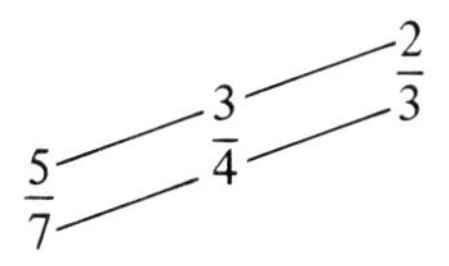

Solche schematischen Rechenanweisungen kommen schon vor **Stifel** öfter vor, besonders beim Dreisatz und seinen Verallgemeinerungen, z.B. bei **Leonardo von Pisa** [1; **1**, 132 und öfter] (s. S. 362), im Codex Lucca 1754 [58] (s. S. 366), in der Treviso-Arithmetik [32^{r} u.ö.], bei **Borghi** [37^{r} ff.], bei **Widman** [53^{v} u.ö.].

Wallis sagt über die Brüche von Brüchen (*partium particulae* oder *minutiae minutiarum*) wie z.B. $\frac{1}{2}$ *ex* $\frac{1}{4}$, $\frac{3}{4}$ *ex* $\frac{2}{5}$ [3; 60]: *Ich würde sie lieber so schreiben:* $\frac{1}{2}$ *in* $\frac{1}{4}$ *und* $\frac{3}{4}$ *in* $\frac{2}{5}$ *oder* $\frac{1}{2} \times \frac{1}{4}$; $\frac{3}{4} \times \frac{2}{5}$. *Denn die Hälfte von* $\frac{1}{4}$ *ist nichts anderes als* $\frac{1}{4}$ *mit* $\frac{1}{2}$ *multipliziert, und* $\frac{3}{4}$ *von* $\frac{2}{5}$ *haben denselben Wert (idem valent) wie* $\frac{2}{5}$ *mit* $\frac{3}{4}$ *multipliziert, wie später bei der Besprechung der Multiplikation erklärt wird.*

Wallis erklärt die Multiplikation [3; 84] außer mit der euklidischen Definition auch durch *Numerum invenire qui datam rationem (sive proportionem) habeat ad numerum datam.*

Danach ist $\frac{3}{4}$ von $\frac{2}{5}$ diejenige Zahl, die zu $\frac{2}{5}$ das Verhältnis 3 : 4 (oder $\frac{3}{4}$: 1) hat.

Wolff erklärt die Gleichheit der beiden Operationen Multiplikation und Bildung eines Bruchs von einem Bruch so [1; 80]: *Wenn man einen Bruch durch einen Bruch multipliciren soll; so soll man ein Stück von ihm geben. . . Z.E.* $\frac{2}{3}$ *durch* $\frac{1}{2}$ *multipliciren heißet,* $\frac{2}{3}$ *ein halb mal nehmen, oder einem* $\frac{1}{2}$ *von* $\frac{2}{3}$ *geben und* $\frac{4}{5}$ *durch* $\frac{3}{7}$ *multipliciren, ist eben so viel, als* $\frac{4}{5}$ *in 7 Theile eintheilen und 3 solcher Theile davon nehmen. . .*

Mehrere Autoren untersuchen die merkwürdige Tatsache, daß bei Multiplikation mit einem Bruch der Multiplikand verkleinert wird. **Borghi** bemerkt dabei [38^{r} f.], daß die Natur des Multiplizierens von Brüchen ganz entgegengesetzt *(al tuto contraria)* zu der des Multiplizierens mit ganzen Zahlen ist. Dann begründet er das Multiplizieren mit einem Bruch so: Er geht von einem Produkt von ganzen Zahlen aus. Verkleinert man einen Faktor in einem bestimmten Verhältnis, so wird das Produkt im gleichen Verhältnis verkleinert, also in modernen Formeln:

Wenn $a \cdot b = c$ ist, so ist $\frac{a}{n} \cdot b = \frac{c}{n}$,

z.B. $6 \cdot 8 = 48$ also $2 \cdot 8 = 16$.

Aus $1 \cdot 1 = 1$ ergibt sich also $\frac{1}{2} \cdot 1 = \frac{1}{2}$

aus $1 \cdot \frac{1}{2} = \frac{1}{2}$ ergibt sich also $\frac{1}{2} \cdot \frac{1}{2} = \frac{1}{4}$.

Luca Pacioli führt sogar die Bibel an [a; 53^{v} f.]. *Gott sprach zu Abraham: Faciam te crescere in gentem magnam, et multiplicabo semen tuum sicut stellas celi et velut arenam quae est in littore maris etc. Nelquel dire Idio vole che multiplicare sia crescere e augmentare in effecto.*

(Ich werde dich wachsen lassen zu einem großen Volk und ich werde deinen Samen vervielfältigen wie die Sterne am Himmel und wie den Sand am Strande des Meeres. Damit wollte Gott doch sagen, daß Multiplizieren in der Wirkung ein Wachsen und Vermehren ist.)

Luca Pacioli vergleicht dann ein Quadrat mit der Seitenlänge 1 *(es kann 1 Fuß oder 1 Elle oder ein beliebiges Maß gemeint sein)*, mit dem der Seitenlänge $\frac{1}{2}$. Dabei wird der folgende Sachverhalt angesprochen: Bei der Multiplikation benannter Größen (und nur bei solchen kommt in der Praxis die Multiplikation von Brüchen vor) ist das Produkt nicht eine Größe derselben Benennung. $\frac{1}{2}$ Fuß $\cdot$ $\frac{1}{2}$ Fuß ist $\frac{1}{4}$ Quadratfuß, also mit dem Multiplikanden $\frac{1}{2}$ Fuß gar nicht vergleichbar.

Tartaglia [1; **1**, 119^{r}] erinnert daran, daß man zwischen *multiplicare* und *ducere* unterscheiden müsse (s. S. 226). *Multiplicare* ist nur auf ganze Zahlen anwendbar, und dabei tritt ja auch Vermehrung ein.

Clavius [2; 114] argumentiert aufgrund der Definition: Da der Multiplikand so oft zu nehmen ist, wie der Multiplikator angibt, dieser aber kleiner als 1 ist, wird das Produkt kleiner als der Multiplikand.

Wallis führt aus [3; 85 f.]: Euklids Definition der Multiplikation *(multiplicatio stricte sumpta)* ist nur für ganze Zahlen brauchbar. Schon die Multiplikation mit 1 ist eine Multiplikation in allgemeinerem Sinne *(multiplicatio laxiore sensu sumpta)*, ebenso wie $1, \frac{1}{2}, \frac{2}{5}, \sqrt{3}$ nur in einem verallgemeinerten Sinne Zahlen oder Vielheiten *(numeri aut multitudines)* genannt werden können.

Die Multiplikation mit einem Stammbruch ist eigentlich eine Division, die Multiplikation mit z.B. $\frac{2}{5}$ eine zusammengesetzte Operation, nämlich eine Multiplikation mit dem Zähler und eine Division durch den Nenner. Auch wer mit $\sqrt{3}$ multipliziert, führt zwei Operationen aus: er multipliziert das Quadrat mit 3 und zieht daraus die Wurzel. Bei einer solchen *multiplicatio laxiore sensu sumpta* wird der Multiplikand nicht immer vergrößert.

Wolff sagt im Anschluß an seine oben S. 259 wiedergegebene Erklärung [1; 81]: *Es ist dannenhero nicht wunder, daß in der Multiplication immer weniger heraus kommt, als ein jeder von den Brüchen, die man durch einander multipliciret, indem es in der That eine Division ist.*

2.3.2.6 Division von Brüchen

Sie ist gedanklich weniger problematisch als die Multiplikation. Hat man Brüche mit gleichen Nennern, $\frac{a}{n}, \frac{c}{n}$, so kann man diese Nenner wie Benennungen (z.B. Ellen) behandeln und fragen wie oft c n-tel (bzw. Ellen) in a n-teln (Ellen) enthalten sind. Das besagt:

$$\frac{a}{n} : \frac{c}{n} = a:c\,.$$

Um $\frac{a}{b} : \frac{c}{d}$ zu berechnen, hat man also die Brüche auf einen gemeinsamen Nenner zu bringen und die Zähler zu dividieren:

$$\frac{a}{b} : \frac{c}{d} = \frac{ad}{bd} : \frac{bc}{bd} = ad : bc = \frac{ad}{bc}\,. \tag{1}$$

Dieses Verfahren findet sich schon im Papyrus Rhind, z.B. in Aufgabe 36:

$$1 : 3\,\bar{3}\,\bar{5} = \tfrac{30}{30} : \tfrac{106}{30} = 30 : 106\,,$$

ebenso (wahrscheinlich) bei den Griechen: In dem Pariser Codex suppl. gr. 387 wird es als Methode des **Diophant** bezeichnet [Heron; **4**, XIV], [Vogel 7; 443 f.].

Auch in China lehrt man [Chiu Chang Suan Shu 3; 11 = I, Nr. 18]: *Wenn man Brüche hat, dann bringe sie auf den gleichen Nenner.*

Ebenso verfahren **al-Karağī** [1; **2**, 8 f.], **al-Kāšī** [Luckey 2; 34] und **Bahā' al-Dīn** [22] ferner auch **Nikolaos Rhabdas** [124 f.], [Vogel 7; 444].

Im Abendland erscheint dieses Verfahren in den von der arabischen Mathematik abhängigen Algorismusschriften von **Johannes Hispalensis** [70 f.] und in [Curtze 5; 22], dann bei **Leonardo von Pisa** [1; **1**, 72], **Grammateus** [1; C 3^r], **Rudolff** [2; d 7^v], **Stifel** [2; 16], auch bei **Viète** [3; 8 = Kap. IV].

Statt die gegebenen Brüche auf den gleichen Nenner zu bringen, kann man sie beide mit einer so großen Zahl multiplizieren, daß ganze Zahlen entstehen.

Aus (1) gewinnt man leicht die Regel:

$$\frac{a}{b} : \frac{c}{d} = \frac{ad}{bc}\,, \tag{2}$$

in Worten (unvollständig): man multipliziere über Kreuz.

Brahmagupta deutet diese Regel (noch unvollständiger) mit den Worten an: *Der obere Zähler wird mit dem Nenner multipliziert* [1; 282].

Śrīdhara lehrt [2; 209], [4; 16]: *Vertausche Zähler und Nenner des Divisors und multipliziere...* So steht es auch bei **Bhāskara II** [1; 17]. Das deutet auf eine andere Herleitung der Regel (2), nämlich daraus, daß die Division eine Multiplikation mit dem Reziproken ist. Daß $\frac{d}{c}$ das Reziproke von $\frac{c}{d}$ ist, dürfte leicht festzustellen sein.

Bei den Arabern scheint das Über-Kreuz-Rechnen nicht vorzukommen [Saidan 2; 285]. Allerdings löst **al-Karağī** einmal die Gleichung:

$$\frac{16}{13} : \frac{5}{11} = x : \frac{2}{7} \quad \text{so:} \quad x = \frac{2 \cdot 16 \cdot 11}{13 \cdot 5 \cdot 7} \quad [1; 2, 10].$$

Meister **Gernardus** [2; 102 ff.] unterscheidet zwischen dem Bruch = *minutia. ab,* – wir schreiben $\frac{a}{b}$ – dem Ergebnis der Division *numerus exiens in divisione* – wir schreiben hier a/b – und dem Verhältnis, das wir hier mit a : b bezeichnen.

Übersetzen wir seine in Worten ausgesprochenen Sätze in diese symbolische Darstellung, so lautet:

Satz 1: $a : b = \frac{a}{b} : 1$.

Satz 2: $\frac{a}{n} : \frac{b}{n} = a : b$.

Die Beweise übergehen wir.

Satz 3: $\frac{a}{b} : \frac{c}{d} = ad : bc$.

Beweis: $\frac{a}{b} : 1 = a : b = ad : bd$,

$1 : \frac{c}{d} = d : c = bd : bc$.

Durch Zusammensetzen der Verhältnisse (s. S. 258) erhält man:

$$\frac{a}{b} : \frac{c}{d} = ad : bc$$

Satz 18: $\frac{a/c}{b/d} : 1 = \frac{a}{b} : \frac{c}{d}$, (Beweis a.a.O. [112 f.]) .

Das besagt ungefähr: Man erhält den Quotienten bzw. das Verhältnis zweier Brüche, wenn man Zähler durch Zähler und Nenner durch Nenner dividiert.

Jordanus Nemorarius rechnet so [Eneström 9]:

$$\frac{a}{b} = \frac{a \cdot cd}{b \cdot cd} = \frac{ad \cdot c}{bc \cdot d} = \frac{ad}{bc} \cdot \frac{c}{d}, \text{ also } \frac{a}{b} : \frac{c}{d} = \frac{ad}{bc}.$$

Hier wird einmal der Quotient $x = \frac{p}{q}$ aus $p = q \cdot x$ bestimmt.

Borghi lehrt die Über-Kreuz-Methode mit der, auch von anderen Autoren benutzten, Figur [39r f.]:

$$\frac{4}{5} \times \frac{3}{4} \quad \frac{15}{16} .$$

Für den Fall, daß *man sagen wollte, die Regel für das Dividieren mit Brüchen sei falsch*, gibt er eine Anweisung zu einer Prüfung des Ergebnisses durch Gleichnamigmachen: Um zu bestätigen, daß $6:\frac{3}{5} = 10$ ist, mache man die 6 zu Fünfteln; es sind 30; 3 ist in 30 10mal enthalten.

Die für den praktischen Rechner bestimmten Lehrbücher lehren meist schematisch die Über-Kreuz-Methode: das Bamberger Rechenbuch 1483 [17v], **Böschensteyn** [b 3r], **Pellos** [28v], **Apian** [E 8v], **Ries** [3; 23r]. **Buteo** [26 ff.] gibt eine Probe.

Clavius führt aus, daß die Über-Kreuz-Methode und das Umkehren des Divisors auf dasselbe hinauskommen und gibt eine Probe durch Multiplikation [2; 116 ff.] **Rudolff** und **Stifel** machen die Brüche gleichnamig, wie schon gesagt. **Wolff** benutzt diesen Gedanken zum Beweis [1; 82].

2.4 Weitere Rechenoperationen

2.4.1 Potenzen und Wurzeln

Die Babylonier

Man kennt eine größere Anzahl von Potenz- und Wurzeltabellen. **Neugebauer/Sachs** [MCT; 33 ff.] nennen folgende: 16 Tabellen für Quadratzahlen von der Form:

z.B. 1 a-rá 1 1 1 mal 1 ist 1 (a-rá = mal s.S. 223)
2 a-rá 2 4
⋮ ⋮ ⋮ ⋮

17 Tabellen für Quadratwurzeln von der Form:

z.B. 15 -e 30 íb-si_8 von 15 ist 30 die Quadratwurzel (d.h. $\sqrt{\frac{1}{4}} = \frac{1}{2}$)
16,1 -e 31 íb-si_8
⋮ ⋮ ⋮ ⋮

und 6 Tabellen für Kubikwurzeln von der Form:

z.B. 1-e 1 ba-si_8 von 1 ist 1 die Kubikwurzel
8-e 2 ba-si_8
27-e 3 ba-si_8 .
⋮ ⋮ ⋮

si_8 heißt wörtlich gleich sein. íb-si_8 ist das Fachwort für die Quadratwurzel, aber auch für das Quadrieren [MKT; **3**, 72]; sogar in der allgemeinen Bedeutung „Lösungszahl" kommt es vor [Neugebauer 5; 199 f.], [VM; **2**, 32 f.].

Auch für höhere Exponenten existieren Tabellen, für a^n mit a = 9, 16, 1,40, 3,45 und n = 2, ..., 10 [MCT; 41]. Außerdem ist eine $n^3 + n^2$-Tabelle bekannt [MKT; **1**, 76]; für $n^3 - n^2$ kommt im VAT 8521 der Terminus *ba-si₈ 1-lal* vor [MKT; **3**, 58].

In geometrischen Aufgaben treten bei der Bestimmung von Quadrat- und Rechtecksdiagonalen Quadratwurzeln auf. Z.B. wird im VAT 6598 [MKT; **1**, 286 f.] die Diagonale d eines Tores von der Höhe h und der Weite w nach der Vorschrift

$$d = \sqrt{h^2 + w^2} \approx h + \frac{w^2}{2h} \quad \text{berechnet} .$$

Man kann hier die allgemeine Regel vermuten: wenn aus einer Nicht-Quadratzahl p die Wurzel gezogen werden soll, so sucht man die nächstgelegene Quadratzahl a^2:

$$p = a^2 \pm r$$

und setzt die Lösung als a ± d an. Dann muß

$$a^2 \pm r = (a \pm d)^2 = a^2 \pm 2\,ad + d^2$$

sein. Unter Vernachlässigung von d^2 ergibt sich

$$d = \frac{r}{2a} ,$$

also

$$\sqrt{p} = \sqrt{a^2 \pm r} \approx a \pm \frac{r}{2a} . \qquad (*)$$

Die im gleichen Text auch verwendete Formel $d = h + 2\,w^2 h$ ist nicht recht verständlich. Das Ergebnis ist aufgrund der gegebenen Zahlenwerte zufällig ungefähr richtig.

Für $\sqrt{2}$ wird in dem altbabylonischen Text YBC 7289 der Wert 1; 24, 51, 10 angegeben [MCT; 42]. Zu diesem könnte man durch Anwendung der Vorschrift (*) aus dem Näherungswert 1; 25 (= $\frac{17}{12}$) gekommen sein. Der Näherungswert 1; 25 findet sich allerdings nur in dem Text AO 6484, der aus der Seleukidenzeit stammt. Der Wert 1; 25 könnte aus dem Näherungswert $\frac{3}{2}$ nach derselben Vorschrift (*) gewonnen worden sein, er ließe sich aber auch z.B. aus einer Quadratzahlentabelle mit der Stufe 0; 05 leicht ablesen.

In dem altbabylonischen Text YBC 6295 [MCT; 42] soll $\sqrt[3]{p} = \sqrt[3]{3,22,30}$ berechnet werden. Der Text läßt die folgende Überlegung vermuten: $\sqrt[3]{p}$ ist nicht in der Tabelle zu finden, wohl aber $\sqrt[3]{7,30,0} = 30 = \langle a \rangle$. Nun rechnet man $\frac{1}{a^3} \cdot p = 27$, was glücklicherweise eine Kubikzahl ist, also:

$$\sqrt[3]{\frac{1}{a^3} \cdot p} = 3 ,$$

$$\sqrt[3]{\frac{1}{a^3} \cdot p} \cdot a = 3 \cdot 30 = 1,30 ,$$

$$\sqrt[3]{p} = 1,30 .$$

Ägypter

Im Papyrus Rhind fehlen die Operationen des Quadrierens und des Radizierens [Papyrus Moskau; 32]. Dagegen kommt im Papyrus Moskau in der Pyramidenstumpfaufgabe das Quadrieren vor [134 ff.]. Der entsprechende Terminus ist *snỉ* vorübergehen; z.B. *Rechne du mit dieser 2, im Vorübergehen. Es entsteht 4.* Im Problem 44 des Papyrus Rhind wird der Inhalt eines Kornspeichers der Länge 10, der Breite 10 und der Höhe 10 ausgerechnet: $10 \cdot 10 = 100$, $100 \cdot 10 = 1\,000$. Soll man das als Auftreten einer 3. Potenz ansehen?

Quadratwurzeln werden im mittleren Reich des öfteren ausgezogen, jedoch nur aus Quadratzahlen [Gillings; 216 f.]. Ein Terminus für Quadratwurzeln ist 𓂐 *ḳnb.t* = Ecke, Winkel, z.B. im Papyrus Moskau [128 f.]: *Es entsteht 100. Berechne du seinen Winkel. Es entsteht 10.*

Im Demotischen dagegen treten Näherungswerte für Wurzeln auf, die alle nach der Formel (*) von S. 2/155 $\sqrt{a^2 \pm r} \approx a \pm \frac{r}{2a}$ berechnet sein können, z.B. Pap. Cairo 89127–30, 89137–43 (3. Jh. v. Chr.):

$$\sqrt{345} = \sqrt{324 + 21} \approx 18\,\frac{1}{2}\,\frac{1}{12} \quad \text{[Parker; 43, Nr. 35],}$$

$$\sqrt{300^2 + 250^2} \approx 390\,\frac{20}{39}, \quad \text{ein Wert, der auf } 390\,\frac{1}{2} \text{ aufgerundet wird [Parker; 51, Nr. 39],}$$

Pap. Br. Mus. 10520 (frühe römische Zeit):

$$\sqrt{10} \approx 3\,\frac{1}{6} \text{ [Parker; 69, Nr. 62],}$$

$$\sqrt{\frac{1}{2}} = \sqrt{\frac{18}{36}} = \frac{\sqrt{16+2}}{\sqrt{36}} \approx \frac{4\,\frac{1}{4}}{6} = \frac{17}{24} = \frac{2}{3}\,\frac{1}{24} \quad \text{[Parker; 70, Nr. 63],}$$

Pap. Carlsberg 30 (etwa 2. Jh. v. Chr.):

$$\sqrt{200} \approx 14\,\frac{1}{7} \quad \text{[Parker; 74, Nr. 69].}$$

Die entsprechenden Fachwörter sind *ifd* für das Ausziehen der Quadratwurzel, die Wurzel selbst ist mit *fd* bezeichnet [Parker; 8].

Die Griechen

Potenzen treten bei den Griechen unter drei Gesichtspunkten auf:

1. von der Geometrie her als Quadrat- und Kubikzahlen, rechnerisch fortgesetzt zu 4. bis 6. Potenzen,
2. in fortlaufenden stetigen Proportionen, d.h. in geometrischen Reihen,
3. beim Rechnen mit Sexagesimalbrüchen.

Zu 1.: Im 8. Buch von **Euklid**s Elementen, das vermutlich pythagoreisches Gedankengut enthält, kommen Quadrat- und Kubikzahlen (*τετράγωνος*, *κύβος*) vor. Entsprechend heißt die Wurzel πλευρά = Seite, z.B. in El. 8,5 (vgl. lateinisch *latus*). Beim Ausrechnen geometrischer Figuren benützt **Heron** δύναμις und κύβος für die 2. und 3. Potenz. Auch die 4. Potenz einer zahlenmäßig ausgedrückten Strecke tritt bei **Heron** auf [3, 48]: ἡ ἄρα ἀπὸ ΒΓ δυναμοδύναμις. **Diophant** setzt die Reihe bis zur 6. Potenz fort und führt abkürzende Bezeichnungen ein [1; 1, 4–12]:

			reziproke Potenzen:	
δύναμις	Δ^Y	x^2	δυναμοστόν	$\frac{1}{x^2}$
κύβος	K^Y	x^3	κυβοστόν	$\frac{1}{x^3}$
δυναμοδύναμις	$\Delta^Y\Delta$	x^4	δυναμοδυναμοστόν	$\frac{1}{x^4}$
δυναμόκυβος	ΔK^Y	x^5	δυναμοκυβοστόν	$\frac{1}{x^5}$
κυβόκυβος	$K^Y K$	x^6	κυβοκυβοστόν	$\frac{1}{x^6}$

Diophant sagt, daß die reziproken Potenzen durch Hinzusetzen des Zeichens χ bezeichnet werden sollen. $\Delta^{Y\chi}$ kommt z.B. in Buch V, Aufg. 7, 9, 11 vor.

Außerdem gibt **Diophant** Rechenregeln für die Multiplikation von Potenzen und deren Reziproken an.

Zu 2.: **Euklid** führt in einer geometrischen Reihe den Begriff der „Platzzahl" τάξις ein. Das ist die Zahl, die den Abstand eines Gliedes der geometrischen Reihe vom Anfang, der Einheit, angibt. **Euklids** Corollar zu El. 9, 11 enthält den Satz $a^n : a^m = a^{n-m}$: *Und es ist klar, daß die Zahl, nach der gemessen wird, von der gemessenen aus nach rückwärts denselben Platz hat, wie die messende Zahl von der Einheit aus* (καὶ φανερόν, ὅτι ἣν ἔχει τάξιν ὁ μετρῶν ἀπὸ μονάδος, τὴν αὐτὴν ἔχει καὶ ὁ καθ' ὃν μετρεῖ ἀπὸ τοῦ μετρουμένου ἐπὶ τὸ πρὸ αὐτοῦ.)

In ähnlicher Darstellung gibt auch **Archimedes** die Potenzgesetze an; nur wird seine Formulierung etwas ungeschickter, weil er die 1 als das 1. Glied mitzählt [1; 2, 240].

Zu 3.: In seinem Kommentar zum *Almagest* gibt **Theon von Alexandria** Vorschriften für die Bestimmung des Stellenwertes der Produkte und Quotienten von Sexagesimalbrüchen, z.B. Sekunden mal Terzen ergibt Quinten, usw. [452–457].

Näherungsverfahren für Wurzeln

Archimedes schließt $\sqrt{3}$ zwischen die Werte $\frac{265}{153}$ und $\frac{1351}{780}$ ein, ohne anzugeben, wie diese Werte gefunden werden [1; 1, 236, 240]. Darüber sind zahlreiche Überlegungen angestellt worden. Wir geben einen Vorschlag von **Kurt Vogel** wieder, den auch **Dijksterhuis** [236] erwähnt:

$$\sqrt{3} = \sqrt{\tfrac{27}{9}} = \sqrt{(\tfrac{5}{3})^2 + \tfrac{2}{9}} \cdot \quad a_1 = \tfrac{5}{3},$$

$$a_2 = a_1 + \frac{\frac{2}{9}}{2a_1} = \tfrac{5}{3} + \tfrac{1}{15} = \tfrac{26}{15};$$

Nun wird der Nenner $2a_1$ durch $a_1 + a_2$ ersetzt:

$$a_3 = a_1 + \frac{\frac{2}{9}}{a_1 + a_2} = \frac{265}{153},$$

entsprechend:

$$a_4 = a_1 + \frac{\frac{2}{9}}{a_1 + a_3} = \frac{1351}{780}.$$

In **Herons** Metrik [3, 19] findet sich für $\sqrt{720}$ ein Näherungsverfahren, das darauf beruht, daß man aus einem zu großen Wert a_1 für $\sqrt{p}$ den zu kleinen Wert $a_2 = \frac{p}{a_1}$ und daraus den Mittelwert $a_3 = \frac{1}{2}(a_1 + a_2)$ bildet. Die 720 nächstgelegene, zu große Quadratzahl ist $729 = 27^2 = a_1^2$, $a_2 = \frac{720}{27} = 26\frac{2}{3}$, $a_3 = \frac{1}{2}(27 + 26\frac{2}{3}) = \frac{1}{2}(53\frac{2}{3}) = 26\frac{1}{2}\frac{1}{3}$.

Durch mehrmalige Anwendung des Prozesses kann der Näherungswert verbessert werden, was **Heron** sagt, aber nicht zahlenmäßig durchführt.

Setzt man $\sqrt{p} = \sqrt{a_1^2 - r}$, so rechnet man leicht nach, daß $a_3 = a_1 - \frac{r}{2a_1}$ ist. Das Ergebnis ist also zahlenmäßig dasselbe wie in (*) (S. 264).

Nikolaos Rhabdas beschreibt das Verfahren nach der Formel (*) [128 ff.], während **Barlaam** das Verfahren von **Heron** lehrt [a; 63 = b; 40].

Theon von Alexandria gibt ein geometrisches Verfahren an, um eine Quadratwurzel in Sexagesimalbrüchen darzustellen [471 ff.] (Abb. 37). Um $\sqrt{4\,500}$ zu finden zeichnet er ein Quadrat dieser Größe ΑΒΓΔ; die größte ganze Zahl, die in der Seite enthalten ist, ist 67 (= ΑΕ). Die Fläche des übrigbleibenden Gnomons ΕΖΗΔΓΒ $4500 - 67^2 = 11$ wird in Minuten verwandelt = 660 und durch zweimal ΕΖ = 134 dividiert. Die größte im Quotienten enthaltene ganze Zahl ist 4 (= ΕΘ). Nunmehr wird von dem Gnomon 660 zweimal 4'67 abgezogen = 124. Dieser Rest wird in Sekunden verwandelt = 7 440, hiervon zu-

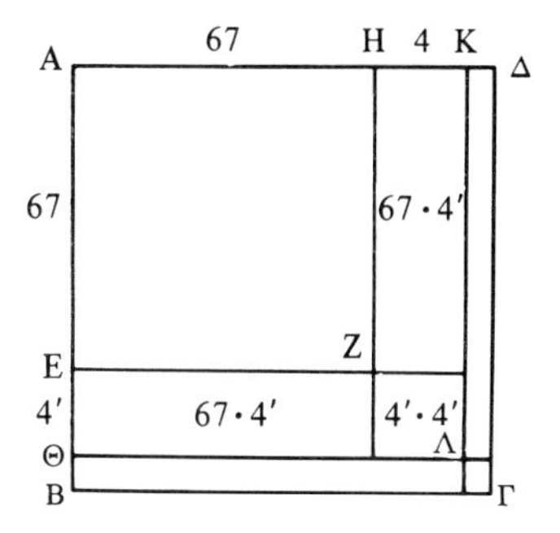

Abbildung 37: Ausziehen einer Quadratwurzel nach Theon.

nächst $4 \cdot 4 = 16$ abgezogen, das ergibt 7424; jetzt wird das Verfahren mit der Seite des neuen Quadrates $\Theta\Lambda = 67°4'$ wiederholt. Das Ergebnis ist $67°4'55''$. Das Verfahren ist so eingerichtet, daß bei jedem Schritt eine neue Sexagesimalstelle erfaßt wird.

Statt daß immer nur die nächste Sexagesimalstelle verwandelt wird, kann auch der Radikand sofort mit einer für die gewünschte Genauigkeit passende Potenz von 60 multipliziert werden, z.B. in den Scholien zu **Euklid** [1; **5**, 465].

Heron führt auch einmal eine näherungsweise Berechnung einer Kubikzahl vor [**3**, 179 f.], [Becker 2; 69 ff.]. Gesucht ist $x = \sqrt[3]{100}$. **Heron** geht von den nächstgelegenen Kubikzahlen $a^3 = 64 = 4^3$ und $b^3 = 125 = 5^3$ aus. Seine Rechnung läßt sich deuten, wenn man von der geometrisch einleuchtenden Beziehung ausgeht:

$$(u + v)^3 = u^3 + 3 \cdot u \cdot v \cdot (u + v) + v^3$$

Daraus ergibt sich mit $u + v = x$ und $u = a$:

$$x^3 = a^3 + 3 \cdot x \cdot a\,(x - a) + (x - a)^3\,,$$

und mit $u + v = b$ und $u = x$:

$$b^3 = x^3 + 3 \cdot x \cdot b \cdot (b - x) + (b - x)^3\,.$$

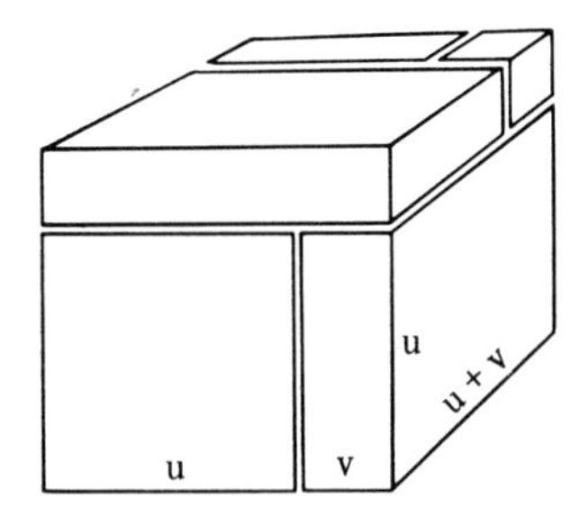

Abbildung 38:
$(u + v)^3 = u^3 + 3 \cdot u \cdot v \cdot (u + v) + v^3$

Die kleinen Kuben werden vernachlässigt.
Heron rechnet:

$$\begin{aligned}
125 - 100 &= 25 = b^3 - x^3 = 3\,xb\,(b - x)\\
100 - 64 &= 36 = x^3 - a^3 = 3\,xa\,(x - a)\\
5 \cdot 36 &= 180 = 3 \cdot x \cdot ab\,(x - a)\\
\langle 4 \cdot 25 &= 100 = 3 \cdot x \cdot ab\,(b - x)\rangle\\
180 + 100 &= 280 = 3 \cdot x \cdot ab\,(b - a)\\
\frac{180}{280} &= \frac{9}{14} = \frac{x - a}{b - a}\\
4 + \frac{9}{14} &= x = a + (b - a)\frac{x - a}{b - a}
\end{aligned}$$

(in unserem Falle ist $b - a = 1$).

Die Chinesen

Im *Chiu Chang Suan Shu* treten im Zusammenhang mit der Algebra (quadratische Gleichungen) und dem Ausziehen der 2. und 3. Wurzel Potenzen auf, ohne daß eigene Namen für sie eingeführt werden. Höhere Potenzen erscheinen im 13. Jahrhundert bei Gleichungen höheren Grades [Libbrecht; 177 ff.].

Bereits im *Chiu Chang Suan Shu* ist das Radizieren bekannt, z.B. erscheint es bei Körperberechnungen, Dreiecksberechnungen mit Hilfe des pythagoreischen Lehrsatzes, bei der Bestimmung des Kreisumfangs aus der gegebenen Kreisfläche und bei der Bestimmung der Seite einer gegebenen quadratischen Fläche. Diese letztgenannten Berechnungen erfolgen im Anschluß an eine Reihe von 11 Aufgaben, bei denen die Rechtecksseite bei gegebener Rechtecksfläche und -breite bestimmt wird, wobei die Breite langsam eine Quadratseite wird. Kubikwurzeln finden sich bei Würfelberechnungen

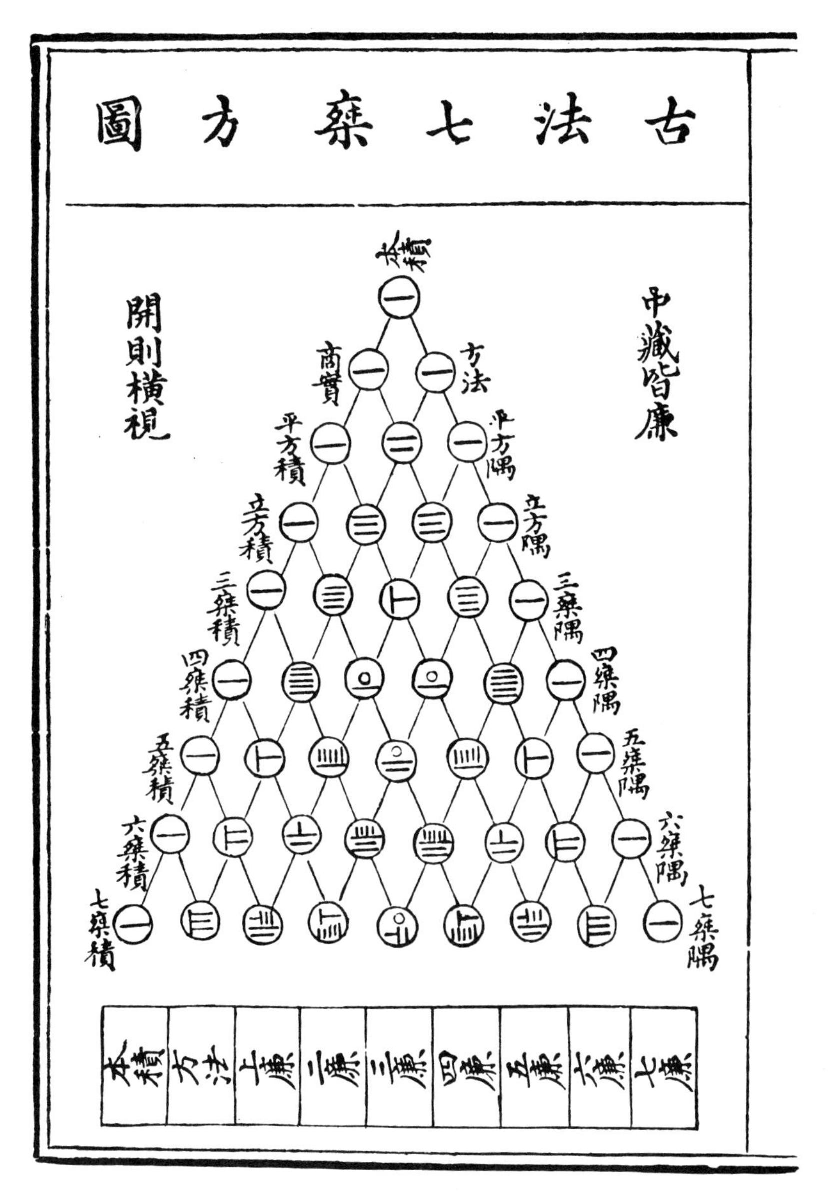

Abbildung 39: Pascalsches Dreieck nach Chu Shih-chieh [N; 3, 135].

und bei der Berechnung eines Kugeldurchmessers aus dem Inhalt der Kugel [Chiu Chang Suan Shu 3; 43].

Für das Radizieren kennen die Chinesen bis zur 3. Wurzel ein systematisches Verfahren; bildet man das Lösungsrezept auf dem Rechenbrett nach, so erkennt man eine fast völlige Übereinstimmung mit dem Horner-Schema (s.S. 186) [Chiu Chang Suan Shu 3; 113 ff.], [Wang/Needham], [Libbrecht; 202 ff.]. Beispiele bei **Ch' in Chiu-shao** stellt **Libbrecht** [209 ff.] zusammen.

Der binomische Lehrsatz steckt implizit bereits im Wurzelziehen. Jedoch längst bevor in Europa explizit ein „Pascalsches Dreieck" auftaucht, läßt sich in einer chinesischen Handschrift von 1407 eine solche Darstellung bis zur 6. Potenz nachweisen; dieses chinesische „Pascalsche Dreieck" wurde, wie in der Handschrift mitgeteilt wird, von **Yang Hui** in seinem *Hsiang-chieh* von 1261 aus einem früheren Buch übernommen. Auch **Chia Hsien** (um 1100) soll dieses Dreieck benützt haben [N; **3**, 133 ff.]. Bei **Chu Shih-chieh** findet sich die Abbildung 39 [N; **3**, 135].

Die Inder

Bei den Indern werden das Quadrieren, das Ausziehen der 2. Wurzel, das Erheben in die 3. Potenz und das Ausziehen der 3. Wurzel als eigene Rechenoperation aufgefaßt (s.S. 160).

Bei einer im dezimalen Positionssystem geschriebenen Zahl wird das Quadrieren von **Brahmagupta** folgendermaßen beschrieben [2; XII, 63]: *Die Addition des Quadrates der Ziffer an der kleinsten Stelle mit dem Produkt aus der höheren ⟨Ziffer⟩ mit der zweifachen Ziffer an der kleinsten Stelle ⟨ergibt bei wiederholter Anwendung⟩ das Quadrat.* Man denkt sich also die zu quadrierende Zahl, z.B. 297, so zerlegt:

$$\underbrace{2\ 9}_{a}\ \underbrace{7}_{b}$$

Man quadriert die Einerstelle $\langle b^2 \rangle$, addiert dazu das um eine Stelle verschobene doppelte Produkt $\langle 2ab \cdot 10 \rangle$, sodann spaltet man von a wieder die letzte Ziffer ab und verfährt ebenso usw. Diese Interpretation ist aus den späteren Texten besser zu ersehen als aus der sehr kurzen Formulierung bei **Brahmagupta**. **Mahāvīra** [14], **Śrīdhara** [4; 8] und **Bhāskara II** [1; 8] beginnen die Rechnung bei der höchsten Stelle.

Hat man das Quadrat aus einer Summe von mehreren Summanden zu bilden, so hat man die Summe der Quadrate zur Summe der doppelten Produkte zu addieren, z.B. **Mahāvīra** [13], **Bhāskara II** [1; 8] und **Nārāyaṇa** [DS; **1**, 161].

Ferner werden spezielle Möglichkeiten angegeben: *Das Produkt gebildet aus Summe und Differenz der einen Zahl mit einer beliebigen ⟨Zahl⟩ ergibt das Quadrat, wenn das Quadrat der beliebigen ⟨Zahl⟩ addiert wird*, z.B. bei **Brahmagupta** [2; XII, 63], **Mahāvīra** [13], **Śrīdhara** [4; 9], **Bhāskara II** [1; 8], d.h. $n^2 = (n + a)(n - a) + a^2$. Daß diese Formel gelegentlich praktisch sein kann, zeigt das Beispiel $297^2 = (297 + 3)(297 - 3) + 3^2 = 300 \cdot 294 + 9 = 88\,209$.

Nārāyaṇa lehrt auch [DS; **1**, 162]: $(a + b)^2 = (a - b)^2 + 4\,ab$.

Entsprechende Methoden und Rezepte finden sich auch für die 3. Potenz [DS; **1**, 162–169].

Höhere Potenzen können auf verschiedene Weise ausgedrückt werden. In den *Uttarādhyāyana-sūtras* steht folgendes, nach dem multiplikativen Prinzip zusammengesetzte System:

2. Potenz	*varga*
3. Potenz	*ghana*
4. Potenz	*varga-varga*
6. Potenz	*ghana-varga*
12. Potenz	*ghana-varga-varga* .

Hier fehlen die Potenzen, deren Exponenten nicht von der Form $2^m \cdot 3^n$ sind.

In späterer Zeit wird die 5. Potenz mit *varga-ghana-ghāta* (*ghāta* = Produkt), die 7. Potenz mit *varga-varga-ghana-ghāta* bezeichnet. Die alte Bezeichnung *ghana-varga* ist also als Quadrat von der 3. Potenz zu interpretieren $(a^3)^2 = a^6$, die neue als $a^3 \cdot a^2 = a^5$.

Brahmagupta wiederum drückt die bei ihm vorkommenden 5. und 6. Potenzen durch Anhängen von *gata* (= gegangen, nicht zu verwechseln mit *ghāta* = Produkt) an die Zahl 5 bzw. 6 aus [2; XVIII, 41, 42]:

5. Potenz	*pañca-gata*
6. Potenz	*ṣaḍ-gata* .

Im *Anuyogadvāra-sūtra* stehen folgende Potenzbezeichnungen:

prathama-varga	(erste Zweierpotenz)	für die 2. Potenz
dvitīya-varga	(zweite Zweierpotenz)	für die 4. Potenz
tṛtīya-varga	(dritte Zweierpotenz)	für die 8. Potenz .

[DS; **2**, 10 f.].

Für das Radizieren haben die Inder eine feste Methode. Bereits **Āryabhaṭa I** zieht iterativ mit Hilfe des binomischen Lehrsatzes die Quadrat- und Kubikwurzel. Zunächst wird bei ihm bei der Quadratwurzel der Radikand in *Varga-* und *Avarga*-Stellen eingeteilt [Elfering; 29]. Das Rezept lautet: [Gaṇ. 4]: *Man dividiere stets den Avarga (= Avarga-Stelle!) durch die zweifache ⟨vorhergehende⟩ Varga-Wurzel. Nachdem man das Quadrat ⟨des eben erhaltenen Quotienten⟩ von der ⟨nächsten⟩ Varga-Stelle abgezogen hat, ist der ⟨oben erhaltene⟩ Quotient die Quadratwurzel an der nächsten Stelle.* Der erste Schritt: *Man dividiere stets* . . . setzt bereits voraus, daß man aus der größten im Radikanden enthaltenen Quadratzahl die erste Stelle der gewünschten Wurzel erhalten hat. Dieselbe Regel geben etwas ausführlicher **Mahāvīra**, **Āryabhaṭa II**, **Śrīdhara**, **Śrīpati** und **Bhāskara II** [DS; **1**, 172 f.].

Entsprechend der Einteilung des Radikanden bei der Quadratwurzel in *Varga-* und *Avarga*-Stellen wird bei **Āryabhaṭa I** der Radikand bei der Kubikwurzel in *Ghana-* und zwei *Aghana*-Stellen eingeteilt. Auch dem Ausziehen der 3. Wurzel liegt der binomische Lehrsatz zugrunde, es erfolgt analog dem der Quadratwurzel; vgl. auch [DS; **1**, 175 ff.].

Explizit ist der binomische Lehrsatz für höhere Potenzen in der indischen Mathematik nicht zu finden. Numerische Beispiele für das Wurzelziehen wurden sicher nach den entsprechenden Rezepten, wahrscheinlich oft auf dem Staubbrett, durchgeführt.

Näherungsverfahren für Wurzeln

Das Bakhshālī-Manuskript [30 f.] bringt die Regel $\sqrt{A} = \sqrt{a^2 + r} \sim a + \frac{r}{2a}$, die sogar, wie aus den Beispielen hervorgeht, auf 2. Näherungen ausgedehnt wird;

$$\sqrt{41} = \sqrt{a^2 + r} = \sqrt{36 + 5} \sim 6\,\tfrac{5}{12} = a_1$$

$$\sqrt{(6\,\tfrac{5}{12})^2 - \tfrac{25}{144}} \sim 6\,\tfrac{745}{1848} = a_2$$

Diese Regel kommt in den klassischen indischen Werken nicht vor, nur im Bakhshālī-Text wird sie gleich dreimal angegeben und auf mehrere Beispiele angewendet.

Wurzeln aus Brüchen und Erweiterung von Wurzeln

Bhāskara II beschreibt den Fall, daß man den Wert einer Wurzel aus einem Bruch verbessern kann, indem man den zu radizierenden Zähler mit dem Nenner des Bruches multipliziert und mit einer beliebigen großen Quadratzahl erweitert. Er rechnet dazu das Beispiel:

$$\sqrt{\frac{169}{8}} = \frac{\sqrt{8 \cdot 169}}{8} = \frac{\sqrt{1352}}{8} = \frac{\sqrt{13520000}}{800} \sim \frac{3677}{800} = 4\,\frac{477}{800} \quad [\S\ 138].$$

Pascalsches Dreieck

Schon seit früher Zeit kannten die Inder die Zahlen, die wir heute Binomialkoeffizienten nennen. **Piṅgala** (2. Jh. v. Chr.) bestimmt in seinen *Chandaḥ-sūtras* die Anzahl der möglichen Zusammenstellungen von langen und kurzen Silben zu einem n-stelligen Versfuß. Hat man für einen n-silbigen Vers k kurze und (n – k) lange Silben, so ergeben sich $\binom{n}{k}$ n-silbige Versfüße, z.B. für n = 3, k = 2 die Versfüße ∪ ∪ –, ∪ – ∪, – ∪ ∪.

Die sukzessive Bildung und Anzahlbestimmung dieser möglichen Versfüße für n = 1, 2, . . . führen mit Hilfe der Formel $\binom{n}{k} = \binom{n-1}{k-1} + \binom{n-1}{k}$ zum Pascalschen Dreieck. Diese Art der Anzahlbestimmung beschreibt **Piṅgala**s Kommentator **Halāyudha** (10. Jh. n. Chr.). Eine Verbindung zwischen dieser kombinatorischen Verwendung der Zahlen $\binom{n}{k}$ und den Koeffizienten des Binoms $(a + b)^n$ ist jedoch hier offensichtlich nicht gegeben [Singh; 623 f.], [Luckey 1; 219 f.], [Bag], [Jha].

Die Araber

Bei den Arabern wird im Gegensatz zu den Indern das Erheben in die 2. und 3. Potenz nicht als eigene Rechenoperation aufgefaßt. Die Potenzen werden im allgemeinen mit

Hilfe der Bezeichnungen *māl* (= Vermögen) für die 2. Potenz und *kaᶜb* (= Würfel) für die 3. Potenz und deren Kombinationen ausgedrückt, und zwar additiv.

Bei **Abū Kāmil** erscheinen x^8 (2. + 2. + 2. + 2. Potenz), x^6 (3. + 3. Potenz), x^5 (aus 2. + 2. + 1. Potenz zusammengesetzt, wie sonst bei den Arabern nicht üblich, x^3, x^2 [Levey 2; 31].

ᶜOmar H̱ayyām gibt die allgemein üblichen Bezeichnungen bis zur 6. Potenz [1; 13, arab. Text S. 9]:

māl	2. Potenz
kaᶜb	3. Potenz
māl māl	4. Potenz
māl kaᶜb	5. Potenz
kaᶜb kaᶜb	6. Potenz

Al-Kāšī führt die Potenzen *auf der Seite des Aufsteigens* bis zur 9. Potenz *kaᶜb kaᶜb kaᶜb*, die Reziproken *(auf der Seite des Absteigens)* bezeichnet er als Teil der Wurzel, Teil des Vermögens, usw. [29 ff.] [Luckey 2; 54]. Auch den Aufbau nach dem additiven Prinzip beschreibt **al-Kāšī** ausdrücklich: *Wollen wir nun die Zahl des Grades* ⟨den Exponenten⟩ *einer Potenz wissen, so nehmen wir für jedes Quadrat 2, für jeden Kubus 3 und addieren sie alle, dann kommt die Zahl ihres Grades heraus* [Luckey 2; 55]. Der Eins ordnet **al-Kāšī** den Exponenten 0 zu. Die Reihe der Potenzen bis zur 9. Stufe gibt auch **Bahā' al-Dīn** [38].

Potenzgesetze

Die Potenzgesetze sind den Arabern sicher seit alters her wohl bekannt. Für die sexagesimale Multiplikation und Division im Sexagesimalsystem sind sie die notwendige Grundlage.

Al-Karağī gibt die Potenzgesetze in folgender Formulierung [1; 2, 11]: . . . *addirst Du die beiden Zahlen, welche die Ordnungen der beiden Factoren angeben, so ist die Summe die Ordnungszahl des Productes. . . . ziehst Du die Ordnungszahl des Divisors von der Ordnungszahl des Dividendus ab. Der Rest ist die Ordnungszahl des Quotienten.* **Al-Kāšī** gibt als Regel für die Multiplikation die Summierung der Gradzahlen an, für den Fall, daß beide Faktoren hinsichtlich der beiden Ketten des Aufsteigens und des Absteigens auf derselben Seite liegen. Im anderen Fall ist der Überschuß der einen über die andere zu nehmen und zusätzlich festzustellen, ob das Ergebnis auf der Seite des Aufsteigens oder Absteigens liegt. Die analogen Regeln werden auch für die Division der Potenzen gegeben. Außerdem werden die Regeln in einer Tabelle dargestellt [Luckey 2; 56 ff.].

Das Radizieren

L.: Luckey 1

Al-Uqlīdisī beschreibt das Ausziehen von Quadratwurzeln folgendermaßen [2; 76–79]: Man beginne an der höchsten ungeraden Stelle und suche das größte darin enthaltene

Quadrat; dessen Wurzel schreibe man unter die betreffende Ziffer. Im Beispiel $\sqrt{576}$ entsteht das Bild

5 7 6
2

und durch Subtraktion bzw. Löschen auf dem Staubbrett

1 7 6
2 .

Wir wollen diese Zahl 2 mit a bezeichnen.

Man schreibe nun $2a = 4$ unter die nächste Stelle:

1 7 6
2 4 .

Al-Uqlīdisī berechnet die nächste Ziffer ⟨b⟩ nicht durch die Division 17 : 4, sondern er verlangt: es soll durch Probieren eine Zahl b so gefunden werden, daß – unter Berücksichtigung der Stelle – $(2a \cdot 10 + b) \cdot b$ die obere Zahl erschöpft. Man erhält im Beispiel $b = 4$. Es entsteht das Bild:

1 7 6
$\underline{2}$ 4 $\underline{4}$.

Nur die unter den ungeraden Stellen stehenden Ziffern sind die Ziffern der Lösung.

Bei mehrstelligen Zahlen kann man mit $10a + b = a'$ als neuer Anfangszahl das Verfahren fortsetzen.

Ähnlich verfahren **Kūšyār ibn Labbān** [20 ff.], und **al-Nasawī**.

Bei Kubikwurzeln arbeitet man mit dem Ausdruck:

$$(3a^2 \cdot 100 + (3a \cdot 10 + b) \cdot b) \cdot b\ .$$

Die praktische Rechnung ist einfacher als die Formel, weil die einzelnen Summanden unter verschiedenen Stellen des Radikanden erscheinen.

Abū al-Wafā', al-Bīrūnī und **ᶜOmar al-H̱ayyām** sollen Werke über das Ausziehen von Wurzeln mit höheren Exponenten geschrieben haben, die aber nicht erhalten sind. Die erste erhaltene Beschreibung eines allgemeinen Verfahrens dafür ist **Naṣīr al-Dīn al-Ṭūsīs** *Sammlung zur Arithmetik mit Hilfe von Brett und Staub*, 11. Abschnitt: *Über die Bestimmung anderer Basen von Potenzen*, etwa aus dem Jahre 1265. Die ausführliche Beschreibung seiner Methode illustriert **al-Ṭūsī** an dem Beispiel $\sqrt[6]{244\,140\,626}$ [1; 431–436, 443]: Zunächst erfolgt die Einteilung der zu radizierenden Zahl in sog. *rationale* und *irrationale* Stellen: *Wenn wir die Basis von einer Zahl bestimmen wollen, z. B. von einem . . . Quadrato-Kubus, . . . so schreiben wir sie in eine Zeile und zählen, angefangen von den Einheiten an, ihre Stellen als rationale und als irrationale ab, so daß ihre Summe der Zahl des angenommenen Exponenten der Potenz entspricht.* Für $\sqrt[6]{244\,140\,626}$: *Zählen wir bei dieser eine rationale und 5 irrationale Stellen ab. Wir finden, daß die mittlere 4 an der zweiten rationalen Stelle liegt.*

Weiter: *Wir suchen die größte Zahl, deren entsprechende* ⟨im Falle des Beispiels 6.⟩ *Potenz man von der letzten Periode subtrahieren kann.* Diese ist im Beispiel gleich 2. Sie wird zunächst über die mittlere 4 geschrieben und ihre 6. Potenz von der letzten Periode, die 244, subtrahiert: $244 - 2^6 = 180$.

Der weitere Gang der Rechnung vollzieht sich in 5 Zeilen unter der zu radizierenden Zahl, in der Zeile der Basis, die die unterste ist und in die man nochmals die 2 schreibt, in der Zeile des Quadrats, in die man $2^2 = 4$ schreibt, . . ., in der Zeile des Quadrato-Kubus, in die man $2^5 = 32$ schreibt.

Das allgemeine Rezept für die Rechnung lautet nun: *Wenn wir in der Zeile der gegebenen Zahl subrahiert haben, addieren wir die obere, d.h. die oben hingeschriebene Zahl zur unteren* ⟨in der Zeile der *Basis*⟩, *einmal genommen für die Zeile unter der Zeile der gegebenen Zahl, dann multiplizieren wir die obere mit der unteren und fügen das Produkt zu dem, was in der Zeile des Quadrats steht, dann multiplizieren wir die obere mit der Summe und das Produkt addieren wir zu dem, was in der Zeile des Kubus steht und so fahren wir fort, bis wir zur Zeile gelangen, die unterhalb der Zeile der gegebenen Zahl steht.*

Dann addieren wir die obere zu der unteren, zweimal genommen für die Zeile unter dieser oben erreichten Zeile, multiplizieren die obere mit der unteren und addieren das Produkt zu dem, was oberhalb davon steht und fahren so fort, bis wir zu der Zahl in der bezeichneten Zeile gelangen.

Dann addieren wir die obere zu der unteren, dreimal genommen und fahren so fort, bis wir zu der Zeile der Basis gelangen. Dann addieren wir die obere zu der unteren für diese Zeile.

In dem von **al-Ṭūsī** gegebenen Beispiel der 6. Wurzel gibt die Rechnung folgende Darstellung:

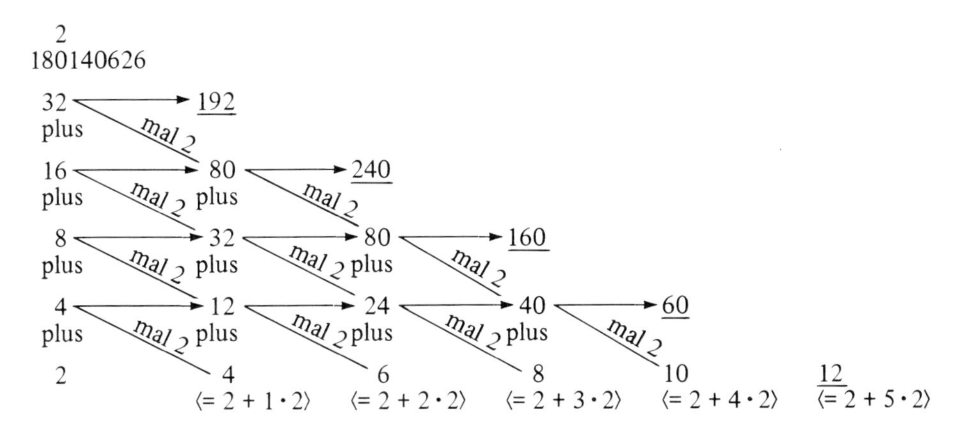

Dann bringen wir das, was unterhalb der Zeile der Zahl steht, um eine Stelle nach rechts und bringen das, was unter ihr steht, um 2 Stellen nach rechts und fahren so fort, bis wir zur Zeile der Basis gelangen. So erzeugt das Hinüberschaffen der Stelle nach kleinere Zahlen.

Bei al-Ṭūsī steht folgendes Schema:

2	
180140626	⟨Das entspricht:
19200000	$6 \cdot 20^5$
2400000	$15 \cdot 20^4$
160000	$20 \cdot 20^3$
60000	$15 \cdot 20^2$
120	$6 \cdot 20$⟩

Al-Ṭūsī: *Weiter suchen wir die größte Zahl mit der angeordneten Eigenschaft und schreiben sie über die rationale Stelle, bis zu welcher wir gerechnet haben, und unter diese. Wenn wir so eine Zahl gefunden haben, werden wir weiterrechnen, bis die rationalen Stellen aufgebracht sind.*

Für **al-Ṭūsīs** Beispiel heißt das:

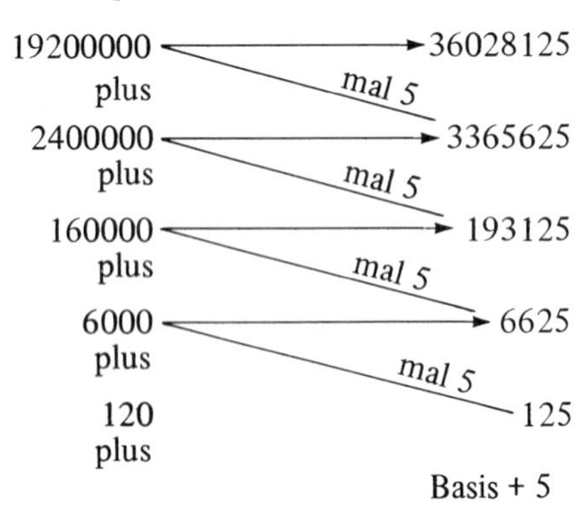

$180140626 - 5 \cdot 36028125 = 1$ als Rest, da die Wurzel nicht aufgeht.

Al-Ṭūsī gibt folgende Schlußdarstellung:

2 5	
00000001	⟨Das entspricht:
36028125	$6 \cdot 20^5 + 15 \cdot 20^4 \cdot 5 + 10 \cdot 10^3 \cdot 5^2 + 15 \cdot 20^2 \cdot 5^3 + 6 \cdot 20 \cdot 5^4 + 5^5$
3365625	$15 \cdot 20^4 + 20 \cdot 20^3 \cdot 5 + 15 \cdot 20^2 \cdot 5^2 + 6 \cdot 20 \cdot 5^3 + 5^4$
193125	$20 \cdot 20^3 + 15 \cdot 20^2 \cdot 5 + 6 \cdot 20 \cdot 5^2 + 5^3$
6625	$15 \cdot 20^2 + 6 \cdot 20 \cdot 5 + 5^2$
125	$6 \cdot 20 + 5$⟩

Das Ergebnis ist 25, Rest 1.

Da **al-Ṭūsī** oftmals die Ideen von **ᶜOmar Ḫayyām** weiter ausgearbeitet hat, kann man eventuell annehmen, daß er sich hier auf dessen verloren gegangenes Werk *Schwierigkeiten der Arithmetik* gestützt hat. Es ist allerdings auch nicht ausgeschlossen, daß er über diese Methoden durch die Vermittlung der in seinem Observatorium in Maraga tätigen chinesischen Astronomen Kenntnis erhalten hat [Juškevič 1; 247 f.].

Auch **al-Kāšī** gibt in seinem *Schlüssel zur Arithmetik* ein allgemeines Verfahren zum Ausziehen von beliebigen Wurzeln, das dem von **al-Ṭūsī** entspricht. Er erläutert sein

Verfahren u.a. an dem Beispiel einer 5. Wurzel: $\sqrt[5]{44\,240\,899\,509\,197}$, wobei er sämtliche Berechnungen in übersichtlichen Tabellen veranschaulicht [36–40], [Luckey 1; 238–245].

Näherungsverfahren für Wurzeln

Die Araber haben für die Quadratwurzeln an der altbekannten Formel $\sqrt{a^2 + r} \sim a + \frac{r}{2a}$ vielfach Korrekturen angebracht. Da die rechte Seite einen zu großen Wert für die Wurzel liefert,

$$\left(a + \frac{r}{2a}\right)^2 = a^2 + r + \left(\frac{r}{2a}\right)^2 > a^2 + r\,,$$

haben sie den Nenner des Korrekturgliedes vergrößert:

$$a + \frac{r}{2a+1}$$

Diesen Wert benutzen auch **Kūšyār ibn Labbān** [22], **al-Karağī** [1; 2, 14], **al-Nasawī** [397, 426] und **Bahā' al-Dīn** [15, 63].

Er ist aber, wie **al-Uqlīdisī** bemerkt [2; 164, 441] zu klein:

$$\langle \left(a + \frac{r}{2a+1}\right)^2 = a^2 + 2a\,\frac{r}{2a+1} + \left(\frac{r}{2a+1}\right)^2$$

$$= a^2 + (2a+1)\,\frac{r}{2a+1} - \frac{r}{2a+1} + \left(\frac{r}{2a+1}\right)^2$$

$$= a^2 + r - \frac{r}{2a+1}\left(1 - \frac{r}{2a+1}\right).$$

Nun kann man voraussetzen, daß a die größte ganze Zahl ist, deren Quadrat $< R = a^2 + r$ ist, d.h. es kann

$$a^2 + r < (a+1)^2 = a^2 + 2a + 1\,,$$

also

$$r < 2a + 1\,,$$

vorausgesetzt werden. Dann ist oben die Klammer positiv.⟩

Al-Uqlīdisī wählt daher einen Zwischenwert:

$$a + \frac{r}{2a + \frac{1}{2}}\,.$$

Für a^2 kann auch die nächsthöhere Quadratzahl gewählt werden, d.h. man rechnet

$$\sqrt{a^2 - r} \sim a - \frac{r}{2a}\,,$$

al-Ḥaṣṣār [Suter 3; 37 f.], **al-Qalaṣādī** [40 f.], **al-Bannā'** [2; 78 f.]. (r durch – r zu ersetzen, ist nur für uns trivial.)

Al-Ḥaṣṣār und **al-Qalaṣādī** wiederholen das Verfahren mit dem gewonnenen Näherungswert, um eine bessere Näherung zu erhalten.

Für Kubikwurzeln werden ähnliche Näherungsformel verwendet. **Kūšyār ibn Labbān** berechnet $\sqrt[3]{a^3 + r}$ mit der Näherungsformel $a + \frac{r}{3a^2 + 1}$ [28], auch bei **al-Nasawī** findet sich diese Formel [397 ff., 428]. Leider ist aber die einzige, bisher untersuchte Handschrift, in der das Rechenbuch dieses Autors erhalten ist, so stark verdorben, daß nicht mit Sicherheit zu entscheiden ist, ob **al-Nasawī** nicht die Näherungsformel $a + \frac{r}{3a^2 + 3a + 1}$ gemeint hat, die bei **Abū Manṣūr** [Uqlīdisī 2; 460] und dem Perser **al-Ḥasan ben al-Ḥusain al-Marwazī** (um 1216) [Suter 5; 117] belegt ist.

Eine allgemeine Näherungsformel für die Wurzel n-ten Grades erscheint 1265 bei **al-Ṭūsī** [1; 433] in dem oben genannten, vielleicht auf ᶜ**Omar Ḫayyām** fußenden Werk:

$$\sqrt[n]{a^n + r} \sim a + \frac{r}{(a + 1)^n - a^n}.$$

Diese Formel verwendet auch **al-Kāšī** bei der Berechnung einer 5. Wurzel [38, 332], [Luckey 1; 263].

Wurzeln aus Sexagesimalbrüchen

Das Verfahren der dekadischen Radizierung von Sexagesimalzahlen – man verwandelt dabei die Sexagesimalzahl in Einheiten der niedrigsten Stelle, zieht dekadisch die Wurzel und rechnet das Ergebnis wieder in Sexagesimalzahlen um – kommt z.B. in einem Euklidscholion [Euklid 1; **5**, 465 f.] und bei **Maximos Planudes** [1; 37 ff.] = [2; 46 ff.] vor und war zunächst auch bei den Arabern in Gebrauch. Die Söhne des **Mūsā ibn Šākir** deuten das entsprechende Verfahren für Kubikwurzeln an [Suter 4; 271].

Bei **al-Karaǧī** wird diese Regel für Quadratwurzeln so ausgedrückt [1; **2**, 15]: *Willst Du aus einer Zahl von Graden und ihren Theilen, sowie deren Theilen die Wurzel ausziehen, so lösest Du den Radicanden in Secunden auf, deren Wurzeln Minuten sind, oder in Quarten, deren Wurzeln Secunden sind, oder in Sexten, deren Wurzeln Tertien sind, oder in Octaven, deren Wurzeln Quarten sind. Oder Du führst eine andere Benennung ein, die sich durch eine gerade Zahl ausdrücken läßt, so daß die Gattung, in welche Du den Radicanden aufgelöst hast, dann Radicand wird. Aus dem, was Du erhalten hast, ziehst Du die Wurzel entweder vollständig oder annähernd. Was dabei herauskommt, gehört derjenigen Ordnung an, welche der Hälfte der Benennung entspricht, in welche Du den Radicanden aufgelöst hast.*

Bemerkenswert ist, daß hierin das Potenzgesetz für das Ausziehen der Quadratwurzeln enthalten ist und ausdrücklich die Fälle mit eingeschlossen werden, bei denen die letzte Sexagesimalstelle kein Vielfaches von 60^{-2n} ist. In diesem Falle muß man sich durch Anhängen von zwei Nullen helfen.

Al-Nasawī empfiehlt neben der Erweiterung mit 60^{2n} für die Quadratwurzel und 60^{3n} für die Kubikwurzel auch Erweiterungen mit Zehnerpotenzen [420 ff.], [Suter 5; 118] z.B.:

$$\sqrt{17^\circ} = \frac{1}{100}\sqrt{170000^\circ} = 4^\circ 7' 12'' .$$

Auch **Kūšyār ibn Labbān** formuliert zunächst eine dekadische Radizierung bei Sexagesimalbrüchen [24, 68]. An späterer Stelle jedoch beschreibt er das Beispiel $\sqrt{45^\circ 36'}$, wobei er die einzelnen Radizierschritte im Sexagesimalsystem behandelt; folgende Rechenschemen sind bei ihm angegeben, die dazwischen liegenden Rechenoperationen sind verbal ausgedrückt [88 ff.]:

			⟨Ergebnis⟩	⟨$(6^\circ)^2$ subtrahiert⟩	⟨doppeltes Produkt⟩
Grad	45	→	6	09	
Minuten	36			36	12
				⟨12 · 45' und $(45')^2$ subtrahiert⟩	
		→	6	00	
			45	02	
				15	13
					30
				⟨9 · 13'30" und $(9'')^2$ subtrahiert⟩	
			6	00	
			45	00	
		→	9	13	
				28	13
				39	30
					18

Die Grundlage für ein sexagesimales Wurzelziehen sind Quadratzahltabellen, die auch **Kūšyār**, wie aus dem Text hervorgeht, benützt hat.

Al-Kāšī gibt mehrere Beispiele für das sexagesimale Radizieren, auch für Wurzeln höheren Grades. In Analogie zum dezimalen Wurzelziehen sind bei ihm wieder Tabellen eingerichtet, die den Gang der Rechnung übersichtlich gestalten; Verfahren und Anordnung der Zahlen sind dabei ebenfalls dieselben wie im Zehnergefüge. Sexagesimal berechnet **al-Kāšī** z.B. $\sqrt{10\ 9\ 49\ 20 \text{ Grad}}$, Ergebnis: 24 41 40 Minuten. Zur Verfeinerung des Ergebnisses hat er das Verfahren dabei über die Einer hinaus weitergetrieben, um noch die Minuten des Ergebnisses zu erhalten [88 ff.], [Luckey 2; 51 f.]. Weiter berechnet **al-Kāšī**:

$$\sqrt[3]{18\ 52\ 59\ 43\ 51\ 24 \text{ Quarten}} ,$$

$$\sqrt[6]{34\ 59\ 17\ 14\ 54\ 23\ 3\ 47\ 40 \text{ Minuten}}.$$

Wurzeln aus Brüchen

Beispiele für Wurzeln aus Brüchen, die keine Sexagesimal- und keine Dezimalbrüche sein müssen, finden sich bereits bei **al-Uqlīdisī.** Er formuliert u.a. folgende Regeln [2; 80 f., 439]:

$$\sqrt{\frac{1}{n}} = \frac{1}{\sqrt{n}}, \quad \sqrt{\frac{a}{b}} = \frac{\sqrt{a}}{\sqrt{b}},$$

$$\sqrt[3]{a} = \frac{\sqrt[3]{ab^3}}{b} \qquad [2; 333\,f.].$$

Während **al-Nasawī** nur Wurzeln aus Brüchen zieht, die aufgehen [412 f.] und auch **al-Ḥaṣṣār** nur sehr einfache Beispiele bringt, bei denen er den Nenner zu einer Quadratzahl macht [Suter 3; 38 f.], beschreibt **al-Karaǧī** die Formeln [1; **2**, 14 f.]:

$$\sqrt{n} = \frac{\sqrt{na^2}}{a}, \quad \text{(vgl. auch al-Uqlīdisī)}$$

$$\sqrt{\frac{a}{b} + \frac{c}{d}} = \frac{\sqrt{ab\,d^2 + b^2\,cd}}{bd}.$$

Al-Kāšī bringt verbal ausgedrückt die recht allgemeine Formel [63 f., 338]:

$$\sqrt[k]{\frac{m}{n}} = \frac{\sqrt[k]{n^{k-1}\,m}}{n}.$$

Der binomische Lehrsatz

ist den Arabern sicher seit alters her bekannt. In seiner Algebra sagt **ᶜOmar al-Ḫayyām**, daß er das indische Verfahren zum Ausziehen von Quadrat- und Kubikwurzeln, das ja bei den Indern auf der binomischen Formel für das Quadrat und die dritte Potenz beruht, bewiesen und auf beliebige ganze Exponenten erweitert habe [1; 13]. Vielleicht hat also bereits **ᶜOmar al-Ḫayyām** den allgemeinen binomischen Lehrsatz gekannt. Der erste, von dem wir die Kenntnis des binomischen Lehrsatzes mit Sicherheit wissen, ist **al-Ṭūsī.** In seiner Schrift *Über die Bestimmung anderer Basen von Potenzen* [1; 438 f.] beschreibt **al-Ṭūsī** die Bildung der Binomialkoeffizienten. Seine Regeln zur Berechnung entsprechen unserer Formel:

$$\binom{n}{k} = \binom{n-1}{k-1} + \binom{n-1}{k}.$$

Al-Ṭūsī stellt eine Tabelle bis zur 12. Potenz einschließlich auf:

				2
			3	3
		4	6	4
	5	10	10	5
6	15	20	15	6

. . . .

Gesondert gibt er die Regeln für die Potenzdifferenzen an:

$$(a + b)^n - a^n = \binom{n}{1} a^{n-1}\, b + \binom{n}{2} a^{n-2}\, b^2 + \ldots + b^n,$$

$$(a + 1)^n - a^n = \binom{n}{1} a^{n-1} \quad + \binom{n}{2} a^{n-2} \quad + \ldots + 1\,.$$

Die Tabelle der Binomialkoeffizienten, das Pascalsche Dreieck und alle anderen von **al-Ṭūsī** angegebenen diesbezüglichen Regeln finden sich wieder im *Schlüssel zur Arithmetik* von **al-Kāšī** [42 ff., 549].

Abendland

Wir stellen die lateinischen Namen und die cossischen Zeichen mit den älteren Namen zusammen und wiederholen: **Diophant** unterscheidet *Arten* (εἴδη, lat. *species*) von Zahlen, nämlich außer den gewöhnlichen Zahlen Quadratzahlen, Kubikzahlen usw. [1; **1**, 2, 6]. Im Zusammenhang mit Aufgaben wie: Gesucht ist eine Kubikzahl, die . . . werden die Namen für die Arten von Zahlen zu Namen für die Potenzen der Unbekannten.

Die Potenzen bis zur dritten sind:

Tabelle 25:

	Diophant	Inder	Araber	lateinisch	Cossische Zeichen
x^0	*μονάς* $\overset{\circ}{M}$	*rūpa*	*dirhem*	*numerus, dragma, denarius*	φ
x^1	*ἀριθμός* ς (*πλευρά*)	*yāvat-tāvat*	*šai'* *ǧiḏr*	*res, cosa, radix*	ꝛ
x^2	*δύναμις* Δ^Y (*τετράγωνος*)	*yāvat varga*	*māl*	*census, quadratum*	ʒ
x^3	*κύβος* K^Y	*yāvat ghana*	*ka^cb*	*cubus*	ꝶ

Aus drucktechnischen Gründen verwenden wir **r** statt ꝛ und **cb** statt ꝶ.

Abkürzungen für die lateinischen Namen finden sich bereits im Ms. Lyell 52 [44ᵛ] (vor 1380) [Kaunzner 9; 9 f.], nämlich *d* für *dragma*, *r* für *radix*, *c* für *census*. In Handschriften im deutschsprachigen Raum entwickeln sich die folgenden Formen:
Fridericus Gerhart schreibt ꝝ für *radix*, ꝶ für *census*.
Regiomontan schreibt ꝛeſ oder ꝛſ für *res*, ꝛſ für *census*.
Die in der letzten Spalte der Tabelle angegebenen Zeichen stehen im Codex Dresden C 80 [Kaunzner 4; 302 f.].

Die höheren Potenzen werden aus diesen zusammengesetzt, und zwar zunächst allgemein additiv in bezug auf die Exponenten, wie es schon **Diophant** [1; **1**, 8] erklärt hat:

Δύναμις . . . ἐπὶ . . . κύβον πολυπλασιασθεὶς ποιεῖ δυναμόκυβον.

Leonardo von Pisa schreibt [1; **1**, 446] *census census* für x^4, *census census census* oder *cubus cubi* für x^6, *census census census census* für x^8.

Beispiele:

Zwei italienische Handschriften:

	Hs aus dem 14. Jahrhundert? [Libri 2; 302, 313, 365]	Hs von 1460 [Karpinski 1; 215]
x^0		*drammo, numero*
x^1	*cosa*	*radice, cosa*
x^2	*quadrato censo bzw. quadrato, censo*	*censo*
x^3	*cubi bzw. censo cubo*	*cubo*
x^4	*censo di censo*	*censo di censo*
x^5	*censo di cubo*	*censo del cubo* oder: *cubi de censo*
x^6		*cubo di cubi*

	Deutsche Algebra im Codex Dresden C 80 [368ʳ] [Kaunzner 1; 37]	**Chuquet** (1484) [1; 737] (er beschreibt die Bezeichnungsweise seiner Vorgänger, die er für unzweckmäßig hält)
x^0	*czall*	
x^1	*dingk*	*premiers*
x^2	*zensi*	*champs*
x^3	*chubi*	*cubicz*
x^4	*wurzell von der wurzell*	*champs de champs*

	Clm 14908 (1461) [Curtze 1; 52]	**Regiomontan** (1464) [3; 256, 278]
x	*ding*	*res*
x^2	*censo*	*census*
x^3	*cubo*	*cubus*
x^4	*censo di censo*	*census de censu*
x^5	*duplex cubo (!)*	*cubus de censo*
x^6	*cubo di cubo*	*cubus de cubo.*

Der Codex 1470 der Universitätsbibliothek Leipzig (von etwa 1486) [Kaunzner 1; letztes Blatt] enthält auf fol. 464ᵛ die Potenzbezeichnungen von x^0 bis x^9 (Abb. 40).

Luca Pacioli [a; 67ᵛ] faßt anscheinend *cubus de censo* als Kubus vom Quadrat auf, also nicht als x^5 sondern als $(x^2)^3 = x^6$, die übrigen Kombinationen entsprechend. Ihm folgen **Tartaglia** [1; **3**, Teil 6, A 2ʳ], **Cardano** [2; 14 = Cap. 1], [3; 226 = Cap. 2], **Bombelli** [1; 64] und viele deutsche Cossisten (s. S. 283 f.). Man braucht dann besondere Ausdrücke

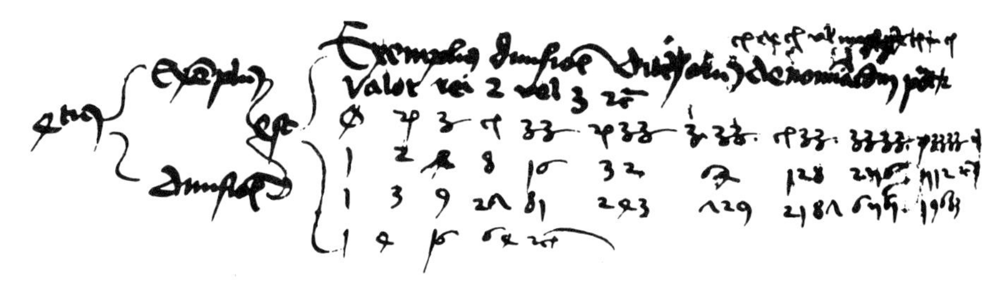

Abbildung 40. Potenzbezeichnungen im Cod. Leipzig 1470.

für die Primzahlpotenzen. Sie werden bei den Italienern mit *primo relato* ⟨= x^5⟩, *secondo relato* ⟨= x^7⟩ usw. bezeichnet. **Cardano** sagt für x^5 auch *nomen primum* [3; 226 = Cap. 2]. Bei **Tartaglia** z.B. steht die folgende Aufstellung der einschlägigen Abkürzungen und eine Angabe der Exponenten unter der Überschrift *Segni per numeri* [1; 3, Teil 6, A2ʳ]:

n	*0*	*cecu*	*6*
co	*1*	*2° rel.*	*7*
ce	*2*	*cecece*	*8*
cu	*3*	.	.
cece	*4*	:	:
pri.rel.	*5*	*9° rel.*	*29*

Fast die gleichen Abkürzungen stehen bei **Cardano** [2; 14].

In der *Summa de arithmetica* von **Fr. Ghaligai** (1521), die mehrere Auflagen erlebt hat, werden nicht nur einige Symbole, sondern auch eigene Namen für die Primzahlpotenzen angegeben, die, wie **Ghaligai** angibt, von seinem Lehrer **Giovanni del Sodo** stammen [71ʳ]:

n^0	*numero*
┌ 0	*Cosa*
□	*Censo*
◫	*Chubo*
⊟	*Relato* (5. Potenz)
⊞	*Pronicho* (7. Potenz)
⊟	*Tromicho* (11. Potenz)
⊞	*Dromicho* (13. Potenz).

Im Cod. Vindob. 5277 (um 1510) [2ʳ] werden u.a. die folgenden Bezeichnungen benutzt (s. Abb. 41):

2^5: *alt* ⟨von *altus*?⟩ = *quadrangularis*
2^6: ʒ + ***cb*** = *quadratus et cubus*
2^7: ***cb*** + ʒʒ = *cubus et quadratus de quadrato*
2^8: ʒʒ + *alt* = *quadratus ex quadrato et quandrangularis.*

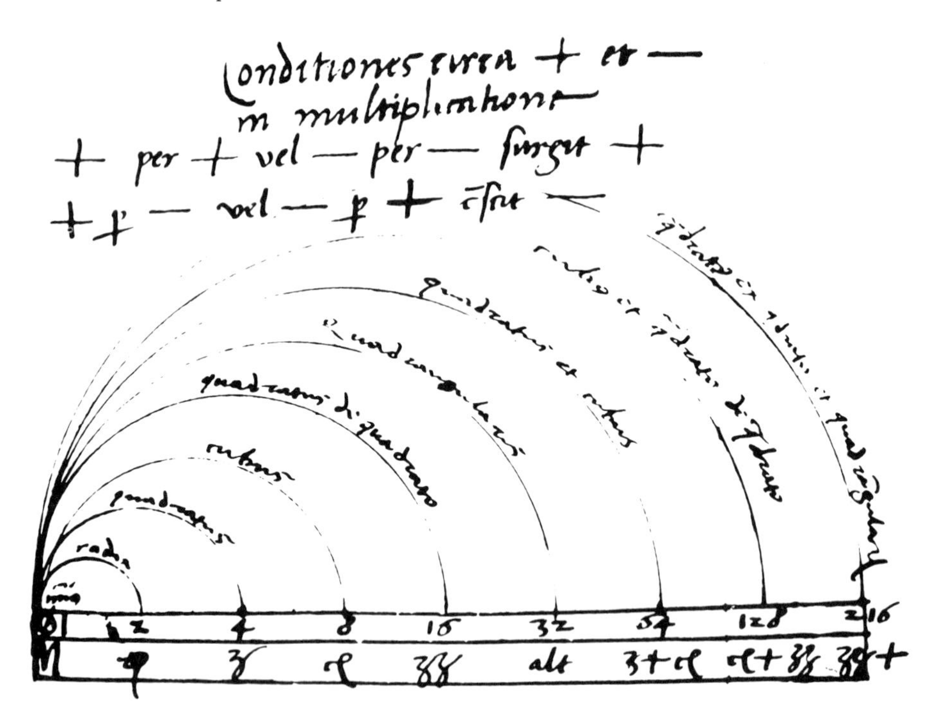

Abbildung 41. Potenzbezeichnungen im Cod. Vindob. 5277.

Hier muß man wohl annehmen, daß dem Schreiber einige Versehen oder Mißverständnisse unterlaufen sind.

In der deutschen cossischen Literatur, bei **Ries** [1; 35], **Rudolff** [1; D 2^v], **Apian** [Bb 4^r], **Initius Algebras** [474] und **Stifel** [1; 235^r] wird dieselbe Potenzbezeichnung wie bei den Italienern verwendet. Die Primzahlpotenzen heißen hier:

> x^5: *Sursolidum*, Zeichen: ***ß***,
> x^7: *Bisursolidum*, Zeichen: ***bß*** oder ***biß***,

bei **Napier** [6; 92] *supersolidum* und *secundum supersolidum*.

Noch **Descartes** bezeichnet x^5 als *sursolide* [2; 301, 403].
Für die höheren Potenzen mit Primzahlexponenten schreiben:

	Initius Algebras [508]	**Stifel** [1; 236^r]
x^{11}:	*ter ß*	***cß***
x^{13}:	*quadr ß*	***dß***
x^{17}:	*quint ß*	***eß***.

Recorde [2; S 2^r] geht bis zu:

ß/ʒ̄.	*Doeth betoken the seuenthe Sursolide.*	$= x^{23}$.
ʒ̄.ʒ̄.ʒ̄.&c̄.	*Signifieth a square of squares, of squared Cubes.*	$= x^{24}$.

Über die Herkunft der Bezeichnungen *relato* und *sursolidum* vergleiche [Eneström 10].

Fr. Viète dagegen geht in seiner *Isagoge* (1591) [3; 4^v f.] wieder auf die additive Potenzdarstellung zurück, auch verwendet er statt *census* für die 2. Potenz wieder *Quadratum*; in [4] und [7] kommen die rechts stehenden Abkürzungen vor:

	Latus seu Radix	
2	*Quadratum*	*Q*
3	*Cubus*	*C*
4	*Quadrato quadratum*	*QQ*
5	*Quadrato cubus*	*QC*
6	*Cubo cubus*	*CC*
⋮	⋮	
9	*Cubo cubo cubus.*	

Die gleiche Bezeichnungsweise hat auch **Oughtred**, er gibt zusätzlich noch die Abkürzungen $q, c, qq, qc, cc, qqc, qcc, ccc$ ... [1; 34 f.]. **Harriot** schreibt in Anlehnung an die Bezeichnungsweise von **Viète**, aber mit kleinen Buchstaben, die Faktoren einzeln hin, z.B. *aaaaaa* für a^6 [50].

Grammateus schreibt über die Glieder einer geometrischen Reihe ihre Ordnungszahlen [1; E 5^r]:

N	1	2	3	4	5	6	7	8
1	2	4	8	16	32	64	128	256 ...

Dann führt er für die Ordnungszahlen folgende Bezeichnungen ein:

N		
1 a	*pri*	⟨*prima quantitas*⟩
2 a	*se*	⟨*secunda quantitas*⟩
3 a	*ter*	⟨*tertia quantitas*⟩ ...

und gibt die Rechenregeln an: addiert und subtrahiert werden dürfen nur gleichbenannte Größen, die Multiplikations- und Divisionsregeln werden in Form von Tabellen angegeben [1; E 8^r, F 3^r].

Die Bedeutungen der Namen der Potenzen gehen bei Grammateus in die Potenzen der Unbekannten über.

Auch **Stifel** schreibt über eine geometrische Reihe die Ordnungszahlen [4; 61^v, 62^r]:

0	1	2	3	4
1	1A	1AA	1AAA	1AAAA.

Schon in der *Arithmetica integra* wird der Eins der Exponent 0 zugeordnet [1; 249^v]. Hier bezeichnet **Stifel** auch die Ordnungszahlen als Exponenten [1; 236^v]. Er erweitert die Reihe der Potenzen auf negative Exponenten [1; 249^v]:

– 3	– 2	– 1	0	1	2	3	4	5	6
$\frac{1}{8}$	$\frac{1}{4}$	$\frac{1}{2}$	1	2	4	8	16	32	64

Außerdem gibt **Stifel** die Regel an, daß die Exponenten bei Multiplikation zu addieren, bei Division zu subtrahieren sind [1; 236^{v}]: *Exponentes signorum, in multiplicatione adde, in divisione subtrahe, tunc fit exponens signifiendi.*

Exponenten, die mit Zahlen bezeichnet werden, treten bereits in **Chuquet**s *Triparty* auf. **Chuquet** gibt dort die Potenzen von 2 in der folgenden Form an [1; 740]:

Nombres	*Denominacion*
1	0
2	1
4	2
8	3
16	4
32	5
64	6
128	7
⋮	⋮
1048576	20

und außerdem Regeln wie z.B. *.2.^{1} par .4.^{2}. Il en vient .8.^{3}*, d.h. er gibt außer den Zahlen noch die Potenzen von 2 an, die diese Zahlen darstellen. Diese Bezeichnungsweise geht fast unmerklich dazu über, daß die hochgestellten Ziffern die Potenzen der Unbekannten einer Gleichung bedeuten, z.B. [1; 797]:

.3.^{1} plus .6.^{2} egaulx a .30.

für

$$3x + 6x^2 = 30.$$

Dabei kommen bei **Chuquet** auch negative Exponenten vor [1; 742], z.B.

.72.^{1} par .8.^{3} . . . ergibt *.9.* $^{2.\tilde{m}.}$, d.h.

$72x : 8x^3 = 9x^{-2}$, oder

.84. $^{2.\tilde{m}}$*.par .7.* $^{3.\tilde{m}.}$ . . . ergibt *.12.^{1}*, d.h.

$84x^{-2} : 7x^{-3} = 12x.$

Bombelli setzt einen Bogen unter die Potenzen der Unbekannten [1; 64]:

Tanto	$\underset{\smile}{1}$
Potenza	$\underset{\smile}{2}$
Cubo	$\underset{\smile}{3}$
Potenza di potenza	$\underset{\smile}{4}$
Primo relato	$\underset{\smile}{5}$
	⋮
Cubo di potenza di potenza	$\underset{\smile}{12}$

Die Gleichung $\frac{1}{2}\underset{\smile}{2}$ *p.* $\frac{1}{2}\underset{\smile}{1}$ *m.10 . . . eguale à* 1 $\underset{\smile}{1}$ [1; 641 = Prob. 263] bedeutet

$\frac{1}{2}x^2 + \frac{1}{2}x - 10 = x.$

Stevin umgibt die Potenzzahlen mit einem Kreis [1; 549] = [2a; 78], z.B.:

1 ② + 6 ① + 9, egales à 25

für

$x^2 \quad + 6x \quad + 9 \quad = \quad 25$

[1; 609] = [2a; 299].

Der **Stevin**schen Bezeichnungsweise folgt **Girard** [2; C 3ᵛ ff.].

Kepler schreibt, daß er die Ausdrücke

1 , 1 ℞ , 1 ʒ , 1 ***cb*** , 1 ʒʒ , 1 ***ʒcb***

bequemer durch *apices*, nämlich

1. 1j. 1ij. 1iij. 1iiij. 1v. 1vj. 1vij. . . .

bezeichnet [3; 50 = Buch 1, Prop. 45].

Die wichtige Neuerung, nicht nur Exponenten, sondern auch die Basis anzugeben, findet sich um 1600 bei **Adriaen van Roomen**, der z.B. für unser

$A^4 \quad + B^4 \quad - 4A^3B \quad + 6A^2B^2 \quad - 4AB^3$

schreibt [Bosmans; 281]:

A(4) + B(4) – 4A(3) in B + 6A(2) in B(2) – 4A in B(3).

James Hume benützt 1635 [1; 9], [Cajori 6; **1**, 205] noch die alte Schreibweise wie **Chuquet**, **Bombelli** und **Stevin**. In seiner Ausgabe der Algebra von **Viète** 1636 jedoch geht er dazu über, A^{ij} für A^2 [2; 10] zu schreiben. **Hérigone** läßt die Klammern weg, er schreibt a, a2, a3, a4 für a, a^2, a^3, a^4. . . [**2**, Algebra S. 4].

Descartes kannte verschiedene Bezeichnungsweisen, wie u.a. aus seinen Briefen hervorgeht [1; **2**, 125; **3**, 190]. Jedoch schon in den *Regulae ad directionem ingenii* (1628) verwendet er die heute übliche Bezeichnung, z.B. $2a^3$ [6; 455 = Regula 16], die in seiner *Geometrie* ausschließlich benützt wird, z.B. [2; 301]

$z^3 \propto + az^2 + bbz - c^3$ (zum Gleichheitszeichen s.S. 171).

Das Beispiel zeigt, daß gelegentlich bb für b^2 geschrieben wird, was noch bis ins 19. Jahrhundert hinein üblich ist.

Das Radizieren

Viele Rechenbücher beschreiben das Quadrat- und Kubikwurzelziehen im Anschluß an die vier Grundrechenarten, so z.B. **Leonardo von Pisa** [1; **1**, 352 ff.], **Jordanus Nemorarius** [Eneström 3; 31], **Johannes de Sacro Bosco** [14 ff., 79 ff.], **Alexander de Villa Dei** [Steele; 78], **Grammateus** [1; F 6ᵛ ff.], **Luca Pacioli** [a; 45ʳ], **Pellos** [15ʳ], **Cardano** [2; 30] usw.

Die Methode sieht so aus, als ob sie sich aus dem Übergang vom Staubbrettrechnen zum Rechnen auf dem Papier entwickelt hat. Ähnlich wie beim Überwärts-Dividieren geht man von der Zahl, deren Wurzel gesucht ist, aus, schreibt die für die Zwischenrechnungen benötigten Zahlen nach unten, die Reste der schrittweisen Subtraktionen nach oben, das Resultat nach rechts. Die erledigten Ziffern können ausgestrichen werden; das ist aber nicht unbedingt nötig, wenn man daran denkt, daß nur die obersten Ziffern noch gelten.

Wir geben die Beschreibung von **Apian** wieder [G 5ᵛ ff.], die uns besonders klar zu sein scheint. Man setzt über die von rechts gezählten ungeraden Stellen Punkte, z.B.

$\dot{5}\ 4\ \dot{7}\ 5\ \dot{6}$

und beginnt beim letzten Punkt. *Findt einen digitum* ⟨eine Ziffer⟩ *vnder 5 welcher in sich gefürth die 5 auff das genawest auß lesch. das ist 2 .... sprich 2 mal 2 ist 4. Subtrahir 4 von 5 bleibt 1/das setz darüber vnnd setz 2 in das krumbe strichel*

1

$\not{\dot{5}}\ 4\ \dot{7}\ 5\ \dot{6}\quad (2$

duplir 2 wirt 4/das selbig duplat setz vnder 4. Darnach such einen Newen digitum vnder der 7. der ist 3 do mit Multiplicir das duplat darnach 3 in sich selbst Facit 129. Das subtrahir von der selbigen zall/das rest setz das vber/⟨Setzt man den Radikanden = R, die erste Ziffer der Wurzel = a, die zweite Ziffer = b, so wird also gebildet:

$$R - (10 \cdot a)^2$$
$$- 2 \cdot 10 \cdot a \cdot b - b^2.$$

Das Bild sieht so aus:⟩

$\not{1}\ \not{1}\ 8$

$\not{\dot{5}}\ \not{4}\ \not{\dot{7}}\ 5\ \dot{6}\quad (23$

$\quad \not{4}\ 9$

$1\ 2$

⟨Die 9 ist heraufgeschoben, wodurch das Bild etwas unübersichtlich wird. Aber auf dem Staubbrett wäre die 4 nicht gestrichen, sondern gelöscht, und die 12 stände an dieser Stelle.⟩ *Zum letzten duplir 23 facit 46. Setz 6 vnder 5 die 4 vnder 7 vnd such eynen newen digitum vnder dem letzten puncten/das ist vnder 6 der in das duplat vnd in sich selbest multiplicirt wirdt vnder des puncten/das ober auff das genawest außlesch. Das ist 4/sprich 4 mal 46 ist 184 darnach in sich selbst ist 16. Addirs nach rechter arth* ⟨d.h. unter Berücksichtigung der Stelle⟩ *Stet 1856 das subtrahir von der obgesetzten zall/vnnd ist radix (234. Dieweil nix überig bleibt ist ein zaichen das die Egemelte zall/ein quadrat zall sey.* ⟨Hierzu zeichnet **Apian** ein neues Schema:⟩

$\not{1}\ \not{1}\ 8$

$\not{\dot{5}}\ \not{4}\ \not{\dot{7}}\ 5\ \dot{6}\quad (234$

$\quad 0\ 4\ 6\ 6$

$\quad 1\ 8\ 5$

Die übrigen genannten Autoren verwenden ähnliche Schemata.

Geht die Rechnung nicht auf, so liefert sie jedenfalls die größte ganze Zahl a, für die $a^2 < R$ ist. Der Rest sei mit r bezeichnet, es sei also $R = a^2 + r$. In diesem Falle gibt **Leonardo von Pisa** [1; **1**, 354] als Lösung $a_1 = a + \frac{r}{2a}$ an, z.B.: $8574 = 93^2 + 105$, also wird $93 + \frac{105}{2.93} = 93\frac{35}{62}$ als Lösung angegeben.

Im 16. Jahrhundert tritt eine andere Anordnung auf, die der sog. langen Division entspricht (s.S. 239 f.): die Zwischenrechnungen werden unterhalb der zu radizierenden Zahl angeschrieben. Die Berechnung von $\sqrt{54756}$ sieht z.B. bei **Cataneo** [58^v] so aus:

```
          54756        (234
          4                    primo duplata 4
          14                   secondo       46
          12
           27
            9
          185
          184
            16
            16
auanzo       0
```

Im Laufe der Zeit wurde dieses Rechnen nach unten (mit unwesentlichen Abänderungen) bevorzugt. Wir geben in der folgenden Tabelle für einige, ziemlich zufallsmäßig ausgewählte Autoren an, welches Verfahren sie lehrten.

Tabelle 26: Übersicht über die verwendeten Methoden des Radizierens.

	Überwärtsradizieren	Rechnen nach unten
Recorde 1557	[2; K 1^v ff.]	
Bombelli 1572 (1579)		[1; 31]
Clavius 1585	[2; 308 ff.]	
Viète 1600 (1646)		[7; 165 ff.]
Schott 1677	[36 f.]	
Tacquet 1683		[193 ff.]
Wolff 1730		[2; 84 f.]
Lechner 1755	[303 ff.]	
Karsten 1768		[**2**, 124 ff.]
Euler 1770		[5; 1, 2, 7]
Vega 1821		[**1**, 144 ff.]

Kubikwurzeln

Die bei den Quadratwurzeln genannten zwei Formen der Anordnung der Zwischenergebnisse treten in derselben Weise auch bei den Kubikwurzeln auf: Bis zum 16. Jahrhundert werden die Zwischenergebnisse hauptsächlich über den Radikanden geschrieben, später meistens darunter.

Nun ist jedoch bei Kubikwurzeln die Sachlage komplizierter als bei den Quadratwurzeln und damit gibt es natürlich auch mehr Möglichkeiten bei der Berechnung und Anordnung der Zwischenergebnisse. Die Grundlage bildet nach wie vor der binomische Lehrsatz $(a + b)^3 = a^3 + 3a^2b + 3ab^2 + b^3$. So berechnen z.B. manche Autoren direkt die Ausdrücke $3a^2b$, $3ab^2$ und addieren sie, andere wiederum rechnen zunächst $3a$, $3a(a + b)$ und dann $3a(a + b)b$, usw. vgl. hierzu [Treutlein 2; 73 ff.].

Wegen der Schwierigkeiten, die bei Kubikwurzeln auftreten, rät z.B. **Buteo**, sich zunächst durch Abzählen der Ziffern des Radikanden zu überlegen, wieviele Ziffern das Ergebnis haben wird, sodann die erste Ziffer a^3 zu subtrahieren und, da die weitere Berechnung sehr mühsam wäre *(reliqua fastidiosi laboris)*, durch Ausprobieren *(experimento)* oder Kubikzahltafeln die weiteren Stellen zu ermitteln [81].

Höhere Wurzeln (das **Pascal**sche Dreieck)

Da das Ausziehen von Wurzeln im Abendland, wie bereits geschildert, nach der Methode, der der binomische Lehrsatz zugrunde liegt, geschieht, ist es nicht weiter verwunderlich, daß das Radizieren für $n > 3$ eng mit dem binomischen Lehrsatz in Form des **Pascal**schen Dreiecks zusammenhängt.

Gedruckt erscheint das **Pascal**sche Dreieck erstmals 1527 auf der Titelseite zu **Apians** Arithmetik:

3 3

4 6 4

5 10 10 5

6 15 20 15 6

. . . .

Apian gibt auch eine Reihe von Beispielen von höheren Wurzeln, seine Berechnungen führen bis n = 8 [Bb 4^v – Bb 7^r], er gibt jedoch keinerlei Erklärungen dazu. Als nächster ist **Stifel** – er kannte **Apians** Werk [1; 102^r] – zu nennen, der die Zahlen, die er zum Radizieren benötigt *(qui peculiariter pertinent ad quamlibet speciem extractionum)* [1; 44^v], bis n = 17 in folgender Anordnung bringt:

1			
2			
3	3		
4	6		
5	10	10	
6	15	20	
7	21	35	35
⋮			

Zugleich gibt er in Worten die Vorschrift an, gemäß der man diese Zahlen, die er an anderer Stelle *numeri binomiales* nennt = [1; 34^{r}], findet; sie entspricht der Formel:

$$\binom{n}{k} = \binom{n-1}{k-1} + \binom{n-1}{k}.$$

Will **Stifel** eine n-te Wurzel ziehen, so schreibt er die Zahlen der n-ten Zeile heraus, wiederholt sie rückwärts schreitend mit Ausnahme der letzten und versieht dann jede dieser Zahlen zunächst mit einer Null und daraufhin nochmals mit Nullen, und zwar mit sovielen, wie ihr Zahlen nachfolgen; so findet er z.B. für die 5. Wurzel die Reihe

5 10 10 5

die, in angegebener Weise mit Nullen versehen ergibt:

5000
1000
100
50 [1; 45^{v}].

Apians Schema der Binomialkoeffizienten wird bevorzugt verwendet, so u.a. von **Scheybl**, der sogar noch die 24. Wurzel zieht [D.E. Smith 6; 2, 149] und **Tartaglia** [1; 2, 69^{v}, 71^{v}], der dieses Zahlenschema als seine eigene Erfindung ausgibt und Wurzeln bis zu n = 11 zieht.

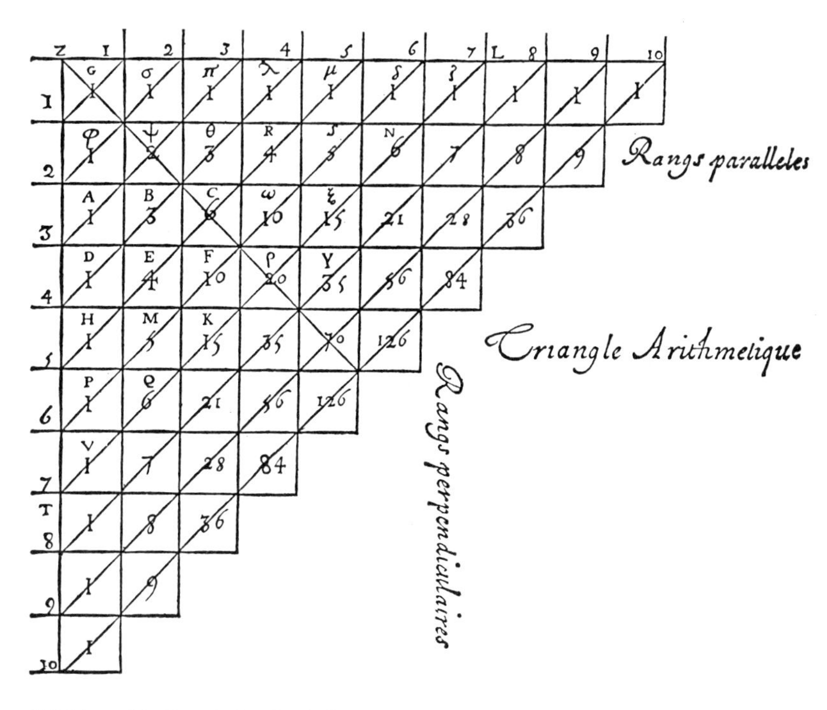

Abbildung 42. Pascalsches Dreieck.

Schließlich gibt **Pascal** diesem nach ihm benannten Dreieck wiederum ein neues Aussehen [1; **3**, 446], (Abb. 42).

Zahlreiche Entdeckungen **Pascals**, die in Zusammenhang mit diesem Dreieck stehen, wurden 1665 posthum in dem Werk *Traité du triangle arithmétique* veröffentlicht.

Fachsprache

Potenzen

Die Namen der einzelnen Potenzen sind bereits behandelt. Das allgemeine Wort *Potenz* wird erst gebraucht, wenn über Gleichungen verschiedenen Grades allgemein gesprochen wird. Es geht auf das Wort *δύναμις* zurück, das *Kraft* bedeutet, u.a. die Kraft der Diagonalen, ein Quadrat der doppelten Fläche zu erzeugen,[1]) vgl. auch **Szabó** [43 ff.].

Euklid unterscheidet Strecken, die *kommensurabel* (*σύμμετροι*) und solche, die nur *quadratisch kommensurabel* (*δυνάμει σύμμετροι*) sind. Diese Unterscheidungen finden sich in zahlreichen Werken, die von Irrationalitäten handeln, so z.B. bei **Initius Algebras** mit der Übersetzung *potentia* für *δύναμις (rationalis in longitudine et potentia)* [549].

Leonardo von Pisa bezeichnet die drei Elemente der damaligen Algebra *radix*, *quadratus* und *numerus simplex* als *tres proprietates, que sunt in quolibet numero* [1; **1**, 406]. **Luca Pacioli** nennt *numero, cosa, e censo* die *3 quantita ouer termini*, diese und auch die übrigen (wie *cubo, censo de censo, censo relato* usw.) *nomi* [a; 144ʳ f.]. Am Beispiel der Gleichung $x^3 + x^4 = x^5$ beschreibt **Luca**, wie man sie durch mehrmalige Division durch x auf die Form $1 + x = x^2$ bringt, deren Lösungsmethode bekannt ist. Diese Operation nennt er *digradare le dignita* (die Potenzen im Grad erniedrigen) [a; 149ᵛ]. **Tartaglia** schreibt [1; **3**, A 1ᵛ]: *Il numero in algebra se intende e piglia per numero simplicemente cioè senza grado ouer dignità alcuna, alle similitudine, che è vn laico fra li gradi ecclesiastici...* Von *dignità* spricht auch **Bombelli** [1; 57 und öfter].

Chuquet behandelt unter der Überschrift *De lordre des nombres et de leurs differances et consideracion* [1; 737] folgende Arten von Zahlen:

nombre simplement pris sans aulcune denominacion, bezeichnet als z.B. $.12.^{\circ}$,
nombre premier ou nombre linear, bezeichnet als z.B. $.12.^{1}$
nombre second ou nombre superficiel quarre, bezeichnet als z.B. $.12.^{2}$ . . . usw.

Die sonst üblichen Bezeichnungen *chose*, *champs* usw. reichen, wie **Chuquet** meint, für die unzähligen Arten nicht aus. Aus der bereits angegebenen Zusammenstellung der *nombres* und *denominacion* (s.S. 286) ist zu ersehen, daß **Chuquet** z.B. mit $.12.^2$ hier $12 \cdot n^2$ mit irgendeiner Zahl n meint. Für Potenz ist hier also *denominacion* gesagt; ebenso bei **de La Roche** [43ᵛ].

Bei den Cossisten werden allgemein die Potenzen der Unbekannten (oder die Exponenten) folgendermaßen bezeichnet:

---

[1]) Nach persönlicher Mitteilung von Herrn von **Fritz**.

bei **Initius Algebras** als *Benennung* [491],
bei **Stifel** als *nahmen* [4; 68r],die Exponenten heißen *vberschribnē zale* [4; 60v],
bei **Cardano** *denominatio* [3; 222], [2; 14] und öfter,
bei **Recorde** *denomination*, der Exponent *signe* [2; S 4v],
bei **Bürgi** *geschlecht*, die Exponenten werden durch *strichlin* angegeben [2; 15],
bei **Stevin** *dignitez ov denominateurs des quantitez* [1; 517], [2a; 18].

Buteo faßt die algebraischen Größen geometrisch auf und schreibt ihnen eine Dimension *(dimensio)* zu [126 f.], was auch in den Symbolen ϛ, ◇, ⬚ (s. S. 377) zum Ausdruck kommt. **Viète** setzt die Reihe *latus, quadratum, cubus (magnitudines scalares)* in der üblichen Weise bis *cubo-cubo-cubus* fort. Er sagt, daß diese *magnitudines scalares suâ vi proportionaliter adscendunt*, durch ihre eigene Kraft proportional aufsteigen. **Viètes** geometrische Denkweise kommt darin zum Ausdruck, daß er darauf besteht, daß nur *homogene Größen* addiert und subtrahiert werden dürfen. Das hat zur Folge, daß die Koeffizienten einer Gleichung auch als dimensionierte Größen *(magnitudines comparatae)* aufgefaßt werden müssen, ihre ⟨Dimension⟩ nennt **Viète** *denominatio* [3; 5v f.]. **Viète** schreibt z.B. die Gleichung $BA^2 + DA = C$ so: *B in A Quadratum, plùs D plano in A, aequari Z Solido,* [3; 7v], d.h. *D* ist als Flächenzahl und *C* als Körperzahl aufzufassen. Die höchste in einer Gleichung auftretende Potenz der Unbekannten nennt **Viète** *potestas*, die übrigen Potenzen *gradus parodici ad potestatem* [3; 5r], vgl. [Viète 12; 26].

Anstelle des von **Viète** verwendeten *potestas* sagt **Girard** *puissance* [2; B 1r] und beschreibt den Grad einer Gleichung durch *denominateur de la plus haute quantité* [2; E 4v]. Bei **Rahn** liest man, daß *die zahlen so den quantiteten vorgesezt sind / außweisen / wie oft sie genommen seyen: die zahlen aber so den quantiteten über der scheitel* ⟨d.h. hochgestellt⟩ *nachfolgen / geben deroselben grad / potestatem oder vermögen zu verstehen . . . so ist a^2 doppeltes vermögens . . . oder a^3 ist dreyfaches vermögens. . .* Für Potenzieren verwendet **Rahn** den Fachausdruck *involvieren* und das Zeichen ◎ [8, 10]. **Newton** benützt *dimensio, potestas* und *dignitas* als Synonyme, der Exponent heißt bei ihm *Index potestatum* [6; 8]. Bei **MacLaurin** findet man *dimension* und *power* sowie auch *involution* [132 f.]. **Leibniz** spricht von *potestas* [1; **7**, 85], *potentia und ihren Graden oder Exponenten* [1; **7**, 62]. Er sagt, die *denominationes quadratum, cubus, quadrati cubus* usw. bezeichnen die Auflösung des Exponenten in seine Primfaktoren [1; 7, 62]. Ferner benützen:

Johann Bernoulli [**4**, 16]: *potestas, potentia,*
Euler [5; 1, 1, 16, 168 ff.]: *Potestät, Potenz, Dignität,*
Wolff [2; 80]: *potestas, potentia, dignitas, Exponens dignitatis,*
Klügel [2; **3**, 855]: *Potenz (potentia, potestas, dignitas, Frz. puissance, Engl. power) . . . Exponens.*

Wurzel

Bei den Ägyptern wird die Wurzel durch einen Winkel ⌈ bezeichnet [Papyrus Moskau, 148 f.]. Die Griechen verwenden das Wort πλευρά = Seite (des Quadrates oder Kubus), z.B. **Euklid** [El. 10, 9], **Diophant** [1; **1**, 4 und öfter], **Nikomachos** [1; 91 = II, 9, 2] als Seite einer Quadratzahl. **Boetius** übersetzt: *latus* [95]. Bei **Varro** [Gerbert 2;

500–503] findet sich *latus quadratum, latus kybi, latus dynamodynami.* **Gerbert** schreibt *latus tetragonale* [2; 83], ebenso **Boetius** [417]. *Latus* wird z.B. noch von **Initius Algebras** [525 und öfter], **Ramus** [1; 86] und **Viète** [3; 4v] benützt, kommt aber dann in der Bedeutung Quadratwurzel außer Gebrauch; **Stevin** verwendet *costé* [1; 509] = [2a; 10].

Bei den Chinesen heißt *k'ai-fang (k'ai-p'ing-fang)*: ziehe die Quadratwurzel, (*k'ai* = öffnen, *fang* oder *p'ing-fang* = das Quadrat), *k'ai-li-fang*: ziehe die Kubikwurzel, *k'ai-san-ch'êng-fang:* ziehe die 4. Wurzel usw. bis zur 10. Wurzel: *k'ai-chiu-ch'êng-fang* [Libbrecht; 193], [Chiu Chang Suan Shu 3; 144].

Die Inder verwenden *pada* = Schritt, Fuß oder *mūla* = Wurzel, Basis, Grundlage, Ursprung (lat. *radix*) [Elfering; 189], [DS; **1**, 169]. Die arabische Übersetzung von *mūla* ist *ǧiḏr. Ǧiḏr* bedeutet aber auch die Unbekannte in einer Gleichung. Diese Doppeldeutigkeit beruht auf dem Verhältnis von *ǧiḏr* zu *māl* (Vermögen), das als x zu x^2 oder $\sqrt{x}$ zu x aufgefaßt werden kann [Ruska 2; 60 ff.]. Außerdem wird *ḍilᶜ* = Seite verwendet. **Bahā' al-Din** schreibt [14]: *Das in sich selbst Multiplicirte heißt Wurzel in der Rechenkunst (ǧiḏr), Seite in der Geometrie (ḍilᶜ), und ein Ding in der Algebra (šai'); das Resultat heißt dann Quadrat (maǧḏūr, murabbaᶜ, māl)*, vgl. [Saidan 2; 299 f.].

In den lateinischen **al-Ḫwārizmī**-Bearbeitungen wird *ǧiḏr* als *radix* übersetzt. Die Doppeldeutigkeit von *radix* als x und Wurzel bleibt zunächst bestehen, so bei **Gerhard von Cremona** [al-Ḫwārizmī 3; 254], **Robert von Chester** [al-Ḫwārizmī 4; 68, 72], **Johannes Hispalensis** [72, 112], **Leonardo von Pisa** [1; **1**, 407]. Später wird *radix* nur noch für die Wurzel, für die Unbekannte aber *res* oder *cosa* verwendet. *Radix* wird in die anderen europäischen Sprachen übersetzt, z.B.:

italienisch:
Piero della Francesca [77]: *ragiognare o trare radici*;
Luca Pacioli [a; 44v]: *extractione di radici;*
Tartaglia [1; **2**, 27r]: *cauar delle radici*;

französisch:
Chuquet [1; 693]: *extraire des Racines*;
Trenchant [1; 57]: *tirer la racine*;

englisch:
to draw a rote [Steele; 47];
Recorde [2; Cc 4r]: *extraction of rootes*;

holländisch:
Stevin [3; 20]: *Vyttreckinghen der Wortelen*;

deutsch:
Geometria culmensis [Mendthal; 43]: *Eyne vireckechte czal yst andirs nicht wen eyne czal, dy do kumpt vs der merunge eynir czal mit sych selben, als czu czeen molen czene synt 100. Hundert ist dy vireckechte czal, 10 yst dy wurczyl. . .*
Clevischer Algorithmus [Bernhard; 137]: *Die wortel van num.quadratus is / 1 numerus die is gheleet in henseluen als 2 werf twe dat is 4 / et 4 is num. quadratus et 2 is siin wortel.*

Clm 14908 [Curtze 1; 49]: *Radix ist die wurcz der zal oder dez zins* ⟨census⟩;
Widman [20r ff.]: *Radicem extrahirn, quadratam und auch cubicam, geuierte zal, wurtzel quadrata, radix cubica;*
Apian [G 5v]: *Neun ist ein quadrat zal vnd die zal/alß 3 dar auß sie erwachsen ist/heist radix/das ist die wurtz... Wiltu extrahirn/das ist außziehen die quadratwurtz auß einer zall...*
Stifel [2; 41r]: *Jewol ich oben verheissen hab/das ich solliche Latinische wort/als Radices etc. nicht brauchen wöll/so hab ich doch nicht weniger recht/zu disem wort Radix oder Wurtzel/denn zu disem wort Subtrahiren oder Multipliciren...*
Rahn [11]: *Evolvieren* oder *Extrahieren der Wurzel*;

russisch:
in Handschriften: *delenie radiksom*, **Magnizkij**: *izvlečenie kornja* [Juškevič 2; 64 f.].

Das Wurzelzeichen

L.: Cajori [6; **1**, 360–379, § 316–338].

Die Symbole für die Wurzeln haben drei Ursprünge,
1. als Abkürzungen für *Radix* = ℞, mit geringfügigen Formänderungen,
2. als Abkürzung für *latus* = *l*,
3. Darstellung durch einen vorgesetzten Punkt oder Haken.

Im Codex Dresden C 80 heißt es: *In extraccione radicis quadrati alicuius numeri preponatur numero vnus punctus. In extraccione radicis quadrati radicis quadrati prepone numero duo puncta. In extraccione cubici radicis alicuius numeri prepone numero tria puncta. In extraccione cubici radicis alicuius (numeri) radicis cubici prepone (numero) 4 puncta.* [Wappler 1; 13, Fn. 1].

Tabelle 27: Übersicht über die verwendeten Wurzelzeichen

	2. Wurzel	3. Wurzel	4. Wurzel	höhere Wurzeln
Leonardo von Pisa [1; 2, 209]	℞̇			
Regiomontan [3; 234]	℞			
Codex Dresden C 80 [Wappler 1; 26] [Wappler 1; 13, 26]	· 35 ⟨= $\sqrt{35}$⟩	. . .	. . 12 ⟨= $\sqrt[4]{12}$⟩	. . . ⟨= $\sqrt[9]{\ }$⟩
Chuquet [1; 693, 707]	℞^{2}	℞^{3}	℞^{4}	℞^{9}

Tabelle 27: Fortsetzung

	2. Wurzel	3. Wurzel	4. Wurzel	höhere Wurzeln
Luca Pacioli [a; 45^{r}, 115^{v}, 149^{r}]	℞	℞ cuba	℞℞	℞ relata ℞ pronicha
Initius Algebras [575]	ʃ𝔷	ʃ𝔠	ʃ𝔷𝔷	ʃβ, ʃ𝔷𝔠, ʃbiβ
Rudolff [1; E 4^{r} ff., E 8^{r}, F 3^{v}]	√	ⱳ√	ⱳ	
Ries [1; 31]	√	√𝔠		
Stifel [1; 109^{r} f.] Stifel [2; 61^{v} f.]	√𝔷 z/	√𝔠 𝔷/	√𝔷𝔷 𝔷𝔷/	√β, √𝔷𝔠 𝔷𝔷𝔷/
Cardano [2; 14]	℞	℞ cuba	℞ ℞	
Recorde [2; Ll 3^{v}]	√	ⱳ√	ⱳ	
Stevin [1; 523 f.]	√③	√③	√④	w ⓝ = $\sqrt[n]{\sqrt[n]{\ }}$
Ramus [5; 190]	l	lc.	ll	
Viète [4; 7^{v}, 9^{v}] [1; 52^{r}, 56^{r}]	l √	lc. √c.		lcc ⟨für $\sqrt[6]{\ }$ ⟩ √QC
Napier [6; 84 f.] Napier [6; 92]	√𝔷 ⊔ √	√𝔠 ∟ √	√𝔷𝔷 ⊐ √	1 | 2 | 3 4 | 5 | 6 7 | 8 | 9 Wurzelzeichen werden aus diesem Schema abgeleitet √β ⟨= $\sqrt[5]{\ }$ ⟩ √ʃβ ⟨= $\sqrt[7]{\ }$ ⟩
Girard [2; B 1^{r}]	√	$\sqrt[3]{\ }$		$\sqrt[5]{\ }$

Girard schreibt die Wurzeln auch mittels gebrochener Exponenten, die er in Klammern vor die zu radizierende Zahl setzt, z.B. $(\frac{3}{2})49$ für $49^{\frac{3}{2}}$ [2; B 1^{r}].

2.4.2 Logarithmen

Die im Mittelalter immer komplizierter werdenden Berechnungen speziell in der Astronomie hatten im 16. Jahrhundert das Bestreben hervorgerufen, die numerischen Rechnungen zu erleichtern und die besonders bei größeren Zahlen sehr umständlichen Multiplikationen und Divisionen durch einfachere Operationen wie Addition und Subtraktion zu ersetzen. Eine der in diesem Zusammenhang entwickelten Methoden ist die von **J. Werner**, einem Nürnberger Pfarrer, entdeckte *Prostaphairesis*. Hier werden trigonometrische Winkelfunktionen entsprechend den Additionstheoremen durch Funktionen der Summe und Differenz zweier Winkel ersetzt. Diese Methode wurde von **Werner** zwischen 1505–1513 ausgearbeitet und lag 1514 in einem Manuskript vor [157]. Dieses Manuskript wollte **Rheticus** 1557 in Krakau veröffentlichen, es blieb aber noch bis 1907 unpubliziert.

Werner hat seine Methode der *Prostaphairesis* im Zusammenhang mit dem Seitenkosinussatz der sphärischen Trigonometrie gefunden:

$$\cos a = \cos b \cdot \cos c + \sin b \cdot \sin c \cdot \cos \alpha,$$

mit

a, b, c = Seiten des sphär. Dreiecks,
$\alpha, \ldots$ = Winkel des sphär. Dreiecks.

Werner formuliert diesen Seitenkosinussatz allerdings mit sin vers-Funktionen; er ersetzt dabei den Term sin b sin c:

$$\sin b \cdot \sin c = \tfrac{1}{2}[\cos(b-c) - \cos(b+c)] \qquad (1)$$

[121 f. (Corr.), 165 f.]. Die *Prostaphairesis* wurde 1580 von **T. Brahe** und **P. Wittich** gemeinsam wiederentdeckt [Werner; 168]. **T. Brahe** sagt dazu in einem Brief vom 4.11.1580: *per προσϑαφαίρεσιν procedit absque taediosa multiplicatione et divisione* [7, 58]. **Brahe** und **Wittich** benützen neben der Formel (1) auch noch

$$\cos b \cdot \cos c = \tfrac{1}{2}[\cos(b-c) + \cos(b+c)] \qquad (2)$$

[Werner; 166]).

Das Fachwort *Prostaphairesis*, griech. πφοσϑαφαίρεσις, bedeutet *Zu-Abnahme* und wurde ursprünglich nur in diesem Sinne verwendet. So kommt es z.B. bei **Ptolemaios** im *Almagest* vor: es steht als Überschrift der 3. Spalte einer Tabelle im 4. Buch, Kap. 10. In dem dieser Tabelle vorangehenden Abschnitt 4.9 erklärt **Ptolemaios** dazu [2; **1**, 244]: *Die dritte* ⟨Spalte enthält⟩ *die zu jedem Abschnitt gesetzten, auf ihn entfallenden Prostaphäresisbeträge, so genannt, weil bei der (nach dieser Tabelle vorzunehmenden) Berechnung zur Gewinnung der (genauen) Länge und Breite (aus der periodischen) Abzug des Betrags (Aphäresis) eintritt, wenn die Argumentzahl der Anomalie, vom Apogeum des Epizykels ab gerechnet, unter 180° beträgt, Zusatz des Betrags (Prosthesis), wenn sie über 180° hinausgeht.* Nach **Liddell and Scott** [1513] kommt das Wort προσϑαφαίρεσις in diesem Sinne noch vor bei **Vettius Valens** 23.33, bei **Proklos** [3; 3, 89], im Cat.Cod.Astr. 8(2).129, auch bei **Viète** [2; 33].

Eine weitere Methode, um Multiplikationen und Divisionen durch Additionen und Subtraktionen zu ersetzen, stellen die Logarithmen dar.

Sie werden zunächst nicht als Exponenten von Potenzen angesehen, sondern aus der Vorstellung entwickelt, daß man eine geometrische und eine arithmetische Folge einander so zuordnen kann, daß der Multiplikation in der geometrischen Folge die Addition in der arithmetischen Folge entspricht. Ganz streng ist das nur möglich, wenn die geometrische Folge mit 1, die arithmetische mit 0 beginnt und diese Anfangswerte einander zugeordnet werden.

Zwei solche Gegenüberstellungen finden sich schon auf der altbabylonischen Tafel MLC (Morgan Library Collection) 2078 [MCT; 35]:

1.	*15-e*	*2*	*ib-si$_8$*	2.	*2-e*	*1*	*ib-si$_8$*
	30-e	*4*	*ib-si$_8$*		*4-e*	*2*	*ib-si$_8$*
	45-e	*8*	*ib-si$_8$*		*8-e*	*3*	*ib-si$_8$*
	1-e	*16*	*ib-si$_8$*		*16-e*	*4*	*ib-si$_8$*
					32-e	*5*	*ib-si$_8$*
					1,4-e	*6*	*ib-si$_8$*

Liest man *x-e y ib-si$_8$* als „von x ist y die Lösungszahl", so entspricht die Tabelle 1 der Beziehung $16^x = y$ oder $x = {}^{16}\log y$, wobei 15 als 1/4 zu lesen ist (usw.), die Tabelle 2 der Beziehung $x = 2^y$ oder $y = {}^2\log x$. Wie und wozu die Babylonier diese Tabellen benutzt haben, wissen wir nicht. Bei einer Zinseszinsaufgabe ist einmal die Gleichung $1{,}20^x = 2$ zu lösen (s.S. 372).

Gegenüberstellungen von geometrischen und arithmetischen Folgen beschreiben auch **Euklid** [El. 9, 11] und **Archimedes** [1; 2, 240 ff. (Sandrechner)] bei der Formulierung der Potenzgesetze (s.S. 266).

Über die Araber (s.S. 273) gelangten diese Kenntnisse ins Abendland (siehe [D.E. Smith 3; 83 ff.]). So finden sich in fast allen bedeutenden abendländischen Werken des 15. und 16. Jahrhunderts ähnliche Betrachtungen, z.B. bei **Chuquet** die Folgen

Nombres	*Denominacion*	
1	0	
2	1	
4	2	
8	3	
⋮	⋮	
1048576	20	[1; 740 f.],

ebenso bei **Grammateus** (s.S. 285) bei der Theorie der Proportionen, bei **Rudolff** und **Apian** bei den Aufgaben „Von einem roßkauff" (s.S. 632 f.), wo der Preis des Pferdes in geometrischer Folge mit der Anzahl der Hufnägel steigt.

Gleichzeitig treten im 15. Jahrhundert Aufgaben auf, die auf Exponentialprobleme führen; das sind speziell Zinseszinsprobleme und Aufgaben mit Geschäftsreisen, bei denen die Zeit n gesucht wird (s.S. 544). Da der Begriff des Logarithmus auch im 16. Jahrhundert noch nicht zur Verfügung stand, suchte man die Lösung derartiger Aufgaben auf anderen Wegen. Entweder nahm man den doppelten falschen Ansatz, was einer linearen Interpolation gleichkommt (s.S. 371 ff.), oder man näherte sich der Lösung in Einzelschritten.

1544 erscheint bei **Stifel** die Erweiterung der Potenzreihe auf negative Exponenten (vgl. auch S. 285) [1; 249^v]:

-3	-2	-1	0	1	2	3	4	5	6
$\frac{1}{8}$	$\frac{1}{4}$	$\frac{1}{2}$	1	2	4	8	16	32	64

Diese Tabelle kann man als eine Logarithmentafel für $y = {}^2\log x$ mit $\frac{1}{8} < x < 64$ und $-3 < y < 6$ auffassen; allerdings sind hier nur ganzzahlige y berücksichtigt.

Für die Praxis war es nötig, die Schrittweite einer solchen Tafel hinreichend klein zu machen. Dabei bestand eine Hauptschwierigkeit darin, daß das Rechnen mit Dezimalbrüchen praktisch noch unbekannt war, als **Bürgi** und **Napier** unabhängig voneinander die ersten Logarithmentafeln berechneten. Um die Folgen davon darzulegen, wollen wir kurz die Grundtatsachen zusammenstellen, auf denen für uns die Bequemlichkeit des Rechnens mit Logarithmen beruht.

Man kann von der Zuordnung der arithmetischen Reihe

$$x_n = n = 1, 2, \ldots$$

zur geometrischen Reihe mit dem Anfangsglied 1 und dem Quotienten b ausgehen:

$$y_n = b^n$$

und diese Zuordnung auf reelle Zahlen x, y ausdehnen. Wir sprechen gewöhnlich nicht mehr von der Zuordnung der Reihen, sondern legen die Definition zugrunde: x heißt Logarithmus von y zur Basis b, $x = {}^b\log y$, wenn $y = b^x$; oder

$$y = b^{\log y}. \tag{1}$$

Daraus folgt:

$${}^b\log 1 = 0 \qquad \text{(für jedes b)} \tag{2}$$

$${}^b\log b = 1. \tag{3}$$

$$\log (u.v) = \log u + \log v. \tag{4}$$

Für b = 10 gilt ferner

$$\log 10^n = n. \tag{5}$$

Unsere Logarithmentafeln geben in der Regel zu den Werten $y = 1{,}000\ldots$ bis $y = 10$ die Logarithmen, deren Werte von 0 bis 1 laufen. Sowohl bei den Numeri wie bei den Logarithmen ist die Darstellung durch Dezimalbrüche Voraussetzung. Werte, die außerhalb der genannten Intervalle liegen, beherrschen wir durch die Beziehung (5).

Nun hat man schon längst, um z.B. trigonometrische Rechnungen mit genügender Genauigkeit ohne Dezimalbrüche, also in ganzen Zahlen durchführen zu können, den Kreisradius nicht = 1, sondern = 10^k (oft k = 6) gesetzt. Dann ist $\sin 90° = 10^k$. Entsprechend wählt man bei den Logarithmen den Numerus, dessen Logarithmus = 0 sein soll, als 10^k (**Bürgi** k = 8, **Napier** und **Kepler** k = 7). Dann muß man statt $y_n = b^n$ eine allgemeinere geometrische Reihe $y_n = g \cdot q^n = 10^k \cdot q^n$ wählen; an die Stelle von (1) tritt

$$x = Ly, \quad \text{wenn} \quad y = g \cdot q^x, \quad \text{oder} \quad y = g \cdot q^{Ly}. \tag{L1}$$

Wir bezeichnen diesen allgemeineren Logarithmus mit L, später den Bürgischen Logarithmus mit L_B, den Napierschen mit L_N, den Keplerschen mit L_K.

Die wichtigen Beziehungen (4) und (5) gelten für diesen allgemeineren Logarithmus nicht.

(5) kann man dadurch ersetzen, daß man von den betrachteten Zahlen sozusagen nur die Ziffernfolgen berücksichtigt und die Stellenzahl gesondert (im Kopf) ausrechnet (s. S. 302).

An die Stelle von (4) tritt eine nur wenig kompliziertere Regel:

$$\text{Ist } u = g \cdot q^{Lu}, \quad v = g \cdot q^{Lv}, \quad \text{so ist } g \cdot q^{Lu+Lv} = \frac{uv}{g}.$$

Aus (L1) folgt also

$$Lu + Lv = L\left(\frac{uv}{g}\right). \tag{L2}$$

Das ergibt im Falle $g = 10^k$ die Regel: Man findet $u \cdot v$, indem man zu Lu + Lv den Numerus aufsucht, diesen aber dann noch mit 10^k multipliziert. Diese Regel steht z.B. bei **Kepler** [5; 402].

Aus (L1) folgt die für das Rechnen mit L grundlegende Beziehung:

$$\text{Wenn } \frac{a}{b} = \frac{c}{d} \text{ ist, so ist } La - Lb = Lc - Ld. \tag{L3}$$

Daraus folgt:

$$Lc = L\left(\frac{ad}{b}\right) = La + Ld - Lb \tag{L4}$$

und daraus mit b = 1 bzw. d = 1:

$$L(ad) = La + Ld - L1 \tag{L5}$$

$$L\left(\frac{a}{b}\right) = La - Lb + L1. \tag{L6}$$

Man sieht, daß die einfachere Beziehung (4) genau dann gilt, wenn L1 = 0 ist.

Aus (L5) folgt mit a = d:

$$L(a^2) = 2 \cdot La - L1$$

und weiter

$$L(a^n) = n \cdot La - (n-1) \cdot L1 . \tag{L7}$$

Jost Bürgi

Wann **Bürgi** auf die Idee kam, eine Logarithmentafel aufzustellen, ist nicht direkt bekannt und läßt sich daher nur auf Grund von Indizien vermuten. So wird einerseits die Ansicht vertreten, daß **Bürgi** bereits um 1588 im Besitze seiner Logarithmen gewesen sei; 1588 nämlich berichtet **Reimarus Ursus**, daß **Bürgi** ein Mittel besitze, sich seine Rechnungen außerordentlich zu erleichtern [Voellmy; 17 f.], [Bürgi 2; 125]. Andererseits herrscht die Meinung, daß **Bürgi** seine Tafeln erst 1603–1611 während des Aufenthalts von **B. Bramer** in seinem Hause in Prag berechnet habe. Gestützt wird diese These auf eine Aussage **Bramers** aus dem Jahre 1630 [5]: *Auß diesem Fundament hat mein lieber Schwager vnd Praeceptor Jobst Burgi/vor zwantzig vnd mehr Jahren/ eine schöne progresstabul mit ihren differentzen von 10 zu 10 in 9 Ziffern calculirt, auch zu Prag ohne bericht in Anno 1620 drucken lassen. Vnd ist also die Invention der Logarith. nicht deß Neperi, sondern von gedachtem Burgi (wie solches vielen wissend/ vnd ihm auch Herr Keplerus zeugniß gibt) lange zuvor erfunden.* Denkbar wäre es auch, daß der Zeitpunkt der Idee einer Logarithmentafel und der Zeitpunkt der tatsächlichen Berechnung der Tafel weit auseinander liegen.

Tatsache ist, daß **Bürgi** erst 1620 seine *Arithmetische vnd Geometrische Progreß-Tabulen/sambt gründlichem vnterricht/wie solche nützlich in allerley Rechnungen zugebrauchen/vnd verstanden werden sol* ⟨progressio = Folge, Reihe⟩ in Prag veröffentlichte. Allerdings fehlt in den bisher bekannten gedruckten Exemplaren der *gründliche vnterricht*; doch fand der Danziger Lehrer **Gronau** ein handschriftliches Exemplar, das dann **Gieswald** 1856 veröffentlichte [1], [2]. Dieses Exemplar aber ist, wie ein Handschriftenvergleich ergab, nicht von **Bürgi** selbst geschrieben (Mitteilung von Frau **M. List**, Keplerkommission, München).

Tabelle 28: Anfang der Progreß-Tabulen von Bürgi.

	0	500	1000	1500 ... 3500
0	100000000	100501227	101004966	101511230
10	10000	11277	15067	21381
20	20001	21328	25168	31534
30	30003	31380	35271	41687
40	40006	41433	45374	51841
50	50010	51487	55479	61006
60	60015	61543	65584	72153
⋮				
500	100501227	101004966	11230	20032

Bürgis Progreß-Tabulen umfassen 58 Seiten. Im Titelblatt steht u.a.

> *Die gantze Rote Zahl*
> $23027\mathring{0}022$
>
> *Die gantze Schwartze Zahl*
> 1 000 000 000

Im Original sind „Die gantze Rote Zahl $23027\mathring{0}022$“ sowie die oberste Zeile und die linke Spalte der Tafel in roten Lettern gesetzt.

Die Zahlen der arithmetischen Folge, also die Logarithmen (dieses Wort kommt aber bei **Bürgi** nicht vor) bilden links und oben den Eingang der Tafel (s.Tab. 28). **Bürgi** nennt sie „rote Zahlen“; sie beginnen mit $< x_0 = > 0$ und gehen mit der Schrittweite 10 voran $< x_n = 10\,n >$. Die Zahlen der geometrischen Folge, also die Numeri, nennt er „schwartze Zahlen“. Sie beginnen mit $y_0 = 10^8$ und jede folgende entsteht aus der vorangehenden dadurch, daß diese um vier Stellen nach rechts verschoben und addiert wird, d.h. $y_{n+1} = y_n\,(1 + 10^{-4})$. In (L1) ist also $q = 1 + 10^{-4}$, und es gilt:

$$L_B(y_n) = L_B(10^8 \cdot q^n) = 10\,n$$

oder

$$y = 10^8 \cdot q^{\frac{(L_B\,y)}{10}}\,.$$

Bürgi berechnet diese Werte bis zu $y_{23\,000} = 997\,303\,557$, außerdem L_B 1 000 000 000 = $230\,27\mathring{0}\,022$.

Die Numeri überdecken also gerade den Bereich einer Zehnerpotenz. Das ist in der Tat ausreichend. Beim Rechnen müssen freilich die gegebenen Zahlen zunächst durch Hinzufügen oder Wegnehmen von Zehnerpotenzen zu neunstelligen Zahlen gemacht werden, z.B. müssen an 36 sieben Nullen angehängt werden [Gieswald 1; 28].

Sind die gegebenen Zahlen in neunstellige verwandelt, so berechnet **Bürgi** das Produkt z.B. von 154 030 185 mit 205 518 112 so:

Die rote Zahl ⟨also L_B⟩	von 154 030 185 ist	43 200,
die rote Zahl	von 205 518 112 ist	72 040.
Die Summe ist		115 240.

Zu dieser roten Zahl gibt die Tabelle die schwarze Zahl 316 559 928 *und diese sindt die 9 ersten Ziffern des products an welchen wir* ⟨in⟩ *unser Tabulen nur 9 Ziffern haben.* Wieviel Ziffern das Produkt wirklich hat, kann **Bürgi** natürlich leicht im Kopf ermitteln.

Es kann aber vorkommen, daß die Multiplikation aus dem Tabellenbereich herausführt, z.B.:

Die rote Zahl von 551 192 902 ist	170 700
die rote Zahl von 709 153 668 ist	195 900.
Die Summe ist	366 600.

Dieße rothe Zahl ist in der Tabula nicht so groß ⟨denn die Tafel enthält nur die Logarithmen von $L_B(10^8) = 0$ bis $L_B(10^9) = 230\,270$. Es ist aber $5{,}5 \cdot 10^8 \cdot 7{,}1 \cdot 10^8 \approx 3{,}9 \cdot 10^9$⟩. **Bürgi** lehrt nun, 230270022 abzuziehen ⟨d.h. durch 10^9 bzw. 10 zu dividieren⟩.

> *Bleibt die rothe dießer rothen Zahl* 136 329̊ 978
> *such ihre schwarze Zahl ist* 3 908 804 680
> *welches seindt die 9 ersten Ziffern des begehrten products* ⟨*sic*⟩.

[Gieswald 1; 29]. Dieser Schritt ersetzt das, was bei dekadischen Logarithmen durch die Beziehung $\log(10^n) = n$ geleistet wird.

Bürgi behandelt mit Beispielen die folgenden Aufgaben: Multiplizieren, Dividieren, Ausziehen der Quadratwurzel, der 3., 4., 5. Wurzel, Einschalten von einer, zwei, drei, vier mittleren Proportionalen zwischen zwei gegebene Zahlen [Gieswald 1; 28–36].

John Napier

Wie bei **Bürgi**, so ist auch bei **Napier** nicht direkt bekannt, in welchen Zeitraum seine Studien bezüglich der Logarithmen fallen. Einen Anhaltspunkt liefert ein Brief des Schotten **John Craig** aus Edinburgh an **Tycho Brahe** vom 27.3.1592, in dem er berichtet, daß **Napier** Tafeln aufgestellt habe [Brahe; **7**, 335]: *Canon mirificus a generoso quodam consangvineo nostro hīc construitur, cui otij et ingenij ad tantum opus satis est.* Dies ist, soweit bekannt, die erste Mitteilung über ein Tafelwerk bei **Napier**. Auf diese bezieht sich auch **Kepler**, als er am 6.9.1624 an **Crüger** in Danzig schreibt [Kepler 1; **18**, 210]: *Nihil autem supra Neperianam rationem esse puto: etsi quidem Scotus quidam literis ad Tychonem anno 1594 scriptis jam spem fecit Canonis illius Mirifici.* Irrtümlich schreibt **Kepler** 1594 anstatt 1592 [1; **18**, 512], vgl. auch **Naux** [**1**, 36].

1614 veröffentlichte **Napier** seine Ergebnisse in Edinburgh in lateinischer Sprache unter dem Titel: *Mirifici Logarithmorum canonis descriptio, eiusque usus, in utraque Trigonometria, ut etiam in omni Logistica Mathematica Amplissimi, Facillimi et expedissimi explicatio,* hier kurz als *descriptio* bezeichnet. 1616 erschien dieses Büchlein in einer englischen Übersetzung von **Edward Wright**, 1618 in englischer Übersetzung mit einem Appendix, der wahrscheinlich von **Oughtred** stammt. Eine Bibliographie der Werke **Napiers** steht in [5; 101–147].

Diese *Descriptio* **Napiers** beginnt mit einer eingehenden Auseinandersetzung über die Logarithmen und ihre Anwendung: Definitionen, Sätze über Logarithmen, Beschreibung des Tafelwerks, die Benützung der Tafel, Anwendung der Logarithmen (1. Buch), ferner über den Nutzen der Tafeln in der Trigonometrie, speziell bei den sphärischen Dreiecken (2. Buch); dann folgen die Tafeln.

Da **Napier** an trigonometrische Rechnungen dachte, suchte er die Logarithmen der Werte der sin-Funktion. Diese Werte liegen für den von ihm gewählten Kreisradius zwischen 0 und 10^7. Die geometrische Folge der Numeri bzw. der sin-Werte muß also dieses Intervall überdecken. Nun gibt es keine (wachsende) geometrische Folge mit dem Anfangsglied 0. Also wählt **Napier** eine von 10^7 aus fallende geometrische Folge.

Die Zuordnung erläutert **Napier** am Bild der Bewegung zweier Punkte:

Die arithmetische Folge wird erzeugt durch einen Punkt B, der sich auf der Geraden $A\infty$ mit konstanter Geschwindigkeit von A aus nach rechts bewegt. Sei s die in der Zeiteinheit zurückgelegte Strecke, so ist nach n Zeiteinheiten die Strecke

$$x_n = AB_n = n \cdot s$$

zurückgelegt.

Die geometrische Folge wird durch einen Punkt b erzeugt, der sich mit abnehmender Geschwindigkeit von a nach z bewegt, und zwar so, daß die Strecken $y_n = \overline{b_n z}$ eine geometrische Folge bilden, also, wenn wir den Quotienten, der < 1 sein muß, mit q bezeichnen:

b_{-1} a b_1 b_{n-1} b_n z

$$\text{für alle n: } \overline{b_{n+1}z} = q \cdot \overline{b_n z} \quad \text{oder} \quad y_{n+1} = q \cdot y_n \,.$$

Napier wählt (wie oben gesagt) die von den Numeri zu überstreichende Strecke $\overline{az} = 10^7$. Ferner wählt er q so, daß die in der ersten Zeiteinheit zurückgelegte Strecke $\overline{ab_1} = 1$ wird:

Es ist

$$\overline{ab_1} = \overline{az} - \overline{b_1 z} = \overline{az} \cdot (1 - q) = 10^7 \cdot (1 - q) .$$

Das wird = 1, wenn $q = 1 - 10^{-7}$ gewählt wird. Die geometrische Folge ist also:

$$y_n = 10^7 \cdot (1 - 10^{-7})^n .$$

Die Form der Darstellung ist bei **Napier** etwas anders, z.B. schreibt er keine Indizes und keine Exponenten. Seine Figuren sind:

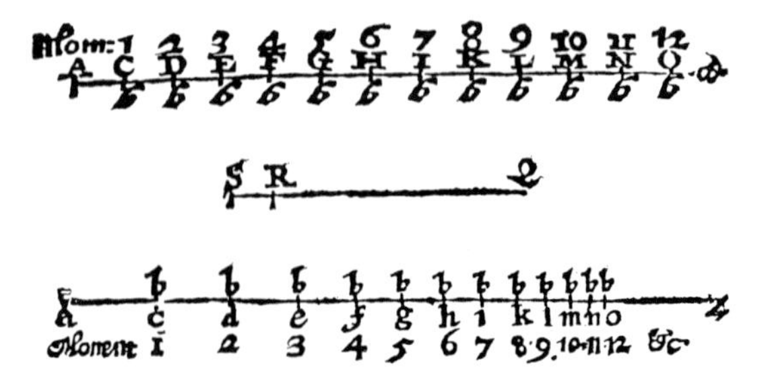

Abbildung 43. [Napier 2; 5].

s wird aus der Forderung bestimmt, daß die Anfangsgeschwindigkeiten der beiden Bewegungen gleich sein sollen. In der geometrischen Folge ist 1 die mittlere Geschwindigkeit auf der Strecke $\overline{ab_1}$. Die wahre Anfangsgeschwindigkeit ist etwas größer. **Napier** berechnet sie [4; § 30–33] als mittlere Geschwindigkeit auf der Strecke $\overline{b_{-1}\,b_1}$:

Es ist

$$\overline{b_{-1}\,z} = \frac{1}{q} \cdot \overline{az}, \quad \overline{b_1\,z} = q \cdot \overline{az},$$

also

$$\overline{b_{-1}\,b_1} = \left(\frac{1}{q} - q\right) \cdot \overline{az} = \left(\frac{1}{1 - 10^{-7}} - 1 + 10^{-7}\right) \cdot 10^7$$

$$= (1 + 10^{-7} + (10^{-7})^2 + \ldots - 1 + 10^{-7}) \cdot 10^7$$

$$= 2 + 10^{-7} + \ldots\,.$$

Diese Strecke wird in zwei Zeiteinheiten zurückgelegt, also ist die mittlere Geschwindigkeit und zugleich die Anfangsgeschwindigkeit der arithmetischen Folge $s = 1 + 0{,}5 \cdot 10^{-7}$. **Napier** drückt das so aus [4; § 33]: Der Logarithmus *(numerus artificialis)* zum ersten Wert nach dem *sinus totus*, d.h. zum Numerus 9 999 999, ist 1,000 000 05.

Wir haben also (L_N = Napierscher Logarithmus) an Stelle von (1) (S. 299) bzw. (L1) (S. 300)

$$L_N\, y_n = L_N\,[10^7 \cdot (1 - 10^{-7})^n] = n \cdot s = n \cdot (1 + 0{,}5 \cdot 10^{-7})$$

oder

$$y = 10^7 \cdot (1 - 10^{-7})^{(L_N y)/s}.$$

Die Anzahl h der Rechenschritte, die man braucht, um die Tabelle von $y_0 = 10^7$ bis $y_h = \frac{1}{2} \cdot 10^7$ zu berechnen (bis $y = 0$ würde man unendlich viele Schritte brauchen), ergibt sich aus

$$y_h = 10^7 \cdot (1 - 10^{-7})^h = \frac{1}{2} \cdot 10^7,$$

d.h.

$$(1 - 10^{-7})^h = 1 - h \cdot 10^{-7} + \ldots (10^{-14}) = \frac{1}{2}.$$

Man erhält:

$$h = \frac{1}{2} \cdot 10^7.$$

Um die Anzahl der Rechenschritte zu vermindern, verfährt **Napier** so: Zuerst berechnet er als *Tabula prima*:

$y_0 =$	10 000 000.000 000 0
$y_0 \cdot 10^{-7} =$	1.000 000 0
$y_1 =$	9 999 999.000 000 0
$y_1 \cdot 10^{-7} =$	.999 999 9
$y_2 =$	9 999 998.000 000 1
usw. bis	
$y_{100} =$	9 999 900.000 495 0

Jetzt folgt eine zweite Tafel mit der Schrittweite 100. Für diese Schrittweite ergibt sich der bequeme Faktor $1 - 10^{-5}$. Man sieht ja den Zahlenwerten an, daß (bei Vernachlässigung der letzten vier Ziffern)

$$y_{100} = y_0 \cdot (1 - 10^{-5})$$

ist. Rechnerisch ergibt sich das so:

$$y_{100} = y_0 \cdot (1 - 10^{-7})^{100} \approx y_0 \cdot (1 - 100 \cdot 10^{-7}).$$

Napier berücksichtigt die Fehler stets sehr sorgfältig, indem er Grenzen angibt, zwischen denen die Werte mit Sicherheit liegen; wir können diese Einzelheiten hier nicht ausführen.

Die zweite Tafel beginnt so:

$y_0 =$	10 000 000.000 000
$y_0 \cdot 10^{-5} =$	100.000 000
$y_{100} =$	9 999 900.000 000
$y_{100} \cdot 10^{-5} =$	99.999 000
$y_{200} =$	9 999 800.001 000
sie geht bis	
$y_{5000} =$	9 995 001.222 927.

Aber sind in diesem Bereich die Logarithmen noch mit derselben Genauigkeit zu berechnen wie im Bereich der ersten Tafel? Wie bekommt man den Logarithmus z (bzw. $z \cdot s$) zu y_z, wenn y_z zwischen $y_{k \cdot 100}$ und $y_{(k+1) \cdot 100}$ liegt, also $z = k \cdot 100 + r$, $r < 100$ ist, wobei r nicht eine ganze Zahl zu sein braucht? **Napier** sagt [4; § 42]: Man suche zu y_z die nächste in der Tafel vorkommende Zahl; das sei in unserem Falle $y_{k \cdot 100}$ (es könnte auch $y_{(k+1) \cdot 100}$ sein). Dann berechne man die vierte Proportionale w aus:

$$\frac{y_z}{y_{k \cdot 100}} = \frac{w}{y_0}$$

(selbstverständlich direkt, nicht logarithmisch).

Nun ist $w = 10^7 \cdot (1 - 10^{-7})^r$, und das liegt wegen $r < 100$ im Bereich der ersten Tafel. Aus dieser kann also $L_N\, w$ gefunden werden. Dann ist nach (L3) S. 300 wegen $L_N\, y_0 = 0$:

$$L_N\, y_z = L_N\, y_{k \cdot 100} + L_N\, w.$$

Mit $y_{5000} = y_0 \cdot (1 - 10^{-5})^{50}$ ist wieder ein rechnerisch einfacher Faktor erreicht:

$$(1 - 10^{-5})^{50} \approx 1 - 50 \cdot 10^{-5} = 1 - \tfrac{1}{2} \cdot 10^{-3}.$$

Mit diesem Faktor, d.h. mit der Schrittweite 5000 berechnet **Napier** 20 Glieder. Sie bilden die erste Spalte einer dritten Tafel, die mit 69 Spalten zu je 20 Gliedern bis zu

$$y_h = 4\,998\,609.4034$$

führt. Damit hat **Napier** die Ausführung von ca. $\frac{1}{2} \cdot 10^7$ Subtraktionen auf etwa 1500 reduziert: 100 (1. Tafel) + 50 (2. Tafel) + $20 \cdot 69$ (3. Tafel) = 1530; davon kann man einige abziehen, denn mindestens manchmal ist die Differenz zwischen dem ersten und zweiten Glied einer Serie gleich der Differenz zwischen dem ersten und dem letzten Glied der vorangegangenen Serie.

Diese *Radicalis Tabula*, wie **Napier** sie nennt [4; 24 = § 45], umfaßt also die Werte von $y_0 = 10^7 = \sin 90^\circ$ bis $y = 0{,}5 \cdot 10^7 = \sin 30^\circ$. Für kleinere Winkel lassen sich die sin nach der folgenden Formel berechnen:

$$\sin(2v) = 2 \cdot \sin v \cdot \sin(90 - v).$$

Daraus erhält man sin v zunächst dann, wenn $2v > 30^\circ$ ist. Für kleinere Winkel muß man das Verfahren mehrmals anwenden.

In der *Radicalis Tabula* berechnet **Napier** zu den Indizes n, also zu den Gliedern $x_n = n \cdot s$ der arithmetischen Folge, die zugehörigen Glieder y_n der geometrischen Folge, also zu den Logarithmen die Numeri, wie es auch **Bürgi** getan hat. In der *Admirable Table of Logarithmes* [2] wählt **Napier** die umgekehrte Anordnung. Er geht von den Winkeln aus, von 0° bis 90° von Minute zu Minute fortschreitend. Zu diesen Winkeln gibt er die sin-Werte an, und diese sind die Numeri, zu denen er aus der *Radicalis Tabula* die Logarithmen entnimmt und angibt.

Die erste Seite dieser *Admirable Table of Logarithmes* ist auf Abbildung 44 wiedergegeben. Wie es heute noch üblich ist, gilt der obere und linke Eingang für die 2. und 3. Spalte, der untere und rechte Eingang für die 6. und 5. Spalte. Die mittlere Spalte stellt die Differenz

$$L_N \sin v - L_N \sin(90 - v) = L_N \sin v - L_N \cos v = L_N \operatorname{tg} v$$

dar. Das Wort „cos" war zu dieser Zeit noch nicht bekannt (vgl. [Naux; **1**, 48]).

Grundlage des Rechnens mit den Logarithmen ist für **Napier** die Beziehung (L3) S. 300. Daraus leitet er Regeln für weitere Rechenoperationen ab: die Bestimmung der vierten Proportionale, die Multiplikation und Division ermöglicht (s. S. 300) und die Bestimmung von einer oder zwei mittleren Proportionalen, zwischen zwei gegebenen Zahlen, was dem Wurzelziehen entspricht [2; 23 ff. = Buch 1, Chap. 5].

Johannes Kepler

1601 hatte **Kepler** von Kaiser **Rudolph II** den Auftrag erhalten, **T. Brahes** astronomisches Tafelwerk zu vollenden. 1616 meint **Kepler**, mit den Tafeln *in praxi fertig* zu sein [1; **17**, 175], [Hammer 2; 11*], aber erst 1627 liegen die *Tabulae Rudolphinae* gedruckt vor; zu ihren Hauptzwecken gehört es, *die Rechenarbeit zu verringern, die Kräfte des angespannten Verstandes zu schonen und Zeit zu gewinnen* [1; **10**, 47, 11*]: in diesem Zeitraum nach 1616 fällt **Kepler**s Begegnung mit den Logarithmen. Zwar war **Kepler** mit **Jost Bürgi** 1605–1612 in Prag (s.S. 301) in regem Gedankenaustausch gestanden, aber erstaunlicherweise hat **Bürgi Kepler** höchstens vage Andeutungen von seinen damals wahrscheinlich in Rechnung befindlichen Tafeln vermittelt; so schreibt **Kepler** in seinen

Deg. 0 +|—

mi	Sines	Logarith.	Differen.	Logarith.	Sines	
0	0	Infinite.	Infinite.	.0	1000000.0	60
1	291	8142567	8142568	.1	1000000.0	59
2	582	7449419	7449421	.2	999999.8	58
3	873	7043952	7043956	.4	999999.6	57
4	1164	6756275	6756274	.7	999999.3	56
5	1454	6533131	6533130	1.1	999998.9	55
6	1745	6350810	6350808	1.6	999998.6	54
7	2036	6196659	6196657	2.2	999998.0	53
8	2327	6063128	6063126	2.8	999997.4	52
9	2618	5945345	5945342	3.5	999996.7	51
10	2909	5839986	5839814	4.3	999995.9	50
11	3280	5744676	5744671	5.2	999995.0	49
12	3491	5657665	5657658	6.2	999994.0	48
13	3781	5577622	5577615	7.3	999992.8	47
14	4072	5503514	5503506	8.4	999991.7	46
15	4363	5434522	5434513	9.6	999990.5	45
16	4654	5369984	5369973	10.9	999989.2	44
17	4945	5309360	5309348	12.3	999987.8	43
18	5236	5252202	5252188	13.8	999986.3	42
19	5527	5198136	5198120	15.4	999984.7	41
20	5818	5146843	5146836	17.0	999983.1	40
21	6109	5098054	5098045	18.7	999981.3	39
22	6399	5051534	5051514	20.5	999979.5	38
23	6690	5007083	5007060	22.4	999977.6	37
24	6981	4964524	4964499	24.4	999975.6	36
25	7272	4923703	4923676	26.5	999973.6	35
26	7563	4884483	4884454	28.7	999971.4	34
27	7854	4846743	4846712	30.9	999969.2	33
28	8145	4810376	4810343	33.2	999966.8	32
29	8436	4775286	4775250	35.	999964.4	31
30	8726	4741385	4741347	38.1	999961.9	30
						Min.

Deg. 89

Deg. 0 +|—

mi	Sines	Logarith.	Differen.	Logarith.	Sines	
30	8726	4741385	4741347	38.1	999961.9	30
31	9017	4708596	4708555	40.7	999959.3	29
32	9308	4676848	4676805	43.4	999956.6	28
33	9599	4646077	4646031	46.1	999953.9	27
34	9890	4616225	4616176	48.9	999951.1	26
35	10181	4587239	4587187	51.8	999948.2	25
36	10472	4559069	4559014	54.8	999945.2	24
37	10763	4531671	4531613	57.9	999942.1	23
38	11054	4505004	4504943	61.1	999938.9	22
39	11344	4479030	4478965	64.4	999935.7	21
40	11635	4453713	4453645	67.7	999932.3	20
41	11926	4429022	4428950	71.1	999928.9	19
42	12217	4404925	4404850	74.6	999925.4	18
43	12508	4381396	4381318	78.2	999921.8	17
44	12799	4358408	4358326	81.9	999918.1	16
45	13090	4335936	4335850	85.7	999914.3	15
46	13380	4313958	4313868	89.6	999910.5	14
47	13671	4292453	4292360	93.5	999906.5	13
48	13962	4271401	4271304	97.5	999902.5	12
49	14253	4250783	4250682	101.6	999898.4	11
50	14544	4230583	4230477	105.8	999894.2	10
51	14835	4210781	4210671	110.1	999890.0	9
52	15126	4191364	4191250	114.5	999885.6	8
53	15416	4172317	4172198	118.9	999881.1	7
54	15707	4153627	4153504	123.4	999876.6	6
55	15998	4135279	4135151	128.0	999872.0	5
56	16289	4117263	4117130	132.7	999867.3	4
57	16580	4100664	4100527	137.5	999862.5	3
58	16871	4082175	4082032	142.4	999857.7	2
59	17162	4065082	4064935	147.3	999852.7	1
60	17452	4048276	4048124	152.3	999847.7	0
						Min.

Deg. 89

Abbildung 44. Die ersten Seiten aus der Logarithmentafel von Napier [2;].

Rudolphinischen Tafeln über **Bürgis** Logarithmentafel [6; 11], [Hammer 1; 462]: *Allerdings hat der Zauderer und Geheimtuer das neugeborene Kind verkommen lassen, statt es zum allgemeinen Nutzen groß zu ziehen.* (Übers. [Hammer 1; 462]). So kommt **Kepler** erst im Frühjahr 1617 mit den Logarithmen in Berührung, zu diesem Zeitpunkt hat er Gelegenheit, für kurze Zeit **Napiers** *Descriptio* einzusehen. Begeistert berichtet er **Schickard** [Kepler 1; **17**, 258]: *Ein schottischer Baron, dessen Namen ich nicht behalten habe, ist mit einer glänzenden Leistung hervorgetreten, indem er jede Multiplikations- und Divisionsaufgabe in reine Additionen und Subtraktionen umwandelt...* [(Übers. Hammer 1; 462]). 1618 schließlich geht **Kepler** die große Bedeutung von **Napiers** Erfindung durch ein mathematisches Lehrbuch des **B. Ursinus** auf. Am 1.12.1618 schreibt **Kepler** [1; **17**, 293] an **J. Remus**: *Die Logarithmen waren das glückbringende Unglück (foelix calamitas) für meine Rudolphinischen Tafeln. Es sieht nämlich so aus, als ob die Tafeln neu zu machen und auf Logarithmen umzustellen oder überhaupt aufzugeben seien* (Übers. [Hammer 2; 12*]). 1619 erhält **Kepler** ein Exemplar von **Napiers** *Descriptio*, die zwar die Tafeln selbst und die Zuordnung der arithmetischen und geometrischen Folge mittels der Bewegung zweier Punkte und die Regeln des Rechnens mit den Logarithmen enthält, aber keine genauen Anweisungen zur Berechnung der Tafel, also auch z.B. nicht die drei Teile der *Radicalis Tabula*. Natürlich konnte und wollte **Kepler** die von **Napier** berechneten Werte nicht ungeprüft übernehmen. **Napiers** *demonstratio* mit Hilfe der Bewegung lehnt er ab, weil die Logarithmen *nicht eigentlich unter die Gattung der Linien bzw. der Bewegung und des Fließens, oder unter die einer anderen sinnlichen Quantität* ⟨fallen⟩, *sondern (wenn man so sagen darf) unter die Gattung der Relationen und der geistigen Quantität* [Kepler 5; 355], Übers. [Hammer 1; 471].

Kepler geht davon aus, daß jedem Zahlenverhältnis eine Maßzahl *(mensura)* zugeordnet werden soll; wir schreiben: $M\left(\frac{a}{b}\right)$. Von diesen Maßzahlen werden einige Eigenschaften teils als Postulate, teils als Axiome, teils als Propositionen angegeben. In unserer Bezeichnungsweise würden sie etwa lauten:

$$\text{Wenn } \frac{a}{b} = \frac{c}{d} \text{ ist, dann ist } M\left(\frac{a}{b}\right) = M\left(\frac{c}{d}\right). \tag{1}$$

Kepler: *Postulatum I. Omnes proportiones inter se aequales, quacunque varietate binorum unius, et binorum alterius terminorum, eadem quantitate metiri seu exprimere* [5; 280]. Alle Verhältnisse, die bei Verschiedenheit des ersten und zweiten Terms einander gleich sind, sollen durch dieselbe Größe gemessen oder ausgedrückt werden.

$$M\left(\frac{a}{b}\right) + M\left(\frac{b}{c}\right) = M\left(\frac{a}{b} \cdot \frac{b}{c}\right) = M\left(\frac{a}{c}\right). \tag{2}$$

Daraus folgt:

$$M\left(\frac{a}{a}\right) = 0. \tag{3}$$

Wenn b mittlere Proportionale von a und c, also $\frac{a}{b} = \frac{b}{c}$ ist, gilt:

$$M\left(\frac{a}{c}\right) = 2 \cdot M\left(\frac{a}{b}\right). \tag{4}$$

Die Frage, ob es ein solches Maß geben kann, hat **Kepler** anscheinend nicht behandelt. Vielleicht hat er sie durch die Existenz der **Napier**schen Logarithmen als erledigt angesehen, vielleicht will er die Existenz eben dadurch sichern, daß er ein solches Maß berechnet.

Kepler normiert zunächst das Maß auf die Zahl 1 000 und definiert [5; 297]: *Das Maß eines jeden Verhältnisses zwischen 1 000 und einer kleineren Zahl werde dieser Zahl zugeordnet und werde ihr Logarithmus genannt, d.h. die Zahl (ἀριϑμὸς), die das Verhältnis (λόγον) anzeigt, das jene Zahl, der der Logarithmus zugeordnet ist, zu 1 000 hat. (Mensura cujuslibet proportionis inter 1000. et numerum eo minorem, . . . apponatur ad hunc numerum minorem in Chiliade, dicaturque LOGARITHMUS ejus, hoc est, numerus (ἀριϑμὸς) indicans proprotionem (λόγον) quam habet ad 1000. numerus ille, cui Logarithmus apponitur.)*

Später wählt **Kepler** statt 1 000 die Zahl 10^7, wie **Napier**. Wir schreiben:

$$L_K\, y = M\left(\frac{y}{1000}\right) \text{ oder allgemein } = M\left(\frac{y}{g}\right).$$

In der Definition ist auch die Verwendung von *Numerus* als Fachausdruck angedeutet. In der Tabelle (bei der **Kepler** wie **Napier** an die Logarithmen der Sinuswerte denkt) heißt die Überschrift der entsprechenden Spalte: *Sinus seu numeri absoluti.*

Bei der Berechnung der Logarithmen geht **Kepler** von dem Gesetz (4) über die mittlere Proportionale aus. Gesucht sei $x = L_K\, y = M\left(\frac{y}{g}\right)$. Man berechne die mittlere Proportionale y_1 zwischen y und g:

$$\frac{y}{y_1} = \frac{y_1}{g}.$$

Es ist

$$y_1 = \sqrt{yg}, \quad \frac{y_1}{g} = \sqrt{\frac{y}{g}}$$

und

$$M\left(\frac{y}{g}\right) = M\left(\frac{y}{y_1}\right) + M\left(\frac{y_1}{g}\right) = 2 \cdot M\left(\frac{y_1}{g}\right)$$

oder

$$L_K\, y = 2 \cdot L_K\, y_1 .$$

Dann wird die mittlere Proportionale y_2 zwischen y_1 und g bestimmt. Es ist

$$\frac{y_2}{g} = \sqrt{\frac{y_1}{g}} = \left(\frac{y}{g}\right)^{1/2^2}, \quad L_K\, y = 2^2 \cdot L_K\, y_2 .$$

So fährt man fort:

$$\frac{y_n}{g} = \left(\frac{y}{g}\right)^{1/2^n}, \quad L_K\, y = 2^n \cdot L_K\, y_n .$$

Dabei sind die L_K bisher unbestimmt.

Da $y < g$, geht $\left(\frac{y}{g}\right)^{1/2^n}$ mit wachsendem n gegen 1, also y_n gegen g. **Kepler** rechnet das für L_K 700 aus, und zwar bis n = 30.

An dieser Stelle ist es gleichgültig, ob wir an y = 700 und g = 1 000 oder an y = 0,7 und g = 1 denken; y und g dürfen mit der gleichen Potenz von 10 multipliziert werden, da $M\left(\frac{y}{g}\right) = M\left(\frac{y \cdot c}{g \cdot c}\right)$ ist.

Kepler erhält

$$1 - y_{30} = 0{,}00000\,00003\,32179\,43100$$

und sagt: *Diese Differenz sei willkürlich als Maß bzw. Logarithmus von* y_n ⟨also als $L_K\, y_n$⟩ *festgesetzt. (Haec igitur differentia constituitur ex arbitrio pro mensura hujus minimi elementi sectae proportionis, seu pro Logarithmo dictae Tricesimarum maximae)* [5; 281].

Dann ist

$$L_K\, y = 2^{30} \cdot L_K\, y_{30} = 0{,}35667\,49481\,37222\,14400.$$

(An welche Stelle das Komma zu setzen ist, das hängt von der Wahl von g ab. Hier ist an g = 1 gedacht. 0, steht bei **Kepler** nicht.)

Um uns klarzumachen, was hier geschieht, und um zugleich den Zusammenhang mit den **Napier**schen Logarithmen zu untersuchen, wollen wir die Funktion x = Ly graphisch darstellen. Da sowohl **Kepler** wie **Napier** eine geometrische und eine arithmetische Folge einander zuordnen, gehen wir davon aus, daß x = Ly durch $y = g \cdot q^x$ erklärt ist. Ist g = L(0) festgelegt (bei beiden $g = 10^7$), so haben wir in Abhängigkeit von q eine Schar von Kurven, die durch den Punkt x = 0, y = g gehen. Welche Kurve aus dieser Schar gewählt wird, d.h. welchen Wert q haben soll, kann entweder dadurch bestimmt werden, daß ein zweiter Kurvenpunkt festgelegt wird (so macht es **Briggs** mit x = 0, y = g = 1 und x = 1, y = 10) oder daß man die Steigung im Punkte (0, g) vorschreibt.

Napier hat verlangt, daß die Anfangsgeschwindigkeiten der beiden Bewegungen gleich sein sollen; das bedeutet, daß die Steigung unserer Kurve = – 1 sein soll. Die Geschwindigkeit hat er bestimmt als mittlere Geschwindigkeit in dem in der Zeit von t = – 1 bis t = + 1 durchlaufenen Intervall $[y_{+1}, y_{-1}]$. Er nimmt also die Tangente im Punkte (0, g) als parallel zu der in der Figur gezeichneten Sehne an.

EXEMPLUM SECTIONIS

in quâ proportio, quae est inter 10. et 7. tricesimo actu in partes aequales 10737 41824. secatur, per totidem (unâ minus) medias proportionales classis tricesimae, ubi ex unaqualibet classe sola maxima, et termino proportionis majori vicinissima, hic exprimitur.

Denominatio per Numeros sectionum mediae proportionalis, quae est omnium in qualibet sectione maxima.					*Numeri partium proportionis aequalium, quas unius cujuslibet classis mediae proportionales constituunt.*
	100000	00000	00000	00000	
30 ae.	99999	99996	67820	56900	1073741824.
29 ae.	99999	99993	35641	13801	536870912.
28 ae.	99999	99986	71282	27702	268435456.
27 ae.	99999	99973	42564	55589	134217728.
26 ae.	99999	99946	85129	12883	67108864.
25 ae.	99999	99893	70258	38590	33554432.
24 ae.	99999	99787	40516	88629	16777216.
23 ae.	99999	99574	81034	22452	8388608.
22 ae.	99999	99149	62070	25698	4194304.
21 ae.	99999	98299	24147	74542	2097152.
20 ae.	99999	96598	48324	51665	1048576.
19 ae.	99999	93196	96764	73647	524288.
18 ae.	99999	86393	93992	28474	262144.
17 ae.	99999	72787	89835	81819	131072.
16 ae.	99999	45575	87076	62114	65536.
15 ae.	99998	91152	03773	10068	32768.
14 ae.	99997	82305	26024	99026	16384.
13 ae.	99995	64615	25959	97766	8192.
12 ae.	99991	29249	47518	67706	4096.
11 ae.	99982	58574	77102	11873	2048.
10 ae.	99965	17452	79822	51100	1024.
9 ae.	99930	36118	40985	14780	512.
8 ae.	99860	77086	38438	31172	256.
7 ae.	99721	73557	52112	10274	128.
6 ae.	99444	24546	13234	50059	64.
5 ae.	98891	57955	37194	96652	32.
4 ae.	97795	44506	62963	20009	16.
3 ae.	95639	49075	71498	12386	8.
2 ae.	91469	12192	28694	43920	4.
1 a.*	83666	00265	34075	54820	2.
	70000	00000	00000	00000	

Hic Typus sic intelligatur:

Inter Terminos, majorem 100 etc. et minorem 70 etc. quaeratur media proportionalis, haec erit $83\frac{2}{3}$ etc. Sunt ergò proportionis inter dictos terminos constitutae partes duae, una inter 100. et $83\frac{2}{3}$, altera inter $83\frac{2}{3}$ et 70. Hae per 1. prop. sunt inter se aequales. Quaeratur secundò, media proportionalis inter 100. et $83\frac{2}{3}$ etc. haec erit $91\frac{1}{2}$ etc. rursumque erunt partes inter se aequales, una inter 100 etc. et $91\frac{1}{2}$ etc. altera inter $91\frac{1}{2}$ etc. et $83\frac{2}{3}$ etc. Ita prior semissis proportionis totius hîc est divisus in duas quartas partes ejusdem totius. Et intelligitur semissis alter, qui erat inter $83\frac{2}{3}$ et 70, per sociam ipsius $91\frac{1}{2}$, seu secundarum trium minimam (quae in hoc typo non exprimitur) similiter divisus esse in alias duas quartas totius. Quaeratur tertiò media proportionalis inter 100 etc. et $91\frac{1}{2}$ etc. haec erit $95\frac{2}{3}$ etc. determinans cum 100. partem totius octavam, quod indicat numerus illi ad dextram exterius respondens. Et sic deinceps.

Abbildung 45. Aus Kepler: Chilias Logarithmorum [5; 281]. Berechnung des Logarithmus von 700 . . .

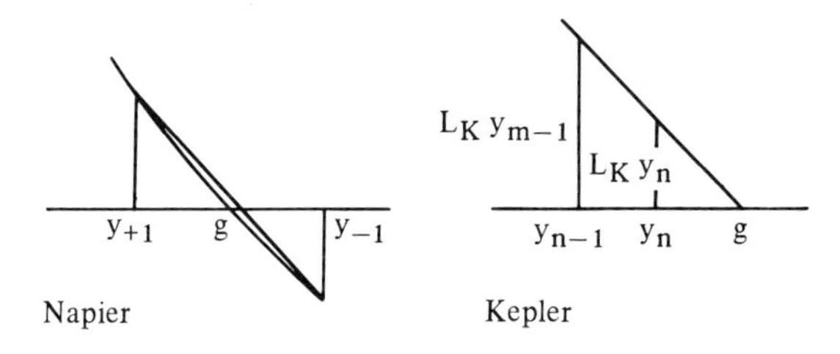

Abbildung 46. Steigung der Logarithmus-Kurve an der Stelle $x = 0$, $y = g$.

Kepler teilt das Intervall $[y, g]$ solange, bis im Intervall $[y_n, g]$ die Kurve mit hinreichender Genauigkeit linear ist; dann setzt er $L_K y_n = g - y_n$. Er wählt also ebenfalls die Steigung -1, bestimmt aber die Tangente durch eine so kleine Sehne, daß der Fehler im Rahmen der Rechengenauigkeit vernachlässigt werden kann.

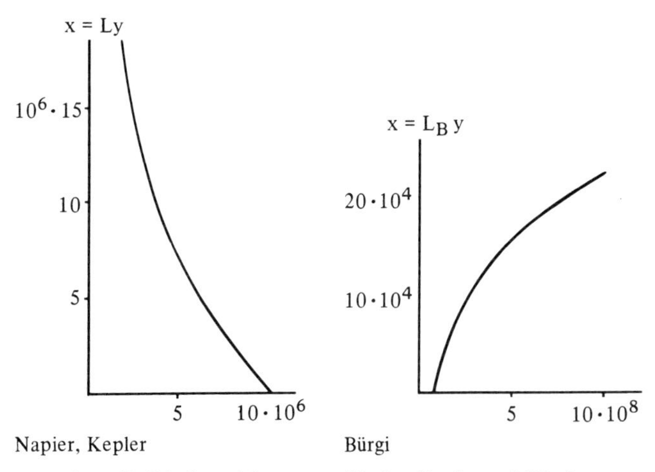

Abbildung 47. Die Logarithmen von Napier, Kepler und Bürgi.

Wie groß die erreichte Genauigkeit ist, d.h. wie weit die Kurve in dem kleinen Teilintervall wirklich linear ist, kann man prüfen, indem man die Differenzen bildet. Die von **Kepler** errechneten Werte sind:

$$1 - y_{30} = 0{,}00000\,00003\,32179\,43100$$
$$y_{30} - y_{29} = 0{,}00000\,00003\,32179\,43099\,.$$

Die beiden Kurven für die **Napier**schen und die **Kepler**schen Logarithmen sind im Maßstab unserer Zeichnung (Abb. 47) nicht zu unterscheiden. Der Unterschied, der bei $y = g$ natürlich 0 ist, wächst mit abnehmendem y. Für $y = 0{,}5 \cdot 10^7$ beträgt er 3 bei $g = 10^7$ [Hammer 1; 472].

Der Quotient q ist also für den **Kepler**schen Logarithmus daraus zu bestimmen, daß die Steigung der Kurve $y = 10^7 \cdot q^x$ an der Stelle $x = 0$, $y = 10^7$ den Wert -1 hat.

Es ist

$$\frac{dy}{dx} = 10^7 \cdot \ln q \cdot q^x$$

(ln = natürlicher Logarithmus)

Unsere Forderung besagt

$$10^7 \cdot \ln q = -1, \text{ also } q = e^{-1/10^7}.$$

Wenn wir eine Ähnlichkeitstransformation ausführen wollen, die den Punkt $(0, 10^7)$ in $(0, 1)$ überführt, haben wir

$$y = 10^7 \cdot \bar{y}, \quad x = 10^7 \cdot \bar{x}$$

zu setzen. Die Gleichung unserer Kurve geht dann über in

$$\bar{y} = e^{-\bar{x}} \qquad \text{oder} \qquad \bar{x} = -\ln \bar{y}.$$

Durch diese Transformation geht also der **Kepler**sche Logarithmus in den an der y-Achse gespiegelten natürlichen Logarithmus im Intervall $0 < y \leqslant 1$ über. Wir bezeichnen diesen transformierten Logarithmus mit $\bar{L}_K$.

Führt man für den **Napier**schen Logarithmus

$$x = L_N y \qquad \text{wenn} \qquad y = 10^7 \cdot (1 - 10^{-7})^x$$

dieselbe Transformation aus:

$$y = 10^7 \cdot \bar{y}, \quad x = 10^7 \cdot \bar{x},$$

so erhält man die Gleichung:

$$\bar{y} = b^{\bar{x}} \qquad \text{mit} \qquad b = (1 - 10^{-7})^{10^7} \approx e^{-1}.$$

Der **Napier**sche Logarithmus geht also näherungsweise auch in den an der y-Achse gespiegelten natürlichen Logarithmus im Intervall $0 < y \leqslant 1$ über.

Allerdings verändern solche Transformationen den Charakter der betroffenen Logarithmusfunktion erheblich. Man denke nur daran, daß z.B. durch die Transformation $y = \bar{y}$, $x = \bar{x} \cdot \ln b$ der natürliche Logarithmus $x = \ln y$ bzw. $y = e^x$ in den Logarithmus zur Basis b übergeführt wird: $\bar{y} = b^{\bar{x}}$.

Um den **Bürgi**schen Logarithmus in der Abbildung 47 überhaupt zeichnen zu können, mußten wir auf der x-Achse und auf der y-Achse verschiedene Maßstäbe wählen. Seine Gleichung ist

$$x = L_B y \qquad \text{wenn} \qquad y = 10^8 \cdot (1 + 10^{-5})^x.$$

Setzen wir $y = \bar{y} \cdot 10^8$, $x = \bar{x} \cdot 10^5$ so erhalten wir:

$$\bar{y} = b^{\bar{x}} \qquad \text{mit} \qquad b = (1 + 10^{-5})^{10^5} \approx e.$$

L_B ist im Intervall $10^8 \leqslant y \leqslant 10^9$ von **Bürgi** berechnet worden, der transformierte Logarithmus $\bar{L}_B$ ist also im Intervall $1 \leqslant \bar{y} \leqslant 10$ bekannt und näherungsweise $= \ln \bar{x}$.

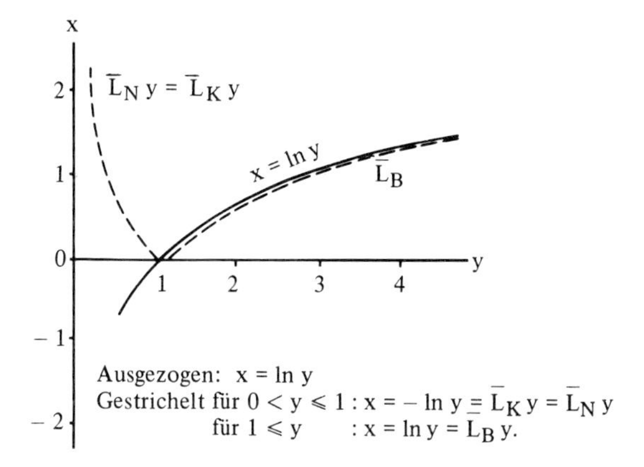

Abbildung 48. Die transformierten Logarithmen von Napier, Kepler und Bürgi.

Abgesehen von der Spiegelung bei $\bar{L}_K$, $\bar{L}_N$ ist er eine Fortsetzung dieser (fast zusammenfallenden Logarithmen. (s. Abb. 48).

Während **Napier** die Logarithmen schrittweise berechnet (genauer: die Numeri zu den schrittweise wachsenden Logarithmen), kann **Kepler** zu jedem vorgegebenen Numerus direkt den Logarithmus berechnen, ohne die ganze Reihe der Logarithmen bis zu dem gesuchten Wert aufstellen zu müssen. Allerdings ist das Verfahren mühsam.

Kepler braucht auch nicht jeden Tafelwert auf diese Weise zu berechnen. Ist für einen Wert y der Wert L_K y gefunden, so hat man damit die Logarithmen für alle Werte, die aus y und g durch Bildung von mittleren Proportionalen gefunden werden können, z.B. für:

y_1 mit $g : y_1 = y_1 : y$,
y_2 mit $g : y_2 = y_2 : y_1$,
z_1 mit $g : y = y : z_1$ usw.

Ferner nutzt **Kepler** Kombinationen und Interpolationen aus, um seine Tafel von 1 000 Logarithmenwerten (deshalb: *Chilias Logarithmorum*) zu berechnen. Wir geben den Anfang und das Ende der zweiten Seite wieder (Abb. 49). Die der zweiten Seite vorangehende Seite enthält nur zwei Spalten, nämlich die *Sinus seu Numeri absoluti* 1, 2, ..., 9, 10, 20, ..., 90, 1.00, 2.00, ..., 9.00, 10.00, 20.00, ..., 90.00, und dazu die *Logarithmi cum differentiis*. In dem Hauptteil der Tafel gibt **Kepler** auch die zu den Sinus gehörenden Bögen an, ferner rechnet er die *Numeri absoluti* noch in Stunden und Grade um, derart daß $10^7 = 24^h 0' 0'' = 1^0 = 60.0$ *Partes sexagenarii* sind.

In dem *Supplementum Chiliadis Logarithmorum* [5; 353–426] bringt **Kepler** Erläuterungen und Beispiele zu seiner Logarithmentafel. Bereits im Winter 1621/22 war **Keplers** *Chilias Logarithmorum* druckfertig [Hammer 1; 467], der Druck verzögerte sich allerdings dann noch. Da erhält **Kepler** Ende 1623 **H. Briggs'** *Logarithmorum Chilias prima*, das Werk, in dem **Briggs** das erste Tausend seiner dekadischen Logarithmen veröffentlichte. **Kepler**, der seine Rudolphinischen Tafeln zunächst mit prostaphairetischen Methoden berechnet hatte (1616 fertig) und sie dann in der Erkenntnis,

CHILIAS LOGARITHMORVM

	ARCUS *Circuli cum differentiis*	SINUS *seu Numeri absoluti*	*Partes vicesimae quartae*	LOGARITHMI *cum differentiis*	*Partes sexagenariae*
	— 3. 26			10536. 05	
	0. 3. 26	100.00	0. 1. 26	690775. 54	0. 4
	3. 27			69314. 72	
	0. 6. 53	200.00	0. 2. 53	621460. 82+	0. 7
	— 3. 26			40546. 51	
	0. 10. 19	300.00	0. 4. 19	580914. 31	0. 11
10	3. 26			28768. 21	
	0. 13. 45	400.00	0. 5. 46	552146. 10+	0. 14
	— 3. 27			22314. 35	
H 2	0. 17. 12	500.00	0. 7. 12	529831. 75—	0. 18
	3. 26			18232. 16	
	0. 20. 38	600.00	0. 8. 38	511599. 59	0. 22
	— 3. 26			15415. 07	
	0. 24. 4	700.00	0. 10. 5	496184. 52+	0. 25
	3. 26			13353. 14	
	0. 27. 30	800.00	0. 11. 31	482831. 38+	0. 29
20	— 3. 26			11778. 30	
	0. 30. 56	900.00	0. 12. 58	471053. 08	0. 32
	3. 27			10536. 05	
	0. 34. 23	1000.00	0. 14. 24	460517. 03	0. 36
40	— 3. 27			5406. 72	
	1. 5. 20	1900.00	0. 27. 22	396331. 64	1. 8
	3. 26			5129. 33	
	1. 8. 46	2000.00	0. 28. 48	391202. 31	1. 12
	— 3. 26			4879. 02	
	0. 12. 12	2100.00	0. 30. 14	386323. 29	1. 16
	3. 26			4652. 00	
	1. 15. 38	2200.00	0. 31. 41	381671. 29	1. 19
	— 3. 27			4445. 17	
	1. 19. 5	2300.00	0. 33. 7	377226. 12—	1. 23
50	3. 26			4255. 97	
	1. 22. 31	2400.00	0. 34. 34	372970. 15+	1. 26
	— 3. 26			4082. 20	
H2v	1. 25. 57	2500.00	0. 36. 0	368887. 95+	1. 30
	3. 27			3922. 07	
	1. 29. 24	2600.00	0. 37. 26	364965. 88	1. 34
	— 3. 26			3774. 03	
	1. 32. 50	2700.00	0. 38. 53	361191. 85—	1. 37
	3. 26			3636. 77	
	1. 36. 16	2800.00	0. 40. 19	357555. 08+	1. 41
60	— 3. 27			3509. 13	
	1. 39. 43	2900.00	0. 41. 46	354045. 95	1. 44
	3. 26			3390. 15	
	1. 43. 9	3000.00	0. 43. 12	350655. 80—	1. 48
	— 3. 26			3278. 99	

Abbildung 49. Aus Kepler: Chilias Logarithmorum [5; 319; 352]. Anfang und Ende der zweiten Seite.

daß die **Napier**schen Logarithmen die fortschrittlichere Methode darstellten, in zeitraubender Arbeit umgerechnet hatte, stand nun abermals vor dem Problem, ob er sie nicht nochmals auf dekadische Logarithmen umrechnen sollte. So schreibt er am 4.12.1623 an **Gunter**: [Kepler 1; **18**, 144 f.] [Hammer 1; 466]: *Wenn es mir möglich ist, will ich jedoch versuchen, die Heptacosias, die ein Bestandteil der Rudolphinen werden soll, mit geringstem Arbeitsaufwand nach Euren* ⟨dekadischen⟩ *Logarithmen umzugestalten.* Doch schließlich, nachdem 1624 **Kepler**s *Chilias* gedruckt vorlag, entschied sich **Kepler**, doch auf die dekadischen Logarithmen zu verzichten. Eine Rolle spielte dabei auch die Winkel- und Zeitberechnung mit ihren 60-bzw. 24-teiligen Einheiten. So schreibt dann **Briggs** 1625 an **Kepler** [1; **18**, 221], [Hammer 1; 466]: *In Eurem soeben erschienenen Buch über die Logarithmen anerkenne ich den Scharfsinn und lobe den Fleiß. Hättet ihr jedoch auf den Erfinder* **Merchiston** ⟨**Napier**⟩ *gehört und wäret Ihr mir gefolgt, dann hättet Ihr meiner Meinung nach denen, die am Gebrauch der Logarithmen ihre Freude haben, einen besseren Dienst erwiesen.* Die auf der Grundlage der Keplerschen Logarithmen berechneten Rudolphinischen Tafeln mit ihrer weitreichenden Bedeutung in der Astronomie bewirkten ihrerseits, daß die ansonsten durch die dekadischen Logarithmen sehr schnell veralteten **Napier**schen bzw. **Kepler**schen Logarithmen noch unverhältnismäßig lange weiterlebten. Sie wurden 1631 von **Kepler**s Schwiegersohn **Jakob Bartsch** neu herausgegeben. Obwohl diese Ausgabe viele Fehler enthielt, wurde sie mit Rücksicht auf die Benützbarkeit der Rudolphinischen Tafeln noch 1700 wieder aufgelegt [Hammer 1; 467].

Henry Briggs

war Professor der Geometrie am Gresham College in London, als er 1614/15 von den **Napier**schen Logarithmen Kenntnis erhielt. Er schrieb: *Neper, lord of Markinston, hath set my head and hands a work with his new and admirable logarithms. I hope to see him this summer, if it please God, for I never saw book, which pleased me better, and made me more wonder.* (10.3.1615) [Huxley]. Er trug diese Lehre seinen Hörern am Gresham College vor und machte dabei die Bemerkung, daß es zweckmäßig sei, $\log 1 = 0$ und $\log \frac{1}{10} = 10\,000\,000\,000$ zu setzen. (Da mit den Logarithmen, anders als mit den Numeri, nur Additionen und Subtraktionen, ferner Multiplikationen und Divisionen mit reinen Zahlen ausgeführt werden, spielt ein konstanter Faktor keine Rolle; man kann die genannte Zahl auch als 1,00000 00000 auffassen.) **Napier**, den **Briggs** in Edinburg besuchte, schlug ihm vor, lieber $\log 10 = 10\,000\,000\,000$ zu setzen. Da $\log \frac{1}{10} = -\log 10$ ist, sind die beiden Möglichkeiten rechnerisch gleichwertig. Sie werden auch zusammen besprochen, und zwar in einem *Appendix* zu **Napiers** *Constructio*, in der nach **Napiers** Tod (1617) von **Briggs** besorgten Ausgabe 1619. Zugleich wird eine neue Methode zur Berechnung der Logarithmen angegeben. Dividiert man 10 000 000 000 wiederholt durch 5, so erhält man 2 000 000, 400 000 000, 80 000 000 . . . usw. bis 1024. ⟨$10^{10} = 2^{10} \cdot 5^{10}$. Nach 10-maliger Division durch 5 erhält man also 2^{10}.⟩ Die angegebenen Zahlen sind die Logarithmen von $\sqrt[5]{10}$ und den daraus weiter gebildeten fünften Wurzeln. Man kann dann 1024 weiter durch 2 dividieren und erhält die Logarithmen der Quadratwurzeln aus dem zu dem Logarithmus 1024 gehörenden Numerus.

Briggs hat für die Berechnung der Logarithmen neue Methoden entwickelt, von denen wir hier nur den ersten Schritt schildern. Er geht von den Quadratwurzeln aus 10 bzw. den mittleren Proportionalen zwischen 10 und 1 *(Numeri continue Medij inter Denarium et unitatem)* aus, deren Logarithmen durch fortgesetzte Halbierung aus 1,000 entstehen. Abbildung 50 zeigt eine Seite seiner Aufstellung. Für weitere Einzelheiten verweisen wir auf [I. Schneider 2; 198 ff.] und [Whiteside; 233 ff.].

Der Unterschied zum Verfahren von **Kepler**, der auch mit mittleren Proportionalen, d.h. Wurzeln, arbeitet, besteht darin, daß **Briggs** außer log 1 = 0 noch den festen Wert log 10 = 1 zur Verfügung hat, von dem aus er Wurzeln ziehen und die Logarithmen durch schrittweises Halbieren finden kann, während bei **Keplers** Berechnung von L_K 700 dieser Wert zunächst unbekannt ist und erst daraus gewonnen wird, daß **Kepler** so oft die Wurzel zieht, bis die Kurve der Logarithmusfunktion linear ist, dafür $L_K y = g - y$ definiert und nun durch

$$L_K y^{2^n} = 2^n \cdot L_K y$$

den Logarithmus der Ausgangszahl $700 = y^{2^n}$ gewinnt.

Briggs veröffentlichte das erste Tausend seiner Logarithmen zu 14 Dezimalstellen 1617 [1], 1624 folgten die Logarithmen der Zahlen von 1 bis 20 000 und von 90 000 bis 100 000 [2]. Diese Lücke in der Tafel bedeutet, daß man die Logarithmen der Zahlen von 20 000 bis 90 000 aus dem Tafelbereich von 2 000 bis 9 000 ablesen muß, d.h. aus einer Tafel mit der zehnfachen Schrittweite. Diese Lücke hat **Vlacq** ausgefüllt in einem Werke, das als zweite Auflage der *Arithmetica logarithmica* von **Briggs** bezeichnet wurde (1628) [Briggs 3]. **Vlacq** hat die **Briggs**schen Zahlen um 4 Stellen gekürzt, die fehlenden Werte berechnete er ebenfalls auf 10 Stellen.

Ferner enthalten die von **Briggs** veröffentlichten Werke keine logarithmisch-trigonometrischen Tafeln. Ein fast fertiges Manuskript fand sich in seinem Nachlaß und wurde 1633 von **Gellibrand** herausgegeben [Briggs 4].

Schon 1620 hatte **Edmund Gunter** logarithmisch-trigonometrische Tafeln herausgegeben, auch das oben genannte Werk von **Vlacq** (1628) enthielt trigonometrische Tafeln.

Die Logarithmen haben vom Augenblick ihres Erscheinens an bei Mathematikern und Astronomen größtes Interesse gefunden. Eine Zusammenstellung der seither erschienenen Tafeln gibt **Bierens de Haan**.

Skizze der weiteren Entwicklung

Die bisher besprochenen Autoren gehen alle von der Zuordnung der Reihen aus. Die Darstellung $y = g \cdot q^x$ ist nur von uns zur Erläuterung benutzt worden. Wir erinnern daran, daß sich die Exponentenschreibweise erst durch **Descartes'** Geometrie eingebürgert hat.

Der Weg zur Auffassung des Logarithmus als Umkehrung der Exponentialfunktion führt über die Geometrie und Analysis und kann hier nur kurz skizziert werden. Für eine eingehendere Darstellung verweisen wir auf [Naux; 2].

	Numeri continue Medij inter Denarium & Vnitatem.	*Logarithmi Rationales.*
	10	1,000
1	31622,77660,16837,93319,98893,54	0,50
2	17782,79410,03892,28011,97304,13	0,25
3	13335,21432,16332,40256,65389,308	0,125
4	11547,81984,68945,81796,61918,213	0,0625
5	10746,07828,32131,74972,13817,6538	0,03125
6	10366,32928,43769,79972,90627,3131	0,01562,5
7	10181,51721,71818,18414,73723,8144	0,00781,25
8	10090,35044,84144,74377,59005,1391	0,00390,625
9	10045,07364,25446,25156,64670,6113	0,00195,3125
10	10022,51148,29291,29154,65611,7367	0,00097,65625
11	10011,24941,39987,98758,85395,51805	0,00048,82812,5
12	10005,62312,60220,86366,18495,91839	0,00024,41406,25
13	10002,81116,78778,01323,99249,64325	0,00012,20703,125
14	10001,40548,51694,72581,62767,32715	0,00006,10351,5625
15	10000,70271,78941,14355,38811,70845	0,00003,05175,78125
16	10000,35135,27746,18566,08581,37077	0,00001,52587,89062,5
17	10000,17567,48442,26738,33846,78274	0,00000,76293,94531,25
18	10000,08783,70363,46121,46574,07431	0,00000,38146,97265,625
19	10000,04391,84217,31672,36281,88083	0,00000,19073,48632,8125
20	10000,02195,91867,55542,03317,07719	0,00000,09536,74316,40625
21	10000,01097,95873,50204,09754,72940	0,00000,04768,37158,20312,5
22	10000,00548,97921,68211,14626,60250,4	0,00000,02384,18579,10156,25
23	10000,00274,48957,07382,95091,25449,9	0,00000,01192,09289,55078,125
24	10000,00137,24477,59510,83282,69572,5	0,00000,00596,04644,77539,0625
25	10000,00068,62238,56210,25737,18748,2	0,00000,00298,02322,38769,53125
26	10000,00034,31119,22218,83912,75020,8	0,00000,00149,01161,19384,76562,5
27	10000,00017,15559,59637,84719,93879,1	0,00000,00074,50580,59692,38281,25
28	10000,00008,57779,79451,03051,17588,8	0,00000,00037,25290,29846,19140,625
29	10000,00004,28889,89633,54198,42901,3	0,00000,00018,62645,14923,09570,3125
30	10000,00002,14444,94793,77767,42970,4	0,00000,00009,31322,57461,54785,15625
31	10000,00001,07222,47391,14050,76926,8	0,00000,00004,65661,28730,77392,57812,5
32	10000,00000,53611,23694,13317,14831,4	0,00000,00002,32830,64365,38696,28906,25
33	10000,00000,26805,61846,70731,51508,7	0,00000,00001,16415,32182,69348,14453,125
34	10000,00000,13402,80923,26383,99277,7	0,00000,00000,58207,66091,34674,07226,5625
35	10000,00000,06701,40461,60946,55519,6	0,00000,00000,29103,83045,67337,03613,28125
36	10000,00000,03350,70230,79911,91730,0	0,00000,00000,14551,91522,83668,51806,64062,5
37	10000,00000,01675,35115,39815,61857,6	0,00000,00000,07275,95761,41834,25903,32031,25
38	10000,00000,00837,67557,69872,72426,9	0,00000,00000,03637,97880,70917,12951,66015,625
39	10000,00000,00418,83778,84927,59087,9	0,00000,00000,01818,98940,35458,56475,83007,8125
40	10000,00000,00209,41889,42461,60262,5	0,00000,00000,00909,49470,17729,28237,91503,90625
41	10000,00000,00104,70944,71230,25311,0	0,00000,00000,00454,74735,08864,64118,95751,95312
42	10000,00000,00052,35472,35614,98950,4	0,00000,00000,00227,37367,54432,32059,47875,97656
43	10000,00000,00026,17736,17807,46048,9	0,00000,00000,00113,68683,77216,16029,73937,98828
44	10000,00000,00013,08868,08903,72167,8	0,00000,00000,00056,84341,88608,08014,86968,99414
45	10000,00000,00006,54434,04451,85869,75	0,00000,00000,00028,42170,94304,04007,43484,49707
46	10000,00000,00003,27217,02225,92881,337	0,00000,00000,00014,21085,47152,02003,71742,24853
47	10000,00000,00001,63608,51112,96427,283	0,00000,00000,00007,10542,73576,01001,85871,12426
48	10000,00000,00000,81804,25556,48210,295	0,00000,00000,00003,55271,36788,00500,92935,56213
49	10000,00000,00000,40902,12778,24104,311	0,00000,00000,00001,77635,68394,00250,46467,78106
50	10000,00000,00000,20451,06389,12051,946	0,00000,00000,00000,88817,84197,00125,23233,89053
51	10000,00000,00000,10225,53194,56025,921 L	0,00000,00000,00000,44408,92098,50062,61616,94526
52	10000,00000,00000,05112,76597,28012,947 M	0,00000,00000,00000,22204,46049,25031,30808,47263
53	10000,00000,00000,02556,38298,64006,470 N	0,00000,00000,00000,11102,23024,62515,65404,23631
54	10000,00000,00000,01278,19149,32003,235 P	0,00000,00000,00000,05551,11512,31257,82702,11815

Abbildung 50. Aus Briggs Arithmetica Logarithmica.

Um 1629 gelang **Fermat** die Quadratur der höheren Hyperbeln und Parabeln, d.h. der Kurven mit den Gleichungen $x^p \cdot y^q = 1$ [1; **1**, 255–285] [2; 44–57] (Zeitangabe nach **J.E. Hofmann** [2; **2**, 16 f.]). Teilt man die Abszissenachse nach einer geometrischen Folge, so bilden die entsprechenden Flächenstücke ebenfalls eine geometrische Folge, die bei geeigneter Wahl der Abszissenfolge eine endliche Summe hat. Das Verfahren versagt nur im Falle $p = q = 1$, also bei der einfachen Hyperbel.

In diesem Falle fand **Gregorius a Santo Vincentio** [586 = Prop. 109], daß die Flächenstücke eine arithmetische Folge bilden. So hängt die Quadratur der Hyperbel mit der Zuordnung einer geometrischen und einer arithmetischen Folge zusammen. Das hat der **Père Sarasa**, ein Freund von **Gregorius**, bemerkt und dazu benutzt, die folgende Aufgabe von **Mersenne** zu lösen: *Sind zwei Zahlen und ihre Logarithmen gegeben, so bestimme man den Logarithmus einer dritten gegebenen Zahl.* (Die Frage ist allgemein für jede beliebige der unendlich vielen möglichen Logarithmusfunktionen gestellt.) Der **Père Sarasa** schreibt bei dieser Gelegenheit: *Unde hae superficies supplere possunt locum logarithmorum datorum.* (Daher können diese Flächen den Platz gegebener Logarithmen ausfüllen) [Naux; **2**, 32]. Auch **Huygens** hat Logarithmen mit Hilfe der Hyperbelfläche berechnet [2], [Bruins 5].

Später stellte man die Hyperbel durch die Gleichung

$$y = \frac{1}{1+x}$$

dar und die Fläche als

$$\int_0^x \frac{dt}{1+t} = \ln(1+x)\,.$$

Durch Ausführen der Division erhält man die Reihe

$$\frac{1}{1+t} = 1 - t + t^2 - t^3 + \ldots$$

und diese Reihe läßt sich gliedweise integrieren:

$$\int_0^x \frac{dt}{1+t} = x - \frac{1}{2}x^2 + \frac{1}{3}x^3 - \frac{1}{4}x^4 + \ldots$$

Diese Überlegungen finden sich in **Newtons** Notizen zu **Wallis** 1664 [3; **1**, 112 ff.], erstmals veröffentlicht in **N. Mercators** *Logarithmotechnia* 1668 und weitergeführt in [2]. Auch in **Newtons** *De analysi per aequationes numero terminorum infinitas*, 1669, ist die Quadratur der Hyperbel mit dieser Reihe behandelt.

In **Mercators** Arbeit [2] kommt der Ausdruck *logarithmus naturalis* vor, ferner die Bemerkung, daß sich die natürlichen Logarithmen zu den Briggsschen (den *log. tabulares*) wie 1 : 4,3429448 verhalten.

In den Jahren 1712/13 diskutierten **Leibniz** und **Johann Bernoulli** über die Logarithmen negativer Zahlen [Leibniz 1; **3**, 881 ff.]. Während **Johann Bernoulli** die Beziehung

$\log(-a) = \log a$ zu begründen versuchte, vertrat **Leibniz** die Meinung, es gäbe keine Logarithmen negativer Zahlen bzw. diese seien imaginär (in dem damals gebräuchlichen Sinne von „unwirklich"). Im Laufe des Versuchs, seine Ansicht zu begründen, erklärt **Leibniz** [1; **3**, 895]: *Die Folge der Logarithmen ist eine arithmetische Zahlenfolge, die einer geometrischen Zahlenfolge zugeordnet ist. Als Logarithmus von 1 kann 0 angenommen werden, als Logarithmus von (z.B.) 2 eine beliebige Zahl, etwa 1.* Wenig später heißt es: *Wenn* $x = 2^e$ *ist, dann ist* $e = \log 2$. Aber als Definition wird das nicht benutzt.

Auch **Wolff** erklärt 1716 [3; Sp. 822]: *Logarithmus, Ist eine Zahl in einer Arithmetischen Progression, die sich von 0 anfängt, und deren Glieder sich auf eine Geometrische Progression beziehen, davon das erste Glied 1 ist.*

Erst in **Eulers** *Introductio in Analysin Infinitorum* (1748) [2; **1**, Kap. 6, §102] finden wir die Definition: Wenn $a^z = y$ ist, *so heißt dieser Wert z, sofern er als Funktion von y betrachtet wird, der* Logarithmus *von y. Die Lehre von den Logarithmen setzt also voraus, daß eine bestimmte Konstante an der Stelle von a eingesetzt wird, die deshalb die* Basis *der Logarithmen heißt.*

Mit dieser Definition lassen sich auch Logarithmen komplexer Zahlen einführen. Damit konnte **Euler** das Problem von **Leibniz** und **Johann Bernoulli** lösen: Zu jedem komplexen Numerus gibt es bei gegebener Basis unendlich viele komplexe Werte des Logarithmus. Ist der Numerus positiv reell, so ist genau einer der Werte des Logarithmus reell [13].

In [2; **1**, Kap. 7] führt **Euler** die Basis der natürlichen Logarithmen so ein: Für kleine w sei $a^w = 1 + kw$ (Euler schreibt nicht w, sondern ω). Das kommt darauf hinaus, daß die Taylorreihe nach dem ersten Glied abgebrochen wird.

Es wäre also

$$k = \frac{d}{dw} a^w$$

an der Stelle $w = 0$.
Dann ist:

$$a^{nw} = (1 + kw)^n = 1 + n \cdot kw + \frac{n(n-1)}{2} k^2 w^2 + \ldots$$

Nun setzt **Euler** $w = \frac{z}{n}$. Da w unendlich klein ist, muß, wenn z endlich sein soll, n unendlich groß sein. Es muß also $\frac{n-1}{n} = \frac{n-2}{n} = \ldots = 1$ sein. Man erhält dann:

$$a^z = 1 + kz + \frac{k^2 z^2}{2!} + \frac{k^3 z^3}{3!} + \ldots$$

Nun verlangt Euler: a soll so bestimmt werden, daß $k = 1$ wird. Das ergibt

$$a^z = 1 + z + \frac{z^2}{2!} + \frac{z^3}{3!} + \ldots$$

und für $z = 1$ die bekannte Reihe für die später von Euler e genannte Zahl.

Wir nennen noch die folgenden Erklärungen des Logarithmus: **La Caille** 1756 [1; 112]: *Le logarithme d'un nombre est l'exposant de la puissance de 10 qui se trouve égale à ce nombre;* **Klügel** 1808 [2; **3**, 481]: *Logarithmus ist die Zahl, welche anzeiget, das wie vielfache ein Verhältnis in Absicht auf ein anderes Grundverhältnis ist, wodurch alle Verhältnisse gemessen werden.* (Hier ist noch, wie es viel früher üblich war, $(a:b)^n$ als das n-fache des Verhältnisses a : b bezeichnet.)

Fachsprache

Eine sprachliche Verbindung zwischen den Wörtern λόγος und ἀριθμός erscheint 1553 in **Peucers** *Commentarius de praecipuis divinationum generibus.* **Peucer** will, wie er sagt, eine neue Sache mit einem neuen Namen benennen: Unter *λογαριθμαντεία* versteht er einen Prozeß, mit dessen Hilfe für Zukunftsvorhersagen Zahlen in Wörter und Wörter in Zahlen verwandelt werden können [Cajori 7; 227 f.].

Bürgi hat noch kein Fachwort für seine Logarithmen, sondern er nennt sie „rote Zahlen". Das Wort *Logarithmus* stammt von **Napier**. In seiner *Constructio*, die zwar erst 1619 erschienen, aber wahrscheinlich vor der *Descriptio* (1614 erschienen) abgefaßt ist, nennt er die Logarithmen noch *numeri artificiales* im Gegensatz zu den als *numeri naturales* bezeichneten *Numeri*, jedoch steht (in der Auflage von 1620) das Wort *Logarithm.* am Rande [4; 5], das **Napier** auch in der *Descriptio* allgemein benutzt. **Kepler** erklärt das Wort Logarithmus als *numerus* (*ἀριθμὸς*) *indicans proportionem* (*λόγον*) [5; 297] (s.S. 310). In einem Manuskript *Der Zahlen Inventarium* spricht **Kepler** von einer *Tafel Logarithmorum (teütsch der Zahlen haab).* Nach **Hammer** [1; 474] könnte *haab* als Verdeutschung von *mensura* zu verstehen sein. **Burja** wollte 1788/9 die Auffassung des Logarithmierens als Umkehrung des Potenzierens dadurch zum Ausdruck bringen, daß er diese Operation als *Exponentiation* bezeichnete [301], doch hat sich das nicht eingebürgert.

Das Wort *Basis* kommt bei **Euler** vor (s.S. 321) und ist seitdem allgemein üblich. Das deutsche Wort *Grundzahl* fanden wir bei **Johann Carl Fischer** (1792) [183] und in **Klügels** Wörterbuch [2; **3**, 484].

Kennzahl und Mantisse

Euler schreibt [2; **1**, Kap. 6, § 112]: *Constat ergo logarithmus quisque ex numero integro et fractione decimali et ille numerus integer vocari solet characteristica, fractio decimalis autem mantissa.* Eine fast wörtliche deutsche Übersetzung steht in **Klügels** Wörterbuch [2; **3**, 514]: *Ein Logarithme zerfällt in zwey Theile, die ganze Zahl oder 0, und den zugesetzten Decimalbruch. Jene heißt die Charakteristik, dieser die Mantissa.* Für *characteristica* gebraucht **Kästner** [1; 156 = Kap. VI, § 31] die Verdeutschung *Kennziffer*, ebenso z.B. **Johann Carl Fischer** [192]. **E. G. Fischer** will lieber *Kennzahl* gesagt haben, da sie ja oft mehrziffrig ist [2; **3**, 143].

Mantissa ist ein römisch-etruskisches Wort; es bedeutet *Zugabe*. **Wallis** benutzte es [4; 41] als Fachwort für die Ziffern eines Dezimalbruchs (neben *appendix*). **Euler** schränkte es auf die Dezimalstellen eines Logarithmus ein (s.o.). **Gauß** benutzte es, obwohl es – wie er selbst sagt – sonst nur bei Logarithmen gebraucht wird, in der allgemeineren Bedeutung [2; § 312].

Symbolik

L.: Cajori [6; **2**, 105–115, § 469–482].

Napier selbst schrieb das Wort Logarithmus stets aus; erst in der Folgezeit finden sich Abkürzungen wie log., l., L, z.B. bei:

Kepler [5; 370]: Log., **Ursinus** [2b; 224]: L., **Oughtred** [1; 122, 150]: Log., **W. Jones** [175]: L., **Wolff** [4; 174]: Log., **W. Gardiner** [1]: L., **Euler** [2; **1**, § 103/104]: l., **Karsten** [2, 175]: l., **LaCaille** [1 a; 199, § 298]: L., **Kästner** [3; 214]: log.

Burja schreibt 1788/89, wenn er den Logarithmus von a zur Basis b bezeichnen will, einfach $\overset{a}{\underset{b}{=}}$ [301]. Neu ist hierbei, daß die Basis ebenfalls angegeben ist, während bei den anderen abkürzenden Schreibweisen entweder eine Basis nicht vorhanden ist oder sich aus dem entsprechenden Zusammenhang ergibt. **Cauchy** empfiehlt in seinem *Cours d'analyse* [3; 260] das Symbol l für den natürlichen Logarithmus und zur Unterscheidung davon das Symbol L für die Logarithmen mit anderer Basis. **Crelle** führt 1821 die heute übliche Bezeichnungsweise ein, bei der die Basis hochgesetzt über dem Logarithmus steht [207, § 164]: *Es sey fx = log. x für die Basis* ϵ, *welches durch fx =* $\overset{\epsilon}{log}\, x$ *mag angezeigt werden, denn der Ausdruck log ohne Beisatz ist unbestimmt, weil es unzählige Logarithmen von einer und derselben Zahl giebt, nämlich für jede beliebige Basis einen, weshalb man auch nie unterlassen sollte, die Basis dabei zu bemerken, etwa wie oben.*

2.4.3 Verhältnisse und Proportionen

Die Ägypter kennen bei einer schrägen Fläche, und zwar bei der Seitenfläche einer Pyramide den Begriff des *Rücksprungs* (*seqed* = *śḳd* = das, womit man bauen kann) [VM; **1**, 68 ff.]; er gibt an, um wieviel Handbreiten die Fläche zurückspringt, wenn man um 1 Elle in die Höhe geht. In den Aufgaben 56, 58, 59 des Pap. Rhind wird aus der Höhe und der halben Basislänge der *seqed* berechnet, in den Aufgaben 57, 59 B aus der halben Basislänge und dem *seqed* die Höhe.

Bei den Babyloniern heißt der entsprechende Wert *šà–gal*; das Wort ist von „essen" abgeleitet und bedeutet, daß die untere Breite eines Pyramidenstumpfes oder eines Walles beim Heraufgehen um eine Elle um den Betrag des „Essens" aufgezehrt ist [BM 85 210, Rs. I, 23 ff. = MKT; **1**, 222, 226. – BM 85 194, Vs. II, 7, Rs. I, 20 = MKT; **1**, 144 ff. – VM; **2**, 80 ff.].

Im Text YBC 8633 [MCT; 53 ff.] wird durch das Wort *makṣarum* ein Faktor bezeichnet, um den die Seiten eines Dreiecks zu vergrößern sind.

Das Wort *igi-gub-ba* bedeutet „fester Bruchteil". Es steht in BM 85 196, Vs. I,9 [MKT; 2, 43, 51] für den Faktor, mit dem man das Quadrat des Kreisumfangs multiplizieren muß, um die Fläche zu erhalten, nämlich 0; 5 ⟨= $\frac{1}{4\pi}$, also, wenn man es so ausdrücken will, für das Verhältnis F : U^2⟩. Es existieren Tabellen solcher – stets mit *igi-gub-ba* bezeichneten – Verhältniszahlen, so [ST; Text III], YBC 5022 [MCT; 132], sowohl für geometrische Verhältnisse wie für das Verhältnis des Volumens und des Gewichts von Ziegeln usw. Als Beispiel sei aus den 71 Zeilen von ST III die Zeile 12 herausgegriffen:

15 für den Pfeil des Drittels des Kreises. Das bedeutet (s. Abb. 51): Ist b der Bogen des Kreisdrittels, so ist h = 0; 15 · b.

In der Tat folgt aus $b = \frac{2\pi r}{3}$ (mit $\pi = 3$):

$r = b/2, \quad h = r/2 = b/4.$

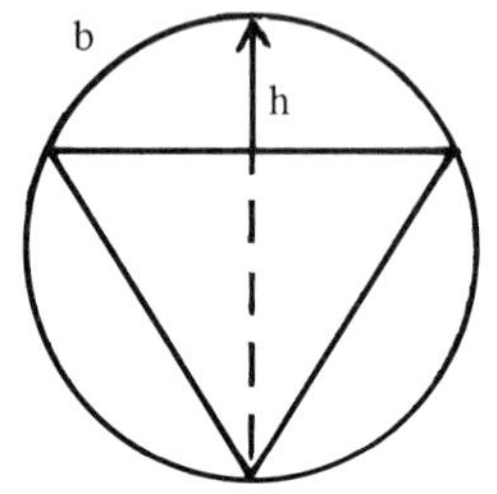

Abbildung 51. Bogen und Pfeil des Drittels des Kreises.

Im Text SKT 367, Vs. 3 [MKT; **1**, 259 ff.] wird ein Trapez im Verhältnis 1 : 3 geteilt, was durch die Worte ausgedrückt wird: *Der 3-te Teil der unteren Länge für die obere Länge.*

Diese Beispiele zeigen, daß mit Verhältnissen gerechnet wurde, z.T. durch praktische Aufgaben veranlaßt, und daß es Fachausdrücke für die auftretenden Faktoren gab. Eine allgemeine Erklärung des Begriffs „Verhältnis" und eine Theorie oder eine allgemeine Lehre des Rechnens mit Verhältnissen ist bisher in den Dokumenten aus vorgriechischer Zeit nicht gefunden worden.

Griechen

Pythagoras

Proklos (um 450 n.Chr.) berichtet [1; 65] = [2; 211], **Pythagoras** habe die Lehre von den Verhältnissen erfunden. Das steht in dem sog. *Mathematikerverzeichnis*, dessen Quelle im allgemeinen **Eudemos'** Mathematikgeschichte (um 300 v.Chr.), für **Pythagoras** aber vielleicht **Iamblichos** (um 300 n.Chr.) ist.

Iamblichos sagt [2; 63 = XII, 59]: *Das ‚Erste' war für ihn* ⟨**Pythagoras**⟩ *dieses: die Natur der Zahlen und Verhältnisse, die sich durch alle (Dinge) hindurchzieht, nach welchen das All harmonisch* (ἐμμελῶς) *zusammengefügt und in rechter Art geordnet ist.*

Ferner erzählt **Iamblichos** [2; 121 = XXVI, 115]: **Pythagoras** hörte im Vorbeigehen an einer Schmiede, daß die Schläge der Hämmer auf dem Amboß harmonisch zusammenklangen *und fand durch mancherlei Versuche heraus, daß der Unterschied in der Tonhöhe von der Masse des Hammers abhängt und nicht von der Gewalt des Hämmernden, von der Gestalt des Hammers oder der Lage des geschlagenen Eisens.* Er machte dann Versuche mit verschieden stark gespannten Saiten und fand, daß *die Oktave auf dem Verhältnis 2:1 beruht* (ἐν διπλασίῳ λόγῳ eigentlich: dem doppelten Verhältnis), *die Quint auf dem Verhältnis 3:2* (eigentlich: dem anderthalbfachen Verhältnis), *die Quart auf dem Verhältnis 4:3* (dem $1\frac{1}{3}$ fachen). *Die Oktave entsteht aus* *der Quint und der Quart in Verknüpfung (ἐν συναφῇ).* Wir bezeichnen die Verknüpfung mit ⊗ und schreiben 3 : 2 ⊗ 4 : 3 ⇒ 2 : 1.

Aristoteles schreibt über die **Pythagoreer** [Metaph. A, 5 = 985 b 31 f.]: *Sie erblickten bei den Zusammenklängen Wesen und Verhältnisse in den Zahlen (τῶν ἁρμονικῶν ἐν ἀριθμοῖς ὁρῶντες τὰ πάθη καὶ τοὺς λόγους).*

In den *Problemata*, deren Zuschreibung an **Aristoteles** unsicher ist, wird erwähnt [Probl. Buch 19, 23 = 919 b], daß diese Verhältnisse auch bei der Herstellung von Hirtenflöten benutzt wurden.

Namen und Begriff – Die Lehre der Pythagoreer

Namen spezieller Verhältnisse kommen in einem Fragment von **Philolaos** (um 400 v. Chr.) vor [Diels; 44 B 6]:

⟨2 : 1⟩	διπλόον	das Zweifache	
⟨3 : 2⟩	ἡμιόλιον	1 Halbes und ein Ganzes	$1 + \frac{1}{2}$
⟨4 : 3⟩	ἐπίτριτον	1 Drittel darüber	$1 + \frac{1}{3}$
⟨9 : 8⟩	ἐπόγδοον	1 Achtel darüber	$1 + \frac{1}{8}$

(Bei **Philolaos** folgt diesen Ausdrücken kein Substantiv, deshalb die Form des Neutrums; sonst heißt es διπλόος oder διπλάσιος λόγος usw.). **Boetius** schreibt [278]: *dupla, sesqualtera, sesquitertia, sesquioctava ratio* oder *proportio.*

Es sei darauf hingewiesen, daß z.B. in ἐπίτριτον bzw. *sesquitertia* die Zahl 4 nicht ausgesprochen ist.

Zur Erklärung der allgemeinen Bezeichnungen ziehen wir die folgenden Definitionen von **Euklid**, [El. 7] heran: Def. 3: *Teil (μέρος) einer Zahl ist eine Zahl, die kleinere von der größeren, wenn sie die größere genau mißt.*

Def. 4: *Und Menge von Teilen (μέρη) wenn sie sie nicht genau mißt.*

Def. 5: *Und Vielfaches (πολλαπλάσιος) die größere von der kleineren, wenn sie von der kleineren genau gemessen wird.*

Diese Ausdrücke treten in den Bezeichnungen der Verhältnisse auf, die sich z.B. bei **Nikomachos** finden [1; 45 = I, 17]. Als Substantiv steht dabei: εἶδος = Art (des Verhältnisses), deshalb das Neutrum. Wir fügen die Übersetzung des **Boetius** [46] hinzu.

πολλαπλάσιον	*multiplex*	Vielfaches	$a = n.b$
ἐπιμόριον	*superparticularis*	ein Teil darüber	$a = \left(1 + \frac{1}{n}\right) \cdot b$
ἐπιμερές	*superpartiens*	mehrere Teile darüber	$a = \left(1 + \frac{k}{n}\right) \cdot b$
πολλαπλασι-επιμόριον	*multiplex superparticularis*	Vielfaches und ein Teil darüber	$a = \left(m + \frac{1}{n}\right) \cdot b$
πολλαπλασι-επιμερές	*multiplex superpartiens*	Vielfaches und mehrere Teile darüber	$a = \left(m + \frac{k}{n}\right) \cdot b.$

Die fünf inversen Verhältnisse werden durch die Vorsilbe ὑπο- bzw. *sub*- bezeichnet. Damit hat man 10 Arten von Verhältnissen; die Zahl 10 wurde von den Pythagoreern besonders geschätzt.

In der pythagoreischen Musiktheorie heißt das Intervall zwischen zwei Tönen *διάστημα* = Abstand, seine Grenzpunkte *ὅροι*. Diese Bezeichnung läßt sich im Anschluß an antike Quellen verstehen [Szabó; 153], wenn man annimmt, daß ein Monochord verwendet wurde, auf dem durch Verschieben eines Steges harmonische Intervalle abgegriffen wurden. Ist das Monochord durch eine Skala in 12 Teile geteilt (die antiken Zahlenangaben deuten darauf hin), so steht der Steg

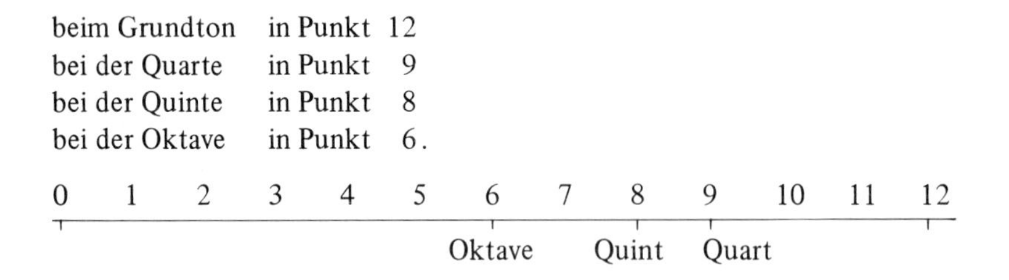

Das *Diastema* ist jeweils das stillgelegte Stück der Saite, die Zahlenpaare 12,9; 12,8; 12,6 sind zwanglos als Angabe der „Grenzpunkte" zu verstehen.

Bildet man vom Grundton die Quarte und von dieser die Quinte, so kommt man durch *Zusammensetzen* der *Diastemata* 12,9 und 9,6 zum *Diastema* 12,6. Was wir als Produkt der Verhältnisse $(12:9)\cdot(9:6) = 12:6$ bezeichnen, erscheint also als Ergebnis einer Streckenaddition.

Der Übergang vom Begriff *Diastema* zu *Logos* ist schwer zu erfassen. **Porphyrios** (ca. 233–304) schreibt in einem Kommentar zur Harmonielehre des **Ptolemaios** [Szabó; 151]: *Die meisten Kanoniker* ⟨„Kanon" bedeutet hier das Monochord⟩ *und Pythagoreer sagen Diastema anstelle von Logos.* **Euklid** bezeichnet in der *Sectio Canonis* [1; **8**, 160 ff.] das musikalische Intervall als *Diastema*, während er in den Elementen das (geometrische) Verhältnis in unserem Sinne *Logos* nennt.

In früherer Zeit heißt *Logos* zunächst allgemein irgendeine Verbindung von zwei Größen; das kann die Differenz oder das Verhältnis (in unserem engeren Sinne) oder die harmonische Verbindung sein. Zwei Zahlenpaare, die in bezug auf die jeweilige Verbindung gleich sind, heißen *ἀνὰ λόγον ἴσοι*, jedoch bleibt *ἴσοι* stets unausgesprochen. Die Gleichheit selbst heißt *ἀναλογία*. In diesem Sinne wird nicht das Wort λόγος selbst, wohl aber *ἀνὰ λόγον* und *ἀναλογία* in einem **Archytas**fragment benutzt [Diels; 47 B 2]. Es ist von der arithmetischen, der geometrischen und der harmonischen *Analogia* die Rede, die – natürlich in Worten – durch

$$a - b = c - d$$
$$a : b = c : d$$
$$a - b = k.a, \quad c - d = k.d$$

beschrieben werden.

Archytas spricht hier von den *Mitteln* (μέσαι), d.h. den dreigliedrigen *Analogien* mit b = c.

Die harmonische Analogia wird hier auch die *entgegengesetzte* genannt. ⟨man rechnet leicht nach: Bilden a, b, c eine arithmetische Folge (a – b = b – c) so bilden 1/a, 1/b, 1/c eine harmonische Folge, d.h. es gilt:

$$\frac{1/a - 1/b}{1/a} = \frac{1/b - 1/c}{1/c}\,.\rangle$$

Anmerkung: Deshalb heißt bzw. ist $1, \frac{1}{2}, \frac{1}{3}, \frac{1}{4}, \ldots$ eine harmonische Folge.

Auch **Aristoteles** spricht in der *Nikomachischen Ethik* von der arithmetischen [1106 a 35] und der geometrischen [1131 b 12] Analogia.

Nikomachos behandelt die (pythagoreische) Proportionenlehre am Ende seiner Einführung in die Arithmetik [1; 119 ff. = II, 21 ff.]. Er sagt sie sei *unentbehrlich für die Naturwissenschaften, sowie für die Sätze der Musik, der Sphärik und der Kurventheorie, nicht zuletzt auch für das Verständnis der Lehren der Alten.* Er definiert: *Eine Analogie ist hauptsächlich das Zusammenfassen von zwei oder mehreren Verhältnissen (λόγων) in dasselbe, im allgemeineren Sinne aber das von zwei oder mehreren Beziehungen (σχέσεων), die, wenn sie nicht durch gleiches Verhältnis verbunden sind, dann durch gleiche Differenz oder eine andere* ⟨Beziehung⟩. *Verhältnis aber ist eine Beziehung zweier Terme zueinander (λόγος μὲν οὖν ἐστι δύο ὅρων πρὸς ἀλλήλους σχέσις).*

Hier wird also σχέσις für die allgemeine Beziehung gebraucht, λόγος für das Verhältnis im heute noch üblichen mathematischen Sinne. So verwendet bereits **Euklid** diese Wörter. Daß es sich dabei um eine historische Entwicklung der Terminologie handelt, wird schon in Scholien zu den ältesten Euklid-Handschriften gesagt [Euklid 1; **5**, 280]: . . . σχέσις, ἣν ἐκάλεσαν οἱ παλαιοὶ λόγον.

Boetius übersetzt σχέσις mit *habitudo* [137], bei **al-Nayrīzī** bzw. dessen Übersetzer **Gerhard von Cremona** steht *relatio* oder *instantia* [156]. λόγος wird bei beiden mit *proportio*, ἀναλογία mit *proportionalitas* übersetzt.

Das Zusammenfassen mehrerer Verhältnisse in eines würden wir als Gleichsetzen bezeichnen. Einige Euklidhandschriften haben bei [El. 5, Def. 3] den Zusatz *ἀναλογία δὲ ἡ τῶν λόγων ταυτότης* (Proportion ist die Identität der Verhältnisse [Euklid 1; **2**, 2, Anm.]. **Nikomachos** nennt jedoch solche Verhältnisse, z.B. 1 : 2 und 2 : 4 *ähnlich* [1; 120 = II, 21, 4]. **Boetius** schreibt: *Est igitur proportionalitas duarum vel plurium proportionum similis habitudo* [137]. Bei **al-Nayrīzī** bzw. **Gerhard von Cremona** steht [157]: *Dixit Euclides: Proportionalitas est similitudo proportionum.* In der Neuzeit wurde noch lange nach Einführung des Gleichheitszeichens eine Proportion so geschrieben: a : b : : c : d.

Wir kehren zu **Nikomachos** zurück. Um in Formeln schreiben zu können, wollen wir die allgemeine Beziehung (σχέσις) durch ÷ wiedergeben. Ferner setzen wir stets $a > b > c$ voraus; **Nikomachos** spricht von dem größten ⟨a⟩, dem mittleren ⟨b⟩ und dem kleinsten Term ⟨c⟩. Bei den Zahlenbeispielen beginnt **Nikomachos** stets mit dem kleinsten Term, ⟨also mit c⟩.

Eine *Analogia* besteht aus mindestens drei Gliedern, nämlich wenn

$$a \div b = b \div c$$

gilt. Sie heißt dann συνημμένη = zusammenhängend. Eine *Analogia* der Form

$$a \div b = c \div d$$

heißt διεζευγμένη = getrennte. Das Wort μεσότης wird für beide Arten verwandt.

„Nach **Pythagoras**, **Platon** und **Aristoteles**" [Nikomachos 1; 122 = II, 22, 1] sind die drei ersten (dreigliedrigen) Analogien

1. die arithmetische: ÷ ist hier „–":

$a - b = b - c$ Beispiel: 1,2,3;

2. die geometrische: ÷ ist „:"

$a : b = b : c$ Beispiel: 1,2,4;

3. die harmonische:

$a : c = (a - b) : (b - c)$ Beispiel: 3,4,6;

Diese Zahlen bilden die „harmonischen" Verhältnisse: 6:4 Quinte, 4:3 Quarte, 6:3 Oktave [Nikomachos 1; 134 = II, 26].

Drei weitere Analogien entstehen durch Umkehrung, d.h. durch Vertauschen der Glieder in einem der Verhältnisse.

4. Umkehrung der harmonischen Analogia:

$a : c = (b - c) : (a - b)$ Beispiel: 3,5,6;

Die geometrische Analogia $a : b = b : c$ ist äquivalent zu:

$$a : b = b : c = (a - b) : (b - c).$$

Das ergibt zwei Umkehrungen:

5. $b : c = (b - c) : (a - b)$ Beispiel: 2,4,5;
6. $a : b = (b - c) : (a - b)$. Beispiel: 1,4,6.

Durch weiteres Vertauschen der Glieder wurden vier weitere Analogien gefunden:

7. $a : c = (a - c) : (b - c)$ Beispiel: 6,8,9;
8. $a : c = (a - c) : (a - b)$ Beispiel: 6,7,9;
9. $b : c = (a - c) : (b - c)$ Beispiel: 4,6,7;
10. $b : c = (a - c) : (a - b)$ Beispiel: 3,5,8.

Damit ist, wie **Nikomachos** ausdrücklich bemerkt [1; 122 = II,22,1], wieder die den Pythagoreern erwünschte Zahl 10 erreicht.

Für die arithmetische Analogia fand **Nikomachos**, daß das Quadrat der Differenz gleich der Differenz zwischen dem Quadrat des mittleren Gliedes und dem Produkt der äußeren Glieder ist:

$$(a - b)^2 = (b - c)^2 = b^2 - ac.$$

Diese Regel heißt bei späteren Schriftstellern *Regula Nicomachi.*

Als vollkommenstes Verhältnis galt [Nikomachos 1; 144 = II, 29, 1], [Iamblichos 1; 118] dasjenige, das aus zwei Zahlen sowie ihrem arithmetischen und harmonischen Mittel besteht:

$$a : \frac{a+b}{2} = \frac{2ab}{a+b} : b$$

Beispiel: 12:9 = 8:6. Man vergleiche wieder die Zahlen am Monochord (s.S. 326).

Zahlenverhältnisse bei **Euklid**

Die Theorie der Zahlenverhältnisse, die **Euklid** in El. 7 darstellt, dürfte ebenso wie die Theorie des **Nikomachos** pythagoreisches Gedankengut sein. **Euklid** behandelt vorher in Buch 5 die allgemeinere Theorie der Größenverhältnisse, die nach Scholien [1; **5**, 280, 282] von **Eudoxos** stammt.

Nun unterscheiden die Griechen streng zwischen der stetigen Größe (μέγεθος, d.i. Linie, Fläche, Körper) und der diskreten Größe (πλῆθος, d.i. Menge, Zahl) (s. 123), so daß die Zahlenverhältnisse nicht einfach Spezialfälle der Größenverhältnisse sind. Das macht es uns möglich, Buch 7 in der vermuteten zeitlichen Reihenfolge vor Buch 5 zu besprechen. Andererseits gibt es doch einige gemeinsame Begriffe, die **Euklid** in Buch 5 angibt und in Buch 7 nicht wiederholt. So gibt **Euklid** in Buch 7 keine Definition von „Verhältnis"; wir greifen dafür auf die vermutlich schon vor **Euklid** bekannte Definition von **Nikomachos** (s.S. 327) zurück. Ferner fehlt die Terminologie für die Glieder des Verhältnisses und für die Umformungen von Verhältnissen [El. 5, Def. 11–18]; wir werden bei der Beschreibung ohne diese auskommen.

Bei natürlichen Zahlen (in den Abschnitten über die Griechen sagen wir kurz „Zahlen") sind die folgenden Relationen (σχέσεις) möglich:

Def. 3: *Teil einer Zahl ist eine Zahl, die kleinere von der größeren, wenn sie die größere genau mißt* – ⟨d.h. wenn bei wiederholtem Subtrahieren der kleineren Zahl a von der größeren, b, kein Rest bleibt. Wir schreiben $a = \frac{b}{n}$ und beachten, daß $\frac{b}{n}$ eine ganze Zahl ist.⟩

Def. 4: *Und Menge von Teilen* ⟨im griechischen Text steht nur der Plural μέρη = Teile⟩, *wenn sie sie nicht genau mißt* ⟨d.h. $a = m \cdot \frac{b}{n}$⟩.

Def. 5: *Und Vielfaches die größere von der kleineren, wenn sie von der kleineren genau gemessen wird* ⟨$b = n \cdot a$⟩.

Def. 4 setzt eigentlich einen Satz voraus, den **Euklid** in § 4 beweist: Jede kleinere Zahl ist von jeder größeren entweder ein Teil oder eine Menge von Teilen. Das beruht darauf, daß je zwei Zahlen ein gemeinsames Maß haben, evtl. die 1; dann wäre n = b, m = a.

Wir können **Euklid**s Fallunterscheidungen vermeiden, wenn wir auch m = 1 oder n = 1 zulassen; dann gilt: Zwischen zwei Zahlen a, b besteht stets die Beziehung, daß die eine eine Menge von Teilen von der anderen ist, also $a = m \cdot \frac{b}{n}$ und $b = n \cdot \frac{a}{m}$.

Eine Definition der Form „Logos ist . . .“ gibt **Euklid** im 7. Buch nicht, er definiert nur, wann zwei Zahlen *im gleichen Verhältnis stehen* (ἀνάλογόν εἰσιν – wobei wohl ἴσοι zu ergänzen ist – s.S. 326).

Def. 20: *Zahlen stehen in Proportion, wenn die erste von der zweiten Gleichvielfaches oder derselbe Teil oder dieselbe Menge von Teilen ist wie die dritte von der vierten.*

⟨Wir würden sagen: $a:b = c:d$, wenn es (teilerfremde) Zahlen m, n gibt, so daß $a = m \cdot \frac{b}{n}$ und $c = m \cdot \frac{d}{n}$ ist.⟩

Aufgrund dieser Definition beweist **Euklid** Rechenregeln für Proportionen; wir geben sie in moderner Schreibweise wieder.

§ 12: Aus $a_1 : b_1 = a_2 : b_2 = \ldots = a_k : b_k$
folgt $(a_1 + \ldots + a_k) : (b_1 + \ldots + b_k) = a_i : b_i$ für jedes i mit $1 \leqslant i \leqslant k$.

§ 13: Aus $a:b = c:d$ folgt $a:c = b:d$.

§ 14: Aus $a:b = d:e$ und $b:c = e:f$ folgt $a:c = d:f$.

Euklid sagt, daß die Zahlen a und c sowie d und f *über gleiches weg* (δι᾽ ἴσου) in demselben Verhältnis stehen.

Das ist eigentlich die Grundlage für das Zusammensetzen von Verhältnissen. $a:c$ heißt das aus $a:b$ und $b:c$ zusammengesetzte Verhältnis. Wir schreiben:

$$(a:b) \otimes (b:c) = a:c.$$

Dann besagt § 14: Wenn $a:b = d:e$ und $b:c = e:f$ ist, so ist $(a:b) \otimes (b:c) = (d:e) \otimes (e:f)$.

Allgemeiner wird definiert: $(a:b) \otimes (p:q) = g:k$, wenn es h gibt, so daß $a:b = g:h$ und $p:q = h:k$ ist. Diese Definition steht nicht als solche bei **Euklid**, wird aber in [El. 8, § 5] in dieser Weise benutzt.

In § 15/16 beweist **Euklid** nun überraschenderweise das kommutative Gesetz der Multiplikation, etwa folgendermaßen:
Setzt man in § 12

$$a_1 = a_2 = \ldots = a_k = a \quad \text{und}$$
$$b_1 = b_2 = \ldots = b_k = b$$

so erhält man

$$k \cdot a : k \cdot b = a : b.$$

Das wird in § 18 als besonderer Satz ausgesprochen.

Wenn nun $a = n \cdot b$ ist, so ergibt sich

$$k \cdot (n \cdot b) : k \cdot b = n \cdot b : b,$$

und das bedeutet nach Def. 20, daß k(nb) dasselbe Vielfache von kb ist wie nb von b, also:

$$k \cdot (n \cdot b) = n \cdot (k \cdot b).$$

⟨Nach unserer Meinung ist das kommutative Gesetz im Beweis von § 12 bzw. in den zugrundeliegenden Sätzen § 5/6 unausgesprochen benutzt worden. Eine genauere Analyse würde hier zu weit führen.⟩

§ 19: Aus $a:b = c:d$ folgt $ad = bc$.

In §§ 20–22 untersucht **Euklid** die kleinsten Zahlen, die in einem gegebenen Verhältnis stehen; sie sind dadurch gekennzeichnet, daß sie gegeneinander prim sind. (Der Rest des 7. Buches behandelt zahlentheoretische Fragen.)

In Buch 8 betrachtet **Euklid** beliebig viele Zahlen, die aufeinanderfolgend bzw. zusammenhängend proportional (*ἑξῆς ἀνάλογον*) sind, also eine geometrische Reihe bilden:

$$a_1 : a_2 = a_2 : a_3 = \ldots$$

U.a. wird untersucht, wann sich zwischen zwei Zahlen ein oder mehrere geometrische Mittel einschalten lassen.

Die Untersuchungen werden in Buch 9 fortgesetzt. Ist das Anfangsglied der Reihe die Einheit, so ist das 3., 5., usw. Glied eine Quadratzahl, das 4., 7., usw. eine Kubikzahl [§ 8], so daß hier auch Sätze über das Rechnen mit Potenzen auftreten (s.S. 266).

Verhältnisse stetiger Größen bei **Euklid**

Euklid definiert [El. 5, Def. 3]: Verhältnis (λόγος) ist das gewisse Verhalten (*σχέσις*) zweier gleichartiger Größen der Abmessung nach (*κατὰ πηλικότητα*).

Gegenüber der Definition bei Zahlen ist der Begriff *gleichartig* hinzugekommen, der besagt, daß natürlich nur Strecken mit Strecken, Flächen mit Flächen usw. ein Verhältnis haben können.

Ferner ist gesagt, daß Größen nur in bezug auf ihre Abmessung verglichen werden sollen. Nach einem Scholion [Euklid 1; **5**, 285] bedeutet *πηλικότης* die Begrenzung des unbegrenzten Zusammenhängenden (*πηλικότης γὰρ πέρας τοῦ ἀπείρου συνεχοῦς*), also die Größe im Sinne der Angabe des Wie-groß.

Während hier einer Größe (Strecke, Fläche, Körper, . . .) eine *πηλικότης* zugeschrieben wird, wird an anderen Stellen auch einem Verhältnis eine *πηλικότης* zugeschrieben (wir möchten dann statt *Abmessung* lieber *Wert* sagen), nämlich *das, womit man das nachfolgende Glied multiplizieren muß, um das vorangehende zu erhalten* (so **Eutokios** in [Apollonios 1; **2**, 218], s.S. 130).

Eine wahrscheinlich später eingeschobene Definition bei **Euklid** [El. 6, Def. 5] lautet: *Ein Verhältnis heißt aus Verhältnissen zusammengesetzt, wenn die Abmessungen der Verhältnisse miteinander vervielfältigt ein solches bilden.* In einem Scholion dazu werden die *πηλικότητες* ausdrücklich als *ἀριθμοί* bezeichnet [1; **5**, 322]. Diesen Übergang zu Zahlen vollzieht **Euklid** sonst nicht.

Euklid definiert weiter [El. 5, Def. 4]: *Daß sie ein Verhältnis zueinander haben, sagt man von Größen, die vervielfältigt einander übertreffen können.* Das kann als Erklärung von *gleichartig* bzw. *homogen* aufgefaßt werden, aber auch als Vorbereitung der folgenden Def. 5.

Bezeichnen wir Größen mit großen, Zahlen mit kleinen lateinischen Buchstaben, so besagt Def. 5:

Es gilt $A:B = C:D$, wenn für je zwei Zahlen m, n stets zugleich

$$nA > mB \quad \text{und} \quad nC > mD$$

oder $$nA = mB \quad \text{und} \quad nC = mD$$

oder $$nA < mB \quad \text{und} \quad nC < mD$$

gilt.

Diese Definition wird **Eudoxos** zugeschrieben [Euklid 1; **5**, 280, 282].

Nun hat es, wie aus **Aristoteles'** Topik [158 b, 29 ff.] hervorgeht, vorher eine andere Definition der Gleichheit von Verhältnissen gegeben, nämlich durch gleiche *ἀνταναίρεσις*; das ist das Verfahren, mit dem man das gemeinsame Maß zweier Größen A, B bestimmt: Man nimmt von der größeren die kleinere so oft wie möglich weg, sodann den Rest von der kleineren usw.

$$\begin{aligned} A &= q_1 B + R_1 \\ B &= q_2 R_1 + R_2 \\ R_1 &= q_3 R_2 + R_3 \quad \text{usw.} \end{aligned}$$

Das Verfahren wird bei **Euklid** zur Bestimmung des größten gemeinsamen Teilers zweier Zahlen beschrieben [El.7, 1, 2]. Wenn ein gemeinsames Maß existiert, endet das Verfahren bei diesem, sonst endet es nicht. Wenn aber zwei andere Größen C, D bei demselben Verfahren dieselben q_i liefern, d.h. wenn D ebensooft in C enthalten ist wie B in A usw., dann kann man definieren: $A:B = C:D$.

Diese Definition scheint weniger praktisch zu sein als die von **Eudoxos**, die freilich in dieser Form stets als schwer verständlich galt. **al-Ǧaiyānī** (um 1080, zitiert nach **Plooij** [26]) hat sie sich etwa so erklärt: Man teile B und D in gleichviele ⟨n⟩ Teile und sehe nach, wie viele der Teile $\frac{B}{n}$ in A enthalten sind ($m \cdot \frac{B}{n} \leqslant A$, $(m+1) \cdot \frac{B}{n} > A$), und wie viele Teile $\frac{D}{n}$ in C enthalten sind. Wenn das für jedes n gleichviele sind, dann gilt $A:B = C:D$. Um auf **Euklids** Definition zu kommen, muß man von den Teilen von B und D zu den entsprechenden Vielfachen von A und C übergehen.

Euklid kann die Definition nicht in der Form angeben: . . . wenn für je zwei Zahlen m, n stets zugleich $\frac{A}{B} > \frac{m}{n}$ und $\frac{C}{D} > \frac{m}{n}$ oder . . . gilt; denn $>$, $=$, $<$ für Verhältnisse soll ja gerade erst definiert werden.

[El. 5, Def. 7]: Wenn es aber ein Zahlenpaar n, m gibt, für das

$$nA > mB \qquad \text{und} \qquad nC \leqslant mD$$

gilt, so sagt man: $A:B > C:D$.

⟨Erläuterung: Dann gilt $\frac{A}{B} > \frac{m}{n} \geqslant \frac{C}{D}$.⟩

In weiteren Definitionen werden Namen eingeführt:

Def. 11: Vorderglieder = τὰ ἡγούμενα,
Hinterglieder = τὰ ἑπόμενα.

Def. 12: Ist die Proportion A : B = C : D gegeben, so heißt A : C = B : D *Verhältnis mit Vertauschung* = ἐναλλὰξ λόγος (**Nikomachos** [1; 121 = II, 21, 6 passim], auch ἀναμίξ [1; 127 = II, 24, 2]. **Boetius:** *permutatim, permixtim* [138], **al-Nayrīzī** bzw. **Gerhard von Cremona** [166]: *Permutata proportio*).

Später wurden noch weitere Umformungen einer Proportion durch Fachausdrücke unterschieden.

Ferner heißt (Def. 13–16) der Übergang von A : B zu:

B : A Verhältnis mit Umkehrung = ἀνάπαλιν λόγος. So auch **Nikomachos** [1; 127 = II, 24, 2]. **al-Nayrīzī** [166]: *Conversio proportionis.* **Boetius** [138] *conversim.*
(A + B) : B Verhältnisverbindung = σύνθεσις λόγου. **al-Nayrīzī** [166] *composita proportio.*
(A – B) : B Verhältnistrennung = διαίρεσις λόγου. **al-Nayrīzī** [167]: *divisa proportio.*
A : (A – B) Verhältnisumwendung = ἀναστροφὴ λόγου. **al-Nayrīzī** [167]: *eversa proportio.*

Def. 17: Der Übergang von $A_1 : A_2 = B_1 : B_2$, $A_2 : A_3 = B_2 : B_3, \ldots, A_{k-1} : A_k = B_{k-1} : B_k$ zu $A_1 : A_k = B_1 : B_k$ heißt Bildung des Verhältnisses über Gleiches weg.

Für jede dieser Operationen muß bewiesen werden: führt man sie an zwei gleichen Verhältnissen aus, so sind die umgeformten Verhältnisse wieder gleich. **Euklid** führt das aus. Aus der Definition 12 wird dann der Satz § 16: Stehen vier Größen in Proportion, so müssen sie auch vertauscht in Proportion stehen, usw. Zur Definition 14 gehört der Satz: § 12:

Aus

$$A_1 : B_1 = A_2 : B_2 = \ldots = A_k : B_k$$

folgt

$$(A_1 + A_2 + \ldots + A_k) : (B_1 + B_2 + \ldots + B_k) = A_i : B_i$$

für jedes i, $1 \leqslant i \leqslant k$.

Dazu kommen Sätze über Ungleichheiten von Verhältnissen, z.B. § 13: Wenn A : B = C : D und C : D > E : F ist, so ist A : B > E : F.

Existenz der vierten Proportionalen

Euklid behandelt diese Frage mehrmals:

1. In [El. 9, 19] wird untersucht, unter welchen Bedingungen es zu drei natürlichen Zahlen eine natürliche Zahl als vierte Proportionale gibt.
2. In [El. 5, 18] wird die Existenz der vierten Proportionalen bei stetigen Größen stillschweigend vorausgesetzt. **Euklid** will beweisen: A : B = C : D und schließt: wäre das nicht der Fall, so gäbe es D* (D < D* oder D > D*), so daß A : B = C : D* ist. Diese Schlußweise wird z.B. in [El. 12, 2] auch auf Kreisflächen angewandt.

3. In [El. 6, 12] wird die Aufgabe gelöst: Zu drei gegebenen Strecken die vierte Proportionale zu finden.

Anwendungen

Die Proportionen sind für die Griechen ein wichtiges Mittel zur Beschreibung funktionaler Zusammenhänge. Beispiele dafür sind:

1. Die Parabel, die wir heute durch $y = px^2$ beschreiben, wird „in den Elementen der Kegelschnittlehre" (so sagt **Archimedes** [1; **2**, 268 f.]) durch die Proportion $y_1 : y_2 = x_1^2 : x_2^2$ dargestellt.
2. **Aristoteles** [Phys. 7, 5 = 250 a, 8 f.]: Wenn bei zwei Bewegungen die Kräfte und die Lasten in gleichem Verhältnis stehen, so wird in gleicher Zeit die gleiche Bewegung hervorgebracht. **Simplikios** setzt sich in seinem Kommentar hierzu sogar über die Forderung hinweg, daß die Glieder eines Verhältnisses gleichartige Größen sein müssen. Er schreibt [1; **2**, 1104]: . . . *wie sich die Hälfte der Last zur ganzen Last verhält, so verhalten sich auch zwei Stadien zu einem; je größer die Entfernungen, desto kleiner* ⟨*muß*⟩ *die Last sein. Und mit Vertauschung* (s.S. 330): *Wie sich die ganze Last zu einem Stadion verhält, so die Hälfte der Last zur doppelten Entfernung.*

Zusammengesetzte Verhältnisse treten im *Transversalensatz des* **Menelaos** auf. In der Abb. 52 gilt:
$AE : EB = (AU : UD)\,(GD : GB)$ und
$AB : EB = (AD : UD)\,(GU : GE)$.
Die Übertragung dieses Satzes auf die Kugel ist die Grundlage der sphärischen Trigonometrie und wird von **Ptolemaios** zu astronomischen Berechnungen benutzt [2; I, Kap. 13]. Bei solchen Rechnungen ist der *Wert* eines Verhältnisses selbstverständlich ein endlicher Sexagesimalbruch (im Falle eines irrationalen Verhältnisses approximativ) und die Zusammensetzung geschieht durch Multiplikation dieser Werte. Bei **Theon von Alexandrien** erscheint im Kommentar zu dieser Stelle im Almagest als Lemma [532 f.]: *Ein Verhältnis heißt aus zwei oder mehreren Verhältnissen zusammengesetzt, wenn die Werte (πηλικότητες) der Verhältnisse miteinander vervielfacht den Wert eines Verhältnisses ergeben* (vgl. [Björnbo; 41 ff.]).

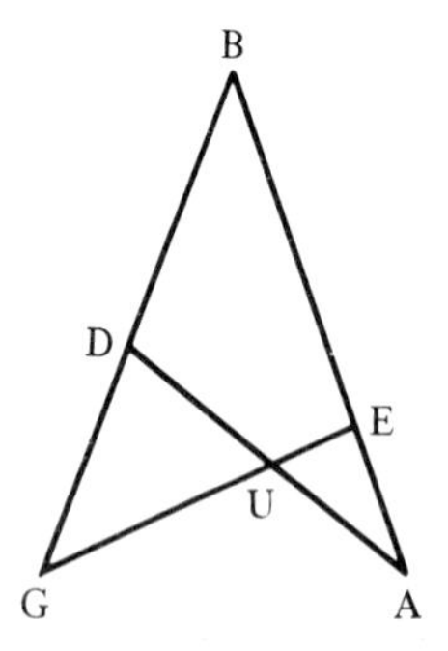

Abbildung 52. Zum Transversalensatz des Menelaos.

Bei den Chinesen erscheinen Proportionen nur insofern, als jede Dreisatzaufgabe eigentlich die Auflösung einer Verhältnisgleichung verlangt. Solche Aufgaben stehen im 3. Buch der *Neun Bücher*, auch eine allgemeinere mit fünf gegebenen Größen [Aufg. 20]: 1 000 Goldstücke bringen in 30 Tagen 30 Goldstücke Zinsen. Wieviel Zinsen bringen 750 Goldstücke in 9 Tagen? ⟨Als Proportion geschrieben, wäre die Gleichung

$$(1\,000 \cdot 30) : 30 = (750 \cdot 9) : x$$

zu lösen.⟩ Der Text beschreibt in Worten die Lösung

$$x = (30 \cdot 750 \cdot 9) : (1000 \cdot 30).$$

Auch die Inder gehen über die einfache Dreisatzregel hinaus, bis zu Aufgaben mit 11 Daten [DS; **1**, 124, 203 ff.].

Die Araber pflegten sowohl das praktische Dreisatzrechnen und analoge Aufgaben mit mehr Daten, und zwar von **al-Ḫwārizmī** [5; 68 ff.] bis **Bahā' al-Dīn** [24 f.], wie auch die theoretische Proportionenlehre im Anschluß an **Euklid** und ihre Anwendungen in der Geometrie nach **Archimedes** und **Apollonios**.

Euklids Definitionen des Verhältnisses und der Proportion [El. 5, Def. 3–5] wurden häufig diskutiert, so u.a. von **al-Nayrīzī** [156], **Ṯābit ibn Qurra**, **Ibn al-Haiṯam**, **al-Ǧaiyānī** und **Nāṣir al-Dīn al-Ṭūsī** [Plooij]. Dabei haben sich interessante Varianten zu **Euklid**s Definitionen ergeben, von denen wir nur eine von **Aḥmad ibn Yūsuf** (den Plooij nicht erwähnt) angeben [Schrader; 77]: *Iam ergo manifestum est quod proportio quam Euclides voluit est una ex formis relationis permanens in omnibus duabus quantitatibus que sunt in uno ex generibus quantitatis, que demonstrat nobis quantitatem cuiusque illarum ex altera in genere illo.* Etwas gekürzt: Verhältnis ist eine spezielle Relation, die bei je zwei gleichartigen Größen vorkommt, die uns die Größe (Abmessung) der einen aus der (Abmessung) der anderen zu bestimmen gestattet.

Aḥmad führt auch aus, daß in einer stetigen Proportion ⟨$a : b = b : c$⟩ alle Größen von derselben Art sein müssen, bei einer nicht stetigen ⟨$a : b = c : d$⟩ aber die Glieder der beiden Verhältnisse zu zwei verschiedenen Arten gehören können. Dies zitiert **Bradwardine** [2; 74]. **Aḥmad** läßt sogar zu, daß einerseits die Vorderglieder, andererseits die Hinterglieder jeweils zu einer anderen Art gehören, z.B. könne das Verhältnis von Preis und Ware bei zwei Käufen gleichgesetzt werden, oder das Verhältnis eines schattenwerfenden Gegenstandes zum Schatten (etwa bei zwei parallelen Stäben [Schrader; 80 ff.].

Aḥmad bringt auch eine Reihe von Aufgaben der folgenden Art [Schrader; 166 ff.]: Es gelte $a : b = b : c$, und es seien $a + b$ und c gegeben, a und b gesucht.

Lösung: Aus $\frac{a+b}{b} = \frac{b+c}{c}$ ergibt sich $b^2 + bc = (a + b)\,c$; daraus läßt sich b berechnen, und dann ist $a = b^2/c$.

Im elementaren Rechnen wird die Proportionenlehre zur Grundlage der „Geschäftsrechnung", d.h. für Dreisatz- und ähnliche Aufgaben. Das zeigt sich z.B. bei **al-Karaǧī** [1; **2**, 15 f.], bei dem auch eine enge Verbindung zur Bruchrechnung sichtbar wird. Im *Fakhri* bringt er die übliche Definition [Woepcke 1; 54]: *Verhältnis ist das, was mit dem zweiten Term multipliziert den ersten Term ergibt*, und sagt weiter: *Unter diesem Gesichtspunkt sind Division und Verhältnis dieselbe Sache.*

Im Abendland hat man die Proportionenlehre des **Nikomachos** aus der Bearbeitung von **Boetius**, sonst aber den größten Teil der griechischen Mathematik zunächst über die Araber kennengelernt und damit zugleich natürlich auch deren weiterführende Leistungen.

Der Brief des **Aḥmad ibn Yūsuf** *de proportione et proportionalitate* wurde von **Gerhard von Cremona** ins Lateinische übersetzt und wird von **Campanus** [Busard 2], **Leonardo von Pisa** [1; **1**, 119] und **Thomas Bradwardine** [2; 74] zitiert.

Die Fragen: Was ist ein Verhältnis? Was ist eine Proportion? haben auch die abendländischen Gelehrten beschäftigt, ohne daß zunächst wesentliche neue Gesichtspunkte auftraten. **Campanus** übernimmt in seine Euklid-Ausgabe als [El. 5, Def. 4] die Definition: *Proportio est rationum similitudo* (vgl. S. 327), die nur in wenigen Euklid-Handschriften steht und auch in **Euklids** Gedankengang nicht recht hineinpaßt. Die Ausgabe des **Campanus** ist aber z.B. für **Clavius** und für **Borelli** maßgebend gewesen.

Im Kapitel 15 *De regulis geometrie pertinentibus, et de questionibus aliebre et almuchabale* [1; **1**, 387 ff.] behandelt **Leonardo** Aufgaben über Proportionen, die durch quadratische Gleichungen zu lösen sind (*aliebre et almuchabale* ist damals die Bezeichnung für quadratische Gleichungen), wie **Aḥmad**, z.B. Es sei

ab : bc = bc : cd und es sei
ab + bc = 10, cd = 9 gegeben. Die
Werte von bc = 6 und ab = 4

a b c d
⟨4⟩ ⟨6⟩ ⟨9⟩

werden wie bei **Aḥmad** gefunden.

Die Proportiononenlehre ist nun ein regelmäßiger Bestandteil sowohl der Euklidkommentare wie der einschlägigen Lehrbücher der Arithmetik und der Geometrie, z.B. bei **Thomas Bradwardine** [1; Tract. 3], **Oronce Finé**; [2; 38^v–47^r], **Stifel** [1; 52^r ff.], **Cardano** [8], **Clavius** (Euklid-Kommentar, zu Buch 5), **Borelli** bis zu **Wallis.**

Mit dem Aufkommen der Buchstabenrechnung **(Viète)** und der damit verbundenen neuen Möglichkeiten der Darstellung von Funktionen verliert sie an Bedeutung. Dazu kommt, daß der Begriff des Größenverhältnisses allmählich durch den Begriff der reellen Zahl ersetzt wird, beginnend etwa mit **Stevin** [2 a; 1–5 = 1; 494–503].

In der Scholastik hat der Begriff der Zusammensetzung von Verhältnissen eine besondere Rolle gespielt, z.T. bei der Untersuchung des aristotelischen Grundgesetzes der Dynamik (s.S. 334). **Bradwardine** interpretiert es so [2; 112]: *Proportio velocitatum in motibus sequitur proportionem potentiarum moventium ad potentias resistivas et etiam econtrario.* Das Verhältnis der Geschwindigkeiten ⟨v⟩ bei Bewegungen folgt dem Verhältnis der bewegenden Kräfte ⟨k⟩ zu den widerstehenden Kräften ⟨m⟩ und umgekehrt.

Die widerstehenden Kräfte sind aus der Trägheit des bewegten Körpers und dem Widerstand des Mediums zusammengesetzt zu denken. In Formelschreibweise lautet **Bradwardines** Gesetz:

$$v_1 : v_2 = (k_1 : m_1) \langle : \rangle (k_2 : m_2).$$

Nun ist aber das Verhältnis zweier Verhältnisse etwas anderes als das Verhältnis zweier Größen. $k_2 : m_2$ ist das „doppelte" (c-fache) Verhältnis zu $k_1 : m_1$, wenn es aus zwei (bzw. c) Verhältnissen $k_1 : m_1$ „zusammengesetzt" ist, d.h. wenn

$$k_2 : m_2 = (k_1 : m_1)^2 \text{ (bzw. } = (k_1 : m_1)^c)$$

ist. Das Gesetz besagt also: Es ist $v_2 = c \cdot v_1$ genau dann, wenn $(k_2 : m_2) = (k_1 : m_1)^c$ ist. Wir können das modern so ausdrücken: v ist proportional log (k/m). Bei dem aristotelischen Gesetz „v proportional zu k/m" könnte eine beliebig kleine Kraft eine beliebig große Masse in Bewegung setzen, was der Erfahrung zu widersprechen schien, während bei **Bradwardine**s Gesetz bei $k \leqslant m$ keine Bewegung zustandekommt.

Wenn man $(a : b)^2$ das „doppelte" Verhältnis zu a : b nennt, so ist $\sqrt{a : b}$ das halbe. Gefunden wird es durch die mittlere Proportionale: Wenn a : c = c : b ist, so ist a : c = $\sqrt{a : b}$. *Wir* schreiben $(a : b)^{1/2}$, arbeiten also mit gebrochenen Exponenten. Den Autoren des Mittelalters kam es aber gar nicht zum Bewußtsein, daß hier eine neue Rechenoperation auftritt, weil sie ja das, was wir Multiplikation der Verhältnisse nennen, als Addition ansahen und damit unsere Exponenten als Faktoren.

Dabei haben sie noch die Schwierigkeit, daß bei Verhältnissen < 1 das Ergebnis der Zusammensetzung, also das „Ganze", kleiner ist als die Teile. Man beschränkte sich daher manchmal auf Proportionen *maioris inaequalitatis.*

Nicole Oresme hat die Theorie systematisch entwickelt. Im *Algorismus proportionum* (geschrieben nach 1351, wahrscheinlich vor 1360) führt er eine Schreibweise ein, die an einem in [2; 335] photographisch wiedergegebenen Beispiel erläutert sei:
$\frac{1}{2}\ 8^{ple}$ bedeutet $\frac{1}{2}$ des 8-fachen Verhältnisses *(octuplae ⟨rationis⟩)* d.h. $(8 : 1)^{1/2}$.

Wir bezeichnen jetzt wie **Oresme** Verhältnisse mit großen lateinischen Buchstaben. **Oresme** erklärt zunächst das Addieren und Subtrahieren von Verhältnissen. Die Bezeichnung *addere* für das Zusammensetzen von Verhältnissen kommt bereits früher vor, z.B. bei **Jordanus Nemorarius**, die Bezeichnung *subtrahere* für die Umkehroperation anscheinend erstmals bei **Oresme** ([2; 331, Fn. 13]). Miteinander multiplizieren kann man Verhältnisse nicht, ebensowenig wie *einen Menschen und einen Esel* [2; 340].

Im Anschluß an **Euklid** bezeichnet **Oresme** A als Teil *(pars)* von B, wenn ⟨in unserer Schreibweise⟩ $A = B^{1/n}$, als Teile *(partes)* von B, wenn $A = B^{m/n}$ (m, n ganze Zahlen). Er lehrt das Rechnen mit diesen Bildungen und die Anwendungen in der Bewegungslehre.

In seinem späteren Werk *De proportionibus proportionum* gibt er **Bradwardine**s Bewegungsgesetz als Grund für die Beschäftigung mit Verhältnissen von Verhältnissen an [3; 134]. (Er nennt den Namen **Bradwardine**s nicht, sondern schreibt das Gesetz **Aristoteles** und **Averroës** zu, was auch **Bradwardine** tut, der es als die richtige Interpretation der Worte der beiden genannten Autoren auffaßt.)

Die Unterscheidung *kommensurabel – inkommensurabel* gilt wie für Größen, so auch für Verhältnisse: Verhältnisse A, B heißen *kommensurabel*, wenn sie einen gemeinsamen Teil haben, d.h. wenn es ein Verhältnis D gibt, so daß $A = D^m$ und $B = D^n$ ist, also wenn $A = B^{m/n}$ ist. Dabei können die Verhältnisse A und B selbst rational (= einem Verhältnis ganzer Zahlen) oder irrational sein.

Es kann vorkommen, daß ein irrationales Verhältnis, z.B. das der Diagonale d zur Seite s eines Quadrats, zu einem rationalen Verhältnis kommensurabel ist:
$d : s = (2 : 1)^{1/2}$ [Oresme 3; 160]. Aber: *Es scheint nicht wahr zu sein, daß jedes irra-*

tionale Verhältnis einem rationalen kommensurabel ist. D. h. es ist nicht jedes Verhältnis A in der Form $A = B^{m/n}$ mit rationalem B darstellbar, oder: nicht jede irrationale Zahl ist Wurzel aus einer rationalen. Das ist bemerkenswert, weil man damals keine anderen irrationalen Zahlen kannte als eben Wurzeln aus rationalen Zahlen. Daß π keine solche Zahl war, konnte man nicht feststellen; man hat sich anscheinend auch nicht darum gekümmert.

Oresmes Überlegung läuft darauf hinaus, daß die Verhältnisse der Form $B^{m/n}$ mit rationalem B ⟨die in **Cantor**s Bezeichnung eine abzählbare Menge bilden⟩ die kontinuierliche Menge der irrationalen Verhältnisse nicht erfassen können. Das konnte **Oresme** freilich nicht exakt formulieren und erst recht nicht beweisen; er sagt auch [3; 162]: *istud, tamen, nescio demonstrare.* Aber er ist doch der Überzeugung, daß sein Satz sehr wahrscheinlich ist. Er sagt auch, daß unter den Verhältnissen der Verhältnisse die rationalen (d.h. unter den Verhältnissen selbst die zu rationalen Verhältnissen kommensurablen) seltener sind als die irrationalen [3; 302] und schließt daraus: Wenn zwei Bewegungen mit verschiedenen Geschwindigkeiten, deren Verhältnis unbekannt ist, die gleiche Zeit hindurch andauern, so ist es sehr wahrscheinlich, daß die durchlaufenen Strecken inkommensurabel sind. So ist es wahrscheinlich, daß der Tag und das Sonnenjahr inkommensurabel sind, und ferner, daß die Bewegungen zweier Himmelskörper inkommensurabel sind.

Michael Stifel [1; 47ʳ–55ʳ] schreibt die Glieder eines Verhältnisses übereinander wie Zähler und Nenner eines Bruches, jedoch ohne Bruchstrich. Die „Addition" zweier Verhältnisse – wir wollen sie mit ⊕ bezeichnen – erklärt er durch

$$\begin{matrix} a \\ b \end{matrix} \oplus \begin{matrix} c \\ d \end{matrix} = \begin{matrix} a \cdot c \\ b \cdot d \end{matrix},$$

die „Subtraktion" ⊖ durch

$$\begin{matrix} a \\ b \end{matrix} \ominus \begin{matrix} c \\ d \end{matrix} = \begin{matrix} a \cdot d \\ b \cdot c \end{matrix}.$$

Er erläutert die Addition an dem Beispiel von zwei Rechtecken mit den Seiten a = 9, c = 7 und b = 4, d = 3. Die Seiten stehen also im Verhältnis $\begin{smallmatrix} 9 \\ 4 \end{smallmatrix}$ und $\begin{smallmatrix} 7 \\ 3 \end{smallmatrix}$. Das Verhältnis der Flächen ist $\begin{smallmatrix} 9 \cdot 7 \\ 4 \cdot 3 \end{smallmatrix}$ [1; 52ʳ f.]; siehe hierzu [Wieleitner 4; 38–43].

Über die Multiplikation sagt er: *Wie Tuch oder Holz nicht multipliziert* ⟨Aktiv!⟩, *sondern nur multipliziert wird, so kann auch ein Verhältnis nicht multiplizieren, sondern nur multipliziert werden* [1; 53ʳ]. Man multipliziert ein Verhältnis ⟨A⟩ mit einer ganzen Zahl ⟨m⟩, indem man es m-mal addiert, d.h., wenn *wir* diese Multiplikation mit ⊗ bezeichnen,

$$B = A \otimes m \quad \text{bedeutet} \quad B = A^m.$$

Man multipliziert ein Verhältnis mit einem Bruch $\frac{m}{n}$, indem man es mit m multipliziert und daraus die n-te Wurzel zieht.

D.h.

$$A \otimes \frac{m}{n} = A^{m/n}.$$

Dementsprechend gibt es zwei „Divisionen“:
1. Man kann ein Verhältnis durch ein Verhältnis dividieren, dann erhält man eine Zahl.
2. Man kann ein Verhältnis durch eine Zahl dividieren, dann erhält man ein Verhältnis.

Zu 1.: Um das Verhältnis $\frac{a}{b}$ durch $\frac{c}{d}$ zu dividieren, „subtrahiere“ man $\frac{c}{d}$ so oft es geht, d.h. man bilde

$$\frac{a_1}{b_1} = \frac{a}{b} \ominus \frac{c}{d} = \frac{a \cdot d}{b \cdot c} \qquad \begin{matrix} a_2 = a_1 \cdot d \\ b_2 = b_1 \cdot c \end{matrix} \qquad \text{usw.}$$

Wenn nach n Schritten

$$\frac{a_n}{b_n} = \frac{a \cdot d^n}{b \cdot c^n} = 1$$

herauskommt, so ist

$$\frac{a}{b} = \left(\frac{c}{d}\right)^n$$

und n ist der gesuchte Quotient.

Stifels Beispiel: $\frac{729}{64}$ dividiert durch $\frac{3}{2}$ ergibt 6.

Kommt – wenn man von

$$\frac{a}{c} > 1, \frac{c}{d} > 1$$

ausgeht, – nach n + 1 Schritten

$$\frac{a_{n+1}}{b_{n+1}} < 1$$

heraus, so darf man den letzten Schritt nicht mehr ausführen, man bleibt bei

$$\frac{a \cdot d^n}{b \cdot c^n} = \frac{a_n}{b_n}$$

stehen. **Stifel**s Beispiel $\frac{2187}{128}$ dividiert durch $\frac{27}{8}$ ergibt nach dem zweiten Schritt

$$\frac{a_2}{b_2} = \frac{3}{2}.$$

Nun ist

$$\frac{3}{2} = \left(\frac{27}{8}\right)^{1/3},$$

der gesuchte Quotient also $2\frac{1}{3}$;

Allgemein: Wenn

$$\frac{a_n}{b_n} = \left(\frac{c}{d}\right)^{1/k}$$

ist, so ist

$$\frac{a}{b} = \left(\frac{c}{d}\right)^{n+\frac{1}{k}},$$

der gesuchte Quotient also $n + \frac{1}{k}$.

Andere Fälle bespricht **Stifel** hier nicht.

Die Division eines Verhältnisses durch eine Zahl (einen Bruch) ist unproblematisch: man „multipliziert" mit dem inversen Bruch.

Petrus Ramus unterscheidet *numerus absolutus und numerus comparatus.* Er erklärt: *Comparatio vero est numerorum inter se habitudo, ut ratio* (Verhältnis) *et proportio* (Proportion) [1; 30]. Das erste Glied eines Verhältnisses heißt *dux*, das zweite *comes*; man schreibt sie wie bei **Stifel** übereinander. Bei Brüchen sagt man für *dux*: *numerator*, für *comes*: *nominator.* Man unterscheidet Brüche von Verhältnissen, indem man einen (Bruch-)Strich zwischen die Glieder setzt.

Bei **Cardano** [8; 464] lautet die Definition 1: *Proportio ab Euclide sic describitur, Quod sit duarum quantitatum eiusdem generis, quod ad magnitudinem attinet, comparatio certa.* Die Glieder eines Verhältnisses heißen *denominator* und *numerator* [Def. 11]. (Bei früheren Autoren, auch z.B. bei **Clavius**, bezeichnet *denominator* die πηλικότης.) Das Zusammensetzen heißt *Proportionem in proportionem duci* [Def. 12], also „multiplizieren", nicht mehr „addieren". Ein Verhältnis von Größen verschiedener Art, die voneinander abhängen, z.B. das Verhältnis von Bewegung zur Zeit, nennt **Cardano** *proportio homonyma* [Def. 8]. **Clavius** bespricht in seinem Euklidkommentar die Definitionen von Buch 5 und ihre Interpretationen durch andere Autoren sehr ausführlich und kritisch.

Zu **Euklids** Definition 4 (bei **Clavius** Def. 5: Man sagt, daß Größen ein Verhältnis zueinander haben, wenn sie vervielfältigt einander übertreffen können) bemerkt **Clavius**, daß es auch gleichartige Größen gibt, die nach dieser Definition kein Verhältnis zueinander haben, z.B. eine endliche und eine unendliche Strecke, ferner der „Kontaktwinkel" (z.B. zwischen einem Kreis und seiner Tangente) und ein geradliniger Winkel.

Borelli (1658) nimmt Anstoß an der Definition 4 *proportionalitatem esse proportionum similitudo* und fragt [118 ff.]: Warum benutzt **Euklid** zum Beweis seiner Sätze nicht diese Definition 4 sondern die Definition 5 (s.S. 15 – nach Einschaltung der neuen Def. 4 ist das dann Def. 6)? Wenn man Euklid nicht Unkenntnis der Logik vorwerfen wolle, müsse man annehmen, daß die Definition 4 ein Zusatz wäre, oder daß die Definitionen 4 und 6 (neuer Zählung) zusammengefaßt werden müßten, derart, daß Definition 6 als Erläuterung des Begriffs *similitudo* aufzufassen ist.

Außerdem gibt **Borelli** einen anderen Weg zur Definition der Proportionalität inkommensurabler Größen an [110 ff.]. Dabei geht er von kommensurablen Proportionen aus. Diese können (nach **Euklid** 7, Def. 20) durch „gleiche Menge von Teilen" definiert werden. Sei $A : B = C : D$ eine solche kommensurable Proportion. Dann definiert **Borelli** [111, Def. IX]: Wenn $A' > A$ ist, so soll $A' : B > C : D$ heißen. Damit kann jetzt ein möglicherweise irrationales Verhältnis $A' : B$ mit dem rationalen Verhältnis $C : D$ verglichen werden. Nun kann die Gleichheit irrationaler Verhältnisse in den folgenden Schritten erklärt werden:

Def. X: $A : B > C : D$, wenn es ein rationales Verhältnis $G : H$ gibt, so daß
$A : B > G : H > C : D$ gilt.
Def. XI: $A : B < C : D$ entsprechend.
Def. XII: $A : B = C : D$ wenn weder $A : B > C : D$
noch $A : B < C : D$.

Borelli drückt das alles in Worten aus.

Oughtred handelt im 6. Kapitel des *Clavis Mathematicae „De proportione"* aber nur von den Verhältnissen von (ganzen) Zahlen [1; 15 ff.]. *Das Verhalten (habitudo) zweier Zahlen zueinander wird gefunden, indem die vorangehende durch die folgende dividiert wird.* Hier ist das Verhältnis bereits mit seiner *πηλικότης* identifiziert. Auf dieser Grundlage werden Rechenregeln bzw. Umformungsregeln für Proportionen entwickelt.

Wallis schließt sich an **Oughtred** an [4; Kap. 19: *De Ratione sive Proportione*]. Ausführlich bespricht er die Fachwörter und ihre geschichtliche Herkunft und bringt sodann die üblichen Umformungsregeln mit zahlreichen Varianten. Im Kapitel 20 *(De Rationum Compositione)* definiert **Wallis** die Zusammensetzung von Verhältnissen nach **Euklid** El. 6, Definition 5 (s.S. 14); er sagt, daß diese Operation besser Multiplikation statt Addition genannt werde. Die *πηλικότης* heißt bei ihm *Exponens.* Er unterscheidet: *Compositio per additionem,* wobei die „Exponenten" zu addieren sind, und *Compositio* per multiplicationem, wobei die „Exponenten" zu multiplizieren sind, und gibt die grundlegenden Rechenregeln dafür an.

Zum Schluß wollen wir kurz die Darstellung **Euler**s erwähnen [5; 1. Teil, 3. Abschn., 1. Kap., § 378]:

Entweder sind zwey Größen einander gleich, oder einander ungleich. Im letztern Fall ist eine größer als die andere, und wann man nach ihrer Ungleichheit fragt, so kann dies auf zweyerley weise geschehen; dann entweder fragt man um wie viel die eine größer sey als die andere? oder man fragt wie viel mal die eine größer sey als die andere? Beyderley Bestimmung wird ein Verhältniß genennt, und die erstere pflegt eine Arithmetische Verhältniß, die letztere aber eine Geometrische genennt zu werden. Welche Benennungen aber mit der Sache selbst keine Gemeinschaft haben, sondern willkührlich eingeführt worden sind. Vom arithmetischen Verhältnis geht er dann schnell zur arithmetischen Reihe und den *vieleckigen Zahlen* über. Beim geometrischen Verhältnis (Kap. 6) nennt er den Quotienten von Vorder- und Hinterglied (er sagt auch *Vordersatz* und *Hintersatz*) „Exponent". Kapitel 9 bringt *Anmerkungen über die Proportionen und ihren Nutzen* in Handel und Wandel, insbesondere den Dreisatz. In Kapitel 10 spricht **Euler** *von den zusammengesetzten Verhältnissen*, dann folgen (Kap. 11) die geometrischen Reihen.

Fachsprache

Verhältnis, Proportion

Im Griechischen ist λόγος das Fachwort für Verhältnis und ἀναλογία das Fachwort für Proportion. Die klassische lateinische Übersetzung von λόγος ist *ratio*, gelegentlich übersetzt **Cicero** das griechische ἀναλογία mit dem seltenen Wort *proportio* [3; § 14, § 27], ebenso auch **Martianus Capella** [§ 794]. **Boetius** dagegen bezeichnet das Verhältnis mit *proportio* und die Proportion mit *proportionalitas* [59]; dem adverbialen ἀνάλογον entspricht bei ihm *proportionaliter* [78]. Diese Art der Bezeichnung *proportio – proportionalitas* macht Schule, sie findet sich z.B. in einer Euklidübersetzung aus dem 10. Jahrhundert [Curtze 4; 2], bei **Jordanus Nemorarius** [1; 143, 155] = [2; 41, 81] und in der Euklidübersetzung des **Johannes Campanus** (um 1260), die auf **Adelardt von Baths** Euklidübersetzung aus dem Arabischen beruht und die 1482 erstmals im Druck erschien. So heißt die 5. Definition aus **Euklids** El. 5 bei **Campanus**:

Proportionalitas est similitudo proportionum [Euklid 2; d 3ᵛ].

Zamberti dagegen, der in seiner Euklidausgabe von 1505 direkt auf das Griechische (ohne Umweg über das Arabische) zurückgeht, übersetzt λόγος mit *ratio* und ἀναλογία mit *proportio*. Die oben genannte 5. Definition aus **Euklid** El. 5 heißt bei ihm:

Proportio vero est rationum identitas [Euklid 3; E 3ᵛ].

Diesen Wortlaut benützt auch **O. Finé** in seiner Euklidübersetzung von 1536 [Euklid 4; 109]. **Petrus Ramus** [1; 37] und **Clavius** [Euklid 8; 504] verwenden ebenfalls *ratio* und *proportio*. **Commandino** bezeichnet das Verhältnis mit *proportio* und die Proportion mit *analogia* [Euklid 7; 58ᵛ].

Bei diesem Durcheinander ist es nicht weiter verwunderlich, daß **Leonardo von Pisa** unter *proportio* manchmal das Verhältnis [1; **1**, 387; **2**, 42], manchmal die Proportion [1; **1**, 181, 395] versteht.

Die lateinische Bezeichnungsweise *proportio – proportionalitas* geht zunächst auch in den deutschen Sprachgebrauch über. So schreibt **W. Schmid** 1539 *Proportio oder Vergleychung* und *Proportionalitas oder vergleichkeyt* [27] und **Holtzmann** sagt *Vergleichung der proportion wirt proportionalitet genant* [Euklid 6; 124]; **Schwenter**, der sich in seiner *Geometria practica* ganz ähnlich ausdrückt, weist jedoch noch darauf hin, daß *Gelehrte an statt der Wort proportion und proportionalitas gebrauchen die zwey/Ration und proportion* [1; 87].

Das Wort Verhältnis erscheint bei **Johann Christoph Sturm** [3], bei dem im Register steht: *Ratio, eine Verhältnis.* Das feminine *die Verhältnis* tritt in der Folgezeit häufig auf, so z.B. bei **Leonhard Christoph Sturm** [16], **Wolff** [4; 38], **Kästner** [1; 129], **Lambert** [3; **1**, 130]. *Das Verhältnis* sagt z.B. **Karsten** [**1**, 153]. In **Euler**s Algebra gehen noch beide Artikel durcheinander [5; 1. Teil, 3. Abschn., Kap. 1].

Zugleich unterscheidet man häufig zwischen arithmetischen und geometrischen Verhältnissen und arithmetischen und geometrischen Proportionen, so z.B. **Kästner** [1; 130, 153], **Meinert** [119 f.], **Tellkampf** [64]. Die Tendenz ist jedoch, *daß das Wort Verhältniß nur allein bey den so genanten Geometrischen Verhältnißen beybehalten* *wird* [Euler 5; 1. Teil, 3. Abschn., Kap. 1, § 380] und daß die *Gleichheit zwoer Verhältnisse . . . eine geometrische Proportion oder . . . schlechthin eine Proportion* heiße [Karsten; **1**, 164].

Die Glieder einer Proportion

Euklid bezeichnet die Glieder einer Proportion als *τὰ ἡγούμενα* (die führenden) und *τὰ ἑπόμενα* (die folgenden) [El. 5, 12]. **Nikomachos** wählt *πρόλογος* und *ὑπόλογος* [1; 49 = I, 19.2].

Im Lateinischen gibt **Boetius** die griechischen Fachwörter mit *dux* und *comes* wieder [139], **Leonardo von Pisa** benützt *antecedens* und *consequens* [1; **2**, 51]. **Holtzmann** spricht von *Dux vel antecedens, comes vel consequens* [Euklid 6; 122].

Im Deutschen erscheint entsprechend *Vorderglied oder das vorhergehende, Hinterglied oder das nachfolgende* [Meinert; 119], oder auch *äußere und mittlere Glieder* [Kästner 1; 132], [Segner 1; 366]. Bei **Tellkampf** heißt es *äußere und innere Glieder* [64].

Stetige Proportion

συνεχὴς ἀναλογία bei **Aristoteles** [E. Nic. E 6 – 1131 a 33], bei **Euklid** [El. 8, 8], *συνημμένη* bei **Nikomachos** [1; 121].
proportionalitas continua bei **Boetius** [138],
proportio continua bei **Leonardo von Pisa** [1; **1**, 181, 387].

Im Deutschen:
ein stäte unzertrente auffeinander volgende proportion bei **Wolffgang Schmid** [28],
stetige Proportion bei **Holtzmann** [Euklid 6; 127],
stätte Proportion bei **Burckhardt von Pirckenstein** [Euklid 9; 177],
fortgehende (continuirliche) Proportion bei **Leonhard Christoph Sturm** [28],
stäte Proportion bei **Meinert** [122].

Das Proportionszeichen

L.: Cajori [6; **1**, 278–297].

Wie **Rahn** [1; 108] benützte auch **Oughtred** in seinem *Clavis mathematicae* für die geometrische Proportion die Form A. B : : C. D [1; 18 = Cap. 6, Abs. 12, u. öfter]. Jedoch **Vincent Wing** verwendet in seinem *Harmonicon coeleste* (1651) neben der **Oughtred**schen Bezeichnungsweise [1; 9] auch den Doppelpunkt A : B : : C : D [1; 7]. In **Wings** späteren Werken erscheint nur noch der Doppelpunkt, : :: : [2; z.B. Buch 2, S. 18 u. öfter]. In der lateinischen Ausgabe der Trigonometrie von **Oughtred** ist ein Anhang *Canones sinuum . . .* von **Moxon** beigebunden, in dem sich nur die **Wing**sche Bezeichnungsweise findet [letzte Seite]. Das gleiche gilt auch für **Oughtreds** *Opuscula* [3; 140 u. öfter]. Der **Wing**sche Doppelpunkt als Proportionszeichen setzt sich schließlich durch, die Bezeichnung : :: : wurde in England und USA bis zum Beginn des 20. Jahrhunderts benützt, dann erst wurde sie durch : = : ersetzt.

Der Holländer **Stampioen de Jonghe** ist der erste, der zwischen den beiden Proportionszeichen, bei ihm sind diese Kommas, ein Gleichheitszeichen anbringt: A, ,B = C, ,D [b 2v]. Auch **James Gregory** verwendet gelegentlich ein Gleichheitszeichen zwischen den beiden Verhältnissen [4]. Beide fanden keine direkten Nachfolger.

Erst **Leibniz** wendet sich 1693 mit großer Bestimmtheit gegen die unnötige Verwendung besonderer Zeichen zur Andeutung einer Proportion, da man, wie er sagt, mit dem Zeichen der Division und dem der Gleichheit vollständig auskomme [1; 7, 56]. Wie berechtigt der Tadel ist, den **Leibniz** ausspricht, erkennt man an der Mannigfaltigkeit der verwendeten Zeichen, z.B.:

Descartes [1; **10**, 241]: a|b || c|d || e|f,
Hérigone [*Expl. Notarum*]: a π b 2|2 c π d (zum Gleichheitszeichen s. S. 171),
S. Reyher [Euklid 10; 232]: a : b | c : d.

2.4.4 Reihen

Wir betrachten in diesem Abschnitt die Entwicklung der Theorie und der zugehörigen allgemeinen Formeln. Aufgaben über Reihen sind in Abschnitt 4.2.4 zusammengestellt.

2.4.4.1 Arithmetische und verwandte Folgen und Reihen

Wir bezeichnen die Glieder der Folge bzw. Reihe mit $a_1 = a, a_2, \ldots, a_n = v$, ihre Anzahl mit n, die Differenz zweier Glieder mit d, die Summe $a_1 + \ldots + a_n$ mit s oder s_n. Die wichtigsten Formeln über arithmetische Reihen bezeichnen wir mit A und dem Buchstaben des jeweils berechneten Ausdrucks, also z.B. die Formel für die Summe mit (As).

Aufgaben über arithmetische Reihen lassen sich oft unmittelbar lösen, ohne daß man dazu eine Theorie oder einen Formelapparat zu entwickeln braucht. Wir nehmen das insbesondere bei den Aufgaben aus altägyptischer und altbabylonischer Zeit an.

Bemerkenswert ist, daß in babylonischen astronomischen Tabellen, deren Grundgedanken in der Zeit zwischen 450 und 300 v.Chr. entstanden sein dürften, arithmetische Folgen zweiter Ordnung vorkommen und in einer Tabelle etwas aus der Zeit um 163 v.Chr. sogar Folgen dritter Ordung [van der Waerden 4; 183 und 203].

Die Entstehung der theoretischen Reihenlehre fällt in die Zeit, aus der wir keine direkten Quellen haben, für die wir also auf spätere Zeugnisse angewiesen sind. Wir möchten an zwei Ursprünge denken: 1. aus der geometrischen Darstellung der Zahlen durch Steinchen (ψῆφοι-Arithmetik) und die dabei auftretenden *figurierten Zahlen*, 2. aus der Lehre von den Proportionen und den dabei auftretenden Reihen von Zahlen, die in der gleichen Beziehung zueinander stehen (gleiche Differenz oder gleiches Verhältnis haben).

1. Daß die Darstellung von Zahlen durch Steinchen schon in früher Zeit geläufig war, geht aus einem Fragment des Komödiendichters **Epicharm** (um 470 v.Chr.) hervor [Diels; 23 B 2]: *Wenn einer zu einer ungeraden Zahl, meinethalben auch einer geraden, einen Stein zulegen oder auch von den vorhandenen einen wegnehmen will, meinst du wohl, sie bleibe noch dieselbe?* Für weitere Zeugnisse s.S. 31 f.

Aristoteles spricht davon, daß gewisse Leute *Zahlen in die Gestalt eines Dreiecks oder Quadrats bringen* [Metaph. N 5, 1092 b 11–12]. Die Dreieckszahlen sind 1, 1 + 2, 1 + 2 + 3 usw.

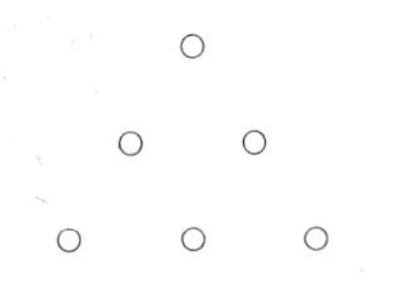
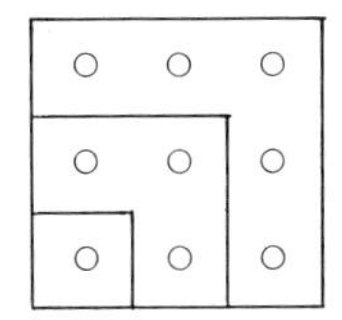
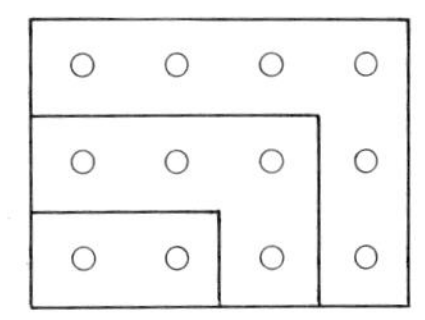

Die Entstehung der Quadratzahlen und der *heteromeken* = rechteckigen Zahlen durch Anlegen von Gnomonen an 1 bzw. 2 deutet **Aristoteles** [Phys. III, 4 = 203 a 13 ff.] an. Auch andere Operationen an Reihen, z.B. die Summierung der Quadratzahlen nach dem Rezept

$$1^2 + 2^2 + \ldots + n^2 = (\tfrac{1}{3} + \tfrac{2}{3}n) \cdot (1 + 2 + \ldots + n),$$

die sich auf einem Text der Seleukidenzeit findet [MKT; **1**, 103 = AO 6484], lassen sich aus *Psephoi*-Figuren verstehen (Rekonstruktion von **J. E. Hofmann**, wiedergegeben in [Becker 2; 42], dort auch weitere Ausführungen über die *Psephoi*-Arithmetik).

Nikomachos von Gerasa, der wahrscheinlich pythagoreisches Gedankengut wiedergibt, geht von der *natürlichen Zahlenreihe* aus; er bezeichnet sie als φυσικὸν χύμα [1; 47 = I, 18, 4] oder als φυσικὸς στίχος [1; 88 = II, 8, 3], **Boetius** übersetzt *positi in naturali constitutione numeri* [47].

Aus der natürlichen Zahlenreihe werden zunächst die zwei Reihen δύο στίχοι der geraden und der ungeraden Zahlen gewonnen [Nikomachos 1; 110 = II, 17, 3].

Boetius übersetzt hier *ordo par* bzw. *inpar* [118, 119].

Überspringt man in der natürlichen Zahlenreihe immer ein oder zwei oder drei usw. Glieder, so erhält man die ⟨arithmetischen⟩ Reihen der Vielfachen von 2, 3, 4 usw. [Nikomachos 1; 46 ff. = I, 18], [Boetius; 46–49].

Ferner leitet **Nikomachos** aus den natürlichen Zahlen diejenigen ab, die in einem gegebenen Verhältnis stehen [1; 49 = I, 19 ff.]. Für das Verhältnis 3 : 2 sieht das in der etwas übersichtlicheren Darstellung von **Boetius** so aus [50]: Man bilde aus der natürlichen Zahlenreihe die Reihen der dreifachen und der doppelten Zahlen:

I.	II.	III.	IIII.	V.	...
III.	VI.	VIIII.	XII.	XV.	...
II.	IIII.	VI.	VIII.	X.	...

Die Quotienten der Zahlen der zweiten und dritten Reihe stehen im Verhältnis 3 : 2.

Aus der Reihe der natürlichen Zahlen erhält man die Dreieckszahlen, indem man jeweils die folgende zur Summe der vorangehenden addiert [Nikomachos 1; 88 = II, 8, 3] γεννᾶται δὲ τοῦ φυσικοῦ ἀριθμοῦ στοιχηδὸν ἐκτεθέντος. [Boetius; 94]: *Nascuntur autem trianguli disposita naturali quantititate numerorum, si prioribus semper multitudo sequentium congregetur.* **Boetius** bemerkt, daß man dabei unendlich weit fortschreiten kann: *Ad hunc modum infinita progressio est* [93]. Hier tritt das Wort *progressio* auf, das später zum Fachwort für Reihen geworden ist. **Boetius** gebraucht das Verbum *progredi* öfter, ohne daß es als Fachwort festgelegt wäre.

Die Quadratzahlen erhält man aus der Reihe der natürlichen Zahlen, indem man nicht jeweils die folgende addiert, sondern immer eine ausläßt, also als die Summe der ungeraden Zahlen [Nikomachos 1; 91 = II, 9, 3], [Boetius; 96]. Das wird hier einfach anhand der Figuren festgestellt:

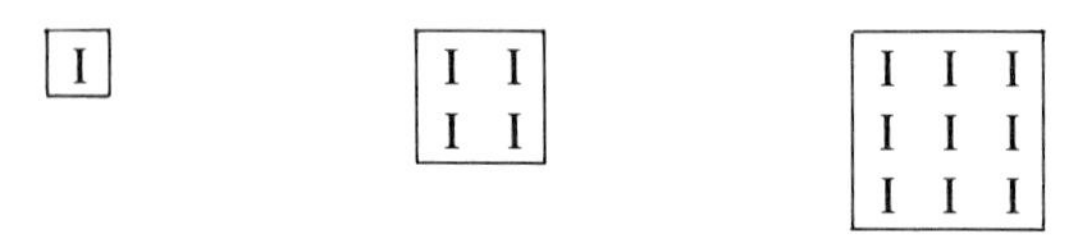

Die Fünfeckszahlen entstehen aus der Reihe der natürlichen Zahlen, wenn man entsprechend immer je zwei ausläßt, also als die Teilsummen der Reihe

$$1 + 4 + 7 + 10 + \ldots,$$

entsprechend die Sechseckszahlen bzw. Siebeneckszahlen durch Auslassen von vier bzw. fünf Zahlen, also als die Teilsummen der Reihen

$$1 + 5 + 9 + 13 + \ldots$$
$$1 + 6 + 11 + 16 + \ldots$$

Allgemein gilt: die n-te p-ecks-Zahl ist die Summe der ersten n Glieder der arithmetischen Reihe mit dem Anfangsglied 1 und der Differenz $d = p - 2$ (s. Abb. 53)

$$\langle s_n^{(p)} = a_1 + \ldots + a_n \quad \text{mit} \quad a_1 = 1, d = p - 2 \rangle.$$

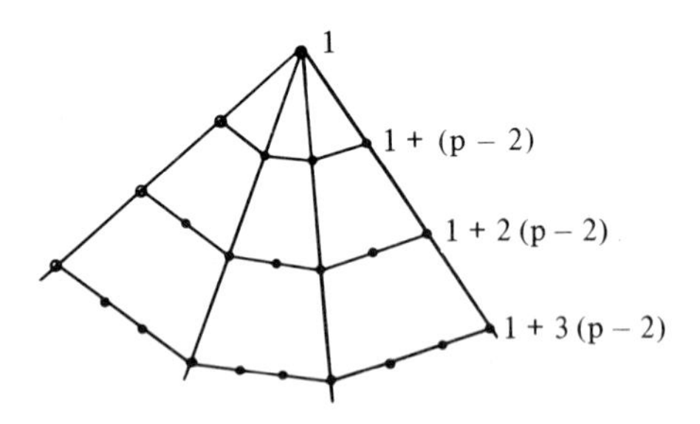

Abbildung 53.
p-Ecks-Zahlen, hier für p = 5.

Nach Angabe von **Diophant** [1; **1**, 460] findet sich dieser allgemeine Satz bei **Hypsikles**, der jedoch eine arithmetische Reihe so beschreibt: *Wenn irgendwelche Glieder konstanter Differenz gegeben sind, der Reihe nach angeordnet. . .* 'Εὰν ὦσιν ὁσοιδηποτοῦν ὅροι ἐν ἴσῃ ὑπεροχῇ, ἑξῆς ἀλλήλων κείμενοι. . . [MKT; **3**, 77].

Hypsikles lebte im 2. Jh. v. Chr., **Nikomachos** im 2. Jh. n. Chr. Jedoch darf angenommen werden, daß **Nikomachos** Kenntnisse wiedergibt, die mindestens schon die Pythagoreer hatten, und bei **Hypsikles** vermutet **Neugebauer** sogar babylonisches Gedankengut, zumal **Hypsikles** die arithmetischen Reihen für astronomische Berechnungen (Tageslängenbestimmungen), ähnlich den babylonischen, benutzt [MKT; **3**, 78], [Heath 2; **2**, 216 f.].

Wir kehren zu **Nikomachos** zurück. Nach den ebenen Zahlen geht er zu räumlichen Zahlen über, zunächst zu Pyramidenzahlen, die dadurch entstehen, daß man über einer Polygonalzahl eine Pyramide errichtet [Nikomachos 1; 99 ff. = II, 23], [Boetius; 104]. Die Pyramidenzahlen sind also jeweils die Summen der Polygonalzahlen.

Zu den Dreieckszahlen 1, 3, 6, 10, 15, ...
gehören die Pyramidenzahlen 1, 4, 10, 20, 35, ...
⟨Man hat damit also arithmetische Reihen zweiter Ordnung.⟩

Weitere räumliche Zahlen sind die Kubikzahlen. Wir erwähnen nur die Bemerkung von **Nikomachos** [1; 119 = II, 20], daß die erste ungerade Zahl die erste Kubikzahl ergibt (1 = 1), die Summe der zwei nächsten ungeraden Zahlen die zweite Kubikzahl (3 + 5 = 8) usw.

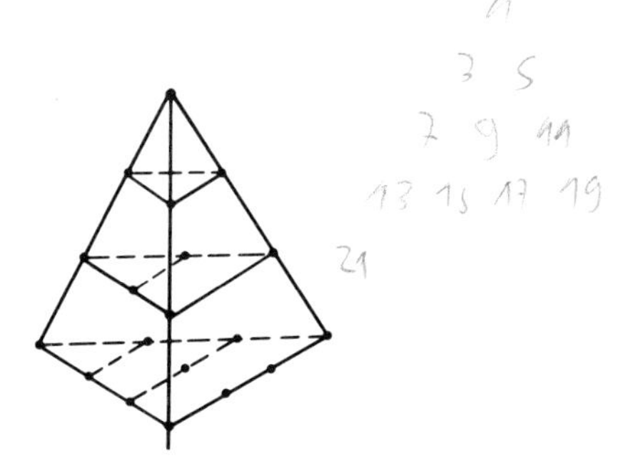

Abbildung 54. Pyramidenzahlen.

Einen geometrischen Beweis, der über **Nikomachos** hinaus eine Formel für die Summe der n ersten Kubikzahlen ergibt, hat **al-Karağī** gegeben [Woepcke 1; 59 ff. = I, 10]. Wir bringen ihn an dieser Stelle, im Anschluß an **Heath** [2; **1**, 108 ff.], der vermutet, daß der Beweis griechischen Ursprungs sein könnte.

Wir betrachten das Quadrat über der Seite $1 + 2 + ... + n = \frac{1}{2} n (n + 1)$ und zerlegen es in das Quadrat über der Seite 1 und die in der Figur gezeichneten Gnomone. Der Gnomon $B_n C_n D_n D_{n-1} C_{n-1} B_{n-1}$ hat die Fläche

$$B_{n-1} B_n \cdot B_n C_n + D_{n-1} D_n \cdot D_{n-1} C_{n-1} = n \cdot \frac{n(n+1)}{2} + n \cdot \frac{n(n-1)}{2} = n^3.$$

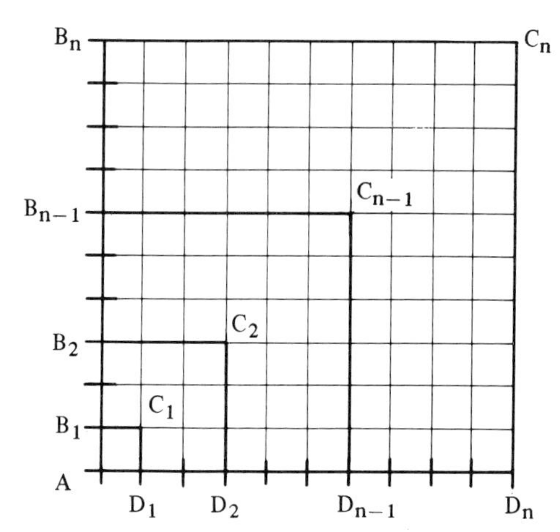

Abbildung 55

Also ist das Quadrat:

$$AB_n C_n D_n = (\tfrac{1}{2} n(n+1))^2 = 1^3 + 2^3 + ... + n^3.$$

Andererseits ist der Gnomon $B_2 C_2 D_2 D_1 C_1 B_1$ offenbar gleich 3 + 5, der nächste Gnomon = 7 + 9 + 11 usw.

Auch ohne geometrische Veranschaulichung ergibt sich aus der Aussage des **Nikomachos**: Die Summe der ersten n Kubikzahlen $1^3 + 2^3 + ... + n^3$ ist gleich der Summe der $1 + 2 + ... + n = \frac{1}{2} n (n + 1)$ ersten ungeraden Zahlen, also gleich $[\frac{1}{2} n (n + 1)]^2$.

2. Die Lehre vom arithmetischen, geometrischen und harmonischen Mittel wurde in der pythagoreischen Schule entwickelt, nach **Proklos** [1; 65] von **Pythagoras** selbst. Wir haben es hier zunächst mit dem arithmetischen Mittel zu tun, das durch

$$b - a = c - b$$

gekennzeichnet ist. Von hier aus geht man über zu Reihen von Zahlen, bei denen je zwei aufeinanderfolgende dieselbe Differenz haben. **Nikomachos** definiert [1; 124 = II, 23]: Es liegt ein arithmetisches Mittel vor (*ἀριθμητικὴ μεσότης*), wenn bei ein oder mehreren aufeinanderfolgenden Gliedern der gleiche Unterschied zwischen zwei aufeinanderfolgenden Gliedern gefunden wird ⟨gekürzt⟩. **Boetius** übernimmt diese Definition [140]: *Arithmeticam medietatem vocamus, quotiens vel tribus vel quotlibet terminis positis aequalis atque eadem differentia inter omnes dispositos terminos invenitur.*

Von den Eigenschaften, die **Nikomachos** anführt, erwähnen wir nur, daß bei drei Zahlen in arithmetischer Folge das doppelte mittlere Glied gleich der Summe der äußeren und bei vier Zahlen die Summe der mittleren Glieder gleich der Summe der äußeren Glieder ist.

Wenn wir annehmen, daß diese Lehren pythagoreisch sind, können wir **Hypsikles** das Verdienst zuschreiben, die beiden Ausgangspunkte vereinigt zu haben: Er geht davon aus, daß *irgendwelche Glieder konstanter Differenz gegeben sind* und bemerkt, daß die Polygonalzahlen Spezialfälle sind, nämlich mit dem Anfangsglied 1. Daß die Differenz eine ganze Zahl sein muß, dürfte nicht als spezielle Forderung anzusehen sein, da auch **Hypsikles** anscheinend nur an ganze Zahlen denkt, was in der Fallunterscheidung bei der Summe zum Ausdruck kommt.

Hypsikles hat auch drei allgemeine Sätze über arithmetische Reihen ausgesprochen und bewiesen:

I. *Wenn irgendwelche Glieder konstanter Differenz gegeben sind, der Reihe nach angeordnet, in gerader Anzahl* ⟨$n = 2k$⟩, *beginnend mit dem größten*

$$\langle a_1 > a_2 > ... > a_{2k}\ , d = a_i - a_{i+1} \rangle\ ,$$

so ist die Differenz, um welche die Summe der Hälfte der Glieder größer ist als die der übrigen, gleich dem Produkt der allgemeinen Differenz mit dem Quadrat der Hälfte der Anzahl der angenommenen Glieder.

$$\langle a_1 + a_2 + ... + a_k - (a_{k+1} + a_{k+2} + ... + a_{2k}) = d \cdot k^2 \rangle.$$

Die beiden anderen Sätze geben wir in abgekürzter Form:

II. Ist n ungerade ⟨$n = 2k - 1$⟩, so gibt es ein mittleres Glied a_k, und es ist die Summe das n-fache des mittleren Gliedes:

$$s = n \cdot a_k\ .$$

III. Ist n gerade, $n = 2k$, so gibt es kein mittleres Glied, aber es lassen sich je zwei symmetrisch gelegene Glieder zusammenfassen, und es ist $s = k \cdot (a_1 + a_{2k}) = \ldots = k \cdot (a_k + a_{k+1})$ [MKT; **3**, 78] [Heath 2; **2**, 216 f.]. **Neugebauer** vermutet in diesen Sätzen und ihren Beweisen, die **Hypsikles** rein algebraisch führt, babylonisches Gedankengut.

Herons Stereometrie [**5**, 46–51] enthält zwei Aufgaben, die leicht ohne allgemeine Formel gelöst werden können:

Aufgabe 42: In einem Theater mit 280 Sitzreihen hat die unterste Reihe 120, die oberste 480 Sitze. Wieviel Sitze hat das Theater insgesamt? **Heron** rechnet $\frac{480 + 120}{2} \cdot 280 = 84\,000$, also, wenn man will, nach III.

Aufgabe 43: Bei 250 Sitzreihen enthält die unterste 40 Sitze, jede höhere 5 Sitze mehr. Wieviel Sitze enthält die oberste Reihe? **Heron** rechnet: $(250 - 1) \cdot 5 + 40$, also $a_n = a_1 + (n - 1) \cdot d$.

Ein Zusatz zur Arithmetik des **Nikomachos** in späteren Handschriften gibt ohne Beweis die Regeln

$$1 + 2 + \ldots + n = \frac{n^2}{2} + \frac{n}{2},$$

$$a_1 + \ldots + a_n = \frac{a_1 + a_n}{2} \cdot n \quad \text{[Nikomachos 1; 148 ff.]}.$$

Die erste dieser Formeln erscheint auch in Ägypten in einem demotischen Papyrus, wahrscheinlich aus früher römischer Zeit (Pap. Br. Mus. 10520 [Parker; 64]).

Diophant behandelt in der Schrift *Polygonalzahlen* [1; **1**, 474 ff.] = [3; 309 ff.] die folgenden Aufgaben: Nach **Hypsikles** ist die n-te p-ecks-Zahl:

$$s_n^{(p)} = a_1 + \ldots + a_n \quad \text{mit} \quad a_1 = 1, d = p - 2.$$

Nun sei p gegeben und

Aufgabe 1: n gegeben, $s_n^{(p)}$ gesucht.
Aufgabe 2: $s_n^{(p)}$ gegeben, n gesucht.

Dazu beweist **Diophant** u.a. die folgenden Sätze:

$$v - a = (n - 1)\, d. \qquad \text{(Av)}$$
$$n(a + v) = 2s. \qquad \text{(As)}$$

⟨Aus diesen beiden Gleichungen ergibt sich

$$2s = n(2a + (n - 1)\, d). \qquad \text{(As')}$$

Damit kann die erste Aufgabe gelöst werden. Löst man die quadratische Gleichung (As') nach n auf, so erhält man⟩

$$n = \frac{1}{2}\left(\frac{\sqrt{8sd + (2a - d)^2} - 2a}{d} + 1\right). \qquad \text{(An)}$$

Diophant beweist diese Gleichung (An) auf einem anderen Wege.

In China kommen Aufgaben mit arithmetischen und auch geometrischen Reihen bereits in den *Neun Büchern* und später öfter vor (s. Abschn. 4.2.1.4; 4.2.4). Sie wurden meist mit Hilfe des (doppelten) falschen Ansatzes oder ähnlicher Methoden gelöst. **Chang Ch'iu-chien** (um 485 n. Chr.) bringt die Formeln

$$d = \frac{(2s/n) - 2a}{n-1} \qquad \text{(Ad)}$$

$$s = \frac{n}{2}(a+v) \qquad \text{[23 f.], vgl. [N; 3, 138]}. \qquad \text{(As)}$$

Shên Kua (1030–1093) berechnet ⟨die Anzahl von Gegenständen, die zu einer n-schichtigen Stufenpyramide gestapelt sind, wobei die Schichten Rechtecksform aufweisen und von Schicht zu Schicht die Seitenlängen um 1 zunehmen. Enthält die obere Schicht $a \cdot b$ Stück, so ist die Summe

$$S = ab + (a+1)(b+1) + \ldots + (a+n-1)(b+n-1)$$

zu ermitteln. **Shên Kua** gibt ohne Begründung die Regel

$$S = \frac{n}{6}[a(2b+B) + A(2B+b) + (B-b)]$$

mit

$$A = a+n-1, \quad B = b+n-1\rangle.$$

In der *Ausführlichen Untersuchung der mathematischen Methoden* (1261) des **Yang Hui** steht die Regel

$$1^2 + 2^2 + \ldots + n^2 = \tfrac{1}{3}n(n+1)(n+\tfrac{1}{2}). \qquad \text{Q}$$

[Juškevič 1; 80 f.], dort auch ausführliche Erläuterungen.

Bei den Indern wird meist das *mittlere Glied*

$$m = \frac{a+v}{2}$$

besonders erwähnt, ohne Rücksicht darauf, ob es tatsächlich ein Glied der Reihe ist – man sollte vielleicht „Mittelwert" sagen – und die Summe dann in der Form

$$s = m.n \qquad \text{(As)}$$

angegeben; so schon bei **Āryabhaṭa I** [Gaṇ. 19].

Gaṇ. 20 bringt die Formel (An).

In Gaṇ. 21 bildet **Āryabhaṭa** von der Reihe der natürlichen Zahlen, die eriin diesem Zusammenhang *citi* nennt, die höheren Reihen *upaciti* = Aufschichtung und *citighana* = Schichtkörper [Elfering; 131 f.]; es sind die Dreiecks- und Pyramidenzahlen, nämlich:

citi: 1, 2, 3, 4, 5;

upaciti: 1, 3, 6, 10, 15, $s_n = 1 + 2 + \dots n = \frac{n(n+1)}{2}$. (D)

Diese Formel (D) ergibt sich aus Gaṇ. 19.

citighana: 1, 4, 10, 20, 35, ... $S_n = s_1 + s_2 + \dots + s_n$.

Für die Berechnung der *citighana* gibt **Āryabhaṭa** die Regel

$$S_n = n(n+1)(n+2):6 = [(n+1)^3 - (n+1)]:6 . \qquad \text{(P)}$$

Die meisten indischen Lehrbücher sind als Sammlungen von Merkversen aufzufassen. So gibt auch **Āryabhaṭa** keine Beweise.

Gaṇ. 22 bringt die Regeln:

$$1^2 + 2^2 + \dots + n^2 = n(n+1)(n+1+n):6 \qquad \text{(Q)}$$

$$1^3 + 2^3 + \dots + n^3 = (1 + 2 + \dots + n)^2 = (s_n)^2 . \qquad \text{(K)}$$

Unsere Bezeichnungen (D), (P), (Q), (K) sollen an „Dreieckszahlen", „Pyramidenzahlen", „Quadratzahlen", „Kubikzahlen" erinnern.

⟨Beweismöglichkeiten:
für (P): Vollständige Induktion, wegen $S_{n+1} = S_n + s_{n+1}$;
für (Q): Es ist

$$S_n = \sum_{k=1}^{n} \left(\frac{k^2}{2} + \frac{k}{2}\right) = \frac{n(n+1)(n+2)}{6} .$$

also

$$\sum k^2 = \frac{1}{3} n(n+1)(n+2) - \frac{n(n+1)}{2} = n(n+1)(2n+1):6 ;$$

für (K): s. S. 347.⟩

Bei **Brahmagupta** stehen dieselben Regeln im *Brāhmasphuṭasiddhānta*, Kapitel 12, und zwar (Av), (As) in Vers 17, (An) in Vers 18, (P) in Vers 19, (Q), (K) in Vers 20 [1; 290–294].

Das Lehrbuch der Arithmetik *(Gaṇita-sāra-saṅgraha)* von **Mahāvīra** (um 830) enthält ein Kapitel II *Rechenoperationen*. Dort folgt auf die Abschnitte Multiplikation, Division, Quadrieren, Quadratwurzel, Kubieren, Kubikwurzel, ein Abschnitt *Summation*, der von Reihen handelt (§ 61–105) [20–34]. Außer den Regeln (Av), (As), (An) bringt er:

$$d = (s - na) : \frac{n^2 - n}{2} , \qquad \text{(Ad)}$$

$$a = \left(s - \frac{n(n-1)}{2}\, d\right) : n . \qquad \text{(Aa)}$$

Damit ist jede der vier Größen a, d, n, s durch die drei übrigen ausgedrückt, außerdem v durch a, n, d.

Bei **Śrīdhara** (ca. 900) stehen die gleichen Regeln in der *Triśatikā*, § 39–41 [2; 212 f.], (Aa) und (Ad) in der etwas einfacheren Form:

$$a = \frac{s}{n} - \frac{(n-1)\,d}{2}, \qquad d = \left(\frac{s}{n} - a\right) : \frac{n-1}{2}.$$

In § 1 stehen die Regeln für die Reihe der natürlichen Zahlen:

$$s_n = 1 + 2 + \ldots + n = \frac{n(n+1)}{2}$$

und: n ist der ganzzahlige Teil von $\sqrt{2\,s_n}$.

⟨Das läßt sich aus $n + 1 > \sqrt{n^2 + n} > n$ ableiten [2; 208 Fn. 1]⟩ (s. auch *Pāṭīgaṇita* [Śrīdhara 4; 5 ff.]).

In der *Līlāvatī* von **Bhāskara II** (um 1150) stehen die Regeln in besonders übersichtlicher Anordnung:

Vers 115: (D), (P);
Vers 117: (Q), (K);
Vers 119: (Av), (As);
Vers 122: (Aa);
Vers 123: (Ad);
Vers 125: (An).

Die Verse dazwischen enthalten Beispiele.

Bei den Arabern wollen wir die Werke von **al-Karağī** (um 1000) als repräsentativ ansehen. Er ist z.T. abhängig von **Abū Kāmil**, insbesondere aber ein guter Kenner von **Diophant**, und hat seinerseits – vielleicht auf dem Wege über mündliche Überlieferung – **Leonardo von Pisa** beeinflußt. Im *Fakhri* [Woepcke 1; 59 ff. = I, 10] berechnet **al-Karağī** die Summen von natürlichen Zahlen, von geraden und ungeraden Zahlen, von Quadrat- und Kubikzahlen. Er beweist (D) indem er die Zahlen der Reihe paarweise zusammenfaßt, gibt zu, daß er für (Q) keinen Beweis finden konnte, bemerkt aber, daß er diese Formel stets bestätigt gefunden habe, und bringt einen ausführlichen Beweis für (K). Außerdem treten Formeln für Reihen von Produkten auf, von denen hier nur die folgenden Beispiele genannt seien:

$$5^2 + 4 \cdot 6 + 3 \cdot 7 + 2 \cdot 8 + 1 \cdot 9 = 5^3 - (1^2 + 2^2 + 3^2 + 4^2).$$

Der Beweis beruht auf der Formel $(p - q)(p + q) = p^2 - q^2$.

$$1 \cdot 2 \cdot 3 + 2 \cdot 3 \cdot 4 + 3 \cdot 4 \cdot 5 + \ldots + 8 \cdot 9 \cdot 10 = (1 + 2 + \ldots + 9)^2 - (1 + 2 + \ldots + 9).$$

Der Beweis beruht auf (K) und $(p - 1)\,p(p + 1) = p^3 - p$.

Im 2. Teil des *Fakhri* behandeln die Aufgaben Sektion I, 50, 51 und Sektion II, 1–9 [Woepcke 1; 81 f.] arithmetische Reihen, und zwar wird stets nach n gefragt, was ja auf eine quadratische Gleichung führt. Überhaupt stehen diese Aufgaben bei **al-Karağī** im Zusammenhang mit der Theorie der quadratischen Gleichungen, ja sie dienen anscheinend geradezu als Beispiele zu dieser Theorie.

Als Beispiel Sektion II, Aufgabe 9:

$$10 + 15 + 20 + \ldots \text{(n Glieder)} = 325 .$$

Lösung: Es ist a = 10, v = 10 + (n – 1).5, also nach (As) $(10 + (5n + 5))\frac{n}{2} = 325$.

Die Auflösung dieser quadratischen Gleichung ergibt n = 10.

Wir möchten diese Stücke aus dem *Fakhri* als ein Anzeichen dafür ansehen, daß die arabischen Mathematiker mit den arithmetischen Reihen vollkommen vertraut waren.

Ins Abendland ist die Reihenlehre auf verschiedenen Wegen gelangt. Aufgaben über Reihen, die sich bei „**Alcuin**", **Leonardo von Pisa** u.a. finden, gehen sicher auf arabische Quellen zurück. Dagegen zeigen die allgemeinen Regeln Anklänge an die Gedanken von **Hypsikles, Nikomachos** und **Diophant**.

Bei **Boetius** stehen von unserem Gegenstand die Lehre von den Polygonalzahlen und den körperlichen Zahlen (s.S. 345 f., 348), ferner die Lehre von den Arten der Verhältnisse (*multiplex*, *superparticularis* usw.) (s.S. 325). Diese Gegenstände erwähnt auch **Cassiodorus** in den *Institutiones* [135 ff. = II, 4, §5, 6], sowie **Isodoros von Sevilla** [III, §6, 7].

Die Werke von **Boetius** und **Cassiodorus** waren maßgebend für den Lehrplan der Klosterschulen und später der Universitäten. So werden die genannten Gegenstände (figurierte Zahlen und Verhältnisse) in ähnlicher Weise, allerdings z.T. recht oberflächlich, behandelt in der *Margarita philosophica* von **Gregor Reisch** (1504) die recht genau das wiedergibt, was damals an Universitäten gelehrt wurde [Buch IV, Tract. I. Kap. 11 ff., Kap. 24 ff.]. **Reisch** zitiert **Apuleius** und **Boetius**. Auf sein Kapitel *De progressione* kommen wir gleich zurück.

Ein solches Kapitel steht in vielen Lehrbüchern der Arithmetik im Anschluß an die Rechenoperationen oder zwischen diesen, so z.B. in der *Arithmetica vulgaris* von **Sacrobosco** (um 1230) [12 f.]. Dort steht die Definition, die sich mit geringen Änderungen in anderen Werken wiederfindet: *Progressio est numerorum secundum aequales excessus ab unitate vel a binario sumptorum aggregatio, ut universorum seu diversorum numerorum summa compendiose habeatur.* Eine Reihe ist eine Zusammenfassung von Zahlen, die nach gleichem Überschuß von 1 oder 2 aus genommen werden, derart daß von den aufeinanderfolgenden oder ⟨durch gleiche Differenz⟩ getrennten Zahlen die Summe gebildet werden soll. **Sacrobosco** unterscheidet dann die *progressio naturalis sive continua* (d = 1) und *p. intercisa sive discontinua* (d > 1). Die Summe gibt er nur für solche Spezialfälle an.

Petrus von Dacien geht in seinem Kommentar (1291) etwas allgemeiner vor. Er läßt die Worte *ab unitate vel a binario* = „von 1 oder 2 aus" weg, auch das schwer übersetzbare *seu diversorum*. Für die Summe gibt er die allgemeine Regel: *Ist die Summe des ersten und letzten Gliedes eine gerade Zahl, so werde ihre Hälfte mit der Anzahl der*

Glieder multipliziert; ist sie ungerade, so werde mit ihr die Hälfte der Anzahl der Glieder der Reihe multipliziert. Hierzu gehört die Bemerkung am Schluß des Kapitels [Johannes de Sacro Bosco; 68]: *Entweder ist die Anzahl der Glieder gerade oder die Summe aus dem ersten und letzten Glied ist gerade oder beides.* Das wird jedoch anscheinend nur aus Beispielen erfahrungsgemäß erschlossen. ⟨Man sieht sofort: Ist n ungerade, so ist $a + v = a + a + (n - 1) d$ gerade.⟩

In ähnlicher Weise behandeln auch **Beldomandi** (1483) [1; 13^v ff.] und **Gregor Reisch** (1504) arithmetische Reihen. In der von **Federigo Delfino** bearbeiteten Ausgabe des *Algorismus de integris* von **Beldomandi** (1540) findet sich eine Definition, die arithmetische und geometrische Reihen umfaßt [2; C 3^v f.]: *Progressio est numerorum secundum aequales excessus seu secundam eandem proportionem se excedentium aggregatio, ut omnium illorum numerorum summa habeatur.*

Eine vollständige Übersicht über alle bei arithmetischen Reihen möglichen Aufgaben bringt **Wallis** [3; 133 ff.]. Außer den Größen a, d, n, s, v zieht er noch $m = n - 1$ und $z = v + a$, $x = v - a$ heran (**Wallis** verwendet andere, übrigens große, Buchstaben). Er stellt 43 Aufgaben zusammen, in denen aus zwei oder drei dieser Größen weitere berechnet werden können [3; 148].

2.4.4.2 Endliche geometrische Reihen

Unsere Bezeichnung:

$$s_n = a + aq + aq^2 + \ldots + aq^{n-1} .$$

Im Papyrus Rhind [Probl. 79] wird $7 + 7^2 + 7^3 + 7^4 + 7^5$ auf zwei Weisen ausgerechnet, die den beiden Seiten der Gleichung

$$a + a^2 + a^3 + a^4 + a^5 = (a + a^2 + a^3 + a^4 + 1) \cdot a$$

entsprechen. Man könnte dabei an die für $q = a$ gültige Rekursionsformel denken:

$$s_{n+1} = (s_n + 1) \cdot a . \qquad \text{(S. auch Abschn. 2.4.2)}$$

Die Bildung der Summe einer geometrischen Reihe in altbabylonischer Zeit ist nicht gesichert (Abschn. 2.4.2).

Ein Text aus der Seleukidenzeit (AO 6484 = [MKT; **1**, 99] rechnet:

$$1 + 2 + 2^2 + \ldots + 2^9 = 2^9 + 2^9 - 1 .$$

Das ließe sich geometrisch so verstehen:

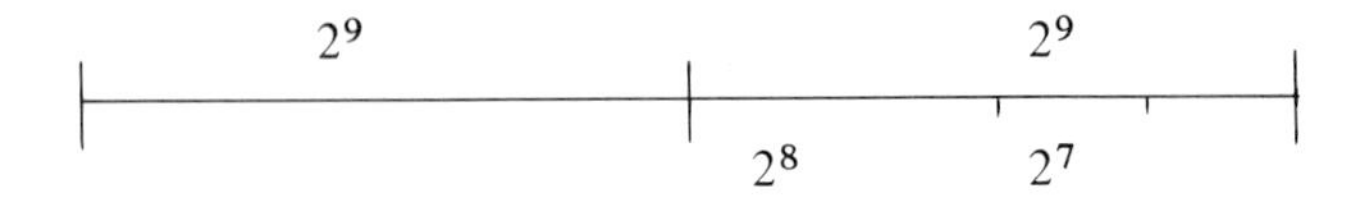

Man trage 2^9 zweimal ab. 2^8 ist die Hälfte des zweiten Teils, 2^7 die Hälfte des Restes, und der übrig bleibende Teil ist jeweils gleich der letzten weggenommenen Potenz von 2, also schließlich $= 2^0 = 1$.

Euklid beschreibt die Zahlen einer geometrischen Reihe als *ἀριθμοὶ ἑξῆς ἀνάλογον* = Zahlen, die aufeinanderfolgend proportional sind [El. 9, 35]. Damit erscheinen sie als Spezialfall von Zahlen in stetiger Proportion, die als *ἀριθμοὶ ἀνάλογον* bezeichnet werden [El. 7, 12].

Eine stetige Proportion hat die Form

$$a_1 : b_1 = a_2 : b_2 = \ldots = a_n : b_n \; ; \qquad \text{(StP)}$$

eine geometrische Reihe ist unter diesen durch $b_i = a_{i+1}$ gekennzeichnet, also:

$$a_1 : a_2 = a_2 : a_3 = \ldots = a_n : a_{n+1} \, . \qquad \text{(G)}$$

Um die Summe einer geometrischen Reihe zu finden, wird der Satz [El. 7, 12] herangezogen: *Bei einer stetigen Proportion verhält sich die Summe der Hinterglieder zur Summe der Vorderglieder wie ein Hinterglied zu einem Vorderglied.* ⟨Man sieht das leicht ein, wenn man $b_i = qa_i$ setzt.⟩ Wendet man diesen Satz auf (G) an, so erhält man:

$$a_2 : a_1 = (a_2 + a_3 + \ldots + a_{n+1}) : (a_1 + \ldots + a_n) \, .$$

Zieht man nun noch den Satz [El. 7, 11] heran:

Aus

$$\frac{a}{b} = \frac{c}{d} \quad \text{folgt} \quad \frac{a-b}{b} = \frac{c-d}{d} \; ,$$

so ergibt sich

$$(a_2 - a_1) : a_1 = (a_{n+1} - a_1) : (a_1 + a_2 + \ldots + a_n) \, .$$

Das ist der Inhalt von [Euklid; El. 9, 35].

Setzen wir unsere Bezeichnungen ein, so ergibt sich nach leichter Umformung

$$s_n = a \, \frac{q^n - 1}{q - 1} \, . \qquad \text{(Gs)}$$

Zur zeitlichen Einordnung: Die „Lehre vom Geraden und Ungeraden“ [Euklid; El. 9, 21–36] ist nach **O. Becker** [1] wahrscheinlich altpythagoreisch (Anfang oder Mitte des 5. Jh. v. Chr.?). Der Satz 35 paßt in dieses Stück nicht so recht hinein. Er wird dazu benutzt, um in § 36 die Summe der Potenzen von 2 zu berechnen. Das läßt sich aber mit einfacheren Mitteln erreichen, z. B. den zur Erläuterung des seleukidischen Textes angegebenen. Es besteht also Grund zu den Vermutungen: Die Berechnung der Potenzen von 2 war spätestens in der altpythagoreischen Schule bekannt. [Euklid; El. 9, 35] ist eine spätere Einschiebung in das altpythagoreische Stück. Jedoch dürfte auch das 7. Buch **Euklid**s, aus dem die zum Beweis nötigen Sätze genommen wurden, aus der pythagoreischen Schule – vielleicht des späten 5. Jh. – stammen, vgl. [van der Waerden 2; 180].

Archimedes benutzt bei der Quadratur der Parabel den Satz (§ 23 = [1; **2**, 310 f.], [2; 172 f.]: *In einer geometrischen Reihe mit dem Quotienten* $\frac{1}{4}$ ⟨das ist eine sehr freie Übersetzung von **Czwalina**⟩ *ist die um den dritten Teil des kleinsten Gliedes vermehrte Summe aller Glieder* $\frac{4}{3}$ *mal so groß wie das größte.*

Wir schreiben allgemeiner r statt 4; dann ist

$$s_n = \sum_{k=0}^{n-1} \frac{a}{r^k} .$$

Der Beweis von **Archimedes** läßt sich in unserer Formelsprache etwa so wiedergeben:

$$s_n + \frac{1}{r-1}(s_n - a) = \sum_{k=0}^{n-1} \frac{a}{r^k} + \frac{1}{r-1} \sum_{k=1}^{n-1} \frac{a}{r^k}$$

$$= a + \sum_{k=1}^{n-1} \frac{a}{r^k}\left(1 + \frac{1}{r-1}\right)$$

das ist wegen

$$1 + \frac{1}{r-1} = \frac{r}{r-1}$$

$$= a + \frac{1}{r-1} \sum_{k=1}^{n-1} \frac{a}{r^{k-1}} ;$$

setzen wir bei dem Summationsindex $k - 1 = i$, so wird das

$$= a + \frac{1}{r-1} \sum_{i=0}^{n-2} \frac{a}{r^i}$$

$$= a + \frac{1}{r-1}\left(s_n - \frac{a}{r^{n-1}}\right).$$

Daraus folgt

$$s_n + \frac{1}{r-1} \cdot \frac{a}{r^{n-1}} = \frac{r}{r-1} \cdot a .$$

Archimedes macht dann Gebrauch davon, daß $\frac{1}{3}$ des letzten Gliedes ⟨allgemein $\frac{1}{r-1} \cdot \frac{a}{r^{n-1}}$⟩ mit wachsendem n beliebig klein wird. Damit ist der Übergang zu unendlichen geometrischen Reihen gegeben, die wir nicht mehr zur elementaren Arithmetik und Algebra, sondern zur Analysis rechnen.

In China kommen zwar Aufgaben mit geometrischen Reihen vor, Angaben über das Vorkommen von allgemeinen Regeln oder Formeln sind uns nicht bekannt geworden.

Āryabhaṭa I und **Brahmagupta** geben keine Regeln für geometrische Reihen.

Mahāvīra betrachtet die Größen s, a, q und *guṇadhana* ⟨$= g = aq^n$⟩ und untersucht, wie sich die einzelnen dieser Größen durch die anderen ausdrücken lassen. Es ist

$$s = \frac{g - a}{q - 1} \qquad [30, §93],$$

$$g : q^n = a \qquad [32, §97].$$

Dividiert man $\frac{g}{a}$ so oft wie möglich durch q, so ist die Anzahl der Divisionen = n (§ 98).

Ist s und a gegeben, so erhält man q durch die folgende Überlegung:

$$\frac{s}{a} - 1 = \frac{q^n - 1}{q - 1} - 1 = \frac{q^n - q}{q - 1} .$$

Dieser Ausdruck ist durch q teilbar. Man hat also die Teiler von $\frac{s}{a} - 1$ durchzusehen

Ist s und q gegeben, so erhält man $a = s \cdot \frac{q - 1}{q^n - 1}$ [33, §101].

Bhāskara II bringt die Summenformel mit mehreren Beispielen [1; 55 ff.].

Den Arabern verdanken wir bekanntlich die Überlieferung u.a. der Werke von **Euklid** und **Archimedes** und damit auch von deren Kenntnissen über geometrische Reihen.

Im Abendland finden wir bei **Gregor Reisch** [Buch IV, Tract. IV, Cap. IX] die folgende Regel für die Bildung der Summe einer geometrischen Reihe: *Multipliziere die letzte Zahl* ⟨$a_n = a_1 q^{n-1}$⟩ *mit der Zahl der Benennung der Proportion* ⟨q⟩; *von dem Produkt ziehe die erste Zahl* ⟨a_1⟩ *ab; den Rest dividiere durch die Zahl, die um 1 kleiner ist als die Benennung*, also:

$$s_n = \frac{q \cdot a_n - a_1}{q - 1} .$$

Reisch rechnet hiernach die Beispiele:

$$1 + 2 + 4 + 8 + 16 = 31$$
$$3 + 9 + 27 + 81 = 120$$
$$2 + 8 + 32 = 42 .$$

Er sagt: die Glieder stehen *in proportione dupla* bzw. *tripla* bzw. *quadrupla*; daher kommt der Ausdruck „Benennung der Proportion": *denominatio proportionis.*

Federigo Delfino [Beldomandi 2; C 5^v f.] unterscheidet *progressio multiplex*, bei der das Anfangsglied verdoppelt, verdreifacht usw. wird, ⟨also q eine ganze Zahl ist⟩, und *progressio superparticularis* ($q = \frac{k + 1}{k}$, k ganz). Für die Summe der *progressio multiplex* gibt er die Regel: Zum letzten Glied addiere man im Falle q = 2 die Differenz $a_n - a_1$, im Falle q = 3 die Hälfte davon usw.

⟨Allgemein: $s_n = a_n + \frac{a_n - a_1}{q - 1}$.⟩

Die Regel für die *progressio superparticularis* lautet

$$s_n = a_n + (k+1)\,a_n - ka_1 \;.$$

Natürlich wird sie in Worten beschrieben, und nur für die *proportio sex qui altera* ($q = \frac{3}{2}$), die *progressio sexquitertia* ($q = \frac{4}{3}$) und *sexquiquarta* ($q = \frac{5}{4}$).

Wir übergehen die Varianten bei den weiteren Autoren und berichten als Abschluß über die Ausführungen von **Wallis** [3; 157 ff.]. **Wallis** betrachtet die Größen n, q, a, $v = a\,q^{n-1}$, va, $z = n \cdot va$ und untersucht, wie man, wenn einige dieser Größen gegeben sind, weitere oder alle weiteren berechnen kann.

In Kapitel 32 behandelt er in diesem Zusammenhang die Logarithmen als *Zahlen, die arithmetisch proportional sind, als „Indices" von ebensoviel geometrisch proportionalen Zahlen* [3; 167].

3 Algebra

Für die Zwecke des folgenden Abschnitts legen wir **Eulers** Definition der Algebra zugrunde [5; 2, 1, 1, 1]: *Die Haupt-Absicht der Algebra . . . ist dahin gerichtet, daß man den Werth solcher Größen, die bisher unbekant gewesen bestimmen möge, welches aus genauer Erwegung der Bedingungen, welche dabey vorgeschrieben und durch bekante Größen ausgedrückt werden, geschehen muß. Dahero die Algebra auch also beschrieben wird, daß darinnen gezeigt werde wie man aus bekanten Größen unbekante ausfindig machen könne.*

Heute werden in der Regel die Rechenoperationen sowie die unbekannten und meist auch die bekannten Größen durch Symbole dargestellt und die „Bedingungen" in Form von Gleichungen angegeben. In früheren Zeiten ist das jedoch nicht immer der Fall.

3.1 Algebra ohne Symbole

3.1.1 Dreisatz (Regeldetri)

Als ursprünglichste Beispiele solcher Aufgaben möchten wir Dreisatzaufgaben ansehen. Sie kommen schon in den ältesten Quellen vor:

Papyrus Rhind, Aufgabe 69: *Aus $3\frac{1}{2}$ hekat Mehl wurden 80 Brote gemacht. Wieviel Mehl wurde für 1 Brot gebraucht? Wieviel Brote wurden aus 1 hekat Mehl gemacht?*

Die letzte Zahl heißt das *Backverhältnis (pefsu).*

Aufgabe 72: Statt 100 Broten vom *pefsu* 10 sollen Brote vom *pefsu* 45 gebacken werden. Wieviel Brote werden es?

Aus altbabylonischer Zeit gibt es Aufgaben der Form: Für 1 *Mine* Silber werden 12 *Schekel* Zins gegeben. Welches Kapital ergibt 1,40 ⟨= 1 *Mine*, 40 *Schekel*⟩ Zins? (VAT 8521, Vs. 1–12 [MKT; **1**, 355]).

(1 *Mine* = 60 *Schekel*)

Bei den Ägyptern und Babyloniern werden solche Aufgaben einfach vorgerechnet, allenfalls das Ergebnis durch eine Probe kontrolliert. Dabei wird die Rechnung stets mit bestimmten Zahlen durchgeführt, jedoch so, daß statt der gegebenen Zahlen beliebige andere eingesetzt werden können, z.B. wird in der letzten Aufgabe die Multiplikation mit 1 *(Mine)* ausdrücklich angegeben.

Bei den Chinesen sind bereits in den *Neun Büchern* Aufgaben dieser Art zusammengefaßt und die Regeln allgemein beschrieben. Das 2. Buch trägt die Überschrift: *Regelung* ⟨des Tausches⟩ *von Feldfrüchten*. Zu Anfang des Buches sind *Meßzahlen*

(*Lü* = Rate, Taxe, Norm) aufgeschrieben, die angeben, welche Menge der betr. Frucht 50 Einheiten Hirse entsprechen:

Grundhirse	Meßzahl 50
geschälte Hirse	Meßzahl 30
gereinigte Hirse	Meßzahl 27
Reis	Meßzahl 60 usw.

Die Aufgaben sind von der Form (z.B. Aufg. 2): *Jetzt hat man 2 Tou 1 Shêng Hirse; gewünscht wird gereinigte Hirse. Wieviel erhält man?*

Am Anfang der Aufgabengruppe steht die Regel: *Mit der Menge des Vorhandenen multipliziert man die Meßzahl des Gesuchten; es ist der Dividend. Nimm die Meßzahl des Vorhandenen; es ist der Divisor. Teile den Dividenden durch den Divisor.* Es wird also eine allgemeine Regel angegeben, und die Ausdrücke *Vorhandenes, Gesuchtes, Meßzahl* sind von der einzelnen Aufgabe unabhängig und beziehen sich auf eine ganze Aufgabengruppe. Sie bekommen ihren Sinn nicht ohne weiteres aus der Sprache, sondern sind festgelegte Fachausdrücke.

In der wissenschaftlichen Mathematik der Griechen tritt weniger der Dreisatz auf, sondern vielmehr seine wissenschaftliche Grundlage, die Proportion.

Die Inder haben den Dreisatz sehr gepflegt und die Methode auch auf 5, 7, 9 und 11 gegebene Größen ausgedehnt. Bei **Āryabhaṭa I** lautet die Regel [Gaṇ. 26]: *Im Dreisatz (trairāśika* = Regel der drei Terme) ⟨gilt⟩: *die Größe phala (Frucht) mit der Größe icchā (Wunsch) multipliziert und durch das Maß (pramāṇa) dividiert: Der Quotient sei das gewünschte Ergebnis (icchāphala).* Es handelt sich um die Aufgabe:

Die Grundmenge *pramāṇa*	a_1
(in der Zinsrechnung: das Kapital)	
ergibt die Größe *phala* (die Frucht)	w_1
(d.i. der Preis bzw. die Zinsen)	
die Größe *icchā* (Wunsch)	a_2
ergibt das gewünschte Ergebnis *icchāphala*	w_2 .

Es ist

$$w_2 = w_1 \cdot a_2/a_1 .$$

Brahmagupta spricht die Regel allgemeiner aus [1; 284]: Im Falle von Termen ungerader Anzahl (bis zu 11) wird das Resultat erhalten, indem man die *Früchte* von einer Seite auf die andere setzt und dann das Produkt aus der größeren Anzahl von Termen durch das Produkt aus der kleineren Anzahl von Termen dividiert [DS; **1**, 212]. Ähnlich wird die Regel von **Śrīdhara, Mahāvīra, Āryabhaṭa II** und **Bhāskara II** wiedergegeben. Ein Beispiel von **Bhāskara II** möge sie erläutern [1; 36]: *Der Zins von dem Kapital 100 in 1 Monat sei 5; was ist der Zins von 16 in 12 Monaten?*
In moderner Schreibweise: Ist z der Zins vom Kapital k in der Zeit t, so gilt:

$$\frac{z_1}{k_1 \cdot t_1} = \frac{z_2}{k_2 \cdot t_2} \qquad \text{oder} \qquad z_2 = \frac{k_2 \cdot t_2 \cdot z_1}{k_1 \cdot t_1}.$$

Bhāskara II schreibt die beiden Datenfolgen so an:

1	12
100	16
5	

Dann bringt er die *Frucht* 5 auf die andere Seite

1	12
100	16
	5

und dividiert das Produkt der längeren Folge durch das der kürzeren:

$$\frac{16 \cdot 12 \cdot 5}{100 \cdot 1}.$$

Im *Bakhshālī*-Manuskript [32] erscheint die folgende Schreibweise für den Dreisatz:

1	1	4	18
3	1	1	phalaṁ 1
	2		

Das bedeutet: $a_1 = \frac{1}{3}$, $w_1 = 1\frac{1}{2}$, $a_2 = 4$ $\rightarrow w_2 = 18$

Brahmagupta [1; 284] und alle folgenden indischen Mathematiker behandeln auch den umgekehrten indirekten Dreisatz; er heißt *vyasta-trairāśikạ* [DS; **1**, 207 f.]; vgl. S. 518.

Die arabische Dreisatzlehre ist von der indischen abhängig, zeigt jedoch schon bei **al-Ḫwārizmī** eigene Züge. Der Araber faßt gleich alle vier Zahlen ins Auge und gruppiert sie paarweise; er verbessert die indische Terminologie indem er zwei Grundwörtern zwei abgeleitete gegenüberstellt:

$\langle w_1 \rangle$	*al-si*^{c}*r*	die Schätzung
$\langle a_1 \rangle$	*al-musa*^{cc}*ar*	das Geschätzte
$\langle w_2 \rangle$	*al-ṯaman*	der Wert
$\langle a_2 \rangle$	*al-muṯamman*	das Gewertete

[Ruska 2; 98ff.].

Al-Karāǧī nennt den Dreisatz „Geschäftsrechnung"; er fügt der üblichen Regel die Variante hinzu: *Oder wenn du willst, setzest du eine der bekannten Größen . . . zu der ihr gleichartigen ins Verhältnis und suchst damit das Verhältnis der Größen der anderen Art* [1; **2**, 16 f.]. (Wir haben hier Hochheims „homogen" durch „gleichartig" und „inhomogen" durch „Größen der anderen Art" ersetzt. Leider war uns der arabische Text nicht zugänglich.)

Abendland

Leonardo von Pisa sagt [1; **1**, 83 f.]: *Bei allen Geschäftsrechnungen treten immer vier proportionale Zahlen auf, von denen drei bekannt und die übrige unbekannt sind.* Ein

Beispiel: *Es seien 100 Rotuli (Münzen) gleich 40 Libri (Pfund). Wieviel sind 5 Rotuli?* **Leonardo** schreibt die Zahlen in dem folgenden Schema auf:

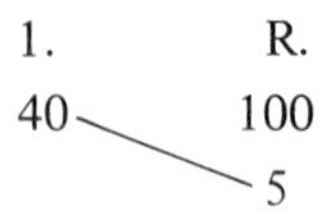

Die gegenüberstehenden *(positi ex adverso)* sind miteinander zu multiplizieren und durch die restliche zu dividieren. Da auch **al-Ḫwārizmī** von *gegenüberstehenden* Zahlen spricht [Ruska 2; 99], könnte das Schema auf die Araber zurückgehen, vielleicht sogar auf die Inder.

Bei der Beschreibung eines Fünfsatzes verwendet **Leonardo** nicht nur das Schema, sondern auch Buchstaben. a Pferde fressen b Scheffel Hafer in c Tagen. Wieviel (e) Scheffel fressen d Pferde in f Tagen. Das wird so angeschrieben:

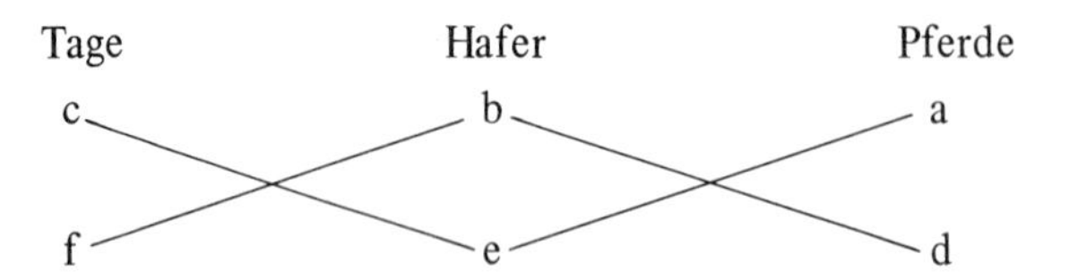

⟨Da $\frac{b}{ac} = \frac{e}{df}$ die Tagesration eines Pferdes ist, ist

$$a \cdot e \cdot c = d \cdot b \cdot f\,.$$

Nun kann aus je fünf Größen die 6. berechnet werden.⟩ **Leonardo** drückt das allerdings nicht ganz so aus [1; **1**, 132 f.].

Im Algorismus Ratisbonensis (vor 1450) [Vogel 11; 27] heißt der Dreisatz: *regula proporcionalis, que apud geometricos aurea, aput ytalicos vero regula detre appellatur. Vtilissima est omnium regularum in arismetrica contentarum. . . Aptatur autem ad mercemonia vniuersaliter. . .* Die Terme werden als Zahlen bezeichnet, die *primo, secundo* und *tercio loco* aufgeschrieben werden.

Im Bamberger Rechenbuch (1483) [10. Cap.] heißt der Dreisatz *die gulden regel Danō das sie so kospar vnd nücz* ist. Sie wird folgendermaßen beschrieben: *Vn̄ ist drey ding die du seczt. darvntt mus dz erst vn̄ leczt alemol gleych* ⟨gleichartig⟩ *sein. vn̄ zu lecztn̄ sol du seczn̄ dz du wild wissen dasselb vn̄ dz mittel sol du mitein multipliciren. vn̄ in das erst teilen.*

In den Rechenbüchern der Folgezeit (z.B. bei **Adam Ries** [3; 16]) wird der Dreisatz stets ähnlich behandelt. **S. Jacob** [16^r f.] benennt die Regel de tri mit folgenden *verzuckten und gestumpfften Latinischen Worten: regula de tribus numeris notis, regula proportionum, regula aurea, regula mercatorum.*

Tacquet (1656) erklärt ihn als Bestimmung der vierten Proportionale und beweist die Vorschrift mittels der Regeln für das Rechnen mit Proportionen und unter Verwendung von Buchstaben für die Terme [253 ff.].

Zusammenfassung

Am Dreisatz zeigt sich ein Stück der Entwicklung der mathematischen Fachsprache:

1. Eine Gruppe von Aufgaben wird als gleichartig erkannt; für die Terme werden künstliche Bezeichnungen eingeführt, die auf alle in den Aufgabengruppen auftretenden Größen anwendbar sind (Chinesen).
2. Die Bezeichnung der Terme wird systematisiert; die grammatische Form spiegelt die mathematische Relation wieder (Inder, besser bei den Arabern).
3. Die Regel wird der mathematischen Theorie der Proportion untergeordnet (Griechen?, **al-Karağī**).
4. Die mathematische Relation wird schematisch dargestellt, die Terme werden durch ihre Stellung im Schema gekennzeichnet. (Anfänge bei den Indern, später bei **Leonardo** und in den genannten Rechenbüchern.)
5. Die Terme werden durch Buchstaben bezeichnet und schließlich die Regel in mathematischer Formelsprache ausgedrückt (z.B. bei **Tacquet**).

3.1.2 Proportionale Verteilung. Gesellschaftrechnung

Die Aufgaben dieser Art sind leichte Verallgemeinerungen der Dreisatzaufgaben. In der Aufgabe 65 des Papyrus Rhind sind 100 Brote unter 10 Männer zu verteilen, von denen 3 doppelte Portionen erhalten. Der Rechner teilt in diesem Falle 100 in 13 Portionen.

Die Ägypter beherrschen auch das kompliziertere Problem, 700 Brote unter 4 Männer im Verhältnis 2/3, 1/2, 1/3 und 1/4 zu verteilen [Papyrus Rhind; Aufg. 63]. Während die Lösung hier einfach vorgerechnet wird, wird in den *Neun Büchern* (China, 2. Jh. v. Chr.) das Verfahren allgemein beschireben. Das 3. Buch hat den Titel *Proportionale Verteilung* (*Ch'ui fên: ch'ui* = Ordnung, Reihe, Reihenstufe, Verhältniszahl, *fên* = teilen). Eine typische Aufgabe ist (Aufg. 3): *A hat bei sich 560 Geldstücke, B hat bei sich 350 Geldstücke, C hat bei sich 180 Geldstücke. Alle* ⟨drei⟩ *geben her beim Ausgang aus dem Zollhaus eine Taxe von 100 Geldstücken. Man wünscht, daß sie es hergeben entsprechend der großen* ⟨oder⟩ *kleinen Zahl* ⟨ihrer⟩ *Geldstücke.* Die allgemeine Regel lautet: *Für jeden lege der Reihe nach die Verhältniszahlen hin* ⟨hier: 560, 350, 180⟩; *dann addiere sie. Es ist der Divisor. Mit dem, was verteilt wird* ⟨hier die Taxe 100⟩, *multipliziere die noch nicht addierten* ⟨Verhältniszahlen⟩. *Jedes* ⟨Produkt⟩ *für sich ist ein Dividend. Teile die Dividenden durch den Divisor.*

Aufgaben dieser Art – z.B. Verteilung eines Geschäftsgewinns auf Teilhaber entsprechend der Höhe ihrer Beteiligung – kommen in den Rechenbüchern für kaufmännisches Rechnen zu allen Zeiten vor (s.u. S. 554–559).

Varianten der Regeldetri

Im Wirtschaftsleben des Mittelalter spielte der Dreisatz eine bedeutende Rolle, z.B. bei Preisberechnungen, Währungsumwechslungen, Umrechnungen von Maß- und Gewichtseinheiten usw. Zur Vereinfachung der Berechnungen bediente man sich im Abendland in Kaufmannskreisen gerne spezieller, die Rechnung erleichternder Praktiken [Vogel 23].

Eine derartige Variante der Regeldetri stellt die im Abendland auftretende sog. *Welsche Praktik* dar; **Michael Stifel** sagt dazu [4; 39^r f.]: *Denn ... sihe ahn die Welsche Pracktick / die doch niendart mit vmbgeht denn nur allein mit der Regel Detri / dennoch findet man da von gantze bücher.* Das Ziel der Welschen Praktik ist es, schwerfällige Rechenvorgänge, besonders beim Berechnen von Preisen, zu vermeiden, indem man die beim Ansatz der Regeldetri an der zweiten oder dritten Stelle vorkommenden Größen in eine Summe von proportionalen Teilen zerlegt. **Grammateus** meint [1; D 1^v]: *Welsch practica auff alle kauffmansrechnung oder auffgab. In diser kunst referirt man̄ oder schatzet ein zal auff die andern / zu zeiten die öbern zal auff die vndern / auch etlich mal die vndern auff die öbern / welches dan̄ geschicht gemeinigliche̅ in der proportion dupla / tripla / quadrupla etc. das ist wan̄ ein zal beschleußt die ander zwey mal / drei mal / ... oder wirt in jr als offt beschlossen...*

Bereits der Name „Welsche Praktik" weist auf italienischen Ursprung hin. Im Columbia-Algorismus steht dazu folgende Aufgabe [Vogel 24; Nr. 18]: Wenn 1000 Pfund 48 *lb* 16 *s* 2 *d* kosten, was kosten 7876 Pfund? [Buchanan-Cowley; 389.] Das angegebene Lösungsrezept besteht darin, daß man die 48 *lb* 16 *s* 2 *d* erst mit 7 multipliziert und dann die proportionalen Teile $\frac{1}{2}, \frac{1}{2}, \frac{1}{10}, \frac{1}{4}, \frac{1}{100}$ bildet, d.h.

$$7 \cdot 1000 + \tfrac{1}{2} \cdot (1000) + \tfrac{1}{2} \cdot (\tfrac{1}{2} \cdot 1000) + \tfrac{1}{10} \cdot (1000) + \tfrac{1}{4} \cdot (\tfrac{1}{10} \cdot 1000) + \tfrac{1}{100} \cdot (\tfrac{1}{10} \cdot 1000)$$
$$= 7000 + 500 + 250 + 100 + 25 + 1 = 7876 \text{ Pfund.}$$

Michael Stifel betont in seiner *Arithmetica integra* ebenfalls die italienische Herkunft [1; 83^v]: *Praxis italica. Praxis illa quam ab Italis ad nos deuolutā esse arbitramur...*

Grammateus gibt dann Rechenschemata für die Welsche Praktik an, so z.B. [1; D 2^r] bei der Aufgabe, den Preis für 10 Pfund zu berechnen, wenn der Preis für 12 Pfund mit 64 *fl* 7 *s* 6 *d* gegeben ist:

lb 12	*fl*	64	*s*	7	*d*	6	*lb*	10
		32		3		18	*lb*	6
		16		1		24		3
		5		3		8		1
Facit	*fl*	54	*s*	0	*d*	20		

Es werden also die 10 Pfund in 6 + 3 + 1 Pfund zerlegt. Doch sind diese Zerlegungen in vielerlei Weisen möglich, wie z.B. auch **Rudolff** meint [2; h 8^r f.]: *Item du magst auch ... noch anderst zerspalten ... nach gut beduncken vnnd zufal.*

In Deutschland kommt die Welsche Praktik im 16. Jahrhundert recht häufig vor. Obwohl bereits **Stifel** klar ausspricht, daß man mit der Regeldetri allein auch auskomme [4; 39^r], ist die Welsche Praktik auch noch in den Rechenbüchern der späteren Jahrhunderte anzutreffen, so bei **Jacob** [64^r ff.], **Clausberg** [343, 647 ff.] und **Chr. von Wolff** [3; Sp. 1089] und [2; 97 f.].

Die Welsche Praktik ist nur eine der vielen im 16. Jahrhundert üblich gewordenen Praktiken, die das Rechnen erleichtern sollen. So gibt **La Roche** für ähnliche Fälle nicht weniger als 240 Einzelregeln an [77^v f.]: *Des regles briefues aultremēt dictes regles de practique*, vgl. auch **Treutlein** [2; 93 f.]. **Tartaglia**, der seine Regeldetri-Aufgaben ohne Verwendung der Welschen Praktik löst [1; **1**, 127^r ff.], bringt in den Büchern 4–6 seines *General Trattato* ebenfalls eine Reihe derartiger Praktiken: *Practica Naturale*, *Practica artificiale*, *Practica Venitiana* [1; **1**, 53^v ff., 75^r ff., 98^v ff.].

Wie die Welsche Praktik, so dient auch die *Tolletrechnung* zur Erleichterung des Rechenganges bei Preisberechnungen, indem man dabei vermeidet den Preis direkt auf die kleinste Gewichtseinheit zu beziehen. Der Tolletrechnung liegt eine schematische Anordnung zugrunde, worauf auch der Name Tollet hinweist: er kommt von *tavoletta* = kleine Tafel. **Stifel** spricht nur von *tefelin* oder *tefelein* [3; 274]. Die ältesten Aufgaben zur Tolletrechnung stehen im Bamberger Rechenbuch von 1483 [41^r–43^r, 14. Kap.], hier z.B. [41^r]: *Es hat eyner kaufft 4367 lb ingwer 29 lot 3 quent ye 1 lb p. 13 fl in golt secz also.*

4	M	650 *fl.*		2 600 *fl.*	
3	C	65 *fl.*		195	
6	X	6 *fl*	10 *s*	39	
7	*lb*		13 *s*	4 *fl.*	11 *s*
2	X		$\frac{130}{32}$ *s*		11 *s* $\frac{25}{32}$
9	*lot*		$\frac{13}{32}$ *s*		
3	*quent*		$\frac{13}{128}$ *s*		*s* $\frac{39}{128}$

Summe 2 839 *fl.* 3 *s* 1 *h* $\frac{1}{32}$

$\left(\frac{25}{32}\,s + \frac{39}{128}\,s = \frac{33}{32}\,h\right)$

(1 *fl.* = 20 *s*, 1 *s* = 12 *h*, 1 *lb* = 32 *lot*, 1 *lot* = 4 *quent*).

In der ersten Spalte stehen die genannten Gewichte ohne Benennung, in der zweiten Spalte die dezimalen Stufen der Gewichtseinheiten 1 000, 100 usw., in der dritten Spalte die Einzelpreise für die verschiedenen Stufen und in der vierten jeweils die Gesamtpreise als Produkte der Zahlen in der ersten und dritten Spalte.

Der Abschnitt über die Tolletrechnung bei **Widman** lautet fast wörtlich genauso wie im Bamberger Rechenbuch [32^r ff., 116^v, Tafel]. Da man, wie schon der Autor des Bamberger Rechenbuchs sagt, derartige Aufgaben mit geringerem Aufwand auch mit der Regeldetri rechnen kann, wird das Verfahren in den späteren Rechenbüchern relativ selten verwendet. Ausführlich steht es bei **Apian** [Aa 3^v–Bb 3^r] in knapper Form noch bei **Stifel** [3; 273 f.] und **Gehrl** [128–131]. Nach dem 16. Jahrhundert ist die Tolletrechnung aus den Rechenbüchern vollständig verschwunden.

Auch der sog. *Kettensatz* (Kettenregel) ist nichts anderes als eine Variante der Regeldetri [Käfer]. Der Kettensatz kommt im Mittelalter speziell im Abendland vor und läßt sich bereits bei **Leonardo von Pisa** nachweisen. Doch findet sich der Kettensatz im Gegensatz zu vielen anderen mittelalterlichen kaufmännischen Praktiken, die früher oder später in der Neuzeit aus der Erinnerung verschwanden, noch im 20. Jahrhundert in einigen Lehrbüchern der Handelsarithmetik, so z.B. bei **L. Rothschild** 1918 [719].

Mit Hilfe des Kettensatzes läßt sich das Verhältnis zweier Größen bestimmen, wenn deren Verhältnisse mit mehreren Zwischengrößen bekannt sind. Besonders bei den Aufgaben des Geldwechsels zwischen mehreren Währungsgebieten (s. S. 562 ff.) wird gerne die Kettenregel angewendet. **Widman** bezeichnet diese Kettenregel daher auch als regula pagamenti [107r]. **Leonardo von Pisa** bringt das folgende Beispiel [1; **1**, 126f.]: *Imperiales 12 ualent pisaninos 31, et soldus Ianuinorum ualet pisaninos 23, et soldus turnensium ualet Ianuinos 13, et soldus Barcellonensium ualet turnenses 11; queritur de imperialibus 15 quot barcellonenses ualeant.* (12 kaiserliche Gulden sind 31 Pisaner Gulden wert usw.) Für die Lösung dieser Aufgabe gibt **Leonardo** das folgende Schema:

barcellon.	turn.	Ian.	pisan.	imp.
	12	13	31	12
barcellon.	turn.	Ian.	pisan.	imp.
12	11	12	23	15

dabei ist das Produkt der durch die Führungsstriche verbundenen Zahlen durch das Produkt der anderen zu dividieren, also:

$$x = \frac{12 \cdot 12 \cdot 12 \cdot 31 \cdot 15}{11 \cdot 13 \cdot 23 \cdot 12}.$$

Im Cod. Lucca 1754 steht bei der Aufgabe *100 Florentiner Pfund werden in Pisa in 95 Pfund gewechselt, 100 Pisaner Pfund werden in Siena in 120 Pfund gewechselt; in wieviel Pfund werden 100 Florentiner Pfund in Siena gewechselt?* [58] dieses Schema in folgender, leicht abgeänderter Form:

	Firense		Pisa		Siena		
partj per	100	*via*	95	*via*	114	*tornerà*	
multiplica	100		100		120	*fa*	1 140 000
						viene	11 400
						viene	114

Im Cod. Lucca 1754 stehen auch Beispiele zur Kettenregel, bei denen es nicht um Geldwechsel geht, so bei der Aufgabe [59]: *Für 10 Fiorini bekommt man 11 Ellen Stoff, für 18 Ellen Stoff 53 Pfund Wolle und für 70 Pfund Wolle 15 Pfund Pfeffer. Wieviel Pfeffer erhält man für 141 Fiorini.* Das Schema hat das entsprechende Aussehen:

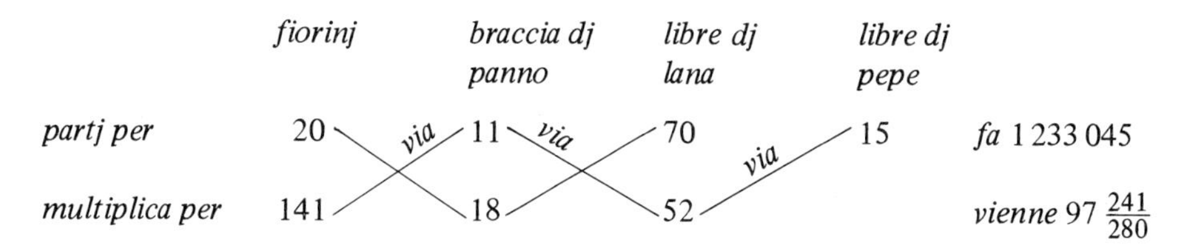

Andere Autoren, wie z.B. **Borghi** [102v f.] rechnen die Zwischenstufen einzeln durch.

Rudolff verbessert die Methode der Kettenregel, indem er die Faktoren untereinander schreibt und dann die gemeinsamen Faktoren in den beiden Kolumnen wegläßt. Bei der Aufgabe [2; m 5v f., Nr. 14] *Item 5 Baßler rappen gelten 4 Straßburger/8 Straßburger 11 Wirtenberger/11 Wirtenberger 14 Augspurger/7 Augspurger 8 Wiener pfenning. Wieuil Wiener sol man geben vm̄ 40 rappen. Facit 64 Wiener pfenning.* sieht das so aus:

5 R.	4 S.	1 R.	4 S.
8 S.	11 Wir.	1 S.	1 Wir.
11 Wir.	14 A.	1 Wir.	2 A.
7 A.	8 Wie.	1 A.	1 Wie.
	40 R.		8 R.

Die Lösung ist dann:

$$x = \frac{\text{Produkt der Zahlen der 2. Kolumne}}{\text{Produkt der Zahlen der 1. Kolumne}} = \frac{4 \cdot 1 \cdot 2 \cdot 1 \cdot 8}{1 \cdot 1 \cdot 1 \cdot 1} = 64\ .$$

Dieses Rudolffsche Verfahren ist identisch mit der sog. Reesschen Regel so wie sie bei **de Rees** tatsächlich steht [19 ff., 69 ff., Dritter und Sechster Unterricht]. Im Gegensatz dazu soll nach **Unger** [92, 170 f.] bei der Reesschen Regel die Frage nicht mehr in der letzten, sondern vielmehr in der ersten Zeile stehen.

3.1.3 Der einfache falsche Ansatz

Eine weitere Methode, algebraische Aufgaben ohne die Symbolik der Algebra zu lösen, ist die Methode der Versuchszahl oder des falschen Ansatzes. Ist f eine gegebene Funktion, und wird der Wert x gesucht, für den $f(x) = b$ ist, so setzt man einen – mehr oder weniger – willkürlichen gewählten Wert x_1 ein, berechnet $f(x_1) = b_1$, und schließt aus dem Verhältnis oder dem Unterschied zwischen b und b_1 auf x. Es gibt dabei verschiedene Möglichkeiten, und erst in ziemlich später Zeit ist eine in ihrer Form festgelegte Methode daraus geworden.

In der vorgriechischen Zeit ist die Interpretation der oft ohne Begründung vorgeführten Rechnung in vielen Fällen unsicher. So ist z.B. die Lösung der Aufgabe 24 des Papyrus Rhind gelegentlich als falscher Ansatz aufgefaßt worden, doch gibt es eine bessere Deutung (s. S. 385).

Ein altbabylonischer Text [ST; 101 ff., Texte XIX, Probl. C] behandelt die Aufgabe: Die Breite eines Rechtecks sei $\frac{3}{4}$ der Länge, die Diagonale sei 40. Welches sind Länge und Breite? Der Text sagt: *Setze 1 als Länge, 0;45 als Breite.* Dann wird gerechnet:

$$\sqrt{1^2 + 0;45^2} = 1;15\ .$$

Da die Diagonale aber nicht 1; 15, sondern 40 sein sollte, wird für die Länge

$$l = \frac{1}{1;15} \cdot 40$$

berechnet.

Man kann hier an die Versuchszahl 1 denken, aber auch daran, daß der Koeffizient von l in der Gleichung

$$d = \sqrt{l^2 + b^2} = l \cdot \sqrt{1^2 + 0;45^2} = 40$$

berechnet wurde (vgl. [VM; 2, 63]).

Ebenfalls altbabylonisch ist die Lösung einer Aufgabe (BM 85 196, 18 [MKT; 2, 49 f.], [TMB; 46, Nr. 91], [VM; 2, 46 f.]), die von zwei Ringen handelt und in moderner Schreibweise auf das Gleichungssystem führt:

$$\frac{x}{7} + \frac{y}{11} = 1\ , \qquad (1)$$

$$\frac{6}{7}\,x = \frac{10}{11}\,y\ . \qquad (2)$$

Als Lösung wird ohne genauere Ausführung

$$\frac{x}{7} = \frac{11}{7+11} + \frac{1}{72}\ , \quad \frac{y}{11} = \frac{7}{7+11} - \frac{1}{72}$$

angegeben, wobei das Zusatzglied nur stillschweigend angebracht wird.

Nun sieht man leicht, daß (1) durch den Ansatz

$$\frac{x_1}{7} = \frac{11}{7+11}\ , \quad \frac{y_1}{11} = \frac{7}{7+11}$$

erfüllt wird. Setzt man diese Werte von x_1, y_1 an Stelle von x und y in (2) ein, so erhält man

$$\frac{10}{11}\,y_1 - \frac{6}{7}\,x_1 = \frac{4}{18}\ , \qquad (D)$$

also ist x_1 zu klein, y_1 zu groß. Damit die Gleichung (1) erfüllt bleibt, muß man die Korrektur so ansetzen:

$$\frac{x}{7} = \frac{x_1}{7} + d = \frac{11}{18} + d\ , \quad \frac{y}{11} = \frac{7}{18} - d\ .$$

d ist in $\frac{6}{7}$ x 6-mal, in $\frac{10}{11}$ y 10-mal enthalten. Also muß die Differenz (D)

$$\frac{4}{18} = 16\,d$$

sein. Daraus ergibt sich $d = 1/72$.

Ob der Rechner tatsächlich so gedacht hat, ist aus dem Text nicht zu entnehmen. Wenn wir aber fragen, ob den Babyloniern die Methode einer Versuchszahl mit additiver Korrektur bekannt war, so muß diese Möglichkeit wohl berücksichtigt werden.

Diophant verwendet Versuchszahlen bei einigen Aufgaben des folgenden Typs [1; VI, Aufg. 6 und 7]: *Es ist ein rechtwinkliges Dreieck von der Art zu finden, daß seine Fläche, um eine der Katheten vergrößert gleich einer gegebenen Zahl ist.* Dabei sollen die Längen der Seiten rationale Zahlen sein. Es wird zunächst ohne Rücksicht auf die Größe ein geeignetes rechtwinkliges Dreieck ermittelt und dann dessen Seiten mit einem passenden rationalen Faktor multipliziert.

Eine eigenartige Rolle spielen Versuchszahlen in Buch IV, Aufg. 15 (und ähnlich in Aufg. 21). Es ist das Gleichungssystem zu lösen

$$(x+y)\,z = 35 \qquad (1)$$
$$(y+z)\,x = 27 \qquad (2)$$
$$(z+x)\,y = 32\,. \qquad (3)$$

Diophant führt als Hilfsunbekannte $s = z$ ein.[1] Dann ergibt (1):

$$x + y = \frac{35}{s}\,.$$

Nun setzt er willkürlich

$$x = \frac{10}{s}\,, \qquad y = \frac{25}{s}\,.$$

wir rechnen parallel

$$x = \frac{u}{s}\,, \qquad y = \frac{v}{s}$$

$$u + v = 35\,.$$

Dann folgt aus (2)

$$\left(\frac{25}{s} + s\right)\frac{10}{s} = 27 \qquad\qquad \left(\frac{v}{s} + s\right)\frac{u}{s} = 27$$

und aus (3)

$$\left(\frac{10}{s} + s\right)\frac{25}{s} = 32\,. \qquad\qquad \left(\frac{u}{s} + s\right)\frac{v}{s} = 32$$

Die Differenz der linken Seiten ist 15, die der rechten Seiten 5.

$$v - u = 5\,.$$

Nun wirft **Diophant** die Versuchszahlen einfach fort und sagt: *Es ist also 35 in zwei Summanden zu zerlegen, deren einer den anderen um 5 übertrifft.* Die Versuchszahlen spielen also hier genau die Rolle der von uns benutzten Unbekannten u, v. – Der weitere Gang der Lösung der Aufgabe ist unproblematisch.

---

1) Wir bezeichnen hier die Unbekannte mit s, weil Diophants Symbol (s. S. 375) Ähnlichkeit mit einem Schlußsigma hat.

In einer von **Metrodorus** zusammengestellten Sammlung stehen eingekleidet die folgenden Aufgaben [Diophant 1; 2, 43 ff.]:

1. $x - (\frac{1}{2} + \frac{1}{4} + \frac{1}{7}) \cdot x = 3$.

2. $x - (\frac{1}{2} + \frac{1}{8} + \frac{1}{10} + \frac{1}{20}) \cdot x = 9$.

3. $x - (\frac{1}{5} + \frac{1}{12} + \frac{1}{8} + \frac{1}{20} + \frac{1}{4} + \frac{1}{7}) \cdot x = 500$.

Zur Lösung setzt man x als das kleinste gemeinsame Vielfache der Nenner an. Bei der 1. Aufgabe hat man damit sofort die Lösung $x = 28$ und bei der 2. Aufgabe $x = 40$. Ein Scholion zur 2. Aufgabe sagt: Wäre nicht die Zahl 9 gegeben gewesen, sondern 6, so müßte man als Lösung eine Zahl suchen, die sich zu 40 verhält wie 6 zu 9. Das ist $26\frac{2}{3}$. Bei der 3. Aufgabe liefert der Ansatz $x_1 = 840$ (= k.g.V. der Nenner) das Ergebnis 125 statt 500. *Da aber 500 das Vierfache von 125 ist, ist das Vierfache von 840, nämlich 3 360, die Lösung.*

Die Chinesen haben bereits im 2. Jh. v. Chr. den wichtigeren „doppelten falschen Ansatz" gekannt, von dem wir im folgenden Abschnitt berichten.

Bei den Indern kommen im **Bakhshālī**-Manuskript Aufgaben vor, die mit einer Versuchszahl und additiver Korrektur gelöst werden. Eine solche Aufgabe ist:

$$x + y = 13 , \quad y + z = 14 , \quad z + x = 15 .$$

Der Rechner setzt $x_1 = 5$ und erhält $y_1 = 8, z_1 = 6$ und $x_1 + z_1 = 11$.

⟨Ist die richtige Lösung

$$x = x_1 + d ,$$

so wird
$$y = y_1 - d$$
$$z = z_1 + d ,$$

also

$$z + x = z_1 + x_1 + 2d ;$$

d ist also aus $15 = 11 + 2d$ zu bestimmen.⟩

Dieser Gedankengang dürfte leicht im Kopf zu vollziehen sein. Im Text steht nur, daß

$$x = 5 + \frac{15 - 11}{2}$$

ist, und auch das ist aus dem schlecht erhaltenen Manuskript nur schwer herauszulesen [166], [DS; 2, 48 f.].

Schließlich bildet sich eine feste Regel für die Lösung der Gleichung $ax = b$ mit Hilfe einer Versuchszahl x_1, die $a x_1 = b_1$ liefert, und mit multiplikativer Korrektur, die oft in der Form des Dreisatzes erscheint: x_1 ergibt b_1, welche Zahl x ergibt b?

Bhāskara II nennt die Methode *iṣṭa-karma* (Operation mit einer Versuchszahl) und beschreibt sie so [1; 23]: *Eine nach Belieben angenommene Zahl wird behandelt wie in der Aufgabe angegeben, multipliziert, dividiert, sowie vermehrt oder vermindert um*

Bruchteile ⟨ihrer selbst⟩. *Dann wird die gegebene Größe* ⟨b⟩, *multipliziert mit der angenommenen Zahl und dividiert durch das (was die Rechnung ergeben hat* ⟨b_1⟩*), die gesuchte Zahl ergeben.* Als Beispiel löst **Bhāskara** die (in Worten angegebene) Gleichung:

$$f(x) = \frac{5x - \frac{5x}{3}}{10} + \frac{x}{3} + \frac{x}{2} + \frac{x}{4} = 68 .$$

Als Versuchszahl setzt er $x_1 = 3$ an; dann ist:

$$f(x_1) = 1 + 1 + \tfrac{3}{2} + \tfrac{3}{4} = \tfrac{17}{4}$$

$$x = 68 \cdot \frac{x_1}{f(x_1)} = (68 \cdot 3) : \tfrac{17}{4}$$

In ähnlicher Weise wird die Methode einer Versuchszahl in arabischen Werken beschrieben [Suter 6; 118 f.], zeitlich schon vor **Bhāskara** und auch im Zusammenhang mit der Methode zweier Versuchszahlen.

Im Abendland wird die Methode einer Versuchszahl als ein einfacher Fall der Methode zweier Versuchszahlen angesehen, so z.B. von **Leonardo von Pisa** [1; **1**, 318]. Er weist ausdrücklich darauf hin, daß die Versuchszahl so gewählt werden soll, daß sie *ganzzahlig geteilt werden kann durch* ⟨die Nenner⟩ *alle* ⟨r⟩ *Brüche, die in der Aufgabe vorkommen* [1; **1**; 173].

3.1.4 Der doppelte falsche Ansatz

L.: Smeur [2].

Hat die zu lösende Gleichung nicht die Form $ax = b$, sondern $f(x) = ax + p = b$, so kommt man mit einer Versuchszahl nicht aus, da man sozusagen a und p zu eliminieren hat. Man nimmt also zwei Versuchszahlen x_1, x_2 an und berechnet die Differenzen

$$f(x_1) - b = d_1$$
$$f(x_2) - b = d_2 .$$

Dann gilt

$$\frac{d_1}{x_1 - x} = \frac{d_2}{x_2 - x} ,$$

d.h. die Differenz der Funktionswerte ist proportional der Differenz der Argumentwerte. Das könnte schon in früheren Zeiten einleuchtend gewesen sein.

Daraus ergibt sich

$$x = \frac{x_1 d_2 - x_2 d_1}{d_2 - d_1} . \qquad (1)$$

Eine andere Möglichkeit ist die folgende:
Aus

$$\frac{f(x_2) - f(x_1)}{x_2 - x_1} = \frac{f(x_2) - f(x)}{x_2 - x}$$

ergibt sich

$$x_2 - x = \frac{f(x_2) - f(x)}{f(x_2) - f(x_1)} (x_2 - x_1) . \qquad (2)$$

Diese Formel vereinfacht sich noch ein wenig, wenn man als Versuchszahlen die der Lösung nächstgelegene kleinere und größere ganze Zahl wählt; dann ist $x_2 - x_1 = 1$.

Während der doppelte falsche Ansatz bei einer linearen Gleichung die exakte Lösung liefert, liefert er für eine nichtlineare Gleichung nur eine Näherungslösung. Eine solche Rechnung kommt bereits in altbabylonischer Zeit vor (AO 6770,2) [MKT; 2, 40] = [TMB; 72, Nr. 146]. Gefragt wird, in wieviel Jahren ein Kapital von 1 *gur* (s. S. 86) bei 20% Zinseszinsen sich verdoppelt. Das Kapital wächst (wir schreiben sexagesimal):

in 3 Jahren auf $(1;12)^3 = 1;43,40,48$,
in 4 Jahren auf $(1;12)^4 = 2;4,24,57,36$.

Der Text gibt an, daß man von 4 Jahren 2; 33, 20 Monate abziehen muß. Wenn man nach Formel (2) rechnet, kommt genau dieser Wert heraus, s. S. 536.

China

Von den *Neun Büchern* ist das 7. Buch mit dem Titel *Überschuß und Fehlbetrag* dieser Methode gewidmet (*Ying pu tsu; ying* = Überschuß, *pu* = nicht, *tsu* = genügend). Ein Beispiel (Aufgabe 11): *Eine Binse wächst am 1. Tag um eine Länge von 3 Fuß; ein Riedgras wächst am 1. Tag um eine Länge von 1 Fuß. Die Binse wächst täglich die Hälfte ihres* ⟨Zuwachses vom Tag zuvor⟩, *das Riedgras wuchs täglich das Doppelte seines* ⟨Zuwachses vom Tag zuvor⟩. *Frage: in wieviel Tagen* ⟨sind sie gleich lang⟩ *und* ⟨wie groß ist⟩ *die gleiche Länge? Die Antwort sagt:* ⟨Es sind⟩ $2\frac{6}{13}$ *Tage. Jede Länge* ⟨ist⟩ *4 Fuß 8* $\frac{6}{13}$ *Zoll. – Die Regel lautet: Angenommen, es sollen 2 Tage sein, dann ist der Fehlbetrag 1 Fuß 5 Zoll;* ⟨angenommen⟩ *es sollen 3 Tage sein, dann hat man einen Überschuß von 1 Fuß 7 Zoll und ein halbes.* (1 Fuß = 10 Zoll.) Die der Formel (1) entsprechende Rechenvorschrift ist vorher in Worten ausführlich angegeben. Es bleibt offen, ob man hier ein stetig beschleunigtes Wachstum annehmen will – dann hätte man eine Näherungslösung – oder ob man annehmen will, daß die Wachstumsgeschwindigkeit jeweils einen Tag lang konstant ist – dann ist die Lösung genau.

Bei den Indern kommt zwar der einfache, aber nach unserer bisherigen Kenntnis nicht der doppelte falsche Ansatz vor [Juškevič 1; 120, 214].

Die Araber haben – anscheinend seit **al-Ḫwārizmī** – den doppelten falschen Ansatz oft und ausführlich behandelt. In einer Schrift, deren Entstehungszeit und Verfasser unbekannt sind, wird die Methode den Indern zugeschrieben *(Liber augmenti et diminutionis*

... ex eo quod sapientes Indi posuerunt ...) **Juškevič** bemerkt: *Die Ähnlichkeit der Terminologie mit den chinesischen Ausdrücken „Überschuß" und „Fehlbetrag" läßt sich hier nicht übersehen* [1; 214, Fn.].

Qusṭā ibn Lūqā hat geometrische Beweise für die Formel (1) geliefert. Da er keine negativen Zahlen zuläßt, muß er drei Fälle unterscheiden, von denen wir hier nur denjenigen wiedergeben, der bei positiven Werten der Größen gerade auf (1) führt.

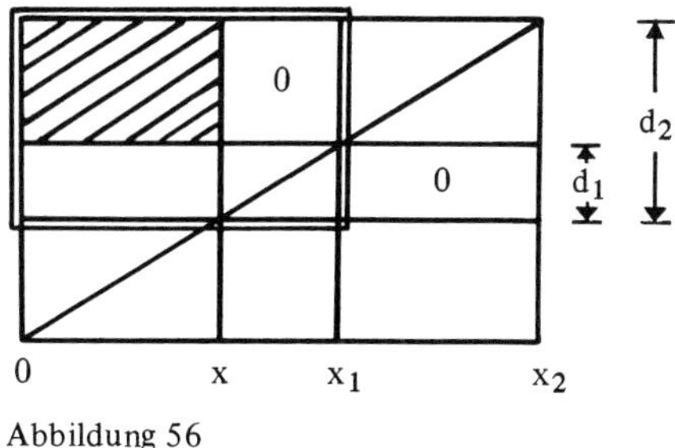

Abbildung 56

$x(d_2 - d_1)$ ist das schraffierte Rechteck, $x_1 \cdot d_2$ das doppelt umrandete. Die Differenz, die Gnomonfigur, ist wegen der Gleichheit der mit 0 bezeichneten Rechtecke gleich dem Streifen $x_2 \cdot d_1$ [Suter 6; 114f.].

Allerdings ist dieser „Beweis" eigentlich nur eine geometrische Darstellung des Übergangs von der Proportion

$$d_1 : (x_1 - x) = d_2 : (x_2 - x) ,$$

die vorausgesetzt werden muß, zur Formel (1).

Bei **Qusṭā ibn Lūqā** erscheint der Name *ḥisāb al-ḫaṭa'ain* (Rechnung der beiden Fehler), mit dem das Verfahren dann auch im Abendland allgemein bezeichnet wurde. Er sagt [Suter 6; 112]: *Es ist dies das umfassende (allgemeine) Kapitel, mit dessen Hilfe alle Aufgaben der Rechenkunst, in denen keine Wurzeln vorkommen, gelöst werden können.*

In einer anonymen Schrift wird noch genauer gesagt [Suter 6; 117]: *Wisse, daß es auf diesem Wege nicht möglich ist, eine Aufgabe zu lösen, in der Quadrat- oder Kubikwurzeln vorkommen; dagegen sind die Fälle möglich, in denen nur die Operationen Verdoppelung, Halbierung, Addition, Subtraktion, Multiplikation und Division vorkommen.*

Al-Qalaṣādī bringt die Methode als *Operation mit den Waagschalen* [49 ff.].

Für die Übernahme im Abendland zitieren wir **Leonardo von Pisa** [1; **1**, 318]: *Incipit capitulum 13 de regulis elchatayn, qualiter per ipsam fere omnes questiones abaci soluuntur. – Elchataieym quidem arabice, latine duarum falsarum posicionum regula interpretatur, per quas fere omnium questionum solutio inuenitur.* Auch er betont also die allgemeine Anwendbarkeit der Regel, die er in dem beiden Formen (1) und (2) (S. 371 f.) vorträgt.

Gemma Frisius bedient sich des doppelten falschen Ansatzes bei der Lösung der rein-quadratischen Gleichung

$$\frac{3}{2} x^2 = 200$$

Da die Gleichung in x^2 linear ist, erhält er zunächst einen exakten Wert von x^2, aus dem dann noch die Wurzel zu ziehen ist [103]. Bei einer rein-kubischen Gleichung hat man Linearität in x^3, und muß dann eine Kubikwurzel ziehen [109].

Je mehr die mit Symbolen arbeitende Algebra sich ausbreitet, desto mehr treten diese Regeln zurück. Der doppelte falsche Ansatz gewann jedoch eine neue Bedeutung, als er als Näherungsverfahren zur Lösung von Gleichungen höheren Grades benutzt wurde. So hat **Cardano** ihn angewandt, der zudem noch durch wiederholte Anwendung die Güte der Näherung verbesserte [3; Kap. 30] (s. S. 505).

3.2 Die algebraische Ausdrucksweise

3.2.1 Bezeichnungen und Symbole für die Unbekannten

Bei Aufgaben aus der Praxis sind die gesuchten Größen Mengen von Gegenständen (Brote, Anzahl von Menschen und Tagen, die für eine bestimmte Arbeit benötigt werden, Längen, Breiten und Tiefen von Gräben usw.), bei denen eine bestimmte Bezeichnung durch die Aufgabe vorgegeben ist. Erst bei Abstraktion oder bei Scherz- und Rätselaufgaben kommt es vor, daß die gesuchten Größen reine Zahlen ohne konkrete Bedeutung sind.

Die Einführung einer bestimmten allgemeinen Bezeichnung für die Unbekannte, die im Laufe der Zeit in ein Symbol übergeht, das in der Rechnung wie eine bekannte Größe behandelt werden kann, ist oft als ein wichtiger Schritt bei der Lösung von Aufgaben besonders hervorgehoben worden. **Al-Ḫwārizmī** sagt: . . . *so ist die Rechenvorschrift, daß du, was von der Schuld herkommt, ‚Etwas'* (šai') *nennst* . . . [Ruska 2; 57]. **Leonardo von Pisa** spricht von einer *regula recta, qua arabos utuntur,* und nennt sie *valde laudabilis, cum per ipsam infinite questiones solvi valeant.* Sie besteht darin, daß man für den Besitz des einen (zweiten) von zwei Menschen, die Geld austauschen, – modern gesprochen: x einsetzt; bei **Leonardo** heißt es: *pone secundum hominem habere rem* [1; **1**, 191]. **Stifel** sagt [1; 228ᵛ]: *Haec est autem famosa illa regula algebrae.*

Die Ägypter verwenden für die gesuchte Größe das Wort *Haufen*, das im Papyrus Moskau so geschrieben wird:

[110 ff.]. Darin ist das Zeichen ○ für ein Sand- oder Getreidekorn, also für einen konkreten Gegenstand enthalten. Die Umschrift ist ᶜḥᶜ; man vokalisierte es früher als *hau*, heute spricht man *acha*. In dem etwas jüngeren Papyrus Rhind [Aufg. 24 ff.]ist dieses Zeichen durch die Buchrolle, das Zeichen eines abstrakten Begriffs, ersetzt, eine Andeutung für den Übergang zu einer abstrakten Bedeutung des Wortes für die Unbekannte.

In einer Aufgabe eines Berliner Papyrus kommen zwei Unbekannte in der Form vor: $\frac{3}{4}$ des ersten Haufens für den andern [Neugebauer 4; 310 f.].

Bei den Babyloniern werden hauptsächlich die Worte *Länge* und *Breite* im mathematischen Sprachgebrauch Bezeichnungen für unbekannte Größen. Daß von ihrer geometrischen Bedeutung abgesehen wird, sieht man daran, daß Längen, Flächen und Volumina ohne Rücksicht auf die Dimension addiert werden. (Es werden gelegentlich auch Menschen und Tage addiert.) [MKT; **1**, 200 und öfter].

Es gibt bei den Babyloniern auch eine Klasse von Aufgaben, in denen nach reinen Zahlen gefragt wird, und zwar dann stets nach einer Zahl und ihrer Reziproken, die als *igū* und *igibū* bezeichnet werden [TMB; 115 f.] [MKT; **1**, 350] (VAT 8520). *igū* bedeutet „Auge"; gedacht ist also an zwei Zahlen, die sich (vis-à-vis) gegenüberstehen.

Die Griechen haben algebraische Probleme oft in geometrischer Form behandelt. Dann steht die Sprache der Geometrie für die Algebra zur Verfügung.

Von reinen Zahlen ist im *Epanthema* des **Thymaridas** die Rede (4. Jh. v. Chr. [Iamblichos 1; 62 f.]), ferner im Papyrus Michigan 620 [30 ff.] aus der Zeit vor **Diophant** und bei **Diophant** (um 250 n.Chr., [1]). Als Symbol für die Unbekannte steht im Papyrus Michigan 620 und bei **Diophant** ς, das aus den Anfangsbuchstaben von *ἀριθμός* entstanden sein könnte. Es kommt auch mit Deklinationsendungen vor: $ς^{οῖς}$ [1; Buch III, Aufg. 10], $ς^{ῶν}$ [IV, 8 u. 33], $ς^{οῦ}$ [1; IV, 33, Lemma]. Daneben werden die erste, zweite usw. gesuchte Zahl $ὁ\ α^{ος}$, $ὁ\ β^{ος}$ usw. bezeichnet; diese Abkürzungen werden aber in der eigentlichen Rechnung nicht benutzt.

Von nun an kommen die Unbekannten oft gemeinsam mit ihren Potenzen vor. Deshalb ist als Ergänzung stets 2.4.1, S. 263–296 heranzuziehen, für **Diophant** 266. Für x^0 verwendet **Diophant** das Wort *μονάς* (Einheit), abgekürzt: $\overset{\circ}{\mathrm{M}}$.

Bei den Chinesen werden die Koeffizienten der Gleichungen in einem bestimmten geometrischen Schema angeschrieben; das ersetzt die Bezeichnung der Unbekannten [N; **3**, 129 f.]. Mehrere Unbekannte werden durch ihre Plätze im Schema gekennzeichnet (s. S. 432).

Bei den Indern heißt die Unbekannte *yāvat-tāvat*, und zwar schon im *Sthānāṅga-sūtra* (vor 300 v. Chr.) [DS; **2**, 9], dann bei **Brahmagupta** (628) und **Bhāskara II** (12. Jh.). Die Potenzen werden mit *varga* (= Quadrat) und *ghana* (= Kubus) bezeichnet und abgekürzt so geschrieben:

yā	=	*yāvat-tāvat*	⟨= x⟩
yāv	=	*yāvat varga*	⟨= x^2⟩
yāgh	=	*yāvat ghana*	⟨= x^3⟩
yāvv	=	*yāvat varga varga*	⟨= x^4⟩

usw. (vgl. S. 269). Bei **Brahmagupta** tritt erstmals die Bezeichnung *avyakta* für die Unbekannte auf [2; XVIII, 2, Vers 43 (44)], im Gegensatz zu *vyakta*, das „bekannt" bedeutet; daher kommt der Name *vyakta gaṇita*, das Rechnen mit bekannten Größen, d.h. die Arithmetik, so z.B. bei **Bhāskara II** [4; Einführungsvers].

Für x^0 wird *rūpa* (= Form, Gestalt), abgekürzt *rū*, geschrieben, z.B. **Bhāskara II** [2; 207 ff., 185], [DS; 2, 15]. Im Bakhshālī-Manuskript wird das absolute Glied als *dṛśya* (das Sichtbare) bezeichnet [191 ff.], [DS; 2, 12].

Treten mehrere Unbekannte auf, so werden sie durch Farben bezeichnet:

kālaka,	abgekürzt	*kā*	=	schwarz
nīlaka,	abgekürzt	*nī*	=	blau
pītaka,	abgekürzt	*pī*	=	gelb
lohitaka,	abgekürzt	*lo*	=	rot und weitere.

yā 5 *kā* 2 *nī* 8 *pī* 7 bedeutet $5x_1 + 2x_2 + 8x_3 + 7x_4$
(**Bhāskara** II) [3; 232], [DS; 2, 17 ff.].

Bei den Arabern sind die Fachworte für die Unbekannte und ihre Potenzen

شيء	*šai'*	=	Sache, Ding	für x
جذر	*ǧiḏr*	=	Wurzel	für x
مال	*māl*	=	Vermögen	für x^2
كعب	*kac b*	=	Würfel	für x^3 .

Die höheren Potenzen werden durch Kombination von *māl* und *ka*^{c}*b* gebildet (s. S. 273). Die reinen Zahlen in einer Gleichung werden als *dirhem* (Geldeinheit) bezeichnet.

Als Abkürzungen werden manchmal die Anfangsbuchstaben benutzt, die über die Koeffizienten geschrieben werden, z.B.:

$$x^2 + 10x = 5\,6, \text{ nämlich } 56 = \overset{\check{s}}{10}\ \overset{m}{1}$$

٥٦ ل ١٠ ١ (mit ش über ١٠ und م über ١)

Bei **al-Qalaṣādī** kommen auch die Endbuchstaben als Abkürzungen vor:

ر	= r = *(ǧiḏ)r*	für x
ل	= l = *(mā)l*	für x^2
ب	= b = *((ka*^{c}*)b*	für x^3

[Woepcke 2; 352, 366, 379].

Abū Kāmil bezeichnet vier Unbekannte mit *šai', dīnār* (= *Denarius*), *fals* (= *Obolus* = Pfennig) und *ḫatm* (= Siegel, Ende) [3; 102 ff.].

Als im 12. Jahrhundert zahlreiche arabische Schriften ins Lateinische übersetzt wurden, wurden auch die Fachwörter für die Unbekannte und ihre Potenzen im Abendland eingeführt. *šai'* wurde mit *res* übersetzt, *ǧiḏr* mit *radix*, *māl* mit *census*, *ka*^{c}*b* mit *cubus*, so z.B. in **Robert von Chester**s Übersetzung der Algebra von **al-Ḫwārizmī**.

Leonardo von Pisa nennt die Unbekannte im allgemeinen *res* [1; **1**, 191 und öfter], **Luca Pacioli** *cosa* [a; 112r], **Tartaglia** *radice* oder *cosa* [1; **3**, Teil 6, A 1r] (s. auch S. 281 ff.), **Cardano** *res* oder *positio* [3; Kap. 1, §1, 2], **Bombelli** *il Tanto* [1; 64].

Zwei Unbekannte unterscheidet **Leonardo** durch die Bezeichnungen *causa* und *res* [1; **1**, 236], **Luca Pacioli** durch *cosa* und *quantitas*; die letztere Bezeichnung zieht er der „in alten Büchern üblichen" Bezeichnung *cosa seconda* vor [a; 148v].

In deutschen Algebra-Büchern wird *res* durch *ding(k)* wiedergegeben (s. S. 282). **Stifel** sagt in [2; 20v] *Summa* (was er offenbar als ein im Deutschen übliches Wort ansieht), und kürzt es durch *sum* ab. Für x^{10} schreibt er [2; 67r]:

sum. sum. sum. sum. sum. sum. sum. sum. sum. sum.

Abkürzungen treten bereits in einer Handschrift auf, die vor 1380 entstanden ist, nämlich im MS Lyell 52. Hier werden *res* und *census* durch r und c wiedergegeben (s. S. 281). Darüber hinaus wird bei r und c das Vorzeichen berücksichtigt, d.h. im Fall, daß der jeweilige Term positiv ist, werden sie unterstrichen, im Fall, daß er negativ ist, unterpunktet; außerdem werden die positiven und die negativen Terme auf zwei verschiedenen Zeilen angeordnet, so daß der Ausdruck $2x^2 - 3x + 2x^2 - 4 + 5x - 2x^2 + 5x - 4$ schließlich folgendes Aussehen erhält [Kaunzner 9; 9 ff.]:

2	2	5	5
c̲	c̲	r̲	r̲
3	4̣	2	4̣
ṛ		c̣	

Im 15. Jahrhundert kommen die Abkürzungen [Symbol], [Symbol] für *radix*, *res*, [Symbol] für *census*, [Symbol] für *cubus* (s. S. 281) auf. Bei mehreren Unbekannten benutzt **Stifel** in der *Arithmetica integra* für die erste Unbekannte das Symbol [Symbol], für die zweite A *(1 A das ist 1 A [Symbol])*, für die dritte B usw. [1; 251v]. Während **Diophant** mit den weiteren Unbekannten nicht gerechnet hat, gibt **Stifel** Rechenregeln an, z.B.: *3A in 9B, fiunt 27AB* [1; 252r].

Buteo (1559) verwendet die Buchstaben A, B, C in linearen Gleichungen, z.B. [190]:

3 A. 1 B. 1 C [42 ⟨d.h. $3x + 1y + 1z = 42$
1 A. 4 B. 1 C [32 $1x + 4y + 1z = 32$
1 A. 1 B. 5 C [40 $1x + 1y + 5z = 40$⟩.

In Gleichungen höheren Grades bezeichnet er die Unbekannte und ihre Potenzen als *linea*, *quadratum* und *cubus* und stellt diese Begriffe bildlich dar: [Symbol] (gemeint ist nicht der Buchstabe ρ, sondern das Bild einer Kurve), ◇ und [Symbol: Würfel]. Die Gleichung $x^2 + 4x = 45$ sieht in seiner Schreibweise so aus:

1◇ P 4 [Symbol] [45] [123, 172].

(Für [an Stelle des Gleichheitszeichens s. S. 170).

Schon 1484 hatte **Chuquet** die Potenzen durch die hochgestellten Exponenten allein ohne Angabe der Basis dargestellt (s. S. 286). Ähnlich machten es **Bombelli** und ihm folgend **Stevin. Bombelli**, der im 3. Buch seiner Algebra zahlreiche Aufgaben von **Diophant** bearbeitet hat, verfährt bei weiteren Unbekannten ebenso wie dieser: er nennt die gesuchten Zahlen *il primo, il secondo* usw., ohne jedoch mit ihnen zu rechnen [1; 433 = III, Probl. 30]. **Stevins** Verfahren ähnelt wieder mehr dem von **Stifel**. Die erste Unbekannte wird mit ① bezeichnet, die zweite mit 1 *sec* ① , die dritte mit 1 *ter* ① , die vierte mit 1 *quart* ① , und für diese Ausdrücke werden Rechenregeln angegeben. Trotzdem werden sie in der Rechnung möglichst sofort durch die erste Unbekannte ausgedrückt [Stevin 2 a; I, Def. 28, II, Probl. 62–65, Question 24] = [1; 522 f., 550, 705 ff.].

Wenige Jahre später (1591) kombinierte **Viète** die symbolische Darstellung der unbekannten mit der der bekannten Größen.

3.2.2 Das Rechnen mit Unbekannten

Daß die Unbekannten durch Namen und dann durch Symbole bezeichnet werden, kommt erst dann richtig zur Wirkung, wenn mit diesen Symbolen auch gerechnet wird. Das geschieht – anscheinend erstmals – bei **Diophant**, und zwar in zweifacher Weise:

1. Das Ausführen der Rechenoperationen mit den Unbekannten. **Diophant** lehrt die Multiplikation und Division von Potenzen (der Unbekannten) [1; Anfang von Buch I]. Addition und Subtraktion gleichartiger Größen wird nicht ausdrücklich durch Regeln erfaßt, aber selbstverständlich ausgeführt.
2. Das Umformen von Gleichungen. **Diophant** lehrt: *Wenn man bei einer Aufgabe auf eine Gleichung kommt, die auf beiden Seiten dieselbe Potenz der Unbekannten, aber mit verschiedenen Koeffizienten enthält, so muß man Gleichartiges von Gleichartigem abziehen* (ἀφαιρεῖν), *bis ein Glied einem Gliede gleich wird. Wenn aber auf beiden Seiten der Gleichung abzuziehende Glieder vorkommen, so muß man die abzuziehenden Glieder auf beiden Seiten addieren* (προσθεῖναι), *bis auf beiden Seiten alle Glieder positiv geworden sind; und dann muß man ebenfalls Gleichartiges von Gleichartigem abziehen, bis auf jeder Seite der Gleichung ein Glied übrig bleibt.* [1; **1**, 15].

Bei den Indern gibt **Brahmagupta** (628) ganz kurz Regeln für das Rechnen mit Unbekannten an. Sie besagen, daß man bei Addition und Subtration gleiche Potenzen zusammenfassen, ungleiche getrennt stehen zu lassen hat; ferner: *das Produkt zweier gleicher Größen ist ein Quadrat,* ⟨das Produkt⟩ *von dreien oder mehreren ist die Potenz der entsprechenden Bezeichnung. Das Produkt verschiedenartiger Größen, wobei die Symbole entsprechend zu multiplizieren sind, ist ein ‚factum'* [1; 343].

Bhāskara II (12. Jh.) sagt, daß die Bezeichnung *yāvat-tāvat* und die Farben für die Unbekannten eingeführt wurden, um mit ihnen zu rechnen. Die Rechenregeln gibt er grundsätzlich in der gleichen Weise wie **Brahmagupta** an, nur ausführlicher und mit Beispielen [3; 139 ff.].

Zwischen **Brahmagupta** und **Bhāskara II** liegt die Blütezeit der arabischen Mathematik.

Die Araber erscheinen uns hier als die Systematiker, die das Grundsätzliche geordnet herausarbeiten und ausführlich darstellen.

Für das Umformen von Gleichungen kommen bei **al-Ḫwārizmī** vier Operationen in Frage [Ruska 2; 11]:

1. *al-ǧabr*, die Ergänzung. Das Wort bedeutet eigentlich „Einrichten", und zwar in der Chirurgie das Einrichten gebrochener Glieder. Es ist die Operation, die **Diophant** mit *προσθεῖναι* bezeichnet; die lateinische Übersetzung ist *restauratio*. **Al-Ḫwārizmī** erläutert die Operation u.a. in Aufgabe 1 [4; 102 ff.], [Ruska 2; 8]. Ein Stück des Textes lautet: *Es ist also ein Vermögen gleich vierzig Etwas weniger vier Vermögen.*

   $\langle x^2 = 40x - 4x^2 \rangle$.

   Ergänze es nun durch die vier Vermögen, und füge sie dem einen Vermögen hinzu, so werden vierzig Etwas gleich fünf Vermögen.

2. *al-muqābala* (*oppositio*, Ausgleichung); das entspricht dem *ἀφαιρεῖν* **Diophant**s. Zur Erläuterung aus Aufgabe 5 [al-Ḫwārizmī 4; 108 f.], [Ruska 2; 9]: *Es sind also fünfzig Dirhem und ein Vermögen gleich neunundzwanzig Dirhem und zehn Etwas.*

   $\langle 50 + x^2 = 29 + 10x \rangle$.

   Gleiche nun damit aus, und dies besteht darin, daß du wegwirfst von den fünfzig neunundzwanzig, so daß bleibt einundzwanzig Dirhem und ein Vermögen gleich zehn Etwas.

   Ferner ist der Koeffizient der höchsten Potenz der Unbekannten zu 1 zu machen. Das geschieht durch

3. *al-radd*, Zurückführung, wenn er $>$ 1 ist, und zwar durch Division oder Subtraktion. Ein Beispiel für Subtraktion könnte schon im Papyrus Rhind vorliegen [Aufg. 28] [VM; **1**, 56] (s. S. 385 f.).

   $\frac{10}{9}x = 10$ wird durch Subtraktion des 10. Teiles von beiden Seiten zu $\frac{9}{9}x = x = 9$.

4. *al-ikmāl*, Vervollständigung, wenn der Koeffizient $<$ 1 ist, und zwar durch Multiplikation oder Addition. Ein Beispiel für Addition ist das 13. der *zusätzlichen Probleme* [al-Ḫwārizmī 4; 119]: Bei der Aufgabe $\frac{2}{3}x^2 = 5$ wird beiderseits die Hälfte addiert: $x^2 = 5 + \frac{5}{2}$.

Die Rechenoperationen erklärt **al-Ḫwārizmī** so weit, wie er sie für die Aufstellung quadratischer Gleichungen braucht, nämlich bis zur Multiplikation zweier Binome, z.B.:

$$(10 + \tfrac{1}{2}x)(\tfrac{1}{2} - 5x) \qquad [5; 21-34].$$

Zusammen mit den Rechenoperationen für Unbekannte werden übrigens die Rechenoperationen mit Wurzeln erklärt, die offenbar ähnlich wie die Unbekannten als Rechengrößen angesehen werden, die keine Zahlen sind (s. hierzu S. 135 f.).

Abū Kāmil behandelt ebenfalls die Multiplikation von Binomen [1; 52 ff.] [2; 50 f.], (**Karpinski** hat den Text nicht vollständig wiedergegeben, sondern z.T. nur den Inhalt referiert).

Al-Karaǧī geht etwas weiter, nämlich bis zu dreigliedrigen Polynomen, in denen auch höhere Potenzen der Unbekannten vorkommen [1; **3**, 5 ff.], [Woepcke 1; 51 ff.]. In der Aufzählung der Potenzen (bis zu x^9) und deren Reziproken schließt er sich **Diophant** an [Woepcke 1; 48 f.]. Er führt auch aus, was andere Autoren vielleicht als selbstverständlich angesehen haben: *Willst du ein Aggregat zu einem anderen addieren, so vereinigst du die gleichartigen Größen. Sind die Größen nicht gleichartig, so läßt du sie getrennt stehen und verbindest sie durch das Additionszeichen* (Fußnote wörtlich: das *We* der Verbindung.) [al-Karaǧī 1; **3**, 7].

In der Schrift *al-badī*ᶜ sagt **al-Karaǧī**, daß man mit der Unbekannten so rechnet wie mit einer bekannten Größe, ähnlich wie man in der Geometrie eine willkürlich gewählte Strecke dazu benutzt, andere Größen der betr. Figur zu messen. Er deutet auch an, daß man, indem man so mit der Unbekannten operiert, auf wirklich Bekanntes zurückkommen kann, und zwar in der Geometrie durch Konstruieren, in der Algebra durch Rechnen [2; 69ʳ, ff.]. Das entspricht der griechischen Methode der *Analysis*, die nach **Proklos** zur Zeit **Platons** entstanden sein soll [1; 67, 211]; **Euklid** gibt eine Definition [El. 13, 1 (Appendix)], **Pappos** eine ausführliche Beschreibung [1; 634 ff. = VII, 1, 2]. – Der Gedanke, daß das Rechnen mit einer Unbekannten in diesem Sinne als *Analysis* aufgefaßt werden kann, findet sich wieder bei **Viète** [3; Kap. I].

3.2.3 Symbole für bekannte Größen

Unbekannte Größen muß man durch Symbole bezeichnen, sonst kann man nicht (oder nur schwer) mit ihnen rechnen; bekannte Größen durch Symbole zu bezeichnen ist nützlich zur Darstellung allgemeiner Regeln wie z.B.

$$\left(\frac{a+b}{2}\right)^2 = \left(\frac{a-b}{2}\right)^2 + ab \quad .$$

oder zur Beschreibung des Lösungsweges von Gleichungen. Für beide Zwecke genügt jedoch auch das Vorrechnen numerischer Beispiele; man kann sich dabei vorstellen, daß die gegebenen Zahlen auch durch andere ersetzt werden könnten. Daß die Babylonier sich das so gedacht haben, ist u.a. daraus ersichtlich, daß gelegentlich eine Multiplikation mit 1 oder das Ausziehen der Quadratwurzel aus 1 ausdrücklich erwähnt wird (z.B. BM 13 901, 1 [MKT; **3**, 6] und VAT 8521, Vs. 5, 10 [MKT; **1**, 355]).

Wahrscheinlich hat **Hippokrates von Chios** [Simplikios 2] Punkte einer geometrischen Figur und **Archytas** [Boetius; 285] auch Zahlen durch Buchstaben bezeichnet. In beiden Fällen geht das freilich nur aus späten Quellen hervor (**Eudemos, Simplikios** und **Boetius**). **Platon** verwendet in seinen mathematischen Bemerkungen keine Buchstaben. Gesichert ist der Gebrauch von Buchstaben als Variable für Begriffe in der Logik des **Aristoteles** [An. pr. 1,2 = 25 a 14 und öfter].

Euklid verwendet Buchstaben zur Bezeichnung von Punkten, aber auch von Strecken. Da er in den arithmetischen Büchern Zahlen durch Strecken veranschaulicht, werden auch Zahlen durch Buchstaben bezeichnet, manchmal durch zwei Buchstaben für die Endpunkte der Strecke, manchmal durch nur einen Buchstaben [1; El. 7–9].

Der Byzantiner **Leon** (9. Jh. n.Chr.) hat in einem **Euklid**-Scholion Buchstaben zur Darstellung eines allgemeinen algebraischen Gesetzes benutzt [Euklid 1; **5**, 713–715]; *Gegeben seien die Zahlen α, β, γ; das Produkt aus α, β sei δ, das Produkt aus β, γ sei ϵ, das Produkt aus α, γ sei ζ, das Produkt aus α, ϵ sei η, das aus β, ζ sei ϑ, das aus γ, δ sei κ. Ich behaupte, daß die Zahlen η, ϑ, κ einander gleich sind.*

Es ist klar, daß hier die Buchstaben nicht wie sonst im Griechischen die Zahlen $\alpha = 1$, $\beta = 2$ usw. bedeuten können, sondern Variable sind, für die beliebige Zahlen eingesetzt werden dürfen. Wir würden heute schreiben:

$$\alpha \cdot (\beta \cdot \gamma) = \beta \cdot (\alpha \cdot \gamma) = \gamma \cdot (\alpha \cdot \beta) .$$

Leon verfügt aber noch nicht über Operationssymbole und Klammern, er kann also das Produkt nicht $(\alpha \cdot \beta)$ schreiben und mit diesem Ausdruck weiterarbeiten, sondern muß dafür einen neuen Buchstaben einführen.

Ähnlich beschreibt **Leonardo von Pisa** die Identität

$$\frac{b+g}{b} \cdot \frac{b+g}{g} = \frac{b+g}{b} + \frac{b+g}{g} :$$

Die Zahl a sei in zwei Teile b, g geteilt ⟨a = b + g⟩. *Man teile a durch b, das Ergebnis sei e; und man teile a durch g, das Ergebnis sei d. Ich behaupte, daß das Produkt von d in e gleich der Summe von d und e ist* [1; **1**, 455].

Leonardo benutzt Buchstaben auch dazu, das Lösungsverfahren von Gleichungen zu beschreiben. Manchmal bedeuten dabei die einzelnen Buchstaben je eine einzelne Zahl, z.B. in [1; **1**, 132 f.], während z.B. in [1; **1**, 175 f.] eine Zahl durch eine Strecke und diese durch zwei Buchstaben (ihre Endpunkte) dargestellt ist.

Jordanus Nemorarius verwendet sogar beide Darstellungen in einer Aufgabe [1; 135] = [2; 7]:

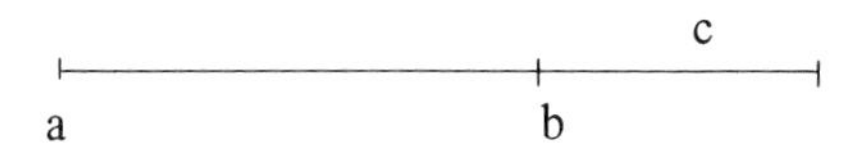

Text:	Erläuterung:
Die Zahl abc sei geteilt in ab und c	$x + y = abc$
und aus ab mal c entstehe die gegebene Zahl d.	$x \cdot y = d$
Aus abc mit sich selbst multipliziert entstehe e	$(x + y)^2 = e$
Davon werde das vierfache von d – es heiße f – abgezogen.	$-4xy = -f$
Der Rest sei g,	$(x + y)^2 - 4xy = g$
und das wird das Quadrat der Differenz von ab und c sein.	$g = (x - y)^2$
Daraus werde die Wurzel gezogen; sie sei b ⟨!⟩; das ist die Differenz von ab und c	$\sqrt{g} = b = x - y$
Da nun b und c gegeben sind, ist auch c und ab gegeben.	

In der Scholastik war es üblich, meßbare Größen – das sind solche, bei denen man Mehr oder Weniger unterscheiden kann – durch Buchstaben zu bezeichnen und auch in gewissem Umfang mit ihnen zu rechnen, so z.B. bei **Burley** und **Suiset** [Maier 2; 305], [Swineshead; 45].

Viète hat die Buchstaben systematisch verwendet. Er schreibt: *Quod opus, vt arte aliquâ iuuetur symbolo constanti et perpetuo ac benè conspicuo datae magnitudines ab incertis quaesititiis distinguantur, vt pote magnitudines quaesititias elemento A aliâ ue literâ vocali, E, I, O, V, Y, datas elementis B, G, D, aliïsue consonis designando* [3; 7^r].

Wohl ebenso wichtig ist, daß er die Buchstaben und Operationszeichen kombiniert sowie Klammern bzw. äquivalente Symbole des Zusammenfassens benutzt hat. **Harriot** ersetzte die großen Buchstaben **Viètes** durch die kleinen. Er wählte Kursivschrift, um die Formeln vom Text abzuheben. **Harriot** folgte **Viète** in der Verwendung der Vokale für unbekannte Größen. **Jan Hudde** ist der erste, der einer Buchstabengröße positive und negative Werte zuteilt [439].

Während **Fermat** an der Bezeichnungsweise von **Viète** festhält, hat **Descartes** in den *Regulae ad directionem ingenii* die kleinen Buchstaben a, b, c für die bekannten, die großen Buchstaben A, B, C für die unbekannten Größen [6; Reg. 16] benutzt. In der *Geometrie* verwendet er die ersten Buchstaben des Alphabets für die bekannten, die letzten für die unbekannten Größen, und zwar zunächst in der Reihenfolge z, y, x [2; 303]. Später, im selben Werk, ändert sich dann die Reihenfolge.

3.3 Gleichungen

3.3.1 Einteilung der Gleichungen

Eine systematische Gliederung der Gleichungslehre nach der Schwierigkeit der Aufgaben oder nach den Lösungsmethoden, nach der Zahl der Unbekannten und nach dem Grad der Gleichung kann natürlich nur in Lehrbüchern gefunden werden.

Für die Ägypter ist der Papyrus Rhind ein solches Lehrbuch, während der Papyrus Moskau eine ungeordnete Aufgabensammlung ist. Im Papyrus Rhind kommen nur einfache lineare Gleichungen vor, die meist nach wachsender Schwierigkeit geordnet sind.

Bei den Babyloniern gibt es große Aufgabensammlungen, in denen manchmal bestimmte Klassen von Aufgaben zusammengefaßt sind. So enthält z.B. der Text BM 85 200 + VAT 6599 [MKT; **1**, 200 ff.] = [TMB; 11–21, Nr. 22–44] 30 Aufgaben, die von Länge, Breite, Tiefe, Fläche und Volumen handeln. Dabei sind gewisse Typen von Aufgaben zu Gruppen zusammengefaßt, aber es treten sowohl lineare wie quadratische und kubische Probleme auf. BM 13 901 [MKT; **3**, 1 ff.] = [TMB; 1–10, Nr. 1–21] enthält quadratische Gleichungen, und zwar Nr. 1–7 solche mit einer Unbekannten, die folgenden Aufgaben solche mit zwei und mehr Unbekannten.

Diophant [1] fragt im allgemeinen nach Zahlen, die in bestimmten Beziehungen zueinander stehen, z.B. daß die Summe ihrer Quadrate wieder eine Quadratzahl ist. Die Ordnung der Aufgaben richtet sich nach der Art dieser Beziehungen, dabei beginnt freilich Buch I mit linearen Gleichungen mit (praktisch) einer Unbekannten (Aufg.

1–11), dann folgen lineare Gleichungen mit mehreren Unbekannten (Aufg. 12–25), dann quadratische Probleme.

Die *Neun Bücher* der Chinesen sind nach Aufgabengruppen mit gemeinsamen Lösungsmethoden gegliedert. Wir nannten bereits: Buch II: Dreisatz, Buch III: Proportionale Verteilung, Buch VII: Überschuß und Fehlbetrag. Ferner behandeln Buch VIII Systeme linearer Gleichungen (s.S. 396 ff.) und Buch IX quadratische Gleichungen im Zusammenhang mit geometrischen Problemen (s.S. 415).

Bei den Indern ist das Werk von **Āryabhaṭa I** eine Sammlung von Einzelproblemen, **Brahmaguptas** *Cuttaca* [1; 344 ff.] ein zusammenhängendes Lehrbuch. Hier ist so geordnet: Abschnitt III: Eine lineare Gleichung mit einer Unbekannten, Abschnitt IV: Quadratische Gleichungen mit einer Unbekannten, Abschnitt V: Lineare Gleichungen mit mehreren Unbekannten, Abschnitt VI: Gleichungen, die Produkte von Unbekannten enthalten. – Die gleiche Anordnung findet sich auch bei **Bhāskara II** [3; 185 ff.].

Da die Inder negative Zahlen als Koeffizienten zulassen, ist eine weitere Einteilung in Typen, wie sie die Araber entwickelt haben, nicht nötig.

Die Araber gehen von den Potenzen der Unbekannten aus: Zahl $\langle x^0 \rangle$, Wurzel $\langle x \rangle$, Vermögen $\langle x^2 \rangle$. Die Gleichungen werden eingeteilt in *einfache*, in denen nur zwei dieser Größen vorkommen, und *zusammengesetzte*, in denen alle drei auftreten (**al-Ḫwārizmī** [Ruska 2; 24]):

A 1: *Was anlangt die Vermögen, die gleich sind den Wurzeln*

$$ax^2 = bx\ .$$

A 2: *Was anlangt die Vermögen, die gleich sind der Zahl*

$$ax^2 = c$$

A 3: *Was anlangt die Wurzeln, die gleich sind einer Zahl*

$$bx = c\ .$$

B 1: *Was anlangt die Vermögen und die Wurzeln, die gleich sind der Zahl*

$$ax^2 + bx = c$$

B 2: *Was anlangt die Vermögen und die Zahl, die gleich sind den Wurzeln*

$$ax^2 + c = bx\ ,$$

B 3: *Was anlangt die Wurzeln und die Zahl, die gleich sind dem Vermögen*

$$bx + c = ax^2\ .$$

Diese 6 Typen wurden von den folgenden arabischen Algebraikern und auch im Abendland, z.B. von **Leonardo von Pisa** [1; **1**, 406 ff.] übernommen. **ᶜOmar Ḫayyām** (1048–1131) ergänzt sie durch die entsprechenden Typen der kubischen Gleichungen [1].

Al-Karaǧī (gest. zwischen 1019 und 1029) erkannte, daß Gleichungen, in denen nur die Potenzen x^{2n+p}, x^{n+p} und x^p vorkommen, mittels Division durch x^p und der Substitution $x^n = y$ in einen der obigen Typen umgeformt und in derselben Weise gelöst werden können [Woepcke 1; 71 f.].

Sowohl bei den Arabern als auch im Abendland hält man zunächst an den „sechs Formen" als Grundstock fest, z.B. noch **Bahā' al-Dīn** (1547–1622) [41 ff.]. Im Abendland werden in den Rechenbüchern des 15. Jahrhunderts oftmals noch 18 „abgeleitete Formen" hinzugefügt, so daß dann insgesamt 24 Gleichungstypen behandelt werden, z.B. im Cod. Dresden C 80 [368r, 369v] sowie in der Lateinischen Algebra [Wappler 1; 12], im Cod. Vindob. 5277 [32r]. Die Anordnung der einzelnen Gleichungen bei den Autoren ist dabei unterschiedlich. **Piero della Francesca** untersucht sogar 61 Typen von Gleichungen [85–91], [Jayawardene; 233 f.].

Bei **Luca Pacioli** (1494) erscheint eine Aufstellung von Gleichungstypen, die über x^2 hinausgehen. Bei zweien, die auf Gleichungen dritten Grades führen schreibt er ausdrücklich „imposibile", also: nicht lösbar.

> *Imposibile: Censo de censo e censo equale a cosa* $\langle a x^4 + c x^2 = dx \rangle$
> *Imposibile: Censo de censo e cosa equale a censo* $\langle a x^4 + dx = c x^2 \rangle$
> [a; 149r].

Grammateus (vor 1496 bis 1525/26) ließ von den Grundtypen den Typ $A_1 : a x^2 = bx$ weg und fügte statt dessen die Typen $a x^3 = b$ und $a x^4 = b$ hinzu [1; G 4r f.].

In der 1524 erschienenen Coß von **Adam Ries** wurden die 24 Formen auf acht reduziert. Er bringt aber noch die 24 früheren Formen, wobei er für jede angibt, mit welchem der acht neuen Typen sie erfaßt werden kann [1; 36 ff.].

Christoff Rudolff (1525) bringt ebenfalls in übersichtlicher Weise die gleichen Typen, wobei gegenüber **Ries** lediglich die fünfte und siebente „Regel" vertauscht sind. Auf die 24 „Regeln" weist er in der Einleitung nur noch hin und kündigt an, daß er aus seinen acht Typen nicht nur 24, sondern über 100 ableiten wird. Seine „Regeln" lauten:

1. *Wann zwo quantitetn natürlicher ordnung einander gleich werden, . . .*
   $\langle a x^{n+1} = b x^n \rangle$
2. $\langle a x^{n+2} = b x^n \rangle$
3. $\langle a x^{n+3} = b x^n \rangle$
4. $\langle a x^{n+4} = b x^n \rangle$
5. *Werden einander vergleicht drey quantiteten natürlicher ordnung, also das die grössern zwo werden gleich gesprochen der kleinern, . . .*
   $\langle a x^{n+2} + b x^{n+1} = c x^n \rangle$
6. $\langle a x^{n+2} + c x^n = b x^{n+1} \rangle$
7. $\langle a x^{n+2} + \quad = b x^{n+1} + c x^n \rangle$
8. *Wann einander vergleicht werden drey quantitetn, also dz je zwischen zweien ein, zwo oder drey quantitetn ußgelassen sein. Procedir nach laut der fünfften, sechsten oder sibenden equation, . . .*
   $\langle a x^{n+2p} + b x^{n+p} = c x^n$ durch die fünfte
   $a x^{n+2p} + c x^n = b x^{n+p}$ durch die sechste,
   $a x^{n+2p} + \quad = b x^{n+p} + c x^n$ aus der siebenten.$\rangle$

Jeweils im Anschluß an die Regel folgen Beispiele, die bis zur neunten Potenz gehen [1; G 6ʳ–H 3ᵛ].

In völlig gleicher Weise verfährt auch **Initius Algebras** [480 ff.].

Cardano berücksichtigt in seiner Gliederung [3; Kap. 2] nur die zusammengesetzten Typen, d.h. die, in denen mindestens drei Terme auftreten. Den *capitula primitiva* – das erste ist: *Numerus aequalis quadrato et rebus,* modern geschrieben: $c = ax^2 + bx$ – stellt er je zwei *capitula derivativa* gegenüber, die aus den primitiven dadurch hervorgehen, daß x durch x^2 und x^3 ersetzt wird. Zum ersten Kapitel gehören $c = ax^4 + bx^2$ und $c = ax^6 + bx^3$.

Die Zahl der Typen wurde dadurch reduziert, daß **Stifel** negative Vorzeichen einzelner Glieder zuließ [1; 240ʳ f.]. **Stevin** fügte die Verbesserung hinzu, daß er das Vorzeichen als Bestandteil des Koeffizienten ansah [2a; 285ᵛ, Probl. 68 = 1; 595]; damit konnte er das Lösungsverfahren einheitlich beschreiben, während **Stifel** noch sagen mußte: *Addiere oder subtrahiere je nach dem Vorzeichen des Koeffizienten.*

3.3.2 Lineare Gleichungen mit einer Unbekannten

Im Papyrus Rhind lautet die Aufgabe 24: *Ein Haufen und sein Siebtel ist 19*, d.h.

$$x + \frac{x}{7} = 19 .$$

Die folgenden Aufgaben sind:

$$25.\ x + \frac{x}{2} = 16, \quad 26.\ x + \frac{x}{4} = 15, \quad 27.\ x + \frac{x}{5} = 21 .$$

Sie haben also alle die Form:

$$x + \frac{x}{n} = a .$$

Den Lösungsgedanken kann man sich so vorstellen: Man zerlegt den Haufen der Größe x in n Teilhaufen[1]) der Größe t, setzt also $x = nt$. Dann ist:

$$t \cdot (n + 1) = a .$$

Der Text gibt nur die Rechnung. Sie verläuft so, daß a durch $n + 1$ dividiert und das Ergebnis mit n multipliziert wird. (Siehe [VM; **1**, 55].)

In der Aufgabe 28 wird die Operation wiederholt. Der Text lautet: $\frac{2}{3}$ hinzu, $\frac{1}{3}$ weg, *10 ist der Rest.* Das bedeutet:

$$(x + \tfrac{2}{3}x) - \tfrac{1}{3}(x + \tfrac{2}{3}x) = 10 .$$

[1]) Diese Interpretation ist einfacher und entspricht der Reihenfolge der Rechnung besser als wenn man n als Versuchszahl für einen falschen Ansatz ansieht.

Man hätte nun leicht zunächst

$$x + \frac{2}{3} x = 15$$

und dann

$$x = \frac{3}{5} \text{ von } 15 = 9$$

ausrechnen können. Der Text sagt aber: *Mache $\frac{1}{10}$ von diesen 10, es macht 1, der Rest ist soviel wie 9.* Der Rechner kann nun so überlegt haben: Links ergibt sich im Kopfrechnen $\frac{10}{9}$ x; um nun $\frac{9}{9}$ x, also x zu bekommen, muß man beiderseits den 10. Teil (also links $\frac{1}{9}$ x und rechts 1) abziehen, und gerade das steht da. Das geschilderte Verfahren ist aus der arabischen Mathematik als „Reduktion" durch Subtrahieren *(al-radd)* bekannt. [VM; **1**, 56]. (Vgl. S. 379) [Wieleitner 3; 133].

Problem 29 ist gar nicht in Worten formuliert; es steht nur eine Rechnung da, die zu der folgenden Aufgabe gehören könnte:

$$x + \frac{2}{3} x = y\,,$$

$$y + \frac{1}{3} y = z\,,$$

$$z/3 = 10\,.$$

Die folgenden Aufgaben 30–34 sind algebraisch eigentlich vom gleichen Typ, z.B. 31: *Ein Haufen und $\frac{2}{3}$ und $\frac{1}{2}$ und $\frac{1}{7}$ von ihm zusammengezählt ergeben 33.* Gelöst werden sie aber dadurch, daß (im angegebenen Fall) 33 durch $1 + \frac{2}{3} + \frac{1}{2} + \frac{1}{7}$ dividiert wird. Die Schwierigkeit liegt hier in den auftretenden Brüchen, so daß diese Aufgaben vielleicht als Übungen zur Bruchrechnung anzusehen sind.

Im Papyrus Moskau kommen drei ${}^c\underset{.}{h}{}^c$-Aufgaben vor, von denen eine stark zerstört ist. Von den übrigen ist die eine sehr einfach: (Aufg. 25) $2x + x = 9$, die andere (Aufg. 19), $x \cdot (1\frac{1}{2}) + 4 = 10$ erfordert zusätzlich das „Hinüberschaffen" von 4, was bei den sonstigen ${}^c\underset{.}{h}{}^c$-Aufgaben nicht auftrat.

In babylonischen Texten sind Aufgaben ersten Grades mit einer Unbekannten sehr selten. Ein altbabylonischer Text (YBC 4652) [MCT; 100 ff.] gibt eine Serie von Aufgaben der folgenden Form an (Beispiel: Aufg. 7): *Ich fand einen Stein, ich habe ihn nicht gewogen. Ich habe $\frac{1}{7}$ und $\frac{1}{11}$ addiert; er wog 1 Mine.* Gemeint ist:

$$\left(x + \frac{x}{7}\right) + \frac{1}{11}\left(x + \frac{x}{7}\right) = 1 \text{ Mine.}$$

Im allgemeinen wird die Rechnung nicht vorgeführt, sondern nur das Ergebnis angegeben. Nur in einer Aufgabe (AO 6770,3) findet sich eine Rechnung, die darauf hindeutet, daß zuerst der Wert der Klammer und dann aus diesem der Wert von x berechnet wurde [VM; 2, 46].

Griechen

Ein Stück griechischer Algebra steckt in **Euklids** *Data* [1; **6**], wenn auch in einer uns ungewohnten Sprache. Die Aussagen sind von der Form: Wenn gewisse Größen oder

Verhältnisse gegeben sind, so sind damit auch gewisse andere Größen und Verhältnisse gegeben. Ein Beispiel (§ 7): *Wenn man eine gegebene Größe in gegebenem Verhältnis teilt, muß jeder der Abschnitte gegeben sein.* **Euklid** führt den Beweis geometrisch unter Benutzung vorangegangener Ergebnisse. In moderner algebraischer Form lautet die Aussage: Ist $x + y = a$ und $\frac{x}{y} = b$ gegeben, so sind x und y gegeben.

Diophant behandelt lineare Gleichungen mit einer Unbekannten in [1; I, Aufgabe 1–11]. Im Text erscheinen manchmal zwei gesuchte Zahlen, doch wird das Problem hier stets sofort auf eine Unbekannte zurückgeführt. **Diophant** setzt unbekannte und gegebene Zahlen durch Summe, Differenz und Verhältnis zusammen und geht systematisch die verschiedenen Möglichkeiten durch.

Aufgabe 1: *Eine gegebene Zahl ist in zwei Summanden zu zerlegen, die eine gegebene Differenz haben.* Während die Babylonier $x = \frac{a+b}{2}$, $y = \frac{a-b}{2}$ ausrechnen, setzt **Diophant** die kleinere der beiden Zahlen als Unbekannte s an; dann ist die größere $s + b$ und die Summe $2s + b = a$.

Aufgabe 2: *Eine gegebene Zahl (60) in zwei Summanden zu zerlegen, die ein gegebenes Verhältnis (3:1) haben.* Das ist die Aufgabe, die **Euklid** in den Data, § 7 behandelt hat. **Diophant** löst sie so: Die kleinere Zahl sei s, dann ist die größere 3 s, also die Summe $4s = 60$, $s = 15$.

Aufgabe 3: $x = p(a - x) + q$. (In **Euklid**s Data heißt das: x ist gegenüber $a - x$ *um Gegebenes größer als im Verhältnis.*)

Aufgabe 4: *Es sind zwei Zahlen von gegebenem Verhältnis* ⟨$x : y = a = 5$⟩ *und gegebener Differenz* ⟨$x - y = b = 20$⟩ *zu finden.* – **Diophant** setzt die kleinere Zahl s und kommt sofort auf die Gleichung $5s - s = 20$.

5. $px + q(a - x) = b$, 6. $px = q(a - x) + b$.

7. $\frac{x-a}{x-b} = c$, 8. $\frac{x+a}{x+b} = c$, 9. $\frac{a-x}{b-x} = c$,

10. $\frac{a+x}{b-x} = c$, 11. $\frac{x+a}{x-b} = c$.

Wir haben die Aufgaben alle aufgeführt, damit die Systematik zu erkennen ist.

Bei den Chinesen der frühen Zeit kennen wir Aufgaben, die auf lineare Gleichungen mit einer Unbekannten führen würden, nur in eingekleideter Form und mit Lösungsvorschriften ohne Symbole (s. S. 359 ff. „Dreisatz“ und S. 387 ff. „Falscher Ansatz“).

Inder

Bei **Āryabhaṭa I** steht die folgende Regel [Gaṇ. 30]: *Teile die Differenz zwischen den Geldstücken, die zwei Personen besitzen, durch die Differenz zwischen den Anzahlen der Objekte, die sie besitzen. Der Quotient ist der Wert eines Objekts, wenn die Vermögen der beiden Personen gleich sind.*

D.h.: Seien a, b die Anzahlen der Geldstücke der beiden Personen, m, p die Anzahlen der Gegenstände (z.B. Kühe), x der Preis eines Gegenstandes. Die Gleichheit der Vermögen besagt:

$$mx + a = px + b.$$

Die Regel ergibt:

$$x = \frac{b - a}{m - p}.$$

Die Regel steht in etwas abstrakterer Form (*die Differenz der absoluten Zahlen dividiert durch die Differenz der* ⟨Koeffizienten der⟩ *Unbekannten* . . .) bei **Brahmagupta** [1; 344] und ähnlich u.a. auch bei **Bhāskara II** [3; 185 ff.].

Seit **Diophant** wird eine lineare Gleichung durch Ergänzung und Ausgleichung auf die Form ax = b gebracht; die Lösung ist dann kein Problem mehr. Während **Diophants** Werk eher als ein „wissenschaftliches" Werk anzusehen ist, ist **al-Ḫwārizmīs** *Ḥisāb al-ǧabr wa-l-muqābala* ein Lehrbuch für den Praktiker, durch das das Verfahren allgemein bekannt geworden ist.

Die Algebra *(al-Faḫri fil-ǧabr wa-l-muqābala)* von **al-Karaǧī** enthält eine umfangreiche Aufgabensammlung, in die auch viele Aufgaben von **Diophant** übernommen worden sind, u.a. I, 2, 3, 4, 8, 9, 10, freilich mit anderen Zahlen [Woepcke 1; 76, 87, 88]. **Woepcke** hat darauf hingewiesen, daß **Leonardo von Pisa** von **al-Karaǧī** abhängig ist [1; 3]. Auf diesem Wege sind also Ergebnisse von **Diophant** ins Abendland gekommen, bevor die Schrift von **Diophant** im Originaltext bekannt war.

3.3.3 Lineare Gleichungen mit mehreren Unbekannten

Als Lösungsmethoden kommen hauptsächlich die folgenden in Frage, zwischen denen es aber mannigfache Übergänge gibt:

1. Reduktion auf eine Gleichung mit einer Unbekannten. Durch geschickte Wahl der Unbekannten ist es oft möglich, daß man gar nicht erst mehrere Unbekannte einzuführen braucht.

2. Spezielle Verfahren, die die besondere Form des gerade vorliegenden Gleichungssystems ausnutzen. Solche Verfahren sind zu allen Zeiten oft angewandt worden; sie sind auch dann noch vorteilhaft, wenn allgemeine Methoden bekannt sind.

3. Eliminationsmethoden. Wir beschreiben sie nach **M. Ohm** (1825) [330 ff.] an dem Gleichungssystem

$$ax + by = c \tag{1}$$
$$px + qy = n. \tag{2}$$

3.1. Substitutionsmethode = Einsetzungsmethode. Man löst (1) nach x auf, $x = \frac{c - by}{a}$, und setzt diesen Wert in (2) ein.

3.2. Kombinationsmethode = Gleichsetzungsmethode. Man löst beide Gleichungen nach x auf und setzt die erhaltenen Ausdrücke gleich:

$$\frac{c - by}{a} = \frac{n - qy}{p}.$$

3.3. Additions- und Subtraktionsmethode. Man multipliziert eine oder beide Gleichungen mit solchen Faktoren, daß die Koeffizienten von x einander gleich werden, etwa

$$pax + pby = pc$$
$$apx + aqy = an,$$

und eliminiert x durch (in diesem Falle) Subtraktion.

Schreibt man die Lösung in der Form

$$y = \frac{an - pc}{aq - pb},$$

(was **Ohm** an dieser Stelle nicht tut), so hat man den Übergang zur

4. Determinantenmethode. Ihr Kennzeichen sehen wir darin, daß die Lösung für alle Unbekannten gleichzeitig in der Form einer schematischen Regel (**Cramer**sche Regel) angegeben wird, die man auswendig lernen muß, während bei den anderen Methoden jeder einzelne Schritt einsichtig ist.

Ägypter

Bekannt sind nur Aufgaben mit sofortiger Zurückführung auf eine Unbekannte. In der oben (S. 375) erwähnten Aufgabe, in der von *$\frac{3}{4}$ des ersten Haufens für den zweiten* die Rede ist, wird anschließend die Summe mit $1\frac{3}{4}$ des (ersten) Haufens angegeben. Im Papyrus Moskau, Aufg. 6 [125 f] ist die Länge ⟨x⟩ und Breite eines Rechtecks der Fläche 12 zu berechnen, wenn die Breite $\frac{3}{4}$ der Länge ist. Auch hier wird sofort mit $\frac{3}{4}x^2 = 12$ weitergerechnet.

Babylonier

In mehreren Aufgaben wird die Regel benutzt:

(A) Ist

$$\frac{x + y}{2} = S, \quad \frac{x - y}{2} = D,$$

so ist

$$x = S + D, \quad y = S - D \text{ [Bruins; 9].}$$

Im Text VAT 8391, Vs. I, 21 – Vs. II, 22 [MKT; **1**, 326 f.] = [TMB; 108 f. Nr. 210] (s. [H. Goetsch; 110 ff.]), handelt es sich um zwei Felder der Flächen F_1, F_2. Die erste Fläche bringt pro Flächeneinheit einen Ertrag von $c_1 = 0;40$ qa/GAR^2, die zweite $c_2 = 0;30$ qa/GAR^2.

Gegeben ist

$$F_1 + \quad F_2 = 30{,}0 \tag{1}$$
$$c_1 F_1 + c_2 F_2 = 18{,}20. \tag{2}$$

Gerechnet wird

$$\frac{F_1 + F_2}{2} = 15{,}0$$

$$c_1 \frac{F_1 + F_2}{2} = 10{,}0$$

$$c_2 \frac{F_1 + F_2}{2} = \;\; 7{,}30$$

Zusammen 17,30.

$$18{,}20 - 17{,}30 = 50$$
$$c_1 - c_2 \quad = 0;10$$
$$50 : 0;10 \quad = \quad 5{,}0$$

$$\frac{F_1 + F_2}{2} + 5{,}0 = F_1, \quad \frac{F_1 + F_2}{2} - 5{,}0 = F_2.$$

Diese Rechnung kann in verschiedener Weise interpretiert werden; im Anschluß an **van der Waerden** [2; 106 ff.] etwa so: Teilt man die gesamte Fläche in zwei gleiche Teile, so ergibt sich ein zu kleiner Ertrag. Also muß die Fläche F_1 um einen bestimmten Betrag D größer sein als $\frac{F_1 + F_2}{2}$, F_2 um denselben Betrag kleiner. Für die Fläche D wird der Ertrag c_2 D statt c_1 D angesetzt; so entsteht die Differenz der Erträge:

$$c_1 D - c_2 D = 18{,}20 - 17{,}30 = 50.$$

Man erhält also:

$$D = \frac{50}{c_1 - c_2}.$$

Man kann sich die Lösung auch rein algebraisch ausgeführt denken:
von

$$c_1 F_1 + c_2 F_2 = 18{,}20$$

wird

$$c_1 \frac{F_1 + F_2}{2} + c_2 \frac{F_1 + F_2}{2} = 17{,}30$$

abgezogen; das ergibt

$$c_1 \frac{F_1 - F_2}{2} - c_2 \frac{F_1 - F_2}{2} = 50,$$

also

$$\frac{F_1 - F_2}{2} = 50 : (c_1 - c_2).$$

Nun kann die Regel (A) angewandt werden.

In einem Text aus Susa [ST; 52 ff., VII A] wird die Subtraktionsmethode angewandt. Zu lösen ist das Gleichungssystem

$$x + \tfrac{1}{4} y = 7$$
$$x + y \quad = 10.$$

Die erste Gleichung wird mit 4 multipliziert und dann die zweite subtrahiert; das ergibt $3x = 18$. Daraus erhält man $x = 6$, und dann aus der zweiten Gleichung $y = 4$.

Drei Gleichungen mit drei Unbekannten werden in [ST; 54 ff., VII B] behandelt. Die Unbekannten heißen UŠ (Länge), SAG (Breite) und DIRIG („eine weitere ⟨Unbekannte⟩"). Für diese dritte Unbekannte wird aber sofort der Wert 5 angegeben.

Eine allgemeine Lösungsmethode, die auf alle Systeme linearer Gleichungen anwendbar wäre, haben die Griechen nicht erreicht, wenn auch die Tendenz zur Allgemeinheit und zur Systematisierung durchaus zu bemerken ist.

Das *Epanthema* des **Thymaridas** [Iamblichos 1; 62 f.] ist ein Satz, der zur Lösung eines bestimmten Typs von Systemen linearer Gleichungen mit beliebig vielen Unbekannten benutzt werden kann. Er lautet: *Wenn gegebene oder unbekannte Größen sich in eine gegebene teilen, und eine von ihnen mit jeder anderen zu einer Summe verbunden wird, so wird die Summe aller dieser Paare nach Subtraktion der ursprünglichen Summe bei drei Zahlen der zu den übrigen addierten* ⟨Zahl⟩ *ganz zuerkannt, bei vier deren Hälfte, bei fünf deren Drittel, bei sechs deren Viertel und so fort.* In moderner Schreibweise:

Wenn

$$\begin{aligned} x_1 + x_2 + x_3 + \ldots + x_n &= s \\ x_1 + x_2 \qquad\qquad &= a_1 \\ x_1 \quad + x_3 \qquad\quad &= a_2 \\ \ldots\ldots\ldots\ldots\ldots\ldots \\ x_1 \qquad\qquad + x_n &= a_n \end{aligned}$$

ist,

so ist

$$x_1 = \frac{a_1 + \ldots + a_n - s}{n - 2}.$$

Damit dieses Theorem nicht müßig dasteht wird es auf die Lösung des folgenden Systems angewandt:

$$x_1 + x_2 = 2(x_3 + x_4) \qquad (1)$$
$$x_1 + x_3 = 3(x_2 + x_4) \qquad (2)$$
$$x_1 + x_4 = 4(x_2 + x_3). \qquad (3)$$

Addiert man zur ersten Gleichung $x_3 + x_4$, so erhält man

$$s = x_1 + x_2 + x_3 + x_4 = 3(x_3 + x_4), \tag{4}$$

sodann aus (1)

$$x_1 + x_2 = \frac{2}{3} s.$$

Ebenso erhält man aus (2)

$$x_1 + x_3 = \frac{3}{4} s$$

und aus (3)

$$x_1 + x_4 = \frac{4}{5} s.$$

Thymaridas wählt nun $s = 120$. Das ist zulässig, weil das System homogen ist, also ein Faktor willkürlich gewählt werden kann. Dann ist die Anwendung des *Epanthema* möglich. Ein weiteres Beispiel s. S. 604 f.

Der Papyrus Michigan 620 [29ff.], [Vogel 4] aus der Zeit kurz vor **Diophant** enthält ein Schema, in dem der Lösungsweg eines Gleichungssystems übersichtlich dargestellt werden kann. Der Grundgedanke ist, daß die zu je einer Unbekannten gehörigen Größen an je einem senkrechten Strich angeschrieben werden, meist von oben nach unten in der Reihenfolge der Schritte. Erhalten sind die Hauptteile von zwei Aufgaben, von einer dritten nur wenige Reste. Jede Aufgabe ist vierfach gegliedert: zuerst kommt die Problemstellung, dann die Lösung, drittens die Probe und schließlich noch eine rein algebraische Ausrechnung. Die erste Aufgabe lautet:

Text:	Erläuterung:
Vier Zahlen, ihre Summe ist 9 900.	$x + y + z + u = 9\,900$
Laß die zweite die erste überschreiten um $\frac{1}{7}$ der ersten.	$y = x + \frac{x}{7}$
Laß die dritte die Summe der ersten beiden um 300 überschreiten	$z = x + y + 300$
und laß die vierte die Summe der drei ersten um 300 überschreiten.	$u = x + y + z + 300$
Zu finden die Zahlen.	

(Der Text ist an der Stelle, an der er stehen müßte, nicht erhalten; er ist aber bei der Ausführung der Lösung so wiederholt, daß die Rekonstruktion gesichert ist. Immerhin wäre vielleicht auch die Fassung denkbar: „Verteile 9900 Drachmen unter vier Personen so, daß . . .“). Im zweiten Teil werden die Zahlen ausgewertet mit $x = 1\,050$, $y = 1\,200$, $z = 2\,550$, $u = 5\,100$. Die Probe ist durch Addition nach der ersten Gleichung leicht. Bei der algebraischen Ausrechnung kommt der Rechner mit einem Symbol ϛ für eine Unbekannte aus. Er setzt

$$x = 7\,ϛ.$$

Dann ist

$$y = 8\,ς$$
$$z = 15\,ς + 300$$
$$u = 30\,ς + 600$$

und

$$x + y + z + u = 60\,ς + 900 = 9900.$$

Das steht in den ersten beiden Zeilen des folgenden Schemas, in dem noch die folgenden Zeichen benutzt sind:

ς für *Drachme*, hier wiedergegeben durch *dr*
/ für *γίνεται* = *macht* wiedergegeben durch =

	$\frac{1}{7}$		*dr*·300	*dr*·300	*dr*·9900
ς7	ς8	ς15	*dr*·300	*dr*·600	
			ς30	= ς60	*dr*·900
				150	
1050	= 1200	2550	5100	9900	
150					

Aus 60 ς + 900 = 9 900 ergibt sich (im Kopf) ς = 150. Das steht in der vierten Zeile. Daraus sind dann in der fünften Zeile die vier gesuchten Zahlen berechnet.

Die zweite Aufgabe lautet:

$$x = \frac{1}{6}y + 12$$
$$y = 4x + 12.$$

Ihre Lösung ist in einem ähnlichen Schema angeschrieben. In moderner Schreibweise läßt sich der Gedankengang so wiedergeben: Aus der zweiten Gleichung ergibt sich:

$$\frac{1}{6}y = \frac{2}{3}x + 2.$$

Setzt man dies in die erste Gleichung ein, so erhält man:

$$x = \frac{2}{3}x + 14$$
$$\frac{1}{3}x = 14$$
$$x = 42, y = 168.$$

Die dritte Aufgabe kann nicht wiederhergestellt werden. Es handelt sich um drei Zahlen, deren Summe 5 300 ist. Weiter ist $x + y = 24z$ und y (vielleicht auch $y + z$) $= 5x$. Diese Aufgabe ist verwandt mit **Diophant** I, 20 (s. S. 395).

Diophant behandelt lineare Gleichungssysteme in Buch I, Aufg. 12–25. Fast jede dieser Aufgaben enthält irgendeinen interessanten Gedanken.

Aufgabe 12: *Eine gegebene Zahl ist in zwei Summen von je zwei Summanden zu zerlegen, so daß ein Summand der ersten Summe zu einem Summanden der zweiten Summe ein gegebenes Verhältnis hat, und der übrige Summand der zweiten Summe zu dem übrigen Summanden der ersten Summe ebenfalls ein gegebenes Verhältnis hat.*

D.h.:

$$x_1 + x_2 = y_1 + y_2 = a,$$
$$x_1 = p y_2, y_1 = q x_2.$$

Diophant rechnet mit den Zahlen a = 100, p = 2, q = 3. Der Gang der Lösung ist: Der kleinere Summand der zweiten Summe wird gleich s gesetzt (bei Diophant: ς):

$$y_2 = s.$$

Dann ist

$$x_1 = ps$$
$$x_2 = a - ps$$
$$y_1 = qa - qps$$
$$y_1 + y_2 = qa - (qp - 1) s = a.$$

Der weitere Weg ist klar.

Die vier Unbekannten der Aufgabe werden also durch eine Hilfsunbekannte ausgedrückt. Das ist so ungefähr die Einsetzungsmethode (3, 1) von S. 388. Sie wird hier sehr einfach, weil jede Gleichung nur zwei der Unbekannten enthält. Ob **Diophant** die Verallgemeinerung auf ein beliebiges Gleichungssystem bewältigt hätte, läßt sich wohl nicht sagen.

Aufgabe 13: Dasselbe für 6 Unbekannte (Zerlegung einer Zahl auf drei Weisen in zwei Summanden).

Aufgabe 14 ist von anderer Art:

$$xy = p(x + y).$$

Aus $xy > px$ und $xy > py$ ergibt sich die Bedingung: jede der beiden Zahlen muß größer als p sein. **Diophant** rechnet mit p = 3 und setzt willkürlich y = 12 (> p!) an.

Aufgabe 15:

$$x + a = p(y - a)$$
$$y + b = q(x - b)$$

Diophant setzt

$$y = s + a.$$

Dann wird

$$x = ps - a.$$

Diese beiden Ausdrücke werden in die zweite Gleichung eingesetzt.

Aufgabe 16: *Drei Zahlen von der Beschaffenheit zu finden, daß die Summen von je zweien gegebenen Zahlen gleich sind.*

$$\begin{aligned} y + z &= a = 30 \\ x + \quad z &= b = 40 \\ x + y \quad &= c = 20. \end{aligned}$$

Es ist dabei notwendig, daß die halbe Summe der drei gegebenen Zahlen größer ist als jede der gegebenen Zahlen.

⟨Denn $\frac{a + b + c}{2} = x + y + z$ muß größer als $y + z$, $x + z$ und $x + y$ sein, wenn die Unbekannten nur positive Werte annehmen sollen. **Chuquet** (1484) hat bei einer entsprechenden Aufgabe mit fünf Unbekannten diese Bedingung nicht beachtet und dann negative Lösungen erhalten [1; 642].

Diophant führt nun eine (Haupt- oder Hilfs-) Unbekannte s ein:⟩

Es werde die Summe aller drei gesuchten Zahlen s genannt. Es muß dann die erste Zahl s – 30, die zweite s – 40, die dritte s – 20 sein. Es bleibt noch die Bedingung zu erfüllen, daß die Summe aller Zahlen s ist; diese Summe ist aber 3 s – 90. Also ist 3 s – 90 = s, s = 45. Die drei Zahlen sind 15, 5 und 25.

In der Rechnung treten also neben s noch „die erste" ($\acute{o}\ \alpha^{o\varsigma}$), „die zweite" ($\acute{o}\ \beta^{o\varsigma}$) und „die dritte" ($\acute{o}\ \gamma^{o\varsigma}$) – nämlich „Zahl" auf; das ist in anderen Aufgaben noch deutlicher als in dieser.

Aufgabe 17: Dasselbe für vier Unbekannte.

Aufgabe 18:

$$\begin{aligned} x + y &= z + 20 \\ y + z &= x + 30 \\ z + x &= y + 40. \end{aligned}$$

Diophant gibt zwei Lösungen; in der ersten führt er $x + y + z = 2\,s$ ein, in einer zweiten $z = s$.

Aufgabe 19: Dasselbe für vier Unbekannte.

Aufgabe 20:

$$\begin{aligned} x + y + z &= 100 \\ x + y \quad &= 3\,z \\ y + z &= 4\,x. \end{aligned}$$

Es wird zunächst $z = s$ gesetzt. Dann ist $x + y + z = 4\,s = 100$, also $s = z = 25$. Nun setzt **Diophant** $x = s$. Dann ist:

$$x + y + z = 5\,s = 100,$$

$$\text{also } s = x = 20.$$

Aus $y + z = 4\,x$ ergibt sich dann $y = 55$.

Aufgabe 21:

$$x = y + \frac{z}{3}\,, \quad y = z + \frac{x}{3}\,, \quad z = 10 + \frac{y}{3}\,.$$

Aufgabe 22: *Es soll die erste Zahl an die zweite den dritten Teil* ⟨von sich selbst⟩ *abgeben, die zweite der dritten den vierten Teil, die dritte der ersten den fünften Teil. Die nach Abgabe und Empfang entstehenden Zahlen sollen einander gleich sein.*

$$x - \frac{x}{3} + \frac{z}{5} = y - \frac{y}{4} + \frac{x}{3} = z - \frac{z}{5} + \frac{y}{4}\,.$$

Diophant setzt $x = 3\,s$ und nutzt die Homogenität des Systems aus (natürlich ohne davon zu sprechen), indem er $y = 4$ setzt,

Aufgabe 23: Dasselbe für vier Unbekannte.

Aufgabe 24:

$$x + \frac{y+z}{3} = y + \frac{z+x}{4} = z + \frac{x+y}{5}\,.$$

Diophant arbeitet mit dem Ansatz $x = s$, $y + z = 3$.

Aufgabe 25: Dasselbe für vier Unbekannte.

Die Aufgaben 22–25 treten in den späteren Rechenbüchern in verschiedenen Einkleidungen sehr oft auf.

Allgemein läßt sich sagen:

1. Die Lösungen sind jeweils den speziellen Daten der Aufgabe angepaßt.
2. Meist wird eine Hilfsunbekannte eingeführt, und zwar so, daß zunächst diese selbst und dann aus ihr die gesuchten Zahlen leicht berechnet werden können.

Chinesen

In den *Neun Büchern* finden wir – soweit heute bekannt ist: zum ersten Male – ein Verfahren, mit dem *jedes* System von n linearen Gleichungen mit n Unbekannten gelöst werden kann, und zwar das Subtraktionsverfahren ((3.3), S. 389). Vorgeführt wird es für $n = 2, 3, 4, 5$. Da in der Rechnung nur das Schema der Koeffizienten angeschrieben (oder auf dem Rechenbrett ausgelegt) wird, sieht es wie die Umformung einer Matrix aus. Es hat auch den Namen *Fang ch'êng* = rechteckiges Muster.

Die erste derartige Aufgabe ist [80 f., VIII, Aufg. 1]: *Aus 3 Garben einer guten Ernte, 2 Garben einer mittelmäßigen Ernte und 1 Garbe einer schlechten Ernte erhält man den Ertrag von 39 Tou. Aus 2 Garben einer guten Ernte, 3 Garben einer mittelmäßigen Ernte und 1 Garbe einer schlechten Ernte erhält man den Ertrag von 34 Tou. Aus 1 Garbe guter Ernte, 2 Garben mittelmäßiger Ernte und 3 Garben schlechter Ernte erhält man den Ertrag von 26 Tou. Frage: Wieviel ist jedesmal aus 1 Garbe der Ertrag der guten, mittelmäßigen und schlechten Ernte?*

$$\langle\, 3\,x + 2\,y + 1\,z = 39$$
$$2\,x + 3\,y + 1\,z = 34$$
$$1\,x + 2\,y + 3\,z = 26.\rangle$$

Die Regel lautet: Lege auf der rechten Seite hin 3 Garben der guten Ernte, 2 Garben der mittelmäßigen Ernte und 1 Garbe der schlechten Ernte, sowie den Ertrag, die 39 Tou. Die Reihen der mittleren und geringen Ernte ⟨es war 39 > 34 > 26 > *lege hin wie auf der rechten Seite.*

⟨Es wird also „hingelegt“:

1	2	3
2	3	2
3	1	1
26	34	39.⟩

Immer multipliziere mit der Garbenzahl der guten Ernte der rechten Reihe ⟨d.i. 3⟩ *die Zahlen der mittleren Reihe und nimm hintereinander die Reste. Weiterhin multipliziere die nächste* ⟨Zahl⟩ *und nimm hintereinander die Reste:*

⟨d.h. von der mit 3 multiplizierten zweiten Spalte wird die dritte so oft wie möglich abgezogen, nämlich bis die obere Zahl zu 0 wird:

1	0	3
2	5	2
3	1	1
26	24	39⟩

jedoch darf in der mittleren Reihe das mittelmäßige Getreide nicht verschwinden. Und nimm ⟨bei der linken Reihe⟩ *hintereinander die Reste, aber es darf in der linken Seite die schlechte Ernte nicht verschwinden.*

⟨Das Verfahren ist also so fortzusetzen:

0	0	3		0	0	3
4	5	2		0	5	2
8	1	1	→	36	1	1
39	24	39		99	24	39.⟩

Die obere Zahl ist der Divisor, die untere ist der Dividend . . . der schlechten Ernte.

⟨$z = \frac{99}{36} = 2\ 3/4$ *Tou.*⟩

Sucht man die Garbenzahl für die mittelmäßige Ernte, dann multipliziere man mit dem Divisor der schlechten Ernte den Betrag unten in der mittleren Reihe und subtrahiere den Dividenden der schlechten Ernte. Dividiere den Rest durch die Garbenzahl der mittelmäßigen Ernte, dann ist es der Dividend für die mittelmäßige Ernte.

⟨$D_m = (24 \cdot 36 - 99) : 5.$⟩

Sucht man die Garbenzahl für die gute Ernte, dann multipliziere ebenfalls mit dem Divisor ⟨der schlechten Ernte⟩ *den Betrag unten in der rechten Reihe und subtrahiere die* ⟨mit der entsprechenden Garbenzahl multiplizierten⟩ *Dividenden für die schlechte Ernte und die mittelmäßige Ernte. Den Rest dividiere durch die Garbenzahl der guten Ernte, dann ist es der Dividend für die gute Ernte.*

⟨$D_g = [36 \cdot 39 - 1 \cdot 99 - 2 \cdot (24 \cdot 36 - 99) : 5] : 3.$⟩

Alle Dividenden teile durch den Divisor der schlechten Ernte.

$$y = D_m : 36 = 4\tfrac{1}{4}, \quad x = D_g : 36 = 9\tfrac{1}{4}.$$

Bei diesem Verfahren wird benutzt, daß man eine Gleichung mit einer beliebigen Zahl multiplizieren darf, und daß man zwei Gleichungen voneinander (d.h. Gleiches von Gleichem) abziehen darf; aber das wird nicht gesagt, die Regel wird ganz schematisch angegeben.

Das Buch VIII enthält 18 solche Aufgaben (bei denen übrigens auch negative Zahlen vorkommen); bei einer davon sind 5 Gleichungen für 6 Unbekannte gegeben, und es wird eine ganzzahlige Lösung gesucht. Sie läßt sich da das Gleichungssystem homogen ist, durch Multiplikation mit einem geeigneten Faktor finden.

Unbestimmte Probleme werden auch in Buch II, Aufgabe 38–46 behandelt. Aufgabe 38 lautet: *Jetzt hat man ausgegeben 576 Geldstücke zum Kauf von 78 Bambusstäben. Man wünscht es zu berechnen, wenn unter ihnen große und kleine sind. Frage: wieviel sind es von jeder Art? Die Antwort sagt: . . . 48 Stück zu 7 Geldstücken, 30 zu 8 Geldstücken.*

Bezeichnet man mit x, y die Anzahlen, mit a, b die Stückpreise, so ist das System

$$\begin{aligned} x + y &= N = 78 \\ ax + by &= A = 576 \end{aligned}$$

zu lösen. Dabei sind a, b nicht gegeben, sondern nur, wie aus der Rechnung hervorgeht, die Beziehung:

$$a = b + 1.$$

Es ist also:

$$\begin{aligned} (b+1)\,x + b(N-x) &= A \\ x + bN &= A \\ \frac{x}{N} + b &= \frac{A}{N}. \end{aligned}$$

Nun ist in unserem Falle $A > N$ und $x < N$. Man braucht also nur die gemischte Zahl

$$\frac{A}{N} = 7 + \tfrac{30}{78}$$

auf die ganze Zahl $b = 7$ und den echten Bruch $\frac{x}{N} = \frac{30}{78}$ aufzuteilen.

Ein sehr berühmtes unbestimmtes lineares Gleichungssystem ist das *Problem der 100 Vögel*: Ein Hahn kostet 5 Geldstücke, eine Henne 3 und 3 Kücken zusammen 1. Wieviel Hähne, Hennen und Kücken, zusammen 100 können für 100 Geldstücke gekauft werden? Das Problem erscheint erstmals in *Chang Ch'iu-chien Suan Ching* um 475 n.Chr., dann bei verschiedenen chinesischen Mathematikern [N; **3**, 121 f.]. Bei den Arabern wurde es von **Abū Kāmil** ausführlich behandelt (s.S. 399 f.). Weitere Beispiele s.u. S. 613 ff.

Inder

Ein Satz von **Āryabhaṭa I** [Gaṇ. 29] ist dem *Epanthem* des **Thymaridas** äquivalent: *Der Summenwert von Gliedern von Reihen, deren jede einzelne um je ein Glied vermindert ist, addiert; dividiert durch die Anzahl der Reihen minus 1, ergibt die Summe der vollständigen Reihe.*
d.h.:

$$\begin{array}{ll} \quad x_2 + x_3 + \ldots + x_n & = s_1 \\ x_1 \quad + x_3 + \ldots + x_n & = s_2 \\ \vdots & \vdots \\ x_1 + x_2 + \ldots + x_{n-1} & = s_n \\ \hline (n-1)(x_1 + x_2 + \ldots + x_n) & = (s_1 + s_2 + \ldots + s_n) = (n-1)\, s \end{array}$$

$$S = \frac{s_1 + \ldots s_n}{n-1} .$$

Das *Bakhshālī*-Manuskript [39 ff.] enthält Aufgaben von ähnlicher Art wie das *Epanthem* des **Thymaridas** und **Diophants** Aufgabengruppe Buch I, 16–20.

Brahmagupta beschreibt eine allgemeine Methode zur Lösung beliebiger linearer Gleichungssysteme, und zwar die Gleichsetzungsmethode (3.2, S. 389). Sie lautet etwa so (die Unbekannten werden durch Farben bezeichnet, s.S. 376): Ziehe die erste Farbe von der einen, die anderen Farben von der anderen Seite ab, nachdem sie auf einen gemeinsamen Nenner gebracht sind,
⟨d.h. bei $ax + by + cz = px + qy + rz$ bilde man $(a - p)x = (q - b)y + (r - c)z$⟩
dann ist der Wert der ersten Unbekannten der Quotient aus dem Rest dividiert durch den Koeffizienten der ersten. Wenn es mehr als einen Wert gibt ⟨d.h. bei zwei oder mehr Ausgangsgleichungen⟩, setze man je zwei ⟨Ausdrücke für x⟩ einander gleich [1; 348].
Brahmagupta rechnet mehrere Beispiele vor.

Bhāskara II beschreibt die Methode ebenfalls ausführlich mit Beispielen [3; 277 ff.], in § 157, S. 232 f. sind es vier Ausdrücke in vier Unbekannten, die einander gleichgesetzt werden; zum Schluß wird die Lösung ganzzahlig gemacht.

Araber

In **al-Ḫwārizmīs** Algebra kommen viele Aufgaben der Art vor: *Zerlege 10 in zwei Teile, so daß. . .* Diese beiden Teile werden stets als x *(šai')* und 10 – x (10 ohne *šai'*) angesetzt [4; 103 ff.].

In einigen Erbteilungsaufgaben kommen zwei Unbekannte vor, die als „Vermögen" *(māl)* und „Anteil" (*naṣīb* oder *sahm*) bezeichnet werden [Ruska 2; 52], doch wird keine systematische Lösungstheorie entwickelt. (S. auch [Gandz 5; 349 f.].)

Abū Kāmil hat die Aufgabe von den 100 Vögeln mit drei, vier und fünf Arten von Vögeln ausführlich dargestellt. Als Beispiel diene Aufgabe 3 [3; 103 ff.]:

Wenn dir 100 Drachmen übergeben werden und zu dir gesagt wird: Kaufe dafür 100 Vögel von vier Arten . . . die Ente zu 4 Drachmen, 10 Sperlinge für 1 Drachme,

2 Tauben für 1 Drachme und das Huhn zu 1 Drachme, so ist die Rechnung folgende: Du kaufst x Enten für 4 x Drachmen, y Sperlinge für $\frac{1}{10}$ *y Drachmen und z Tauben für* $\frac{1}{2}$ *z Drachmen; dann bleiben von den Drachmen noch übrig* $100 - 4x - \frac{1}{10}y - \frac{1}{2}z$, *und für die Hühner bleibt die Zahl* $100 - x - y - z$; *wie wir gesagt haben, kostet 1 Huhn 1 Drachme, also ist der Preis der Hühner gleich ihrer Anzahl . . . gleicht man aus, so erhält man* $x = \frac{3}{10}y + \frac{1}{6}z$. *Setze nun y = 10 oder gleich einem Vielfachen von 10, so ist dies die Anzahl der Sperlinge, und z = 6, oder gleich einem Vielfachen von 6, so ist dies die Anzahl der Tauben, dann ist x = 4 . . . die Anzahl der Hühner* ⟨= 100 − x − y − z⟩ *. . . gleich 80.*

In moderner Ausdrucksweise: Damit x ganzzahlig wird, muß:

entweder

$z \equiv 0 \pmod{6}$, d.h. $z = 6p$

und $y \equiv 0 \pmod{10}$, d.h. $y = 10q$

oder $z \equiv 3 \pmod{6}$, d.h. $z = 6r + 3$

und $y \equiv 5 \pmod{10}$, d.h. $y = 10s + 5$

sein.

Hier sind p, q, r, s positive ganze Zahlen, die dadurch beschränkt sind, daß $x + y + z + u = 100$ sein soll (u = Anzahl der Hühner). **Abū Kāmil** findet 98 Lösungen; bei einer anderen Aufgabe mit fünf Vogelarten sind es sogar 2676 Lösungen.

Al-Karaǧī bringt im *al-Faḫri* zahlreiche Beispiele linearer Gleichungssysteme, darunter **Diophant**s Aufgaben I, 13, 16–25, z.T. mit den gleichen Zahlenwerten [Woepcke 1; 95–100]. Bei **Diophant**s Aufgabe I, 17 nennt er auch dessen Bedingung, die negative Lösungen ausschließt (s.S. 395), *andernfalls*, sagt **al-Karaǧī**, *ist die Aufgabe unmöglich* [Woepcke 1; 95]. In demselben Werk **al-Karaǧī**s steht auch folgendes unbestimmte Problem, dessen weiterer Weg sich bis in das Abendland des 14. Jahrhunderts verfolgen läßt. Es handelt sich um 3 Leute A, B und C, denen zusammen eine Geldsumme s gehört und zwar gebührt ihnen der Reihe nach $x = \frac{s}{2}$, $y = \frac{s}{3}$ und $z = \frac{s}{6}$. Jede greift nun einen beliebigen Teil a, b bzw. c heraus; dann wird ein gemeinsamer Fond N gebildet, in den die drei der Reihe nach $\frac{a}{2}$, $\frac{b}{3}$ bzw. $\frac{c}{6}$ einlegen. So ist $N = \frac{a}{2} + \frac{b}{3} + \frac{c}{6}$. Wenn N nun gleichmäßig unter die drei aufgeteilt wird, so soll jetzt jeder seinen ihm zustehenden Teil $\frac{s}{2}$, $\frac{s}{3}$, $\frac{s}{6}$ besitzen. Es gilt also

$$\text{für A:} \quad \frac{a}{2} + \frac{N}{3} = \frac{s}{2} \quad \text{oder} \quad a = s - \frac{2N}{3},$$

$$\text{für B:} \quad \frac{2b}{3} + \frac{N}{3} = \frac{s}{3} \quad \text{oder} \quad b = \frac{s}{2} - \frac{N}{2},$$

$$\text{für C:} \quad \frac{5c}{6} + \frac{N}{3} = \frac{s}{6} \quad \text{oder} \quad c = \frac{s}{5} - \frac{2N}{5}.$$

Addiert man die 3 Gleichungen (a + b + c = s), so gibt dies 21 s = 47 N oder N = 21 k und s = 47 k. Es wird also für k = 1: s = 47, a = 33, b = 13 und c = 1. **Al-Karaǧī** führt die Berechnung algebraisch durch mit den 3 Unbekannten x (= *šai'*), Teil *(qasm)* und *Dirhem* [Woepcke 1; 141 ff.].

Diese Aufgabe hat **Johannes von Palermo** kennengelernt und sie in Pisa in Gegenwart von Kaiser **Friedrich II** dann **Leonardo von Pisa** vorgelegt. Dieser hat dann eine ganze Reihe von Lösungen durchgeführt [1; **1**, 293 f., 335 f. und **2**, 234 ff.] *(De tribus hominibus pecuniam communem habentibus).*

Wir sehen das Problem dann wieder in italienischen Handschriften des 14. Jahrhunderts und zwar im Columbia-Algorismus [Vogel 24; Nr. 5] sowie im Cod. Lucca 1754 [138 f.] und später in einer Variante bei **Cardano** [2; 164, Nr. 90].

Abendland

Viele der genannten Aufgaben finden wir bei **Leonardo von Pisa** wieder, eine Gruppe in der Form eines von mehreren Personen getätigten Pferdekaufs (s.S. 608 f.). Der erste fordert vom zweiten und dritten je ein Drittel ihres Geldbesitzes, um das Pferd kaufen zu können, der zweite vom ersten und dritten je ein Viertel usw. Die Lösungen werden ohne Symbolik sehr mühsam in Worten vorgeführt.

Bei einer dieser Aufgaben schimmert ein allgemeines Verfahren durch [1; **1**, 225]. Es handelt sich um das System

$$z = \frac{x}{2} + \frac{y}{2} + \frac{b}{2} \qquad (1)$$

$$u = \frac{y}{3} + \frac{z}{3} + \frac{b}{3} \qquad (2)$$

$$x = \frac{z}{4} + \frac{u}{4} + \frac{b}{4} \qquad (3)$$

$$y = \frac{u}{5} + \frac{x}{5} + \frac{b}{5}. \qquad (4)$$

Durch Einsetzen von (1) in (2) erhält **Leonardo**

$$u = \frac{x}{6} + \frac{y}{2} + \frac{b}{2}. \qquad (5)$$

Würde er das in (4) einsetzen, so wäre außer z auch u eliminiert und eine Gleichung zwischen x und y gewonnen. **Leonardo** setzt aber u aus (5) in (3) ein, kommt aber nach längeren Rechnungen auch zum Ziel.

Das Verfahren hängt offenbar nicht von den speziellen Werten der Koeffizienten ab, sondern gestattet die Lösung eines beliebigen Gleichungssystems.

Dieser Abschnitt des *Liber abaci* ist von **K. Vogel** eingehend untersucht worden [9].

Über das Auftreten von negativen Lösungen bei **Leonardo von Pisa** [1; **2**, 238 f.] und **Chuquet** [1; 642] s.S. 146 f. **Chuquet**s Aufgabe entspricht **Diophant**s Aufgabe I, 16 bzw. 17, aber die von **Diophant** und **al-Karaǧī** angegebene Bedingung ist nicht erfüllt.

Cardano nennt die Lösung eines Systems von zwei linearen Gleichungen mit zwei Unbekannten *Regula de Modo* [2; 79 f.], [3; Kap. 29]. Er rechnet das Beispiel:

7 Ellen grüner Seide und 3 Ellen schwarzer Seide kosten 72 Pfund
2 Ellen grüner Seide und 4 Ellen schwarzer Seide kosten 52 Pfund.

Er führt nur eine Unbekannte ein, den Preis einer Elle grüner Seide = 1 *co*⟨*sa*⟩. Dann ergibt die erste Gleichung sofort: 1 Elle schwarzer Seide kostet $24 - 2\frac{1}{3}$ *co*.

Wir verfolgen den Gedankengang in moderner Schreibweise:

$$a_{11}x + a_{12}y = b_1$$
$$a_{21}x + a_{22}y = b_2.$$

Gerechnet wird

$$y = \frac{b_1}{a_{12}} - \frac{a_{11}}{a_{12}}x.$$

(Bei **Cardano** heißt das so: dividiere die größere Anzahl der Ellen und außerdem den Preis durch die kleinere Anzahl der Ellen.)

$$a_{22}y = a_{22}\frac{b_1}{a_{12}} - a_{22}\frac{a_{11}}{a_{12}}x;$$

Andererseits ist

$$a_{22}y = b_2 - a_{21}x,$$

also

$$(a_{22}\frac{a_{11}}{a_{12}} - a_{21})x = a_{22}\frac{b_1}{a_{12}} - b_2.$$

Man erhält x durch Division.

Cardano beschreibt das Ergebnis genau nach dieser Formel, wobei immer statt a_{11} „die größere Anzahl der Ellen" usw. gesagt wird. Insofern das Ergebnis in dieser schematischen Form angegeben wird, könnte man von einer Determinantenmethode sprechen. Der Grundgedanke ist freilich die sofortige Reduktion des Systems auf eines mit nur einer Unbekannten, oder auch die Einsetzungsmethode.

Stifel brachte den Fortschritt, daß er Symbole für mehrere Unbekannte einführte und auch mit ihnen rechnete, allerdings nur in geringem Umfang [1; 251ᵛ ff.], s.S. 377.

Buteo hat das Problem der Lösung eines linearen Gleichungssystems allgemein angefaßt [189 ff.]. Er sagt, daß er der bisher üblichen Form der Behandlung nicht folgen wolle, da sie sehr mühsam und schwer zu erfassen sei *(cum sit omnium molestissima, captuque difficilis)*. Er selbst schildert dann die Subtraktionsmethode ((3,3) von S. 389) am Beispiel des Systems

3 A. 1 B. 1 C [42 ⟨3 A + 1 B + 1 C = 42⟩ (1)
1 A. 4 B. 1 C [32 (2)
1 A. 1 B. 5 C [40. (3)

Aus diesen drei Gleichungen sind durch Multiplizieren oder wechselseitiges Addieren neue Gleichungen zu bilden, bis durch Abziehen des Kleineren vom Größeren ⟨nämlich auf der Seite der absoluten Zahlen⟩ *nur eine Größe übrig bleibt.*

Zunächst wird (2) mit 3 multipliziert und (1) davon abgezogen:

11 B. 2 C [54. (4)

Dann wird (3) mit 3 multipliziert und (1) abgezogen:

2 B. 14 C [78. (5)

Nun wird (4) mit 2 und (5) mit 11 multipliziert und subtrahiert:

150 C [750.

Also ist C = 5 usw.

Die Kombinations- und Substitutionsmethode finden sich, als allgemeine Verfahren benutzt, erst in **Newtons** *Arithmetica universalis.* [6; 57 ff.]. **Rolle** beschreibt in seinem *Traité d'Algèbre* von 1690 in Buch I, Kap. 4 *De la Methode* die Substitutionsmethode.

Buteo verwendet die Überschrift *Regula quantitatis*, die darauf zurückgeht, daß die zweite Unbekannte (neben *res* oder *cosa*) als *quantitas* bezeichnet wurde (s.S. 377).

Eine Anleitung zur Lösung linearer Gleichungssysteme findet sich wieder bei **Newton** und in anderer Form bei **Leibniz** (s.u.S. 404), jetzt mit dem ganzen Apparat der von **Viète**, **Harriot**, **Descartes** u.a. geschaffenen neuen mathematischen Ausdrucksweise.

Newton sagt [6; 57 ff.]: Treten mehrere Unbekannte auf, so *sind je zwei Gleichungen so zu verbinden, daß eine der unbekannten Größen beseitigt wird (tollatur) und eine neue Gleichung entsteht.* – Durch jede Gleichung kann eine Unbekannte beseitigt werden. Ein Gleichungssystem ist also im allgemeinen dann eindeutig lösbar, wenn es ebensoviele Gleichungen wie Unbekannte hat. **Newton** beschreibt das Beseitigen der Unbekannten durch Gleichsetzung *(Exterminatio quantitatis incognitae per aequalitatem valorum ejus)* und durch Einsetzung *(... substituendo pro ea valorem suum).*

Als Fachwort für „eliminieren" gebraucht **Newton** meist *exterminare*, auch *tollere* und gelegentlich *eliminare* (alle drei Ausdrücke in [2; **2**, 402]). **Leibniz** verwendet *tollere* und auch gelegentlich *eliminare* [nach Mitteilung von **E. Knobloch**]. Seit **Euler** wird „eliminieren" allgemein üblich. **Newton** behandelt auch Gleichungen mit höheren Potenzen der Unbekannten.

Die elementaren Verfahren zur Auflösung von linearen Gleichungssystemen sind damit im wesentlichen geklärt. **Euler** hat die Gleichsetzungsmethode als *den natürlichsten Weg* bezeichnet. Er sagt aber auch: *Solten mehr als drey unbekante Zahlen und eben so viel Gleichungen vorkommen, so könnte man die Auflösung auf eine ähnliche Art anstellen, welches gemeiniglich auf verdrießliche Rechnungen leiten würde. Es pflegen sich aber bey einem jeglichen Fall solche Mittel zu äußern, wodurch die Auflößung ungemein erleichtert wird...* [5; 2, 1, 4, 45 und 53].

Euler behandelt in seiner *Anleitung zur Algebra* auch systematisch die unbestimmte Analytik, d.h. Systeme mit mehr Unbekannten als Gleichungen und mit Nebenbedingungen der Art, daß die Lösungen ganze oder rationale Zahlen sein sollen. [5; 2. Teil, 2. Abschnitt]. Solche Aufgaben kommen seit dem Problem der 100 Vögel (s.S. 398) in den Rechenbüchern sehr häufig vor.

Die Determinantenmethode unterscheidet sich von den bisher geschilderten Methoden dadurch, daß nicht ein Rechenverfahren angegeben wird, sondern eine Formel, die den Wert jeder Unbekannten als Funktion der Koeffizienten und der absoluten Glieder der Gleichungen angibt.

Ansätze zu einer solchen Methode sind bereits bei den Chinesen (s.S. 396 ff.) und dann in **Cardanos** *Regula de modo* zu finden (s.S. 402). Eine Regel, mittels deren der Wert einer beliebigen Unbekannten eines inhomogenen, stillschweigend als lösbar vorausgesetzten linearen Gleichungssystems ohne jeden Kalkül hingeschrieben werden kann *(regula, cujus ope statim valor incognitae simplicis sine ullo calculo scribi potest)*, glaubte **Leibniz** im Juni 1678 gefunden zu haben [4; 579 f.]. Der Wert jeder Unbekannten ist ein Bruch, dessen Nenner aus den Koeffizienten der Unbekannten berechnet wird – **Leibniz** beschreibt das Verfahren genau – und dessen Zähler man erhält, wenn man im Nenner die Koeffizienten der gesuchten Unbekannten durch die absoluten Werte der Gleichungen ersetzt. **Leibniz** nennt dies ein *theorema pulcherrimum cujus vis se extendit in infinitum* und meint *operae pretium esset hoc theorema accurate demonstrare.* Diese Ausführungen, die noch nicht im Sinne des Determinantenbegriffs ein quadratisches Koeffizientenschema (Matrix) voraussetzen – dies geschieht auf einer Handschrift aus der Zeit 1683/4, die 1891 bekannt wurde [Gerhardt 3; 421] – wurden erst 1903 veröffentlicht [Leibniz 4; 579 f.].

Eine einwandfreie Vorzeichenregel fand **Leibniz** erst im Januar 1684. Der Text der betreffenden Studie wurde 1972 gedruckt [Knobloch 2]. **Leibniz** entwickelt dort eine elegante Schreibweise für bis zu vierreihige Determinanten. Er verwendet die Terme der Hauptdiagonale und stellt durch $\overline{1.2.3.4}$ z.B. die Determinante

$$\begin{vmatrix} a_{11} & \cdots\cdots & a_{14} \\ \vdots & & \vdots \\ a_{41} & \cdots\cdots & a_{44} \end{vmatrix}$$

dar, eine Möglichkeit, deren sich **Arthur Cayley**, der 1841 die bis heute üblichen, senkrechten Striche zur Bezeichnung von Determinanten einführte [2], in einem Aufsatz aus dem Jahre 1843 bediente [3]. **Leibniz** hält darüber hinaus zahlreiche unbewiesene Sätze über Determinanten fest, insbesondere sinngemäß die folgenden drei:

1. Der Wert einer Determinante bleibt ungeändert, wenn man die Elemente an der Hauptdiagonale spiegelt.
2. Vertauscht man in einer Determinante zwei Zeilen oder Spalten untereinander, so ändert sich das Vorzeichen.
3. Determinantenentwicklungssatz.

Zur gleichen Zeit wie **Leibniz** in Europa begründete der japanische Mathematiker **Takakazu Seki** im Fernen Osten die Lehre von den Determinanten durch seine Schrift *Kaifukudai no Hō* aus dem Jahre 1683 [141–158 (japan. Pag.)]. Ohne eine Bezeichnung für Determinanten zu haben, aber unter Verwendung quadratischer Koeffizienten-schemata, beschreibt er mechanische Verfahren, die Terme samt ihren Vorzeichen von bis zu fünfreihigen Determinanten zu berechnen. Sein mathematischer Ausgangspunkt ist die Elimination einer gemeinsamen Unbekannten aus zwei Gleichungen höheren Grades. Seine Ansätze wurden im 18. Jahrhundert von japanischen Mathematikern verbessert und fortgeführt. Vom 19. Jahrhundert ab wurde diese Theorie jedoch in Japan nahezu vergessen.

In Europa dagegen begann der eigentliche Aufschwung einer Theorie der Determinanten um die Mitte des 18. Jahrhunderts und erlebte im folgenden Jahrhundert angesichts des großen Interesses der europäischen Algebraiker des 19. Jahrhunderts an linearen Problemen einen Höhepunkt. Ebenso wie **Leibniz**ens jahrhundertelang unveröffentlicht gebliebene Studien blieben **Colin Maclaurin**s 1748 postum herausgegebene Ausführungen lange Zeit unbekannt, die inhaltlich bei weitem den **Leibniz**schen Ergebnissen nachstehen. **Maclaurin** nimmt sich lineare Gleichungssysteme von zwei, drei, vier Gleichungen mit ebensovielen Unbekannten vor. Er definiert für $n = 3, 4$ die Zähler-, dann die Nennerdeterminante des Wertes einer Unbekannten, ohne den entscheidenden Zusammenhang zwischen beiden zu erklären oder eine allgemeine Regel für den Fall n zu formulieren. Seine Vorzeichenregel, eine umständliche Rekursionsregel, besagt, verschiedene Vorzeichen sollen diejenigen Produkte erhalten, die die Produkte von Koeffizienten zweier verschiedener Unbekannter aus zwei verschiedenen Gleichungen enthalten. Erst durch die Ergebnisse des Schweizers **Gabriel Cramer** wurde die mathematische Fachwelt angeregt, das Studium der Determinanten fortzuführen. **Cramer** hat 1750 die Frage untersucht, durch wieviel Punkte eine algebraische Kurve n-ten Grades bestimmt ist. Die Gleichung einer solchen Kurve hat $N = \frac{1}{2} n^2 + \frac{3}{2} n$ Koeffizienten. Sieht man diese als unbekannt an und setzt für die Variablen der Reihe nach die Koordinaten von N verschiedenen Punkten ein, so erhält man N lineare Gleichungen mit N Unbekannten. Es ist nun wichtig zu wissen, daß diese im allgemeinen eindeutig lösbar sind. In diesem Zusammenhang schreibt **Cramer** die Lösung des Gleichungssystems durch Determinanten [656–659], die „**Cramer**sche Regel" an. Sie liefert die gewünschte Aussage und vor allem auch die Bedingung, daß die Determinante im Nenner $\neq 0$ sein muß.

Cramer schreibt die Regel für zwei und drei Unbekannte und ebensoviele Gleichungen an. In diesen Fällen ist sie leicht zu verifizieren, worauf **Cramer** aber nicht eingeht. Er gibt dann das Bildungsgesetz für beliebig viele Unbekannte und Gleichungen an. **Bézout** bringt dafür 1764 eine Rekursionsregel [2]. **Laplace** stellt 1772 fest, die allgemeinen Regeln von **Cramer** und **Bézout** seien nur durch (unvollständige) Induktion bewiesen und unpraktisch, was ihn veranlasse, einfachere Verfahren als die bekannten anzugeben [395 ff.]. Gleichzeitig mit der Abhandlung von **Laplace** erschien ein Aufsatz von **Vandermonde**·[2], in dem dieser nicht nur eine Bezeichnungsweise für Determinanten vorschlug, die sich ebensowenig wie die von **Laplace** durchsetzte, sondern auch eine Reihe von Sätzen angab, insbesondere zur Vertauschbarkeit und Gleichheit der Indizes.

Lagrange gibt in mehreren Abhandlungen, insbesondere in einem Aufsatz zur analytischen Geometrie aus dem Jahre 1773 [6], zahlreiche Beziehungen, die inhaltlich mit

Sätzen über dreireihige Determinanten übereinstimmen, ohne einen Zusammenhang zu den entsprechenden Studien seiner Vorgänger herzustellen.

Ähnlich indirekte Beiträge zur Determinantentheorie liefert **Gauß**, der in den *Disquisitiones arithmeticae* von 1801 durch das Studium linearer Transformationen auf quadratische Koeffizientenschemata (Matrizen) geführt wird und dabei angibt, wie zwei dreireihige Matrizen miteinander zu multiplizieren sind [2; 120 ff., Sectio 5]. Die von ihm *determinantes* genannten Größen haben dagegen mit diesen Matrizen nichts zu tun, sondern charakterisieren in Abhängigkeit von den auftretenden Koeffizienten die zugehörigen binären bzw. ternären Formen.

Cauchy wurde durch diese Formeln von **Gauß** angeregt, 1812 die vorliegenden Ergebnisse zur Determinantentheorie neu zu ordnen und entscheidend auszubauen [5]. Er definiert die Determinanten als bestimmte symmetrische Funktionen, führt systematisch die moderne, matrizenförmige Anordnung der Determinantenelemente ein und spricht insbesondere unabhängig von **Binet**, dessen Arbeit fast gleichzeitig erschien, den Determinantenproduktsatz aus. **Cauchy** hat insgesamt 18 mit der Determinantentheorie zusammenhängende Abhandlungen veröffentlicht.

Zum mathematischen Allgemeingut wurde jedoch die Theorie erst durch drei Arbeiten von **Jacobi** aus dem Jahre 1841 [2], [3], [5]. 1864 entwickelte **Weierstraß** die funktionentheoretische Betrachtungsweise **Cauchy**s fort und definierte in seinen mathematischen Seminaren und Vorlesungen in moderner Art die Determinante als Funktion von n^2 unabhängigen Variablen mit drei charakteristischen Eigenschaften [Frobenius 3].

Fachsprache

Das Wort „Determinante" geht auf **Gauß** zurück [2; 122, 124, § 154, 157]. Er faßte es als Maskulinum auf, und zwar im Sinne von *determinans numerus*. Da *numerus* im Deutschen „die Zahl" heißt, ist die Übersetzung als Femininum gerechtfertigt. **Gauß** verwendete jedoch das Wort ausschließlich in der Verbindung „Determinante einer Form", nicht im modernen Sinn, den dieses erst durch **Cauchy** 1812 erhielt. **Laplace** hatte 1772 allgemein den Ausdruck *Resultante* gebraucht [397], der heute nur für die Determinanten vorbehalten ist, die man durch Elimination einer gemeinsamen Unbekannten aus zwei Gleichungen höheren Grades erhält. **Laplace** lehnte sich damit an die *équations résultantes* von **Bézout** (1764) [2] an. Allerdings verwendete bereits **Newton** in der 1707 veröffentlichten *Arithmetica universalis* die Bezeichnung *aequatio resultans* [2; **5**, 590]. **Leibniz** spricht auf einer Handschrift vom Oktober 1679 von *aequatio resultativa* [6; Hs 30], auf Studien aus der Zeit um 1693 mehrfach von *aequatio resultans* [6; Hss 57, 58] bzw. auch nur von *resultans* [6; Hs 59].

3.3.4 Quadratische Gleichungen

Im mittleren Reich kommen bei den Ägyptern in den bekannten Texten nur rein quadratische Gleichungen vor, so im Papyrus Moskau Aufgabe 6: Ein Rechteck, dessen Breite $\frac{3}{4}$ der Länge ist, hat den Inhalt 12. Es ist also $\frac{3}{4}\ l^2 = 12, \quad l = \sqrt{16} = 4$.

In den demotischen Papyri dagegen werden auch spezielle gemischt quadratische Gleichungen gelöst. So sind in den Aufgaben Nr. 34 und 35 im Papyrus Cairo J.E. 89137 und 89140 (ca. 3. Jh. v. Chr.) jeweils die Fläche eines Rechtecks sowie die Länge der Diagonale gegeben; gesucht sind die Rechtecksseiten; d.h.:

$$xy = F; \qquad x^2 + y^2 = d^2 .$$

Zur Lösung werden, wie bei den Babyloniern, zunächst die Ausdrücke $x + y$ und $x - y$ berechnet (vgl. [Vogel 21; 96]). Das Ergebnis wird mittels des Pythagoreischen Lehrsatzes geprüft.

In dem altbabylonischen Text BM 13 901 ist die allgemeine Lösungsvorschrift für eine quadratische Gleichung so angegeben (Aufg. 1 [MKT; **3**, 5] = [TMB; 1]:

Text:	Erläuterung:
Die Fläche und die Seite des Quadrates habe ich addiert und 0;45 ist es.	$x^2 + x = 0;45$ $x^2 + bx = c$
1, den Koeffizienten nimmst du. Die Hälfte von 1 brichst du ab,	$\frac{b}{2} = 0;30$
0;30 und 0;30 multiplizierst du.	$\left(\frac{b}{2}\right)^2 = 0;15$
0;15 zu 0;45 fügst du hinzu.	$\left(\frac{b}{2}\right)^2 + c = 1 .$
Und 1 hat 1 als Quadratwurzel. 0;30, das du (mit sich) multipliziert hast, von 1 subtrahierst du und 0;30 ist das Quadrat.	$\sqrt{\left(\frac{b}{2}\right)^2 + c} - \frac{b}{2} = x .$

Der Text BM 13 901 enthält 7 derartige Aufgaben.

Nun gibt es für die Babylonier wohl kaum ein Problem der Praxis, das unmittelbar auf eine quadratische Gleichung führt. **K. Vogel** hat aber gezeigt, wie man durch Umkehrung und Veränderung eines einfachen linearen Problems auf ein quadratisches kommen kann [VM; **2**, 56 f.]. Das ist aus folgendem geometrischen Beispiel zu ersehen, das in zwei altbabylonischen Texten (BM 85 194 und 85 210) mit denselben Zahlenwerten, aber unter veränderten Ausgangsbedingungen einmal linear, das andere mal quadratisch auftritt. Es handelt sich (Abb. 57–59 – der Text enthält keine Zeichnung) um die Seitenansicht eines Belagerungsdammes von 40 Gar Länge, der bereits auf eine Höhe von 36 Ellen und einen Abstand von 8 Gar von einer 45 Ellen hohen Mauer, die gestürmt werden soll, vorgetrieben wurde. In dem einen Fall (Abb. 57) sind gegeben die bereits erreichte Dammhöhe $h = 36$, die Mauerhöhe $m = 45$ und die Fläche des Dreiecks $ABC = 900$. Die Länge des Dammes bekommt man sofort als $y = 2 \cdot 900 : 45 = 40$, die Länge z des bereits fertigen Stückes aus einer Ähnlichkeitsbeziehung $\frac{z}{40} = \frac{36}{45}$ also $z = 32$; das „noch einzustampfende Stück“ ist $40 - 32 = 8$.

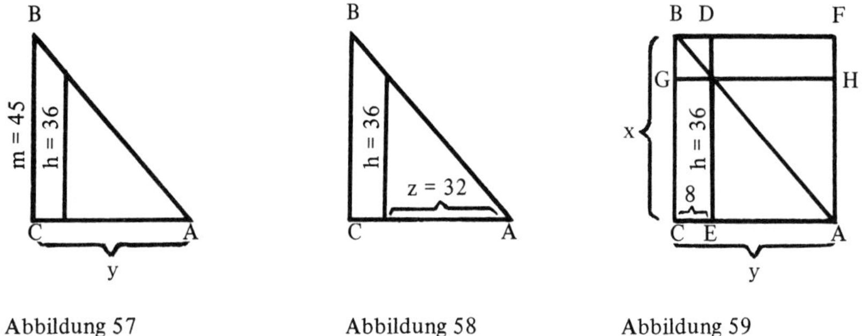

Abbildung 57 Abbildung 58 Abbildung 59

Gibt man aber – dieser Fall kommt zweimal vor – (wie in Abb. 58) außer der Fläche $xy = 1800$ noch $z = 32$ und $h = 36$, so bekommt man eine rein quadratische Gleichung $xy \cdot \frac{x}{y} = x^2 = 1800 \cdot \frac{36}{32} = 2025$ und $x = 45$. In dem einen Fall wird dann das „einzustampfende" Stück $(45 - 36) \cdot \frac{32}{36} = 8$, in dem anderen $y = 1800 : 45 = 40$ bestimmt.

Eine weitere im Text erhaltene Variante führt auf zwei Gleichungen mit zwei Unbekannten (s. Abb.59). Diesmal sind gegeben (außer der Dreiecksfläche $F = 900$) $h = 36$ so wie das noch fehlende Stück 8. Machen wir, statt eine Ähnlichkeitsbeziehung anzusetzen, eine Flächenvergleichung, nämlich Rechteck AFBC = AHGC + HFBG = AHGC + CEDB so erhalten wir sofort:

$$36\,y + 8\,x = 1800\,;$$

außerdem ist

$$x \cdot y = 1800.$$

Dieses Gleichungssystem kann auf die folgende Form gebracht werden:

$$4\tfrac{1}{2}\,y + x = 225\,, \qquad 4\tfrac{1}{2}\,y \cdot x = 8100.$$

Mit

$$y' = 4\tfrac{1}{2}\,y$$

ergibt sich die Form:

I. $\quad x + y' = a\,, \quad x \cdot y' = b\,.$

Diese Form und die Form

II. $\quad x - y = a\,, \quad x \cdot y = b$

kommen so häufig vor, daß **K. Vogel** sie als Normalformen bezeichnet hat [5], [6], [8].

Gelöst werden diese Gleichungssysteme, indem mittels der Formel

(B) $$\left(\frac{x+y}{2}\right)^2 - xy = \left(\frac{x-y}{2}\right)^2$$

bei der Form I $x - y$, bei der Form II $x + y$ berechnet wird. Dann kann die Regel A von S. 389 benutzt werden.

In dem Text VAT 7528 [MKT; **1**, 512 f.] = [TMB; 206 f., Nr. 603–6] geht es um einen Graben, dessen Länge, Breite und Tiefe, also die Menge der auszuhebenden Erde, gegeben sind. Ferner ist die Arbeitsleistung eines Mannes pro Tag gegeben und zwar als Volumen, ca. 3 cbm. In der ersten Aufgabe wird berechnet, welche Länge des Grabens 1 Mann in 1 Tag aushebt. Man kennt also die Anzahl a der erforderlichen Tagewerke. Ist x die Anzahl der Leute, y die Anzahl der Tage, so ist

$$xy = a .$$

In der 2. Aufgabe wird angegeben, daß 18 Männer an dem Graben arbeiten, und ausgerechnet, daß dann $11\frac{1}{4}$ Tage benötigt werden.

In der 3. Aufgabe wird nun statt x die Summe der Männer und Tage gegeben:

$$x + y = b \; (= 29;15) .$$

Diese aus einer praktischen Aufgabe durch Änderung der Daten gewonnene (für die Praxis sinnlose) Aufgabe ergibt wieder ein quadratisches Problem der Normalform I.

Das Schema wird auch iteriert angewandt, wenn in der Aufgabe die Größen $xy + x + y$ und $xy(x + y)$ erscheinen, aus denen zunächst xy und $x + y$ zu berechnen sind, und dann erst x und y selbst [ST; 78 ff., Text XII].

Allgemein zeigt sich in den babylonischen Texten eine große Beweglichkeit und Geschicklichkeit im Ersinnen von Lösungsverfahren.

Manchmal wird eine neue Unbekannte eingeführt, um ein Gleichungssystem auf eine Normalform zu bringen, so z.B. in AO 8862,1 [MKT; **1**, 113] = [TMB; 64 f., Nr. 137]. Die Aufgabe lautet in moderner Schreibweise

$$xy + x - y = 3,3 \qquad (1)$$
$$x + y = 27 . \qquad (2)$$

Durch Addition erhält man

$$xy + 2x = x(y + 2) = 3,30 .$$

Nun wird zu (2) 2 addiert:

$$x + (y + 2) = 29 .$$

Damit ist die Normalform für x und $y' = y + 2$ hergestellt.

Bei **Diophant** lautet die Aufgabe [1; I, 27]: *Es sind zwei Zahlen zu finden, so daß ihre Summe und ihr Produkt gleich zwei gegebenen Zahlen sind.* $\langle x + y = b, xy = a \rangle$. Auch **Diophant** geht darauf aus, $\frac{x - y}{2}$ zu berechnen; diese Größe setzt er als Unbekannte s an. Bevor er aber ihren Wert ausrechnet, kann er mit diesem Symbol operieren. Es ist

$$x = \frac{b}{2} + s , \qquad y = \frac{b}{2} - s .$$

Nun kann s aus

$$xy = (b/2)^2 - s^2 = a$$

berechnet werden.

Diophant fügt noch die Bedingung hinzu, daß $s = \sqrt{(b/2)^2 - a}$ rational sein soll: *Es ist dabei notwendig, daß das Quadrat der halben Summe das Produkt um eine Quadratzahl übertrifft.*

In der Aufgabe BM 13 901,8 [MKT; **3**, 7] = [TMB; 3] ist

$$x^2 + y^2 = a, \qquad x + y = b$$

gegeben. Der Text lautet: *Ich habe die Flächen meiner beiden Quadrate addiert: 21, 40. Ich habe die Seiten meiner Quadrate addiert: 50.* Es wird

$$\sqrt{(a/2) - (b/2)^2} = c = 5$$

ausgerechnet; das ist:

$$\sqrt{\frac{x^2 + y^2}{2} - \left(\frac{x + y}{2}\right)^2} = \frac{x - y}{2}.$$

Dann ist:

$$x = \frac{b}{2} + c, \qquad y = \frac{b}{2} - c.$$

Diophant behandelt die gleiche Aufgabe in [1; I, 28]. Wieder setzt er $\frac{x - y}{2} = s$ als die zuerst zu berechnende Größe an. Dann ist:

$$x = \frac{b}{2} + s, \quad y = \frac{b}{2} - s.$$

s wird berechnet aus

$$x^2 + y^2 = 2\,(b/2)^2 + 2\,s^2 = a.$$

In der Aufgabe BM 13 901,9 ist

$$x^2 + y^2 = a \qquad \text{und} \qquad x - y = b$$

gegeben; sie wird auf die gleiche Weise gelöst.

Ein weiteres Beispiel: BM 13 901, 14:

$$x^2 + y^2 = 25{,}25 \qquad \langle x^2 + y^2 = a \rangle$$

$$y = \frac{2}{3}\,x + 5 \qquad \langle y = bx + c \rangle$$

Der Rechner setzt (als Versuchszahl) $x_1 = 1$ an. Die weitere Rechnung entspricht ungefähr der folgenden Überlegung: Das richtige x ist:

$$x = s \cdot x_1 = s,$$

also

$$y = s \cdot 0{,}40 + 5 \quad \langle = bs + c \rangle .$$

$$x^2 + y^2 = s^2 + (bs + c)^2 = a$$

$$s^2 (1 + b) + 2\, bcs = a - c^2 .$$

Diese quadratische Gleichung wird dann gelöst, wobei übrigens nicht durch $(1 + b)$ dividiert, sondern mit $(1 + b)$ multipliziert wird.

Griechen

Euklid spricht an mehreren Stellen von quadratischen Problemen:

Im Buch 2 der Elemente werden die benötigten algebraischen Formeln geometrisch bewiesen.

§ 1 demonstriert das distributive Gesetz an einem unterteilten Rechteck (Abb. 60).

$$a \cdot BC = a \cdot BD + a \cdot DE + a \cdot EC .$$

§ 4 zeigt geometrisch (Abb. 61)

$$(x + y)^2 = x^2 + y^2 + 2xy .$$

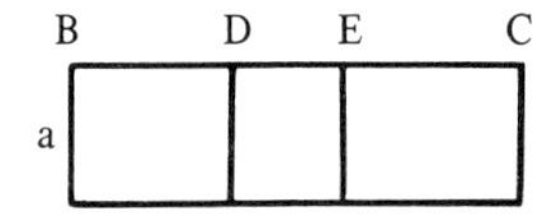

Abbildung 60

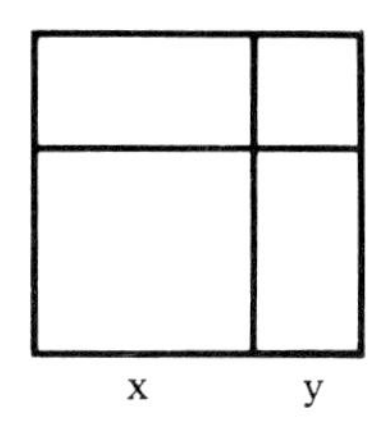

Abbildung 61

§ 5: *Teilt man eine Strecke ⟨AB⟩ sowohl ⟨durch C⟩ in gleiche als auch ⟨durch D⟩ in ungleiche Abschnitte, so ist das Rechteck aus den ungleichen Abschnitten der ganzen Strecke zusammen mit dem Quadrat über der Strecke zwischen den Teilpunkten dem Quadrat über der Hälfte gleich.*

Beweis: Da das Rechteck ACLK = BFGD ist, ist das Rechteck ADHK gleich dem Gnomon LCBFGHL, also gleich $CB^2 - EG^2$ (Abb. 62).

Setzt man

$$AD = x , \; DB = BM = y ,$$

so ist

$$AC = \frac{x + y}{2} , \qquad CD = \frac{x - y}{2} ,$$

und der Satz besagt:

$$\text{(II)} \qquad xy + \left(\frac{x - y}{2}\right)^2 = \left(\frac{x + y}{2}\right)^2 .$$

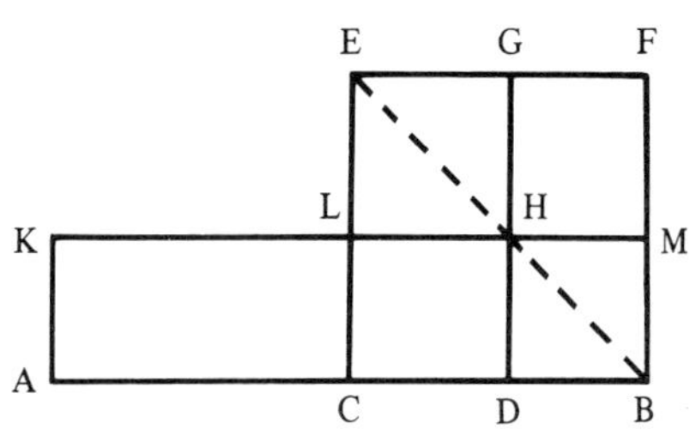

Abbildung 62

Das ist Formel (B) von S. 408.

§ 6 führt auf dieselbe Formel mittels der Abb. 63. Sei

$$AD = x\,, \qquad BD = DM = y\,,$$

also

$$AB = x - y\,;$$

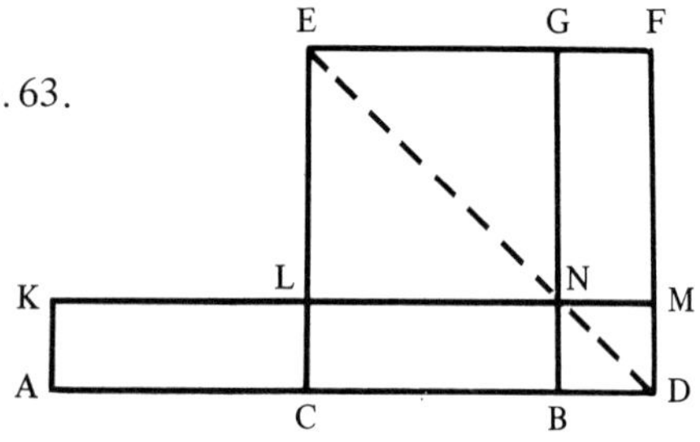

c sei Mittelpunkt von AB, also

Abbildung 63

$$AC = CB = \frac{x-y}{2}\,, \quad CD = \frac{x+y}{2}\,.$$

Dann ergibt eine ähnliche Überlegung wie in § 5:

$$AD \cdot DM + CB^2 = CD^2\,.$$

Das ist wieder Formel (B).

Euklid gebraucht § 5, wenn xy und x + y gegeben sind, § 6 wenn xy und x − y gegeben sind.

In Buch 6, §§ 28,29 werden diese Aufgaben in der folgenden Form gestellt (wir sprechen sie der Einfachheit halber für Rechtecke aus, während **Euklid** allgemeiner Parallelogramme betrachtet):

§ 28: *An eine gegebene Strecke ⟨b⟩ ist eine gegebene Fläche ⟨a⟩ so anzulegen, daß ein Quadrat fehlt.*

Wir können die Abbildung 62 benutzen. Dann ist AB = x + y = b und die Fläche des Rechtecks ADHK = xy = a gegeben.

Man halbiere zunächst AB in C und zeichne das Quadrat über CB. Um die Strecke $CD = \frac{x-y}{2}$ zu finden, überlege man, daß – in der fertigen Figur – das Quadrat ELHG gleich ist der Differenz aus $CB^2 = (b/2)^2$ und dem Gnomon, der seinerseits = xy = a ist. Man hat also geometrisch (in einer Nebenfigur) die Differenz der Flächen $(b/2)^2 - a$ zu konstruieren und die erhaltene Fläche in ein Quadrat zu verwandeln. Das alles ist mit den Methoden der Flächenverwandlung möglich.

Man konstruiert also

$$\frac{x-y}{2} = \sqrt{(b/2)^2 - a}$$

und trägt diese Strecke an $\frac{x+y}{2} = b/2$ an; so erhält man

$$x = b/2 + \sqrt{(b/2)^2 - a}\,.$$

Das ist die Lösungsformel für die Gleichung

$$x\,(b - x) = a$$

bzw.

$$x^2 + a = bx, \quad \text{d.i. Typ B2 (S. 383).}$$

Die Aufgabe ist – auch geometrisch – nur lösbar, wenn $(b/2)^2 \geqslant a$ ist. Das hat **Euklid** schon vorher in § 27 untersucht: *Unter allen Rechtecken, die man an eine gegebene Strecke so anlegen kann, daß ein Quadrat fehlt, ist das Quadrat über der Hälfte am größten.* – Das folgt sofort daraus, daß das Rechteck gleich einem Gnomon ist, der ganz in dem Quadrat über der Hälfte enthalten ist.

Es ist wichtig, daß schon vor Beginn der Konstruktion bzw. der Rechnung festgestellt werden kann, ob die Aufgabe lösbar ist oder nicht.

§ 29: *An eine gegebene Strecke ⟨b⟩ ist eine gegebene Fläche ⟨a⟩ so anzulegen, daß ein Quadrat überschießt.*

Gegeben ist also (vgl. Abb. 64)

$$x - y = b, \quad xy = a.$$

Die Aufgabe wird anhand der genannten Abbildung in ähnlicher Weise wie § 28 gelöst.

In den *Data* [Euklid 1; **6**] erscheinen diese Aufgaben fast im gleichen Wortlaut in §§ 58–60. In §§ 84, 85 wird der Zusammenhang der verschiedenen Formulierungen ausgesprochen.

§ 84: *Wenn zwei Strecken eine gegebene Fläche in gegebenem Winkel umfassen und dabei die eine um Gegebenes größer ist als die andere, dann müssen sie beide gegeben sein.*

Wenn der gegebene Winkel ein Rechter ist, ist das die Aufgabe $xy = a$, $x - y = b$. Wir zeichnen in diesem Sinne. – **Euklid** trägt die kleinere Seite y des gegebenen Rechtecks auf der größeren ab und stellt fest, daß dann die Aufgabe vorliegt, eine gegebene Fläche an eine gegebene Strecke so anzulegen, daß ein Quadrat überschießt. (El. 6, § 29).

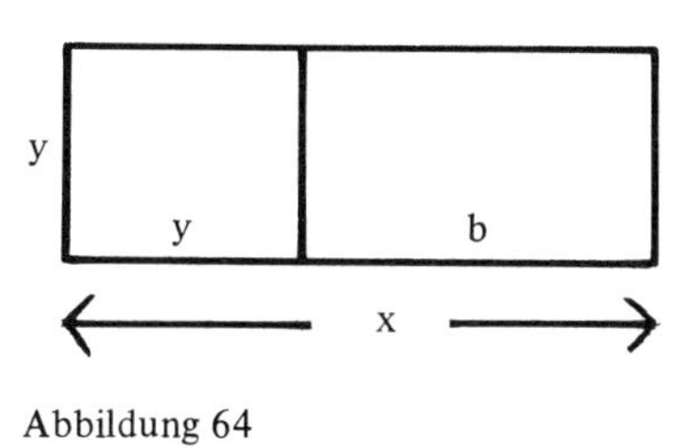

Abbildung 64

Ebenso verweist § 85 auf die in El. 6, § 28 gelöste Aufgabe.

In § 86 löst **Euklid** die Aufgabe

$$xy = a, \qquad x^2 = by^2 + c.$$

Heron gibt in den *Metrica* eine Näherungslösung für die Aufgabe

$$x + y = 14, \qquad xy = \frac{6720}{144} = 46 \qquad [\mathbf{3}, 148\text{–}151].$$

In den *Geometrica*, deren Zuschreibung an **Heron** zweifelhaft ist, steht die Aufgabe [**4**, 380 f.]: *Wenn drei Zahlen, die des Durchmessers ⟨x⟩, des Umkreises und des Flächeninhalts des Kreises in einer Zahl (212) gegeben sind, sie auseinanderzulegen und jede Zahl zu finden.* Gerechnet wird mit $\pi = 22/7$. Das ergibt die Gleichung

$$x + \frac{22}{7}x + \frac{11}{14}x^2 = 212.$$

Multiplikation mit $11 \cdot 14 = 154$ ergibt

$$(11\,x)^2 + 2 \cdot 11 \cdot 29 \cdot x = 154 \cdot 212 .$$

Die weitere Rechnung ist klar.

Daß hier Größen verschiedener Dimension addiert werden, ist nicht im Geiste griechischer Mathematik, es ist aber von den Babyloniern bekannt. Es ist also kein Argument gegen die Autorschaft **Herons**, bei dem sich auch sonst manche Anklänge an babylonisches Wissen finden.

Beispiele **Diophants** für quadratische Gleichungen mit zwei Unbekannten wurden oben bei den Babyloniern erwähnt (S. 409 f.). Ferner löst **Diophant** die folgenden Aufgaben:

I, 29: $x^2 - y^2 = a , \quad x + y = b .$

I, 30: $xy = a , \quad x - y = b .$

I, 31: $\frac{x}{y} = p = 3 , \quad \frac{x^2 + y^2}{x + y} = q = 5 .$

Hier setzt **Diophant** seine Unbekannte s für y, dann ist $x = ps$ und die zweite Gleichung wird zu

$$(p^2 + 1)\, s^2 = q\,(p + 1)\, s .$$

Daraus ergibt sich

$$s = \frac{q(p + 1)}{p^2 + 1} .$$

Die Möglichkeit $s = 0$ wird damals natürlich nicht in Betracht gezogen. Aus dem Problem ist somit ein lineares geworden.

Von der gleichen Art sind die Aufgaben:

I, 32: $\frac{x}{y} = p , \quad \frac{x^2 + y^2}{x - y} = q$

I, 33: $\frac{x}{y} = p , \quad \frac{x^2 - y^2}{x + y} = q$

I, 34: $\frac{x}{y} = p , \quad \frac{x^2 - y^2}{x - y} = q .$

Die Regeln für die Lösung einer quadratischen Gleichung mit einer Unbekannten werden in den uns erhaltenen Teilen der Arithmetik **Diophants** nicht angegeben. Daß **Diophant** sie beherrscht hat, sieht man daran, daß bei solchen Gleichungen meist ohne weiteres die Lösung angegeben wird, und daran, wie die Bedingung ausgesprochen wird, daß die Lösung rational sein soll. In [1; VI, Aufg. 6] tritt z.B. die Gleichung auf

$$6\,x^2 + 3\,x = 7 .$$

Diophant sagt: ⟨Damit die Gleichung rational lösbar wird⟩, *müßte das Quadrat des halben Koeffizienten von x, vermehrt um das Produkt aus dem Koeffizienten von x^2 und der Zahl 7, ein Quadrat sein.*

Ob in den verlorenen Büchern **Diophant**s eine Theorie der quadratischen Gleichungen enthalten ist, weiß man nicht, in den kürzlich neu aufgefundenen Büchern steht sie nicht [5].

China

In den *Neun Büchern* treten quadratische Gleichungen in Buch IX bei Rechnungen am rechtwinkligen Dreieck auf. Als Beispiel geben wir Aufgabe 11 wieder [94 f.]: *Jetzt hat man eine Türe; ihre Höhe ist 6 Fuß 8 Zoll größer als ihre Breite. Die Entfernung der beiden Ecken voneinander ist gerade 1 Klafter. Frage: Wie groß ist beides, die Höhe und die Breite der Tür? Die Antwort sagt: Breite 2 Fuß 8 Zoll, Höhe 9 Fuß 6 Zoll* (Abb. 65).

(1 Klafter = 10 Fuß, 1 Fuß = 10 Zoll).

Wir würden die Aufgabe so schreiben:

$x - y = d = 6{,}8$ Fuß

$x^2 + y^2 = s^2 = 100$ Qu. Fuß.

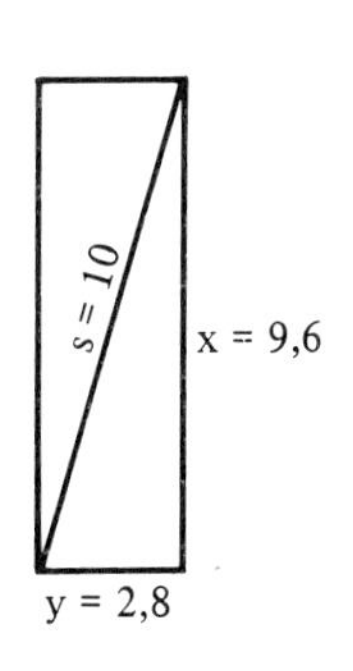

Abbildung 65

Der Text lautet: *Es soll ein Klafter mit sich selbst multipliziert werden; es ist der Anfangsbetrag. Die Hälfte des Unterschiedes soll mit sich selbst multipliziert werden. Verdopple es und verkleinere damit den Anfangsbetrag; halbiere diesen Rest und ziehe die Quadratwurzel daraus.*

Es wird also gerechnet:

$$\sqrt{\frac{x^2 + y^2 - 2\left(\frac{x-y}{2}\right)^2}{2}} = \frac{x+y}{2},$$

Das Ergebnis wird verkleinert um die Hälfte des Unterschiedes, dann ist es die Breite der Türe. Zum Ergebnis wird zugelegt die Hälfte des Unterschiedes, dann ist es die Höhe der Türe.

Man vergleiche die altbabylonische Aufgabe BM 13901, 9 (s. S. 410).

Inder

Āryabhaṭa I kommt bei arithmetischen Reihen zu einer quadratischen Gleichung.

Sei a das Anfangsglied, d die Differenz. **Āryabhaṭa** betrachtet die Reihe vom (p + 1)ten bis zum (p + n)ten Gliede und beschreibt in Worten:

Das mittlere Glied $m = a + \left(\frac{n-1}{2} + p\right)d$,

die Summe der betrachteten Glieder $S = n \cdot m$.

Will man jetzt für $p = 0$ die Anzahl n durch die übrigen Größen ausdrücken, so erhält man eine quadratische Gleichung. **Āryabhaṭa** beschreibt – nur in Worten – das Ergebnis:

$$n = \frac{1}{2}\left(\frac{\sqrt{8 \cdot d \cdot s + (d - 2a)^2} - 2a}{d} + 1\right) \quad \text{[Gaṇ. 19,20]}$$

Vers 23 beschreibt die Formel:

$$xy = \frac{(x + y)^2 - (x^2 + y^2)}{2}$$

Vers 24 gibt an, wie x, y aus xy und $x - y$ zu berechnen sind:

$$\frac{\sqrt{4\,xy + (x - y)^2} \pm (x - y)}{2} = \begin{cases} x \text{ für } + \\ y \text{ für } - . \end{cases}$$

Vers 25. Die Summe A (= 100) ist für einen Monat ausgeliehen. Dann wird der Zins x allein für t(= 16) Monate ausgeliehen. Das Ergebnis ist $B = 16$.

Es ist also

$$\frac{x}{A} \cdot x \cdot t + x = B$$

oder

$$tx^2 + Ax = AB\,.$$

Die Gleichung wird dann offenbar mit t multipliziert. Der Text von **Āryabhaṭa** sagt nur: *Multipliziere die Summe des Zinses vom Kapital und des Zinses vom Zins* ⟨also $B = x + \frac{x}{A}\,xt$⟩ *mit der Zeit* ⟨t⟩ *und dem Kapital* ⟨A⟩ ⟨also: berechne $B \cdot A \cdot t$⟩. *Addiere dazu das Quadrat des halben Kapitals. Ziehe daraus die Wurzel. Subtrahiere das halbe Kapital und dividiere den Rest durch die Zeit. Das Ergebnis ist der Zins vom Kapital.* Ein Zahlenbeispiel wurde von einem Kommentator hinzugefügt.

Brahmagupta gibt das letzte Glied einer arithmetischen Reihe als $a_n = (n - 1)\,d + a$ an. Die Summe ist dann [2; XII, § 17, § 18] = [1; 290 f.]:

$$S = \frac{a + a_n}{2} \cdot n\,.$$

Für n, ausgedrückt durch a, d, S, beschreibt er dieselbe Formel wie **Āryabhaṭa**.

Brahmagupta kennt die Regeln:

$$\text{Ist } x + y = S\,,\ x - y = D\,, \text{ so ist } x = \frac{S + D}{2}\,,\ Y = \frac{S - D}{2}\,. \tag{1}$$

$$\frac{x^2 - y^2}{x - y} = S \qquad [2; \text{XVIII}, \S\,37] = [1; 340] \tag{2}$$

$$2\,(x^2 + y^2) - (x + y)^2 = (x - y)^2 \qquad [2; \text{XVIII}, \S\,99] = [1; 377] \tag{3}$$

Über die Werte von Quadraten und Wurzeln sagt **Brahmagupta**: *Das Quadrat von Negativem und Positivem ist positiv, das von 0 ist 0; die Wurzel richtet sich nach dem, was wir ins Quadrat gesetzt haben.* [2; XVIII, § 36] = [1; 340].

Er scheint sich das so vorzustellen: aus einer positiven Zahl kann sich als Wurzel eine positive oder eine negative Zahl ergeben; das ist aber durch die Entstehung des Quadrats vorbestimmt.

Bei einer quadratischen Gleichung verlangt er, die Form

$$a x^2 + bx = c$$

herzustellen. Sein Kommentator **Pṛthūdakasvāmī** schreibt eine solche Gleichung in zwei Zeilen:

(z.B. mit $a = 1$, $b = -10 = \dot{1}\dot{0}$, $c = -9 = \dot{9}$);
ya v 1 *ya* $\dot{1}\dot{0}$ *ru* 0
ya v 0 *ya* 0 *rú* $\dot{9}$

Die Lösung beschreibt **Brahmagupta** in Worten, die der folgenden Formel entsprechen

$$x = \frac{\sqrt{4ac + b^2} - b}{2a}$$

und außerdem noch einmal so

$$x = \frac{\sqrt{ac + (b/2)^2} - b/2}{a} .$$

Bhāskara II spricht die Zweiwertigkeit der Wurzel ganz klar aus [4; § 10] = [3; 135]: *Das Quadrat einer positiven oder einer negativen Größe ist positiv; und die Wurzel einer positiven Größe ist zweifach, positiv und negativ. Es gibt keine Quadratwurzel einer negativen Größe; denn sie ist kein Quadrat.*

Auch das Verfahren der Lösung einer quadratischen Gleichung beschreibt er deutlicher [4; § 128] = [3; 207]: *Wenn die eine Seite ein Quadrat und einen anderen Ausdruck der Unbekannten enthält,*

$$\langle a x^2 + bx = c \rangle$$

so multipliziere man beide Seiten mit einer passenden Größe.

⟨etwa a, so daß $(ax)^2 + b\,(ax) = ac$ entsteht⟩ ,

dann addiere man beiderseits etwas, so daß die ⟨linke⟩ *Seite eine Quadratwurzel hat*

$\langle (ax)^2 + b\,(ax) + (b/2)^2 = ac + (b/2)^2 \rangle$, usw.

§ 130: *Ist b negativ und* $\sqrt{ac + (b/2)^2} < |b/2|$, *so erhält man, indem man die Wurzel positiv oder negativ nimmt, einen zweifachen Wert für die Unbekannte. Dies gilt in manchen Fällen.* (Die Formel ist wieder in Worten beschrieben.)

Beispiele für das Auftreten von Doppelwurzeln: § 139: *Der 8. Teil einer Herde Affen, quadriert, sprangen in einem Wald herum, die 12 übrigen waren auf einem Hügel zu sehen. Wieviel waren es im ganzen?*

$$\frac{x^2}{64} + 12 = x , \qquad x^2 - 64\,x = -768$$

also

$$x = 32 \pm 16 .$$

Die Aufgabe hat die beiden Lösungen 48 und 16.

§ 140: *Der 5. Teil einer Herde weniger 3, quadriert, ging in eine Höhle; ein Affe war noch zu sehen.*

$$\left(\frac{x}{5} - 3\right)^2 + 1 = x .$$

Die Gleichung hat die beiden Lösungen 50 und 5. Die Lösung 5 wird verworfen, weil $\frac{x}{5} - 3$ negativ wäre.

§ 141: Der Schatten eines 12 Zoll hohen Gnomons, vermindert um den 3. Teil der Hypotenuse, wird 14 Zoll lang. Wie lang ist der Schatten? (Abb. 66).

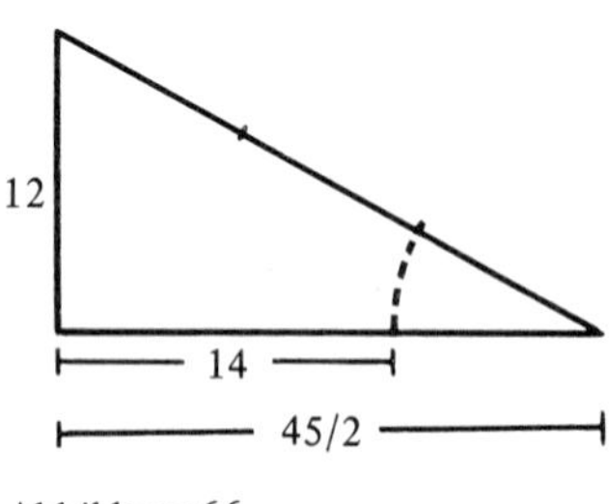

Abbildung 66

Die Länge des Schattens sei x (= *yāvat-tāvat*). Dann ist $x - 14 = \frac{1}{3}$ der Hypotenuse, also die Hypotenuse $3\,x - 42$.

$$12^2 + x^2 = (3\,x - 42)^2 .$$

Die Lösungen sind $\frac{45}{2}$ und 9. Die zweite Lösung wird verworfen, weil $9 < 14$.

Daß eine negative Lösung, wenn sie sinnvoll ist, nicht verworfen wird, zeigt die folgende, allerdings nicht quadratische, Aufgabe (Abb. 67):

Für die Abschnitte p, q, in die die Grundlinie eines Dreiecks durch die Höhe geteilt wird, gilt:

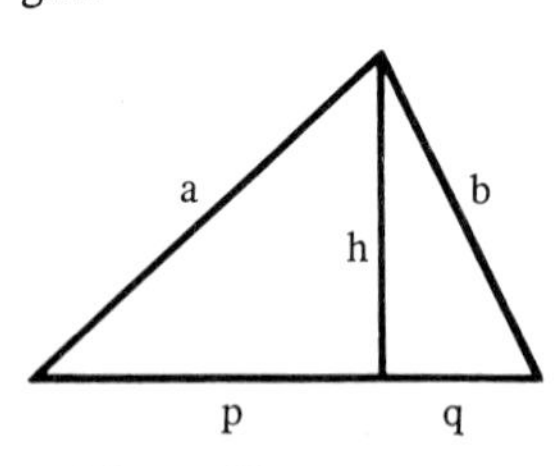

Abbildung 67

$$p^2 + h^2 = a^2$$

$$q^2 + h^2 = b^2$$

also $p^2 - q^2 = a^2 - b^2$,

und da $p + q = c$ ist ,

$$p - q = \frac{a^2 - b^2}{c} = \frac{(a+b)(a-b)}{c}$$

$$p = \frac{1}{2}\left[c + \frac{(a+b)(a-b)}{c}\right]$$

$$q = \frac{1}{2}\left[c - \frac{(a+b)(a-b)}{c}\right].$$

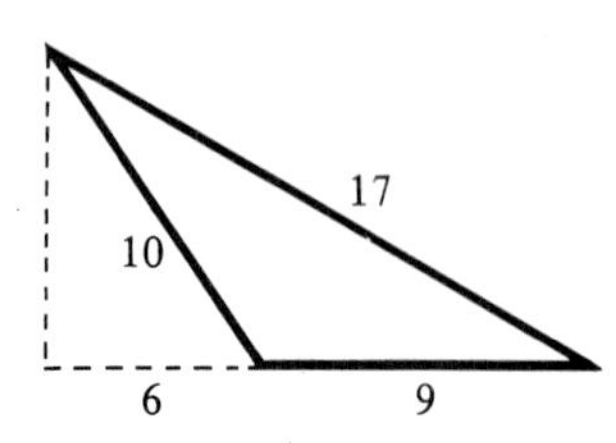

Abbildung 68

Brahmagupta [1; 297], **Bhāskara II** [1; 69].

Für das Dreieck mit den Seiten $a = 17,\ b = 10,\ c = 9$ erhält man $p = 15,\ q = -6$ (Abb. 68).

Bhāskara II sagt: *das ist negativ, d. h. in entgegengesetzter Richtung* [1; 71].

Die Araber benutzen keine negativen Zahlen, sie haben also bei den Gleichungen vom Grad $\leqslant 2$ die auf S. 383 aufgezählten Typen zu behandeln. Die Typen A1–A3 bieten keine Schwierigkeiten. Für die Typen B1–B3 gibt **al-H̱wārizmī** die Lösungsvorschriften in Worten und beweist sie durch Figuren [4; 70 ff.],

In allen Fällen wird zuerst der Koeffizient von x^2 zu 1 gemacht.

(B1) hat dann die Form: $x^2 + px = q$. **Al-H̱wārizmī** wählt das Beispiel: $x^2 + 10x = 39$. Seine Regel lautet, im Wortlaut etwas gestrafft: Nimm die Hälfte der Wurzeln, hier 5, multipliziere dies mit sich selbst, das ergibt 25. Addiere dies zu 39, es ergibt 64. Die Wurzel daraus ist 8. Davon ziehe die Hälfte der Wurzeln, 5, ab; es bleiben 3. – In moderner Formelschreibweise:

$$x = \sqrt{(p/2)^2 + q} - p/2 .$$

Da der Betrag der Wurzel $> p/2$ ist, ergibt das stets eine positive reelle Wurzel. Das negative Vorzeichen der Wurzel würde eine negative Lösung liefern und wird (daher) gar nicht erwähnt, da man mit der einen positiven Wurzel zufrieden ist.

Zum Beweis dient die Abbildung 69, die die Formel

$$(x + p/2)^2 = x^2 + px + (p/2)^2$$

darstellt.

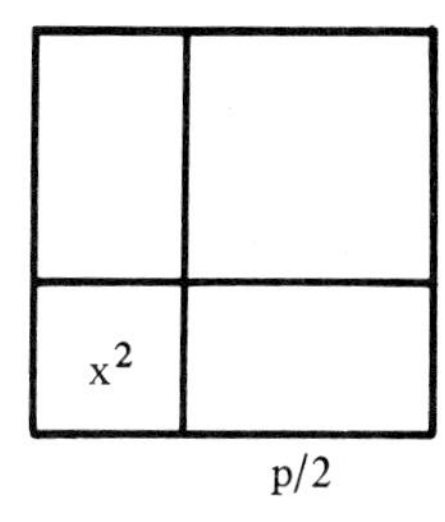

Abbildung 69

(B2) $x^2 + q = px$, Beispiel: $x^2 + 21 = 10x$.

Die beiden Lösungen

$$x = p/2 \pm \sqrt{(p/2)^2 - q} = 5 \pm \sqrt{25 - 21} = \begin{cases} 7 \\ 3 \end{cases}$$

werden ähnlich wie oben beschrieben. Ferner sagt **al-H̱wārizmī**, natürlich in Worten und nicht in unserer Formelsprache: Wenn $(p/2)^2 < q$ ist, dann ist die vorgelegte Aufgabe nichtig *(quaestio tibi proposita nulla est)*. – Wenn $(p/2)^2 = q$ ist, dann gibt es nur eine Wurzel, $x = p/2$.

Zum Beweis dienen die Abbildungen 70. Zunächst ist $x < p/2$ angenommen. Abbildung 70 a drückt aus: $x^2 + q = px$, Abbildung 70 b erhält man aus 70 a, indem man die Seite p halbiert, über $p/2$ das Quadrat zeichnet und aus diesem das Quadrat über $s = p/2 - x$ herausschneidet. Dann sind die mit 0 bezeichneten Rechtecke gleich, also der schraffierte Gnomon = q, also:

$$R = s^2 = (p/2)^2 - q$$

$$x = p/2 - s = p/2 - \sqrt{(p/2)^2 - q} .$$

Die Abbildungen beweisen: Wenn $x^2 + q = px$ und $x < p/2$ ist, dann ist:

$$x = p/2 - \sqrt{(p/2)^2 - q} .$$

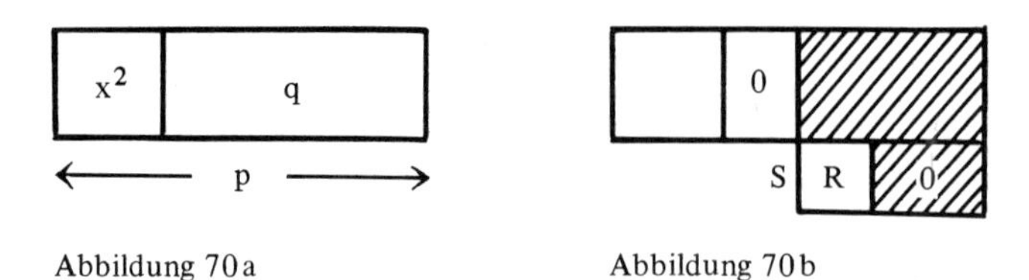

Abbildung 70a Abbildung 70b

Eine Konstruktionsmöglichkeit für die gesuchte Lösung ergibt sich aus den Abbildungen nicht.

Ist $x > p/2$, so ergibt dieselbe Zeichenvorschrift, nur mit $s = x - p/2$, die Abbildungen 71 und die Lösung:

$$x = p/2 + \sqrt{(p/2)^2 - q}\,.$$

Ist $x = p/2$, so wird in beiden Abbildungen (70b, 71b) $s = 0$.

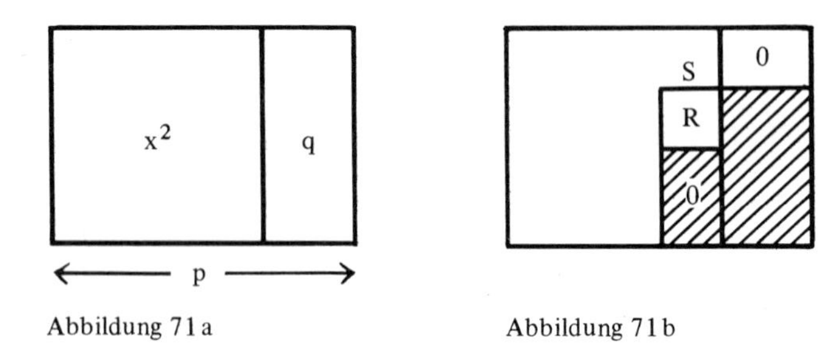

Abbildung 71a Abbildung 71b

(B3) $px + q = x^2$, Beispiel: $3x + 4 = x^2$.

Da nur positive Werte in Betracht kommen, folgt $x > p$.

Abbildung 72. Wieder halbiert man p, und zeichnet die Quadrate über $p/2$ und über $s = x - p/2$. Wegen der Gleichheit der mit 0 bezeichneten Rechtecke ist der schraffierte Gnomon gleich q, also hat man:

$$s^2 = (p/2)^2 + q\,,$$

$$x = s + p/2 = p/2 + \sqrt{(p/2)^2 + q}\,.$$

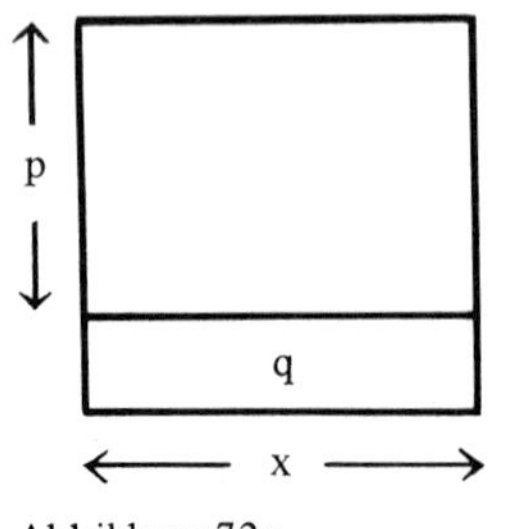

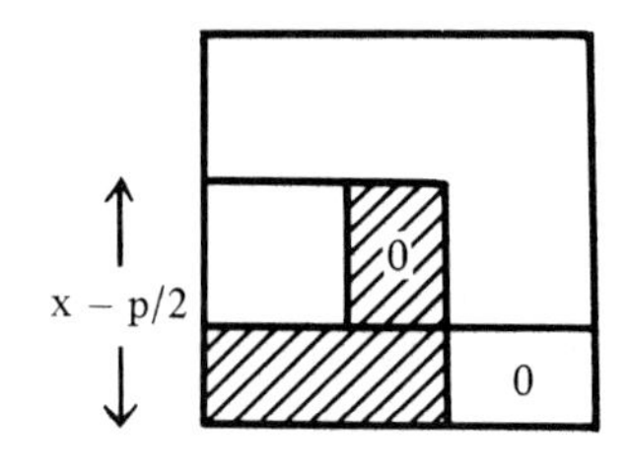

Abbildung 72a Abbildung 72b

(B3) hat stets genau eine positive reelle Lösung. Das negative Vorzeichen der Wurzel würde ein negatives Ergebnis liefern und wird überhaupt nicht erwähnt.

Diese sechs Typen von Gleichungen werden von den arabischen Mathematikern bis zu **Bahā' al-Dīn** (1547–1622) [41] immer in der gleichen oder ähnlichen Weise behandelt, oft mit denselben Zahlenbeispielen. Bei den geometrischen Beweisen ist ein Zusammenhang mit **Euklid** (s. S. 411 ff.) offensichtlich. **Al-Karaǧī** gibt außerdem jedesmal eine *Lösung in der Weise von* **Diophant** an [Woepcke 1; 66]. (Vgl. S. 414 f.). Er sucht jeweils die quadratische Ergänzung. Das ist bei (B1) $x^2 + 10x = 39$ unproblematisch. Bei (B2) $x^2 + 21 = 10x$ ⟨allgemein: $x^2 + q = px$⟩ wäre zunächst eine Umformung in

$$x^2 - 10x = -21 \; ; \qquad x^2 - px = -q$$

nötig. Jedoch ist bisher nicht bekannt, daß die Araber mit negativen Zahlen gearbeitet hätten. Das läßt sich vermeiden, indem zuerst die quadratische Ergänzung hinzugefügt wird

$$x^2 + 21 + 25 = 10x + 25$$

$$x^2 + q + (p/2)^2 = px + (p/2)^2$$

und dann erst q und px beiderseits abgezogen werden. **Al-Karaǧī** sagt ungefähr [Woepcke 1; 67 f.]: Man suche eine Quadratzahl ⟨$25 = (p/2)^2$⟩ derart, daß wenn man von x^2 und dieser Zahl 10 x abzieht ⟨$x^2 + 25 - px$⟩, eine Quadratzahl entsteht:

$$x^2 + 25 - 10x = x^2 + 25 - (x^2 + 21) = 4 \,.$$

⟨In dem behandelten Beispiel treten tatsächlich Quadratzahlen auf. An sich ist die erstgenannte „Quadratzahl" $(p/2)^2$, also allgemein das Quadrat einer rationalen Zahl, während bei der zweitgenannten „Quadratzahl" lediglich nachher aus dieser die Quadratwurzel zu ziehen ist.⟩

Jetzt hat man

$$(x - 5)^2 = 4 \;, \; x - 5 = 2 \;, \; x = 7 \;,$$

oder auch

$$(5 - x)^2 = 4 \;, \; 5 - x = 2 \;, \; x = 3 \;.$$

(B3) läßt sich ähnlich behandeln:

$$x^2 = px + q$$

ergibt

$$(x - p/2)^2 = (p/2)^2 + q \;.$$

Die Lösung $(p/2 - x)^2 = (p/2)^2 + q$ entfällt, weil $(p/2 - x)^2$ nicht $>$ $(p/2)^2$ sein kann.

Al-Karaǧī hat auch bemerkt, daß gewisse Gleichungen höheren Grades sich auf quadratische Gleichungen zurückführen lassen [Woepcke 1; 71 f.] (s.S. 383).

Im Abendland wurde die arabische Lehre von den quadratischen Gleichungen zunächst durch den *Liber Embadorum* (*embadum* = Inhalt) des **Savasorda = Abraham bar Hijja** bekannt, der von **Plato von Tivoli** ins Lateinische übersetzt wurde. Er zitiert die einschlägigen Sätze von **Euklid**. Auf eine quadratische Gleichung führt z.B. die Aufgabe: Der Unterschied zwischen Inhalt und Umfang ⟨!⟩ eines Quadrats beträgt 21; d.h.

$$x^2 - 4x = 21 .$$

Wie bei **al-Ḫwārizmī** wird die Lösungsformel rein mechanisch angegeben und die Richtigkeit anhand einer Figur bewiesen.

Im 12. Jahrhundert wurde die Algebra von **al-Ḫwārizmī** von **Gerhard von Cremona** (1114–1187) [3] und von **Robert von Chester** (1145) [4] in lateinischer Übersetzung herausgegeben. Auch die Arbeiten von **al-Karağī** sind bekannt gewesen; außer speziellen Aufgaben ist seine Zurückführung von Gleichungen höheren Grades auf quadratische in einer Dresdener Handschrift, von **Luca Pacioli** und anderen überliefert und erweitert worden (s.S. 384).

Im Abendland wurden die folgenden Fortschritte erzielt:

1. Die Anerkennung der Null und der negativen Zahlen als Koeffizienten macht es möglich, die verschiedenen Gleichungstypen zu einer Normalform zusammenzufassen.
2. Die Anerkennung der Null und der negativen Zahlen als Lösungen führt zu dem allgemeinen Satz, daß jede quadratische Gleichung, die nicht „unmöglich“ ist, genau zwei Lösungen hat.
3. Schließlich führt die Einführung der komplexen Zahlen zum allgemeinen Fundamentalsatz der Algebra; doch das geht schon über den Bereich der quadratischen Gleichungen hinaus in den einer allgemeinen Gleichungstheorie.

Zu 1.
Negative Vorzeichen der Koeffizienten, genauer: abzuziehende Glieder in der Gleichung wurden von **Stifel** zugelassen. Er sagt dazu: *Die acht Regeln der Coss von* **Christoph** ⟨Rudolff⟩ *werden in diesem Kapitel auf meine einzige Regel zurückgeführt. Wem diese meine Reduktion nicht gefällt, der mag so gut sein und auch den Algorithmus der Coss durchführen und an Stelle der einen Regel soviele aufstellen wie die Sache erfordert. Aber niemand wird diese Mühe anerkennen* [1; 240^r].

Stifel bringt die quadratischen Gleichungen auf die Form

(*) $$x^2 = \pm px \pm q ,$$

natürlich nicht in dieser Schreibweise, sondern in Zahlenbeispielen, und zwar

1 ʒ *sit aequatus* 6 ***r*** + 72 [1; 242^v]
1 ʒ *sit aequatus* 72 – 6 ***r*** [1; 241^v]

und unter der Überschrift *De aequationibus, duas radices habentibus*:

1 ʒ *sit aequatus* 18 ***r*** – 72 [1; 243^r] .

Daß er nur hier von zwei Wurzeln spricht, zeigt, daß er an negative Lösungen nicht denkt, obwohl er sich an anderer Stelle mit negativen Zahlen beschäftigt hat (s. 147). Auch der Fall der Gleichung mit zwei negativen Wurzeln

$$x^2 = -px - q$$

tritt nicht auf.

Stifel versteht (*) als die Aufgabe, aus der rechten Seite, also einem Binom, die Wurzel zu ziehen. (In dem fehlenden Fall wäre das nicht möglich.)

Seine Regel lautet:

1. Beginne mit der Anzahl der Wurzeln (**A** *numero radicum incipe*), halbiere sie und setze die Hälfte an die Stelle der Wurzeln, wo sie stehen bleiben soll, bis die ganze Operation ausgeführt ist. ⟨D.h.: setze (±) p/2 an die Stelle von (±) px.⟩
2. **M**ultipliziere diese Hälfte mit sich.
3. **A**ddiere oder **S**ubtrahiere, wie es das Vorzeichen des hinzuzufügenden oder abzuziehenden Gliedes verlangt. ⟨D.h.: bilde $(p/2)^2 \pm q$.⟩
4. Aus der Summe oder dem Rest ist die Quadratwurzel zu finden *(Invenienda est radix quadrata . . .).*

   $$\langle\sqrt{(p/2)^2 \pm q}\rangle$$

5. **A**ddiere oder **S**ubtrahiere ⟨das nach 1) herausgestellte ± p/2⟩ wie es das Vorzeichen verlangt.

   $$\langle\sqrt{(p/2)^2 \pm q} \pm p/2\ .\rangle$$

   Damit dieser *Modus extrahendi* besser im Gedächtnis haften bleibt, bezeichnet ihn **Stifel** mit den Anfangsbuchstaben der einzelnen Schritte als AMASIAS [1; 240^v].

Die Koeffizienten mit negativen Vorzeichen sind zunächst sicher als abzuziehende Zahlen, nicht als echt negative Zahlen aufzufassen. Das ist besonders deutlich bei **Viète**, der negative Zahlen nicht anerkennt, aber mit negativen Vorzeichen der Koeffizienten arbeitet. Als Normalform einer Gleichung wählt er diejenige, bei der das von der Unbekannten freie Glied allein auf der rechten Seite steht [3].

Bei **Stevin** sind die Koeffizienten wirklich negative Zahlen. Er sagt statt *addiere oder subtrahiere* allgemein *addiere* ⟨z.B.⟩ – 3. Er zitiert **Stifels** Regel AMASIAS und die entsprechenden Regeln und Merkworte von **Cardano** [3; Kap. 5] und sagt: *Wir aber zeigen eine einzige Art, bei der die Operation immer dieselbe ist, ohne daß eine einzige Silbe geändert wird* [Stevin 2a; 285, Probl. 58] = [1; 595].

Zu 2.
Wir bemerken, was schon mehrmals angeklungen ist, daß die Beschäftigung mit quadratischen Gleichungen keinen Anlaß zur Einführung negativer Zahlen gibt, auch nicht zur Einführung komplexer Zahlen. Es ist (mit modernen Mitteln) leicht zu beweisen, daß die Gleichungstypen B1 und B3 stets genau eine positive reelle Lösung haben und der Typ B2 entweder zwei positive reelle Lösungen, die auch zusammenfallen können, oder zwei komplexe Lösungen hat. Im Fall der komplexen Lösungen läßt sich einsehen, z.B. bei geometrischer Deutung mittels **Euklid** El. 6, § 27 (s. S. 412), daß die Gleichung nicht lösbar sein kann. Eine quadratische Gleichung mit zwei negativen Wurzeln hat die Form

$$(x + a)(x + b) = x^2 + (a + b)x + ab = 0\ ,$$

und das ist, wenn man nur an positive Werte der Buchstaben denkt, natürlich von vornherein sinnlos; eine solche Gleichung tritt also gar nicht auf.

Solange man nicht daran denkt, daß eine Gleichung genau so viele Lösungen haben muß, wie ihr Grad angibt – und das hat erst **Girard** 1629 ausgesprochen [2; E4^r] – denkt man auch nicht daran, quadratische Gleichungen in dieser Richtung zu untersuchen.

Negative Lösungen sind im Abendland zuerst bei linearen Gleichungssystemen aufgetreten, bei **Leonardo von Pisa** und **Chuquet** (s.S. 146 f.). **Stifel** nennt negative Zahlen *numeri ficti* [1; 249^r]. **Cardano** benutzt dieselbe Bezeichnung. Er berücksichtigt diese Werte allgemein, auch bei quadratischen Gleichungen. Er führt aus [3; Kap. 1, 7]:

Jede der beiden Gleichungen

(B1) $x^2 + px = q$

und

(B3) $x^2 = px + q$

hat eine *wahre* und eine *fiktive* Lösung, und zwar ist (selbstverständlich bei gleichen Koeffizienten) jeweils die wahre Lösung der einen die fiktive Lösung der anderen.

Die Gleichung

(B2) $x^2 + q = px$

hat, *wenn der Fall möglich ist*, zwei wahre Lösungen oder nur eine. Wenn sie keine wahren Lösungen hat, so hat sie auch keine fiktiven. *Wenn aber die Subtraktion der Zahl* ⟨q⟩ *von dem Quadrat der halben res* ⟨$(p/2)^2 - q$⟩ *nicht durchgeführt werden kann, dann ist die Aufgabe selbst falsch* ⟨gestellt⟩, *und das, was verlangt wird, kann nicht sein (questio ipsa est falsa, nec esse potest quod proponitur)* [Cardano 3; Kap. 5, 6].

Die negativen Lösungen wurden nicht sofort allgemein angenommen. **Stevin** nennt sie erträumte Lösungen *(solutions songées)*, sagt aber, daß sie nützlich sind, um wahre Lösungen anderer Gleichungen zu finden [2a; 332] = [1; 642]. **Viète** berücksichtigt sie nicht, auch **Harriot** nicht, der übrigens eine (kubische) Gleichung, die nur negative Wurzeln hat, als *impossibilis* bezeichnet [89 f.]. Erst mit **Girard**s Fundamentalsatz setzen sich negative Lösungen allgemein durch. **Descartes** nennt sie noch *racines fausses* (falsche Wurzeln) [2; 372], doch ist das wohl als Fachausdruck anzusehen.

Das alles gehört bereits in eine allgemeine Gleichungstheorie. *Eine* Auswirkung auf die Theorie der quadratischen Gleichungen ist, daß **Wallis** zu den Normalformen B1–B3 die vierte hinzufügt

$x^2 + 2bx = -c$ [4; 180, Kap. 44]

Eine weitere derartige Auswirkung ergibt sich aus der Beseitigung des Gliedes mit der zweithöchsten Potenz von x durch die Substitution $x = y + c$. Diese Substitution hat schon **Cardano** benutzt [3; Kap. 17]. **Viète** kann sie in seiner Bezeichnungsweise einfach und klar darstellen. Eine gemischt quadratische Gleichung wird dadurch auf eine rein quadratische zurückgeführt, die durch einfaches Wurzelziehen gelöst werden kann *(De* *emendatione aequationum,* Kap. 1, Abschnitt *De reductione quadratorum adfectorum ad pura* [6; 129 f.]*)*.

Auch der an anderer Stelle zu besprechende **Viète**'sche Wurzelsatz [6; 158] (s.S. 489) hat Bedeutung für die quadratischen Gleichungen. Spricht man ihn in der Form aus:

Die Gleichung

$$x^2 + px + q = 0 \qquad \text{(i)}$$

hat genau dann die Lösungen $x_1 = u, x_2 = v$, wenn

$$u + v = -p\,,\ uv = q \qquad \text{(ii)}$$

ist, so ist damit die Verbindung der quadratischen Gleichung (i) mit einer Unbekannten zu dem System (ii) mit zwei Unbekannten hergestellt, das uns bereits bei den Babyloniern begegnet ist (s.S. II, 409).

Viète hat in *Effectionum geometricarum canonica recensio* die folgenden geometrischen Lösungen für die drei Typen der quadratischen Gleichungen angegeben. Gesucht ist stets A, gegeben B und D.

1. Die Gleichung $A^2 + AB = D^2$ oder $A(A + B) = D^2$
   ist in der Abbildung 73a erfüllt. Um sie aus den gegebenen Strecken B und D zu konstruieren, setze man diese im rechten Winkel aneinander und schlage um den Mittelpunkt von B mit der gestrichelten Strecke den Kreis.
2. $A^2 - AB = D^2$ oder $A(A - B) = D^2$.
   Dieser Gleichung entspricht Abbildung 73b. Sie ist ebenso zu zeichnen wie 1, nur ist A anders abzulesen.
3. $AB - A^2 = D^2$ oder $A(B - A) = D^2$.
   Die entsprechende Abbildung 73c erhält man, indem man über B den Halbkreis zeichnet und ihn mit der gestrichelten Parallele zu B schneidet.

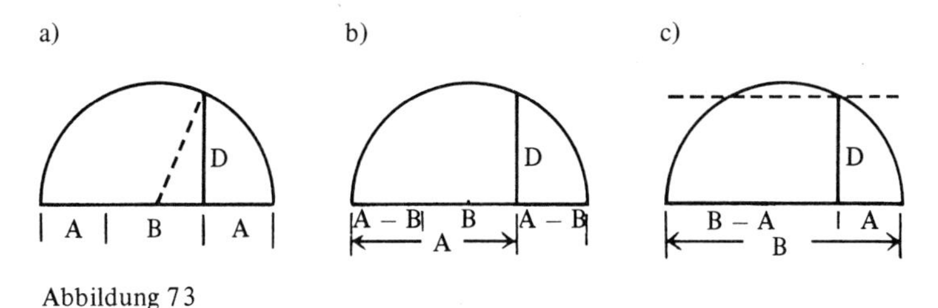

Abbildung 73

3.3.5 Kubische und biquadratische Gleichungen

In einem altbabylonischen Text (BM 85 200 + VAT 6599) [MKT; **1**, 210 f.] = [TMB; 11, Nr. 22] ist von einer quaderförmigen Ausschachtung die Rede, wobei meist die Summe von *Querschnitt und Volumen*, $xy + xyz$ eine Rolle spielt. In einigen Aufgaben führen die gegebenen Bedingungen auf kubische Gleichungen:

Nr. 5. Gegeben ist $xy + xyz = 1;10$, $y = 0;40\,x$, $x = \frac{1}{12}z = 0;50\,z$. Durch Einsetzen von z in x und x in y erhält man:

$$z^3 + z^2 = 4{,}12\ .$$

Nun wird unmittelbar 6 als *Kante* z angegeben. Es ist wohl kein Zweifel, daß dem Rechner eine $n^3 + n^2$ – Tabelle zur Verfügung stand, wie sie auf einer allerdings späten Keilschrifttafel erhalten ist (VAT 8492 [MKT; **1**, 76]), [VM; **2**, 58f.].

Bei den Aufgaben 6 und 7 ist man durch eine geschickte Zerlegung einer Zahl in drei Faktoren zur Lösung gekommen, die vielleicht durch Versuche gefunden worden ist [VM; **2**, 58 f.].

Vereinzelt kommen auch Gleichungen höheren Grades vor, jedoch solche, die sich auf quadratische Gleichungen zurückführen lassen (VAT 8390, 1 [MKT; **1**, 335ff.]), [ST; Texte XIXD], [VM; **2**, 59].

Bei den Griechen kommt eine kubische Gleichung in algebraischer Form bei **Diophant** vor [1; **1**, 434 = VI, 17]. Ein Kubus soll um 2 größer werden als ein Quadrat. **Diophant** setzt die Seite des Quadrats als $x + 1$, die des Kubus als $x - 1$ an und erhält die Gleichung

$$x^2 + 2x + 3 = x^3 + 3x - 3x^2 - 1\ ,$$

die in seiner Schreibweise so aussieht:

$$\Delta^Y\ \overline{\alpha}\,\varsigma\,\overline{\beta}\ \overset{\circ}{M}\,\overline{\gamma}\quad \text{ἔστιν ἴσος}\ K^Y\ \overline{\alpha}\,\varsigma\ \langle\overline{\gamma} \pitchfork \Delta^Y\ \overline{\gamma}\,\overset{\circ}{M}\rangle\ \overline{\alpha}\,.$$

Ohne Rechnung gibt er als Lösung $x = 4$ an.

Die Lösung könnte so gefunden sein: Die Gleichung wird durch *Ergänzung und Ausgleichung* (s. S. 3) auf die Form gebracht:

$$4x^2 + 4 = x^3 + x\ ;$$

es ist also

$$4(x^2 + 1) = x(x^2 + 1)\ .$$

In der Geometrie haben die Griechen einige klassisch gewordene Probleme behandelt, die auf kubische Gleichungen führen, wenn man sie algebraisch ausdrückt. Die Griechen haben sie jedoch geometrisch behandelt, und man wird nicht immer sagen können, daß sie die geometrische Behandlung vorgezogen haben, weil eine arithmetische keine irrationalen Größen erfaßt, sondern man wird vielmehr annehmen dürfen, daß für eine geometrische Aufgabe zunächst eine geometrische Lösung gesucht wurde. Da auch der Übergang von der geometrischen zur algebraischen Behandlung interessieren kann, beschreiben wir in einem gewissen Umfang auch die geometrischen Überlegungen.

1. Dreiteilung des Winkels

Die Aufgabe kann mittels spezieller, gezeichnet vorliegender oder mit besonderen Geräten konstruierbarer Kurven gelöst werden, z.B. der Konchoide oder der Quadratrix. Das soll hier nicht ausgeführt werden.

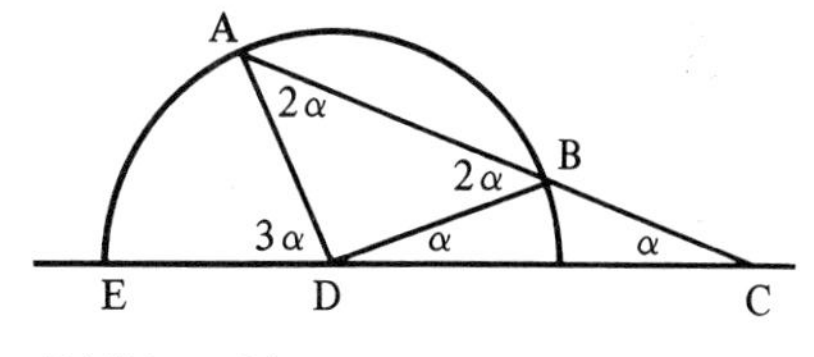

Abbildung 74

Ein anderes Lösungsverfahren ist die *Einschiebung*, für die es verschiedene Möglichkeiten gibt; wir beschreiben eine von **Archimedes** angegebene *(Liber assumptorum,* Satz VIII*)*, [1;2, 518]: um den Scheitel des gegebenen Winkels ADE beschreibe man einen Kreis mit dem beliebigen Radius r. Durch A legt man eine Gerade so, daß (s. Abbildung 74) BC = r wird. Das kann praktisch so geschehen, daß man auf einem Lineal zwei Punkte im Abstand r markiert, das Lineal durch A legt und solange bewegt, bis die markierten Punkte auf dem Kreis und der Geraden liegen. Aufgrund der entstandenen gleichschenkligen Dreiecke sieht man leicht: wenn ∢ BCD = α ist, so ist ∢ ADE = 3 α.

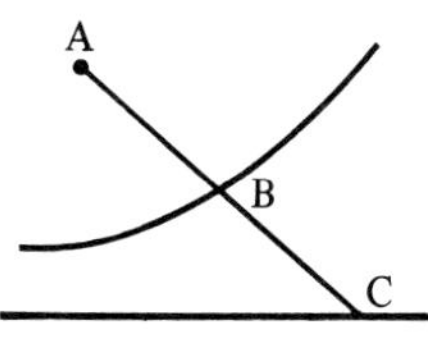

Abbildung 75

Das Verfahren der Einschiebung zur Lösung von Aufgaben, die nicht mit Zirkel und Lineal zu lösen sind, hat in der griechischen Mathematik und später allgemein eine wichtige Rolle gespielt. **Pappos** beschreibt es so [1; 670 = Buch VII, 27]: *Zwischen zwei der Lage nach gegebene Kurven eine gegebene Strecke* ⟨r = BC⟩ *so einzuschieben, daß sie sich zu einem gegebenen Punkt* ⟨A⟩ *hinneigt.*

Eine Einschiebung ist erstmals von **Hippokrates von Chios** überliefert [Simplikios 2; 58]. Zwei Bücher von **Apollonios** darüber sind verloren, erhalten ist nur der Bericht von **Pappos** [1; 636, 670], aufgrund dessen **Marino Ghetaldi** (1607), **Alexander Anderson** (1612) und **Samuel Horsley** (1770) Wiederherstellungen versucht haben [Heath 2; **2**, 190].

Der griechische Name für das Verfahren ist *νεῦσις* = Neigung, lat. *inclinatio*, engl. *inclination* oder *verging* [Heath 2; **2**, 189]. Die Bezeichnung *Einschiebung* stammt von **Zeuthen** [79].

2. Verdopplung des Würfels

Eutokios (um 600 n.Chr.) hat in seinem Kommentar zu **Archimedes**' Schrift *Über Kugel und Zylinder* zahlreiche Lösungswege dargestellt [Archimedes 1; **3**, 54 ff.]. Wir beschreiben hier nur die dem **Menaichmos** (um 400 v.Chr.) zugeschriebene Lösung mittels zweier Kegelschnitte.

Hippokrates von Chios hat erkannt, daß sich die Aufgabe darauf zurückführen läßt, zwischen zwei gegebene Größen zwei mittlere Proportionale einzuschalten [Archimedes 1; **3**, 88]. Allgemein war den **Pythagoreern** schon vor **Platon**s Zeit bekannt, daß sich zwischen zwei Kuben zwei mittlere Proportionale einschalten lassen:

$$a^3 : a^2 b = a^2 b : a b^2 = a b^2 : b^3$$

[Euklid, El. 8, 12, Platon, Timaios 32 b]. Das ist der Ausgangspunkt für **Menaichmos**.

Wir führen seine Überlegung in moderner Schreibweise aus: Setzen wir $a = 1, b = x$, $x^2 = y$, $b^3 = x^3 = p$, so ist die Lösung der Gleichung $x^3 = p$ zurückgeführt auf die Bestimmung von x, y die der Beziehung

$$1 : x = x : y = y : p$$

genügen. Daraus folgt:

$$x^2 = y, \quad y^2 = px, \quad xy = p.$$

Das sind die Gleichungen von zwei Parabeln und einer Hyperbel. Da aus je zweien dieser Gleichungen die dritte folgt, kann man je zwei dieser Kurven auswählen; ihr Schnittpunkt ergibt die gesuchten Werte.

Wie mag **Menaichmos** diese Lösung ohne die Hilfsmittel der analytischen Geometrie gefunden haben? Bei der Darstellung des **Eutokios** ist zu berücksichtigen, daß dieser auch die Kegelschnittlehre des **Apollonios** kommentiert und diese Kenntnisse vermutlich benutzt hat.

3. Die Kugelteilung von **Archimedes**

Mit dieser unvollständigen Bezeichnung meinen wir die Aufgabe, eine gegebene Kugel durch eine Ebene so zu schneiden, daß die Segmente zueinander ein gegebenes Verhältnis haben (Archimedes, Kugel und Zylinder II, 4 [1; **1.** 186 ff.]. Die Aufgabe führt auf die Proportion

$$(a - x) : b = c^2 : x^2 .$$

Die von **Archimedes** versprochene Lösung am Schluß der Schrift fehlt. **Eutokios** fand in einer Schrift eine Lösung, die er, bestärkt durch den dorischen Dialekt, für die Archimedische hielt [1; **3**, 130 ff.].

Der Lösung liegt der folgende mathematische Sachverhalt zugrunde, der freilich für **Archimedes** und **Eutokios** viel mühsamer zu beschreiben war.

Es soll $(a - x)\,x^2 = b\,c^2$ werden.

Zeichnen wir die Parabel $y = x^2$, so ist $(a - x)\,x^2$ das Rechteck EAKD. Um auf der Parabel denjenigen Punkt zu finden, für den es gleich $b\,c^2$ wird, zeichnen wir die Hyperbel $(a - x)\,y = b\,c^2$; ihre Schnittpunkte mit der Parabel ergeben die Lösung.

Nun gibt es nicht immer Schnittpunkte. Wir haben in der Abbildung 76 die Grenzlage gezeichnet, in der die Parabel und die Hyperbel sich berühren. Für die Parabeltangente ist nach einem bekannten Satz (z.B. **Archimedes**, Quadratur der Parabel § 2 [1; **2**, 266]) BH = HE. Für die Hyperbel gilt, daß der Abschnitt der Tangente zwischen den Asymptoten vom Berührungspunkt halbiert wird [Apollonios 1; **1**, 196 ff. = Buch II, § 3], also, wenn beide Tangenten zusammenfallen, HD = DG und somit HE = EA. Diese Berührung findet also statt, wenn $BE = 2 \cdot EA$, d.h. $x = \frac{2}{3}\,a$ ist. Daraus folgt: der größte Wert, den $(a - x)\,x^2$ annehmen kann, wird für $x = \frac{2}{3}\,a$ angenommen ⟨er ist $\frac{4}{27}\,a^3$⟩; die Aufgabe ist nur lösbar, wenn $b\,c^2 \leqslant \frac{4}{27}\,a^3$ ist. **Eutokios** drückt das mit den Worten aus: *Das Quadrat über BE multipliziert mit EA ist der größte unter allen in ähnlicher Weise* *über BA konstruierten Quadern, wenn BE das Doppelte von EA ist. Daher darf das Produkt der gegebenen Fläche* ⟨c^2⟩ *mit der gegebenen Strecke* ⟨b⟩ *nicht größer sein als* $BE^2 \cdot EA$ [Archimedes 1; **3**, 136].

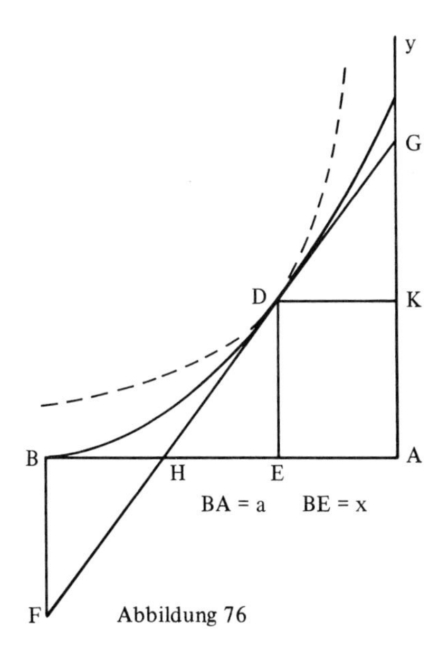

Abbildung 76

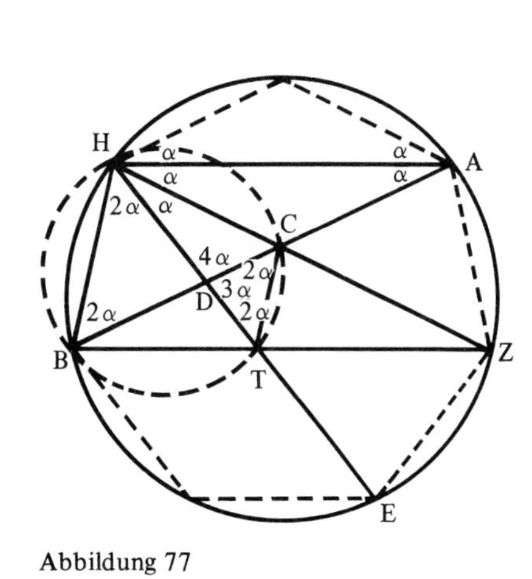

Abbildung 77

4. Das regelmäßige Siebeneck

Eine von **Archimedes** stammende Konstruktion ist durch **T̲ābit ibn Qurra** überliefert [al-Bīrūnī 4; 74–84]. Der Text beginnt mit einer Reihe von Hilfssätzen, gibt dann die Konstruktion und schließlich den Beweis. Wir wollen den Sachverhalt erläutern, indem wir mit einer Analysis beginnen.

Das Siebeneck sei gezeichnet und in ihm einige Diagonalen, wie in Abbildung 77 angegeben. Der Peripheriewinkel über der Siebeneckseite sei α; es sind $7\,\alpha = 180°$. Daraus ergeben sich die in der Figur eingetragenen Winkelgrößen.

Danach ist Dreieck AHD ähnlich Dreieck HDC, also:

$$AD : HD = HD : DC \; .$$

Nun ist aber HD = BD (das Dreieck DHB hat gleiche Basiswinkel), also gilt:

$$AD \cdot DC = BD^2 \; . \qquad (1)$$

Ferner ist Dreieck DHB ähnlich Dreieck HBC, also

$$CB : HB = HB : BD \; ,$$

und da HB = HC = CA ist,

$$CB \cdot DB = AC^2 \; . \qquad (2)$$

Um das Siebeneck zu konstruieren, hat man (eine Strecke AB durch zwei Punkte C, D oder) eine Strecke BC durch zwei Punkte A, D außen und innen so zu teilen, daß die Gleichungen (1), (2) erfüllt sind. Ist das geleistet, so findet man H, indem man um C mit AC und um D mit BD den Kreis schlägt.

Die gewünschte Teilung der Strecke hat **Archimedes** mit einer Einschiebung erreicht: Er zeichnet das Quadrat über BC, in ihm die Diagonale BQ, und legt dann die Gerade PA so, daß die Dreiecke TPQ und ACE gleichen Flächeninhalt haben. (Diese Einschiebung ist allerdings von anderer Art als die von **Pappos** (s.S. 427) beschriebene.)

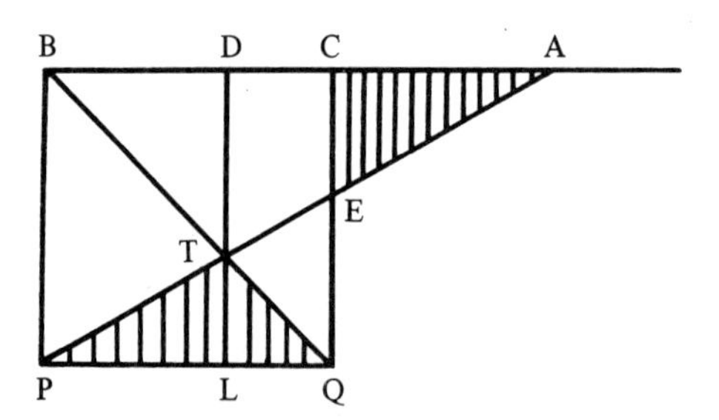

Abbildung 78: Zu Archimedes' Konstruktion des regelmäßigen Siebenecks.

Beweis: Die Flächengleichheit besagt

$$PQ \cdot TL = AC \cdot CE \, ,$$

und da $PQ = BC$, $TL = LQ = DC$ ist,

$$BC \cdot DC = AC \cdot CE \quad \text{oder} \quad \frac{BC}{AC} = \frac{CE}{DC} \, . \tag{3}$$

Aus der Ähnlichkeit der Dreiecke ACE und PLT folgt:

$$\frac{CE}{LT} = \frac{CA}{LP} \qquad \text{oder} \qquad \frac{CE}{DC} = \frac{AC}{BD} \, .$$

Einsetzen in (3) ergibt $\frac{BC}{AC} = \frac{AC}{BD}$, also (2).

(1) ergibt sich aus der Ähnlichkeit der Dreiecke TLP und TDA:

$$\frac{TL}{DT} = \frac{LP}{DA} \qquad \text{oder} \qquad \frac{DC}{BD} = \frac{BD}{DA} \, .$$

Eine Lösung mittels Kegelschnitten hat **ibn al-Haiṯam** angegeben [al-Bīrūnī 4; 85–91]. Er geht davon aus, daß BD ⟨= p⟩ fest gegeben ist und bestimmt die Lage der Punkte C und A. Setzen wir $DC = x$, $CA = y$ so wird aus (1)

$$(x + y)\, x = p^2 \, .$$

Das ist die Gleichung einer Hyperbel, die durch den Punkt T ($x = p$, $y = 0$) geht und die Asymptoten DM und DS hat (s. Abbildung 79).

Aus (2) wird

$$(p + x)\,p = y^2\ .$$

Das ist die Gleichung einer Parabel durch B mit dem Parameter p.

Eliminiert man y – was **ibn al-Haiṯam** nicht tut – so ergibt sich:

$$x^3 + 2\,p\,x^2 = p^2\,x + p^3\ .$$

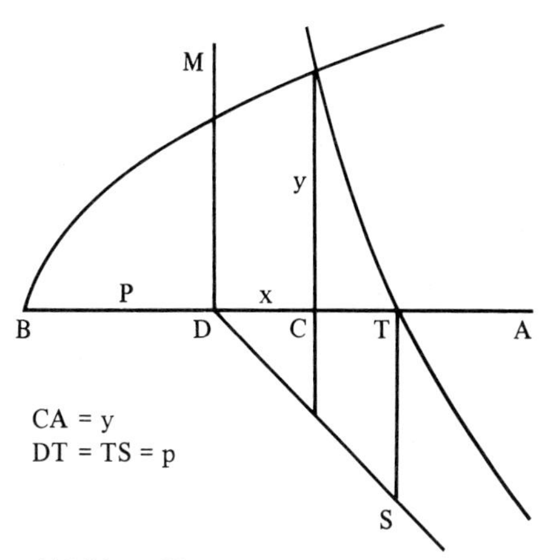

Abbildung 79

Zusammenfassung: Es geht eigentlich immer um geometrische Probleme und geometrische Lösungen. Aber in die Untersuchungen geht soviel Quantitatives ein – insbesondere Größenverhältnisse, die ja den reellen Zahlen entsprechen, und Gleichungen zwischen ihnen – daß die Grenze zur Algebra nicht scharf zu ziehen ist. Bei Kegelschnittlösungen handelt es sich übrigens um zwei quadratische Gleichungen mit zwei Unbekannten, die oft in dieser Form gelöst werden, ohne daß zuerst durch Elimination eine kubische oder biquadratische Gleichung daraus gemacht wird. (An sich entsteht stets eine biquadratische Gleichung, von der aber oft eine Lösung bekannt und für die Aufgabe uninteressant ist.)

Die Chinesen haben schon im 2. Jh. v. Chr. für das Ausziehen einer dritten Wurzel, also die Lösung einer reinkubischen Gleichung, ein dem **Horner**-Schema ähnliches numerisches Lösungs- bzw. Approximationsverfahren gehabt (s. S. 269) [Neun Bücher; 117]), das später auch auf Gleichungen höheren Grades angewandt wurde. **Liu Hui** hat in seinem Kommentar zu den *Neun Büchern* hervorgehoben, daß das Verfahren nach dem Dezimalkomma (wie wir sagen würden) beliebig weit fortgesetzt werden kann [N; **3**, 127].

Wang Hsiao-T'ung kommt bei Aufgaben am rechtwinkligen Dreieck zu kubischen Gleichungen. Wir bezeichnen die Katheten mit x, y, die Hypotenuse mit z. Es ist $x \cdot y = \langle p \rangle = 706\frac{1}{50}$ und $z - x = \langle S \rangle = 30\frac{9}{60}$ gegeben; ferner gilt $x^2 + y^2 = z^2$.

Durch Elimination von y und z aus diesen Gleichungen erhält man

$$x^3 + \frac{S}{2}\,x^2 = \frac{p^2}{2S}\ .$$

Wang Hsiao-T'ung beschreibt das so: *Das Produkt* ⟨p⟩ *quadriert und durch das Doppelte des Überschusses* ⟨S⟩ *dividiert, mache zum konstanten Glied. Halbiere den Überschuß* ⟨S⟩ *und mache dies zum Koeffizienten des Gliedes zweiten Grades. Führe die Operation der Entwicklung aus entsprechend dem Ausziehen einer dritten Wurzel. Das Ergebnis ist die erste Seite* [Mikami; 54].

Man kann das in einer senkrechten Kolonne anschreiben. In dieser Weise gibt später auch **Li Yeh** z.B. das Polynom

$$x^3 + 15\,x^2 + 66\,x - 360$$

folgendermaßen an:

|	
⊣||||	
⊥⊤	元
|||⊥̸○	太

yuen = Element

t'ai = Extremum (eigentlich: viel, groß; das absolute Glied).

[Mikami; 82]. Der schräge Strich bedeutet das negative Vorzeichen. **Needham** gibt die Zahl so wieder: |||⊥⊘ [N; **3**, 133].

Chu Shih-chieh (um 1300) schrieb auch Polynome mit mehreren Unbekannten mittels eines Koeffizientenschemas an, was natürlich an das Rechnen auf dem Rechenbrett erinnert. Die Unbekannten heißen, im Zusammenhang mit einem rechtwinkligen Dreieck

die Hypotenuse	*jen* = Mann	⟨= z⟩
die Höhe	*ti* = Erde	⟨= y⟩
die Basis	*thien* = Himmel	⟨= x⟩
der Durchmesser (des einbeschriebenen Kreises)	*wu* = Ding	⟨= u⟩.

Nun werden vom absoluten Glied aus die Koeffizienten der Potenzen von z nach rechts, von y nach links, von x nach unten und von u nach oben abgetragen. Die Koeffizienten der Produkte kommen in die Zwischenfelder; da diese aber nicht ausreichen, wird auch das Innenfeld noch beansprucht. Das gezeichnete Schema stellt das Polynom

$$x^2 + y^2 + z^2 + u^2 + 2\,xy + 2\,yu + 2\,uz + 2\,zx + 2\,xu + 2\,yz$$

dar [N; **3**, 130], andere Beispiele [Mikami; 93 ff.].

⟨u⟩

			1			
		2	0	2		
⟨y⟩	1	0	$_2$太^2	0	1	⟨z⟩
		2	0	2		
			1			

⟨x⟩

Von den Indern sind nur zwei Beispiele von Gleichungen höheren als zweiten Grades bekannt, die sich aufgrund der gegebenen speziellen Zahlenwerte durch geeignete Ergänzungen lösen lassen. Sie stehen bei **Bhāskara II** [3; 214 f. = V, 137, 138].

137: Die Gleichung

$$12x + x^3 = 6x^2 + 35$$

läßt sich nach Addition von -8 auf die Form bringen

$$x^3 - 6x^2 + 12x - 8 = 27 .$$

Also ist $x - 2 = 3$.

138: Für die Lösung der Gleichung

$$x^4 - 2x^2 - 400x = 9\,999$$

ist, wie **Bhāskara** sagt, ein besonderer Einfall nötig. Er addiert beiderseits $4x^2 + 400x + 1$ und erhält

$$x^4 + 2x^2 + 1 = 4x^2 + 400x + 10\,000 ,$$

also, unter Vernachlässigung des negativen Vorzeichens der Wurzel, von dem **Bhāskara** hier gar nicht spricht,

$$x^2 + 1 = 2x + 100 ,$$

und daraus $x = 11$. Die zweite Lösung $x = -9$ wird nicht erwähnt.

Bei den Arabern kamen mehrere Motive zusammen, die zur Entwicklung einer vollständigen Theorie der kubischen Gleichungen führten.

Sie steht zunächst im Rahmen eines systematischen Aufbaus der Algebra überhaupt. Grundlage ist das mathematische Erfassen der Potenzen und das Rechnen mit ihnen, wie es **Diophant** gelehrt hat (s. S. 266). Die Araber stellen die Begriffe und Nahmen (*dirhem* für die absolute Größe, *šai'* oder *ǧiḏr* für x, *māl* für x^2, *kaᶜb* für x^3; s. S. 376) an den Anfang und bilden nun alle möglichen Gleichungsformen mit diesen, zunächst die *einfachen* $x^m = a x^n$, und die *zusammengesetzten* quadratischen. Gleichungen höheren Grades, die sich auf quadratische zurückführen lassen, waren spätestens **al-Karaǧī** (um 1000) bekannt (s. S. 383). Im Zuge dieser Entwicklung war als nächster Schritt eine systematische Behandlung der Typen der kubischen Gleichungen zu erwarten.

Kubische Gleichungen begegneten den Arabern auch bei bestimmten Problemen. Unter den zahlreichen Aufgaben der Form „Teile 10 in zwei Summanden, so daß ..." wurde auch einmal verlangt, daß *die Summe der Quadrate der beiden Teile vermehrt um den Quotienten des größeren durch den kleineren gleich 72 ist,* also

$$(10 - x)^2 + x^2 + \frac{10 - x}{x} = 72$$

oder

$$x^3 + 13\tfrac{1}{2}\,x + 5 = 10x^2 .$$

ᶜOmar Ḫayyām berichtet [1; 54 ff.], daß **Abū l-Ǧūd** sie gelöst hat, nachdem es **Abū Sahl al-Kūhī** nicht gelungen war.

Geometrische kubische Probleme haben die Araber aus den Schriften des **Archimedes** kennengelernt. Man kannte das Problem der Kugelteilung (s. S. 428), aber den Kommentar des **Eutokios** in der älteren Zeit anscheinend nur bis Buch II, 3, während die Lösung des Problems in II, 4 steht [Steinschneider 1; §95]. **ᶜOmar Ḫayyām** berichtet [1; 2f.]: **Al-Māhānī** ⟨um 860⟩ *hatte den Gedanken, den Hilfssatz des* **Archimedes** . . . *algebraisch zu lösen; er wurde auf eine Gleichung geführt, die Kuben, Quadrate und Zahlen enthielt* ⟨mit den oben S. 428 benutzten Buchstaben: $x^3 + b\,c^2 = a\,x^2$; sie wurde später „Gleichung des **al-Māhānī** genannt⟩, *die er aber nicht lösen konnte. Man hielt daher die Lösung für unmöglich, bis* **Abū Ǧaᶜfar al-Ḫāzin** *die Gleichung mittels Kegelschnitten löste.* Auch **ibn al-Haiṯam** (965–1039) hat das Problem durch Schnitt einer Parabel und einer Hyperbel gelöst [al-Ḫayyām 1; 91–93]. **Al-Kūhī** (um 1000) hat weitere Probleme des **Archimedes** gelöst und eine eigene Variante hinzugefügt [al-Ḫayyām 1; 103 ff.].

Die Konstruktion des regelmäßigen Siebenecks wurde außer von **ibn al-Haiṯam** (s. S. 430 f.) auch von **Abū l-Wafā'** [Suter 7; 104] und von **al-Kūhī** [al-Ḫayyām 1; 55] behandelt.

Von größerer Bedeutung ist die Berechnung der Seite des regelmäßigen Neunecks. Damit gewinnt man nämlich die Winkelfunktionen für den Winkel von 20° und kann durch Kombination mit den bekannten Winkelfunktionen für 72° (Fünfeck) und 60° die Winkelfunktionen für 1° berechnen. (**Ptolemaios** [Buch 1, Kap. 10] hat durch fortgesetztes Halbieren von 12° die Sehnen für $1\frac{1}{2}°$ und $\frac{3}{4}°$ berechnet und dann durch Interpolation die Sehne für 1° bestimmt.

Abū l-Ǧūd (1. Hälfte des 11. Jhs.) [al-Ḫayyām 1; 125 f.] und **al-Bīrūnī** [4; 19–21] haben ungefähr gleichzeitig die folgende Lösung angegeben: Es sei ABC ein gleichschenkliges Dreieck mit den Winkeln $\gamma = 20°$, $\alpha = \beta = 80°$. **Abū l-Ǧud** faßt γ als Peripheriewinkel über der Seite des Neunecks auf; dann ist AC eine Neuneck-diagonale; **al-Bīrūnī** faßt γ als Zentriwinkel über der Seite des regulären 18-ecks auf; dann ist AC der Radius des umschriebenen Kreises (Abb. 80). In beiden Fällen ist das Neuneck konstruierbar und berechenbar, wenn man das Verhältnis AB : AC kennt.

Man setze AC = 1, AB = x. Man zeichne D, E, Z so, daß x = AB = AD = DE = EZ wird. Für die Winkel ergeben sich dann die in Abbildung 81 eingetragenen Werte, es folgt

$$AE = x \qquad \text{und auch} \qquad ZC = x\,.$$

Fällt man nun die Lote AT und ZK, so ist:

$$\triangle ATC \sim \triangle ZKC,$$

also gilt:

$$CZ : CK = CA : CT\,.$$

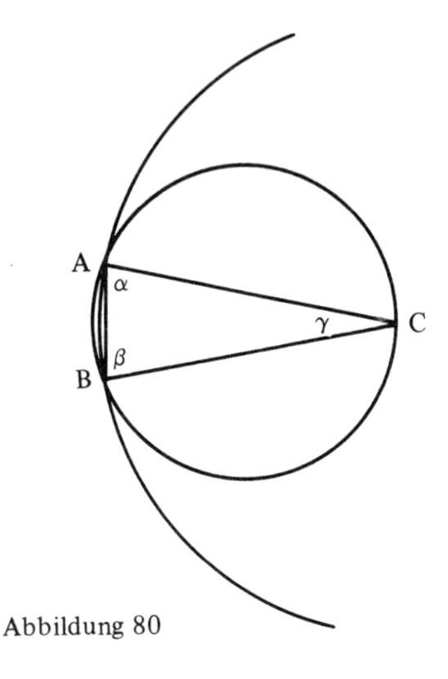

Abbildung 80

Es ist

$$CK = \frac{CE}{2} = \frac{1-x}{2}, \text{ also } \qquad CT = \frac{1-x}{2x}.$$

Andererseits ist $CT = BC - BT = 1 - \frac{DB}{2}$.

BD erhält man aus der Ähnlichkeit der Dreiecke ABC und DAB:

$$CA : AB = AB : BD, \qquad \text{also} \qquad BD = x^2.$$

Also gilt:

$$\frac{1-x}{2x} = 1 - \frac{x^2}{2}$$

d.h.

$$x^3 + 1 = 3x.$$

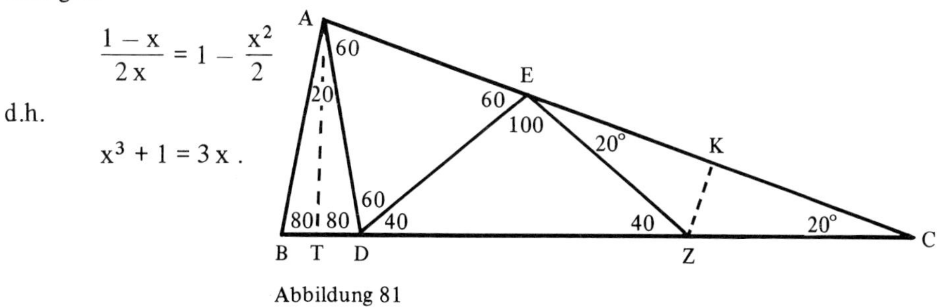

Abbildung 81

Anm. Eine ähnliche Konstruktion ist stets möglich, wenn im Dreieck ABC $\alpha = \beta = n.\gamma$ (n ganz), also $\gamma = \frac{180}{2n+1}$ ist. Sie liefert dann eine algebraische Formulierung für die Konstruktion des regelmäßigen $(2n + 1)$-ecks.

Für n = 2, also für das Fünfeck, ergibt sich aus der Ähnlichkeit der Dreiecke ABD und CAB (Abb. 82) vgl. [Euklid; El. 4, 10].

$$AC : AB = AB : DB \qquad \text{d.h.} \qquad 1 : x = x : (1 - x).$$

Für n = 3, also für das Siebeneck, erhält man (Abb. 83)

1. $\Delta CAB \sim \Delta ABD$, also $BD = x^2$.
2. $CK : x = CT : 1$, also $CK = x \cdot CT$, und da $CT = CB - \frac{BD}{2}$:

$$CK = x \cdot \left(1 - \frac{x^2}{2}\right).$$

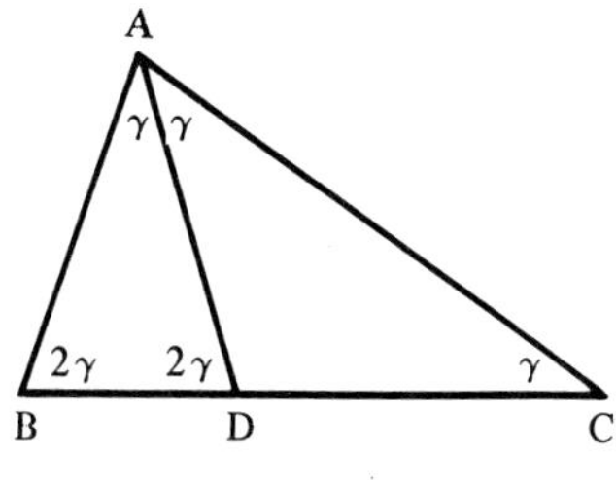

Abbildung 82

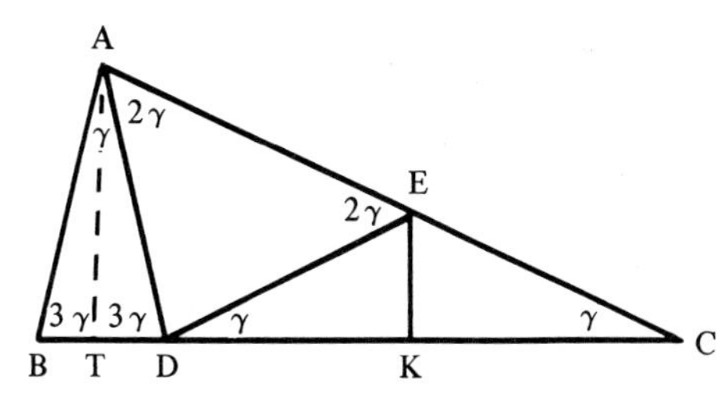

Abbildung 83

3. Andererseits ist

$$CK = \frac{1 - BD}{2} ,$$

also ergibt sich

$$\frac{1 - x^2}{2} = x \cdot \left(1 - \frac{x^2}{2}\right)$$

oder

$$x^3 + 1 = x^2 + 2x .$$

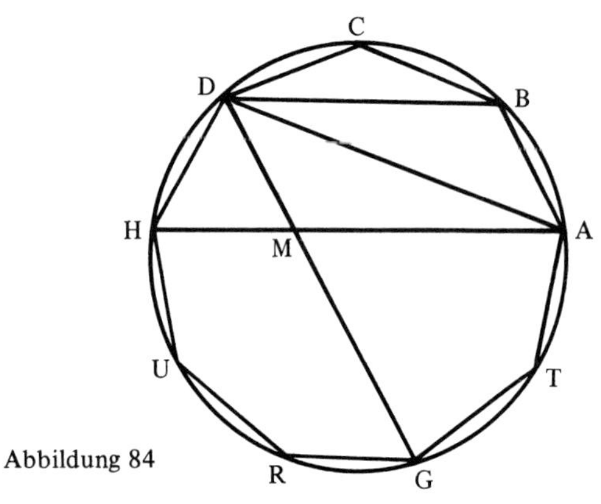

Abbildung 84

Al-Bīrūnī hat die Neuneckseite noch auf eine andere Weise berechnet, bei der ebenfalls eine kubische Gleichung auftritt [4; 18 f.] (Abb. 84). Der Peripheriewinkel über einer Sehne des Neunecks ist 20°, also der über drei Sehnen stehende Winkel DHA = ∢ BAH = ∢ HDG = 60°. Also ist HM = HD und DM || BA, also DB = AM.

Wendet man den Satz des **Ptolemaios** auf das Sehnenviereck ABDH an, so ergibt sich

$$AH \cdot BD + AB \cdot DH = AD \cdot HB .$$

Al-Bīrūnī setzt die Neuneckseite AB = BC = CD = DH = 1, BD = x (x ist hier also eine andere geometrische Größe als vorhin); ferner ist AD = HB. Also ergibt sich

$$(1 + x)\,x + 1 = AD^2 . \qquad (1)$$

Wendet man den Satz des **Ptolemaios** auf ABCD an, so ergibt sich

$$AD \cdot BC + AB \cdot DC = DB \cdot CA ,$$

also

$$AD = x^2 - 1 . \qquad (2)$$

Aus (1) und (2) folgt

$$x^3 = 1 + 3x .$$

Al-Bīrūnī gibt die Lösungen der kubischen Gleichungen auf 4 Sexagesimalstellen genau an (s. S. 506).

(Im zweiten Fall rechnet **al-Bīrūnī** zunächst x aus, dann AD aus (2). Das ist die Seite des dem Kreis einbeschriebenen gleichseitigen Dreiecks, aus der der Kreisradius für die Neuneckseite 1 berechnet werden kann. Der reziproke Wert ist dann die Neuneckseite für den Kreis vom Radius 1.)

Um 1000 kannten die Araber also eine Reihe spezieller Probleme, die auf kubische Gleichungen führten, und verstanden diese geometrisch mittels Kegelschnitten oder numerisch mit sehr guter Näherung zu lösen. In der 1. Hälfte des 11. Jahrhunderts schrieb **Abū l-Ǧūd** ein Werk *Über die Aufzählung der Gleichungstypen*; das berichtet **ᶜOmar H̱ayyām** [1; 81 f.], der zugleich kritisiert, daß nur wenige Typen gelöst und auch nicht alle Fallunterscheidungen richtig besprochen sind.

ᶜOmar Ḫayyām zählt die Gleichungstypen vollständig auf. Er löst die *einfachen* Gleichungen $\langle x^n = a\,x^m \rangle$ sowie die quadratischen Gleichungen in der damals bekannten Weise. Von den *zusammengesetzten* kubischen Gleichungen lassen sich diejenigen, die kein von x freies Glied enthalten, auf quadratische zurückführen. Übrig bleiben die folgenden Typen [1; 11 f.]:

dreigliedrige:

$x^3 + bx = c$ (1),
$x^3 + c = bx$ (2),
$c + bx = x^3$ (3),
$x^3 + a\,x^2 = c$ (4);
$x^3 + c = a\,x^2$ (5);
$c + a\,x^2 = x^3$ (6);

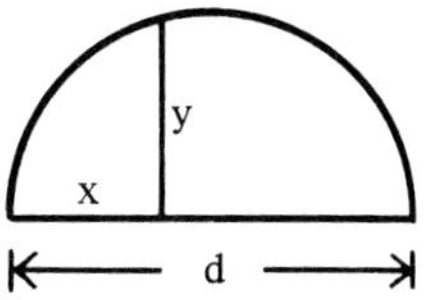

Abbildung 85.

Kreis: $y^2 = x \cdot (d - x)$

viergliedrige, und zwar solche,
bei denen drei Glieder einem Glied gleich sind:

$x^3 + a\,x^2 + bx = c$ (1),
$x^3 + a\,x^2 + c = bx$ (2),
$x^3 + bx + c = a\,x^2$ (3),
$a\,x^2 + bx + c = x^3$ (4);

bei denen zwei Glieder zwei Gliedern gleich sind:

$x^3 + a\,x^2 = bx + c$ (1),
$x^3 + bx = a\,x^2 + c$ (2),
$x^3 + c = a\,x^2 + bx$ (3).

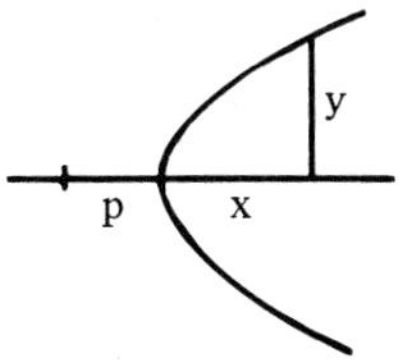

Abbildung 86.

Parabel: $y^2 = p \cdot x$

Für diese Typen ist eine algebraische Auflösung, d.h. mittels der elementaren Rechenoperationen und dem Wurzelziehen, damals nicht gelungen. **ᶜOmar Ḫayyām** konnte aber zeigen, daß die geometrischen Lösungsmethode mittels zweier Kegelschnitte tatsächlich in allen Fällen zum Ziel führt. Dabei hat er sorgfältig untersucht, unter welchen Bedingungen die Kegelschnitte sich schneiden und wann mehrere Schnittpunkte vorhanden sind. Er kommt sogar mit wenigen speziellen Lagen und wenigen Eigenschaften der Kegelschnitte aus, die in den Abbildungen 85–88 dargestellt sind.

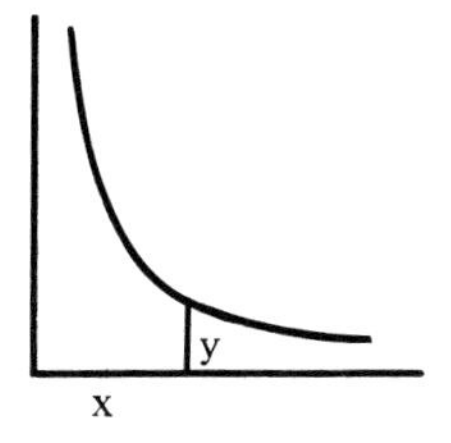

Abbildung 87.

Hyperbel, bezogen auf die Asymptoten:
$x \cdot y = p$.

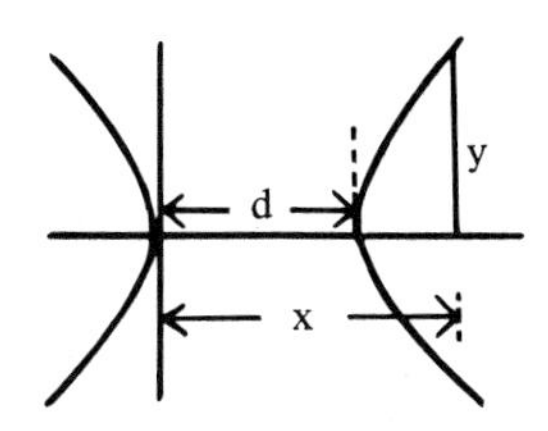

Abbildung 88.

Hyperbel bezogen auf die Achse und eine Scheiteltangente:
$y^2 = x \cdot (x - d)$.

Die Lösung der ersten dreigliedrigen Aufgabe beginnt so: [1; 32 ff.]: *Ein Kubus und Seiten sind gleich einer Zahl.*

$$\langle x^3 + bx = c \rangle \qquad (1)$$

Wir machen die Strecke AB gleich der Seite eines Quadrats, das gleich der Zahl der Wurzeln ist.

$$\langle AB = \sqrt{b} \rangle \,. \qquad (2)$$

Wir konstruieren einen Quader, dessen Grundfläche gleich dem Quadrat von AB und dessen Höhe gleich BC ⟨= s⟩ *sei, und der der gegebenen Zahl gleich ist;*

$$\langle b.s = c \rangle \qquad (3)$$

diese Konstruktion wurde vorher beschrieben. Wir zeichnen AB senkrecht zu BC. . . Wir verlängern AB bis zu Z und zeichnen eine Parabel mit dem Scheitel B, der Achse BZ und dem Parameter AB. . . Wir beschreiben über BC den Halbkreis. . .

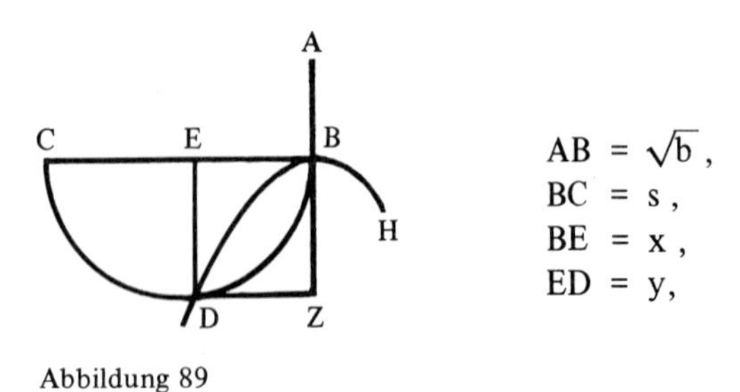

Abbildung 89

Den Rest der Überlegung geben wir in moderner Form wieder. Die Parabel hat die Gleichung

$$x^2 = \sqrt{b} \cdot y \,. \qquad (4)$$

der Kreis hat die Gleichung

$$y^2 = x \cdot (s - x) \,. \qquad (5)$$

Eliminiert man y aus (4) und (5), so erhält man

$$x^4 = b \cdot x \cdot (s - x) \,,$$

also nach Division durch x die zu erfüllende Gleichung.

In dieser Art beschreibt **ᶜOmar Ḫayyām** die Lösungen. Wir gehen in den folgenden Beispielen den umgekehrten Weg, um den mathematischen Inhalt dazulegen.

In der zweiten Aufgabe, $x^3 + c = bx$, bestimmen wir wieder s aus $bs = c$; dann erweitern wir mit x:

$$x^4 = b \cdot (x - s)\, x \,.$$

Setzen wir

$$x^2 = \sqrt{b} \cdot y \quad \text{(Parabel)},$$

so bleibt

$$y^2 = x \cdot (x - s),$$

die Gleichung der Hyperbel in der Form von Abbildung 88.

Die fünfte Gleichung: $x^3 + c = a x^2$ ist die des Problems von **Archimedes**; sie wurde auch von **Abū l-Ǧūd** behandelt. Wir diskutieren sie zunächst in moderner Form:

Sei $\quad z = x^3 - a x^2 + c$.
Für $\quad x = -\infty, 0, +\infty$
ist $\quad z < 0, > 0, > 0$,

also hat die Gleichung jedenfalls eine negative reelle Lösung, die von den Arabern natürlich nicht beachtet wird. Die beiden anderen Lösungen können nicht negativ sein, denn dann wäre

$$(x + u)(x + v)(x + w) = 0,$$

wobei links nur positive Zahlen stehen; diese Gleichung ist nach damaligem Denken unmöglich. Es können zwei positive reelle (verschiedene oder zusammenfallende) oder zwei komplexe Lösungen auftreten. Ein Beispiel für drei reelle Lösungen ist (es steht nicht bei den Arabern):

$$z = (x + 1)(x - 2)^2 = x^3 - 3x^2 + 4 = 0.$$

ᶜOmar H̱ayyām setzt [1; 40ff.] $c = h^3$ und überlegt zunähchst, daß $h < a$ sein muß. Denn aus

$$x^3 + h^3 = a x^2 \quad \text{folgt} \quad x^3 < a x^2, \quad \text{also} \quad x < a.$$

Dann ist aber $x^3 + h^3 < a^3$, also $h < a$.

Allerdings genügt diese Bedingung nicht, um positive reelle Lösungen sicherzustellen.

Die Gleichung geht nun über in

$$(a - x) x^2 = h^3.$$

Setzt man

$$(a - x) h = y^2 \quad \text{(Parabel)},$$

so bleibt

$$x^2 y^2 = h^4,$$
$$xy = h^2 \quad \text{(Hyperbel)}$$

(Abbildung 90).

Der Punkt $D: x = y = h$ ist der Scheitel der Hyperbel.

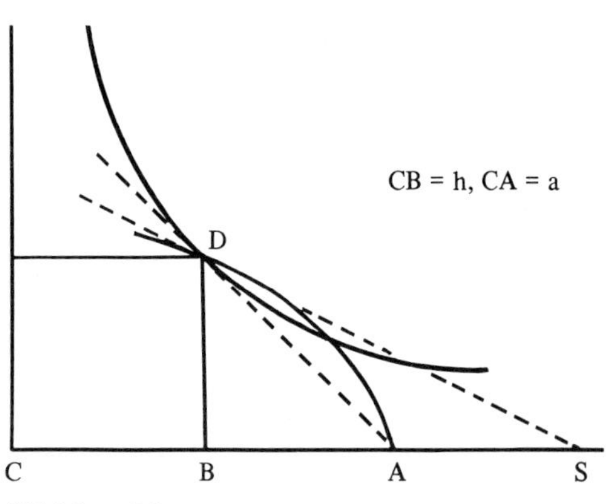

Abbildung 90

Nun sind die folgenden Fälle zu unterscheiden:

1. Wenn $h = \frac{a}{2}$ ist, liegt D auch auf der Parabel. Die Tangente an die Hyperbel in diesem Punkt bildet mit den Achsen den Winkel 45°, geht also durch den Punkt A. Die Tangente an die Parabel im Punkt D geht aber (wie man mindestens seit **Apollonios** weiß) durch den Punkt S mit AS = AB. Also schneiden sich die beiden Kurven im Punkt D und einem weiteren, von D verschiedenen Punkt auf dem Bogen DA.

2. Wenn $h < \frac{a}{2}$ ist, liegt D unterhalb der Parabel.

3. Wenn $h > \frac{a}{2}$ ist, liegt D oberhalb der Parabel.

   Das kann man so einsehen: Für $x = h$ ist die Ordinate des Hyperbelpunktes $y = h$; die Ordinate des Parabelpunktes ist bestimmt durch $y_p^2 = (a - h)h$.
   Also ist

$$y_p^2 - h^2 = ah - 2h^2 = (a - 2h)h .$$

Das ist

$$\begin{aligned} &> 0 \text{ für } a > 2h \\ &< 0 \text{ für } a < 2h . \end{aligned}$$

Im Fall 2. gibt es offenbar zwei Schnittpunkte.
Im Fall 3. kann es vorkommen, daß die beiden Kurven sich gar nicht treffen. **Abū l-Ǧūd** hat anscheinend nur diese Möglichkeit bemerkt [al-Ḫayyām 1; 43, 82]. Jedoch können die beiden Kurven sich auch berühren oder zwei Schnittpunkte haben. Das ist daraus ersichtlich, daß der Fall 3. ja stetig in den Fall 1. übergeht.

Die negative Lösung der betrachteten Gleichung ergibt sich als Schnitt der Parabel mit dem zweiten Hyperbelast, den **ᶜOmar Ḫayyām** nicht berücksichtigt.

Ähnliche Überlegungen sind bei der ebenfalls von **Abū l-Ǧūd** behandelten Gleichung

$$x^3 + bx + c = ax^2$$

anzustellen, die für $b = 0$ in die eben besprochene übergeht.

Während also **ᶜOmar Ḫayyām** die Möglichkeit zweier Lösungen einer kubischen Gleichung bemerkt hat, ist ihm die Möglichkeit von drei (positiven reellen) Lösungen entgangen. Um den Grund dafür zu finden, bilden wir ein einfaches Beispiel:

$$(x - 1)(x - 2)(x - 3) = 0, \quad \text{d.h.} \quad x^3 + 11x = 6x^2 + 6 .$$

Die Möglichkeit von drei Lösungen müßte sich also bei dem Typ $x^3 + bx = ax^2 + c$ finden.

ᶜOmar Ḫayyām [1; 62] führt s durch $c = bs$ ein.
Dann ergibt sich

$$b(x - s) = x^2(a - x) .$$

Erweiterung mit x – s ergibt

$$b(x-s)^2 = x^2(a-x)(x-s)\,.$$

Nun ist

$$(a-x)(x-s) = y^2$$

die Gleichung des Halbkreises über CA.
Es bleibt:

$$b(x-s)^2 = x^2 y^2$$
$$\sqrt{b}\,(x-s) = xy$$
$$x\cdot(\sqrt{b}-y) = \sqrt{b}\cdot s\,,$$

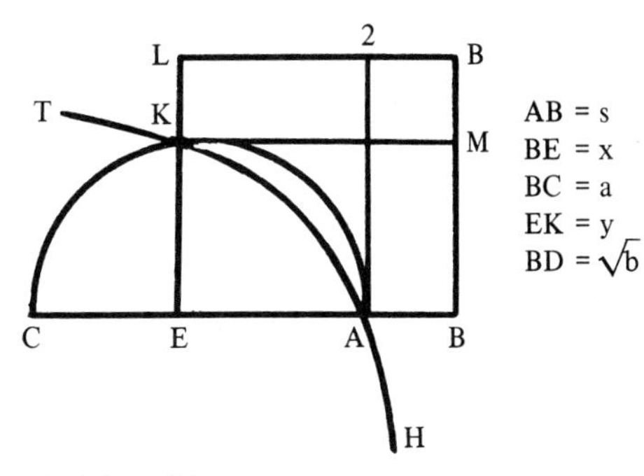

Abbildung 91

die Gleichung der Hyperbel mit den Asymptoten DL, DB.

Die durch die Erweiterung mit x – s hereingekommene Lösung x = s muß natürlich ausgeschlossen bleiben. **ᶜOmar Hayyām** ist aber anscheinend entgangen, daß der Kreis und die Hyperbel auch die in Abbildung 92 gezeichnete Lage zueinander haben können.

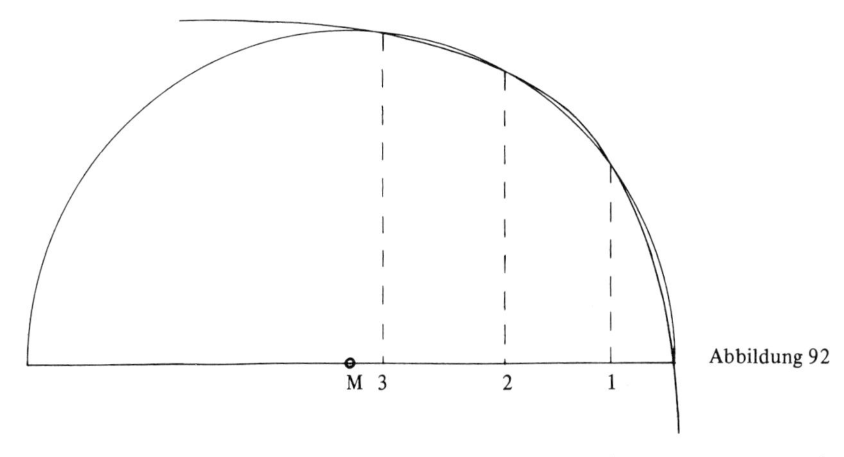

Abbildung 92

Nachdem **ᶜOmar Hayyām** alle Typen kubischer Gleichungen mit (modern ausgedrückt) positiven Potenzen von x behandelt hat, bespricht er auch solche mit negativen Potenzen von x, z.B. [1; 71]

$$\frac{1}{x^3} + 3\cdot\frac{1}{x^2} + 5\cdot\frac{1}{x} = 3\,\frac{3}{8}\,.$$

Er sagt, daß diese Gleichung durch die Gleichung

$$y^3 + 3y^2 + 5y = 3\,\frac{3}{8}$$

ersetzt werden könne. Hieraus sei y mit Hilfe von Kegelschnitten zu bestimmen; danach habe man x so zu bestimmen, daß

$$x:1 = 1:y$$

ist.

In einem anderen Fall [1; 78] bringt er die Gleichung

$$x + 2 + 10 \cdot \frac{1}{x} = 20 \cdot \frac{1}{x^2}$$

⟨durch Multiplikation mit x^2⟩ auf die Form

$$(*) \qquad x^3 + 2x^2 + 10x = 20 ,$$

deren Lösung wieder (wie er sagt) mit Hilfe von Kegelschnitten zu bestimmen ist.

Diese Aufgabe (*) wurde am Hofe Kaiser **Friedrichs II.** vom **Magister Ioannes** dem **Leonardo von Pisa** vorgelegt, der sich ausführlich mit ihr beschäftigt hat [1; 2, 228–234]. Er stellt fest:

1. Die Lösung kann keine positive ganze Zahl sein. Denn es muß $10x < 20$, also $x < 2$ sein (**Leonardo** erklärt das an einem Rechteck der Breite 10), $x = 1$ ist aber keine Lösung.
2. Die Lösung kann auch kein Bruch sein. Denn ist x ein Bruch, so ist x^2 ein Bruch eines Bruches und x^3 ein Bruch eines Bruches eines Bruches; deren Summe kann aber keine ganze Zahl sein. – Wir sind dem Gedanken **Leonardos** vielleicht nicht allzu fern, wenn wir ansetzen: $x = \frac{m}{n}$, m, n teilerfremd. Die Gleichung wird dann nach Multiplikation mit n^3:
$$m^3 + 2m^2n + 10mn^2 = 20n^3 ,$$
es müßte also m durch n teilbar sein.
3. Die Lösung kann nicht Quadratwurzel aus einer rationalen Zahl sein. **Leonardos** geometrische Überlegung entspricht der Umformung der Gleichung in
$$x = \frac{20 - 2x^2}{10 + x^2}$$
Hier würde dann die rechte Seite rational, die linke Seite irrational sein.
4. Die Lösung kann keine der von **Euklid** im 10. Buch der Elemente angegebenen Formen irrationaler Größen (s. S. 133 ff.) haben. Die Beweise können hier nicht wiedergegeben werden.

Schließlich gibt **Leonardo** die Lösung auf 6 Sexagesimalstellen genau an: x = 1;22,7,42,33,4,40. Wie dieser Wert gefunden wurde, sagt er nicht (vgl. [M. Cantor 3; 2, 46 f.]).

Aus der Zeit des 13. und 14. Jahrhunderts sind nur wenige Manuskripte bekannt. Im 15. Jahrhundert gehören die Gleichungen vom Typ

$$a x^{n+2p} + b x^{n+p} = c x^n$$

zum regelmäßigen Bestand anspruchsvollerer Algebrabrücher, z.B. **Chuquet** [1; 807–814], **Luca Pacioli** [a; 149r], **Grammateus** [1; H 3r f.], **Adam Ries** [1; 39 ff.], **Christoff Rudolff** [1; AA 7v ff.], **Initius Algebras** [482 ff.] (s. o. S. 439 f.). Man beschreibt sie dadurch, daß die Differenz ⟨der Exponenten⟩ vom mittleren Glied zu den beiden äußeren Gliedern gleich ist [Chuquet 1; 814]. **Chuquet** geht bis zu $2x^{10} + 243 = 487x^5$. Er empfiehlt die Beschäftigung mit Gleichungen, bei denen die Differenzen nicht gleich sind, denjenigen, die die Theorie vertiefen wollen. **Luca Pacioli** hat die bei ihm auftretenden Gleichungen dieser Art als unmöglich bezeichnet (s. S. 384), was anscheinend seine Nachfolger teils mutlos gemacht, teils aber gerade zu besonderen Anstrengungen angeregt hat.

In einer Handschrift, die wahrscheinlich von **Regiomontan** 1456 geschrieben ist, wird unter der Überschrift *Cubus census et res equantur numero* die folgende Aufgabe gelöst [Cod. Plimpton 188; 96r][1], die wir hier nicht wörtlich, aber inhaltlich möglichst genau [1] wiedergeben: Jemand macht mit einem Kapital von 100 Gulden im ersten Jahre den Gewinn x, im zweiten und dritten Jahr jeweils proportionale Gewinne; am Ende des dritten Jahres ist das Kapital auf 265 Gulden angewachsen. Wieviel hat er im ersten Jahr gewonnen?

Es ist das Anfangskapital ⟨K_0 =⟩	100
der Gewinn im ersten Jahr	x
Kapital nach 1 Jahr ⟨K_1 =⟩	$100 + x$
Gewinn im 2. Jahr ⟨$K_1 \cdot \frac{x}{100}$⟩	$x + \frac{x^2}{100}$
Kapital nach 2 Jahren ⟨K_2 =⟩	$100 + 2x + \frac{x^2}{100}$
Gewinn im 3. Jahr ⟨$K_2 \cdot \frac{x}{100}$⟩	$x + \frac{2x^2}{100} + \frac{x^3}{10\,000}$
Kapital nach 3 Jahren ⟨K_3 =⟩	$100 + 3x + \frac{3x^2}{100} + \frac{x^3}{10\,000}$

Dieses ist = 265.

Um die übliche Normalform herzustellen, ist durch den Koeffizienten von x^3 zu dividieren; das ergibt

$$x^3 + 300x^2 + 30\,000x + 1\,000\,000 = 2\,650\,000 .$$

Ferner sind Glieder mit gleichen Potenzen von x, hier also die von x freien Glieder, zusammenzufassen:

$$x^3 + 300x^2 + 30\,000x = 1\,650\,000 .$$

Damit ist eine Gleichung des in der Überschrift genannten Typs hergestellt. Wir schreiben sie so:

$$x^3 + a_2 x^2 + a_1 x = a_0 . \qquad (1)$$

Regiomontan rechnet also nicht: $K_3 = K_0 \left(1 + \frac{x}{100}\right)^3$, er macht sogar den unvorteilhaften Schritt, 1 000 000 beiderseits zu subtrahieren.

[1]) Die Kenntnis dieses Textes verdanken wir Herrn M. Folkerts.

Nun vergleicht er diese Gleichung mit

$$(x + c)^3 = x^3 + 3\,c\,x^2 + 3\,c^2\,x + c^3 = a_0 + c^3\,, \tag{2}$$

die er geometrisch durch die Zerlegung eines Würfels beschreibt.

Die Gleichung (2) stimmt mit der Gleichung (1) genau dann überein, wenn

$$c = \frac{a_2}{3} = \sqrt{\frac{a_1}{3}} \quad \text{d.h.} \quad (a_2/3)^2 = a_1/3 \quad \text{bzw.} \quad a_2^2 = 3\,a_1$$

ist. **Regiomontan** sagt: *Alias enim gnomo solidus non resultasset integer.* – „Sonst würde der körperliche Gnomon nicht vollständig herauskommen."

Die Lösung ist dann

$$x = \sqrt[3]{a_0 + (a_2/3)^3} - a_2/3 = \sqrt[3]{2\,650\,000} - 100\,.$$

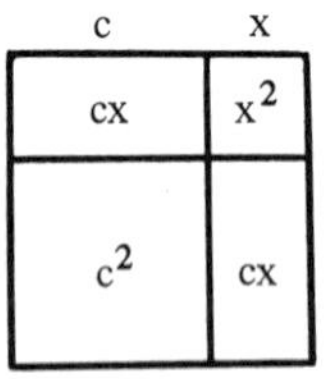

Der Hinweis auf den körperlichen Gnomon läßt an eine Analogie zur Lösung quadratischer Gleichungen denken. Bekanntlich macht man aus der Gleichung $x^2 + 2\,c\,x = a_0$ die Gleichung

$$(x + c)^2 = x^2 + 2\,cx + c^2 = a_0 + c^2\,.$$

Dabei ist $x^2 + 2\,cx$ der um c^2 herumgelegte Gnomon, der zusammen mit c^2 ein Quadrat ergibt (Abb. 93).

Abbildung 93

Der um c^3 herumgelegte körperliche Gnomon $x^3 + 3\,c\,x^2 + 3\,c^2\,x$ ist anschaulich nicht so leicht zu sehen. **Regiomontans** Zeichnung am Rande (Abb. 94) könnte man evtl. so deuten: Die beiden an x^2 anstoßenden Balken von je dem Volumen $x^2\,c$ sind durch einen dritten Balken zu ergänzen; um den vollständigen körperlichen Gnomon zu erhalten, muß man noch drei quadratische Platten vom Volumen $c^2\,x$ hinzufügen (in Abb. 95 gestrichelt angedeutet).

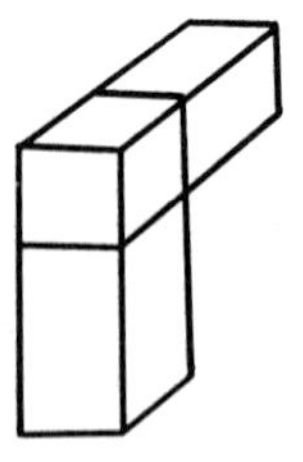

Abbildung 94. Aus der Handschrift von Regiomontan.

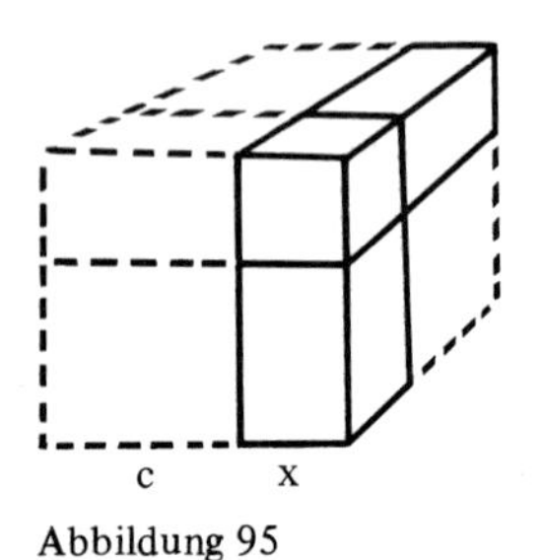

Abbildung 95

Diese Lösung ist eine interessante Vorstufe zu der von **Cardano** beschriebenen, wahrscheinlich von **Scipione del Ferro** stammenden Lösung des Gleichungstyps

$$x^3 + a_1\,x = a_0\,. \tag{3}$$

Man kann (2) so schreiben:

$$(x + c)^3 = x^3 + 3\,cx\,(x + c) + c^3 = a_0 + c^3\ .$$

Ein Vergleich ergibt nun nicht eine so einfache Bestimmung von c wie oben, die ja nur unter der Bedingung $a_2^2 = 3\,a_1$ möglich war; man erhält vielmehr zwei Gleichungen für die beiden Unbekannten x und c:

$$(x + c)^3 = a_0 + c^3 \qquad \text{und} \qquad 3\,c\,(x + c) = a_1$$

oder mit

$$x + c = v\colon\quad v^3 - c^3 = a_0$$

und $v \cdot c = a_1/3$ bzw.

$$v^3 \cdot c^3 = (a_1/3)^3\ .$$

Ob **Scipione del Ferro** oder **Tartaglia** oder **Cardano** auf diese oder eine andere Weise zu ihrer (s. S. 447 ff.) beschriebenen Lösung gekommen sind, wissen wir nicht.

Regiomontan ist der Übergang von dem Gleichungstyp (1) mit der speziellen Nebenbedingung zur Lösung der allgemeinen Gleichung nicht gelungen. 1464 schreibt er an **Bianchini**, daß er in der Literatur keine Lösungsmethode für die Gleichung

$$5\,x^4 + 3\,x^3 + 8\,x^2 = 260\,x + 50$$

oder ähnliche Kombinationen gefunden habe [3; 256], und 1471 fragt er **Christian Roder**, ob er in seiner Bibliothek ein Buch über die Gleichheit der Körper *(de equipollentia solidorum)* hätte; denn wie man für die Lösung der quadratischen Gleichungen die Theorie der Gleichheit von Flächen brauche, so würde man für die Lösung der Gleichungen dritten und höheren Grades die Theorie der Gleichheit von Körpern brauchen [3; 335 f.].

Regiomontan hat 1464 mit **Bianchini** über die Zinseszinsaufgabe korrespondiert. **Bianchini** schreibt, er habe im *Liber florum (Almagesti)* eine allgemeine Regel für jede Proportion (?) angegeben [Regiomontan 3; 219, 236], doch ist nicht recht klar, was damit gemeint ist.

Im *Trattato d'Abaco* von **Piero della Francesca** (1416–1492; die Entstehungszeit des Werkes ist nicht sicher bekannt) sind für 61 Gleichungstypen Lösungsregeln angegeben [85–91], später folgen zahlreiche Beispiele. Für die Gleichung

$$x^3 = bx + c\,x^2$$

wird die richtige Lösung

$$x = c/2 + \sqrt{(c/2)^2 + b}$$

angegeben [86], jedoch anschließend dieselbe Lösung auch für $x^3 = b + cx$ und für $x^3 = b + c\,x^2$, wo sie natürlich falsch ist. **Piero della Francesca** rechnet sogar zahlenmäßig die Lösung der Gleichung $x^3 = \frac{5}{8}\,x + 2$ nach dieser Vorschrift aus [139 f.], unterläßt es aber, die Lösung durch Einsetzen in die Gleichung zu prüfen.

Für die Gleichung

$$x^3 + a_2 x^2 + a_1 x = a_0$$

gibt er die Lösungsvorschrift [87]:

$$x = \sqrt[3]{\left(\frac{a_1}{a_2}\right)^3 + a_0} = \frac{a_1}{a_2},$$

die für $a_2^2 = 3\,a_1$ mit der von **Regiomontan** angegebenen identisch, sonst aber falsch ist. **Piero della Francesca** bringt das Zinseszinsbeispiel [146f.].

Seine Lösungsvorschrift für

$$x^4 + a_3 x^3 + a_2 x^2 + a_1 x = a_0$$

ist

$$x = \sqrt[4]{\left(\frac{a_1}{a_3}\right)^2 + a_0} - \sqrt{\frac{a_1}{a_3}}\ .$$

Sie ist für die Zinseszinsaufgabe mit vierjähriger Laufzeit richtig.

Für

$$x^5 + a_4 x^4 + a_3 x^3 + a_2 x^2 + a_1 x = a_0$$

lautet die Lösungsvorschrift [91, 166f.]

$$x = \sqrt[5]{\frac{a_2}{a_4}\,a_3 + a_0} - \sqrt[3]{\frac{a_1}{a_4}}\ .$$

Sie ist für die Zinseszinsaufgabe nur dann richtig, wenn ein bestimmter Zahlenwert (das c der Vergleichsgleichung) = 20 ist. Das ist aber in dem vorgerechneten Beispiel der Fall.

Als Beispiel dafür, wie diese Vorschriften im Text aussehen, sei die letzte Regel angeschrieben: *Quando le cose, li censi, li cubi, li censi di censi e li censi de'cubi sono equali al numero, se vole recare ad un censo de cubo e poi partire li censi colli censi di censi e quello che ne vene montiplicare colli cubi e quello che fa giognare al numero, poi partire le cose per li censi di censi et quello che ne vene serbare; et la radici relata de la somma de lo numero, vale la cosa, meno la radici cuba de quello partimento de le cose che tu serbasti* [91].

Dieselben Probleme für die Grade 3 und 4 sind auch in einer von **Libri** veröffentlichten Handschrift aus dem 15. Jahrhundert in der gleichen Weise behandelt [1; **3**, 349–356].

Luca Pacioli dagegen behandelt die Zinseszinsaufgaben unabhängig von der allgemeinen Gleichung. Er rechnet ungefähr so [a; 182^r]:

Es ist

$$K_1 = K_0 + K_0 \cdot z \qquad \text{d.h.} \qquad K_1/K_0 = 1 + z$$

ferner

$$K_2 : K_1 = K_1 : K_0, \quad \text{also} \quad K_2/K_0 = (1+z)^2,$$

$$K_n/K_0 = (1+z)^n,$$

$$z = \sqrt[n]{K_n/K_0} - 1.$$

Da er das Kapital in *lb*, die Zinsen in *soldi* (1 *lb* = 20 *s*) angibt, erhält er

$$x = 20z = \sqrt[n]{20^n \cdot K_n/K_0} - 20.$$

Das schreibt er für n = 2 bis n = 10 hin.

Christoph Rudolff hat einige spezielle Gleichungen gelöst, ohne den Lösungsweg mitzuteilen [1; CC 5ᵛ f.]. Die Lösungen lassen sich durch Umformen der Gleichungen leicht erkennen:

$$63 + x^3 = 10x^2 \text{ läßt sich schreiben als } x^2(10 - x) = 63,$$

hat also die Lösung x = 3.

$$605 + \frac{x^2}{2} = \frac{x^3}{2} \text{ wird zu } 11^2 \cdot 10 = x^2(x-1),$$

eine Lösung ist also x = 11.

$$x^3 + 75x^2 + 1875x = 27\,250 \text{ wird zu } (x+25)^3 = 35^3,$$

eine Lösung ist also x = 10.

Die algebraische Lösung der Gleichung $x^3 + bx = c$ gelang zu Beginn des 16. Jahrhunderts **Scipione del Ferro**, Professor in Bologna. In einer von **Bortolotti** aufgefundenen Handschrift lautet die Lösung [1; 157 f.]: . . . *kubiere den dritten Teil der cosa* ⟨$(b/3)^3$⟩, *dann quadriere die Hälfte der Zahl* ⟨$(c/2)^2$⟩, *diese addiere zu dem Kubierten; die Quadratwurzel aus dieser Summe plus der Hälfte der Zahl ergibt ein Binom*

$$\left\langle \sqrt{\left(\frac{b}{3}\right)^3 + \left(\frac{c}{2}\right)^2} + \frac{c}{2} \right\rangle$$

und die Kubikwurzel aus diesem Binom minus der Kubikwurzel aus seinem Residuum ergibt die cosa.

Also:

$$x = \sqrt[3]{\sqrt{\left(\frac{b}{3}\right)^3 + \left(\frac{c}{2}\right)^2} + \frac{c}{2}} - \sqrt[3]{\sqrt{\left(\frac{b}{3}\right)^3 + \left(\frac{c}{2}\right)^2} - \frac{c}{2}}.$$

Einen Beweis gibt **Scipione del Ferro** nicht. Wäre es möglich, daß er diese Lösung auf einem anderen Wege gefunden hat als später **Cardano**, etwa durch Rechnungen mit Irrationalitäten? Man könnte sich das vielleicht so denken: Die Mathematiker der damaligen Zeit haben sich mit den von Euklid im 10. Buch der Elemente aufgestellten Klassen von Irrationalitäten öfter beschäftigt (s. z.B. **Leonardo von Pisa**, S. 442). Dazugehören das Binom, ein Ausdruck der Form $\sqrt{p} + q$ (p, q, rational) und das dazugehörige Residuum $\sqrt{p} - q$, sowie Kombinationen aus Quadratwurzeln daraus. Nachdem diese also bekannt waren, könnte vielleicht **Scipione del Ferro** versucht haben, seinen Kollegen einmal Aufgaben vorzulegen, deren Lösung aus Kubikwurzeln eines Binoms und des Residuums bestand, also von der Form war

$$x = \sqrt[3]{\sqrt{p} + q} - \sqrt[3]{\sqrt{p} - q} .$$

(Er könnte auch einfach einen solchen Ausdruck – in Zahlen – hingeschrieben und seine dritte Potenz ausgerechnet haben.) Es ergibt sich

$$x^3 = 2q - 3\sqrt[3]{p - q^2} \cdot x .$$

Damit hat man eine Gleichung der Form

$$x^3 + bx = c .$$

Um sie zu lösen, hat man p und q aus

$$2q = c , \quad 3\sqrt[3]{p - q^2} = b$$

auszurechnen.

Allerdings ist die erwähnte Handschrift wohl nach dem Erscheinen der *Ars Magna* von **Cardano** und der *Quesiti* von **Tartaglia** geschrieben. Ob eine Beeinflussung des Wortlauts durch diese späteren Werke mit Sicherheit ausgeschlossen werden kann, ist uns nicht bekannt.

Scipione del Ferro teilte seine Lösung **Antonio Maria Fior (Floridus)** mit. Das geschah, wie **Cardano** berichtet, „vor etwa 30 Jahren" [3; Kap. 11].

Fior stellte 1535 **Tartaglia** 30 Aufgaben, die alle auf Gleichungen der genannten Form hinausliefen. Acht Tage vor dem verlangten Ablieferungstermin fand **Tartaglia** die Lösung, am 12. Februar 1535, und einen Tag danach auch die Lösung von $x^3 = bx + c$ [2; 106 f. = IX, Qu. 25]. Auf Bitten **Cardanos** teilte er diesem 1539 die Lösung in den folgenden Versen mit:

Quando che'l cubo con le cose appresso,	
Se agguaglia à qualche numero discreto	$x^3 + bx = c$
Trovan dui altri, differenti in esso.	$U - V = c$
Dapoi terrai, questo per consueto,	
Che'l lor produtto sempre sia equale	
Al terzo cubo, delle cose neto.	$U \cdot V = \left(\frac{b}{3}\right)^3 .$
El residuo poi suo generale	
Delli lor lati cubi, ben sottratti	
Varrà la tua cosa principale.	$x = \sqrt[3]{U} - \sqrt[3]{V} .$

In der gleichen Weise beschreibt er die Lösung von $x^3 = bx + c$ und sagt, daß „der dritte Fall" zusammen mit dem zweiten zu lösen sei. Tatsächlich gilt: Wenn $x = z$ eine Lösung von $x^3 = bx + c$ ist, so ist $x = -z$ eine Lösung von $x^3 + c = bx$.

Auf weitere Bitten **Cardanos** gab **Tartaglia** brieflich weitere Erläuterungen. **Cardano** mußte schwören, das Geheimnis nicht zu veröffentlichen. Diesen Eid brach **Cardano**, als er in seiner *Ars magna* 1545 die Methode mitteilte. Obwohl er dabei **Scipione del**

Ferro und **Tartaglia** als voneinander unabhängige Entdecker nannte, war **Tartaglia** erzürnt, weil er die Entdeckung in einem eigenen Werke veröffentlichen wollte. Jedoch hatte **Cardano** inzwischen 1542 Gelegenheit gehabt, bei dem Schwiegersohn und Nachfolger von **Scipione del Ferro**, **Annibale della Nave**, den Nachlaß **Ferros** einzusehen und dabei die völlige Übereinstimmung der **Ferro**schen Lösung mit der von **Tartaglia** festzustellen, so daß er diese nicht mehr als das alleinige geistige Eigentum von **Tartaglia** ansehen mußte. (Für eine ausführliche Darstellung dieses Streites siehe [M. Cantor 3; 2, 480 ff.]).

Weder von **Scipione del Ferro** noch von **Tartaglia** sind Beweise für die Lösungsformeln erhalten. **Cardano** behauptet, keine erhalten sondern sie selbst gefunden zu haben, und es besteht kein Anlaß, an dieser Behauptung zu zweifeln.

Den Beweis für die Lösungsformel fand **Cardano** offenbar in Analogie zur Lösung der quadratischen Gleichung. Bei der Gleichung

$$x^2 + bx = c\,, \quad \text{Beispiel:} \quad x^2 + 6\,x = 91$$

[3; Kap. 5] beruft er sich auf den Satz **Euklids** (El. 2,4), der besagt (Abb. 96. – Wir ersetzen die kleinen Buchstaben **Cardanos** durch große):

$$AC^2 = AB^2 + 2\,AB \cdot BC + BC^2\,.$$

Ist AB die gesuchte Unbekannte – wir nennen sie x – so hat man

$$(x + BC)^2 = x^2 + 2 \cdot BC \cdot x + BC^2\,.$$

Also wird man $BC = b/2$ setzen und erhält dann, unter Benutzung der Ausgangsgleichung

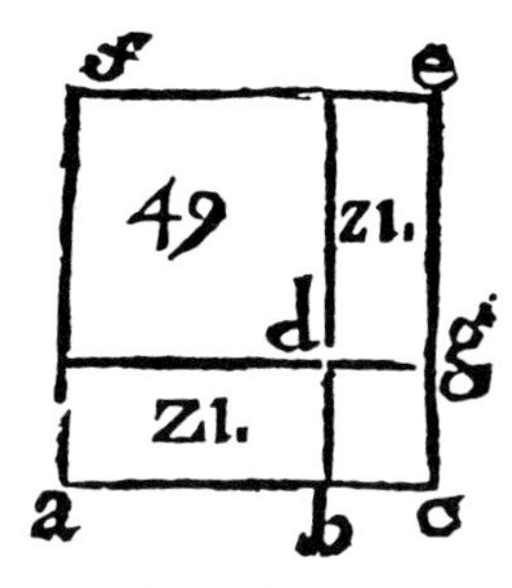

Abbildung 96

$$\left(x + \frac{b}{2}\right)^2 = c + BC^2\,.$$

Im folgenden Kapitel (6. *De modis inveniendi capitula nova*) leitet **Cardano** mit der gleichen Figur Sätze über die Zerlegung eines Würfels ab, den er sich (mit der Höhe AC) über dem Quadrat errichtet denkt. Der Würfel besteht aus 8 Körpern, nämlich den 4 Flächen der Abbildung 96 multipliziert einmal mit AB und einmal mit BC. Setzen wir zur Abkürzung AB = u, BC = v, so ergibt sich durch diese geometrische Überlegung

$$\begin{aligned}(u + v)^3 &= u \cdot (u^2 + v^2 + 2\,uv) + v \cdot (u^2 + v^2 + 2\,uv)\\ &= u^3 + v^3 + 3\,u^2\,v + 3\,u\,v^2\,. \quad \text{Vgl. Abbildung 38 (S. 268).}\end{aligned} \qquad (1)$$

In ähnlicher Weise erhält **Cardano**

$$(u - v)^3 = u^3 + 3\,u\,v^2 - (v^3 + 3\,u^2\,v)\,. \qquad (2)$$

Eigentlich wird hier das distributive Gesetz angewandt, aber es tritt nicht als algebraisches Axiom auf – das ist erst bei **Viète** der Fall (s. S. 481) –, sondern das Ergebnis wird durch eine geometrische Überlegung bewiesen.

Auf diese Regeln greift **Cardano** bei der Lösung der kubischen Gleichungen zurück. Im Falle der Gleichung

$$x^3 + bx = c \qquad \text{Typ (I)}$$

beweist er (Kap. XI): Wenn u und v so bestimmt werden, daß

$$u^3 - v^3 = c \qquad \text{(i)}$$

und

$$uv = \frac{b}{3} \qquad \text{(ii)}$$

ist, so ist $u - v = x$ Lösung von (I). Das ist der Inhalt von **Tartaglias** Versen, die **Cardano** mittels (2) bestätigen kann.

⟨Aus (i) und (ii) erhält man dann

$$\frac{u^3 + v^3}{2} = \sqrt[3]{\left(\frac{u^3 - v^3}{2}\right)^2 + u^3 v^3} = \sqrt[3]{\left(\frac{c}{2}\right)^2 + \left(\frac{b}{3}\right)^3}\,.$$

Diesen Ausdruck setzen wir zur Abkürzung = p. Dann ist

$$u^3 = p + \frac{c}{2}\,, \qquad v^3 = p - \frac{c}{2}\,.\rangle$$

$$x = u - v = \sqrt[3]{p + \frac{c}{2}} - \sqrt[3]{p - \frac{c}{2}}\,. \qquad \text{(L.I)}$$

Cardano gibt nur diesen letzten Ausdruck in Worten.

Die Gleichung

$$x^3 = bx + c \qquad \text{Typ (II)}$$

wird ähnlich gelöst (Kap. 12): Wenn u, v so gewählt werden, daß

$$u^3 + v^3 = c \qquad \text{(i)}$$

und

$$uv = \frac{b}{3} \qquad \text{(ii)}$$

ist, so ist $u + v = x$ Lösung von (II).

Man erhält jetzt

$$\frac{u^3 - v^3}{2} = \sqrt{\left(\frac{c}{2}\right)^2 - \left(\frac{b}{3}\right)^3} = w \qquad \text{(w: Abkürzung)}$$

$$x = \sqrt[3]{\frac{c}{2} + w} + \sqrt[3]{\frac{c}{2} - w}\,. \qquad \text{(L.II)}$$

Für den Fall, daß $\left(\frac{c}{2}\right)^2 < \left(\frac{b}{3}\right)^3$ ist, verweist **Cardano** auf andere Verfahren, insbesondere auf Kapitel 25: *De Capitulis imperfectis et specialibus,* das also von unvollkommenen und nur in Spezialfällen brauchbaren Regeln handelt. Als Beispiele der 18 Regeln geben wir die 2. und 6. an. Die 2. lautet: Man finde zwei Zahlen ⟨p, q⟩, deren Produkt die Zahl der Gleichung ⟨$pq = c$⟩ und deren eine die Wurzel aus der Summe der anderen und der Zahl der *res* ist ⟨$p = \sqrt{q + b}$⟩. Dann ist diese Wurzel eine Lösung der Gleichung. ⟨Es ist dann nämlich $p^3 = (b + q)\,p = bp + c$.⟩ **Cardano** zeigt das am Beispiel $x^3 = 32\,x + 24$ mit $24 = 4 \cdot 6$, $6 = \sqrt{4 + 32}$. Diese Zerlegung muß man freilich durch Raten oder Probieren finden.

Dieses Beispiel zeigt den Typ der in diesem Kapitel gegebenen Regeln. Die 6. Regel enthält darüber hinaus den Keim eines wichtigen Satzes. Um die Gleichung $x^3 = bx + c$ zu lösen, soll man (durch Raten oder Probieren) eine Kubikzahl ⟨p^3⟩ finden, so daß das Produkt ihrer Kubikwurzel mit der Zahl der *res* gleich der Differenz zwischen der gefundenen Kubikzahl und der Zahl der Gleichung wird. ⟨Es soll also $bp = p^3 - c$ werden; daß also p eine Lösung der Gleichung sein muß, sagt **Cardano** nicht.⟩ Er führt das Beispiel

$$x^3 = 4\,x + 15$$

vor und bemerkt, daß 27 eine solche Kubikzahl ist. Er subtrahiert sie beiderseits

$$x^3 - 27 = 4\,x - 12 \qquad \langle x^3 - p^3 = bx + c - p^3 = b(x - p)\rangle$$

und erhält durch Division durch $x - 3$ ⟨$= x - p$⟩ die quadratische Gleichung

$$x^2 + 3\,x + 9 = 4 \qquad \langle x^2 + px + p^2 = b\rangle\,.$$

aus der sich die (weiteren) Lösungen ergeben. Von dem allgemeinen Satz, daß ein Polynom mit der Nullstelle p durch $x - p$ teilbar ist, ist nicht die Rede.

Die Anordnung dieses Kapitels 25 sowie einzelne Redewendungen darin lassen allerdings vermuten, daß **Cardano** hinter den speziellen Regeln doch allgemeine Sätze gesucht hat.

Die Lösung der Gleichung

$$x^3 + c = bx \qquad \text{Typ (III)}$$

führt **Cardano** auf die Lösung der Gleichung (II) zurück. [3; Kap. 13].
Seine Regel lautet: Genügt y der Gleichung

$$y^3 = by + c\,, \qquad \text{(II)}$$

so genügen die beiden Werte

$$x_{1,2} = \frac{y}{2} \pm \sqrt{b - 3\left(\frac{y}{2}\right)^2}$$

der Gleichung (III). Das läßt sich durch Ausrechnen bestätigen; **Cardano** macht das in geometrischer Form. Er bemerkt auch, daß

$$x_1 + x_2 = y$$

ist. Er weiß aber auch: Wenn y eine Lösung von (II) ist, so ist $-y$ eine Lösung von (III). Daraus ergibt sich, daß die Summe der drei Lösungen von (III) gleich 0 ist. **Cardano** sagt das nicht mit diesen Worten, macht aber von der Tatsache mehrfach Gebrauch (z.B. Kap. I, § 5). Im Kapitel 8 stellt er bei drei Gleichungen des Typs $x^3 + bx = ax^2 + c$ fest, daß sie drei Lösungen haben und daß deren Summe gleich *der Zahl der Quadrate*, d.h. gleich dem Koeffizienten von x^2 ist.

Diejenigen Gleichungen, in denen kein Glied mit x, aber ein Glied mit x^2 auftritt, werden durch die *Transmutation* $x = \frac{k}{y}$ in Gleichungen des bereits behandelten Typs transformiert [3; Kap. 14 ff.], (wobei der willkürliche Faktor k dazu benutzt wird, einen Koeffizienten zu normieren).

Die Gleichung

$$x^3 + c = ax^2 \tag{i}$$

geht dabei über in

$$\frac{k^3}{y^3} + c = a \cdot \frac{k^2}{y^2} \qquad \text{oder} \qquad \frac{k^3}{c} + y^3 = \frac{ak^2}{c} y .$$

Man kann nun erreichen, daß das konstante Glied wieder = c wird, indem man $k^3/c = c$, also $k = (\sqrt[3]{c})^2$ setzt. Man erhält dann

$$y^3 + c = a \sqrt[3]{c} y . \tag{ii}$$

Ist y eine Lösung von (ii), so ist $x = \frac{(\sqrt[3]{c})^2}{y}$ eine Lösung von (i) [3; Kap. 7, §§ 2, 4].

Bei den viergliedrigen kubischen Gleichungen, z.B. in Kapitel 17

$$x^3 + ax^2 + bx = c$$

beseitigt **Cardano** durch die Substitution

$$y = x + \frac{a}{3}$$

das Glied mit x^2. Das führt er für alle Typen einzeln durch.

So ist schließlich die Lösung aller kubischen Gleichungen auf die Lösung der beiden Typen I und II zurückgeführt.

In Kapitel 39 bringt **Cardano** die von seinem Schüler **Ludovico Ferrari** stammende Lösung der biquadratischen Gleichungen. Er behandelt nur solche Gleichungen, bei denen das Glied mit x^3 fehlt, ohne zu sagen, daß das durch Substitution $x = y - \frac{a}{4}$ stets erreicht werden könnte.

Bei der Gleichung

$$x^4 + 6x^2 + 36 = 60x \qquad \text{also} \qquad x^4 + bx^2 + p^2 = cx$$

macht er die linke Seite zu einem Quadrat, indem er beiderseits $(2p - b)x^2$ addiert (natürlich rechnet er nur mit bestimmten Zahlen):

$$x^4 + 2px^2 + p^2 = (2p - b)x^2 + cx = qx^2 + cx ,$$

wobei wir die Abkürzung $2p - b = q$ eingeführt haben. Damit die linke Seite ein Quadrat bleibt und die rechte ein Quadrat wird, wird mit einer Unbestimmten k beiderseits

$$2kx^2 + k^2 + 2kp$$

addiert; man erhält

$$(x^2 + (k+p))^2 = (q + 2k)x^2 + cx + k^2 + 2kp\ .$$

Damit die rechte Seite die Form

$$s^2x^2 + 2stx + t^2$$

bekommt, muß

$$c^2 = 4(q + 2k)(k^2 + 2kp)$$

werden; aus dieser kubischen Gleichung ist k zu bestimmen.

Bei der Gleichung (II) $x^3 = bx + c$ ergibt die „Cardanische Formel"

$$x = \sqrt[3]{\frac{c}{2} + w} + \sqrt[3]{\frac{c}{2} - w} \qquad \text{mit} \qquad w = \sqrt{\left(\frac{c}{2}\right)^2 - \left(\frac{b}{3}\right)^3}$$

im Falle $\left(\frac{c}{2}\right)^2 < \left(\frac{b}{3}\right)^3$ komplexe Ausdrücke. So kommt **Bombelli** bei der Gleichung

$$x^3 = 15x + 4$$

auf

$$x = \sqrt[3]{2 + i \cdot 11} + \sqrt[3]{2 - i \cdot 11}\ .$$

Als Lösung gibt er

$$x = 2 + i + 2 - i = 4$$

an. In seiner Schreibweise sieht das so aus:

*R.c.*L 2 *p.di m.*11. ⌋ *R.c.*L.2.*m.di m.*11.
Lato 2.*p.di m.*1. 2.*m.di m.*1.
Sommati fanno 4. *che è la ualuta del Tanto* [1; 294].

(*R.c.* = *Radice cubica*, L . . . ⌋ ersetzt Klammern, *p.di m.* = *piu di meno*, vgl. S. 152).

Die hier fehlenden Rechnungen (im wesentlichen $(2 + i)^3 = 2 + i \cdot 11$) hat **Bombelli** im Zusammenhang mit zahlreichen Beispielen zum Rechnen mit komplexen Zahlen vorher ausgeführt [1; 176 f.].

Außderdem gibt **Bombelli** bei diesem und auch anderen Gleichungstypen Einschiebungsverfahren zur Lösung an [1; 298].

Dieser sog. *casus irreducibilis* gestattet eine trigonometrische Lösung, die darauf beruht, daß die Lösung von (II) auf die Dreiteilung eines Winkels zurückgeführt werden kann, weil die dritte Wurzel aus einer komplexen Zahl $R \cdot e^{i\omega}$ gleich $\sqrt[3]{R} \cdot e^{i\omega/3}$ ist. Wir setzen

$$\frac{c}{2} + w = R\,e^{i\omega} \;;$$

dann ist, weil c reell und w rein imaginär ist

$$\frac{c}{2} - w = R\,e^{-i\omega/3} \;.$$

Dabei sind R und ω aus b und c leicht berechenbar:

$$R^2 = \left(\frac{c}{2}\right)^2 - w^2 = \left(\frac{b}{3}\right)^3 , \qquad \frac{c}{2} = R \cdot \cos \omega \;.$$

Aus der Lösungsformel (II) wird dann

$$x = \sqrt[3]{R}\,(e^{i\omega/3} + e^{-i\omega/3}) = 2\,\sqrt[3]{R} \cdot \cos \frac{\omega}{3} \;.$$

Es ist also $\cos \frac{\omega}{3}$ zu bestimmen, wenn $\cos \omega$ bekannt ist.

Der historische Weg ist ein anderer. Die arabischen Astronomen wußten seit der Zeit von **al-Bīrūnī**, daß die Berechnung der Neuneckseite, also die Dreiteilung des Winkels von 60°, auf die Gleichung $x^3 = 3x + 1$ führt (s. S. 436) – oder auf eine äquivalente; z.B. geht $x^3 = 3x - 1$ (S. 435) auf die eben genannte zurück, wenn man x durch $-x$ ersetzt. Die Gleichung für die Dreiteilung eines beliebigen Winkels

$$\cos 3\varphi = 4 \cdot \cos^3 \varphi - 3 \cdot \cos \varphi \qquad \text{(D)}$$

dürfte ebenfalls bekannt gewesen sein.

Viète fand sie im Rahmen einer allgemeinen Untersuchung über die Winkelteilung [10; 299].

Mit $2 \cdot \cos \varphi = x$ geht sie über in

$$x^3 = 3x + 2 \cdot \cos 3\varphi \;. \qquad \text{(D')}$$

Will man diese Gleichung mit

$$x^3 = bx + c$$

vergleichen, so muß man sich außer $\cos 3\varphi$ eine weitere verfügbare Konstante verschaffen, indem man

$$x = \frac{y}{r}$$

setzt. Dann wird aus (D′)

$$y^3 = 3r^2 y + 2r^3 \cos 3\varphi \;, \qquad \text{(D'')}$$

und nun kann man r und $\cos 3\varphi$ aus $b = 3r^2$ und $c = 2r^3 \cos 3\varphi$ bestimmen.

Viète hat die Gleichung (D) im *Supplementum Geometriae* [9] aus der Einschiebungsfigur von **Archimedes** hergeleitet (Abb. 97). Ist $\measuredangle$ DCE = 3φ in drei Teile zu teilen, so lege

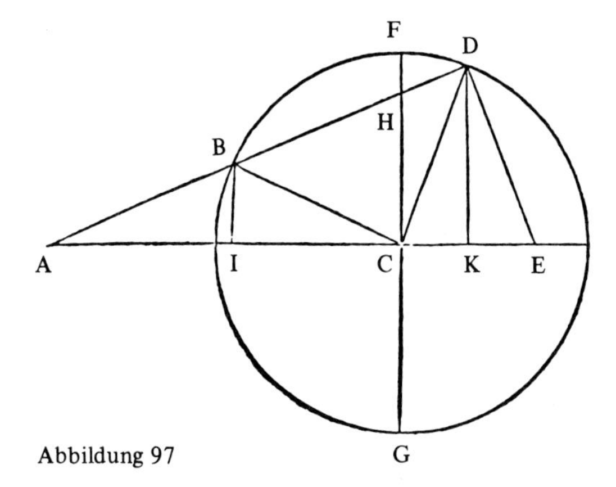

Abbildung 97

man die Gerade DBA so durch D, daß AB = r = dem Kreisradius wird. Dann ist $\sphericalangle$ BAC = $\frac{1}{3}$ DCE = φ, wie man mittels des Außenwinkelsatzes an den gleichschenkligen Dreiecken BAC und BCD leicht bestätigt (s. Abb. 74, S. 427). Es ist dann auch BH = r. Wir setzen noch AC = $2\,r \cdot \cos\varphi = p$, CE = $2\,r \cdot \cos 3\,\varphi = q$. Nun ist

$$AB^2 = GC^2 = CH^2 + FH \cdot HG$$

$$AB^2 - CH^2 = FH \cdot HG = BH \cdot HD\ .$$

Ferner

$$CH^2 = AH^2 - AC^2 = 4\,r^2 - p^2\ .$$

Also

$$AB^2 - CH^2 = p^2 - 3\,r^2 = BH \cdot HD = r \cdot HD\ .$$

Nun ist

$$BH : HD = IC : CK = AC : CE = p : q\ ,$$

also

$$HD = \frac{rq}{p}\ .$$

Setzt man dies in die vorletzte Gleichung ein, so erhält man

$$p^3 - 3\,r^2\,p = r^2\,q$$

oder

$$4 \cdot \cos^3\varphi - 3 \cdot \cos\varphi = \cos 3\,\varphi\ .$$

Viètes Absicht ist gerade entgegengesetzt zu der der arabischen Astronomen. Diese wollten die Aufgabe der Winkeldreiteilung algebraisch lösen, um zu besseren Werten für die Tafeln der Winkelfunktionen zu kommen. **Viète** will allgemein algebraische Gleichungen geometrisch lösen. Das geht für quadratische Gleichungen mit Zirkel und Lineal. Für Gleichungen 3. und 4. Grades ist ein *Supplementum* zu diesen Konstruktionsmöglichkeiten nötig.

Nun kann man alle Gleichungen 4. Grades auf Gleichungen 3. Grades zurückführen, und diese alle auf die Typen (I) und (II). Zur Lösung des Typs (I) braucht man nur 3. Wurzeln aus reellen Zahlen zu ziehen. Das entspricht geometrisch dem Einschalten von zwei mittleren Proportionalen zwischen 1 und dem Radikanden. Die Lösung des Typs (II) erfordert außerdem die Dreiteilung eines Winkels. Alle Gleichungen 3. und 4. Grades lassen sich also auf diese beiden geometrischen Aufgaben zurückführen. Diese lassen sich, wie man seit dem Altertum weiß, durch „Einschiebungen" (s. S. 427) lösen. Daher ist das *Supplementum Geometriae*, das **Viète** zusätzlich fordert, die Möglichkeit von Einschiebungen (*Suppl. Geom. Postulatum* [9; 240], Prop. XXV [9; 256 f.], *Isagoge* Cap. VIII [3; 9^r]).

Bisher haben wir die meist verbalen Formulierungen der Autoren der Übersichtlichkeit halber in eine moderne Formelsprache übertragen. Seit **Viète** können die Autoren selbst in Formeln schreiben und rechnen. Das ermöglicht u.a. auch eine elegantere Behandlung der geometrischen Lösung der Gleichungen 3. und 4. Grades mittels Kegelschnitten.

Fermat hatte gefunden (*Isagoge ad locos planos*, etwa 1636 [1; **1**, 103 ff.] = [1; **3**, 96 ff.]), daß die Kegelschnitte genau durch die Gleichungen 2. Grades zwischen x und y (**Fermat** schreibt wie **Viète** A und E) dargestellt werden. Im Anhang zu dem genannten Werk löst er die Gleichung

$$x^3 + a x^2 = cb$$

(der Ansatz des von x freien Gliedes als Produkt ergibt nachher eine geringfügige Vereinfachung der Schreibweise) folgendermaßen: Man setze beide Seiten der Gleichung $= bxy$. Dann ergibt
die linke Seite: $x^2 + ax = by$, die Gleichung einer Parabel,
die rechte Seite: $xy = c$, die Gleichung einer Hyperbel.
So lassen sich alle kubischen Gleichungen lösen. Man hat nur die Glieder mit x auf die eine Seite, das von x freie Glied auf die andere Seite zu setzen.

Bei der Gleichung 4. Grades beseitige man zunächst das Glied mit x^3 (Fermat sagt: *methodo Vietae cap. I de emend.*) und schreibe dann das Glied mit x^4 auf eine Seite:

$$x^4 = d - cx - b^2 x^2 .$$

(Die Vorzeichen kommen daher, daß die Gleichung zunächst in der Form . . . = d gedacht wird.) Man setze beide Seiten $= b^2 y^2$; dann erhält man

$x^2 = by$, die Gleichung einer Parabel,
$b^2 x^2 + cx + b^2 y^2 = d$, die Gleichung eines Kreises.

Hier dient nun b^2 nicht nur zur Vereinfachung der Schreibweise, sondern enthält auch die Voraussetzung $b^2 > 0$. Würde man b^2 durch $-b^2$ ersetzen, so würde sich statt des Kreises eine Hyperbel ergeben. Für $b = 0$ könnte man $x^4 = y^2$ einführen und erhielte zwei Parabeln.

Der Grundgedanke ist also: Man verteile die Glieder der Gleichung so, daß bei Gleichsetzen beider Seiten mit demselben quadratischen Ausdruck in x und y zwei quadratische Gleichungen entstehen.

Descartes ist noch einen Schritt weitergekommen: Man kann alle biquadratischen Gleichungen

$$z^4 - p z^2 - qz = r$$

(hier sind die Buchstaben von **Descartes** verwandt) mit Hilfe einer festen Parabel $x = z^2$ und im übrigen mit Zirkel und Lineal lösen (1637 [2; 389ff.]). Einsetzen von $z^2 = x$ und Addieren von $-x + z^2 = 0$ ergibt

$$x^2 - (p + 1)x + z^2 - qz = r$$

$$\left(x - \frac{p+1}{2}\right)^2 + \left(z - \frac{q}{2}\right)^2 = r + \left(\frac{p+1}{2}\right)^2 + \left(\frac{q}{2}\right)^2 .$$

Das ist die Gleichung eines Kreises mit dem Mittelpunkt $\frac{p+1}{2}$, $\frac{q}{2}$ und dem Radius

$$\sqrt{r + \left(\frac{p+1}{2}\right)^2 + \left(\frac{q}{2}\right)^2} .$$

Für $r = 0$ ergeben sich die Lösungen der kubischen Gleichung (und $z = 0$).

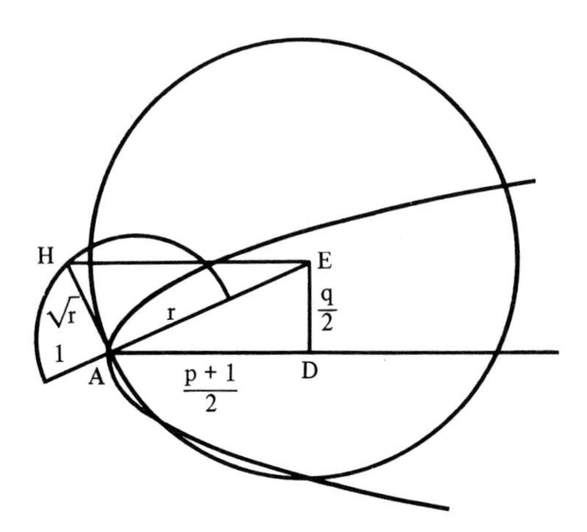

Abbildung 98: Lösung der kubischen und biquadratischen Gleichungen nach Descartes.

Zur Abbildung 98: Im Falle $r = 0$ ist der Kreisradius

$$AE = \sqrt{\left(\frac{p+1}{2}\right)^2 + \left(\frac{q}{2}\right)^2} .$$

Im Falle $r \neq 0$ ist der Kreisradius

$$EH = \sqrt{AE^2 + (\sqrt{r})^2} .$$

Der kleine Halbkreis dient zur Konstruktion von $\sqrt{r}$ als mittlerer Proportionaler zwischen 1 und r.

Descartes hat auch eine algebraische Lösung der Gleichung

$$x^4 + p x^2 + qx + r = 0 \tag{1}$$

angegeben. Er schreibt [2; 383] = [3; 85]: Man reduziere die Gleichung auf

$$y^6 + 2 p y^4 + (p^2 - 4 r) y^2 - q^2 = 0 . \tag{2}$$

Eine Lösung dieser Gleichung kann dazu dienen, die gegebene Gleichung in die beiden folgenden Gleichungen 2. Grades zu zerfällen:

$$x^2 - yx + \frac{1}{2} y^2 + \frac{1}{2} p + \frac{q}{2y} = 0 ,$$

$$x^2 + yx + \frac{1}{2} y^2 + \frac{1}{2} p - \frac{q}{2y} = 0 .$$

⟨Da in (1) das Glied mit x^3 fehlt, kann man ansetzen

$$x^4 + p x^2 + qx + r = (x^2 - yx + z)(x^2 + yx + w) .$$

Ausmultiplizieren und Koeffizientenvergleich ergibt

$$p = z + w - y^2 \quad \text{oder} \quad z + w = p + y^2 , \tag{3.1}$$

$$q = y(z - w) \quad \text{oder} \quad z - w = \frac{q}{y} , \tag{3.2}$$

$$r = zw \quad \text{oder} \quad zw = r . \tag{3.3}$$

Die bekannte Identität

$$(z + w)^2 = (z - w)^2 + 4 zw$$

ergibt (2). Aus (3.1), (3.2) erhält man dann

$$2z = p + y^2 + \frac{q}{y} , \qquad 2w = p + y^2 - \frac{q}{y} .\rangle$$

Euler hat bemerkt [7; 97 f.]: Sind a, b, c, d die Lösungen von (1), so ist bekanntlich

$$a + b + c + d = 0 .$$

y ist die Summe zweier dieser Werte. Dafür gibt es 6 Möglichkeiten:

I. $y = a + b$, II. $y = a + c$, III. $y = a + d$,
IV. $y = c + d$, V. $y = b + d$, VI. $y = b + c$.

Nun ist $c + d = -(a + b)$ usw., also muß y einer Gleichung 6. Grades genügen, die aber zu jeder Lösung auch die negative enthalten muß, also einer Gleichung 3. Grades in y^2.

3.3.6 Gleichungen höheren Grades mit einer Unbekannten

Cardano löst einmal [7; 421] eine spezielle Gleichung 6. Grades

$$x^6 + a x^4 + a^2 x^2 + a^3 x^0 = b x^3 \tag{1}$$

(.... cum 1.cu.quad. p̃. quad.quad. p̃. quad. p̃. numero in continua proportione fuerint aequalia cubis...) auf dem folgenden Wege: Man löse die Gleichung

$$u^3 = 2au + b \tag{2}$$

und teile die Lösung in zwei Teile ($u = x + y$) derart, daß $xy = a$ wird. Dann sind x, y Lösungen von (1).

⟨Zum Beweis setze man $xy = a$ in (1) ein. Nach Division durch x^3 erhält man:

$$x^3 + x^2 y + x y^2 + y^3 = x^3 + y^3 + xy(x + y) = b. \tag{3}$$

Nun ist

$$(x + y)^3 = x^3 + y^3 + 3xy(x + y)$$

also nach (3)

$$(x + y)^3 = b + 2xy(x + y).$$

Das ist die Gleichung (2).⟩

Man kann das so auffassen: Die Gleichung (1) wird gelöst, indem man sie in zwei Gleichungen mit zwei Unbekannten aufspaltet. Dieses Prinzip liegt eigentlich auch allen geometrischen Verfahren zugrunde, bei denen die Lösung einer Gleichung durch den Schnitt zweier Kurven gefunden wird. **Cardano**s Verfahren ist freilich eher als vereinzelter Kunstgriff zur Lösung einer sehr speziellen Gleichung anzusehen. Die Verbindung des algebraischen Problems mit dem geometrischen Lösungsweg war natürlich z.B. **ᶜOmar H̱ayyām** bekannt, aber auf der Grundlage der analytischen Geometrie von **Fermat** und **Descartes** erschien sie in neuem Licht und konnte jetzt einfacher verstanden werden.

Die geometrischen Lösungen der Gleichungen 3. und 4. Grades mittels zweier Kegelschnitte **(Fermat)** oder mittels eines festen Kegelschnitts und eines Kreises **(Descartes)** wurden oben (S. 456 f.) besprochen. **Descartes** hat sich auch überlegt, daß man für Gleichungen 5. und 6. Grades mit diesen Mitteln nicht auskommen wird, sondern daß man an Stelle des Kegelschnitts eine Kurve höherer Ordnung nehmen muß. Einen strengen Beweis dafür konnte er natürlich nicht geben.

Zur Lösung der Gleichung

$$y^6 - py^5 + qy^4 - ry^3 + sy^2 - ty + u = 0$$

verwendet **Descartes** eine kinematisch erzeugte Kurve 3. Ordnung und einen Kreis. Die Lösung der allgemeinen Gleichung 5. Grades erhält man, wenn man speziell $u = 0$ wählt und die Lösung $y = 0$ wegläßt [2; 401 ff.] = [3; 103 ff.].

Fermat hat (wohl 1660) [1; **1**, 118 ff.] = [1; **3**, 109 ff.] gezeigt, daß eine Gleichung vom Grad 2 n durch die Schnittpunkte zweier Kurven vom Grad n gelöst werden kann. Sein Verfahren sei an der Gleichung 10. Grades in moderner Schreibweise erläutert.

Es wird vorausgesetzt, daß das Glied mit x fehlt, was bekanntlich erreicht werden kann. Die gegebene Gleichung sei also:

$$x^{10} + a_1 x^9 + a_2 x^8 + a_3 x^7 + \ldots + a_8 x^2 = b.$$

Fermat setzt jede der beiden Seiten

$$= (x^5 + u x^4 + v x^3 + wxy)^2 .$$

Das ergibt die beiden Gleichungen

1. $$x^{10} + 2 u x^9 + (u^2 + 2 v)x^8 + 2 uv x^7 + x^6(\ldots) + \ldots + w^2 x^2 y^2$$
$$= x^{10} + a_1 x^9 + a_2 x^8 + \ldots + a_8 x^2 .$$

Diese Gleichung läßt sich durch x^2 dividieren. Wählt man noch u, v so, daß $2 u = a_1$, $u^2 + 2 v = a_2$ wird, so entsteht die Gleichung einer Kurve 5. Grades. (Die Wahl von w spielt keine Rolle; **Fermat** setzt $w = a_3$.)

2. $$x^5 + u x^4 + v x^3 + wxy = \sqrt{b};$$

das ist ebenfalls die Gleichung einer Kurve 5. Grades.

Newton notierte 1665/66 [2; **1**, 498], *daß alle Gleichungen, die nicht mehr als 2, bzw. 4, bzw. 6, bzw. 9, bzw. 12, bzw. 16 Dimensionen haben, stets gelöst werden können durch 2 gerade Linien* ⟨sic⟩ *oder eine Gerade und einen Kegelschnitt,*
bzw. zwei Kegelschnitte,
bzw. einen Kegelschnitt und eine Kurve 3. Grades,
bzw. zwei Kurven 3. Grades,
bzw. eine Kurve 3. Grades und eine Kurve 4. Grades,
bzw. zwei Kurven 4. Grades oder eine Kurve 3. Grades und eine Kurve 6. Grades ⟨sic⟩.

Die Zurückführung der Lösung einer Gleichung n-ten Grades auf den Schnitt von zwei Kurven niedrigeren Grades bringt natürlich keine algebraische Lösung. Sucht man eine solche, so müßte man bei diesem Weg aus den zwei Gleichungen mit zwei Unbekannten eine Unbekannte eliminieren, wobei sich der Grad wieder erhöht; man käme nur auf die Ausgangsgleichung zurück.

Eine algebraische Lösung wurde auf dem Weg der Beseitigung der mittleren Glieder durch eine Substitution der Unbekannten gesucht, so wie man das zweithöchste Glied beseitigen und damit bei quadratischen Gleichungen eine Reduktion auf eine reine Gleichung erreichen konnte. Aber schon **Viète** betont, daß man mit diesem Verfahren zwar *ein* Glied, aber nicht *alle* mittleren Glieder beseitigen kann, und warnt vor der Hoffnung, auf diesem Wege Gleichungen höheren Grades lösen zu können, was schon einige *antiqui* vergeblich versucht hätten [6; 129].

1667 behauptet **Dulaurens** in der Einleitung zu seinen *Specimina mathematica* [b 1^r], er werde eine Methode angeben, *mit der alle mittleren Glieder einer beliebigen Gleichung beseitigt werden können, und zwar zwei oder drei mit den bisher bekannten Verfahren, während es zur Beseitigung von mehr als drei Gliedern notwendig ist, neue Erfindungen anzugeben, die den Gebrauch dieser allgemeinen Methode weiter ausdehnen.* Was **Dulaurens** in dieser Schrift angibt, ist jedoch nur ein Verfahren, ein beliebiges Glied *(unum quemlibet terminum)* außer dem ersten zu beseitigen [247f.].
In moderner Schreibweise ist sein Verfahren:

In dem Polynom

$$p(x) = x^n + a_{n-1} x^{n-1} + ... + a_0 = 0$$

setze man $x = y + c$ und ordne nach Potenzen von y; man erhält

$$y^n + p_{n-1}(c) \cdot y^{n-1} + ... + p_0(c),$$

wobei die p_k Polynome vom Grad n-k in c sind (übrigens sind es die Ableitungen von p), $p_0(c) = p(c)$.

Um nun einen beliebigen Koeffizienten außer dem letzten zu Null zu machen, hat man für c eine Gleichung von einem Grad $k \leqslant n - 1$ zu lösen.

Dulaurens betrachtet auch Gleichungen vom Grade 3, 4, 5 und 7 mit dem Lösungsansatz $x = m + n$ [224 ff.]. Für den Grad 5 sieht das so aus: Ist $x = m + n$, so ist

$$x^5 - 5\,mn\,x^3 + 5\,m^2 n^2 x - m^5 - n^5 = 0.$$

Ist also die Gleichung

$$x^5 - q\,x^3 + sx - t = 0$$

zu lösen, so hat man m und n so zu wählen, daß

$$5\,mn = q, \qquad m^5 + n^5 = t$$

wird. Daß außerdem $s = 5\,m^2 n^2$, also $5\,s = q^2$ sein muß, erwähnt **Dulaurens** nicht. In seinem Zahlenbeispiel

$$x^5 - 10\,x^3 + 20\,x - 18 = 0$$

ist diese Bedingung erfüllt. Als Lösung gibt er an

$$x = \sqrt[5]{16} + \sqrt[5]{2};$$

das wird nur verifiziert, nicht abgeleitet.

Leibniz wurde von **Oldenburg** auf dieses Werk von **Dulaurens** aufmerksam gemacht (Brief vom 6.4.1673 [Leibniz 3; 87] = [1; **1**, 40]. **Leibniz** studierte damals die algebraischen Werke von **Cardano**, **Bombelli**, **Viète** u.a. Er überlegte, daß bei der Formel von **del Ferro/Cardano** auch dann ein reelles Resultat herauskommen kann, wenn unter den Wurzelzeichen imaginäre Größen auftreten. Im Anschluß daran untersuchte er, welche Gleichungen Lösungen der Form

$$x = \sqrt[n]{a + \sqrt{b}} + \sqrt[n]{a - \sqrt{b}}$$

haben [3; 547–564] = [1; **7**, 138 ff.].

Leibniz hat auch Lösungen mit dem Ansatz

$$x = a + b + c \qquad (\text{für } n = 4)$$

gesucht (Brief an **Tschirnhaus** 1678 [3; 520 ff.]). Bildet man die Potenzen von x, so ergibt sich die Aufgabe, symmetrische Funktionen von a, b, c durch die elementarsymmetrischen Funktionen auszudrücken, wozu **Leibniz** und **Tschirnhaus** Regeln entwickelt haben [Leibniz 3; 372 ff.] = [1; **4**, 451 ff.].

Tschirnhaus meint, daß man (für n = 5) durch den Ansatz

$$x = \sqrt[5]{a} + \sqrt[5]{b} + \sqrt[5]{c} + \sqrt[5]{d}$$

einige Wurzelzeichen vermeiden könne [3; 387] = [1; **4**, 469]. **Leibniz** aber erwidert, das käme auf dasselbe hinaus wie der soeben beschriebene Ansatz, *semper enim vel ad horribiles calculos ascendendum* [3; 410].

1677 teilte **Tschirnhaus Leibniz** die folgende Methode mit [3; 332 f.] = [1; **4**, 429 ff.]: Wie man durch die Substitution $x = a + y$ bei passender Wahl von a ein Glied einer Gleichung wegschaffen kann, so kann man durch die Substitution $x^2 = ax + b + y$ bei passender Wahl von a, b zwei Glieder, durch $x^3 = ax^2 + bx + c + y$ drei Glieder wegschaffen usw. **Tschirnhaus** führt das nur für die Gleichung 3. Grades durch. Elimination von x aus der vorgelegten Gleichung

$$x^3 - qx - r = 0$$

und $$x^2 = ax + b + y$$

ergibt

$$y^3 + (3b - 2q)y^2 + (3b^2 + 3ar - qb + q^2 - a^2 q)y + \ldots = 0.$$

a, b sind so zu wählen, daß die Koeffizienten von y^2 und y verschwinden. Das ergibt $b = \frac{2q}{3}$ und dann für a eine quadratische Gleichung.

Leibniz hat **Tschirnhaus** darauf aufmerksam gemacht, daß das Verfahren für $n \geqslant 5$ nur in Spezialfällen zum Ziel führen würde; er glaube dafür einen Beweis zu haben [3; 403] = [1; **4**, 479]. ⟨Im allgemeinen wird die Gleichung für a von höherem Grad als die Ausgangsgleichung.⟩ Trotzdem hat **Tschirnhaus** die Methode 1683 veröffentlicht. ⟨**Leibniz** hatte ihm keinen Gegenbeweis mitgeteilt.⟩

Leibniz' algebraische Arbeiten sind in mehreren Arbeiten von **J. E. Hofmann** und von **E. Knobloch** untersucht worden.

1732 gelangte **Euler** [6] zu der Vermutung: Die Lösungen der Gleichung

$$x^n = ax^{n-2} + bx^{n-3} + cx^{n-4} + \text{etc.}$$

lassen sich in der Form darstellen

$$x = \sqrt[n]{A} + \sqrt[n]{B} + \sqrt[n]{C} + \sqrt[n]{D} + \text{etc.}$$

wobei die n − 1 Größen A, B, C, D, ... Lösungen einer Gleichung (n − 1)-ten Grades

$$z^{n-1} = \alpha z^{n-2} - \beta z^{n-3} + \gamma z^{n-4} - \text{etc.}$$

sind, die **Euler** *aequatio resolvens* nennt.

Euler sieht sich in seiner Vermutung dadurch bestärkt, daß das Verfahren bei Gleichungen 3. und 4. Grades und bei einer großen Klasse von Gleichungen höheren Grades, u.a. bei den von **de Moivre** behandelten reziproken Gleichungen (s. hierzu auch [I. Schneider 1; 247 f.]) zum Ziele führt.

1762/63 ist **Euler** nochmals auf das Problem zurückgekommen [8]. Die Form der Lösung erscheint ihm jetzt zu allgemein, weil eine n-te Wurzel schon n verschiedene Werte hat, die durch Multiplikation mit den n-ten Einheitswurzeln auseinander hervorgehen. Eine Gleichung n-ten Grades kann aber nur n verschiedene Lösungen haben. Deshalb setzt **Euler** jetzt nicht n − 1 beliebige Radikanden an, sondern

$$x = A\sqrt[n]{v} + B\sqrt[n]{v^2} + \ldots + 0\sqrt[n]{v^{n-1}}.$$

Diese Arbeiten **Euler**s zielen auf eine tatsächliche Berechnung der Lösungen. Eine andere Arbeit, die auf eine bloße Existenzaussage hinausläuft, besprechen wir in 3.6.

Zur gleichen Zeit und unabhängig von **Euler** hat **Bézout** einen ähnlichen Ansatz vorgelegt [1], [3]. Auch er ging bei der Lösung der Gleichung

$$x^m + p\,x^{m-2} + q\,x^{m-3} + r\,x^{m-4} + \ldots + T = 0 \quad (1)$$

(bei der das zweite Glied beseitigt ist), zunächst von einer m-ten Wurzel aus, ersetzte sie aber bald durch eine m-te Einheitswurzel. Er setzt an

$$y^m - 1 = 0 \quad (2)$$

$$a\,y^{m-1} + b\,y^{m-2} + c\,y^{m-3} + d\,y^{m-4} + \ldots + x = 0, \quad (3)$$

wobei in (3) kein von x und y freies Glied vorkommen soll.

Die Lösung der gegebenen Gleichung ist damit zurückgeführt auf die Bestimmung der a, b, c, ..., die durch Elimination von x und y aus den drei Gleichungen geschieht.

Wir besprechen die Methode wie **Bézout** zunächst für den Fall m = 3. Die Gleichung (3) lautet hier

$$a\,y^2 + by + x = 0.$$

Sie wird mit y und mit y^2 multipliziert. Berücksichtigt man $y^3 = 1$, so erhält man

$$b\,y^2 + xy + a = 0$$
$$x\,y^2 + ay + b = 0.$$

Man berechne nun aus zweien dieser drei Gleichungen y, y^2 und setze das in die dritte Gleichung ein ⟨oder man setze

$$\begin{vmatrix} a & b & x \\ b & x & a \\ x & a & b \end{vmatrix} = 0\rangle,$$

dann erhält man

$$x^3 - 3\,abx + a^3 + b^3 = 0.$$

Vergleich mit der gegebenen Gleichung

$$x^3 + px + q = 0$$

ergibt zur Bestimmung von a, b die Gleichungen

$$-3\,ab = p, \qquad a^3 + b^3 = q.$$

Elimination von b ergibt

$$a^6 - q\,a^3 - \frac{1}{27}p^3 = 0,$$

eine Gleichung vom Grad 1.2.3 = m!, die in diesem Fall *nur die Schwierigkeit einer Gleichung 2. Grades enthält* [Bézout 3; 538].

Im Fall $m = 4$ entsteht auf diesem Wege eine Gleichung vom Grad $4! = 24$, die sich auf Gleichungen 2. und 3. Grades zurückführen läßt. Für $m \geqslant 5$ gelingt es jedoch nur in Spezialfällen die Hilfsgleichung vom Grad m! auf Gleichungen vom Grad $< m$ zurückzuführen.

Die Hilfsgleichung nennt **Bézout** *la réduite* [3; 535].

Lagrange hat 1770/71 alle bisher bekannten Methoden der Lösung der Gleichungen 3. und 4. Grades systematisch untersucht, um die Grundlagen dieser Methoden herauszuschälen [4]. Er findet [4; 355 = § 86]: Es wird eine Hilfsgleichung aufgestellt – **Lagrange** nennt sie *la réduite* – 1. die von niedrigerem Grade als die Ausgangsgleichung oder in Gleichungen von niedrigerem Grade zerlegbar ist, und 2. aus deren Lösungen die Lösungen der Ausgangsgleichung leicht zu berechnen sind. – Ferner müssen sich die Koeffizienten der *réduite* rational aus den Koeffizienten der Ausgangsgleichung berechnen lassen.

Die Möglichkeit der Aufstellung der Hilfsgleichung beruht darauf, daß die Koeffizienten eines Polynoms die elementarsymmetrischen Funktionen der Wurzeln sind, und daß sich jede symmetrische Funktion rational durch die elementarsymmetrischen Funktionen darstellen läßt.

Anm.: **Girard** hat angegeben, wie sich die Potenzen der Wurzeln bis zur 4. durch die Koeffizienten der Gleichung ausdrücken lassen [2; F 2^r], (s.S. 171). **Newton** hat das weiter fortgesetzt [6; 192]. Mit der Darstellung beliebiger symmetrischer Funktionen durch die elementarsymmetrischen haben sich auch **Leibniz** und **Tschirnhaus** beschäftigt [Leibniz 1; **4**, 452, 465, 478]. **Waring** gab ein allgemeines Rechenverfahren dafür an [1; 1–8]. Ein eleganter Beweis für die Darstellbarkeit stammt von **Gauß** [1; **3**, 36 f.] = [6; 40 f.]. **Gauß** führt für die Glieder einer symmetrischen Funktion eine Ordnung ein, die durch die darin auftretenden Potenzen der Variablen bestimmt ist, und zeigt, daß man durch Subtraktion geeigneter Produkte der elementarsymmetrischen Funktionen jeweils die Glieder der höchsten Ordnung beseitigen kann.

Wir erläutern das Prinzip der Methode an der Gleichung 3. Grades, wie sie **Lagrange** [4; 217–222] behandelt. Die in ⟨ ⟩ stehenden modernen Interpretationen können beim Lesen übergangen werden.

Vorgelegt sei die Gleichung

$$x^3 + m\,x^2 + nx + p = 0 \tag{1}$$

⟨mit Koeffizienten aus einem Grundkörper K⟩. Ihre Wurzeln seien mit a, b, c bezeichnet; ⟨sie gehören einem Erweiterungskörper $Z \supset K$ an. Es kommt darauf an, diesen Erweiterungskörper schrittweise zu konstruieren, und zwar durch Schritte, die man bereits beherrscht: Adjunktion von Lösungen quadratischer und rein kubischer Gleichungen, d.h. Ausziehen von Kubikwurzeln⟩.

Lagrange geht von einer Linearkombination der Wurzeln aus

$$y_1 = Aa + Bb + Cc.$$

Bei den Permutationen von a, b, c ⟨die Gruppe der Permutationen von 3 Elementen wird oft mit S_3 bezeichnet⟩ ergeben sich daraus 6 Ausdrücke $y_1, y_2, \ldots, y_6$, die als Lösungen der Hilfsgleichung

$$(y - y_1)(y - y_2) \ldots (y - y_6) = \sum_{i=0}^{6} h_i y^i = 0 \tag{2}$$

aufgefaßt werden.

Bei den Permutationen von a, b, c gehen die y_i ineinander über, ihre elementarsymmetrischen Funktionen, das sind die Koeffizienten h_i bleiben also ungeändert. Die h_i lassen sich also rational durch m, n, p ausdrücken ⟨sie gehören dem Körper K an⟩.

Nun werden A, B, C so bestimmt, daß die Gleichung (2) vereinfacht wird. Da **Lagrange** ja bekannte Lösungsmethoden analysiert, weiß er, daß hier zweckmäßig die dritten Einheitswurzeln $(1, \alpha, \alpha^2, \alpha^3 = 1)$ zu verwenden sind. ⟨Es wird also vorausgesetzt, daß K die dritten Einheitswurzeln enthält.⟩ Er setzt also

$$A = 1, B = \alpha, \quad C = \alpha^2.$$

Die beiden Ausdrücke

$$r = a + \alpha b + \alpha^2 c, \qquad s = a + \alpha c + \alpha^2 b$$

gehen bei den 6 Permutationen der a, b, c in

$$r, \alpha r, \alpha^2 r, s, \alpha s, \alpha^2 s$$

über, r^3 und s^3 bleiben ungeändert bei den zyklischen Vertauschungen von a, b, c ⟨diese Untergruppe von S_3 heißt A_3⟩ und gehen bei allen Permutationen nur ineinander über. Bei dieser Wahl von A, B, C geht (2) über in

$$y^6 - (r^3 + s^3) y^3 + r^3 s^3 = 0.$$

$r^3 + s^3$ und $r^3 s^3$ sind invariant bei allen Permutationen von a, b, c also rationale Funktionen von m, n, p. **Lagrange** errechnet

$$r^3 + s^3 = -2m^3 + 9mn - 27p, \langle = \sigma \rangle,$$
$$r^3 s^3 = (m^2 - 3n)^3 \qquad \langle = \tau \rangle.$$

Die Lösung von (1) erfolgt nun in zwei Schritten: Zunächst sind zu K die Lösungen t_1, t_2 der quadratischen Gleichung

$$t^2 - \sigma t + \tau = 0$$

zu adjungieren; der entstehende Körper heiße $L = K(t_1, t_2)$, sodann zu L die Lösungen der reinen kubischen Gleichungen $r^3 = t_1$, $s^3 = t_2$ ⟨das ergibt den Körper Z⟩.

Die Werte von a, b, c erhält man nun leicht aus r, s und m, wenn man berücksichtigt, daß $1 + \alpha + \alpha^2 = 0$ und $\alpha^3 = 1$ ist:

$$\begin{aligned} 3\,a &= r + s - m \\ 3\,b &= \alpha^2 r + \alpha s - m \\ 3\,c &= \alpha r + \alpha^2 s - m . \end{aligned}$$

Der Reihe der Erweiterungskörper entspricht somit eine Reihe von Untergruppen der zur Gleichung gehörenden Gruppe:

$$\begin{array}{ccccc} K & \subset & L & \subset & Z \\ S_3 & \supset & A_3 & \supset & e . \end{array}$$

e ist die nur aus dem Einheitselement bestehende Gruppe. Die Gruppen bestehen aus denjenigen Automorphismen von Z, bei denen die darüberstehenden Unterkörper invariant sind. Ob die bei der Lösung der vorgelegten Gleichung erforderliche Körpererweiterung schrittweise in bequemen Schritten durchgeführt werden kann, hängt also davon ab, ob die zur Gleichung gehörende Gruppe (im wesentlichen die Gruppe der Permutationen der Wurzeln) geeignete Untergruppen hat.

Lagrange hatte die gruppentheoretischen Begriffe noch nicht zur Verfügung. Er rechnet die Lösungen der Gleichungen 3. und 4. Grades durch und beschreibt das allgemeine Verfahren etwa so: Sind $x_1, \ldots, x_n$ die Wurzeln der vorgelegten Gleichung n-ten Grades

$$x^n + a_{n-1} x^{n-1} + \ldots + a_0 = 0, \tag{1}$$

so wird eine geeignete rationale Funktion $f(x_1, \ldots, x_n)$ gesucht, die einer Hilfsgleichung genügt. ⟨Mit „rationale Funktion" meint **Lagrange** einen Ausdruck, der aus den x_i und Elementen des Grundkörpers K durch die vier Operationen Addition, Subtraktion, Multiplikation und Division gebildet ist, also in der heutigen Ausdrucksweise ein Element des Erweiterungskörpers $K(x_1, \ldots, x_n)$.⟩ Unterwirft man $x_1, \ldots, x_n$ den n! Permutationen $x_i \to \pi_\nu(x_i)$, $\nu = 1, \ldots, n!$, so erhält man n! Ausdrücke $f_\nu = f(\pi_\nu(x_i))$, die der Gleichung

$$(t - f_1)(t - f_2) \ldots (t - f_{n!}) = 0 \tag{2}$$

genügen, deren Koeffizienten symmetrische Funktionen von $x_1, \ldots, x_n$, also rational durch die Koeffizienten von (1) darstellbar sind.

Ob sich (2) auf eine Gleichung niedrigeren Grades reduzieren läßt, hängt davon ab, ob es Funktionen f gibt, die bei den n! Permutationen nicht n! verschiedene Werte annehmen, sondern so beschaffen sind, daß einige der f_ν einander gleich sind. **Lagrange** bemerkt dabei: Sind irgend k der f_ν einander gleich, so zerfällt die Menge der f_ν in Teilmengen von je k Elementen, die jeweils einander gleich sind [4; 371, Nr. 97]. ⟨Natürlich kommen die Worte Menge, Teilmenge, Element bei **Lagrange** nicht vor.⟩

Also muß k ein Teiler von n! sein. Die Anzahl der verschiedenen f_ν ist dann $\frac{n!}{k}$; auf diesen Grad läßt sich (2) reduzieren.

Im Falle n = 4 ergab der Ausdruck

$$f(x_1, x_2, x_3, x_4) = x_1 + x_2 - x_3 - x_4$$

eine geeignete Reduktionsmöglichkeit.

Für n = 5 gelingt es **Lagrange**, einen Ausdruck $f(x_1, ..., x_5)$ zu finden, der bei allen Permutationen der x_i nur 6 verschiedene Werte annimmt, also einer Gleichung 6. Grades mit Koeffizienten aus K genügt. Er ist aber so kompliziert, daß **Lagrange** vermutet, daß diese Gleichung sich wohl nicht auf eine Gleichung niedrigeren als 5. Grades reduzieren lassen wird [4; 340, 342, Nr. 74].

Ruffini hat 1799 [2; Kap. 13] die Untersuchungen von **Lagrange** fortgesetzt. Für die Gleichung vom 5. Grad hat er durch eine ausführliche Einzeluntersuchung aller 120 Permutationen der S_5 festgestellt, daß es keinen Ausdruck gibt, der bei allen Permutationen genau drei oder vier verschiedene Werte annimmt. Damit ist die Unmöglichkeit der Lösung der allgemeinen Gleichung 5. Grades im Wesentlichen bewiesen.

Waring [1], **Ruffini** [2; Kap. 10] u.a. haben den speziellen Fall der Kreisteilungsgleichungen $x^n - 1 = 0$ untersucht, bei denen an die Stelle der S_n die zyklische Gruppe tritt. Eine vollständige Theorie dieser Gleichungen gab **Gauß** 1801 [2; 7. Abschn.]. Er fragt dabei auch nach Lösungen durch Quadratwurzelausdrücke; das bedeutet geometrisch die Konstruierbarkeit mit Zirkel und Lineal. Es ergibt sich, daß das regelmäßige p-eck (p Primzahl) mit Zirkel und Lineal konstruierbar ist, wenn $p - 1$ eine Potenz von 2 ist, was für die folgenden Werte von p der Fall ist: p = 3, 5, 17, 257, 65 537, ... [2; Nr. 365].

Cauchy hat 1815 [2] ein Ergebnis von **Ruffini** (den er zitiert) verallgemeinert. Es gibt bei beliebigem n stets einen Ausdruck, der bei allen Permutationen genau zwei Werte annimmt, nämlich nur sein Vorzeichen wechselt, das Produkt der Differenzen

$$f(x_1, ..., x_n) = \prod_{i<k} (x_i - x_k).$$

⟨Dieser Ausdruck genügt also einer Gleichung 2. Grades mit Koeffizienten aus K. Aber aus deren Lösungen – und den elementarsymmetrischen Funktionen der x_i – lassen sich die einzelnen x_i nur mittels Gleichungen höherer Grade ausrechnen.⟩

Cauchy beweist: *Die Anzahl der verschiedenen Werte einer nicht symmetrischen Funktion von n Größen kann nicht kleiner sein als die größte in n enthaltene Primzahl, ohne gleich 2 zu werden* [2; 71 f.].

Abel beweist [2] die Unlösbarkeit der allgemeinen Gleichung 5. Grades durch Radikale auf dem folgenden Wege:

Er zeigt, daß sich jede algebraische Funktion der Koeffizienten einer Gleichung n-ten Grades durch eine rationale Funktion der Wurzeln ausdrücken läßt. Dies gilt also im Falle der Lösbarkeit durch Radikale auch für die die Wurzeln darstellenden Radikale.

Die Annahme, daß die allgemeine Gleichung 5. Grades durch Radikale gelöst werden kann, bedingt also die Existenz von Beziehungen der Form

$$R^{\frac{1}{m}} = v;$$

wobei m eine Primzahl, R rationale Funktion der Koeffizienten und damit symmetrische Funktion der Wurzeln, v eine rationale Funktion der Wurzeln der Gleichung ist.

Da R bei allen Permutationen der Wurzeln invariant bleibt, nimmt $R^{\frac{1}{m}}$ und damit v bei den Permutationen genau m verschiedene Werte an. Nach dem eben erwähnten Satz von **Cauchy** können das nur die Werte 5 und 2 sein, und aus beiden Annahmen kann ein Widerspruch abgeleitet werden.

Galois stützte sich auf die Arbeiten von **Lagrange**, **Gauß** und **Cauchy** und erarbeitete die gruppentheoretischen Grundlagen einer allgemeinen Gleichungstheorie (1829/30) auf die wir hier nicht mehr eingehen können.

Für die Darstellung der weiteren Entwicklung verweisen wir auf **Novy** und **Wussing**.

3.3.7 Gleichungen höheren Grades mit mehreren Unbekannten

Wir unterscheiden drei Methoden, ohne sie scharf gegeneinander abzugrenzen.

Ein Polynom, das in x vom Grad n ist, während es auf den Grad in y nicht ankommt, schreiben wir

$$p(x, \ldots, x^n; y, \ldots)$$

oder ähnlich.

1. **Fermat**

[2; 58 f.] = [1; **1**, 181 ff.], wohl vor 1638 [M. Cantor 3; **2**, 804].

Aus zwei Gleichungen

$$p_1(x, \ldots, x^m; y, \ldots) = 0$$
$$p_2(x, \ldots, x^n; y, \ldots) = 0, \quad m \geqslant n,$$

soll x eliminiert werden. **Fermat** bringt alle Glieder, die x enthalten, auf die linke Seite:

$$x \cdot q_1(x, \ldots, x^{m-1}; y, \ldots) = r_1(y)$$
$$x \cdot q_2(x, \ldots, x^{n-1}; y, \ldots) = r_2(y).$$

Die rechten Seiten sind $\neq 0$, sonst könnten die ursprünglichen Gleichungen schon durch x dividiert werden.

Nun bemerkt er

$$(x \cdot q_1) : r_1 = (x \cdot q_2) : r_2,$$

also

$$q_1(x, \ldots, x^{m-1}; y, \ldots) \cdot r_2(y) - q_2(x, \ldots, x^{n-1}; y, \ldots) \cdot r_1(y) = 0.$$

Diese Gleichung hat einen Grad, der mindestens um 1 niedriger ist als der höhere der Grade der Ausgangsgleichungen. Mit ihr und $p_2 = 0$ kann die Reduktion fortgesetzt werden, bis man zu einer Gleichung vom Grad 1 in x kommt. Das aus dieser berechnete x kann dann in $p_2 = 0$ eingesetzt werden.

2. Gleichsetzen der höchsten Potenzen

Newton hat in seinen *Observationes* zu **Kinckhuysens** Algebra vorgesehen, ein ganzes Kapitel einzufügen mit dem Titel: *Über die Transformation zweier oder mehrerer Gleichungen in eine, so daß dabei unbekannte Größen eliminiert werden* [2; **2**, 400].

Wenn die zu eliminierende Größe x in einer Gleichung nur linear vorkommt, kann man diese Gleichung nach x auflösen und den gefundenen Ausdruck in die andere(n) Gleichung(en) einsetzen.

Kommt x in allen Gleichungen in höherer als der 1. Potenz vor, so bringe man in zwei Gleichungen die höchste Potenz von x auf die linke Seite:

$$x^m = f(x, ..., x^{m-1}; y, ...)$$
$$x^n = g(x, ..., x^{n-1}; y, ...).$$

Wenn $n < m$ ist, multipliziere man die zweite Gleichung mit x^{m-n}. Gleichsetzen der rechten Seiten ergibt eine Gleichung, die in x höchstens vom Grad $m - 1$ ist. Mit dieser und der zweiten Gleichung setze man das Verfahren fort. Für die Fälle $m = n = 2$, und $m = 3$, $n = 2$ schreibt Newton das ausgerechnete Ergebnis in übersichtlicher Form hin [2; 408 f.]. In der *Arithmetica Universalis* ist die Theorie in derselben Weise dargestellt. Dort sind noch die Fälle $m = 4$, $n = 2$ und $m = n = 3$ hinzugefügt [6; 62 f.].

Clairaut beschreibt das Verfahren 1746 ganz ähnlich [2. Teil, Kap. 31 ff.].

Euler handelt in der *Introductio in analysin infinitorum* [2; **2**, Kap. 19] *Von den Durchschnittspunkten der Kurven*, beginnend mit dem Schnitt einer Kurve mit einer Geraden, sodann allgemein von den Schnittpunkten von Kurven höherer Ordnung. (Diese Schnittpunkte können auch imaginär sein. § 462, §§ 466 ff.) Wir sprechen hier nur von dem allgemeinen Problem, aus zwei Gleichungen

$$a_m(x)\, y^m + a_{m-1}(x)\, y^{m-1} + ... + a_0(x) = 0 \qquad (1)$$
$$b_n(x)\, y^n + b_{n-1}(x)\, y^{n-1} + ... b_0(x) = 0 \qquad (2)$$

y zu eliminieren. (**Euler** verwendet keine Indizes, sondern schreibt:
$P y^m + Q y^{m-1} + ..., p y^n + q y^{n-1} + ...$.)

Sei wieder $m = n$ vorausgesetzt; wenn nötig, werde (2) mit y^{m-n} multipliziert. Multipliziert man (1) mit b_n, (2) mit a_m und subtrahiert, so erhält man eine Gleichung vom Grad $\leqslant m - 1$. **Euler** gewinnt nun sogleich eine zweite Gleichung vom Grad $\leqslant m - 1$, indem er (1) mit b_0, (2) mit a_0 multipliziert, die beiden Gleichungen subtrahiert und dann durch y dividiert.

Dieses Verfahren führt jedoch auf Endgleichungen unnötig hohen Grades, d.h. diese Gleichung läßt sich durch einen Faktor dividieren, der im allgemeinen nicht ohne weiteres zu ermitteln ist.

Bézout hat sich seit etwa 1762 mit der Theorie der Gleichungen beschäftigt. Wir berichten über sein Eliminationsverfahren nach dem 1772 erschienenen 3. Band seines Lehrbuchs [4; 199 ff.]. Er eliminiert x aus den Gleichungen

$$A x^3 + B x^2 + Cx + D = 0 \qquad (i)$$
$$A' x^3 + B' x^2 + C'x + D' = 0 \qquad (ii)$$

folgendermaßen: Er multipliziert

1. (i) mit A', (ii) mit A
2. (i) mit $A'x + B'$, (ii) mit $Ax + B$
3. (i) mit $A' x^2 + B'x + C'$, (ii) mit $A x^2 + Bx + C$

und subtrahiert jeweils die beiden entstandenen Gleichungen voneinander. Er erhält drei quadratische Gleichungen

$$\langle\; r_1 x^2 + s_1 x + t_1 = 0$$
$$r_2 x^2 + s_2 x + t_2 = 0$$
$$r_3 x^2 + s_3 x + t_3 = 0 \;\rangle.$$

Diese faßt er als lineare Gleichungen für x^2 und x auf, berechnet diese beiden Größen aus zwei beliebigen der drei Gleichungen und setzt sie in die dritte ein ⟨was darauf hinausläuft, die Determinante der drei Gleichungen gleich Null zu setzen⟩.

3. Zurückführung auf ein System linearer Gleichungen

Leibniz hat mehrere Eliminationsverfahren systematisch angewandt, die bis lange nach seinem Tode unbekannt geblieben sind. In einer Handschrift aus den Jahren 1679–81 deutet er an, wie die zwei Gleichungen

$$a + bx + c x^2 + d x^3 + e x^4 = 0$$
$$1 + mx + n x^2 + p x^3 + q x^4 = 0$$

jeweils nacheinander mit x, x^2, x^3 zu multiplizieren und die entstehenden Ausdrücke zu addieren sind [6; Hs 36], [Knobloch 5]. Die Summe der Koeffizienten gleicher x-Potenzen der entstehenden Gleichung siebten Grades sind Null zu setzen. Dieses Verfahren entspricht der sog. dialytischen Methode von **Sylvester** 1840/1 [1], [2]. **Leibniz** hat – nur teilweise erfolgreich – versucht, es auf beliebige Gleichungen mit mehreren Unbekannten auszudehnen.

In vielen Handschriften, vor allem aus der Zeit um 1683/84, entwickelt er das oben dargestellte **Euler**sche Verfahren aus der *Introductio in analysin infinitorum*, wobei er genauso wie jener nach und nach zu immer höhergradigen Gleichungen übergeht [Leibniz 6; Hs 45, 46, 48, 49]. Wenn z.B. die beiden Gleichungen

$$10 x^3 + 11 x^2 + 12 x + 13 = 0$$
$$20 x^3 + 21 x^2 + 22 x + 23 = 0$$

gegeben sind – 10, 11 usw. sind Indices; die erste Ziffer zählt die Gleichungen durch, die zweite ergibt addiert zum zugehörigen Exponenten die konstante Summe 3 – so erhält **Leibniz** die Ergebnisse

$$\left.\begin{matrix} 10\cdot 21\, x^2 & +\ 10\cdot 22\, x & +\ 10\cdot 23 \\ -\ 11\cdot 20 & -\ 12\cdot 20 & -\ 13\cdot 20 \end{matrix}\right\} = 0 \text{ oder } (10)\,x^2 + (11)\,x + (12) = 0$$

bzw.

$$\left.\begin{matrix} 10\cdot 23\, x^2 & +\ 11\cdot 23\, x & +\ 12\cdot 23 \\ -\ 13\cdot 20 & -\ 13\cdot 21 & -\ 13\cdot 22 \end{matrix}\right\} = 0 \text{ oder } (20)\,x^2 + (21)\,x + (22) = 0.$$

Leibniz spricht von der *interpretatio* oder *explicatio* der ehemaligen Koeffizienten, die nach genügend häufiger Wiederholung auf die gesuchte Resultante führt. Obwohl er mit dieser Methode ausdrücklich deshalb unzufrieden war, weil sie eine zu hochdimensionierte Endgleichung ergibt, baute er jene um 1693/94 dennoch aus, um independente Bildungsgesetze der dadurch gewonnenen Resultante aufzudecken [6; Hs 57], [Knobloch 5]. Den größten Wert legte er jedoch auf die bereits 1678–1683 verwandte Methode, die beiden Ausgangsgleichungen mit Hilfspolynomen zu multiplizieren, da sie das Problem auf ein lineares Gleichungssystem zurückführt, das er seit dieser Zeit zu lösen vermochte. In der Studie *De tollendis literis aequationum* (Über die Elimination von Gleichungsunbekannten) sagt er: *Hier glaube ich, das Problem gelöst zu haben. Denn es wird auf kürzeste Weise auf lineare Unbekannte zurückgeführt (Hic puto me rem absolvisse. res enim brevissima ratione reducitur ad literas simplices)* [6; Hs 39]. Liegen zwei Gleichungen e-ten und f-ten Grades vor, so ist die erste Gleichung mit einem Hilfspolynom (f – 1)-ten, die zweite mit einem (e – 1)-ten Grades zu multiplizieren, um hinreichend viele Gleichungen zur Bestimmung der Hilfsgrößen zu erhalten. Diese allgemeine Regel hat **Leibniz** auf mindestens drei Handschriften ausführlich mit Begründung abgeleitet [6; Hss 16, 50, 54]. Sein Verfahren sei anhand einer Studie dargestellt, auf der er – wie meistens in solchen Fällen – im Zusammenhang mit der Lösung eines Systems linearer Gleichungen auch die Elimination von z.B. zwei Unbekannten aus drei linearen Gleichungen [1; 7, 6] behandelt. Die Koeffizienten bezeichnet er wiederum durch Zahlenpaare, von denen die erste Ziffer die Nummer der Gleichung, die zweite die Unbekannte angibt:

$$\begin{aligned} 10 + 11\,x + 12\,y &= 0 \\ 20 + 21\,x + 22\,y &= 0 \\ 30 + 31\,x + 32\,y &= 0. \end{aligned}$$

Die Elimination von x und y ergibt die Gleichung $10\cdot 21\cdot 32 - 10\cdot 22\cdot 31 - 11\cdot 20\cdot 32 + 11\cdot 22\cdot 30 + 12\cdot 20\cdot 31 - 12\cdot 21\cdot 30 = 0$ bzw. $\overline{0\cdot 1\cdot 2} = 0$ in der Symbolik der Studie vom Januar 1684 (s.o.S. 404).

⟨Wir würden heute sagen: das Verschwinden der Determinante gibt an, daß die drei Gleichungen miteinander verträglich sind.⟩

Im Anschluß daran führt er aus: *Mittels dieser Regel kann man eine andere Regel finden, um eine gemeinsame Unbekannte aus zwei Gleichungen beliebigen Grades zu eliminieren (Canon pro tollenda communi incognita . . .).* Als Beispiel bringt er die

Gleichungen – die zweite Ziffer des Koeffizienten zeigt jetzt die Potenz der Unbekannten an –

$$10 + 11\,x + 12\,xx = 0$$
$$20 + 21\,x + 22\,xx = 0.$$

Falls die Gleichungen verschiedenen Grad haben, denke man sich einige Koeffizienten gleich Null.

Man multipliziere jede der beiden Gleichungen mit einem Polynom mit unbestimmten Koeffizienten (per formulam assumtitiam), dessen Grad um 1 niedriger ist, also hier mit 30 + 31 x und 40 + 41 x, und setze die Produkte zu einer Gleichung zusammen:

$$\begin{aligned} &10\cdot 30 + 11\cdot 30\,x + 12\cdot 30\,xx \\ &\qquad + 10\cdot 31\,x + 11\cdot 31\,xx + 12\cdot 31\,x^3 \\ &+ 20\cdot 40 + 21\cdot 40\,x + 22\cdot 40\,xx \\ &\qquad + 20\cdot 41\,x + 21\cdot 41\,xx + 22\cdot 41\,x^3 = 0. \end{aligned}$$

Man bestimme nun die unbekannten Koeffizienten 30, 31, 40, 41 so, daß jedes Glied einzeln = 0 wird. Das ergibt die linearen Gleichungen:

$$\begin{aligned} 10\cdot 30 \qquad\qquad + 20\cdot 40 \qquad\qquad &= 0 \\ 11\cdot 30 + 10\cdot 31 + 21\cdot 40 + 20\cdot 41 &= 0 \\ 12\cdot 30 + 11\cdot 31 + 22\cdot 40 + 21\cdot 41 &= 0 \\ 12\cdot 31 \qquad\qquad + 22\cdot 41 &= 0. \end{aligned}$$

⟨Deren Determinante gleich Null gesetzt ist das Resultat der Elimination.⟩

Leibniz führt den letzten Schritt nicht in dieser Weise aus. Er überlegt, daß man ohne Beschränkung der Allgemeinheit

$$12 = 31 = 22 = 1, \qquad 41 = -1$$

annehmen kann. Dann ist die letzte Gleichung erfüllt und man hat drei lineare Gleichungen für die zwei Unbekannten 30, 40. Also ist das obige Verfahren anwendbar.

Von den über 25 erwogenen Möglichkeiten, Koeffizientenbezeichnungsweisen mittels fiktiver Zahlen zu bilden – **Leibniz** spricht von *numeri supposititii, generales, fictitii, ficti, arbitrarii, assumtitii* oder auch *rescititii* – hat er nur einige mehreren Korrespondenten mitgeteilt, in ausführlicher Form 1693 dem Marquis **de L'Hospital** [1; 2, 239ff.], durch meist kurze Hinweise u.a. **Johann Bernoulli** und dem Freiherrn **von Bodenhausen** (1695), **Jakob Hermann** und **Jakob Bernoulli** (1705). An die Öffentlichkeit trat er mit ihnen 1700 in den *Acta Eruditorum* [1; **5**, 348 f.] und 1710 in den *Miscellanea Berolinensia* [7]. Seine Hauptergebnisse blieben jedoch unbekannt [Knobloch 2 und 5].

Euler gab die gleiche Methode 1748 an [2; **2**, § 483], wobei er bemerkte, daß man nicht vorauszusetzen braucht, daß beide Gleichungen den gleichen Grad haben. Ausführlicher und mit Begründung beschreibt er die Methode 1764 in [9]: Die Elimination von y aus (1) und (2) (S. 2) bedeutet, daß man eine Gleichung sucht, aus der die Abszisse x_0 des Schnittpunkts der beiden Kurven zu errechnen ist. Setzt man diesen

Wert x_0 in (1) und (2) ein, so liefert jede der beiden Gleichungen die Ordinate y_0 des Schnittpunkts. Das besagt: die beiden Gleichungen haben für $x = x_0$ eine gemeinsame Lösung $y = y_0$. Es ist also

$$a_m(x_0)\,y^m + a_{m-1}(x_0)\,y^{m-1} + \ldots + a_0(x_0) = (y - y_0)\,(c_{m-1}\,y^{m-1} + \ldots + c_0), \tag{3}$$

$$b_n(x_0)\,y^n + b_{n-1}(x_0)\,y^{n-1} + \ldots + b_0(x_0) = (y - y_0)\,(d_{n-1}\,y^{n-1} + \ldots + d_0), \tag{4}$$

d.h. es gibt Zahlen c_i, d_k, die diese Gleichungen erfüllen.

Daraus folgt:

$$(a_m\,y^m + \ldots a_0)\,(d_{n-1}\,y^{n-1} + \ldots + d_0) = (b_n\,y^n + \ldots + b_0)\,(c_{m-1}\,y^{m-1} + \ldots + c_0).$$

Koeffizientenvergleich ergibt $m + n$ homogene lineare Gleichungen für die $m + n$ Unbekannten c_i, d_k. Die Bedingung für ihre Lösbarkeit ist das Verschwinden der Determinante – sie wird heute *Resultante* genannt – das ist eine Gleichung zwischen den $a_i(x_0)$ und $b_k(x_0)$, aus der das bisher ja noch nicht bekannte x_0 zu bestimmen ist, somit das Ergebnis der Elimination von y aus (1) und (2).

Bei **Euler** sieht das formal ein wenig anders aus. Er setzt von vornherein $d_{n-1} = a_m$, $c_{m-1} = b_n$. Damit ist die Gleichung für die Koeffizienten von y^{m+n-1} erfüllt, außerdem ist über den bei homogenen Gleichungen verfügbaren Faktor verfügt. **Euler** erhält also $m + n - 1$ inhomogene Gleichungen für $m + n - 2$ Unbekannte. Daraus kann man die c_i, d_k eliminieren und erhält die gewünschte Gleichung zwischen den a_i, b_k.

Die Grundzüge der Methode sind damit gegeben. Noch fehlte die elegante Form der Darstellung in der Sprache der Determinantentheorie, die sich ja selbst erst seit Ende des 18. Jahrhunderts entwickelte. Wesentliche Beiträge lieferte **Vandermonde** 1771 [1]. Die endgültige Form gaben **Sylvester** 1840 [1]; **Richelot** 1840 (zitiert nach Knobloch [5; 144]) und **Sylvester** 1841 [2].

Hat man $n > 2$ Gleichungen mit ebensoviel Unbekannten, so kann man aus je zwei Gleichungen stets die erste Unbekannte eliminieren und gelangt so zu $n - 1$ Gleichungen mit $n - 1$ Unbekannten. Das kann man fortsetzen, bis man zu einer Gleichung mit einer Unbekannten kommt. Dabei wird aber die erhaltene Schlußgleichung (**Bézout** nennt sie *l'équation finale*; einmal schreibt er auch *l'équation finale résultante d'un nombre quelconque d'équations* [5; X], ohne daß *résultante* hier als spezieller Fachausdruck aufgefaßt wäre) abhängig von dem Weg, auf dem man die Elimination durchgeführt hat, und diese Schlußgleichung hat oft einen Grad, der höher ist als nötig (ein Beispiel gibt **Bézout** [5; 34], d.h. sie enthält überflüssige Faktoren, die aber nicht ohne weiteres zu erkennen sind. Deshalb stellt sich **Bézout** die Aufgabe, nicht schrittweise vorzugehen, sondern alle Gleichungen zugleich heranzuziehen. Seine Idee war, *die vorgelegten Gleichungen mit Polynomen zu multiplizieren, die alle auftretenden Unbekannten enthalten, diese Produkte zu summieren und zu verlangen, daß in der Summe alle die Terme verschwinden, die die zu eliminierende Unbekannte enthalten* [5; IX]. Das Problem ist, die Hilfspolynome zu finden, die das leisten.

Bézout führt die Aufgabe zunächst für *komplette Polynome* durch, das sind solche, in denen alle Kombinationen der Unbekannten bis zu dem betreffenden Grad tatsächlich auftreten. In diesem Falle ist sein Ergebnis: Der Grad der Schlußgleichung ist gleich dem Produkt der Grade der gegebenen Gleichungen [5; 32]. Den inkompletten Gleichungen widmet **Bézout** ausführliche Einzeluntersuchungen. Es könnte vorkommen, daß der Grad der Schlußgleichung niedriger ist, z.B. wenn eine Unbekannte nicht in der höchstmöglichen Potenz vorkommt, doch ist das jedenfalls nicht immer so.

Für die Geometrie ergibt sich als leichte Folgerung: Die Anzahl der Schnittpunkte zweier ebener algebraischer Kurven sowie dreier algebraischer Flächen im Raum kann nicht größer sein als das Produkt der Grade ihrer Gleichungen. (Die Aussage über ebene Kurven erklärt **Bézout** als bekannt.) [5; 33].

3.4 Allgemeine Gleichungstheorie

3.4.1 Anfänge (Cardano)

Cardanos *Ars magna* enthält außer den Lösungsmethoden der quadratischen, kubischen und biquadratischen Gleichungen mehrere allgemeine Sätze, die z.T. zur Vorbereitung der Lösungen der Gleichungen dienen, z.T. aber auch selbständiges Interesse verdienen. Sie betreffen die Anzahl der Lösungen bestimmter Gleichungsarten, die Umformung von Gleichungstypen in andere und die Reduktion des Grades einer Gleichung.

Für die Übersichtlichkeit der Ergebnisse ist es ein Vorteil, daß **Cardano** unbedenklich negative Lösungen zuläßt (wenn er eine positive Lösung *vera* und eine negative *ficta* nennt, so sind diese Wörter vielleicht schon als Fachausdrücke anzusehen), und daß er auch mit negativen Koeffizienten arbeitet, obwohl er die Typeneinteilung übernimmt, bei der die Gleichungen so geschrieben werden, daß nur positive Koeffizienten auftreten. Mit komplexen Lösungen arbeitet er im allgemeinen nicht, obwohl solche einmal [3; Kap. 37] auftreten.

Das Werk beginnt mit einem Kapitel *Über die zwei Lösungen bei einzelnen Gleichungstypen (De duabus aequationibus in singulis capitulis).* Es enthält u.a. die Sätze:

Enthält eine Gleichung nur gerade Potenzen der Unbekannten, und ist w eine Lösung, so ist auch $-$ w eine Lösung.

Aus einer quadratischen Gleichung kann man eine Gleichung 4. Grades ableiten, indem man x durch y^2 ersetzt. Hat die quadratische Gleichung zwei positive Lösungen, so hat die Gleichung 4. Grades außerdem die entsprechenden negativen, m.a.W. es gibt Gleichungen 4. Grades, die vier Lösungen haben.

Enthält eine Gleichung nur ungerade Potenzen der Unbekannten und *sind diese gleich einer Zahl*, d.h. wenn die Gleichung die Form hat

$$a_1 x + a_3 x^3 + \ldots + a_{2n+1} x^{2n+1} = p, \text{ alle } a_i > 0, p > 0,$$

so hat die Gleichung nur eine positive und keine negative Lösung. – **Cardano** erklärt das als selbstverständlich. Man sieht auch unmittelbar: die linke Seite ist für $x < 0$ negativ, für $x = 0$ gleich 0, also $< p$, für genügend große x größer als p, und sie wächst monoton mit x; also geht sie genau einmal durch den Wert p.

Positive Lösungen der Gleichung

$$x^3 + c = bx$$ Typ (III) s.S. 451

sind negative Lösungen der Gleichung $y^3 - c = by$ und umgekehrt.

Wenn $\frac{2b}{3}\sqrt{\frac{b}{3}} = c$ ist, so hat (III) zwei Lösungen; eine davon ist $x = \sqrt{\frac{b}{3}}$, die andere ist negativ.

Wenn $\frac{2b}{3}\sqrt{\frac{b}{3}} > c$ ist, hat (III) zwei positive und eine negative Lösung.

Wenn $\frac{2b}{3}\sqrt{\frac{b}{3}} < c$ ist, hat (III) eine negative, aber keine positive Lösung.

Cardano führt das an Beispielen aus, gibt aber hier keinen Beweis. Mit modernen Mitteln läßt es sich so bestätigen:

Wir erinnern zunächst daran, daß b und c als positiv vorauszusetzen sind, und betrachten für ein festes b und variables c die Schnittpunkte der Geraden $y = bx$ mit der kubischen Parabel $y_c = x^3 + c$ (Abb. 99). Für $c = 0$ haben die Schnittpunkte der Abszissen $-\sqrt{b}, 0, +\sqrt{b}$. Lassen wir nun c wachsen, d.h. verschieben wir die Parabel

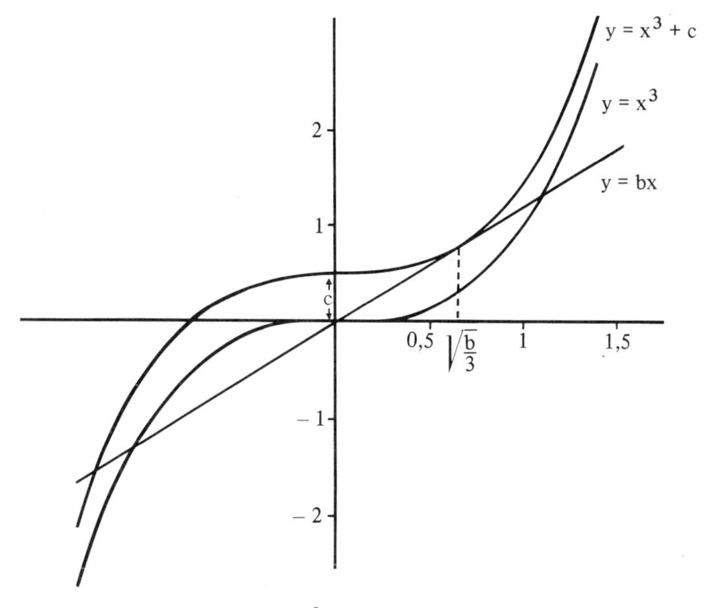

Abbildung 99: Nullstellen von $x^3 + c = bx$.

parallel nach oben, so bleibt ein Schnittpunkt mit negativer Abszisse bestehen, die beiden anderen Schnittpunkte rücken zusammen. Sie fallen in einen Punkt mit der Abszisse x_0 zusammen, wenn die Steigung der Parabel, nämlich $y_c' = 3\,x_0^2$, gleich der Steigung der Geraden, $y' = b$, wird, also für

$$x_0 = \sqrt{\frac{b}{3}},$$

und wenn an dieser Stelle $y_c = y$, also $x_0^3 + c = b\,x_0$ ist. Daraus folgt:

$$c = \frac{2b}{3}\sqrt{\frac{b}{3}}.$$

Ohne Benutzung der Differentialrechnung kann man so vorgehen: Die negative Nullstelle von $f(x) = x^3 - bx + c$ sei $x = -u$. Wir machen also den Ansatz

$$f(x) = (x + u)(x^2 + px + q) = x^3 - bx + c \tag{1}$$

und fragen, welche Bedingungen b und c erfüllen müssen, damit die beiden Nullstellen von $x^2 + px + q$ zusammenfallen. Die Bedingung dafür ist bekanntlich

$$p^2 = 4q. \tag{2}$$

Koeffizientenvergleich in (1) ergibt zunächst $u = -p$, sodann unter Benutzung dieser Gleichung,

$$-p^2 + q = -b, \qquad -pq = c.$$

Durch Einsetzen von (2) erhält man hieraus

$$3q = b, \qquad 4q^3 = c^2,$$

also:

$$\left(\frac{b}{3}\right)^3 = \left(\frac{c}{2}\right)^2.$$

Auch diese Überlegung könnte noch etwas über die Möglichkeiten von **Cardano** hinausgehen. Jedenfalls hat er aber bemerkt, daß es kubische Gleichungen gibt, die drei Lösungen haben.

Cardano bringt für den ersten Fall das Beispiel

$$x^3 + 16 = 12x$$

mit der positiven ⟨Doppel-⟩Lösung $x = 2$ und der negativen Lösung $x = -4$, für den zweiten Fall

$$x^3 + 9 = 12x$$

mit den Lösungen 3, $\sqrt{5\frac{1}{4}} - 1\frac{1}{2}$, $-(\sqrt{5\frac{1}{4}} + 1\frac{1}{2})$.

Er stellt im zweiten Fall fest, daß die Summe der beiden positiven Lösungen gleich ⟨dem Betrag⟩ der negativen Lösung ist und sagt dann: das gilt auch für den ersten Fall, *weil aber die positiven Lösungen einander gleich sind, ist die negative immer die doppelte der positiven (sed quia verae sunt invicem aequales, ideo ficta semper dupla est verae).*

Anm.: Der allgemeine Satz, daß die Summe der Lösungen gleich dem negativen Koeffizienten von x^{n-1} ist, setzt voraus, daß komplexe Lösungen als gleichberechtigt anerkannt werden. Das ist erst bei **Girard** (1629) der Fall (s. S. 492).

In bezug auf Ansätze oder Bestandteile einer allgemeinen Gleichungstheorie erwähnen wir aus der *Ars magna* noch:

Im Kapitel 4 wird die Frage behandelt, welche Form die als Lösungen auftretenden Wurzelausdrücke haben können. Kapitel 7 ist überschrieben: *De capitulorum transmutatione. Transmutatio* ist im kaufmännischen Rechnen der Warentausch (s. S. 521) und wird auch von **Cardano** in der *Practica arithmeticae generalis* in diesem Sinne gebraucht [2; 91]. Hier in der *Ars magna* handelt es sich um die Umformung von Gleichungen in einen anderen Typ durch Einführung einer neuen Unbekannten (s. S. 452).

Kapitel 8 behandelt den speziellen Gleichungstyp, bei dem *eine mittlere Potenz gleich ist der höchsten und einer Zahl*

$$x^n + c = b\,x^k, \qquad k < n. \tag{1}$$

Für diesen Typ gibt es ein allgemeines Lösungsverfahren: man setze

$$b = p + q, \tag{2}$$

dann wird aus (1)

$$x^n + c = p\,x^k + q\,x^k.$$

Nun bestimme man p, q so, daß

$$x^n = p \cdot x^k, \tag{3}$$

$$c = q \cdot x^k \tag{4}$$

wird. Aus (3) ergibt sich

$$x = p^{\frac{1}{n-k}}. \tag{5}$$

Setzt man dies in (4) ein, so erhält man

$$c = q \cdot p^{\frac{k}{n-k}}. \tag{6}$$

Die Lösungsvorschrift ist also: Bestimme p und q aus (2) und (6), dann ist (5) eine Lösung.

Die Bestimmung von p und q ist natürlich nicht unproblematisch. **Cardano** führt vier Beispiele vor, in denen $b = p + q = 10$ und p und q ganze Zahlen sind. Diese könnten durch Probieren gefunden werden.

Im Fall n = 2, k = 1 wird aus (6): c = qp. Hier ist sowohl p wie q Lösung, was **Cardano** am Beispiel $x^2 + 21 = 10x$ vorführt. Er verifiziert die Regel ferner an den Beispielen

$$x^3 + 3 = 10x\,, \quad \text{Lösung } x = 3;$$
$$x^4 + 64 = 10x^3\,, \quad \text{Lösung } x = 2;$$
$$x^5 + 48 = 10x^3\,, \quad \text{Lösung } x = 2.$$

Obwohl er in diesen Fällen nur eine Lösung angibt, behauptet **Cardano**, daß eine Gleichung dieses Typs stets zwei Lösungen habe *außer bei einem Maximalwert der Zahl (in omnibus, praeterquam in maximo numero, duas aestimationes necessariò habet).* ⟨Das läßt sich so einsehen: (2) und (6) lassen sich zusammenfassen zu

$$(b - p) \cdot p^{\frac{k}{n-k}} = c. \qquad (7)$$

Die linke Seite ist = 0 für p = 0 und p = b, also gibt es „bis zu einem Maximalwert von c" zwei Werte von p, die diese Gleichung erfüllen.⟩

Es ist vielleicht nicht ausgeschlossen, daß auch **Cardano** sich überlegt hat, daß die linke Seite von (7) zunächst zunimmt und nach Erreichen eines größten Wertes wieder abnimmt.

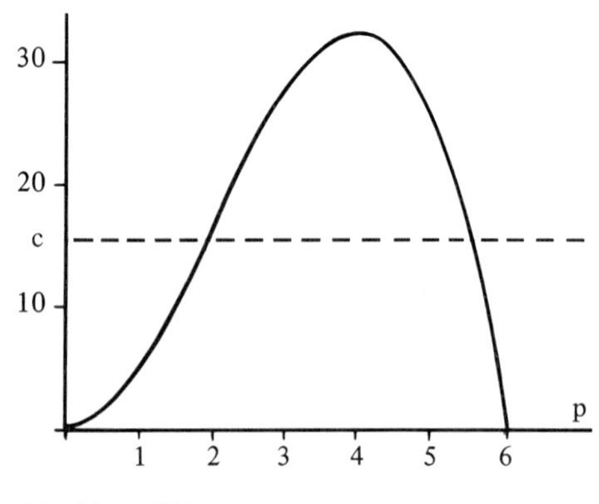

Abbildung 100

Wir bemerken:
1. der behandelte Gleichungstyp ist unabhängig vom Grad der Gleichung;
2. die Lösungsvorschrift führt nicht so weit, daß danach die Lösungen wirklich ausgerechnet werden können;
3. trotzdem ist eine Aussage über die Existenz von zwei Lösungen gemacht.

Zur allgemeinen Gleichungstheorie möchten wir auch die bereits früher erwähnte Transmutation der Gleichung $x^3 = ax^2 + \ldots$ durch $x = y + \frac{a}{3}$ in eine Form ohne ein Glied mit x^2 rechnen sowie die Erniedrigung des Gleichungsgrades, wenn – wie wir heute sagen würden – eine Lösung bekannt ist (s.S. 452). Auch die Lösung der Gleichung 4. Grades kann als Erniedrigung des Gleichungsgrades aufgefaßt werden, wird doch die Lösung auf die einer kubischen und einer quadratischen Gleichung zurückgeführt.

3.4.2 Entwicklung einer angemessenen Darstellungsform

Cardano hat die Lösung der zahlreichen Typen kubischer Gleichungen auf die Lösung von zwei Typen zurückgeführt. Die dazu nötigen algebraischen Operationen (hauptsächlich Substitution der Unbekannten) waren jedoch mit seinen Mitteln nur sehr mühsam zu beschreiben und überhaupt nur geometrisch zu begründen. Es war also dringend nötig, eine angemessene algebraische Bezeichnungsweise und Begriffsbildung zu entwickeln.

Dazu gehört zunächst die Bezeichnungsweise der Potenzen der Unbekannten. Den Gleichungstyp $c + bx + ax^2 = x^3$ beschreibt **Cardano** so: *Numerus et res et quadratum aequalia cubo* [3; Kap. 2]. Gelegentlich kürzt er ab: *Nu., quad., cu.* Die Bezeichnungen der Cossisten ꝛ, ʒ, ϲ usw. waren zwar kürzer, gaben aber auch den logischen Aufbau nur unvollkommen wieder. **Stifel** machte sich klar, daß sie Glieder einer geometrischen Reihe sind und ordnete ihnen die Nummer in der Reihe zu: [1; 235ᵛ]: (vgl. S. 285).

0.	1.	2.	3.	4.	5.	6.	7.
1.	1 ***r***.	1 ʒ.	1 ***cb***.	1 ʒʒ.	1 ***ß***.	1 ʒ***cb***.	1 ***bß***.

Bombelli verwandte nur die Nummern und setzte einen Bogen darunter, **Stevin** setzte die Nummer in einen Kreis (s.S. 286).

Stifel hob auch hervor, daß es sich hier um Ausdrücke handelt (er nennt sie *numeri cossici*), mit denen man rechnen kann, für die man aber die Rechenregeln wenn nicht begründen, so wenigstens ausdrücklich angeben muß [1; 234ᵛ ff.]. Außer den *numeri cossici simplices* (20 ***r***, 30 ʒ usw.) behandelt er *numeri cossici compositi*, wie z.B. 1 ʒ + 1 ***r*** <= $x^2 + x$>, 2 ʒ + 8, also Polynome, und gibt die Rechenregeln mit Beispielen an, bis zur Division zweier Polynome und zum Ausziehen der Wurzel aus einem Polynom.

Bei **Bombelli** heißt die Potenz *dignita*, ein Polynom *dignita composta*. Das Rechnen mit diesen Ausdrücken wird ebenfalls bis zur Division gelehrt [1; 202 ff.].

Stevin, der **Stifel**, **Cardano** und **Bombelli** kennt und zitiert, unterscheidet *nombres arithmétiques* und *nombres geometriques*. Bei diesen entsprechen die ersten der Reihe der Seite, dem Quadrat und dem Kubus; allgemein nennt er sie *radical* (das ist eine *nombre arithmetique*) ihr Zeichen ist ⓪ *prime quantité*, ihr Zeichen ist ① , *seconde quantité*, Zeichen ② usw. Eine aus einem oder mehreren Summanden bestehende Quantität heißt *nombre algebraique*, und zwar im Falle von 2, 3 oder mehr Summanden bzw. *binomie*, *trinomie* oder *multinomie algebraique*. [2a; 9–22] = [1; 508–521]. Auch er entwickelt die Rechenregeln; erwähnt sei die Bestimmung des größten gemeinsamen Teilers zweier Polynome durch ein dem euklidischen Teilerverfahren ähnliches Verfahren [2 a; 228–242] = [1; 568–580].

Vereinfachungen der Darstellung brachte die Anerkennung der negativen Zahlen und der Null (s.S. 143). Daß sich dadurch die Lösungen verschiedener Gleichungstypen einheitlich zusammenfassen lassen, hat **Stifel** zuerst angegeben, **Stevin** hat den Gedanken etwas weitergeführt. Es lassen sich aber auch die Typen selbst zusammenfassen; und man braucht als Normalform einer Gleichung nicht unbedingt die Form zu nehmen, bei der alle Koeffizienten positiv sind.

Stifel faßt die Lösung einer Gleichung als das Ausziehen einer Wurzel aus einem Polynom auf und schreibt daher die (quadratische) Gleichung in der Form

$$x^2 = \pm ax \pm b$$

(natürlich in Zahlen, z.B. 1 ʒ *aequatus* 725 – 4 ***r*** [1; 240ᵛ]).

Auch **Stevin** benutzt diese Form und deutet die Gleichung als Bestimmung der 4. Proportionale, z.B. $x^2 = 2x + 8$ [2 a; 264 ff.] = [1; 581 ff.]:

1 2 *est egale, ou vaut* 2 ① + 8, *ergo* 1 ① *vaut* 4, *ce sont quatre termes proportionaux.*

Bei **Viète** bilden die bekannten Größen (die zu einem Glied zusammengefaßt werden können) den einen Teil der Gleichung, und die Glieder, die Potenzen der Unbekannten enthalten, den anderen [3; Kap. V] = [12; 51–53].

Gleichungen in der Form $p(x) = 0$ erscheinen vereinzelt bei mehreren Autoren. Bei **Ibn Badr** [79 f.] ist ein Kapital nach verschiedenen Geschäften verbraucht; er gebraucht dabei nicht das Wort „Null" sondern „kein Ding".

Johannes Hispalensis löst die Aufgabe $x^2 + 9 = 6x$ nach der bekannten Vorschrift (s.S. 92)

$$x^2 + q = px \Rightarrow x = p/2 \pm \sqrt{(p/2)^2 - q}$$

und erhält dabei $(p/2)^2 - q = 0$ *(remanent nichil)* [112]. Bei **Stifel** führt die Gleichung $x^2 = 12x - 36$ zu dem entsprechenden Ergebnis *remanet 0* [1; 243ᵛ]. Daß im Laufe der Rechnung ein Ausdruck gleich Null wird, kommt öfter vor, bei **Stifel** noch [1; 283ʳ] und [4; 490ᵛ], bei **Cardano** [3; Kap. 11], (jedoch nur in der ersten Ausgabe von 1545), bei **Buteo** [146]. **Bombelli** bringt oft zuerst alle Glieder, die die Unbekannte enthalten, auf die linke Seite und erhält dann manchmal Gleichungen der Form ... = 0, z.B. rechnet er $x^2 + 12 = 8x$ in $x^2 - 8x + 12 = 0$ um [1; 263]. Weitere Beispiele finden sich auf den Seiten 271, 278, 279, 280.

Bei **Chuquet** lautet die Aufgabe 30 [2;423]: Ein Kaufmann macht drei Reisen; auf jeder verdoppelt er sein Geld und verliert 12 *ds*. Am Ende bleibt ihm .0. übrig *(et a la fin luy est demoure .0.)*. Hier erscheint die zu lösende Aufgabe in der Form $p(x) = 0$. Das ist auch bei **Bombelli** [1; 250] der Fall.

Napier sagt in einem Manuskript, das etwa 1590 verfaßt sein dürfte, aber erst 1839 veröffentlicht wurde, eine Gleichung müsse zur Vorbereitung der Lösung auf die Form $p(x) = 0$ gebracht werden *(aequatio ad nihil)* [6; 156].

Harriot, der Polynome aus ihren Linearfaktoren aufbaut, hält sich doch [Def. 2] an die Normalform von **Viète**. Seine Überlegungen verlaufen ungefähr so [16]: Es ist $(a - b)(a + c) = aa - ba + ca - bc$ (a ist die Unbekannte). Da nun für $a = b$ der Ausdruck $(a - b)(a + c) = 0$ wird, ist $a = b$ eine Lösung der Gleichung $aa - ba + ca = bc$.

Die Normalform $p(x) = 0$ wird seit **Descartes'** *Geometrie* allgemein üblich.

3.4.3 Viète. Neue Grundlagen der Algebra

Die Bestandteile einer angemessenen algebraischen Ausdrucksweise waren eigentlich alle vor **Viète** schon vorhanden oder wenigstens gelegentlich vorgekommen, nämlich:

1. die Bezeichnung der Unbekannten und ihrer Potenzen durch Symbole mindestens seit **Diophant**; **Viète** verwendet sogar eine recht unbequeme Darstellung;

2. die Bezeichnung der bekannten Größen durch Symbole (Buchstaben, s.S. 382); hier gebührt **Viète** wohl das Verdienst der allgemeinen Anwendung in Verbindung mit den Symbolen für die Unbekannten;
3. die Operationssymbole (+, –, Bruchstrich, s.S. 204–207, 113). **Viète** verwendet noch *in* für die Multiplikation, manchmal auch noch die Worte *plus* und *minus*, und noch kein Gleichheitszeichen, sondern das Wort *aequare* in der grammatisch jeweils entsprechenden Form;
4. die Symbole für das Zusammenfassen, also Klammern oder Überstreichen (s.S. 174).

Rechenregeln für diese Symbole haben **Stifel** und **Bombelli** entwickelt, auch **Napier** etwa gleichzeitig mit **Viète**. **Viète** aber hat sie axiomatisch begründet und damit die Algebra als selbständiges Teilgebiet der Mathematik neben der Geometrie begründet.

Natürlich können wir nicht erwarten, daß **Viète** das so klar ausdrückt wie wir das heute tun würden. Seine Schrift *In artem analyticen isagoge* beginnt mit einer Erklärung des Begriffs Analysis, der etwa dem heutigen Begriff Algebra entspricht (s.S. 4). Dann folgt Kapitel 2. *De symbolis aequationum et proportionum.*

Das Wort *Symbolum* hat den folgenden Ursprung: In Griechenland pflegte man dem Gast als Erinnerungs- und Erkennungszeichen die Hälfte eines zerbrochenen Ringes oder ähnlichen Gegenstandes zu schenken. . . Die Gastfreunde wiesen sich durch Aneinanderlegen der Stücke (συμβάλλειν = zusammenfügen) voreinander aus. In der Mathematik bekommt σύμβολον die Bedeutung von „kennzeichnende Eigenschaft" [12; 23 f.]. Wir übersetzen „Grundgesetze". **Viète** sagt: *Die analytische Methode nimmt die bekannten Grundgesetze der Gleichungen und Proportionen, welche in den Elementen behandelt werden, als bewiesen an* [12; 38].

Einige davon sind:
1. Das Ganze ist seinen Teilen gleich.
2. Was demselben gleich ist, ist untereinander gleich.
3.–6. Wenn Gleiches zu Gleichem addiert (subtrahiert, multipliziert, dividiert) wird, sind die Ergebnisse gleich.
12. Durch einen gemeinsamen Faktor oder Divisor wird eine Gleichung oder ein Verhältnis nicht geändert.
13. Die Produkte mit den einzelnen Teilen sind gleich dem Produkt mit dem Ganzen. ⟨Das ist das distributive Gesetz: $ab + ac + ad = a(b + c + d)$.⟩
14. Produkte von mehreren Größen oder die Ergebnisse einer fortgesetzten Division aus ihnen sind gleich, in welcher Reihenfolge man die Größen auch multipliziert oder dividiert.

$$\langle (a \cdot b) \cdot c = (a \cdot c) \cdot b, \qquad (a : b) : c = (a : c) : b. \rangle$$

Auf diese Grundgesetze führt **Viète** dann die Regeln für das Rechnen mit Buchstaben zurück. Sie spielen für ihn die Rolle von Axiomen; obwohl er sie vielleicht für beweisbar hält, kümmert er sich um die Beweise nicht. Und obwohl er sich Größen geometrisch vorstellt, sind diese Grundgesetze rein algebraisch formuliert.

Daß **Viète** sich Größen geometrisch vorstellt, erschwert seine Darstellung. Er läßt keine negativen Größen zu: *de negatis autem ars non statuitur* [6; 133]. Ferner hält er sich streng an das Homogenitätsgesetz, daß nur Größen gleicher Dimension addiert oder verglichen werden dürfen [3; 4^v f.]. Deshalb erhalten auch die bekannten Größen in einer Gleichung eine Dimension; z.B. für „Wenn $A^3 + D \cdot A = Z$ ist . . . " schreibt er: *Si* A *cubus* + D *plano in* A, *aequetur*, Z *solido* . . . [6; 97]. Wir benutzen im Folgenden wie **Viète** große Buchstaben, und zwar die Vokale A, E, . . . für die unbekannten, die Konsonanten, manchmal in der griechischen Reihenfolge B, G, D, Z, . . . für die bekannten Größen. Die Dimensionsangaben bei den bekannten Größen lassen wir weg. **Descartes** hat festgestellt, daß man auf das Homogenitätsgesetz verzichten kann, *wenn eine Einheit bestimmt gegeben ist, da diese alsdann immer mit darunter verstanden werden kann, wo die Dimension zu hoch oder zu niedrig ist* [2; 299] = [3; 3].

Eine Gleichung ist für **Viète** *der Vergleich einer unbekannten mit einer bekannten Größe* [3; Kap. 8, 2]. Deshalb wird sie auf die Form gebracht

$$\pm A^n \pm B A^{n-1} \pm \ldots \pm D \cdot A = G \quad \text{(mit positivem G)}$$

[3; Kap. 5, 6–8]. Da auf der linken Seite nicht alle Vorzeichen negativ sein können, kann jedenfalls ein positives Glied an den Anfang gesetzt werden, z.B.

$$B \cdot A - A^2 = G.$$

In den sinngemäß folgenden, in anderen Schriften auch zitierten, jedoch erst später veröffentlichen *Notae priores* [5] leitet **Viète** einige Formeln ab, z.B.

$$A^5 - B^5 = (A - B)(A^4 + A^3 B + A^2 B^2 + A B^3 + B^4) \qquad \text{[Prop. 21]}$$
$$A^5 + B^5 = (A + B)(A^4 - A^3 B + A^2 B^2 - A B^3 + B^4) \qquad \text{[Prop. 22]}.$$

Das geschieht induktiv mit Hilfe des distributiven Gesetzes, während **Cardano** zu ähnlichen Formeln eine geometrische Konstruktion brauchte (und vielleicht deshalb beim Exponenten 3 aufhörte).

In fünf Büchern *Zetetica* [4] wird die neue Rechenweise zur Lösung von Aufgaben, benutzt, die z.T. von **Diophant** stammen. Eine Gleichungstheorie gibt **Viète** in den beiden Abhandlungen *De Aequationum recognitione et emendatione* [6]. Unter *recognitio* versteht er in gewissem Sinne die Aufklärung der Struktur *(constitutio)* einer Gleichung. Zunächst deutet er quadratische und kubische Gleichungen als Aufgaben über 3 oder 4 stetige Proportionale; z.B. läßt sich

$$A^3 + A^2 B = B D^2$$

als die folgende Aufgabe auffassen: *Gegeben ist die kleinste von vier stetigen Proportionalen* ⟨a, aq, aq^2, aq^3; also B = a⟩ *und die Differenz der zweiten und vierten* ⟨$D = aq^3 - aq$⟩. *Gesucht ist die Differenz zwischen der ersten und dritten* ⟨$A = aq^2 - a$⟩. Damit ist eine geometrische Lösung durch Konstruktion stetiger Proportionaler vorbereitet.

Viète hat die geometrische Lösung der quadratischen Gleichungen in der Schrift *Effectionum geometricarum Canonica recensio* [8] durchgeführt, die der kubischen und biquadratischen Gleichungen im *Supplementum Geometriae* [9].

In *De recognitione* [8] wird dann *die allgemeine Methode der Transmutation der Gleichungen* behandelt [Kap. 7 ff.]. Es gibt zwei Arten: Transmutationen, bei denen die Lösungen sich ändern, d.h. durch Einführung einer neuen Unbekannten, und solche, bei denen die Lösungen ungeändert bleiben, d.h. durch Multiplikation oder Division der Gleichung mit einer Größe.

Bei einer Transmutation mit Änderung der Lösung muß sich aus der Lösung der neuen Gleichung die Lösung der ursprünglichen leicht berechnen lassen. Das kann durch die folgenden Substitutionen geschehen (A ist die alte Unbekannte, E die neue, B eine bekannte ⟨reelle⟩ Zahl):

$$A = E \pm B$$
$$A = B \cdot E$$
$$A = B/E$$
$$A = \frac{B}{E} \pm E$$

und Kombinationen von diesen.

Viète wendet diese Substitutionen zunächst auf einfache Gleichungen an und erhält kompliziertere. Er gewinnt damit einen Vorrat von Gleichungen, die sich auf einfachere zurückführen lassen. Wir führen zwei nachher angewandte Beispiele vor:

Quadratische Gleichungen können durch Multiplikation mit A zu kubischen Gleichungen gemacht werden. Z.B. Kapitel 14, Theorem 3: A genüge der Gleichung

$$B \cdot A - A^2 = Z. \qquad (1)$$

Man multipliziere mit A:

$$B \cdot A^2 - A^3 = ZA,$$

setze A^2 aus (1) ein

$$B \cdot (BA - Z) - A^3 = Z \cdot A$$

und ordne

$$(B^2 - Z) \cdot A - A^3 = BZ. \qquad (2)$$

⟨Für später bemerken wir: 1. Jede Lösung von (1) ist Lösung von (2). – 2. Jede kubische Gleichung, in der A^3 mit negativem Vorzeichen auftritt, läßt sich auf die Form (2) bringen, und zwar etwa so: Man kann zunächst das Glied mit A^2 beseitigen; dies sei geschehen:

$$pA - A^3 = q.$$

Dann hat man B und Z aus

$$p = B^2 - Z, \quad q = BZ$$

zu bestimmen. Daß dazu eine kubische Gleichung zu lösen ist – übrigens ungefähr dieselbe wie die Ausgangsgleichung – ist

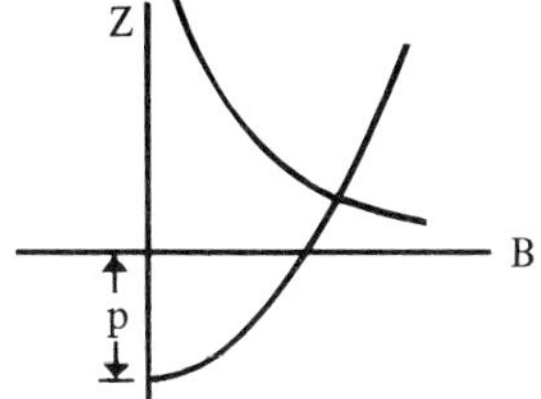

Abbildung 101

im Augenblick unwesentlich. Man muß nur feststellen, daß es solche positiven Zahlen B, Z gibt. Dazu kann man z.B. den Schnitt der Hyperbel $BZ = q$ mit der Parabel $Z = B^2 - p$ betrachten (s. Abb. 101).⟩

Man kann aus (1) auch auf verschiedene Weisen Gleichungen vierten Grades gewinnen, z.B. (Kap. 13, Theorem 6) indem man das konstante Glied als Summe ansetzt

$$BA - A^2 = S + D \tag{3}$$

und die Gleichung

$$BA - D = A^2 + S$$

quadriert. Geordnet erhält man

$$(B^2 - 2S) \cdot A^2 - 2BDA - A^4 = S^2 - D^2 \qquad [6; 101].$$

⟨Auch hier läßt sich bemerken, daß man jede Gleichung vierten Grades mit negativem A^4

$$pA^2 \pm qA - A^4 = r$$

auf die obige Form bringen kann. Man bestimme B, D, S aus

$$p = B^2 - 2S, \pm q = -2BD, r = S^2 - D^2.$$

Elimination von B und D liefert eine Gleichung 3. Grades für S. Damit ist die Lösung der Gleichung 4. Grades auf die Lösung einer Gleichung 3. Grades und einer Gleichung 2. Grades zurückgeführt.⟩

In Kapitel 15 folgt ein *Beweis der Doppeldeutigkeit der Wurzel von Gleichungen, in denen die höchste Potenz von Zusatzgliedern abgezogen wird*. Wir würden den Satz etwa so aussprechen: Wenn eine Gleichung der Form

$$\ldots - x^n = c$$

eine positive Lösung hat, so hat sie noch eine zweite. Das folgt sofort daraus, daß

$$p(x) = x^n \pm \ldots + c > 0$$

ist für $x = 0$ und für große positive Werte von x.

Viète beweist den Satz zunächst für quadratische Gleichungen dieses Typs. Die Gleichung

$$(B - A)^2 = S^2$$

oder in der Ordnung von **Viète**

$$2AB - A^2 = B^2 - S^2$$

hat offenbar zwei Lösungen, nämlich

$$B - A = S \qquad \text{d.h.} \qquad A = B - S$$

und

$$A - B = S \qquad \text{d.h.} \qquad A = B + S.$$

Durch die vorangegangene Überlegung überträgt sich der Satz auf Gleichungen 3. und 4. Grades. Dann sagt **Viète**: *Und es ist hinreichend klar, daß sich das auf Gleichungen höheren Grades ausdehnen läßt* [6; 104].

Der Satz ist im wesentlichen derselbe wie der von **Cardano**, *Ars magna* Kapitel 8 angegebene (s.S. 477 f.). **Viète** aber hat die Mittel, ihn algebraisch zu beweisen, wenn auch der Beweis nicht ganz vollständig durchgeführt ist.

Viète fragt weiter (Kap. 16): Was läßt sich über eine Gleichung aussagen, wenn man weiß, daß sie zwei verschiedene Lösungen hat? Er betrachtet dabei nur Gleichungen der Form

$$B \cdot A^k - A^n = Z.$$

Sie habe außer der Lösung A noch die Lösung E:

$$B \cdot E^k - E^n = Z.$$

Daraus folgt

$$B \cdot A^k - A^n = B \cdot E^k - E^n,$$

also

$$B = \frac{A^n - E^n}{A^k - E^k}$$

und durch Einsetzen in die erste Gleichung

$$Z = \frac{A^n E^k - A^k E^n}{A^k - E^k}.$$

Im Falle

$$n = 2, k = 1, \qquad \text{also} \qquad BA - A^2 = Z,$$

erhält man

$$B = A + E, \qquad Z = AE.$$

Will man also, sagt **Viète**, eine quadratische Gleichung mit den Lösungen F, G herstellen, so hat man sie so anzusetzen:

$$(F + G) \cdot A - A^2 = F \cdot G.$$

Im Falle

$$n = 3, k = 1, \qquad \text{also} \qquad BA - A^3 = Z,$$

erhält man

$$B = A^2 + AE + E^2, \qquad Z = AE(A + E).$$

Will man also eine kubische Gleichung mit den Lösungen F, G herstellen, so hat man sie so anzusetzen:

$$(F^2 + FG + G^2) \cdot A - A^3 = F^2 G + F G^2.$$

Allgemein gilt für k = 1:

$$B = \frac{A^n - E^n}{A - E} = A^{n-1} + A^{n-2} E + \ldots + E^{n-1}$$

$$Z = \frac{A^n E - A E^n}{A - E} = AE \cdot (A^{n-2} + A^{n-3} E + \ldots + E^{n-2}).$$

Viète beschreibt das für n = 6 so: B ist die Summe aus den Quadratokuben ⟨5. Potenzen⟩ von 6 stetigen Proportionalen und Z das Produkt aus einer der äußeren ⟨A oder E⟩ mit der Summe der Quadratokuben der 5 übrigen, A ist die 1. oder 6. ⟨**Viète** denkt sich also zwischen A und E vier stetige Proportionale eingeschaltet. A^{n-1}, A^{n-2} E, ..., E^{n-1} sind deren 5. Potenzen. Bei Z denkt er sich A oder E in die Klammer hineinmultipliziert⟩ (Kap. 18, Theor. 5) [6; 111].

Im Traktat *De Emendatione Aequationum* [6] stellt **Viète** sich die Aufgabe, die Gleichung zur Lösung vorzubereiten, d.h. auf eine geeignete Form zu bringen. Jetzt werden also die in den vorangegangenen Schriften entwickelten Methoden auf ein Ziel gerichtet. **Viète** nennt 5 Möglichkeiten:

1. *Expurgatio per uncias.* Damit meint er die Beseitigung des zweithöchsten Gliedes der Gleichung durch Einführung einer neuen Unbekannten, die zur alten einen Bruchteil *(uncia)* des betr. Koeffizienten hinzunimmt.

2. *Transmutatio πρῶτον – ἔσχατον.* Das ist die Vertauschung des ersten Gliedes mit dem letzten durch die Substitution A = 1/E.

3. *Anastrophe.* Sie dient zur Erniedrigung des Grades einer Gleichung, wenn eine Lösung einer zugeordneten Gleichung bekannt ist.

Aus der Gleichung

$$BA - A^3 = Z$$

macht **Viète** durch Addition von E^3

$$A^3 + E^3 = BA + E^3 - Z.$$

Jetzt wird E so bestimmt, daß

$$E^3 - Z = BE$$

ist. ⟨Das kommt darauf hinaus, daß –E Lösung der Ausgangsgleichung ist.⟩ Dann erhält man

$$A^3 + E^3 = B \cdot (A + E).$$

Nun hat **Viète** in den *Notae priores* die Formel

$$A^3 + E^3 = (A + E)(A^2 - AE + E^2)$$

abgeleitet (Prop. 18. [4; 79], [5; 20 f.]), er kann also durch A + E dividieren und erhält eine Gleichung 2. Grades. (Vgl. **Cardano**, *Ars Magna* Kap. 25, 6; s.S. 451).

Vielleicht hat sich **Viète** hier tatsächlich an **Cardano** angeschlossen. Aber er geht weiter. Zunächst zeigt er, daß dasselbe Verfahren auch bei gewissen Gleichungen 5. Grades anwendbar ist. ⟨Für gerades n ist $A^n + E^n$ nicht durch A + E teilbar.⟩ Dann aber bemerkt er: *Verwandt mit diesen Sätzen sind diejenigen, bei denen aus der Kenntnis von einer von mehreren Wurzeln die Kenntnis des anderen begleitenden Faktors gewonnen wird. (Quibus Theorematis finitima sunt ea, quibus ex data una ambiguarum radicum, habetur alterius comitis notitia.)* Dafür gibt **Viète** die beiden Beispiele: Kap. 3, Theor. 7 [6; 138]: Es sei D eine Lösung von

$$BA - A^3 = Z,$$

also

$$BD - D^3 = Z.$$

Durch Gleichsetzen der linken Seiten und Ordnen ergibt sich

$$A^3 - D^3 = B \cdot (A - D).$$

Dividieren durch A – D liefert in **Viètes** Ordnung

$$A^2 + AD = B - D^2.$$

Theor. 8: Ist D Lösung von

$$BA^2 - A^3 = Z,$$

so erhält man

$$A^3 - D^3 = B \cdot (A^2 - D^2)$$
$$A^2 + AD + D^2 = BA + BD$$
$$A^2 + (B - D) \cdot A = BD - D^2.$$

Damit hat **Viète** eigentlich den allgemeinen Satz und seinen allgemeinen Beweis in der Hand, nämlich:

Wenn

$$p(x) = \sum_{k=0}^{n} a_k x^k$$

die Nullstelle x = w hat, so ist p(x) durch x – w teilbar.

Es ist dann nämlich p(w) = 0, somit

$$p(x) = p(x) - p(w) = \sum_{k=0}^{n} a_k(x^k - w^k),$$

und für jedes k ist $x^k - w^k$ durch x – w teilbar.

Für diese Formulierung war **Viètes** Formelsprache noch nicht weit genug entwickelt, insbesondere fehlte ihm eine bequeme Bezeichnung der Potenzen. Es sei aber auch bemerkt, daß **Viète** nur solche Gleichungen als Beispiele anführt, von denen er weiß, daß sie mehr als eine Lösung haben. Sonst wäre vielleicht zu befürchten, daß notwendig D = A wird.

4. *Isomoeria.* Beseitigung von Brüchen durch Multiplikation mit dem Hauptnenner. Die Beseitigung von Wurzelausdrücken durch Potenzieren bezeichnet **Viète** als *symmetrica climactismus* (Kap. 5), ohne es in der allgemeinen Aufzählung als besonderen Punkt zu nennen.

5. *Climactica Paraplerosis* ⟨Steigende Auffüllung?⟩
Kapitel 6: *Wie Gleichungen 4. Grades auf quadratische herabgedrückt werden, mittels kubischer Gleichungen, deren Wurzeln Quadrate sind.*

Bei der Gleichung $A^4 + BA = Z$ oder

$$A^4 = Z - BA$$

ergänzt **Viète** beiderseits mit noch zu bestimmendem E

$$A^2 E^2 + \tfrac{1}{4} E^4$$

und erhält

$$(A^2 + \tfrac{1}{2} E^2)^2 = Z - BA + A^2 E^2 + \tfrac{1}{4} E^4 .$$

Damit auch die rechte Seite ein Quadrat wird, verlangt er, daß E der Gleichung genügen soll

$$Z - BA + A^2 E^2 + \tfrac{1}{4} E^4 = \left(\frac{B}{2E} - EA\right)^2$$

oder

$$Z + \tfrac{1}{4} E^4 = \frac{B^2}{4E^2}$$

d.i. $E^6 + 4ZE^2 = B^2$.

Das ist die gesuchte kubische Gleichung für E^2.

In Kapitel 7 untersucht **Viète**, *wie kubische Gleichungen herabgedrückt werden auf quadratische, deren Lösung 3. Potenzen sind.* Zur Lösung der Gleichung

$$A^3 + 3BA = 2Z \qquad (1)$$

setzt er mit einer neuen Unbekannten E

$$B = E \cdot (A + E). \qquad (2)$$

Addiert man zu (1) beiderseits E^3 und setzt (2) ein, so ergibt sich

$$(A + E)^3 = 2Z + E^3. \qquad (3)$$

Nach (2) ist $A + E = B/E$. Setzt man dies in (3) ein und multipliziert mit E^3, so erhält man

$$B^3 = 2ZE^3 + E^6,$$

die gesuchte quadratische Gleichung für E^3. Es ist also

$$E = \sqrt[3]{\sqrt{B^3 + Z^2} - Z}.$$

Nun läßt sich A aus (2) berechnen. Man kann jedoch auch eine weitere Unbekannte $E' = A + E$ einführen. Dann wird aus (2)

$$B = E'(E' - A)$$

und man erhält ähnlich wie vorher

$$B^3 = -2\,Z\,E'^3 + E'^6$$

$$E' = \sqrt[3]{\sqrt{B^3 + Z^2} + Z}.$$

Dann wird $A = E' - E$; damit ist die Formel von **Ferro** und **Cardano** rein algebraisch bewiesen.

An mehreren Stellen bemerkt man, daß für **Viète** der Zusammenhang zwischen den Lösungen und den Koeffizienten einer Gleichung Gegenstand des Interesses ist. In den Kapiteln 9 und 10 werden zahlreiche spezielle Fälle untersucht, in denen dieser Zusammenhang leicht erkennbar ist. Z.B.: Kap. 10, Theor. 3 lautet (gekürzt):

Wenn $A^3 - 3\,B\,A^2 + DA = DB - 2\,B^3$ ist, so ist $2\,BA - A^2 = D - 2\,B$.

Zum Beweis multipliziert **Viète** die letzte Gleichung mit $B - A$. Außerdem stellt er fest, daß der Koeffizient B selbst eine Lösung ist *(ipsa A fit quoque B)*.

Das Hauptergebnis über diesen Zusammenhang ist der nach **Viète** benannte Satz, den wir hier für den Fall $n = 3$ wiedergeben:

Wenn $A^3 + (-B - D - G) \cdot A^2 + (BD + BG + DG) \cdot A = B \cdot D \cdot G$ ist, dann ist A als jede der drei Größen B, D, G ausdrückbar. (*Si* A *cubus* $\overline{-B - D - G}$ *in* A *quad.* $\overline{+B\ in\ D + B\ in\ G + D\ in\ G}$ *in* A, *aequetur* B *in* D *in* G : A *explicabilis est de qualibet illarum trium* B, D, *vel* G [6; 158].

Viète spricht den Satz einzeln für die Grade 2, 3, 4, 5 aus. Er behauptet aber *nicht* das Umgekehrte: Wenn eine Gleichung die Lösungen B, C, D hat, dann sind ihre Koeffizienten. . .

Viète behandelt in gesonderten Schriften:

1. die numerische Lösung von Gleichungen: *De numerosa potestatum resolutione* (s. S.II, N 6);
2. die geometrische Lösung der quadratischen Gleichungen: *Effectionum geometricarum Canonica recensio;*
3. die geometrische Lösung der Gleichungen 3. und 4. Grades: *Supplementum Geometriae.*

3.4.4 Die Anzahl der Lösungen einer Gleichung

1608 schreibt **Peter Roth** [B 1^v], daß eine Gleichung n-ten Grades nicht mehr als n Lösungen haben kann. ⟨Nach Angabe der Grade 2 bis 7⟩ *vnnd alsofort vnendlich seynd in allen nachfolgenden Cossen auffs meinste so vil geltungen radicis zu finden/mit* *wieviel die höchste Quantitet der fürgegebenen Cossischen equation/vermög der Cossischen Progression/verzeichnet wird. Aber allhie ist solches nicht zu verstehn/daß darumb ein jede Cubiccossische Vergleichung dreyerley Geltungen/ein ZZ. cossische viererley geltungen/ein Surdesolicossische fünfferley geltungen des radicis leidet/ sondern alle die/so am meinsten geltungen leiden/die haben ihr so viel/vnd auch gar nicht mehr.*

Einen Beweis gibt **Roth** nicht; anscheinend ist das für ihn eine Erfahrungstatsache.

Aus dem Satz von **Viète** (s.S. 489) kann man ableiten: Zu jeder natürlichen Zahl n gibt es Gleichungen n-ten Grades, die n Lösungen haben. **Viète** hat das allerdings nur für $n \leqslant 5$ hingeschrieben.

Harriot hat in engem Anschluß an **Viète** dessen Gedanken weiterentwickelt. Statt der großen Buchstaben verwendet er kleine, die ein wenig bequemer zu schreiben sind. Er verwendet konsequent Operationssymbole, wo **Viète** noch gelegentlich Worte verwendet. So bezeichnet **Harriot** die Multiplikation nicht durch *in*, sondern durch Nebeneinanderschreiben, zwischen Zahlen und Buchstaben auch durch einen Punkt. Potenzen bezeichnet er durch entsprechend oftmaliges Hinschreiben der Faktoren.

Der Satz, daß p(a), (a: die Unbekannte), durch $a - b$ teilbar ist, wenn b eine Nullstelle ist, kam bei **Cardano** und bei **Viète** nur ziemlich versteckt vor. **Harriot** konstruiert Polynome aus ihren Linearfaktoren. Er sagt [3 f., Def. 13 und 14]: Außer den *kanonischen* Gleichungen, die *per zeteticen rite constitutae* sind, d.h. die Normalform von **Viète** haben, bei der das Absolutglied allein auf der rechten Seite steht, gibt es noch andere, die zwar selbst nicht kanonisch sind, aus denen aber kanonische gewonnen werden können, und die er deshalb *canonicarum originales* nennt. Sie entstehen als Produkte von Linearfaktoren *(per . . . multiplicationem e radicibus binomiis).* Für quadratische Gleichungen gibt es drei Fälle:

1. $$\left.\begin{array}{l} a+b \\ a-c \\ \hline \end{array}\right| \;=\!=\; \begin{array}{l} aa+ba \\ \quad -ca-bc \end{array}$$

   in von uns vereinfachter Schreibweise

   $$(a+b)(a-c) = aa + ba - ca - bc$$

2. $$(a-b)(a-c) = aa - ba - ca + bc$$

3. $$(a+b)(a+c) = aa + ba + ca + bc.$$

   Der erste Fall ergibt die kanonische Gleichung

   $$aa + ba - ca = bc.$$

In dieser Weise werden auch die verschiedenen Typen der Gleichungen 3. und 4. Grades ausführlich durchgerechnet.

Diese erste Art kanonischer Gleichungen *(primaria canonicarum species)* umfaßt nun vielleicht nicht alle möglichen Gleichungen. Jedenfalls fehlen – zum mindesten dem Anschein nach – diejenigen, bei denen einer oder mehrere der Koeffizienten = 0 sind.

Diese nennt **Harriot** *secundaria canonicarum species.* Er erhält sie, indem er eine der elementarsymmetrischen Funktionen = 0 setzt.

Außerdem betrachtet er *reziproke Gleichungen*, das sind solche, die aus einer reinen Gleichung durch Multiplikation mit einem Linearfaktor entstehen, nämlich

$$(aa \pm bc)(a \pm d) = 0$$
$$(aaa \pm cdf)(a \pm b) = 0 .$$

Ihren Namen haben sie davon, daß das Absolutglied, abgesehen vom Vorzeichen, gleich dem Produkt der übrigen Koeffizienten und die höchste Potenz der Unbekannten gleich dem Produkt der übrigen Potenzen der Unbekannten ist.

Für alle diese Gleichungsarten (40 Fälle) stellt **Harriot** die positiven Wurzeln fest, und zwar aus den Linearfaktoren (*Sectio quarta.* S. 52 ff.). Von negativen Lösungen spricht er nicht. Im Fall 1. ist a = c eine Lösung, *weil* dann a – c = 0 ist. a = – b wird nicht erwähnt, der Fall 3. wird gar nicht weiter besprochen.

Harriot beweist dann, daß die Gleichung keine anderen Lösungen haben kann als die aus den Linearfaktoren ablesbaren. Im Falle der kubischen Gleichung

$$(a - b)(a - c)(a - d) = 0$$

bzw.

$$\begin{aligned} aaa - baa &+ bca \\ - caa &+ bda \\ - daa &+ cda = bcd \end{aligned}$$

sieht das so aus [55 ff.]: Sei f = a eine Lösung und $f \neq b$, $f \neq c$, $f \neq d$. Dann ist bei geeigneter Ordnung

$$fff - cff + cdf - dff = bff - bcf + bcd - bdf$$
$$f(ff - cf + cd - df) = b(ff - cf + cd - df)$$

also,

$$\langle \text{da } ff - cf + cd - df = (f - c)(f - d) \neq 0 \rangle \quad f = b ,$$

im Widerspruch zur Voraussetzung.

Bemerkenswert ist, daß **Harriot** hier die Notwendigkeit eines Beweises erkannt hat.

Im 5. Teil (S. 78 ff.) untersucht **Harriot**, unter welchen Bedingungen für die Koeffizienten eine Gleichung anderer Form ebensoviel positive Wurzeln hat wie eine kanonische. Damit kommt er dem Zusammenhang zwischen den Vorzeichen der Koeffizienten und der Anzahl der positiven Wurzeln ziemlich nahe. **Wallis** schreibt [4; 205]: **Harriot** *bestimmt, (indem er die allgemeinen Gleichungen mit den kanonischen vergleicht), wieviel reelle Wurzeln jede Gleichung hat, und wieviel davon positiv und wieviel negativ sind.* **Leibniz** geht etwas weiter [1; 7, 157]: **Harriot** habe *als erster bemerkt, daß in einer in der Form . . . = 0 geschriebenen Gleichung soviel Vorzeichenwechsel vorkämen wie positive Wurzeln und soviel Vorzeichenfolgen wie negative Wurzeln.* Wir konnten diese Fassung der sog. **Descartes**'schen Zeichenregel in **Harriot**s *Artis analyticae praxis* nicht finden. Es sind zwar noch viele Manuskripte **Harriot**s nicht veröffentlicht, nach Untersuchungen von **C. J. Scriba** [1] ist es aber unwahrscheinlich, daß **Wallis** anderes

Material benutzt hat. **Descartes** hat die Regel übrigens etwas vorsichtiger formuliert (s.S. 493). Noch **Gauß** zitiert „**Harriot**s Lehrsatz" [6; 70] = [11; 76].

Im 6. Teil behandelt **Harriot** die Umformung von Gleichungen durch Substitution der Unbekannten. Durch z.B. die Substitution a = e + b (Vokale = Unbekannte) erhält man eine neue Gleichung, deren Lösungen um b kleiner sind als die der ursprünglichen Gleichung. – Kehrt man in einer Gleichung die Vorzeichen der ungeraden Potenzen der Unbekannten um, so kehrt man die Vorzeichen der Wurzeln um (was schon **Cardano** bekannt war, s.S. 474 f.). **Harriot** wie später auch **Descartes** sehen das unter dem Gesichtspunkt, daß man mit den Wurzeln einer Gleichung Rechenoperationen vornehmen kann, ohne sie zu kennen.

Schließlich bringt **Harriot** Methoden zur numerischen Lösung von Gleichungen in der Weise von **Viète** (s.S. 507).

Harriot starb 1621. Die (wohl um 1610 verfaßte) *Artis analyticae praxis* wurde 1631 aus seinem Nachlaß von **W. Warner** herausgegeben.

1629 hat **Girard** die Behauptung ausgesprochen, daß jede Gleichung n-ten Grades genau n Lösungen hat.

[2; E 3v]: XI. *Definition. Quant plusieurs nombres sont proposez, la somme totale soit dite premiere faction: la somme de tous les produits de deux à deux soit dite deuxiesme faction: la somme de tous les produits de 3 à 3 soit dite la troisiesme faction, et tousjours ainsi jusques à la fin, mais le produit de tous les nombres soit la derniere faction: or il y a autant de factions que de nombres proposez.*

[2; E 4r]: II. *Theoreme. Toutes les equations d'algebre reçoivent autant de solutions, que la denomination de la plus haute quantité le demonstre . . . et la premiere faction des solutions est esgale au nombre du premier meslé, la seconde faction des mesmes, est esgale au nombre du deuxiesme meslé; la troisiesme, au troisiesme, et tousjours ainsi, tellement que la derniere faction est esgala à la fermeture, et selon les signes qui se peuvent remarquer en l'ordre alternatif.*

Einen Beweis dafür bringt **Girard** nicht, er erläutert den Satz nur durch einige Beispiele, darunter

$$x^4 = 4x - 3$$

mit den Lösungen $1, 1, -1 + \sqrt{-2}, -1 - \sqrt{-2}$.

Daß er diese Lösungen zuläßt, motiviert er mit der Allgemeingültigkeit des ausgesprochenen Satzes: *Man könnte nun fragen, wozu diese Lösungen dienen können, die doch unmöglich sind. Ich antworte: Aus drei Gründen:* ⟨1⟩ *um der Sicherheit der allgemeinen Regel willen,* ⟨2⟩ *weil man dann weiß, daß es keine anderen Lösungen geben kann,* ⟨3⟩ *wegen ihrer Nützlichkeit; diese ist leicht einzusehen, denn sie dienen zum Auffinden der Lösungen ähnlicher Gleichungen* [2; F 1r].

Es gibt demnach drei Arten von Lösungen „solche, die > 0 sind, solche, die < 0 sind und *autres envelopées, comme celles qui ont des* $\sqrt{-}$, *comme des* $\sqrt{-3}$, *ou autres nombres semblables*" [2; F 1v]. **Girard** läßt also offen, ob außer den Wurzeln aus negativen Zahlen noch andere Größen als Lösungen auftreten können.

Anschließend gibt **Girard** an, wie sich die Potenzsummen bis zu der Summe der Biquadrate durch die *factions* ausdrücken [2; F 2r]. Ist

$$A = x_1 + \ldots + x_n, B = x_1 x_2 + \ldots, C = x_1 x_2 x_3 + \ldots, D = x_1 x_2 x_3 x_4 + \ldots,$$

so ist

A	die Summe der Lösungen,
$A^2 - 2B$	die Summe der Quadrate,
$A^3 - 3AB + 3C$	die Summe der Kuben,
$A^4 - 4A^2B + 4AC + 2B^2 - 4D$	die Summe der Biquadrate.

Descartes hat die Tatsachen knapp zusammengestellt [2; 372 f.], [3; 72 f.].

Eine Gleichung *kann* so viele Lösungen haben, wie *die unbekannte Größe Dimensionen hat.* Denn z.B. hat

$$x^2 - 5x + 6 = (x - 2)(x - 3) = 0$$

die Lösungen $x = 2$ und $x = 3$.

Das Polynom einer Gleichung *(la somme d'une équation)* ⟨p(x)⟩, das die Nullstelle w hat, ist durch $x - w$ teilbar. Ist $p(x)$ nicht durch $x - w$ teilbar, so ist w keine Nullstelle.

Es kommt oft vor, daß einige der Wurzeln falsch, oder < 0 (fausses ou moindres que rien) sind.

Es können so viele wahre Wurzeln vorhanden sein, als die Anzahl der Wechsel der Vorzeichen + und – beträgt, und so viele falsche, wie oft zwei Zeichen + oder zwei Zeichen – aufeinander folgen.

Alles das wird nicht allgemein beweisen, sondern nur an Beispielen erläutert.

Descartes hat auch den Ausdruck *imaginäre Wurzeln* eingeführt [2; 380], [3; 81]: *Schließlich sind sowohl die wahren wie die falschen Wurzeln einer Gleichung nicht immer reell, sondern manchmal nur imaginär; d.h. man kann sich zwar immer bei jeder Gleichung so viele Wurzeln wie ich angegeben habe vorstellen (imaginer), aber manchmal gibt es keine Größen, die den so vorgestellten entsprechen.* Auch hier, wie bei **Girard**, bleibt offen, was für Größen das sind.

Wallis [4; 204 ff.] hat die Ansicht vertreten, daß **Descartes** stark von **Harriot** abhängig ist (s. hierzu [Scriba 1], [2]), und **Leibniz** hat sich ähnlich geäußert [1; 7, 157, 213]. Neben vielen Übereinstimmungen bei **Descartes** und **Harriot** sind jedoch auch wichtige Unterschiede zu bemerken. **Harriot** hat nicht systematisch die Form ... = 0 benutzt. Er schließt so: Wenn $a = c$ ist, so ist $(a - c)(a + b) = 0$, also ist $a = c$ eine Wurzel der Gleichung $aa - ac + ab = cb$. Dadurch und durch die Nichtberücksichtigung negativer und imaginärer Lösungen verstellt er sich den Weg zu einer klaren und allgemeinen Fassung der Sätze. Gerade das finden wir bei **Descartes**, der nun leider auf Beweise verzichtet, während **Harriot** gezwungen ist, zahlreiche Fälle durchzurechnen, was er aber auch tut. Den Satz, daß $p(x)$ durch $x - w$ teilbar ist, wenn w eine Nullstelle ist, finden wir bei **Harriot** nicht, obwohl er doch der Schlüssel zu der Aussage ist, daß sich jedes Polynom in Linearfaktoren zerlegen läßt. Dabei kann man den Satz sogar aus **Viète** herauslesen (s.S. 486 f.).

Bei **Harriot** scheint es noch nicht ganz sicher zu sein, ob sich alle Gleichungen bzw. Polynome in Linearfaktoren zerlegen lassen oder ob das nur für eine spezielle Klasse zutrifft. Seit **Girard** und **Descartes** setzt sich die Auffassung durch: Jedes Polynom zerfällt in soviel Linearfaktoren wie der Grad angibt; möglicherweise sind einige davon nicht reell sondern *imaginär* oder *unmöglich*, wobei Wurzeln aus negativen Zahlen, aber vielleicht auch noch andersartige Größen als *imaginäre* Lösungen auftreten können.

An **Descartes** schließt sich die *Algebra ofte Stelkunst* von **G. Kinckhuysen** (1661) an, die wir deshalb erwähnen, weil sie zu **Newton** hinführt. Sie wurde von **Mercator** ins Lateinische übersetzt, und zu dieser Übersetzung hat **Newton** 1669/70 *Observations* geschrieben [2; **2**, 364–447]. **Newton** fügt u.a. zu **Kinckhuysen** hinzu: Die Anzahl der imaginären Wurzeln einer Gleichung ist immer gerade. Deshalb hat eine Gleichung ungeraden Grades mindestens eine reelle Wurzel [2; **2**, 414].

Es sei daran erinnert, daß bereits **Bombelli** bemerkt hat, daß eine ⟨in modernen Worten⟩ komplexe Lösung stets zusammen mit der konjugiert komplexen auftritt (s.S. 152). Man war später wohl davon überzeugt, daß sich nur so die imaginären Größen gegenseitig aufheben könnten. Man bemerkte auch, daß nur *Quadrat*wurzeln aus negativen Zahlen *unmögliche* Werte liefern, während eine Kubikwurzel aus einer negativen Zahl einfach eine negative Zahl ist. Aber erst **d'Alembert** und **Euler** haben diese mehr erfahrungsmäßig gewußten Aussagen zu beweisen versucht.

In dieser oder ähnlicher Weise sind die Grundlagen der Gleichungstheorie dargestellt von **Newton** außer in den *Observations* in seinen Vorlesungen über Algebra in Cambridge. Ein Manuskript davon hat er Ende 1683 im Archiv der Universität Cambridge niedergelegt [2; **5**, 3]. Dieses ist die Grundlage der 1707 von **William Whiston** herausgegebenen *Arithmetica universalis* [6], von **A. Clairaut** in *Elemens d'algèbre*, 1746 (3. Teil); von **C. Maclaurin** in *A Treatise of Algebra*, 1748 (2. Teil).

3.4.5 Der Fundamentalsatz der Algebra

Im Sinne des Sprachgebrauchs des 17. und 18. Jh. muß er zunächst die Form haben: Jede imaginäre (oder „unmögliche") Lösung einer Gleichung ist von der Form $p + q\sqrt{-1}$, wobei p und q reelle Zahlen sind. **D'Alembert** schreibt 1746 [183]: *Herr Euler . . . erwähnt ein Werk, in dem er den in Frage kommenden Satz allgemein bewiesen habe. Aber mir scheint, daß Herr Euler von seiner Arbeit darüber noch nichts veröffentlicht hat.* Es folgt ein Beweisversuch, der etwa folgendermaßen verläuft: Sei $z = f(y)$ eine Funktion, für die $f(0) = 0$ ist. Benötigt wird nur der Fall $f(y) = a_n y^n + \ldots + a_1 y$. **D'Alembert** will zeigen, daß es Werte von y gibt, für die z negativ wird. Dazu bildet er die Umkehrfunktion $y = g(z)$ und stellt sie in der Umgebung des Nullpunktes durch eine Reihe der folgenden Form dar:

$$y = a \cdot z^{\frac{m}{n}} + b \cdot z^{\frac{r}{s}} + c \cdot z^{\frac{t}{u}} \text{ etc.} \qquad \text{mit } \frac{m}{n} < \frac{r}{s} < \frac{t}{u} \ldots$$

Daß das stets möglich ist, nimmt er ohne Beweis an.

Nun kann man für z einen negativen reellen Wert einsetzen und erhält für y entweder einen reellen Wert oder einen Ausdruck der Form $p + q\sqrt{-1}$. Das konnte damals noch gar nicht exakt bewiesen werden. Zwar konnte man mit komplexen Zahlen soweit rechnen, daß man wußte: wenn z negativ ist und wenn z.B. n eine gerade und m eine ungerade Zahl ist, so ist $z^{m/n}$ eine Zahl der Form $p + q\sqrt{-1}$. Aber um zu beweisen, daß auch die Summe der unendlichen Reihe von der Form $p + q\sqrt{-1}$ ist, ist ein Grenzübergang nötig, den man damals noch nicht streng durchführen konnte.

Ist eine Nullstelle des Polynoms p(x) gesucht, dessen Koeffizienten als reell vorausgesetzt werden können, so berechne man für einen beliebigen reellen Wert h den Wert von $p(h) = a$. a sei positiv, sonst betrachte man $\bar{p}(x) = -p(x)$.

Nun setze man $y = x - h$ und $z = f(y) = p(y) - a$. Dann ist $f(0) = 0$ und der obige Satz ergibt: es gibt einen reellen oder komplexen Wert von y, für den $p(y) - a$ eine negative reelle Zahl ist, d.h. p(y) ist reell und kleiner als a. M.a.W.: Zu jedem Wert h, für den p $p(h) > 0$ ist, gibt es einen reellen oder komplexen Wert y, für den $p(y) < p(h)$ ist. Wiederholung dieses Verfahrens muß also zu immer kleineren Werten und schließlich zu einem Wert x mit $p(x) = 0$ führen.

Diesen Schluß hat bereits **Gauß** (1799) kritisiert. Er schreibt [1; **3**, 11] = [3; 12]: *Aus diesen Gründen vermag ich den* **d'Alembert***schen Beweis nicht für ausreichend zu halten. Allein das verhindert nicht, daß mir der wahre Nerv des Beweises trotz aller Einwürfe unberührt zu sein scheint; ich glaube . . . , daß man auf dieselben Grundlagen . . . einen strengen Beweis unseres Satzes aufbauen kann.*

Argand, der unabhängig von **Wessel** und **Gauß** die geometrische Deutung der komplexen Zahlen als gerichtete Strecken in der Ebene entwickelt hatte, konnte (1814) einen ähnlichen Gedanken etwas klarer durchführen [112–123]. Er zeigte:
Ist

$$p(z) = z^n + a_{n-1} z^{n-1} + \ldots + a_0$$

ein Polynom in der komplexen Variabeln z und mit komplexen Koeffizienten, und ist an einer Stelle z $|p(z)| > 0$, so gibt es eine komplexe Zahl h, so daß

$$|p(z+h)| < |p(z)|.$$

Er entwickelt:

$$p(z+h) = p(z) + (n z^{n-1} + (n-1) a_{n-1} z^{n-2} + \ldots) \cdot h + (\ldots) \cdot h^2 + \ldots + h^n.$$

Sind die Koeffizienten von $h, \ldots, h^{n-1}$ alle = 0, so ist

$$p(z+h) = p(z) + h^n.$$

Setzt man dann $h = \sqrt[n]{-p(z)}$, so wird $p(z+h) = 0$, und die Behauptung ist bewiesen.

Sind die Koeffizienten nicht alle = 0, so werden nur die Glieder mit Koeffizienten $\neq 0$ angeschrieben:

$$p(z+h) = p(z) + R \cdot h^r + S \cdot h^s + \ldots + V \cdot h^v + h^n, \quad r < s < \ldots < v < n.$$

Nun wähle man:
1. die Richtung von h so, daß $R \cdot h^r$ entgegengesetzt zu p(z) gerichtet ist,
2. die Größe (den Betrag) von h so, daß

$$|R \cdot h^r| > |S \cdot h^s + \ldots + V \cdot h^v + h^n|$$

ist; dann ist $|p(z+h)| < |p(z)|$.

Wäre nun überall $|p(z)| > 0$, d.h.: hätte das Polynom p(z) keine Nullstelle, so müßte es eine Stelle geben, für die $|p(z)|$ ein Minimum ist. Dann führt der vorige Satz auf einen Widerspruch.

Die Existenz des Minimums hat **Cauchy** (1821) durch die folgende Überlegung gesichert [3; 274 ff. = Chap. X, § 1]: Mit wachsendem $|z|$ geht $|p(z)|$ gegen Unendlich; ⟨man kann also R so groß wählen, daß auf dem Kreis $|z| = R$ überall $|p(z)| > |p(0)| = |a_0|$ ist⟩. Die Existenz des Minimums folgt dann aus der Stetigkeit von $|p(z)|$. Der strenge Beweis dafür setzt allerdings die Theorie der reellen Zahlen voraus, die **Cauchy** noch nicht besaß; vgl. **Petrova.**

Euler entwickelt einige Grundlagen der Gleichungstheorie in der *Introductio in Analysin Infinitorum* 1748 [2; **1**, Kap. 2]. Für die Integration von rationalen Funktionen wird die Zerlegung in Partialbrüche gebraucht, und dazu die Zerlegung eines Polynoms (**Euler** sagt: einer ganzen Funktion) in Linearfaktoren. Daß ein Polynom in Linearfaktoren zerlegbar ist, wird eigentlich als selbstverständlich angesehen und gar nicht erwähnt. **Euler** sagt nur, daß die Linearfaktoren entweder reell oder imaginär ⟨im weitesten Sinne⟩ sind (§ 30). Jedoch steht in § 31 – fast nebenbei – daß man sich andere Formen imaginärer Größen als $p \pm q\sqrt{-1}$ nicht denken könne *(aliae enim formae imaginariae concipi non possunt).* § 32: „*Wenn eine ganze Funktion Z von z imaginäre Linearfaktoren (factores simplices imaginarios) hat, so ist deren Anzahl gerade und sie lassen sich zu je zweien so zusammenfassen, daß ihr Produkt reell ist.*" § 32: „. . . *Also kann jede ganze Funktion von z in reelle Faktoren ersten oder zweiten Grades zerlegt werden. Obwohl das nicht in aller Strenge bewiesen ist, wird doch die Wahrheit dieses Satzes im folgenden immer mehr gestützt werden, wenn Funktionen der Art*

$$a + b\,z^n,\; a + b\,z^n + c\,z^{2n},\; a + b\,z^n + c\,z^{2n} + d\,z^{3n} \text{ etc.}$$

tatsächlich in reelle Funktionen zweiten Grades zerlegt werden. (Hinc omnis functio integra ipsius z resolvi poterit in factores reales vel simplices vel duplices. Quod quamvis non summo rigore sit demonstratum, tamen eius veritas in sequentibus magis corroborabitur, ubi huius generis functiones . . . (s.o.) . . . *actu in istiusmodi factores duplices reales resolventur.)*" [2; **1**, § 32].

Es folgen einige allgemeine Sätze über die Werte und Nullstellen von Polynomen:

§ 33: *Wenn die ganze Funktion Z für z = a den Wert A und für z = b den Wert B annimmt, so kann sie für Werte von z zwischen a und b alle Werte zwischen A und B annehmen.*

Der Beweis besteht eigentlich nur aus dem Satz, daß Z von A zu B nicht übergehen kann, ohne alle Zwischenwerte zu durchlaufen *(ab A ad B transire non poterit nisi per omnes valores medios transeundo).* Dieser Satz wurde offenbar als selbstverständlich oder als Axiom angenommen.

§ 34: Aus diesem Zwischenwertsatz folgt, daß jede ganze Funktion ungeraden Grades mindestens eine reelle Nullstelle hat, allgemein eine ungerade Anzahl von reellen Nullstellen. Denn für $z = -\infty$ ist $Z = -\infty$, und für $z = +\infty$ ist $Z = +\infty$.

§ 37: Eine ganze Funktion geraden Grades, deren absolutes Glied negativ ist, hat mindestens zwei reelle Nullstellen.

In der Arbeit *Recherches sur les racines imaginaires des équations* 1749/51 [7] hat **Euler** die algebraischen Probleme ausführlicher und weiterführend dargestellt. Er definiert die imaginären Größen als solche, die weder > 0 noch < 0 noch $= 0$ sind, *wie zum Beispiel* $\sqrt{-1}$ *oder allgemein* $a + b\sqrt{-1}$ (s.S. 154), [7; § 3].

Nun nimmt er sich vor, streng zu beweisen, daß jedes Polynom in reelle Faktoren 1. und 2. Grades zerfällt (§ 7). Aus der Kenntnis der Lösungen der Gleichungen 2. Grades folgt dann, daß jede imaginäre Wurzel von der Form $M + N\sqrt{-1}$, M, N reell, ist (§ 60, Theorem 11).

Als Hilfssätze benutzt er die Sätze der *Introductio* § 34 und § 37, betrachtet aber jetzt ausdrücklich die *Kurve*, die durch die Gleichung

$$x^{2m+1} + A x^{2m} + \dots = y$$

dargestellt wird. (Nachdem eine Gleichung nach vielen anderen früheren Versuchen in der Form $p(x) = 0$ dargestellt wurde, wird jetzt $p(x) = y$ als Kurve aufgefaßt, deren Nullstellen gesucht werden.) Diese Kurve hat (bei $x = -\infty$) einen Ast, der unterhalb der Achse und (bei $x = +\infty$) einen Ast, der oberhalb der Achse verläuft. Da diese beiden Äste zusammenhängen, muß die Kurve die Achse treffen. – *Cette branche ⟨située au dessous de l'axe⟩ étant continue avec l'autre située au dessus de l'axe, il faut absolument que la courbe traverse quelque part de l'axe, et si elle traverse en plusieurs points, le nombre de ces points doit être impair* (§ 20).

Man kann also eine Gleichung ungeraden Grades durch Abspalten ihrer reellen Linearfaktoren auf eine Gleichung geraden Grades zurückführen. Wenn man nun noch zeigen kann, daß man eine Gleichung des Grades 2 n, analog der Gleichung 4. Grades, in zwei Faktoren vom Grad n zerlegen kann, ist das Ziel erreicht.

Man denke sich in der Ausgangsgleichung das zweite Glied beseitigt:

$$x^{2n} + B x^{2n-2} + C x^{2n-3} + \dots = 0. \qquad (1)$$

Die linke Seite soll in die Faktoren

$$x^n - u x^{n-1} + a_{n-2} x^{n-2} + a_{n-3} x^{n-3} + \dots + a_0 \qquad (2)$$

$$x^n + u x^{n-1} + b_{n-2} x^{n-2} + b_{n-3} x^{n-3} + \dots + b_0 \qquad (3)$$

zerlegt werden. Daß die Koeffizienten von x als + u und – u anzusetzen sind, ergibt sich aus dem Fehlen des zweiten Gliedes in (1).

Durch Ausmultiplizieren der Faktoren und Koeffizientenvergleich ergeben sich Gleichungen zwischen $B, C, \dots, u, a_i, b_i$, aus denen die a_i und b_i zu eliminieren sind, so daß man eine Gleichung für u erhält, deren Koeffizienten von B, C, ... abhängen, und zwar – was schwierig festzustellen ist – rationale Funktionen von B, C, ...

Nun muß man diese Gleichung nicht wirklich aufstellen, man muß nur zeigen, daß sie mindestens eine reelle Lösung hat. Da jeder der beiden Faktoren (2) und (3) n der 2 n Linearfaktoren von (1) enthält, gibt es $N = \binom{2n}{n}$ Möglichkeiten. Die Gleichung für u muß also vom Grad N sein. Da sie aber mit jeder positiven Lösung auch die entsprechende negative hat, ist sie eine Gleichung vom Grad $\frac{N}{2}$ für u^2.

Nun sind die verschiedenen möglichen Formen von n zu untersuchen. Für $n = 2^k$ stellt **Euler** fest, daß N/2 eine ganze ungerade Zahl ist. Das absolute Glied der Gleichung ist das negative Produkt der N/2 Werte der u_i^2, also negativ, also besitzt die Gleichung eine positive reelle Lösung u^2, also existiert ein reelles u.

Euler bespricht auch die übrigen möglichen Formen von n.

Gauß hat gegen den Beweis von **Euler** die folgenden vier Einwände erhoben [7; § 8]:

1. Es ist nicht bewiesen, daß sich die Koeffizienten der Hilfsgleichung *rational* durch B, C, ... ausdrücken lassen.
2. Selbst wenn das der Fall ist, könnten sie unbestimmt ($= \frac{0}{0}$) werden.
3. Die Existenz der imaginären (bzw. unmöglichen) Wurzeln wird vorausgesetzt. **Gauß** schreibt dazu (§ 3): „. . . *vielmehr möchte der Sinn des Axioms so gefaßt werden müssen: ‚Obgleich wir noch nicht sicher sind, daß es notwendig m reelle oder imaginäre* ⟨hier im Sinne von $p + q\sqrt{-1}$⟩ *Größen gibt, welche irgendeiner gegebenen Gleichung m-ten Grades genügen, so wollen wir dies doch zunächst annehmen; denn sollte es sich treffen, daß nicht so viele reelle und imaginäre Größen gefunden werden können, dann bleibt uns ja der Ausweg offen, zu sagen, die übrigen seien unmöglich.' Zieht man es vor, diesen Ausdruck zu gebrauchen, statt einfach zu sagen, die Gleichung habe in diesem Falle nicht so viele Wurzeln, so habe ich nichts dagegen; jedoch wenn man dann mit diesen unmöglichen Wurzeln so verfährt, als ob sie etwas Wirkliches seien, und beispielsweise sagt, die Summe aller Wurzeln der Gleichung $x^m + A x^{m-1} + \ldots = 0$ sei $= -A$, obschon unmögliche unter ihnen sind, (das heißt eigentlich: wiewohl einige fehlen), so kann ich dies durchaus nicht billigen.*"
4. Es ist nicht sicher, daß die u_i alle reell und somit die u_i^2 alle positiv sind.

Über weitere Beweisversuche berichtet **Gauß** [7; §§ 10ff.] § 10: *Später schlug auch* **Daviet de Foncenex**, *nachdem er den einen Mangel im Eulerschen Beweise bemerkt hatte, ohne ihn heben zu können, noch einen anderen Gang ein* (1759 [1]). Auch diesen Versuch findet **Gauß** nach sorgfältiger Prüfung unbefriedigend.

§ 12: *Endlich behandelt* **Lagrange** *unser Theorem in der Abhandlung: Sur la forme des racines imaginaires des équations* (1772 [5]). *Dieser große Mathematiker bemühte sich vor allem, die Lücken in* **Euler**s *ersten Beweise auszufüllen, und wirklich hat er besonders das, was oben § 8 den zweiten und den vierten Einwurf ausmacht, so tief durchforscht, daß nichts Weiteres zu wünschen übrig bleibt. . . Den dritten Einwurf dagegen* *berührt er überhaupt nicht; ja auch seine ganze Untersuchung ist auf der Voraussetzung aufgebaut, jede Gleichung m-ten Grades habe wirklich m Wurzeln.*

(Übrigens: **Gauß** übte diese Kritik an den größten Mathematikern der damaligen Zeit in einer seiner ersten Arbeiten im Alter von 22 Jahren.)

Gauß hat vier Beweise für den Fundamentalsatz gegeben, den ersten, dem er die Kritik der bisherigen Beweisversuche vorausschickt, 1799. Den Gedanken dieses Beweises hat er im vierten Beweis 1849 wieder aufgenommen und jetzt mittels der 1799 vermiedenen, aber 1849 allgemein eingebürgerten komplexen Zahlen durchgeführt [6].

Es sei

$$p(z) = \sum_{\nu=0}^{n-1} A_\nu z^\nu + z^n .$$

Gauß setzt:

$$z = r(\cos\rho + i \cdot \sin\rho),\ A_\nu = a_\nu(\cos\alpha_\nu + i \cdot \sin\alpha_\nu) \quad r,\ a_\nu \text{ positiv reell.}$$

Zerlegt man p(z) in Realteil und Imaginärteil

$$p(z) = T + iU,$$

so wird:

$$T = \sum_{\nu=0}^{n-1} a_\nu \cdot r^\nu \cdot \cos(\nu\rho + \alpha_\nu) + r^n \cdot \cos n\rho$$

$$U = \sum_{\nu=0}^{n-1} a_\nu \cdot r^\nu \cdot \sin(\nu\rho + \alpha_\nu) + r^n \cdot \sin n\rho .$$

Das höchste Glied $T_n = r^n \cdot \cos n\rho$ hat auf einem Kreis vom Radius r = R genau 2 n Nullstellen, nämlich für $n\rho = \frac{\pi}{2}$ und $n\rho = \frac{3\pi}{2}$; $U_n = r^n \sin n\rho$ hat auf diesem Kreis Nullstellen für $n\rho = \pi$ und $n\rho = 2\pi$. In der Abbildung 102 a sind für n = 4 die Nullstellen von T_n mit ungeraden, die von U_n mit geraden Zahlen bezeichnet.

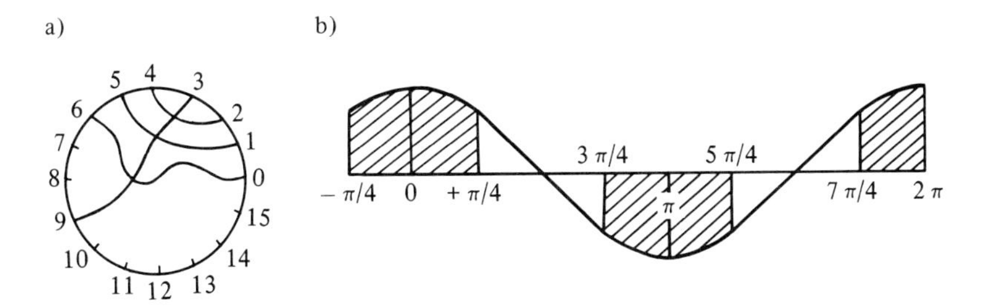

Abbildung 102

Nun läßt sich beweisen, daß für genügend großes R auch T und U selbst je 2 n Nullstellen haben, die sich ebenso gegenseitig abwechseln. Denn in den schraffierten Intervallen der Abbildung 102 b, nämlich $-\frac{1}{n}\frac{\pi}{4}$, $+\frac{1}{n}\frac{\pi}{4}$ usw. ist $|\cos n\rho| > \frac{1}{\sqrt{2}}$. Wählt man R so groß, daß für alle $r > R$

$$\frac{1}{\sqrt{2}} r^n > \sum_{\nu=0}^{n-1} a_\nu r^\nu$$

ist, so ist in diesen Intervallen abwechselnd $T > 0$ und $T < 0$, hat also in jedem nicht schraffierten Intervall genau eine Nullstelle. Ebenso sieht man, daß U in den schraffierten Intervallen je eine Nullstelle hat. Gesucht ist nun ein Punkt im Innern des Kreises, in dem $T = U = 0$ ist. Um einen sochen zu finden, zeichnet man im Innern des Kreises die Linien $T = 0$ und $U = 0$ und überlegt, daß sie einen Schnittpunkt haben müssen. Die numerierten Punkte auf dem Kreis (Abbildung 102 a) sind nicht genau die Punkte mit $T = 0$ und $K = 0$, kommen ihnen aber so nahe, daß sie statt ihrer für die folgende Überlegung benützt werden können.

Die vom Punkt 0 ausgehende Kurve $U = 0$ muß in einem „geraden" Punkt enden, etwa in 2 m. Die vom Punkt 1 ausgehende Kurve $T = 0$ muß dann entweder diese Kurve schneiden – dann haben wir den gesuchten Punkt – oder zu einem ungeraden Punkt $n \leqslant 2m - 1$ führen. Der Punkt 2 ist dann im ungünstigsten Fall mit dem Punkt $2m - 2$ verbunden. Die Abstände der verbundenen Punkte werden immer kleiner; schließlich muß einmal, wenn nicht vorher ein Schnittpunkt aufgetreten ist, ein Punkt h mit $h + 2$ verbunden sein. Dann kann $h + 1$ nicht mehr ohne Schnitt mit einem Punkt $h + 1 \pm 2k$ verbunden werden.

Ganz lückenlos war auch dieser Beweis nicht. Es fehlte noch, wie bei **Euler** (s.S. 496 f.), ein *Rein analytischer Beweis des Lehrsatzes, daß zwischen je zwey Werthen, die ein entgegengesetztes Resultat gewähren, wenigstens eine reelle Wurzel der Gleichung liege.* **Bolzano** gab ihn 1817 in der Arbeit mit dem genannten Titel [1]. Er definiert darin, was eine stetige Funktion ist, und beweist, daß ein Polynom eine stetige Funktion ist und daß eine stetige Funktion die im Titel genannte Eigenschaft hat.

Zum Beweis muß die gesuchte reelle Wurzel durch eine Folge, die das sog. **Cauchy**sche Konvergenzkriterium erfüllt, gefunden werden, und um zu beweisen, daß eine solche Folge eine reelle Zahl als Grenzwert hat, wird eine geeignete Definition der reellen Zahl gebraucht, die es 1817 noch nicht gab. Hierzu siehe S. 137 ff.

Später sind mit tiefer liegenden Hilfsmitteln, insbesondere der Theorie der komplexen Funktionen, weitere Beweise des Fundamentalsatzes der Algebra gegeben worden.

3.5 Methoden zur näherungsweisen Lösung von algebraischen Gleichungen

3.5.1 Vorbemerkungen

L.: Goldstine, Huber.

Wir schreiben die Gleichung, deren Lösung gesucht ist, gewöhnlich in der Form

$$f(x) = a_n x^n + a_{n-1} x^{n-1} + \dots + a_1 x + a_0 = 0. \qquad (1)$$

Gelegentlich kann unter $f(x) = 0$ auch eine transzendente Gleichung verstanden werden.

Wir erläutern die Methoden meistens an der Gleichung dritten Grades

$$f(x) = a_3 x^3 + a_2 x^2 + a_1 x + a_0 = 0, \qquad (2)$$

weil daran alles Wesentliche schon zu sehen ist.

Näherungslösungen für die reinen Gleichungen $x^2 = a$, $x^3 = a$, manchmal bis zu $x^6 = a$ wurden im Abschnitt 2.4.1 Potenzen und Wurzeln besprochen. Einiges davon muß hier des Zusammenhangs wegen wiederholt werden.

Im allgemeinen setzen wir voraus, daß die vorgelegte Gleichung lauter verschiedene (positive) reelle Wurzeln hat. Wie zu verfahren ist, wenn das nicht der Fall ist, insbesondere wie sich komplexe Wurzeln finden und approximieren lassen, darüber gibt es zahlreiche Untersuchungen, für die wir jedoch auf die Dissertation von **E. Huber** verweisen.

3.5.2 Berechnung von Werten eines Polynoms

Bei manchen Methoden zur Bestimmung von Näherungswerten für die Lösung ist es notwendig, den Wert eines Polynoms an einer bestimmten Stelle (oder an mehreren Stellen) auszurechnen. Für diese Rechnung kann es zweckmäßig sein, das Polynom in der folgenden Form zu schreiben

$$f(x) = ((a_3 x + a_2) x + a_1) x + a_0. \qquad (3)$$

Um einen kurzen Ausdruck dafür zu haben, wollen wir sagen, das Polynom sei in der geschachtelten (oder geklammerten) Form geschrieben.

Für die Ausrechnung kann man dann das sog. Horner-Schema verwenden. Man schreibe die Koeffizienten in die erste Zeile und berechne die zweite und dritte Zeile der Reihe nach gemäß den Pfeilen. Dabei hat man sich für die a_i und für x bestimmte Zahlen eingesetzt zu denken.

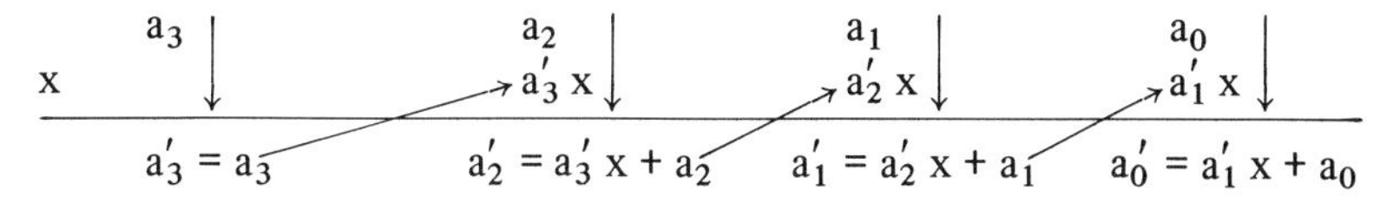

Dann ist $a'_0 = ((a_3 x + a_2) x + a_1) x + a_0 = f(x)$.

Mit diesem Schema ist also für einen beliebigen Wert x der Wert von f(x) bequem zu berechnen.

Bei der praktischen Rechnung sind a'_3, a'_2, a'_1, a'_0 bestimmte Zahlen, die aber von dem gewählten Wert von x abhängen. Wir bilden das neue Polynom

$$f_1(y) = a'_3 y^2 + a'_2 y + a'_1$$

und berechnen seinen Wert für y = x. Das kann geschehen, indem man an das angefangene Schema die entsprechenden weiteren Zeilen anhängt.

Setzt man y = x in $f_1(y)$ ein, so erhält man

$$\begin{aligned} f_1(x) &= a_3 x^2 + (a_3 x + a_2) x + (a_3 x + a_2) x + a_1 \\ &= 3 a_3 x^2 + 2 a_2 x + a_1 . \end{aligned}$$

Durch die Fortsetzung des Horner-Schemas erhält man also die Ableitung von f an der Stelle x. Das muß natürlich für ein Polynom beliebigen Grades noch allgemein bewiesen werden; wir führen diesen Beweis hier nicht durch. Entsprechend erhält man die weiteren Ableitungen und damit die Koeffizienten der Entwicklung von f(x + r) nach Potenzen von r. Diese Entwicklung spielt bei verschiedenen Näherungsverfahren eine Rolle (s.S. 507).

Ein solches Schema zur Berechnung von Werten eines Polynoms wurde schon von den Chinesen benutzt, die ja viele ihrer Rechnungen mit Rechenstäbchen ausführten, die in geeigneter Ordnung hingelegt wurden (s.S. 186). Das Verfahren wurde 1804 von **Ruffini** neu gefunden [3; 300 ff.] und 1819 unabhängig auch von **Horner**.

Die geschachtelte Form (3) des Polynoms kann auch graphisch ausgewertet werden. Ein solches Verfahren hat **Segner** [2] (1758/59) angegeben. Wir schildern es für den Fall, daß f(x) für einen Wert x zwischen 0 und 1 ermittelt werden soll.

Die Abbildung 103 ist so angelegt, daß

$$OX = x, \quad OQ = 1,$$
$$OD = a_0, \quad DC = a_1,$$
$$CB = a_2, \quad BA = a_3$$

ist. In der Zeichnung sind alle a_i positiv angenommen; ein negatives a_i wäre nach unten anzutragen. Man zieht nun $AA' \| OQ$, verbindet A' mit B und erhält als Schnittpunkt mit XX' den Punkt b. Zieht man durch b die Parallele zu OQ, so erhält man die Punkte p und B'. Nun gilt

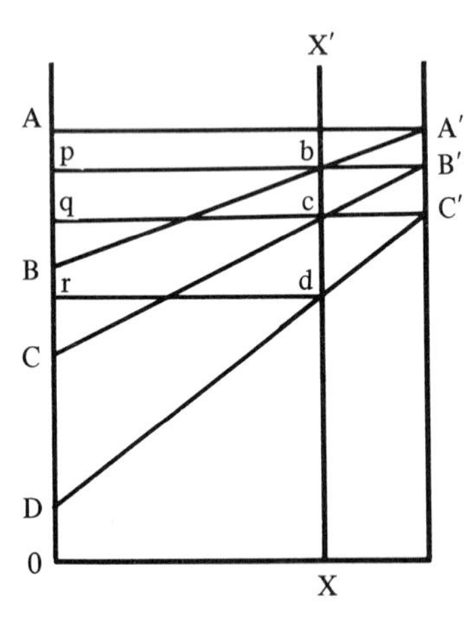

Abbildung 103. Bestimmung des Wertes von f(x) nach Segner.

$$Bp : BA = pb : AA',$$

also ist

$$Bp = a_3 \cdot x \qquad \text{und} \qquad Cp = a_3 x + a_2 .$$

Das Produkt dieses Ausdrucks mit x erhält man entsprechend: man verbindet B′ mit C und zieht $cq \| OQ$. Dann ist

$$Cq = (a_3 x + a_2) x \quad \text{und} \quad Dq = (a_3 x + a_2) x + a_1 .$$

Nach dem nächsten Schritt wird

$$O r = ((a_3 x + a_2) x + a_1) x + a_0 = f(x).$$

Die entsprechende Zeichnung ist auch möglich, wenn $x > 1$ oder $x < 0$ ist, jedoch darf der Punkt X den Punkten 0 oder Q nicht zu nahe kommen und auch nicht zu weit von ihnen entfernt sein, damit die Zeichnung praktisch durchführbar ist. Auch wenn zwischen den a_i erhebliche Größenunterschiede bestehen, ist die Zeichnung schwer ausführbar.

1867 hat **Lill** ein anderes Verfahren beschrieben (s. Abb. 104): Man beginnt bei A_3 und zeichnet $A_3 A_2 = a_3$ (nach oben, wenn a_3 positiv ist, sonst nach unten). Dann zeichnet man senkrecht dazu $A_2 A_1 = a_2$, und zwar nach rechts, wenn a_2 positiv ist; und wieder senkrecht dazu $A_1 A_0 = a_1$.

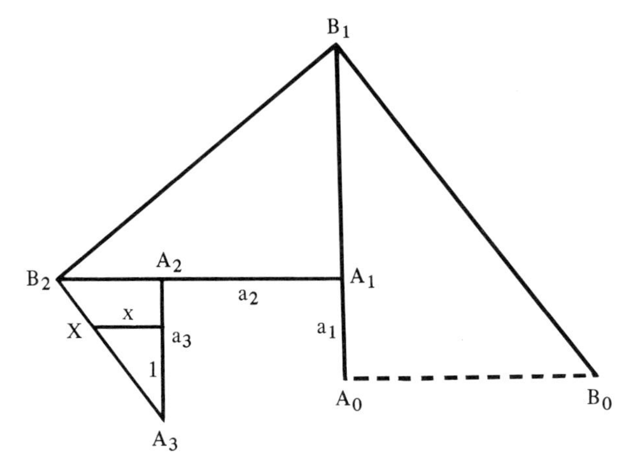

Abbildung 104. Bestimmung einer Nullstelle von f(x) nach Lill.

Nun trägt man im Abstand 1 von A_3 die Strecke x senkrecht auf $A_3 A_2$ auf. Die Verlängerung von A_3 X führt zum Punkt B_2. Dann ist

$$B_2 A_2 = a_3 x \qquad \text{und} \qquad B_2 A_1 = a_3 x + a_2 .$$

In B_2 errichtet man die Senkrechte auf $B_2 A_3$ und findet auf ihr den Punkt B_1. Dann ist

$$B_1 A_1 = B_2 A_1 \cdot x = (a_3 + a_2) \cdot x$$

$$B_1 A_0 = (a_3 x + a_2) x + a_1 .$$

Weiter wird dann

$$A_0 B_0 = ((a_3 + a_2) x + a_1) x$$

und wenn dies gleich $- a_0$ ist, ist das gewählte x eine Nullstelle des Polynoms. Durch Drehen der Geraden $A_3 B_2$ kann man eine Nullstelle näherungsweise finden.

Für die Gleichung der Würfelverdoppelung, also für $x^3 = 2$, erhält man die Figur der Abbildung 105.

Das ist diejenige Lösung des Problems, die **Eutokios** dem **Platon** zuschreibt [Archimedes 1; **3**, 56 ff.].

Die Begründung ist allerdings hier erheblich einfacher. Der Streckenzug ABCD ist mit Hilfe eines mechanischen Instruments so zu legen, daß $1 : x = x : y = y : 2$ gilt.

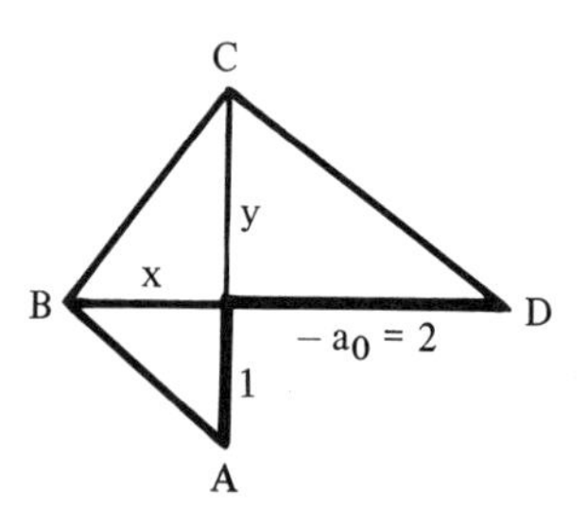

Abbildung 105. Würfelverdoppelung nach „Platon".

Ein Verfahren, zahlreiche Werte eines Polynoms zu finden, beruht darauf, daß bei einem Polynom n-ten Grades die n-ten Differenzen zwischen Argumentwerten gleichen Abstands konstant sind. Einen Beweis geben wir hier nicht, wir schreiben nur das Differenzen-Schema für $f(x) = x^3$ an (Tabelle 29):

Tabelle 29. Differenzen-Schema.

x	f(x)	$\Delta_1 x_i$ $f(x_{i+1}) - f(x_i)$	$\Delta_2 x_i$ $\Delta_1 x_{i+1} - \Delta_1 x_i$	$\Delta_3 x_i$ $\Delta_2 x_{i+1} - \Delta_2 x_i$
0	0			
		1		
1	1		6	
		7		6
2	8		12	
		19		6
3	27		18	
		37		6
4	64		24	
		61		6
5	125		30	
		91		
6	216			

Die Konstanz der dritten Differenzen läßt sich so anwenden: Hat man für Werte x_i mit gleichem Abstand $(x_{i+1} - x_i = d)$ die Werte $f(x_i)$ berechnet, so kann man durch bloße Additionen weitere Werte des Polynoms berechnen.

Ein solches Differenzenschema wurde von **Collins** zur Wurzelapproximation herangezogen; ausführlicher wurde das Verfahren von **de Lagny** dargestellt.

3.5.3 Verbesserung eines Lösungsintervalls

Hat man – mit oder ohne Differenzenschema – zwei Werte x_1, x_2 gefunden, für die $f(x_1) < 0$, $f(x_2) > 0$ ist oder umgekehrt, zwischen denen also die Lösung liegen muß, so gibt es die folgenden Möglichkeiten, die Lösung genauer zu bestimmen:

1. Lineare Interpolation.
Das ist das im Abschnitt 3.1.4 dargestellte Verfahren des doppelten falschen Ansatzes. Wenn f(x) linear ist, führt es zur exakten Lösung, sonst zu einer Näherung. Angewandt wird es schon in einem altbabylonischen Text (soweit man aus den angegebenen Zahlen auf das Verfahren schließen darf) bei der Aufgabe: Man berechne, wann sich ein Kapital bei 20% Zinseszins verdoppelt hat [MKT; **3**, 63] (s. S. 536). Dabei könnte man allerdings angenommen haben, daß das Kapital während eines Jahres tatsächlich linear wächst, also die Zinsen erst jeweils zum Jahresschluß dem Kapital zugeschlagen werden. Dann würde es sich nicht um eine Näherung, sondern um die exakte Lösung handeln. Ähnliches gilt für die Aufgaben, die sich z.B. in chinesischen Rechenbüchern und bei anderen Autoren finden (s.S. 372).

Cardano hat bei Gleichungen 3. Grades dieses Verfahren ausdrücklich als Näherungsverfahren benutzt und auch auf die Verbesserung des Ergebnisses durch Iteration hingewiesen [3; Kap. 30].

2. Unterteilung des Intervalls.

Chuquet macht das folgendermaßen [1; 653 f.]: Wenn $\frac{a'}{b'} < \frac{a''}{b''}$ zwei die Lösung eingrenzende positive Versuchszahlen sind, so bildet er zunächst $m_1 = \frac{a' + a''}{b' + b''}$.
Man rechnet leicht nach, daß $\frac{a'}{b'} < m_1 < \frac{a''}{b''}$ ist. Liegt die Lösung zwischen m_1 und $\frac{a''}{b''}$, so bildet **Chuquet** weiter $m_i = \frac{a' + i \cdot a''}{b' + i \cdot b''}$, $i = (1), 2, 3, \ldots$

Man kann nachrechnen, daß $m_i < m_{i+1} < \ldots < \frac{a''}{b''}$ ist, und man sieht, daß die m_i gegen $\frac{a''}{b''}$ streben. In einem dieser Intervalle muß also die Lösung liegen. Man findet dieses Intervall, indem man der Reihe nach die Werte $f(m_i)$ ausrechnet.

Liegt die Lösung zwischen $\frac{a'}{b'}$ und m_1, so hat man die Reihe $n_i = \frac{i \cdot a' + a''}{i \cdot b' + b''}$ zu bilden.

Nach Einführung der Dezimalbruchrechnung liegt es nahe, das Intervall jeweils in 10 Teile zu teilen. Man erhält dabei stets die nächste Dezimalstelle der Lösung. Ein Beispiel dafür gibt **Stevin** [1; 740 ff.]. Er rechnet bei der Gleichung

$$x^3 = 300\,x + 33\,915\,024$$

allerdings nur die ganzen Dezimalstellen aus, indem er zunächst x = 100, 200, 300, 400 einsetzt, sodann, da die Lösung zwischen 300 und 400 liegt, 310, 320, ... Beim dritten Schritt erhält er die exakte Lösung 324, sagt aber, daß bei anderen Gleichungen, z.B.

$$x^3 = 300\,x + 34\,000\,000$$

das Verfahren beliebig weit fortgesetzt werden könnte.

Auch im Sexagesimalsystem läßt sich ein solches Verfahren zur Berechnung der jeweils nächsten Stelle durchführen. Es ist möglich, daß **al-Bīrūnī** dieses Verfahren meint, wenn er sagt, daß es zur Lösung der Gleichung $x^3 = 1 + 3\,x$ kein anderes Verfahren gäbe als *istiḳrā* (= konsekutive Auswahl). Ohne Beschreibung des Verfahrens gibt er als Lösung an:

$$x = 1^\circ 52' 45'' 47''' 13^{IV} \quad [1;260].$$

Auch **Leonardo von Pisa** könnte bei der sehr genau angegebenen Lösung der Gleichung $x^3 + 2\,x^2 + 10\,x = 20$ [1; **2**, 228] so vorgegangen sein, aber wir wissen nicht, ob er es getan hat.

Die fortgesetzte Halbierung des in Betracht kommenden Intervalls ist wohl mehr für theoretische Überlegungen als für eine numerische Ausrechnung geeignet.

3.5.4 Verbesserung eines Näherungswertes

Beim Ausziehen der Quadratwurzel, also bei der Lösung der Gleichung

$$x = \sqrt{N} \quad \text{bzw.} \quad x^2 = N \tag{4}$$

findet man – wenigstens bei kleinen Zahlen N – leicht eine Zahl x_0, für die $x_0^2 \leqslant N$ ist; oft wird die größte ganze Zahl mit dieser Eigenschaft gewählt. Man kann dann den genauen Wert der Lösung in der Form

$$x = x_0 + r$$

ansetzen und hat nun den Vorteil, daß die jetzt gesuchte Zahl r klein ist, daß man also höhere Potenzen von r vernachlässigen kann.

Aus (4) wird

$$x_0^2 + 2\,r\,x_0 + r^2 = N$$

und mit Vernachlässigung von r^2 erhält man

$$r = \frac{N - x_0^2}{2\,x_0}, \quad x = x_0 + \frac{N - x_0^2}{2\,x_0}.$$

Nach dieser Vorschrift wird z.B. in dem altbabylonischen Text VAT 6598 [MKT; **1**, 282, 286] die Diagonale eines Rechtecks ausgerechnet (s.S. 264).

Über dieses Verfahren, über Varianten und Iterationen, sowie über seine Anwendung auf Kubikwurzeln und n-te Wurzeln wurde im Abschnitt 2.4.1 (Potenzen und Wurzeln) berichtet. Man kann aber auch bei allgemeinen Gleichungen entsprechend vorgehen. Wir zeigen das wieder an einer Gleichung 3. Grades.

Sei x_0 ein Näherungswert für die Lösung, so setze man die genaue Lösung als $x = x_0 + r$ an. Dann muß r aus der Gleichung

$$a_3(x_0 + r)^3 + a_2(x_0 + r)^2 + a_1(x_0 + r) + a_0 = 0$$

bestimmt werden. Man entwickelt das Polynom nach Potenzen von r:

$$a_3 x_0^3 + a_2 x_0^2 + a_1 x_0 + a_0 + (3 a_3 x_0^2 + 2 a_2 x_0 + a_1) r + (3 a_3 x_0 + a_2) r^2 + a_3 r^3 = 0.$$

Mit den Abkürzungen

$$f_1(x) = 3 a_3 x^2 + 2 a_2 x + a_1 \quad (= f'(x))$$
$$f_2(x) = 3 a_3 x + a_2 \quad (= \tfrac{1}{2} f''(x))$$
$$f_3(x) = a_3 \quad (= \tfrac{1}{6} f'''(x))$$

haben wir somit die Gleichung

$$g(r) = f(x_0) + f_1(x_0) \cdot r + f_2(x_0) \cdot r^2 + f_3(x_0) \cdot r^3 = 0, \qquad (5)$$

aus der r zu bestimmen ist.

Vernachlässigt man hier zunächst nur r^3, so erhält man

$$r = -\frac{f(x_0)}{f_1(x_0) + r \cdot f_2(x_0)} \qquad (6)$$

wobei das r im Nenner natürlich stört.

Viète, der dieses Verfahren in [7] in Analogie zum Verfahren des Wurzelziehens mit zahlreichen Beispielen dargestellt hat, vernachlässigt das r im Nenner nicht vollständig, sondern ersetzt es durch die entsprechende Potenz von 10, wie sogleich erläutert werden soll. Bei der Gleichung

$$x^3 + 30 x = 14\,356\,197$$

stellt **Viète** zunächst fest, daß die Lösung dreistellig, also von der Form $a \cdot 10^2 + r$ sein muß. Nachdem er a, also die erste Ziffer der Lösung, bestimmt hat (als die größte Zahl, für die $a^3 < 14$ ist), berechnet er r aus (6), wobei er das r im Nenner durch 10 ersetzt. Er führt übrigens die Division nicht vollständig aus, sondern begnügt sich mit einer Ziffer (für die nächste Stelle der Lösung [7; 177f.].

Die Methode von **Viète** wurde mit geringen Abwandlungen u.a. von **Harriot** [117 f.], **Oughtred** [1; 120 ff.], **Dechales** [3, IV, 737–745], **Bürgi** [2; 58 ff.], **R. Wolf** [1; 20 f.], und **Wallis** [4; Kap. 62] benutzt.

Vernachlässigt man in (5) auch r^2, so erhält man als Näherungswert für r

$$r_0 = -\frac{f(x_0)}{f'(x_0)}, \qquad (7)$$

wenn $f'(x_0) \neq 0$ ist. Es sei bemerkt, daß bei einem Polynom f(x) das Polynom f'(x) durch Entwicklung von $f(x_0 + r)$ nach Potenzen von r, also ohne Differentialrechnung gefunden werden kann. Aufgrund der Taylorschen Entwicklung kann allerdings diese Methode auch zur angenäherten Bestimmung einer Nullstelle einer transzendenten Funktion f(x) benutzt werden,

Das Verfahren wurde von **Newton** in der Arbeit *De analysi per aequationes numero terminorum infinitas* dargestellt; diese Arbeit wurde 1669 bei der Royal Society deponiert, aber nicht veröffentlicht [4].

Beim nächsten Schritt setzt **Newton** in der Gleichung (5) $r = r_0 + r_1$ und erhält entsprechend zu (7)

$$r_1 = -\frac{g(r_0)}{g'(r_0)} .$$

Raphson hat stattdessen $x_1 = x_0 + r_0$ gesetzt und r_1 aus der Gleichung

$$f(x_1 + r_1) = f(x_1) + r_1 \cdot f'(x_1) + r_1^2 \cdot f_2(x_1) + r_1^3 \cdot f_3(x_1) = 0$$

bestimmt, und zwar näherungsweise als

$$r_1 = -\frac{f(x_1)}{f'(x_1)} .$$

Dieser Wert ist derselbe wie der von **Newton**; es ist aber bequemer, die neuen Werte stets in dieselbe Gleichung einzusetzen. **Wallis** berichtet in seiner Algebra über beide Verfahren.

Geometrisch betrachtet besteht das Verfahren darin, die Kurve durch ihre Tangente an der Stelle x_0 zu ersetzen. (Bei der linearen Interpolation ersetzt man die Kurve durch die Sehne zwischen zwei Kurvenpunkten). Geometrisch sieht man leicht, daß das Verfahren bei Iteration nicht immer konvergieren wird, z.B. wenn man in Abbildung 106a mit der Tangente im Punkt A beginnt. Als hinreichende Bedingung für die Konvergenz gab **Mouraille** 1768 an, daß die Kurve zwischen dem gewählten ersten Näherungswert x_0 und der Nullstelle konvex gegen die x-Achse ist [Cajori 1; 134]. **Fourier** verlangt (1831) – wohl ohne Kenntnis der Arbeit von **Mouraille** –: Man muß das Intervall solange verkleinern, bis der Bogen, welcher dem neuen Intervall a'b' entspricht, keinen Punkt p des Maximums oder Minimums und keinen Inflexionspunkt (Wendepunkt) r enthält [4; 167 f.].

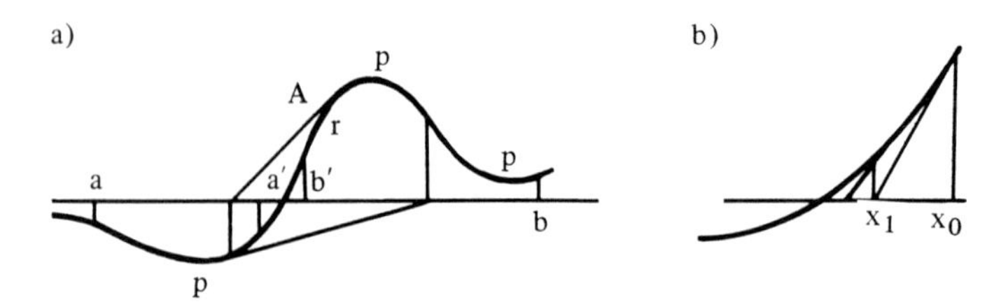

Abbildung 106. Zur Konvergenz des Newton-Raphson-Verfahrens.

Will man in (5, S. 507) r^2 nicht vernachlässigen, so kann man r aus der quadratischen Gleichung

$$f(x_0) + f_1(x_0) \cdot r + f_2(x_0) \cdot r^2 = 0$$

berechnen. Das hat **Halley** 1694 getan.

Lagrange hat die sukzessiven Verbesserungen eines Näherungswertes als Kettenbruch dargestellt (1767 [2; 560, § 3]). Hat man eine positive reelle Lösung der Gleichung $f(x) = 0$ so eingegrenzt, daß sie zwischen zwei aufeinanderfolgenden ganzen Zahlen liegt

$$x_0 < x < x_0 + 1$$

so kann man die Verbesserung in der Form $x = x_0 + \frac{1}{y}$, also mit $\frac{1}{y}$ statt r, ansetzen. Aus der Gleichung (5) (S. 770) wird nach Multiplikation mit y^3

$$f(x_0) \cdot y^3 + f_1(x_0) \cdot y^2 + f_2(x_0) \cdot y + f_3(x_0) = 0 .$$

Diese Gleichung hat nach den Voraussetzungen eine reelle Lösung $y > 1$. Hat man den nächstkleineren ganzzahligen Wert y_0 gefunden, so kann man $y = y_0 + \frac{1}{z}$ ansetzen und so fortfahren. Man erhält x als Kettenbruch

$$x = x_0 + \cfrac{1}{y_0 + \cfrac{1}{z_0 + \dots}} .$$

Die Partialbrüche dieses Kettenbruchs approximieren die Lösung abwechselnd von beiden Seiten [Lagrange 2; 565 = § 3, Abs. 21]. In dem Spezialfall des Ausziehens von Quadratwurzeln hat bereits **Cataldi** Kettenbrüche angewandt (zitiert nach [Huber]).

3.5.5 Iteration

Verfahren, bei denen man den jeweils erhaltenen Näherungswert wieder in die gleiche Formel einsetzt um den nächsten (besseren) Näherungswert zu erhalten, sind bei den geschilderten Verfahren schon mehrmals aufgetreten. Man kann ein solches Iterationsverfahren unter Umständen auch unmittelbar aus der Gleichung gewinnen. Dazu muß man $f(x) = 0$ auf die Form bringen:

$$x = g(x) . \tag{8}$$

Dann kann man von irgendeinem (geeigneten) Wert x_0 ausgehen und

$$x_{i+1} = g(x_i)$$

setzen. Die Werte x_i konvergieren gegen die Lösung von (8), wenn $|g'(x_i)| < 1$ ist.

Der Araber **Mariām Chelebi** gibt 1498 ein von **al-Kāšī** stammendes Iterationsverfahren wieder [Juškevič 1; 321 ff.], [Hankel 2; 290]. Zur Berechnung von sin 1° ist die Gleichung

$$x^3 + q = px$$

zu lösen. Sie kann so geschrieben werden:

$$x = \frac{q + x^3}{p}.$$

Man kann dann

$$x_{i+1} = \frac{q + x_i^3}{p}$$

setzen, und als Anfangsglied kann, da x klein ist, $x_0 = \frac{p}{q}$ gewählt werden.

Die in der Astronomie auftretende Gleichung $x = z + e \cdot \sin x$ wurde von **al-Ḥabaš al-Ḥāsib** iterativ behandelt. Hier ist z eine gegebene Zahl und e die Exzentrizität der Ellipse, also eine Zahl < 1, die in den in der Astronomie auftretenden Fällen sogar sehr klein ist, z.B. beträgt sie beim Mars, der von den klassischen Planeten eine der größten Exzentrizitäten hat, 0,09. Die Iteration $x_{n+1} = z + e \cdot \sin x_n$ liefert daher schon nach wenigen Schritten ein recht gutes Resultat [Juškevič 1; 324].

3.5.6 Rekurrente Folgen und Potenzsummen

Rekurrente Folgen sind Folgen, bei denen sich jedes Glied aus einer bestimmten Anzahl vorangehender Glieder linear berechnen läßt, z.B.

$$c_{i+1} = m \cdot c_i + n \cdot c_{i-1}. \tag{9}$$

Diese Folge hat **Nikolaus Bernoulli** [I. Schneider 1; 264] zur Lösung der Gleichung

$$x^2 = mx + n \tag{10}$$

benutzt, und zwar sagt er, daß

$$\lim_{i \to \infty} \frac{c_{i+1}}{c_i}$$

die Lösung ist.

Eine Herleitung dafür bringt **Euler** 1770 in seiner Algebra [5; 2, 1, 16, 231 ff.]. Er stellt sich die Aufgabe, für eine beliebige Gleichung

$$\sum_{k=0}^{n} a_k x^k = 0 \tag{11}$$

eine Folge zu finden, die so beschaffen ist, „daß ein jedes Glied durch das vorhergehende dividiert den Wert der Wurzel um so genauer anzeigt".

Sei c_i (i = 0, 1, 2, ...) eine solche Folge und $\frac{c_{i+1}}{c_i}$ schon eine gute Approximation der Lösung x. Dann wird

$$\frac{c_{i+1}}{c_i} \approx x\,, \quad \frac{c_{i+2}}{c_i} \approx x^2\,, \quad \ldots \frac{c_{i+k}}{c_i} \approx x^k \tag{12}$$

sein. Tragen wir diese Werte in (11) ein, so erhalten wir nach Multiplikation mit c_i

$$\sum_{k=0}^{n} a_k\, c_{i+k} = 0\,, \quad \text{also } c_{i+n} = -\frac{1}{a_n} \sum_{k=0}^{n-1} a_k\, c_{i+k}\,. \tag{13}$$

Dadurch ist die Folge (c_i) als rekurrente Folge erkannt. Bei der Berechnung der c_i sind die ersten n Glieder $(c_0, c_1, \ldots c_{n-1})$ beliebig zu wählen.

In dem Beispiel von **N. Bernoulli** sind die Werte (12) in die Gleichung (10) einzusetzen. Das ergibt

$$\frac{c_{i+2}}{c_i} = m \frac{c_{i+1}}{c_i} + n$$

und nach Multiplikation mit c_i und Änderung der Numerierung die Gleichung (9).

Euler berechnet als Beispiel die Lösung der Gleichung

$$x^3 = 3x + 1\,.$$

Er wählt als Anfangswerte $c_0 = 1$, $c_1 = 2$ und erhält damit die Folge

1, 2, 7, 23, 76, 251, 829, 2738.

Es ist $\frac{2738}{829} = 3{,}3027744$.

Die genaue Lösung ist $\frac{1}{2}(3 + \sqrt{13}) = 3{,}3027756 \ldots$

Der Grund für diesen Ansatz, eine rekurrente Folge zu suchen, bei der die Quotienten aufeinanderfolgender Glieder gegen die (größte) Lösung der Gleichung streben, liegt in dem Zusammenhang zwischen dem Quotienten zweier Polyome und rekurrenten Folgen und Potenzsummen. Diese Untersuchungen gehen auf **Daniel Bernoulli** zurück, **Euler** hat sie 1748 in der *Introductio in Analysin Infinitorum*, Kap. 17 dargestellt. Auf Einzelheiten können wir hier nicht näher eingehen.

Dieses Verfahren führt um so schneller zum Ziel, je weiter die größte und die zweitgrößte Nullstelle voneinander entfernt sind. Das läßt sich erreichen, indem man zu dem gegebenen Polynom f(x) mit den Nullstellen x_i ein Polynom $F_1(x)$ konstruiert, dessen Nullstellen x_i^2 sind. Wiederholt man das Verfahren r mal, so erhält man ein Polynom mit den Nullstellen $x_i^{2^r}$, die Nullstellen werden also auseinander gezogen. Dieses Verfahren haben unabhängig voneinander **Dandelin** 1826, **Lobačevskij** 1834 und **Gräffe** 1837 entdeckt.

4 Das angewandte Rechnen

Der Aufbau der Rechenoperationen und die stufenweise Erweiterung arithmetischer Kenntnisse und Methoden vollzog sich Hand in Hand mit den Problemen, die an den Menschen beim Leben in der Gemeinschaft herantraten und die er zu bewältigen suchte. So würde eine umfassende Geschichte der Rechenaufgaben – sie wurde bis jetzt noch nicht geschrieben – Aufschluß geben können über das, was für ihn im Rahmen der kulturellen Entwicklung jeweils wichtig war oder ihm wissenswert erschien.

Zuerst sind es praktische Fragen, Probleme des täglichen Lebens, deren Beantwortung dem Kaufmann und Handwerker, dem Vorsteher eines Haushalts oder einer Gemeinschaft nützlich und notwendig erschienen. Dazu kommt dann, da zum Ernst des Lebens auch die Freude, der Humor, gehört, die Unterhaltungsmathematik mit ihren vergnüglichen Zahlenrätseln, die aber auch zum ernsthaften Nachdenken anregen und, wie „**Alcuin**" sagt, den Geist der Jugend schärfen sollen: *Propositiones ad acuendos juvenes.*

4.1 Probleme aus dem täglichen Leben

Bei den Aufgaben, die im Alltag eine Rolle spielen, handelt es sich vor allem um die dauernde oder vorübergehende Eigentumsübertragung (*Kauf und Verkauf*, *Vermietungen* und *Pacht*), nachdem zuerst der Wert der Ware, ihr Preis, bestimmt wurde. Die Ware geht an einen anderen Besitzer über, der dem Vorbesitzer nicht nur den Warenwert, sondern in der Regel auch noch eine Arbeitsentschädigung, einen *Gewinn*, zu bezahlen hat. Dabei führt die Verwendung des *Prozentbegriffs* zu einer einheitlichen Behandlung der Aufgaben. Der reine *Warentausch* (Stich), der ursprünglich die einzige Art der Eigentumsübertragung war, ist bei der Verwendung gemünzten Geldes oder anderer Zahlungsmittel überflüssig geworden. Doch sind derartige Aufgaben in den Rechenbüchern bis ins 19. Jahrhundert hinein immer noch vertreten.

Manchmal mußte auch eine Verminderung der Warenmenge *(Tara- und Fustirechnung)* oder des Warenpreises (bei Verlustgeschäften oder bei Gewährung eines *Rabatts* oder von *Skonto*) berücksichtigt werden. Nicht nur Waren, sondern auch Geld wurde „vermietet", d.h. gegen spätere Rückzahlung mit Gewinn weggegeben *(Zinsrechnung).*

Besondere Behandlung erforderten Geschäfte, die von verschiedenen Teilhabern *(Gesellschaftsrechnung)* oder für verschiedene Zeiten *(Saldo- und Terminrechnung)* getätigt wurden. Eine besondere Art von Handelsgeschäften wurde in Faktoreien abgewickelt. Der Faktor, ein Beauftragter des heimatlichen Handelshauses, war an einem auswärtigen Platz für seine Firma tätig, daneben aber auch mit eigenem Kapital beteiligt *(Faktorrechnung).*

Beim Handel zwischen Ländern verschiedener Währung spielte das Umrechnen der Münzsorten neben dem der anderen Maßeinheiten eine wichtige Rolle *(Wechselrech-*

nung). Hier traten die Banken als Vermittler auf, deren Wechselbriefe den Geldaustausch einfacher gestalteten.

Für manchen Handwerker (Glockengießer etc.), Apotheker, Münzmeister und den im Bergbau Beschäftigten kommen noch *Legierungs- und Mischungsrechnungen* (Vereinigung verschiedener Materialien) hinzu, die in den Rechenbüchern in den Kapiteln „Gold- und Silberrechnung", „Beschickung des Tiegels", „Alligation" vertreten sind.

Bevor sich eine algebraische Behandlung durchsetzte, erfolgte die Lösung all dieser Aufgaben durch den in der Regeldetri (s. S. 359 ff.) schematisierten logischen Gedankenschluß.

Die verschiedenen Aufgabengattungen aus der kaufmännischen Praxis und dem Alltagsleben werden in den älteren Rechenbüchern durch entsprechende Rezeptregeln gelehrt, wobei sie mit besonderen Namen, oft merkwürdiger Art, eingeführt werden. So gibt **Johannes Widman** neben den den Sachverhalt bezeichnenden Überschriften auch eine Reihe von anderen, die nichts über die Aufgaben selbst aussagen, wie z.B.

Regula inventionis [57^r]
Regula pulchra [66^r, 71^r, 77^r, 80^v, 82^r]
Regula legis [73^r]
Regula plurima [76^r]
Regula sentenciarum [77^v]
Regula bona [84^r].

Bei **Luca Pacioli**, Estienne de **La Roche** und **Tartaglia** sieht man dann, wie sie in diesem Wirrsal von Aufgaben eine gewisse systematische Ordnung durch eine Aufgliederung in einzelne Kapitel mit sinnvollen Überschriften erzielt haben. Bevorzugt seit der 2. Hälfte des 18. Jahrhunderts pflegt man auch diese Aufgaben des täglichen Lebens mit dem Namen „Politische Arithmetik" zusammenzufassen, ein Ausdruck, der schon bei **Nikolaos Rhabdas** als Μέθοδος πολιτικῶν λογαριασμῶν [140] erscheint.

4.1.1 Kauf und Verkauf (Gewinn- und Verlustberechnungen)

Für den Kaufmann ist bei jedem Geschäft das Grundproblem, den Verkaufspreis einer Ware unter Berücksichtigung des Einkaufspreises und aller Spesen (Transportkosten, Zölle sowie andere Abgaben und Auslagen) zu kalkulieren. Natürlich soll ein Gewinn erzielt werden, von Verlusten ist in den Aufgaben viel seltener die Rede. Der Kalkulation vorausgehen muß meistens die Berechnung des Gesamtpreises der Ware aus dem Einzelpreis für die Mengeneinheit oder das Stück. Bei dem Handel mit anderen Ländern und Städten waren auch immer deren Maß- und Währungssysteme zu beachten.

Aufgaben über Kauf und Verkauf finden sich in den Rechenbüchern aller Zeiten; von **Leonardo von Pisa** an bilden sie einen wesentlichen Bestandteil aller für den Kaufmann bestimmten Werke. Dabei wurden die Aufgaben zunächst durch die Schlußrechnung oder mit Hilfe des falschen Ansatzes, später jedoch meistens algebraisch gelöst.

Über die Tätigkeit der babylonischen Kaufleute erfahren wir nur wenig. In dem altbabylonischen Text VAT 8522 [MKT; **1**, 370] soll von einem Zedernstamm, der

$3\frac{1}{2}$ Silberminen kostet, ein Stück im Wert von $\frac{1}{3}$ Mine abgeschnitten werden. In einem anderen, unvollständigen Text VAT 7530 handelt es sich um Preise bzw. um einen Preisvergleich zwischen 4 Waren; 7 Minen der ersten Ware kosten dabei soviel wie 11 der zweiten, oder 13 der dritten oder 14 der vierten [MKT; **1**, 287 ff.] und [MCT; 18 f.]. An anderer Stelle, nämlich im MLC 1842, ist wohl von *dem auf die Einheit der Ware berechneten Preis* die Rede [MCT; 106 f.].

Bei den Ägyptern ist der Kauf zunächst noch vielfach ein Tausch; z.B. wird in einer Aufgabe des Papyrus Moskau [57 ff., Nr. 24] Getreide gegen Bier und Brot getauscht. Dabei wird verlangt, 15 Scheffel Gerste umzurechnen in 200 Brote unbekannter Stärke (Backverhältnis *pefsu*, s. hierzu S. 359) sowie 10 Krüge Bier, dessen Stärke $\frac{1}{10}$ der Stärke der Brote ist (vgl. auch [VM; **1**, 50]). Doch ist im Problem 62 des Papyrus Rhind (s. S. 598) auch Geld, nämlich Ringgeld (s. S. 88), als Zahlungsmittel belegt. Eine Preisberechnung von Kleidungsstücken steht in den aus dem 3. Jh. v. Chr. stammenden demotischen Papyri Cairo 89138/9 und 89142 [Parker; 24–27, Nr. 13].

Über kaufmännische Aufgaben bei den Griechen erfahren wir nur einiges aus späten armenischen und byzantinischen Quellen, wobei es sich meist um den bei Geschäftsreisen erzielten Gewinn handelt (s. S. 584 f.). Bei **Nikolaos Rhabdas** wird einmal das bei einem Gewinngeschäft investierte Kapital berechnet [158 f., Nr. 4]; genau dieselbe Aufgabe steht auch in einer byzantinischen Aufgabensammlung [BR; 38–41, Nr. 20]. Hier wird an anderer Stelle auch der Gesamtpreis aus dem Einzelpreis und umgekehrt ermittelt [BR; 48 f., 68 f., 126 f., Nr. 31, 52, 109]; eine weitere Aufgabe dort bezieht sich auf den beim Getreideverkauf erzielten Gewinn [BR; 124 f., Nr. 108]. Weitere derartige Probleme enthält ein byzantinischer Aufgabentext aus der Mitte des 15. Jahrhunderts [Hunger/Vogel; 88, 92, § 2].

In dem bedeutendsten Rechenbuch der alten Chinesen aus der frühen Han-Zeit, dem Chiu Chang Suan Shu, ist das ganze 2. Buch den Preisberechnungen gewidmet [3; 17–27]. Zuerst werden verschiedene Feldfrüchte ausgetauscht [Nr. 1–31], dann wird der Wert von mancherlei Waren bestimmt [Nr. 32–37] und schließlich sollen bei einigen Gegenständen (Seide, Bambusstäbe, Federn, Pfeilschäfte), die in verschiedener Qualität gehandelt werden, die jeweiligen Mengen aus den gegebenen Preisen berechnet werden [Nr. 38–46]. Diese zuletzt genannten sind Aufgaben aus der unbestimmten Analytik (s. S. 398 f.).

Auch bei den Indern, die aus dem logischen Gedankenschluß die Regeldetri formuliert haben (s. S. 360 f.), ist der Kauf zuerst ein Tausch, z.B. bei **Brahmagupta** [1; 285 f.]. Doch wird jetzt bald das Geld als Vergleichswert eingeschaltet wie bei **Mahāvīra** [91], **Śrīdhara** [4; 43–52], **Śrīpati** [101] und **Bhāskara II** [1; 38] (vgl. z.B. S. 519).

In den bisher edierten mathematischen Schriften der Araber – sie bilden allerdings nur einen verschwindenden Bruchteil der im Fihrist genannten – steht verhältnismäßig wenig über kaufmännisches Rechnen. Einiges findet sich bei **al-Uqlīdisī** [2; 237–241], **al-Karağī** [1; 83, Nr. 11], eine Fülle von hierhergehörenden Aufgaben bringt nur **Ṭabarī** [2; 105–109, 119–121, 123 f. = IV, Nr. 8, 11–16, 32–36, 40, 45]. **Al-Kāšī** hat im Anschluß an algebraische Probleme folgende Aufgabe [217, f., Nr. 5]: *Wir kauften einige Waren für 10 und verkauften sie für 12. Unser Gewinn war gleich 3 Wurzeln aus dem*

Kapital. Wie groß war das Kapital? Ist die Stückzahl x, das Kapital 10x, dann gilt $x(12-10) = 3 \cdot \sqrt{10x}$.

Im Abendland weitete sich seit den Kreuzzügen der Handel zwischen den Ländern um das Mittelmeer sowie der Wirtschaftszentren Europas untereinander gewaltig aus und damit wuchs auch das Bedürfnis nach Unterrichtung in allen Fragen, die an den Kaufmann herantraten. Dem wird seit **Leonardo von Pisa** in fast allen Schriften der italienischen Maestri d'abbaco und in den Drucken des 15. und 16. Jahrhunderts Rechnung getragen. Dies gilt auch für die Aufgaben über Kauf und Verkauf. Während **Leonardo von Pisa**, der ja kein spezielles Buch für Kaufleute schreiben wollte, über Berechnungen des Gewinns – abgesehen von dem auf Reisen erzielten (s. S. 582 f.) – nur relativ wenig bringt ([1; **1**, 179], 3 Aufgaben), werden später derartige Aufgaben, oft schon in eigenen Kapiteln zusammengefaßt oder einheitlich zusammengestellt, in großer Menge dargeboten, so z.B.

bei **P.M. Calandri** [93–96],
bei **Rudolff** [2; l 7^r–m 3^r],
bei **Apian** [L 6^v ff.],
bei **Cardano** [2; 106 ff., Cap. 59],
bei **Tartaglia** [1; **1**, 163^r–165^v].

Der Einfluß der Italiener, deren Handelswege von Venedig nach Köln, Nürnberg, Regensburg und Wien gingen, zeigte sich bald bei den deutschen Kaufleuten, die vielfach in Venedig die Rechenpraktiken kennenlernten. In der Münchner Handschrift Cgm 740 von ca. 1480 liest man [Kaunzner 3; 8]: *Hie nach volgen die Venedigschen Rechnungen Zumm ersten die gulden Rechnung, vnd die brauchen die kaufleut zu mal gernn*. Eine hervorragende Rolle bei der Unterrichtung weiter Kreise kam dem Frater **Fridericus Gerhart** aus St. Emmeram († nach 1463) zu.

Er hat vor allem in seinem Algorismus Ratisbonensis, der ja für die Weiterentwicklung in Deutschland von größtem Einfluß war, zahlreiche Aufgaben über die Berechnung von Gewinn und Verlust (hier nur eine Aufgabe) aufgenommen [AR; 158, § 8]. Eine Aufgabe [AR; 153, Nr. 348], die auch im Bamberger Rechenbuch von 1482 [Vogel 10; 251 f., Nr. 10] enthalten und wörtlich vom Verfasser des Bamberger Rechenbuches von 1483 [25^v] sowie von **Widman** [93^v f.] und dem Schreiber des Cod. Vindob. 3029 [34(33)^r f.] übernommen worden ist, lautet: *Item emi stannum in egra 371 centenarios et 1 centenarium pro 10 florenis et* $\frac{3}{4}$. *Et pro vectura et theloneo dedi 121 florenos. Et in nurberg dedi 1 centenarium pro 8 fl* $\frac{1}{4}$. *Queritur, quantum lucratus est. Sciendum 1 centenarius in egra ponderat 133 lb* $\frac{1}{3}$. Dies übersetzt der Autor des Bamberger Rechenbuches von 1483 mit *It(em) einer kauft 371 c(entner) zins zu Eger ye 1 c(entner) für 10 fl* $\frac{3}{4}$ *vnd kost zu furlon vnd zoll od(er) mautt⟨geld⟩ von Eger piß gen Nür(nberg) 121 fl vn̄ gibt zu Nür(nberg) 1 c(entner) vmb 8 fl* $\frac{1}{4}$*; wilt du wissen was er gewinn oder verließ an dē zyn allem: Nu soltu wissē das ein c(entner) vō Eger wigt zu Nür(nberg) 133 lb* $\frac{1}{3}$ [25^v].

Von jetzt an sind Gewinn- und Verlustrechnungen aus den Rechenbüchern von **Ries, Apian, Rudolff, Stifel** usw. nicht mehr wegzudenken. Doch wurde der Stoff allmählich besser gegliedert: man untersuchte, wie jemand die Ware verkaufen müsse, um einen bestimmten Gewinn zu erzielen, was bei einem abgeschlossenen Verkauf das Ergebnis war, wie groß der Einkaufspreis war, wenn beim Verkauf ein bestimmter Gewinn oder Verlust entstand u.a. Auch werden die Berechnungen jetzt immer mehr als Prozentrechnungen (s. S. 530 ff.) durchgeführt.

Variante (Aufgaben mit Hilfe des indirekten Schlusses)

Ein besonderer Fall der Preisberechnung liegt vor, wenn die Aufgabe den indirekten Schluß erfordert. Dies ist der Fall bei dem Problem des *Pfennigbrotes (Pfebert)*. Hier soll bei gestiegenem Getreidepreis das Brot nicht teurer werden; es bekommt dafür ein geringeres Gewicht. So wird dem Käufer die Verteuerung weniger zum Bewußtsein kommen. Eine gesetzliche Regulierung dafür erscheint bereits um 794 in einem Frankfurter Kapitular, wahrscheinlich ist sie aber römischen Ursprungs [D.E. Smith 6; 2, 566]. Auch in englischen Urkunden aus dem 12. Jahrhundert werden solche Verordnungen überliefert. Bemerkt sei noch, daß **Adam Ries** im Auftrag der Stadt Annaberg, nachdem der Rat Backproben kontrolliert hatte, 1533 eine Brotordnung veröffentlichte *(Ein Gerechent Büchlein auff den Schöffel, Eimer vnd Pfundtgewicht)*. Später erschien eine Brotsatzungstafel von **Adam Ries** für Zwickau [Deubner; 21].

Ein frühes Beispiel des Pfennigbrotes in den Rechenbüchern ist die Aufgabe Nr. 47 im Algorismus Ratisbonensis: ... *wenn ein Scheffel (mensura) Weizen 14 Groschen kostet, dann wird ein Brot für 1 Pfennig (obolus) 9 Lot schwer gebacken. Wenn es aber teurer wird, nämlich wenn er 30 Groschen kostet, wird gefragt, wie schwer muß gebacken werden?* Der Rechner setzt zunächst den direkten Schluß an und sieht, daß das Brot nun gar ein größeres Gewicht hat, was nicht angeht *(sed minor debet esse)*. So wird mechanisch *e conuerso* gerechnet: *30 geben 9, was geben 14?* Eine ähnliche Rechenanleitung steht u.a. auch bei **Rudolff**, der bemerkt, daß der direkte Schluß *ist wider alle vernunfft/darumb verker die zalen* [2; n 3^v].

Zusammenstellung der Beispiele

Byzanz:
Aufgabensammlung aus dem 15. Jahrhundert [Hunger/Vogel; 18 f., 40 f., Nr. 5, Nr. 48, 49], bei dem im 15./16. Jahrhundert in Konstantinopel lebenden Oberrabbiner **Elia Misrachi** [43, Nr. 11].

Abendland:
Paolo Dagomari [1; 32, Nr. 22];
Algorismus Ratisbonensis [AR; 166]: *panis denariatus*;
Wolack [48];
Widman [67^r]: *Detri conversa*;
Bamberger Rechenbuch von 1483 [47^r f.]: *Brot pachen vn̄ gewant*;
Treviso-Arithmetik [43^v], vgl. auch [D.E. Smith 5; 327];
Borghi [107^v f.];
Luca Pacioli [a; 194^r f.];
Rudolff [2; n 3^v f.];
Ries [3; 42^v]: *Brodtkauff*;
Apian [I 4^v f.];

Tunstall [134 f., Nr. 12];
Tartaglia [1; **1**, 169^v f., Nr. 18];
Buteo [199 ff., Nr. 2];
Baker, zit. nach [Sanford; 81];
Gehrl [75].

Der Aufgabengruppe *Pfennigbrot* verwandt ist noch eine Reihe anderer Probleme, die mit dem indirekten Schluß gelöst werden. Diese sind oft in einem eigenen Kapitel zusammengefaßt, so z.B. bei

Mahāvīra [88]: *Beispiele für die umgekehrte Regeldetri;*
Śrīdhara [3, 167] = [4; 25]: *umgekehrte Regeldetri (vyasta-trairāśika)*;
Bhāskara II [1; 34 f.]: *die umgekehrte Regeldetri,*
Rudolff [2; n 3^v f.]: *Exempel der verkerten Regel de Tri*;
Widman [66^v ff.]: *Detri conuersa*;
Apian [I 4^r–I 6^r]: *Detri conversa;*
Gehrl [74–81]: *Regula De tri Conuersa.*

Häufig kommen dabei Aufgaben vor, in denen ein Stück Stoff, meistens ein Futterstoff (für ein Gewand, Kleid oder einen Rock) in einen Stoff geringerer Breite umgerechnet werden soll. So steht bei **Mahāvīra** folgende Aufgabe [88, Nr. 19]: *Man hat 300 Stück chinesischer Seide, 6 hastas breit und ebenso lang. Berechne, der du die Methode der inversen Proportion kennst, wieviele Stück derselben Seide man bräuchte, wenn diese Stücke 5 auf 3 hastas messen würden.* Ein ganz ähnlich lautende Aufgabe bringt auch **Śrīdhara** [3; 167, Nr. 37]. Im Bamberger Rechenbuch von 1483 steht in dem Kapitel *Brot pachen vn̄ gewant* [47^r]: *Itē eyner kaufft 12 eln̄ gewants das selb ist 2 eln̄ $\frac{2}{3}$ preyt. dar zu wil er gering tuch zu futern das ist 1 eln̄ $\frac{3}{4}$ preyt. Nu wil du wissē wyuil er des smalē tuchs nemē sol daz gerad souil thu als des ādern 12 eln̄.* Eben diese Aufgabe mit den gleichen Zahlenwerten steht bereits im Algorismus Ratisbonensis [AR; 41 f., Nr. 49] und dann bei **Widman** [67^r]. **Grammateus** spricht bei einer ähnlichen Aufgabe von der *Schneiderregel* [1; C 6^v].

Beispiele dazu (Abendland)

Paolo Dagomari [1; 38, Nr. 36];
Algorismus Ratisbonensis [AR; 41 f., Nr. 49];
Bamberger Rechenbuch von 1483 [47^r f.];
Widman [67^r];
P.M. Calandri [195 f.]; (er benützt jedoch eine geometrische Lösung ohne den indirekten Schluß);
Grammateus [1; C 6^v];
Rudolff [2; n 4^r f., Nr. 1, 2];
Ries [3; 42^v];
Apian [I 5^v];
Recorde [1; L 5^v];
Tartaglia [1; **1**; 168^v ff.];
Gehrl [75 f.].

Andere mit dem indirekten Schluß gelöste Aufgaben handeln vom zinslosen *Ausleihen von Geld* (Pferden, etc.) auf eine bestimmte Zeit. In einer Aufgabe des Algorismus Ratisbonensis leiht der Partner als Gegenwert ein wertvolleres Pferd und zwar für eine noch zu bestimmende Zeit aus [AR; 58, Nr. 96]: *Item ich hab 1 pfard, daz ist 7 fl wert, dan han ich ⟨es⟩ gelihen N 14 tag vnd N hat 1 pfard, daz ist 24 fl wert. Wye lang sol N mir sein pfard leihen, daz meinem lehen glich zu sag(en)?*

Weitere Beispiele hierzu:
Algorismus Ratisbonensis [AR; 42, Nr. 50]: ebenfalls Pferdeverleih;
Widman [67^{v} f.]: Geldverleih;
Rudolff [2; n 4^{r}, Nr. 3]: Geldverleih;
Apian [I 5^{v} f.]: Geldverleih.

Ebenso liegt der indirekte Schluß vor bei Arbeitsleistungen, bei denen mehr Leute die Arbeit in kürzerer Zeit ausführen, wie z.B. beim Hausbau (s.S. 579 f.) oder beim Mähen einer Wiese. So bei **Widman** [67^{r} f.]: *Itē 10 man mehen ein wysen ab in 25 tagen, wie lang müssen daran mehē 13 mā?* ; ähnliche Beispiele bringen auch **Böschensteyn** [C 5^{r}], **Rudolff** [2; n 4^{r}, Nr. 5] und **Apian** [I 5^{v}], **Trenchant** [1; 127], **Gehrl** [76].

Ferner ist auch eine Goldmenge bei gleichem Goldpreis geringer, wenn ihre Feinheit größer ist; Beispiele hierzu bringen **Mahāvīra** [88, Nr. 18], **Śrīdhara** [3; 167, Nr. 35, 36, 38] und **Bhāskara II** [1; 34 f., Nr. 77], sowie auch **Apian** [I 6^{r}]. Ebenso wird der Preis von Sklaven, Vieh, etc. bei zunehmendem Alter niedriger. So bringt **Śrīpati** folgende Aufgaben [101, Nr. 145]: *Wenn man für eine Frau, die 16 Jahre alt ist, 70 ⟨Geldstücke⟩ bekommt, was bekommt man für eine andere Frau, die 20 Jahre alt ist und dieselbe Schönheit und Hautfarbe hat?* Bei der daran anschließenden Aufgabe Nr. 146 ist nach dem Preis von 8 Kamelen, die 9 Jahre alt sind, gefragt, während der Preis von 3 Kamelen, die 10 Jahre alt sind, gegeben ist. Weitere Beispiele hierzu geben **Śrīdhara** [2; 211, Nr. 32], [4; 29 f., Nr. 50, 51] und **Bhāskara II** [1; 34, Nr. 75, 76]. Die Zahl der Messungen, durch die ein bestimmtes Volumen ausgeschöpft wird, ist ebenfalls umgekehrt proportional der Größe des Meßgefäßes, so z.B. bei **Bhāskara II** [1; 35, Nr. 78]. Mit dem indirekten Schluß gelöst werden können auch die Zisternenaufgaben (s. S. 578–581). Schließlich hat **F. Calandri** noch folgendes eigenartige Arbeitsproblem [1; 183 und 91^{v}]: *Es sind 3 Männer in einem Gefängnis, die ausbrechen wollen; der erste sagt, daß er in 6 Stunden das Gefängnis aufbrechen werde, der zweite sagt, daß er es in 12 Stunden aufbrechen werde und der dritte sagt, daß er es in 18 Stunden aufbrechen werde. Die Frage ist, wenn alle 3 zusammenarbeiten, in welcher Zeit sie dann das Gefängnis aufbrechen werden* (s. Abb. 107).

4.1.2 Warentausch (Stich)

Dem Warentausch ist im Altertum, in den mittelalterlichen Handschriften und in den Rechenbüchern der Renaissance oft ein recht umfangreiches Kapitel gewidmet. So trägt bereits in dem alten chinesischen Rechenbuch Chiu Chang Suan Shu das 2. Buch den Titel *Regelung ⟨des Tausches⟩ von Feldfrüchten* [3; 17–27] (s. hierzu auch S. 359 f.).

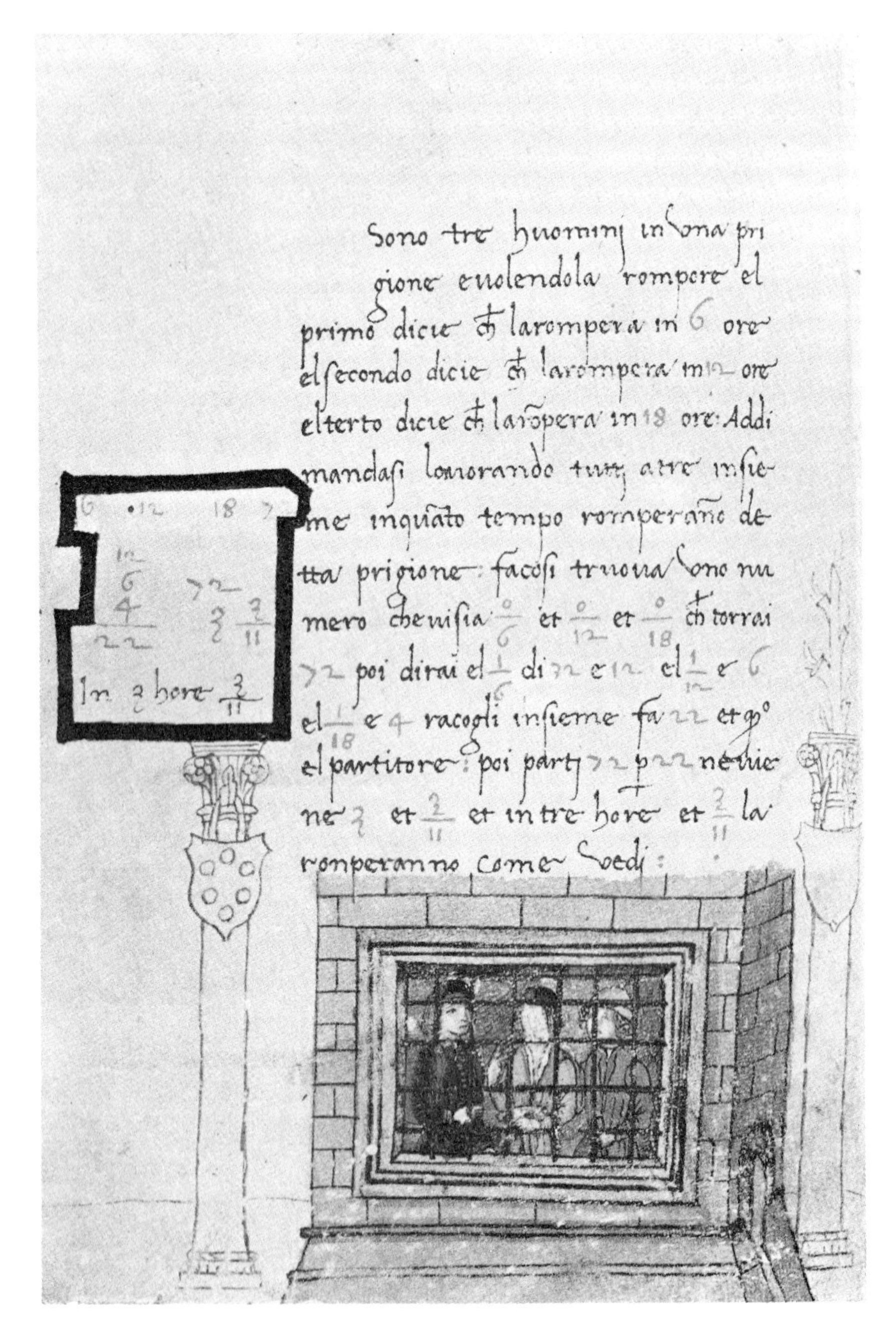

Abbildung 107. Drei Gefangene wollen ausbrechen [F. Calandri 1; 91^{v}].

Auch bei den Indern kommen gelegentlich Tauschaufgaben vor, bei denen allerdings die Preise gegeben sind, so bei **Brahmagupta** [1;285 f., Nr. 13], **Mahāvīra** [91, Nr. 37, 38], hier Nr. 38: *Für 8 māṣas* (Gewichtseinheit, s. S. 90) *bekommt man* 60 *Jackbaum-Früchte; dagegen bekommt man für 10 māṣas 80 Granatäpfel. Wieviele Granatäpfel bekommt man für 900 Jackbaum-Früchte?* Ähnliche Aufgaben stehen bei **Śrīpati** [101, Nr. 143, 144] und **Bhāskara II** [1; 38, Nr. 86].

Auch bei **Leonardo von Pisa** kommen im Kapitel *de baractis mercium* [1; **1**; 118–127] wieder nur derartig einfache Kaufaufgaben wie schon bei den Indern vor. Dasselbe gilt auch für die Tauschaufgaben des Algorismus Ratisbonensis, wo z.B. gefragt wird, wieviele Heringe man für 5 Eier bekommt, wenn 12 Eier 7 *d* und 5 Heringe 6 *d* kosten [AR; 142, Nr. 325]. Einfache wäre es gewesen, gleich das Werteverhältnis – 72 Eier gleich 35 Heringe – anzugeben.

Erst nach **Leonardo von Pisa** hat sich in italienischen Kaufmannskreisen, wie man aus den Texten des 14. Jahrhunderts sieht (**Paolo Dagomari**, Cod. Lucca 1754), die Gepflogenheit herausgebildet, daß beim Warentausch für beide Waren zwei verschiedene Preise zum Ansatz kommen: einer bei Barzahlung (b) und ein höherer beim „Stich" (s). Der Tausch ist im einfachen Fall dann in Ordnung, wenn das Verhältnis $b_1 : s_1$ beim Partner A das gleiche ist wie $b_2 : s_2$ beim Partner B.

Derartige Tauschaufgaben werden dann im späten Mittelalter besonders von den Italienern behandelt. So wurden z.B. die 48 Beispiele, die **Luca Pacioli** anführt [a; 161^r–168^r] von **Tartaglia** eingehend studiert [1; **1**, 210^r–219^r = 13. Buch]. **Tartaglia** nimmt auch kritisch Stellung zu den aus der Praxis des Kaufmanns stammenden Lösungsmethoden und Rezepten **Paciolis**, die manchmal recht dunkel sind und der logischen Begründung entbehren. So vermerkt **Tartaglia** bei nicht weniger als 11 Aufgaben am Rande *Error di fra Luca*.

Es gibt auch viele Varianten mit komplizierteren Fragestellungen. So unterscheidet z.B. **Cardano** in seinem Kapitel *De Transmutationibus* bereits 24 Fälle, aus denen, wie er sagt, noch unendlich viele abgeleitet werden könnten [2; 91–94, Cap. 55]. Hier seien folgende Aufgabengruppen aufgeführt:

1. a) Der einfachste Fall liegt vor, wenn 3 der 4 Preise b_1, s_1, b_2 und s_2 gegeben sind. Der gesuchte Preis ergibt sich dann aus dem oben genannten Verhältnis $b_1 : s_1 = b_2 : s_2$. Viele Tauschaufgaben in den Rechenbüchern des 14.–16. Jahrhunderts fallen unter diese Gruppe. Hier sei ein Beispiel von **Borghi** genannt [81^v f., Nr. 1]: *Wenn dir gesagt würde, es sind zwei, die wollen tauschen: der eine hat Seide, die gilt das Pfund 23 Groschen bar. Der andere hat Pfeffer, wobei die Ware bar 44 Dukaten gilt und er setzt sie im Tausch zu 52 Dukaten an; man fragt, wie hoch soll der seine Seide im Tauschpreis setzen, um nicht von dem mit dem Pfeffer geschädigt zu werden (chel nō reçeua bota). Wieviel Pfeffer soll er für 320 Pfund Seide haben?*
Es ist also $23 : s_1 = 44 : 52$.

b) Ein besonderer Fall liegt vor, wenn alle 4 Preise gegeben sind. Dann nämlich ist gewöhnlich der Handel nicht mehr korrekt und die Frage ist nun, wer den anderen übernommen hat. Derartige Beispiele stehen u.a. im Cod. Lucca 1754 [178 f.], bei **Pellos**

[53^r, Nr. 4] und bei **Ries** [3; 57^r]: *Item einer hat Zin / das wil er verstechen vmb Bley / kost ein Centner Zin bar 17 fl. den setzet der erste für 20 fl. Der ander gibt einen Centner Bley für 3 fl vnnd am stich für 4 fl. Nun ist die frag / so jeder für 100 fl Wahr am stich hat / wie hoch einer den andern vbersetzt hat?*

Hier hat also A Zinn mit $b_1 = 17$ und $s_1 = 20$ und
B Blei mit $b_2 = 3$ und $s_2 = 4$;
beide haben für 100 *fl* Ware; Antwort: *Also wirdt der mit dem Zin an 4 fl im stich vberstochen vmb* $\frac{2}{5}$ *eins fl.*

2. Jetzt ist von dem einen Partner b_1 und s_1 gegeben, von dem zweiten Partner ist dagegen nur die Differenz $s_2 - b_2$ bekannt. Eine derartige Aufgabe steht bereits im Cod. Lucca 1754 [178]. Hier sei ein Beispiel aus dem Clm 14908 angeführt [Curtze 1; 57 f.]: *Item es sein 2 gesellen, dy wellen vnternander stechen. der erst peut sein ding pro 8 fl 100 lb pargelt vnd am stich pro 11 fl, der ander peut sein ding 1 c(entner) pro 4 fl mer am stich dan vmb pargelt. Nu frag ich, wie uil der ander sein ding hat gepoten am pargelt vnd am stich mit dem paren gelt.* Es ist also $8:11 = b_2:(b_2 + 4)$. Diese Aufgabe steht mit denselben Zahlenwerten auch bei **Ries** [3; 56^v].

Ansonsten kommen auch noch andere Beziehungen zwischen s und b vor, so z.B. in einer Aufgabe von **Luca Pacioli** [a; 162^v, Nr. 20]; hier ist $b_1 = x^2$ *(una quantita)* und $s_1 = x^2 + 2x$ *(plus le 2 sue radici).*

3. a) In einer weiteren Gruppe von Tauschaufgaben, die in den Rechenbüchern besonders oft vertreten ist, verlangt der eine Partner für einen bestimmten Bruchteil $\frac{1}{n}$ seiner Ware vom anderen Partner bares Geld. Die der Rechnung zugrunde liegende Formel lautet:

$$\left(b_1 - \frac{s_1}{n}\right):\left(s_1 - \frac{s_1}{n}\right) = b_2:s_2 \qquad (F_1)$$

In den meisten Fällen wird keinerlei Begründung dafür angeführt. Dabei muß selbstverständlich $\frac{s_1}{n} < b_1$ sein, da ja sonst der eine mehr bares Geld verlangt, als seine Ware wert ist. **Coutereels** sagt bei einem derartigen Fall [304, Nr. 3] *dat en kan niet gheschieden.*

Ein Beispiel, bei dem zur Lösung die Formel F_1 verwendet wird, steht u.a. im Cod. Lucca 1754 [176]: *Es sind zwei Kaufleute, die zusammen tauschen wollen; der eine hat Wolle, der andere Stoff. Derjenige, der den Stoff hat, sagt, daß er für eine Rute (channa) Stoff 45 soldi bar, aber 50 soldi beim Tausch haben will. Weiter sagt er, daß er* $\frac{1}{5}$ *in Bargeld und* $\frac{4}{5}$ *in Wolle haben will. Und der, der die Wolle besitzt, sagt, daß ein Zentner (cientinaio) seiner Wolle bar 35 lb koste. Die Frage ist, was die Wolle beim Tausch kostet, wenn der Tausch gleich sein, d.h. keiner übervorteilt werden soll.* Dabei wird gerechnet

$$(45 - \tfrac{50}{5}):(50 - \tfrac{50}{5}) = 35:s_2 \ .$$

Die Formel F_1 ist identisch mit folgender, auf den Partner B bezogenen Formel

$$\left(b_2 + \frac{s_2}{n-1}\right) : \left(s_2 + \frac{s_2}{n-1}\right) = b_1 : s_1 \qquad (F_2)$$

Sie wird verwendet, wenn nicht A von B $\frac{1}{n}$ in bar verlangt, sondern B dem A $\frac{1}{n-1}$ in bar geben will. Ein derartiges Beispiel bringt **Cardano** [2; 92, Nr. 8]. Multipliziert man die linke Seite von F_2 mit $\frac{n-1}{n} : \frac{n-1}{n}$, so erhält man

$$\left(\frac{n-1}{n} b_2 + \frac{s_2}{n}\right) : s_2 = b_1 : s_1 \qquad (F_3)$$

Nach dieser Formel F_3 rechnet **Pellos** [53^v, Nr. 6].

b) Ähnlich wie im Fall 1.b) ist auch hier die Möglichkeit gegeben, daß alle 4 Preise gegeben sind. Nun ist, wenn der Tauschhandel in Ordnung sein soll, der Bruchteil $\frac{1}{n}$ gesucht, den einer der beiden Partner bar geben will. Ein derartiges Beispiel steht im Cod. Lucca 1754 [178 f.]: *Es sind 2 Kaufleute, die zusammen tauschen wollen; der eine hat Stoff, der andere hat Wolle; es sagt der, der den Stoff hat, eine Rute meines Stoffes ist 4 lb in bar wert; aber im Tausch kostet sie 5 lb. Und der, der die Wolle hat, sagt, ein Zentner meiner Wolle ist bar 25 lb wert. Im Tausch aber kostet er 30 lb. Und keiner wurde übervorteilt. Ich will wissen, wer einen Teil Bargeld hatte und welchen Teil Bargeld er hatte.*

Es ist also

$$b_1 = 4, s_1 = 5$$
$$b_2 = 25, s_2 = 30\,.$$

Die Rechnung für B ist

$$\left(25 - \frac{30}{n}\right) : \left(30 - \frac{30}{n}\right) = 4 : 5\,,$$

also ist $5\,n = 30$ und $n = 6$.

Dies sieht im Text so aus:

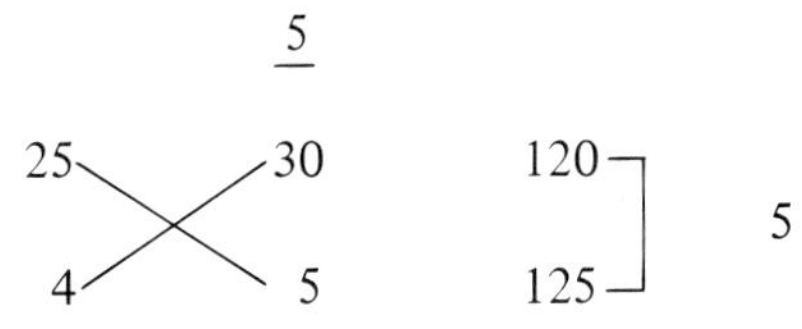

Die Antwort lautet, *der, der die Wolle hat, hat dann $\frac{1}{6}$ in Bargeld und $\frac{5}{6}$ in Stoff.*

4. In diesem seltenen und recht merkwürdigen Fall verlangt sowohl A als auch B einen Teil in bar, so z.B. im Cod. Lucca 1754 [179 f.]:

A hat Stoff zu $b_1 = 40$ und $s_1 = 50$ soldi; er will $\frac{1}{5}$ in bar;
B hat Wolle zu $b_2 = 30$ lb; er will $\frac{1}{4}$ in bar.
Gefragt ist nach dem Tauschpreis der Wolle, wenn keiner beim Handel übervorteilt werden soll. Bei der Lösung wird zuerst nach F_1 das Verhältnis $b_2 : s_2$ mit $n = 5$ berechnet, also

$$(40 - \tfrac{50}{5}) : (50 - \tfrac{50}{5}) = \tfrac{30}{40} ;$$

jetzt wird nach F_3 mit $b_2 = 30$ und $s_2 = 40$ und $n = 4$ weitergerechnet:

$$(\tfrac{3}{4} \cdot 30 + \tfrac{40}{4}) : 40 = 30 : x, \; x = \text{gesuchter Tauschpreis};$$

daraus folgt

$$x = \frac{30 \cdot 40}{32\frac{1}{2}} = 36\tfrac{12}{13} .$$

Eine ähnliche Aufgabe bringt auch **Luca Pacioli** [a; 162^r, Nr. 12]: Hier hat A Zucker, den Zentner zu $b_1 = 9$ und $s_1 = 12$ Dukaten. B hat Wollgras *(bambagio)*, den Zentner zu $b_2 = 5\frac{1}{2}$ Dukaten; A will $\frac{1}{3}$ in bar haben und B $\frac{1}{4}$ in bar geben. Gesucht ist wieder s_2, der Tauschpreis des Wollgrases. **Luca Pacioli** nimmt die Differenz $\frac{1}{3} - \frac{1}{4} = \frac{1}{12}$ als den Teil, den A haben will.

5. Wie bei 3. will hier wiederum der eine Partner Bargeld und Ware geben. Aber jetzt soll der Handel nicht mehr exakt sein, d.h. einer will eine feste Summe oder einen gewissen Prozentsatz gewinnen. Hierzu sei ein Beispiel aus dem Bamberger Rechenbuch von 1483 angeführt, bei dem b_1, s_1 und b_2 gegeben und s_2 gesucht ist [45^r]: *Itē zwen wöllen stechē war vmb war. der eyn hat woll. der ander gewant. Nu gilt 1 c(entner) woll par 29 duc(aten) 6 gr(oschen). dy wil er am stich gebē fur 30 duc(aten) 14 gr(oschen) vnd wil das firteyl par gelt geben. Nu wil du wissen so 1 tuch gilt par 38 duc(aten) 15 gr(oschen) das wil er am stich darseczn̄, also das er am 100 gewyn̄ 4 duc(aten) mer den jener an der wollē vmb wyuil sol er 1 tuch darseczn̄.*

6. Der eine Partner hat mehrere Waren zu vertauschen, so z.B. bei **Luca Pacioli** [a; 162^v f., Nr. 22]: A tauscht Wolle gegen *stame* (Kammwolle) und Pfeffer. Er will $\frac{1}{3}$ bar, $\frac{1}{3}$ in stame und $\frac{1}{3}$ in Pfeffer; ferner in [a; 163^r, Nr. 25]: Tausch von Wolle gegen Pfeffer, Zimt und Nelken im Verhältnis $\frac{1}{2} : \frac{1}{3} : \frac{1}{4}$.

7.a) Der komplizierteste Fall liegt dann vor, wenn der Tausch zu verschiedenen Terminen erfolgt. **Cardano** bezeichnet diese Aufgabengruppe als *Transmutatio cum expectatione temporis.* Hierbei handelt es sich eigentlich um eine Art Gewinn- bzw. Zinsrechnung; allerdings fehlt dabei insofern die logische Grundlage, als die Preise ja auf den gleichen Termin bezogen werden müßten. Dies wird aber in der Regel nicht getan. Die Differenz $s - b$ wird gleichsam als Gewinn betrachtet; zu beantworten ist dann folgende Frage: In welcher Zeit (t_2) ist der Gewinn ($s_2 - b_2$) des Kapitals b_2 so groß wie der Gewinn ($s_1 - b_1$) des Kapitals b_1 in der Zeit (t_1)? **Luca Pacioli** bringt folgendes Beispiel [a; 165^r f., Nr. 37]:

A hat Eisen, 1 c° (Zentner?) kostet bar 6 *fl*, im Tausch nach 4 Monaten 7 *fl*.
B hat Lederstücke *(curame)*, kosten bar 8 *fl*, im Tausch 9 *fl*.
In welcher Zeit t_2 ist nun der Gewinn gleich?

In der von **Luca Pacioli** angegebenen Lösung heißt es: A hat in 1 Monat $\frac{1}{b_1 \cdot t_1} = \frac{1}{6 \cdot 4} = \frac{1}{24}$ gewonnen, was hat B in x Monaten *(1 cosa di mese)* gewonnen? Da der Gewinn gleich sein soll, ist $\frac{1}{24} = \frac{1}{b_1 \cdot t_1} = \frac{1}{b_2 \cdot t_2} = \frac{1}{8x}$, also $t_2 = 3$.

Der zweite Partner muß also seine Ware schon nach nur 3 Monaten hergeben. **Tartaglia** verwirft diese Methode **Luca Paciolis** [1; **1**, 217[r] f., Nr. 36] mit den Worten *per una via assai oscura et senza ragione*. Auch **Cardano**, der diese Aufgabe behandelt [2; 93 = Cap. 55, Nr. 12], mißfällt diese Lösungsart **Luca Paciolis**: *locus hic non plenè satisfacit.* Jedoch befriedigen auch **Tartaglias** und **Cardanos** Lösungsversuche nicht.

In vernünftigerer Weise geht der Autor des Cod. Lucca 1754 bei dieser Problemgruppe vor. In einer Aufgabe [180 f.] heißt es: *Es sind zwei Kaufleute, die zusammen tauschen wollen, der eine hat Stoff, der andere Wolle; es sagt der, der den Stoff besitzt: die Rute meines Stoffes ist nach 4 Monaten 50 soldi wert. Aber beim Tausch kostet sie 60 soldi. Derjenige, der die Wolle besitzt, sagt: der Zentner meiner Wolle ist nach 7 Monaten 41 lb wert. Es ist die Frage, was die Wolle beim Tausch kostet.* Also:

für A: $b_1 = 50$, $s_1 = 60$, $t_1 = 4$;
für B: $b_2 = 41$, $t_2 = 7$!

Nun werden die bei A fehlenden 3 Monate dadurch ausgeglichen, daß ein neuer Barwert $b'_1 = 51\frac{1}{4}$ angesetzt wird, wie es dort heißt, aufgrund einer Kaufmannspraktik *(oservando uçansa di merchadantj)*, wobei ein Monatszins von 2 *d* pro *lb* gerechnet wird.

7.b) Ähnlich wie in Gruppe 3. ist es auch hier wieder möglich, daß der Tausch nicht nur zu verschiedenen Terminen erfolgt, sondern daß auch noch der eine der Partner einen Teil in Bargeld verlangt, z.B. bei **Luca Pacioli** [a; 166[v], Nr. 45]: *Beim Tausch von Wolle gegen Stoff kostet die Rute Stoff 5 lb bar und kostet 8 lb beim Tausch. Der eine macht einen Termin in 10 Monaten aus; er will $\frac{1}{4}$ in bar und $\frac{3}{4}$ in Wolle; der Zentner Wolle kostet bar 11 lb und wird nach 12 Monaten 13 lb wert sein. Ich frage, welchen Teil jener mit der Wolle von dem mit dem Stoff verlangen kann, wenn der Tausch exakt sein soll?*

A hat also Stoff mit $b_1 = 5$, $s_1 = 8$, $t_1 = 10$; er will $\frac{1}{4}$ in bar.
B hat Wolle mit $b_2 = 11$, $s_2 = 13$, $t_2 = 12$;
gefragt ist, wieviel Stoff dem B zukommt.

In den frühen italienischen Rechenbüchern sind, wie bereits erwähnt, den Aufgaben des Warentauschs umfangreiche Kapitel gewidmet; in den Rechenbüchern der späteren Zeit, besonders in Deutschland, ist dieser Aufgabentyp seltener vertreten. Ein Grund hierfür ist u.a. in dem sich mehrenden Geldumlauf zu sehen [D. E. Smith 6; **2**, 569]. Auch beschränkt man sich dann im 16. Jahrhundert mehr auf die einfachen Fälle des

Warentauschs (z.B. **Rudolff, Apian, Ries**). **Chuquet** berücksichtigt derartige Aufgaben überhaupt nicht; **Rudolff** sagt, daß er die Tauschaufgaben (mit 5 Ausnahmen) *alle mehr zur erhebung des verstandts / als von nutz wegen geschrieben / will darumb kein blöden kopff darmit / als mit notturfftiger rechnung / beladen haben* [2; p 4^r]. Die Tauschaufgaben waren in der späteren Zeit ein unnützer Ballast und keineswegs, wie **Sebastian Curtius** 1667 schreibt *für Knaben und Mägdelein . . . als was zu täglichen Hauswesen von nöthen* [A 3^r]. Trotzdem schleppen sich die Tauschaufgaben noch bis in die Mitte des 19. Jahrhunderts fort, vgl. z.B. **Decker** [331 ff.].

Zusammenstellung von Beispielen im Abendland:

Leonardo von Pisa [1; **1**, 118–127]: *de baractis mercium*;
Cod. Lucca 1754 [92 f., 176–182]: *Di barattare, Ragioni di barattj*;
Paolo Dagomari [1; 37, 76 f., Nr. 33, 87];
Columbia-Algorismus [Vogel 24; 48 ff., Nr. 19, 20], vgl. [Buchanan-Cowley; 389];
Clm 14908 [Curtze 1; 54 f., 57 f.];
Antonio de Mazzinghi [Arrighi 1; 31–35, Nr. 11, 13];
Algorismus Ratisbonensis [AR; 159, § 10];
Treviso-Arithmetik [51^v–52^v], vgl. auch [D. E. Smith 5; 329 f.];
Bamberger Rechenbuch von 1483 [43^v–46^r]: *Borati oder stich;*
Borghi [81^v–93^v]: *de li barati*;
Widman [120^v–124^r]: *Boreat*;
P. M. Calandri [118–129, 13. Kap.]: *de' baratti*;
F. Calandri [1; 108–121, Nr. 54–60], [2; K 6^v– L 5^r] (s. Abb. 108);

Abbildung 108. Warentausch [F. Calandri 1; Nr. 57].

Luca Pacioli [a; 161^r–168^r]: *de barattis sive commutationibus*;
Pellos [52^v–54^v]: *baratar una causa per lautra*;
Piero della Francesca [48–52];

Initius Algebras [466];
anonym. niederländ. Rechenbuch von 1508 [Bockstaele; 64]: *reghel van barteringhen*;
Grammateus [1; C 7^{r} f.]: *Stich;*
La Roche [$154^{r}-173^{v}$]: *des troques*;
Ghaligai [$48^{v}-52^{r}$]: *Baracti*;
Rudolff [2; o 8^{v}–p 4^{r}, y 4^{v} f.]: *Stich*;
Apian [L 2^{v}–L 4^{r}]: *Regel vom Stich*;
Ries [2; F 5^{r}–F 7^{r}], [3; $56^{r}-57^{v}$]: *Vom Stich*;
Cardano [2; 91–94, Cap. 55]: *De transmutationibus*;
Cataneo [$38^{v}-41^{v}$]: *de baratti*;
Bombelli [3; 515, § 5];
Tartaglia [1; **1**, $210^{r}-219^{v}$]: *delli baratti*;
Trenchant [1; 138–140]: *Des troques*;
Gehrl [93 f.]: *Stich*;
Coutereels [303–314]: *Troques ofte manghelinge*;
Curtius [186–189]: *Von Stich-Rechnung.*

Fachsprache

Tausch, tauschen
indisch: bhāṇḍa-prati-bhāṇḍa = Ware für Ware [DS; **1**, 226];
lateinisch: baractum, baractare, cambiare (**Leonardo von Pisa**);
transmutatio (**Cardano**);
italienisch: baratto, barattare (Cod. Lucca 1754, **Luca Pacioli**);
cambiare (**Ghaligai**);
französisch: troques, changer (**La Roche**);
troques, troquer (**Trenchant**);
holländisch: barteringhen (anonymes Rechenbuch 1508);
troques, manghelinge; manghelen (**Coutereels**);
englisch: changyn, bartyrn, chafare (1440) [D. E. Smith 6; **2**, 569];
deutsch: Stich, stechen (**Ries**);
Borati, Boreat (Bamberger Rechenbuch, **Widman**);
stutzen, am stutz setzen (**J. D. Götsch** [177]);
verstützen, verstechen (**Möller** [190]).

Die Herkunft des Wortes *baratto, barattare* ist noch ungeklärt. Im Altfranzösischen bedeutet *barater* im 12. Jahrhundert „Geschäfte machen", im 13. Jahrhundert „betrügen". Im Arabischen und Persischen ist *barāt* mit „Brief, Scheck" und der Plural *barawāt* mit „Bank" zu übersetzen.

Bemerkt sei noch folgendes Wortspiel **Luca Paciolis**, das ein „Sprichwort unter den Kaufleuten" sein soll: beim *baratto* fühlt sich einer der Partner *imbaratto* (= betrogen); dies steht im Einklang mit **Luca Paciolis** Definition von Tausch: *Tauschen ist nichts anderes als eine Ware geben für eine andere in der Absicht, die Bedingungen zu verbessern (baratare nō e altro se nō cōmutare vna mercātia ad un altra cō aīo (= animo) de megliorare conditiōe)* [a; 161^{r}].

4.1.3. Arbeits- und Dienstleistungen

Zu den im täglichen Leben anfallenden Aufgaben gehören auch Berechnungen über die von Handwerkern u.a. geleistete Arbeit; dabei stehen die Anzahl der Arbeiter, ihre Einzel- und Gesamtleistung, die Arbeitszeit und der Lohn in gewissen Beziehungen. Auch die Art der Arbeit bestimmt die Höhe des Lohnes; dieser berechnet sich z.B. bei Transportaufgaben sowohl gemäß der zurückgelegten Entfernung als auch nach der Menge der beförderten Waren. Viele derartige Probleme gehören aufgrund ihrer Einkleidung zu den praktischen Aufgaben des täglichen Lebens, so z.B. auch spezielle Leistungsprobleme, die mit dem indirekten Schluß berechnet werden (s. S. 519, Wiese mähen usw.). Vielfach sind diese Probleme wegen ihrer Einkleidung der Unterhaltungsmathematik zuzurechnen (s. Zisternenprobleme, Abschnitt Hausbau, S. 579 f.).

Darunter fallen auch die Aufgaben, in denen der Lohn eines Arbeiters ausgerechnet werden soll, der vorzeitig seinen Dienst verläßt (s. S. 602 f.) bzw. an manchen Tagen feiert (s. S. 603). Aus der Fülle der Probleme seien hier einige Beispiele genannt:

In den altbabylonischen Texten stehen zahlreiche Aufgaben über Erdarbeiten (Kanäle, Dämme, Brunnen usw.), so z.B. im YBC 4673 Nr. 4 [MKT; **3**, 29 ff.] und [MCT; 95 f.]. Hier soll die Zahl der Arbeiter bestimmt werden, die in einem Tag 54 SAR = 38880 Ziegel über die Entfernung von 30 GAR transportieren. In den Aufgaben YBC 5037 und 4657 [MCT; 59 ff., § 5] ist als tägliche Arbeitsnorm 10 *gín* Volumen und als Tageslohn 6 *še* Silber ersichtlich. Die Aufgabe YBC 4657 Nr. 1 [MCT; 66 f.] lautet: *Ein ki-lá (Keller Silo?). 5 GAR in der Länge,* $1\frac{1}{2}$ *GAR die Breite,* $\frac{1}{2}$ *GAR seine Tiefe, 10 gín Volumen ist das Tagespensum, 6 še Silber der Lohn eines Arbeiters. Was ist die Fläche, das Volumen, die Arbeiterzahl und die Gesamtausgabe in Silber?*

In einer ägyptischen Aufgabe des Papyrus Moskau [101–106, Nr. 11] werden statt größerer Arbeitsstücke kleinere abgeliefert. Bei **Struve** handelt es sich um Körbe mit Broten: *Form des Berechnens der Zählung von Arbeiten eines Mannes mit einem pḥd.t-Korbe. Wenn man dir nennt Arbeiten eines Mannes mit einem pḥd.t-Korbe. (Dabei) ist die Zahl seiner Arbeiten durch seine pḥd.t-Körbe von 5 p*ᶜ*.t-Broten (bestimmt). Er hat sie aber gebracht mit einem pḥd.t-Korbe von 4 p*ᶜ*.t-Broten.* Nach **Peet** [158] geht es dabei nicht um Brote, sondern um quaderförmige Holzstücke, offenbar gleicher Höhe, mit 5 bzw. 4 Handbreiten als Seite der quadratischen Grundfläche. Auch im alten China sind derartige Aufgaben weit verbreitet. So trägt im Chiu Chang Suan Shu das 5. Buch den Titel *Beurteilung der Arbeitsleistung* [3; 43–54]; es enthält neben Volumenberechnungen aller Art auch Aufgaben, in denen nach der Arbeiterzahl und nach der Einzelleistung gefragt wird [3; 51 f., Nr. 21, 22]. In Nr. 4–7 ist die Arbeitsleistung nach der Jahreszeit verschieden. Ferner werden dort behandelt: Leistung bei Webarbeiten [3; 28 f., Nr. 4], Salztransport [3; 60, Nr. 7], Fabrikation von Pfeilschäften [3; 67, Nr. 23], Leistung bei Feldarbeiten [3; 68, Nr. 25] und Zugleistungen von Pferden [3; 87, Nr. 12] Text siehe S. 608.

Bei den Indern bringt **Bhāskara II** folgende Aufgabe [1; 37, Nr. 84]: *Wenn die Miete eines Wagens zum Transport von Bänken (12 Finger dick, 16 breit und 14 Ellen lang)* *für eine Meile Weges 8 drammas kostet, so sage mir, was die Wagenmiete für Bänke, die um 4 Einheiten in allen Dimensionen kleiner sind, auf eine Strecke von 6 Meilen kostet.* Eine ähnliche Aufgabe steht ebenfalls bei **Abraham ben Ezra** [54] und bei **Elia Misrachi** [42, Nr. 2]; beide bringen auch noch andere hierhergehörende Aufgaben [Abraham ben Ezra; 55f.], [Elia Misrachi; 61, Nr. 81]. Auch bei den Arabern fehlen derartige Aufgaben nicht, z.B. bei **Abū al-Wafā'** [Saidan 3; 342 f., 348–360 = VI, §4 und VII, §3, 4, 5, 6] und bei **al-Karaǧī** [1; 2, 17]. Folgende recht bemerkenswerte Aufgabe steht bei dem Perser **Ṭabarī** [2; 96 = III, Nr. 17]: *Berechnung von Grabarbeiten. Der Lohn für das Ausheben eines 15 Ellen tiefen Brunnen beträgt 30 Dirhem. Was kostet ein 10 Ellen tiefer Brunnen?* Die von **Ṭabarī** angegebene Lösung wird an anderer Stelle in folgender Weise erklärt [2; 227 = VI, 61]: *Ausmessung von Brunnen und Zisternen. . . Um einen Brunnen zu graben, muß die Erde hochbefördert werden. Aus der ersten Elle kommt die Erde eine Elle hoch, aus der zweiten Elle kommt die Erde zwei Ellen hoch, aus der dritten drei Ellen usw. bis zum Ende. Für diese Berechnung muß man die Reihe der natürlichen Zahlen benutzen, . . . So nehmen wir 1 bei einem ⟨Glied⟩, dazu 2 bei zweien ergibt 3, dazu 3 bei dreien, ergibt 6 als Summe usw. In dieser Weise machen wir es jedesmal, und das ist der basṭ* ⟨wörtlich „Ausbreitung"⟩. *Beispiel: Die Brunnentiefe beträgt 10 Ellen; wie groß ist der basṭ? 1 + 2 = 3, 3 + 3 = 6, ... , 45 + 10 = 55. Das ist der basṭ eines Brunnens von 10 Ellen Tiefe.* So wird in der angegebenen Aufgabe der *basṭ* für Brunnen von 10 und 15 Ellen Tiefe bestimmt, ergibt 55 und 120, das bedeutet ein Verhältnis von $\frac{55}{120} = \frac{1}{3}\,\frac{1}{8}$; *Das multiplizieren wir mit 30; es kommt* $13\frac{1}{2}\,\frac{1}{4}$. *Das ist der Lohn des Brunnens von 10 Ellen, wenn der andere Brunnen 30 Dirhem kostet.* Die Aufgabe erinnert an eine babylonische, in der die Arbeitsleistung beim Graben eines Kanals entsprechend der Schichttiefe abnimmt [MCT; 88 ff.].

Ebenfalls um einen Brunnenbau, allerdings in einem einfacheren Fall, geht es in einer Aufgabe aus einer byzantinischen Aufgabensammlung [BR; 40–43, Nr. 22]: *Ich stellte einen Mann an, mir für 100 Nomismata eine Zisterne zu machen ⟨mit einer⟩ Breite, Länge und Tiefe ⟨von⟩ je 10 Ellen. Da nun jener von einer Krankheit befallen wurde, forderte er von mir den Arbeitslohn für 5 Ellen der fertiggestellten Breite, Länge und Tiefe. Was wird nun sein Lohn sein?*

Im Abendland kommen schon bei **Leonardo von Pisa** derartige Aufgaben vor [1; **1**, 276, 330] (Transportaufgaben: *de duobus hominibus qui detulerunt lanam ad naulum* = Fährgeld), sie sind von da an in allen Rechenbüchern vertreten, vgl. z.B. Algorismus Ratisbonensis [AR; 157, §4, 5]. Hier seien folgende Beispiele angeführt:

Schneiderarbeit:
Widman [95ʳ f.]: *Item 3 schneider machē 7 röck in 14 tagē / yn wie vil tagen machen 2 schnider 8 röck.* Ähnliche Aufgaben stehen bereits im Algorismus Ratisbonensis [AR; 50, Nr. 74, 75], bei **Wolack** [54, Nr. 12] *Regula composicionis* und dann bei **Rudolff** [2; y 3ᵛ f., Nr. 140, 141]. Solche Aufgaben bringen auch schon **Paolo Dagomari** [1; 32, Nr. 23] und **P. M. Calandri** [91]; bei diesen beiden ist jedoch nicht speziell von einer Schneiderarbeit die Rede, sondern ganz allgemein von einer Arbeit.

Transportaufgaben (Fuhrlohn):
Cgm 740 [Kaunzner 3; 11]: *Ein hübsche Rechnung von Wein zu fueren, von vngleichn Meillen. Item 6 fueder Weins gibt 7 meil 8 gulden was wirt mir geben 11 fueder 16 meil.* Ebenfalls um Weintransport geht es im Algorismus Ratisbonensis [AR; 34 f., 101, Nr. 22, 27, 218]. Ähnliche Aufgaben behandeln **Rudolff** [2; y 4ʳ, Nr. 142, 143 und B 5ᵛ, Nr. 257] und **Ries** [3; 36ᵛ f., 43ᵛ]: *Gewandt Rechnung, Von Fracht vnd Fuhrlohn.*

Turmbau:
Luca Pacioli [a; 153ʳ, Nr. 43]: *3 machen einen Turm und der eine arbeitet für 3 Groschen, der andere für 4 und der andere für 6. Sie vollenden die Arbeit in 20 Tagen. Und jeder der 3 hat gleichviel Groschen. Ich frage wieviel der eine mehr gearbeitet hat als der andere.* Mit einer anderen Fragestellung bringt auch der Algorismus Ratisbonensis eine Aufgabe, bei der es um einen Turmbau geht [AR; 47, Nr. 64]; **Pellos** behandelt den Bau eines Kastells [51ᵛ, Nr. 22].

4.1.4 Prozentrechnung

Die Einführung der Zahl 100 als Grundzahl beim Vergleich arithmetisch faßbarer Sachverhalte hat sich vor allem in der Zinsrechnung (s. S. 535–550) als ungemein nützlich erwiesen. Aber auch bei anderen Geschäften, die im Leben – besonders dem des Kaufmanns – vorkommen, bei Steuern und Abgaben, bei Gewinn-, Verlust-, Rabatt- und Taraberechnungen sowie bei der Wiedergabe statistischer Aussagen ermöglicht der Prozentbegriff eine einheitliche und übersichtliche vergleichende Betrachtung der Gegebenheiten.

Ein erster Hinweis für die Berechnung nach 100 scheint in einer babylonischen Aufgabe vorzuliegen. Hier ist in YBC 7326 von einer Schafherde mit 100 (= 1,40) Tieren die Rede, von denen die Lämmer 80% (= 1,20) bzw. 70% (= 1,10) ausmachen [MCT; 130 f.]. Bei den Ägyptern kommen im Demotischen Ausdrücke wie *ihr 5 von 100*, d.h. 5 Prozent, vor [Sethe 1; 61]. Zahlreiche Prozentrechnungen stehen im griechischen Papyrus Aḫmīm [52 ff.]. So heißt es z.B. in der Aufgabe Nr. 33 [81]: *Von 100 Einheiten 7 $\frac{1}{7}$ Goldstücke, für 1 Goldstück wieviel?* Bei den Chinesen findet sich eine der Prozentrechnung entsprechende *pro 50*-Rechnung. So werden im 2. Buch des Chiu Chang Suan Shu die verschiedenen Getreidepreise auf die Grundhirse vom Wert 50 bezogen [3; 17 f.]. Für die Inder ist die Prozentrechnung erstmals in den Arthaśāstra belegt [N; **3**, 25], [DS; **1**, 218] sowie später z.B. bei **Mahāvīra** [94–109] oder **Śrīdhara** [3; 168 f.].

Im Abendland geht bereits **Leonardo von Pisa** im 8. Kapitel *De reperiendis preciis mercium per maiorem guisam* [1; **1**, 83–94] bei der Preisberechnung einer Ware von dem Preis für 100 *lb* aus; dabei gilt 1 *cantare* = 100 *rotuli* (s. S. 91 f.). Weiter hat sich dann in den Kaufmannskreisen des Mittelalters eine vielseitige Verwendung des Prozentbegriffes eingebürgert. Einige Beispiele sollen dies verdeutlichen:

Cod. Lucca 1754 [27]: Das Kapitel *Trovar il valor di merce venduta ad un tanto il cento* beginnt mit folgender Aufgabe: *Das 100 einer Sache kostet 46 fl, was wird ⟨der Preis einer⟩ Unze sein?*

Paolo Dagomari [1; 40, Nr. 39]: *Der 25%ige Gewinn (a ragione di 25 per centjnaio) beim Verkauf einer Ware war 14. Was hat die Ware gekostet?*

Byzantinisches Rechenbuch aus dem 15. Jahrhundert [Hunger/Vogel; 54 f., Nr. 69]: *Ein Kaufmann kauft ein Stück Scharlachstoff um 100 Florin, und es sind 42 Ellen, und er will verkaufen und 15% verdienen* (καὶ θέλ(ει) . . . νὰ κερδίσ(η) ιε' εἰς τὰ ρ . . .'). *Ich frage dich, wie hoch er die Elle verkaufen will, um 15% zu verdienen?*

Bamberger Rechenbuch von 1483 [28r]: *Item einer gibt 1 lb Ingwer vmb 9 β 5 h vnd v(er)leust an 100 fl 11. Nu wiltu wissen was in 1 lb gekost hat.*

Luca Pacioli [a; 177r, Nr. 3]: *Einer leiht 250 lb für 3 Jahre für Zinseszins; er gewinnt 10% im Jahr (arason chel c° guadagni al an(n)o lb 10). Wieviel gewinnt er insgesamt?*

Rudolff [2; m 1v, Nr. 18]: *Item einer verkaufft 15 eln vmb 20 floren* $\frac{2}{3}$. *verleurt 11 am hundert / wievil hat jn die eln kost.*

Ries [2; D 1r]: *Item ein centner wachs fur 15 floren 3 orth / wie viel pfundt komen fur ein floren / so man am 100 gewinnen wil 7 floren.*

Der Gedanke einer Promille-Rechnung, also die Wahl der Zahl 1000 statt 100 als Grundzahl für Vergleiche erscheint wohl zuerst bei **Cardano** [2; 106 = Cap. 59, Nr. 1]: *His visis cum tara computanda est ad 100. vel ad 1000. duc eam in summam et à producto aufer duas litteras à dextra, si est tara pro 100. aut tres si fit pro 1000.*

Fachsprache

Das aus dem italienischen *pro cento* stammende Wort „Prozent" tritt erst im 18. Jahrhundert auf. Ursprünglich wurde der Sachverhalt durch entsprechende Worte wiedergegeben, wie auch die oben angeführten Beispiele zeigen. So sagt **Widman** [86v]: *sol er mir von 100 gebē 20*; ebenso drücken sich **Apian** [L 8r f.] und **Rudolff** [2; x 1r, Nr. 71] aus. **Cardano** spricht von *12 pro 100 de lucro* [2; 182 = Cap. 66, Nr. 130], **Tartaglia** von Gewinn *a ragion de 20 per 100* [1; **1**, 191v].

Die Verschmelzung zu einem Wort *procento* geschieht im 17. Jahrhundert. So schreibt **J. D. Götsch** 1664 zwar noch pro℅ *bedeut pro Cento* [300], aber auch *ist Gewinn procento 4* [95]. Bald darauf wird das Wort Prozent auch dekliniert, so steht bei **Crusius** 1749 *des p. c.* oder *solchem p. c.* [20, 23], und in den Plural gesetzt, so bei **Ludovici** 1768 *die . . . Procente* [123, § 203]. Gegen Ende des 18. Jahrhunderts tritt das Wort Prozent in der Regel nur in der zusammengeschriebenen Form auf, so z.B. bei **Hänel** [1; 46 f., u. öfter] und [2; 210, 217]; nur noch selten wird es zweiteilig geschrieben, wie 1798 bei **Ihring** *pro Cent* oder *p Ct.* [19, 87]. Ferner erhält es nun Zusätze, **Schröter** sagt 1795 *die gegebenen Procente* [133], **Roscher** 1788 *wie viel Procent* und *Procentweise* [**1**, 130, 170, § 121, 167]. **Schulz** spricht 1803 von *Procentwesen* und *Procentverhältnis* [273, 276]. Die Bezeichnung „v.H." (von Hundert) wird das Fremdwort „Prozent" nicht verdrängen können, da ja Wortbildungen wie „Prozentrechnung" oder „prozentig" so nicht zu ersetzen sind.

Das Wort „Pro mille" kommt erst sehr spät vor. Es erscheint z.B. 1635 bei **Möller** [223], 1669 bei **Beusser** [25]. Im *Underricht zur Wechsel-Handlung* von 1669 steht *per mille* [13]. **G. Bohn** schreibt 1789 *1 p mille* [2, 568].

Symbolik

Unser Prozentsymbol % stammt erst aus der Mitte des 19. Jahrhunderts. Es geht aus der abgekürzten Schreibweise für *pro cento* in den mittelalterlichen italienischen Handschriften hervor. So liest man z.B. bei **Paolo Dagomari** *a ragione di 10 per* c^o [1; 51, Nr. 52]. In der Form *p* c^o kommt es bei **F. Calandri** [1; 84, Nr. 42] und ähnlich in anderen Handschriften vor [D.E. Smith 1; 440, 458 f.]. **Borghi** 1484 dagegen schreibt noch *p cento* oder *p 100* [45^r, 46^r, 49^r]. Die Abkürzung p ꝛ̊ erscheint in deutschen Rechenbüchern z.B. 1599 bei **Neudörffer** [G 2^r]; **U. Hofmann** verwendet 1658 [I 2^r] ebenso wie **J.D. Götsch** 1664 [69, Nr. 39] proꝛ̊

Aus ꝛ̊ entstand $\frac{0}{0}$, vielleicht aus drucktechnischen Gründen. Dieses Zeichen erscheint in der 2. Hälfte des 17. Jahrhunderts in einigen kaufmännischen Lehrbüchern, so schreibt z.B. **Luders** 1663 in seinem *Traité d'arithmétique* in dem Kapitel *De la Reigle d'interests pour* $\frac{0}{0}$, im *Underricht der Wechsel-Handlung* von 1669 steht neben *per cento* und *pro cento* auch *per* $\frac{0}{0}$ und *pro* $\frac{0}{0}$ [122, 110, 11, 1]. Die abgekürzte Form *p.* $\frac{0}{0}$ tritt in einem Manuskript von 1684 auf [D.E. Smith 1; 441], ferner 1722 vereinzelt bei **Ricard** [662, 666–670]. In der zweiten Hälfte des 18. Jahrhunderts erscheint dann an einigen Stellen das Symbol $\frac{0}{0}$ ohne das vorgesetzte p, wie z.B. 1786 im *Handbuch für Kaufleute* [16 f., 25 ff.]. **G. Bohn** bevorzugt 1789, wie damals allgemein üblich, anstelle von Symbolen die Wörter *pro Cent, Prozent, pro Cento*, sowie die Abkürzungen *p C., p. Cent, pro C.* [**1**, 642, 72, 44, 573, 474, 67]. An einer Stelle jedoch schreibt **G. Bohn** auf einem Formular das Symbol $\frac{0}{0}$ [**2**, 567 f.]. Ganz geläufig ist das Zeichen $\frac{0}{0}$ 1841 bei **Jöcher** [240, 245, 328 usw.], der nur noch an wenigen Stellen *p. Ct.* schreibt [485, 508]. Bei einer Aufstellung setzt er in das Prozentsymbol den schrägen Bruchstrich % [514], der dann in der Folgezeit allgemein üblich wird. Er steht z.B. bei **Ahn** [45, 48], während in einem Werk **Raßmanns** $\frac{0}{0}$ vorkommt [63].

Das Promillezeichen, das zunächst als $\frac{00}{00}$ erscheint, soll vielleicht eine Erweiterung des Prozentsymbols darstellen. **Jöcher** schreibt 1841 neben $\frac{00}{00}$ auch $\frac{0}{00}$ [371, 436]. Das Zeichen $\frac{0}{00}$ setzt sich durch, es findet sich z.B. bei **L. Fort** 1854 [38]: *Mille, pro mille, abgekürzt* $\frac{0}{00}$, *von oder für Tausend.* Gleichzeitig wird auch das Promille-Symbol mit dem schrägen Bruchstrich geschrieben, so z.B. 1848 von **F. Bohn** [90 f.]: *zu 1000 . . . Pro mille (‰).*

4.1.5 Tara- und Fusti-Rechnung

Bei der Preisberechnung einer Ware muß von deren Bruttogewicht erst einmal das Gewicht der Verpackung, die *Tara*, abgezogen werden, da ja das Verpackungsgewicht (Säcke, Fässer usw.) nicht verkauft werden kann. Das Wort „Tara" stammt aus dem Arabischen, *ṭarḥ* bedeutet soviel wie „wegwerfen, abziehen". Die Tararechnung fehlt noch in den frühen italienischen Rechenbüchern, so z.B. im Cod. Lucca 1754 und bei **Paolo Dagomari**; sie ist aber bereits im 15. Jahrhundert in italienischen Handelskreisen geläufig, z.B. im *Libro dei Conti* des **Giacomo Badoer** (1436) [52 u. öfters]. Sie steht auch in dem ältesten gedruckten Rechenbuch, in der Treviso-Arithmetik von 1478, wo es in einer Überschrift heißt *batere tara e mesetaria* [45r], also *der Abschlag der Tara und der (Transport-)Unkosten*, vgl. hierzu auch [D. E. Smith 5; 328]. Dabei wird die abzuziehende Tara in Prozenten angegeben: *abatando de tara lire 4 per cēto*. Ferner kommt „Tara" im 15. Jahrhundert u.a. auch bei **Borghi** [45r u. öfters] und **Luca Pacioli** [a; 61r u. öfters] vor. **Pellos** verwendet „Tara" in einer etwas anderen, sehr speziellen Bedeutung.[59r]: *regula general per atrobar prestament lo fin e lo brut ho tara*; es heißt hier soviel wie das Unreine, Rohe, das zusammen mit dem Feingehalt *(lo fin)* das ganze Silbergewicht ausmacht. Im 16. Jahrhundert ist „Tara" in unserem Sinne in Italien allgemein üblich, 1512 benützt es auch der spanische Mathematiker **Juan de Ortega** [D. E. Smith 5; 327]. In Frankreich spricht **La Roche** von *en rabatāt 5 pour cent pour la tare, en rabatāt 4 pour cent pour la descheute* (= Verminderung) und *des tares descheutes* [109r f.]. Ähnlich drückt sich **Trenchant** aus [1; 100 f.]: *en rabatant 3 lb de tare par 100.*

In den deutschen Rechenbüchern wird gegen Ende des 15. Jahrhunderts zwar die Tara-Rechnung betrieben, aber der Terminus „Tara" wird zunächst noch umschrieben, so z.B. im Bamberger Rechenbuch von 1483 [24r]: *Itē 1 sack piper wigt* $2\frac{1}{2}$ *c(entner) min(us) 9 lb vnd kost ye 1 lb 8 β minus 3 hel(ler) vñ sol für den sag abschlahē 3 lb* $\frac{3}{4}$, *was kost das alles?.* Genau dieselbe Aufgabe steht in lateinischer Sprache schon im Algorismus Ratisbonensis [AR; 32, Nr. 16]. Auch **Widman**, der ja seine Aufgaben teilweise aus den 3 Bamberger Rechenbüchern, dem Blockbuch, dem von 1482 und dem von 1483, entnommen hat, vermeidet das Wort „Tara" [60r]: *Nun solt für holtz abschlahē alweg für ein lagel 24 pfund* bzw. [63r]: *gat ab für holtz 29 lb*. In Deutschland wurde das Wort „Tara" erst Anfang des 16. Jahrhunderts heimisch; es kommt z.B. vor bei **Grammateus** [1; C 7r]: *hielt 1 cent. tara 5 lb*, **Apian** [G 1v]: *schlecht ab thara für das holtz 8 lb* und vor allem bei **Ries** [3; 38v]: *Nimb ab das Tara*, (ebenso in [Ries 2; D 5r]); ihm ist die weitere Verbreitung vor allem zuzuschreiben. Im 17. Jahrhundert widmet **Clausberg** in seiner vielbeachteten *Demonstrativen Rechenkunst* der *Thararechnung* ein eigenes Kapitel [1241–1255].

Eng verwandt mit der Tara-Rechnung ist die sog. *Fusti*-Rechnung. Das italienische „fusto" bedeutet soviel wie „Stengel, Stiel, Halm, Stamm". Im Mittelalter und zu Beginn der Neuzeit verstand man unter „Fusti" soviel wie das Unreine, Minderwertige einer Ware; diese kann ja nicht um den gleichen Preis wie die sog. reine Ware (Netto) verkauft werden. **Giacomo Badoer** spricht 1436 in seinem *Libro dei Conti* von *tara de fusti* und *neto* [52]. In Deutschland sagt **Köbel** 1537 [3; 76r]: *Das wort Fusci / bedeut nichts anders / dann ein zerbrochen gut gemülb / odder ander vnreynigkeyt / so in der Specerei funden wirt / als vnd' den Negelin* (= Gewürznelken) */ Ingber / Saffran etc. Auch Silber vnderm golt / Kupffer vnderm sylber. . .* Gut 200 Jahre später meint **Clausberg** [1242]: *Unterweilen wird auch bey einer sehr unreinen oder sonst im Wasser beschädigten Waare außer obiger Thara, noch ein gewisses p.C. vor solches Unlautere, so bey den Kaufleuten Fusti. . . heißt, von dem Gewichte abgezogen.*

In dieser Bedeutung finden wir die Fusti-Rechnung bereits im Algorismus Ratisbonensis [AR; 56, Nr. 91]: *Item einer kauft zw Venedig 2781 lb neglein vnd ye 1 lb ||1|| lauter pro 11 gr 3 haller vnd ye 1 lb fusti pro 2 gr minus 3 haller vnd haben ye 100 lb 13 lb fusti. Was kost daz alles?*. Genau diese Aufgabe steht auch im Bamberger Rechenbuch von 1483 [27^r], bei **Widman** [65^r f.] und **Böschensteyn** [66^v f.], die dabei von *regula fusti* sprechen. In einer ähnlichen Aufgabe des Algorismus Ratisbonensis, die der oben genannten gerade vorangeht (Nr. 90), ist nicht von „fusti" sondern von Unreinem die Rede: *ye 100 lb haben 15 vnraijns*.

Die Fusti-Rechnung kommt sowohl in italienischen Rechenbüchern, nämlich schon bei **Borghi** [62^r f.] und **Luca Pacioli** [a; 62^r], als auch in französischen Rechenbüchern vor, z.B. bei **La Roche**, der in einem Abschnitt über die Praktiken in Venedig schreibt [119^v]: *La coustume est telle que pource que le girofle est mesle de fust.*

Der im Italienischen mit Netto bezeichnete reine Anteil der Ware, z.B. bei **Borghi** [62^v] *el neto* und **Tartaglia** [1; 1, 169^v, Nr. 18], erscheint in den deutschen Rechenbüchern des 16. Jahrhunderts als *Lauter* bzw. *Luter* bei **Widman** [65^r], *netto* bei **J. D. Götsch** [178]. Der Terminus „Brutto" dagegen kommt nur selten vor, er wurde erst im 16. Jahrhundert aus dem Italienischen entlehnt [Schirmer 1; 37]. **Wolfgang Schweicker** spricht 1549 von: *Netto heißt Reyn oder Lauter. Sporco heißt vnlauter* [1^v]. Der Ausdruck *contarra e messettaria* (Maklerlohn, von griechisch μεσίτης = Vermittler), der z.B. in der Treviso-Arithmetik (s.o.) und bei **Tartaglia** [1; **1**, 102^v] vorkommt, kann als eine Umschreibung von „Brutto" angesehen werden.

Hierzu noch einige Beispiele:

Grammateus [1; C 7^r]: *Regula Fusti. Ich hab kaufft 6 cētner pfeffer / ie 1 cent. lauter vmb 50 flo(renen) rei(nisch). hielt 1 cent. tara 5 lb. / Ist die frag wie tewer kompt der pfeffer.* Hier ist auch deutlich die enge Beziehung zwischen „fusti" und „tara" sichtbar.

Rudolff [2; z 7^r, Nr. 205]: *Drey Seck Negelen / wegen zu Venedig lb 92 / 89 $\frac{1}{2}$ / 97 $\frac{1}{4}$. Thara pro die Seck 5 lb $\frac{3}{4}$. Kost das lb Negel fusti 18 groschen / 12 pizoli . . .* (ähnlich in [2; y 5^v f., Nr. 156]).

Apian [M 1^r]: *Regula Fusti. . . Item einer kaufft 4 c(entner) 38 lb Pfeffer / 1 c(entner) lauter per 60 fl / heldt der Centen fusti 7 lb. Kost 1 lb fusti 9 haller. Ist die frag wie vil der pfeffer werdt sey. Zum ersten such den lautern pfeffer . . .* [M 1^v]: *Item jr zwen kauffen einen sack Negel. . . Ist die frag wie vil lb der erst vnrein hat / vnd wie viel der ander lauter vnd vnrein.*

Ries [2; D 4^v]: *Fusti. Item einer kaufft zu Venedig ein Sack mit negelin . . . alda helt ein centner 15 pfundt fusti, kost ein pfundt Fusti 4 schilling vnnd ein pfundt lauter 16 schilling.*

Coutereels [165, Nr. 17] *oock hout het selve Peper 10 ten 100 fusti* [274, Nr. 18]: *tot Venetien / koopt 4 sacken Giroffel Nagelen / weghende N° 1 lb 198 hout 4 ten hondert fust; N° 2 lb 235 houdt 5 ten 100 fust.*

Curtius [166 f., Nr. 18, 19] *das lb Stil, alda hält 1 c(entner) Fusti oder Stil 13 $\frac{1}{3}$ lb / verkaufft wieder das N(ägel) lb lauter a β 23 $\frac{1}{3}$.*

Bemerkenswerterweise wird in vielen Aufgaben zur Fusti-Rechnung die Stadt Venedig genannt, die Waren, um die es dabei geht, sind bevorzugt Gewürznelken *(Negel)*.

4.1.6 Die Zinsrechnung

Bei der Zinsrechnung geht es um eine Entschädigung, die ein Schuldner an seinen Gläubiger für ein Darlehen, das „Kapital", zu bezahlen hat. Bei fast allen Völkern werden sowohl Aufgaben mit dem einfachen Zins als auch solche mit Zinseszins behandelt. Dabei erfolgt die Zinsrechnung in den Anfängen unabhängig von der Entwicklung eines Prozentbegriffs. In diesem Fall wird der Zins meistens nicht auf ein Jahr, sondern auf andere Zeiträume bezogen: bei den Babyloniern wie auch noch im Mittelalter ist häufig von einem Monatszins die Rede, z.B. im Cod. Lucca 1754 [180]: *di denari 2 la Libra il mese*; auch auf eine Woche bezogene Zinsen kommen gelegentlich vor, z.B. bei **Ries** [2; E 2ᵛ]: *alle wochen 2 pfening von einem floren*; ja sogar Tageszinsen treten auf.

Die Aufnahme von Schulden erfolgt vornehmlich aus zweierlei Gründen: einmal, wenn jemand in einer momentanen Notlage seinen Lebensunterhalt vorübergehend nicht selbst bestreiten kann (konsumtiver Kredit), zum andernmal, wenn einem Geschäftsmann sein eigenes Kapital nicht ausreicht, um ein Geschäft zu eröffnen oder durch Investitionen zu erweitern bzw. um einen Handel abzuschließen (kaufmännischer Kredit). So erscheint besonders in den mittelalterlichen italienischen Rechenbüchern die Zinsrechnung oftmals in dem Kapitel über den Geschäftsgewinn *de meriti* (oder ähnlich), z.B. im Cod. Lucca 1754 [175 f.], bei **Pellos** [54ᵛ–58ᵛ], **Luca Pacioli** [a; 173ᵛ–182ᵛ], **Tartaglia** [1; **1**, 177ʳ–194ᵛ]. Dabei war die Höhe des Zinsfußes sowohl von der jeweiligen personellen als auch wirtschaftlichen Lage abhängig; oftmals war seine Höhe auch gesetzlich festgelegt.

Schon bei den Babyloniern wurden Geld, Getreide etc. ausgeliehen und es sind uns eine ganze Reihe von Zins- und Zinseszinsaufgaben überliefert, wobei sowohl nach dem Endkapital als auch nach der Zeit gefragt ist. Meistens beträgt der Zinsfuß 12 Schekel für eine Mine im Jahr bzw. 1 Schekel für eine Mine im Monat, d.h. 20% jährlich. Es kommen aber auch Beträge bis zu $6\frac{1}{2}$ Schekel für eine Mine im Monat vor; das entspricht 130% im Jahr [Landsberger; 32]. So lautet eine Aufgabe im VAT 8528 [MKT; **1**, 357 und **3**, 59]: *1 Mine Silber (Kapital), für 1 Mine 12 Schekel (ist) sein Zins, habe ich entliehen. (Als) Silber und seine Zinsen 1 Talent 4 Minen habe ich erhalten. Wieviele Tage ist es deponiert gewesen.* In der daran anschließenden Aufgabe wird gefragt, auf welchen Betrag ein Kapital von einer Mine in 30 Jahren anwächst. Dabei wird immer für 5 Jahre der einfache Zins berechnet und dann erst wird das Kapital jeweils entsprechend vergrößert. Folgende Zinseszinsberechnung steht im YBC 4669 [MKT; **1**, 516]: *Silber. Für 1 Mine 12 gín als Zins gibt (er) und bis zum 3-ten Jahr ging ich und 1 gín Silber nahm er für mich. Das Anfangskapital (ist) was?* Gesucht ist also das Kapital k, das mit 20%-iger Verzinsung nach 3 Jahren auf 1 gin (Schekel) anwächst. Ohne Berechnung steht im Text als Lösung 0; 34, 43, 20, was sich aus $k \cdot (1 + 0;12)^3 = 1$ ergibt. In einer Aufgabe des AO 6770 [MKT; **2**, 40 und **3**, 63] soll berechnet werden, wann sich eine Schuld von 1 *gur* Getreide verdoppelt hat. Dabei ist gefragt, wieviel am 4. Jahr fehlt. Vielleicht wurden bei dieser Aufgabe, bei der ebenfalls nur die Lösung ohne Rezept angegeben ist, die Beträge für das Ende des 3. und 4. Jahres berechnet; lineare Interpolation oder auch der falsche Ansatz führen dann auf den angegebenen Werten von 2; 33, 20 Monaten; vgl. hierzu auch

[VM; 2, 42] und S. 372. In einer Aufgabe des VAT 8528 [MKT; **1**, 354 f., 358 f. und **3**, 59 f.] ist von der Amortisation einer Schuld die Rede: *10 gur Getreide, für 1 gur 1 (PI)* (s. S. 82 f.) *Getreide, auf Zinsen habe ich geliehen und 1 (bán) Getreide für 1 Tag (während) 1 Jahres habe ich bekommen. Der, dem ich das Getreide geliehen habe „Das Getreide das Du bekommen hast . . . Zinsen gibt es nicht" (ist vereinbart), um wieviel Getreide ist er mir gegenüber Gläubiger?* Es werden also 10 gur = 3000 qa Getreide für 1 Jahr zu 20% ausgeliehen; der Schuldner zahlt täglich 1 bán = 10 qa zurück, also im Jahr 3600 qa. Auf diesen Betrag waren die geliehenen 3000 qa angewachsen. Es müssen aber noch die Ratenzahlungen des Schuldners entsprechend verzinst werden; nach der Summenformel der arithmetischen Reihe ergibt das

$3600 + \frac{1 + 360}{2} \cdot \frac{360}{180} = 3901$ qa (das Geschäftsjahr hatte 360 Tage). So zahlte er also dem Schuldner 361 = 6,1 qa Getreide zurück und die Antwort lautet: *6,1,0,0 Getreide ist er mir gegenüber Gläubiger.* In einer merkwürdigen Aufgabe des VAT 8521 sollen die Zinsen entweder die Form n^2 (quadratische Produkte) oder n^3 (kubische Produkte) oder $n \cdot n \cdot (n - 1)$ (kubische Produkte minus 1) haben [MKT; **1**, 355 f. und **3**, 58].

In den mathematischen Texten der Ägypter aus der Zeit des mittleren Reiches stehen keine Zinsaufgaben. Lediglich der demotische Text Papyrus British Museum 10520 (frühe? römische Zeit), der wegen seiner Lückenhaftigkeit nicht einwandfrei zu klären ist, könnte Zinsaufgaben enthalten. In einer der 3 Aufgaben [Parker; 31 f.] ist es ein Kapital von 36 Silberstücken, das mit einem Zins von 14 Geldstücken (= $\frac{36}{9}$ + 10) auf 50 anwächst.

Über die Zinsberechnungen bei den Griechen wissen wir nur wenig, da Aufgabensammlungen aus der klassischen Zeit vollkommen fehlen. Dagegen sind wir aus Wirtschaftstexten über die Höhe des Zinsfußes, der ja größeren Schwankungen unterworfen war, gut unterrichtet. Er lag in der Regel zwischen 6 und 12%, doch werden auch Jahreszinsen bis zu 24% und darüber, besonders bei privaten Darlehen, verlangt [Billeter; 4–114], [Heichelheim; 108 ff., 126 f.]. Wegen des Risikos bei Seefahrten betrug der Zinsfuß der Darlehen dafür bis zu 33 $\frac{1}{3}$%; zudem wurde dies nicht für 1 Jahr, sondern nur für die Dauer der Fahrt ausgemacht. **Xenophon** berichtet in seiner Schrift Πόροι (= Einkünfte) [1; 192–231, hier 200–203], unter welchen Bedingungen der Staat zur Finanzierung seiner Aufgaben Anleihen aufnehmen sollte. Dabei ist bemerkenswert, daß für größere Beträge ein geringerer Zins gewährt werden sollte als für kleinere; so wird als Zins für 10 Minen täglich 30 Obolen genannt; das entspricht einem Jahreszins von 6 Drachmen oder 18%. Für ein Kapital von 5 Minen dagegen sollte es 36% geben und für 1 Mine sogar 100%.

Bei den Römern hatte schon in früher Zeit der Gesetzgeber die kaufmännischen Angelegenheiten geregelt. So überliefert **Livius** eine Stelle aus den Licinisch-Sextischen Gesetzen (367 v. Chr.) [VI, 35, 4]: *ut deducto eo de capite, quod usuris pernumeratum esset, id quod superesset, triennio aequis portionibus persolveretur:* Es soll nach Abzug desjenigen Betrages vom Kapital (caput), der als Zins schon bezahlt ist, der Rest in 3 gleichen Raten (portio) abgelöst werden. Der römische Zins wurde immer auf den Monat bezogen. So bedeutet centesima $\frac{1}{100}$ pro Monat, also 12% jährlich, dimidia centesima 6%, quincunx centesima 5% usw. Der gesetzlich geregelte Zinssatz betrug nach dem Zwölftafelgesetz (451–449 v. Chr.) höchstens 10%, nach einem Senatsbeschluß von 50 v. Chr. 12%. Die großen Kapitalansammlungen in Rom nach dem 2. punischen Krieg, die von der großen Kriegsbeute und von der steuerlichen Auspressung der neuen Provinzen herrührten, hatten eine Herabsetzung des Zinsfußes zur Folge. Der Satz von 4–6% war bis zum Ende des weströmischen Reiches üblich.

Schon im ältesten Rechenbuch der Chinesen, im Chiu Chang Suan Shu, wird, die Lösung einer Zinsaufgabe vorgerechnet [3; 35 = III, Nr. 20]: *Es wurden an jemand ausgeliehen 1 000 Geldstücke ⟨mit einem⟩ Monatszins ⟨von⟩ 30 ⟨Geldstücken⟩. Jetzt hat man an einen ⟨anderen⟩ Mann 750 Geldstücke ausgeliehen. ⟨Nach⟩ 9 Tagen schickte ⟨er⟩ es zurück. Frage: Wie groß ⟨war⟩ der Zins? Die Antwort sagt:* $6\frac{3}{4}$ *Geldstücke.* Die Lösung erfolgte nach der Regula de quinque:

Von 1 000 Geldstücken ist der Zins in 30 Tagen 30,
von 750 Geldstücken ist der Zins in 9 Tagen x,

also $x = (30 \cdot 750 \cdot 9):(1\,000 \cdot 30)$ (s. S. 334 f.). Der Jahreszins betrug in diesem Fall 36%. Zeitweise war jedoch in China der Zinssatz noch viel höher, er stieg im 12. Jahrhundert bis zu 8% im Monat. Das bedeutete, daß der verschuldete Landmann früher oder später den Wucherern ausgeliefert war, da er diese Zinsen nicht mehr abarbeiten konnte [Libbrecht; 428 f.]. **Ch'in Chiu-shao** rechnet in seinem *Shu-shu chiu-chang* von 1247 mit Zinssätzen von 1%, 2,2% und 3% im Monat. Sogar 6,5% im Monat kommen vor; so wird z.B. in einer Zinseszins-Aufgabe ein Darlehen von 500000 kuan in monatlichen Raten von 100000 kuan in 7 Monaten zurückbezahlt [Libbrecht; 94 f., 429 f.]. Bemerkenswert ist, daß in China zeitweise der Zinssatz für ein Privatdarlehen niedriger war als für ein Staatsdarlehen. So betrug der private Zinssatz in der T'ang-Zeit 6 und der staatliche 7%, in der Sung-Zeit 4 bzw. 5% im Monat [Libbrecht; 429].

Bei den Indern [DS; **1**, 218–226] ist der Kaufmannszins seit früher Zeit bekannt. So ist der Begriff des Zinses bereits bei **Pāṇini** (ca. 5./4. Jh. v. Chr.) nachweisbar. Gesetzliche Zinsregelungen stehen im Kauṭilya-Arthaśāstra, dessen heutige Fassung aus dem 1./2. Jh. n. Chr. stammt. Dort treten Zinssätze wie $1\frac{1}{4}$, 5, 10 und 20% im Monat auf. Eine allgemeine Zinsregel gibt **Āryabhaṭa I** im Jahre 499 [Gaṇ. 25]: *Ein Produkt, (bestehend) aus den Zinsen eines Kapitals plus deren Zinsen, der Zeit und dem Kapital, dazu addiert das Quadrat aus der Hälfte des Kapitals, (von diesem Ausdruck) die Quadratwurzel, minus die Hälfte des Kapitals, (alles) durch die Zeit dividiert, ergibt die Zinsen des eigentlichen Kapitals* (Übs. nach [Elfering; 137]), d.h.

Zeit = t
Kapital = k
Betrag der Zinseszinsen = z
unbekannter Zinssatz = x:

$$x = \frac{1}{t} \cdot \left(\sqrt{z \cdot t \cdot k + \left(\frac{k}{2}\right)^2} - \frac{k}{2} \right),$$

was auf die quadratische Gleichung

$$t x^2 + k \cdot x = z \cdot k$$

führt. **Parameśvara** gibt dazu ein Zahlenbeispiel mit $t = 6$, $k = 100$ und $z = 16$; das ergibt $x = 10$.

Auch **Brahmagupta** behandelt in seinem Kapitel „Mischungen" in 3 Versen Rezepte für Zinsaufgaben; die praktischen Beispiele dazu stammen von seinem Kommentator **Pṛtūdhakasvāmī** aus dem 9. Jahrhundert [1; 287–289]. Eine ganze Reihe von Rechenvorschriften und praktischen Anwendungsregeln gibt **Mahāvīra** [94–109]. Bei **Śrīdhara** [2; 211, Nr. 33], [3; 168 f., Nr. 47–56], [4; 31–35, Nr. 47–60], **Śrīpati** [100, Nr. 132–136] und **Bhāskara II** [1; 39–41] fehlen Zinsaufgaben ebenfalls nicht.

In den arabischen Rechenbüchern finden sich Zinsaufgaben schon bei **al-Uqlīdisī** [2; 237 ff.]. Folgendes Beispiel steht bei dem Perser **Ṭabari** [2; 132 f. = IV, Nr. 51]: *Über die Erkenntnis des Ausgangskapitals und die Erziehung dreifachen Gewinns daraus. Wenn man uns fragt: ein Mann hat Vermögen und erzielt Gewinn; und aus jenem Vermögen wird ein dreifacher Gewinn erzielt; alle diese drei Gewinne außer dem Ausgangskapital betragen 19 Dirhem, und der erste erzielte Gewinn ist 4 Dirhem. Nun sag an, wieviel war das Ausgangskapital des Mannes und wieviel ist alles, was er an Gewinn gemacht hat.* Die Berechnung erfolgt algebraisch nach folgenden Beziehungen:

k = Ausgangskapital
$z_1 = 4 = 1.$ Zins
$z_2 \quad = 2.$ Zins
$z_3 \quad = 3.$ Zins
$z_1 + z_2 + z_3 = 19$

$$\frac{z_2 - z_1}{z_1} = \frac{[(z_1 + z_2 + z_3) - (z_1 + z_2)] - z_2}{z_2} ;$$

das ergibt $z_2 = 6$ und aus

$$\frac{z_1}{k} = \frac{z_2}{k + z_1} \text{ folgt } k = \frac{z_1^2}{z_2 - z_1} = 8 .$$

Über Zinsrechnungen in Byzanz sind wir unterrichtet, da sich dort – im Gegensatz zu den Griechen der Antike – Sammlungen von Rechenaufgaben erhalten haben. So soll in einem Text aus dem Anfang des 14. Jahrhunderts, der wiederum die Abschrift einer Vorlage ist, der Zins eines Darlehens berechnet werden [BR; 120 ff., Nr. 103]: *$357\frac{2}{3}$ Nomismata gab ich als Darlehen her für 4 Jahre und 8 Monate. Ich bestimmte aber, daß das 1 Nomisma im Monat $\frac{1}{3}$ und $\frac{1}{5}$ Karat Zins trägt. Ich frage, was mir als Zins für $4\frac{1}{2}$ und $\frac{1}{6}$ Jahre zukommt.* (1 *Karat* = $\frac{1}{24}$ *Nomisma*). In einem anderen Beispiel desselben Textes [BR; 70 f., Nr. 53] wird ein Rechenkunstgriff mitgeteilt: *Wenn gefragt wird, daß jemand eines Darlehens halber jemandem 100 Hyperpyra für ein Jahr hergab, es aber ausgemacht wurde, daß das Nomisma monatlich $\frac{1}{5}$ Karat einbringt, was wer-*

den dann die 100 im Jahr zusammenbringen? Ist nämlich nun der monatliche Zins n Karat für ein Nomisma, dann ist der Jahreszins 12 n Karat bzw. $\frac{12}{n} \cdot 24 = \frac{n}{2}$ Nomismata, also geben z.B. 100 Nomismata Kapital $n \cdot \frac{100}{2}$ Nomismata Jahreszins. In dieser Aufgabe werden Beispiele für $n = \frac{1}{5}$, $\frac{1}{3}$, 1 und 2 Karat (also 10, $\frac{50}{3}$, 50 und 100%) vorgerechnet. Auch in einer Aufgabensammlung aus dem 15. Jahrhundert stehen Aufgaben zur Zinsrechnung [Hunger/Vogel; 88, § 2] und zwar als Beispiele für den Fünfsatz [17 f., Nr. 3, 4], wie auch z.B. bei den Chinesen (s.S. 537).

Im christlichen Abendland hatte das Nehmen von Zinsen zuerst einen verächtlichen Charakter. Entsprechende philosophische Gründe dafür sind bereits im Altertum vorgebracht worden. So sagt **Aristoteles** in seiner Politik [1 258 b]: *Man geht ja nur auf Handel aus und der Zins* (τόκος) *mehrt* ⟨*das Geld*⟩ *noch weiter. Daher hat er auch diese Bezeichnung bekommen, weil das Erzeugte mit dem Erzeugenden gleichartig ist* (ὅμοια γὰρ τὰ τικτόμενα τοῖς γεννῶσιν αὐτά ἐστιν); *Zins aber ist Geld aus Geld* (τόκος γίνεται νόμισμα νομίσματος). *Daher ist diese Art des Verdienens besonders widernatürlich.* Der mittelalterlichen christlichen Doktrin von der Unfruchtbarkeit des Geldes liegt die Auffassung der Bibel zugrunde, wo es z.B. bei Luc. 6, 35 heißt: *mutuum date, nihil inde sperantes.* Von Zinsbeschränkungen ist ferner in Exod. 22, 25 und Levit. 25, 35 ff. die Rede. Darauf fußen die Lehren der Kirchenväter, die das Nehmen von Zinsen als schändlich betrachteten, wie **Augustinus**, **Ambrosius** und **Hieronymus** [M. Neumann; 5]. Während Papst **Leo I** noch im Jahre 443 nur den Geistlichen unter Verhängung härtester Strafen das Zinsnehmen verbot und den durch Laien erhobenen Zins nur als *damnabilis* bezeichnete [M. Neumann; 8], wurde in der Synode von Aachen 789 in der *admonitio generalis* auch den Laien unter Androhung schwerer Kirchenstrafen jeglicher Darlehenszins verboten. Da auch **Karl der Große** in zwei Kapitularien (806 und 813) das Zinsverbot in seine Gesetzgebung aufnahm, fand dieses nun auch noch die staatliche Anerkennung [Austen; 446]. Im Jahre 869 bedrohte die Synode von Konstantinopel jeden, der Zinsen nehme, mit der Exkommunikation [M. Neumann; 10]. In einer Reihe von päpstlichen Dekreten und synodalen Beschlüssen vom 12. bis ins 14. Jahrhundert wurde weiterhin das Nehmen von Zinsen als Habsuchtssünde verboten, z.B. im Konzil von Vienne 1311 [Denzinger; 221]: *Si quis in illum errorem inciderit, ut pertinaciter affirmare praesumat, exercere usuras non esse peccatum, decernimus eum velut haereticum puniendum.* Außerdem erklärte das Konzil alle Statuten der Städte, welche Darlehenszinsen gestatteten, für nichtig [Austen; 447]. In Deutschland wurde das kanonische Zinsverbot auch ins weltliche Recht aufgenommen. So steht z.B. in einer Glosse zum Sachsenspiegel *Etliche sagen, man möge den Wucher nach Kaiserrecht wol nehmen. Sag aber du, man möge keinen Wucher nehmen, dann die Canones, das alte und neue Testament solches verbieten. Was aber der Canon vorbeut, vorbeut auch das Kaiserrecht* [M. Neumann; 71]. Schließlich erscheint das Zinsverbot in Deutschland auch im Recht der Städte [M. Neumann; 72–78]. 1517 wurden im 5. Laterankonzil die früheren kirchlichen Zinsverbote erneuert.

Trotzdem sah die Praxis im täglichen Leben anders aus. Beim Aufblühen der Wirtschaft, des Handels und Gewerbes, im 14. und 15. Jahrhundert zuerst in Italien und dann im 16. Jahrhundert auch in Deutschland, war es nicht mehr möglich, ohne den kaufmännischen Kredit auszukommen. Die Folge war, daß man zur Umgehung des Zinsverbots allerlei Rechts- und Geschäftsformen erfand, unter denen das Zinsennehmen quasi legal war. Das gilt u.a. auch für die von der Kirche eigens für geldsuchende Bedürftige eingerichteten Darlehensbanken *montes pietatis* (Pfandleihanstalten), die schließlich gegen Ende des 15. Jahrhunderts von ihren Schuldnern 10–15% des geliehenen Kapitals jährlich *zur Deckung der Geschäftsunkosten* fordern mußten [M. Neumann; 412–420]. Auch den Päpsten selbst mangelte es häufig an Geld und sie empfingen daher, wie viele Beispiele zeigen, von Privatleuten und Bankhäusern Darlehen zu oft recht hohen Zinsen [M. Neumann; 523]. Mäßige Zinsen wurden gewöhnlich toleriert; so verdammt auch **Luther** anfangs zwar entschieden den Wucher, erlaubt später aber dann *ein wücherlein* [M. Neumann; 489–492]. Weiter billigten in Deutschland die Reichspolizeiverordnungen von 1530, 1548 und 1577 für den Rentenkauf Zinsen von 5%; nur höhere Zinsen sollten bestraft werden. Nachdem zuerst England das Zinsnehmen unter Festlegung eines Höchstzinses gestattet hatte [Austen; 453], folgten in Deutschland zunächst einzelne Territorien: Zürich 1520–25, Trier 1525, Chursachsen 1550, Nürnberg 1564, Preussen 1569, Danzig 1580, Pfalz 1581, Württemberg 1610, Baden 1622 usw. [M. Neumann; 546 f.]. Und schließlich beseitigte der Reichsabschied von 1654 in Deutschland das Zinsverbot vollständig [M. Neumann; 567 f.]. Erst sehr viel später setzte sich in der Kirche der Standpunkt durch: wo das Landesgesetz Konventionalzinsen gestatte, gelte das Landesgesetz auch für sie als Rechtstitel der Zinsforderung [M. Neumann; 570]. Die endgültige Entscheidung der Kirche, die den gesetzlichen Zinsanspruch als rechtfertigende Grundlage gelten läßt, erging erst 1872 [Ruth; 343].

Dieser historische Tatbestand spiegelt sich in den Rechenbüchern wider. Daß man sich nicht unbedingt an das Zinsverbot hielt, bestätigen u.a. die vielen Zinsaufgaben in den italienischen Rechenbüchern, bei **Leonardo von Pisa**, im Columbia-Algorismus, im Cod. Lucca 1754, bei **Dagomari**, **F. Calandri**, **Luca Pacioli**, **Cardano**, **Cataneo**, **Tartaglia** usw. Auch in Deutschland zeigt sich ein ähnliches Bild; so treten ebenso in den Schriften **Regiomontans**, **Widmans**, **Riese**s usw. Zinsprobleme auf. Dagegen sind sie in der *Logistica* des Mönches **Buteo** kaum zu finden und der Kleriker **Clavius** vermeidet sie ganz. **Gemma Frisius** schließlich erwähnt zwar das Zinsverbot [124], geht aber dann doch auf Zinsprobleme ein, da viele zum Zinsnehmen gezwungen seien: *Quanquam Christianis vel nomen usurae debeat esse execrandum, cum tamen neceßitas multos ad eius vsum cogat...* (Obwohl für die Christen sogar schon der Name Zins verfluchenswert sein müßte, wenngleich auch die Notwendigkeit viele zu seinem Gebrauch zwingt...)

An Zinsproblemen sind zu unterscheiden: der einfache Zins, der zusammengesetzte Zins, also die Zinseszinsrechnung, die Rentenrechnung und der einfache und zusammengesetzte Diskont (s.S. 550 ff.), dann die bankmäßige Berechnung eines Saldos als Kontostand zu einem Endtermin für verschiedene Einzahlungen (s.S. 552 f.), sowie die Berechnung eines mittleren Zahlungstermins (s.S. 553 f.). Durch die italienischen Kaufleute werden die Zinsprobleme allmählich außerhalb Italiens bekannt und sie haben schließlich in allen Rechenbüchern Aufnahme gefunden.

1. Der einfache Zins

Bei den im täglichen Leben am häufigsten vorkommenden Zinsrechnungen geht es darum, den einfachen Zins für ein gegebenes Kapital und für eine gegebene Zeit festzustellen; dafür muß eine Norm gegeben sein, nämlich entweder der Zinsfuß oder der Zins, den man für ein bestimmtes Kapital in einer festen Zeit erhält. Soll also ein Kapital K für die Zeit n zinsbringend angelegt werden, so ergibt sich der Endwert S bei einfacher Verzinsung als $S = K + n \cdot z$, wobei z der Zins pro Zeiteinheit ist. Ebenso kann auch der Zinsfuß z, das Kapital K oder die Zeit n gesucht sein, wenn S gegeben ist.

Viele Aufgaben, bei denen es um die Berechnung des einfachen Zinses geht, werden mit dem Fünfsatz, der *regula de quinque* gelöst; dieser wird bei **Wolack** sogar als *regula vsure dicta* bezeichnet [50, Nr. 7], hier ein Beispiel aus dem Algorismus Ratisbonensis [AR; 35, Nr. 25]: *Item 100 fl gewinnen in 7 mensibus 9 fl, waz gewinnen 56 fl ạuch in 7 mensibus?* Zur Lösung ist folgendes Schema angeschrieben:

$$\begin{matrix} 100 & - & 9 & - & 56 \\ 7 & & & & 7 \end{matrix}$$

Viele Aufgaben zeigen, daß die Höhe der Verzinsung in der Zeit vor der Verwendung des Prozentsatzes durch die Angabe eines monatlichen Zinses in Pfennigen etc. für eine Einheit des Kapitals (1 *lb*, 1 *fl*, 1 Dukaten usw.) festgesetzt war. Häufig wurden dabei durch mancherlei Praktiken die rasche Berechnung des Zinses für die geforderte Zeit oder in anderen Geldeinheiten ermöglicht. Man sieht dies u.a. in der Handschrift Lucca 1754 [91 f.] wie auch besonders in den *Regule generales meritorum* des **Luca Pacioli** [a; 182ʳ f.]. Da heißt es z.B., wenn 1 *fl* im Monat a *d* bringt, dann bringen 100 *fl* im Jahr 5 a *fl*, nämlich $100 \cdot 12 \cdot a\,[d] = \frac{1200}{240} \cdot a\,[fl] = 5a\,[fl]$.

Dieser einfache Zins wird immer bei der Saldorechnung verwendet (s. S. 552 f.) und auch dann, wenn das Kapital nur für Teile des Jahres ausgeliehen ist.

2. Der Zinseszins (zusammengesetzter Zins)

Bei der zusammengesetzten Zinsrechnung wird der Zins am Anfang jedes neuen Jahres *(a capo d'anno)* zum Kapital K geschlagen. Wie man in Einzelberechnungen den Endwert S nach n Jahren erhält, beschreibt z.B. **Luca Pacioli** [a; 174ʳ f.]. Zu der die Rechnung vereinfachenden Formel $S = K \cdot \left(\frac{K+z}{K}\right)^n$, wobei z der jährliche Zins von K ist, gelangt man u.a. durch die fortgesetzte Proportion; **Widman** sagt dazu [Wappler 2; 547] *procede secundum regulam proportionum*. Wenn nämlich

K	zu	$K + z$	nach 1 Jahr wird, dann wird
$K + z$	zu	$\frac{(K+z)^2}{K}$	nach 2 Jahren und
$\frac{(K+z)^2}{K}$	zu	$\frac{(K+z)^3}{K^2}$	nach 3 Jahren usw.

Das ergibt schließlich:

$$S = \frac{(K+z)^n}{K^{n-1}} = K \cdot \left(\frac{K+z}{K}\right)^n = K \cdot \left(1 + \frac{z}{K}\right)^n .$$

Hier ist also $\frac{z}{K}$ der Jahreszins pro Geldeinheit: *il numero*, so im Cod. Lucca 1754 [109] und bei **Luca Pacioli** [a; 182ʳ]. Bei den Zinsaufgaben ergeben sich folgende 4 Fälle:

a) Gesucht wird der Endwert S

Eine Aufgabe im Algorismus Ratisbonensis [AR; 51 f., Nr. 79] lautet: *Item ich hab 100 fl vnd dy selwigen 100 fl gewinnen all ijar 10 fl, wije uil trift es in 4 iaren.* Es ist also K = 100, z = 10, n = 4; die Potenz $\left(\frac{K+z}{K}\right)^n$, also $\left(\frac{100+10}{100}\right)^4$ erscheint hier in dem Schema:

110	110	110	110
100	100	100	100

Jetzt soll das Produkt der oberen Figuren durch das der unteren Figuren *unter Weglassung der ersten (abiciendo primam)* dividiert werden:

$$\frac{110^4}{100^3} = 100 \cdot \left(\frac{110}{100}\right)^4 .$$

Mit n = 10 und n = 12 kommt dieser Aufgabentyp bereits im Columbia-Algorismus vor [Vogel 24; 77 f., 84 f., Nr. 55, 63].

Dieselbe Aufgabe haben auch **Widman** [87ᵛ f.] und **Pellos** [57ᵛ] bearbeitet. Dieser läßt gleich den vierten Nenner weg und schreibt einfach an:

110. 110. 110. 110.
100. 100. 100. 1.

Apian [L 8ᵛ] setzt bei einer ähnlichen Aufgabe den Bruchstrich zwischen die einzelnen Zähler und Nenner:

$$\frac{105}{100}\ \frac{105}{100}\ \frac{105}{100}\ \frac{105}{100}\ \frac{105}{100}\ \frac{105}{100} .$$

Eine andere Variante steht im Cod. Lucca 1754 [148]; hier handelt es sich um eine 20%ige Verzinsung für 3 Jahre, also ist der Verzinsungsfaktor gleich $\left(\frac{6}{5}\right)^3$, wofür das Schema

6	6	6
5	5	5

steht.

b) Gesucht wird das Anfangskapital

In dem eben genannten Beispiel des Cod. Lucca 1754 soll das Kapital bestimmt werden, das in 3 Jahren zu 100 Lire bei einer Verzinsung von 4 *d* pro Lire und Monat geworden ist. Die Umkehrung der Zinsformel ergibt

$$K = S \cdot \left(\frac{K}{K+z}\right)^n$$

bzw. $K = 100 \cdot (\frac{5}{6})^3$, was als $K = 100 \cdot 5 \cdot 5 \cdot 5 : 6^3$ vorgerechnet wird.

c) Gesucht wird der Zinsfuß z

Bei einer Verzinsung für n Jahre ist der gesuchte Zins

$$z = \sqrt[n]{S \cdot K^{n-1}} - K\,.$$

Luca Pacioli gibt Beispiele von n = 2 bis n = 10, wobei die zehnte Wurzel *R R R cuba de R cuba* heißt [a; 182[r]]. Vor **Luca Pacioli** erscheinen bevorzugt Beispiele für n = 2, die dann mit Hilfe einer quadratischen Gleichung gelöst werden. So lautet eine Aufgabe im Cod. Lucca 1754 [109]. *Ein Mann leiht einem anderen 400 Libre und nachdem für 2 Jahre Zinseszinsen berechnet werden, gibt dieser 480 Libre für das Darlehen und die Zinseszinsen zurück. Ich frage, zu welchem Zinssatz eine Libra im Monat ausgeliehen worden ist?* Beträgt die monatliche Verzinsung x *d* pro Libra, so ist die jährliche $\frac{x}{20}$ Libre. Der Zins von 400 Libre ist dann 20 x Libre, dieser trägt im zweiten Jahr x^2 Libre Zins. So ergibt sich $400 + 2 \cdot 20x + x^2 = 480$, bzw. $x = \sqrt{480} - 20$ [*d*] im Monat. Eine ganz ähnliche Aufgabe behandelt auch **Widman** [Wappler 2; 547].

In dem Fall, daß bei einem Kapital von 100 Dukaten, einer Laufzeit von 6 Jahren und einem Endwert von 900 Dukaten der Zinssatz gesucht ist, ist eine algebraische Lösung dann nicht mehr möglich, wenn man für $100 \cdot \left(\frac{100+z}{100}\right)^6 = 900$ den Ausdruck $(100+z)^6$ in eine Summe entwickelt. Vor diesem Problem steht **Regiomontan**, wie aus einem Brief an **Bianchini** hervorgeht [3; 256]. Später gibt **Regiomontan** für dieses *Labyrinthus maximus* die richtige Lösung $z = \sqrt[6]{900 \cdot 100^5} - 100$ [3; 280].

d) Gesucht wird die Zeit n; (Exponentialproblem)

Hier soll der Exponent n der Gleichung $S = K \cdot \left(1 + \frac{z}{K}\right)^n$ bestimmt werden. Da für diesen Fall eigentlich die Kenntnis der Logarithmen notwendig wäre, rechnete man meistens nur den einfachen Zins. Auch kann man den Zinseszins für die ganzen Jahre ansetzen und den Rest der Zeit des nachfolgenden Jahres durch Interpolation bestimmen, wie es schon die Babylonier getan haben (s. S. 535 f.). Eine ähnliche Art der Berechnung erfolgt bei der Bestimmung eines Wertes für n bei der ratenweise erfolgten Tilgung einer Mietschuld, siehe hierzu S. 560 f. **Chuquet** behandelt eine Aufgabe, die im Anschluß an eine Zinseszinsaufgabe steht und ebenfalls auf eine Exponentialgleichung führt vgl. auch [Naux; **1**, 16 f.]. Hierbei liegt der gesuchte Exponent, in diesem Fall $(\frac{9}{10})^x = \frac{1}{2}$, zwischen zwei ganzen Zahlen. **Chuquet** bemerkt dazu, daß viele mit der Näherungslösung zufrieden seien; man müsse aber eine andere Proportionale einschalten, diese kenne man aber zur Zeit noch nicht: *lon doit sercher ung certain nombre proporcional lequel pour le present nous est incongneu* [3; 181[r] f.] [2; 439,

Nr. 94]. Bei **Luca Pacioli** soll in einer Aufgabe über eine Geschäftsreise, die auf $K \cdot 2^n = 30$ führt, die Dauer n so groß sein wie K [a; 187ʳ, Nr. 8], ebenso bei **La Roche** [136ʳ]. Ein Durchprobieren bei $n \cdot 2^n = 30$ ergibt $3 < n < 4$. **Luca Pacioli** setzt für K den Wert 3 + x an. Dies gibt nach dem 3. Jahr einen Wert von 24 + 8 x. Nun ist für den Teil x des 4. Jahres der Zuwachs gleich (24 + 8 x) x, allerdings nur unter der Annahme, daß sich der Zuwachs im ganzen 4. Jahr zu dem in der Zeit x verhält wie 1 Jahr : x Jahren; x ist dann bei **Luca Pacioli** die Lösung der Gleichung

$$(24 + 8x) + (24 + 8x)\,x = 30 .$$

Aufgaben, bei denen auch wie bei **Luca Pacioli** das Kapital gleich der Anzahl der Jahre ist, bringt **Piero della Francesca** [165 f.].

Derartige Exponentialprobleme werden im 16. Jahrhundert von **Michael Stifel** in seiner *Arithmetica integra* wieder aufgenommen, vgl. hierzu [Wieleitner 1; 518 f. und 4; 38–43]; diese eröffnen, neben den Beziehungen zwischen arithmetischen und geometrischen Folgen einen Zugang zur Entwicklung des Logarithmus, vgl. hierzu [Vogel 19].

3. Tabellen

Bei Zinseszinsproblemen sind zur raschen Bestimmung des Endwertes S vorbereitete Tabellen nützlich. Für deren Herstellung gibt **Luca Pacioli** Anweisungen [a; 174ᵛ f.]. Die älteste, bisher bekannte Zinstabelle stammt aus dem Jahre 1340. Sie steht in **Pegolottis** *La pratica della mercatura* [301 f.]. In den einleitenden Worten spricht **Pegolotti** von dem Betrag, der für 100 Lire vergütet wird, wenn diese zu verschiedenen Zinssätzen für 1 oder mehrere Jahre ausgeliehen werden. Die Tabellen laufen von 1 bis 20 Jahren, die Zinsen steigen immer um $\frac{1}{2}$ %, von 1% bis 8%, vgl. [Vogel 18; 9–12]. Für eine Laufzeit von 1–4 Jahren mit Kapitalien von 1–40 *lb* und einem Zinsfuß von 5% steht eine Tabelle bei **Cardano** [2; 102]. **Trenchant** bringt 1558 eine Tabelle für eine 4%ige Verzinsung bei 41, alle $\frac{1}{4}$ Jahre zu entrichtenden Raten [1; 247 ff.], vgl. dazu **Sanford** [32 f.]. Außer solchen Tabellen für S wurden auch andere aufgestellt, so für den Barwert K von S, oder für den einer Rente. **Simon Stevin** zeigt, wie man eine Rabattierungstabelle auch für die Bestimmung von S, z und n verwenden kann [2b; 96f., 104 ff.]. Umfangreiche Tabellen gibt **Coutereels** [190–204] und zwar für S, K und den Barwert einer Rente.

Rentenrechnung (Ratenzahlung, Annuitäten)

Schon die frühen italienischen Texte enthalten Aufgaben über Ratenzahlungen. Dabei sind folgende Fälle vertreten:

1. Gesucht ist der Endwert S der Ratenzahlung

Bekannt ist die Höhe der Rate r, die Verzinsung q und die Laufzeit n. Ohne Verwendung der modernen Formel

$$S = r \cdot \frac{q^n - 1}{q - 1}$$

werden die verzinsten Raten der Reihe nach addiert, also $S = r + rq + r q^2 + \ldots + r q^{n-1}$. In einer Aufgabe aus dem Cod. Lucca 1754 [188] ist r = 10 Lire, n = 3 Jahre, q = 4*d* pro Lire und Monat (= 20%). Gerechnet wird:

$$10 + (10 + 2) = 22 \qquad r + rq$$

$$22 + \frac{22}{5} = 26\tfrac{2}{5} \qquad rq + r q^2$$

$$10 + 26\tfrac{2}{5} = 36\tfrac{2}{5} \qquad r + rq + r q^2 .$$

2. Gesucht ist die Rate r

Bekannt ist das Kapital, die Verzinsung und die Zahl der jährlichen Raten n. Ein Beispiel aus dem Cod. Lucca 1754 lautet [146 f.]: *Einer hat einem anderen 1 000 Lire zu 2 d pro Lira und Monat geliehen, wobei mit Zinseszinsen gerechnet werden soll. Innerhalb von 3 Jahren will er das Geld zurückhaben. Und jedes Jahr will er genausoviel wie das nächste Jahr. Ich will wissen, wie hoch die jährlichen Raten (riavere) sind?* Es ist also S = 1 000 Lire, die in 3 Raten bei einer Verzinsung von 2*d* pro Lire und Monat (= 10%) zurückgezahlt werden sollen. Die Lösung erfolgt mit Hilfe des doppelten falschen Ansatzes mit $r_1 = 400$ und $r_2 = 410$:

Im ersten Fall ist der Stand nach dem 1. Jahr 1 100 – 400 = 700,
nach dem 2. Jahr 770 – 400 = 370,
nach dem 3. Jahr 407 – 400 = 7;

im zweiten Fall (mit r_2 gerechnet) fehlen $26\frac{1}{10}$ Lire. Das ergibt eine jährliche Rate von 402 *lb* 2 *s* und $3\frac{183}{331}$ *d*. Anders wird eine Ratenaufgabe im Columbia-Algorismus berechnet [Vogel 24; 123, Nr. 112]. Hier werden 40 *lb* zu 20% für 3 Jahre ausgeliehen und in 3 gleichgroßen Raten zurückbezahlt. Der Text zeigt, daß dem Rechner anderswoher bekannt ist, daß für ein Kapital von 300 *lb* die Rate 140 *lb* beträgt. Die Lösung erfolgt mit dem einfachen falschen Ansatz: $r = \frac{40 \cdot 140}{300} = 18\frac{2}{3}$ [*lb*]; vgl. auch [Buchanan-Cowley; 390]. Ein weiteres Beispiel steht bei **Luca Pacioli** [a; 179v, Nr. 29].

3. Gesucht wird die Anzahl der Raten n

Es geht hier darum, die Zeit festzustellen, in der ein Kapital, z.B. eine Erbschaft (vgl. bei **Cardano** [2; 163 f. = Cap. 66, Nr. 86]), durch jährliche, gleichgroße Abhebungen aufgebraucht ist. Bei dieser Gruppe handelt es sich oftmals um Aufgaben über den jährlichen Mietzins, der für längere Zeit vorausbezahlt worden ist (s. S. 560 f.).

4. Gesucht ist der Prozentsatz der Verzinsung q

Hier gibt **Tartaglia** folgendes Beispiel [1; **1**, 189r f., Nr. 2]: *Ein Kaufmann hat einer Universität 2814 Dukaten mit der Abmachung gegeben, daß diese Universität 9 Jahre lang ihm 618 Dukaten gebe; am Ende der 9 Jahre seien die 6814 Dukaten aufgebraucht und annulliert; damit der Kaufmann zufrieden ist, wird gefragt, welchen Gewinn dieser Kaufmann in Prozenten von seinem Geld dabei haben wird...* Die Rechnung ergibt eine Verzinsung von fast 20%, vgl. auch [Sanford; 31].

Eine Anwendung der Rentenformel ist in allen vier Fällen in dem hier betrachteten Zeitraum nicht festzustellen, obwohl die Summenformel der geometrischen Reihe schon bekannt war (s. S. 354 ff., 357 f.).

Fachsprache

babylonisch: *KŪ-BABBAR* (= Silber) für Kapital;
máš für Zins, z.B. in YBC 4669, 4698 [MKT; **3**, 71];
ṣiptu (Zuwachs) für Zins [MKT; **2**, 22] (s. o. S. 191)

griechisch: *τόκος* Zins z.B. bei **Aristoteles** s. S. 539, ferner in byzantinischen Rechenbüchern, so in [BR; 70, 120, Nr. 53, 103].
κεφάλαιον für Kapital in byzantinischen Rechenbüchern, so in [Hunger/Vogel; 54, Nr. 69].

lateinisch: *caput*, daher unser Wort Kapital;
centesimae, usurae, mercedes für Zins [Billeter; 169, 241].

chinesisch: *hsi* (= wachsen, das was produziert wird, Nachkommen) für Zins [Libbrecht; 479];
fên (= Teil) Monatszins in Prozent [Libbrecht; 429].

indisch: *mūla* (= Wurzel einer Pflanze) für Kapital;
phala (= Frucht) für Zins; **Āryabhaṭa I** benützt *mūla-phala* für Zins [Elfering; 137].

arabisch: *ra's al-māl* (ra's = Kopf, māl = Vermögen, Besitz) für Kapital;
ribḥ (= Gewinn, vgl. Rebbach), *fā'ida* (= Vorteil, Nutzen, Gewinn) für Zins;
ribḥ murakkab (= zusammengesetzter Zins) für Zinseszins.

im **Abendland**:

Kapital: Während in den lateinischen und italienischen Texten das Fachwort *capitale* vorherrscht, ist in den deutschen Rechenbüchern des 15. und 16. Jahrhunderts vor allem *Hauptgut* bzw. *Hauptsumme* gebräuchlich. **J. D. Götsch** benützt 1664 *Capital* [85], ebenso wie **Clausberg** in seiner weitverbreiteten *Demonstrativen Rechenkunst* [1109]. So steht:

capital, capitale, chapitale: bei **Leonardo von Pisa**, im Cod. Lucca 1754, bei **Fridericus, Regiomontan, Wolack, Pellos, Luca Pacioli, Ghaligai, Trenchant, Neudörffer**;
haubtgut, haubtsum Haubtgut, Hauptsumma: im Algorismus Ratisbonensis, bei **Widman, Grammateus, Rudolff, Ries, Gehrl, Neudörffer**;
principal: bei **La Roche**;
sors: bei **Gemma Frisius.**

Zins, Zinseszins: Im 13.–16. Jahrhundert wurde der Zins einfach als Gewinn angesehen; diesen Tatbestand spiegeln u.a. die gebräuchlichsten Fachwörter aus dieser Zeit wider: *merito, lucrum, gewin, wucher.* Das Wort *wucher* ist bereits althochdeutsch belegt und heißt ursprünglich soviel wie „pflanzlicher Fruchtertrag, tierische und menschliche Nachkommenschaft". Diese Bedeutung wird im Mittelhochdeutschen auf das arbeitende Kapital übertragen, so daß mittelhochdeutsch und frühneuhochdeutsch *wucher* soviel wie „Zinsen" besonders aus Darlehen ohne irgendeine abwertende Nebenbedeutung ist [Grimm; **14,2**, Sp. 1689–1699]. Das Wort *Zins* kommt vom lateinischen *census* = Schätzung, entsprechende Abgabe, Steuer, Vermögen, Zins; es ist bereits althochdeutsch feststellbar [Schirmer 1; 214], tritt aber im Deutschen in dem hier betrachteten Zeitraum (15. und 16. Jh.) in den einzelnen Rechenbüchern doch recht selten auf. Auch das lateinische *usura* und *foenus* ist kaum zu finden. Das Fachwort, das vor allem im 17. und 18. Jahrhundert dann vorherrscht, ist *Interesse*, vom lateinischen „interesse“ = dazwischen sein, -liegen. Es wurde bereits im 15. Jahrhundert ins Deutsche entlehnt und tritt erst im 19. Jahrhundert gegenüber „Zins“ zurück [Schirmer 1; 88].

Wie die Fachwörter für Zinseszins zeigen, ist zunächst die Vorstellung vorherrschend, daß der Gewinn zu Beginn jedes Jahres, ital. *a capo d'anno*, zum Kapital zu rechnen ist. Speziell im deutschen Sprachraum treten Doppelbildungen *Zinsen aus Zinsen* etc. auf, wie *lucri lucrum, gewins gewin*; auch Ausdrücke wie *von wucher wuchern, zwifalt wucher, juden-wucher, wucher über wucher* kommen vor [Grimm; **14**,2, Sp. 1695], jedoch nicht in den hier betrachteten Rechenbüchern. Das Wort *Zinseszins* erscheint vereinzelt im 17. Jahrhundert, erstmals wohl 1616 [Schirmer 1; 214]; **Clausberg** spricht wie viele andere im 18. Jahrhundert von *Interesse auf Interesse* [1191].

Gemma Frisius bezeichnet an einer Stelle den Zinseszins als *Judenzins* [124]: *Sed alia est ratio vsurae quam Iudaicam vocant, quae singulis annis foenus adauget, adeò vt foenoris foenus singulis aestimetur annis* (Eine andere Art der Verzinsung aber, die man die jüdische nennt, ist die, die in den einzelnen Jahren den Zins vermehrt in der Weise, daß der Zinseszins in den einzelnen Jahren berechnet wird.). Man kann feststellen, daß in den Aufgaben, in denen von Juden als Geldleiher die Rede ist, gewöhnlich jährliche Zinseszinsen berechnet werden, wie

im Algorismus Ratisbonensis [AR; 69, Nr. 134, 135];
bei **Apian** [L 8^r] (s. Abb. 109);
bei **Cardano** [2; 150 = Cap. 66, Nr. 53];
bei **Gehrl** [83 f.].

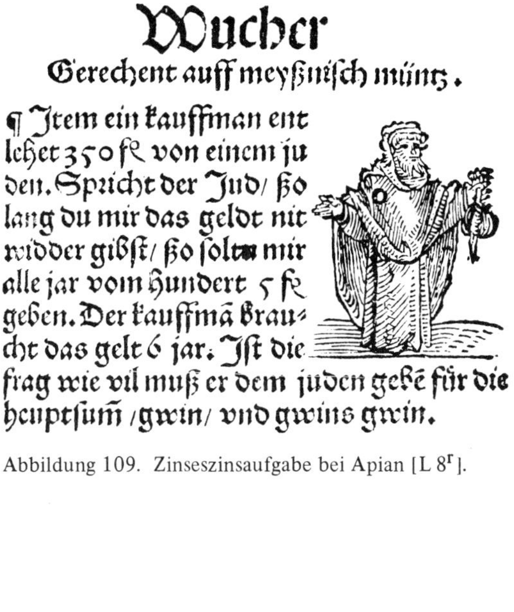

Wucher
Gerechent auff meyßnisch müntz.
¶ Item ein kauffman entlehet 350 fl. von einem juden. Spricht der Jud/ so lang du mir das geldt nit widder gibst/ so soltu mir alle jar vom hundert 5 fl. geben. Der kauffmā braucht das gelt 6 jar. Ist die frag wie vil muß er dem juden gebē für die heuptsum̄/gwin/ vnd gwins gwin.

Abbildung 109. Zinseszinsaufgabe bei Apian [L 8^r].

Zins	Zinseszins	Quelle
merito	*merito a far capo d'anno*	Cod. Lucca 1754
merito	*merito a capo d'anno*	**Luca Pacioli**
merite	*merite a cap de casun an*	**Pellos**
merite	*merite a chief dan*	
	a chief de terme	**La Roche**
merito (semprice)	*merito a capo d'anno*	**Ghaligai**
meritum	*meritum ad caput annis*	**Cardano** [2; 150]
semplici meriti	*merito a capo d'alcun*	**Cataneo**
usureschi	*tempo*	
merito semplice	*merito a capo d'anno*	**Tartaglia**
lucrum		**Leonardo v. Pisa**
		Wolack
		Regiomontan
		Widman
		Huswirt
lucrum	*lucri lucrum*	Clm 14908
usura (simplex)		**Leonardo von Pisa**
		Wolack
		Gemma Frisius
foenus	*foenoris foenus*	**Gemma Frisius**
gewinn		**Grammateus**
gewin	*gewins gewin*	**Widman**
		Rudolff [1; O 6r, Nr. 157]
		Apian
		Gehrl
wucher		Algorismus Ratisbonensis
		Widman
		Rudolff [1; V 6r, Nr. 8]
		Ries [3; 44r]
		Apian
		Gehrl
		Neudörffer
census simplex		**Cardano** [2; 103]
zins		**Rudolff** [2; y 3v]
		Schweicker [A 3r]
		Gehrl
		Neudörffer
		J. D. Götsch [85]
		Clausberg [1108]

Zins	Zinseszins	Quelle
linterest	*linterest au chef de lan*	**Chuquet**
interest, gain		**Trenchant**
interesso		**Ghaligai**
		Tartaglia
interest simple	*interest composé*	**Stevin** [2b; 49]
Interesse		**Neudörffer**
		Curtius [211]
interest	*interest van interest*	**Coutereels** [209]
Interesse	*Interesse auf Interesse*	**Clausberg** [1108]

Doch kommen auch Beispiele vor, bei denen von jüdischen Geldleihern der Zins halb- und sogar vierteljährlich zum Kapital gerechnet wird, so bei **Widmann** [87^r f.] und **Ries** [2; E 2^r f.]. **Ries** sagt an anderer Stelle [3; 44^r]: *Vom gewinn . . . welchen die Juden gebrauchen / alle quartal auffzuschlagen* und bei **Neudörffer** steht folgende Aufgabe [M 4^r]: *Item der Schemel Jud zu Genßburg leihet einem armen betrangten Christen 20 fl / der soll zahlen alle wochen 1 d von fl für Wucher / vnd will alle* $\frac{1}{4}$ *Jar den zins oder Wucher zum Haubtgut schlagen. Nun lest der Christ solches 24 Jahr anstehen / darauff begert der Jud seinen Wucher oder zins / er wölle das Capital gern dahinden lassen. Ist die frag / was dann der Wucher sein werde . . . fac. wucher oder zins p. 20 fl / belaufft in gemeldter zeit 6390 fl 30 kr 4 hr.*

Zusammenstellung der Fachwörter

Da einzelne Autoren mehrmals auftreten, zeigt diese Tabelle auch, daß in manchen Rechenbüchern mehrere Fachwörter gleichzeitig als Synonyme verwendet werden. Die genauen Literaturzitate sind nur dann angegeben, wenn diese nicht einfach aus der folgenden Zusammenstellung der Beispiele hervorgehen.

Zusammenstellung von Beispielen

Leonardo von Pisa [1; **1**, 267–273]: *De homine, qui prestauit ad usuras sine noticia;*
Columbia-Algorismus [Vogel 24; 17];
Cod. Lucca 1754 [146–151].
Paolo Dagomari [1; Nr. 34, 52, 57, 65, 68, 88–90, 95, 109–111, 197]
Antonio de Mazzinghi [Arrighi 1; 35–39, Nr. 14–16];
Clm 14908 [Curtze 1; 61 f.];
Algorismus Ratisbonensis [AR; 159 § 9];
Regiomontan [3; 219, 236, Nr. 6];
Wolack [50 f., Nr. 7];
Chuquet [2; 437 ff., Nr. 87–94];
F. Calandri [1; 66 ff.], [2; g 4^v–h 1^r];
Pellos [54^v–58^v];

Luca Pacioli [a; $173^v - 182^v$];
Widman [$85^r - 88^v$];
Grammateus [1; H 2^r f.];
La Roche [$181^v - 183^v$, $187^r - 192^v$];
Ghaligai [$42^r - 44^r$];
Rudolff [1; O 5^v – O 7^r, Nr. 155–159 und V 6^r f., Nr. 8], [2; x 1^r ff. und y 3^v, Nr. 138, 139];
Apian [I 3^r f., L 8^r f.];
Ries [2; E 2^r f.], [3; 44^r, 61^r f.];
Cardano [2; 101–104, Cap. 57]: *De Redditis et Recompensationibus;* [2; 149 f., Nr. 52, 53], [2; 181, Nr. 127];
Gemma Frisius [124–127];
Cataneo [$41^v - 43^r$];
Tartaglia [1; **1**, $177^r - 194^v$];
Bombelli [3; 516, § 7];
Trenchant [1; 243–255];
Gehrl [83 f.];
Neudörffer [M 3^r ff.].

4.1.7 Rabatt und Diskont

Rabatt ist ein Preisnachlaß (Skonto), der einem Käufer auf einen zuerst genannten Preis gewährt wird. Er wird als Rabatt *in* Hundert bestimmt, wenn der ursprünglich höhere Preis als 100% angesetzt wird, dagegen als Rabatt *auf* Hundert, wenn der ermäßigte Preis als 100% betrachtet wird. Anders als beim Skonto muß bei der Anwendung eines Diskonts auf eine Geldsumme auch die Zeit berücksichtigt werden, auf die zurückdiskontiert werden soll. Wie bei der Zinsrechnung, wo man sich auf den einfachen Zins beschränken oder Zinseszinsen anwenden kann, unterscheidet man auch beim Diskont zwei Fälle, den einfachen Diskont und den Diskont, bei dem Zinseszinsen berücksichtigt werden. **Luca Pacioli** spricht in diesem Zusammenhang von *10 sconto semplice* und *10 sconto acapo danno* [a; 174^r, 175^r], entsprechend **La Roche** von *discontes simples* und *discontes a chief de terme* [183^v, 184^v]; ähnlich heißt es bei **Clausberg** *gemeine Rabattrechnung, oder gemeines Interusurium* und *Rabatt oder Interusurium der Interesse auf Interesse* [1164, 1218].

Handelt es sich im Falle, daß Zinseszinsen berücksichtigt werden, um eine ganze Anzahl von Jahren n, dann ergibt sich der diskontierte Wert K aus der Umkehrung der Formel für die Zinseszinsrechnung (s. S. 542):

$$K = \left(\frac{S}{S+z}\right)^n S\,.$$

Luca Pacioli z.B. sagt, [a; 174^r]: *Lo sconto e acto contrario al merito,* entsprechend **La Roche** [183^v]: *Disconter est lopposite de meriter* (merito, merite = Zins, s. S. 548) und schließlich **Clausberg** [1219]: *Gleichwie aber die Rabattrechnung, überhaupt der Rückweg von der Interessenrechnung ist, also sind auch alle obbeschriebene Regeln bey der Interesse auf Interesse allhier rückwärts.*

Beispiele zur Rabatt- und Diskontrechnung kommen in Italien bereits im 14. Jahrhundert vor. So soll in einer Aufgabe bei **Paolo Dagomari** [1; 91, Nr. 109] eine Schuld von 100 Lire bei einer Verzinsung von $2d$ pro Lire und Monat (= 10%) auf 2 Jahre diskontiert werden. Vor einem Jahr wäre dann die Schuld $\frac{20}{22} \cdot 100 = 90\,lb\ 18\,s\ 2\frac{2}{11}d$ gewesen und bei einem weiteren Jahr $\frac{20}{22}$ dieser Summe, nämlich $82\,lb\ 12\,s\ 10\frac{172}{242}\,d$. **Pellos** diskontiert $S = 1\,500\,lb$ bei einer Verzinsung von $3\,d$ pro *lb* und Monat, d.h. $3\,s$ für ein *lb* pro Jahr, für ein Jahr auf $K = \frac{20}{23} \cdot 1\,500\,lb$ [58^r].

Sind aber Bruchteile eines Jahres zu berücksichtigen, dann variieren die Lösungsmethoden in den Texten. Im Cod. Lucca 1754 [175 f.] z.B. sollen 100 Libre bei einem Zins von $4\,d$ pro Libra und Monat (= 20%) auf 3 Jahre $4\frac{1}{2}$ Monate diskontiert werden. Der Diskontfaktor ist also $\frac{100}{120} = \frac{5}{6}$, was für 3 Jahre $100 \cdot (\frac{5}{6})^3 = 57\,lb\ 17\,s\ 4\frac{8}{9}d$ ergibt. Da bei der gegebenen Verzinsung der Zins für 1 Libra in $4\frac{1}{2}$ Monaten $18\,d$ beträgt, ist der Diskontfaktor für diese Restzeit

$$\frac{240}{258} = \frac{20}{21\frac{1}{2}}$$

(ogni mi vale 21˙/..). Anders rechnet **Luca Pacioli** [a; 174^v] in einer Aufgabe, bei der der Wert von $100\,lb$ nach $2\frac{1}{2}$ Jahren bei 20% Zins zu bestimmen ist. Hier käme man auch ohne Diskont aus, nämlich mit dem Endwert nach $2\frac{1}{2}$ Jahren von $100 + 20 + 24 + 14{,}4\,lb = 155\,lb\ 8\,s$. **Luca** sagt nun, so dürfe man nicht rechnen; der Verstand sage *(ma salua loro intelligentia: nõ e cosi),* daß man nur von ganzen Jahren ausgehen darf, also von dem Endwert $172\,lb\ 16\,s$ nach 3 Jahren, der dann auf ein halbes Jahr mit 10% zurückdiskontiert wird. Dies gibt $172\frac{4}{5} \cdot \frac{100}{110}\,lb = 157\,lb\ 1\,s\ 9\frac{1}{11}d$. **Luca** gibt den falschen Wert von $158\,lb\ 8\,s$, was **Tartaglia** sieht und verbessert [1; **1**, 191^v f.]. Den richtigen Wert hat auch **Cardano** [2; 103 = Cap. 57, Nr. 7] mit seiner Formel

$$\frac{(\text{Wert nach 3 Jahren})^2}{\text{Wert nach } 3\frac{1}{2} \text{ Jahren}}\ .$$

Während in den italienischen und französischen Kaufmanns- und Mathematikerkreisen Rabatt- und Diskontprobleme weitverbreitet waren, sind sie in Deutschland im 15. und 16. Jahrhundert in den Rechenbüchern kaum anzutreffen. Auch werden erst im 17. Jahrhundert die Wörter *Rabatt* und *Diskont* aus dem Italienischen ins Deutsche entlehnt [Schirmer 1; 46, 153], so z.B. bei **J. D. Götsch** 1664 [223, 228]: *Rabatto, rabattirt* und synonym *anticipirt*. **Leibniz** schreibt 1683 *Interusurium sive resegmentum anticipationis, vulgo Germ. Rabat* [1; **7**, 125].

Die Frage, ob bei der Rabattierung einer Schuld der Rabatt in oder auf Hundert der richtige sei, führte zu einer bis ins 20. Jahrhundert andauernden Diskussion zwischen

Juristen und Mathematikern. **B. Carpzow**, ein namhafter Jurist im 17. Jahrhundert in Deutschland, bediente sich, was falsch ist, bei Geldklagen des Rabatts in 100 [M. Cantor 3; **3**, 53]. **Leibniz** zeigte 1683 in der in den *Acta Eruditorum* erschienenen Arbeit *Meditatio juridico-mathematica de interusurio simplice* [1; **7**, 125–132], daß man den Rabatt auf Hundert benützen und dafür noch Zinseszinsen anrechnen müsse (vgl. hierzu auch [M. Cantor 3; **3**, 53 ff., 518]), eine Meinung, die auch **Clausberg** in seiner vielbeachteten *Demonstrativen Rechenkunst* mit Hinweis auf **Leibniz** entschieden vertritt [1165, 1236 ff.].

Zusammenstellung von Beispielen

Cod. Lucca 1754 [175 f.];
Paolo Dagomari [1; 56, 91, 104, 155, Nr. 57, 109, 129, 197];
Pellos [58^r];
Luca Pacioli [a; 174^r–175^v];
F. Calandri [1; 82 f., Nr. 41] und [2; h 1^v f.];
La Roche [183^v f., 185^r f.];
Ghaligai [44^r–46^r];
Cataneo [42^r–43^v];
Tartaglia [1; **1**, 193^r–194^v];
J. D. Götsch [223 f., 227 f.];
Clausberg [1164–1191].

Rabattabellen:

Buteo [278, Nr. 69];
Stevin [2b; 72–92];
Coutereels [190–204].

4.1.8 Saldo- und Terminrechnung

Die *Saldorechnung*, die bankmäßige Abschlußrechnung mehrerer Geldeinlagen auf einen bestimmten Termin, war bereits den italienischen Kaufleuten zu Beginn des 14. Jahrhunderts geläufig. So bringt der Verfasser des Cod. Lucca 1754 im Anschluß an die Definition von *saldare* ein Beispiel [182], in dem für 4 Einzahlungen, und zwar vom 12. 7. 1329, 21. 11. 1329, 19. 3. 1330 und 12. 7. 1330, eine Abschlußrechnung für den 1. 1. 1331 vorgerechnet wird, wobei nur einfache Zinsen genommen werden *(non fare chapo d'anno)*. **Paolo Dagomari** bringt eine Aufgabe mit 7 Einzahlungen zwischen dem 2. 4. 1370 und 3. 7. 1371 mit einem Saldo zum 1. 9. 1371 [1; 91 ff., Nr. 111]. Der Zinssatz beträgt dabei, wie auch in der oben erwähnten Aufgabe des Cod. Lucca 1754, 2*d* pro Lire und Monat (= 10%). Bezeichnet man diesen monatlichen Zins mit s (der tägliche Zins beträgt dann $\frac{s}{240 \cdot 30} = \frac{s}{7200}$ Lire pro Lire), die Laufzeit des jeweiligen Kapitals K_ν bis zum Abrechnungstermin mit d_ν (in ν Tagen), dann ist der Zins für diese

Laufzeit pro Lire $z_\nu = \frac{s}{7\,200} \cdot d_\nu$. Die Einzahlung K_ν wird also nach d_ν Tagen zu $K_\nu + K_\nu \cdot z_\nu$ und der Saldogesamtbetrag zu $\sum_\nu (K_\nu \cdot z_\nu)$. Gemäß dieser Formel rechnet auch Dagomari für $\nu = 7$. Hier erkennt man den ersten Hinweis auf die moderne Staffelrechnung, bei der der Zinsertrag durch

$$\frac{\text{Zinszahl}}{\text{Zinsdivisor}} = \frac{\sum_\nu K_\nu \cdot d_\nu}{\frac{3600}{p}}$$

berechnet wird. Da der Tageszins $\frac{p}{3600} = \frac{s}{7200}$ ist, wird

$$\frac{\sum_\nu K_\nu \cdot d_\nu}{\frac{3600}{p}} \quad \text{zu} \quad \sum_\nu K_\nu \left(\frac{s}{7\,200}\right) \cdot d_\nu = \sum_\nu K_\nu \cdot z_\nu \,,$$

wie es bei **Dagomari** steht.

Fachsprache

Das italienische Wort *Saldo* bedeutet soviel wie „Rechnungsbestand, Restbetrag". Im 16. Jahrhundert wurde es ins Deutsche entlehnt [Schirmer 1; 166]. So schreibt **Schweicker** 1549 [1^v]: *Saldiern / Ist ein abrechnung oder vergleichung des Debitors gegen seinem Creditor / geschicht im Buch.*

In der *Terminrechnung* wird die Aufgabe gestellt, bei mehreren, an verschiedenen Terminen zu leistenden Zahlungen einen mittleren Zahlungstag für die ganze Summe anzugeben, so daß weder der Geldgeber noch der Geldnehmer Zinsverlust erleidet; der Einfachheit halber wird auch hier, wie bei der Saldorechnung, in der Regel mit einfachem Zins gerechnet. Eine derartige Aufgabe, bei der die Gesamtzahlung auf einen mittleren Zahlungstermin „gebracht" (= ital. *recare*) oder reduziert wird, ist bereits im Cod. Lucca 1754 erwähnt [187: lo terso modo]. Ausführlich schildert **Luca Pacioli** eine Aufgabe [a; 176^r], bei der ein Schuldner 3 Zahlungen jeweils am 25. 5. 1370, 16. 7. 1371 und 30. 9. 1372 zu leisten hat. Zuerst werden die Zinsen berechnet, die in Abzug kommen, wenn alle Zahlungen auf den Fälligkeitstag der ersten Zahlung diskontiert würden. Dann wird die Zeit gesucht, in der die Gesamtsumme denselben Gesamtzins erbringt. **Widman** gibt für die Berechnung eines mittleren Zahlungstermins folgendes Beispiel [89^r]: *Itm̄ einer bleipt dē andern schuldig vn̄ sol yn zalē an dē drittē tag in dē monet 10 fl / vnd an dē 7 tag 32 fl / vn̄ an dē 15 tag 40 fl / vnd an dē 26 tag 52 fl. Nun bit er den schuldiger also ser / er bedörff wol geltz das er im das vff 1 tag bezal er wöl im des erstē geltz dester lenger harren oder borgen.* Die Lösung, sie beträgt $16 \frac{62}{134}$ Tage, erfolgt nach der Formel

$$\frac{\sum_\nu K_\nu \cdot d_\nu}{K_\nu} = T\,,$$

wobei die K_ν die jeweiligen Zahlungen und die d_ν die Zeiten sind, nach deren Ablauf von einem bestimmten Haupttermin an die Zahlungen zu leisten sind. Bei **Widman** steht dazu noch folgendes Schema:

10		3		30	
32	fl.	7	tag	224	product
40		15		600	
52		26		1352.	

Wie diese Aufgabe zeigt, werden die Terminrechnungen im Grunde genommen in derselben Weise behandelt wie die Mischungsrechnungen (s. hierzu S. 569, Formel (2)).

Zusammenstellung der Beispiele

Cod. Lucca 1754 [182–187]: *del saldare e di reghare a termine;*
Paolo Dagomari [1; 91–94, Nr. 111, 112];
Columbia-Algorismus [Vogel 24; 75 f., Nr. 52], vgl. [Buchanan-Cowley; 390];
Widman [89^r];
Pellos [48^r f.];
Luca Pacioli [a; 175^v–177^r]: *Del modo de recare a un termine piu pagamenti e de la distintion del resto;*
F. Calandri [2; h 2^r–h 4^v];
La Roche [185^v f.]: *de la maniere de côpter tant les parties baillees que les parties receues et leurs merites;*
[186^r f.]: *de la maniere de reduire a vng jour de payement plusieurs parties baillees a meriter a diuers termes;*
Ghaligai [44^v f.];
Cardano [2; 104 f., Cap. 58]: *De Solutionibus et Reductionibus;*
Cataneo [43^v–45^r]: *Del recare a un di, De resti, Del saldare ragioni semplicemente;*
Tartaglia [1; **1**, 183^v ff.]: *Del modo di saldare una ragione;*
[1; **1**, 185^v ff.]: *Del modo di reccare piu pagamenti a un sol termine;*
Clausberg [1152–1163]: *Zeitrechnung (Reductio Terminorum).*

4.1.9 Gesellschaftsrechnung (proportionale Verteilung)

Gesellschaftsrechnungen, die wir schon bei den ältesten Kulturen, in Babylon, Ägpten und China antreffen, sind seit **Leonardo von Pisa** in den Rechenbüchern des Abendlandes besonders zahlreich vertreten. In vielen Fällen handelt es sich, wie schon der Name sagt, um mehrere Gesellschafter, die sich aufgrund einer freien Vereinbarung (Vertrag) mit verschiedenen Einlagen an einem Handelsgeschäft beteiligen und die dann den Gewinn (oder auch Verlust) entsprechend ihrer Beteiligung unter sich aufteilen. Bezeichnet man die Einlagen von ν Gesellschaftern mit K_ν und den Geschäftsgewinn mit s, so erhält jeder den Teil $s \cdot \frac{K_\nu}{\Sigma K_\nu}$ des Gewinns. Eine byzantinische Aufgabensammlung aus dem 15. Jahrhundert enthält hierzu folgende Aufgabe [Hunger/Vogel; 18 f., Nr. 7]: *Drei Männer wurden Gesellschafter. Nachdem der eine 25 Florin, der andere 35 und der andere 42 eingelegt hatte, gewannen sie in einem Handel 38 Florin. Ich suche zu erfahren, wieviel als Gewinn jedes einzelnen herauskommt. Addiere die drei Kapitalien* ⟨*also* $\sum_{\nu=1}^{3} K_\nu$⟩, *was 102 ergibt. Dann sprich nach der Regeldetri: Wenn die 102* ⟨*mir*⟩ *38 geben, was werden die 25 geben? Und wiederum: Was werden die 35 geben? In gleicher Weise auch: Was werden die 42 geben?* **Gehrl** gibt 1577 dazu ein Lösungsrezept in Gedichtform [85]:

Bey der Gselschafft also Progredir /
Erstlich das einglegt gelt summir.
Das Product welchs den Theiler geit /
Setze forn an die Lincken seit.
Jeds einlegn insondersheit hindn /
Den Gwin abr solst in der mittn findn.
Das einglegt gelt Multiplicirn /
Mit den gewin / vnd Operirn.
Nachmals nach der Regel De tri /
Und als zu sehen ist allhie.

Der einfachste Fall einer Gesellschaftsrechnung liegt dann vor, wenn jeder die gleiche Summe in das Geschäft eingelegt hat, wie z.B. in einer Aufgabe von **A. Ries** [2; B 5^v f.]: *Item 24 wollen vmb ein pferdt schiessen / kost 13 floren wieviel legt einer?* Komplizierter wird die Sachlage u.a. dann, wenn nicht mehr der Betrag der einzelnen Einlagen, sondern lediglich deren Anteil gegeben ist. Die sprachliche Formulierung für diesen Tatbestand war oft unklar, wie z.B. bei **Ahmes** [Papyrus Rhind; Probl. 63], der anläßlich einer Verteilung von 700 Broten unter 4 Leute sagt, daß sie der Reihe nach die Anteile $\frac{2}{3}$, $\frac{1}{2}$, $\frac{1}{3}$ und $\frac{1}{4}$ bekommen sollen. Diese ergeben zusammen aber nicht 1 (vgl. hierzu [VM; **1**, 51]). Auch **Leonardo von Pisa** geht in seinem Kapitel *De societatibus factis inter consocios* auf diesen speziellen Fall ein und sagt dazu, daß sich manche Unerfahrene darüber wundern (*quidam imperiti ... mirantur* [1; **1**, 143]). **Elia Misrachi** dagegen vertritt bei einer Aufgabe, bei der die Anteile > 1 sind, die Meinung, *daß die Aufgabe unmöglich sei* [47, Nr. 31]. **Tartaglia**, der ebenfalls diesen Fall diskutiert [1; **1**, 200^v], führt aus, daß mit den gegebenen Bruchzahlen die Verhältniszahlen der Anteile gemeint sind. Manchmal wiederum sind nicht die fortlaufenden Verhältnisse der einzelnen Anteile der Gesellschafter $a : b : c \ldots$ gegeben, sondern statt dessen die jeweiligen Einzelverhältnisse, also $a : b$, $b : c \ldots$, wie z.B. in einer Aufgabe bei **A. Ries** [1; 50, Nr. 76]: *Item a helt sich gegen dem b in dupla proporcione, b gegen dem c in tripla und c gegen dem d in quadrupla, haben 12 fl. zu teylen. wiuil sol ein itzlicher nehmen?*

Das Problem hat noch viele Varianten. So stehen z.B. in manchen Aufgaben die Anteile nicht während der ganzen Dauer (t) zur Verfügung; an die Stelle der K_ν treten nun die Produkte $K_\nu t_\nu$, Ausdrücke, die denen bei der Terminrechnung entsprechen (s.S. 533). Jetzt sind die Anteile gleich

$$s \cdot \frac{K_\nu t_\nu}{\sum K_\nu t_\nu}.$$

La Roche spricht in diesem Fall von *Des compagnies par temps* [141ᵛ]. So steht im Clm 14908 folgende Aufgabe, bei der s gesucht ist [Curtze 1; 72 f.]: *Item tres socii dy habent geseczt vnter ihrer 3 70 fl vnd haben gebunnen 20 fl. Dem ersten trift mer hauptgut vnd gewin 15 fl, dem andern 25 fl, tercio 50 fl. Primus stat 4 menses, secundus 2, tercius 2: in quantum fuit capitalis summa?* Genau dieses Problem behandelt auch **Regiomontan** [3; 219, Nr. 7], ferner steht es in der sog. *Deutschen Algebra* von 1481 [Wappler 2; 539], in der **Widman** auch eine spezielle Lösung angibt [Wappler 2; 540].

Ferner kommen Aufgaben vor, in denen einer der Partner nicht Geld, sondern eine Ware, z.B. Wein, einlegt, so z.B. im Bamberger Rechenbuch von 1483 [32ᵛ f.]: *Zwen machē Geselschafft. Der erst legt 1200 fl. Der āder 224 Fuder weins vn̄ habn̄ gebūnē 600 fl. der ein gibt yenem der 1200 fl gelegt 250 fl vn̄ pricht nim hyn das ist deī gewin Nū wil er wissen . . . was der wein goldē hab,* ferner im Algorismus Ratisbonensis [AR; 103 f., Nr. 225] und bei **A. Ries** [2; F 4ᵛ f.]. Bei **Luca Pacioli** legt in einem Fall ein Gesellschafter ein Schmuckstück *(gioia)* ein [a; 152ʳ, Nr. 34], in einem anderen Fall gibt der eine Partner Geld, der zweite Stoff und der dritte Getreide [a; 151ʳ, Nr. 20].

Eine merkwürdig angesetzte und falsch gelöste Aufgabe aus dem Algorismus Ratisbonensis [AR; 94 f., Nr. 203] läßt sich geschichtlich weiter verfolgen. Da teilen 4 Leute 384 *fl* derart, daß Ihnen der Reihe nach $\frac{2}{3}$ + 6 *fl*, $\frac{3}{5}$ + 8 *fl*, $\frac{5}{6}$ + 10 *fl* und $\frac{7}{8}$ + 6 *fl* gebührt. Diese Aufgabe steht ebenso im Bamberger Rechenbuch von 1483 [33ʳ f.], bei **Widman** [134ʳ], im Cod. Vindob. 3029 [54 (53)ᵛ ff.] und bei **Huswirt** [36 f., Nr. 21]. Richtig löst dagegen **Chuquet** eine ähnliche Aufgabe, wo im Verhältnis $\frac{1}{2}$ *plus 6 und* $\frac{1}{3}$ *plus 4* geteilt werden soll; **Chuquet** bemerkt ausdrücklich, daß eine Lösung möglich ist, da auch 6 und 4 im Verhältnis $\frac{1}{2} : \frac{1}{3}$ stehen: *Ainsi les plus 6 et plus 4 ny font rien en ceste raison* [1; 637]. Ein hierher gehörendes richtig gelöstes Beispiel bringt auch noch **Clavius** [2; 200 f., Nr. 24].

Oftmals ist in den Aufgaben zur Gesellschaftsrechnung die Verteilung speziell von Steuern und von Erbgut gesetzlich geregelt.

In Aufgaben aus dem alten China handelt es sich um Abgaben von Naturalien (Getreide), die verschiedene Gemeinden zu leisten haben, wobei noch die Zahl der Bewohner und die Länge des Transportweges berücksichtigt werden muß [Chiu Chang Suan Shu 3; 54–59, Nr. 1, 3, 4]. Regelungen für die Erbteilungen treten speziell in arabischen Aufgaben auf, so z.B. bei **al-H̱wārizmī** [Gandz 5] und **al-Kāšī** [244–254].

Nicht immer wird Geld oder Geldeswert verteilt. So handelt es sich z.B. bei **Bahā' al-Dīn** um eine Mischung von dreierlei Flüssigkeiten [52, Nr. 7]: *Drei Becher sind gefüllt, einer mit 4 Pfund Honig, ein anderer mit 5 Pfund Essig, ein dritter mit 9 Pfund Wasser.* (Die drei Substanzen) *werden ausgeschüttet in ein Gefäß und gemischt zu Sauerhonig, damit werden die Becher dann wieder gefüllt; es fragt sich, wieviel in jedem von jeder Sorte sein wird.* Eine ähnliche Aufgabe, bei der Honig, Wasser und Butter gemischt werden, berichtet bereits der Kommentator von **Brahmagupta Pṛthūdakasvāmī** [Brahmagupta 1; 289]; **Nikolaos Rhabdas** wiederum betrachtet eine Mischung aus Honig, Essig und Fischsauce [178 f., Nr. 12].

In einer weiteren Aufgabengruppe werden Metalle gemischt. So soll der Anteil der verschiedenen Metalle bestimmt werden:
für ein Geschütz im Bamberger Rechenbuch von 1483 [31^{v} f.],
für eine Glocke, bei **Leonardo von Pisa** [1; **1**, 164], bei **Paolo Dagomari** [1; 34, Nr. 25] und im Algorismus Ratisbonensis [AR; 90, 93 f., Nr. 194, 201],
für ein aus einer Glocke herausgeschlagenes Stück, im Algorismus Ratisbonensis [AR; 98, Nr. 211] und bei **Wolack** [49, Nr. 4].
Vergleiche hierzu auch die Aufgaben unter dem Titel „Bergwerk" (s. S. 568).

Den Fall, daß ein fleißigerer *(industrior)* Gesellschafter Anspruch auf einen höheren Anteil hat, behandelt **Buteo** [250 f., Nr. 48]. Auch die verschiedenen Rangordnungen bei staatlichen, kirchlichen und militärischen Ämtern treten in manchen Aufgaben zutage. So wird in einer alten chinesischen Aufgabe die Jagdbeute an die Beamten in folgender Weise verteilt [Chiu Chang Suan Shu 3; 27 = III, Nr. 1]: *Ein Tafu, ein Pukeng, ein Tsanyao, ein Shangtsao ⟨und⟩ ein Kungshi – zusammen 5 Männer – erlegten ⟨auf der⟩ Jagd gemeinsam 5 Hirsche. Man wünscht, daß man es rangmäßig verteilt. Frage: Wieviel erhält jeder? Die Antwort sagt: Der Tafu erhält* $1\frac{2}{3}$ *Hirsch; der Pukeng erhält* $1\frac{1}{3}$ *Hirsch; der Tsanyao erhält 1 Hirsch; der Shangtsao erhält* $\frac{2}{3}$ *Hirsch; der Kungshi erhält* $\frac{1}{3}$ *Hirsch.* In einer ebenfalls chinesischen Aufgabe wird entsprechend eine Kornspende verteilt [Chiu Chang Suan Shu 3; 29 f. = III, Nr. 6]. Bei **Gemma Frisius** handelt es sich um die Verteilung von Geld an *canonici* und *capellani* [56 f.]; **Clavius** spricht von den verschiedenen Anteilen für die *duces, signiferi* und *milites* bei der Plünderung einer Stadt [2; 197 f., Nr. 20].

Viele Aufgaben, in denen von proportionalen Verteilungen die Rede ist, sind als Scherzaufgaben der Unterhaltungsmathematik anzusehen. Trotzdem wurden sie von manchen Autoren auch in dem Kapitel „Gesellschaftsrechnung" aufgeführt, wie Aufgaben mit der Einkleidung „die gefundene Börse", „Pferdekauf", etc. Im Zusammenhang mit der Unterhaltungsmathematik sei noch folgende, der Gesellschaftsrechnung zuzurechnende Aufgabe von **F. Calandri** erwähnt [1; 187, 93^{v}], bei der drei Räuber ihren Anteil an der Beute entsprechend dem eingegangenen Risiko erhalten: der Täter selbst erhält $\frac{1}{2}$, der Aufpasser $\frac{1}{3}$ und der Hehler $\frac{1}{4}$. Ebenso hierher gehört auch das in Seenot geratene Handelsschiff, bei dem die Kaufleute zur Rettung des Schiffes einen dem Wert nach entsprechenden Teil ihrer Ware ins Meer werfen müsse, so bei **Pellos** [47^{r} f.], **Suevus** [Jackson; 139, Fn. 1] und **Tunstall** [143, Nr. 14].

Zusammenstellung der Beispiele

Babylonier: AO 8862 [MKT; **1**, 116 f., 120 ff.];
Ägypter: Papyrus Rhind [Probl. 39, 40, 63, 65];
China: Chiu Chang Suan Shu [3; 27–30, 54–59 = III, Nr. 1–8, VI, Nr. 1–4];
Chang Chiu-chien [53 f., Nr. 20, 21].

Inder: **Brahmagupta**, bzw. dessen Kommentator **Pṛthūdakasvāmī** [1; 288 f.];
Mahāvīra [110–116];
Śrīdhara [2; 212, Nr. 38], [4; 42 f.];
Bhāskara II [1; 41].

Araber: **al-Karaǧī** [1; 3, 18 f.], [Woepcke 1; 141 ff.];
Ṭabarī [2; 106, 130 f. = IV, Nr. 10, 48];
bei dem in Spanien lebenden jüdischen Gelehrten **Abraham ben Ezra** [50 f.];
al-Qalaṣādī [24 f.].

Byzanz: Papyrus Aḫmīm [55 ff.];
griech. Anthologie, Epigramm XIV, 128, 134, 143 [Diophant 1; **2**, 61 f., 66, 70 f.];
Aufgabensammlung vom Anfang des 14. Jhs. [BR; 147];
Nikolaos Rhabdas [178 f., 186 f., Nr. 12, 18];
Aufgabensammlung aus dem 15. Jh. [Hunger/Vogel; 88 § 3];
Elia Misrachi [47; Nr. 28–32].

Abendland: **Johannes Hispalensis** [110 ff.];
Leonardo von Pisa [1; **1**, 135–143]: *De societatibus factis inter consocios,*
[1; **2**, 234 ff.];
Cod. Lucca 1754 [71–79, 137–146];
Paolo Dagomari [1; 57, 70, 72, Nr. 59, 78, 79];
Clm 14908 [Curtze 1; 72 f.];
Regiomontan [3; 219, Nr. 7];
Algorismus Ratisbonensis [AR; 160 f., 211 f.];
Wolack [49 f., Nr. 4 und 5] *regula . . . de tempore, regula sodalitatis*
Trienter Algorismus [Vogel 15; 189 ff., Nr. 2, 3]
Treviso-Arithmetik [47ᵛ–51ᵛ], vgl. auch [D. E. Smith 5; 328 f.];
Bamberger Rechenbuch von 1483 [29ʳ–40ʳ = Cap. 13];
Borghi [68ᵛ–81ᵛ];
Widman [124ʳ–132ᵛ];
Pellos [45ʳ–49ʳ];
Chuquet [1; 635–638]: nur nicht eingekleidete Aufgaben;
F. Calandri [1; 86–103, 106 f.] und [2; L 5ᵛ–L 8ᵛ];
P. M. Calandri [130–137];
Luca Pacioli [a; 150ʳ–159ʳ];
Piero della Francesca [52–56];
Peurbach [1; 5ᵛ, 6ᵛ];
Georg von Ungarn [28, 4. und 6. R.];
Cod. Vindob. 3029 [49 (48)ᵛ–62 (61)ʳ];
Livre de getz [E 7ᵛ–F 4ᵛ];
Huswirt [30, 32 f., Nr. 4 und 10];
niederländisches Rechenbuch von 1508 [Bockstaele; 64]: *reghel van gheselscape;*
Grammateus [1; C 7ᵛ ff.];
Böschensteyn [C 5ᵛ];
La Roche [136ʳ–154ʳ];
Ghaligai [52ᵛ–57ʳ];

Rudolff [2; A 5^{v}–B 1^{r}, Nr. 226–240 und B 2^{r}–B 5^{v}, Nr. 245–257];
Apian [H 4^{r}–H 8^{r}];
Ries [2; F 1^{r}–F 5^{r}], [1; 50 f., 55, Nr. 76, 78, 112], [3; 52^{r}–57^{r}, 66^{r}], s. Abb. 110;
Tunstall [143–145, 147–156];

Adam Risen.
Von Gesellschafften.

Abbildung 110.
Gesellschaftsrechnung [Ries 3; 52^{r}].

Cardano [2; 88 f., Cap. 52];
Recorde [1; M 1^{r}–M 3^{v}];
Gemma Frisius [53–61]: *Regula Consortii, sive . . . Societatis;*
Cataneo [31^{r} ff.];
Tartaglia [1; **1**, 195^{r}–208^{v}];
Trenchant [1; 140–151];
Buteo [253 f., 256];
Bombelli [3; 517, § 8];
Gehrl [85–91];
Clavius [2; 175–206];
Stevin [2b; 40–44];
Coutereels [179–182].

4.1.10 Faktorrechnung

Eine besondere Art der Gesellschaftsrechnung ist die Faktorrechnung. Der Faktor ist ein Beauftragter eines Handelshauses, der die Geschäfte seiner Firma an einem auswärtigen Platze tätigt. 1854 definiert **Fort** [23] *Factor, zuweilen Geschäftsführer oder Procurist einer Handlung, . . . auch der Commissionair eines Handelshauses oder einer Handelsgesellschaft, welcher deren Geschäfte, besonders den Ein- und Verkauf besorgt.* Für seine Arbeit wird dem Faktor ein bestimmter Teil des Gewinns zugestanden, **Coutereels** sagt, wegen der *Last van koopen ende verkoopen* [258, Nr. 36]. Diesen Anteil des Gewinns bezeichnet **Rudolff** als *lidlon* [2; B 1^{r}]. Ferner wird in manchen Fällen dem Faktor „für seine Person“ noch zusätzlich eine fiktive Einlage an Geld angerechnet. Außerdem kann er sich noch, wie aus einigen Aufgaben hervorgeht, mit eigenem Kapital an dem Geschäft beteiligen. Ein hierfür typisches Beispiel bringt **Rudolff** [2; o 5^v, Nr. 1]: *Item ein kauffman gibt seinem factor 1200 fl. d'factor legt für sich selbst 500 fl vnnd sein person oder dienst / sol der halben (verstehe von wegen des gelts vnd des dienst) nemen* $\frac{2}{5}$ *des gewins / wie hoch ist sein person geschetzt.*

Ein frühes Beispiel zur Faktorrechnung, bei dem allerdings das Wort „Faktor" nicht genannt, wohl aber gemeint ist, findet sich im Trattato di fioretti des **Antonio de Mazzinghi** in der Ausgabe von **Benedetto da Firenze** aus dem Jahre 1463 [Arrighi 1; 32 f., Nr. 12]. Hier gibt ein Kaufmann 3000 *fl*, der andere gibt *la persona* und 2000 *fl*. Da der Kaufmann zu den 3000 *fl* noch 1000 *fl* zulegt, erhält er $\frac{1}{15}$ mehr vom Gewinn als er ohne die neue Einlage bekommen hätte.

Zusammenstellung der Beispiele

Antonio de Mazzinghi [Arrighi 1; 32 f., Nr. 12];
Pellos [47^r, Nr. 9];
Luca Pacioli [a; 154^r–155^v];
Livre de getz [F 4^v–F 7^r];
Grammateus [1; G 6^v f., H 1^v f.];
La Roche [145^r–150^v];
Ghaligai [56^r f.];
Rudolff [2; o 5^v–o 8^r]: *Factorey;* [2; B 1^r ff., Nr. 241–244], [1; O 7^r, Nr. 160];
Tartaglia [1; **1**, 199^v, 206^v, Nr. 34, 83];
Trenchant [1; 151–153]: *Des compagnyes entre marchans et facteurs;*
Gehrl [91–93]: *Factorey;*
Clavius [2; 190 f., Nr. 14]: *Procurator* für Faktor;
Coutereels [256–259, Nr. 33–37];
Curtius [183–189]: *Von Factorey-Rechnung.*

4.1.11 Vermietungen, Vieh- und Weidepacht

In manchen Rechenbüchern erscheinen im Anschluß an die Gesellschaftsrechnung auch Aufgaben über *Vermietungen* von Häusern und Vieh- und Weidepacht, so z.B. bei **Paolo Dagomari** [1; 98 ff., Nr. 124] und **Luca Pacioli** [a; 159^r–161^r]. In anderen Rechenbüchern folgen speziell die Mietprobleme dem Kapitel über Rentenrechnung, so z.B. bei **La Roche**, der nach dem Kapitel *des pensions* [192^r f.] das Kapitel *des loyages des maysons* [193^r f.] behandelt.

Beispiele von Häuservermietungen bringt bereits **Leonardo von Pisa** in seinem Kapitel *Questio notabilis de homine muttuante libras C ad usuras super quandam domum* [1; **1**, 267–273]. Da bekommt z.B. ein Hauseigentümer von einem Mieter 100 *lb* geliehen. Dafür darf er für eine Jahresmiete von 30 *lb* solange wohnen, bis die Schuld getilgt ist. Als Verzinsung seines Kapitals werden dabei 4 *d* pro Monat und *lb* (= 20%) gerechnet. Da das vorliegende Problem eigentlich ein Exponentialproblem (s.S. 545: Rentenformel) darstellt, das zu **Leonardo**s Zeiten nicht exakt gelöst werden kann, wird in dieser Aufgabe Jahr für Jahr abgerechnet und der für das letzte Jahr übrig bleibende Restbetrag proportional nach Tagen und Stunden (!) aufgeteilt. In diesem Beispiel beträgt die Mietdauer 6 Jahre, 8 Tage und $5\frac{13}{29}$ Stunden. Eine andere Methode für den Fall, daß ein Mieter die Miete im voraus bezahlt hat, wäre die, daß man von dem über den Endtermin hinausgehenden Jahresende zurückdiskontiert. In anderen Aufgaben fragt **Leonardo von Pisa** nach dem Zinsfuß oder nach dem Leihkapital [1; **1**, 270]. Ebenso stehen im Cod. Lucca 1754 eine Reihe von Aufgaben mit Vermietungsproblemen. So zahlt in einer Aufgabe der Mieter für 4 Jahre die Mietsumme von 200 *lb* im voraus. Jetzt sind die Jahresraten bei einem Zins von 20% zu berechnen [191 f.]. In einem anderen Beispiel bleibt der Mieter *(pigionale)* für längere Zeit die Miete schuldig und zahlt dann auf einmal die Mietschuld als auch den angefallenen Zins [188 f.]. Auch in den späteren Rechenbüchern des Mittelalters und der Neuzeit tauchen immer wieder Aufgaben auf, in denen Vermietungsprobleme behandelt werden.

Zusammenstellung der Beispiele

Leonardo von Pisa [1; **1**, 267–273; 329 f.];
Cod. Lucca 1754 [188–192]: *una chasa a pigione;*
Paolo Dagomari [1; 98 ff., Nr. 124]: *una chaxa a pigione;*
Luca Pacioli [a; 159^r–161^r]: *de pensionibus domorum;*
Pellos [58^r f.]: *un segnor loga a un autre home;*
La Roche [193^r f.]: *des loyages des maysons;*
Cardano [2; 90 f., Cap. 54]: *De Pensionibus domorum cum mutuo censu* und [2; 160, Nr. 81];
Cataneo [45^r f.]: *Delle pigioni.*

Die Aufgaben zur Vieh- und Weidepacht erscheinen gelegentlich auch unter der Überschrift *de soccidis* oder ähnlich; im Italienischen bedeutet soccio der Viehpächter und „soccida" die Verpachtung des Viehs; zur Überlieferung und Herkunft dieser Wörter siehe **Du Cange** [7, 506]: Socida.

Gewöhnlich geht es hier darum, daß einem Hirten, der selbst eine kleine Anzahl von Tieren besitzt, eine Herde zur Pflege und Aufzucht übergeben wird. Für seine Arbeit soll dem Hirten nach einem bestimmten Zeitraum ein bestimmter Teil der Tiere gehören. Die Frage ist nun, wieviel Tiere dem Hirten zustehen, wenn der Vertrag vorzeitig gekündigt wird. So lautet eine Aufgabe bei **Rudolff** [2; o 4^v, Nr. 31]: *Item ein herr befilcht seinem hirten 400 schaff / die sol er weiden 6 jar / so wöll er jme alles vich sampt der zucht (das ist sampt den jungen schäfflein) halbs gebē / Begibt sich das sie theilen zu außgang des vierdten jars / finden 1 000 schaff / wieuil gebüren yeden zu seinem theil.*

Im Gegensatz zu den anderen Aufgaben der Gesellschaftsrechnung, die mathematisch sinnvoll gelöst werden können, liegen den Aufgaben über Viehpacht besondere Abmachungen zugrunde; oftmals sind daher die Lösungen recht merkwürdig. So gibt in einem Beispiel bei **Buteo** [262 f., Nr. 57] Lucius seine 40 Schafe dem Hirten Tityrus, der selbst 10 Schafe besitzt, zur Pflege. Vertraglich wird vereinbart, daß nach 5 Jahren der dann vorhandene Viehbestand gleichmäßig unter beide verteilt werden soll. Nach 3

Jahren aber wird der Vertrag gelöst; der Viehbestand ist jetzt auf 100 Schafe angewachsen. Wieviel soll nun jeder bekommen? **Buteo** rechnet die Differenz 40 – 10 = 30 Schafe als Lohn, der dem Hirten für die Pflege von Anfang an zugestanden hat. Dieser Lohn, die 30 Schafe, vermindert sich aber auf 18, da die Abmachung nur 3 statt 5 Jahre gedauert hat. Zusammen mit den eigenen 10 Schafen treffen also auf den Hirten Tityrus 28 Schafe und auf Lucius, man versteht nicht warum, 40 + 28 = 68 Schafe. Die 100 Schafe werden nun nicht im Verhältnis 68 : 28 verteilt, sondern es wird gefragt, welcher Teil auf 100 angewachsen ist, wenn 40 zu 68 geworden ist. Dies gibt $58\frac{14}{17}$; Tityrus erhält den Rest $41\frac{3}{17}$. **Luca Pacioli**, bei dem diese Aufgabe mit denselben Zahlenwerten steht, hat die 100 Schafe im Verhältnis 62 : 38 aufgeteilt [a; 160^r]; gegen diese Lösung wendet sich **Buteo** ausdrücklich. Man sieht, daß es sich bei den Aufgaben, die sich einer einheitlichen mathematischen Lösung entziehen, um konventionelle Praktiken der damaligen Zeit handelt.

Zusammenstellung der Beispiele

Luca Pacioli [a; 159^r–160^r]: *de soccidis;*
La Roche [151^r–152^r]: *des commandes de bestail;*
Rudolff [2; o 4^r f., Nr. 29–31];
Cardano [2; 90, Cap. 53]: *De societatibus bestiarum;*
Cataneo [34^v–35^v]: *Delle soccite;*
Tartaglia [1; **1**, 208^v–209^v]: *Delle sozzide de bestiami;*
Buteo [226–229, 262 f., Nr. 26, 27, 57, 58].

4.1.12 Geldwechsel und Maßumrechnungen

Überall da, wo man vom Tauschhandel zu einer Geldwirtschaft gekommen war, mußten Geldumrechnungen durchgeführt werden. Dies gilt sowohl für die verschiedenen Sorten des eigenen Währungsgebietes als auch für die anderer Länder, wenn die Geldgeschäfte über die Grenzen des heimatlichen Münzgebietes hinaus (*Über Land*, siehe z.B. **Rudolff** [2; m 7^r–n 3^v, z 4^v–A 5^v]: *Rechnung vber Landt;* **Gehrl** [72–74]: *Rechnung vber Landt;* **Curtius** [162–169]: *Von Rechnung über Land/oder Regula Transporti*) erfolgten. Gleichzeitig wurden mit der zunehmenden Entwicklung des Handels auch Maßumrechnungen (Hohl-, Gewichts- und Längenmaße) für die einzelnen Länder und Städte notwendig. Deshalb wurden derartige Aufgaben auch in die Rechenbücher aufgenommen, schon bei den Arabern, dann in Byzanz, wo in einer Aufgabensammlung des 15. Jahrhunderts z.B. folgendes für diese Problemgruppe typisches Beispiel steht [Hunger/Vogel; 34 f., Nr. 37]: *Ein Mann gab jemandem 3562 Aspra, damit er ihm Florin einwechsle, zu je* $53\frac{3}{8}$ *Aspra. Wieviel Florin werden es?*

Im Abendland sind den Wechselrechnungen häufig umfangreiche Kapitel gewidmet, z.B. bei **Leonardo von Pisa** *De cambio monetarum* [1; **1**, 103–109] oder **Luca Pacioli** *De cambiis seu cambitionibus* [a; 106^r–107^v]. Meistens sind in dem Kapitel Wechselrechnung auch die Aufgaben über Maßumrechnungen zu finden, z.B. bei **Apian** [L6^r]: *Item einer kaufft zu Nürenberg 4 Elln Sammat / vnd er wil sie zu Regenßpurgk widder* *hyngeben / vnd 1 Ellen zu Nürenberg thut zu Regenßpurg $\frac{3}{4}$ ellen. Ist die frag wie viel Ellen hat er zu Regenßpurg?* Oder es werden sowohl Geld- als auch Maßumrechnungen in Betracht gezogen, wobei oft noch Transportkosten (Zölle etc.) berücksichtigt werden; ein Beispiel hierzu bringt **Rudolff** [2; A 1^v f., Nr. 213]: *4 Stär Weinberlen / ye pro $2\frac{1}{2}$ Ducaten. 1 Stär geet auff die Weinberle aller* ⟨Transportkosten⟩ *bis gen Wien 9 flo. 2 β / 18 d / Öster. we* ⟨= Währung⟩. *Wie kompt der Wiener cen(tner). Helt der stär / dar mit man zu Venedig die Weinberle hingibt / 260 lb /* ⟨ge-⟩*ring gewicht. Thun derselben 100 lb / zu Wien 54 d.* ⟨sic⟩ *den Ducaten pro 11 βd* ⟨= 330 d, 1 Schilling = 30, s.S. 92⟩ *Österreichischer werung zuraiten. Facit 4 floren / 0 β / 26 d $\frac{1}{9}$.*

Bemerkenswert ist folgende Aufgabe im Algorismus Ratisbonensis, die ihrer Einkleidung nach auch zur Unterhaltungsmathematik gehören könnte [53 f., Nr. 83]: *Item ein wechsler gibt $187\frac{1}{2}$ oboli vmb 1 fl vnd ein kaufman pringt dem wechsler 33 fl vnd spricht zv ym: wechselt mir ein tail von den 33 fl, daz mir dennach so vil fl an den 33 fl vber pleiben als vil ir mir oboli gebt. Queritur, wye gros der tailer ist, den er ym von den 33 fl gewechselt hat.* Dieselbe Aufgabe steht, allerdings mit anderen Zahlenwerten, auch bei **Widman** [106^r f.] und bei **Elia Misrachi** [53 f.]. Bei dieser Einkleidung tritt der enge Zusammenhang mit der zur Unterhaltungsmathematik gehörenden Aufgabengruppe *Regula equalitatis* (s. S. 598 ff.), bei der ja auch teilweise der Geldwechsel behandelt wird, besonders deutlich hervor.

Oftmals ist in den Aufgaben auch eine Umrechnung von Geldsorten über verschiedene Zwischenstationen durchzuführen, wozu **Paolo Dagomari** u.a. folgendes Beispiel gibt [1; 42, Nr. 45]: *Ein lb von Florenz wird in Pisa in $10\frac{1}{2}$ Unzen gewechselt und 1 lb von Pisa wird in Lucca in 11 Unzen gewechselt. Ich will wissen, wie das lb aus Florenz in Lucca umgewechselt wird?* Während **Paolo Dagomari** die Lösung der Aufgabe noch durch umständliche Einzelberechnungen erhält, werden diese überflüssig, wenn man die Kettenregel (s.S. 366 f.) benützt. Diese erscheint erstmals bei **Leonardo von Pisa** [1; **1**, 126 f.] unter der Überschrift *De baractis monetarum cum plures monete inter similes*, ferner im Cod. Lucca 1754 [58 f.], bei **Widman** [107^{r}f.], **Apian** [L 5^r] usw.

Eine wesentliche Vereinfachung der Geldübertragung bei Auslandsgeschäften brachte die Einführung des *Wechselbriefes*, durch den der schon aus Sicherheitsgründen unerwünschte Geldtransport überflüssig wurde.

Der Wechselbrief wurde bereits im Mittelalter in den oberitalienischen Städten gemäß dem damaligen Handelsrecht als Zahlungsmittel eingeführt. So war der mittelalterliche Wechsel gleichsam ein Zahlungspapier, das der Umwechslung von einer Münzsorte in die andere diente [Handwörterbuch der Sozialwissenschaften; 563]. Nach **Jäger** [2; 8] steht die älteste Notiz – sie stammt aus dem Jahre 1157 –, die wir über den Wechsel haben, in der Geschichte Genuas von **M. G. Canale**:

Lire 10 Genovesi prese a cambio con promessa di pagarle in Tunisi (10 Genuesische Lire genommen als oder im Wechsel, mit dem Versprechen, dieselben in Tunis zu zahlen).

Weitere Beispiele zur Geschichte des Wechselbriefes, siehe [Lopez/Raymond; 162–167] und [Roover].

Ein Musterexemplar eines solchen Wechselbriefes bringt **Luca Pacioli** 1494 [a; 167ᵛ]:
Forma de la lettera de cambio.
1494 adi 9 agosto i vª.
Pagate per questa prima nostra Ludouico de francesco da fabriano e compagni once cento doro napolitane insu la proxima fiera de fuligni per la valuta daltretanti receuuti qui dal Magnifico homo miser Donato da legge quondā miser Priamo. E ponete per noi. Idio da mal ve guardi Vostro Paganino de paganini da Brescia. . .
Übersetzung nach **Jäger** [2; 15]: 1494. *Am 9. August in Venedig (in vª) Zahlet gegen (per) diese unsere Prima an Ludwig von Francesco von Fabriano u. Cie. Hundert Unzen Neapolitanischen Goldes auf der nächsten Messe von Fuligni, im gleichen Werthe des vom erhabenen Herrn Donato von legge, Sohn des einstigen Herrn Priamo von hier, Erhaltenen und setzet es für uns (nämlich auf Rechnung). Gott behüte Euch vor Uebel! Euer Paganino von Paganini von Brescia. . .*

Pacioli hat neben der Belehrung über Form und Verwendung des Wechsels in seiner *Summa*, die auch als erstes gedrucktes Lehrbuch für den Kaufmann angesehen werden kann, weitere sicher schon lange übliche Praktiken vermittelt. Hier erschienen bereits die Bezeichnungen *Debit* und *Credit* [a; 199ʳ] und hier findet sich auch schon eine Anleitung zur doppelten Buchführung in dem Kapitel *De computis et scripturis* [a; 198ᵛ–211ᵛ], deutsche Übersetzung in [Jäger 1; 8–106].

Bearbeitungen der *Summa* **Paciolis** in verschiedenen Sprachen führten bald zu einer schnellen Verbreitung der Methoden der Wechselrechnung. So hängt **Jan Ympyns** 1543 in Antwerpen erschienenes Werk *Nieuwe Instructie . . .* direkt bzw. indirekt von **Luca Paciolis** *De computis et scripturis* ab [Kheil; 8, 77]. Dieses Werk **Ympyns** erschien ebenfalls 1543 in Antwerpen noch in französischer Sprache und 1547 in London in englischer Übersetzung. Speziell in den Niederlanden, wo im 16. Jahrhundert der Handel blühte, wurden daraufhin noch viele weitere Bücher und Abhandlungen über die Buchhaltung publiziert [Kheil; 67].

Die älteste deutsche Abhandlung über Buchhaltung steht bei **Grammateus** 1518 unter der Überschrift *Buchhaltē durch Zornal Kaps vnnd Schuldtbuch / auff alle Kaufmannschafft* [1; I 7ᵛ–K 5ᵛ, K 6ʳ–L 4ᵛ] (Kaps = Warenbuch), ein Werk, das allerdings von der *Summa* **Paciolis** stark abweicht [Kheil; 74]. Ein weiteres Werk über Buchhaltung in deutscher Sprache stellt **Joann Gotlibs** *Ein Teutsch verstendig Buchhalten* von 1531 dar. 1549 erschien dann **Wolfang Schweickers** *Zwifach Buchhalten* ein Werk, das nachweislich eine Nachahmung und stellenweise Übersetzung **Domenico Manzonis** *Quaderno doppio* aus dem Jahr 1534 ist [Kheil; 77–123]. Im 16. Jahrhundert stehen Aufgaben zur Wechselrechnung in fast allen Rechenbüchern. Im 17. Jahrhundert stellt der *Underricht der Wechsel-Handlung* ein ausführliches Lehrbuch dar; im 18. Jahrhundert ist vor allem **Clausbergs** *Demonstrative Rechenkunst* [791–1105] zu nennen.

Zusammenstellung der Beispiele

Araber: **Abū al-Wafā'** [Saidan 3; 331–341 = VI 1, 2, 3];
al-Karaǧī [1; **3**, 21 ff.];
Ṭabarī [2; 86–90 = III 9, 10, 11].

Byzanz: Aufgabensammlung aus dem 15. Jh. [Hunger/Vogel; 88, § 6];
Elia Misrachi [53 f.].
Abendland: *Liber augmenti et diminutionis* [Abraham; 357 ff., 363 ff.]:
Capitulum cambitionis, de cambio;
Leonardo von Pisa [1; **1**, 103–109, 126 f.];
Cod. Lucca 1754 [58 f.];
Paolo Dagomari [1; 41 f., Nr. 41, 45];
Antonio de Mazzinghi [Arrighi 1; 90–94, Nr. 43, 44];
Pegolotti [48 ff., 72 ff., 287 ff. und öfters],
Columbia-Algorismus [Vogel 24; 17], vgl. auch [Buchanan-Cowley; 390 f.];
Regiomontan [3; 238, 279 f., Nr. 3];
Algorismus Ratisbonensis [AR; 211, § 11];
Treviso-Arithmetik [43^v], vgl. auch [D. E. Smith 5; 327];
Bamberger Rechenbuch von 1483 [26^r]: *Vom wechsel,* [55^r–58^v]: *rechnung vber lant;*
Borghi [44^r–68^v];
Widman [106^r–107^v]: *Regula pagamenti;*
Luca Pacioli [a; 167^r–173^v]: *De cambiis. . . ,* [a; 211^v–224^v]: *Tariffa;*
Pellos [42^r–43^v]: *de diversas monedas;*
F. Calandri [1; 24–31];
P. M. Calandri [70–85];
Grammateus [1; C 5^v f.]: *Wechsel;*
Köbel [1; 23^r];
La Roche [173^v–181^v]: *de change;*
Ghaligai [30^r–36^r];
Rudolff [2; m 3^r–m 7^r]: *Wechsel,* [2; m 7^r–n 3^v]: *Rechnung vber Land,* [2; y 7^r–z 4^v]: *Wechsel Exempel,* [2; z 4^v–A 5^v]: *Rechnung vber Landt;*
Apian [L 4^v–L 6^v]: *Vom Wechsel;*
Ries [2; D 2^v–D 3^v], [3; 34^v–36^v]: *Vom Wechsel;*
Cardano [2; 94–101, Cap. 56]: *De cambiis;*
Cataneo [35^v f.]: *De cambii;*
Tartaglia [1; **1**, 165^v–168^r, 219^v–230^v]: *conuertire monete, delle ragioni di cambii;*
Bombelli [3; 515, § 3];
Trenchant [1; 118–123]: *reduction de monnoyes;*
Gehrl [68–71]: *Wechsel.*

4.1.13 Münzlegierungen

Mischungen von Metallen spielten in allen Kulturkreisen eine bedeutende Rolle für die Prägung von Geld, im Bergwerkswesen, für die Reinheit und damit den Preis von Schmuckstücken usw. Ein Teil dieser Aufgaben sind reine Mischungsaufgaben, z.B. die „Kronenaufgabe des Archimedes", die Silberlegierungen bei **Leonardo von Pisa**, die Goldlegierungen bei **Pegolotti** usw. (s. S. 571). Bei einem anderen Teil geht es um die Berechnung von Gewichten, Feinheiten (s. hierzu auch S. 519) und Preisen. In dem byzantinischen Rechenbuch vom Anfang des 14. Jahrhunderts ist eine ganze Reihe von Aufgaben der *Gold- und Silberrechnung* gewidmet [BR; 96–101, Nr. 74–80], z.B. Nr. 74: *Silberrechnung* (Ψῆφος ἀργοῦ). *Das Exagion Weißgold, nämlich 24 Karat ⟨Gewicht⟩ ist 21 ⟨karätig⟩. Was bekomme ich für 6 ⟨Gold⟩nomismata?* Hier handelt es sich um die Umrechnung von Gold- in Weißgoldnomismata mit der Gewichtseinheit Karat = $\frac{1}{144}$ Unze = $\frac{1}{24}$ Exagion = $\frac{1}{6}$ Gramm [BR; 161]. In den Aufgaben Nr. 75–77 werden keine Nomismata genannt, sondern Weißgoldstücke, deren Goldpreis umgerechnet werden soll, hier Nr. 75: *Es habe das Exagion 18 Karat ⟨Feingold⟩, wie viele ⟨Karat haben⟩ 19 ⟨Exagia⟩?*.

Im ausgehenden Mittelalter tritt eine Änderung ein. An die Stelle der Feinheitsbezeichnung durch die Angabe des Anteils vom reinem Gold (bzw. Silber) an der Gewichtseinheit 1 Mark Gold = 24 Karat, wie in den byzantinischen Aufgaben tritt im Abendland die Bezeichnung des Feinheitsgrades Karat (bzw. Lot); dem Feingold kommen 24 Karat, dem Feinsilber 16 Lot zu. Im Algorismus Ratisbonensis wird dieser Unterschied deutlich hervorgehoben [AR; 119, Nr. 264]: *Vom Gold. Item wiß, daz man czw venedig karat gewicht hat vnd 144 karat wegen 1 unze, also wigt 1 lot 72 karath. . . Also merck auch, daz zwayerläy karat sei, dy eine ist von dem gewicht, . . . dy ander ist in der gold tailung, do beij man erkennt dy vnterschaid eins goldß gegen dem andern vnd 1 karat am strich helt 4 gran.* Der Ausdruck „am Strich" bedeutet wohl, daß die Feinheit durch Streichen am Probierstein geprüft ist [Vogel 10; 254]. Diese Aufgabe des Algorismus Ratisbonensis steht mit ähnlichen Worten auch im Bamberger Rechenbuch von 1483 [49^r] und bei **Widman** [115^v f.]. Viele Rechenbücher des 15. und 16. Jahrhunderts widmen derartigen Legierungsaufgaben ein eigenes Kapitel unter dem Titel „Gold- und Silberrechnung", in dem oftmals verstreut auch Mischungsaufgaben stehen.

Fachsprache

Im Griechischen heißen die Schoten des Johannisbrotes aufgrund ihrer Horngestalt *κεράτιον*; die Körner der Schoten wurden als Gewichte für Edelsteine und Metalle verwendet, vgl. im Arabischen kirrāt. Im Mittelhochdeutschen tritt Karat schon im 13. Jahrhundert auf, dann aber erst wieder im 15. Jahrhundert (vgl. [Kluge; 351]), so im Algorismus Ratisbonensis (karat, karath [AR; 119, Nr. 264]), im Bamberger Rechenbuch von 1483 (kyrat [48^v]) usw.

Zusammenstellung der Beispiele

Algorismus Ratisbonensis [AR; 164, § 17];
Bamberger Rechenbuch von 1483 [48^v–52^v]: *Golt rechnung;*
Widman [110^r–120^v];
Pellos [58^v–64^r] *de fin del argent* (s. auch S. 533);
F. Calandri [1; 46–65];
P. M. Calandri [1; 97 ff.];
Luca Pacioli [a; 182^v–186^r]: *Del modo a legare e consolare le monete;*
Grammateus [1; C 8^v ff.]: *Silberrechnung, Goldtrechnung;*
La Roche [194^r–205^r]: *De fin dargent, de fin dor, de fin dargent dore;*

Rudolff [2; p 4^{r}–p 5^{v}, B 5^{v}–C 6^{v}]: *Silber vnd Goldtrechnung;*
Ries [2; E 3^{v}–E 6^{v}], [3; 45^{v}–48^{v}]: *Silber vnd Goldt Rechnung;*
Neudörffer [O 2^{r} f.]: *Silber vnd Gold Rechnung.*

Im Anschluß an die Gold- und Silberrechnung erscheint in den deutschen Rechenbüchern des 16. Jahrhunderts meistens auch ein Kapitel mit dem Titel *„Beschickung des Tiegels“*, was deutlich auf die Arbeit eines Münzmeisters am Schmelzkessel hinweist. Hier sei ein Beispiel von **Ries** angeführt: [2; E 6^{v} f.] (ähnlich in [3; 48^{v} f.]):
Item ein Müntzmeyster hat drey post gekornts helt die erst 7 lot 3 quenten / wigt 25 marck 8 lot. Die ander helt 8 lot 2 quenten / wigt 48 marck 12 lot vnd die drit helt 12 lot 3 quenten / wigt 42 marck 4 lot. Nun frag ich / so er die obgenanten 3 post ym Tygel zusamen lest / wie viel ein marck halten wird (1 marck = 16 lot, 1 lot = 4 quent).

Zu *gekornts*: unter „Körner“ von Metall (meistens Silber) versteht man das Schmelzen und in Körner Zerteilen des Metallstücks, wodurch der Feingehalt herausgelöst wird [Grimm; **5**, Sp. 1923 f., § 4], [Vogel 10; 252].

Derartige Aufgaben sind also Mischungsaufgaben. Weitere derartige Beispiele stehen bei:

Widman [110^{r} ff.];
Rudolff [2; p 6^{r} f.]: *Exempel von Pagament vnd schickung des tegels (Pagament =* Zahlgeld*)* und [2; B 7^{r} ff.];
Apian [K 1^{r}–K 8^{v}]: *Exempl von Pagamēt vñ schickūg des Tygels auff Silber vñ Goldt,* s. Abb. 111;

¶ Exempl von Pagamēt vñ schickūg des Tygels auff Silber vñ Goldt.

Abbildung 111.
Apian [K 1^{r}].

Gehrl [104 f.]: *Schickung des Tigels / besserung vnd ringerung der Müntz;* der Münzmeister hatte nämlich zugleich den Auftrag, bei Währungsänderungen den Geldwert entsprechend zu verbessern oder zu verschlechtern *(bessern, ringern).*

Zu den Mischungsaufgaben gehören auch Aufgaben unter dem Titel *Müntzschlag*, italienisch: *bactere quatrini, bactere grossoni* bei **F. Calandri** [2; m 5^{r}]. Hier geht es in den meisten Fällen um eine feste Menge (meist 1 Mark = 16 Lot) Silber gegebener Feinheit, aus der Pfennige so zu prägen sind, daß eine bestimmte Zahl von ihnen auf 1 Gulden kommt. In einer Aufgabe bei **Apian** [K 8^v f.] sollen z.B. 252 Pfennige pro Gulden aus 1 Mark Silber der Feinheit 7 geschlagen werden, wobei der Preis für 1 Mark Feinsilber 11 Gulden beträgt: *Muntzschlagk. Itē ein Müntzmeister wil pfēning schlahen / vnd 252 söllen 1 fl reinisch gelten / alß do ist meysnisch müntz. Vnd die marck ßol habenn 7 lot fein sylber. Der müntzmeister rechēt für sein mühe vn̄ alle kostn / die marck fein per 11 fl Reinisch. Ist die frag wie vil pfenning söllen auff 1 marck gehen / vn̄ wie vil auff 1 lot.* Die Mark Münzsilber kostet demnach $11 \cdot \frac{7}{16} = 4\frac{13}{16}$ fl und so müssen es $252 \cdot 4\frac{13}{16} = 1212\frac{3}{4}$ Pfennigstücke werden. Umgekehrt wird auch in manchen Aufgaben gefragt, wieviel Karat bzw. Lot der Gulden hat, wenn bei gegebenem Preis für das Edelmetall eine gegebene Anzahl Gulden 1 Mark entspricht, z.B. bei **Rudolff** [2; q 6^v, Nr. 1]:

Ein herr wil müntzen 40 d auff ein lot / sollen 120 gelten ein floren / rechet die marck fein p(er) 9 fl $\frac{1}{2}$. Und der müntzmeister wil von einer marck müntz zu lon haben 1 ort / wieuil mus die marck fein halten.

Weitere Beispiele zum Münzschlag stehen bei
Widman [112^r ff.];
Ries [2; E 8^r ff.], [3; 50^v ff.];
Gehrl [107 ff.];
Neudörffer [O 3^r].

Hier sind noch Aufgaben zu nennen, die unter dem Titel *Bergwerk* erscheinen. Ihrer Form nach gehören sie zur Gesellschaftsrechnung, da es sich um die Verteilung des Gewinns an die einzelnen Grubeninhaber gemäß ihrer Anteile (Kuxe) handelt, doch stehen sie in den Rechenbüchern gewöhnlich in der Nachbarschaft der Gold- und Silberrechnung. Bei **Rudolff** steht u.a. folgende Überschrift [2; B 5^v]: *Exempel vom Bergwerck / Silber vnd Goldt Rechnung / Schickung des Tegels / Müntzschlag / Auch in sonderheit Goldtschmidtarbeit betreffendt.* Hier sei ein Beispiel von **Apian** genannt [M 6^r f.]: *Item jr 6 gewerckē bawen ein funtgrub. Der erst hat 3 neüntayl. Der ander 2 neün vnd $\frac{1}{2}$. Der dritt 2 neüntayl vnd $\frac{1}{4}$ vnd 1 kukis. Der vierd $\frac{1}{2}$ Neüntayl vnd $\frac{1}{8}$ tayl. Der Fünfft $\frac{1}{2}$ viertel von einem neüntayl vnd 1 kukis. Der Sechst $\frac{1}{4}$ vnd ein halbes viertel. Nun ist aff die gruben gangen 214 fl / 12 gr(oschen) / 10 d. Vn̄ haben sylber gemacht 90 marck 14 lot / helt die marck fein 15 lot 2 q(uent). Ist die frage wan sie dz sylber verkauffen / vnnd die kosten so dar vber gangen ist ablegen / was einem jtlichen zu seinem tayl werde.* Dieser Aufgabe geht folgende Erklärung voraus: *Merck / das die gantze funtgrube zum ersten getaylt wirdt in 10 tail. Die 9 behalten die gewerckenn / der zehendt tayl ist zu gehörig der oberkait. Die 9 werden getaylt / in etliche brüch / alß $\frac{1}{2}$ neüntel / vnd $\frac{1}{4}$ vō einem neüntel / vn̄ ein halb virtel / ein sechzehētail / die sechzehentail nennen etlich Kukis.*

Weitere Beispiele:
Rudolff [2; B 5^v ff., B 8^v f., Nr. 258, 259, 260, 271], [2; p 4^r ff., Nr. 1, 2] *Exempel vom Bergwerck;*
Gehrl [96–104]: *Bergwerk* (eine ganze Schicht = 32 *Kugkis*).

4.1.14 Mischungsaufgaben

Die Mischungsaufgaben sind im wesentlichen Probleme aus dem praktischen Leben. Sie sind in allen Kulturkreisen, schon bei den Babyloniern und Ägyptern, vertreten. Eine besondere Rolle spielt im Mittelalter in Kaufmannskreisen die Gold- und Silberrechnung. Jedoch ist gerade bei den Mischungsaufgaben der Übergang von praktischen Aufgaben zu Aufgaben der Unterhaltungsmathematik sichtbar, wie das sog. „Problem der 100 Vögel" und die Zechenaufgaben (s. S. 613–619) deutlich zeigen.

Die Mischungsaufgaben führen, vom modernen Standpunkt aus gesehen, auf folgende Gleichungstypen:

$$a \cdot k_1 + b \cdot k_2 + \ldots = c \cdot x \,, \tag{1}$$

hier bedeuten a, b, ..., c gegebene Mengen eines Stoffes, die k_i sind Mischungsverhältnisse, z.B. Güte von Bier, Bonität von Feldern, Feingehalt von Legierungen, x ist das gesuchte Mischungsverhältnis; oder auch

$$x_1 \cdot k_1 + x_2 \cdot k_2 + \ldots + x_{n-1} \cdot k_{n-1} = s \cdot k_n \tag{2}$$

mit

$$\sum_{i=1}^{n-1} x_i = s \,,$$

wobei nun die einzelnen Teilmengen der zu mischenden Stoffe gesucht sind, deren Gesamtmenge s gegeben ist. Für i = 2 bedeutet das, daß (2) ein eindeutig lösbares Gleichungssystem – 2 Gleichungen, 2 Unbekannte – darstellt, für $i > 2$ ist das Problem unbestimmt.

4.1.14.1 Verschiedene Mischungen

In der mathematischen Literatur auftretende Aufgaben, die zu den Mischungsaufgaben zu rechnen sind, erscheinen in sehr verschiedenen Einkleidungen. So handelt es sich in der babylonischen Aufgabe VAT 8391 um 2 Felder, deren Flächen F_1, F_2 gesucht sind, wobei die Summe $F_1 + F_2$ gegeben ist. Die erste Fläche bringt pro Flächeneinheit einen Ertrag von $k_1 = 0; 40$ qa/GAR^2, die zweite F_2 von $k_2 = 0; 30$ qa/GAR^2. Diese Aufgabe führt in moderner Schreibweise auf das Gleichungssystem

$$F_1 + F_2 = 30, 0$$
$$k_1 \cdot F_1 + k_2 \cdot F_2 = 18, 20 \,,$$

das unserem Typ (2) zuzurechnen ist, siehe dazu S. 389 f.

Auch folgende Aufgabe aus der ägyptischen Mathematik ist zu den Mischungsaufgaben zu zählen, diesmal zum Typ (1): *Aus einem Krug Bier der Stärke 2 wird $\frac{1}{4}$ abgeschüttet und durch Wasser ersetzt. Wie groß ist die Stärke der Mischung?* [Papyrus Rhind; Probl. 71]. Zu den Mischungsaufgaben vom Typ (2) gehört die sog. „Kronenaufgabe des Archimedes", die **Vitruv** überliefert [IX, Proömium, 9–12]: König **Hiero** hatte eine goldene Krone anfertigen lassen; da der Verdacht bestand, der Verfertiger habe, statt nur reines Gold zu benutzen, im Inneren Silber untermischt, wandte sich **Hiero**, der das Kunstwerk nicht zerbrechen wollte, an **Archimedes**. Dieser bestimmte experimentell das spezifische Gewicht der Krone k_3, sowie das von Gold k_1 und Silber k_2. Zunächst bemerkte **Archimedes**, daß $k_3 < k_1$ war, d.h. daß die Krone nicht aus reinem Gold bestand; **Vitruv** sagt dann: durch Rechnung ermittelte **Archimedes** die Mischung von Gold und Silber, ohne jedoch die Rechnung vorzuführen. Wenn nun s das Volumen der Krone ist und x, y die gesuchten Volumenanteile von Gold und Silber, so gilt:

$$x \cdot k_1 + y \cdot k_2 = s \cdot k_3 ,$$
$$x \quad + y \quad = s .$$

Aufgaben, die der äußeren Form nach gleichfalls zum Typ (2) gehören, stehen auch bei **Diophant**, hier aber ohne Einkleidung, z.B. im 1. Buch, Nr. 5 [1; **1**, 20–23]: *Eine gegebene Zahl so in 2 Zahlen zu zerlegen, daß ein vorgeschriebener Teil der ersten addiert zu einem gleichfalls vorgeschriebenen Teil der zweiten eine gegebene Summe liefert.* Das Gleichungssystem des von **Diophant** vorgeführten Zahlenbeispiels lautet:

$$\tfrac{1}{3}x + \tfrac{1}{5}y = 30 ,$$
$$x + y = 100 ,$$ siehe hierzu S. 605 und 393–396.

Mischungsaufgaben treten in ähnlicher Weise in sämtlichen späteren Kulturen auf, so bei den Chinesen, z.B. im Chiu Chang Suan Shu [3; 76 f. = VII, Nr. 15], bei den Indern z.B. bei **Mahāvīra** [141, Nr. 181, 184], **Śrīdhara** [4; 36–42] und **Bhāskara** II [1; 46 ff., Nr. 102, 103, 105], bei den Arabern z.B. bei **al-Karağī** [1; **3**, 17] und in Byzanz [BR; 70–73, Nr. 54 (Getreidemischungen) und 20–25, Nr. 1–4 (Goldmischungen)]; im Abendland stehen bereits bei „**Alcuin**“ [Nr. 32, 33, 34, 38, 39, 47] eine ganze Anzahl davon. Die wichtigste Anwendung der Mischungsrechnung bestand in der Berechnung der Feinheit von Metallegierungen, vor allem der Gold- und Silberlegierungen im Münzwesen, siehe hierzu auch S. 567 f.: „Beschickung des Tiegels“, „Müntzschlag“.
Leonardo von Pisa behandelt in mehreren Kapiteln Aufgaben, bei denen Münzen aus Silber und Kupfer zusammengeschmolzen werden. Die Angabe *Geld zu 2 Unzen* besagt dabei, daß in einem Pfund = 12 Unzen 2 Unzen Silber und folglich 10 Unzen Kupfer enthalten sind. Die Aufgaben von **Leonardo von Pisa** sind von folgender Art: Jemand hat Geld ⟨x Pfund⟩ zu 2 Unzen und Geld ⟨y Pfund⟩ zu 9 Unzen, aus denen er ⟨1 Pfund⟩ Geld zu 5 Unzen machen will. Für die Menge des Silbers gilt also z.B. [1; **1**, 151]: $\frac{2}{12}x + \frac{9}{12}y = \frac{5}{12}(x+y)$, allgemein $ax + by = c(x+y)$.
Man erhält hieraus das Verhältnis

$$x:y = (b-c):(c-a) \text{ , hier } x:y = (9-5):(5-2) .$$

Ob zusätzlich Kupfer gebraucht wird, interessiert bei dieser Aufgabe nicht.

Zur Lösung verwendet **Leonardo von Pisa** eine schematische Anordnung der Zahlen:

c – a		b – c		3		4
b		a	speziell:	9		2
	c				5	
				$5\frac{1}{7}$		$6\frac{6}{7}$

Um 1350 fügt **Pegolotti** seinen teilweise wörtlich von **Leonardo von Pisa** übernommenen Aufgaben über Silberlegierungen noch Aufgaben über Goldlegierungen hinzu und gibt entsprechende Berechnungsvorschriften [345 f.], vgl. [Vogel 18; 14 ff.]. Ebenso wie **al-Karağī** [1; **3**, 19 f.] behandelt **Leonardo von Pisa** auch Fälle, in denen mehr als 2 Sorten gemischt werden sollen. Das Problem ist dann unbestimmt – 2 Gleichungen, mehr als 2 Unbekannte. Zur Lösung benützt **Leonardo von Pisa** einerseits den Kunstgriff, zwei der gesuchten Mengen als gleich anzunehmen, wobei die Zahl der Sorten sich nun vermindert; andererseits werden jeweils eine unter und eine über der gesuchten Feinheit liegende Sorte zusammengefaßt, was freilich auf verschiedene Weise möglich ist [1; **1**, 153 ff.]. Eine schematisierte Anordnung, ähnlich der oben gegebenen, erleichtert die Übersicht.

Eine derartige Anordnung z.B. in einer Aufgabe bei **Widman**, bei der 240 Scheffel Korn zum Preis von $12\frac{1}{2}$ *s* aus Sorten, die 10, 12, 13, 14 und 15 *s* kosten gemischt werden sollen, sieht folgendermaßen aus [108^r]:

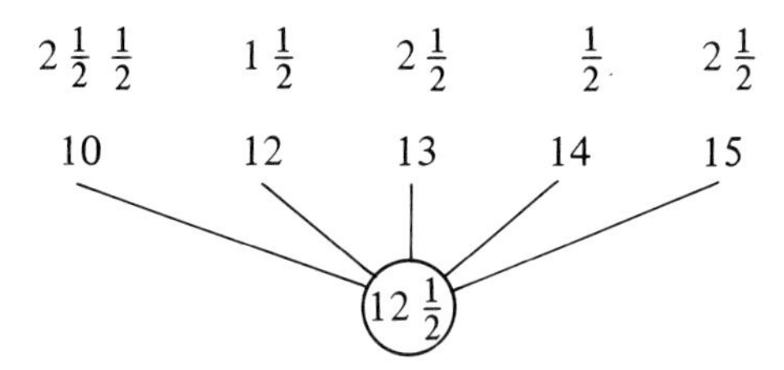

In der dazugehörenden *Regula alligationis* wird von **Widman** der Vorgang noch ausführlich beschrieben [107^v f.] man muß das kleinste mit dem größten *alligiren* und die *differentiae* immer über die alligirte Zahl schreiben. An anderer Stelle spricht **Widman** zwar von *Regula Ligar* [68^v], ein Terminus, mit dem diese Rechenvorschriften auch im Algorismus Ratisbonensis bezeichnet werden [AR; 52, Nr. 82], jedoch bürgert sich im 16. Jahrhundert als Fachwort *Regula alligationis* ein (z.B. bei **Apian** [I 6^r]) das auch noch in späteren Zeiten dafür benützt wird, so z.B. von **Wolff**: *Regula alligationis, die Regel der Mischung oder Beschickung* [3; Sp. 1200] und von **Klügel** *Alligations-Regel* [2; **1**, 71–76]. Im ganzen Mittelalter wie auch zu Beginn der Neuzeit sind die Mischungsaufgaben so verbreitet, daß sie in fast allen Rechenbüchern ein eigenes, längeres Kapitel in Anspruch nehmen, so z.B. im bzw. bei:

Cod. Lucca 1754 [94–108]: *De consolare;*
Algorismus Ratisbonensis [AR; 162 f.];
Borghi [93^v–101^v]: *De ligar metalli;*
Luca Pacioli [a; 182^v–186^r]: *Del modo a legar e consolare le monete;*
P. M. Calandri [144–152 = 16. Kap.]: . . . *del consolare* . . . ;
F. Calandri [2; m 1^r–m 5^v];
La Roche [207^r ff.]: *Des alyages dargent;*
Piero della Francesa [52–61];
Rudolff [2; l 2^v–m 2^r]: *Exempel von mischung;*
Apian [I 6^r–K 8^v]: *Regula alligationis;*
Gemma Frisius [61–66]: *Regula alligationis;*

Cataneo [36^r–38^v]: *Del consolare dell'oro e dell'argento;*
Tartaglia [1; **1**, 231^r–239^r]: . . . *del ligar di metalli, e consolar de monete;*
Trenchant [1; 161–168]: . . . *des alyages;*
Bombelli [3; 516, § 6];
Gehrl [94 f.]: *Regula Alligationis;*
Clavius [2; 207–222]: *Regula alligationis;*
Neudörffer [O 2^r–O 3^v]: *Alligation.*

Zu den Mischungsaufgaben gehört ferner noch folgende Aufgabe bei **Cardano**, die deshalb bemerkenswert ist, weil ihre Einkleidung aus der Physik stammt [2; 176 = Cap. 66, Nr. 116]: *Jemand mischt 1 Unze von Medizin vom Wärmegrad 3 (medicina in tertio gradu calida) und 3 Unzen Medizin vom Wärmegrad 1 und 4 Unzen Medizin vom Kältegrad 2 und 5 Unzen Medizin vom Wärmegrad 2 und 2 Unzen Medizin vom Wärmegrad 0 (medicina temperata) und 1 Unze Medizin vom Kältegrad 4 und 13 Unzen vom Kältegrad 1.* Gesucht ist der Wärme- bzw. Kältegrad der Mischung.

4.1.14.2 Das Problem der 100 Vögel

Der oben S. 569 genannte unbestimmte Gleichungstyp (2) erscheint nicht nur bei Aufgaben, in denen es um Mischungen von Getreide, Wein, Metallen, Stoffen und dergleichen geht, sondern auch in einer ganz unerwarteten Einkleidung als das „Problem der 100 Vögel". Dieses tritt erstmals in der chinesischen Mathematik auf. Es gehört nicht mehr zu den Aufgaben des täglichen Lebens, sondern ist zu einem Standardproblem der Unterhaltungsmathematik aller Zeiten geworden, siehe hierzu S. 613–616.

Bei **Leonardo von Pisa** wird jedoch eine derartige Aufgabe ausdrücklich als Mischungsaufgabe behandelt [1; **1**, 165]: Hier sind es 30 Vögel, Rebhühner, Tauben und Sperlinge, die jeweils 3, 2 und $\frac{1}{2}d$ kosten. Der Gesamtpreis beträgt $30d$. Wieviele Vögel können von jeder Sorte gekauft werden? Wir haben also das Gleichungssystem

$$3x + 2y + \tfrac{1}{2}z = 30$$
$$x + y + z = 30\,.$$

Würde man aber gemäß **Leonardo** das übliche Mischungsschema ansetzen, nämlich

$$\begin{array}{ccc} \frac{1}{2} & \frac{1}{2} & 1 \text{ und } 2 \\ 3 & 2 & \frac{1}{2} \\ & 1 & \end{array}$$

dann ergäbe dies eine Verteilung von 30 im Verhältnis $\frac{1}{2} : \frac{1}{2} : 3$ oder $1:1:6$; so wären es je $3\frac{3}{4}$ Rebhühner und Tauben und $22\frac{1}{2}$ Sperlinge. Dies geht nicht, da eine ganzzahlige Lösung hier selbstverständlich ist.

So macht **Leonardo von Pisa** 2 Mischungen, zuerst eine zwischen Rebhühnern und Sperlingen und dann eine zwischen Tauben und Sperlingen. Das Ergebnis ist, daß:

1 Rebhuhn + 4 Sperlinge, also 5 Vögel $5\,d$ kosten und
1 Taube + 2 Sperlinge, also 3 Vögel $3\,d$ kosten.

Damit man $30d$ erhält, müssen geeignete Vielfache der beiden Ergebnisse gesucht werden, nämlich $5a + 3b = 30$. Man sieht ohne weiteres, daß $a = 3$ und $b = 5$ eine Lösung ist, es sind also insgesamt 3 Rebhühner, 5 Tauben und (12 + 10) Sperlinge.

4.2 Probleme der Unterhaltungsmathematik

Wie bereits gesagt, gehört zum Ernst des Lebens als Gegensatz auch das Vergnügen; hier ist es die Freude an lustigen Zahlenrätseln, wie sie z.B. **Anania Schirakazi** in einer Aufgabensammlung mitteilt, die *Zur Unterhaltung bei der Tafel* [113] zu erzählen seien. Einen ähnlichen Gedanken greift **Regiomontan** in einem Brief an **Jacob von Speier** auf [Regiomontan 3; 293]: Er lädt ihn mit dem „Problem der 100 Vögel" und einer Weinfaßberechnung zu einem Festessen mit Fasanen, Rebhühnern und Wein ein (nach **Jacob von Speier** [Regiomontan 3; 305] ist es kein gewöhnlicher Wein, sondern ein Malvasier); dies soll freilich nicht aus der Speisekammer oder aus dem Keller kommen, sondern mit der Feder genossen werden. In der Klosterliteratur des Mittelalters finden sich zahlreiche Sammlungen solcher *Enigmata* oder *Subtilitates*; **Rudolff** nennt diese Rechenscherze auch *Schimpffrechnung* [2; r 2ʳ]. **Gehrl** spricht *von Schönen / Kurtzweiligen / Schömpfflichen vnd Künstlichen Exempeln* [132]. Das Wort „Schimpf" hieß ursprünglich soviel wie Scherz oder Kurzweil, eine Bedeutung, die noch in **Goethes** Faust [130, Z. 2654] erhalten ist; auf dem Wege über Spott, Hohn erlangte es seine heutige Bedeutung [Kluge; 649 f.]. Bis auf den heutigen Tag leben derartige Aufgaben als Denksportaufgaben fort. Ihre Einkleidung ist, soweit es sich nicht um rein arithmetische und zahlentheoretische Fragen handelt, auch vielfach den Problemen des Alltags entnommen; doch zeigt ihre phantasievolle Fassung, daß die Freude an Rätseln und an geheimnisvollen Zahlenbeziehungen am Werk ist. Eine scharfe Trennung zwischen Aufgaben des täglichen Lebens und der Unterhaltungsmathematik ist oft nicht möglich.

4.2.1 Lineare Probleme mit einer Unbekannten

4.2.1.1 Hau-Rechnungen

Hier handelt es sich um Probleme, die vom modernen Standpunkt aus gesehen auf Gleichungen führen wie:

1. $$\left(\frac{1}{n_1} + \frac{1}{n_2} + \ldots\right) \cdot x = s;$$

2. $$\left(\frac{1}{n_1} + \frac{1}{n_2} + \ldots\right) \cdot x + a = s;$$

3. $$x \pm \left(\frac{1}{n_1} + \frac{1}{n_2} + \ldots\right) \cdot x = s.$$

Aufgaben dieses Typs waren beliebte Standardprobleme der Unterhaltungsmathematik aller Zeiten. Der Name *Hau*-Rechnung stammt von dem ägyptischen Wort $^c ḥ^c$ = *Haufen*, das früher als Hau transkribiert worden ist. Bei den Ägyptern ist dieser Aufgabentyp mannigfach vertreten, so im Papyrus Rhind, Problem 24: *Ein Haufen und sein Siebtel ist 19*; siehe hierzu S. 385.

An Stelle des Haufens bei den Ägyptern wurden bei anderen Völkern andere Größen gesucht, wie z.B. die Anzahl von Personen, das Alter einer Person, die Länge einer Stange (oder eines Baumes, Turmes, usw.), wobei über Teile dieser Größen bestimmte Angaben gemacht werden. Wie beliebt diese Art von Problemen war, sieht man daraus, daß in der griechischen Anthologie etwa zwei Drittel aller Aufgaben [Diophant 3; 331–344], bei dem Armenier **Anania Schirakazi** etwa die Hälfte solche *Hau*-Rechnungen sind.

Ferner ist dieser Aufgabentyp vertreten bei den:

Indern, z.B. bei **Śrīdhara** [2; 211], **Mahāvīra** [71–85], **Śrīpati** [95 ff.] und **Bhāskara** II [1; 24 f., Nr. 54], [3; 192, Nr. 108];

Arabern, z.B. bei **Abū al-Wafā'** [Saidan 3; 361 f. = VII, 7, 1. Frage], **al-Karaǧī** [1; **3**, 14], [Woepcke 1; 77 ff.], **Ṭabarī** [2; 116 f., Nr. 27], **al-Ḥaṣṣār** [Suter 3; 35], **al-Qalaṣādī** [48 f.], **Bahā' al-Dīn** [50 f.];

in Byzanz, z.B. in einer Aufgabensammlung aus dem 14. Jh. [BR; 148, Nr. 14–19, 27–30, 33, 34, 59, 60], in einer Aufgabensammlung aus dem 15. Jh. [Hunger/Vogel; 89, § 16, Nr. 11, 13, 19], bei **Elia Misrachi** [42 f.], der einige der Aufgaben von **Abraham ben Ezra** [40 f.] übernommen hat;

im Abendland, z.B. bei **Leonardo von Pisa** [1; **1**, 173 f.] unter dem Titel *Questiones arborum et similium,* im *Liber augmenti et diminutionis* [„Abraham"; 305], bei **Paolo Dagomari** [D. E. Smith 1; 438]. Seit **„Alcuin"** [Nr. 2, 3, 4, 36, 40, 44, 45, 48] treten diese Aufgaben auch in der Klosterliteratur auf und sind von da an in fast allen Aufgabensammlungen bis in die neueste Zeit in großer Anzahl vertreten, z.B. im Clm 14908 [Curtze 1; 42, Nr. 3 und 68, Nr. 6] usw.

4.2.1.1.1 Gott Grüß Euch-Aufgaben

Bestimmung einer Anzahl von Personen, Tieren oder Gegenständen.

Eine häufig auftretende Form der Hau-Rechnungen stellen die sog. „Gott Grüß Euch"-Aufgaben dar. Diese treten bereits in der griechischen Anthologie [XIV, 1] und später im Mittelalter und in der Neuzeit auf, z.B. bei **Abraham ben Ezra** [41]: *Ein Mann ging an Männern vorüber und sagte zu ihnen: „Seid gegrüsst, Ihr 100 Mann!" Darauf erwiderten sie ihm: „Wir sind nicht 100, sondern wir und noch ebensoviele und die Hälfte und ein Viertel von uns würden mit Dir zusammen erst 100 sein."* Diese Aufgabe entspricht entspricht der Gleichung $x + x + \frac{x}{2} + \frac{x}{4} + 1 = 100$. Genau diese Aufgabe findet sich wieder bei **Elia Misrachi** [43; Nr. 10] und in einer aus dem 15. Jahrhundert stammenden byzantinischen Aufgabensammlung [Hunger/Vogel; 39 f., Nr. 46].

In der abendländischen Literatur ist dieser Aufgabentyp bereits bei **„Alcuin"** vertreten [Nr. 2, 3, 4, 36, 40, 44, 45, 48], wobei die Aufgabe Nr. 2 hier den Titel trägt *De viro* *ambulante in via.* Im Cod. Dresden C 80 [Wappler 1; 6] und im 16. Jahrhundert bei **Grammateus** [1; H 4^r f.], **Ries** [1; 45 f., Nr. 39 und 3; 58^r] und **Rudolff** [1; L 1^v f., Nr. 71, 72] beginnen diese Aufgaben mit „Gott Grüß Euch".

Auch andere Lebewesen treten in diesen Aufgaben auf. So handelt es sich bei „**Alcuin**" in der Aufgabe Nr. 3 nicht mehr um Männer, sondern um Störche, in Nr. 4 um Pferde, in Nr. 36 und 44 um das Alter des Sohnes, in Nr. 40 um Schafe, in Nr. 45 um Tauben, in Nr. 48 um Schüler, siehe hierzu [Sanford; 13]. Auch bei dem Perser **Ṭabarī** ist eine Anzahl von Tauben gesucht [2; 129 f., Nr. 47]. Im Columbia-Algorismus [Vogel 24; 109, Nr. 93] fragt eine auf einem Baum sitzende Vierteltaube die vorüberfliegenden Tauben nach ihrer Anzahl x: Gott Grüß Euch, ihr 25 *(bene andiate 25 palonbi)*. Die Antwort entspricht der Gleichung $x + x + \frac{x}{2} + \frac{x}{4} + \frac{1}{4}$ (und du dazu, wörtlich: *e ti $\frac{1}{4}$ agionti con noj)* = 25 (s. Abb. 112).

Abbildung 112. Gott Grüß Euch-Aufgabe im Columbia-Algorismus: eine Vierteltaube spricht [Vogel 24; 109].

4.2.1.1.2 Die Frage nach dem Alter

Auch eine bestimmte Gruppe von Altersberechnungen fällt unter die Gruppe der Hau-Rechnungen. Altersbestimmungen dieser Art enthält schon die griechische Anthologie [XIV, 126, 127], wo z.B. nach dem Lebensalter des **Diophant** und nach dem des **Demochares** gefragt ist, hier [XIV, 127]: *Wie viele Jahre im ganzen Demochares lebte, ein Viertel hat er als Knabe verbracht, ein Fünftel dagegen als Jüngling und ein Drittel als Mann; doch als er zum Alter gelangt war, noch an der Schwelle des Lebens verbrachte er dreizehn der Jahre* $\left(\frac{x}{4} + \frac{x}{5} + \frac{x}{3} + 13 = x\right)$. Auch in einer byzantinischen Aufgabensammlung aus dem 14. Jahrhundert findet sich eine Aufgabe des genannten Typs: *Jemand hatte den Wunsch, noch weitere $\frac{1}{3}$ und $\frac{1}{5}$ der Jahre zu leben, die er ⟨bis jetzt⟩ gelebt hatte. Er wurde erhört und lebte ⟨im ganzen⟩ 138 Jahre. Wir wollen fragen, wie alt er war, als er den Wunsch äußerte* [BR; 52–55, Nr. 35] $\left(x + \frac{x}{3} + \frac{x}{5} = 138\right)$.

Genau dieselbe Aufgabe bringt auch **Nikolaos Rhabdas** [184 f., Nr. 16].

Im Abendland erscheint bei „**Beda**" eine Frage nach dem Alter [2; Sp. 106], die wiederum identisch ist mit einer Aufgabe bei „**Alcuin**" [Sp. 1157 f., Nr. 44]. Bereits aus dem 9. Jahrhundert stammt folgendes Gedicht [Dümmler; 265]:

Si tantum vixisses, fili mi
Quantum vixisti, dulcissime
Iterum tantum et medium
Annumque unum expleveras
Centum annorum exstiteras.

Ihm darf man wohl die Gleichung $3x + \frac{x}{2} + 1 = 100$ zugrunde legen, vgl. hierzu [Hunger/Vogel; 95, Fn. 4]. **Leonardo von Pisa** behandelt unter dem Titel *De iuuenis uita reperienda* ein Problem, das man auf die Gleichung $3x + \frac{x}{3} + \frac{x}{5} = 100$ zurückführen kann [1; **1**, 177]. Eine Aufgabe, die auf die Gleichung $3x + \frac{x}{2} + \frac{x}{4} = 100$ führt, ist mannigfach überliefert, so von **Johannes Hispalensis** [118] in den *Annales Stadenses* um 1240 [332], im Clm 14684 [Curtze 3; 80, Nr. 14], in einem ebenfalls aus dem 14. Jahrhundert stammenden *Epithaphium Augustini super sepulchrum Adeodati* [Czerny; 202] und im Algorismus Ratisbonensis (15. Jh.) [AR; 129, Nr. 283]. Auch im 15./16. Jahrhundert stellen Altersbestimmungen dieser Art ein Standardproblem dar, z.B. im Cod. Dresden C 80 (Gl. $2x + \frac{x}{2} + \frac{x}{3} + \frac{x}{4} - 2 = 100$ [Wappler 1; 19]), bei **Pellos** [66^r] (Gl. $2x + \frac{x}{2} + \frac{x}{3} + \frac{x}{6} = 50$), im Livre de getz [H 4^v f., Nr. 22] (Gl. $2x + \frac{x}{2} + \frac{x}{3} + \frac{x}{4} = 50$), bei **Apian** [M 5^r] und bei **Adam Ries** [3; 58^v] und [1; 46, Nr. 40], oder bei **Clavius** [2; 231, Nr. 11], wobei die jeweiligen Bedingungen manchmal komplizierter werden.

4.2.1.1.3 Die Stange im Wasser

Bei dieser Gruppe von Hau-Rechnungen ist von einer Stange (Turm, Pfahl, Baum etc.) die Rede, von der bestimmte Teile im Wasser oder in der Erde etc. verborgen sind. Dieser Aufgabentyp tritt erstmals wohl bei den Indern auf, z.B. bei **Mahāvīra**, der berichtet, daß *von einer Säule $\frac{1}{8}$ in der Erde steckt, $\frac{1}{3}$ im Wasser, $\frac{1}{4}$ im Moor und 7 hastas in der Luft zu sehen sind. Was ist die Länge der Säule?* [71, Nr. 5]. Ferner bringen noch **Śrīdhara** [2; 211, Nr. 27], [4; 60, Nr. 96] und **Śrīpati** [95, 97, Nr. 100, 113] ähnliche Beispiele. Bei den Arabern stehen derartige Aufgaben bereits bei **Abū al-Wafā'** [Saidan 3; 361 f. = VII § 7, 1. Frage]. Der Perser **Ṭabarī** berechnet in seinen Aufgaben sowohl die Länge eines Baumes [2; 109 f., 119, 122, Nr. 18, 31, 38], wobei in Nr. 31 bemerkenswerterweise die algebraische Wurzel der Länge l des Baumes, also $\sqrt{l}$, in die Luft ragt, als auch das Gewicht eines Fisches [2; 121 f., Nr. 37]. Bei **al-Ḥaṣṣār** kommen ebenfalls Aufgaben dieses Typs vor, so ist einmal das Gewicht eines Fisches gesucht, einmal die Länge eines Schilfrohres [Suter 3; 35]. Bei **al-Kāšī** [243, Nr. 25] und bei **Bahā' al-Dīn** [50 f., Nr. 5] ist nach der Länge eines Fisches gefragt. In einer byzantinischen Aufgabensammlung aus dem 15. Jahrhundert handelt es sich wieder um die Länge eines Holzes im Wasser [Hunger/Vogel; 58 f., Nr. 75], bei **Abraham ben Ezra** [60] und bei **Elia Misrachi** [44 f., Nr. 19] um die Länge eines Baumes.

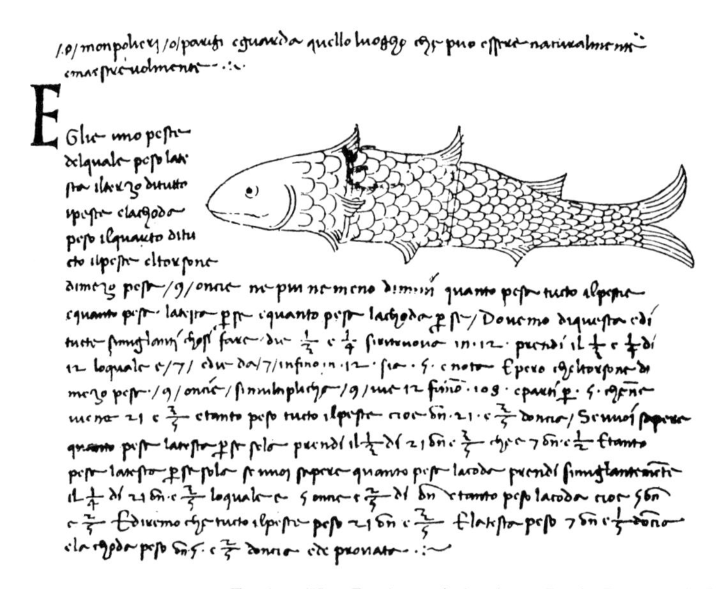

Abbildung 113. Die Teile eines Fisches (Hau-Rechnung), in einem Paolo Dagomari-Manuskript [D.E. Smith 1; 438].

Im Abendland gehört diese Art der Einkleidung der Hau-Rechnung zu der beliebtesten der Unterhaltungsmathematik. Bereits **Leonardo von Pisa** bringt zahlreiche Beispiele als *Questiones arborum et similium* [1; **1**, 173 ff., 324], ferner stehen Beispiele im Cod. Lucca 1754 [120], bei **Paolo Dagomari** [1; 41, 74, Nr. 43, 83] (s. Abb. 113) im Columbia-Algorismus [Vogel 24; 79, 91 f., 98 f., 105 f., Nr. 57, 70, 77, 87], vgl. [Buchanan-Cowley; 396–399], im Clm 14684 [Curtze 3; 80, Nr. 16], im Cgm 740 [Kaunzner 3; 9], im Algorismus Ratisbonensis in nicht weniger als 12 Beispielen [AR; 167 f., § 22, Nr. 40–42], 66, 67, 107, 108, 284, 287, 288, 295, 296], im Trienter Algorismus von 1475 [Vogel 15; 193 f., Nr. 9], im Bamberger Rechenbuch von 1483 [53^{v} f.], bei **Widman** [101^{v}–103^{r}], **Pellos** [66^{r}], **Wolack** [54], **Chuquet** [2; 420, Nr. 19], **P. M. Calandri** [88], bei **Georg von Ungarn** unter den Titel *Regula de situ* und *Regula de quantitate abdita* [32, 34, b 3^{v}, b 4^{v}, Nr. 12, 16], im Livre de getz [H 5^{v}, Nr. 24], bei **Huswirt** [35, Nr. 17], **Tunstall** [166 f., Nr. 34], **Buteo** [273, Nr. 65], **Tartaglia** [1; **1**, 252^{r} f., Nr. 104, 105], **Trenchant** [1; 176 f., Nr. 5], **Clavius** [2; 231 f., Nr. 12, 13] usw.

4.2.1.2 Zisternenprobleme (Leistungsprobleme)

Unter diesen weithin verbreiteten Aufgabentyp fallen zunächst Probleme, bei denen Zisternen durch Röhren verschiedener Leistung gespeist werden. Doch treten gleichzeitig auch andere Einkleidungen mit Leistungen anderer Art auf, z.B. von Maurern beim Hausbau, von einzelnen Segeln bei Schiffen, von Raubtieren beim Fressen eines Beutetiers, von verschiedenen Mahlgängen einer Mühle oder von Trinkern beim Leeren eines Kruges usw. Bemerkenswerterweise sind die drei zuletzt genannten Einkleidungen erst im Abendland zu finden. Weitere, hierhergehörende Aufgaben s.S. 519

4.2.1.2.1 Eigentliche Zisternenaufgaben

Hier ist von Zisternen, Brunnen, Bädern, Teichen, Fässern etc. die Rede, die Zuflüsse und Abläufe gegebener Leistung haben. Gefragt ist in der Regel, wann der jeweilige Behälter gefüllt oder geleert ist.

Erstmals tritt ein derartiges Problem in der chinesischen Mathematik auf und zwar bereits in der frühen Han-Zeit im Chiu Chang Suan Shu [3; 68 f. = VI, Nr. 26]: *Jetzt hat man einen Teich, 5 Kanäle führen ihm Wasser zu. Öffnet man von ihnen 1 Kanal, ⟨dann bekommt man in⟩ $\frac{1}{3}$ Tag 1 Füllung, ⟨beim⟩ nächsten ⟨in⟩ 1 Tag 1 Füllung, ⟨beim⟩ nächsten ⟨in⟩ $2\frac{1}{2}$ Tagen 1 Füllung, ⟨beim⟩ nächsten ⟨in⟩ 3 Tagen 1 Füllung ⟨und beim⟩ nächsten ⟨in⟩ 5 Tagen 1 Füllung. Jetzt öffnet man sie alle ⟨gleichzeitig⟩. Frage: In wieviel Tagen füllen sie den Teich? Die Antwort sagt: ⟨In⟩ $\frac{15}{74}$ Tagen.*

Ferner gibt die griechische Anthologie eine Reihe von Beipielen [XIV, 130–133, 135], wobei folgende Aufgabe wegen ihrer vom Kommentator angegebenen 7 Lösungsmethoden besonders erwähnt werden soll [XIV, 7]: *Bin ein Löwe aus Erz* (Χάλκεός εἰμι λέων . . . [Diophant 1; **2**, 46]). *Aus den Augen, aus Mund und der Sohle unter dem rechten Fuß springen Fontänen hervor. Daß das Becken sich füllt, bruacht rechts das Auge zwei Tage, links das Auge braucht drei und meine Fußsohle vier. Doch meinem Munde genügen sechs Stunden. Wie lange wohl dauert's, wenn sich alles vereint, Augen und Sohle und Mund?* ebenso in [BR; 88–91, Nr. 65]. Auch die unechte Heronische Schrift *De mensuris* behandelt Brunnenaufgaben [Heron; **5**, 177, Nr. 20, 21].

Weiter tritt dieser Aufgabentyp auf
bei den Indern: bei **Pṛthūdakasvāmī** [Brahmagupta 1; 282];
Mahāvīra [266, Nr. 34];
Śrīdhara [3; 173, Nr. 91], [4; 55 f.];
Bhāskara II [1; 42, Nr. 95];
Sūryadāsa [Bhaskara II 1; 42, Fn. 2];
bei dem Armenier **Anania Schirakazi** [117; Nr. 24];
bei den Arabern: **Abū al-Wafā'** [Saidan 3; 366 f. = VII, § 7, 5. Frage];
al-Karaǧī [Woepcke 1; 83];
Ṭabarī [2; 101, Nr. 1];
Bahā' al-Dīn [49 f., Nr. 4];
in Byzanz: in der Aufgabensammlung aus dem 14. Jh. [BR; 88–95, 114–119, 132 f., Nr. 64–70, 96–99, 116];

in der Aufgabensammlung aus dem 15. Jh. [Hunger/Vogel; 28 f., 64–67, Nr. 27, 82, 83];
bei **Elia Misrachi** [43 f., Nr. 12–14];

im Abendland: Das älteste Beispiel steht bei „**Alcuin**" [Sp. 1147, Nr. 8] unter dem Titel *de cupa*; hier sind nicht die Auslaufzeiten der Röhren, sondern deren Leistung bezogen auf eine feste Zeiteinheit gegeben.
Ferner z.B. bei **Leonardo von Pisa** [1; **1**, 183–186]: *De tina (bute) que habet quatuor foramina in fundo;*
im Columbia-Algorismus [Vogel 24; 87 f., 150, Nr. 66, 141], vgl. [Buchanan-Cowley; 399];
im Algorismus Ratisbonensis [AR; 58 f., Nr. 97];
bei **Piero della Francesca** [61 f.];
P. M. Calandri [91];
F. Calandri [2; k 3ᵛ];
Pellos [50ᵛ f., Nr. 18];
Luca Pacioli [b; 66ᵛ];
im Livre de getz [63ᵛ f., Nr. 4];
bei **Huswirt** [38, Nr. 26] (identisch mit dem Beispiel im Algorismus Ratisbonensis);
Tunstall [159–163, Nr. 27–29];
Gemma Frisius [73 f.];
Cardano [2; 181 = Cap. 66, Nr. 123];
Tartaglia [1; **2**, 12ᵛ f., Nr. 24–26];
Trenchant [1; 175, Nr. 3];
Buteo [266 ff., Nr. 61];
Gehrl [143 f.];
Clavius [2; 202–206, Nr. 25, 26 und 258–261, Nr. 18, 19] und in vielen anderen Rechenbüchern bis auf den heutigen Tag.

4.2.1.2.2 Der Hausbau

Bei dieser Art der Einkleidung lautet die Aufgabe meistens so: ein Maurer (Zimmermann, etc.) A würde das Haus in a Tagen bauen, ein Maurer B in b Tagen usw. Wie lange brauchen die Maurer zusammen, um das Haus fertigzustellen? Eine Aufgabe mit dieser Einkleidung steht bereits in der griechischen Anthologie [XIV, 136]. Im Abendland ist dieser Aufgabentyp im 15. und 16. Jahrhundert sehr häufig vertreten.

Beispiele:
Algorismus Ratisbonensis [AR; 48 f., Nr. 70], der Treviso-Arithmetik [57ʳ], vgl. hierzu [D. E. Smith 5; 331]. Hier ist die Fragestellung etwas anders. Ein Zimmermann baut ein Haus in 20 Tagen; es kommt ein anderer Meister dazu und sagt, wenn wir das Haus gemeinsam bauen, so wird es in 8 Tagen fertig sein. Es wird gefragt, in wieviel Tagen der andere Meister das Haus allein gebaut hätte.

Chuquet [2; 429, Nr. 53, 54];
Widman [99ᵛ f.];
F. Calandri [2; k 2ᵛ];

Pellos [51^{v}, Nr. 22];
Huswirt [38, Nr. 27];
Tunstall [164 ff., Nr. 32, 33];
Cataneo [47^{r}];
Tartaglia [1; **1**, 261^{r}, Nr. 176, 177 und **2**, 13^{r}, Nr. 27];
Buteo [206 ff., Nr. 7];
Clavius [2; 261, Nr. 20] usw.

4.2.1.2.3 Das Schiff mit mehreren Segeln

Eine Aufgabe dieses Typs überliefert ein byzantinisches Rechenbuch [BR; 44 f., Nr. 25]: *Einer hatte ein Schiff mit 5 Segeln. Mit dem ersten Segel nun wurde es an das beabsichtigte Ziel in der Hälfte eines Tages hingebracht, mit dem zweiten aber in $\frac{1}{3}$ Tag, ⟨mit dem dritten in $\frac{1}{5}$ Tag, dem vierten⟩ in $\frac{1}{7}$ und mit dem fünften Segel in $\frac{1}{9}$ Tag. Nachdem nun die 5 ⟨Segel gleichzeitig⟩ gehißt waren, in welchem Teil des Tages wurde das Schiff hingebracht?* Diese Abart des Zisternenproblems taucht im Mittelalter vor allem im Mittelmeerraum (Seefahrt) auf, so in byzantinischen Aufgabensammlungen (auch in [Hunger/Vogel; 40 f., 62–65, Nr. 47, 79, 80]) und in italienischen Rechenbüchern (z.B. im Cod. Lucca 1754 [134], bei **Paolo Dagomari** [1; 49, Nr. 50], **Borghi** [109^{r}]); ferner stehen derartige Aufgaben im Algorismus Ratisbonensis [AR; 59, Nr. 98], bei **Widman** [92^{v}], **Pellos** [49^{v} f., Nr. 17], **P. M. Calandri** [89 ff.], im Livre de getz [H 6^{v}, Nr. 27], bei **Tartaglia** [1; **2**, 13^{r}, Nr. 29, 30] usw.

4.2.1.2.4 Löwe, Wolf und Hund

Hier ist von mehreren Raubtieren die Rede, die verschiedene Freßleistungen haben und gemeinsam ein Beutetier, meistens ein Schaf, verzehren. Gefragt ist, in welcher Zeit das Schaf von allen zusammen aufgefressen sein wird. Eine derartige Aufgabe steht bereits bei **Leonardo von Pisa** [1; **1**, 182] (Leopard, Löwe, Bär), ferner z.B. bei **Widman** [92^{r} f.]: *1 lew vnd 1 hunt vñ 1 wolff diese essen mit einander 1 schaff. Vnd der lew eß das schaff allein in einer stund. Vnd d wolf in 4 stunden. Vnd der hunt in 6 stunden. Nun ist die frag wan sy das schaff all 3 miteinander essen / in wie lāger zeit sy das essen.* Auch bei **Coutereels** 1652 sind es wieder ein Löwe, ein Wolf und ein Hund [346], während es sich bei **F. Calandri** um einen Leoparden (bzw. Fuchs), einen Löwen und einen Wolf handelt [2; k 4^{v}] (s. Abb. 114), bei **Tartaglia** um einen Wolf, einen Bären, einen Hund und einen Fuchs [1; **2**, 13^{r}, Nr. 28], bei **Gehrl** um ein Eichhorn, eine Maus und eine Krähe („Kro"), die *miteinander ein hauffen Nüß* essen [143].

4.2.1.2.5 Mühle mit verschiedenen Mahlgängen

Auch folgendes Problem: *eine Mühle hat 3 Mahlgänge; der erste mahlt 6 Einheiten Korn pro Tag, der zweite 9, der dritte 11. Man möchte 100 Einheiten Korn mahlen. Wieviel Korn muß man in jeden Mahlgang schütten und in welcher Zeit ist das Korn gemahlen* (**Borghi** [108^{v}]) ist im Grunde nichts anderes als ein Zisternenproblem. Mit

Abbildung 114. Löwe, Wolf und Fuchs fressen eine Ziege [F. Calandri 1; 97^{v}].

anderen Zahlen hat der Algorismus Ratisbonensis eine ähnliche Aufgabe [AR; 44 f., Nr. 57], die identisch ist mit einer Aufgabe bei **Widman** [90^{v} f.] und mit einer Aufgabe bei **Huswirt** [34, Nr. 15].

Weitere Beispiele stehen
im Livre de getz [G 2^{r} f., Nr. 2];
bei **La Roche** [131^{r}];
Rudolff [1; O 4^{r} f., Nr. 150];
Ries [1; 55, Nr. 118];
Tunstall [157 f., Nr. 26];
Tartaglia [1; **1**, 201^{v}, Nr. 50 und 262^{r}, Nr. 188];
Trenchant [1; 176, Nr. 4];
Clavius [2; 229, Nr. 8].

4.2.1.2.6 Trinker verschiedener Leistung

Von Trinkern unterschiedlicher Leistung handelt eine Aufgabe in einem anonymen niederländischen Rechenbuch von 1508 [Bockstaele; 65, Nr. 20]; folgendes Problem steht bei **Gemma Frisius** [74 f.]: *Ein Trinker leert einen Krug Wein in 20 Tagen, aber wenn seine Ehefrau ihm hilft, wobei das Verhältnis des Trinkens beibehalten wird, verbrauchen sie ebensoviel Wein in 14 Tagen. In welcher Zeit wird die Gattin allein das ganze Gefäß austrinken?* Um drei Trinker geht es in einer Aufgabe bei **Buteo** [205 f., Nr. 6].

4.2.1.3 Schachtelaufgaben

Der Torwächter im Garten.
Schon in der Antike war es beliebt, arithmetische Probleme in einer geschachtelten Form darzubieten. Eine solche liegt z.B. vor, wenn in einem Aggregat jedes folgende Glied ein Bruchteil des vorhergehenden Teilaggregats ist. So enthält ein altbabylonischer Text Aufgaben von der Form [MCT; 102]:

$$\left(x - \frac{x}{7}\right) - \frac{1}{13}\left(x - \frac{x}{7}\right) = 60$$

$$\left(x - \frac{x}{7}\right) + \frac{1}{11}\left(x - \frac{x}{7}\right) - \frac{1}{3}\left[\left(x - \frac{x}{7}\right) + \frac{1}{11}\left(x - \frac{x}{7}\right)\right] = 60 .$$

Ähnlich ist eine ägyptische Aufgabe im Papyrus Rhind, Probl. 28 aufgebaut (s.S. 385 f.). In den Texten des Mittelalters waren Schachtelaufgaben besonders beliebt. Hier handelt es sich im wesentlichen um Formulierungen dreierlei Art, nämlich:

Fall 1:

$$[(a_1 x - b_1) a_2 - b_2] a_3 - b_3 \dots) a_n - b_n = s . \qquad (F_1)$$

Dabei können alle a_i und auch alle b_i gleich sein oder sich gesetzmäßig (z.B. in arithmetischer Folge) verändern. Auch $s = 0$ kommt vor. Werden die b_i addiert, so entspricht diese Aufgabe einer Zinseszinsrechnung (s.S. 541 f.).

Fall 2: Hier sind alle $a_i = 1$ und die b_i sind Bruchteile von x bzw. von dem vorhergehenden Rest R_{i-1}, also:

$$\left(x \pm \frac{x}{c_1}\right) \pm \frac{R_1}{c_2} \pm \frac{R_2}{c_3} \pm \dots \pm \frac{R_{n-1}}{c_n} = s \qquad (F_2)$$

Eine Produktdarstellung dafür ist

$$x\left(1 - \frac{1}{c_1}\right)\left(1 - \frac{1}{c_2}\right)(\dots) \dots \left(1 - \frac{1}{c_n}\right) = s .$$

Fall 3 ist eine Erweiterung von F_2:

$$[x - \left(\frac{x}{c_1} + b_1\right)] - \left(\frac{R_1}{c_2} + b_2\right) - \left(\frac{R_2}{c_3} + b_3\right) - \dots = s \qquad (F_3)$$

Die Einkleidungen dieses Aufgabentyps sind meistens den verschiedenen Bereichen des täglichen Lebens entnommen.

4.2.1.3.1 Geschäftsreisen

Hier ist von einem Kaufmann die Rede, der n Geschäftsreisen macht (**Leonardo von Pisa**: *De viagiis* [1; **1**, 258]), dabei jedesmal sein Kapital x zu $a_i x$ vermehrt, der aber auch Ausgaben b_i hat und am Schluß mit dem Betrag s nach Hause zurückkehrt. Ein Beispiel nach F_1 steht bereits in den chinesischen „Neun Büchern“ [Chiu Chang

Suan Shu 3; 79 f. = VII, Nr. 20 und S. 126]: *Ein Mann hatte Geld bei sich ⟨und⟩ ging nach Szechwan, trieb Handel ⟨und⟩ gewann 3 ⟨auf⟩ 10. Das erstemal schickte er ⟨nach Hause⟩ 1 4000 zurück, das nächste Mal schickte er 1 3000, das nächste Mal schickte er 1 2000, das nächste Mal schickte er 1 1000, wiederum schickte er 1 0000; insgesamt ⟨auf⟩ 5 mal schickte er Geld zurück, das ganze Anfangs-⟨Kapital und den⟩ vollständigen Gewinn. Frage: Wie groß ⟨ist⟩ jedes, das Geld, das er am Anfang hatte sowie der Gewinn?* d.h. n = 5:

$$((((x \cdot 1{,}3 - 1\,4000) \cdot 1{,}3 - 1\,3000) \cdot 1{,}3 - 1\,2000) \cdot 1{,}3 - 1\,1000) \cdot 1{,}3 - 1\,0000 = 0\,.$$

Eine ganz ähnliche Aufgabe bringt auch **Chang Ch'iu-chien** [45, Nr. 17]. Zu Aufgaben über Geschäftsreisen, die zu Exponentialgleichungen führen s.S. 544.

4.2.1.3.2 Der Torwächter im Apfelgarten

Bei dieser Einkleidung der Aufgabe geht jemand in einen Garten und sammelt x Äpfel. Beim Herausgehen muß er an verschiedene, meistens drei Wächter einen Teil seiner Äpfel oder auch eine bestimmte Anzahl von Äpfeln abgeben (s. Abb. 115). Ein Beispiel nach F_3 bringt **Leonardo von Pisa** unter dem Titel *De illo qui intrauit in uiridario pro pomis colligendis* [1; **1**, 278]: *Jemand ging in einen Obstgarten, in dem 7 Tore waren; er bekam dort eine bestimmte Anzahl Äpfel. Als er herausgehen wollte, mußte er dem ersten Wächter die Hälfte aller Äpfel geben und einen mehr, dem zweiten Wächter die Hälfte der restlichen Äpfel und einen mehr. Als er so auch den anderen 5 Wächtern gegeben hatte, hatte er nur noch 1 Apfel.*

Abbildung 115. Apfelgarten mit drei Torwächtern, in einem Paolo Dagomari-Manuskript [D.E. Smith 1; 438].

4.2.1.3.3 Si quis intrat monasterium (Der Arme und das Opfer)

Auch unter diesem Titel erscheinen die Schachtelaufgaben, z.B. im Clm 14684 [Curtze 3; 78, Nr. 5]. Bei dieser Einkleidung geht jemand in mehrere Kirchen und bittet Gott, daß er ihm sein Geld vermehre. **Anania Schirakazi** berichtet [116, Nr. 19]: *Ein Mann trat in drei Kirchen und bat Gott das erstemal: Gib mir soviel, wie ich habe und ich gebe dir 25 Dahekan. Ebenso gab er das zweitemal 25, ebenso das drittemal. Und ihm blieb nichts übrig. Nun wisse, wieviel er früher hatte,* also $((x \cdot 2 - 25) \cdot 2 - 25) \cdot 2 - 25 = 0$.

4.2.1.3.4 Sonstiges

Auch manch andere Fassungen kommen vor wie z.B. Zollabgaben an verschiedenen Zollschranken: *Ein Mann hat Reis bei sich. Er geht aus 3 Zollschranken heraus. ⟨An der⟩ äußeren Zollschranke wird $\frac{1}{3}$ weggenommen, ⟨an der⟩ mittleren Schranke wird $\frac{1}{5}$ weggenommen, ⟨an der⟩ inneren Schranke wird $\frac{1}{7}$ weggenommen. Der Rest an Reis ⟨war⟩ 5 Tou. Frage: Wieviel Reis hatte er am Anfang?* [Chiu Chang Suan Shu 3; 69 = VI, Nr. 27].

Weitere Beispiele:
Diebstahl an einem Schatz: *Von einem Schatz hat einer $\frac{1}{13}$ weggenommen; von dem, was übrig blieb, hat ein anderer $\frac{1}{17}$ weggenommen, und es sind 150 Einheiten übrig geblieben* [Papyrus Aḫmīm; 70, Nr. 13].

Ohne Einkleidung steht bei **al-Kāšī** [215]: *Gesucht ist eine Zahl, die zu sich selbst addiert und eine Einheit dazu, diese Summe mit 3 multipliziert und 2 dazu, das, was man erhält mit 4 multipliziert und zu diesem 3 addiert, ergibt 45,* also:

$$((2x + 1) \cdot 3 + 2) \cdot 4 + 3 = 45 \quad \text{usw.}$$

Erwähnt sei noch folgende Aufgabe, bei der ein Bauer auf dem Markt Handschuhe kauft. Er begegnet drei Räubern. Dem ersten gibt er die Hälfte und erhält aus Mitleid 2 zurück, dem zweiten gibt er die Hälfte vom Rest und er bekommt 4 zurück, vom dritten bekommt er sogar 6, obwohl er ihm nur 4 gegeben hatte [Folkerts 2; 70, Fn. 59], ähnlich im Clm 8951 [Vogel 17; 49 f., Nr. 4]. Ferner gibt es Aufgaben, bei denen es sich um Almosen an verschiedene Bettler [BR; 108 f., Nr. 89], um die Verteilung eines Erbes [Folkerts 2; 70] u. dgl. handelt.

Zusammenstellung der Beispiele

China:

Chiu Chang Suan Shu [3; 79 f. = VII, Nr. 20]: F_1, Geschäftsreise s.o., [3; 69 f. = VI, Nr. 27, 28]: F_2, Zollschranken s.o.;
Chang Ch'iu-chien [58, Nr. 34]: F_1, Rückzahlung einer Schuld, [45, Nr. 17]: F_1, Geschäftsreise.

Armenien:

Anania Schirakazi [115, Nr. 11]: F_2, Verlustgeschäft eines Kaufmanns und [116, Nr. 19]: F_1, Opfer in der Kirche s.o.;

Papyrus Aḫmīm: [70, 72, Nr. 13, 17]: F_2, Diebstahl an einem Schatz s.o.

Indien:

Mahāvīra [124 f., Nr. 131 $\frac{1}{2}$]: F_1, Mangofrüchte werden auf 3 Söhne verteilt, und [Nr. 132 $\frac{1}{2}$, 133 $\frac{1}{2}$]: F_1, Ein Mann verteilt im Jinatempel an 3 Götter;
Bakhṣālī-Manuskript [35]: F_2;
Bhāskara II [3; 196 f., Nr. 114]: F_1, Händler in 3 Städten und [1; 24, Nr. 53]: F_2, Reisender auf Pilgerfahrt gibt Geld aus.

Araber:

al-Karağī [Woepcke 1; 74, Nr. 4–7]: F_3, F_1 und [1; 3, 14]: F_2, Austeilung eines Vermögens;
Abū al-Wafā' [Saidan 3; 362 = VII, 7, 2. Frage]: F_2, Vermögen eines Kaufmanns und [365 = VII, 7, 4. Frage]: F_1, Verteilung von Almosen;
Ṭabarī [2; 177 f., 128, Nr. 28, 45]: F_1, Geschäftsreisen und [127 f., Nr. 44]: F_3, Wächter im Orangengarten;
Abraham ben Ezra [56]: F_1, Opfer am Altar;
ibn Badr [78 f.]: F_1, Wachstum eines Vermögens;
al-Kāšī [215]: F_1, eine Zahl ist gesucht, s. o.;

Byzanz:

Cod. Cizensis (14. Jh.) [Nikomachos 1; 153 f., Nr. 6]: F_1, Verteilung einer Erbschaft an 3 Söhne und 3 Töchter;
Aufgabensammlung aus dem 14. Jh. [BR; 108 f., Nr. 89]: F_1, Almosen an Bettler und [BR; 134 f., Nr. 119]: F_1, Geldverteilung;
Nikolaos Rhabdas [166–173, Nr. 9]: F_2, Verkauf von Perlen; [174–177, Nr. 11]: F_1, Kaufmann auf 3 Märkten und [184–187, Nr. 17]: F_2, Verlust von Schafen;
Aufgabensammlung aus dem 15. Jh. [Hunger/Vogel; 46 f., Nr. 58]: F_3, Torwächter und [66–71, Nr. 84]: F_1, Stückweise Abgabe eines Stoffes;
Elia Misrachi [52 f., Nr. 44, 45]: F_1, F_3, Ausgeben von Geld;

Abendland:

Leonardo von Pisa hat ein Kapitel *De viagiorum propositionibus atque eorum similium* [1; **1**, 258–266]: S. 262: F_1, Kaufmann geht auf 3 Märkte; ferner S. 278: F_3, Apfelgarten; S. 329: F_1, Kaufmann auf 3 Märkten;
„Abraham" [312 f.]: F_2, eine Zahl ist gesucht, [323–329]: F_1, Vermögen eines Kaufmanns, [336–345]: F_3, de pomis;
Annales Stadenses [334, Z. 18 ff.]: F_1, Opfer am Altar;
Cod. Lucca 1754 [64 f., 135]: F_1, Kaufmann auf 3 Märkten;
Clm 14684 [Curtze 3; 78, Nr. 5]: F_1, Si quis intrat monasterium und [Nr. 6]: F_3, Torwächter im Apfelgarten;
Cgm 740 [Kaunzner 3; 3, 13]: F_3, Torwächter im Apfelgarten;
Clm 8951 [Vogel 17; 49 f., Nr. 4, 5]: F_1, s. o. und Torwächter (identisch mit **Elia Misrachi** Nr. 45);
Piero della Francesca [97 f.]: F_1, Kaufmann auf mehreren Märkten;
Cod. Dresden C 80 [Wappler 1; 7 f.]: F_1, ein Mann mit 3 Jungfrauen im Wirtshaus, ein Kaufmann auf 3 Märkten;
Clm 14908 [Curtze 1; 49, Nr. 12]: F_3, Wächter im Apfelgarten;
Algorismus Ratisbonensis [AR; 87, Nr. 185]: F_1, Geldverteilung an 3 Gesellen;

Chuquet [2; 422 ff., Nr. 28, 29]: F_3, Ausgeben von Geld und [Nr. 30–33]: F_1, Kaufmann auf 3 Märkten;
Pellos [70r]: F_1, Kaufmann auf 3 Märkten;
Luca Pacioli [a; 93v f., Nr. 19]: Einsatz beim Spielen, [a; 105v, Nr. 20]: Wächter eines Rosengartens und [a; 186r–188r]: *De viagiis*;
Livre de getz [G 6v f., Nr. 10]: F_3, Wächter im Apfelgarten und [G 7r f., Nr. 12]: F_1, Opfer am Altar;
Huswirt [37, Nr. 24]: F_3, Wächter im Apfelgarten;
Widman [94v]: F_1, Knecht im Wirtshaus;
Böschensteyn [E 1r f.]: F_1, Geschäftsreisen, Kaufmann auf mehreren Märkten;
La Roche [133v–136r]: *Des voyages par terre et par eau*;
Ries [1; 47 f.], Nr. 53: F_1, ein Mann mit 3 Jungfrauen im Wirtshaus, Nr. 56: F_1, Gewinn und Verzehr eines Spielers und Nr. 60: F_3, Äpfel an 3 Jungfrauen;
Tunstall [173, Nr. 43]: F_1, Priester gibt 3 Bettlern Almosen;
Bombelli [3; 18 f., Nr. 101, 112, 113, 133, 135, 147]: Geschäftsreisen;
Tartaglia [1; **1**, 253r ff.], Nr. 113: F_1, Spieler vermehrfacht sein Geld und Nr. 114–116: F_3, Wächter im Apfelgarten;
Trenchant [1; 258 f., Nr. 5]: F_3, Wächter im Apfelgarten und F_1, Kaufmann auf 3 Märkten;
Gehrl [118]: F_3, Verteilung von Nüssen.

4.2.1.3.5 Die unbekannte Erbschaft

Diese besondere Art von Schachtelaufgaben, bei der nicht nur die Erbsumme x, sondern auch die Zahl der Kinder n gesucht wird, ist vornehmlich im byzantinischen Bereich sowie im Abendland vertreten. So steht eine solche Aufgabe in dem Rechenbuch des byzantinischen Mönches **Maximos Planudes** [2; 55]: *Ein sterbender Vater rief seine Söhne, liess auch zugleich die Geldschachtel mitbringen und verteilte das Geld mit folgenden Worten: Ich will meinen Söhnen gleichmäßig mein Geld zutheilen; der erste soll ein Geldstück und* $\frac{1}{7}$ *des Restes erhalten, der zweite 2 und* $\frac{1}{7}$ *des Restes, der dritte 3 und* $\frac{1}{7}$ *des Restes. Mitten in diesen Worten starb der Vater und war weder mit den Söhnen noch mit dem Gelde zu Ende gekommen. Ich will nun wissen, wie viele Söhne es waren und wie viel Geld?* Diese Aufgabe steht mit denselben Zahlen noch in einer weiteren byzantinischen Aufgabensammlung; hier wird eine unbekannte Anzahl von Äpfeln in entsprechender Weise verteilt [BR; 102–105, Nr. 84]. Im Abendland behandelt **Leonardo von Pisa** dieses Beispiel der „unbekannten Erbschaft" unter dem Titel *Quidam ad finem ueniens* [1; **1**, 279]. Bei **Leonardo** schließt sich diese Aufgabe unmittelbar an eine Aufgabe vom Typ F 3 (s.S. 582) an.

Allgemein lautet der algebraische Ansatz für diesen Aufgabentyp in moderner Schreibweise:

$$[(((x-1)\,q-2)\,q-3)\,q\,\ldots-(n-1)]\,q-n=0\ ,$$

x und n sind unbekannt. In den hier bereits behandelten Fällen ist $q=\frac{m-1}{m}$; $\frac{1}{m}$ ist dabei der Bruchteil, der jeweils von der restlichen Summe auf die n Personen verteilt wird. Bei den bisherigen Beispielen war $q = \frac{6}{7}$.

Als Lösung ergibt sich

$$x = \frac{1}{q^{n-1}(q-1)}\left[q\,\frac{q^n-1}{q-1} - n\right]$$

oder speziell für $q = \frac{m-1}{m}$:

$$x = (m-1)\left(\frac{m}{m-1}\right)^n [n-(m-1)] + (m-1)^2 .$$

Ist nun zusätzlich noch $n = m - 1$, so ist $x = (m-1)^2$. Ein erklärender Lösungsweg, der die in der Aufgabe gegebene Bedingung, daß die Anteile der einzelnen Personen gleich sind, benützt, ist ausführlich bei **Euler** angegeben [5; 2. Teil, 1. Abschn., § 42]:

Die erste Person erhält $t = 1 + \frac{x-1}{m}$, (1)

die zweite $t = 2 + \frac{x-t-2}{m}$. (2)

Dieser Ausdruck soll gleich t sein; d.h. $1 + \frac{x}{m} - \frac{1}{m} = 2 + \frac{x}{m} - \frac{t}{m} - \frac{2}{m}$;

daraus ergibt sich $t = m - 1$. (3)

Setzt man (3) in (1) ein, so erhält man $x = (m-1)^2$;

Da nun $x = nt$ ist, ist $n = m - 1$.

Auf diesen beiden Formeln $x = (m-1)^2$ und $n = m - 1$ beruht das in den meisten Aufgaben benützte Lösungsrezept, das in dem oben genannten Beispiel von **Maximos Planudes** $\left(q = \frac{6}{7} = \frac{m-1}{m}\right)$ so lautet [2; 55]: *Da immer $\frac{1}{7}$ des Restes allen Kindern ausgemacht wird, so nehme ich . . . 7, um eine Einheit kleiner, also 6, multipliziere sie mit sich selbst, giebt 36; dies . . . ist die Zahl der Geldstücke, die Wurzel daraus die Zahl der Kinder.*

Zusammenstellung der Beispiele

Byzanz:

Aufgabensammlung aus dem 14. Jh. [BR; 102–105, Nr. 84]: $q = \frac{6}{7}$;

Maximos Planudes [2; 55]: $q = \frac{6}{7}$;

Elia Misrachi [59 f., Nr. 77]: $q = \frac{9}{10}, \frac{6}{7}$.

Abendland:

Leonardo von Pisa [1; **1**, 279 ff.]; er behandelt zunächst die bekannten Aufgaben mit $q = \frac{9}{10}, \frac{6}{7}$, doch dehnt er den Fall noch aus auf $q = \frac{r}{s}$, z.B. $q = \frac{9}{11}$: hier tritt das Problem sowohl in der Form

$$((x-1)\frac{9}{11}-2)\frac{9}{11}-\ldots-n=0$$

als auch in der Form

$$((\frac{9}{11}x-1)\frac{9}{11}-2)-\ldots-n=0$$

auf. Weitere Beispiele gibt **Leonardo** für $q = \frac{25}{31}$ und $q = \frac{14}{19}$. Dabei erscheinen nun für x und n natürlich Brüche;

Cod. Lucca 1754 [199]: $q = \frac{9}{10}$;

Paolo Dagomari [1; 140, Nr. 168, 169]: $q = \frac{9}{10}$ und $q = \frac{5}{6}$;

Algorismus Ratisbonensis [AR; 64 f., Nr. 114, 115]: $q = \frac{9}{10}$ und $q = \frac{5}{6}$;

Wolack [52 f., Nr. 10]: $q = \frac{9}{10}$;

Chuquet [2; 448–451, Nr. 129–141]. Er bringt wie auch **Leonardo von Pisa** neben den gewöhnlichen Beispielen $q = \frac{9}{10}, \frac{6}{7}$, auch die komplizierteren Fälle mit $q = \frac{r}{s}$, z.B. Nr. 140, $q = \frac{9}{11}$: $((\frac{9}{11}x-5)\frac{9}{11}-7)\frac{9}{11}-9\ldots=0$;

Widman [97^v f.]: $q = \frac{9}{10}$; s. Abb. 116;

F. Calandri [2; i 5^r]: $q = \frac{9}{10}$;

Ghaligai [65^v, Nr. 24, 25]: $q = \frac{6}{7}$;

Rudolff [1; M 5^v, Nr. 110] = **Stifel** [4; 252^r f.]: $q = \frac{9}{10}$;

Cardano [2; 155 = Cap. 66, Nr. 65]: $q = \frac{6}{7}$;

Buteo [286 f., Nr. 78]: $q = \frac{5}{6}$;

Ozanam [**1**, 67 f., Nr. 9]: $q = \frac{6}{7}$;

Euler [5; 2. Teil, 1. Abschn. § 42]: $q = \frac{9}{10}$.

4.2.1.4 Bewegungsaufgaben

Bewegungsaufgaben ergaben sich seit jeher aus Situationen des täglichen Lebens, wenn z.B. Boten entsandt, entflohene Sklaven verfolgt oder Reisen unternommen wurden. Früher handelte es sich dabei um Wanderer, Pferde, Schiffe, etc., in den modernen Rechenbüchern treten dafür Radfahrer, Autos, Flugzeuge und Raketen auf.

Bewegungsaufgaben sind in den ägyptischen und babylonischen Texten nicht überliefert. Merkwürdigerweise fehlen sie auch in den griechischen Aufgabensammlungen, wo doch gerade in dem Land der olympischen Spiele, Probleme wie „Achilles und

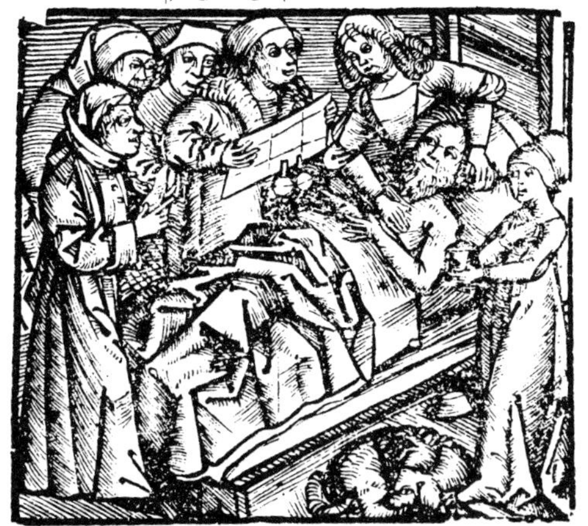

Jtm̃ es lygt ein vatter am todtbet vnd stirbt auch vñ er leßt kinder vñ sagt nicht wieuil/ vñ leßt gelt vñ sagt auch nit wie vil/ vnnd bestelt seinẽ letstẽ willẽ also/das man einẽ kind so vil sol gebẽ als dem andern. Vnnd dẽ ersten gibt man 1 fl vnd $\frac{1}{10}$ des überigẽ geltz Vñ dem andern 2 fl vnd auch $\frac{1}{10}$ des überigẽ geltz. Vnd also fürt alweg einem 1 fl mer dan dẽ andern

Abbildung 116. Die unbekannte Erbschaft [Widman; 97v].

die Schildkröte" diskutiert wurden. Wir finden Bewegungsaufgaben erstmals bei den Chinesen, dann bei den Indern und Arabern, über die sie dann ins Abendland gelangt sind. Dabei zeigt es sich, daß die Aufgaben zunächst oft in recht lebensnaher Einkleidung erscheinen, z.B. zwei Boten begegnen sich, etc. Später dagegen treten diese Aufgaben oftmals in recht komplizierten Fassungen auf und werden somit zu einem Standardproblem der Unterhaltungsmathematik; hier haben die dargestellten Verhältnisse nichts mehr mit der Wirklichkeit zu tun.

Die auftretenden Aufgaben sind recht verschieden. Sie sollen hier folgendermaßen eingeteilt werden: Zunächst kann die Art des benützten Weges verschieden sein: Die Bewegung kann in einer Richtung stattfinden, z.B. auf einer Straße, die man für die Berechnung als geradlinig annimmt (Fall I) oder die Bewegung erfolgt auf einem rechtwinkligen Dreieck (Fall II) oder auf einem Kreis (Fall III). Bei all diesen drei Fällen kann es sich um Bewegungen nur *einer* Person handeln, die ein bestimmtes Ziel erreichen soll (Fall A) sowie um die Begegnung je zweier Personen (Fall B) oder um eine Verfolgung einer Person durch eine andere (Fall C). Dabei können nun wiederum die jeweils auftretenden Geschwindigkeiten entweder gleichförmig sein (Fall a) oder sich während der Bewegung ändern, z.B. nach einer arithmetischen oder geometrischen Folge (Fall b) oder der Bewegungsvorgang wird durch eine eingeschaltete Rückwärtsbewegung verzögert (Fall c).

Schematisch läßt sich diese Einteilung in folgender Weise wiedergeben:

I Die Bewegung erfolgt in einer Richtung *geradlinig*:

A 1 Person (Tier, Schiff, usw.) führt die Bewegung aus und zwar
- a) mit gleichförmiger Geschwindigkeit
- b) mit veränderter Geschwindigkeit, z.B. ändert sich die Geschwindigkeit nach einer arithmetischen oder geometrischen Folge oder es werden auf einem Schiff verschiedene Segel gesetzt.
- c) es findet sowohl eine Vorwärts- als auch eine Rückwärtsbewegung statt.

B 2 Personen gehen aufeinander zu *(Begegnung)*
- a) jeder behält seine Geschwindigkeit bei
- b) die Geschwindigkeit einer oder beider Personen ändert sich gemäß Ab)
- c) es findet bei einer oder bei beiden Personen sowohl eine Vorwärts- als auch eine Rückwärtsbewegung statt.

C 2 Personen gehen hintereinander her *(Verfolgung)*
- a) mit gleichförmiger Geschwindigkeit
- b) die Geschwindigkeit einer oder beider Personen ändert sich gemäß Ab)
- c) es findet bei einer oder bei beiden Personen sowohl eine Vorwärts- als auch eine Rückwärtsbewegung statt.

II Die Bewegung erfolgt auf dem Umfang eines *rechtwinkligen Dreiecks*. Hier ist nur der Fall Ba) in den Aufgaben vertreten. Zu einem Sonderfall (Aufgabe der beiden Vögel) s.S. 592, 622 f.

III Die Bewegung erfolgt auf einem *Kreis*:
Für diesen Fall, der in der Astronomie bei der Berechnung von Planetenkonjunktionen eine gewisse Rolle spielt, finden sich in den Aufgabensammlungen nur wenige Beispiele für Aa), Ca) und Cb).

4.2.1.4.1 China

Wie oben erwähnt (s.S. 589) treten Bewegungsaufgaben erstmals in den chinesischen Rechenbüchern auf und zwar sind hier bereits sämtliche Arten vom Typ I, nur mit Ausnahme der Doppelbewegung c, vertreten. Viele Aufgaben stehen schon im Chiu Chang Suan Shu, dann einige bei **Chang Chu'iu-chien** usw.

Bei einer Aufgabe der Begegnung im Chiu Chang Suan Shu arbeiten sich 2 Ratten, die eine in zunehmender, die andere in abnehmender geometrischer Folge ihrer Geschwindigkeiten, durch eine Wand aufeinander zu [3; 75 = VII, Nr. 12]. Bei den Verfolgungsaufgaben findet sich, ebenfalls im Chiu Chang Suan Shu, bereits das beliebte Beispiel des den Hasen verfolgenden Hundes. Hier gibt der Hund zeitig die Verfolgung auf und es wird gefragt, wann er den Hasen erreicht hätte [3; 63 = VI, Nr. 14].

Auch für Fall II gibt es hier ein Beispiel. 2 Personen A und B gehen von einem Platz aus, und zwar A nach Süden mit der Geschwindigkeit $c_1 = 7$ und B geht nach Osten mit der Geschwindigkeit $c_2 = 3$; nachdem A einen Weg von s = 10 Schritten zurückgelegt hat (also in der Zeit $t = \frac{s}{c_1}$), geht er in der Hypotenuse nach Nordosten bis zum Zusammentreffen mit B weiter [3; 96 = IX, Nr. 14]. Als Hypotenuse errechnet sich $\frac{29}{2}$, die Katheten sind 10 und $\frac{21}{2}$. Dabei sind 29, 20 und 21 ein pythagoräisches Zahlentripel und man könnte auf diese Weise bei Variation von c_1 und c_2 beliebig viele pythagoräische Zahlen ermitteln, vgl. hierzu [3; 97, 107].

Zusammenstellung der Beispiele

I A b **Chang Ch'iu-chien** [Mikami; 42]: Ermüdender Gaul;
B a Chiu Chang Suan Shu [3; 66 = VI, Nr. 20]: Wildente und Wildgans;
Chiu Chang Suan Shu [3; 66 f. = VI, Nr. 21]: 2 Reisende, einer hat einen Vorsprung;
Chiu Chang Suan Shu [3; 74 = VII, Nr. 10]: Melone und Kürbis mit verschieden schnellem Wachstum.
b Chiu Chang Suan Shu [3; 75 = VII, Nr. 12]: 2 Ratten (siehe oben), [3; 79 = VII, Nr. 19]: gutes Pferd, altersschwacher Gaul (in zunehmender und abnehmender arithmetischer Folge);
C a **Chang Ch'iu-chien** [Mikami; 41]: Verfolgung eines Diebes, der ein Pferd gestohlen hat;
Chiu Chang Suan Shu [3; 62 f. = VI, Nr. 12, 13]: 2 Wanderer;
Chiu Chang Suan Shu [3; 63 = VI, Nr. 14]: Hase und Hund (siehe oben);
Chiu Chang Suan Shu [3; 64 = VI, Nr. 16]: ein vom Gast vergessenes Kleid.
II Chiu Chang Suan Shu [3; 96 = IX, Nr. 14] (siehe oben).

4.2.1.4.2 Indien

In den indischen Aufgabensammlungen sind alle Arten von Bewegungsaufgaben vom Fall I, mit Ausnahme von Bc und Cc, vertreten; sie kommen in den Abschnitten über Proportionen, Reihen, Algebra, ebene Figuren oder Rückwärtsrechnung (siehe hierzu S. 643) vor.

Zum erstenmal finden sich hier Beispiele des Falles ICb, einer Verfolgungsaufgabe mit sich ändernder Geschwindigkeit [Śrīdhara 3; 177 f., Nr. 111, 112], sowie zahlreiche Beispiele der Doppelbewegung IAc (Vorwärts- und Rückwärtsbewegung), die besonders phantastisch eingekleidet sind. Da wird z.B. in einer Aufgabe bei **Mahāvīra** gefragt, wann eine vom Grund einer mit Wasser gefüllten Zisterne heraufwachsende Lotosblume die Oberfläche erreicht, wenn das Wasser durch Auspumpen und Sonnenbestrahlung weniger wird, andererseits aber eine auf der Spitze der Blume sitzende Schildkröte das Wachstum verzögert [89 f., Nr. 28–30]. Eine Rückwärtsbewegung liegt auch vor, wenn der Schwanz einer in eine Höhle kriechenden „mächtigen, unbesiegten, ausgezeichneten, schwarzen" Schlange während der Bewegung noch wächst [Mahāvīra; 90, Nr. 31].

Von den Bewegungsaufgaben nach Fall II entspricht eine bei **Mahāvīra** [252, Nr. $211\frac{1}{2} - 121\frac{1}{2}$] ganz der oben genannten chinesischen [Chiu Chang Suan Shu 3; 96 = IX, Nr. 14]. Bei anderen Aufgaben handelt es sich um Tiere, von denen das eine das andere erjagen will, wobei beide gleiche Wege zurücklegen sollen. In einer Aufgabe bei **Bhāskara II** [1; 65, Nr. 150] ist die eine Kathete eine 9 Ellen hohe Säule, an deren Fuß sich ein Loch befindet und auf deren Spitze ein Pfau sitzt. Er will eine Schlange fangen, die sich in einer Entfernung von 27 Ellen aus in das Loch retten will. Ist $(27 - x)$ die andere Kathete, dann gilt $9^2 + (27 - x)^2 = x^2$, wenn x der Weg der beiden Tiere ist. Dieselbe Aufgabe steht mit Katze und Ratte schon bei **Pṛthūdakasvāmī** und bei **Sūryadāsa** [Brahmagupta 1;310, Nr. 4 und 216, Fn. 2].

Das ebenfalls zu II gehörende Sonderproblem der „beiden Vögel" tritt erstmals in indischen Aufgabensammlungen (**Mahāvīra**) auf. Hier handelt es sich darum, daß 2 Vögel (oder Bettler, usw.), die auf verschieden hohen Türmen oder Stangen etc. sitzen, auf ein zwischen den Fußpunkten der beiden Türme gelegenes Ziel derartig zufliegen, daß die beiden Wege gleich lang sind.

Auch Aufgaben vom Fall III, Bewegungen auf einem Kreis, kommen in indischen Aufgabensammlungen vor. Wie wahrscheinlich schon babylonische und griechische Astronomen, so haben auch indische Astronomen Berechnungen zur Feststellung von Planetenkonjunktionen angestellt, d.h. Bewegungsprobleme auf Kreisen gelöst. Bereits **Āryabhaṭa** I gibt die Formeln für 2 verschiedene Bewegungsarten auf dem Kreis, nämlich in beiden Richtungen gegeneinander und hintereinander [Gaṇ. 31] und im Bakhṣālī-Manuskript ist eine Aufgabe vom Fall A a explizit überliefert [51 f., Nr. 100].

Zusammenstellung der Beispiele

I A a **Mahāvīra** [86, Nr. 3–6]: Weg eines Mannes oder eines Wurmes;
Śrīpati [99, Nr. 128]: Schlange, die in ihr Loch kriecht;
Bakhṣālī-Manuskript [51, Nr. 98, 99]: Schlange, die in ihr Loch kriecht;

A b **Bhāskara II** [1; 54, Nr. 124]: König auf Expedition, um die Elefanten des Feindes einzunehmen;

A c **Pṛthudakasvāmī** [Brahmagupta 1; 283]: weiße Ameisen;
Mahāvīra [89 f., Nr. 27]: durch Angriff von Bienen verzögerter Weg eines Elefanten, [Nr. 28–30]: Lotosblume mit Schildkröte (siehe oben), [Nr. 31]: Schlange, deren Schwanz wächst (siehe oben).

B a **Mahāvīra** [177, Nr. $321–321\frac{1}{2}$]: Begegnung zweier Wanderer;
Śrīdhara [4; 52 f., Nr. 83]: Begegnung;

B b **Mahāvīra** [177, Nr. 320]: einer folgt dem anderen.

C a **Śrīdhara** [3; 172, Nr. 81–83]: 2 Männer;
Mahāvīra [179, Nr. $327\frac{1}{2}$]: 2 Reisende;
Bakhṣālī-Manuskript [43 f., Nr. 83 (i), 84 (ii)]: 2 Reisende;

C b **Śrīdhara** [3; 177 f., Nr. 111, 112], [4; 73, Nr. 106]: 2 Männer;
Mahāvīra [177 f., Nr. 320, $323\frac{1}{2}$, $325\frac{1}{2}$]: 2 Männer;
Bakhṣālī-Manuskript [43, Nr. 83 (ii), 83 (iii)]: 2 Reisende.

II **Pṛthūdakasvāmī** [Brahmagupta 1; 310] (siehe oben);
Mahāvīra [252, Nr. 211 $\frac{1}{2}$ – 212 $\frac{1}{2}$] (siehe oben);
Bhāskara II [1; 65, Nr. 150] (siehe oben);
Sūryadāsa [Brahmagupta 1; 216, Fn. 2] (siehe oben).
Sonderproblem der beiden Vögel:
Mahāvīra [250 f., Nr. 204 $\frac{1}{2}$ – 205]: 2 Seilstücke, und [Nr. 206–207 $\frac{1}{2}$, 208 $\frac{1}{2}$ – 209 $\frac{1}{2}$]: 2 durch die Luft schwebende Bettler suchen Nahrung;
Bhāskara II [3; 204 f., Nr. 126] = [1; 67, Nr. 155]: 2 Affen.
III Bakhṣālī-Manuskript [51 f., Nr. 100]: Sonnenweg, Saturnweg.

4.2.1.4.3 Araber

Bei den Arabern finden sich Bewegungsaufgaben bei **al-Karaǧī** und dem Perser **Ṭabarī** in seinem Werk *Schlüssel der Transaktionen*. Hier sind die wichtigsten Fälle der Bewegungsaufgaben mit je einem Beispiel vertreten [2; 103 f.]:

I C a (Nr. 4): 2 Kuriere verfolgen sich, der eine legt pro Tag 6 Parasangen zurück, der andere 9. Wann treffen sich die beiden, wenn der zweite Kurier 4 Tage später als der erste losgeht?
I C b (Nr. 5): Ein Kurier läuft 30 Parasangen pro Tag. Der zweite läuft am 1. Tag 1 Parasange, am 2. Tag 2 Parasangen, am 3. Tag 3 Parasangen, usw. in arithmetischer Folge. Wann treffen sich die beiden Kuriere, wenn sie gleichzeitig losgehen?
I B a (Nr. 6): Der eine Bote reitet von einer östlichen Stadt in eine westliche Stadt in 5 Tagen. Ein anderer Bote reitet von eben dieser westlichen Stadt in die östliche in 7 Tagen. Wann treffen sie sich, wenn sie gleichzeitig abreisen?
I A c (Nr. 7): Ein Bote kommt pro Tag 18 Parasangen voran und geht 12 Parasangen pro Tag zurück. Er kommt und geht 40 Tage lang. Wieviele Tage kommt er und wieviele Tage geht er?

Die ebenfalls im arabischen Bereich sehr alte Aufgabensammlung bei **Abū al-Wafā'** ist nicht vollständig überliefert; es sind zwar im Register [Saidan 3; 330] für den 7. Abschnitt des 6. Buches Bewegungsaufgaben angekündigt, doch ist dieser Abschnitt in der edierten Handschrift nicht enthalten.

Weiter kommen Bewegungsaufgaben bei **al-Karaǧī** vor, der ja auch berichtet, daß es schon vor ihm arabische Aufgabensammlungen gegeben habe, aus denen er seine Probleme entnommen hat [1; **3**, 27]. Im *Fakhri* bringt er Beispiele zum Fall I C b [Woepcke 1; 82, Nr. 5–8]. Die dabei verwendeten arithmetischen Folgen sind 1, 2, 3, ..., 1, 3, 5, ..., 2, 4, 6, ... Auch ein Beispiel zum Sonderproblem der beiden Vögel (Fall II) erscheint in **al-Karaǧī**s Rechenbuch [1; **3**, 26] und zwar mit den gleichen Zahlen wie später bei **Elia Misrachi** [65 f., Nr. 93]: An beiden Ufern eines $s = 50$ Ellen breiten Flusses stehen 2 Palmen von der Höhe $h_1 = 20$ und $h_2 = 30$ Ellen. Von den Spitzen der Palmen stürzen sich 2 Vögel geradlinig auf einen Fisch, den sie auf gleich langem Weg erreichen. Für die Entfernung x des Fisches vom Fuß der Palme h_1 ergibt sich dann x aus $h_1^2 + x^2 = h_2^2 + (s - x)^2$. Eine ähnliche Aufgabe bringt auch **al-Kāšī** [256 f., Nr. 4].

Zum Fall IIICb bringt **al-Kāšī** folgendes Beispiel [216, Nr. 3]: Zwei Leute wandern um einen kreisförmigen See herum, sie beginnen von demselben Punkt in entgegengesetzter Richtung. Der eine hat eine Geschwindigkeit von 10 Meilen/Tag, der andere geht mit einer Geschwindigkeit, die in einer arithmetischen Folge (Anfangsgeschwindigkeit 1 Meile/Tag) wächst. Sie treffen sich, nachdem der eine $\frac{1}{6}$ und der andere $\frac{5}{6}$ des Seeumfangs zurückgelegt hat.

4.2.1.4.4 Armenien und Byzanz

Bevor bei den Gelehrten in Byzanz arabische Einflüsse über Persien, Trapezunt und Sizilien wirksam wurden, standen die Unterrichtsanstalten dort ganz in hellenistischer Tradition. Wenn auch in klassischen griechischen und hellenistischen Texten Bewegungsaufgaben nicht vorkamen, so besteht doch kein Zweifel, daß solche in Griechenland gelöst werden konnten. Darauf deuten auch einfache Verfolgungsaufgaben vom Fall ICa hin, die sowohl von dem Armenier **Anania Schirakazi**, der in Byzanz studiert hatte, [114, Nr. 8] (1 Bote wird verfolgt), als auch von dem Byzantiner **Nikolaos Rhabdas** [178–181, Nr. 13] (2 Schiffe) gelöst worden sind.

In der ältesten überlieferten und edierten byzantinischen Aufgabensammlung aus dem 14. Jahrhundert, die auf eine ältere Vorlage zurückgeht [BR; 16], sind die Verfolgungsaufgaben vom Fall ICa mit $c_1(t_1 + t_2) = c_2 t_2$ systematisch variiert worden. In Nr. 24 und Nr. 44 wird c_1, in Nr. 43 wird t_1, in Nr. 42 wird c_2 und in Nr. 41, 45, 87 wird t_2 gesucht. Nr. 88 ist eine „Hase und Hund"-Aufgabe. Aufgaben der Begegnung IBa mit $s = c_1 + c_2 t_2$ liegen in Nr. 46 und Nr. 94 vor, wobei hier $t = \frac{s}{c_1 + c_2}$ gesucht wird. Zum Fall IAb gehören die Aufgaben Nr. 23 und 25.

Östlichen Einfluß zeigt die zweite große edierte byzantinische Aufgabensammlung [Hunger/Vogel; 100], deren Handschrift aus einer Zeit stammt, als bereits „die Türken im byzantinischen Lande regierten", nämlich aus dem 15. Jahrhundert. Außer einer „Hase und Hund"-Aufgabe [Nr. 81] und Schiffsbewegungen mit verschiedenen Segeln [Nr. 78–80] sind hier Probleme behandelt, bei denen eine Doppelbewegung (Fall c) ähnlich wie bei den Indern und Arabern vorkommt. Da bewegt sich z.B. in Nr. 65 an einem Turm ein Vogel, in Nr. 72 eine Maus tagsüber und in der Nacht in verschiedenen Richtungen (Fall IAc). Vom Typ ICc ist dagegen die Aufgabe Nr. 89. Hier steigt von der Spitze eines Turmes mit h = 100 eine Katze in der Nacht $\frac{h}{6}$ herunter und bei Tagesanbruch $\frac{h}{8}$ hinauf. Eine Maus, die am Fuße des Turmes sitzt, klettert nachts $\frac{h}{7}$ am Turm hinauf und nach Tagesanbruch $\frac{h}{12}$ wieder herunter. Gefragt ist, wann sich die beiden treffen.

4.2.1.4.5 Das Abendland

Bewegungsaufgaben der verschiedenen Typen finden sich seit „**Alcuins**" *Propositiones* in allen Aufgabensammlungen, bei **Leonardo von Pisa**, in den Handschriften des 14. und 15. Jahrhunderts, dann in fast allen gedruckten Rechenbüchern vom 15. Jahrhundert an, mit dem Trientiner Algorismus (1475) beginnend bis zu unserer Zeit. Besonders beliebt waren die Verfolgungsaufgaben wie „Hund und Hase", ferner die Aufgaben, in denen Reihen auftraten, sowie solche, bei denen eine Doppelbewegung erfolgte. Ein Beispiel dieser Art zeigt deutlich, wie die Aufgaben weiterlebten: in einem Problem des aus Italien stammenden Columbia-Algorismus ist von einer Taube die Rede, die an einem Turm herunter und hinauf fliegt [Vogel 24; 88 f., Nr. 67]. Diesen Text hat **Fridericus** kennengelernt und ihn im Algorismus Ratisbonensis wiedergegeben [AR; 47, Nr. 65] s. S. 660. Von ihm hat **Widman** die Aufgabe mit denselben Zahlenwerten in veränderter Einkleidung übernommen [160^r].

Bei diesen Aufgaben mit einer Doppelbewegung scheint als erster **Paolo Dagomari** berücksichtigt zu haben, daß die Rückwärtsbewegung entfällt, wenn bei der Vorwärtsbewegung das Ziel schon erreicht worden ist; er gibt dies wenigstens als eine zweite Möglichkeit an [1; 151, Nr. 191]. Dagegen spricht später **Chuquet** klar aus, daß man nicht weiter gehen dürfe: *sans passer oultre* [2; 447, Nr. 125]. Auch **Ries** rechnet richtig [1; 61, Nr. 142] und **Rudolff** bemerkt ausdrücklich: *desz letsten tags kompt das hinab kriechen nicht in die rechnung* [Stifel 4; 258^v].

In den Rechenbüchern des Abendlandes finden sich auch wieder Aufgaben vom Fall II; die vom Fall III mehren sich.

Die folgende Liste gibt eine Auswahl aus der mathematischen Literatur des Abendlandes bis in die Mitte des 16. Jahrhunderts. Zu Aufgaben aus späterer Zeit siehe **D. E. Smith**: *Problems of Pursuit* [6; 2, 574 f.] und **Sanford**: *The Problem of the Lion in the well* und *The Problem of the couriers* [63–66, 71–76].

Zu

I A a „**Alcuin**" [Sp. 1145, Nr. 1]: Eine Schwalbe lädt eine Schnecke zum Frühstück ein; diese trifft nach 246 Jahren und 210 Tagen ein.

A b Dieser Fall kommt selten vor. **Cardano** nimmt in einem Beispiel eine Geschwindigkeitszunahme nach zwei in folgender Weise gliedweise miteinander multiplizierten geometrischen Folgen an [2; 137 = Cap. 66, Nr. 7]:

$$a, a\cdot\frac{4}{3}, a\cdot\frac{4}{3}\cdot\frac{6}{5}, a\cdot\left(\frac{4}{3}\right)^2\cdot\frac{6}{5}, a\cdot\left(\frac{4}{3}\right)^2\cdot\left(\frac{6}{5}\right)^2, a\cdot\left(\frac{4}{3}\right)^3\cdot\left(\frac{6}{5}\right)^2, \ldots$$

ferner bei **Scheybl** [2; 135 ff.] und **Recorde** [2; Ii^r ff.] (arithmetische Folgen).

A c **Leonardo von Pisa** [1; **1**, 177]: *De leone qui erat in puteo;*
Paolo Dagomari [1; 151, Nr. 191]: Die Schlange im Brunnen (siehe oben);
Chuquet [2; 447, Nr. 125] unterscheidet zwischen dem „natürlichen Tag" (jours naturelz) und dem „künstlichen Tag" (jour artificiel), an dem das Ziel erreicht wird (siehe oben);
Livre de getz [H 7^r f., Nr. 26]: Die Katze, die auf einen Baum klettern will;
Ries [1; 61, Nr. 142]: Die Schnecke im Brunnen;
Columbia-Algorismus, Algorismus Ratisbonensis, **Widman** (siehe oben).

I B a Columbia-Algorismus [Vogel 24; 121 f., Nr. 110]: 2 Kuriere;
Pellos [66^v]: 2 Männer zwischen Paris und Avignon;
F. Calandri [1; 184], [2; k 1^r]: 2 Schiffe von Livorno (Pisa) nach Marseille (Genua);
Wolack [53, Nr. 12]: 2 Fratres zwischen Lübeck und Erfurt (Regula dicta conuentus);
Livre de getz [H 5^v f., Nr. 25]: 2 Männer zwischen Paris und Lyon;
Ries [1; 47, Nr. 50]: 2 Reiter zwischen Regensburg und Erfurt.

B b Clm 14684 [Curtze 3; 81, Nr. 20]: 2 Wanderer;
Chuquet [2; 443, Nr. 108]: 2 Reisende zwischen Lyon und Paris.

B c **Leonardo von Pisa** [1; **1**, 177 f.]: *De duobus serpentibus;*
Chuquet [2; 448, Nr. 128]: 2 Reisende zwischen Lyon und Paris;
Luca Pacioli [a; 42^r, Nr. 22]: 2 Ameisen (= **Tartaglia** [1; **2**, 10^r f., Nr. 17]) und [a; 42^r f., Nr. 23] (= **Tartaglia** [1; **2**, 10^v f., Nr. 18]): Auf einem 60 Ellen hohen Baum sitzt oben eine Maus, unten eine Katze. Die Bewegungen der Maus sind tagsüber $\frac{1}{2}$ Elle abwärts und nachts $\frac{1}{6}$ Elle wieder hinauf; die Katze dagegen geht tagsüber 1 Elle aufwärts und nachts $\frac{1}{4}$ Elle abwärts. Zwischen den Tieren wächst der Baum tagsüber um $\frac{1}{4}$ Elle und schrumpft nachts um $\frac{1}{8}$ Elle;
F. Calandri [2; k 5^v]: Katze und Eichhörnchen auf einem Baum;
Ghaligai [64^r, Nr. 19]: 2 Ameisen (siehe **Luca Pacioli**);
Rudolff [1; M 8^r f., Nr. 116]: 2 Boten *(würt je des nachts im schlaff von einē gespenst / 2 meilē hinter sich verfürt).* Bei **Stifel** ist es im Gegensatz zu **Rudolff** kein Gespenst, sondern ein *geyst* [Stifel 4; 257^r];
Buteo [234–237, Nr. 33]: 2 Schiffe fahren aufeinander zu, wobei sie vom Wind zurückgetrieben werden.

I C a Hier sind zwei Einkleidungen besonders beliebt: einmal das Problem vom „Hund und dem Hasen" und dann die Aufgabe von einem Wanderer, der einem anderen nach Rom folgt. Auch diese zuletzt genannte Art der Einkleidung erscheint manchmal unter der Überschrift *De lepore fugiente*, wie z.B. bei **Huswirt** [31, Nr. 6], der das Beispiel dem Rechenbuch von **Georg von Ungarn** [29 f., b 2^v, Nr. 8] entnommen hat.

1. Einkleidung in der Form, 2 Wanderer gehen nach Rom:
Algorismus Ratisbonensis [AR; 37, Nr. 32];
Wolack [53, Nr. 11]: Vater folgt dem Sohn nach Rom;
Georg von Ungarn [29 f., b 2^v, Nr. 8]: 2 Wanderer von Paris nach Rom;
Huswirt [31, Nr. 6]: 2 Wanderer von Köln nach Rom;
Livre de getz [H 1^v f., Nr. 16]: 2 Wanderer von Paris nach Rom.
2. Einkleidung in der Form „Hase und Hund":
„**Alcuin**" [Sp. 1152, Nr. 26]: *De cursu canis et fuga leporis;*
Leonardo von Pisa [1; **1**, 179 f.]: *De cane et vulpe;*
Paolo Dagomari [1; 78, Nr. 91]: Wolf und Hund;
Algorismus Ratisbonensis [AR; 37, Nr. 33]: Hase und Hund;
Trienter Algorismus [193, Nr. 8]: *Es leiff ein haß vber ain heid;*
Treviso-Arithmetik [55^v]: Hase und Hund;

Abbildung 117. Hase und Hund [F. Calandri 1; 92^{v}].

Bamberger Rechenbuch von 1483 [54^{r}]: *Regel vō haßen;*
F. Calandri [1; 185], s. Abb. 117;
Pellos [66^{v}]: Hund und Hirsch;
In einem anonymen niederländ. Rechenbuch von 1508 [Bockstaele; 64, Nr. 17]: *Vanden hase;*
Böschensteyn [E 1^{r}]: *ain Weidman hötzt ayn fuchs mit aynem Winde.*

Dabei erscheint das Problem „Hase und Hund" noch unter verschiedenen Bedingungen:

1. Die Sprünge der beiden Tiere sind gleich lang, ihre Anzahl pro Zeiteinheit ist jedoch verschieden.
2. Hase und Hund machen beide gleichviele Sprünge, aber die Sprünge haben verschiedene Länge.
3. Sowohl die Länge, als auch die Zahl der Sprünge von Hase und Hund sind verschieden.

Dieser 3. Bedingung genügt die Einkleidung bei **Cardano** [2; 138 = Cap. 66, Nr. 11]: Der Hund macht in 20 Momenten 3 Sprünge, der Hase in 21 Momenten 5 Sprünge; dabei sind 7 Hasensprünge + $\frac{1}{20}$ Hundsprung = 3 Sprünge des Hundes. **Stifel** hält von derartigen Aufgaben nichts; er sagt: *Solliche spötliche Exempla wöllen offt mehr wort haben denn die nutzliche* [4; 307^{r}].

I C b **Leonardo von Pisa** [1; **1**, 168 f.];
Columbia-Algorismus [Vogel 24; 120 f., Nr. 108, 109]: 2 Kuriere;

Clm 14684 [Curtze 3; 78, Nr. 8];
Paolo Dagomari [1; 96, Nr. 118];
Wolack [53];
Chuquet [2; 441 ff., Nr. 103–107] (meistens handelt es sich um 2 Reisende);
P. M. Calandri [67];
Livre de getz [67^r f., Nr. 11]: ein Dieb und ein ihn verfolgender Mann;
Ghaligai [63^v f., Nr. 17];
Tartaglia [1; 2, 7^v].

II **Leonardo von Pisa** [1; **1**, 331, 398]: *De duobus avibus;*
Columbia-Algorismus [Vogel 24; 139 f., Nr. 136]: 2 Falken auf zwei Türmen;
Paolo Dagomari [1; 133, Nr. 160]: 2 Tauben auf zwei Türmen, [1; 129–133, Nr. 158/9]: 2 Türme, zwischen denen sich 2 gleichlange Seile zu einem dazwischenliegenden Teich spannen;
Algorismus Ratisbonensis [AR; 79 f., Nr. 166]: 2 Falken auf zwei Türmen;
F. Calandri [1; 178 f.] (s. Abb. 118) und [2; n 8^v]: 2 Vögel auf zwei Türmen;
Luca Pacioli [b; 59^v f., Nr. 62–64]: 2 Vögel auf zwei Türmen;
Stifel [4; 304^v f.]: 2 Türme.

III Algorismus Ratisbonensis [AR; 37, Nr. 33]: Im Anschluß an die Aufgabe vom „Hasen und Hund" steht geschrieben *Item simile est de planetis*;
Cardano [2; 141 = Cap. 66, Nr. 18]: Konjunktion von Jupiter und Saturn;
Cardano [2; 139 = Cap. 66, Nr. 14]: 2 Vögel fliegen um die Erde, der eine nach Osten mit einer nach arithmetischer Folge zunehmenden Geschwindigkeit, der andere nach Westen mit der Geschwindigkeitszunahme in der Folge der dritten Potenzen; eine ähnliche Aufgabe bringt schon **Luca Pacioli** [a; 44^r, Nr. 30]: hier bewegt sich ein Punkt um die Erde.

4.2.1.5 Diverse Probleme

Aus der Fülle von linearen Aufgaben, die eine andere Einkleidung als die bisher erwähnten aufweisen, seien noch folgende Gruppen herausgegriffen:

4.2.1.5.1 Regula equalitatis (Einkauf gleicher Mengen)

Bei diesem Sonderfall der Gesellschaftsrechnung geht es um den Einkauf gleicher Mengen. Schon ein Beispiel aus dem Papyrus Rhind fällt unter diesen Aufgabentyp [Probl. 62]; hier befinden sich in einem Behälter Gold-, Silber und Bleistücke, wobei das Gold dasselbe Gewicht x hat wie Silber und Blei. Aus dem Gesamtpreis des Behälters von 84 Deben (Ringe) und dem Einzelpreis der 3 Sorten von Metallstücken, nämlich 12, 6 und 3 Ringe für die Gewichtseinheit Deben, ist das Metallgewicht x zu ermitteln, also: $12x + 6x + 3x = 84$; vgl. hierzu [VM; **1**, 52].

Diese Rechnungen waren besonders beliebt, in Byzanz und im Abendland bei den Autoren des 15. Jahrhunderts. Es geht z.B. darum, verschiedene Geldsorten so einzuwechseln, daß die Anzahl der Geldstücke trotz eines verschiedenen Einzelwertes immer dieselbe ist, so bei **Abraham ben Ezra** [51 f.]: *Ein Geldwechsler hat 3 Münzarten. Für*

89

Sono dua torre inuno piano ch
luna e alta 60 bra lautra e al
ta 80 bra et daluna torre alautra
e 100 bra: et intra queste dua to
rre e una fonte dagua intalluo
gho che movendosi dua ucelli disu
dette torre et volando di pari volo
giungono aunotta adetta fonte: Vo
sapera quato ladetta fonte sara pre
sso aciascuna torre: facosi prima
multipricha laltezza delle torre
ognuna p se cioe p 80 uie 80 fa 6400
poi 60 uie 60 fa 3600 tralo di 6400 re
sta 2800 poi multipricha ladistantia

Abbildung 118. Die beiden Türme [F. Calandri 1; 89r].

einen Gulden bekommt man von der ersten 3 D., von der zweiten 4 D. und von der dritten 6 D. Nun kommt jemand und bittet den Wechsler, er möchte ihm für 1 Gulden von den 3 Münzarten geben, aber eine gleiche Anzahl von den wertvollen wie von den minder wertvollen. **Huswirt** nennt ein derartiges Problem *Regula de cambio* [33, Nr. 9].

Auch Waren sollen so eingekauft werden, daß ihre jeweilige Anzahl trotz eines verschiedenen Einzelwertes immer dieselbe ist, z.B. verschiedene Stoffsorten, Wein und Bier, Pferde verschiedener Qualität etc. Häufig handelt es sich um Gewürze, so in einem byzantinischen Rechenbuch des 15. Jahrhunderts [Hunger/Vogel; 50 f., Nr. 64]: *Ein Kaufmann gab ⟨seinem Diener⟩ 1 000 Aspra, damit er Pfeffer und Zimt kaufe, den Pfeffer das Pfund zu 5 Aspra, den Zimt das Pfund ⟨zu⟩ 19 ⟨Aspra; er sprach⟩: Du sollst mir gleich viele Pfund von beiden Arten bringen. Ich frage dich, wieviel er von jeder Art nehmen und wieviel Aspra er für jedes geben wird.* **Georg von Ungarn** spricht hierbei von *Regular de aromatario* [27 f., b 1ᵛ, Nr. 3]. Der Name *Regula equalitatis* erscheint z.B. bei **Peurbach** [1; 6ʳ], **Wolack** [50, Nr. 6] und **Widman** [72ʳ].

Zusammenstellung der Beispiele

Ägypter:
Papyrus Rhind, Probl. 62, s.o.

Araber:
al-Karaǧī [Woepcke 1; 82]: 3 Sorten von Münzen;
ben Ezra [51 ff.]: Münzsorten.

Byzanz:
Aufgabensammlung aus dem 14. Jh. [BR; 28–31, Nr. 9]: Stoffe verschiedener Güte und Farbe;
[BR; 40 f., Nr. 21]: Münzsorten;
Nikolaos Rhabdas [160–163, 172–175, Nr. 6, 10]: identisch mit den vorigen Aufgaben;
Aufgabensammlung aus dem 15. Jh. [Hunger/Vogel; 22 f., 50 f., Nr. 12, 14, 64]: Münzsorten, Pfeffer und Zimt (siehe oben);
Elia Misrachi [44, Nr. 17].

Abendland:
Algorismus Ratisbonensis [AR; 174 f., Nr. 35–39, 71, 92, 93, 103–106, 346, 350];
Bamberger Rechenbuch von 1483 [40ᵛ]: *Von Gewurtz;*
Widman [72ʳ ff.]: *Regula equalitatis,* 3 Sorten Stoff;
Wolack [50, Nr. 6]: *regula dicta equalitatis,* Einkauf von Gewürzen;
Peurbach [1; 6ʳ f.]: Gewürze, Geldwechsel;
Georg von Ungarn [27 f., b 1ᵛ, Nr. 3]: Gewürze;
P. M. Calandri [86]: Geldwechsel;
F. Calandri [2; i 7ʳ]: Geldwechsel;
Huswirt [32 = IV, Nr. 9]: Geldwechsel;
Livre de getz [H 2ʳ f., Nr. 17, 19]: Geldwechsel, Gewürze;
Köbel [1; F 3ʳ f.]: Geldwechsel, Gewürze;
Böschensteyn [E 3ᵛ]: Geldwechsel;

Rudolff [1; K 6^{v}, Nr. 62]: dreierlei Weinsorten, [1; K 7^{v} f., Nr. 66] und [1; M 3^{v}, Nr. 102]: Geldwechsel;
Scheybl [2; 115]: Geldwechsel;
Bachet [2; 157, Nr. 6].

4.2.1.5.2 Zuviel – zu wenig

Bei diesem Aufgabentyp handelt es sich um x Personen, die gemeinsam einen Gegenstand im Wert von y Geldstücken kaufen wollen. In einem Fall bleibt ihnen dabei noch ein Rest übrig, im zweiten Fall aber reicht ihr Vorrat an Geld nicht aus. Mehrere Beispiele hierzu stehen schon in dem in China in der frühen Han-Zeit entstandenen Chiu Chang Suan Shu unter dem Titel *Überschuß und Fehlbetrag* (*ying pu tsu*, wörtlich: Überschuß, nicht reicht es) [3; 70–73 = VII, Nr. 1–8], z.B. S. 70, Nr. 2: *Jetzt hat man gemeinschaftlich ein Huhn gekauft. Gibt der Mann ⟨je⟩ 9 aus, ⟨dann ist⟩ der Überschuß 11; gibt der Mann ⟨je⟩ 6 aus, ⟨dann ist⟩ der Fehlbetrag 16. Frage: Wieviel ⟨ist⟩ jedes, die Zahl der Leute ⟨und⟩ der Preis des Huhns?* Die Lösung mit Hilfe des doppelten falschen Ansatzes ergibt $\frac{70}{9}$ für den Beitrag jedes einzelnen. Die Zahl der Leute ergibt sich aus der Gleichung $9x - 11 = 6x + 16$. Weitere Beispiele zu diesem Aufgabentyp stehen bei **Sun Tzu** [37 f., Nr. 29] (Verteilung von Hirschen), **Chang Ch'iu-chien** [35, Nr. 21] und **Ch'in Chiu-shao** [Libbrecht; 168–171].

Derartige Aufgaben sind bei den Indern und Arabern, soweit bekannt, nicht überliefert [AR; 224]; doch bringt **Bhāskara II** eine Aufgabe in einer etwas anderen Einkleidung, die auf die Gleichung $6x + 300 = 10x - 100$ führt [1; 188, Nr. 103], d.h. auf eine Gleichungsform, die dem hier dargelegten Aufgabentyp entspricht.

Dagegen erscheinen im Abendland häufig Aufgaben der Art „Zuviel – zu wenig". Hier sollen meistens unter eine Anzahl von Personen Dinge oder Geld derartig verteilt werden, daß in einem Fall ein Rest übrig bleibt, im anderen aber Dinge oder Geld fehlen *(zerrinnen)*. Im Algorismus Ratisbonensis z.B. werden Feigen auf Kinder verteilt [AR; 75 f., Nr. 158]: *Item ain fraw hat veigen vnd hat auch kinder vnd sy gibt iglichem kind 12 veigen, so pleibt ir 37 feigen. Nu nympt sy dij veigen widerumb von den kindern vnd gibt ander wais hyn vmb vnd gibt iglichem kind 15 feigen, so zw rint ir 44 feigen. Nu frag ich, wije vil sind der veigen vnd der kinder gewesen?*

Beispiele im Abendland:

Cod. Lucca 1754 [34]: Verteilung von Geld;
Clm 14908 [Curtze 1; 40 f., 57, 68]: Lohn an Arbeiter, Kauf von Tuch verschiedener Güte;
Cod. Dresden C 80 [Wappler 1; 6, 19]: Kauf von Stoff, Lohn an Arbeiter;
Algorismus Ratisbonensis [AR; 75 f., Nr. 158]: Kinder und Feigen (siehe oben);
Piero della Francesca [63]: Kauf von Tuch;
Borghi [112^{r}]: Bezahlung von Arbeitern;
P. M. Calandri [106], **F. Calandri** [2; i 3^{r}], **Ghaligai** [66^{v}, Nr. 29]: Schüler bezahlen ihrem Lehrer die Miete für das Schulhaus;

Huswirt [34, Nr. 13]: Lohn an Arbeiter;
Widman [75^v f.]: *Regula augmenti + decrementi*, Kauf von Anis guter und schlechter Qualität;
Rudolff [1; K 5^r, Nr. 58]: *Einer kaufft ein sack mit enis;*
Ries [1; 45, Nr. 32]: *Item eyner . . . will puttern kauffen,* [1; 46, Nr. 43]: Kauf von Stoff, [3; 63^r f.]: Geld an Arbeiter;
Cataneo [52^v]: Hauptmann verteilt Sold an Soldaten;
Tartaglia [1; **1**, 253^r, Nr. 210–212]: Verteilung von Geld;
Trenchant [1; 259 f., Nr. 6]: Geld an Arme;
Gehrl [116 f.]: Kauf von Stoff.

4.2.1.5.3 Das unterbrochene Dienstverhältnis

Ein Beispiel hierzu gibt bereits **al-Karağī** [1; **3**, 14]: *Der Lohn eines Arbeiters würde für einen Monat 35 Dirhem und einen Ring betragen. Er arbeitet nur 3 Tage und empfängt den Ring. Welches ist der Werth des Ringes?* Ein ähnliches Beispiel steht in der byzantinischen Aufgabensammlung aus dem 14. Jahrhundert. Hier sind als Monatslohn 17 Trikephalia und ein goldner Ring vereinbart. Der Mann arbeitet aber nur 9 Tage und erhält dafür den Ring als Lohn. Gefragt ist, wieviele Trikephalia der Ring wert ist [BR; 114 f., Nr. 95]. **Abraham ben Ezra** [54] bringt ebenfalls ein Beispiel mit den Zahlen 9 und 17, aber in umgekehrter Anordnung. Hier nämlich soll Simon 17 Tage für 11 Paschute (Geld) arbeiten. Er arbeitet aber nur 9 Tage. Wieviel Paschute bekommt Simon? Vergleiche hierzu [BR; 158].

Zusammenstellung der Beispiele

Araber:
al-Karağī [1; **3**, 14], ähnlich in [Woepcke 1; 77, Nr. 22]: Monatslohn in Geld und ein Ring;
Ṭabarī [2; 112, Nr. 22]: Monatslohn in Geld und ein Ring;
al-Kāšī [221, Nr. 8]: Monatslohn in Geld und ein Kleid.

Byzanz:
Rechenbuch aus dem 14. Jh. [BR; 114 f., Nr. 95]: Monatslohn in Geld und ein Ring.

Abendland:
Leonardo von Pisa [1; **1**, 186 f., 324 f.]: *in obsequio* (kompliziertere Fassung);
Cod. Lucca 1754 [33]: Geld und Rock *(robba)*;
Paolo Dagomari [1; 56, Nr. 58]: Geld und Rock *(ghonella)*;
Algorismus Ratisbonensis [AR; 60, Nr. 101]: Geld und Rock;
Piero della Francesca [107]: Geld und Pferd, Geld und Kleid;
Clm 15558 [Vogel 17; 44, Nr. 11]: Geld und Tuch zu einem Rock;
Luca Pacioli [a; 194^r, Nr. 1–3]: Geld und ein Kleidungsstück, Geld und Pferd, Geld und Handgeld *(caparone)*;
Pellos [39^r f.]: Geld und Mantel;

Huswirt [34, Nr. 12]: Geld und ein Kleidungsstück;
Widman [96r f.]: Geld und Rock;
Ghaligai [66v, Nr. 28]: Geld und Kapuzenmantel *(cappa)*;
Rudolff [1; O 3r f., Nr. 146]: Geld und Rock;
Buteo [217, Nr. 18]: Geld und Kleidungsstück;
Gehrl [141]: Geld und Kleid.

4.2.1.5.4 Der faule Arbeiter (Der Arbeiter im Weinberg)

Bei diesem Problem ist ein Tageslohn vereinbart; erscheint der Arbeiter nicht zur Arbeit, so muß er einen bestimmten Betrag pro Tag zurückbezahlen. Wiederum bringt bereits **al-Karağī** derartige Beispiele [Woepcke 1; 83, Nr. 12–14], hier Nr. 12: *Ein Taglöhner erhält 10 Dirhem im Monat, wenn er arbeitet. Wenn er aber nicht arbeitet, muß er 6 Dirhem pro Monat bezahlen. Es ist ein Monat vergangen, derart, daß er keinen Lohn erhält, aber auch nichts bezahlen muß. Wieviele Tage hat er gearbeitet?*

Zusammenstellung der Beispiele

Araber:
al-Karağī [Woepcke 1; 83, Nr. 12–14] (siehe oben);
Ṭabarī [2; 113, Nr. 23].

Byzanz:
Aufgabensammlung aus dem 14. Jh. [BR; 68 f., Nr. 51];
Aufgabensammlung aus dem 15. Jh. [Hunger/Vogel; 56–59, Nr. 73, 74].

Abendland:
Leonardo von Pisa [1; **1**, 160 f., **2**, 323 f.]: *De laboratore laborante in quodam opere;*
Columbia-Algorismus [Vogel 24; 85 ff., Nr. 64, 65];
Cod. Lucca 1754 [34];
Clm 14908 [Curtze 1; 41, Nr. 2];
Algorismus Ratisbonensis [AR; 86, Nr. 183]: Arbeiter im Weingarten;
Cod. Dresden C 80 [Wappler 1; 19];
Bamberger Rechenbuch von 1483 [46v]: *Von taglon oder arbeytt* (Arbeiter im Weingarten);
Piero della Francesca [64, 99];
P. M. Calandri [88];
Borghi [111v f.];
Chuquet [2; 428 f., Nr. 51, 52];
Widman [95v f.];
Luca Pacioli [a; 99r, Nr. 11];
Rudolff [1; O 2r f., Nr. 142];
Ries [3; 60v], [1; 45, 54 f., Nr. 36, 37, 110];
Bombelli [3; 519, Nr. 28];
Tartaglia [1; **1**, 275r f., Nr. 38, 39].

4.2.1.5.5 Wieviel Uhr ist es?

Schon in der griechischen Anthologie sind mehrere Beispiele dieses Aufgabentyps aufgezeichnet, z.B. Epi. XIV, 139: *Krone der Uhrmacher du, Diodoros, sag mir die Stunden, seit das goldene Rad der Sonne im Osten zum Himmel auf sich geschwungen. – „Errechne drei Fünftel des jetzigen Ablaufs, viermal so viel noch verbleibt, bis die Sonne ins Westmeer hinabsinkt.“* Hier wird also nach den verflossenen Tagesstunden gefragt, wenn es bis zum Sonnenuntergang $4 \cdot \frac{3}{5}$ der verflossenen Zeit ist, also $x + 4 \cdot \frac{3}{5} x = 12$.

Zusammenstellung der Beispiele:

Griechische Anthologie [XIV, 6, 139–142].

Araber:
al-Karağī [Woepcke 1; 81, Nr. 48, 49];
Ṭabarī [2; 118 f., Nr. 29, 30];
Bahā' al-Dīn [53, Nr. 8].

Abendland:
Clm 14908 [Curtze 1; 47, Nr. 10];
Piero della Francesca [66];
Luca Pacioli [a; 105r, Nr. 8];
Widman [160v f.];
Grammateus [1; H 3v];
Ghaligai [66v, Nr. 30];
Ries [3; 69r] (= Grammateus), [1; 55, Nr. 116];
Stifel [2; 40r] (= Grammateus);
Tartaglia [1; **1**, 265r, Nr. 204] (= Luca Pacioli), [1; **1**, 269r f., Nr. 11, 12];
Trenchant [1; 180 f., Nr. 8];
Gehrl [113].

4.2.2 Lineare Probleme mit mehreren Unbekannten

Probleme 1. Grades mit mehreren Unbekannten kommen schon in der Antike vor (s. S. 388–398). Meist sind sie eingekleidet, doch manchmal kommen auch reine Zahlenprobleme vor, wie bei dem *Epanthem des Thymaridas* (s. S. 391 f.) oder vor allem bei **Diophant** (s. S. 393–396), nach deren Muster man wieder dem täglichen Leben entnommene Aufgaben lösen konnte. Vielleicht haben auch diese erst zu einer theoretischen Behandlung wie bei **Diophant** geführt. So könnte bei folgendem Epigramm aus der griechischen Anthologie die Lösung mit der Regel des **Thymaridas** gewonnen worden sein [XIV, 49]: *Schmied' einen Kranz mir, du Künstler! Nimm Gold und Kupfer zur Mischung, gieß auch Zinn noch hinzu und hartes Eisen! Denn sechzig Minen wiege der Kranz: Das Gold mit dem Kupfer zusammen wiege zwei Drittel vom Ganzen; das Gold mit dem Zinne zusammen wiege drei Viertel davon; das Gold mit dem Eisen hinwieder wiege drei Fünftel vom Kranz. Nun sag mir genaustens, wieviel du Gold benötigst* *dazu, wieviel von dem Kupfer, wieviel du Zinn auch benötigst, und sag, wieviel Eisen brauchst du am Ende, daß ein Kranz mir ersteht von sechzig Minen zusammen.* Also:

$$\begin{aligned} x_1 + x_2 + x_3 + x_4 &= 60\,, \\ x_1 + x_2 \phantom{{}+ x_3 + x_4} &= 40\,, \\ x_1 + \phantom{x_2 +{}} x_3 \phantom{{}+ x_4} &= 45\,, \\ x_1 + \phantom{x_2 + x_3 +{}} x_4 &= 36\,. \end{aligned}$$

Die Lösungsmethode des von **Iamblichos** berichteten *Epanthem des Thymaridas* liefert: $2x_1 + 60 = 121; x_1 = 30\frac{1}{2}$, usw.

4.2.2.1 Die Zerlegung einer Zahl in zwei oder mehrere Summanden

Bei den typischen Problemen der Unterhaltungsmathematik handelt es sich meistens um eingekleidete Aufgaben. Eine Ausnahme bildet die Zerlegung einer Zahl, vor allem der Zahl 10, in zwei Teile, die ja **Diophant** im 1. Buch ausführlich behandelt (s. S. 393–396 und 570), was aber bei ihm und weiterhin auch auf nicht lineare Probleme ausgedehnt wird.

Beispiele:

Araber:

al-Ḫwārizmī [5; 37 f., Nr. 3]: $x + y = 10, \frac{x}{y} = 4$;

Abū Kāmil [1; 86, Nr. 3]: $x + y = 10, \frac{x}{y} = 4$;

al-Karağī [Woepcke 1; 92, Nr. 11]: $x + y = 10, \frac{x}{y} = \frac{2}{3}$;

Bahā' al-Dīn [48 f., Nr. 2]: $x + y = 10, x - y = 5$.

Byzanz:

griechische Anthologie [XIV, 11, 13];

Pachymeres in seiner Paraphrase zu **Diophant** [Diophant 1; 2, 85–98], [Pachymeres; 50 ff.];

Aufgabensammlung aus dem 14. Jh. [BR; 44 f., Nr. 26]: $x + y = 10, \frac{x}{3} = \frac{y}{5}$;

Elia Misrachi [59, Nr. 70]: $x + y = 10, \frac{x}{y} = 6$ bzw. 7;

Abendland:

Leonardo von Pisa [1; **1**, 410–442] (darin sind auch viele nicht lineare Probleme enthalten);

Cod. Lucca 1754 [112, 175, 195]: $x + y = 10, \frac{x}{y} = 5$ bzw. 6 bzw. 100;

Paolo Dagomari [1; 58, 60, Nr. 61, 64]: $x + y = 20, x = 10y$ und $x + y + z = 30$, $3x = 4y = 6z$;

Columbia-Algorismus [Vogel 24; 35, 99, Nr. 6, 78]:

$$x + y = 20,\ \frac{x}{y} = 100;\ x + y = 19,\ \frac{3}{4}x = \frac{2}{3}y;$$

Algorismus Ratisbonensis [AR; 72, Nr. 149–151]:

$$x + y = 7,\ \frac{x}{y} = 100;\ x + y = 8,\ \frac{x}{y} = 4;\ x + y = 2\frac{1}{2},\ \frac{x}{y} = 3\frac{1}{3};$$

Clm 14908 [Curtze 1; 52 f.]: $x + y = 10,\ \frac{x}{y} = 5$;

Piero della Francesca [92–95];
P. M. Calandri [89, 92]: $x + y = 10,\ 2x = 3y;\ x + y + z = 18,\ 15x = 6y = 10z$;

Cod. Dresden C 80 [Wappler 1; 16 f.] $x + y = 10,\ \frac{x}{y} = 5$ bzw. 6 bzw. 10 bzw. 1 000;

$x + y = 10,\ x - y = 2$ bzw. $\frac{1}{5}$ bzw. . .
Chuquet [1; 635–638];

Widman [37ʳ f.]: $x + y = 15,\ \frac{x}{y} = 19;\ x + y = 3,\ \frac{x}{y} = 60;\ x + y = 15,\ \frac{x}{4} = \frac{y}{3}$;

Pellos [49ᵛ f., Nr. 15, 16]: $x + y = 10,\ 9x = 11y;\ x + y = 10,\ \frac{x}{y} = 29$;

Ghaligai [57ᵛ, Nr. 4]: $x + y = 10,\ \frac{x}{y} = 4$;

Rudolff [1; H 8ᵛ, Nr. 9]: $x + y = 20,\ \frac{x}{8} + \frac{y}{3} = 5$;

Ries [1; 41 ff., Nr. 1–10];
Cardano [2; 154 = Cap. 66, Nr. 62];
Tartaglia [1; **1**, 266ʳ f., Nr. 1].

Von den anderen Standardtypen der Unterhaltungsmathematik, die auf Gleichungen mit mehreren Unbekannten führen, sind folgende besonders häufig anzutreffen:

4.2.2.2 Die gefundene Börse

Mahāvīra bringt hierzu folgendes Beispiel [155, Nr. 236–237]: *3 Kaufleute sahen auf dem Weg eine Geldbörse. Einer von ihnen sagte zu den anderen: ,Wenn ich diese Börse behalte, so werde ich zweimal so reich sein wie ihr beide zusammen mit dem Geld, das ihr in der Hand habt!' Da sagte der zweite von ihnen: ,Ich werde dreimal so reich sein!' Dann sagte der dritte: ,Ich werde fünfmal so reich sein!' Wieviel Geld ist in der Börse und wieviel Geld hatte anfänglich jeder Kaufmann?*, also:

$$x + p = 2(y + z)$$
$$y + p = 3(x + z)$$
$$z + p = 5(x + y).$$

Dieser Aufgabentyp kann wie das *Epanthem des Thymaridas* bei **Iamblichos** gelöst werden, doch wurde die Lösung oft anders ermittelt. **Mahāvīra** bringt noch mehrere Beispiele mit 2, 3 und 4 Personen. Manchmal werden auch nicht der ganze Inhalt der Börse, sondern nur bestimmte Bruchteile davon zu dem jeweiligen Besitz der Kaufleute addiert, also:

$$x + \frac{1}{a} p = (y + ...) \text{ usw.}$$

Diese Gruppe von Aufgaben findet sich auch bei den Arabern und in Byzanz. Im Abendland wird sie bereits von **Leonardo von Pisa** in dem Kapitel *De inventione bursarum* in mannigfaltiger Weise behandelt. Bei ihm treten bis zu 5 Personen auf; auch werden bei ihm in einigen Aufgaben sogar mehrere verschiedene Börsen gefunden. Wie die folgende Zusammenstellung zeigt, ist dieser Aufgabentyp der gefundenen Börse auch später im Abendland noch in vielen Rechenbüchern vertreten.

Zusammenstellung der Beispiele

Inder:

Mahāvīra [155–158, Nr. 236–250 $\frac{1}{2}$].

Araber:

Ṭabarī [2; 129, Nr. 46];
ibn Badr [109, Nr. 3].

Byzanz:

Aufgabensammlung aus dem 14. Jh. [BR; 84–87, Nr. 61].

Abendland:

Leonardo von Pisa [1; **1**, 212–228]: *De inventione bursarum;*
Columbia-Algorismus [Vogel 24; 117 f., Nr. 105];
Cod. Lucca 1754 [139];
Paolo Dagomari [1; 100, Nr. 125];
Algorismus Ratisbonensis [AR; 63 f., 76, 105, Nr. 113, 159, 227];
Treviso-Arithmetik [56^r f.], vgl. [D. E. Smith 5; 331] (mit nur einer Unbekannten, einfache Hau-Rechnung);
Chuquet [2; 435 f., Nr. 82];
P. M. Calandri [181–183, Cap. 22];
F. Calandri [2; i 5^v];
Luca Pacioli [a; 190^v f., Nr. 18–20];
Ghaligai [101^r f., Nr. 13–16];
Ries [1; 45, Nr. 45];
Cataneo [54^r];
Bombelli [3; 517 f., Nr. 40, 41];
Tartaglia [1; **1**, 241^v, Nr. 18 und 242^v–244^v, Nr. 24–35];
Clavius [2; 199 f., Nr. 22, 23].

4.2.2.3 Einer allein kann nicht kaufen (Pferdekauf)

Zwei oder mehrere Personen wollen hier ein Pferd, ein Haus oder einen Stoff etc. kaufen. Da nun keiner genügend Geld hat, um allein kaufen zu können, bittet jeder die anderen Personen um einen entsprechenden Teil ihres Geldes. Diese Problemgruppe steht vom algebraischen Sachverhalt her in engstem Zusammenhang mit der „gefundenen Börse". Das stellt z.B. **Luca Pacioli** mit folgenden Worten fest: *comprare un cavallo o vero trovano una borsa* [a; 190^v, Nr. 18].

Häufig führen diese Aufgaben im Falle von 3 Unbekannten auf die Gleichungen:

$$\frac{x}{a} + y + z = x + \frac{y}{b} + z = x + y + \frac{z}{c} = s\,;$$

in der mathematischen Literatur kommt sowohl der unbestimmte Fall (s unbekannt) als auch der bestimmte Fall vor. Ein solches bestimmtes Problem ist uns bereits aus dem alten China überliefert, wo im Chiu Chang Suan Shu folgende Aufgabe steht [3; 87 = VIII, Nr. 12]: *Ein starkes Pferd einzeln genommen, 2 mittlere Pferde ⟨und⟩ 3 schwache Pferde ⟨können einzeln⟩ alle ⟨eine Last von⟩ 40 Stein ziehen. Sie kommen an einen Bergabhang, ⟨den sie⟩ alle nicht hinauf⟨fahren⟩ können. Wenn ⟨man sich zu dem⟩ starken Pferd 1 mittleres borgt ⟨oder zu den⟩ mittleren ⟨2⟩ Pferden 1 schwaches Pferd borgt ⟨oder zu den 3⟩ schwachen Pferden 1 starkes Pferd borgt, dann ⟨kommen sie⟩ alle hinauf. Frage: Wie groß ⟨ist⟩ die Zugkraft von jedem starken, mittleren ⟨und⟩ schwachen Pferd?* Bei den Indern ist dieser Aufgabentyp nicht nachweisbar [AR; 219], dagegen trifft man derartige Aufgaben wieder bei den Arabern, in Byzanz und im Abendland an. Als ein für das Mittelalter typisches Beispiel sei eine Aufgabe von **al-Karaǧī** hier angeführt [1; **3**, 16]: *Drei Personen sind beim Verkaufe eines Zugthieres. zugegen. Der Erste sagt zu den beiden Andern: Gebt mir ein Drittel von dem, was Ihr Beide bei Euch habt, so habe ich dann 100 Dirhem, nämlich den Preis des Zugthieres. Hierauf sagt der Zweite: Gebt mir ein Viertel von dem, was Ihr Beide bei Euch habt, dann habe ich 100 Dirhem. Endlich sagt der Dritte: Gebt mir ein Fünftel von dem, was Ihr bei Euch habt, so habe ich 100 Dirhem.* In mittelalterlichen Handschriften des Abendlandes treten bevorzugt Aufgaben auf, die auf folgende spezielle Gleichungen führen:

$$\frac{y+z}{2} + x = \frac{x+z}{3} + y = \frac{x+y}{4} + z = c\;(= 34)$$

vergleiche hierzu [Folkerts 2; 68 f.].

Zusammenstellung der Beispiele

China:

Chiu Chang Suan Shu [3; 87 = VIII, Nr. 12, 13] (Nr. 12 siehe oben; Nr. 13): 5 Familien haben gemeinsam einen Brunnen, in den mehrere Seile einzeln nicht hinunterreichen.

Araber:

Qusṭā b. Lūqā, ibn al-Haiṯam [Wiedemann 4]: ḥisāb al-talāqī (= Rechnung des Begegnens);
al-Karaǧī [Woepcke 1; 77, Nr. 26] (ohne Text) und [1; **3**, 16] (siehe oben);
Ṭabarī [133 f., 150 f., Nr. 52, 13]: Pferdekauf;
ibn Badr [107]: Kauf von Stoff;
al-Kāšī [236, Nr. 21]: Pferdekauf;
Bahā' al-Dīn [51 f., Nr. 6]: Pferdekauf.

Byzanz:

Aufgabensammlung aus dem 14. Jh. [BR; 26–29, 66, 69, 72–83, 130 f., Nr. 6–8, 50, 55, 58, 114];
Nikolaos Rhabdas [162–167, Nr. 8]: Kauf eines Diamanten;
Elia Misrachi [48 f., Nr. 35, 36]: Kauf eines Fisches.

Abendland:

Leonardo von Pisa [1; **1**, 228–243]: *De emptione equorum inter consocios,* siehe auch [Vogel 9];
Jordanus Nemorarius [2; 61 f., Nr. 17, 18] (ohne Einkleidung);
Columbia-Algorismus [Vogel 24; 118 f., Nr. 106, 107]: Pferdekauf;
Cod. Lucca 1754 [131 ff.]: Pferdekauf;
Paolo Dagomari [1; 42 f., Nr. 46]: *comprare una chaxa;*
Levi ben Gerson [36–40] (ohne Einkleidung);
Clm 14684 [Curtze 3; 80, Nr. 17]: Kauf eines Sperbers;
Clm 14908 [Curtze 1; 37 f., 45 f., 70 f.]: Pferdekauf, Kauf eines Sperbers, eines Schiffes, von Stoff;
Algorismus Ratisbonensis [AR; 171 ff., 218 f.];
Piero della Francesca [62, 64 f., 72, 100 ff.];
Cod. Dresden C 80 [Wappler 1; 19]: *equum emere;*
Widman [136^r f.]: *pferd kauffen;*
P. M. Calandri [168–171, Cap. 20]: Pferdekauf;
F. Calandri [2; i 6^v]: Kauf eines Neunauges;
Pellos [64^r f.]: Pferdekauf;
Luca Pacioli [a; 192^v, Nr. 27]: Pferdekauf;
Initius Algebras [569]: Pferdekauf;
Rudolff [1; N 2^v–N 4^v, O 1^v]: Pferdekauf, Hauskauf;
Ries [1; 44 f., 47, 56, 58, 61, Nr. 31, 48, 120–122, 126, 143];
Cataneo [53^v]: Pferdekauf;
Tartaglia [1; **1**, 248^v f., Nr. 78, 82, 83; 250^v, Nr. 93 und 269^v, Nr. 14]: Pferdekauf, Hauskauf;
Bombelli [3; 518, Nr. 19];
Euler [5; 2. Teil, 1. Abschn., § 57]: Hauskauf.

4.2.2.4 Geben und Nehmen

Bei dieser Problemgruppe beseitzen zwei oder mehrere Personen eine bestimmte Geldsumme. Jeder verlangt von dem einen oder den anderen einen bestimmten Betrag und gibt an, wie sich nun die jeweiligen Geldsummen zueinander verhalten. Das entspricht dem Gleichungssystem

$$\begin{aligned} x + a &= m(y - a)\,, \\ y + b &= n(x - b) \end{aligned} \qquad \text{bzw.} \qquad \sum_{i=1}^{k} x_i + a_j = m_j \left(\sum_{i=k+j}^{n} x_i - a_j \right), \quad j = 1, \ldots, n\,.$$

Aufgaben dieser Art treten bereits in China auf, so im Chiu Chang Suan Shu [3; 86 = VIII, Nr. 10]: *Die 2 Leute A ⟨und⟩ B haben Geld bei sich; man kennt seine Anzahl nicht. Erhält A die Hälfte von ⟨dem, was⟩ B ⟨hat⟩, dann ⟨sind es⟩ 50 Geldstücke. Erhält B* $\frac{2}{3}$ *von ⟨dem, was⟩ A ⟨hat⟩, dann ⟨sind es⟩ ebenfalls 50 Geldstücke. Frage: Wieviel Geldstücke hat jeder, der A ⟨und⟩ der B?.*

Neben einigen Beispielen bei den Indern und Arabern ist dieser Aufgabentyp vor allem in spätgriechischen Beispielen überliefert wie in der griechischen Anthologie [XIV, Nr. 145, 146]. Besonders bekannt ist hierbei die sog. Aufgabe „Euklids", bei der ein Maultier und ein Esel die Verteilung ihrer Lasten mit folgenden Worten beschreiben [Diophant 1; **2**, X]: *Wenn du mir eine Maßeinheit gibst, dann trage ich doppelt so viel wie du. Wenn dagegen du eine entgegennimmst, dann wirst du ganz die Gleichheit bewahren.* Also:

$$\begin{aligned} x + 1 &= 2\,(y - 1) \\ y + 1 &= x - 1\,. \end{aligned}$$

Die Aufgaben „Geben und Nehmen" spielen auch im Abendland eine große Rolle. Hier erscheinen bereits bei **Leonardo von Pisa** in dem Kapitel *De duobus hominibus qui habent denarios, ex quibus unus petit alteri aliquam quantitatem et proponit excedere eum in aliqua proportione* eine ganze Anzahl davon. Später werden diese Beispiele auch auf 3 und mehr Personen erweitert, so bringt **Chuquet** ein Beispiel mit 5 Personen [2; 434 f., Nr. 79]: *Wenn die drei ersten 7 d der beiden anderen haben, so haben sie das doppelte des Restes. Und wenn der 2., 3. und 4. 8 d der beiden anderen haben, haben sie das dreifache des Restes* . . . usw. also:

$$\begin{aligned} x + y + z + 7 &= 2\,(u + v - 7) \\ y + z + u + 8 &= 3\,(x + v - 8) \\ z + u + v + 9 &= 4\,(x + y - 9) \\ u + v + x + 10 &= 5\,(y + z - 10) \\ v + x + y + 11 &= 6\,(z + u - 11)\,. \end{aligned}$$

Schließlich geben auch **Clavius** und **Euler** wiederum ein Beispiel, ähnlich der Aufgabe des „Euklid".

Beispiele

China:

Chiu Chang Suan Shu [3; 86 = VIII, Nr. 10];
Chang Ch'iu-chien [51 f., Nr. 13, 14].

Inder:

Bhāskara II [3; 191, Nr. 106].

Araber:

Abū al-Wafā' [Saidan 3; 363 ff. = VII, 7, Frage 3];
al-Karağī [1; **3**, 15 f.], [Woepcke 1; 90, 139 ff.];
Ṭabarī [2; 145 f., Nr. 7];
ibn Badr [105–114].

Byzanz:

griechische Anthologie [XIV, 145, 146];
Aufgabe „Euklids" [Diophant 1; **2**, X];
Aufgabensammlung aus dem 14. Jh. [BR; 64–67, 94–97, Nr. 48, 72];
Nikolaos Rhabdas [158–161, Nr. 5];
Elia Misrachi [44, Nr. 15].

Abendland:

„**Alcuin**" [Sp. 1149, Nr. 16], in der mittelalterlichen Klosterliteratur [Folkerts 2; 67 f.];
Liber augmenti et diminutionis [„Abraham"; 345–357]: *Capitulum obviationis;*
Leonardo von Pisa [1; **1**, 190–203];
Cod. Lucca 1754 [66–71, 137 ff.];
Columbia-Algorismus [Vogel 24; 113–117, Nr. 100–104];
Paolo Dagomari [1; 63 f., 100 f., Nr. 69, 126];
Clm 14684 [Curtze 3; 80, Nr. 15];
Clm 8951 [Vogel 17; 49 f., Nr. 3, 6];
Clm 14908 [Curtze 1; 43, 58, 69 f., 71 f.];
Algorismus Ratisbonensis [AR; 70 f., 102, 146 f., Nr. 138–147, 220, 334, 336];
Cod. Dresden C 80 [Wappler 1; 18 f.];
Chuquet [2; 430–435, Nr. 57–81];
Borghi [113^{v}–116^{v}];
Widman [81^{r} f.];
P. M. Calandri [153–157, Cap. 17];
F. Calandri [2; i 5^{v}];
Piero della Francesca [70 ff., 95 f., 98 f., 103 f., 105];
Pellos [70^{v} f.];
Luca Pacioli [a; 188^{r}–193^{v}];
Böschensteyn [E 3^{v}];
Ghaligai [98^{r}–101^{r}];
Rudolff [1; N 7^{r}–O 1^{v}, Nr. 132–139];
Ries [1; 44, Nr. 25–30], [3; 62^{v} f.];
Cataneo [51^{v} f.];
Scheybl [2; 159];
Tartaglia [1; **1**, 242^{r} f., Nr. 20–23; 268^{v}, Nr. 8; 169^{v}, Nr. 13; 273^{v}–275^{v}, Nr. 32, 35, 40, 41];
Bombelli [3; 518, Nr. 62, 96, 140];
Clavius [4; 382 f.]: Esel und Maultier;
Euler [5; 2. Teil, 1. Abschn., § 50]: Esel und Maultier.

4.2.2.5 2 Becher und 1 Deckel

Diese Art der Einkleidung tritt erst im Abendland auf und kann vor dem Algorismus Ratisbonensis nicht nachgewiesen werden [AR; 218]. Das Problem „2 Becher und 1 Deckel" entspricht der Aufgabe der „gefundenen Börse" bei zwei Personen; dabei handelt es sich darum, daß ein Deckel vom Gewicht p zuerst mit einem Becher vom Gewicht x und dann mit einem Becher vom Gewicht y gewogen wird. Nun ist das Problem entweder bestimmt, dann ist p oder x gegeben oder aber es ist unbestimmt. Dies ist z.B. im Algorismus Ratisbonensis der Fall [AR; 51, Nr. 78]: *Es sind 2 Becher, zwischen ihnen liegt ein Deckel; wenn man den Deckel auf den ersten Becher legt, so wird er 9mal mehr wiegen als der zweite Becher. Wenn man ihn aber auf den zweiten Becher legt, so wird er 7mal soviel wiegen wie der erste Becher. Es wird gefragt, wieviel der zwischen den beiden ⟨Bechern⟩ liegende Deckel wiegt?.*

Das angegebene Lösungsrezept entspricht folgenden Gleichungen:

$$x + p = ay$$
$$y + p = bx\,.$$

Daraus folgt $(a + 1)\,p = (ab - 1)\,x$;

daraus wird berechnet $p = ab - 1$
$x = a + 1$;

Es lautet: *man multipliziere 9 und 7, gibt 63, von dem ziehe man eine Einheit ab* ⟨$a = 7, b = 6; p = ab - 1 = 63 - 1 = 62$⟩ und *zähle diese Einheit zu 7, ergibt 8* ⟨$x = a + 1 = 8$⟩.

Zusammenstellung der Beispiele

Algorismus Ratisbonensis [AR; 51, Nr. 78]:
unbestimmt; $x + p = 9\,y$,
$y + p = 7\,x$;

Widman [98^v] (s. Abb. 119):
unbestimmt; $x + p = 9\,y$,
$y + p = 7\,x$;

Abbildung 119.
Zwei Becher und ein Deckel [Widman; 98^v].

Ries [1; 47, Nr. 52]:
$p = 13$; $x + p = 5\,y$,
$y + p = 7\,x$;

[1; 59, Nr. 132]:
$p = 6$; $x + p = 2\,y$,
$y + p = 5\,x$;

Rudolff [1; K 8^v ff.], Nr. 68:	p = 16;	$x + p = 4y$, $y + p = 3x$;
Nr. 69:	x = 12;	$x + p = 2y$, $y + p = 3x$;
Nr. 70:	unbestimmt;	$x + p = 9y$, $y + p = 7x$;
[1; Q 8^r f.], Nr. 206:	unbestimmt;	$x + p = 3y$, $y + p = 4x$;
Gemma; Frisius [72]:	p = 16;	$x + p = 4y$, $y + p = 3x$;
Initius Algebras [570]:	p = 16;	$x + p = 5y$, $y + p = 8x$;
Trenchant [1; 181 f., Nr. 9]:	p = 5;	$x + p = 2y$, $y + p = 3x$;
Clavius [3; 253 f.], Nr. 13:	p = 150;	$x + p = 3y$, $y + p = \quad x$;
Nr. 14:	p = 100;	$x + p = 3y$, $y + p = 2x$;
Euler [5; 2. Teil, 1. Abschn.; § 39]:	x = 12;	$x + p = 2y$, $y + p = 3x$.

4.2.2.6 Das Problem der 100 Vögel und die Zechenaufgaben

Erstmals erscheint ein derartiges Problem in der chinesischen Mathematik und zwar bei **Chang Ch'iu-chien** um 485 n.Chr. [59 f., Nr. 38], vgl. auch [N; **3**, 121 f.] und [Libbrecht; 276 ff.]. *Ein Hahn kostet 5 sapeks, eine Henne 3 sapeks und 3 Kücken 1 sapek. Wieviele Hähne, Hennen und Kücken, insgesamt 100, kosten zusammen 100 sapeks?* Aufgaben dieser Art stehen, mathematisch gesehen, in engem Zusammenhang mit den Mischungsaufgaben (s.S. 569); sie entsprechen dem dort angegebenen Gleichungstyp (2) in der Form:

$$ax + by + cz = d(= 100)\,,$$
$$x + y + z = d(= 100)\,.$$

Es handelt sich also um unbestimmte Probleme, bei denen die Lösung, wie aus der Formulierung der Aufgaben hervorgeht, ganzzahlig sein muß. Bereits **Chang Ch'iu-Chien** gibt 3 Lösungen für seine Aufgabe an:

1.	4 Hähne	18 Hennen	78 Kücken,
2.	8 Hähne	11 Hennen	81 Kücken,
3.	12 Hähne	4 Hennen	84 Kücken.

Nach China, wo dieses „Problem der 100 Vögel" auch noch bei mehreren späteren Autoren auftaucht [Vanhée 2; 203 ff.], [Libbrecht; 278 ff.], erscheint es in Indien bei **Mahāvīra** und **Bhāskara II**; bei ihnen sind es 4 verschiedene Sorten von Vögeln. Von Indien geht es Überlieferung weiter an die Araber. **Abū Kāmil** gibt beispielsweise für Aufgaben mit 4 Unbekannten nicht weniger als 98 bzw. 304 Lösungen an, mit 5 Unbekannten sogar 2676 [3; 103–107, 108–111], siehe hierzu auch S. 399 f. Der Perser **Ṭabarī** dagegen behandelt nur das bestimmte Problem [2; 110 f., Nr. 20]. Schließlich gelangt das „Problem der 100 Vögel" nach Byzanz und ins Abendland, **Leonardo von Pisa** bringt es unter dem Titel *De homine qui emit aves triginta trium generum pro denariis 30* [1; **1**, 165]. **Tartaglia** im 16. Jahrhundert fordert ausdrücklich die Ganzzahligkeit der Lösungen [1; **1**, 254^r, Nr. 118], die vor ihm nur stillschweigend vorausgesetzt war.

Doch noch weit häufiger kommt dieses Problem im Abendland in einer anderen Einkleidung als sog. „Zechenaufgabe" vor. Hier sitzen mehrere Personengruppen in einem Wirtshaus, wobei das zur Verfügung stehende Geld in einer bestimmten Rangordnung zu verteilen ist. Zechenaufgaben treten auch mit nur 2 Unbekannten als bestimmte Probleme auf. So überliefert z.B. **Adam Ries** unter dem Titel *Regula Cecis oder Virginum* beide Arten [3; 69^r–70^v]: *Item 21 Personen / Männer vnd Frauwen / haben vertruncken 81 d. ein Mann sol geben 5 d vnd eine Frauw 3 d. Nun frag ich wie viel jeglicher in sonderheit gewesen seind* / bzw. *Item 20 Personen / Männer / Frauwen / vnd Jungfrauwen / haben vertruncken 20 d. ein Mann gibt 3 d ein Frauw 2 d vnd ein Jungfrauw ein hlr. wie viel seind jeder Person gewesen?* Wie **Ries** sprechen auch **Apian** [H 8^r] bzw. **Gehrl** [109] von *Regula Virginum, die etlich nennen Cecis* bzw. *Regula Caecis / So auch Virginum genandt wird.* Die Herkunft des Namens *Zeche, Cecis Coecis* usw. ist umstritten, siehe hierzu [Eneström 1 und 2], [Carra de Vaux 1].

In übersichtlicher Weise zusammengefaßt und mathematisch behandelt erscheinen das „Problem der 100 Vögel" und die Zechenaufgaben bei **Leonhard Euler** unter der Überschrift *Von der sogenannten Regel-Coeci wo aus zwei Gleichungen drey oder mehr unbekante Zahlen bestimmt werden sollen* [5; 2. Teil, 2. Abschn., 2. Kap.].

Zusammenstellung der Beispiele

China:

Chang Ch'iu-chien [59 f., Nr. 38]: Hähne, Hennen, Kücken (siehe oben).

Inder:

Mahāvīra [132 f., Nr. 147 $\frac{1}{2}$ – 149]: Tauben, Pfauen Schwäne, sārasa-Vögel;
Śrīdhara [4; 50 f.]: Tauben, Kraniche, Schwäne, Pfauen;
Bakhṣālī-Manuskript [42, Nr. 80];
Bhāskara II [3; 233 ff., Nr. 158–159]: Tauben, sārasa-Vögel, Gänse, Pfauen.

Araber:

Abū Kāmil [3];
Ṭabarī [2; 110 f. = IV, Nr. 20]; Kühe, Schafe, Hühner;
al-Kāšī [231; Nr. 19]: Enten, Sperlinge, Hühner.

Byzanz:

Aufgabensammlung aus dem 15. Jh. [Hunger/Vogel; 44–47, Nr. 53–56]: Tauben, Turteltauben und Sperlinge.

Abendland:

„**Alcuin**" [Sp. 1 145 f., Nr. 5]: De emptore denariorum (Schweine, Mutterschweine, Ferkel), [Sp. 1 154, Nr. 32–34]: Pater familias, Frauen und Kinder;
[Sp. 1 156, Nr. 38]: *De quodam emptore in animalibus centum* (Pferd, Rind, Schaf);
[Sp. 1 156, Nr. 39]: *De quodam emptore in oriente* (Kamel, Esel, Schaf);
„**Alcuin**" [Sp. 1 158, Nr. 47]: Presbyter, Diakon, Lektor;
Leonardo von Pisa [1; **1**, 165 f.]: Rebhühner, Tauben, Spatzen, Turteltauben;
Annales Stadenses [334]: Gänse, Enten, Gartengrasmücken;
lateinische Anthologie [Hagen; 29 f.]: zur Datierung siehe [Anthologia Latina; **2**, XLII f.], Rebhühner, Gänse und Enten; Geistliche, Bauern, Soldaten;
Cod. Lucca 1754 [34 f., 35 f., 135 f.]: Drosseln, Lerchen und Spatzen; Rinder, Schweine und Schafe; Tauben, Gänse und Spatzen;
Paolo Dagomari [1; 150, Nr. 190]: Drosseln, Lerchen, Spatzen;
Clm 14684 [Curtze 3; 78 f., Nr. 4, 11, 12]: Vögel; Soldaten, Fußgänger und Mädchen; Soldaten, Kleriker, Mädchen und Fußgänger;
Clm 8951 [Vogel 17; 51, Nr. 8]: Vögel;
Clm 14908 [Curtze 1; 36 f., 40]: Soldaten, Bürger und Frauen; Enten, Hühner und Tauben; Männer, Frauen und Jungfrauen;
Regiomontan [3; 296, Nr. 8]: Fasanen, Rebhühner und Tauben;
Algorismus Ratisbonensis [AR; 40, 66 f.], Nr. 45: Nüsse, Birnen und Äpfel;
Nr. 119: Ochsen, Kühe und Schafe;
Nr. 120: Ochsen, Schafe, Geißen;
Nr. 121: Ritter, Knechte und Jungfrauen;
Nr. 122: Ritter, Pfaffen, Knechte, Jungfrauen;
Nr. 123–125: Männer, Frauen und Kinder;
Nr. 126: Pferde, Ochsen, Schafe;
Wolack [51]: Männer, Frauen, Jungfrauen;
Piero della Francesca [69 f.]: Perlen, Rubine, Saphire, balasci;
F. Calandri [2; m 6^v]: Lerchen, Drosseln, Spatzen; Pfauen, Fasane, Rebhühner;
Luca Pacioli [a; 105^r f., Nr. 17, 18]: Schafe, Ziegen, Schweine, Esel; Männer, Frauen, Kinder;
Livre de getz [H 7^r, Nr. 28]: Männer, Frauen, Kinder;
Widman [109^r f.]: Schafe, Esel, Ochsen;
La Roche [216^r f.]: Männer, Frauen, Kinder; Ochsen, Schweine, Hammel;
Rudolff [2; r 8^r]: Männer, Frauen, Jungfrauen;
Apian [H 8^r–I 1^v]: Männer, Frauen, Jungfrauen;
Initius Algebras [573]: Schafe, Esel, Ochsen;
Ries [3; 69^r–71^v], siehe oben und s. Abb. 120;
Cardano [2; 145 f., = Cap. 66, Nr. 35]: Esel, Schweine, Schafe;
Buteo [274, Nr. 66]: Rebhühner, Lerchen, Wachteln, Gartengrasmücken;
Tartaglia [1; **1**, 254^r–255^v, Nr. 117–129]: allerlei Vögel und Tiere; Männer, Frauen und Kinder, die eine bestimmte Anzahl von Vögeln essen;

Adam Risen.

Vihekauff.

Item/einer hat 100. fl. dafür wil er 100. haupt Vihes kauffen / nemlich / Ochsen/ Schwein/Kälber/ vnd Geissen/ kost ein Ochs 4 fl. ein Schwein anderthalben fl. ein Kalb einen halben fl. vnd ein Geiß ein ort von einem fl. wie viel sol er jeglicher haben für die 100. fl?

Abbildung 120. „Zechenaufgabe“ [Ries 3; 71^{r}].

Gehrl [109–112]: Männer, Frauen; Tripelsöldtner, Dopelsöldtner, gemeiner Fußknecht; Schaff, Ziegen, Böck und Schwein;
Coutereels [339 ff.]: Männer, Frauen, Jungfrauen.

Zur weiteren Überlieferung im Mittelalter siehe [Folkerts 2; 65 f.], in der Neuzeit [Dickson; **2**, 77–86].

4.2.3 Aufgaben der rechnenden Geometrie

Da bei vielen Berufen des täglichen Lebens nicht nur arithmetische Aufgaben gelöst werden mußten sondern auch der Inhalt von Flächen und Körpern zu berechnen war, ist es verständlich, daß in den für den praktischen Gebrauch bestimmten Rechenbüchern auch geometrische Probleme berücksichtigt wurden. Unvollständig wäre unser Werk, so sagt der Autor einer Florentiner Handschrift [Agostino; 239], wenn es nicht auch einiges aus der Geometrie brächte: *Imperfetta parebbe lopra nostra non avendo alchune parte di geometria.* Freilich handelt es sich dabei nicht um eine beweisende Geometrie, die Lösungen werden hier nur nach bekannten Formeln rezeptmäßig („mache es so“) vorgerechnet und höchstens mit einer Probe verifiziert, wie es aus den Pseudo-Heronischen Schriften *Geometrica, Stereometrica, De mensuris* [Heron; **4**, **5**], aus der Geometrie des **Pediasimus**, aus den *Mathematici graeci minores* [Heiberg 3] und von anderen byzantinischen Autoren (vgl. hierzu [Schilbach 1]) her bekannt ist.

Bei den eingekleideten Aufgaben handelt es sich abgesehen von Anwendungen des pythagoreischen Lehrsatzes und von ähnlichen Dreiecken, um den Inhalt von Körpern in Gestalt von Getreidehaufen, um Mauern, die aus Ziegelsteinen bestimmter Größe aufgebaut werden sollen, von Kanälen, Dämmen, Baumstämmen in Kegelstumpfform und dergleichen mehr. Bei den Flächeninhalten geht es um Größe und Verteilung von Feldern. Manchmal ist die Einkleidung recht phantastisch. So wird bei „**Alcuin**" einmal gefragt, wieviele Schafe auf einem rechteckigen Feld untergebracht werden können: *De campo et ovibus in eo locandis* [Sp. 1150 f., Nr. 21]. In einem anderen Fall im Clm 14684 sind es nicht Schafe, sondern Hasen [Curtze 3; 84, Nr. 32]. Beliebt waren ferner nicht eingekleidete Aufgaben, bei denen z.B. in Dreiecke Kreise einbeschrieben oder auch Dreiecken Kreise umbeschrieben werden sollten.

Die geometrischen Probleme treten in den Rechenbüchern und Aufgabensammlungen entweder ungeordnet zwischen den arithmetischen Aufgaben eingestreut auf, oder sie sind in gesonderten Kapiteln zusammengefaßt, wie:

bei den Chinesen:
im Chiu Chang Suan Shu [3; 90–103 = IX]: Das rechtwinkelige Dreieck;

bei den Indern:
Brahmagupta [1; 295–318];
Bhāskara II [1; 58–111];

bei den Arabern:
al-Hwārizmī [5; 70–85]: Mensuration;
al-Karağī [1; **3**, 23–27]: Besonders merkwürdige Aufgaben aus der Meßkunst;
Bahā' al-Dīn [28–33]: Meßkunst;

im Abendland:
Columbia-Algorismus [Vogel 24; 132–141, 149 f., Nr. 125–140];
Piero della Francesca [169–256];
P. M. Calandri [184–196, Cap. 23];
Luca Pacioli [b]: Tractatus Geometrie;
Widman [140^r–160^r];
La Roche [220^v–230^r]: De geometrie;
Cardano [2; 195–213 = Cap. 67, 68]: De geometricis quaestionibus;
Cataneo [54^v–64^r]: Practica di Geometria.

Als Aufgaben der Unterhaltungsmathematik haben sich besonders zwei Typen herausgebildet, einmal sind dies Probleme, die Anwendungen des pythagoreischen Lehrsatzes darstellen und dann solche, in denen die Ähnlichkeit von Dreiecken verwendet wird, nämlich die Visier- und Gnomonaufgaben.

4.2.3.1 Der pythagoreische Lehrsatz in geometrischen Aufgaben

Der einfachste Fall liegt vor, wenn es sich nur um die Berechnung der Seiten eines rechtwinkligen Dreiecks handelt, z.B. bei den Babyloniern im VAT 6598 [MKT; **1**, 282]: Berechnung der Diagonalen eines Tores;

bei den Chinesen im Chiu Chang Suan Shu [3; 94 ff. = IX, Nr. 11, 12]: Berechnung der Höhe und Breite einer Türe; [3; 94 = IX, Nr. 10]: Berechnung der Breite einer Doppeltür;

in Byzanz in einer Aufgabensammlung aus dem 15. Jh. [Hunger/Vogel; 50 f., Nr. 62]: Bestimmung der Leiterlänge aus der Höhe eines Turmes und der Basisentfernung;

im Abendland im Columbia-Algorismus [Vogel 24; 137 f., Nr. 133, 134]: Berechnung der Höhe eines Turmes aus den Entfernungen eines Brunnens vom Fuß und der Spitze des Turmes bzw. Berechnung der Länge der Diagonalen aus der Höhe des Turmes und der Entfernung des Brunnens vom Turm (ebenso im Algorismus Ratisbonensis [AR; 73, 78, Nr. 154, 163], bei **P.M. Calandri** [194], **F. Calandri** [1; 171] (s. Abb. 121) und **Widman** [157^{v} f.]). **Widman** [82^{r} ff.]: zwei umgelegte Bäume stoßen mit den Gipfeln zusammen (s. Abb. 122).

Abbildung 121. Turm mit einem über den Graben gesapnnten Seil [F. Calandri 1; 85^{v}].

Abbildung 122.
Zwei umgefallene Bäume
[Widman; 83^{r}]

4.2.3.1.1 Die angelehnte Leiter

Dieses Problem findet sich bereits in dem altbabylonischen Text BM 85196 [MKT; **2**, 47 f.]. Da steht ein Balken an einer Wand, die so hoch ist wie der Balken; nun wird der Balken von der Wand weggezogen. Der Text lautet: *Ein Balken (?). 0;30 ⟨GAR⟩ (d.h. 1) gi von . . . oben ist er 0;6 herabgekommen, von [Unte]n [was hat er sich entfernt?]*. Gerechnet wird: CD^2; CD – BD = AD; AD^2; $CD^2 - AD^2$, $\sqrt{CD^2 - AD^2}$. Dann folgt die Umkehrung, bei der AC dann bekannt ist. Die Kontinuität dieses Problems sieht man aus dem 1 000 Jahre jüngeren Text aus der Seleukidenzeit BM 34568 [MKT; **3**, 18]: *Ein Rohr an einer Wand hochgerichtet. Wenn ich 3 Ellen herabgegangen bin, 9 Ellen läßt es frei. Was ist das Rohr, was die Wand?*

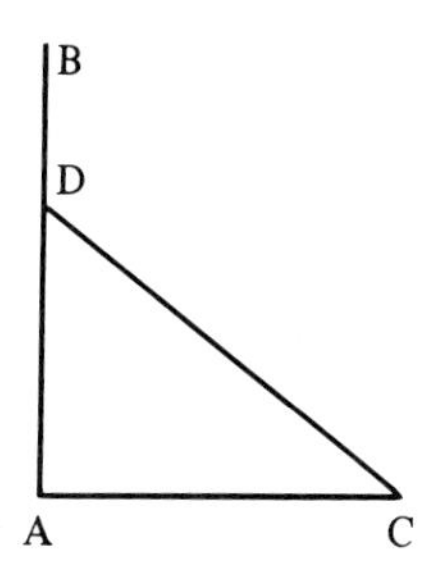

Abbildung 123.
Die angelehnte Leiter.

$$AB = CD = 0;30 \text{ GAR} = \tfrac{1}{2} \text{ GAR}$$
$$BD = 0;6 \text{ GAR} = \tfrac{1}{10} \text{ GAR}$$

Weitere Beispiele

Abraham ben Ezra [84]: Leiter an der Wand;
Leonardo von Pisa [1; **1**, 397]: *asta iuxta quandam turrim;*
Columbia-Algorismus [Vogel 24; 138 f., 149 f., Nr. 135, 140] (vgl. [Buchanan-Cowley: 392]): Leiter an einem Turm, Baum an einem Turm;
Clm 14908 [Curtze 1; 74]: Leiter an einer Wand;
Algorismus Ratisbonensis [40, 73 f., 78], Nr. 43: *falanga parieti appodiata;* Nr. 154, 155: Leiter an einer Mauer; Nr. 164: Leiter an einem Turm;
P. M. Calandri [194 f.]: Leiter an der Wand;
Luca Pacioli [b; 54ᵛ f., Nr. 25–29]: Leiter an einer Mauer (s. Abb. 124);
Elia Misrachi [65, Nr. 92]: Leiter an der Wand;
Rudolff [1; T 1ᵛ f., Nr. 17]: Leiter an einem Turm.

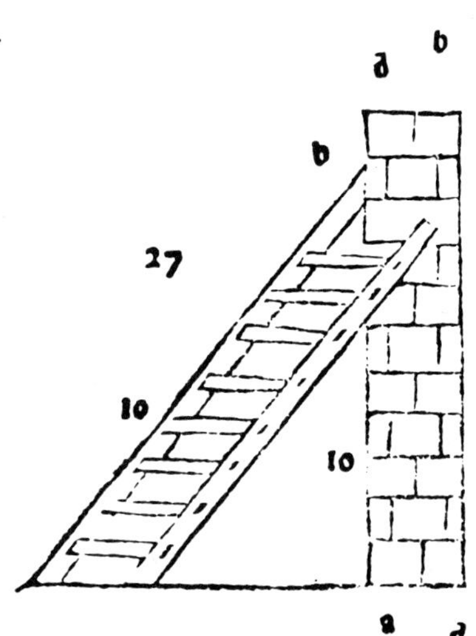

Abbildung 124.
Die angelehnte Leiter bei Luca Pacioli [b; 54ᵛ].

4.2.3.1.2 Der abgebrochene Bambusstab

Hier wird das rechtwinklige Dreieck gebildet aus den Teilen eines abgeknickten Bambusstabes oder eines Baumes usw. und der Entfernung der Spitze von der Wurzel. Ein Beispiel steht bereits im Chiu Chang Suan Shu [3; 96 = IX, Nr. 13]: *Jetzt hat man einen Bambusstab ⟨mit einer⟩ Höhe von 1 Klafter. Das Ende wurde abgeknickt ⟨und⟩ erreicht die Erde in 3 Fuß Entfernung von der Wurzel. Frage: Wie groß ist die Höhe des Knicks?*

Die Lösung erfolgt nach der Formel

$$a - x = \left(a - \frac{b^2}{a}\right) : 2 .$$

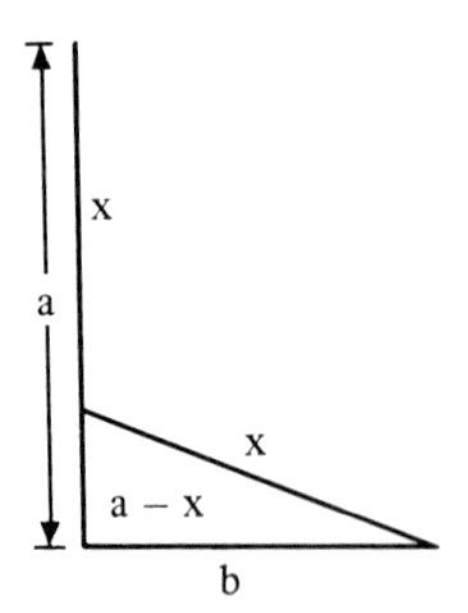

Abbildung 125.
Der abgebrochene Bambusstab.

Weitere Beispiele

Bhāskara II [1; 64 f., Nr. 147, 148]: gebrochener Bambusstab;
Algorismus Ratisbonensis [AR; 73, Nr. 152, 153]: gebrochener Baum;
Clm 14908 [Curtze 1; 74, Nr. 10]: gebrochener Baum;
P. M. Calandri [2; n 6^r], [1; 175]: gebrochener Baum;
F. Calandri [1; 175] (s. Abb. 126);
Luca Pacioli [b; 55^r, Nr. 31]: gebrochener Baum;
Ries [1; 62, Nr. 144] (gebrochene Vogelstange).

Abbildung 126. Der abgebrochene Baum [F. Calandri 1; 87^v].

4.2.3.1.3 Das geneigte Rohr

Der Wind treibt ein in einem Teich stehendes Rohr zur Seite, so daß die Spitze das Wasserniveau erreicht. Ein Beispiel hierzu bringt bereits **Chang Ch'iu-chien** [31, Nr. 13]. Bei **al-Karağī** [1; **3**, 26] steht: *Ein Rohr ist in der Mitte eines Gewässers emporgewachsen. Dasselbe ragt über den Spiegel des Gewässers 5 Ellen hervor. Der Wind weht und treibt das Rohr zur Seite, bis es ins Wasser taucht und die Spitze in der Ebene der Wasserfläche liegt, während die Wurzel an ihrer Stelle bleibt. Die Entfernung zwischen dem Punkte, in dem das Rohr aus dem Gewässer hervorragt und dem letzten Orte der Spitze beträgt 10 Ellen.*
Wie gross ist die Länge des Rohres?

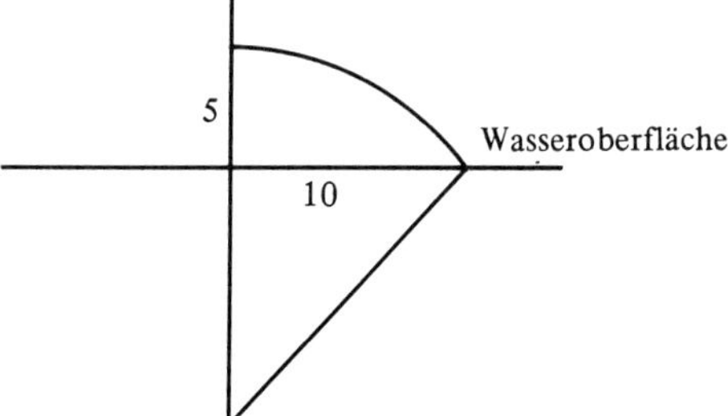

Abbildung 127. Das geneigte Rohr.

Weitere Beispiele

Bhāskara II [3; 204, Nr. 125], [1; 66, Nr. 153]: geneigte Lotosblume;
Ṭabarī [2; 124, Nr. 42];
Bahā' al-Dīn [53 f., Nr. 9]: *sich neigende Stange in einem Teiche.*

4.2.3.1.4 Die weggezogene Stange und das gespannte Seil

Das chinesische Rechenbuch Chiu Chang Suan Shu hat noch andere Varianten für Einkleidungen des pythagoreischen Lehrsatzes. Einmal wird ein Balken so von der Wand weggezogen, daß er genau auf der Erde liegt [3; 93 = IX, Nr. 8], also

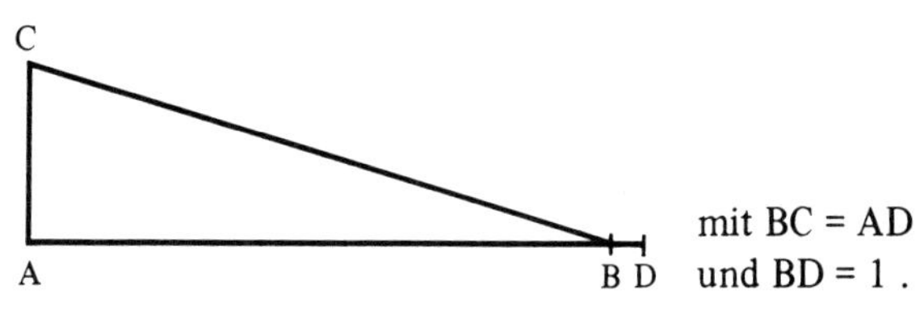

mit BC = AD und BD = 1 .

Abbildung 128. Die weggezogene Stange.

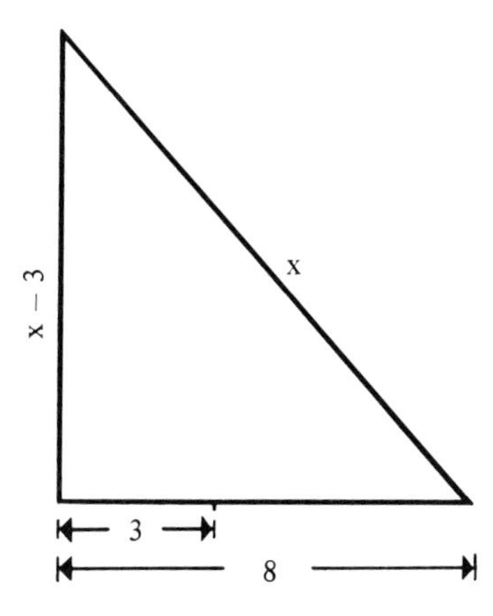

Abbildung 129. Das gespannte Seil.

In einem anderen Beispiel [3; 93 = IX, Nr. 7] liegt ein von dem Ende eines Pfahles herabhängendes Seil noch 3 Fuß auf dem Boden; es wird dann ausgespannt, wobei nun das Ende des Seiles 8 Fuß vom Fußpunkt des Pfahles entfernt ist. Gefragt ist nach der Länge des Seiles.

4.2.3.1.5 Die beiden Türme

Bei diesem Problem, das bei den Bewegungsaufgaben Verwendung fand (s. S. 590, Typ II, Sonderfall), soll ein Punkt zwischen der Basislinie zweier Türme (Bäume, Lanzen, u.a.) gesucht werden, von dem aus die Entfernungen nach den beiden Turmspitzen gleich groß sind.

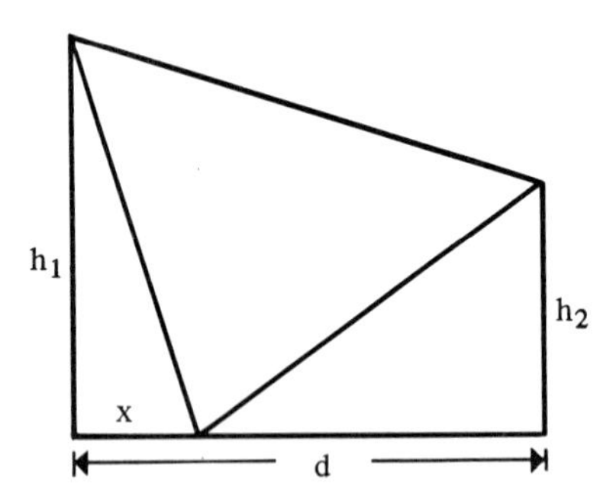

Abbildung 130. Die beiden Türme

Nach dem pythagoreischen Lehrsatz ist also:

$x^2 + h_1^2 = (d - x)^2 + h_2^2$, d.h.

$$x = \frac{h_2^2 + d^2 - h_1^2}{2d} .$$

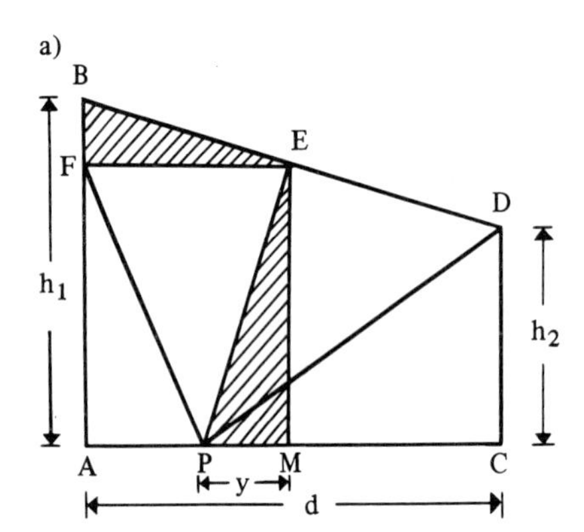

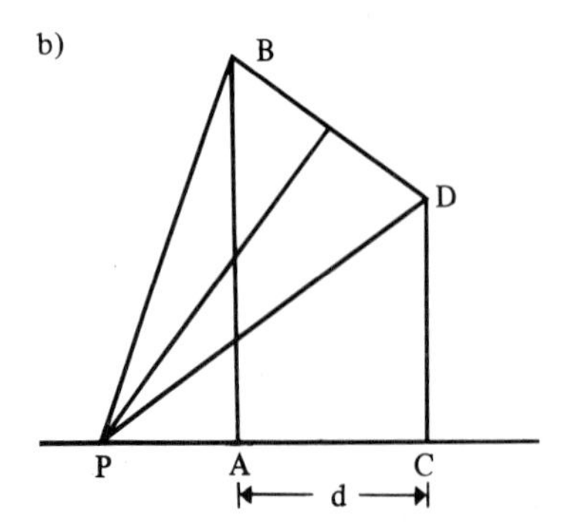

Abbildung 131 a, b. Die beiden Türme (geometrische Lösung).

Besonders eingehend beschäftigt sich **Leonardo von Pisa** mit diesem Problem. Er gibt dazu auch eine geometrische Lösung.

In [1; **1**, 398 f.] ist der gesuchte Punkt P der Schnittpunkt der Mittelsenkrechten zu BD und der Basis AC.

Für die Berechnung von P *(si secundum numeros procedere vis)* findet **Leonardo von Pisa** die Strecke y aus Beziehungen zwischen den beiden ähnlichen Dreiecken Δ PME und Δ BFE; dabei sind $BF = h_1 - h_2$, $EF = \frac{d}{2}$, $EM = \frac{h_1 + h_2}{2}$ gegeben; das gesuchte y ist dann $= \frac{h_1 - h_2}{2d}$.

Leonardo von Pisa behandelt auch den Fall, daß der Punkt P aus der Strecke AC hinausfällt, also wenn $h_2^2 + d^2 < h_1^2$ ist.

An anderer Stelle [1; **1**; 331 f.] gibt **Leonardo von Pisa** für dasselbe Problem eine Lösung mit einem falschen Ansatz; dabei werden nur rein quadratische Beziehungen verwendet: hier ist $h_1 = 40$, $h_2 = 30$ und $d = 50$; wird $AP = 10$ genommen, dann wird $BP^2 = 1\,700$, $DP^2 = 2\,500$; dies ist nun um 800 zu groß *(longe a veritate)*. Nimmt man dagegen $AP = 15$, so ist $BP^2 = 1\,825$, $DP^2 = 2\,125$, also um 300 zu groß. Es folgt nun der Gedankenschluß, mit 5 Schritten mehr kommt man der Wahrheit um 500 näher *(veritati adpropinquare)*; will man um 300 näher kommen, so muß man die Strecke noch um $\frac{5 \cdot 300}{500} = 3$ verlängern, also ist $AP = 15 + 3 = 18$.

Dieses Problem wird auch im Columbia-Algorismus [Vogel 24; 139 f., Nr. 136] und von **Widman** [158ʳ] behandelt. Bei beiden wird die Lösung mit Hilfe der Beziehung

$$x = \frac{h_2^2 + d^2 - h_1^2}{2d}$$

berechnet.

4.2.3.2 Aufgaben, in denen die Ähnlichkeit von Dreiecken verwendet wird

4.2.3.2.1 Aufgaben über das Visieren

Bei der Bedeutung, die den Vermessungen im täglichen Leben zukommt, ist es nicht verwunderlich, daß auch Aufgaben darüber in den Rechenbüchern auftreten. So spricht ein babylonischer Text aus der Seleukidenzeit AO 6484 von einer Mauer, auf der ein Baum steht, der vom Boden aus anvisiert wird [MKT; **1**, 99]: *Die Höhe einer Wand (ist) 10 Ellen; 1 Elle am Kopf der Mauer ist offen; 1 Elle einer Baumes Höhe... Wieviel von der Basis der Mauer soll ich mich entfernen (?) und dann soll ich ihn (noch) sehen?.*

Die Lösung $x : h_1 = b : h_2$ ergibt sich aus den Seitenbeziehungen in ähnlichen Dreiecken.

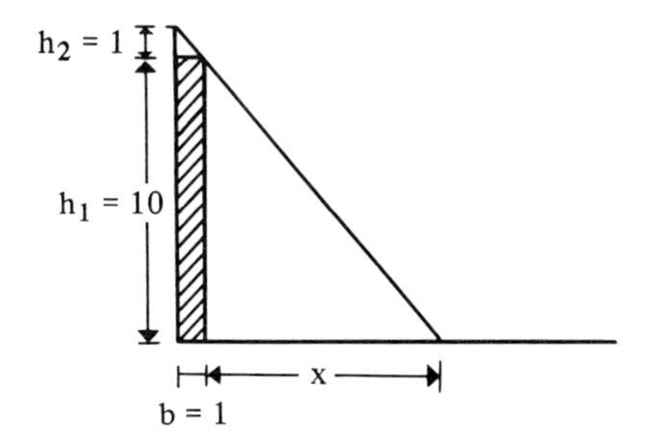

Abbildung 132. Anvisieren einer Mauer.

Auch im Buch IX des chinesischen Rechenbuchs Chiu Chang Suan Shu werden verschiedene Visierprobleme behandelt, z.B. [3; 98 = IX, Nr. 17]: *Jetzt hat man eine Stadt ⟨mit quadratischem Grundriß⟩. Die Quadratseite ⟨beträgt⟩ 200 Schritt. In der Mitte jeder ⟨Seite ist⟩ ein offenes Tor. Geht man ⟨aus dem⟩ Osttor 15 Schritt heraus, hat man einen Baum. Frage: Wieviel Schritt ⟨muß man aus dem⟩ Südtor herausgehen, um den Baum zu sehen?*

Also:

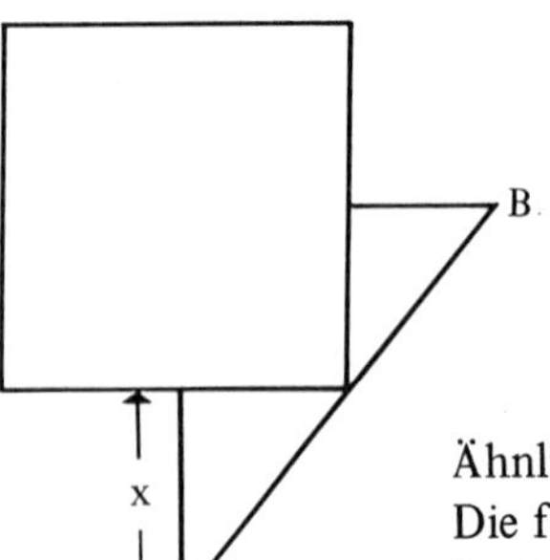

Abbildung 133. Anvisieren eines Baumes.

Ähnliche Probleme sind auch die Aufgaben Nr. 18–20 [3; 98 ff.]. Die folgenden Aufgaben handeln vom Anvisieren eines Baumes [3; 101 f. = IX, Nr. 22], eines Berges [3; 102 = IX, Nr. 23]; auch die Tiefe eines Brunnens soll durch Visieren festgestellt werden [3; 102 f. = IX, Nr. 24]: *Der Durchmesser eines Brunnens ⟨ist⟩ 5 Fuß; seine Tiefe kennt man nicht. Auf dem oberen ⟨Rand⟩ des Brunnens steht eine Stange von 5 Fuß. Der Blick von der Spitze der Stange ⟨nach⟩ dem Rand des Wassers reicht in den Durchmesser ⟨um⟩ 4 Zoll hinein. Frage: Wie groß ist die Tiefe des Brunnens?.*

Liu Hui, ein Kommentator dieses chinesischen Rechenbuches, hat als Anhang zu diesem Buch IX eine eigene Schrift mit Problemen des Visierens und Vermessens verfaßt, das *mathematische Handbuch der Insel im Meer* [Vanhée 4]. Auch **Chang Ch'iu-chien** [32 f., Nr. 15] und **Ch'in Chiu-shao** [Libbrecht; 122–149] gehen auf ähnliche Probleme ein.

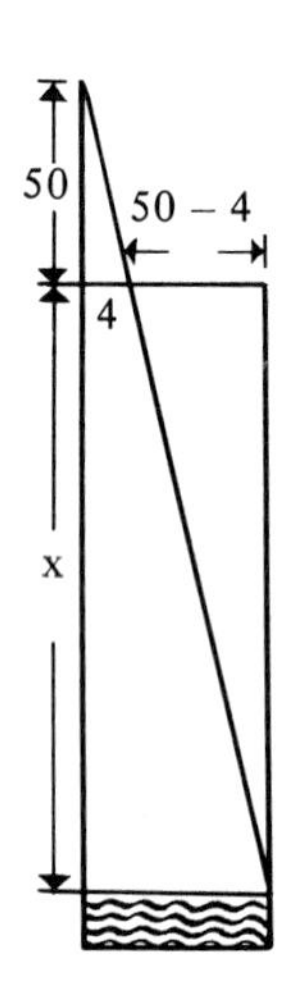

Abbildung 134. Bestimmung der Tiefe eines Brunnens.

Weitere Beispiele

Geometria incerti auctoris, in **Gerbert** [2; 323, Nr. 9];
Leonardo von Pisa [1; **2**, 202–206]: *de inuentione altitudinum rerum eleuatarum, et profunditatum atque longitudinum planitierum;*
P. M. Calandri [196]: Längen- und Höhenmessung;
Elia Misrachi [61 f., Nr. 82]: Höhenmessungen;
Bahā' al-Dīn [35 ff.]: *Untersuchung der Höhe hoher Gegenstände, Untersuchung der Breite der Flüsse und der Tiefe der Brunnen.*

4.2.3.2.2 Schattenmessung

Eine spezielle Anwendung der Seitenbeziehung in ähnlichen Dreiecken ist auch die Messung des Schattens mit Hilfe des Gnomons, was auch zur Bestimmung der Zeit (Tageszeit, Jahreszeit) verwendbar war, z.B. bei „**Heron**" [**5**, 105, Fn.], im Cod. Par. suppl. gr. 387 [161ᵛ], bei **Mahāvīra** [276 f.].

Die älteste Beschreibung einer Schattenuhr befindet sich im Kenotaph von **Seti I** (1303–1290) [Neugebauer/Parker; 116–121]. Weiteres über die Sonnenuhren bei den Ägyptern siehe [Borchardt; 26–53]. In Ägypten soll **Thales**, wie **Diogenes Laertius** berichtet, die Höhenbestimmung der Pyramiden durch Schattenmessungen durchgeführt haben [Bretschneider; 44 f.]. Von den Indern, die besondere Abschnitte ihrer Rechenbücher der Schattenmessung widmen, sind zu nennen:

Āryabhaṭa I [Gaṇ. 14–16]; **Brahmagupta** [1; 317 f.]; **Mahāvīra** [275–286]; **Bhāskara II** [1; 106–111].

Die Untersuchungen der Araber über *umbra versa* und *umbra recta* waren für die Fortentwicklung der Trigonometrie von Bedeutung [Hunger/Vogel; 99]. Auch in Byzanz ist das Problem der Schattenmessung bekannt.

Eine anonyme Aufgabensammlung aus dem 15. Jahrhundert bringt folgendes Beispiel. [Hunger/Vogel; 24 f., Nr. 17]: *Wenn du die Höhe eines Turmes finden willst, wie groß sie ist, so stecke ein Holz senkrecht ⟨in die Erde⟩ und betrachte den von der Sonne ⟨geworfenen⟩ Schatten und miß ihn. Sprich nun: das senkrechte Holz ist 6 Ellen ⟨lang⟩, sein Schatten 9 Ellen; betrachte auch den Schatten des Turmes: 75 Ellen. Dann verfahre nach der Regeldetri und sprich: Wenn die 9 Ellen des Schattens mir eine Holzhöhe von 6 Ellen geben, welche Turmhöhe werden uns dann die 75 Ellen Turmschatten geben? Es ist nun klar, daß er uns 50 Ellen gibt.* In der pseudo-Heronischen Schrift *Stereometrica* wird ebenfalls ein Beispiel der Schattenberechnung vorgeführt, hierzu gibt ein Scholion noch die ausführliche Herleitung des Rechenrezepts [Heron; **5**, 232].

In den abendländischen Rechenbüchern stehen zunächst noch derartige Schattenmessungsaufgaben, z.B. im Algorismus Ratisbonensis [AR; 126, Nr. 277], bei **Widman** [156^v f.] und **Gehrl** [148]. Doch sind sie hier allmählich verschwunden, da hier jetzt – wie schon vorher von **Liu Hui** – bevorzugt eigene Werke den Vermessungsaufgaben gewidmet werden.

4.2.4 Aufgaben mit Folgen und Reihen

4.2.4.1 Arithmetische Reihen

Die Glieder einer arithmetischen Folge konnten durch Abzählen bestimmter Objekte zu einer Endsumme addiert werden auch bevor die Formeln für das Endglied und die Summe der Reihe bekannt waren (s. S. 344, 349 f.). In den Aufgabensammlungen finden sich neben eingekleideten Aufgaben auch rein numerische Zahlenbeispiele. Manchmal, z.B. bei **Mahāvīra** [20–34], **Brahmagupta** [1; 290–294] oder in den abendländischen Algorismen wie bei **Sacrobosco** [12 f.], **Georg von Ungarn** [20 f., a 5^r f.], **Köbel** [1; D 2^r–D 4^v], **Ries** [1; 20 f.] oder **Gemma Frisius** [30–35] wird die *Progressio* nach dem Kapitel über die Wurzel oder über die Division als eine eigene Species aufgeführt. In eingekleideter Form erscheint die arithmetische Reihe in zahlreichen Phantasieaufgaben; besonders beliebt war ihre Verwendung bei Bewegungsaufgaben (s. S. 590, I A b, I Bb, I Cb); in vielen Fällen handelt es sich um Verteilungen (von Geld, Getreide usw.) nach einer steigenden oder fallenden arithmetischen Folge.

Beispiele

Bei den Babyloniern haben wir zahlreiche Beispiele schon aus altbabylonischer Zeit. In der „Brüderaufgabe" SKT 362,1 [MKT; **1**, 239 ff.], [TMB; 82 f.] heißt es: *10 Brüder; $1\frac{2}{3}$ Minen Silber. Ein Bruder hat sich über den anderen erhoben; um wieviel er sich erhoben hat, weiß ich nicht. Der Anteil des achten ist 6 Schekel. Um wieviel hat sich ein Bruder über den anderen erhoben?* Bei der Ausrechnung werden die Formeln für die arithmetische Reihe nicht verwendet, siehe hierzu [VM; **2**, 36]. Ähnliche, z.T. unvollständige Beispiele, auch über die Verteilung von Silber, sind im VAT 6597, 1–4 [MKT; **1**, 274 ff.], YBC 9856,2 [MCT; 100] und VAT 8522 [MKT; **1**, 371] erhalten. Dabei ist beim zuletzt aufgeführten Beispiel VAT 8522 dem letzten der 5 Brüder die dreifache Differenz zugeteilt. In YBC 4608,5 [MCT; 52 f.] wird ein Feld unter 6 Brüder verteilt. Eine eigenartige Einkleidung ist die, daß beim Ausmessen einer Strecke der Maßstab immer um einen bestimmten Betrag verkürzt wird. Dies ist der Fall in SKT 362,5 [TMB; 83], [Waschow 2; 299 f.] und AO 6770,5 [TMB; 73], [MKT; **2**, 42].

Bei einem anderen Beispiel SKT 362,6 [TMB; 83 f.], [MKT; **1**, 342 f.] nimmt die Zahl der beim Bau eines Belagerungswalles eingesetzten Arbeiter in arithmetischer Folge zu, in einem anderen wird der Lohn bestimmt, wenn die Arbeitsleistung in arithmetischer Folge gestaffelt war, AO 8862,5 [TMB; 69], [MKT; **1**, 120 f.].

Auch die Ägypter bildeten Beispiele unter Verwendung der arithmetischen Reihen, wiederum ohne daß die Summenformel dabei nötig wäre. So sollen z.B. im Papyrus Rhind [Probl. 64] 100 Scheffel an 10 Leute verteilt werden, wobei die Differenz der Anteile („Überschuß") $\frac{1}{8}$ Scheffel sein soll. Im Papyrus Rhind [Probl. 40] werden 100 Brote an 5 Leute so verteilt, daß $\frac{1}{7}$ des Anteils der drei ersten gleich dem Anteil der 3 letzten sein soll. Zur Lösung siehe [VM; **1**, 58]. Die Summenformel für die ersten 10 Glieder der arithmetischen Reihe $\left(= \frac{n^2 + n}{2}\right)$ erscheint erst im demotischen Papyrus Br.Mus. 10520 (wahrscheinlich aus früher römischer Zeit) [Parker; 64] (s.S. 349).

Inzwischen hatten die Griechen den vollen Einblick in die Theorie der arithmetischen Reihen gewonnen (s.S. 344–350), vgl. z.B. **Hypsikles** (um 170 v.Chr.) in seiner Schrift Ἀναφορικός [MKT; **3**, 77]. Folgendes eingekleidetes Beispiel gibt die griechische Anthologie [XIV, 12]: *Kroisos weihte sechs Schalen; sie wogen zusammen sechs Minen, jede ein Drachmengewicht mehr, als die andere wog.* Ferner enthält **Herons** Stereometrie folgende zwei Aufgaben [**5**, 46–51]:

Nr. 42: In einem Theater mit 280 Sitzreihen hat die unterste Reihe 120, die oberste 480 Sitze. Wieviele Sitze hat das Theater insgesamt?

Gerechnet wird $\frac{480 + 120}{2} \cdot 280 = 84\,000$, also $\frac{(a_{2k} + a_1) \cdot n}{2} = S$.

(s.S. 349, Formel III).

Nr. 43: Bei 250 Sitzreihen enthält die unterste 40 Sitze, jede höhere 5 Sitze mehr. Wieviele Sitze enthält die oberste Reihe? Hier wird gerechnet: $(250-1) \cdot 5 + 40$, also $(n - 1) \cdot d + a_1 = a_n$.

Bei den Chinesen erscheinen Aufgaben mit arithmetischen Folgen schon im Chiu Chang Suan Shu. Hier handelt es sich einmal um eine Geldverteilung [3; 65 = VI, Nr. 18], dann um einen Bambusstab, dessen Glieder gleichmäßig abnehmen [3; 65 f. = VI, Nr. 19], sowie um einen 5 Fuß langen Stab aus Gold [3; 64 f. = VI, Nr. 17], von dem ein 1 Fuß langes Stück am Anfang 4 und am Ende 2 Pfund schwer ist; das Gewicht pro Fuß ist zu bestimmen. Diese Aufgaben erscheinen als Verteilungen mit den proportionalen Anteilen d, 2d, 3d usw. Eine ebenfalls hierhergehörende Bewegungsaufgabe [3; 79 = VII, Nr. 19] ist bereits oben S. 591 genannt worden. Alle diese Probleme werden im Chiu Chang Suan Shu mit dem falschen Ansatz gelöst; dagegen macht **Yang Hui** in seinem Kommentar zum Chiu Chang Suan Shu von den Formeln Gebrauch [Lam 1; 58]. Zahlreiche eingekleidete Beispiele mit arithmetischen Folgen stehen auch im Rechenbuch von **Chang Ch'iu-chien** [33–36, Nr. 17, 18, 22, 23; S. 38 f., Nr. 32, 1; S. 47, Nr. 1; S. 59, Nr. 36] und **Ch'in Chiu-shao** [Libbrecht; 172–176].

Wie die Chinesen, so behandeln auch die Inder und nach ihnen die Araber und Byzantiner häufig Beispiele mit arithmetischen Folgen. Ein Beispiel aus der anonymen byzantinischen Aufgabensammlung aus dem 14. Jahrhundert [BR; 126–129, Nr. 111]: *100 durchziehende Reiter fanden einen Apfelbaum* (Καβαλλάριοι ρ' διερχόμενοι εὗρον μηλέαν . . .) *und nachdem der erste zu dem Apfelbaum ausgeschwärmt war, nahm er einen Apfel, der zweite 2, der dritte 3, der vierte 4, der fünfte 5, der sechste 6, der siebte 7, der achte 8, der neunte 9, der zehnte 10 und ⟨so⟩ der Reihe nach bis zu den 100; und es wurden alle ⟨Äpfel⟩ vollständig ⟨weggenommen⟩. Man soll sagen wie viele Äpfel es waren* (ähnlich in [Heron; **5**, CVII]).

Auch im Abendland ist diese Problemgruppe mit zahlreichen Beispielen vertreten, z.B. bei **Christoph Rudolff** in der Einkleidung der schlagenden Uhr, wobei die Anzahl der Schläge $s = \sum_{n=1}^{24} n$ berechnet werden soll [2; r 8^v–s 2^r]: *Von einer schlahenden vhr. Die wellische vhr fahet an 1 stund nach vntergang der Sonnen / schlecht 1. darnach 2. 3. 4 etc. biß auff 24. Ist nun die frag wievil schleg tag vnd nacht gescheh̄e /.*

Zusammenstellung der Beispiele

Inder:
- **Brahmagupta** [1; 290–294];
- **Mahāvīra** [20–34];
- **Śrīdhara** [3; 175 ff.], [4; 72–82];
- **Bhāskara II** [1; 51–54, Nr. 115–126].

Araber:
- **al-Karaǧī** [Woepcke 1; 81 f.]: Bewegungsaufgabe;
- **Ṭabarī** [2; 103, Nr. 5]: Bewegungsaufgabe;
- **ibn Badr** [103]: Bewegungsaufgabe.

Byzanz:
- Aufgabensammlung aus dem 14. Jh. [BR; 42 f., Nr. 23]: Bewegungsaufgabe, [BR; 56 f., Nr. 37]: Kandelaber mit 1–30 Kerzen, [BR; 126–129, Nr. 110–112] (siehe oben und Ähnliches);
- **Elia Misrachi** [59, Nr. 76]: Bewegungsaufgabe.

Abendland:

„**Alcuin**“ [Sp. 1148, Nr. 13a]: $\sum_{n=1}^{30} n = s$,

lateinische Anthologie Nr. 1063 (nicht vor 1100) [**2**, XLII], vgl. [Hagen; 30]: Tauben auf einer Leiter;
Leonardo von Pisa [1; **1**, 186 f.]: *De homine retento in obsequio;*
Clm 8951 [Vogel 17; 53, Nr. 14]: 9 Gefäße von 1–9 Eimern;
Algorismus Ratisbonensis [AR; 43 f., 59 f., Nr. 53–55, 99]: Bewegungsaufgaben;
Algorismus Ratisbonensis [154, Nr. 351]: 9 Gefäße von 1–9 Eimern (siehe Clm 8951);
Clm 14684 [Curtze 3; 78, 81], Nr. 8: Bewegungsaufgabe = [AR; Nr. 53]; Nr. 20a: Bewegungsaufgabe; Nr. 20b: Bewegungsaufgabe = [AR; Nr. 54];
Wolack [53]: *regula gradacionis*, Bewegungsaufgabe, (ebenfalls = [AR; Nr. 53]):
Rudolff [2; r 8^v–s 2^r]: *Von einer schlahenden uhr* (siehe oben);
Apian [D 5^v]: *wie viel schleg die vhr schlet von eim biß auff 12. . . ;*
Apian [D 5^r–D 8^v]: *Kauf von Sayff,* Bewegungsaufgabe;
Scheybl [2; 121, 135 ff.]: Teile 42 in 7 Teile in arithmetischer Folge, Bewegungsaufgabe;
Tartaglia [1; **2**, 7^v–9^r]: Bewegungsaufgaben.

4.2.4.2 Geometrische Reihen

Die geometrische Reihe findet sich bei den *Babyloniern* in einem späten Text der Seleukidenzeit, in AO 6484 [MKT; **1**; 99], in dem es heißt: *Von 1 bis 10 setze, lasse je mit 2 überschreiten (und) addiere und 8,* [*32 (ist das letzte Glied). 1 von 8, 32 subtrahiere;*] *es bleibt zurück 8, 31. 8, 31 zu 8, 32 addiere, 17, 3. . .* Es handelt sich also um die Summe $\sum_{n=1}^{10} 2^{n-1}$, die nach dem Bildungsgesetz $\sum_{n=1}^{10} 2^{n-1} = 2^9 - 1 + 2^9$ erhalten wurde, was geometrisch leicht verständlich ist, s. S. 354):

Auch der altbabylonische Text SKT 362,5, der freilich verschieden gelesen und gedeutet worden ist [TMB; 83], enthält eine geometrische Reihe. Er lautet [MKT; **1**, 241 f.]: *Eine Strecke. Je 1 Elle 1 Finger bis zur vollen Summe (um) sich selbst verdoppelst Du. Bis zu welcher Länge bin ich gegangen? 1 GAR $3\frac{1}{2}$ Ellen (an) Länge bin ich gegangen.* Rechnet man alles in Finger um (1 GAR = 12 Ellen = 360 Finger), dann ist der moderne Ansatz $31 \cdot (2^x - 1) = 465$; somit ist $2^x = 16$ und $x = 4$. Auch hier wurde nicht mit der Summenformel, sondern in Einzelschritten $31 \cdot (1 + 2 + 4 + 8) = 465$ gerechnet.

Phantasieaufgaben, in denen eine geometrische Folge eingebaut ist, finden sich weiter in vielen Rechenbüchern, so auch bei den Ägyptern, deren Getreidemaße (Horusauge, s. S. 95) ja eine geometrische Folge mit $q = \frac{1}{2}$ bilden.

Auch die Bewegungsaufgaben (s.S. 590) sind hier zu nennen, sowie Verteilungsaufgaben, bei denen die Anteile in geometrischen Folgen ansteigen, wie in dem anonymen byzantinischen Rechenbuch [BR; 120 f., Nr. 102]: *Wenn er aber drei Söhne hatte, muß man so rechnen; Einmal ⟨1 ist⟩ 1; 2 ⟨mal 1⟩ ist 2; 2 ⟨mal⟩ 2 ist 4, zusammen 7. Teile 60 durch 7 und alles, was die Division ergibt, kommt dem ersten zu. Er gibt ⟨diesem⟩ aber 8 und* $\frac{4}{7}$. *Verdoppelt macht es 17 und* $\frac{1}{7}$; *dies nochmals verdoppelt macht 34 und* $\frac{2}{7}$, *alles zusammen 60.*

Besonders beliebt waren folgende 3 Aufgabentypen, in die eine geometrische Folge eingebaut ist:
1. Der „Kinderreim";
2. Die „Schachbrettaufgabe" als Variante des Pferdeverkaufs, mit einem Preis gemäß der Anzahl der Hufnägel in geometrischer Reihe;
3. Das Gewichtsproblem.

4.2.4.2.1 Der Kinderreim

Dieses zuerst im Papyrus Rhind auftretende Unterhaltungsproblem zeigt sich noch in einem englischen Kinderreim als geometrische Reihe der Form $s = 7 + 7^2 + 7^3 + 7^4$. Er lautet [2; **1**, 112]:

As I was going to Saint Ives,
I met a man with seven wives,
Every wife had seven sacks,
Every sack had seven cats,
Every cat had seven kits;
Kits, cats, sacks and wives,
How many were there going to Saint Ives?

Dagegen hat im Papyrus Rhind [Probl. 79] diese geometrische Reihe noch ein 5. Glied. Der Text lautet:

Hausinventar (?)	
Häuser	*7*
Katzen	*49*
Mäuse	*343*
(Ähren-)Spelte	*2 401*
Scheffel	*16 807*
Summe	*19 607*

Gemeint ist: in jedem Haus sind 7 Katzen, jede frißt 7 Mäuse, von diesen jede 7 Ähren, von jeder von ihnen könnte man 7 Scheffel ernten, vgl. [VM; **1**, 58 f.]. Die dabeistehende Nebenrechnung für $7 \cdot 2\,801$:

1	2 801
2	5 602
4	11 204

entspricht der Rekursionsformel $a + a^2 + ... + a^5 = (a + a^2 + a^3 + a^4 + 1) \cdot a$ bzw. wenn wir $a + a^2 + ... + a^n = s_n$ setzen: $s_{n+1} = (s_n + 1) \cdot a$; man kommt aber auch mit einer einfachen Tabelle aus [Neugebauer 4; 317].

Ferner taucht dieses Problem wieder in China auf und zwar bei **Sun Tzu** [38, Nr. 34]. Hier sind hinter einem Damm dem Blick verborgen:

9 Bäume mit je
9 Zweigen mit je
9 Nestern mit je
9 Vögeln mit je
9 Nestlingen mit je
9 Federn mit je
9 Blüten.

Allerdings berechnet **Sun Tzu** nicht die Summe, sondern die jeweiligen Einzelglieder:

9,	81,	729,	6 561,	59 049,	531 141,	4 782 469,	43 046 721
	9^2	9^3	9^4	9^5	9^6	9^7	9^8

Der Armenier **Ersenkatsi** bringt ein Beispiel mit $q = 40$ (Untertassen, Hammelschwänze, Messer, „Pole") [Petrosjan 2; 141].

In verschiedenen Einkleidungen kommt dieses Problem dann auch im Abendland vor und zwar mit $q = 7, 9, 12$ und 100: so bei **Leonardo von Pisa** [1; **1**, 311 f.]:

$q = 7$: Es sind nach Rom gehende alte Weiber (vetulae) mit *burdones, saculi, panes, cultelli, vaginae;*

$q = 100$: 1 Baum mit *rami, nidi, ova, aves;*

im Clm 4390 [46ᵛ]:

$q = 9$: *Nidi, gallinae, pulli, ova;*

im Clm 14684 [Curtze 3; 83 f., Nr. 31]:

$q = 12$: *Aulae, postes, unci, marsupia, denarii;* jetzt hat noch 1 *denarius* 4 *quadrantes* zu 3 *anguli;*

$q = 12$: *Perticae, galli, gallinae, pulli;*

$q = 7$: *barones, valles, villae, domus, lecta, milites;*

im Clm 8951 [Vogel 17; 53, Nr. 13]:

$q = 7$: Haus mit *scamna, lusores, camisiae, bursae, tessares;* dazu hat noch jeder Würfel 21 *oculi.*

Zu weiteren Beispielen in mittelalterlichen lateinischen Handschriften siehe [Folkerts 2; 71, Fn. 68, 69]. Auch in mittelalterlichen russischen Handschriften kommen derartige Aufgaben vor, z.B. mit $q = 7$: Weiber, Stecken, Ästchen, Körbchen, Brötchen, Sperlinge, Magenteile [Juškevič 1; 375].

4.2.4.2.2 *Die Schachbrettaufgabe* (Zweierprogression)

Dieser spezielle Typ von Aufgaben mit geometrischen Reihen stammt aus dem Orient. Der arabische Historiker **al-Jaᶜqūbi** (um 880 n.Chr.) berichtet, daß Gelehrte Indiens folgende Geschichte erzählen, die sich unter der Regierung von **Balhaits** Tochter zugetragen haben soll [Wiedemann 3; 442 ff.]: . . . *sie ließ Qaflān kommen und sagte ihm: Verlange was Du wünschst. Da antwortete Qaflān: Ich bitte mir Getreide zu geben entsprechend der Zahl der Felder des Schachbrettes, und zwar so, daß mir auf das erste Feld ein Korn gegeben wird [dann dieses mir auf dem zweiten Feld verdoppelt wird], dann daß mir auf dem dritten Feld das Doppelte des zweiten gegeben wird, und daß entsprechend dieser Rechnung bis zum letzten Feld fortgefahren wird. Sie sagte: Das ist nicht der Rede wert, und befahl, daß der Weizen herbeigebracht werde. Und man richtete gar nichts aus, selbst als die Körner des Landes erschöpft waren; dann wurde das Korn in Geld umgewertet bis der Schatz erschöpft war. Da dies das Maß überschritt, sagte er: Ich brauche das nicht, mir genügt eine geringe Menge von irdischem Gut. Dann frug sie ihn nach der Zahl der Körner, die er verlangt hatte. . .* ⟨ nämlich⟩

18 446 744 073 709 551 615 .

Auch **Masᶜudi** erzählt um 946 eine ähnliche Geschichte, auch er spricht von indischer Herkunft [Boncompagni 1; 274 f.]. Ferner bringt **al-Bīrūnī**, ohne eine Anekdote zu nennen, diese Aufgabe als ein zu dieser Zeit längst bekanntes Problem [2; 132, 134 ff.], vgl. auch [Sachau]. Dagegen geht der um 1130 gestorbene **al-H̱āzinī** wieder auf eine Anekdote darüber ein. Hier ist es allerdings **Ṣiṣṣa ben Ḏāhir**, der Philosoph aus Indien, der sich vom König Geld als Belohnung derart aushandelt [Wiedemann 3; 447 f.]: *Ich will, daß ich auf dem ersten Feld einen Dirham, auf dem zweiten zwei, auf dem dritten vier Dirham erhalte, und daß mit diesen Verdoppelungen bis zum letzten Feld fortgefahren werde.* In ähnlicher Weise wie **al-H̱āzinī** erzählt der bekannte arabische Biograph **ibn H̱allikān** in seinem biographischen Lexikon die Geschichte vom indischen Philosophen **Ṣiṣṣa ben Ḏāhir** [Ruska 1; 276 f.].

Auch im arabischen Westen, in Spanien, gibt es Beispiele für die Schachbrettaufgabe, wie bei **al-Ḥaṣṣār** [Suter 3; 34] und **al-Bannā'** [1; 4] (ohne Einkleidung), die beide die gefragte Summe wieder mit der Formel $\sum_{u=1}^{n-1} 2^i = 2^n - 1$ ausrechnen. Demgegenüber berechnet **Bhāskara II** in einer völlig anders eingekleideten Aufgabe die Summe $\sum_{i=1}^{30} 2^i$ [1; 55, Nr. 128].

Über die Araber kommt die Schachbrettaufgabe ins Abendland, wo bereits **Leonardo von Pisa** unter dem Titel *de duplatione scacherii* [1; **1**, 309 ff.] Beispiele gibt. Er nennt allerdings keine Anekdoten, sondern führt nur die Rechnungen vor. Im Algorismus Ratisbonensis hat die Aufgabe folgende Einkleidung erhalten [AR; 141, Nr. 319]: *Nota: ein kunig hat verseczt daz pehemlandt, vnd hat daz verseczt nach dem schachpret, daz helt 64 feld, vnd hat daz geben nach dem ersten feld vmd 1 haller, vnd das ander vmd 2, das drit 4 eciam progressiue etcetera ritscha(n)d(o). Queritur etcetera. Facit 18 446 744 073 709 551 615, facit 1 537 228 672 809 1293 lb Regensburger vnd 15 gr. Daz mächt kain kayser bezalen.*

Zusammenstellung der Beispiele

Araber:
Zur Geschichte der Schachbrettaufgabe siehe [Ruska 1], [Wieber; 103–119].
Abendland:
„Alcuin" [Sp. 1148, Nr. 13 b]: hier wird berechnet $2^1 = 2, 2^2 = 4, \ldots 2^{15} = \ldots$;
Leonardo von Pisa [1; **1**, 309 ff.];
Columbia-Algorismus [Vogel 24; 106 f., Nr. 88], vgl. [Buchanan-Cowley; 401], siehe Abb. 135;

Cotanto monta loſcacchiere diſcacchi atrato
piano ciaſcuna chaſa

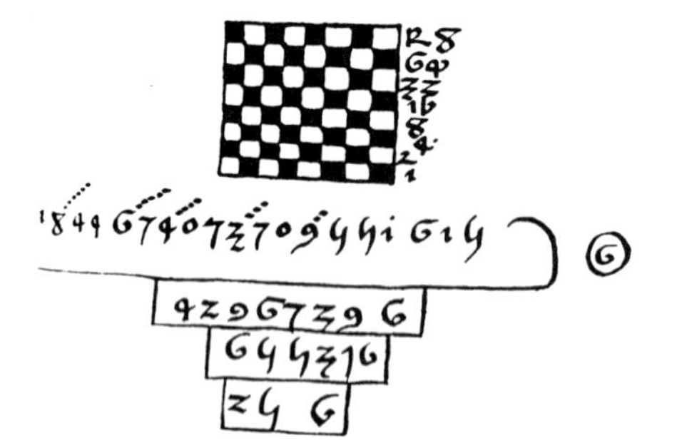

Abbildung 135.
Schachbrettaufgabe im Columbia-Algorismus [88^r], nach [D.E. Smith 6; **2**, 550]

Algorismus Ratisbonensis [AR; 141, Nr. 319] (siehe oben);
in vielen Handschriften des 13., 14. und 15. Jhs, [Folkerts 2; 71];
Pellos [14^v f.]: Schachbrett mit Getreidekörnern;
Luca Pacioli [a; 43^r f., Nr. 28]: Schachbrett mit Getreidekörnern;
Stifel [4; 9^v f.]: Ein König versetzt 30 Städte um $2^0, \ldots, 2^{29}$ Pfennige;
Tartaglia [1; **2**, 14^v–16^r]: Zweierprogression;
[1; **2**, 15^v, Nr. 7]: jemand gibt für ein junges Pferd Getreide, am ersten Tag 1 Korn, am zweiten 2, am dritten 4 usw. 30 Tage lang;
[1; **2**, 16^r, Nr. 8] Schachbrett;
Trenchant [1; 235 f., Nr. 1]: er berechnet $2^0 = 1, 2^1 = 2, 2^2 = 4, \ldots 2^7 = 128$, $2^{15} = 128 \cdot 128 \cdot 2$;
Clavius [2; 296–308]: er berechnet zunächst die Anzahl der Getreidekörner, dann aber auch noch die Anzahl von Schiffen, die nötig wäre, um das Getreide bzw. das Geld zu transportieren, sowie den Anteil des Erdballes, den das Getreide ausfüllen würde;
J. Chr. Sturm [2; 113 f.]: Schachbrett mit Getreidekörnern.

Variante

Eine Variante der Schachbrettaufgabe ist der Pferdeverkauf, wobei sich der Preis nach der Zahl der Hufnägel in geometrischer Reihe richtet. Hier ist ein Pferd mit 4 Eisen à

8 Nägeln (= 32 Nägel) derartig zu bezahlen, daß man für den 1. Nagel 1 *d* nimmt, für den 2. Nagel 2 *d*, für den 3. Nagel 4 *d*, usw., z.B. im Cgm 740 [Kaunzner 3; 15 f.]: *Item ain Roß das beschlagen ist, das hat 4 eysen, vnd ain yedes eysen hat 8 negel, also thundt die 4 eysen 32 negl, vnd wann ainer das Roß verkaufft, In der maß, daß er den ersten nagl gewynnen sol mit 1* d, *vnd den anderen mit 2* d, *und also das allmalen die Zal zwifach, das ist noch ainmal als vil als der negst dauor gemacht werden sol. Will du dann wissen wie des gelts an ainer Summa treff vnd werde.*

Weitere Beispiele

Algorismus Ratisbonensis [AR; 125, Nr. 274]: Pferd mit 32 Nägeln;
[AR; 140, Nr. 317]: *Item einer hat 1 kue verkauft nach den kloen der sein 16*;
[AR; 140, Nr. 318]: Pferd mit 32 Nägeln;
[AR; 154, Nr. 353]: 28 Nägel;
Rudolff [2; s 2^r ff.]: *Von einem roßkauff*, 32 Nägel;
Apian [D 7^r f.]: Pferd mit 32 Nägeln, s. Abb. 136;
Ries [1; 20 f.]: Pferd mit 32 Nägeln;
ital. Manuskript von 1535 [D.E. Smith 6; **2**, 551]: 24 Nägel;
Recorde [1; L 2^r f.]: *Question of sellyng a horse*, 24 Nägel;
Buteo [237 f., Nr. 34]: Pferd mit 24 Nägeln.

Exempel der vnderschnitten Progressionn.

Item einer wil ein roß verkauffenn nach den Negeln. Das roß hat 4 Eysen/Ein itlich eysen 8 negel/machent allenthalben 32 Negell/ So wil er den erstenn nagel geben vmb eynē haller/den andern vmb 2 haller/ den drittē vmb 4 haller/den vierden vmb 8 hall:/den fünfften vmb 16 rč.allemal nach sorewer. Ist die frag wie tewr / das Roß verkaufft wirt.

Abbildung 136.
Pferdeverkauf nach der Anzahl der Hufnägel [Apian; D 7^r].

4.2.4.2.3 Das Gewichtsproblem

L.: Knobloch [4].

Noch bei einer weiteren Problemgruppe spielt die geometrische Folge eine Rolle, nämlich bei dem sogenannten Bachetschen Gewichtsproblem. Meist wird gefragt, mit wie wenig Gewichtssteinen man auskommt, um alle Gewichte zwischen 1 bis n Pfund abwiegen zu können. Hierbei ist zu bemerken, daß es im allgemeinen gestattet ist, die Gewichte je nach Situation sowohl auf die eine, als auch auf die andere Waagschale zu legen.

Erstmals belegt ist dieser Aufgabentyp bei dem Perser **Ṭabarī** [2; 125 ff., Nr. 43]. Hier werden alle Gewichte zwischen 1 bis 10 000 Pfund mit Hilfe von Steinen der Gewichte $1, 3, 9, \ldots, 3^9$ abgewogen.

Bei **Leonardo von Pisa** steht in dem Kapitel *De IIII^{or} pesonibus, quorum pondus erat librarum quadraginta* folgende Aufgabe [1; **1**, 297]: *Jemand hat 4 Gewichte, mit denen er die ganzen Pfunde seiner Waren von einem Pfund an bis 40 Pfund wiegen will; gefragt ist nach dem Gewicht der einzelnen Gewichtssteine.* In diesem Fall genügen, wie **Leonardo** angibt, 4 Steine vom Gewicht 1, 3, 9 und 27 Pfund. **Leonardo** gibt diese Lösung ohne theoretische Überlegungen dazu. Im Falle einer Dreierpotenz $1, 3, 9, \ldots$ der Gewichtssteine gilt allgemein, daß man mit n Steinen bis zu

$$\sum_{i=0}^{n-1} 3^i = \frac{3^n - 1}{2} \text{ Pfund}$$

abwiegen kann, wobei der letzte Stein 3^{n-1} Pfund wiegt. Demgemäß kommt man mit 5 Steinen bis zu 121 Pfund, mit 6 Steinen bis zu 364 Pfund, usw.

Neben Folgen mit Dreierpotenzen treten auch Folgen mit Zweierpotenzen $1, 2, 4, \ldots$ auf. Auch hierzu bringt **Leonardo von Pisa** ein Beispiel, das nun aber in ganz anderer Weise, nämlich als Besoldungsproblem, eingekleidet ist. Unter der Überschrift *De homine, qui habebat sisphos quinque argenti* ist von einem Mann die Rede, der 30 Tage lang seinen Arbeiter mit Silberpokalen entlohnt, wobei er 5 Pokale vom Gewicht 1, 2, 4, 8 und 15 Marc besitzt [1; **1**, 298]: *Einer gibt jemand für seine Arbeit täglich 1 Marc Silber, welches er mit 5 Pokalen auszahlt, die er besaß, sodaß keiner von ihnen zerbrochen werden mußte; und dies machte er 30 Tage lang; das Gewicht des ersten Pokals war 1, das doppelte, nämlich 2 Marc wog der zweite; das Gewicht des dritten aber war 4, nämlich das doppelte des zweiten. Das Gewicht des vierten war dann das doppelte des dritten, nämlich 8; das Gewicht aller 4 Pokale zusammen ergibt 15 Marc; zieht man diese von 30 Marc ab, so bleiben noch 15 Marc als Gewicht für den fünften Pokal. Am ersten Tag also gab er ihm das erste Gefäß. Am zweiten Tag erhielt er von ihm das erste Gefäß zurück und gab ihm das zweite. Am dritten Tag gab der Herr dieses ⟨erste⟩ dem Arbeiter abermals. Am vierten Tag erhielt der Herr vom Arbeiter das erste und zweite Gefäß zurück und gab ihm das dritte; und in dieser Weise verfuhr er täglich 30 Tage lang.* Bemerkenswert ist, daß **Leonardo** das Gewicht des fünften Pokals mit $30 - (1 + 2 + 4 + 8) = 15$ berechnet. Eine einfachere Variante dieser Aufgabe steht in der byzantinischen Aufgabensammlung [BR; 112 f., Nr. 93].

Sowohl für das Gewichtsproblem als auch für das Besoldungsproblem finden sich im Mittelalter und zu Beginn der Neuzeit noch Beispiele bei anderen Autoren; oftmals wurden genau die selben Zahlen wie bei **Leonardo von Pisa** benützt. Doch erweitert **Chuquet** das Problem dahingehend, daß er auch Zahlen verwendet, die nicht in der Zweier- oder Dreierpotenzfolge auftreten.

Doch während **Chuquet**, genauso wie seine Vorgänger und seine Nachfolger im 16. Jahrhundert, nur Rechenvorschriften ohne Begründung anführt, macht sich erstmals **Bachet** Gedanken darüber, warum oben genannte Eigenschaft der Dreierpotenzen notwendig ist, um das Gewichtsproblem zu lösen [1; 215–218, Nr. 5]; leider sind in der 5. Auflage von **Bachet**s Werk die Anmerkungen zu den Zweierpotenzen weggelassen worden [2; 154 ff.].

Zur weiteren Überlieferung des Bachetschen Gewichtsproblems siehe [Ahrens; **1**, 88–98] und besonders [Knobloch 4].

Zusammenstellung der Beispiele

Araber:
- **Ṭabarī** [2; 125 ff., Nr. 43]:
  - Gewichtsproblem, 10 000 Pfund mit 10 Steinen ($1, 3, 9, \ldots, 3^9$).

Byzanz:
- Aufgabensammlung aus dem 14. Jh. [BR; 112 f., Nr. 93]:
  - Besoldungsproblem, für 7 Jahre 3 Gefäße (mit dem Gewichtsverhältnis 1, 2, 4).

Abendland:
- **Leonardo von Pisa** [1; **1**, 297 f.]:
  - Gewichtsproblem, 40 Pfund mit 4 Steinen (1, 3, 9, 27);
  - Besoldungsproblem, für 30 Tage 5 Pokale (1, 2, 4, 8, 15);
- Columbia-Algorismus [Vogel 24; 92 f., Nr. 71]:
  - Gewichtsproblem, 40 Pfund mit 4 Steinen (1, 3, 9, 27);
- Algorismus Ratisbonensis [AR; 67, Nr. 127]:
  - Gewichtsproblem, 40 Pfund mit 4 Steinen (1, 3, 9, 27);
- **Chuquet** [2; 451 f., Nr. 142], **La Roche** [106^v]:
  - Gewichtsproblem, 10 Pfund mit 3 Steinen (1, 2, 7),
  - Gewichtsproblem, 13 Pfund mit 3 Steinen (1, 3, 9),
  - Gewichtsproblem, 40 Pfund mit 4 Steinen (1, 3, 9, 27),
  - Gewichtsproblem, 121 Pfund mit 5 Steinen (1, 3, 9, 27, 81);
- **Widman** [99^v f.]:
  - Besoldungsproblem, für 31 Tage 5 silberne Schalen (1, 2, 4, 8, 16);
- **Gemma Frisius** [149]:
  - Gewichtsproblem, 40 Pfund mit 4 Steinen (1, 3, 9, 27),
  - Gewichtsproblem, 121 Pfund mit 5 Steinen (1, 3, 9, 27, 81),
  - Gewichtsproblem, 364 Pfund mit 6 Steinen (1, 3, 9, 27, 81, 243);
- **van den Hoecke** [107^r f.]:
  - Gewichtsproblem, 121 Pfund mit 5 Steinen (1, 3, 9, 27, 81);
- **Stifel** [4; 11^r f.]:
  - Gewichtsproblem, 13 Pfund mit 3 Steinen (1, 3, 9),
  - Gewichtsproblem, 40 Pfund mit 4 Steinen (1, 3, 9, 27),
  - Gewichtsproblem, 121 Pfund mit 5 Steinen (1, 3, 9, 27, 81),
  - Gewichtsproblem, 364 Pfund mit 6 Steinen (1, 3, 9, 27, 81, 243);
- **Cardano** [2; 136 = Cap. 65, Nr. 12]: Gewichtsproblem;

Tartaglia [1; **2**, 13^v ff., Nr. 32–35]:
Besoldungsproblem, für 60 Tage 6 Silbermünzen (1, 2, 4, 8, 16, 32, eigentl. 29),
Besoldungsproblem, für 31 Tage 5 Silbermünzen (1, 2, 4, 8, 16);
Gewichtsproblem, 40 Pfund mit 4 Steinen (1, 3, 9, 27),
Gewichtsproblem, 121 Pfund mit 5 Steinen (1, 3, 9, 27, 81),
Gewichtsproblem, 364 Pfund mit 6 Steinen (1, 3, 9, 27, 81, 243);
Trenchant [2; 297 f., Nr. 8, 9]:
Gewichtsproblem, 40 Pfund mit 4 Steinen (1, 3, 9, 27), ebenso mit (1, 2, 4, 8, ...),
Gewichtsproblem, 121 Pfund mit 5 Steinen (1, 3, 9, 27, 81);
Bachet [2; 154 ff., Nr. 5]: Gewichtsproblem.

4.2.5 Restprobleme

In den Aufgabensammlungen sind Restprobleme lediglich in drei Typen von Einkleidungen vertreten. Es sind:
1. die Ta-yen-Regel, mit der eine gedachte Zahl erraten werden kann,
2. die Eierfrau,
3. die drei Schwestern.

4.2.5.1 Die Regula Ta-yen

Ta-yen shu = Methode der großen Erweiterung.
L.: Dickson [**2**, 57–64], Libbrecht [214–413], Mikami [65–69], Needham [N; **3**, 119–155].

Hier geht es zunächst darum, eine Zahl N aus den 3 Resten r_1, r_2, r_3 zu bestimmen, die man erhält, wenn N durch die 3 Moduln a, b, c geteilt wird; man sucht also die Zahl:

$$N \equiv r_1 (\mathrm{mod}\ a) \equiv r_2 (\mathrm{mod}\ b) \equiv r_3 (\mathrm{mod}\ c) \text{ bzw.}$$
$$N = a\,n_1 + r_1 = b\,n_2 + r_2 = c\,n_3 + r_3 \,.$$

Eine derartige Aufgabe kommt zuerst im 3. Jh. n. Chr. bei dem Chinesen **Sun Tzu** vor [37, Nr. 26] vgl. auch [Libbrecht, 269 ff.]: *Man hat Dinge, deren Anzahl unbekannt ist. Wenn man sie mit Dreiern abzählt, ist der Rest 2; wenn man sie mit Fünfern abzählt, ist der Rest 3, wenn man sie mit Siebenern abzählt, ist der Rest 2. Man fragt, wieviele Dinge sind es?* Die Aufgabe ist also:

$$N = 3\,n_1 + 2 = 5\,n_2 + 3 = 7\,n_3 + 2 \,.$$

Als „Verfahren“ gibt **Sun Tzu** nur an, daß man wegen der Rechnung mit 3 und dem Rest 2 die Zahl 140, wegen der Rechnung mit 5 und dem Rest 3 die Zahl 63 und wegen der Rechnung mit 7 und dem Rest 2 die Zahl 30 nehmen und dann die 3 Zahlen zu 233 addieren soll. Die Differenz 233–210 sei dann die gesuchte Zahl. **Sun Tzu** fügt noch hinzu, daß man allgemein für jede Einheit des 1. Restes 70, für die des 2. Restes 21 und für die des 3. Restes 15 nehmen soll.

Erst aus den Ausführungen bei **Ch'in Chiu-shao** erfährt man, was gemeint ist [Libbrecht; 328–358], vgl. auch [Mikami; 65 ff.] und [N; **3**, 119–122]. Aus den Moduln a, b, c sind zuerst drei Faktoren K_i (Stammerweiterungen) zu bestimmen, derart daß:

$$K_1 \cdot bc \equiv 1 \pmod a,$$
$$K_2 \cdot ac \equiv 1 \pmod b \text{ und}$$
$$K_3 \cdot ab \equiv 1 \pmod c \text{ ist.}$$

Dann lautet das Rezept

$$r_1 \cdot K_1 \cdot bc + r_2 \cdot K_2 \cdot ac + r_3 \cdot K_3 \cdot ab \equiv N \pmod{abc},$$

dessen Gültigkeit erst **Gauß** in seinen *Disquisitiones arithmeticae* bewiesen hat [§ 32–36].

Im Beispiel bei **Sun Tzu** ist

$$K_1 \cdot 35 \equiv 1 \pmod 3$$
$$K_2 \cdot 21 \equiv 1 \pmod 5 \text{ und}$$
$$K_3 \cdot 15 \equiv 1 \pmod 7,$$

was $K_1 = 2$, $K_2 = 1$ und $K_3 = 1$ gibt. Somit ist die Lösung

$$2 \cdot 2 \cdot 35 + 3 \cdot 1 \cdot 21 + 2 \cdot 1 \cdot 15 \equiv 23 \pmod{105}.$$

Hier sei noch erwähnt, wie **Ch'in Chiu-shao** die hierbei auftretenden Zwischenergebnisse benennt; so heißen bei ihm die den Zahlen
3, 5, 7 entsprechenden Größen *ting mu* (feste Divisoren)
$3 \cdot 5 \cdot 7 = 105$ *yen mu* (mehrfacher Divisor)
35, 21, 15 *yen shu* (mehrfache Zahlen)
2, 1, 1 *ch'en lü* (Multiplikatoren);
vgl. hierzu [N; **3**, 120], [Biernatzki; 78] und [Libbrecht; 354 f.]. Weiter bringt **Ch'in Chiu-shao** noch das Beispiel:

$$N \equiv 32 \pmod{83} \equiv 70 \pmod{110} \equiv 30 \pmod{135}$$

[Libbrecht; 399 f., Nr. I, 5], (vgl. [Juškevič 1; 77]), wie auch noch viele weitere Beispiele [Libbrecht; 388–413].

Schon mindestens seit **Āryabhaṭa I** kennen auch die Inder das Problem

$$N = a n_1 + r_1 = b n_2 + r_2 \text{ [Juškevič 1; 141]},$$

das bei Planetenkonjunktionen eine Rolle spielt und das hierbei auf 4 Kongruenzen ausgedehnt wird. Die Inder lösen derartige Aufgaben aber nicht mit der Ta-yen-Regel, sondern mit einem anderen Verfahren, nämlich dem Kuṭṭaka-Verfahren, das der algebraischen Lösung unbestimmter Gleichungen bei **Euler** entspricht [5; 2. Teil, 2. Abschn., § 20–22], siehe [Libbrecht; 359–366].

Sun Tzus Problem erscheint bei den Arabern und im Abendland – und zwar schon vor **Ch'in Chiu-shao** – auch in einer anderen Einkleidung, nämlich als *Rätselaufgabe des Erratens einer Zahl.* Dabei denkt sich jemand eine Zahl N, zu der er die Reste nach den drei Moduln bestimmen und die in **Sun Tzus** Rezept genannte Summe dem Fragenden angeben soll, der dann nach der Division durch das Modulprodukt die Lösung auch findet. Dies ist auch immer möglich, im Gegensatz zu den Aufgaben, bei denen sowohl die Moduln als auch die Reste von Anfang an festgelegt sind. Sind nämlich 2 Moduln paarweise nicht relativ prim, dann gibt es eine Lösung nur dann, wenn auch die Differenz der entsprechenden Reste denselben gemeinsamen Faktor wie die Moduln hat. Andernfalls existieren nicht alle Stammerweiterungen K. Wie man dann verfahren soll, beschreiben z.B. **Abū Manṣur** [Uqlīdisī 2; 476 ff.] und **Initius Algebras** [552–558]. **Leonardo von Pisa** gibt 2 Beispiele des Zahlenerratens mit den Moduln 3, 5, 7 und 5, 7, 9; auch er gibt nur das Rezept ohne jede Erklärung [1; **1**, 304]. Dasselbe Beispiel, wieder mit 3, 5, 7 steht auch im Cod. Cizensis, einer byzantinischen Handschrift vom Ende des 14. Jahrhunderts [Nikomachos 1; 152 f., Nr. 5].

Eine Beschreibung, wie das Rezept für die Lösung zustande kommt und wie man die Stammerweiterungen berechnet, findet sich erst im Algorismus Ratisbonensis. Es heißt da [AR; 120 f., Nr. 268]: *wildu haben dy zal auf 3, so multiplicir 5 per 7 vnd waz da kumpt, daz dividir per 3 vnd manet 1 über, so ist dy selb zal recht auf 3; pleibt aber mer vber dann 1, so duplir dy selben zal vnd darnach dividirs mit 3, vnd pleibt dann aber mer vber dann 1, so addir dy selben zal. Daz thv alz lang, bis 1 vber pleibt.* Es wird also richtig $K_1 \cdot 3 \equiv 1 \pmod{5 \cdot 7}$ berechnet.

Nicht überall wird der Aufbau der Lösung des Problems, das weiterhin im 15. und 16. Jahrhundert in Handschriften und Büchern vielfach vertreten ist, so klar erkannt wie im Algorismus Ratisbonensis. So hat der Schreiber des Cgm 740 von der Aufgabe des Zahlenerratens mit den Moduln 3, 5 und 7 zwar gehört, er kennt aber die Ta-yen-Regel nicht und stellt sich daher eine lange Tabelle mit allen Resttripeln für die gedachten Zahlen von 7 bis 123 zusammen, aus der er dann die jeweilige Lösung entnimmt.

Zusammenstellung der Beispiele

a) Beispiele mit vorgegebenen Resten:

China:

Sun Tzu [37, Nr. 26]:	Mod.	3,	5,	7	
	Reste	2,	3,	2	
Ch'in Chiu-shao [Libbrecht; 390 f.] und [N; 3, 121]:	Mod.	1,	2,	3,	4
	Reste	1,	1,	3,	1
[Libbrecht; 399 f.]:	Mod.	83,	110,	135	
	Reste	32,	70,	30	

wie auch noch weitere Beispiele, siehe [Libbrecht; 388–413].

Inder:

Āryabhaṭa I [Gaṇ. 32, 33];

Brahmagupta [1; 325–338], z.B. Nr. 7:	Mod.	6,	5,	4,	3
	Reste	5,	4,	3,	2
Mahāvīra [122, Nr. 122 $\frac{1}{2}$]:	Mod.	2,	3,	4,	5
	Reste	1,	1,	1,	1
Mahāvīra [122, Nr. 123 $\frac{1}{2}$]:	Mod.	2,	3,	4,	5
	Reste	1,	2,	3,	4

Mahāvīra [122, Nr. 124 $\frac{1}{2}$]:	Mod.	2,	3,	4,	5
	Reste	1,	0,	3,	4
Mahāvīra [122, Nr. 125 $\frac{1}{2}$]:	Mod.	2,	3,	4,	5
	Reste	0,	1,	0,	1
Mahāvīra [122, Nr. 126 $\frac{1}{2}$]:	Mod.	2,	3,	4,	5
	Reste	1,	0,	3,	0
Bhāskara II [3; 235–242], z.B. Nr. 160:	Mod.	6,	5,	4,	3
	Reste	5,	4,	3,	2
Nr. 162:	Mod.	2,	3,	5	
	Reste	1,	2,	3	

Bhāskara I, Āryabhaṭa II, Śrīpatī, Nārāyaṇa [DS; **2**,87–125], [Libbrecht; 230–233], [Juškevič 1; 141–152].

Abendland:

Leonardo von Pisa [1; **1**, 282 f.]:

Mod. 2, 3, 4, 5, 6, 7
Reste 1, 2, 3, 4, 5, 0;
Mod. 2, 3, 4, 5, 6, 7, 8, 9, 10, 11
Reste 1, 2, 3, 4, 5, 6, 7, 8, 9, 0;

Clm 14908 [Curtze 1; 65–68]: Mod. 43, 39, 35, 31
Reste 41, 33, 25, 17;

Regiomontan [3; 219, 237, 254; Nr. 8]:	Mod.	17,	13,	10	
	Reste	15,	11,	3	und
[3; 295, Nr. 6]:	Mod.	23,	17,	10	
	Reste	12,	7,	3;	

Initius Algebras [552–558]: Er gibt z.B. für die Aufgabe Mod. 7, 8, 9, 11
Reste 5, 7, 6, 0

folgendes Schema an:

	Residuantes.		
5	7	6	0
	Divisores.		
7	8	9	11
	Partes denominatae.		
792	693	616	504
	Reducirt.		
792	3465	4312	2520

Dazu bildet **Initius Algebras** zunächst das Produkt aller Teiler, das gibt 5 544; dies teilt er durch die einzelnen Teiler, das ergibt 792, 693, 616, 504. Dann multipliziert er:

$$693 \cdot 5 = 3\,465\,,$$
$$616 \cdot 7 = 4\,312 \text{ und}$$
$$504 \cdot 5 = 2\,520\,.$$

$792 \cdot 5 + 3\,465 \cdot 7 + 4\,312 \cdot 6 + 0 = 54\,087 \equiv 4191 \pmod{5\,544}$ ist die kleinste Lösung dieses Problems gefunden.

b) Beispiele, bei denen die Reste nicht vorgegeben sind (Zahlenerraten).

Araber:

Abū Manṣūr [Uqlīdisī 2; 477 f.]: Mod. 3, 5, 7
Mod. 10, 13
Mod. 9, 11, 13.

Byzanz:

Cod. Cizensis [Nikomachos 1; 152 f., Nr. 5]: Mod. 3, 7.

Abendland:

Leonardo von Pisa [1; **1**, 304]: Mod. 3, 5, 7
Mod. 5, 7, 9

Algorismus Ratisbonensis [AR; 120 f., 138 f., Nr. 268, 311]: Nr. 268:

3, 5, 7
2, 3, 5
3, 4, 5
3, 4, 7
2, 3, 7
2, 7, 9
5, 6, 7
5, 8, 9
9, 11, 13

Nr. 311: 3, 5, 7

Cgm 740 [Kaunzner 3; 14] (siehe oben);
Peurbach [1; 6ʳ];
Köbel [1; 23ᵛ f.]: Mod. 3, 5, 7;
Rudolff [2; r 2ʳ f.]: Mod. 3, 5, 7; er bezeichnet das Modul-Bilden mit *werffen* oder *schiessen*;
Gehrl [135 f.]: *Zu rechnen wie viel einer gelt in dem Beutel / oder für sich liegent hat,* Mod. 3, 5, 7 (ebenfalls *werffen* und *schiessen*).

4.2.5.2 Die Eierfrau

Diese Aufgabengruppe ist eigentlich ein Spezialfall der Ta-yen-Regel. Ein typisches Beispiel hierzu liefert u.a. eine byzantinische Aufgabensammlung aus dem 15. Jahrhundert [Hunger/Vogel; 72 f., Nr. 86]: *Eine alte Frau verkaufte Eier auf dem Markt, und da kamen zufällig zwei Männer daher und stießen die Frau an und zerbrachen ihre*

Eier. Sie führte sie vor den Richter, und das Urteil bestimmte, daß sie der Frau ihre Eier ersetzen sollen. Und sie fragen die Alte, wieviel Eier es waren, um sie zu bezahlen, und die Frau sagt: Ich weiß es nicht; ich weiß nur das, daß ich zu zwei ⟨und⟩ zwei abgezählt habe, und es blieb eines übrig, dann ⟨zu⟩ drei ⟨und⟩ drei, und es blieb 1, ⟨zu⟩ 4 ⟨und⟩ 4, und es blieb 1, ⟨zu⟩ 5 ⟨und⟩ 5, und es blieb 1, ⟨zu⟩ 6 ⟨und⟩ 6, und es blieb 1, ⟨zu⟩ 7 ⟨und⟩ 7, und es blieb nichts, nicht ein einziges. Und so viele Eier der alten Frau waren es. Ich frage dich, wie viele es waren. Es ist also $N \equiv 1 \pmod 2 \equiv 1 \pmod 3 \equiv 1 \pmod 4 \equiv 1 \pmod 5 \equiv 1 \pmod 6 \equiv 0 \pmod 7$.

Die allgemeine Lösung ist $N = 420\,n - 119$, also 301, 721, 1 141 . . . usw.

Zusammenstellung der Beispiele

Inder

Bhāskara I [Juškevič 1; 146]: N = 721.

Araber:

ibn al-Haiṯam [Wiedemann 2; 756]: N = 301, 721, . . .

Byzanz:

Aufgabensammlung aus dem 15. Jh. [Hunger/Vogel; 72 f., Nr. 86]: N = 301 (siehe oben).

Elia Misrachi [60 f., Nr. 78–80]:

Nr. 78a: N ≡

Mod.	2,	3,	4,	5,	6,	7
Reste	1,	2,	3,	4,	5,	0

Nr. 78b: N ≡

Mod.	2,	3,	4,	5
Reste	1,	2,	3,	0

Nr. 79b: N ≡

Mod.	2,	3,	4,	5
Reste	1,	1,	1,	0

Nr. 80a: N ≡

Mod.	2,	3,	4,	5,	6,	7,	8,	9,	10
Reste	1,	2,	3,	1,	5,	1,	7,	8,	1

Nr. 80b: N ≡

Mod.	2,	3,	4,	5,	6,	7,	8,	9,	10
Reste	0,	2,	0,	0,	2,	3,	4,	5,	0

Abendland:

Leonardo von Pisa [1; **1**, 281 f.]: N = 301, 721, . . . (ohne Einkleidung);
Algorismus Ratisbonensis [AR; 153, Nr. 349]: N = 721;
Chuquet [2; 452 f., Nr. 143, 144]:
Nr. 143: N = 301, 721, . . .
Nr. 144: N ≡

Mod.	3,	4,	5,	6,	7
Reste	2,	2,	2,	2,	0

(= 182);

P. M. Calandri [68 f.]: N ≡

Mod.	2,	3,	4,	5,	6,	7
Reste	1,	2,	3,	4,	5,	0

Livre de getz [H 3^v, Nr. 20]: N = 721,
anonymes niederländisches Rechenbuch von 1508 [Bockstaele; 64, Nr. 18],
Ghaligai [65^v, Nr. 26]:

N ≡

Mod.	2,	3,	4,	5,	6,	7
Reste	1,	2,	3,	4,	5,	0

(= 119);

Tartaglia [1; **1**, 257^{v} f., Nr. 146–148]:
Nr. 146: Abzählen von Schafen

$$N \equiv \begin{array}{lcccccc} \text{Mod.} & 2, & 3, & 4, & 5, & 6, & 7 \\ \text{Reste} & 1, & 1, & 1, & 1, & 1, & 0, \end{array}$$

Nr. 147: $$N \equiv \begin{array}{lcccc} \text{Mod.} & 2, & 3, & 4, & 5 \\ \text{Reste} & 1, & 1, & 1, & 0, \end{array}$$

Nr. 148: $$N \equiv \begin{array}{lcccccccccc} \text{Mod.} & 2, & 3, & 4, & 5, & 6, & 7, & 8, & 9, & 10, & 11 \\ \text{Reste} & 1, & 1, & 1, & 1, & 1, & 1, & 1, & 1, & 1, & 0; \end{array}$$

Trenchant [1; 257 f., Nr. 3, 4]:

Nr. 3: $$N \equiv \begin{array}{lcccc} \text{Mod.} & 2, & 3, & 4, & 5 \\ \text{Reste} & 1, & 1, & 1, & 0; \end{array}$$

Nr. 4: $$N \equiv \begin{array}{lcccc} \text{Mod.} & 2, & 3, & 4, & 5 \\ \text{Reste} & 1, & 2, & 3, & 0; \end{array}$$

Buteo [278 ff., Nr. 70]

$$N \equiv \begin{array}{lcccccc} \text{Mod.} & 2, & 3, & 4, & 5, & 6, & 7 \\ \text{Reste} & 1, & 2, & 3, & 4, & 5, & 0; \end{array}$$

Bachet [2; 135 f., Probl. 1] (ohne Einkleidung):

$$N \equiv \begin{array}{lcccccc} \text{Mod.} & 2, & 3, & 4, & 5, & 6, & 7 \\ \text{Reste} & 1, & 1, & 1, & 1, & 1, & 0. \end{array}$$

4.2.5.3 Die drei Schwestern

Auch diese Problemgruppe stellt wieder eine Untergruppe der Ta-yen-Aufgaben dar. Erstmals erscheint eine derartige Aufgabe bei **Sun Tzu** [39, Nr. 35]. Hier wird gefragt, wann drei Schwestern, die in verschiedenen Zeitabständen (nach 5, 4 und 3 Tagen) nach Hause kommen, einmal alle zusammen zu Hause sind. Es gilt also $N \equiv 0 \pmod 5$ $\equiv 0 \pmod 4 \equiv 0 \pmod 3$; **Sun Tzu** gibt nur die Lösung $N = 5 \cdot 4 \cdot 3 = 60$.

Ein weiteres, hierher gehörendes Beispiel steht im Algorismus Ratisbonensis [AR; 54, Nr. 84]: *Item sein 5 korschuler, derer 1 get all nacht gen meten, dy ander vber dij ander nacht, dy dritt vber kij driten ⟨etcetera⟩. Queritur, wenn sy all zesam komen in einer metn. Machß also: multiplicir dy zal mitteinander, facit 120 nacht.* (Lösung: $1 \cdot 2 \cdot 3 \cdot 4 \cdot 5 = 120$ (statt 60!))

4.2.6 Das Erraten von Zahlen

Das unterhaltsame Gesellschaftsspiel, gedachte Zahlen oder auch die Verteilung von Gegenständen zu erraten, stammt aus dem Orient. Von der Regel Ta-yen und anderen Restproblemen war gerade die Rede. Eines der wenigen direkten Zeugnisse für die Herkunft aus dem Osten sind die von „**Abraham**“ in seinem *Liber augmenti et diminutionis* vermittelten Probleme, nämlich die von 3 Personen gedachten Zahlen oder die Verteilung von 3 Gegenständen an sie zu erraten [312 f., 371].

Diese Probleme werden von Byzanz und vom Abendland übernommen. **Leonardo von Pisa** bringt sie in dem Kapitel *De quibusdam divinationibus* [1; **1**, 303–309], in dem auch zahlreiche andere Aufgaben des Erratens mitgeteilt werden. Diese dienten wie die anderen Enigmata (Cautelae, Subtilitates, Questiunculae) der Entwicklung und Verbreitung algebraischer und zahlentheoretischer Kenntnisse und waren auch in den Klosterkreisen im Mittelalter besonders beliebt. Die folgende Gruppeneinteilung soll wenigstens einen Überblick über das unerschöpfliche Thema ermöglichen.

4.2.6.1 Rückwärtsrechnen

Dieses recht einfache Verfahren besteht darin, daß man den Befragten eine Reihe von Rechenoperationen vornehmen läßt, und dann vom Ergebnis her die inversen Operationen durchführt. Beispiele stehen bereits bei **Ṭabarī** [2; 115 f. = IV 25, 26]. Hier sei eine Aufgabe aus einer byzantinischen Sammlung aus dem 15. Jahrhundert genannt [Hunger/Vogel; 56 f., Nr. 71]: *Darüber, wie du eine Zahl findest, die du mit 12 multiplizierst und ⟨dann⟩ durch 36 teilst, und daß als Ergebnis 64 herauskommt. Mache es so: Multipliziere die 36 mit den 64, und es gibt 2304, und so groß ist die Zahl, die du durch 36 teilst, damit der Quotient 64 herauskommt. Wiederum sagst du, daß du durch die 12 teilst. Jetzt teile die 2304 durch die 12, und es kommen heraus 192, und so groß wird die Zahl selbst sein, damit du sie mit 12 multiplizierst und ⟨dann⟩ durch 36 teilst, und daß als Quotient 64 herauskommt.*

Eine Schilderung der Methode des Rückwärtsrechnens gibt bereits **Āryabhaṭa** I [Gaṇ. 28, 29]. Durch Rückwärtsrechnen löst **„Abraham"** Schachtelaufgaben wie $(x - \frac{x}{3} - 4) - \frac{1}{4}(x - \frac{x}{3} - 4) = 20$; er nennt dieses Verfahren *Regula Job* [312 f.]. Auch in der byzantinischen Aufgabensammlung aus dem 15. Jahrhundert wird eine Schachtelaufgabe durch Rückwärtsrechnen erledigt [Hunger/Vogel; 66–71, Nr. 84] und **Leonardo von Pisa** löst damit die speziellen Schachtelaufgaben „Geschäftsreisen" (s. S. 582) [1; **1**, 258–266]. Gleichzeitig aber verwendet **Leonardo von Pisa** diese Methode des Rückwärtsrechnens auch beim „Erraten einer Zahl"; hierbei rechnet er die vorgeführten Rechenoperationen noch zusätzlich an der Hilfszahl 1 mit [1; **1**, 308 f.]. Ein primitives Beispiel des Zahlenerratens steht auch im Cod. Par. suppl. gr. 387 [159^v]; hier soll für die unbekannte Uhrzeit gerechnet werden $x \cdot 2 \cdot 3 \cdot 5 \cdot 10$, worauf der Fragende nur durch 300 zu dividieren braucht. Weitere Beispiele hierzu, speziell aus mittelalterlichen Handschriften, stehen in [Folkerts 2; 61 f.].

4.2.6.2 Erraten mit 9

Ein Beispiel hierzu bringt der arabische Mathematiker **Abū Manṣūr** [Uqlīdisī 2; 476]. Im Abendland wird dieses Problem erstmals ausführlich in einer aus der Karolingerzeit stammenden Aufgabensammlung die **Beda Venerabilis** zugeschrieben wird, behandelt [Folkerts 3; 30 f., 37 f., 39 f., Nr. 1, 2]. Es geht darum, an einer gedachten Zahl N folgende Rechenschritte vorzunehmen:

$$N, 3N, \frac{3N}{2}, \frac{9N}{2}, \frac{9N}{4},$$

wobei der Schritt $\frac{9N}{4}$ fehlen kann, z.B. in [Folkerts 3; 30, 37 f., Nr. 1]. Das Ergebnis läßt sich der Fragende sagen; er bestimmt dann die Zahl der darin enthaltenen Neuner, also $\frac{9\,N}{4} : 9 = \frac{N}{4}$. Das Vierfache davon ist N. Dies gilt aber nur für N = 4 n. So sind noch folgende weiteren drei Fälle zu unterscheiden:

1. N = 4 n + 1;
2. N = 4 n + 2; und
3. N = 4 n + 3.

Da im 1. Fall die erste Halbierung nicht aufgeht, im 2. Fall die zweite und im 3. Fall beide, so verlangt das Rezept jeweils die Ergänzung durch $\frac{1}{2}$. Die Rechnung ergibt die zu großen Lösungen bei 1. $N = 4\,n + 1\frac{1}{3}$; 2. $N = 4\,n + 2\frac{2}{9}$ und 3. $N = 4\,n + 3\frac{5}{9}$. So ist es richtig, wenn der Fragende im 1. Fall die Zahl 1, im 2. Fall die 2 und im 3. Fall die Zahl 3 zu dem jeweiligen Ergebnis addieren soll.

Eine derartige Aufgabe bringt auch **Leonardo von Pisa** [1; **1**, 303 f.]; die Nr. 120 des Columbia-Algorismus [Vogel 24; 129] ist wohl ebenfalls diesem Aufgabentyp zuzurechnen.

In einfacherer Form, ohne die zweite Halbierung, steht die Aufgabe bei **Johannes Hispalensis** [125 f.], im Clm 14684 [Curtze 3; 77, 81, Nr. 3, 22], im Clm 8951 [Vogel 17; 51, 53, Nr. 9, 12] und in zahlreichen Handschriften des 14. und 15. Jahrhunderts [Folkerts 2; 62]; ausführlich beschrieben ist sie in einer byzantinischen Aufgabensammlung des 15. Jahrhunderts [Hunger/Vogel; 38 f., Nr. 44]: *Es soll einer Aspra nehmen, so viel er will. Damit du dies herausbringst, sage ihm, er solle die ⟨Zahl der⟩ Aspra, soviel er genommen hat, mit drei multiplizieren und das Resultat – sage ihm – solle er halbieren. Dann frage ihn, wieviel Aspra übrig geblieben sind, ⟨die⟩ ein Halbes ⟨bei sich⟩ haben, und wenn sie ein Halbes haben, sage ihm, er solle es zu einem Ganzen machen. Und wieder sage ihm, er solle die Aspra, soviel es sind, verdreifachen und wieder halbieren. Dann frage ihn wieder: Haben sie ein Halbes? Und wenn er dir sagt, daß sie ein Halbes haben, dann sage ihm, er solle es zu einem Ganzen machen. Dann sage ihm: Wievielmal geht 9 in die Zahl der Aspra hinein? Und wisse: Wievielmal er sagt, daß 9 hineinging, ⟨so oftmal⟩ behalte für je 9 vier. Und erinnere dich an die erste Frage: wenn er dir sagte, daß ein Halbes da war, behalte 1; wenn er aber bei der zweiten ⟨Frage⟩ ein Halbes hatte, behalte zwei; wenn er aber bei den zwei Fragen ein Halbes hatte, behalte drei. Wenn er aber bei den beiden Fragen kein Halbes hatte, ⟨dann⟩ behälst du überhaupt nichts. Für die Neunheiten allerdings, soviel es sind, behalte du ⟨je⟩ 4. Nachher lege jene Zahlen dazu, die du ⟨im Kopf⟩ hast, entweder 1 oder 2 oder 3. Es wird aber so gemacht.*

Auch **Cardano** behandelt dieses Problem im Abschnitt *De Extraordinariis et Ludis* [2; 110 = Cap. 61, Nr. 4]. Von späteren Rechenbüchern, die entsprechende Beispiele bringen, seien hier folgende genannt:

P. M. Calandri [138 f.];
F. Calandri [2; o 1^r f.];
Chuquet [2; 457, Nr. 158];
La Roche [218^v f.];
Rudolff [2; r 2^v–r 4^r];
Apian [M 7^v f.];
Gemma Frisius [149 f.];
Trenchant [1; 262, Nr. 1].

4.2.6.3 Gerad oder Ungerad

Bei diesen erst in Handschriften des Mittelalters auftretenden Problemen soll erraten werden, in welcher Hand des Befragten sich eine gerade oder eine ungerade Zahl, 2 n oder 2 m + 1, befindet. Ein derartiges Beispiel steht u.a. bei **Rudolff** [2; r 4^r]: *Von gerad vnd vngerad. Einer hat etlich pfennig in der rechten / auch etlich in der lincken / ist in der eynen hand gerad / in der andern vngerad. Das zu wissen / heiß ihne die zal der pfennig in der rechten dupliren / vnd die pfenning in der lincken handt zum product addirn / wirdt daraus ein gerade zal / so ist in der rechten vngerad / wirdt ein vngerade zal / so ist in der rechten gerad.*

Es sind also die beiden Fälle zu unterscheiden:

Fall a) Liegt rechts ungerade (2 m + 1) und links gerade (2 n), so folgt durch die Multiplikation der Zahl in der rechten Hand mit 2 und Addition der in der linken Hand:
$(2m + 1) 2 + 2n = 2m + 2 + 2n =$ gerade

Fall b) Liegt rechts gerade 2 n und links ungerade 2 m + 1, so folgt durch Multiplikation der Zahl in der rechten Hand mit 2 und Addition der in der linken Hand:
$2n \cdot 2 + 2m + 1 = 4n + 2m + 1 =$ ungerade.

Apian [M 8^r] und **Gehrl** [135] geben genau dieselbe Vorschrift. Dagegen ist es vor allem im Mittelalter üblich, die linke Hand erst mit 3 zu multiplizieren und dann zu addieren, was dasselbe Ergebnis liefert [Folkerts 2; 63]. Auf diese Weise behandelt auch **Trenchant** das Problem [1; 266 f., Nr. 5].

Schließlich kann mit diesem Verfahren auch bestimmt werden, welcher von zwei Gegenständen in der rechten und welcher in der linken Hand liegt. Man gibt dem einen Gegenstand eine Kennzahl 2 m + 1 (meistens 3) und dem anderen 2 n (meistens 2). Im Clm 14684 handelt es sich in einem Beispiel um zwei verschiedene Münzen (sterlingus, parisiensis), in einem zweiten Beispiel um einen Falken und ein Schwert [Curtze 3; 77, 81 f., Nr. 1, Nr. 23], bei **La Roche** um Gold und Silber [219^v].

4.2.6.4 Ratespiel im Kreis

Bei dieser seltenen und späten Variante des Zahlenerratens werden die mitspielenden Personen (z.B. 10) in einem Kreis aufgestellt und von einer Stelle A aus z.B. im Gegensinn des Uhrzeigers abgezählt. Der Befragte, der sich z.B. 5 gedacht hat, soll nun von A aus im Uhrzeigersinn mit 5 + 1 = 6 beginnend die Personen bis auf 10 + 2 abzählen, dann ist er wieder auf die von ihm gedachte Person gekommen. So steht es in dem aus dem Anfang des 15. Jahrhunderts stammenden Clm 8951 [Vogel 17; 52, Nr. 11]: In erweiterter Form bringt **Rudolffs** Rechenbuch ein derartiges Beispiel [2; r 5^r f.]: *Wann auff dem vmbkreiß eins circkels gelegt sein etlich pfenning / wilt rathē welchen pfenning einer*

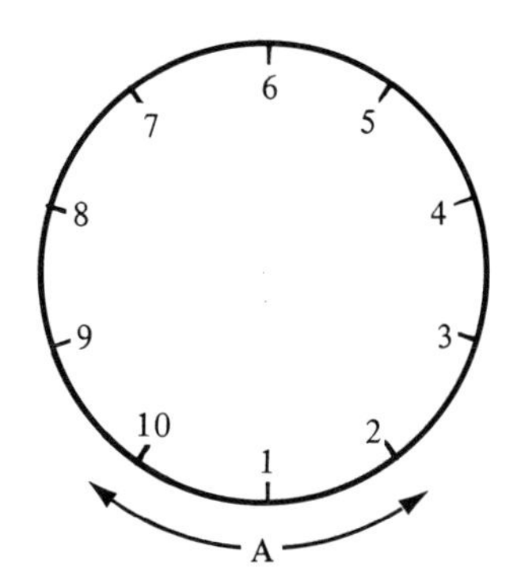

im sinn für genomen / thue im also. Merck anfenglich wieuil der pfenning sein / vnnd mach ein natürliche ordnung / das man wisse welcher der erst / ander oder drit sey / als dann heiß ine heimlich zelen von dem ersten bis auff den fürgenomen pfenning / die zal eben im sinn behalten / vnnd gegen welcher hand du im zu zelen befolhen / gegen der selbigen soltu auch zelen der gestalt. Nimb war wieuil der pfenning im vmbkreiß sein / laß faren die natürlich volgend zal / gib dem ersten pfenning die negst zal darnach / als wann der pfenning sein 13. laß faren 14. gib dem pfenning 15 / vnd zele als weit dir geliebt / merck wie hoch sich dein zal erstreckt / vnd wo sie sich endet / daselbs laß den andern anfahen vnnd auff sein vorig im sinn behalten zal / gegen der andern handt auch so weyt zelen / so endet sich die zal auff seinem für genomenen pfenning. **Rudolff** rechnet noch ein Beispiel mit 17 Pfennigen vor.

Weitere Beispiele

Chuquet [2; 456 f., Nr. 157];
La Roche [219r f.];
Bachet [2; 86 f., Nr. 20].

4.2.6.5 Wo ist der Ring?

Hier handelt es sich darum, wie numerierte Gegenstände (Würfelaugen, Wochentage usw.) verteilt sind oder wo (an welchem Finger, an welcher Hand, bei welcher Person) sich ein Ring befindet. Dabei müssen die Zahlen kleiner als 10 sein, sie werden durch Operationen mit 2, 5 und 10 auf die Dezimalstellen gezwungen.

Im einfachsten Fall, wie im Problem 3 bei **„Beda"**, in einer Aufgabensammlung aus der Karolingerzeit, läßt man mit der Zahl x, die ein zu erratender Wochentag sein soll, den Ausdruck $(2x + 5) \cdot 5 \cdot 10 - 250$ bilden. Die Anzahl der nach dieser Operation entstandenen Hunderter gibt den genauen Wochentag x an [Folkerts 3; 31, 40 f.].

Im komplizierteren Fall sind x, y, z die zu erratenden Augen oder „Punkte". wie z.B. bei **Leonardo von Pisa** [1; **1**, 304 f.], dann lautet das Rezept:

$$[(x \cdot 2 + 5) \cdot 5 + 10 + y] \cdot 10 + z = 100x + 10y + z + 350 .$$

Es braucht also nur 350 vom berechneten Ergebnis abgezogen zu werden und die 3 Zahlen stehen auf den 3 Stellen. Eine Variante dieses Beispiels steht im Algorismus Ratisbonensis [AR; 123, Nr. 271]: *Wurfel. Nota des gleichen, wenn ir 3 mit einem wurfel werfen und wild wissen, wie vil ydlicher hat gewurffen, sprich zu dem ersten: duplir dy zal deiner augen, dy du geworffen hast. Darnach haijß yn addiren 5 und multiplicirn mit 5. Darnach sprich zw dem andern, daz er addir sein augen; darnach haijß multiplicirn mit 10. Darnach sprich zw dem dritten, daz er addir auch sein augen. Darnach nym von der summ 350 und waz do pleibt an der ersten stat gegen der linken hannt, daz hat der erst gewurffen.* Hier mußte eigentlich 250 subtrahiert werden. Zur Verwechslung von 250 mit 350 siehe [Folkerts 2; 64].

In gleicher Weise findet man, an welchem Fingerglied jemand einen Ring trägt. Dabei ist x die Nummer der am Ratespiel beteiligten Personen, y die Nummer der Hand, z die Nummer des Fingers (Daumen = 1, usw.), u das Glied des jeweiligen Fingers; **Rudolff** berichtet [2; r 4^r f.]: *Es sitzen etlich person an einem tisch / hat eine vnter inē ein ring / die selbig person sampt dem finger und dem glid / daran der ring gesteckt durch rechnung anzuzeigen / mach vorhin vnter ihnen solche ordnung / das man wisse welche person für die erst / welche für die ander / für die drit / für die vierd etc. solle gehalten werden. Item das der daum der lincken für den ersten finger / der klein finger der rechten handt für den sechsten. Item das ober glid an yedem finger für das erst gehalten werde. Darnach fahe an las dupliren die zal der person so den ring hat / wie sie dann in ordnung gefunden / laß fünff zum duplat addirn / das da komen ist mit 5 multiplicirn / die zal des finger darzu addirn / die sum̄a mit 10 multiplicirn / zum product das glid addirn / das zu letst kompt / heiß dir anzeigen / subtrahir daruon 250. bleiben vber drey / so wirdt durch die letzt gegen der lincken die person / durch die volgent der finger / durch die erst gegen der rechten hand das glid angezeigt. Bleiben über 4 figuren / so wirdt die person durch die letsten zwo geöffnet.* Ist das Ergebnis wie bei **Rudolffs** Zahlenbeispiel 742, so bedeutet das also, daß die 7. Person den Ring am 4. Finger der linken Hand (linke Hand = 2, rechte = 1) hat. In weiteren Beispielen werden meistens etwas andere Rezepte verwendet. Bei **Leonardo von Pisa** ist ein Ring sogar an 100 verschiedenen Körperstellen versteckt [1; **1**, 305 f.].

Zusammenstellung der Beispiele

Abū Manṣūr [Uqlīdisī 2; 479];
Ṭabarī [2; 113 ff. = IV, Nr. 24];
„**Abraham**" [369 f.]: Capitulum de anulis;
Leonardo von Pisa [1; **1**, 305 f.]: *De anulo reperiendo*;
Cod. Lucca 1754 [123];
Columbia-Algorismus [Vogel 24; 125–128, Nr. 115, 116/7, 118]: Ring am Finger, Verteilung von drei Gegenständen, 3 Würfel (vgl. [Buchanan-Cowley; 399 f.]);
Clm 14684 [Curtze 3; 82, Nr. 25];
Clm 8951 [Vogel 17; 51, Nr. 7] (= Clm 14684);
Algorismus Ratisbonensis [AR; 122 ff., 138, Nr. 270, 272, 272 = 347, 310];
P.M. Calandri [142];
F. Calandri [1; 208 f.], [2; o 1^r ff];
Chuquet [2; 458, Nr. 160];
La Roche [220^r];
Ghaligai [67^v, Nr. 37];
Rudolff [2; r 4^r f.] (siehe oben);
Apian [M 7^r];
Tartaglia [1; **1**, 262^v f., Nr. 191]: drei Personen besitzen drei verschiedene Gegenstände
Trenchant [1; 264, Nr. 3].

4.2.6.6 Die drei Spieler

Die drei Spieler, die einmal der Reihe nach verlieren, müssen die Geldbeträge der anderen zwei verdoppeln und besitzen dann am Schluß alle gleich viel, wie z.B. bei **Widman** [84^r]: *Spylen. Itm̄ drei gesellē die spilen mit einander / vnd einer hat mer geltz den der ander / aber ich sag nit wie vil yeder geltz hab / vn̄ wen ir einer ein wurff thut* *so verlürt er als vil alz sie beid habē vn̄ wenn nun ieder ein wurff hat gethan so hat sich das gelt gleich vnder sie geteilt. Nū ist dy frag wieuil yeder zū erstē geltz gehebt hat vn̄ ist die ander frag wieuil ytlicher zum lestē behaltē hab. . .*

In einer Rückwärtsrechnung erhält **Widman** aus den Endbeträgen der Reihe nach:

8	8	8
16	4	4
8	14	2

und schließlich die Anfangsbeträge:

4	7	12

Weitere Beispiele hierzu bei **Rudolff** [1; R 4^r f., Nr. 212 und M 6^r–M 7^v, Nr. 112 (= **Widman**), Nr. 113, 114], ferner bei **Euler** [5; 2. Teil, 1. Abschn., § 54].

4.2.6.7 Verteilung von 3 Gegenständen

Das Erraten von 3 Zahlen erfolgt hier auf eine andere Weise (wie oben S. 646), nämlich nach der für die gedachten Zahlen x, y, z angesetzten Formel:

$$[(x + y + z)\,m - \{(m - n)\,x + (m - 1)\,y + mz\}] : n = x + \frac{y}{n}.$$

Dabei ist die Anzahl der Ganzen dieser gemischten Zahl gleich x, der Zähler des Bruches ist y und für z gilt $z = (x + y + z) - (x + y)$. Voraussetzung ist allerdings, daß die Summe $x + y + z$ dem Fragenden bekannt ist oder gesagt wird, ferner, daß $m > n$ und $n > y$ ist (**Leonardo von Pisa** sagt *et nota, quod unumquemque numerorum datorum oportet esse minus quam 8* [1; **1**, 308]). Wie bei **Leonardo** wird meistens $m = 10$ und $n = 8$ genommen, so daß die obige Formel lautet:

$$[(x + y + z)\,10 - \{2x + 9y + 10z\}] : 8 = x + \frac{y}{8}.$$

Eine derartige Aufgabe mit $m = 18 = x + y + z$ und $n = 16$ bringt bereits **Ṭabarī** [2; 109 = IV, Nr. 17]. Mit den Zahlen $m = 10$ und $n = 8$ steht ein weiteres Beispiel bei „**Abraham**" und zwar als Zusatz unbekannter Herkunft nach dem explicit [371]: Hier sollen 3 Gegenstände (N. 1–3) unter 3 Personen verteilt werden, welche die „Namen" 2, 3 und 5 bekommen. Wer den Gegenstand N. 1 hat, soll seinen „Namen" mit 2, wer den Gegenstand N. 2 hat, mit 9 und wer den Gegenstand N. 3 hat, mit 10 multiplizieren. Es ist also hier $m = 10$ und $n = 8$. Da $x + y + z = 2 + 3 + 5 = 10$ ist, gilt:

$$[100 - (2x + 9y + 10z)] : 8 = x + \frac{y}{8}.$$

Hat z.B. die Person „5" den Gegenstand N. 1, Person „3" den Gegenstand N. 2 und Person „2" den Gegenstand N. 3, dann ist:

$$[100 - (2 \cdot 5 + 5 \cdot 3 + 10 \cdot 2)] : 8 = 5\tfrac{3}{8}.$$

Person „5" hat den Gegenstand N. 1, Person „3" den Gegenstand N. 2 und Person „2" = (10 – (5 + 3)) den Gegenstand N. 3.

Die Texte geben vielfach den 3 Personen oder Gegenständen, die zu erraten sind, die einfachen „Namen“ 1, 2 und 3; dann ist die Summe $x + y + z = 6$; dies gibt dann, wie in einem Beispiel bei **Leonardo von Pisa**, wo es um die Verteilung von Gold, Silber und Zinn geht [1; **1**, 307], mit $m = 10$ und $n = 8$ für die obige Formel:

$$[60 - (2x + 9y + 10z)] : 8 = x + \frac{y}{8}.$$

Zahlenmäßig dasselbe Beispiel steht auch in den Annales Stadenses, wo 6 Pfennige an die 3 Personen Volrad, Otto und Galter verteilt werden und zwar auch derartig, daß einer oder zwei von ihnen nichts bekommen. Die Ergebnisse sind hier in einer Tabelle zusammengestellt [332 f.].

Weitere Beispiele

Byzanz:

Aufgabensammlung aus dem 14. Jh. [BR; 56–59, Nr. 38, 39]: 3 Würfel, $m = 9$ bzw. 10, $n = 7$;
[BR; 118 f., Nr. 100]: hier sind nur 2 Würfelwürfe zu erraten und zwar mit $m = 11$, $n = 9$, also $[(x + y)\,11 - (2x + 11y)] : 9 = x + \frac{y}{9}$.

Abendland:

Clm 14684 [Curtze 3; 77 f., Nr. 9]: Verteilung von Gold, Silber und Blei an 3 Personen, $m = 10$, $n = 8$;
[Curtze 3; 80 f., Nr. 19]: Wer von drei Paaren gehört jeweils zusammen? $m = 10$, $n = 8$;
[Curtze 3; 78, Nr. 7]: Wer von drei Personen ist ein Räuber; ähnlich in weiteren Handschriften, siehe [Folkerts 2; 64 f.], $m = 10$, $n = 8$;
Algorismus Ratisbonensis [AR; 122, Nr. 269]: *Von dreyen dingen*, $m = 10$, $n = 8$;
Ghaligai [67^v f., Nr. 39, 40, 41]: $m = 31$, $n = 29$;
Rudolff [2; r 6^r f.]: *Von dreyen flaschen*, $m = 10$, $n = 8$.

Variante

Eine Variante dieses Aufgabentyps stellt folgendes Problem dar: Es sind 3 Personen mit den „Namen“ „1“, „2“, „3“ und 3 Gegenstände b, c, d. Ferner sind noch 24 Steinchen oder Pfennige etc. vorhanden. Nun gilt:

Wer den Gegenstand b hat, nehme seinen „Namen“ einmal
Wer den Gegenstand c hat, nehme seinen „Namen“ zweimal
Wer den Gegenstand d hat, nehme seinen „Namen“ viermal.

Wieviel von den 24 Steinchen bleiben noch übrig, wenn jeder zuerst seinen Namen und dann seinen entsprechend multiplizierten „Gegenstand“ abzieht? Das Problem sieht also so aus:

$$24 - (1 + 2 + 3) - (1b + 2c + 4d) = \text{Rest?}$$

Umgekehrt kann man jetzt aus einem bekannten Rest eindeutig auf die jeweilige Verteilung der Gegenstände an die Personen schließen. **Chuquet** [2; 457 f., Nr. 159] und **La Roche** [219^v f.] haben folgende Lösungstabelle:

1	2	3	0
b	c	d	1
b	d	c	3
c	d	b	5
c	b	d	2
d	b	c	6
d	c	b	7

Die letzte Spalte gibt die jeweiligen Reste an. Sind also z.B. 3 als Rest geblieben, so ist nach der 3. Zeile der Tabelle der Person „1“ der Gegenstand b, der Person „2“ der Gegenstand d, der Person „3“ der Gegenstand c zugeordnet.

Meistens wird nicht erst 24 – (1 + 2 + 3) gerechnet, sondern die Rechnung gleich mit 18 Steinchen, Pfennigen etc. begonnen. Dies tut z.B. **Rudolff**, bei dem die Aufgabe so lautet [2; r 6^{v} f.]: *Von dreyen dingen. Drey gesellen haben vntersich getheilt drey ding / nemlich 1 pfeiffen / ei tutzet nestel / vn̄ ein blawes täschlein / welchem eins oder das ander in der theilung gebürt durch Rechnung zu erfaren / mach ordnūg vnter den gesellen / auch vnter den kleinaten / also das das täschlin sey das erst / das tutzet nestel das ander / die pfeiffen das drit. Leg darnach auff den tisch 18 d. vn̄ schaff das der / so das täschlein verborgen seine ordenliche zal 1 mal hinweg neme von 18. versteh / ist er der erst / sol er ziehen 1 pfenning / ist er der ander / sol er ziehen 2 pfenning etc. Item das der mit den nestlen sein ordenliche zal von den vbrigen z wiret abzihe. Item das der mit der pfeiffen weg neme sein ordenliche zal zu 4 malen. Hab frag nach dem rest / so findestu in hie bey geschribnen täffelein / welchs kleinat yeder empfangen.* Ähnlich wie **Chuquet** gibt auch **Rudolff** eine Tabelle.

Bei **Trenchant** werden die drei Titel Roy, Duc und Conte auf die 3 Personen Pierre „1“, Jaques „2“ und Françoys „3“ verteilt. Auch hier wird gleich am Anfang 24 – 6 = 18 gerechnet. **Trenchants** Tabelle sieht folgendermaßen aus [1; 267 f., Nr. 6]:

1	2	1	3	2	3	1. Zeile: Pierre
2	1	3	1	3	2	2. Zeile: Jaques
3	3	2	2	1	1	3. Zeile: Françoys
a	e	a	i	e	i	
e	a	i	a	i	e	
i	i	e	e	a	a	
1	2	3	5	6	7	Reste

Hierbei bedeutet:

1. Zeile: Pierre
2. Zeile: Jaques
3. Zeile: Françoys

Reste

Dabei gilt 1 für Roy, 2 für Duc und 3 für Conte. Im unteren Teil der Tabelle stehen an Stelle von 1, 2, 3 die Vokale a, e, i. Die Reihenfolge dieser Vokale in den einzelnen Spalten wird bei **Trenchant** durch folgende Namen dargestellt:

Angeli	für a e i
Beati	für e a i
Psallite	für a i e
Israel	für i a e
Messias	für e i a
Liberat	für i e a .

Weitere Beispiele

Widman [160^{v}]: *Salue stella maris nati celi via vite;*
F. Calandri [2; o 2^{v} ff.]: hier stehen ebenfalls Namen für die Vokalreihenfolge von a, e, i;
Gemma Frisius [150 f.];
Gehrl [137 f.];
Bachet [2; 127–134, Nr. 25]: hier wird auch ein Beispiel mit 4 Personen und vier Objekten durchgerechnet.

4.2.7 Anordnungsprobleme und andere Scherzaufgaben

4.2.7.1 Gleicher Erlös trotz Verkaufs verschiedener Mengen

Diese im Mittelalter weit verbreitete Scherzaufgabe findet sich zuerst in dem auf arabische Quellen zurückgehenden *Liber augmenti et diminutionis* [„Abraham"; 365 ff.]: *Zwei Männer betraten den Markt; der eine hatte 10 caficii, der andere 20; und sie verkauften mit demselben Maß und um denselben Preis; danach jat jeder von ihnen 30 Dinar;* vgl. hierzu auch [Junge 2]. Beide verkaufen also ihre Ware um denselben Preis und nehmen trotzdem den gleichen Betrag von 30 Dinar ein. Der Kunstgriff besteht darin, daß jeder einen Teil der Ware um 1, den anderen um 4 Dinare verkauft und zwar gibt der erste von seinen 10 caficii: $3\frac{1}{3}$ caficii für je 1 Dinar und $6\frac{2}{3}$ caficii für je 4 Dinar; der zweite, der 20 caficii hat, gibt $16\frac{2}{3}$ caficii für je 1 Dinar und $3\frac{1}{3}$ caficii für je 4 Dinar. So erzielen beide 30 Dinar. Eine Randbemerkung im Text weist auf den doppelten Verkaufspreis hin; gerade deshalb fand **Libri**, der den *Liber augmenti et diminutionis* ediert hat, keinen algebraischen Ansatz [„Abraham"; 365 f., Fn.]. Dieser wäre

$$x \cdot 1 + (10 - x) \cdot 4 = 30$$
$$y \cdot 1 + (20 - y) \cdot 4 = 30\ .$$

Der Autor löst die Aufgabe mit dem falschen Ansatz.

Ferner war auch noch folgende Einkleidung dieses Aufgabentyps beliebt: 3 Söhne oder Töchter werden auf den Markt mit 50, 30 bzw. 10 Äpfeln geschickt. Sie verkaufen um denselben Preis, erzielen aber trotzdem den gleichen Erlös. Es hatte nämlich jeder immer 7 Äpfel für 1 *d* und dann den Rest für 3 *d* pro Apfel verkauft; z.B. bei **Widman**

[89ᵛ f.]: *Itm̄ ein buwer hat 3 töchter vn̄ gybt der erstē 10 öpffel / der andern 30 / vnd der dritten 50 vn̄ sol eme als vil für 1 d geben als die ander. Nū ist die frag wie vil sol ietliche für 1 d gebē / vn̄ wie vil lößt ietliche geltz.*

Zusammenstellung der Beispiele

Abendland:

Leonardo von Pisa [1; **1**, 298 f.]: 2 Söhne verkaufen Äpfel;
Paolo Dagomari [1; 85 f., Nr. 101]: 3 Männer verkaufen Eier;
Clm 14684 [Curtze 3; 79 f., Nr. 13]: 3 Söhne verkaufen Birnen;
Clm 8951 [Vogel 17; 48, Nr. 1]: 3 Söhne verkaufen Äpfel;
Cod. Vindob. 3029 [74(73)ᵛ f.]: 3 Söhne verkaufen Eier;
in weiteren mittelalterlichen Handschriften, siehe [Folkerts 2; 73, Fn. 76];
Chuquet [2; 453, Nr. 145]: 3 Frauen verkaufen Äpfel;
Widman [89ᵛ ff.]: 3, 4, 5 Töchter verkaufen Äpfel;
Livre de getz [G 8ʳ f., Nr. 13]: 3 Frauen verkaufen Äpfel;
Ghaligai [64ᵛ f., Nr. 21, Nr. 22]: 2 bzw. 3 Diener verkaufen Orangen.

4.2.7.2 Gewinn beim Verkauf um den Einkaufspreis

Das älteste Beispiel dieser Scherzaufgabe steht bei „**Alcuin**" [Sp. 1146, Nr. 6]. Hier haben 2 Viehhändler A und B 250 Schweine zum Preis von 100 Solidi gekauft, also zum Preis von 2 Solidi für 5 Schweine. Sie wollen zum gleichen Preis verkaufen und trotzdem einen Gewinn erzielen. Der Kunstgriff besteht nun darin, daß die Herde in leichte und schwere Tiere geteilt wird. So verkauft A 120 Schweine, wobei 3 Schweine 1 Solidus kosten, B verkauft 120 Schweine zum Preis von 1 Solidus für 2 Schweine. So haben sie 5 Schweine immer für 2 Solidi verkauft und es blieben 10 Schweine als Gewinn übrig.

Ähnliche Beispiele stehen im Algorismus Ratisbonensis [AR; 154, Nr. 354] (Verkauf von Ziegen) und bei **Buteo** [215 ff., Nr. 17] (Verkauf von Äpfeln).

4.2.7.3 Das Joseph-Spiel

Bei diesem, wahrscheinlich auf die Römerzeit zurückgehenden Problem [Ahrens; **2**, 118 ff.] geht es darum, aus zwei in einem Kreis aufgestellten Personengruppen (Christen und Juden, Christen und Türken, Franziskaner und Mönche u.a.) die eine durch eine Abzählung z.B. mit 10 *(decimatio)* vollständig auszusondern. Die meistens gewählte Einkleidung spricht von einem mit den beiden Gruppen von je 15 Personen beladenen Schiff, das wegen Überlastung zu sinken droht. Der Führer trifft nun die Aufstellung so, daß die zu seiner Gruppe gehörenden Leute von dem Überbordwerfen verschont bleiben.

Im Abendland erscheint dieses Problem zuerst in einer wohl aus dem 10. Jahrhundert stammenden Handschrift, dem Codex Einsidlensis 326 [Anthologia Latina; **2**, 184 f.], vgl. auch [Hagen; 31 f.], den **Mommsen** untersucht hat [2]. Hier soll bei zwei Abteilungen von „schwarzen" und „weißen" Soldaten entschieden werden, wer den lästigen Wachdienst leisten soll, zu deutsch etwa [Ahrens; 2, 124]: *Einst kamen zur Nachtzeit zwei Truppenführer, der eine Schwarz, der andere Weiß mit Namen, zufällig in dasselbe Quartier. Weiß brachte mit sich 15 weiße Soldaten, Schwarz ebensoviele schwarze. ‚Weiß' sagte Schwarz, ‚wer von den Unsrigen soll zuerst die Wache übernehmen? Gern will ich nämlich deinen Weisungen folgen'. Weiß entgegnete hierauf mit sanftheiterer Miene: ‚Niemanden will ich mit meiner Entscheidung beschweren, damit nicht durch meine Schuld ein Streit ausbricht und die Gefährten von neuem zu den Waffen ruft. Aber meinen Rat will ich dir nicht vorenthalten: in Reihe und Ordnung möchte ich alle Genossen sich lagern lassen, und das neunte Los mag alsdann für die Nachtwachen auswählen. Aber die weiße Schar soll mit der schwarzen vermischt dasitzen, damit niemand wähnt, ich wolle die Männer betrügen.'* – In den nun folgenden 8 Versen gibt die Handschrift die Regel, nach der die weißen und schwarzen Gefährten anzuordnen sind, wenn nur Schwarze vom Lose getroffen werden sollen, richtig an.

Weitere Beispiele

Araber:

bei **Abraham ben Ezra**, dem das Werk *Taḥbūlāh* (= Kunstgriff) zugeschrieben wird [Steinschneider 1; 123 f.]: Für 15 Schüler und 15 Taugenichtsen wird für eine Abzählung mit 9 folgende Aufstellung angeordnet: 4 (Schüler), 5 (Taugenichtse), 2, 1, 3, 1, 1, 2, 2, 3, 1, 2, 2, 1. Ein Merkvers verdeutlicht dabei diese Anordnung.
Zu weiteren arabischen und hebräischen Handschriften, in denen das Joseph-Spiel behandelt wird, siehe [Steinschneider 1; 124].

Abendland:

Algorismus Ratisbonensis [AR; 52, Nr. 80]: 15 Christen und 15 Juden; Merkverse zum Abzählen mit 10, 9, 8, 6, 12; der für die *decimatio* lautet: *Rex angli cum veste bona dat signa serena*; dabei geben die Vokale die Reihenfolge 2 (Christen), 1 (Jude), 3, 5, 2, 2, 4, 1, 2, 3, 1, 2, 2, 1 (a = 1, e = 2, i = 3, o = 4, u = 5);
Cgm 740 [Kaunzner 3; 14]: Christen und Juden, Merkverse für 10, 9 und 6;
Chuquet [2; 453 f., Nr. 14]: 15 Christen und 15 Juden;
P.M. Calandri [142 f.]: 15 Christen und 15 Juden;
F. Calandri [1; 205 ff.]: 15 Franziskaner und 15 Mönche aus Camaldoli. Die Kleidung der Pilger in der beigegebenen Zeichnung (siehe Abbildung 137) entspricht der Abzählung mit 9 (4, 5, 2, 1, 3, 1, 1, 2, 2, 3, 1, 2, 2, 1);
Sebald Tuchers *Gült- und Zinsbuch* von 1497 [Ahrens; 2, 129];
Livre de getz [G 4^v, Nr. 5]: 15 Christen und 15 Sarazenen;
Cardano [2; 113 = Cap. 61, Nr. 18]: Schwarze und Weiße; von ihm stammt die Bezeichnungsweise Joseph-Spiel: *Ludus Joseph*;
Hans Sachs (1547) [Ahrens; 2, 132 f.];
Tartaglia [1; 1, 264^v f., Nr. 203]: Christen und Türken, Schwarze und Weiße, Merkverse von 3–12;
Buteo [303 f., Nr. 89]: 15 Christen und 15 Türken;
Gehrl [134 f.]: 9 Zecher bestimmen den, der die Zeche bezahlen muß;
Ozanam [1, 246–250, Nr. 45]: 15 Christen und 15 Türken.

Abbildung 137. Das Josephsspiel [F. Calandri 1; 103^{v}].

Bei den Japanern erscheint im 17. Jahrhundert das Joseph-Spiel öfters, z.B. auch in der Einkleidung, daß eine Stiefmutter ihre eigenen 15 Kinder der Erbschaft wegen gegenüber den 15 angeheirateten Kindern bevorzugen will [D.E. Smith 6; **2**, 542].

Das Problem des Joseph-Spiels wurde nach seiner Geschichte von **M. Cantor** [3; **2**, 769 f.], **D.E. Smith** [6; **2**, 541–544] und **Ahrens** [2, 118–153], nach seinem mathematischen Inhalt ebenfalls von **Ahrens** [2, 154–169] und **Busche** behandelt.

4.2.7.4 Die Zwillingserbschaft

Dem Bereich der Erbteilungen, deren gesetzliche Regelung sich besonders die Römer und die Araber angelegen sein ließen, entstammt das Problem der Zwillingserbschaft. Es erscheint in römischen Rechtsverordnungen, so bei dem in der Zeit **Hadrians** (117–138) lebenden Juristen **Salvius Iulianus**, der sich dabei auf **Iuventius Celsus** (*De institutione uxoris et postumi et postumae*, ca. 100 n.Chr.) beruft. Der Text lautet nach **M. Cantor** [3; **1**, 562]: *Wenn der Erblasser so schrieb: Wenn mir ein Sohn geboren wird, so soll dieser auf $\frac{2}{3}$ meines Vermögens, meine Frau aber auf die übrigen Teile Erbe sein; wird mir aber eine Tochter geboren werden, so soll diese auf $\frac{1}{3}$, auf das Übrige aber meine Frau Erbe sein, und ihm nun ein Sohn und eine Tochter geboren wurden, so muß man das Ganze in 7 Teile teilen, so daß von diesen der Sohn 4, die Frau 2 und die Tochter 1 Teil erhält. Denn auf diese Weise wird nach dem Willen des Erblassers der Sohn noch einmal soviel erhalten als die Frau, und die Frau noch einmal soviel als die Tochter.*

Vom mathematischen Gehalt her ist diese Aufgabengruppe eng verwandt mit den Gesellschaftsrechnungen (proportionale Verteilung, s. S. 554), und unter diesem Kapitel erscheint die Zwillingserbschaft auch häufig in den Rechenbüchern. Ein Beispiel, in dem die Anteile von Sohn, Mutter und Tochter in dem oben erwähnten, aufgeteilt werden, steht u.a. in einer byzantinischen Aufgabensammlung des 15. Jahrhunderts [Hunger/Vogel; 38 f., Nr. 45]: *Ein Mann wurde krank und er machte ein Testament, und sein Vermögen wurde ⟨in der Höhe von⟩ 1 000 Florin festgestellt. Und seine Frau war guter Hoffnung, und er sagte: Wenn meine Frau einen Knaben bringt, soll das Kind von meinem Vermögen einen ⟨Anteil⟩ haben, und meine Frau zwei Anteile; wenn sie aber ein Mädchen bringt, soll meine Frau von meinem Vermögen einen ⟨Anteil⟩ haben und das Mädchen zwei. Sie gebar und brachte zwei Kinder, einen Knaben und ein Mädchen. Ich möchte nun, daß du das ⟨Erbe⟩ teilst gemäß der Verfügung, die er machte.* In den Beispielen werden aber auch andere Lösungen als 4 : 2 : 1 angegeben, die oft der Logik entbehren. Bei „**Alcuin**" [Sp. 1154 f., Nr. 35], bei dem die Zwillingserbschaft erstmals im Abendland auftritt, sollen Sohn und Mutter 9 bzw. 3 Anteile, Mutter und Tochter 5 bzw. 7 Anteile erhalten. Statt der Lösung 15 : 5 : 7 wird 9 : 8 : 7 genommen; die beiden Anteile 3 und 5 der Mutter wurden einfach addiert. Das gleiche sieht man in einer byzantinischen Aufgabensammlung [BR; 110 f., Nr. 91]. Da hier aus den beiden Teilungsverhältnissen 3 : 2 und 3 : 2 das fortlaufende Verhältnis 3 : (2 + 3) : 2 gemacht wird, erhält die Mutter sogar mehr als der Sohn!

Weitere Varianten sprechen von der Geburt von Drillingen; sogar der absurde Fall, daß 1 Sohn, 1 Tochter und 1 Hermaphrodit geboren wird, ist einem Aufgabenfabrikanten eingefallen [D.E. Smith 6; 2, 546]. Bei manchen Autoren, wie z.B. bei „**Alcuin**" und in der eben genannten byzantinischen Aufgabensammlung, werden vom Vater auch andere Anordnungen wie S(ohn) : M(utter) = 2 : 1 und M(utter) : T(ochter) = 2 : 1 getroffen, so bei **Apian**, **Gemma Frisius**, **Cardano**, **Trenchant** usw.

Zusammenstellung der Beispiele

Byzanz:

Aufgabensammlung aus dem 14. Jh. [BR; 110 f., Nr. 91]:
S : M = 3 : 2, M : T = 3 : 2;
Zwillingspärchen: S : M : T = 9 : 8 : 7 (siehe oben);
Aufgabensammlung aus dem 15. Jh. [Hunger/Vogel; 38 f., 70–73], Nr. 45 (siehe oben), Nr. 85:
S : M = 2 : 1, M : T = 2 : 1
Zwillingspärchen, S : M : T = 4 : 3 : 2!

Abendland:

„**Alcuin**" [Sp. 1154 f., Nr. 35]: *De obitu cujusdam patrisfamilias* (siehe oben);
Paolo Gherardi [Arrighi 2; 70] S : M = 2 : 1, M : T = 2 : 1, Zwillingspärchen;
Cod. Lucca 1754 [136 f.]: S : M = 2 : 1, M : T = 2 : 1, Drillinge (2 S, 1 T);
Cod. Lucca 1754 [200 f.]: S : M = 2 : 1, M : T = 2 : 1, Zwillingspärchen;
Paolo Dagomari [1; 85, Nr. 100]: S : M = 2 : 1, M : T = 2 : 1, Zwillingspärchen (s. Abb. 138);
Algorismus Ratisbonensis [AR; 97, Nr. 209]: *quidam in agone vxorem habens impregnatam*;
S : M = 2 : 1, M : T = 2 : 1, Drillinge (1 S, 2 T), S : M : T : T = 4 : 2 : 1 : 1;
Wolack [52, Nr. 9]: *Regula extremi:*
S : M = 2 : 1, M : T = 2 : 1, Zwillingspärchen;
Trienter Algorismus [Vogel 15; 191, Nr. 4]:
S : M = 2 : 1, M : T = 2 : 1, Zwillingspärchen;
Cod. Vinob. 3029 [56(55)^r f.]:
S : M = 2 : 1, M : T = 2 : 1, Drillinge (1 S, 2 T), S : M : T : T = 4 : 2 : 1 : 1;
Bamberger Rechenbuch von 1483 [34^r f.]: *ein man ligt am todpett*, S : M = 2 : 1, M : T = 2 : 1, Zwillingspärchen;
Chuquet [2; 421, Nr. 23]: S : M = 2 : 1, M : T = 2 : 1, Zwillingspärchen;
Widman [98^v f.]: S : M = 2 : 1, M : T = 2 : 1, Drillinge (1 S, 2 T), S : M : T : T = 4 : 2 : 1 : 1;
Pellos [49^r f., Nr. 14]: S : M = 2 : 1, M : T = 2 : 1, Drillinge (1 S, 2 T), S : M : T : T = 4 : 2 : 1 : 1;
Luca Pacioli [a; 158^r, Nr. 80]: *Uno vien a morte*; S : M = 2 : 1, M : T = 2 : 1, Zwillingspärchen;
Georg von Ungarn [31, b 3^r f., Nr. 10]: S : M = 2 : 1, M : T = 2 : 1, Zwillingspärchen;
Cgm 821 [85^v]: S : M = 2 : 1, M : T = 2 : 1, Drillinge (1 S, 2 T), S : M : T : T = 4 : 2 : 1 : 1;
Livre de getz [G 5^r f., Nr. 6]: S : M = 2 : 1, M : T = 2 : 1, Zwillingspärchen;
Huswirt [31 f., Nr. 8]: S : M = 2 : 1, M : T = 2 : 1, Zwillingspärchen;
anonymes niederländisches Rechenbuch von 1508 [Bockstaele; 65, Nr. 19]:
S : M = 2 : 1, M : T = 2 : 1, Drillinge (1 S, 2 T), S : M : T : T = 4 : 2 : 1 : 1;

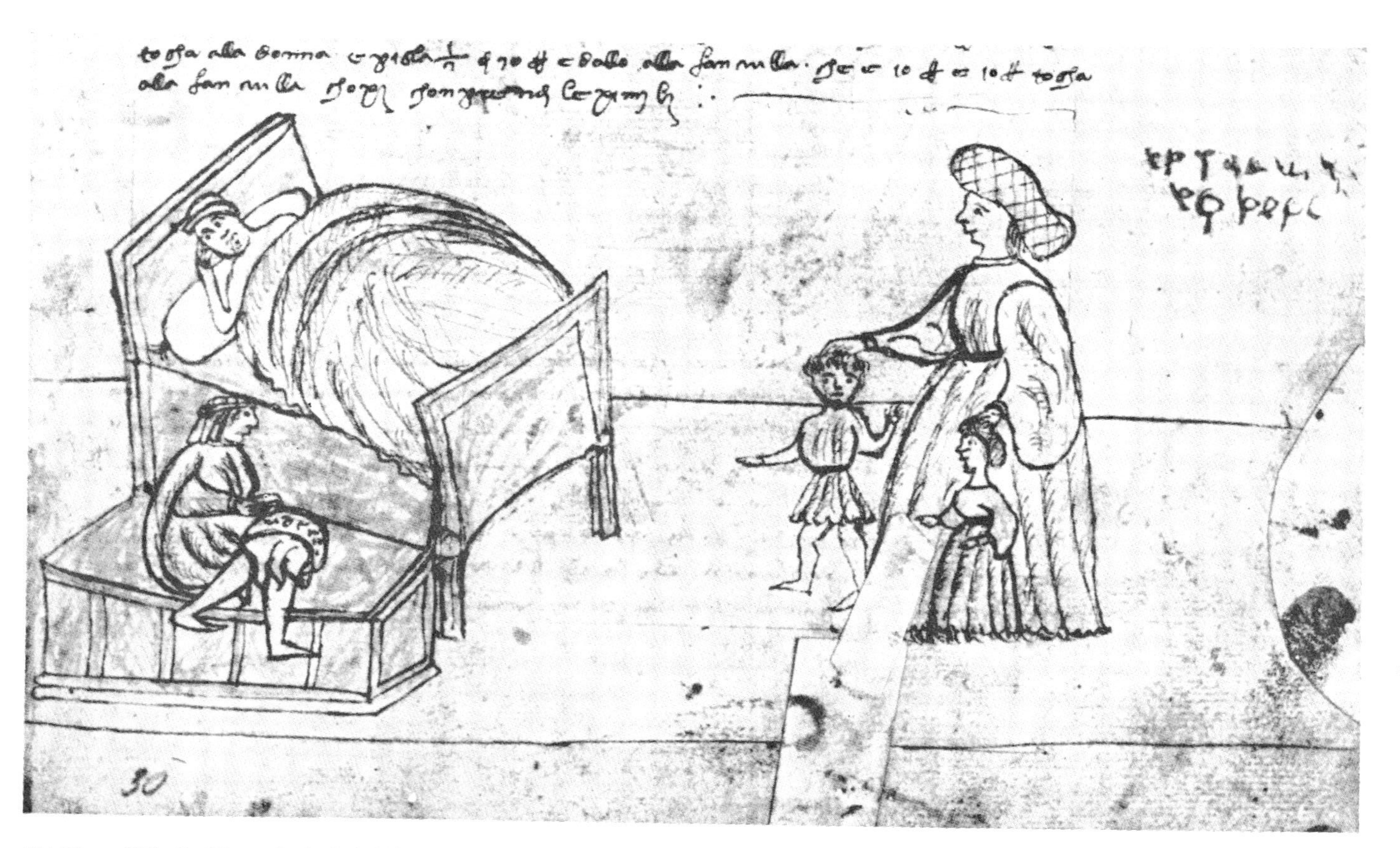

Abbildung 138. Zwillingserbschaft, bei Paolo Dagomari [1; 86].

Köbel [1; 22^v f.]: S:M = 2:1, M:T = 2:1, Zwillingspärchen;
Ghaligai [65^r, Nr. 23]: S:M = 2:1, M:T = 2:1, Zwillingspärchen;
Rudolff [1; M 4^v, Nr. 107]: S:M = 2:1, M:T = 2:1, Drillinge (1 S, 2 T), S:M:T:T = 4:2:1:1;
Apian [H 5^r f.]: S:M = 3:1, M:T = 3:1, Zwillingspärchen, S:M:T = 2:6:18;
Tunstall [146 f, Nr. 16]: S:M = 2:1, M:T = 2:1, Zwillingspärchen;
Cardano [2; 164 = Cap. 66, Nr. 87]: S:M = 4:1, M:T = 2:1, Zwillingspärchen, S:M:T = 8:2:1;
Tartaglia [1; **1**, 199^v f., Nr. 35–41];
Trenchant [1; 146 f., Nr. 13]: S:M = 2:1, M:T = 1:1, Zwillingspärchen, S:M:T = 4:4:3;
Buteo [264 f., Nr. 60]: S:M = 2:1, M:T = 2:1, Zwillingspärchen;
Gehrl [88 f.]: S:M = 3:1, M:T = 2:1, Zwillingspärchen.

Zur Geschichte dieses Aufgabentyps und weitere hier nicht aufgeführte Beispiele siehe [D.E. Smith 6; **2**, 544 ff.].

4.2.7.5 Wolf, Ziege und Kohlkopf

Die immer noch beliebte Scherzaufgabe mit der Überfahrt über einen Fluß, wobei weder der Wolf mit der Ziege, noch die Ziege mit dem Kohlkopf allein gelassen werden darf, erscheint zuerst bei „**Alcuin**" in 3 Varianten:

1. [Sp, 1149, Nr. 18], es ist die gewöhnliche Fassung: *De homine et capra et lupo ⟨et fasciculo cauli⟩*.
2. [Sp. 1150, Nr. 19], *De viro et muliere*, Mann, Frau und 2 Kinder wollen über den Fluß; der Kahn trägt aber entweder nur den Mann oder die Frau oder die beiden Kinder.
3. [Sp. 1149, Nr. 17], *De tribus fratribus singulas habentibus sorores*. Es ist das Problem der eifersüchtigen Paare, hier soll keine der Frauen ohne ihren Bruder mit anderen Männern sich auf demselben Ufer befinden.

Weitere Beispiele

Annales Stadenses [333 f.]: Wolf, Ziege und Kohlkopf, 3 Paare fahren über den Rhein;
Columbia-Algorismus [Vogel 24; 130 ff.], Nr. 122: Wolf, Ziege und Kohlkopf, Nr. 124: 3 Paare (vgl. [Buchanan-Cowley; 402 f.]), s. Abb. 139;
Clm 14684 [Curtze 3; 82 f.], Nr. 27: Wolf, Ziege und Kohlkopf; Nr. 26: 3 fahrende Spielleute mit ihren Frauen;

Abbildung 139. Drei Ehepaare wollen über den Fluß, im Columbia-Algorismus [Vogel 24; 132].

Chuquet [2; 459 f.], Nr. 163: Wolf, Ziege und Kohlkopf, Nr. 164: 3 Paare;
Cataneo [54^v]: *tre mariti gelosi*;
Tartaglia [1; **1**, 257^r f.], Nr. 141: Wolf, Ziege und Kohlkopf; Nr. 142. 3 Paare *belli gioveni freschi e gagliardi*; Nr. 143: 4 Paare;
Trenchant [1; 261, Nr. 9]: *trois jaloux*;
Bachet [2; 148–153, Nr. 4]: *trois maris jaloux, quatre maris et leurs femmes.*

4.2.7.6 Umfüllaufgaben

Hier soll der Inhalt zweier mit Wein oder Öl gefüllter Krüge von 5 und 3 Maß (metretae, Unzen, Kandel u.a.) halbiert werden, wobei noch ein leerer Krug von 8 Maß zur Verfügung steht. Das älteste Beispiel dieser Art steht in den Annales Stadenses [333], die Umfüllung geschieht in der Reihenfolge:

8 3 3 6 6 1 1 4
0 5 2 2 0 5 4 4
0 0 3 0 2 2 3 0.

Dasselbe Beispiel mit 8, 5 und 3 steht in vielen Aufgabensammlungen wie z.B. im/bei:

Columbia-Algorismus [Vogel 24; 131, Nr. 123] (vgl. [Buchanan-Cowley; 402 f.]);
Paolo Dagomari [1; 62, Nr. 66];
Clm 14684 [Curtze 3; 80, 83, Nr. 18, 29];
Chuquet [2; 460, Nr. 165];
Ghaligai [64^r f., Nr. 20];
Cardano [2; 145 = Cap. 66, Nr. 33];
Tartaglia [1; **1**, 255^v, Nr. 132];
Trenchant [1; 260 f., Nr. 8];
Bachet [2; 138–147, Nr. 3].

Einen anderen Aufgabentyp hat **Widman** [161^v], bei dem 14 Kandel Wein halbiert werden sollen, wobei außer den Flaschen mit 14 Kandel noch solche mit 5 und 3 Kandel zur Verfügung stehen. Eine Verteilung von 24 Unzen Öl unter drei Personen kommt bei **Tartaglia** vor, wobei noch Krüge von 5, 11 und 13 Unzen Inhalt benützt werden können [1; **1**, 255^v f., Nr. 133].

4.2.7.7 Verschiedenes

Eine mathematische Scherzaufgabe ist das „Flaschenproblem" bei **„Alcuin"** [Sp. 1148, Nr. 12]. Da will ein Hausvater seinen drei Söhnen seine Ölvorräte vererben. Er besitzt 30 Glasflaschen, von denen 10 voll, 10 halbvoll und 10 leer sind. Jeder der Söhne soll nun gleichviel Flaschen und gleichviel Öl erhalten. So bekommt der eine 10 halbvolle Flaschen, die anderen beiden je 5 volle und 5 leere Flaschen. Dasselbe Problem steht mit 21 Flaschen bei **Tartaglia** [1; **1**, 255^v, Nr. 130] und **Bachet** [2; 168–171, Nr. 9]. **Tartaglia** gibt darüber hinaus noch ein Beispiel mit 27 Flaschen [1; **1**, 255^v, Nr. 131].

Eine ähnliche Aufgabe ist uns aus Byzanz überliefert [BR; 58–61, Nr. 40]. Da soll eine Herde von 300 Mutterschafen, davon je 100 mit 1, 2 bzw 3 Lämmern, in drei gleiche Teile verteilt werden und zwar derart, daß kein Lamm von seiner Mutter getrennt wird.

Nicht eingegangen werden kann hier auf mathematische Spiele und andere Anordnungsprobleme, zu denen auch magische und halbmagische Quadrate gehören. Manchmal sind auch Probleme mit verwickelten Verwandtschaftsverhältnissen in die Aufgabensammlungen aufgenommen, so von „**Alcuin**“ [Sp. 1147, Nr. 11] oder von **Chuquet** [2; 460 f., Nr. 166]; sie sind zwar nicht, wie dieser sagt, numerisch zu lösen, sie seien aber vielen unbekannt und recht lustig.

Ein genauer Vergleich der Zahlenwerte verwandter Beispiele der verschiedenen Aufgabensammlungen würde sicher noch Aufschluß geben können über den Weg, den ein Problem aus einem frühen Kulturkreis bis in die Neuzeit genommen hat. Hier sei eine Bewegungsaufgabe aus dem Columbia-Algorismus [Vogel 24; 88 f., Nr. 67] und aus dem Algorismus Ratisbonensis [AR; 47, Nr. 65] angeführt:

Columbia-Algorismus:
È una torre che alta 10 br̄; si in questa torre si è uno palommo che lo die uiene in gioso $\frac{2}{3}$ *di br̄ e la nocte torna in suso* $\frac{1}{3}$ *e* $\frac{1}{4}$*. Adomando, in quanti die uerràne lo cholommo in terra.*

Algorismus Ratisbonensis:
Es wer aijn Turn, der ist 10 ellen hoch vnd ist ayn taub vnd fleugt all tag her ab $\frac{2}{3}$ *ayner ellen vnd fleugt hijn wijder auf* $\frac{1}{4}\frac{1}{3}$ *ayner ellen. Nu frag ich, in wij vil tagen dy taub auf dij erden kumpt.*

Die Möglichkeit, mathematische Aufgaben und Zahlenrätsel zu bilden, ist unbegrenzt. So muß diese Berichterstattung über den Inhalt der Rechenbücher unvollständig bleiben. Der Umfang eines solchen wäre, wie **Wieleitner** einmal betont hat [1; 184], über den ganzen „Tropfke“ hinausgegangen.

Literaturverzeichnis
mit biographischen Angaben zu den Verfassern

Anmerkungen

Die Verfasser stehen im allgemeinen unter ihrer gebräuchlichsten Namensform; abweichende Formen, auch der wirkliche Name eines Pseudonyms oder der vollständige Name eines arabischen Autors, sind dahinter vermerkt.

Die Titel stimmen nur bis zum Ende des Sachtitels (Kursivschrift Ende) *mit der Vorlage wörtlich überein*; dabei ist die Schreibweise möglichst übernommen worden, jedoch erfolgte die Groß- und Kleinschreibung in modernen, auch englischen Titeln, nach grammatikalischen Gesichtspunkten. Nicht aus der Veröffentlichung entnommene Ergänzungen zum Sachtitel, wie die deutsche Übersetzung eines russischen oder arabischen Titels, stehen in eckigen Klammern dahinter. *Zusätze zum Sachtitel auf dem Titelblatt sind möglichst kurz*, auch bei fremdländischen Titeln *in deutscher Sprache, zusammengefaßt*.

Russische und arabische Titel sind transkribiert (arabische nach Sezgin), griechische übernommen worden.

„Ed. (ed.)" mit Personennamen steht *auch für Herausgeber*, also nicht nur bei Editionen.

Die *Bandzahl* ist immer mit arabischen Ziffern angegeben. Bei Buchtiteln steht „Bd" auch für Volume, Tom(e), Teil (nur in unklaren Fällen ist auch „T." verwendet). Bei Zeitschriften und Serien sind die Bezeichnungen für Jahrgang, Band, Heft usw. grundsätzlich weggelassen.

Erscheinungsorte sind, wenn möglich, *in deutscher Form* angegeben.

Seitenangaben stehen am Ende nach einem Komma, immer ohne „S." (Seite).

Ist ein Titel innerhalb einer *gezählten Serie* erschienen, ist diese nach dem Erscheinungsvermerk notiert, z.B. (= Studienhefte z. Altertumswiss. 3.).

Nach dem Titel eines Zeitschriftenaufsatzes folgt der Titel der *Zeitschrift* hinter einem Punkt (ohne „in:"). Abkürzungen s. unten.

Der *Erscheinungsvermerk einer nicht benutzten Ausgabe* (oft Erstausgabe) steht in runden Klammern; der zitierte Titel gehört also zu dem Erscheinungsvermerk ohne Klammer.

Codices (s. dort) sind nach dem Alphabet des Aufbewahrungsortes geordnet.

Beispiele zur Auflösung von Kurzhinweisen:

s. Jacobi [4]	=	siehe Titel 4 von Jacobi (aber: wäre bei Jacobi nur ein Titel verzeichnet, wäre die Seite 4 von diesem Titel gemeint);
vgl. Sarton [2; 3, 163]	=	vergleiche bei Sarton, Titel 2, Bd 3, S. 163;
s. Kaunzner [1; 24 f.] und [2; 1–10]	=	siehe unter Kaunzner, Titel 1, S. 24–25 und Titel 2, S. 1–10;
in [1; 3. 1899, 488–490]	=	das voranstehende Werk ist abgedruckt im Titel 1 desselben Verfassers (meist Gesammelte Werke), Bd 3, ersch. 1899, S. 488–490.

Abkürzungen in Zeitschriften- und Serientiteln:

Abh.	Abhandlung(en)	J. (j.)	Journal
Arch.	Archiv (e, es)	Mém. (mém.)	Mémoire(s)
Bibl.	Bibliotheca (Bibl. math. = Bibliotheca mathematica)	Mitt.	Mitteilung(en)
		Mon. (mon.)	Monthly
Bull.	Bulletin	Proc. (proc.)	Proceedings
Comm.	Commentarii	Trans. (trans.)	Transactions

Sonstige Abkürzungen sind aus dem Zusammenhang ablesbar.

Abbo von Fleury
* 945 bei Orléans; † 1004 Gascogne. Abt des Klosters Fleury; Lehrer von Gerbert.
Excerpta ex Abbonis scolastici Floriacensis in calculum Victorii commentario, in Gerbert [2; 197–204].

ᶜAbd al-Raḥmān al-Ṣūfī
s. al-Ṣūfī.

Abel, Niels Henrik
* 1802 Findöe bei Christiansand; † 1829 Christiania (= Oslo). Norwegischer Mathematiker; lebte 1825–27 in Berlin u. Paris; war dann Dozent an der Universität Christiania. Ein Ruf an die Univ. Berlin erreichte ihn nicht mehr.
1. *Oeuvres complètes*. Ed. L. Sylow und S. Lie. Bd. 1.2. Oslo 1881.
2. *Beweis der Unmöglichkeit algebraische Gleichungen von höheren Graden als dem vierten allgemein aufzulösen*. J. reine u. angew. Math. 1 (1826) 65–84. Dt. Übers. von: Démonstration de l'impossibilité de la résolution algébrique des équations générales qui passent le quatrième degré, in [1; **1**, 66–87].

Abenbéder
s. Ibn Badr.

Abraham
Hs. Anfang des 14. Jhs; Verf. nicht näher bekannt.
Liber augmenti et diminutionis, in: Libri [1; **1**, 304–376].
s. Tannery [5].

Abraham bar Ḥijja (Savasorda)
† 1136. Jüdischer Mathematiker u. Astronom in Barcelona.
Der Liber Embadorum des Savasorda in d. Übers. des Plato von Tivoli. Ed. M. Curtze. Abh. Gesch. Math. 12 (1902) 1–183.

Abraham ben Ezra (ben Meir; ibn Esra)
* um 1090 Toledo; † um 1167 Alahorra/ Spanien. Spanisch-jüdischer Philosoph u. Astrologe; Übers. aus dem Arabischen ins Hebräische.
Sefer ha-mispar. Das Buch der Zahl. Hebr. u. dt., ed. M. Silberberg. Frankfurt a.M. 1895.
s. Steinschneider [1].

Abū al-Ǧūd (Abū al-Ǧūd Muḥammad ibn al-Laiṯ)
Arabischer Mathematiker um 1000; Zeitgenosse al-Bīrūnīs.

Abū al-Wafā ' (Muḥammad ibn Muḥammad ibn Yaḥyā al-Būzaǧānī)
* 940 Būzaǧān (jetzt im Iran); † 997 (998) Bagdad. Astronom und Mathematiker in Bagdad; wahrscheinlich persischer Abstammung.
s. Medovoj; Saidan [3]; Suter [7].

Abū Ǧaᶜfar al-Ḫāzin
Aus Ḫurāsān; wirkte in der ersten Hälfte des 10. Jhs.

Abū Kāmil (Abū Kāmil Šuǧāᶜ ibn Aslam al-Miṣrī)
Ägyptischer Mathematiker um 850–930.
1. *The algebra of Abū Kāmil „Kitāb fī al-jābr wa'l-muqābala"*, Komm. Mordecai Finzi. Hebr. Text u. engl. Übers., ed. M. Levey. Madison [usw.] 1966.
2. *The algebra of Abu Kamil Shojaᶜ ben Aslam.* Ed. L.C. Karpinski. Ausz. einer ma. lat. Übers. mit Komm. Bibl. math. (3) 12 (1911/12) 40–55.
3. *Das Buch der Seltenheiten der Rechenkunst von Abū Kāmil el-Miṣrī.* Deutsche Übers. u. Komm., ed. H. Suter. Bibl. math. (3) 11 (1910/11) 100–120.

Abū Manṣūr (Abū Manṣūr ᶜAbd al-Qāhir ibn Ṭāhir ibn Muḥammad al-Baġdādī)
† 1037 Isfarāyin in Ḫurāsān. Historiker, Philosoph, Theologe, Mathematiker; gehörte zur Šāfiᶜiten-Schule.
Al-takmila fī ᶜilm al-ḥisāb [Buch der Vollendung im Rechnen], Inhaltsangabe in: Saidan [2; 76–85] und Uqlīdisī [2; 23–28].

Abū Naṣr (Abū Naṣr Manṣūr ibn ᶜAlī ibn ᶜIrāq)
Lebte um 1000; Lehrer von al-Bīrūnī.

Abū Sahl al-Kūhī
s. Waiǧan ibn Rustam al-Kūhī.

Achmedov, S. A.
s. al-Ṭūsī, Nāṣir al-Dīn [1].

Adam, Charles
s. Descartes [1].

Adam, Jehan
Sekretär eines Staatsbeamten von König Ludwig XI. von Frankreich (Regierungszeit: 1461–1483).
The arithmetic of Jehan Adam, a.D. 1475, in: Thorndike [151–160].

Adelard von Bath
* in Bath; wirkte von 1116–1142. Englischer Philosoph, Mathematiker u. Astronom; arbeitete vorwiegend in Italien u. Spanien; übersetzte vor allem arab. wissenschaftliche Werke ins Lateinische, z.B. al-Ḫwārizmīs astronomische Tafeln (s. [6], [7]) und vielleicht auch dessen Schrift über das Rechnen mit indischen Ziffern (Algorismusschrift, A-Texte).

Agostino, Amedeo
Un codice di aritmetica anonimo del sec. XV. Bolletino dell'Unione Mat. Ital. (3) 6 (1951) 231–240.

Agricola, Georgius (Bauer, Georg)
* 1494 Glaugau; † 1555 Chemnitz. Humanist; Arzt und Mineraloge.
Schriften über Maße und Gewichte. Berlin 1959. = Ausgew. Werke. Bd 5.

Aḥmad, Salah
s. Salah Aḥmad.
Aḥmad ibn Yūsuf (Aḥmad ibn Yūsuf ibn Ibrāhīm ibn al-Dāya al Miṣrī; Ametus Filius Iosephi)
* vor 839 Bagdad [?]; † ca 912/13 Kairo. Mathematiker; Privatsekretär der Tulun Familie, die 868–905 Ägypten regierte.
s. Schrader.
Ahmes
s. Papyrus Rhind.
Ahn, F.
Vorsteher einer Erziehungsanstalt.
Manuel de la correspondance commerciale. Aachen u. Leipzig 1838. (= Vollst. kaufm. Bibl. 3 u. 4. Corresp. commerciale.)
Ahrens, Wilhelm
Mathematische Unterhaltungen und Spiele. Leipzig. Bd 1, 3. Aufl. 1921; Bd 2, 2. Aufl. 1918.
Albert
Abt in Stade; verfaßte um 1240 die „Annales Stadenses" (vgl. Folkerts [2; 63, Fn. 20]).
Annales Stadenses, in: Monumenta Germ. hist. Script. Bd 16. Hannover 1859, 332–335.
Albert von Sachsen
* ca. 1316 Helmstedt; † 1390 Halberstadt. Philosoph; studierte in Paris; Rektor der Univ. Paris, erster Rektor der Univ. Wien, Bischof von Halberstadt.
Questiones Subtilissime Alberti de Saxionia in Libros de coelo et mundo. Venedig 1492 u. 1516.
Alberti, Hans Joachim von
Maß und Gewicht. Geschichtliche und tabellarische Darstellungen von den Anfängen bis zur Gegenwart. Berlin 1957.
Albinus
s. Alcuin.
Albrecht, Michael von
s. Iamblichos von Chalkis [2].
Alcuin (Flaccus Albinus)
* um 735 York; † 804 Tours.
Ab 782 Beauftragter Karls d. Großen für das Erziehungswesen; dann Abt in Tours. Ihm wird zugeschrieben: *Propositiones ad acuendos juvenes,* in: Migne, Patrologiae Lat. Bd 150, Sp. 1143–1160.
s. Folkerts [4].
Alembert, Jean le Rond d'
* 1717 Paris; † 1783 Paris. Franz. Philosoph, Mathematiker u. Literat; gab gemeinsam mit Diderot die „Encyclopédie" heraus.
Recherches sur le calcul intégral. Histoire Acad. R. Sc. Berlin. (1746) 1748, 182–224.
s. Encyclopédie.
Alexander von Aphrodisias
Tätig in Athen um 200 n. Chr.; peripatetischer Philosoph; Leiter der Akademie.
In Aristotelis topicorum libros commentarius. Ed. M. Wallies. Berlin 1891.
Alexander von Villa Dei (Alexandre de Villedieu)
† um 1240. Französischer Franziskaner; Mathematiker und Grammatiker.
Carmen de algorismo, in: Steele [72–80].
Alexander, Andreas
* um 1475 Regensburg; † nach 1504.
Gilt als Übersetzer u. Kommentator einer lateinischen Algebra des „Initius Algebras".
Algebras
s. Initius Algebras.
Algorismus Ratisbonensis [AR]
Vor 1450 im Benediktinerkloster St. Emmeram zu Regensburg entstanden; Text vollständig in lat. Sprache von einem bisher unbekannten Autor; als Original wohl Cod. Florianus XI. 619 (Text F) anzusehen; Text wie dort im Clm 14783 (Text A); Überlieferung zeigt die weite Verbreitung.
s. Vogel [11]; Zimmermann [2].
Alhazen
s. Ibn al-Haiṯam.
Allard, André
1. *Les procédés de multiplication des nombres entiers dans le calcul indien à Byzance.* Bull. Inst. Historique Belge de Rome. 43 (1973) 107–144.
2. *Les plus anciennes versions latines du 12e siècle issues de l'arithmétique d'al-Khwārizmi.* Löwen 1975. [Maschinenschr.-Druck e. erw. Fassung in Vorb.]
3. *Le petit traité d'Isaac Argyre sur la racine carrée.* Centaurus. 22 (1978) 1–43.
4. *A propos d'un algorisme latin de Frankenthal: une méthode de recherche.* Janus. 65 (1978) 119–141.
5. *Le premier traité byzantin de calcul indien.* Revue d'histoire des textes. 7 (1977) 57–107.
s. Maximos Planudes [3].
Alsted, Johann Heinrich
* 1588 Ballersbach bei Herborn; † 1638 Weissenburg/Siebenbürgen. Prof. der Philosophie und Theologie in Herborn, dann in Weissenburg.
Elementale mathematicum. Frankfurt 1611.
Ambrosius von Mailand
* um 333 oder 340 Trier; † 397 Mailand. Lat. Kirchenvater; Bischof von Mailand; Heiliger.
Ametus
s. Schrader.
Amir-Moéz, Ali R.
s. al-Ḫayyām [4].

ᶜAnābī (Šālōm ben Yōsēf ᶜAnābī)
Wirkte im 15. Jh. in Konstantinopel als Übersetzer arabischer Texte ins Hebräische.

Ananias (Anania Schirakazi)
† ca 670. Armenischer Astronom u. Mathematiker.
Des Anania v. Schirak Arithmetische Aufgaben. Übers. v. P. Sahak Kokian. Z. f. d. dt.-österr. Gymnas. 1919, 112–117.

Anaritius
s. al-Nayrīzī.

Anbouba, Adel
s. al-Karaǧī [2].

Anderson, Alexander
* 1582; † 1620 [?]. Gab mehrere Werke von Viète heraus, s. [6], [10].

Annales Stadenses
s. Albert.

Anthologia Graeca
Sammlung von Epigrammen teilweise arithmetischen Inhalts (s. Metrodorus); einige stammen aus dem 3./4. Jh., einige können bis Plato und sogar bis ins 5. Jh. v. Chr. zurückverfolgt werden. Wir zitieren die Epigramme nach ihren Nummern, z.B. [XIV, 123] = Buch XIV, Nr 123.
1. *The Greek anthology.* Mit engl. Übers. von W. R. Paton (5 Bde). Bd 5. Cambridge/ Mass. 1960.
2. *Anthologia Graeca.* (4 Bde). Buch XII–XVI [= Bd 4]. Griech. u. dt. Ed. H. Beckby. 2. Aufl. München [1967].
Arithmetische Epigramme, Auswahl griech. in: Diophant [1; **2**, 43–72], dt. in: Diophant [3; 330–344].

Anthologia Latina
Anthologia Latina sive poesis Latinae supplementum. Ed. A. Riese. Bd 1.2. Leipzig 1869–1870.

Antonio de Mazzinghi da Peretola
Florentiner Rechenmeister im 14. Jh.; Schüler von Paolo Dagomari; starb im Alter von 30 Jahren. (Vgl. Sarton [2; **3**, 639].)
s. Arrighi [1].

Āpastamba-Śulba-Sūtra
Vermutl. nach 500 v. Chr. (vgl. Sarton [2; **2**, 74]).
Das Āpastamba-Śulba-Sūtra. Dt. Übers. von A. Bürk. Z. d. Dt. Morgenländischen Ges. 56 (1902) 327–391.

Apian, Peter (Apianus, Petrus; Bienewitz oder **Bennewitz)**
* 1495 Leipzig; † 1552 Ingolstadt. Astronom und Geograph; Prof. der Mathematik an der Univ. Ingolstadt.
Eyn Newe Vnnd wolgegründte vnderweysung aller Kauffmannß Rechnung. Ingolstadt 1527.

Apollonios von Perge
* in Perge/Pamphylien. Griech. Mathematiker; wirkte in der zweiten Hälfte des 3. Jhs v. Chr. in Alexandria und Pergamon.
1. *Apollonii Pergaei quae Graece extant cum commentariis antiquis.* Ed. J. L. Heiberg. Bd 1.2. 1891–1893.
2. *Die Kegelschnitte des Apollonios.* Übers. von A. Czwalina. München u. Berlin 1926.

Apuleius
Wirkte im 2. Jh. n. Chr.; aus Madaura/ Nordafrika; Schriftsteller; war in Rom als Anwalt, dann in seiner Heimat als Redner tätig.

AR
s. Algorismus Ratisbonensis.

ᶜArafat, W.
s. al-Ḫayyām [2].

al-**Arbilī (Aḥmad ibn ᶜAlī ibn ᶜUmar ibn Ṣāliḥ al-Arbilī)**
Lebe im 12. Jh.
Al-kifāya fī al-ḥisāb. [Das, was zum Rechnen genügt. Arab.] Maǧallat maᶜhad al-Maḫṭuṭāt [= Z. f. Handschriftenveröffentlichungen]. 13 (1967) 87–158.

Archimedes
* 287 [?] Syrakus; † 212 Syrakus. Mathematiker, Physiker und Ingenieur.
1. *Archimedis opera omnia cum commentariis Eutocii.* Ed. J. L. Heiberg. 2. Aufl. Bd 1–3. Leipzig 1910–1915. Nachdr. Stuttgart 1972.
2. *Archimedes Werke.* Übers. u.m. Anm. vers. von A. Czwalina. Im Anhang: Kreismessung, Übers. v. F. Rudio. Des Archimedes Methodenlehre von den mechanischen Lehrsätzen, übers. v. J. L. Heiberg u. komm. v. H. G. Zeuthen. [Neudr. aus Ostwald's Klassikern u.a.] Darmstadt 1963.
s. Dijksterhuis; Moody/Clagett; Sturm, Johann Chr. [1].

Archytas
Wirkte um 375 v. Chr. in Tarent. Staatsmann, Feldherr; pythagoreischer Philosoph und Mathematiker.

Arethas
* 860 n. Chr. in Patras; † nach 932. Erzbischof von Caesarea in Cappadocien; byzantinischer Humanist.

Argand, Jean Robert
* 1768 Genf; † 1822 Paris. Mathematiker.
Essai sur une manière de représenter les quantités imaginaires dans les constructions géométriques. (Paris 1806.) 2. Aufl., ed. G. J. Hoüel. Paris 1874.

Argyros, Isaak
* um 1310; † nach 1371. Schüler von Nikephoros Gregoras; lebte wahrscheinlich in Konstantinopel; hinterließ theologische und astronomische Schriften.

Aristarchos von Samos
* 310; † 230. Griechischer Astronom.
s. Heath [1].

Aristophanes
* um 445 v. Chr.; † um 385 v. Chr. Athen. Alt-attischer Komödiendichter.
Vespae. In: Comoediae. Bd 1. Ed. F. W. Hall, W. M. Geldart. Oxford 1970.

Aristoteles
* 384 v. Chr. Stagira/Mazedonien; † 322 v. Chr. Chalkis.
Aristotelis opera. Ed. I. Bekker. Bd 1–5. Berlin 1831–1870. Nachdr. Berlin 1960.
Für die benutzten Schriften verwenden wir die Abkürzungen:

An. pr.	Analytica priora
An. post.	Analytica posteriora
Cael.	De Caelo
Cat.	Categoriae
E. Nic.	Ethica Nicomachea
Mech.	Mechanica
Metaph.	Metaphysica
Phys.	Physica
Probl.	Problemata
Top.	Topica

Zitiert wird so: [Metaph. Δ 13–1020 a 7] bedeutet: Metaphysik Buch Δ Kap. 13 = S. 1020, Spalte a, Zeile 7 der Bekker-Ausgabe.

Arrighi, Gino
1. *M^o Antonio d'Mazzinghi. Trattato di fioretti, nella trascelta a cura di M^o Benedetto* [von 1463], secondo la lezione del Cod. L. IV. 21 (sec. XV) della Bibl. degl'Intronati di Siena. Pisa 1967. (= Testimonianze di storia della scienza. 4.)
2. *Due trattati di Paolo Gherardi matematico fiorentino*. I Codici Magliabechiani Cl. XI, nn 87 E 88 (prima metà del trecento) della Bibl. Naz. di Firenze. Atti Accad. Sc. Torino. 101 (1967) 61–82.
3. *Libro d'abaco. Dal Cod. 1754 (sec. XIV) della Bibl. Statale di Lucca*. Lucca 1973.
s. Calandri, F. [1]; Calandri, P. M.; Leonardo von Pisa [2]; Paolo Dagomari [1], [2]; Piero della Francesca.

Arthaśāstra
Handbuch der Staats- und Rechtskunde. Heute vorliegende Fassung stammt wohl aus dem 1./2. Jh. n. Chr. (dagegen Needham: 3. Jh. n. Chr. [3, 25, Fn. i]; Datta/Singh: 4. Jh. v. Chr. [DS; 1, 218]).
Legendärer Verf.: Kauṭilya.

Āryabhaṭa I
* um 476. Indischer Mathematiker und Astronom; Verf. von „Āryabhaṭiya", geschr. 499.
1. *Āryabhaṭiya*, with the comm. Bhaṭadipikā of Paramādiçvara. Ed. H. Kern. [Sanskrit.] Leiden 1874.
2. *Āryabhaṭiya of Āryabhaṭācārya with the bhāṣya of Nilakanṭhasomasutvan*. [Sanskrit.] Bd 1–3. Trivandrum 1930–1957. (Trivandrum Sanskrit series. 101.110.185.)
Bd 1. Gaṇitapāda. Ed. S. Śāstrī. 1930.
Bd 2. Kālakriyāpāda. Ed. S. Śastri. 1931.
Bd 3. Golapāda. Ed. S. K. Pillai. 1957.
3. *The Āryabhaṭiya of Āryabhaṭa. An ancient Indian work on mathematics and astronomy*. Engl. Übers. m. Anm. von W. E. Clark. Chicago 1930.
4. *Āryabhaṭiya critical edition series*. Bd 1–3. New Delhi 1976.
1. Āryabhaṭiya. Ed. K. Sh. Shukla, K. V. Sarma.
2. Āryabhaṭiya, with the commentary of Bhaskara I and Someśvara. Ed. K. Sh. Shukla.
3. Āryabhaṭiya, with the commentary of Suryadeva Yajvan. Ed. K. V. Sarma.
s. Elfering; Sen.
Im Text verwendete Abkürzungen:

Gi.	Gitikā
Gaṇ.	Gaṇita
Kāl.	Kāiakriya
Gol.	Golā

Die nachstehende Zahl gibt die Versnummer an.

Āryabhaṭa II
Wirkte zwischen 950 und 1100. Indischer Mathematiker und Astronom; Verf. von Mahāsiddhānta (oder Āryasiddhānta).
1. *Mahāsiddhānta*. Ed. u. komm. S. Dvivedi. Benares 1910. (= Benares Sanskrit series. 36.)
2. *The Pūrvagaṇita of Āryabhaṭa's (II) Mahāsiddhānta*. Übers. u. ed. S. R. Sarma. Part 1.2. Diss. Marburg/Lahn 1966.

Aśoka
Buddhistischer Herrscher von Indien; regierte 272 [?]–232 v. Chr.

Augustinus, Aurelius
* 354 Tagaste/Nordafr.; † 430 Hippo. Kirchenvater; wirkte in Italien u. Nordafrika.
Confessionum libri tredecim Sancti Augustini, in: Migne, Patrologiae Lat. Bd 32, Sp. 659–868.

Austen, Max
Das kanonische Zinsverbot. Theologie u. Glaube. 25 (1933) 441–455.

Averroës (Abū al-Walid Muḥammad ibn Aḥmad ibn Muḥammad ibn Rušd)
* 1126 Cordoba; † 1198 Marrakesch. Astronom, Philosoph, Mediziner; Aristoteles-Kommentator.

Azra, J. P.
s. Galois [2].

Bachet, Claude-Gaspard, Sieur de Méziriac
* 1581 Bourg-en-Bresse; † 1638 Bourg-en-Bresse. Franz. Mathematiker u. Humanist.
1. *Problèmes plaisans et délectables qui se font par les nombres.* Lyon (1612), 2. Aufl. 1624.
2. *Problèmes plaisants & délectables qui se font par les nombres.* 5. Aufl. Ed. J. Itard. Paris 1959.

Bachmann, Paul Gustav Heinrich
* 1837 Berlin; † 1920 Weimar. Prof. d. Mathematik an d. Univ. Münster.
Vorlesungen über die Natur der Irrationalzahlen. Leipzig 1892.

Bacon, Francis
* 1561 London; † 1626 London. Englischer Philosoph und Staatsmann.
De dignitate et augmentis scientiarum. (London 1623.) In: The works of Francis Bacon. Bd 4. London 1765, 17–255.

Badoer, Giacomo
* 1403 Venedig; † nach 1. Dez. 1445. Kaufmann und Politiker.
Il libro dei conti di Giacomo Badoer. (Constantinopoli 1436–1440.) Ed. U. Dorini u. T. Bertelè. Rom 1956. (= Il nuovo Ramusio. 3.)

Badr
s. Ibn Badr.

Baer, Reinhold
s. Steinitz.

Bag, Amulya Kumar
Binomial theorem in ancient India. Indian j. hist. sciences. 1 (1966) 68–74.

Bahā' al-Dīn (Bahā' al-Dīn Muḥammad ibn al-Ḥusain al-ᶜAmilī)
* 1547 Baalbek; † 1622 Isfahan.
Beha-eddin's Essenz der Rechenkunst, arab. u. dt. Ed. G. H. F. Nesselmann. Berlin 1843.

Baillet, Jules
s. Papyrus Aḫmīm.

Baker, Humphrey
* London. Wirkte von 1562–1587; schrieb über Arithmetik und Astrologie.
The well-spring of sciences. (London 1562.) 2. Aufl. London 1580. (Zit. nach Sanford [98].)

Bakhshālī (Bakhṣālī)-Manuskript
Ms. auf Birkenrinde, gefunden bei dem Dorf Bakhshālī in Nordwestindien. Ed. G. R. Kaye. Kalkutta 1927.
Zur Datierung S. 87: wahrsch. 12. Jh.; dagegen Datta/Singh [1, 61]: ca 200 n. Chr., Bose/Sen/Subbarayappa [51, 164/65]: 3./4. Jh.

Balbus
Römischer Feldmesser Anfang des 2. Jhs. n. Chr.; wirkte unter Trajan.
Liber de asse, in: Hultsch [1; **2**, 72–75]. Fälschlich Balbus zugeschrieben, jedoch erst nach 222 entstanden (vgl. Hultsch [1; **2**, 14–16]).

Bamberger Rechenbuch von 1482
s. Vogel [10].

Bamberger Rechenbuch von 1483
Von H. Petzensteiner 1483 in Bamberg gedruckt. München 1966. Der Verfasser ist vielleicht Ulrich Wagner, Lehrer der Arithmetik in Nürnberg (vgl. Nachwort, 2. Seite). [Die nicht vorh. Blattzählung wurde hs. ergänzt!]

Banerji, H. Ch.
s. Bhāskara II [1].

al-**Bannā' (Abū al-ᶜAbbās Aḥmad ibn Muḥammad ibn ᶜUṯmān al-Azdī ibn al-Bannā')**
* 1256 Marakesch; † 1321 Marakesch. Marokkanischer Astronom u. Mathematiker.
1. *Le Talkhys d'ibn Albannā.* Übers. ins Franz. von A. Marre. Rom 1865.
2. *Talkhīṣ aᶜmāl al-ḥisāb.* Ed. und ins Franz. übers. von M. Souissi. Tunis 1969.

Banū Mūsā, Muḥammad, Aḥmad, Ḥasan; Söhne des Mūsā ibn Šākir; wirkten in Bagdad in der ersten Hälfte des 9. Jhs. Arabische Mathematiker und Astronomen.
s. Suter [4].

Barlaam, Bernardo
* um 1290 Seminara, Calabria; † nach 1348. Byzantinischer Mönch vom Orden des Heiligen Basilius; zuletzt Bischof von Gerace in Kalabrien.
Logistica. Ed. J. Chamber. Paris 1600. a. lat. Übers. b. griech. Text.

Barnard, Francis Pierrepont
The casting-counter and the counting-board. Oxford 1916.

Bartholinus, Erasmus (Bartholin, Rasmus; Berthelsen)
* 1625 Roeskilde/Dänemark; † 1698 Kopenhagen. Mathematiker u. Mediziner.
s. Descartes [4 b].

Bartsch, Jakob
* 1600 Lauban; † 26.12.1633 Lauban. Prof. der Mathematik in Straßburg; Schwiegersohn Keplers; half Kepler bei der Berechnung der Ephemeriden und Logarithmentafel.
Tabulae manuales logarithmicae ad calculum astronomicum . . . utiles. Sagan 1631. Straßburg 1700.

Bašmakova, I. G.
s. Diophant [4].

Bassermann-Jordan, Ernst von
Uhren. 4. Aufl., bearb. von H. von Bertele. Braunschweig 1961.
s. Borchardt.

Bastian, Franz
Das Runtingerbuch 1383–1407. Bd 1–3. Regensburg 1935–1944. (= Dt. Handelsakten d. Mittelalters u. d. Neuzeit. 6–8.)

Bauer, Gustav
* 1820 Augsburg; † 1906 München. Prof. der Mathematik an der Univ. München.
Vorlesungen über Algebra. Hrsg. v. Mathematischen Verein München. Leipzig 1903.

Beaugrand, Jean de
* ca. 1595 Paris [?]; † 1640 Paris [?]. Französischer Mathematiker; edierte 1631 die „Notae priores" von Viète, [5].

Beaujouan, Guy
Étude paléographique sur la "rotation" des chiffres et l'emploi des apices du Xe au XIIe siécle. Revue d'hist. sciences. 1 (1948) 301–313.

Beaune, Florimond de
* 1601 Blois; † 1652 Blois. Rat am Gerichtshof zu Blois; Kommentator der Geometrie Descartes; beschäftigte sich mit dem Bau von astronomischen Instrumenten.
s. Descartes [4 a].

Becker, Oskar
1. *Die Lehre vom Geraden und Ungeraden im Neunten Buch der Euklidischen Elemente.* Quellen u. Studien Gesch. Math. Astr. Phys. Abt. B. 3 (1936) 533–553.
2. *Das mathematische Denken der Antike.* Göttingen 1957. (= Studienh. z. Altertumswiss. 3.)
3. *Die Bedeutung des Wertes $3\frac{1}{8}$ für π in der babylonischen Mathematik.* Praxis Math. 3 (1961) 58–62.
4. *Grundlagen der Mathematik in geschichtlicher Entwicklung.* Freiburg, München (1954), 2. Aufl. 1964.
s. Fritz.

Beckerath, Jürgen von
Abriß der Geschichte des alten Ägypten. München. Wien 1971.

Beda (Baeda Venerabilis)
* ca. 673 in oder bei Jarrow-on-Tyne; † 735 Jarrow-on-Tyne/Grafschaft Durham. Englischer Historiker, Naturwissenschaftler u. Theologe; Benediktiner.
1. *Bedae opera de temporibus.* Ed. Ch.W. Jones. Cambridge/Mass. 1943.
Ihm wird zugeschrieben:
2. *De arithmeticis propositionibus.* Köln (1612) 1688. [Vgl. Folkerts [2; 59].]

Beeckman (Beekman), Isaac
* 1588 Middelburg; † 1637 Dordrecht. Physiker; seit 1627 Rektor der Lateinschule in Dordrecht, wo Descartes ihn besuchte.

Behā – eddīn
s. Bahā' al-Din.

Behr, Benjamin
s. Ursinus.

Bekker, Immanuel
s. Aristoteles; Suda.

Beldomandi, Prosdocimo de (Beldemandis, Beldemando, Beldimando)
* zwischen 1370 u. 1380 Padua; † 1428 Padua. Mathematiker u. Astronom.
1. *Algorismus. Prosdocimi de beldamandis vna cum minuciis. Johannis de liveriis* [Lineriis]. Padua 1483.
2. *Algorismvs de integris magistri Prosdocimi Debeldamandis Pataui simul cum algorismo de deminutijs seu fractionibus magistri Ioannis de Linerij.* Ed. F. Delfino. Venedig 1540.

Benedetto
s. Arrighi [1].

Berezkina, E. I.
s. Chang Ch'iu-chien; Chiu Chang Suan Shu [1], [2]; Sun Tzu.

Berg, Jan
s. Bolzano [4].

Berlet, Bruno
s. Ries [1].

Bernelius
Wirkte um 1020 in Paris. Mathematiker; Schüler von Gerbert.
Liber abaci, in: Gerbert [1; 357–400].

Bernhard
Hildesheimer Stiftsschüler; Schreiber von: „Hildesheimer Rechenbuch" (Clevischer Algorithmus); um 1445.
Das älteste deutsche Rechenbuch. Übers. u. ed. von F. Unger. Z. Math. Phys. 33 (1888) 125–145.

Bernoulli, Daniel
* 1700 Groningen; † 1782 Basel. Sohn von Johann I B., der ihn in Mathematik unterwies; studierte Philosophie und Logik, dann Medizin; nach längerem Aufenthalt in Petersburg, wo er mathematische und physikalische Untersuchungen ausarbeitete, 1732 Prof. der Anatomie und Botanik, später der Physik, in Basel.
Observationes de seriebus recurrentibus. Comm. Acad. Sc. Petrop. 3 (1728) 85–100.

Bernoulli, Jakob I
* 1654 Basel; † 1705 Basel. Studierte Theologie; lehrte in Genf; hielt ab 1683 Vorlesungen über Experimentalphysik und Mechanik in Basel; Korrespondent von Leibniz, dessen Differential- und Integralrechnung er verteidigte und weiterführte. Seine „Ars conjectandi" gilt als eines der grundlegenden Werke der Wahrscheinlichkeitstheorie.

Bernoulli, Johann I
* 1667 Basel; † 1748 Basel. Bruder und Schüler Jakob Bernoullis; studierte Medizin. Briefpartner von Huygens und Leibniz, mit dessen Differential- und Integralrechnung er sich intensiv auseinandersetzte;

lehrte 1961 Mathematik in Genf; wurde 1695 Prof. der Mathematik in Groningen und nach dem Tode seines Bruders Prof. der Mathematik in Basel.
Opera omnia. Bd 1–4. Lausanne, Genf 1742.

Bernoulli, Nikolaus I
* 1687 Basel; † 1759 Basel. Prof. der Mathematik in Padua und Basel.

Berossos
Babylonischer Historiker in der ersten Hälfte des 3. Jhs. v. Chr.; schrieb in griechischer Sprache eine Geschichte der Babylonier, die nicht erhalten ist.

Berriman, Algernon Edward
Historical metrology. London, New York 1953.

Bertele, Hans von
s. Bassermann-Jordan.

Bertelè, Tommaso
s. Badoer.

Bethmann, Ludwig
1. *Reise durch Deutschland und Italien in den Jahren 1844–1846.* Arch. d. Ges. f. ältere dt. Geschichtskunde. 9 (1847) 513–658.
2. *Dr. L. Bethmanns Nachrichten über die von ihm für die Mon. Germ. hist. benutzten Sammlungen von Handschriften aus dem Jahre 1854.* Arch. d. Ges. f. ältere dt. Geschichtskunde. 12 (1872) 474–758.

Beusser, Nicolaus
Neu Vollkommenes Buchhalten. Frankfurt a.M. 1669.

Beyer, Johann Hartmann
* 1563 Frankfurt a.M.; † 1625 Frankfurt a.M. Arzt; Bürgermeister in Frankfurt.
1. *Logistica Decimalis: Das ist: KVnst-Rechnung der Zehentheyligen Brüchen.* Frankfurt a.M. (1603), 2. Aufl. 1619.
2. *Eine newe und schöne Art der Vollkommenen Visierkunst.* Frankfurt a.M. 1603.

Bézout, Étienne
* 1730 Nemours; † 1783 Basses-Loges/Avon. Lehrer an verschiedenen Militärschulen.
1. *Mémoire sur plusieurs classes d'équations de tous les degrès qui admettent une solution algébrique.* Histoire Acad. Sc. Paris. (1762) 1764, 17–52.
2. *Recherches sur le degré des équations résultantes de l'évanouissement des inconnues, et sur les moyens qu'il convient d'employer pour trouver ces équations.* Histoire Acad. Sc. Paris. (1764) 1767, 288–338.
3. *Mémoire sur la résolution générale des équations de tous les degrés.* Histoire Acad. Sc. Paris. (1765) 1768, 533–552.
4. *Cours de mathématiques à l'usage des gardes du pavillon et de la marine.* Bd 3. Paris 1772.
5. *Théorie générale des équations algébriques.* Paris 1779.

Bhāskara I
Lebte um 600 n. Chr., wahrscheinl. im Westen u. Süden Indiens; Astronom u. Mathematiker; Zeitgenosse Brahmaguptas; schrieb 629 einen Kommentar zu „Āryabhaṭīya".
Mahābhāskarīya of Bhāskarācarya with the Bhāṣya of Govindasvāmin . . . Ed. T.S. Kuppanna Sastri. Madras 1957.
(= Madras government oriental series. 130).
s. Āryabhaṭa I [4; **2**].

Bhāskara II
* 1115; † nach 1178. Indischer Mathematiker und Astronom.
1. *Līlāvatī* [geschr. um 1150]. Engl. übers. in: Colebrooke [2; 1–127] Auch: Ed. H. Ch. Banerji. Allahabad 1967.
2. *Līlāvatī.* [Sanskrit.] Ed. S. Dvivedi, Benares 1912.
3. *Bījagaṇita.* Engl. Übers. in: Colebrooke [2; 129–276].
4. *Bījagaṇita.* Ed. S. Dvivedi. 1927.
(= Benares Sanscrit Series. 159.)

Bialas, Volker
s. Bürgi [2].

Bianchini, Giovanni
Im 15. Jh. Hofastronom des Herzogs von Ferrara; sonst nichts über sein Leben bekannt (vgl. Regiomontanus [3; 190]).

Bierens de Haan, D.
Tweede ontwerp eener naamlijst van logarithmentafels, met de opgave van den tijd, de plaats en de grotte, alsmede van het aantal decimalen, alles zoo verre bekend. Amsterdam 1875. (= Verhandlingen der K. Akad. van Wetenschappen. 15.)

Biermann, Georg Heinrich
Lehrer im Rechnen und Schreiben am Schulmeister-Seminar zu Hannover.
Anleitung zum Rechnen im Kopfe ohne allen Gebrauch von Schreibmaterialien. 2. Aufl. Hannover 1795.

Biernatzki, K. L.
Die Arithmetik der Chinesen. J. reine u. angew. Math. 52 (1856) 59–94. Nachdr. Walluf bei Wiesbaden 1973.

Billeter, Gustav
Geschichte des Zinsfusses im griechisch-römischen Altertum bis auf Justinian. Leipzig 1898.

Bineš, Taqi
s. Ṭabarī.

Binet, Jacques Philippe Marie
* 1786 Rennes; † 1856 Paris. Mathematiker und Astronom; Prof. an der École Poly-

technique und am Collège de France.
Mémoire sur un système de formules analytiques, et leur application à des considérations géometriques. J. École Polyt. 9 (1813) 280–354.

al-Birūnī (Abu al-Raiḥān Muḥammad ibn Aḥmad al-Birūnī)
* 973 Kath (Kwarazm, Choresm), heute Beruni; † 1051 [?] Ghazna (Ghasni)/Afghanistan. Persischer Philosoph, Mathematiker, Astronom, Geograph u. Enzyklopädist, der lange Zeit Indien durchreiste.
1. *Izbrannye proizvedenija.* [Ausgewählte Werke. Russ. Übers. u. bearb. von Bulgakov u. Rozenfeld'.] Bd 5, T. 1. Taschkent 1973.
2. *The chronology of ancient nations. An English version of the Arabic text of the Athâr-ul-Bâkiya of Albîrûnî.* Ins Engl. übers. u. ed. E. C. Sachau. London 1879. Nachdr.: Frankfurt 1969.
3. *Alberuni's India.* Engl. Übers. von E. C. Sachau. Bd 1.2 (in 1 Bd). London 1888. Nachdr. Dehli [usw.] 1964.
4. *Die trigonometrischen Lehren des persischen Astronomen Abu' l-Raiḥân Muḥ. ibn Aḥmad al-Bîrûnî.* Ed. C. Schoy. Hannover 1927.
5. *The book of instruction in the elements of the art of astrology.* Ed. R. Ramsay Wright. London 1934.
s. Sachau.

Bittner, Adam
Handbuch der Mathematik. 3. Aufl. Prag 1821.

Björnbo, Axel Anthon
Thabits Werk über den Transversalensatz (liber de figura sectore). Mit Bemerkungen von H. Suter. Ed. H. Bürger u. K. Kohl. Erlangen 1924. (= Abhandlgn z. Gesch. d. Naturw. u. d. Medizin. 7.)
s. Werner.

Blasius, Johannes Martinus
Spanischer Astrologe u. Mathematiker um 1500.
Liber Arithmetice Practice Astrologis, Physicis et Calculatoribus admodum utilis. Paris 1513. Nachdr. o.O. 1960.

Blasius von Parma
* um 1345 Parma; † 1416 Parma. Naturphilosoph; lehrte in Bologna, Padua, Florenz und Pavia; wurde bei einem Aufenthalt in Paris mit den neuen scholastischen Ideen vertraut und sorgte für deren Verbreitung in Italien.
s. Moody/Clagett.

Blind, August
Maß-, Münz- und Gewichtswesen. Leipzig 1906. (= Sammlung Göschen. 283).

Blockbuch
Staatliche Bibliothek zu Bamberg [Sign.: Jc, I, 44]. Aus dem 15. Jh.
Incipit: *Regula von drey ist drey dinck.*
s. Vogel [25].

Blume (Bluhme), Friedrich
s. Schriften der römischen Feldmesser.

Bockstaele, Paul
Het oudste gedrukte Nederlandse Rekenboekje (en zijn vertalingen). Scientiarum historia. 1 (1959) 53–71, 117–127.

Bodenhausen, Rudolph Christian von
† 1698. Korrespondent von Leibniz.

Böschensteyn, Johann
* 1472 Esslingen; † 1540 Nördlingen. Hebraist u. Rechenmeister.
Ain Newgeordnet Rechenbiechlin mit den zyffern. Augsburg 1514.

Boëtius (Boëthius), Anicius Manlius Severinus
* ca 480 Rom [?]; † 524/25 bei Pavia. Römischer Philosoph u. Staatsmann; anfangs Freund von Theoderich.
De institutione arithmetica libri duo. De institutione musica libri quinque, accedit geometria quae fertur Boetii. Ed. G. Friedlein. Leipzig 1867.

Bohlmann, O.
s. Genocchi.

Bohn, Friedrich
Die Handlungswissenschaft. 5. Aufl. Quedlinburg u. Leipzig 1850.

Bohn, Gottfried Christian
Gottlieb Christian Bohns Wohlerfahrner Kaufmann. Ed. C. D. Ebeling u. P. H. C. Brodhagen. 5. Aufl. Bd 1.2. Hamburg 1789.

Boll, Franz
1. *Kleine Schriften zur Sternkunde des Altertums.* Leipzig 1950.
2. *Hebdomas*, in: Pauly/Wissowa [**7,2** = Halbbd 14. 1912, Sp. 2547–2578].

Bolzano, Bernard
* 1781 Prag; † 1848 Prag. Weltpriester und Prof. der Religionsphilosophie an der Universität Prag.
1. *Rein analytischer Beweis des Lehrsatzes, daß zwischen je zwey Werthen, die ein entgegengesetztes Resultat gewähren, wenigstens eine reelle Wurzel der Gleichung liege.* (Prag 1817.) Leipzig 1905 (= Ostwalds Klassiker ex. Wiss. 153.), 1–43.
2. *Reine Zahlenlehre.* Manuskript, Österreichische Nationalbibliothek Wien. Cod. Ser. nov. 3469.
3. *Paradoxien des Unendlichen.* Ed. F. Přihonsky. Berlin (1851), 2. Aufl. 1889. (= Wiss. Classiker in Facsimile-Drucken. 2.) Nachdr. Darmstadt 1964.
4. *Einleitung zur Größenlehre und Erste Begriffe der allgemeinen Größenlehre.*

Ed. J. Berg. = B. Bolzano-Gesamtausgabe. Reihe 2, A, Bd 7. Stuttgart–Bad Canstatt 1975.
s. Rootselaar; Rychlík.

Bombelli, Raffaele
* 1526 Bologna; † 1572 Bologna. Ingenieur.
1. *L'algebra.* (Lib. 1–3). Bologna (1572), 2. Aufl. 1579.
2. *L'algebra.* Lib. 4 u. 5. Ed. E. Bortolotti. Bologna 1929.
3. *The influence of practical arithmetics on the algebra of Rafael Bombelli.* Ed. S. A. Jayawardene. Isis. 64 (1973) 510–523.

Boncompagni, Baldassare
1. *Intorno ad un trattato di aritmetica del P. D. Smeraldo Borghetti Lucchese.* Bulletino bibliogr. storia scienze mat. fis. 13. (1880) 1–80, 121–200, 245–368.
2. *Intorno a due questi . . . 1. Zero.* Bulletino bibliogr. storia scienze mat. fis. 16 (1883) 673–686.
s. al-Ḫwārizmī [1]; Johannes Hispalensis; Leonardo von Pisa [1]; al-Qalaṣādī.

Bonfils
s. Immanuel ben Jacob Bonfils.

Bonnycastle, John
* Whitchurch; † 1821 Woolwich. Prof. der Mathematik an der Militärschule in Wollwich.
The scholar's guide to arithmetic. London 1780.

Boole, George
* 1815 Lincoln/England; † 1864 Cork/Irland. Prof. der Mathematik am Queen's College in Cork.
1. *The mathematical analysis of logic.* Cambridge 1847. Nachdr. Oxford 1965.
2. *An investigation of the laws of thought on which are found the mathematical theories of logic and probabilities.* London 1854. Nachdr. New York 1958.

Borchardt, Ludwig
Die altägyptische Zeitmessung. Berlin, Leipzig 1920. = Die Geschichte der Zeitmessung und der Uhren. Ed. E. von Bassermann-Jordan. Bd 1. Lfg B.
s. Jacobi [1].

Borelli, Giovanni Alfonso
* 1608 Neapel; † 1679 Rom. Vielseitiger Naturwissenschaftler; Mitgl. der Academia del Cimento in Florenz.
Euclides restitutus. Pisa 1658.

Borghi (Borgi), Piero
Venezianischer Mathematiker des 15. Jhs.
Arithmetica. Venedig 1484. Nachdr. München 1964.

Borrel, Jean
s. Buteo.

Bortolotti, Ettore
1. *L'algebra nella scuola matematica di Bologna del seculo XVI.* Periodico di matematiche (4). 5 (1925) 147–184.
2. *I contributi del Tartaglia, del Cardano, del Ferrari, e della scuola matematica bolognese alla teoria algebrica delle equazioni cubiche.* Imola 1926.
s. Bombelli [2]; Ruffini [1].

Bose, D. M./Sen, S. N./Subbarayappa, B. V. [BSS]
A concise history of science in India. New Delhi 1971.

Bosmans, Henri
Le fragment du commentaire d'Adrien Romain sur l'algèbre de Mahumed ben Musa el-Chowārezmī. Annales Soc. Sc. Bruxelles. 30, 2 (1906) 267–287.
s. Stevin [3].

Bourbaki, Nicolas
Deckname für eine Gruppe zeitgenössischer französischer Mathematiker.
Éléments de mathématique. Buch 2: *Algèbre.* Paris 1942.

Bourgne, R.
s. Galois [2].

Boutroux, Pierre
s. Pascal [1].

Bouvet, Joachim S. J.
* 1662; † 1732. Missionar in China; korrespondierte mit Leibniz.

B R
Byzantinisches Rechenbuch
s. Vogel [16].

Bradwardine, Thomas
* zwischen 1290 u. 1300 in d. Grafsch. Sussex/Engl.; † 1349 London (Stadtteil Lambeth). Mathematiker, Philosoph, Theologe; Fellow des Merton-College, Oxford; Erzbischof von Canterbury.
1. *Geometria speculativa.* Paris 1511.
2. *Thomas of Bradwardine. His Tractatus de Proportionibus. Its significance for the development of mathematical physics.* Ed. u. übers. H. L. Crosby, jr. Madison 1955.

Brahe, Tycho
* 1546 Knudstrup auf Schonen; † 1601 Prag. Leiter der Sternwarte Uranienborg auf der Insel Hveen; später Kaiserl. Astronom unter Rudolf II. in Prag.
Opera omnia. Ed. I. L. E. Dreyer. Bd 1–15. Kopenhagen 1913–1924.

Brahmagupta
* 598; † nach 665. Indischer Astronom und Mathematiker.
1. Engl. Übers. des Kap. 12 von Brāhmasphuṭasiddhānta: *Gaṅitad'hyáya, on arithmetic*, in: Colebrooke [2; 277–378].
2. *Brāhmasphuṭasiddhānta.* [Sanskrit.] Ed. S. Dvivedī. Benares 1902.
s. al-Fazārī; Pṛthūdakasvāmī.

Bramer, Benjamin
* 1588 Felsberg/Hessen; † nach 1648 Ziegenhayn. Wurde von seinem Schwager Jost Bürgi erzogen; folgte diesem nach Prag 1603; ab 1612 Baumeister in Marburg und Ziegenhayn; Verf. mehrerer mathematischer Werke.
Beschreibung Eines sehr leichten Perspectiv: vnd grundreissenden Instruments auff einem Stande. Kassel 1630.

Brancker (Branker), Thomas
* 1633 Barnstaple; † 1676 Macclesfield. Mathematiker; Prediger; Schuldirektor in Macclesfield.
s. Rahn [2].

Braunmühl, Anton von
1. *Die Entwicklung der Zeichen- und Formelsprache in der Trigonometrie.* Bibl. math. (3) 1 (1900) 64–74.
2. *Vorlesungen über Geschichte d. Trigonometrie.* Bd 1.2. Leipzig 1900–1903.

Breasted, James Henry
Geschichte Ägyptens. Dt. Übers. von H. Ranke. 2. Aufl. Wien 1936.

Bretschneider, Carl Anton
Die Geometrie und die Geometer vor Euklides. Leipzig 1870.

Briggs, Henry
* 1560/61 (Feb.) Warley Wood in Halifax/Yorkshire; † 1630/31 (Jan.) Oxford. Prof. der Geometrie am Gresham College in London; später Prof. der Geometrie in Oxford.
1. *Logarithmorum chilias prima.* London 1617.
2. *Arithmetica logarithmica, sive logarithmorum chiliades triginta, pro numeris naturali serie crescentibus ab unitate ad 20000 et a 90000 ad 100000.* London 1624.
3. *Arithmetica logarithmica.* Ed. secunda aucta per Adrianum Vlacq. [2. Aufl. von 2.]
Gouda 1628. Nachdr. Hildesheim 1976.
4. *Trigonometria Britannica: sive de doctrina triangulorum libri duo. Quorum prior . . . a H. Briggio compositus, posterior . . . ab Henrico Gellibrand constructus.* Gouda 1633.
s. Huxley.

Brodhagen, P. H. C.
s. Bohn, G. Chr.

Bronkhorst, Jan van (Noviomagus, Johannes)
* 1494 Nimwegen; † 1570 Köln. Prof. der Mathematik in Rostock, Deventer und Köln.
De numeris libri duo. Köln 1539.

Bruins, Evert Marie
1. *Reciprocals and Pythagorean triads.* Physis. 9 (1967) 373–392.
2. *La construction de la grande table de valeurs réciproques AO 6456.* Actes de la 17e Rencontre Assyriologique Int., Bruxelles, 30 juin–4 juillet 1969, 99–115.
3. *Computation in the old Babylonian period.* Janus. 58 (1971) 222–267.
4. *Tables of reciprocals with irregular entries.* Centaurus. 17 (1973) 177–188.
5. *Computation of logarithms by Huygens.* Janus. 65 (1978) 97–104.

Bruins, Evert M./Rutten, M.
Textes mathématiques de Suse [*ST*]. Paris 1961. (= Mém. Mission Archéol. en Iran, Paris. 3.)

Brunschvicg, Léon
s. Pascal [1].

B S S
s. Bose/Sen/Subbarayappa.

Bubnov, Nikolai
Arithmetische Selbständigkeit der europäischen Kultur. Berlin 1914.
s. Gerbert v. Aurillac [2].

Buchanan-Cowley, Elizabeth
An Italian mathematical manuscript ⟨Columbia-Algorismus⟩, in: Vassar mediaeval studies. New Haven 1923, 379–405.

Buée, Adrien Quentin
* 1748 Paris; † 1826 Paris. Priester; Domherr ehrenhalber bei Nótre Dame; politischer Schriftsteller.
Mémoire sur les quantités imaginaires, in: Philos. Trans. R. Soc. London 1808, 1, 23–28.

Bürger, H.
s. Björnbo.

Bürgi, Jost
* 1552 Lichtensteig/Schweiz; † 1632 Kassel. Hofuhrmacher, Astronom und Mathematiker beim Landgr. Wilh. IV. von Hessen-Kassel; später in Prag im Dienst von Rudolf II., Matthias u. Ferdinand II.
1. *Aritmetische und Geometrische Progreß-Tabulen.* Prag 1620.
2. *Die Coss von Jost Bürgi in der Redaktion von Johannes Kepler.* Bearb. von M. List u. V. Bialas. München 1973. (= Abh. Bayer. Ak. Wiss. N.F. 154 = Nova Kepleriana. N.F. 5.)
s. Gieswald [1], [2]; Matzka; Voellmy; Wolf [1].

Bürk, A.
s. Āpastamba-Śulba-Sūtra.

Buffon, George Louis Leclerc de
* 1707 Montbard; † 1788 Paris. Hauptwerk: „Histoire naturelle“ (36 Bde).
Essai d'arithmétique morale, in: Oeuvres complètes. Bd 13. Paris 1827, 3–110.
s. Newton [8].

Bulgakov, V. F.
s. al-Bīrūnī [1].

Burja (Bürja), Abel B.
* 1752 Kikebusch bei Berlin; † 1816 Berlin. Mathematiker; Lehrer in Berlin; dann Lehrer u. Prediger in Petersburg; später Prediger in Berlin, dann Prof. der Mathematik an der kgl. Ritterakademie; Mitgl. d. Akademie d. Wiss., Berlin.
Essai d'un nouvel algorithme des logarithmes. Mém. Acad. Sc. Berlin 1788/89 (1793) 300–325.

Burley (Burleigh), Walter (Burlaeus, Gualterus)
* um 1275 in England (Herefordshire?); † nach 1337 (1345?). Studierte in Merton College, Oxford und in Paris; schrieb vor allem Kommentare zu Aristoteles.
s. Maier [2].

Busard, Hubertus L. L.
1. *Het rekenen met breuken in de middeleeuwen, in het bijzonder bij Johannes de Lineriis.* Brüssel 1968. (= Mededelingen van de Kon. Vlaamse Academie v. Wetenschappen, Letteren en Schone Kunsten v. België. Kl. Wetensch. 30, Nr. 7.)
2. *Die Traktate „De proportionibus" von Jordanus Nemorarius und Campanus.* Centaurus. 15 (1971) 193–227.

Busche, E.
Über die Schubert'sche Lösung eines Bachet'schen Problems. Math. Annalen. 47 (1896) 105–112.

Busse, Friedrich Gottlieb von
* 1756 Gardelegen; † 1835 Freiberg. Prof. am Philanthropin in Dessau; seit 1800 Prof. d. Mathematik u. Physik an der Bergakademie Freiberg.
Anleitung zum Gebrauche eines gemeinverständlichen Rechenbuches für die Schulen. Leipzig 1786–1787.

Buteo (Boteo), Johannes (Borrel, Jean)
* 1492 Charpey; † zwischen 1564 u. 1572 Romans-sur-Isère. Französischer Mönch v. Orden d. Heiligen Antonius.
Logistica, quae & arithmetica vulgo dicitur. Lyon 1559.

Cajori, Florian
1. *Fourier's improvement of the Newton-Raphson method of approximation anticipated by Mourraille.* Bibl. math. (3) 11 (1910/11) 132–137.
2. *Horner's method of approximation anticipated by Ruffini.* Bull. Amer. Math. Soc. 17 (2) (1910/11) 409–414.
3. *Algebra in Napier's day and alleged prior inventions of logarithms*, in: Napier tercentenary memorial volume, ed. C. G. Knott. Edinburgh 1915, 93–109.
4. *Rahn's algebraic symbols.* Amer. math. mon. 31 (1924) 65–71.
5. *Leibniz, the master-builder of mathematical notations.* Isis. 7 (1925) 412–429.
6. *A history of mathematical notations.* Bd 1.2. Chicago, London 1928–1929.
7. *The word "Logarith" used before the time of Napier.* Archeion. 12 (1930) 229–233.

Calandri, Filippo
* um 1430. Florentiner Mathematiker.
1. *Trattato di aritmetica.* Florenz 1491. Nachdr., ed. G. Arrighi, 2 Bde, Faks. u. Transkr. Florenz 1969.
2. *De Arimethrica* [arithmetica] *opusculum.* (Florenz 1491.) 2. Aufl. Florenz 1518.

Calandri, Pier Maria
* 1419; † 1467. Florentiner Mathematiker. (Bruder von Filippo Calandri.)
Tractato d'abbacho. Dal Cod. Acq. e doni 154 (sec. XV) della Bibl. Med. Laur. di Firenze. Ed. G. Arrighi. Pisa 1974. (= Testimonianze di storia della scienza. 7.)

Campanus von Novara, Johannes (Campano, Giovanni)
* wahrsch. Novara; † 1296 Viterbo. Italienischer Mathematiker u. Astronom.
De proportione et proportionalitate, in: Busard [2; 213–222].
s. Euklid [2].

Cantor, Georg
* 1845 Petersburg; † 1918 Halle. Prof. der Math. an der Univ. Halle.
Gesammelte Abhandlungen. Ed. E. Zermelo. Berlin 1932. Nachdr. Hildesheim 1966.
s. Heine.

Cantor, Moritz Benedikt
1. *Über einen Codex des Klosters Salem.* Z. Math. Phys. 10 (1865) 1–16.
2. *Die römischen Agrimensoren und ihre Stellung in der Geschichte der Feldmesskunst.* Leipzig 1875.
3. *Vorlesungen über Geschichte der Mathematik.* Leipzig. Bd 1, 3. Aufl. 1907; Bd 2, 2. Aufl. 1900; Bd 3, 2. Aufl. 1901; Bd 4, 1908.

Capella, Martianus
s. Martianus Mineus Felix Capella.

Caramuel y Lobkowitz, Juan
* 1606 Madrid; † 1682 Madrid. Zisterzienser; Generalvikar seines Ordens in Großbritannien. Im Dienst Kaiser Ferdin. III. u. Papst Alexander VII.; Bischof in Campania b. Amalfi; zuletzt Bischof zu Vigevano in Spanien.
Mathesis biceps vetus et nova. Campania 1670.

Cardano, Geronimo (Girolamo)
* 1501 Pavia; † 1576 Rom. Mediziner, Mathematiker u. Philosoph.
1. *Opera omnia.* Ed. Ch. Spon. Bd 4. (Insges. 10 Bde.) Lyon 1663. Nachdr. New York u. London 1967.
2. *Practica arithmeticae generalis.* (Mailand 1539.) In [1; 13–216].
3. *Ars magna sive de regulis algebraicis.* (Nürnberg 1545.) In [1; 221–302].
4. *The great art of the rules of algebra.* Engl. Übers. [von 3] von T.R. Witmer. Cambridge/Mass. u. London 1968.
5. *Sermo de plus et minus,* in [1; 435–439].
6. *Libellus qui dicitur Computus minor,* in [1; 216–220].
7. *De regula Aliza libellus,* in [1; 377–434].
8. *Opus novum de proportionibus,* in [1; 463–601].
s. Bortolotti [2].
Carlebach, Joseph
Lewi ben Gerson als Mathematiker. Ein Beitrag zur Geschichte der Mathematik bei den Juden. Berlin 1910.
Carnot, Lazare Nicolas Maguerite
* 1753 Nolay; † 1823 Magdeburg. Während der Revolution u. unter Napoleon vielseitig politisch tätig.
Géométrie de position. Paris 1803.
Carpzow, Benedict C.
* 1595 Wittenberg; † 1666 Leipzig. Prof. der Rechte in Leipzig; Kursächsischer Geheimrat in Dresden.
Carra de Vaux, Bernard
1. *Remarque sur la question 60.* [Bedeutung des Wortes „coeci".] Bibl. math.(2) 11 (1897) 32.
2. *Sur l'origine des chiffres.* Scientia 21 (1917) 273–282.
Caspar, Max
s. Kepler [1].
Cassini de Thury, César François
* 1714 Thury bei Clermont; † 1784 Paris. Astronom und Geodät; vermaß zusammen mit Lacaille den Pariser Meridian von Dünkirchen bis Barcelona.
Cassiodorus, Flavius Magnus Aurelius
* ca 480 Scylacium/Bruttium (Italien); † ca 575 Vivarium/Bruttium. Römischer Konsul, dann Staatsmann unter Theoderich; gründete um 550 das Kloster Vivarium, in das er sich zurückzog.
Institutiones divinarum et saecularium litterarum. Ed. R.A.B. Mynors. Oxford 1937. Nachdr. Oxford 1961.
Cataldi, Pietro Antonio
* 1552 Bologna; † 1626 Bologna. Prof. der Mathematik und Astronomie an den Universitäten Florenz, Perugia und Bologna.
1. *Trattato dei numeri perfetti.* Bologna 1603.
2. *Trattato del modo brevissimo di trovare la radice quadra delli numeri.* Bologna 1613.
Cataneo, Pietro
* im 16. Jh. in Siena. Architekt.
Le pratiche delle due prime Mathematiche. Venedig 1546.
Cauchy, Augustin-Louis
* 1789 Paris; † 1857 Sceaux. Prof. der Math. an der Ecole Polytechnique in Paris; Mitgl. des Institut de France.
1. *Oeuvres complètes.* Ser. 1, Bd 1–12. Ser. 2, Bd 1–14. Paris 1882–1938.
2. *Sur le nombre des valeurs qu'une fonction peut acquérir, lorsqu'on y permute de toutes les manières possibles les quantités qu'elle renferme.* (J. Ecole Polyt. 10 (1815) 1–28.) In [1; (2) **1** (1905) 64–90].
3. *Cours d'analyse de l'Ecole Royale Polytechnique.* P. 1: Analyse algébrique. (1821.) In [1; (2) **3**. 1897].
4. *Mémoire sur une nouvelle théorie des imaginaires, et sur les racines symboliques des équations et des équivalences.* (Comptes rendus Ac. Sc. Paris. 24 (1847) 1120.) In [1; (1) **10**. 1897, 312–323].
5. *Mémoires sur les fonctions qui ne peuvent obtenir que deux valeurs égales et de signes contraires par suite des transpositions opérées entre les variables qu'elles renferment.* (J. Ecole Polyt. 10 (1815) 29–112.) In [1; (2) **1**. 1905, 91–169].
Cavalieri, Bonaventura
* 1598 [?] Mailand; † 1647 Bologna. Jesuit; Prof. der Mathematik an der Universität zu Bologna; Schüler Galileis.
Trigonometria plana et sphaerica, Linearis & Logarithmica. Bologna 1643.
Cayley, Arthur
* 1821 in Richmond, Surrey; † 1895 Cambridge. „Sadlerian Prof." der reinen Math. in Cambridge.
1. *The collected mathematical papers.* Bd 1–13. Cambridge 1889–1898. Nachdr. 1963
2. *On a theorem in the geometry of position.* (Cambridge math. j. 2 (1841) 267–271.) In [1; **1**. 1889, 1–4].
3. *Demonstration of Pascal's theorem.* Cambridge math. j. 4 (1843) 18–20.) In [1; **1**. 1889, 43–45].
4. *On Jacobi's elliptic functions, in reply to the Rev. B. Browning; and on quaternions.* (Philos. magazine 26 (1845) 208, 211.) In [1; **1**. 127].
Cchakaia, D.G.
O grusinskich merach vremeni i o metodach vyčisdenij primenennych v grusin-

skom sodnečnom kalendare. [Über die grusinischen Zeitmaße und Rechenmethoden, die im grusinischen Sonnenkalender angewandt wurden. Russ.] Trudy Tbilissk. Mat. Inst. [Radmaze]. 22 (1956) 301–317.

Ceulen, Ludolph van
* 1540 Hildesheim; † 1610 Leiden. Mathematiklehrer in Breda, Amsterdam u. Leyden; später Prof. für „Duytsche Mathématique" an der Universität Leyden.
Van den Circkel. Delft 1596.

Chace, A. B.
s. Papyrus Rhind [2].

Chamber, John
*1546 Swillington; † 1604 Windsor, Kanonikus von Windsor; Verf. astronomischer Schriften.
s. Barlaam.

Chang Ch'iu-chien
Chinesischer Mathematiker um 485.
O traktate Czan Cju-Czanja po matematike. [Über den mathematischen Traktat des Chang Ch'iu-chien. Russ.] Ed. E. I. Berezkina. Fiziko-mat. nauki v stranach vostoka. 2 (1969) 18–81.

Charmides-Scholion
s. Platon [3].

Chelebi (Maḥmūd ibn Muḥammad Mariām Chelebi)
* 1524 oder 1525. Wirkte in verschiedenen Städten der Türkei; schrieb um 1500 einen Kommentar zu den astronomischen Tafeln des Uluġ Beg. (Vgl. Juškevič [1; 321].)

Chelius, Georg Kaspar
Maß- und Gewichtsbuch. 3. Aufl. Frankfurt a.M. 1830.

Chevalier, Jacques
s. Pascal [2].

Chia Hsien
Lebte um 1100 n. Chr. Chinesischer Mathematiker.

Ch'in Chiu-shao
Wirkte im 13. Jh. Chinesischer Mathematiker.
s. Libbrecht.

Chiu Chang Suan Shu (Chiu-chang Suan-shu)
Chinesisches Rechenbuch der frühen Han-Zeit (202 v. Chr. bis 9 n. Chr.).
1. *Drevnekitajskij traktat „Matematika v devjati knigach".* [Altchinesische Abhandlung „Mathematik in neun Büchern". Russ.] Ed. E. I. Berezkina. Istoriko-matematičeskie issledovanija. 10 (1957) 423–584.
2. *Arifmetičeskie voprocy v drevnekitajskom traktate „Matematika v devjati knigach".* [Arithmetische Fragen in der altchinesischen Abhandlung „Mathematik in neun Büchern". Russ.] E. I. Berezkina. Iz istorii nauki i techn. v stranach vostoka. 1 (1960) 34–55.
3. *Chiu Chang Suan Shu. Neun Bücher arithmetischer Technik.* Dt. Übers. von K. Vogel. Braunschweig 1968. (= Ostwalds Klass. ex. Wiss. N.F. 4).
s. Lam Lay-Yong [1]; Liu Hui.

Chroust, Anton
s. Handlungsbuch.

Chu Shih-chieh
* in Jensham; wirkte 1280–1303. Chinesischer Mathematiker; verfaßte eine „Einleitung in die mathematischen Wissenschaften" (Arithmetik und Algebra) und den „Wunderbaren Spiegel der vier Unbekannten", in dem 288 mathematische Probleme gelöst werden.

Chuquet, Nicolas
Am Schluß der „Triparty" steht: „N. Ch. parisien Bachelier en medicine . . . 1484."
1. *Le Triparty en la science des nombres.* Ed. A. Marre. Bulletino bibliogr. storia scienze mat. fis. 13 (1880) 555–659, 693–814.
2. *Appendice au Triparty.* Ed. E. Narducci. Bulletino bibliogr. storia scienze mat. fis. 14 (1881) 413–473.
3. *Hs. des Appendice.* Lyon 1484. Paris, BN, Ms. franç. 1346, 148^r–210^r.

Cicero, Marcus Tullius
* 106 v. Chr.; † 43 v. Chr. (ermordet). Stammt aus Arpinum, südöstl. v. Rom; Römischer Staatsmann, Schriftsteller und Philosoph.
1. *M. Tulli Ciceronis Scripta quae manserunt omnia.* Leipzig, Stuttgart (Teubner).
2. *De officiis.* In [1; **48.** 1949].
3. *Timaeus.* In [1; **46.** 1965, 155°–187].
4. *De natura deorum.* In [1; **45.** 1968].

Ciruelo, Pedro Sánchez
* 1470 Daroca/Spanien; † 1554 wahrsch. Salamanca. Studierte u. lehrte Mathematik und Theologie in Paris und Alcala.
Tractatus arithmetice practice qui dicitur Algorismus. Paris 1495.

Clagett, Marshall
s. Moody/Clagett.

Clairaut, Alexis Claude
* 1713 Paris; † 1765 Paris. Mathematiker, Geodät; mit 18 Jahren Mitgl. der Académie des Sciences; Teilnehmer an der Lappland-Expedition zur Erdvermessung 1736/37.
1. *Elemens d'algèbre.* Paris 1746.
2. *Anfangsgründe der Algebra.* Dt. Übers. [von 1] von C. Mylius mit Zusätzen von G. H. Tempelhoff. 2. Aufl. Berlin 1778.

Clark, Walter Eugene
s. Āryabhaṭa I [3].

Clausberg, Christlieb von
* 1689 Danzig; † 1751 Kopenhagen. Rechenmeister in Leipzig, Hamburg u. Lübeck; dann Revisor der Privatkasse

König Christians VI. von Dänemark.
Demonstrative Rechenkunst. Leipzig (1732), 2. Aufl. 1748.

Clavius, Christoph
* 1573 Bamberg; † 1612 Rom. Lehrer der Mathematik am Jesuitenkolleg in Rom.
1. *Opera mathematica.* Bd 1–5. Mainz 1611–1612.
2. *Epitome arithmeticae practicae.* Rom (1583) 1585. (In [1; **2.** 1611, T. 2].)
3. *Astrolabium tribus libris explicatum.* Rom 1593. (In [1; **3.** 1611, T. 2].)
4. *Algebra Christophori Clavii Bambergensis.* Rom 1608. (In [1; **2**, T. 3].)
s. Euklid [8].

Clebsch, Alfred
s. Jacobi [1].

Clevischer Algorithmus
s. Bernhard.

Codices
(verzeichnet nach dem Alphabet des Aufbewahrungsortes):

Cod. Cambridge Un. Lib. Ms. I i 6,5
Stammt aus der Abtei Bury St. Edmunds; wahrsch. im 13. Jh. geschr.
104^r-111^v: „*Dixit algorizmi*", ed. Vogel.
s. al-Ḫwārizmī [2; 8–39].

Cod. Dresden C 80
Aus dem Jahre 1481 (vgl. Curtze 6; 289); früher im Besitz von Johannes Widman; enthält mehrere arithmetische und algebraische Traktate mit Randnotizen, die teilweise von Widman stammen. Zum Inhalt s. Kaunzner [1; 27–48].
350^r-364^v = *Lateinische Algebra*, s. Wappler [1; 11–30], ähnlich in Cod. Leipzig 1470 [479^r-493^v].
368^r-378^r = *Deutsche Algebra.*

Cod. Einsidlensis 326
Anfang des 10. Jhs.
88^r: *Carmen*, ed. in: Anthologia Latina [2; 184 f.].

Cod. Erlangen, Universitätsbibl. 379
Mitte des 1. Jhs (vgl. Folkerts [1; 3 f.]).

Cod. Emilianus = Cod. Escorial d I 1
(Kloster Escorial bei Madrid)
Aus dem Jahre 992; in San Millan de la Cogolla (bei Burgos/Spanien) geschr.;
s. Ewald.

Cod. Vigilianus = Cod. Escorial d I 2
Aus dem Jahre 976; in Kloster Albelba (bei Logoño/Spanien) geschr.;
s. Ewald.

Cod. Gotha 1489
Arab. Ms. von 1432.
1^r-128^r: *Al-Ḥaṣṣār fī'l-ḥisāb.* [Al-Ḥaṣṣār über die Rechenkunst.]

Cod. Krakau 1928
(Bibliotheca Universitatis Jagellonicae) 15 Jh.
fol. 411–416: *Algorismus de lineis.*

Cod. Leipzig 1470
15./16. Jh. (jünger als Cod. Dresden C 80).
540 Bl. Inhalt s. Kaunzner [1; 39–48].

Cod. Lucca 1754
14. Jh.;
ed. Arrighi [3].

Cgm 739 (München, Staatsbibl.)
Geschr. 1440–1504.
54^r-62^r: *Deutsche Rechenkunst mit Rechenpfenningen (Linienrechnen).*

Cgm 740
Mitte des 15. Jhs. (vgl. Curtze [6; 304]).
1^r-34^r: *Hie fahet an Algorismus*, ed. Kaunzner [3].

Cgm 821
Geschr. 1500–1507; aus Tegernsee.
60^r-67^r: *Rechnen mit gebrochenen Zahlen;*
76^r-86^v: *Algorismus des Werner de Themar.*

Clm 4390
14. Jh.
46^v (51^v): *Aenigma arithmeticum.*

Clm 8951
15. Jh.
44^v-48^r: Eine Sammlung arithmetischer Enigmata aus dem ersten Viertel des 15. Jhs, ed. Vogel [17; 47–54].

Clm 13021
s. Folkerts [1; 9–12].
1^v-26^v: „*Boethius*"*-Geometrie;*
27^r-29^v: *Algorismus.* A_2.

Clm 14032
14. Jh.

Clm 14684
14. Jh. (vgl. Curtze [6; 269]).
30^r-33^r: *Incipiunt subtilitates enigmatum*, ed. Curtze [3].

Clm 14783
Geschr. 1449–1456 von vier verschiedenen Personen, darunter Fridericus; enthält auf fol. 411^r-441^v den gesamten AR, geschr. von einem Anonymus (Text A).

Clm 14908
Geschr. von mehreren Personen, darunter Fridericus, und der Verf. des Cod. Florian. XI. 619. Enthält den von Fridericus kompilierten u. geschriebenen Text B des AR. Weitere algebraische Traktate:
40^v-54^r, ed. Curtze [1; 35–49];
133^v-157^r, ed. Curtze [1; 49–73].

Clm 15558
Datumseinträge von 1455, 1461–1464.
193^r-197^v: *Tractatulus de modo numerandi ac computandi*, ed. Vogel [17; 30–46].

Clm 18927
12. Jh. (vgl. Curtze [6; 285])/13. Jh.;
s. Allard [2].
31^r-33^r *Algorismus.* A 5.

Cod. Plimpton 188 (New York, Plimpton Libr.)
1456 geschr.; war im Besitz von Regiomontanus.
96^r: Lösung einer kubischen Gleichung; wahrsch. von Regiomontanus.

MS Lyell 52 (Oxford, Bodleian Libr.)
Entstand vor 1380 (vgl. Kaunzner [9; 9, Fn. 43]).
42^r-49^v: *algebraischer Text* (Bearb. der Algebra al-Ḫwārizmīs?), teilw. ed. in Kaunzner [9].

Cod. Par. bibl. nat. 7359 (Paris, Bibl. Nationale)
Anfang des 14. Jhs.
s. Allard [2].
85^r-101^v Algorismusschrift H 4.

Cod. Par. bibl. nat. 16202 (= Sorbonne 972)
Anfang des 13. Jhs.
s. Allard [2].
50^r-73^v Algorismusschrift H 1.

Cod. Par. bibl. nat. 16208 (= Sorbonne 980)
Geschr. vor 1180;
s. Allard [2].
67^r-69^r: *Algorismus*, A 3.

Cod. Par. suppl. gr. 387
Im 14. Jh. von mehreren Schreibern verfaßt; einst im Besitz von Georgios Valla; wurde 1796 nach Paris gebracht (vgl. Heron [4, IV–VII]).
118^v-140^v: *Ψηφηφορικὰ ζητήματα καὶ προβλήματα.* [Rechnerische Untersuchungen und Aufgaben], ed. Vogel [16].
159^r-161^v: *Ψηφιφορικὰ προβλήματα πάνυ ὀφέλημα.* [Sehr nützliche Rechenaufgaben.]

Cod. Prag XI. C. 5 (Universitätsbibl.)
Aus der zweiten Hälfte des 15. Jhs.
140^r-149^r: *Arismetrica est ars arcium scientia scientiarum,*
s. Kaunzner [1; 24 f.] und [2; 1–10].

Cod. Salem
Codex des Klosters Salem; um 1200 geschr. (jetzt in der Universitätsbibl. Heidelberg); ed. M. Cantor [1].

Cod. Florianus XI 619 (Kloster Sankt Florian bei Linz)
Von einem anonymen Konventualen des Benediktinerklosters St. Emmeram haupts. 1446–47 geschr.; enth. zahlr. astronomische u. mathematische Texte, u.a. den Originaltext des AR (Text F) [206^v-225^r], sowie ein dt. Rechenbuch, das als Hauptquelle des Bamberger Rechenbuches von 1483 angesehen werden kann;
s. Zimmermann [1], [2].

Cod. Vindob. 275 (Wien, Nationalbibl.)
Aus dem Jahre 1143.
27^r: *Algorismus*, A 1, ed. Nagl [1; 129 f. u. Tafel].

Cod. Vindob. 3029
Aufgabensammlung aus der zweiten Hälfte des 15. Jhs.;
s. Kaunzner [1; 26].

Cod. Vindob. 4770
14. Jh.
174^r-324^r: *Das Quadripartitum des Johannes de Muris;*
205^v-209^r: ed. Nagl [Johannes de Muris 2; 143–146].

Cod. Vindob. 5277
16. Jh. (vgl. Curtze [6; 265, 290]).
2^r-33^r: *Tractatulus de arithmetica, quam Algebram seu Cossam vocant;*
41^v-47^v: Aus Leo de Balneolis: *De sinibus, chordis et arcubus, item instrumentum revelatore,* ed. Curtze [7; 372–380].

Cod. Vindob. phil. gr. 65
15. Jh.
126^v-140^r: Byzantinisches Rechenbuch mit gelösten Aufgaben, ed. Hunger/Vogel.

Cod. Cizensis (Zeitz/Sachsen)
Ende 14. Jh./Anfang 15. Jh. (vgl. Nikomachos [1; VI f.].

Colebrooke, Henry Thomas
1. *On Indian weights and measures.* Asiatic researches. 5 (1799) 91–109.
2. *Algebra with arithmetic and mensuration from the Sanscrit of Brahmegupta and Bháscara.* London 1817.
s. Bhaskara II [1], [3]; Brahmagupta [1].

Collins, John
* 1625 Wood-Eaton b. Oxford; † 1683 London. U. a. Seemann u. Mathematiklehrer; Mitgl. u. Sekretär der Royal Society.
An account concerning the resolution of equations in number. Philos. trans. 4 (1669) 929–934.

Columbia-Algorismus
Italienischer Codex aus dem 14. Jh. Hs. einst im Besitz von B. Boncompagni, jetzt in New York, Columbia University Library; ed. Vogel [24].
s. Buchanan-Cowley.

Columella, Lucius Iunius Moderatus
Lebte im 1. Jh. n. Chr.; aus Gades (Cádiz) Spanien; verfaßte unter Kaiser Claudius ein Werk über die Landwirtschaft „De re rustica".
De re rustica. Mit engl. Übers., ed. E. S. Forster und E. H. Heffner. Bd 1–3.
London, Cambridge/Mass. 1948–1955.

Commandino, Federigo
* 1509 Urbino; † 1575 Urbino. Italienischer Arzt und Mathematiker; Übers. wichtiger griech. mathematischer Texte ins Lateinische.
s. Euklid [7].

Cotes, Roger
* 1682 Burbage/Leicestershire; † 1716 Cambridge. Mathematiker und Astronom; Prof. der Astronomie und Naturphilosophie in Cambridge; arbeitete zusammen mit Newton an der zweiten Auflage der „Philosophiae naturalis principia mathematica"; s. Newton [5].

Coutereels, Johan
* 16. Jh. Antwerpen; † 17. Jh. Dichter und Rechenmeister in Middelburg.
Het Konstigh Cyffer-Boeck. Vlissingen 1652. (Vorwort 1626.)

Couturat, Louis
s. Leibniz [4].

Craig, John
* in Schottland; † 1620. Arzt; Mitgl. des College of Physicians in London; Freund Tycho Brahes.

Cramer, Gabriel
* 1704 Genf; † 1752 Bagnols-sur-Cèze. Prof. d. Mathematik u. Philosophie an der Akademie zu Genf.
Introduction à l'analyse des lignes courbes algébriques. Genf 1750.

Crelle, August Leopold
* 1780 Eichwerder bei Wriezen; † 1855 Berlin. Geheimer Oberbaurat; Gründer des „Journal für die reine und angewandte Mathematik" (Crelle's Journal) 1826.
Sammlung mathematischer Aufsätze und Bemerkungen. Bd 1. Berlin 1821.

Crosby, H. Lamar
s. Bradwardine [2].

Crüger, Peter C.
* 1580 Königsberg; † 1639 Danzig. Mathematiker; Prof. der Poesie und der Mathematik am Gymnasium zu Danzig; Lehrer von Hevelius.
Praxis trigonometriae logarithmicae cum Logarithmorum Tabulis ad Triangula tam plena quam Sphaerica sufficientibus. Danzig 1634.

Crusius, David Arnold
Inspektor bei der lat. Schule des Waisenhauses zu Glaucha vor Halle.
Anweisung zur Rechenkunst, 3. Theil, worinnen die Handels- u. Wechselrechnungen. Halle 1749.

Curtius, Sebastian
Compendium arithmeticae oder kurtzes Schul-Rechenbuch. 8. Aufl. Nürnberg 1667.

Curtze, (Ernst Ludwig Wilhelm) Maximilian
* 1837 Ballenstedt; † 1903 Thorn. Lehrer am Gymnasium in Thorn.
1. *Ein Beitrag zur Geschichte der Algebra in Deutschland im 15. Jh.* [Aus dem Clm 14908]. Abh. Gesch. Math. 7 (1895) 31–74.
2. *Die Handschrift No. 14836 der Königl. Hof- und Staatsbibliothek zu München.* Abh. Gesch. Math. 7 (1895) 75–142.
3. *Mathematisch-historische Miscellen.* [Aus dem Clm 14684]. Bibl. math. (2) 9 (1895) 77–88.
4. *Zur Geschichte d. Übersetzungen der Elemente im MA.* Bibl. math. (2) 10 (1896) 1–3.
5. *Über eine Algorismushandschrift des 12. Jh.* Abh. Gesch. Math. 8 (1898) 1–27.
6. *Eine Studienreise. 1896. Zur Geschichte der Geometrie im Mittelalter.* Centralbl. f. Bibliothekswesen. 16 (1899) 257–306.
7. *Urkunden z. Geschichte d. Trigonometrie im christlichen MA.* Bibl. math. (3) 1 (1900) 321–416.
s. Abraham bar H̱ijja; Initius Algebras; Johannes de Sacro Bosco; al-Nayrīzī; Oresme [1]; Regiomontanus [3].

Czerny, Albin
Die Bibliothek des Chorherrnstiftes St. Florian. Linz 1874.

Czwalina, Arthur
s. Apollonios [2]; Archimedes [2].

Dagomari, Paolo
s. Paolo Dagomari.

Dandelin, Germinal Pierre
* 1794 Le Bourget; † 1847 Brüssel. Prof. für Bergbau in Lüttich; Offizier in der belgischen Armee.
Recherches sur la résolution des équations numériques. Nouv. mém. Acad. Brüssel 3 (1826) 7–71.

Darboux, Gaston
s. Fourier [1].

Datta, Bibhutibhusan
1. *Early literary evidence of the use of zero in India.* Amer. math. mon. 33 (1926) 449–454.
2. *The Hindu method of testing arithmetical operations.* J. a. proc. of the Asiatic Soc. of Bengal. New ser. 23 (1927) 261–267.
3. *The science of the Śulba. A study in early Hindu geometry.* Calcutta 1932.

Datta, B./Singh, A.N. [DS]
History of Hindu mathematics. A source book. Bd 1.2. (Lucknow 1935–1938.) 2. Aufl. Bombay [usw.] 1962.

Daviet de Foncenex
* 1734 Thonon/Savoyen; † 1799 Casale. General u. Mathematiker; Mitgl. der Akademie der Wiss. zu Turin.
1. *Reflexions sur les quantités imaginaires,* in: Miscellanea philosophico-mathematica Soc. Privatae Taurinensis. Bd 1. 1759, 113–146.

2. *Éclairissemens pour le mémoire sur les quantités imaginaires inséré dans le premier vol.*, in: Miscellanea Taurinensia. Bd 2. 1760/61, 337–344.

Day, Mary S.
s. Scheybl [2].

Debaune
s. Beaune.

Dechales, Claude François Milliet
* 1621 Lyon; † 1778 Turin. Jesuit; zuerst Missionar in d. Türkei, lehrte in versch. Städten Frankreichs Mathematik, auch Hydrographie u. Philosophie; zuletzt Prof. d. Math. in Turin.
Cursus seu mundus mathematicus. Bd 1–3. Lyon 1674.

Decker, Johann Georg
Vollständiges Rechenbuch zum Gebrauche für Lehrer in Real- und Volksschulen und zum Selbstunterrichte. 3. Aufl. Stuttgart 1848.

Dedekind, (Julius Wilhelm) Richard
* 1831 Braunschweig; † 1916 Braunschweig. Studierte bei Gauß in Göttingen, Prof. der Mathematik an der Techn. Hochsch. Braunschweig.
1. *Gesammelte mathematische Werke.* Ed. R. Fricke [u.a.] Bd 1–3. Braunschweig 1930–1932.
2. *Stetigkeit u. irrationale Zahlen.* Braunschweig (1872), 5. Aufl. 1927. (In [1; **3**. 1932, 315–334].) (6. Aufl. Braunschweig 1960.)
3. *Zur Theorie der aus n Haupteinheiten gebildeten Größen.* Nachrichten d. Kgl. Ges. d. Wiss. zu Göttingen. 1885, 141–159. In [1; **2**. 1931, 1–19].
4. *Brief an H. Weber vom 24. Jan. 1888*, in: [1; **3**, 488–490].
5. *Was sind u. was sollen die Zahlen.* Braunschw. 1888. In [1; **3**, 335–391].
s. Dirichlet.

Deimel, Anton
1. *Šumerische Grammatik der archaistischen Texte mit Übungsstücken (zum Selbstunterricht).* Rom 1924.
2. *Šumerisches Lexikon.* Teil 1. 3. Aufl. Rom 1947; Teil 2, Bd 1–4. Rom 1928–1933.

Delaporte, Louis Joseph
Tablettes de comptabilité chaldéenne. Z. f. Assyriologie. 18 (1904/05) 245–256.

De la Roche, Estienne
s. La Roche.

Delfino, Federigo (Delphinus, Federicus)
* 1477 Padua; † 1547 Padua. Arzt in Venedig; später Prof. der Astronomie an der Universität Padua. Bearbeitete die zweite Auflage von Beldomandis „Algorismus" (Venedig 1540).
s. Beldomandi [2].

Dell'Abbaco, Paolo
s. Paolo Dagomari.

Delphinus, Federicus
s. Delfino.

De Morgan, Augustus
On the early history of the signs + and –. Trans. Cambr. Philos. Soc. 11 (1871) 203–212.

Demotische Papyri
s. Parker.

Denzinger, Heinrich (Henricus)
Enchiridion symbolorum, definitionum et declarationum. 27. Aufl. Freiburg 1951.

Desberger, Franz Eduard
* 1786 München; † 1843 München. Prof. der Mathematik an der Universität München; Lehrer u. zuletzt Rektor der polytechnischen Schule in München.
Algebra oder die Elemente der mathematischen Analysis. München 1831.

Descartes, René
* 1596 La Haye/Touraine; † 1650 Stockholm. Philosoph und Mathematiker, vielseitiger Naturwissenschaftler; lebte in Holland, zuletzt in Stockholm.
1. *Oeuvres.* Ed. Ch. Adam u. P. Tannery. Bd 1–12. Paris 1897–1913.
2. *La geometrie.* Leiden 1637. [Faks. in: The geometry by R. Descartes, übers. u. ed. D. E. Smith u. M. L. Latham, London 1925. Nachr. New York 1954. (In [1; **6**. 1902, 367–486].)
3. *Geometrie.* Dt. Übers. von L. Schlesinger. 2. Aufl. Leipzig 1923.
4a. *Renati Des Cartes Geometria, Una cum notis Florimondi de Beaune.* Ed. Fr. à Schooten. Frankfurt a.M. 1695.
4b. *Renati Descartes Principia matheseos universalis, seu introductio ad geometriae methodum*, conscripta ab Er. Bartholino. Frankfurt a.M. 1695. [Beigedr. zu 4a.]
5. *Discours de la méthode pour bien conduire sa raison et chercher la vérité dans les sciences.* (Leiden 1637). In [1; **6**. 1902, 1–78].
6. *Regulae ad directionem ingenii*, in [1; **10**. 1908, 349–488].

Deubner, Fritz
Adam Ries, der Rechenmeister des deutschen Volkes. Z. Gesch. Naturw. Techn. Med. 1 (1960/62) H. 3. 11–44.

Deutsche Algebra
s. Codex Dresden C 80.

Dhruva, H.H.
Three land-grants from Sankheda, in: Epigraphia Indica. Ed. J. Burgess. Bd 2. Kalkutta 1894, 19–21.

Dick, Adolf
s. Martianus Mineus Felix Capella.

Dickson, Leonhard Eugene
History of the theory of numbers. Bd 1–3. Washington 1919–1923. Nachdr. New York 1952.
1. Divisibility of numbers. 1919;
2. Diophantine analysis. 1920;
3. Quadratic and higher forms. 1923.

Diels, Hermann
Fragmente der Vorsokratiker. 6. Aufl. Berlin-Grunewald 1951.
s. Simplikios [1].

Dietrich, Albert
Arabische Papyri aus der Hamburger Staats- und Universitätsbibliothek. Leipzig 1937. (= Abhandlungen f. d. Kunde des Morgenlandes. 22, Nr. 3.)

Dijksterhuis, Eduard Jan
Archimedes. Kopenhagen 1956. (= Acta hist. scient. naturalium et medicinalium. 12.)

Diogenes Laërtios
Lebte im 3. Jh. n. Chr.; Verf. einer Geschichte der griechischen Philosophie.

Diophant von Alexandria (Diophantos)
Griechischer Mathematiker um 250 n. Chr.; Biographie weitgehend unbekannt.
1. *Diophanti Alexandrini opera omnia cum Graecis commentariis.* Ed. P. Tannery. Bd 1.2. Leipzig 1893–1895.
2. *Diophanti arithmetica.* Übers. von Xylander [d.i. W. Holtzmann]. Basel 1575.
3. *Die Arithmetik und die Schrift über Polygonalzahlen.* Dt. Übers. von G. Wertheim. Leipzig 1890.
4. *Arifmetika i kniga o mnogougol'nych čislach.* Ed. I. N. Veselovskij und I. G. Bašmakova. Moskau 1974.
5. *The Arabic text of books IV to VII of Diophantus' Ἀριθμητικά in the transl. of Qusṭā ibn Lūqā.* Ed. mit Übers. u. Komm. von J. Sesiano. Diss. Providence/USA 1975.
s. Rashed [3].

Dirichlet, Gustav Peter Lejeune
* 1805 Düren; † 1859 Göttingen. Prof. der Mathematik in Breslau, an der Militärschule in Berlin u. der Univ. Göttingen (Nachfolger von Gauß).
Vorlesungen über Zahlentheorie. Ed. R. Dedekind. Braunschweig (1863), 4. Aufl. 1894.

Domninos von Larissa
* ca. 415; † 485. Stammte aus der syrischen Stadt Larissa; Philosoph und Mathematiker jüdischen Glaubens; Schüler des Syrianos; Zeitgenosse von Proklos.

Dorini, Umberto
s. Badoer.

Dreyer, John Louis Emil
s. Brahe.

DS
s. Datta/Singh.

DSB
Dictionary of scientific biography. Ed. Ch. C. Gillispie. Bd 1–14. New York 1970–1976.

Du Cange (Du Fresne, Charles)
Glossarium mediae et infimae Latinitatis. Bd 1–10. 1883–1887. Nachdr. Graz 1954.

Dümmler, Ernst Ludwig
Rhythmen aus der Carolingischen Zeit. Z. f. dt. Alterthum u. dt. Literatur. N.F. 11 (1879) 261–280.

Dürer, Albrecht
* 1471 Nürnberg; † 1528 Nürnberg. Bedeutender deutscher Zeichner und Maler des ausgehenden Mittelalters; Ingenieur.
Underweysung der messung, mit dem zirckel vnd richtscheyt, in Linien ebnen vnnd gantzen corporen. Nürnberg 1525.

Dugac, Pierre
Éléments d'analyse de Karl Weierstrass. Arch. hist. ex. sciences. 10 (1973) 41–176.

Dulaurens, François
Specimina mathematica duobus libris comprehensa. Paris 1667.

Dutens, Louis
s. Leibniz [7].

Dvivedī, Sudhākara
s. Āryabhaṭa II [1]; Bhāskara II [2]; Brahmagupta [2]; Śrīdhara [1]; Varāhamira [1].

Dyck, Walther von
s. Kepler [1].

Ebeling, Christoph Daniel
s. Bohn, G. Chr.

Ebert, Johann Jacob
s. Weidler.

Elfering, Kurt
Die Mathematik des Āryabhaṭa I. Text, Übers. aus dem Sanskrit u. Komm. München 1975.

Elia Misrachi
Die Arithmetik des Elia Misrachi. Dt. Übers. von G. Wertheim. 2. Aufl. Braunschweig 1896.

Empedokles
Wirkte im 5. Jh. v. Chr.; aus Akragas (Agrigent)/Sizilien; Naturphilosoph und Arzt.

Encyclopédie
Encyclopédie ou dictionnaire raisonnée des sciences des arts et des métiers. Publ. par Denis Diderot et Jean L. d'Alembert. Bd 1–17. Paris [sp.:] Neufchâtel 1751–1765.

Eneström, Gustaf
1. *Anfragen. Questions. Nr. 37.* Bibl. math. (2) 6 (1892) 32.
2. *Anfragen. Questions. Nr. 60.* Bibl. math. (2) 10 (1896) 96.
3. *Über die „Demonstratio Jordani de algorismo“.* Bibl. math. (3) 7 (1906/07) 24–37.
4. *Kleine Mitteilungen zu Cantor 2: 410.* Bibl. math. (3) 7 (1906/07) 290.
5. *Über die Bezeichnung gewöhnlicher Brüche im christl. MA nach d. Einführung arabischer Ziffern.* Bibl. math. (3) 7 (1906/07) 308–309.
6. *Kleine Mitteilungen zu Cantor 2: 727.* Bibl. math. (3) 7 (1906/07) 392.
7. *Kleine Bemerkungen z. letzten Aufl. von Cantors „Vorlesungen über Geschichte d. Mathematik“.* Bibl. math. (3) 11 (1910/11) 233–275.
8. *Das Bruchrechnen des Jordanus Nemorarius.* Bibl. math. (3) 14 (1913/14) 41–54.
9. *Kleine Mitteilungen zu Cantor 2: 66.* Bibl. math. (3) 14 (1913/14) 260.
10. *Kleine Mitteilungen. Nr. 124: Über zwei ältere Benennungen der fünften Potenz einer Größe.* Bibl. math. (3) 6 (1905/06) 324–325.
s. Euler; Gernardus [1], [2].

Engel, Friedrich
s. Euler [4].

Epicharmos
Lebte etwa von 550 bis 460 v.Chr. Sizilianer; Kommödiendichter, der hauptsächlich in Syrakus wirkte.

Epikur (Epikuros)
* 341 v.Chr. Samos; † 271 v.Chr. Athen. Philosoph; Begründer der epikureischen Schule in Athen.

Epstein, Paul
Die Logarithmenberechnung bei Kepler. Z. math. u. nat. Unterricht. 55 (1924) 142–151.

Eratosthenes
Wirkte im 3. Jh. v.Chr.; aus Kyrene; Leiter der Bibliothek in Alexandria; einer der vielseitigsten griechischen Wissenschaftler, besonders bekannt durch seine Bestimmung des Erdumfangs.

Erman, Adolf
Die Literatur der Ägypter. Leipzig 1923.

Ersenkatsi, Mkhitar
Armenischer Mathematiker. Hs. aus dem 14. Jh.

Estienne, Henri
s. Herodian.

Eudemos von Rhodos
Lebte in der zweiten Hälfte des 4. Jhs. v.Chr.; Schüler des Aristoteles; verfaßte Werke über die Geschichte und Kultur der Wissenschaften.

Eudoxos von Knidos
* ca. 400 v.Chr. Knidos; † ca. 347 Knidos. Griechischer Mathematiker, Astronom und Philosoph.

Euklid (Eukleides)
4./3. Jh. v.Chr. Griech. Mathematiker; studierte in Athen; wirkte in Alexandrien.
Wir zitieren so:
[El. 7, 23] bedeutet Elemente Buch 7, § 23.
[El. 5, Def. 4] bedeutet Elemente Buch 5, Definition 4.
[1; **5**, 327] bedeutet Euklid Opera Bd 5, S. 327.
1. *Opera omnia.* Ed. J.L. Heiberg u. H. Menge. Bd 1–8 u. Suppl. Leipzig 1883–1916. Bd 1–5. Elementa (Buch 1–13). 1883–1888 (Bd 5 enth. auch: Scholia). Bd 6. Data. 1896. Bd 7. Optica. 1895. Bd 8. Phaenomena et scripta musica. 1916.
2. *Opus elementorum euclidis in geometriam artem.* Lat. Übers., aufgrund d. Übers. aus dem Arab. v. Adelard von Bath, von Campanus von Novara. Venedig (E. Ratdolt) 1482.
3. *Euclidis . . . mathematicarum diciplinarum janitoris; habent in hoc volumine . . . elementorum libros . . .* Aus d. Griech. ins Lat. übers. von B. Zamberti. Venedig 1505.
4. *In sex priores libros geometricorum Euclidis demonstrationes.* Ed. O. Finé. Paris 1536.
5. *Arithmetica Euclidis teutsch.* Ed. J. Scheybl. Augsburg 1555.
6. *Die Sechs Erste Bücher Euclidis, vom Anfang oder grund der Geometrij.* Dt. Übers. von W. Holtzmann. Basel 1562.
7. *Euclidis elementorum libri XV.* Ed. F. Commandino. Pesaro 1572.
8. *Euclidis elementorum libri XV.* Ed. Chr. Clavius. Rom 1589.
9. *Teutsch redender Euclides oder Acht Bücher von den Anfängen der Meßkunst.* Übers. von A.E.B. von Pirckenstein. Wien 1694.
10. *S. Reyhers . . . In Teutscher Sprache vorgestellter Euclides.* Kiel 1699.
11. *Die Elemente.* Nach Heibergs Text aus d. Griech. übers. u. ed. von C. Thaer. Bd 1–5. Leipzig 1933–1937. (= Ostwalds Klass. ex. Wiss. 235. 236. 240. 241. 243.)
s. Moody/Clagett; al-Nayrizī.

Euler, Leonhard
* 1707 Basel; † 1783 St. Petersburg. Prof. der Mathematik u. Physik; 1727 Ruf an die Petersburger Akademie; ab 1741 an der

Akademie d. Wiss. in Berlin; 1766 wieder in Petersburg.
Eneström, Gustav: Schriften Leonhard Eulers. = Jahresbericht DMV. Erg. bd 4. Leipzig 1910–1913. (Die Nummern dieses Verzeichnisses werden mit E . . . angegeben.)
1. *Opera omnia.* Hrsg. von der Schweiz. Naturforsch. Gesellsch. Ser. 1: Opera mathematica. Ed. F. Rudio, A. Krazer [u.a.] Bd 1–29. Leipzig u. Berlin [später u.] Basel, Zürich 1911–1956.
2. *Introductio in analysin infinitorum.* Bd 1. 2. (Lausanne 1748). E 101, 102. In [1; **8, 9**] ed. A. Krazer, F. Rudio, A. Speiser.
3. *Institutiones calculi differentialis.* (Petersburg 1755). E 212. In [1; **10**] ed. G. Kowalewski.
4. *Institutiones calculi integralis.* Bd 1–3. (Petersburg 1768–1770.) Bd 4 (Petersburg 1794.) E 432, 366, 385, 668–681. In [1; **11. 12. 13. 19**, 84–227. **23**, 230–294] ed. F. Engel, L. Schlesinger, A. Liapounoff [u.a.]
5. *Vollständige Anleitung zur Algebra.* Petersburg 1770. E 387. In [1; **1**, 1–498] ed. H. Weber. Auch ed. J.E. Hofmann. Stuttgart 1959. (= Reclams Univ.-Bibl. 1802–06/06 a–c.)
6. *De formis radicum aequationum cuisque ordinis coniectatio.* (Comm. Acad. Petrop. 6. (1732/33) 1738, 216–231.) E 30. In [1; **6**, 1–19] ed. F. Rudio [u.a.].
7. *Recherches sur les racines imaginaires des équations.* (Mém. Acad. Sc. Berlin 5. (1749) 1751, 222–288.) E 170. In [1; **6**, 78–147].
8. *De resolutione aequationum cuiusvis gradus.* Novi Comm. Acad. Sc. Petrop. 9. (1762/63) 1764, 70–98.) E 282. In [1; **6**, 170–196].
9. *Nouvelle méthode d'éliminer les quantités inconnues des équations.* (Mém. Acad. Sc. Berlin 20. (1764) 1766, 91–104). E 310. In [1; **6**, 197–211].
10. *Observationes analyticae.* (Opuscula analytica 1. 1783, 85–120). E 553. In [1; **15**, 400–434] ed. G. Faber.
11. *Leonh. Euler's vollst. Anleitung zur Integralrechnung.* Übers. von J. Salomon. Bd 1–4. Wien 1828–1830. E 342 A, 366 A, 385 A, 668 A–681 A.
12. *Problema algebraicum,* (in: Opera postuma 1. Petersburg 1862, 282–287). E 808. In [1; **6**, 494–503].
13. *De la controverse entre Mrs. Leibniz et Bernoulli sur les logarithmes des nombres negatifs et imaginaires.* (Mém. Acad. Sc. Berlin. 5 (1749) 1751, 139–179). E 168. In [1; **17**, 195–232] ed. F. Rudio, A. Krazer, P. Stäckel.

Eutokios von Askalon
* ca. 480 in Palästina. Griechischer Mathematiker; verfaßte Kommentare zu einigen Schriften des Archimedes und zu den ‚Kegelschnitten' des Apollonios.
s. Apollonios von Perge; Archimedes [1].

Evans, Allan
s. Pegolotti.

Ewald, Paul
Mitteilung 2: *Palaeographisches aus Spanien.* Neues Arch. d. Ges. f. Ältere Geschichtskunde. 8 (1883) 357–360.

Eysenhut, Johannes
Ein künstlich rechenbuch auf Zyffern, Lini und Wälschen Practica. Augsburg 1538. [Zit. nach Tropfke, Gesch. d. Elementarmathematik. 3. Aufl., Bd 1. 1930, S. 81, Fn. 423.]

Faber, Georg
s. Euler [10].

Falkenstein, Adam
Archaische Texte aus Uruk. = Ausgrabungen der Deutschen Forschungsgemeinschaft in Uruk-Warka. Bd 2, Leizpzig 1936.

al-Fazārī **(Ibrāhīm b. Ḥabīb** oder **Muḥammad b. Ibrāhīm b. Ḥabīb)**
Arabischer Astronom; wirkte im 8./9. Jh. unter al-Manṣūr bis vielleicht zur Zeit al-Ma'mūns; übersetzte den Brāhmasphuṭasiddhānta des Brahmagupta aus dem Sanskrit ins Arabische.

Fermat, Pierre de
* 1608 Beaumont de Lomagne b. Toulouse; † 1665 Castres b. Toulouse. Königlicher Rat am Parlament v. Toulouse; Privatstudien in Mathematik.
1. *Oeuvres de Fermat.* Ed. P. Tannery u. Ch. de Henry. Bd 1–5. Paris 1891–1922.
2. *Varia opera Petri de Fermati mathematica.* Ed. S. de Fermat. Toulouse 1679. Nachdr. Brüssel 1969.

Fermat, Samuel de
s. Fermat, Pierre de.

Ferrari, Ludovico
* 1522 Bologna; † 1565 Bologna. Ab 1536 im Dienste Cardanos; hielt mathem. Vorlesungen in Mailand u. Bologna.
s. Bortolotti [2].

Ferro, Scipione del
* um 1465 in Bologna; † 1526 Bologna. Lehrte Arithmetik und Geometrie.

Fettweis, Ewald
1. *Wie man einstens rechnete.* Leipzig u. Berlin 1923. (= Math.-phys. Bibl. 49).
2. *Das Rechnen der Naturvölker.* Leipzig 1927.

3. *Die Kugelrechenmaschine als Erbgut aus mutterrechtlicher Kultur.* Scientia 65 (1939) 273–281.

Fibonacci, Leonardo
s. Leonardo von Pisa.

Finé, Oronce (Finaeus, Orontius)
* 1494 Briançon; † 1555 Paris. Prof. d. Mathematik am Collège de France in Paris.
1. *Protomathesis.* Paris 1532.
2. *Arithmetica practica.* Paris 1535, 3. Aufl. 1542.
s. Euklid [4].

Finzi, Mordecai
s. Abū Kāmil [1].

Fior, Antonio Maria (Floridus)
Rechenmeister, Anfang des 16. Jhs.

Fischer, Ernst Gottfried
* 1754 Hoheneiche b. Saalfeld; † 1831 Berlin. Physiker u. Mathematiker; Lehrer am Pädagogium in Halle, dann am Gymnasium in Berlin; Prof. d. Physik an d. Universität Berlin u. Mitgl. der Akademie d. Wiss., Berlin.
1. *Rechenbuch für das gemeine Leben.* Bd 1.2. Berlin 1797.
2. *Lehrbuch der Elementarmathematik.* Bd 1–3. Berlin 1820–1843.

Fischer, Johann
Lebte im 16. Jh.; veröffentlichte 1549 ein Schulbuch für den Rechenunterricht, dessen Gebrauch an den Lateinschulen Sachsens Vorschrift war, s. Unger [25, 55]; ferner:
Ein künstlich Rechenbüchlein. Wittenberg 1559.

Fischer, Johann Carl
Anfangsgründe der reinen Mathematik. Jena 1792.

Fischer-Weltgeschichte
Fischer-Weltgeschichte. Bd 2: *Die Altorientalischen Reiche I. Vom Paläolithikum bis zur Mitte des 2. Jahrtausends.* Ed. E. Cassin [u.a.] Frankfurt a.M. 1965.

Folkerts, Menso
1. *„Boethius" Geometrie II. Ein mathematisches Lehrbuch des Mittelalters.* Wiesbaden 1970. (Boethius, Texte und Abh. zur Gesch. der exakten Wiss. 9).
2. *Mathematische Aufgabensammlungen aus d. ausgehenden MA. Ein Beitrag z. Klostermathematik des 14. u. 15. Jahrhunderts.* Sudhoffs Archiv 55 (1971) 1, 58–75.
3. *Pseudo-Beda: De arithmeticis propositionibus. Eine mathematische Schrift aus der Karolingerzeit.* Sudhoffs Archiv. 56 (1972) 22–43.
4. *Die älteste mathematische Aufgabensammlung in lat. Sprache: Die Alkuin zugeschriebenen Propositiones ad acuendos iuvenes.* Wien 1977. (= Österr. Ak. der Wissenschaften, math.-naturwiss. Kl.-Denkschriften. Bd 116, Abh. 6).

Foncenex, Daviet de
s. Daviet de Foncenex.

Fort, Ludwig
Kleines kaufmännisches Wörterbuch.
2. Aufl. Quedlinburg u. Leipzig 1854.

Fourier, Jean Baptiste Joseph
* 1768 Auxerre; † 1830 Paris. Französischer Physiker u. Mathematiker; führte ein politisch bewegtes Leben; begleitete Napoleon auf seiner Reise nach Ägypten; Sekretär der Académie Française.
1. *Oeuvres de Fourier.* Ed. G. Darboux. Bd 12. Paris 1888–1890.
2. *Question d'analyse algébrique.* Bulletin des sciences par la Société Philomatique. 1818, 61–67. In [1; **2**, 243–253].
3. *Analyse des équations déterminées.* Paris 1831.
4. *Die Auflösung der bestimmten Gleichungen.* Dt. Übers. [von 3] v. A. Loewy. Leipzig 1902. (= Ostwalds Klass. ex. Wiss. 127).

Francesca
s. Piero della Francesca.

Frank, Carl
Straßburger Keilschrifttexte in sumerischer und babylonischer Sprache. Berlin u. Leipzig 1928.

Frege, (Friedrich Ludwig) Gottlob
* 1848 Wismar; † 1925 Bad Kleinen. Mathematiker und Logiker; ab 1879 Prof. an der Univ. Jena.
Die Grundlagen der Arithmetik. Breslau 1884. Nachdr. Darmstadt 1961.

Freudenthal, Hans
Y avait-il une crise de fondements des mathématiques dans l'antiquité? Bull. Soc. Math. Belgique. 18 (1966) 43–55.

Fricke, Robert
s. Dedekind [1].

Fridericus (Gerhart, Friedrich)
† nach 1463 (an der Pest). Gelehrter Benediktinermönch des Klosters St. Emmeram; Mathematiker, Astronom u. Geograph; schrieb zwischen 1445 und 1464 zahlreiche Hss. (s. z. B. Clm 14783), darunter eine Algebra von 1461 (vgl. Curtze [1]); ferner verfaßte er eine Bearbeitung des AR (Text B, Clm 14908), die eine Kompilation aus dem Text des AR im Cod. Florianus XI. 619, aus weiteren Aufgaben und Notizen desselben Cod. Flor. und aus anderen, bisher nicht identifizierbaren Quellen darstellt.

Friedlein, Gottfried
1. *Gerbert's Regeln der Division.* Z. Math. Phys. 9 (1864) 145–171.

2. *Die Zahlzeichen und das elementare Rechnen der Griechen und Römer des christlichen Abendlandes vom 7. bis 13. Jh.* Erlangen 1869.
s. Boetius; Pediasimus; Proklos; Victorius von Aquitanien.

Friedrich II. von Hohenstaufen
* 1194 Jesi b. Ancona; † 1250 Fiorentino. König von Sizilien u. Jerusalem; deutscher Kaiser (1212–1250). Er zog viele Gelehrte an seinen Hof, kannte und schätzte Leonardo von Pisa (Zusammenkunft 1225 in Pisa), der ihn in mehreren seiner Werke anredet [1; **2**, 227, 253]. Friedrich, sehr interessiert an Naturwissenschaften, verfaßte ein Buch über die Falkenjagd („De arte venandi cum avibus"), das in seiner Zeit einzigartig ist.

Fritz, Kurt von
The discovery of incommensurability by Hippasus of Metapontum. Annals of mathematics. 46 (1945) 242–264. Dt.: *Die Entdeckung der Inkommensurabilität durch Hippasos von Metapont,* in: Zur Geschichte der griechischen Mathematik. Ed. O. Becker. Darmstadt 1965, 271–307.

Frobenius, Georg Ferdinand
* 1849 Berlin; † 1917 Berlin. Mathematiker; Prof. an d. Universität Zürich, später Berlin.
1. *Gesammelte Abhandlungen.* Ed. J. P. Serre. Bd 1–3. Berlin, Heidelberg, New York 1968.
2. *Über lineare Substitutionen u. bilineare Formen.* (J. reine u. angew. Math. 84 (1878) 1–63). In [1; **1**, 343–405].
3. *Zur Theorie der linearen Gleichungen.* (J. reine u. angew. Math. 129 (1905) 175–180). In [1; **3**, 349–354].

Frolov, Boris Alekseevič
Čisla v grafike paleolita. [Die Zahlen in der Grafik der Jungsteinzeit. Russ.] Novosibirsk 1974.

Frontinus, Sextus Julius
* um 40 n. Chr.; um 103 [Rom?]. War Prätor im Jahre 70, in den Jahren 73, 98 und 100 Konsul, 97 Kurator über die Wasserleitungen in Rom; 73–77 Statthalter in Britannien, später in Asien; schrieb über Feldmesskunst und Kriegswesen und die Wasserversorgung der Stadt Rom („De aquis urbis Romae").

Furumark, Arne
Ägäische Texte in griechischer Sprache. Eranos. 51 (1953) 103–120; 52 (1954) 18–60.

Fuss, Paul H.
Correspondance mathématique et physique de quelques célèbres géomètres du XVIIIème siècle. Bd 1.2. St. Petersburg 1843.

Ǧābir ibn Ḥaiyān (Abū Mūsā Ǧābir ibn Ḥaiyān al-Azdī)
Wirkte um 776 in Kūfa; im Mittelalter als Alchemist Geber bekannt.
s. Ruska [3].

al-Ǧaiyānī (Abū ᶜAbdallāh Muḥammad b. Yūsuf b. Muᶜād al-Ǧaiyānī al Qāḍī)
† nach 1079.
Commentary on ratio, in: Ploij [15–47].

Galilei, Galileo
* 1564 Pisa; † 1642 Arcetri. Physiker, Astronom; Prof. in Pisa, Padua, Florenz.
1. *Discorsi e dimostrazioni matematiche intorno a due nuove scienze attenenti alla meccanica e i movimenti locali.* Leiden 1638.
2. *Unterredungen und mathematische Demonstrationen über zwei neue Wissenszweige, die Mechanik und die Fallgesetze betreffend.* Dt. Übers. [von 1] von A. [J.] v. Oettingen. Leipzig 1890–1891. (= Ostwalds Klass. ex. Wiss. 11. 24. 25). Nachdr. Darmstadt 1964.

Galois, Evariste
* 1811 Bourg-la-Reine; † 1832 Paris (nach einem Duell). Begründer der Galois-Theorie.
1. *Oeuvres mathématiques.* (Paris 1897). Ed. G. Verbiest. Paris 1951.
2. *Écrits et mémoires mathématiques d'Evariste Galois.* Ed. R. Bourgne, J. P. Azra. Paris 1962.

Gandz, Solomon
1. *The origin of the term "Algebra".* Amer. math. mon. 33 (1926) 437–440.
2. *Did the Arabs know the Abacus?* Amer. math. mon. 34 (1927) 308–316.
3. *The knot in Hebrew literature, or from the knot to the alphabet.* Isis. 14 (1930) 189–214.
4. *The sources of al-Khowārizmī's Algebra.* Osiris. 1 (1936) 263–277.
5. *The algebra of inheritance.* Osiris. 5 (1938) 319–391.
6. *Studies in Hebrew astronomy and mathematics.* Ed. S. Sternberg. New York 1970.
s. Immanuel ben J. Bonfils.

Gaṇeśa
Indischer Astronom des 16. Jhs.; schrieb einen Kommentar zu Bhāskara II.

Gāṅguli, Sāradākānta
Notes on Indian mathematics. Isis. 12 (1929) 132–145.

Gardiner, Alan H.
Egyptian grammar. (Oxford 1927). 3. Aufl. London 1957.

Gardiner, William
Tables of logarithms, for all numbers from 1 to 102 100; and for the sines and tangents . . . with other useful and necessary tables. London 1742.

Gardthausen, Victor
Die römischen Zahlzeichen. Germanisch-romanische Monatsschrift. 1 (1909) 401–405.

Gauß, Carl Friedrich
* 1777 Braunschweig; † 1855 Göttingen. Prof. der Astronomie und Direktor der Sternwarte Göttingen.
1. *Werke.* Bd 1–12. 2. Abdruck. Göttingen (Leipzig, Berlin) 1870–1938. Nachdr. Hildesheim, New York 1973.
2. *Disquisitiones arithmeticae.* Leipzig 1801. In [1; **1**].
3. *Untersuchungen über höhere Arithmetik.* Dt. Übers. [von 2] v. H. Maser. Berlin 1889. Nachdr. Darmstadt o.J. und New York 1965
4. *Theoria residuorum biquadraticorum,* commentatio secunda. 1831. (= Commentationes Societatis Regiae Scientiarum Gottingensis recentiores. 7). In [1; **2**, 93–148].
5. Anzeige der Arbeit: *Theoria residuorum biquadraticorum, commentatio secunda.* Göttingische gelehrte Anzeigen vom 23. Apr. 1831. In [1; **2**, 169–178].
6. *Die vier Gauss'schen Beweise für die Zerlegung ganzer algebraischer Functionen in reelle Factoren ersten u. zweiten Grades.* Ed. E. Netto. 2. Aufl. Leipzig 1904. (= Ostwalds Klass. ex. Wiss. 14).
7. *Demonstratio nova theorematis omnem functionem algebraicam rationalem integram.* Helmstedt 1799. In [1; **3**, 1–30].
8. *Demonstratio nova altera. theorematis . . .* Göttingen 1816. (= Commentationes Soc. Reg. Scient. Gott. recentiores. 3). In [1; **3**, 31–56].
9. *Theorematis de resolubilitate functionum algebraicarum integrarum . . . demonstratio tertia.* Göttingen 1816. (= Commentationes . . . 3). In [1; **3**, 57–64].
10. *Beweis eines algebraischen Lehrsatzes.* Berlin 1828. J. reine u. angew. Math. 3 (1828) 1–4. In [1; **3**, 65–70].
11. *Beiträge zur Theorie der algebraischen Gleichungen.* Göttingen 1850. (= Abh. K. Ges. Wiss. Gött. 4). In [1; **3**, 71–102].
Briefe, Notizen usw. werden nach der Stelle in den ges. Werken zitiert.
s. Wagner.

Gehrl, Georg
Ein Nützlich und Kunstlich Rechenbuch auff der Federn. Prag 1577.

Gellibrand, Henry
* 1597 London; † 1637 London. Prof. der Astronomie am Gresham College in London.
s. Briggs [4].

Geminos von Rhodos
Griechischer Mathematiker, Astronom und stoischer Philosoph, um 70 v. Chr.
Elementa astronomiae. Ed. C. Manitius. Leipzig 1898.

Gemma Frisius, Reinerus
1508 Dokkum/Niederl.; † 1555 Löwen/Belgien. Arzt; seit 1541 Prof. d. Medizin an d. Universität Löwen; betrieb mathematische u. geographische Studien.
Arithmeticae practicae methodus. Paris 1545.

Genocchi, Angelo
Differentialrechnung und Grundzüge der Integralrechnung, ed. G. Peano. Dt. Übers. von O. Bohlmann und A. Schepp. Leipzig 1899.

Geometria Culmensis
s. Mendthal.

Georg von Peurbach
s. Peurbach.

Georg von Ungarn (Georgius de Hungaria; Georgevič, Bartolomej)
Geistlicher; wahrscheinlich ungarischer Abstammung.
Arithmeticae summa tripartita. (Ersch. in d. Niederlanden 1499). Nachdr., ed. A. J. E. M. Smeur. Nieuwkoop 1965. (= Dutch classics on history of science. 14.)

Georgios Pachymeres
s. Pachymeres.

Gerbert von Aurillac (Sylvester II. Papa)
* ca. 945 in d. Auvergne/Frankr.; † 1003 Rom. Studierte unter Arabern in Sevilla u. Cordova; Erzbischof zu Reims u. Ravenna; Lehrer von Kaiser Otto III; seit 999 Papst Sylvester II.
1. *Oeuvres de Gerbert.* Ed. A. Olleris. Clermont-Ferrand 1867.
2. *Gerberti postea Silvestri II papae opera mathematica.* Ed. N. Bubnov. Berlin 1899. Nachdr. Hildesheim 1963.

Gerhard von Cremona (Gherardo Cremonese)
* um 1114 Cremona; † 1187 Toledo. Italienischer Gelehrter, der lange in Spanien lebte; übersetzte zahlreiche griech. u. arab. Autoren aus dem Arabischen ins Lateinische.
s. al-Ḫwārizmī [3]; al-Nayrīzī.

Gerhardt, Carl Immanuel
1. *Über die Entstehung und Ausbreitung des dekadischen Zahlensystems.* Programm Gymn. Salzwedel 1853.
2. *Geschichte der Mathematik in Deutschland.* München 1877.
3. *Leibniz über die Determinanten.* Sitzungsber. Preuß. Ak. Wiss. Berlin. 1891, 1, 407–423.
s. Leibniz [1], [2], [3]; Maximos Planudes [1].

Gerhart, Friedrich
s. Fridericus.

Gericke, Helmuth
Geschichte des Zahlbegriffs. Mannheim, Wien, Zürich 1970. (= B-I-Hochschulta-

schenbücher. 172/172 a.)
s. Stevin [4]; Viète [12].
Gernardus
Lebte in d. ersten Hälfte des 13. Jahrh.; Zeitgenosse von Jordanus Nemorarius.
1. *Der „Algorithmus de integris" des Meisters Gernardus.* Ed. G. Eneström. Bibl. math. (3) 13 (1912/13) 289–332.
2. *Der „Algorismus de minutiis" des Meisters Gernardus.* Ed. G. Eneström. Bibl. math. (3) 14 (1913/14) 99–149.
Gerstinger, Hans/Vogel, K.
Eine stereometrische Aufgabensammlung im Papyrus Graecus Vindobonensis 19996, in: Mitteilungen aus der Papyrus-Sammlung der Nationalbibliothek in Wien. Neue Ser., Folge 1. Griech. lit. Papyri I. Wien 1932, 11–76.
Geyger (Gyger, Geigger), Philipp
* 1569; † 1623. Rechenmeister in Zürich u. einige Jahre in Glarus; Verf. vieler mathem. Schulschriften.
Grundtliche und ordenliche Erklerung deß newen und kunstreychen Rechentisches. Zürich 1609.
Ghaligai, Francesco
* 1490 [?]; † 1536. Florentiner Mathematiker.
Summa de arithmetica. Florenz 1521. [Spätere Aufl. u. d.T.: Pratica d'arithmetica.]
Gherardo Cremonese
s. Gerhard von Cremona.
Ghetaldi (Getaldič), Marino
* 1566 (1568?) Ragusa (heute Dubrovnik); † 1625 Ragusa. Mathematiker, der viele Reisen unternahm; geriet in Rom unter den Einfluß von Christoph Clavius; lernte in Paris Viète kennen, dessen „De numerosa potestatum" (s. Viète [7]) er dort im Jahre 1600 herausgab.
Ghirshman, R.
Une tablette proto – élamite du plateau iranien. Revue d'assyriologie. 31 (1934) 115–119.
Gieswald [Dr.]
1. *Justus Byrg als Mathematiker und dessen Einleitung in seine Logarithmen.* Progr. St. Johannis-Schule Danzig 1856.
2. *Zur Geschichte und Literatur der Logarithmen.* Arch. Math. Phys. 26 (1856) 316–334.
Gillings, Richard J.
Mathematics in the time of the Pharaohs. Cambridge/Mass., London 1972.
Gillispie, Charles Coulston
s. DSB.
Ginzel, Friedrich Karl
Handbuch der mathematischen und technischen Chronologie. Bd 1. Leipzig 1906.
Giovanni de Danti
Lebte um 1370; aus Arezzo (vgl. D. E. Smith [6; **2**, 71]).
Giovanni del Sodo
Um 1500; Lehrer Ghaligais; verfaßte eine Algebra (vgl. Ghaligai [71]).
Girard, Albert
* 1595 Saint-Mihiel; † 1632 Leiden. Mathematiker.
1. *Tables de sinus, tangentes et secantes, selon le raid de 10 000 parties.* Den Haag 1626.
2. *Invention nouvelle en l'algèbre.* Amsterdam 1629. Nachdr. Leiden 1884.
Glaisher, J. W. L.
s. Report.
Glanville, S. R. K.
1. *The mathematical leather roll in the British Museum.* J. Egypt. archeology. 13 (1927) 232–239.
2. *Weights and balances in ancient Egypt.* London 1935. (= Royal Institution of Great Britain.-Weekly Evening Meeting. Nov. 8, 1935).
Glareanus, Henricus (Loritus oder **Loreti, Heinrich)**
* 1488 Mollis/Kt. Glarus; † 1563 Freiburg i. Br. Humanist, Musiktheoretiker u. vielseitiger Naturwissenschaftler; lehrte in Basel, Paris u. Freiburg.
De VI arithmeticae practicae speciebus. Freiburg 1539.
Glaser, Anton
History of binary and other nondecimal numeration. Southampton/Pa. 1971.
Goethe, Johann Wolfgang von
Faust I. = Werke, Sophienausg. (1. Abt.) Bd 14. Weimar 1887.
Goetsch, H.
Die Algebra der Babylonier. Arch. hist. ex. sciences. 5 (1968–69) 79–153.
Goetsch (Götsch), Johann David
Schreib- und Rechenmeister in Nürnberg.
Mercatorische Practica. Nürnberg 1664.
Gokhale, Shobhana Laxman
Indian numerals. Poona 1966.
Goldbach, Christian
* 1690 Königsberg; † 1764 Moskau. Mathematiker; erster Konferenzsekretär der neu gegründeten Akademie in Petersburg (1725–1728), Erzieher Peter II. in Moskau, später wieder in Petersburg im Dienste der Akademie u. des Amtes für auswärtige Angelegenheiten; korrespondierte u.a. mit Leibniz, Daniel Bernoulli und vor allem Leonhard Euler.
Goldstine, Herman H.
A history of numerical analysis from the 16th through the 19th century. New York, Heidelberg, Berlin 1977.

Gotlieb, Joann
Ein Teutsch verstendig Buchhalten. Nürnberg 1531. [Zit. nach Kheil [74 f.].]

Gräffe, Karl Heinrich
* 1799 Braunschweig; † 1873 Zürich. Prof. für Mathematik in Zürich.
Die Auflösung der höheren numerischen Gleichungen. Zürich 1837.

Grammateus, Henricus (Schreyber, Heinrich)
* vor 1496 (1492 [?]) Erfurt; † Winter 1525/26 Wien. Mathematiker der Wiener Schule.
1. *Ein new künstlich behend Rechenbüchlin, uff alle Kauffmanschafft.* Wien (1518) 1544.
2. *Algorithmus de integris.* Erfurt 1523.
s. Inoue; Müller, Chr. Fr.

Grant, Edward
s. Oresme [2], [3].

Grasberger, Lorenz
Studien zu den griechischen Ortsnamen. Würzburg 1888.

Graßmann, Hermann Günther
* 1809 Stettin; † 1877 Stettin. Gymnasiallehrer für Mathematik und Religion.
1. *Die lineare Ausdehnungslehre, ein neuer Zweig der Mathematik.* Leipzig 1844.
2. *Die Ausdehnungslehre, vollst. u. in strenger Form bearb.* Berlin 1862.

Gravelaar, N. L. W. A.
John Napier's Werken. Amsterdam 1899. (= Verhandelingen der K. Akademie van Wetenschappen te Amsterdam (Sect. 1) 6, Nr. 6.)

Gregorius a Santo Vincentio
* 1584 Brügge; † 1669 Gent. Mathematiker, Astronom, Priester; Jesuit; studierte bei Chr. Clavius in Rom; wirkte u.a. in Löwen, Prag, Gent.
Opus geometricum quadraturae circuli et sectionum coni. Antwerpen 1647.

Gregory, James
* 1638 Drumoak b. Aberdeen; † 1675 Edinburgh. Prof. f. Math. in St. Andrews/Schottl., dann in Edinburg.
Exercitationes geometricae. London 1668.

Gridgeman, N. T.
John Napier and the history of logarithms. Scripta math. 29 (1973) 49–65.

Griechische Anthologie
s. Anthologia Graeca.

Griffith, Francis Llewellyn
Notes on Egyptian weights and measures. Proc. Soc. Biblical Archaeology. 14 (1892) 403–450; 15 (1893) 301–315.

Grimm, Jacob und Wilhelm
Deutsches Wörterbuch. Bd 1–16. Leipzig, ersch. zwischen 1854 und 1960.

Grüson (Gruson), Johann Philipp
* 1768 Neustadt-Magdeburg; † 1857 Berlin. Prof. der Mathematik am Kadettencorps in Berlin. Mitgl. der Preuß. Akademie der Wiss.
Grundriß der reinen u. angewandten Mathematik. Bd 1: Arithmetik. Halle 1799.

Grunert, Johann August
s. Klügel [2].

Günther, Siegmund
Geschichte des mathematischen Unterrichts im deutschen Mittelalter bis zum Jahre 1525. Berlin 1887. (= Monumenta Germaniae paedagogica. 3.)

Gunter, Edmund
* 1581 Hertfordshire; † 1626 London. Mathematiker; 1619–1626 Prof. der Astronomie am Gresham-College in London; Freund von Briggs und Ougthred.
Canon triangulorium. London 1620.

Haaften, M. van
Ce n'est pas Vlack, en 1628, mais de Decker, en 1627, qui a publié le premier, une table de logarithmes étendue et complète. Nieuw Archief voor wiskunde. (2) 15 (1928) 49–54.

Haase, Carl
s. Hofmann, J. E. [3].

Ḥabaš al-Ḥāsib (Aḥmad ibn ^{c}Abdallāh al-Marwazī Ḥabaš al-Ḥāsib)
† zwischen 864 und 874. Astronom; wirkte in Bagdad unter al-Ma'mūn und al-Mu^{c}taṣim.

Hänel, Christian Friedrich
1. *Gedanken über die Handlung und Münzwesen.* Chemnitz 1777.
2. *Wohlerfahrner Kaufmann.* Münster und Leipzig 1782.

Hagen, Hermann
Antike und mittelalterliche Raethselpoesie. Biel 1869.

al-**Ḥaǧǧaǧ (al-Ḥaǧǧaǧ ibn Yūsuf ibn Maṭar)**
Wirkte zwischen 786 und 833, wahrsch. in Bagdad. Arabischer Mathematiker, der erstmals Euklids „Elemente" u. den „Almagest" ins Arabische übersetzte.

al-**Hā'im**
s. Ibn al-Hā'im.

al-**Haiṯam**
s. Ibn al-Haiṯam.

Halāyudha
Indischer Mathematiker, im 10. Jh.; kommentierte Piṅgalas Chandaḥ-sūtra.

Halberstam, H.
s. Hamilton [1].

Halley, Edmond
* 1656 [?] Haggerston bei London; † 1743 Greenwich. „Astronomer Royal" der Sternwarte Greenwich ab 1720.
Methodus Nova, Accurata et facilis inveniendi Radices Aequationum quarum

cumque generaliter, sine praevia Reductione. Philos. trans. 18 (1694) 136–148.

Hallikān
s. Ibn Hallikān.

Hamilton, William Rowan
* 1805 Dublin; † 1865 Dunsink b. Dublin. Prof. d. Astronomie an der Univ. Dublin; Präsident der Royal Irish Academy.
1. *The mathematical papers.* Bd 3: Algebra. Ed. H. Halberstam and R. E. Ingram. Cambridge 1967.
2. *Theory of conjugate, or algebraic couples; with a preliminary and elementary essay on algebra as the science of pure time.* (Trans. R. Irish Acad. 17 (1837) 293–422.) In [1; **3**, 3–100].
3. *Researches respecting quaternions first series.* (Trans. R. Irish Acad. 21 (1848) 199–296). In [1; 3, 159–226].

Hammer, Franz
1. *Die logarithmischen Schriften Keplers,* in: Kepler [1; **9**, Nachbericht, 461–483].
2. *Nachbericht* [zu Tabulae Rudolphinae], in: Kepler [1; **10**, Nachber.].

Handbuch
Handbuch für Kaufleute, vermöge dessen man auf eine sehr leichte Art wissen kann, wie viel ein Pfund Caffee und ein Pfund roher Zucker . . . von Bordeaux, Nantes und Havre de Grace in Hamburg und Amsterdam zu stehen kommt. Frankfurt 1786.

Handlungsbuch
Das Handlungsbuch der Holzschuher in Nürnberg von 1304–1307. Ed. A. Chroust u. H. Prösler. Erlangen 1934. (= Veröffentlichungen d. Gesellschaft f. Fränkische Geschichte. R. 10, 1.)

Handwörterbuch
Handwörterbuch der Sozialwissenschaften. Ed. E. v. Beckerath [u.a.] Bd 11. Göttingen 1961.

Hankel, Hermann
* 1839 Halle; † 1873 Schramberg b. Tübingen. Prof. der Mathematik an den Univ. Leipzig, Erlangen und Tübingen; beschäftigte sich mit Geschichte der Mathematik.
1. *Theorie der complexen Zahlensysteme.* Leipzig 1867.
2. *Zur Geschichte der Mathematik in Alterthum und Mittelalter.* Leipzig 1874. Nachdr. Hildesheim 1965.

Harriot, Thomas
* 1560 [?] Oxford; † 1621 Sion House b. Ilseworth/Surrey. Englischer Mathematiker; vermaß im Auftrage von Sir W. Raleigh die Kolonie Virginia.
Artis analyticae praxis ad aequationes algebraicas resolvendas. Ed. W. Warner. London 1631.
s. Lohne; Tanner.

Harris, John
* ca. 1666 Shropshire [?]; † 1719 Norton Court. Englischer Geistlicher; Mitgl., Sekretär u. Vizepräsident der Royal Society.
Lexicon technicum: or, an universal English dictionary of arts and sciences. Bd 1.2. (London 1704.)
Bd 1. 4. Aufl. London 1725; Bd 2. 2. Aufl. London 1723.

Harsdörffer, Georg Philipp
* 1607 Fischbach; † 1658 Nürnberg. Rat der Stadt Nürnberg; bereiste Holland, England, Frankreich und Italien.
Delitiae (Deliciae) mathematicae et physicae. Der Mathematischen und Philosophischen Erquickstunden . . . Theil. Bd 2.3. Nürnberg 1651–1653 [und] Nürnberg 1677–1692. [Die Seitenzahlen stimmen in d. beiden Ausgaben überein].
Bd 1 s. Schwenter [2].

Hartner, Willy
Zahlen und Zahlensysteme bei Primitiv- und Hochkulturvölkern (Paideuma. 2, H. 6/7. 1943), in: Hartner: Oriens-Occidens. Ausgew. Schriften zur Wissenschafts- u. Kulturgesch. Festschr. z. 60. Geb. Hildesheim 1968 (= Collectanea. 3.), 57–116.

al-**Ḥasan (al-Ḥasan ibn al-Ḥusain al-Marwazī)**
Persischer Mathematiker um 1216; erwähnt bei Suter [5; 117].

al-**Ḥaṣṣār (Abū Zakariyā** [oder: Abū Bakr] **Muḥammad ibn ^{c}Abdallāh al-Ḥaṣṣār** [oder: Ḥāsir])
Westarabischer Mathematiker des 12./13. Jh.
s. Codex Gotha 1489; Suter [3].

Hasse, Helmut
s. Steinitz.

Hasse, Helmut/Scholz, H.
Die Grundlagenkrisis der griechischen Mathematik. Charlottenburg 1928.

al-**Ḫayyām, ^{c}Omar (Abū al-Fatḥ ^{c}Umar ibn Ibrāhīm al-Ḫayyāmī ǧiyāṯ al-Dīn;** pers.: ^{c}Omar Ḫayyām)
* 1048 [?] Nishapur; † 1131. Persischer Mathematiker, Astronom und Dichter.
1. *L'algèbre d'Omar Alkhayyāmī.* Arab. u. franz., ed. F. Woepcke. Paris 1851.
2. *The algebra of ^{c}Umar Khayyām.* Engl. Übers. [von 1] v. H. J. J. Winter u. W. ^{c}Arafat. J. R. Asiatic Soc. Bengal. Science. 16, 1 (1950) 27–77.
3. *Traktaty.* [Abhandlungen.] Arab. Faks. u. russ. Übers., ed. B. A. Rozenfeld' und A. P. Juškevič. Moskau 1961.
4. *A paper of Omar Khayyam.* Engl. Übers. von Ali R. Amir-Moéz. Scripta math. 26 (1963) 323–337.

al-Ḫāzinī (Abū al-Fatḥ ᶜAbd al-Raḥmān al-Manṣūr al-Ḫāzinī)
Wirkte um 1115–1121; griechischer Sklave, in Merw erzogen; Verf. berühmter astronomischer Tafeln und eines Werkes über Physik.

Heath, Thomas Little
1. *Aristarchos of Samos, the ancient Copernicus. A history of Greek astronomy to Aristarchus, together with Aristarchus's Treatise on the sizes and distances of the sun and moon.* Griech. Text, engl. Übers. u. Anm. Oxford 1913.
2. *A history of Greek mathematics.* Bd 1. 2. Oxford 1921.

Heckscher, A.
s. Huygens [4].

Hee, L. von
s. Vanhée.

Heiberg, Johann Ludwig
1. *Byzantinische Analekten.* Abh. Gesch. Math. 9 (1899) 161–174.
2. *Mathematisches zu Aristoteles.* Abh. Gesch. Math. 18 (1904) 1–49.
3. *Mathematici Graeci minores.* Kopenhagen 1927. (= Kgl. Danske Vid. Selsk.-Hist.-fil. Meddelelser. 13, 3.)
4. *Anonymi logica et quadrivium cum scholiis antiquis.* Kopenhagen 1929. (= Kgl. Danske Vid. Selsk.-Hist.-fil. Meddelelser. 15, 1.)
s. Apollonios von Perge [1]; Archimedes [1], [2]; Euklid [1]; Heron von Alexandria; Ptolemaios [1]; Tannery [1].

Heichelheim, Fritz
Wirtschaftliche Schwankungen der Zeit von Alexander bis Augustus. Jena 1930. (= Beiträge z. Erforschung der wirtschaftl. Wechsellagen. Aufschwung, Krise, Stokkung. 3.)

Heine, Eduard Heinrich
* 1821 Berlin; † 1881 Halle. Studierte u.a. bei Gauß in Göttingen; Prof. der Math. an der Univ. Halle.
Die Elemente der Functionenlehre. J. reine u. angew. Math. 74 (1872) 172–188. Darin: G. Cantors Theorie der Irrationalzahlen.

Heinsius, Elli
s. Kretschmer/Heinsius.

Heisenberg, August
Grabeskirche und Apostelkirche; zwei Basiliken Konstantins. Untersuchungen zur Kunst und Literatur des ausgehenden Altertums. Teil 2: Die Apostelkirche in Konstantinopel. Leipzig 1908.

Heller, Bruno
Grundbegriffe der Physik im Wandel der Zeit. Braunschweig 1970.

Heller, Siegfried
Ein Beitrag zur Deutung der Theodorosstelle in Platons Dialog „Theaetet". Centaurus 5 (1956) 1–58.

Helmholtz, Hermann Ludwig Ferdinand von
* 1821 Potsdam; † 1894 Berlin. Prof. d. Physiologie an den Univ. Königsberg, Bonn u. Heidelberg; Prof. d. Physik an der Univ. Berlin; Arbeiten aus der Hydrodynamik, Elektrodynamik.
Zählen und Messen, erkenntnistheoretisch betrachtet, in: Philosophische Aufsätze. E. Zeller gewidm. Leipzig 1887. Nachdr. Darmstadt 1959.

Henry, Charles
s. Fermat [1]; O'Creat.

Hérigone, Pierre
† ca. 1643. Mathematiker in Paris.
Cursus mathematicus. (Bd 1–5. Paris 1634–1637. Suppl. 1642). Bd 1–6. Paris 1644.

Herkov, Zlatko
s. Kurelac/Herkov.

Hermann, Jakob
* 1678 Basel; † 1733 Basel. Mathematiker; in wissenschaftlichem Kontakt mit Jakob und Johann Bernoulli und Euler.

Hermelink, Heinrich
The earlist reckoning books existing in the Persian language. Historia math. 2 (1975) 299–303.

Hermite, Charles
* 1822 Dieuze/Lothringen; † 1901 Paris. Prof. der Mathematik an der Ecole Polytechnique und an der Univ. Paris.
1. *Oeuvres.* Ed. E. Picard. Bd 1–4. Paris 1905–1917.
2. *Sur la fonction exponentielle.* (Comptes rendus Ac. Sc. Paris 77 (1873) 18–24, 74–79, 226–233, 285–293.) In [1; 3. 1912, 150–181].

Herodian (Herodianos, Ailios)
Lebte im 2. Jh. n. Chr. Griechischer Grammatiker.
Herodiani de notis numerorum tractatus, ed. H. Stephanus (d. i. H. Estienne), in: Thesaurus Graecae linguae. Bd 9. 1829, Appendix, Sp. 345–354. Nachdr. Graz 1954.

Herodot (Herodotos)
* 484 [?] v. Chr. Halikarnassos; † zwischen 430 u. 420 v. Chr. Thurii/Italien. Griech. Historiker und Geograph, der ausgedehnte Reisen unternahm.
1. *Historiae.* Ed. C. Hude. Oxford (1908), 3. Aufl. 1927. Nachdr. Buch 1–4. 1972, 5–9. 1970.
2. *Historien.* Griech.-dt. Bd 1. 2. Ed. J. Feix. München 1963.

Heron von Alexandria
Wirkte um 62 n. Chr. in Alexandria. Griechischer Mathematiker und Physiker.
Heronis Alexandrini opera quae supersunt omnia. Griech. u. dt. Ed. W. Schmidt, L. Nix, H. Schöne, J. L. Heiberg. Bd 1–5. Leipzig 1899–1914.

Hieronymus
* um 347 Strido/Dalmatien; † 419 oder 420 Bethlehem. Lateinischer Kirchenvater.

Hilbert, David
1862 Königsberg; † 1943 Göttingen. Prof. der Mathematik an den Univ. Königsberg und Göttingen.
Über den Zahlbegriff. Jahresbericht DMV. 8 (1900) 1, 180–184. (In: Grundlagen der Geometrie. 7. Aufl. Leipzig, Berlin 1930, 241–246.)

Hildesheimer Rechenbuch
s. Bernhard.

Hill, George Francis
The development of Arabic numerals in Europe. Oxford 1915.

Hiller, Eduard
s. Theon von Smyrna.

Hilprecht, Hermann Vollrat
Mathematical, metrological and chronological tablets from the Temple-Library of Nippur. Philadelphia 1906. (= The Babylonian expedition of the University of Pennsylvania. Ser. A. 20, 1.)

Hinz, Walther
Islamische Maße und Gewichte, in: Handbuch der Orientalistik. Erg. Bd 1, Heft 1. Leiden 1955.

Hipparchos
Wirkte Mitte des 2. Jhs. v. Chr.; aus Nikaia/Bithynien; einer der bedeutendsten griechischen Astronomen.

Hippasos von Metapont
Wirkte Mitte des 5. Jhs.; griechischer Mathematiker; Pythagoreer; ihm wird die Aufstellung des harmonischen Mittels und die Entdeckung der Inkommensurabilität (wohl vom regelmäßigen Fünfeck) zugeschrieben.

Hippokrates von Chios
Lebte in der zweiten Hälfte des 5. Jhs. v. Chr.; griechischer Mathematiker und Astronom, später in Athen; Verf. eines mathematischen Lehrbuches.

Hippolytos
Griechischer Kirchenschriftsteller in der ersten Hälfte des 3. Jhs. n. Chr.; Presbyter in Rom. In seinem Hauptwerk „Κατὰ πασῶν αἱρέσεων ἔλεγχος (Refutatio omnium haeresium" = Widerlegung aller Ketzereien) kommen auch Weissagungen aus dem Namen vor.

Hirayama, Akira
s. Takakazu.

Hoche, R.
s. Nikomachos [1].

Hochheim, Adolf
s. al-Karaǧī [1].

Hoecke, Gielis van den
In Arithmetica een sonderlinge excellent boeck. Antwerpen 1545.

Hoffmann, Ludwig
Mathematisches Wörterbuch. Bd 1–7. Berlin 1858–1867.

Hofmann, Joseph Ehrenfried
1. *Nicolaus Mercators Logarithmotechnia* ⟨1668⟩. Deutsche Math. 3 (1938) 446–466.
2. *Geschichte der Mathematik.* Bd 1. Berlin 1953 (2. Aufl. 1963). Bd 2.3. Berlin 1957 (= Sammlung Göschen. 226. 875. 882).
3. *Leibniz, sein Leben, sein Wirken, seine Welt.* Ed. W. Totok u. C. Haase. Hannover 1966.
4. *Leibniz in Paris 1672–1676. His growth to mathematical maturity.* London 1974.
s. Euler [5].

Hofmann, Ulrich
Schreib- und Rechenmeister in Nürnberg.
Arithmetica practica. Nürnberg 1658.

Holtzmann, Wilhelm (Xylander)
s. Diophant [2]; Euklid [6].

Holzschuher
Das Handlungsbuch der Holzschuher s. Handlungsbuch.

Homer
Lebte im 9. oder 8. Jh. v. Chr.; Schöpfer der „Ilias" und der „Odyssee".

Honigmann, Ernst
Onomatomanteia, in Pauly/Wissowa [18, 1 = Halbbd 35. 1939, Sp. 517–521].

Hoppe, Edmund
Mathematik und Astronomie im klassischen Altertum. Heidelberg 1911. (= Bibliothek d. klass. Altertumswiss. 1.)
s. Stifel [5].

Horaz (Quintus Horatius Flaccus)
* 65 v. Chr. Venusia (Venosa)/Apulien; † 8 v. Chr. Römischer Dichter.
De arte poetica. In: Opera omnia. Ed. H. Färber. München 1959, S. 242–255.

Horner, William George
* 1786 Bristol; † 1837 Bath. Englischer Mathematiker; Gründer einer Schule in Bath.
A new method of solving numerical equations of all orders, by continuous approximation. Philos. trans. R. Soc. London. 1819, P. 1, 308–335.

Horsley, Samuel
s. Newton [1].

Hostus, Matthäus
* 1509 Wilhelmsdorf b. Berlin; † 1587 Frankfurt a.d. Oder. Archäologe, Sprachforscher, Münzenkundiger; Prof. der griech. Sprache in Frankfurt a.d.O.
De numeratione emendata veteribus Latinis et Graecis usitata. Antwerpen 1582.

Hoüel, Guillaume Jules
s. Argand.

Huber, Engelbert
Historische Entwicklung von Näherungsverfahren zur Lösung algebraischer Gleichungen. Diss. München, eingereicht Juni 1978.

Hudde, Jan (Huddenius, Johannes)
* 1628 [getauft] Amsterdam; † 1704 Amsterdam. Bürgermeister von Amsterdam; wurde von Schooten in die Mathematik eingeführt.
De reductione aequationum [geschr. etwa 1654/55], in: Descartes [4a; 406–506].

Hübsch, Johann Georg Gotthelf
Arithmetica portensis oder Anfangsgründe der Rechenkunst. Bd 1–4. 1748–1762.

Hultsch, Friedrich Otto
1. *Meteorologicorum scriptorum reliquae.* Bd 1.2. Leipzig 1864–1866.
2. *Griechische und römische Metrologie.* 2. Bearb. Berlin 1882.
3. *Arithmetica,* in: Pauly/Wissowa [**2,1** = Halbbd. 3. 1895, Sp. 1066–1116].
s. Pappos von Alexandria [1].

Humboldt, Alexander von
* 1769 Berlin; † 1859 Berlin. Naturforscher u. Geograph; Forschungsreisender.
Über die bei verschiedenen Völkern üblichen Systeme von Zahlzeichen und über den Ursprung des Stellenwerthes bei den indischen Zahlen. J. reine u. angew. Math. 4 (1829) 205–231.

Hume, James
Wirkte um 1639; englischer Mathematiker, der in Frankreich lebte.
1. *Le traité d'algèbre.* Paris 1635.
2. *Algèbre de Viète, d'une méthode nouvelle, claire et facile.* Paris 1636.

Hunger, Herbert / Vogel, K.
Ein byzantinisches Rechenbuch des 15. Jahrhunderts. 100 Aufgaben aus dem Codex Vindobonensis Phil. Gr. 65. Text, Übers. u. Komm. Wien 1963. (= Österr. Akad. d. Wiss., phil.-hist. Kl., Denkschriften. Bd 78, Abh. 2.).

Hunrath, Karl
Zur Geschichte der Dezimalbrüche. Z. Math. Phys. 38 (1893) 25–27.

Huswirt, Johannes S.
Lebte Anfang des 16. Jhs.
Enchiridion novus algorismi. (Köln 1501). Ed. D. Wildermuth. Programm Königl. Gymnasium Tübingen 1865.

Hutton, Charles
* 1737 Newcastle-upon-Tyne; † 1823 London. Mathematiker an der Militärakademie in Woolwich; Mitgl. u. Sekr. der Royal Society.
A complete treatise on practical arithmetic and book-keeping. (Newcastle 1764). 8. Aufl. London 1788.

Huxley, G. L.
Briggs, Henry, in: DSB [**2.** 1970, 461–463].

Huygens, Christiaan
* 1629 Den Haag; † 1695 Den Haag. Holländischer Naturwissenschaftler und Mathematiker; wirkte lange in Paris an der Académie Royal des Sciences.
1. *Oeuvres complètes.* Bd 1–22. Den Haag 1888–1950.
2. *Fundamentum regulae nostrae ad inveniendos logarithmos.* 1661, in: [1, **14.** 1920, 451–457].
3. *Horologium oscillatorium.* Paris 1673.
4. *Die Pendeluhr. Horologium oscillatorium.* Dt. Übers. von A. Heckscher und A. von Oettingen. Leipzig 1913. (= Ostwalds Klass. ex. Wiss. 192.)

al-Ḫwārizmī (Abū ᶜAbdallāh Muḥammad ibn Mūsā al-Ḫwārizmī)
Lebte um 780–850 in Bagdad; Mathematiker, Astronom u. Geograph.

Rechnen mit indischen Ziffern:
1. *Algoritmi de numero Indorum.* [Lat.] Rom 1857. (= Trattati d'aritmetica. Ed. B. Boncompagni. 1.)
2. *Mohammed ibn Musa Alchwarizmi's Algorismus.* Nach der einzigen (lateinischen) Handschrift in Faks. mit Transkr. u. Komm. Ed. K. Vogel. Aalen 1963.

Algebra (Ḥisāb al-ǧabr wa-l-muqābala):
3. Lat. Übers. von Gerhard v. Cremona, in: Libri [1; **1**, Note 12, 253–299].
4. *Robert of Chester's Latin transl. of the Algebra of al-Khowarizmi.* Mit engl. Übers. Ed. L. Ch. Karpinski. New York 1915.
5. *The algebra of Mohammed ben Musa.* London 1831. Arab. Text m. engl. Übers. Ed. F. Rosen.

6. *Die astronomischen Tafeln des Muḥammed ibn Mūsā al-Khwārizmī.* Ed. H. Suter. Kopenhagen 1914.
7. *The astronomical tables of al-Khwārizmī.* Engl. Übers. aus d. Lat. und Komm. von O. Neugebauer. Kopenhagen 1962. (= Historisk-filos. skrifter Dan. Vid. Selsk. 4, 2.)
s. Allard [2]; Bosmans; Gandz [4].

Hypsikles
Wirkte etwa 200 bis 150 v. Chr., wahrsch. in Alexandria; Mathematiker; Verf. des sog. 14. Buches von Euklids „Elementen". (vgl. Sarton [2; **3**, 163].)

Iamblichos von Chalkis
* ca. 250; † ca. 330. Neuplatonischer Philosoph und Wundertäter.
1. *Iamblichi in Nicomachi arithmeticam introductionem liber.* Ed. Herm. Pistelli. Leipzig 1894.
2. *Pythagoras. Legende, Lehre, Lebensgestaltung.* Griech. u. dt. ed. M. von Albrecht. Zürich u. Stuttgart 1963.

Ibn al-Hā'im (Šihāb al-dīn Abū-l-ᶜAbbās Aḥmad ibn Muḥammad Ibn al-Hā'im al-Faraḍī)
* 1352/55 Kairo; † 1412 Jerusalem. Ägyptischer Mathematiker; Prof. in Jerusalem (madrasa Ṣalāḥiya).
Kitāb al-lumaᶜ fī ᶜilm al-ḥisāb.

Ibn al-Haiṯam (Alhazen) (Abū ᶜAlī ᶜAlī al-Ḥasan ibn al-Ḥasan ibn al Haiṯam)
* um 965 Baṣra; † nach 1039 Kairo. Wirkte in Ägypten unter al-Ḥākim (996–1020); gilt als größter islamischer Physiker; berühmt vor allem durch seine optischen Arbeiten; auch Astronom, Mathematiker u. Arzt. (Vgl. Sarton [2; **1**, 721]).

Ibn al-Qifṭī (Abū al-Ḥasan ᶜAlī ibn Yūsuf, Ǧamāl al-dīn al Šaibānī ibn al-Qifṭī)
* 1172/73 Qifṭ / Ägypten. Ägyptischer Historiker; wirkte bis 1187 in Kairo, bis 1202 in Jerusalem u. schließlich in Aleppo, wo er starb. Sein Hauptwerk „Tarīḫ al-ḥukamā'" enthält 414 Biographien bedeutender arab. Wissenschaftler.

Ibn al-Samḥ (Abū-l-Qāsim Aṣbaġ ibn Muḥammad Ibn al-Samḥ)
* 979; † 1035. Mathematiker, Astronom; wirkte in Granada.

Ibn Badr (Abenbéder) (Abū ᶜAbdallah Muḥammad ibn ᶜUmar ibn Muḥammad, genannt Ibn Badr**)**
Lebte in der ersten Hälfte des 13. Jhs. [?] in Sevilla.
Compendio de Álgebra de Abenbéder. Arab. u. span. ed. José A. Sánchez Pérez. Madrid 1916.

Ibn Hallikān (Šams al-dīn Abū-l-ᶜAbbās Aḥmad ibn Muḥammad ibn Ibrāhīm ibn abī Bakr Ibn Ḫallikān al-Barmakī al-Irbilī al-Šafiᶜi)
* 1211 Irbil/Abela; † 1282 Damaskus. Arabischer Geschichtsschreiber; verfaßte ein biographisches Lexikon, das zu einem der bedeutendsten der Weltliteratur zählt und als eine der wichtigsten Quellen für die arabische Literaturgeschichte anzusehen ist.

Ibn Rušd
s. Averroës.

Ibn Ṭāhir
s. Abū Manṣūr.

Ihring, Friedrich Heinrich Wilhelm
Der praktische Kaufmann. Halle 1798.

Iḫwān al-Ṣafā'
„Die lauteren Brüder", eine Art wissenschaftlicher Geheimbund in der zweiten Hälfte des 10. Jhs. Verf. einer Enzyklopädie.

Immanuel ben Jacob Bonfils, von Tarascon
Wirkte ca. 1340–1377 in der Provence. Jüdischer Mathematiker, Astronom, Astrologe; Übers. vom Lat. ins Hebräische.
The invention of the decimal fractions and the application of the exponential calculus by Immanuel Bonfils of Tarascon (c. 1350). Einführung, hebr. Text u. engl. Übers. S. Gandz. Isis 25 (1936) 16–45.

Ingram, R. E.
s. Hamilton [1].

Initius Algebras
Die Algebra des Initius Algebras ad Ylem geometram magistrum suum. Ed. M. Curtze. Abh. Gesch. Math. 13 (1902) 435–611.
s. Alexander, Andr.

Inoue, Kiyoshi
Grammateus über die Buchhaltung. Rechnungswesen. 100 (1971) [Japanisch], 154–170.

Inscriptiones
Inscriptiones insularum maris Aegaei praeter Delum. Fasc. 1. Ed. Fridericus Hiller de Gaertringen. Berlin 1895. (= Inscriptiones Graecae. 12, 1.)

Irani, Rida A. K.
Arabic numeral forms. Centaurus 4 (1955–56) 1–12.

Isaak Argyros
s. Argyros.

Isidorus von Sevilla
* um 560 in Spanien; † 636 Sevilla. Bischof von Sevilla; schrieb über Theologie und Naturwissenschaften.
Etymologiarum sive originum libri 20. Ed. W. M. Lindsay. Bd 1. 2. Oxford 1911. Nachdr. Oxford 1957.

Itard, Jean
s. Bachet [2].

Iuventius Celsus (P. Iuventius Celsus T. Aufidius Hoenius)
Römischer Jurist und Staatsmann um 100 n. Chr.

Jackson, Lambert Lincoln
The educational significance of sixteenth century arithmetic. New York 1906. Nachdr. New York 1972.

Jacob von Speier
Im 15 Jh. Hofastrologe des Fürsten von Urbino; sonst nichts über sein Leben bekannt. (Vgl. Regiomontanus [3; 190]).

Jacob, Simon
* 1510 [?] Coburg; † 1564 Frankfurt a. M. Bekannter Rechenmeister seiner Zeit in Frankfurt.
Ein New vnd Wolgegründt Rechenbuch, Auff den Linien vnd Ziffern, sampt der Welschen Practic. Frankfurt a. M. (1565) 1600.

Jacobi, Carl Gustav Jacob
* 1804 Potsdam; † 1851 Berlin. 1824 Privatdoz. in Berlin; 1827 Prof. in Königsberg; reiste 1843 aus gesundh. Gründen nach Italien, dann kgl. Pensionär in Berlin.
1. *Gesammelte Werke.* Bd 1–7 u. Suppl. Ed. C. W. Borchardt [Bd 1] u. K. Weierstraß [Bd 2–7], A. Clebsch [Suppl.]. E. Lottner [Suppl. 2. Ausg. 1884]. Berlin 1881–1891. Nachdr. New York 1969.
2. *De formatione et proprietatibus determinantium.* J. reine u. angew. Math. 22 (1841) 285–318. In [1; **3**. 1884, 355–392].
3. *Über die Bildung und die Eigenschaften der Determinanten.* Dt. Übers. [von 2] von P. Stäckel. Leipzig 1896. (= Ostwalds Klass. ex. Wiss. 77.)
4. *De functionibus alternantibus earumque divisione per productum e differentiis elementorum conflatum.* J. reine u. angew. Math. 22 (1841) 360–371. In [1; **3**. 1884, 439–452].
5. *De determinantibus functionalibus.* J. reine u. angew. Math. 22 (1841) 319–352. In [1; **3**. 1884, 393–438].
6. *Über die Functionaldeterminanten.* Dt. Übers. [von 5] von P. Stäckel. Leipzig 1896. (= Ostwalds Klass. ex. Wiss. 78.)

Jacobus de Florentia
Wirkte um 1307 (vgl. D. E. Smith [6; **2**, 71]).

Jäger, Ernst Ludwig
1. *Lucas Paccioli und Simon Stevin, nebst einigen jüngeren Schriftstellern über Buchhaltung.* Stuttgart 1876.
2. *Der Traktat des Lucas Paccioli von 1494 über den Wechsel.* Stuttgart 1878.

Jayawardene, S. A.
The Trattato d'Abaco of Piero della Francesca, in: Cultural aspects of the Italian Renaissance: Essays in honour of Paul Kristeller. Ed. C. H. Clough. Manchester 1976, 229–243.
s. Bombelli [3].

Jha, Ganganand Singh
Binomial theorem in Hindu mathematics. The mathematics education. 9, Nr. 3 (1977) 55–58.

Jöcher, Albert Franz
Die Handelsschule. Real-Encyklopädie der Handelswissenschaften. 3. Aufl. Bd 1, Abth. 1. Quedlinburg, Leipzig 1841.

Johann von Gmunden
* 1380/84 Gmunden am Traunsee; † 1442 Wien. Astronom, Mathematiker, Theologe; hielt an der Univ. Wien zunächst theologische, dann auch mathematisch-astronomische Vorlesungen; als Priester Kanonikus am Wiener Hofkapitel, 1431 Pfarrstelle in Laa; seine astronomischen Schriften beeinflußten vor allem Peurbach.

Johannes de Lineriis
† zwischen 1350 und 1355. Französischer Astronom und Mathematiker.
s. Beldomandi [1], [2]; Busard [1].

Johannes (Ioannes) de Muris (Jean de Meurs)
* in der Normandie; lebte in d. ersten Hälfte des 14. Jhs., wohl noch 1351 (vgl. Nagl [2; 139]). Französischer Mathematiker u. Astronom; Doktor der Sorbonne u. Kanonikus in Paris.
1. *Arithmetica communis.* Wien 1515.
2. *Das Quadripartitum des Ioannes de Muris und das praktische Rechnen im 14. Jh.* Ed. A. Nagl. Abh. Gesch. Math. 5 (1890) 134–146.

Johannes de Sacro Bosco
* 1200 Halifax [?]; † 1256 [?] Paris. Englischer Mathematiker u. Astronom; zuletzt Lehrer der Mathematik an d. Univ. Paris.
Petri Philomeni de Dacia in Algorismum vulgarem Johannis de Sacrobosco commentarius una cum Algorismo ipso. Ed. M. Curtze. Kopenhagen 1897.

Johannes Hispalensis
Wirkte um 1135–1153 in Toledo. Spanischer Jude; Übers. vom Arabischen ins Lateinische.
Joannis Hispalensis liber Algorismi de practica arismetrice. Rom 1857. (= Trattati d'aritmetica, ed. B. Boncompagni. 2.) Zu den Handschriften vgl. al-Ḫwārizmī [2; 42–44] und Allard [2].

Johannes Regiomontanus
s. Regiomontanus.

Johannes von Palermo
Wirkte um 1221–1240 in Sizilien am Hofe Friedrich II. von Hohenstaufen. Übers. arabischer Werke ins Lateinische. Leonardo von Pisa schreibt im Vorwort eines seiner Werke: „gloriosissime princeps Frederice, magister Iohannes panormitanus, phylosophus vester, pisis mecum multa de numeris contulisset. . ." [1; **2**, 227].

Jones, Charles W.
s. Beda.

Jones, William
* 1675 Llanfihangel/Anglesey; † 1749 London. Mathematiker; Privatlehrer; lebte viele Jahre in Shirburn Castle; Freund von Halley und Newton; Mitgl. der Royal Society.

Synopsis palmariorum matheseos: or a new introduction to the mathematics. London 1706.
s. Newton [7].

Jordan, Leo
Materialien zur Geschichte der Zahlzeichen. Archiv f. Kulturgesch. 3 (1905) 155–195.

Jordanus Nemorarius
† 1237. Mathematiker u. Physiker; Ordensgeneral d. Dominikaner [?].
1. *Der Traktat des Jordanus Nemorarius „De numeris datis".* Ed. P. Treutlein. Abh. Gesch. Math. 2. 1879, 125–166.
2. *Commentar zu d. „Tractatus de numeris datis".* Ed. M. Curtze. Z. Math. Phys. 36. 1892, Hist.-lit. Abt., 1–23, 41–63, 81–95, 121–138.
3. *De proportionibus,* ed. Busard [2; 205–213].
s. Eneström [3], [8]; Moody/Clagett.

Junge, Gustav
1. *Das Fragment der lat. Übers. des Pappus-Kommentars zum 10. Buch Euklids.* Quellen u. Studien Gesch. Math. Astr. Phys. Abt. B. 3 (1936) 1–17.
2. *Zwei wenig bekannte mittelalterliche Aufgaben.* Z. math. u. nat. Unterricht. 66 (1935) 117–119.

Juškevič, Adolf Pavlovič
1. *Geschichte der Mathematik im Mittelalter.* Basel 1964. [Vgl. Les mathématiques arabes. Paris 1976.]
2. *Istorija matematiki v Rossii.* [Die Geschichte der Mathematik in Rußland. Russ.] Moskau 1968.
s. al-Ḫayyām [3]; al-Kāšī.

Kaczmarz, Stefan Marian
* 1895 Sambor; † 1939. Doz. f. Mathematik an der Universität Lwów.
Axioms for arithmetic. J. London Math. Soc. 7 (1932) 179–182.

Käfer, Karl
Der Kettensatz. Ein Beitrag zur Geschichte und Theorie des kaufmännischen Rechnens. Diss. Zürich 1941.

Kästner, Abraham Gotthelf
* 1719 Leipzig; † 1800 Göttingen. Prof. der Mathematik u. Physik an der Univ. Göttingen.
1. *Anfangsgründe der Arithmetik, Geometrie, ebenen u. sphärischen Trigonometrie u. Perspektive.* Göttingen (1758), 4. Aufl. 1786.
2. *Anfangsgründe der Analysis endlicher Größen.* Göttingen 1760. = Mathematische Anfangsgründe. T. 3, Abt. 1.
3. *Anfangsgründe der Analysis des Unendlichen.* Göttingen (1761) 1799. = Mathematische Anfangsgründe. T. 3, Abt. 2.

Kagan, V.F.
s. Lobačevskij.

Kambly, Ludwig
* 1811; † 1884. Mathematiklehrer am Gymnasium zu St. Elisabeth in Breslau.
Die Elementar-Mathematik für den Schulunterricht. Bd 1: Arithmetik u. Algebra. 11. Aufl. 1869.

Kant, Immanuel
* 1724 Königsberg; † 1804 Königsberg. Prof. der Logik u. Metaphysik an der Univ. Königsberg.
Versuch, den Begriff der negativen Größen in die Weltweisheit einzuführen. 1763, in: Kants Gesammelte Schriften. Hrsg. von der Preuß. Akad. der Wiss. Bd 2: Vorkritische Schriften 2 (1757–1777). Berlin 1905, 165–204.

Kāpadīā, H.R.
s. Śrīpati.

Karabacek, Joseph
1. *Arabische Felseninschriften bei Tōr.* Wiener Z. f. d. Kunde des Morgenlandes. 10 (1896) 186–190.
2. *Aegyptische Urkunden aus den königlichen Museen zu Berlin.* Wiener Z. f. d. Kunde des Morgenlandes. 11 (1897) 1–21.
s. Papyrus Erzherzog Rainer.

al-Karağī (Abū Bakr Muḥammad ibn al-Ḥasan al-Ḥāsib al-Karağī)
Wirkte Ende des 10., Anf. des 11. Jhs. in Bagdad; Arabischer Mathematiker.
1. *Kāfī fīl-ḥisāb (Genügendes über Arithmetik) des Abu Bekr Muhammed Ben Alhusein Alkarkhī.* Übers. v. A. Hochheim. Bd 1–3. Halle 1878–1880.
2. *L'algèbre. Al-badīᶜ d'al-Karagī.* Manuscrit de la Bibliothèque Vaticane Barberini Orientale 36, 1. Ed. A. Anbouba. Beirut 1964.
s. Rashed [1]; Saidan [3]; Woepcke [1].

Karpinski, Louis C.
1. *An Italian algebra of the fifteenth century.* Bibl. math. (3) 11 (1910/11) 209–219.
2. *Two twelfth century algorisms.* Isis. 3 (1920/21) 396–413.
s. Abū-Kāmil [2]; al-Ḫwārizmī [4]; Nikomachos von Gerasa [2]; Smith/Karpinski.

Karsten, Wenceslaus Johann Gustav
* 1732 Neubrandenburg; † 1787 Halle a.d.S. Prof. der Logik an d. Univ. Rostock, später der Mathematik u. Physik an d. Univ. Halle.
Lehrbegriff der gesamten Mathematik. Bd 1–8. Greifswald 1767–1777.

al-Kāšī (Ǧamšīd ibn Mas ᶜūd ibn Maḥmūd al-Kāšī)
* in Kašān; † 1429 Samarkand. Persischer Mathematiker und Astronom am Observatorium von Samarkand.
Ključ arifmetiki. Traktat ob okružnosti. [Der Schlüssel zur Arithmetik. Traktat über den Kreis. Russ.] Mit arab. Faks. Übers. von B.A. Rozenfeld', ed. V.S. Segal' und A.P. Juškevič. Moskau 1956.
s. Luckey [2], [3].

Kaukol, David Carolus
Geistlicher Rat und Pfarrer zu Altenbuch im Kurfürstentum Köln.
Filum Ariadne in Labyrintho Fractionum Arithmeticarum. Das ist: Gründlich-außführlich und gantz klahre Unterweisung welchermassen die sonst kopffbrechende Brüche in der Rechen-Kunst leicht zu erlernen seynd. Regensburg 1696.

Kaunzner, Wolfgang
1. *Über Johannes Widmann von Eger. Ein Beitrag zur Geschichte der Rechenkunst im ausgehenden Mittelalter.* [München] 1968. (= Veröffentlichungen des Forschungsinst. d. Dt. Museums, Reihe C. 7.)
2. *Über eine arithmetische Abhandlung aus dem Prager Kodex XI. C.5. Ein Beitrag zur Geschichte der Rechenkunst im ausgehenden Mittelalter.* [München] 1968. (= Veröffentlichungen des Forschungsinst. d. Dt. Museums, Reihe C. 8.)
3. *Über die Handschrift Cgm 740 der Bayer. Staatsbibliothek München. Ein Beitrag z. Gesch. d. Rechenkunst im ausgehenden MA.* [München] 1970. (= Veröffentlichungen d. Forschungsinst. d. Dt. Museums, Reihe C. 11.)
4. *Über das Zusammenwirken von Systematik u. Problematik in der frühen deutschen Algebra.* Sudhoffs Archiv. 54 (1970) 299–315.
5. *Über den Beginn des Rechnens mit Irrationalitäten in Deutschland.* Janus. 57 (1970) 241–260.
6. *Über Proportionen und Hochzahlen.* Janus. 58 (1971) 119–136.
7. *Deutsche Mathematiker des 15. u. 16. Jahrhunderts und ihre Symbolik.* Wolfg. Schreck z. 80. Geburstag. [München] 1971. (= Veröffentlichungen d. Forschungsinst. d. Dt. Museums, Reihe A. 90.)
8. *Über die Entwicklung der algebraischen Symbolik vor Kepler im deutschen Sprachgebiet.* Kepler-Festschrift 1971. [München] 1972. (= Veröffentlichungen d. Forschungsinst. d. Dt. Museums, Reihe A. 110.)
9. *Über einen frühen Nachweis zur symbolischen Algebra.* Wien 1975. (= Österr. Ak. der Wissenschaften, math. nat. Kl. – Denkschriften. 116, Abh. 5.)

Kauṭilya (Kauṭalya)
s. Arthaśāstra.

Kaye, George Rusby
Indian mathematics. Kalkutta, Simla 1915.
s. Bakhshālī-Manuskript; Śrīdhara [2].

Kepler, Johannes
* 1571 Weil der Stadt; † 1630 Regensburg. Studium in Tübingen; nacheinander Gehilfe von Tycho Brahe, Hofastronom und Mathematikus bei Kaiser Rudolf II., im Dienste Wallensteins.
1. *Gesammelte Werke.* Ed. W. v. Dyck, M. Caspar, [später] Fr. Hammer, M. List. Hrsg. von d. Kepler-Kommission der Bayer. Akademie d. Wiss. Bd 1–10, 13–19. 1938–1975. [Bd 11 (1.2) u. 12 in Vorb.]
2. *De Iesu Christi servatoris nostri vero anno natalitio.* (Frankfurt 1606.) In [1; **1**. 1938, 357–390].
3. *Harmonices mundi libri quinque.* Linz 1619. In [1; **6**. 1940].
4. *Messekunst Archimedis.* (Linz 1616.) In [1; **9**. 1960, 135–274].
5. *Chilias logarithmorum ad totidem numeros rotundos.* (Marburg 1624. Suppl.: Marburg 1625.) In [1; **9**. 1960, 275–426].
6. *Tabulae Rudolphinae.* (Ulm 1627.) In [1; **10**. 1969].
s. Bürgi [2]; Epstein.

Kern, Hendrik
s. Aryabhata I [1].

Kewitsch, G.
1. *Die Basis der Bürgischen und die der Neperschen Logarithmen.* ⟨Die Basis der Bürgischen Logarithmen ist e, der Neperschen $\frac{1}{e}$.⟩ Z. math. u. nat. Unterricht 27 (1896) 321–333.
2. *Zweifel an der astronomischen und geometrischen Grundlage des 60-Systems.* Z. f. Assyriologie. 18 (1904/05) 73–95.

Kheil, Carl Peter
Über einige ältere Bearbeitungen des Buchhaltungs-Tractates von Luca Pacioli. Prag 1896.

al-Khwārizmī
s. al-Ḫwārizmī.

Kinckhuysen, Gerard
† 1661. Holländischer Mathematiker; lebte in Harleem (vgl. Chr. Scriba in: British j. of hist. of science. 2. 1964, 45–58).
Algebra ofte Stelkunst. Harleem 1661. Lat. Übers. von Mercator in: Newton [2; **2**, 295–364].

al-Kindī (Abū Yūsuf Yaᶜqūb ibn Isḥāq ibn al-Ṣabbāḥ al-Kindī)
* Basra; † nach 870. Philosoph; in Bagdad unter al-Ma'mūn.

Kirfel, Willibald
Die Kosmographie der Inder. Rom 1920.
Kisch, Bruno
Scales and weights. New Haven, London 1965.
Klamroth (Martin?)
Über den arabischen Euklid. Z. d. Dt. Morgenländischen Ges. 35 (1881) 270–326.
Klebs, Arnold C.
Incunabula scientifica et medica. Osiris. 4 (1938) 1–359.
Klügel, Georg Simon
* 1739 Hamburg; † 1812 Halle. Prof. der Mathematik u. Physik an d. Univ. Helmstedt u. Halle.
1. *Analytische Trigonometrie.* Braunschweig 1770.
2. *Mathematisches Wörterbuch.* Bd 1–5. Suppl. 1. 2. Leipzig 1803–1836. (Ab Bd 4 fortges. v. C. B. Mollweide, später J. A. Grunert).
Kluge, Friedrich
Etymologisches Wörterbuch der deutschen Sprache. 20. Aufl., bearb. von W. Mitzka. Berlin 1967.
Knobloch, Eberhard
1. *Die entscheidende Abhandlung von Leibniz zur Theorie linearer Gleichungssysteme.* Studia Leibnitiana. 4 (1972) 163–180.
2. *Studien von Leibniz zum Determinantenkalkül.* Akten des 2. Int. Leibniz-Kongresses, Hannover 17.–22.7.1972. Bd 2 1974, 37–45.
3. *Die mathematischen Studien von G. W. Leibniz zur Kombinatorik.* Wiesbaden 1973. (= Studia Leibnitiana. Suppl. 11.)
4. *Zur Überlieferungsgeschichte des Bachetschen Gewichtsproblems.* Sudhoffs Archiv. 57 (1973) 142–151.
5. *Unbekannte Studien von Leibniz zur Eliminations- und Explikationstheorie.* Arch. hist. ex. sciences. 12 (1974) 142–173.
6. *Die mathematischen Studien von G. W. Leibniz zur Kombinatorik.* Textband, im Anschl. an den Abhandlungsbd nach d. Orig. hss. hrsg. Wiesbaden 1976. (= Studia Leibnitiana. Suppl. 16.)
s. Leibniz [6].
Köbel, Jakob
* 1460/65 Heidelberg; † 1533 Oppenheim. Stadtschreiber in Oppenheim; Drucker und Rechenmeister.
1. *Ain New geordnet Rechenbiechlin auf den linien mit Rechenpfeningen.* Augsburg 1514. [Bis 1532 mehrere Aufl.]
2. *Eyn New geordnet Vysirbuch.* Oppenheim 1515.
3. *Zwey rechenbüchlin: vff der Linien vnd Zipher, Mit eym angehenckten Visirbuch.* Oppenheim 1537. [Zit. nach Benzing, J.: Jak. Koebel in Oppenheim. 1963, S. 69, Nr. 102.]
4. *Von ursprung der Teilung, Maß, vnd Messung deß Ertrichs der Ecker, Wyngarten, Krautgarten, vnd anderer Velder.* Oppenheim 1522.
Köhler, Johann Friedrich
* 1756 Brehna b. Bitterfeld; † 1820 Taucha/Sachsen. Prediger in Windischleuba b. Altenburg; Diakon in Taucha.
Anweisung zum Kopfrechnen. Leipzig (1797), 2. Aufl. 1801.
Kohl, K.
s. Björnbo.
Kohlrausch, Friedrich
Praktische Physik. 22. Aufl. Bd 1–3. Stuttgart 1968.
Kokian, P. Sahak
s. Ananias.
Koppe, M.
Die Neperschen Logarithmen sind mit den natürlichen im wesentlichen identisch. Sitzungsber. Berliner Math. Ges. 3 (1904) 48–52.
Kossak, Ernst
* 1839 Friedland; † 1892 Berlin. Prof. für Math. an der Gewerbeschule in Berlin, später an der Techn. Hochschule Bln-Charlottenburg.
Die Elemente der Arithmetik. Berlin 1872.
Kowalewski, Gerhard
s. Euler [3].
Krazer, Adolf
s. Euler [1], [2], [13].
Kresa, Jacob
* 1648 Smrschitz; † 1715 Brünn. Jesuit, Lehrer der Mathematik und des Hebräischen in Prag, Olmütz, Madrid und Brünn.
Arithmetica Tyro-Brunensis. Prag 1715.
Kress, Hilpolt
Um 1390; Teilhaber der Nürnberger Kressgesellschaft.
Kretschmer, Fritz / Heinsius, Elli
Über einige Darstellungen altrömischer Rechenbretter. Trierer Z. f. Gesch. u. Kunst des Trierer Landes u. seiner Nachbargebiete. 20 (1951) 96–108.
Kroll, Johann Friedrich
Prof. am Königlichen Gymnasium zu Eisleben.
Grundriß der Mathematik für Gymnasien und andere höhere Lehranstalten. Eisleben 1839.
Kronecker, Leopold
* 1823 Liegnitz; † 1891 Berlin. Prof. der Mathematik in Berlin (Nachf. von E. Kummer); Mitgl. zahlr. Akademien (Berlin, Paris, London).

Über den Zahlbegriff. J. reine u. angew. Math. 101 (1887) 337–355.

Kṛṣṇa Daivajña
Schrieb im 16. Jh. einen Kommentar zu Bhāskara II.

Kuckuck, Albert
1. *Das Rechnen mit decimalen Zahlen mit besonderer Berücksichtigung des abgekürzten Rechnens.* Berlin 1872.
2. *Die Rechenkunst im sechzehnten Jahrhundert.* Progr. Gymn. Graues Kloster Berlin 1874, 204–228.

Kugler, Franz Xaver
Sternkunde und Sterndienst in Babel. Buch 1. Münster 1907.

al-Kūhī
s. Waiǧan ibn Rustam al-Kūhī.

Kurelac, Miroslav/Herkov, Zlatko
Bibliographia metrologiae historiae. Bd 1.2. Zagreb 1973. Additamenta 1975.

Kūšyār ibn Labbān (Abū āl-Ḥasan Kūšyār ibn Labbān ibn Bāšahrī al-Ǧīlī)
Persischer Mathematiker u. Astronom, um 1000.
Principles of Hindu reckoning. Engl. Übers. von M. Levey u. M. Petruck. Madison/Wis. 1965.

La Caille, Nicolas Louis de
* 1713 Rumigny; † 1762 Paris. Prof. der Mathematik am Collège Mazarin in Paris; beschäftigte sich unter anderem mit Geodäsie und Astronomie.
1. *Leçons élémentaires de mathématiques, ou élemens d'algèbre et de géométrie.* Paris (1741) 1756.
2. *Leçons élémentaires de mathématiques.* Neue Ausg. verm. von J. F. Marie. Paris (1770) 1784.

Lachmann, Karl
s. Schriften der römischen Feldmesser.

Lagny, Thomas Fantet de
* 1660 Lyon; † 1734 Paris. Französischer Mathematiker; arbeitete zusammen mit L'Hospital; Direktor der Banque Générale; Mitgl. der Académie Roy. des Sciences.
Méthodes nouvelles pour former et résoudre toutes équations. Mém. Acad. R. Sc. Paris. 1705, 367–396.

Lagrange, Joseph Louis
* 1736 Turin; † 1813 Paris. Mathematiker und Physiker; 1766 Nachfolger L. Eulers an der Berliner Akademie der Wissenschaften; später Prof. der Mathematik an der École Normale und der École Polytechnique in Paris.
1. *Oeuvres.* Ed. J. A. Serret. Bd 1–14. Paris 1867–1892. Nachdr. Bd 11.12: Hildesheim, New York 1973.
2. *Sur la résolution des équations numériques.* (Mém. Ac. R. Sc. B.-L. Berlin. 23. 1769). In [1; **2**. 1868, 537–578].
3. *Additions au mémoire sur la résolution des équations numériques.* (Mém. Ac. R. Sc. B.-L. Berlin. 24. 1770). In [1; **2**. 1868, 579–652].
4. *Réflexions sur la résolution algébrique des équations.* (Nouv. mém. Ac. R. Sc. B.-L. Berlin 1770. 1771). In [1; **3**. 1869, 203–421].
5. *Sur la forme des racines imaginaires des équations.* (Nouv. mém. Ac. R. Sc. B.-L. Berlin 1772). In [1; **3**. 1869, 477–516].
6. *Solutions analytiques de quelques problèmes sur les pyramides triangulaires.* (Nouv. mém. Ac. R. Sc. B.-L. Berlin 1773.) In [1; **3**. 1869, 659–692].
7. *Leçons élémentaires sur les mathématiques, données à l'École Normale en 1795.* (J. École Polyt. H. 7/8, T. 2. 1812). In [1; **7**. 1877, 181–288].
8. *Notes sur la théorie des équations algébriques.* (1798). Note 6: sur la méthode d'approximation tirée des séries récurrentes. In [1; **8**. 1879, 168–175].

Lam Lay Yong
1. *Yang Hui's commentary on the Ying nu chapter of the Chiu chang suan shu.* Historia math. 1 (1974) 47–64.
2. *A critical study of the Yang Hui Suan Fa. A thirteenth-century Chinese mathematical treatise.* Singapur 1977.

Lambert, Johann Heinrich
* 1728 Mühlhausen/Els.; † 1777 Berlin. Mathematiker, Physiker und Philosoph; Autodidakt; Lehrer in Chur; Bildungsreise durch Europa; Mitarbeiter, später Oberbaurat, in der Berliner Akademie.
1. *Opera mathematica.* Ed. A. Speiser. Bd 1.2. Zürich 1946–1948.
2. *Mémoire sur quelques propriétés remarquables des quantités transcendantes circulaires et logarithmiques.* (Mém. Acad. Sc. Berlin [17] (1761) 1768, 265–322). = [1; **2**, 112–159].
3. *Beyträge zum Gebrauche der Mathematik und deren Anwendung.* Bd 1.2. Berlin 1765–1770.
4. *Vorläufige Kenntnisse für die, so die Quadratur und Rectification des Circuls suchen,* (in: Lambert [3; **2**, 140–169]. Rudio [135–155]; in [1; **1**, 194–212].

Landau, Edmund
* 1877 Berlin; † 1938 Berlin. Prof. der Mathematik an der Univ. Göttingen; nach 1933 Vorlesungen u.a. in Cambridge und Brüssel; Mitgl. vieler Akademien.
Grundlagen der Analysis. Leipzig 1930.

Landsberger, B.
Solidarhaftung von Schuldnern in den babylonisch-assyrischen Urkunden. Z. f. Assyriologie. N. F. 1 (= 35) (1924) 22–36.
Lange, Gerson
s. Levi ben Gerson.
Laplace, Pierre Simon de
* 1749 Beaumont-en-Auge; † 1827 Paris. Mathematiker, Astronom u. Physiker; bekleidete verschiedene politische Ämter; u.a. Lehrer an der École Normale; Mitgl. der Acad. Royal des Sciences.
Recherches sur le calcul intégral et sur le système du monde. (Mém. Acad. Sc. Paris. 1772, P. 2; 1776). In: Oeuvres compl. Bd 8. Paris 1891, 369–477.
La Porte, de
Holländischer Schreiber, Buchhalter und Rechenmeister in Paris.
La guide des négocians et Teneurs de livres. Paris 1685.
La Ramée, Pierre de
s. Ramus.
Larfeld, Wilhelm
Griechische Epigraphik. = Handbuch der klassischen Altertumswissenschaft, begr. von Iwan von Müller, fortgef. von Robert von Pöhlmann, Bd 1, Abt. 5. München 1914.
La Roche, Estienne de
Wirkte um 1520 in Lyon. Schüler von Nicolas Chuquet; Lehrer der Arithmetik in Lyon.
Larismethique. Lyon 1520.
Lasswitz, Kurd
Geschichte der Atomistik. Bd 1. Hamburg, Leipzig 1890.
Lateinische Algebra
Vorlesung von Widman in Leipzig im Jahre 1486, s. Cod. Dresden C 80.
Latham, Marcia L.
s. Descartes [2].
Laughlin, Laurence
Evolution of money. Art and archaeology. 26 (1928) 3–11.
Laugwitz, Detlef
Bemerkungen zu Bolzanos Größenlehre. Arch. hist. ex. sciences. 2 (1965) 398–409.
Lechner, Johann Baptist
Facillima artis arithmeticae methodus, Das ist: Sehr leichter Unterricht u. Lehr=Art der höchst=nothwendigen ... Rechen=Kunst. 10. Aufl. Augsburg u. Innsbruck 1755.
Lederrolle
s. Glanville.
Legendre, Adrien-Marie
* 1752 Paris; † 1833 Paris. Prof. der Mathematik an der École Militaire in Paris, später an der École Normale und Examinator an der École Polytechnique.
1. *Éléments de géometrie.* Paris (1794), 6. Aufl. 1806.
2. *Note IV. Où l'on démontre que le rapport de la circonférence au diametre et son quarré, sont des nombres irrationnels,* in [1; 289–296].
3. *Beweis, daß das Verhältnis des Kreisumfanges zum Durchmesser und das Quadrat desselben irrationale Zahlen sind.* Dt. Übers. [von 2], in: Rudio [159–166].
Legrain, Léon
Quelques tablettes d'Ur. Revue d'assyriologie. 30 (1933) 117–125.
Leibniz, Gottfried Wilhelm
* 1646 Leipzig; † 1716 Hannover. Vielseitiger Gelehrter; Gründer der Preussischen Akademie der Wissenschaften (1700) und deren erster Präsident.
1. *Mathematische Schriften.* Ed. C. I. Gerhardt. Bd 1–7. Berlin u. Halle 1849–1863. Nachdr. Hildesheim 1962.
2. *Die philosophischen Schriften.* Ed. C. I. Gerhardt. Bd 1–7. Berlin 1875–1890. Nachdr. Hildesheim 1960/61.
3. *Der Briefwechsel von G. W. Leibniz mit Mathematikern.* Ed. C. I. Gerhardt. Berlin 1899. Nachdr. Hildesheim 1962.
4. *Opuscules et fragments inédits.* Ed. L. Couturat. Paris 1903. Nachdr. Hildesheim 1961.
5. *Zwei Briefe über das binäre Zahlensystem und die chinesische Philosophie.* Ed., übers. u. komm. von R. Loosen u. F. Vonessen. Stuttgart 1968. (= Belser-Presse. 1.)
6. *Der Beginn der Determinantentheorie. Leibnizens nachgelassene Studien zum Determinantenkalkül.* Textband. Hildesheim 1979. (= arbor scientiarum. Reihe B.)
7. *Annotatio de quibusdam ludis; inprimis de ludo quodam Sinico, differentiaque Scachici et latrunculorum et novo genere ludi navalis.* Miscell. Berol. 1710, 22–26. In: Opera omnia, ed. L. Dutens, Genf. Bd 5. 1762, 203–205.
Weitere Editionen und Kommentare: s. Hofmann, J. E. [3], [4]; Knobloch [1], [2], [3], [5], [6]; Zacher.
Lejeune-Dirichlet
s. Dirichlet.
Leon
* um 790 Hypata/Thessalien; † nach 869. Philosoph und Mathematiker; studierte und lehrte in Konstantinopel; Prof. an der von Bardas neu gegründeten Univ. im Magnaura-Palast.
Leonardo von Pisa (Fibonacci, Leonardo)
* ca. 1170 Pisa; † nach 1240 Pisa. Kaufmann, der auf seinen Reisen die arabische Mathematik kennengelernt hatte; gehörte zum Gelehrtenkreis Friedrichs II.

1. *Scritti di Leonardo Pisano.* Bd [1] 2. Ed. B. Boncompagni. Rom 1857–1862. [Bd 1 u. d. T.:] Il liber abbaci. Bd 2: *Practica geometriae ed opusculi.* [Enthält:] *Flos* [227–247]. *Brief an Magister Theodorus* [247–252]. *Liber quadratorum* [253–279].
2. *La pratica di geometria.* Dal Cod. 2187 della Bibl. Riccardiana di Firenze. Ed. G. Arrighi. Pisa 1966. (= Testimonianze di storia delle scienza. 3.)

Lepsius, Richard
1. *Über eine hieroglyphische Inschrift am Tempel von Edfu.* Abh. K. Ak. Wiss. Berlin. 1855, 67–114.
2. *Zwei seltsame kalendarische Angaben aus ptolemäisch-römischer Zeit.* Ägypt. Z. 3 (1865) 57–60.
3. *Die Regel in den hieroglyphischen Bruchbezeichnungen.* Ägypt. Z. 3 (1865) 101–110.

Leurechon, Jean
* um 1591 Bar-le-Duc; † 1670 Pont-à-Mousson. Jesuit; unterrichtete im Kloster Bar-le-Duc Mathematik, Philosophie u. Theologie.
Recreation mathematiqve. Pont-à-Mousson 1626.

Levey, Martin
1. *Abraham Savasorda and his algorism. A study in early European logistic.* Osiris. 11 (1954) 50–64.
2. *Abū Kāmil Shuja*^{c} *ibn Aslam Muhammad ibn Shujā*^{c}, in: DSB [1. 1970, 30–32].
s. Abū Kāmil [1]; Kūšyār ibn Labbān.

Levi (Lewi) ben Gerson
* 1288 Bagnols; † 1344. Jüdischer Philosoph, Theologe, Mathematiker, Astronom u. Physiker in der Provence.
Sefer Maassei Choscheb. Die Praxis des Rechners. Ein hebr.-arithm. Werk des Levi ben Gerschom aus d. Jahre 1321. Ed. u. dt. Übers. von G. Lange. Frankfurt a.M. 1909.
s. Carlebach.

Lewy, Hildegard
Origin and development of the sexagesimal system of numeration. J. American Oriental Soc. 69 (1949) 1–11.

L'Hospital (l'Hôpital), Guillaume-François-Antoine de
* 1661 Paris; † 1704 Paris. Kavallerieoffizier; widmete sich später ganz der Mathematik, vorwiegend der Differential- und Integralrechnung; korrespondierte u.a. mit Leibniz, Johann Bernoulli und Huygens.

Liapounoff, Alexander
s. Euler [4].

Libbrecht, Ulrich
Chinese mathematics in the thirteenth century. The Shu-shu chiu-chang of Ch'in Chiu-shao. Cambridge/Mass., London 1973.

Libri, Guillaume
1. *Histoire des sciences mathématiques en Italie.* Bd 1–4. Paris 1838–1841.
2. [Edition einer italienischen Handschrift aus dem 14. Jh. (?)] in [1; **3**, Note 31, 302–356].
s. al-Ḫwārizmi [3].

Liddell, Henry George / Scott, R.
A Greek-English Lexicon. 9. Aufl. Oxford 1940, Nachdr. 1958.

Lie, Sophus
s. Abel [1].

Lietzmann, Walter
Methodik des mathematischen Unterrichts. 2. Aufl. Bd 2. Leipzig 1923.

Li Jan'
K voprosy o drevnekitajskoj matematike. [Zur Frage der altchinesischen Mathematik. Russ.] Trudy tret'ego vsesojuzn. mat. s-ězda Moskva. 4 (1959) 246–248.

Lill, Edouard
Résolution graphique des équations numériques d'un degré quelconque à une inconnue. Comptes rendus Ac. Sc. Paris. 65 (1867) 854–857.

Limmer, Karl August
Lehrbuch der Rechenkunde, von den ersten Anfangsgründen bis zur Algebra. Mitau 1797.

Lindemann, Ferdinand C. L.
* 1852 Hannover; † 1939 München. Prof. der Math. in Freiburg, Königsberg u. München.
Über die Zahl π. Math. Annalen. 20 (1882) 213–225.

Liouville, Joseph
* 1809 St. Omer; † 1882 Paris. Prof. der Math. an der École Polytechnique und am Collège de France; Prof. der analytischen Mechanik an der Univ. Paris; gründete 1836 das „Journal de mathématiques pures et appliquées", das er 38 Jahre lang leitete.
1. Communication: 1° *des classes très-étendues de quantités dont le valeur n'est ni rationelle ni même réductible à des irrationelles algébriques.* Comptes rendus Ac. Sc. Paris. 18 (1844) 883–885.
Nouvelle démonstration d'un théorème sur les irrationelles algébriques. Comptes rendus Ac. Sc. Paris. 18 (1844) 910–911.
2. *Sur des classes très-étendues de quantités dont la valeur n'est ni algébrique, ni même réductible à des irrationelles algébriques.* J. de mathématiques pures et appliquées. 16 (1851) 133–142.

List, Martha
s. Bürgi [2]; Kepler [1].

Liu Hui
Chinesischer Mathematiker; schrieb 263 n. Chr. einen Kommentar zum Chiu-chang Suan-shu.

Livius, Titus
* 59 v. Chr.; † 17 n. Chr. Römischer Historiker aus Padua; lebte in Rom; mit Augustus befreundet.
Ab urbe condita. Oxford 1958.

Livre de getz
Livre de Chiffres et de getz nouvellement imprime. Lyon 1501.

Li Yeh
* 1178 Luan-ch'êng; † nach 1265. Chinesischer Mathematiker in Nordchina unter der Chin-Regierung.
s. Vanhée [2].

Lobačevskij, Nikolaj Ivanovič
* 1792 Nižni Novgorod (jetzt Gorki); † 1856 Kasan. Prof. der Mathematik in Kasan; Mitbegründer der nicht-euklidischen Geometrie.
Polnoe sobranie sočinenii. [Gesammelte Werke. Russ.] Ed. V. F. Kagan. Bd 1–5. Moskau, Leningrad 1946–1951. Bd 4: Algebra. (Kasan 1834.)

Löffler, Eugen
Ziffern und Ziffernsysteme. Leipzig u. Berlin. Bd 1. 3. Aufl. 1928 (= Math. phys. Bibl. 1). Bd 2. 2. Aufl. 1919 (= Math. phys. Bibl. 34).

Loewy, Alfred
s. Fourier [3].

Lohne, J. A.
Dokumente zur Revalidierung von Thomas Harriot als Algebraiker. Arch. hist. ex. sciences. 3 (1966) 185–205.

Lonicerus, Adam
* 1528 Marburg; † 1586 Frankfurt. Prof. der Mathematik in Marburg; dann Stadtphysikus in Frankfurt a.M.; Botaniker.
Arithmetices brevis introductio. Frankfurt 1551.

Loosen, Renate
s. Leibniz [5].

Lopez, Roberto S./Raymond, I.W.
Medieval trade in the mediterranian world. Illustrative documents. Übers. mit Einf. u. Anm. New York 1955.

Lorenzen, Paul
* 1915 Kiel. Mathematiker und Philosoph; Prof. in Erlangen.
1. *Konstruktive Begründung der Mathematik.* Mathematische Z. 53 (1950) 162–202.
2. *Einführung in die operative Logik und Mathematik.* Berlin, Göttingen, Heidelberg 1955.
3. *Differential und Integral. Eine konstruktive Einführung in die klassische Analysis.* Frankfurt a.M. 1965.

Lottner, E.
s. Jacobi [1].

Luca di Borgo
s. Pacioli.

Luca da Firenze
Rechenmeister im 15. Jh.
Inprencipio darte dabaco. Ms. um 1475. [Zit. nach D.E. Smith [1; 468–470].]

Luckey, Paul
1. *Die Ausziehung der n-ten Wurzel und der binomische Lehrsatz in der islamischen Mathematik.* Math. Annalen. 120 (1947) 217–274.
2. *Die Rechenkunst bei Ǧamšīd b. Mas^{c}ūd al-Kāšī, mit Rückblicken auf die ältere Geschichte des Rechnens.* Wiesbaden 1951. (= Abhandlungen f. d. Kunde des Morgenlandes. 31,1.)
3. *Der Lehrbrief über den Kreisumfang (ar-risāla al-muḥiṭiya) von Ǧamšīd b. Mas^{c}ūd al-Kāšī.* Berlin 1953. (= Abh. Ak. Wiss. Berlin. Kl. Math. Nat. wiss. 1950, 6.)

Luders, Théodoric
Traité d'arithmétique. Paris 1663.

Ludolph van Ceulen
s. Ceulen.

Ludovici, Carl Gunther
* 1707 Leipzig; † 1778 Leipzig. Prof. der Philosophie in Leipzig.
Grundriß eines vollständigen Kaufmanns-Systems. Nachdr. der 2. Aufl. von 1768. Ed. R. Seyffert. Stuttgart 1932. (= Quellen u. Studien z. Gesch. der Betriebswirtschaftslehre. 4.)

Luschin von Ebengreuth, Arnold
Allgemeine Münzkunde und Geldgeschichte des Mittelalters und der neueren Zeit. 2. Aufl. München u. Berlin 1926. = Handbuch der mittelalterl. u. neueren Geschichte. Abt. 4.

Macdonald, William Rae
s. Napier, John [5].

Maclaurin, Colin
* 1698 Kilmodan/Schottl.; † 1746 Edinburgh. Schottischer Mathematiker in Aberdeen u. Edinburgh; Mitgl. der Royal Society.
A treatise of algebra in three parts. London 1748.

Macrobius, Ambrosius Theodosius
Lebte um 400 n.Chr. als hoher römischer Staatsbeamter, vielleicht in Nordafrika.

Maecianus
s. Volusius Maecianus.

Mästlin, Michael
* 1550 Göppingen; † 1631 Tübingen. Astronom; Prof. der Mathematik in Heidelberg und Tübingen; Lehrer und Freund Keplers.

Magnizkij, Leontij Filippovič
* 1669; † 1739 Moskau. Universalgelehrter; unterrichtete an einer Seefahrtsschule Mathematik und Ozeanographie.
Arifmetika sireč' nauka čislitel'naja. [Arithmetik, die Lehre vom Rechnen. Russ.] Moskau 1703.

al-**Māhānī (Abū ^{c}Abdallāh Muhammad ibn ^{c}Īsā ibn Aḥmad al-Māhānī)**
lebte in Bagdad; machte astronomische Beobachtungen zwischen 853 und 866.

Mahāvīra
Wirkte im 9. Jh. in Mysore/Südindien. Hindu, Jaina; Mathematiker.
The Gaṇita-sāra-sangraha of Mahāvīrācārya. [Sanskrit u. engl.] Ed. M. Raṅgācārya. Madras 1912.

Maier, Anneliese
1. *Die Vorläufer Galileis im 14. Jahrhundert.* Rom 1949.
2. *Zu Walter Burleys Traktat: De intensione et remissione formarum.* Franciscan studies. (2) 25 (1965) 293–321.

Malmendier, N.
Eine Axiomatik zum 7. Buch der Elemente von Euklid. Math.-phys. Semesterberichte. 22 (1975) 240–254.

al-**Ma'mūn**
* 786 Bagdad; † Budendun bei Tarsos/Kleinasien. 813–833 Kalif aus der Dynastie der Abbasiden.

Manitius, Carolus
s. Geminos von Rhodos; Proklos [3]; Ptolemaios [2].

al-**Manṣūr**
Ab 754 Kalif aus der Dynastie der Abbasiden; residierte in Bagdad.

Manzoni, Domenico
* Oderzo. Rechenmeister im 16. Jh.
Quaderno doppio col suo giornale secondo il costume di Venetia. Venedig 1534. [Zit. nach Kheil [3].]

Marie, Jean François (Abbé)
s. La Caille [2].

Marre, Aristide
s. al-Bannā' [1]; Chuquet [1].

Marshack, Alexander
The roots of civilisation. London 1972.

Martianus (Mineus Felix) Capella
Wirkte um 400 n.Chr.; aus Karthago.
De nuptiis Philologiae et Mercurii libri 9. Ed. Ad. Dick. Leipzig 1925.

Maser, H.
s. Gauß [3].

Masotti, Arnaldo
s. Tartaglia [2].

al-**Mas^{c}ūdī (Abū al-Ḥasan ^{c}Alī ibn al-Ḥusain ibn ^{c}Alī al-Mas^{c}ūdī)**
* vor 1912 Bagdad; † um 957 Kairo. Machte ausgiebige Reisen durch Syrien, Ägypten, China [?]; schrieb um 947 eine historisch-geographische Enzyklopädie und um 957 ein Werk über Naturphilosophie.

Matvievskaja, G.P.
1. *K istorii učenija o čisle na crednevekovom bližnem i srednem vostoke.* [Über die Geschichte des Zahlbegriffs im mittelalterl. Nahen u. Mittleren Osten. Russ.] 17 (1966) 273–280. Istoriko-matematičeskie issledovanija.
2. *Učenie o čisle na srednevekovom bližnem i srednem vostoke.* [Der Zahlbegriff im mittelalterl. Nahen u. Mittleren Osten. Russ.] Taschkent 1967.

Matzka, Wilhelm
Burgi (Jobst) et sens Népérien du mot logarithme. Bull. bibliographie d'hist. et de biographie mathématiques. 6 (1860) 62–69.

Mautz, Otto
Zur Basisbestimmung der Napierschen und Bürgischen Logarithmen. Basel 1919. = Beilage Jahresber. Gymn. Basel 1918/19.

Maximos Planudes
* um 1255; † um 1310. Byzantinischer Mönch aus Nikomedeia; Grammatiker, Archäologe, Übersetzer.
1. *Das Rechenbuch des Maximus Planudes* (*Μαξίμου μοναχοῦ τοῦ Κλανούδη Ψηφοφορίε κατ' Ἰνδοὺς ἡ λεγομένη μεγάλη*). Ed. C.I. Gerhardt. Halle 1865. Nachdr. Walluf 1973.
2. *Das Rechenbuch des Maximus Planudes,* aus dem Griech. übers. von H. Wäschke. Halle 1878.
3. *Maxime Planude, calcul indien.* Ed. A. Allard. (= Société de Belles Lettres. – Collection byzantine. [in Druck].)

Mazzinghi
s. Antonio de Mazzinghi da Peretola.

MCT
Mathematical cuneiform texts
s. Neugebauer/Sachs.

Medovoj, M.I.
Ob arifmetyčeskom traktate Abu-l-Vafy [Über die arithmetische Abhandlung des Abū-ăl-Wafā'. Russ.] Voprosy istor. estesvozn. techn. 1954, 8, 101–106.
s. al-Nasawī.

Mehmke, Rudolf
Numerisches Rechnen, in: Encyklopädie d. math. Wissenschaften. Bd 1, T. 2. Leipzig 1900/04, 938–1079.

Meinert, Friedrich
* 1757 Göllschau b. Hainau; † 1828 Schweidnitz. Prof. der Philosophie an der Univ. Halle; dann in der preuß. Armee; daneben Lehrer der Fortifikation in Berlin.
Lehrbuch der Mathematik. Bd 1–3. Halle 1789–1795. 1. Gemeine und allgemeine Arithmetik. 1789.

Meissner, Bruno
Babylonien und Assyrien. Bd 1.2. Heidelberg 1920–1925. Bd 2, Kap. 21: Die Natur- und exakten Wissenschaften.
Menaichmos
Wirkte im 4. Jh. v.Chr. Griechischer Astronom und Geometer; Schüler des Eudoxos.
Mendthal, H.
Geometria Culmensis. Ein agronomischer Tractat aus der Zeit d. Hochmeisters Conrad v. Jungingen (1393–1407). Leipzig 1886.
Menelaos
Griechischer Mathematiker (Trigonometrie) um die Wende des 1./2. Jhs. n.Chr.; aus Alexandria.
Menge, Heinrich
s. Euklid [1].
Menninger, Karl
Zahlwort und Ziffer. Eine Kulturgeschichte der Zahl. 2. Aufl. Bd 1.2, Göttingen 1958.
Meray, Charles
* 1835 Chalon-sur-Saône; † 1911 Dijon. Prof. der Mathematik an der Univ. Dijon.
1. *Remarques sur la nature des quantités définies par la condition de servir de limites des variables données.* Revue des Soc. Savantes. (Sciences math., phys. et natur.) Ser. 2, 4 (1869) 280–289.
2. *Leçons nouvelles sur l'analyse infinitesimal et ses applications géometriques.* T. 1: Principes généraux. Paris 1894.
Mercator, Nicolaus
* um 1620 Eutin; † 1687 Paris. Mathematiker und Astronom; studierte in Kopenhagen; ging um 1653 nach London und trat 1683 in französische Dienste, um bei der Anlage der Wasserwerke von Versailles mitzuwirken.
1. *Logarithmotechnia.* London 1668.
2. *Some illustration of the Logarithmotechnia of M. Mercator, who communicated it to the publisher, as follows.* Philos. trans. 3, Nr. 38 (1668) 759–764.
s. Hofmann, J.E. [1]; Kinckhuysen.
Mersenne, Marin
* 1588 Oizé; † 1648 Paris. Jesuit, der mit den bedeutendsten Mathematikern seiner Zeit korrespondierte und zwischen ihnen Korrespondenz vermittelte.
Mesarites, Nikolaos
* 1163 oder 1164 in Konstantinopel; † um 1220. Hoher geistlicher Würdenträger in Byzanz, später am Hofe zu Nikaia; dann Erzbischof von Ephesus.
Meschkowski, Herbert
Mathematisches Begriffswörterbuch. 2. Aufl. Mannheim 1967.
Metius (Adriaanszoon), Adriaan
* 1571 Alkmaar; † 1635 Franeker. Holl. Mathematiker u. Mediziner; Prof. an der Univ. zu Franeker in Holland.
Arithmeticae et geometriae practica. Franeker 1611.
Metrodorus
Lebte im 5./6. Jh. n.Chr.; gab 46 arithmetische Epigramme der „Griechischen Anthologie" heraus, die aber meistens aus einer früheren Zeit stammen.
s. Anthologia Graeca.
Mikami, Yoshio
The development of mathematics in China and Japan. Leipzig 1913. (= Abh. Gesch. Math. 30.)
s. Smith/Mikami.
Mittag-Leffler, Gösta Magnus
* 1846 Stockholm; † 1927 ebd. Schwedischer Mathematiker; Schüler von Weierstraß; Prof. an der Univ. Stockholm.
Die Zahl: Einleitung zur Theorie der analytischen Funktionen. Tohoku math. j. 17 (1920) 157–209.
MKT
Mathematische Keilschrifttexte
s. Neugebauer [7].
Močenik, Franz
Anleitung zum Rechnen für die 2. und 3. Klasse der Pfarr- und Hauptschule. Görz 1848.
Möller, Arnold
Schreib- und Rechenmeister in Lübeck.
Ernewte Grundliche Anweisung in die Nützbare Rechenkunst auff alle gebräuchliche Kauffmanschafft.
Lübeck 1635.
Moivre, Abraham de
* 1667 Vitry-e-François; † 1754 London. Französischer Mathematiker; floh 1688 (nach dem Revokationsedikt von 1685) nach England, wo er als Privatlehrer lebte und Arbeiten über Wahrscheinlichkeitsrechnung und Winkelfunktionen veröffentlichte; Mitgl. der Royal Society, der Berliner Akademie der Wissenschaften und der Académie des Sciences, Paris.
s. Schneider, Ivo [1].
Mollweide, Carl Brandan
s. Klügel [2].
Mommsen, Theodor
1. *Zahl- und Bruchzeichen.* Hermes 22 (1887) 596–614. *Zu den römischen Zahl- und Bruchzeichen.* Hermes 23 (1888) 152–156.
2. *Zur lateinischen Anthologie.* Rheinisches Museum f. Philologie. N.F. 9 (1854) 297–298.
s. Schriften der römischen Feldmesser.
Monier-Williams, Monier
A Sanskrit-English dictionary. 3. Aufl. Oxford 1960.

Moody, Ernest A./Clagett, M.
The medieval science of weights. (Scientia de ponderibus.) Treatises ascr. to Euclid, Archimedes, Thabit ibn Qurra, Jordanus de Nemore and Blasius of Parma. Mit engl. Übers. u. Komm. Madison 1952.

Moschopulos, Manuel
* 1265; † um 1315.
Byzantinischer Humanist und Mathematiker; Schüler und Freund des Maximos Planudes; einer der größten Philologen der frühen Palaiologenzeit.

Moses ben Tibbon (Moses ben Samuel ben Tibbon)
* in Marseille; wirkte zwischen 1240 und 1283 in der Provence als Übers. von arab. Texten ins Hebräische.

Mouraille, Joseph Raymond
Traité de la résolution des équations en général. Marseille, Paris 1768. [Zit. nach Cajori [1; 133].]

Moxon, Joseph
* 1627 Wakefield; † 1700 London. Engl. Drucker, Mathematiker u. Hydrograph; Mitgl. der Royal Society.
Canones sinuum tangentium, secantium pro sinibus et tangentibus. London 1657. Angeb. an: Oughtred. W.: Trigonometria. 1657.

Müller, Christian Friedrich
Henricus Grammateus u. sein Algorismus de integris. Zwickau 1896. = Beil. Jahresber. Gymn. Zwickau 1895/96.

Müller, Felix
Zur Terminologie der ältesten mathematischen Schriften in deutscher Sprache. Abh. Gesch. Math. 9 (1899) 301–333.

Müller, Johann Ulrich
Neu ausgeschmückte teutsche Mathematic. Ulm 1696.

Mūsā ibn Šākir
s. Banū Mūsā.

Mylius, C.
s. Clairaut [2].

Mynors, R.A.B.
s. Cassiodorus.

N

s. Needham.

al-**Nadīm (Ibn Abī Ya^c^qūb al-Nadīm)**
* 995; aus Bagdad; verfaßte den Fihrist.
s. Suter [1].

Nagl Alfred
1. *Über eine Algorismus-Schrift des 12. Jhs. und über die Verbreitung der indisch-arabischen Rechenkunst u. Zahlzeichen im christl. Abendlande.* Z. Math. Phys., hist.-lit. Abt. 34 (1889) 129–146, 161–170.
2. *Die Rechentafel der Alten.* Wien 1914. (= Sitzungsber. Ak. Wiss. Wien, phil.-hist. Kl. 177, 5.)
s. Johannes de Muris [2]; s. Radulph von Laon.

Napier (Neper), John
* 1550 Merchiston Castle bei Edinburgh; † 1617 Merchiston C. Mathematiker; Puritaner; Grundherr von Merchiston.
1. *Mirifici logarithmorum canonis descriptio.* Edinburgh 1614.
2. *A description of the admirable table of logarithmes.* Engl. Übers. [von 1] von E. Wright. London 1616. Nachdr. Amsterdam, New York 1969.
3. *Rabdologiae, seu numerationis per virgulas libri duo.* Edinburgh 1617. Nachdr. Osnabrück 1966.
4. *Mirifici logarithmorum canonis constructio.* Leiden 1620. Nachdr. Paris 1895.
5. *The construction of the wonderful canon of logarithms.* Aus d. Lat. [4] übers. u. komm. von William Rae Macdonald. London 1889. Nachr. London 1966.
6. *De arte logistica.* Ed. M. Napier. Edinburgh 1839. [Ms. vor 1592, s. S. XLII.]
s. Gravelaar; Gridgeman; Ursinus [1].

Napier, Mark
s. Napier, John [6].

Nārāyaṇa, Paṇḍita
Indischer Mathematiker um 1350; Verf. eines Werkes über Arithmetik und eines über Algebra.

Narducci, Enrico
s. Chuquet [2].

al-**Nasawī (Abū al Ḥasan ^c^Ali ben Aḥmad al-Nasawī)**
Persischer Mathematiker; wirkte in Bagdad von 1029–1044.
Dostatočnoe ob indijskoj arifmetike. [Das Befriedigende über die indische Arithmetik. Russ.] Übers. aus dem Arab. von M.I. Medovoj, Anm. von Medovoj und B.A. Rozenfeld'. Istoriko-matematičeskie issledovanija. 15 (1963) 381–430.
s. Suter [5].

Nau, François (Abbé)
Notes d'astronomie syrienne. J. asiatique. (10) 16 (1910) 209–228.

Naux, Charles
Histoire des logarithmes de Neper à Euler. Bd 1.2. Paris 1966–1971.

Nave, Annibale della
* ca. 1500; † 1558. 1526–1558 Prof. in Bologna; Nachfolger und Schwiegersohn von Scipione del Ferro.

al-**Nayrīzī (Abū al-^c^Abbas al-Faḍl ibn Ḥātim al-Nayrīzī)**
† ca. 922. Astronom und Mathematiker.
Anaritii in decem libros priores Elemen-

torum Euclidis commentarii ex interpretatione Gherardi Cremonensis. Ed. M. Curtze. Leipzig 1899.

Needham, Joseph [N]
Science and civilisation in China. Cambridge. Bd 2: History of scientific thought. 1956; Bd 3: Mathematics and the sciences of heavens and the earth. 1959.
s. Wang/Needham.

Neophytos
Um 1200 gibt es in Byzanz mehrere Mönche dieses Namens. Eine genaue Identifikation ist nicht möglich.
s. Tannery [3].

Neper
s. Napier.

Nesselmann, G.H.F.
Versuch einer kritischen Geschichte der Algebra der Griechen. Berlin 1842.
s. Bahā' al-Dīn.

Netto, Eugen
s. Gauß [6].

Neudörfer (Neudörffer), Anton
† 1628 Regensburg. Schreib- und Rechenmeister in Nürnberg.
Künstliche und Ordentliche Anweyßung der gantzen Practic . . . [über Arithmetik]. Nürnberg 1599.

Neugebauer, Otto
1. *Die Grundlagen der ägyptischen Bruchrechnung.* Berlin 1926.
2. *Zur Entstehung des Sexagesimalsystems.* Göttingen 1927. (= Abh. Ges. Wiss. Göttingen. Math.-phys. Kl. N.F. 31, 1.)
3. *Über die Entstehung des Sexagesimalsystems.* [Antwort auf eine Kritik.] Archeion 9. 1928, 2/3, 209–215.
4. *Arithmetik und Rechentechnik der Ägypter.* Quellen u. Studien Gesch. Math. Abt. B. 1 (1931) 301–380.
5. *Vorlesungen über Geschichte der antiken mathematischen Wissenschaften.* Bd 1: Vorgriechische Mathematik. Berlin 1934.
6. *Besprechung von Datta und Singh.* History of Hindu mathematics. Quellen u. Studien Gesch, Math. Abt. B. 3 (1936) 263–271.
7. *Mathematische Keilschrifttexte* [*MKT*]. T. 1–3. 1935–1937. (= Quellen und Studien Gesch. Math. A 3.)
8. *The exact sciences in antiquity.* 2. Aufl. Providence/Rhode Isl. 1957. Nachdr. New York 1962.
s. al-Ḫwārizmī [7]; Neugebauer/Pingree; Ptolemaios [2].

Neugebauer, O./Parker, R.A.
Egyptian astronomical texts. 1: The early decans. Providence/Rh. Isl., London 1960.

Neugebauer, O./Pingree, D.
The Pañcasiddhāntika of Varāhamihira. Bd 1.2. Kopenhagen 1970–1971.

Neugebauer, O./Sachs, A.J.
Mathematical cuneiform texts [*MCT*]. New Haven 1945. (= Amer. oriental series. 29.)

Neumann, Hubert
Die erste Lokomotive kam mit dem Fuhrwerk. Südd. Zeitung 31 (1975) Nr. 227 v. 3.10., 22.

Neumann, Johann von
* 1903Budapest; † 1957 Washington. Prof. der Mathematik in Berlin u. Princeton.
Zur Einführung der transfiniten Zahlen. (Acta Szeged. 1 (1923) 199–208). In: Coll. works. Ed. A.H. Taub. Bd 1. Oxford [usw.] 1961, 24–33.

Neumann, Max
Geschichte des Wuchers in Deutschland. Halle 1865. Nachdr. Leipzig 1969.

Neun Bücher
Neun Bücher arithmetischer Technik, übers. von K. Vogel,
s. Chiu Chang Suan Shu [3].

Newton, Isaac
* 1642 [1643] Wholsthorpe bei Grantham/Lincoln; † 1727 Kensington. Prof. d. Mathematik in Cambridge; ab 1699 Königl. Münzmeister und Präsident der Royal Society.
1. *Opera quae extant omnia.* Ed. S. Horsley. Bd 1–5. London 1779–1785. Nachdr.: Stuttgart-B. Cannstatt 1964.
2. *The mathematical papers.* Ed. D.T. Whiteside. Bd 1–6 [bisher ersch.] Cambridge 1967–1974. [Umfassen die Jahre 1664–1691].
3. *Annotations from Wallis* (1664?), in [2; **1**. 1967, 89–142].
4. *De analysi per aequationes numero terminorum infinitas (1669?),* in [1; **1**. 1779, 253–282] u. [2; **2**. 1968, 206–247].
5. *Philosophiae naturalis principia mathematica.* (London 1687.) 2. Aufl., ed. R. Cotes, Cambridge 1713.
6. *Arithmetica universalis.* (Cambridge 1707.) Leiden 1732. In [1; **1**, 1–229]).
7. *Analysis per quantitatum series, fluxiones ac differentias cum enumeratione linearum tertii ordinis.* Ed. W. Jones. London 1711.
8. *La méthode des fluxions.* Ed. G.L. de Buffon. Paris 1740.

Nikolaos Artabasdos Rhabdas
Stammte aus Smyrna, armenischer Herkunft (vgl. Petrosjan [2; 139]); wirkte um 1341 als Mathematiker in Byzanz.
Notice sur les deux lettres arithmétiques de Nicolas Rhabdas [griech. u. franz.], in: Tannery [1; **4**, 61–198].

Nikomachos von Gerasa (G. im heutigen Jordanien)

Neupythagoreischer Mathematiker des 2. Jhs. n. Chr.
1. *Introductionis arithmeticae libri II.* Ed. R. Hoche. [Griech.] Leipzig 1866.
2. *Introduction to arithmetic.* Engl. übers. [von 1] von M. L. d'Ooge, bearb. von F. E. Robbins and L. C. Karpinski. New York 1926.
s. Iamblichos von Chalkis.

Nīlakaṇṭha
* 1444 Tṛ-k-kaṇṭiyūr bei Tirur/Kerala; † nach 1501. Indischer Astronom.
s. Āryabhaṭa I [2].

Nix, Ludwig L. M.
s. Heron von Alexandria.

Noback, Friedrich
Münz-, Maass- und Gewichtsbuch. 2. Aufl. Leipzig 1877.

Norton, Robert
s. Stevin [3].

Noviomagus, Johannes
s. Bronkhorst.

Nový, Lubos
Origins of modern algebra. Leiden 1973.

O'Creat, H. oder N.
Mathematiker im 12. Jh.; Schüler von Adelard von Bath.
Prologus N. Ocreati in Helceph ad Adelardum Batensem magistrum suum. Fragment sur la multiplication et la division. Ed. Ch. Henry. Abh. Gesch. Math. 3 (1880) 129–139.

Oechelhäuser, Adolf von
Die Miniaturen der Universitätsbibliothek zu Heidelberg. Bd 1.2. Heidelberg 1887–1895. In Bd 2, 27–67: Der Wälsche Gast. (Palm. Germ. 389). [Das berühmte Lehrgedicht des Domherrn von Aquelija, Thomasin von Zerclǟre.]

Oettingen, Arthur Joachim von
s. Galilei; Huygens [4].

Ohm, Martin
* 1792 Erlangen; † 1872 Berlin. Oberlehrer der Mathematik am Gymnasium zu Thorn, dann Prof. an d. Univ. Berlin und Lehrer an versch. Kriegsschulen.
Die reine Elementarmathematik. Bd 1. Berlin 1825 (2. Aufl. 1834).

Oldenburg, Heinrich
* ca. 1618 Bremen; † 1677 London. Sekretär der Royal Society.

Olleris, Alexandre
s. Gerbert von Aurillac [1].

Ooge, M. L. d'
s. Nikomachos [2].

Oresme, Nicole
* zwischen 1320 u. 1325 in der Normandie; † 1382 Lisieux. Französischer Mathematiker, Ingenieur und Staatswirtschaftler.
1. *Der Algorismus proportionum des Nicolaus Oresme.* Ed. M. Curtze. Berlin 1868.
2. *Part I of Nicole Oresme's Algorismus proportionum.* Engl. Übers. u. Anm. von E. Grant. Isis. 56 (1965) 327–341.
3. *De proportionibus proportionum and Ad pauca respicientes.* Mit engl. Übers., ed. E. Grant. Madison/Milwaukee, London 1966.

Ortega, Juan de
* ca. 1480 Palencia/Spanien; † ca. 1568. Lehrte Arithmetik und Geometrie in Spanien und Italien; verfaßte eine Aritmética, die ihn in ganz Europa berühmt machte.
Tractado subtilisimo d'aritmética y de geometria. Barcelona 1512.

Oughtred, William
* 1574 oder 1575 Eton; † 1660 Albury bei Guildford. Englischer Landpfarrer; Mathematiker.
1. *Clavis mathematicae.* (1. Aufl. u. d. T.: Arithmeticae . . . quasi Clavis mathematicae est. London 1631.) 4. Aufl. Oxford 1667.
2. *Elementi decimi Euclidis declaratio.* Oxford 1662.
3. *Opuscula mathematica hactenus inedita.* Oxford 1677.

Ozanam, Jacques
* 1640 Bouligneux; † 1717 Paris. Mathematiklehrer in Lyon und Paris; Mitgl. der Académie Roy. des Sciences.
Récréations mathématiques et physiques. (Bd 1.2. Paris 1694.) Bd 1–4. Paris 1741.

Pachymeres, Georgios
* 1242; † ca. 1310. Byzantinischer Philosoph u. Geschichtsschreiber.
Quadrivium de Georges Pachymère. Bearb. von E. Stéphanou, ed. P. Tannery. Vatikanstadt 1940. (= Studi e testi. 94.)

Pacioli, Luca (Luca di Borgo)
* 1445–1450 Borgo S. Sepolcro am Tiber; † 1514 Rom [?]. Minorit; Prof. der Mathematik in Perugia, Neapel, Mailand, Florenz, Venedig und Rom.
Summa de Arithmetica, Geometria Proportioni e Proportionalita. Venedig 1494. a. Pars [1]. b. Pars 2.
s. Jäger [1]; Kheil.

Pāṇini
Sanskrit-Grammatiker; wahrscheinlich im 5./4. Jh. v. Chr. (vgl. Elfering [139] und DS [**1**, 218]).

Paolo Dogomari (Dell'Abbaco, Paolo)
* um 1281 bei Prato [?]; † zwischen 1365 u. 1372 Florenz. Italienischer Mathematiker, Astronom, Astrologe und Dichter.
1. *Trattato d'aritmetica.* Secondo la lezione del Cod. Magliabechiano XI, 86 della Bibl. Naz. di Firenze. Ed. G. Arrighi. Pisa 1964. (= Testimonianze di storia della scienza. 2.)
2. *Regoluzze.* Secondo la lezione del Cod. 2511 della Bibl. Riccardiana di Firenze. Ed. G. Arrighi. Firenze 1966.

Paolo di Middelburg
* 1445 Middelburg/Holland; † 1533 Rom. Prof. der Astronomie an der Univ. Padua; später Bischof von Fossombrone.
s. Struik.

Paolo Gherardi
Wirkte Anfang des 14. Jhs.; Florentiner Mathematiker.
Trattato d'abbaco, geschr. 1327, s. Arrighi [2].

Pappos von Alexandria
Griechischer Mathematiker um 300 n. Chr.
1. *Pappi Alexandrini collectiones quae supersunt.* [Griech. u. lat.] Ed. F. Hultsch. Bd 1–3. Berlin 1876–1878.
2. *Pappus d'Alexandrie. La collection mathématique.* Franz. Übers. u. Komm. von P. Ver Eecke. Bd 1.2. Paris, Brügge 1933.
s. Theon von Alexandria.

Papyrus Aḫmīm
6./7. Jh.
Le papyrus mathématique d-Akhmīm. Ed. J. Baillet. Mem. Mission Archéol. Franç. au Caire, Paris. 9,1 (1892) 1–89.

Papyrus Erzherzog Rainer
Papyrus Erzherzog Rainer, Führer durch die Ausstellung. Bearb. von J. Karabacek. Wien 1894.

Papyrus Graecus Vindobonensis 19996
s. Gerstinger/Vogel.

Papyrus Michigan
Michigan Papyri. Bd 3: Miscellaneous Papyri. Ed. by J. G. Winter. Ann Arbor 1936.

Papyrus Moskau
Aus dem 18. Jh. v. Chr., nach Vorlagen des 19. Jh. v. Chr. (vgl. Struve [39]).
Mathematischer Papyrus des Staatlichen Museums der Schönen Künste in Moskau. Ed. W. W. Struve. Berlin 1930. (= Quellen u. Studien Gesch. Math. A 1.)

Papyrus Rhind
Benannt nach d. ersten Besitzer; geschr. von dem Schreiber Ahmes im 16. Jh. v. Chr., wohl nach Vorlagen des 19. Jh. v. Chr.
1. *The Rhind mathematical papyrus.* Mit Transkr., Übers. u. Komm., ed. Th. E. Peet. London 1923.
2. *The Rhind mathematical papyrus.* Mit. Faks., Transkr., Übers. u. Komm., ed. A. B. Chace [u.a.] Bd 1.2. Oberlin/USA 1927–1929.

Parameśvara
* nach 1360; † vor 1460. Astronom, der der südindischen Ksala-Schule angehörte; Kommentator klassischer Werke (Āryabhaṭa I, Bhāskara I, Bhāskara II).
s. Sūrya-Siddhānta.

Parker, Richard A.
Demotic mathematical papyri. Providence/ Rhode Isl., London 1972. (= Brown Egyptol. studies. 7.)
s. Neugebauer/Parker; s. Vogel [21].

Pascal, Blaise
* 1623 Clermont-Ferrand; † 1662 Paris. Französischer Mathematiker u. Philosoph.
1. *Oeuvres de Blaise Pascal.* Ed. L. Brunschvicg u. P. Boutroux. Bd 1–3. Paris 1908.
2. *Oeuvres complètes.* Ed. J. Chevalier. Brügge 1954. (= Bibliothèque de la Pléiade. 34.)

Pauliśa-Siddhānta
s. Puliśa-Siddhānta.

Paulos von Alexandria
Lebte im 4. Jh. n. Chr.; Verf. einer „Einführung in die Astrologie".

Pauly / Wissowa
Pauly's Real-Encyclopädie der classischen Altertumswissenschaft. Neue Bearb., begonnen von G. Wissowa. Stuttgart 1894.

Peacock, George
* 1791 Thornton Hall/Denton; † 1858 Ely?; dort begraben. Engl. Mathematiker; Prof. der Astronomie in Cambridge; Mitgl. der Royal Society.
A treatise on algebra. (Cambridge 1830.) 2. Aufl. Bd 1: Arithmetical algebra. Cambridge 1842; Bd 2: On symbolical algebra. Cambridge 1845.

Peano, Giuseppe
* 1858 Cuneo; † 1932 Turin. Prof. der Mathematik in Turin.
1. *Arithmetices principia nova methodo exposita.* Turin 1889. In: Opere scelte. Bd 2. Rom 1958, 20–55.
2. *Formulario mathematico.* 5. Aufl. Turin 1908.
s. Genocchi.

Pediasimus
13./14. Jh. Diakon und Chartophylax von Bulgarien.
Die Geometrie des Pediasimus. Ed. G. Friedlein. Programm Gymn. Ansbach 1866.

Peet, Th. Eric
Besprechung des Papyrus Moskau. J. Egypt. archeology. 17 (1931) 154–160.
s. Papyrus Rhind [1].

Pegolotti, Francesco Balducci
* ca. 1290; † ca. 1347. Florentiner Kaufmann.
La pratica della mercatura. Ed. Allan Evans. Cambridge/Mass. 1936.
s. Vogel [18].

Peletier, Jacques
* 1517 Le Mans; † 1582 Paris. Französ. Arzt u. Schriftsteller; Schulleiter in Le Mans.
1. *L'Aritmétique.* (Poitiers 1552.) 2. Aufl. Lyon 1554.
2. *De fractionibvs astronomicis compendium; Ac primò de earum vsu, serie ac denominatione,* in: Gemma Frisius [164–182].

Pell, John
* 1611 Southwick/Sussex; † 1685 London. Prof. der Mathematik in Amsterdam und Breda; dann Vertreter Cromwells in der Schweiz; später Geistlicher; Mitgl. der Royal Society.
s. Rahn [2].

Pellos, Francesco
* in Nizza, in der zweiten Hälfte des 15. Jhs.
Sen segue de la art de arithmeticha. Turin 1492.

Pepper, Jon V.
Gunter, Edmund, in: DSB [5. 1972, 593 f.].

Pescheck, Christian
* 1676 Zittau; † 1747 Zittau. Lehrer der Mathematik am Gymnasium in Zittau.
1. *Arithmetischer Hauptschlüssel.* Zittau 1741.
2. *Allgemeine Teutsche Rechenstunden.* Verb. Aufl. Zittau u. Leipzig 1765.

Petrosjan, G. B.
1. *O nekotorych voprosach istorii matematiki v drevnei Armenii.* [Über einige Fragen zur Mathematikgeschichte im alten Armenien. Russ.] Voprosy istor. fiz. mat. nauk. 1963, 91–95.
2. *Les sciences mathématiques en Armène du XIe au XIVe siècle,* in: 12. Congrès Intern. d'Histoire des Sciences, Paris 1968. Actes. Bd 4. Paris 1971, 139–142.

Petrova, S. S.
Sur l'histoire des démonstrations analytiques du théorème fondamental de l'algèbre. Historia math. 1 (1974) 255–261.

Petruck, Marvin
s. Kūšyār ibn Labbān.

Petrus Philomena de Dacia (Petrus Dacus, Peter Nightingale)
Wirkte 1290–1300. Dänischer Dominikaner; Mathematiker u. Physiker; hielt Vorlesungen an der Universität Bologna; lebte 1292–1293 in Paris.
s. Johannes de Sacro Bosco.

Peucer, Caspar
* 1625 Bautzen (Oberlausitz); † 1602 Dessau. Prof. der Mathematik u. Medizin an der Univ. Wittenberg; Schwiegersohn Melanchthons.
Commentarius de praecipuis divinationum generibus. Wittenberg 1553. [Zit. nach Cajori [7].]

Peurbach (Peuerbach, Purbach), Georg von
* 1423 Peuerbach/Oberösterr.; † 1461 Wien. Mathematiker u. Astronom; hielt astronomische Vorlesungen in Ferrara, Bologna u. Padua; 1454 Astronom des Königs Ladislaus von Ungarn; dann Prof. an der Universität Wien, wo Regiomontan sein Schüler und Mitarbeiter war.
1. *Algorithmus.* [Wien um 1510.]
2. *Tractatvs Georgii Pevrbachii super Propositiones Ptolemaei de Sinibus et Chordis.* Nürnberg 1541.

Philolaos
Lebte um 500 v. Chr. Griechischer Philosoph aus Kroton in Unteritalien; Pythagoreer.

Picard, Émile
s. Hermite [1].

Piero della Francesca
* zwischen 1410 u. 1420; Borgo San Sepolcro; † 1492 Borgo S. S. Italienischer Maler.
Trattato d'abaco. Dal Cod. Ashb. 280 (359–391) della Bibl. Med. Laur. di Firenze. Ed. G. Arrighi. Pisa 1970. (= Testimonianze di storia della scienza. 6.)
s. Jayawardene.

Pillai, Sūranād Kunjan
s. Aryabhata I [2].

Piṅgala
Verfaßte im 2. Jh. v. Chr. das „Chandaḥsūtra", eine Schrift über die Metrik der Veden.

Pingree, David
s. Neugebauer/Pingree.

Pirckenstein, Ant. Ernst Burckhart von
s. Euklid [9].

Pistelli, Ermenegildo
s. Iamblichos von Chalkis [1].

Pitiscus, Bartholomaeus
* 1561 Grünberg/Schlesien; † 1613 Heidelberg. Hofprediger in Heidelberg z. Zt. Friedrichs IV. von der Pfalz.
Trigonometriae, Siue De dimensione Triangulorum Libri qvinqve. Frankfurt 1612.

Planudes
s. Maximos Planudes.

Plato von Tivoli (Plato Tiburtinus)
Italienischer Mathematiker, Astronom und Astrologe, der von 1134 bis 1145 in Barcelona lebte; übersetzte aus d. Arabi-

schen u. Hebräischen ins Lateinische.
s. Abraham bar Hijja.

Platon
* 427 Athen; † 347 Athen.
1. *Opera.* Ed. J. Burnet. Bd 1–5. Oxford 1900–1907. Nachdr. 1967.
2. *Sämtliche Werke.* Dt. Übers. v. F. Schleiermacher. Ed. W. F. Orto, E. Grassi, G. Plamböck. Bd 1–6. Hamburg 1958–1960. (= Rowohlts Klassiker. 1/1a. 14. 27/27a. 39. 47. 54/54a.)
3. *Scholion zu Charmides 165E,* in: Platonis Dialogi, ed. C. F. Hermann. Bd. 6. Leipzig 1853, 290.

Plautus, Titus Maccius
* um 250 v. Chr.; † um 184 v. Chr. Römischer Kommödiendichter aus Sarsina in Umbrien.
Miles gloriosus. In: Comoediae. Bd 2. Oxford 1953.

Plinius (d. Ä.) (Gaius Plinius Secundus)
* 23 n. Chr. Como; † 79 b. Ausbruch des Vesuvs. Lat. Schriftsteller; Offizier.
Natural history. (Historia naturalis.) [Lat. u. engl.] Engl. Übers. v. H. Rackham [u.a.] Bd 1–10 (Libri 1–37). Cambridge, London 1938–1963. [Bd 10: 1962.]

Plooij, Edward Bernard
Euclid's conception of ratio and his definition of proportional magnitudes as criticized by Arabian commentators. (Incl. the text in facs. with transl. of the comm. on ratio of Abū ᶜAbd Allāh Muḥammad ibn Muᶜāhd al-Djajjānī). (Diss. Leiden.) Rotterdam 1950.

Podetti, Francesco
La teoria delle proporzione in un testo del XVII secolo. Bolletino bibliogr. storia scienze mat. fis. 15 (1913) 1–8.

Polack, Johann Friedrich
Mathesis forensis, worinnen die Rechenkunst, Geometrie, Baukunst, Mechanik . . . abgehandelt . . . wird. 4. Aufl. Leipzig 1770.

Polo, Marco
* 1254 Venedig; † 1324 Venedig. Bedeutendster Reisender des Mittelalters, der den Fernen Osten aufsuchte.
The book of Ser Marco Polo the Venetian, concerning the kingdoms and marvels of the East. Ed. Henry Yule. Bd 1.2. London 1874.

Poncelet, Jean Victor
* 1788 Metz; † 1867 Paris. Als Ingenieuroffizier 1812–1814 in russischer Gefangenschaft. Hauptwerk: „Traité des propriétés projectives des figures", 1822.

Porphyrios (Malchos)
* 234 Tyros; † ca. 304. Griechischer Philosoph des Neuplatonismus; Schüler von Plotin u. Herausgeber seiner Schriften.

Pott, August Friedrich
Die Sprachverschiedenheit in Europa an den Zahlwörtern nachgewiesen, sowie die quinäre und vigesimale Zählmethode. Halle 1868. Nachdr. Walluf 1970.

Powell, Marvin A.
Sumerian area measures and the alleged decimal substratum. Z. f. Assyriologie. 62 (1972) 165–221.

Přihonsky, Franz
s. Bolzano [3].

Prösler, Hans
s. Handlungsbuch.

Proklos, Diadochos
* 411 (410 [?]); † 485; aus Konstantinopel. Neuplatonischer Philosoph, Mathematiker und Astronom.
1. *In primum Euclidis elementorum librum commentarii.* Ed. G. Friedlein. Leipzig 1873.
2. *Kommentar zum ersten Buch von Euklids „Elementen".* Dt. Übers. von L. Schönberger, ed. M. Steck. Halle 1945.
3. *Hypotyposis astronomicarum positionum.* Ed. C. Manitius. Leipzig 1909.

Prosdocimo de Beldomandi
s. Beldomandi.

Pṛthūdakasvāmī
Kommentator zu Brahmagupta; um 860.

Ptolemaios, Klaudios (Ptolemäus, Claudius)
* um 100 Ptolemais/Oberägypten; † 160 vermutl. Canopus. Astronom, Mathematiker u. Geograph; wirkte in Alexandrien.
1. *Opera quae extant omnia.* Bd 1–3 [unvollst.]. Ed. J. L. Heiberg. Leipzig 1898–1952. Bd 1.1: Syntaxis mathematica, 1898.
2. *Des Claudius Ptolemaeus Handbuch der Astronomie* [Syntaxis mathematica, dt.]. Übers. von K. Manitius. (Leipzig 1912.) 2. Aufl. ed. O. Neugebauer. Bd 1.2. Leipzig 1963.
s. Theon von Alexandria.

Puliśa-Siddhānta
(Siddhānta = klassisches Werk); gehört zu den fünf astronomischen Siddhāntas (Pañca-Siddhantikā, s. Varāhamihira). Da der Urtext verloren ist, nur durch Varāhamihira u. dessen Kommentatoren bekannt, die sich auf einen Griechen namens Puliśa (Paul) berufen; nach Sarton [2; 1, 386 f.]) eines der ersten grundlegenden indischen trigonometrischen Werke aus der ersten Hälfte des 5. Jhs. n. Chr.

Pullan, J. M.
The history of the abacus. New York, Washington 1969.

Pythagoras
* um 570 v. Chr.; † um 497/96 v. Chr. Metapont. Griech. Philosoph; aus Samos; gründete in Kroton in Unteritalien eine religiöse Gemeinschaft mit sittlichen und wissenschaftlichen Zielen.

al-Qalaṣādī (Abū al-Ḥasan ᶜAlī ibn Muḥammad ibn ᶜAlī)
* 1412 Basṭā (jetzt Baza)/Spanien; † 1486 Béja/Tunesien. Wirkte haupts. in Granada; letzter bedeutender Mathematiker der Araber in Spanien.
Traduction du traité d'arithmétique d'Aboūl Haçan Alī Ben Mohammed Alkalçādī. Franz. Übers. v. F. Woepcke. Atti dell'Accad. Pont. de' Nuovi Lincei. 12 (1859) 230–275 u. 399–438. In: Recherches sur plusieurs ouvrages de Léonard de Pise ... et sur les rapports qui existent entre ces ouvrages et les travaux mathématiques des Arabes. Ed. B. Boncompagni u. F. Woepcke. Bd 1.2. Rom 1859.

al-Qifṭī
s. Ibn al-Qifṭī.

Quibell, J. E.
Hierakonpolis. Part 1. London 1900. (= Egyptian research account. 4.)

Qusṭā ibn Lūqā (Qusṭā ibn Lūqā al Balabakkī)
* Baalbek (Heliopolis)/Syrien; † um 912 in Armenien. Christ, griechischen Ursprungs; Arzt, Philosoph, Astronom, Mathematiker und Übersetzer.
s. Diophant [5]; Suter [6].

Radulph von Laon (Raoul)
† ca. 1133. Unterstützte seinen Bruder Anselm (Theologe) im Lehramt in Laon u. Paris.
Der arithmetische Tractat des Radulph von Laon. Ed. A. Nagl. Abh. Gesch. Math. 5 (1890) 85–134.

Rahn, Johann Heinrich
* 1622 Töß; † 1676 Zürich. Mathematiker; Zensor und Zeugherr in Zürich; später Obervogt in Küßnacht u. Seckelmeister des Standes Zürich.
1. *Teutsche Algebra oder Algebraische Rechenkunst.* Zürich 1659.
2. *An introduction to algebra.* Engl. Übers. [von 1] von Th. Brancker, bearb. von John Pell. London 1668.

Ramanujacharia, N.
s. Śrīdhara [2].

Ramus, Petrus (La Ramée, Pierre de)
* 1515 Cuth/Picardie; † 1572 Paris. Französischer Humanist u. Philosoph; Prof. am Collège Royal de France; als Hugenotte mehrfach verfolgt und in der Bartholomäusnacht ermordet.
1. *Arithmeticae libri tres.* Paris 1555.
2. *Arithmetica.* Paris 1562.
3. *Scholarum mathematicarum libri unus et triginta.* Basel 1569.
4. *Arithmeticae libri duo. Geometriae septem et viginti.* Basel 1569.
5. *Arithmeticae libri duo: geometriae septem et viginti.* Ed. L. Schoner. Frankfurt 1599.

Raṅgācārya, M.
s. Mahāvīra.

Raphson, Joseph
* 1697 London; † 1717 London. Mitgl. der Royal Society.
Analysis aequationum universalis. London 1690. [Zit. nach Newton [2; 2, 219].]

Rashed, Roshdi
1. *L'induction mathématique: al-Karajī, as-Samaw'al.* Arch. hist. ex. sciences. 9 (1972/73) 1–21.
2. *Résolution des équations numériques et algèbre: Šaraf-al-Dīn al-Tūsī, Viète.* Arch. hist. ex. sciences. 12 (1974) 244–290.
3. *Les travaux perdus de Diophante.* Revue d'hist. sciences. 17 (1974) 97–122; 18 (1975) 3–30.
s. al-Samaw'al.

Raßmann, Ernst
Lehrer an der Real- u. Provinzial-Gewerbeschule zu Münster.
Rechenbuch für Handwerkerschulen. Münster 1854.

Rath, Emil
1. *Über ein deutsches Rechenbuch aus dem 15. Jahrhundert.* Bibl. math. (3) 13 (1912/13) 17–22.
2. *Über einen deutschen Algorismus aus dem Jahr 1488.* Bibl. math. (3) 14 (1913/14) 244–248.

Raymond, Irving W.
s. Lopez/Raymond.

Real-Encyclopädie
Real-Encyclopädie der classischen Altertumswissenschaft.
s. Pauly/Wissowa.

Recorde (Record), Robert
* 1510 [?] Tenby/Pembrokeshire; † 1558 London (Southwark prison). Hielt math. Vorlesungen in Oxford; später Arzt in London; eine Zeit lang Leibarzt König Eduards VI.
1. *The grovnd of artes.* London [1541, 1542 od. 1543?]. Nachdr. Amsterdam, New York 1969.
2. *The whetstone of witte.* London 1557. Nachdr. Amsterdam, New York 1969.

Rees, Kaspar Franz de
* in Roermond/Holland; war 1708 Priester; Gelegenheitsdichter, Verf. mehrerer Rechenbücher.
Allgemeine Regel der Rechenkunst. 3. Aufl. Göttingen 1751.

Regiomontanus (Müller, Johannes)
* 1436 Unfinden bei Königsberg/Franken;

† 1476 Rom. Schüler von Peurbach in Wien; ging mit Kardinal Bessarion zu Studienzwecken nach Italien; dann Hofastronom des Königs Matthias Corvinus von Ungarn; 1471 eigene Sternwarte und Druckerei in Nürnberg.
1. *De triangulis omnimodis libri quinque. (1462/64).* Ed. J. Schöner. Nürnberg 1533.
2. *Opus tabularum directionum profectionumque. (1464/67).* Augsburg 1490.
3. *Der Briefwechsel Regiomontans mit Giovanni Bianchini, Jacob von Speier und Christian Roder,* in: Curtze: Urkunden z. Gesch. der Mathematik im MA. Th. 1. Abh. Gesch. math. Wiss. 12 (1902) 185–336.
s. Codex Plimpton 188.

Reich, Karin
s. Viète [12].

Reidt, Friedrich / Wolff, Georg
Die Elemente der Mathematik. (Vorstufe.) Rechnen, H. 2. 4. Aufl. Hannover, Paderborn 1955.

Reifler, Erwin
The philological and mathematical problems of Wang Mang's standard grain measures. The earliest Chinese approximation to π. Jubilee volume in honour of Dr. Li Chi, Seattle 1965, 387–402.
[Herr Reifler hat uns dankenswerterweise ein Ms. bereits vor der Veröffentlichung zur Verfügung gestellt.]

Reimarus Ursus, Nicolaus
Wirkte Ende des 16. Jhs. als Mathematiker und Astronom; besuchte 1584 Tycho Brahe auf Hven; lehrte in Kassel und Straßburg [?]; Kaiserlicher Mathematiker in Prag.

Reinaud, Joseph-Toussaint
Memoire géographique, historique et scientifique sur l'Inde, antérieurement au milieu du XIe siècle de l'ère chrétienne. Paris 1849.

Reineke, Walter Friedrich
Der Zusammenhang der altägyptischen Hohl- und Längenmaße. Mitt. Inst. Orientforschg. Ak. Berlin. 9 (1963) 145–163.

Reiner, Karl
Die Terminologie der ältesten mathematischen Werke in deutscher Sprache nach den Beständen der Bayer. Staatsbibliothek. Diss. München 1961.

Reisch, Gregor
* 1475 [?] Balingen/Württ.; † 1523 [?] Freiburg. Karthäuser-Prior in Freiburg und Ratgeber Kaiser Maximilians I.
Margarita philosophica. (Freiburg 1503.) 2. Aufl. Straßburg 1504.

Remus Quietanus, Johannes
* 1588 Langensalza [?]; † 1632 in der Rheinpfalz (vgl. Ch. Frisch, in: J. Kepleri Opera omnia, Bd 5. 1864, 55). Arzt; Verf. astronomischer Schriften; Briefpartner Keplers.

Report
Report of the Committee, consist. of Prof. Caley [u.a.], and J. W. L. Glaisher (reporter), on mathematical tables, in: Report of the 43. Meeting of the British Association for the Advancement of Science; held at Bradford in Sept. 1873, 1–174.

Reyher, Andreas
* 1601 Heinrichs bei Suhl; † 1673 Gotha. Rektor am Gymnasium in Schleusingen, dann Lüneburg, ab 1640 am fürstlichen Gymnasium zu Gotha.
Arithmetica oder Rechenbüchlein. 5. Aufl. Gotha 1659.

Reyher, Samuel
* 1635 Schleusingen; † 1714 Kiel. Prof. der Mathematik und der Rechte an der Universität Kiel.
s. Euklid [10].

Ṛgveda
Hauptkorpus geht auf das 2. vorchristl. Jahrtausend zurück. (Datierung nach BSS [22–23]).
The hymns of the Rig-Veda in the Saṃhitā and Pada texts. Ed. F. Max Müller. Bd 1.2. London 1877.

Rhabdas, Nikolaos
s. Nikolaos Artabasdos Rhabdas.

Rheticus, Georg Joachim
* 1514 Feldkirch/Österreich; † 1574 Kassa/Ungarn (jetzt Tschechoslowakei). Mathematiker u. Astronom; lehrte an den Univ. Wittenberg u. Leipzig; besuchte 1539 Copernicus in Frauenberg, der ihm erlaubte, die „Narratio prima" zu schreiben; später Studium der Medizin, dann Arzt in Krakau.

Ricard, Jean Pierre
Le negoce d'Amsterdam. Amsterdam 1722.

Richard Swineshead
s. Swineshead.

Richelot, Friedrich Julius
* 1808 Königsberg/Preussen; † 1875 Königsberg. Prof. der Mathematik an der Univ. Königsberg.
Nota ad theoriam eliminationes pertinens. J. reine u. angew. Math. 21 (1840) 226–234.

Richer
* zwischen 940 u. 950; † nach 997. Mönch in Reims; Schüler u. Biograph von Gerbert.
Scriptores rerum Germanicarum. Richeri Historiarum libri IV. 2. Aufl. Ed. G. Waitz. Hannover 1877.

Richeson, A. W.
The number system of the Mayas. Amer. math. mon. 40 (1933) 542–546.

Ries (irrtüml.: Riese), **Adam**
* 1492 Staffelstein/Franken; † 1559 Annaberg. Rechenmeister u. Beamter beim Münzwesen in Annaberg.

1. *Adam Riese, sein Leben, seine Rechenbücher und seine Art zu rechnen. Die Coss von Adam Riese.* Ed. B. Berlet. Leipzig, Frankfurt 1892.
2. *Rechnung auff den Linihen vnd Federn.* Erfurt 1533.
3. *Adam Risen Rechenbuch auff Linien und Ziphren in allerley Handthierung.* Frankfurt a.M. 1574. Nachdr. Darmstadt 1955.

Rigaud, P.
Correspondance of scientific men of the seventeenth century. Oxford 1841.

Rig-Veda
s. Ṛgveda.

Riyāhī, Moḥammed Amīn
s. Ṭabarī.

Robbins, F. E.
s. Nikomachos [2].

Robert von Chester (Robertus Castrensis)
Lebte um 1141–47 in Spanien, um 1147–50 in London. Englischer Mathematiker, Alchemist und Astronom; Verf. vieler Übersetzungen vom Arabischen ins Lateinische.
s. al-Ḫwārizmī [4].

Roder, Christian
Prof. der Mathematik an der Universität Erfurt; dort 1463 Dekan der Artistenfakultät. (Vgl. Regiomontanus [3; 190]).

Rohrbach, Hans
Das Axiomensystem von Erhard Schmidt für die Menge der natürlichen Zahlen. Math. Nachrichten. 4 (1950/51) 315–321.

Rolle, Michel
* 1652 Ambert/Basse-Auverge; † 1719 Paris. Ab 1685 Mitgl. der Académie Roy. des Sciences.
Traité d'algèbre. Paris 1690.

Romain, Adrien
s. Roomen.

Rome, A.
s. Theon von Alexandria.

Roomen, Adriaen van
* 1561 Leuven; † 1615 Mayence. Prof. der Medizin u. der Mathematik in Leuven, dann in Würzburg (vgl. Bibl. math. (3) 5 (1904/05) 342).
s. Bosmans.

Rootselaar, B. van
Bolzano's theory of real numbers. Arch. hist. ex. sciences. 2 (1964) 168–180.

Roover, R. de
L'évolution de la lettre de Change. 14e–18e siècles. Paris 1953.

Roscher, Johann Peter
Gemeinnütziges Rechenbuch zur Selbstübung vornehmlich zum Schulgebrauch. Bd 1.2. Lippstadt, [später] Lemgo 1788–1791.

Rosen, Frederic
s. al-Ḫwārizmī [5].

Rosenberger, Ferdinand
Geschichte der Physik. Bd 3. Braunschweig 1887–1890.

Rosenthal, Gottfried Erich
* 1745 Nordhausen; † 1814 Nordhausen. Mitgl. der Akademie der gemeinnützigen Wissenschaften zu Erfurt.
Encyklopädie der reinen Mathematik und praktischen Geometrie. Gotha 1794.

Roth, Peter
† 1617. Rechenmeister in Nürnberg.
Arithmetica philosophica. Nürnberg 1608.

Rothschild, Ludwig
Handelslehrer in Kassel.
Taschenbuch für Kaufleute. (Leipzig 1852). 57. Aufl. Ed. Christian Eckert. Leipzig 1918.

Rozenfeld', B. A.
s. al-Bīrūnī [1]; al-Ḫayyām [3]; al-Kāšī; al-Nasawī; al-Ṭūsī, Nāṣir al-Dīn [1].

Rubner, Heinrich
s. Wagner.

Rudio, Ferdinand
Archimedes, Huygens, Lambert, Legendre. Vier Abhandlungen über die Kreismessung. Leipzig 1892.
s. Archimedes [2]; Euler [1], [2], [6]; Simplikios [2].

Rudolff, Christoff
* Ende des 15. Jhs. in Jauer/Schlesien; † erste Hälfte des 16. Jhs. in Wien. Rechenmeister in Wien.
1. *Behend und Hubsch Rechnung durch die kunstreichen regeln Algebre so gemeinicklich die Coß genennt werden.* Straßburg 1525.
2. *Künstliche rechnung mit der Ziffer vnd mit den zal pfenningen sampt der Wellischen Practica.* (Wien 1526.) Nürnberg 1550.
s. Stifel [4].

Rudorff, Adolf
s. Schriften der römischen Feldmesser.

Ruffini, Paolo
* 1765 Valentano; † 1822 Modena. Arzt in Modena; Lehrer am Gymnasium und der Kriegsschule; Prof. der Medizin u. der Mathematik.
1. *Opere matematiche.* Ed. E. Bortolotti. Bd 1. 1915, 2. 3. 1953–1954.
2. *Teoria generale delle equazioni, in cui si dimostra impossibile la soluzione algebrica delle equazioni generali di grado superiore al quarto.* (Bologna 1799.) In [1; **1**, 1–324].
3. *Sopra la determinatione delle radice nelle equazioni numeriche di qualunque grado.* (Modena 1804.) In [1; **2**, 282–404].

Runtingerbuch
s. Bastian.

Ruska, Julius
1. *Zur Geschichte der Schachbrettaufgabe.* Z. math. u. nat. Unterricht. 47 (1906) 275–282.
2. *Zur ältesten arabischen Algebra und Rechenkunst.* Heidelberg 1917. (= Sitzungsber. Heidelberger Ak. Wiss. Phil-hist. Kl. Jg. 1917, Abh. 2.)
3. *Zahl und Null bei Ǧābir ibn Ḥajjān.* Arch. Gesch. Math. Naturw. Techn. 11 (N.F. 2) (1929) 256–264.
Russell, Bertrand
* 1872 Trelleck/Wales; † 1970 Penhyden-dreath. Engl. Mathematiker, Philosoph u. Gesellschaftskritiker.
The principles of mathematics. Bd 1. Cambridge 1903.
Ruth, R.
Das kanonische Zinsverbot, in: Arbeiten zum Handels-, Gewerbe- u. Landwirtschaftsrecht. Nr. 62. Marburg/Lahn 1931. Beiträge zum Wirtschaftsrecht, 316–348.
Rutten, Marguerite
s. Bruins/Rutten.
Rychlík, Karel
Theorie der reellen Zahlen im Bolzanos handschriftlichen Nachlasse. Prag 1962.

Sachau, Edward C.
Algebraisches über das Schach bei Bīrūnī. Z. der Dt. Morgenländischen Ges. 29 (1875) 148–156.
s. al-Bīrūnī [2], [3].
Sachs, Abraham Joseph
1. *Some metrological problems in old-Babylonian mathematical texts.* Bull. American schools of oriental research. 96 (1944) 29–39.
2. *Notes on fractional expressions in old Babylonian mathematical texts.* J. of Near Eastern studies. 5 (1946) 203–214.
s. Neugebauer/Sachs.
Sachs, Hans
* 1494 Nürnberg; † 1576 Nürnberg. Meistersinger und Dichter; Anhänger Luthers.
Sacrobosco, Johannes de
s. Johannes de Sacro Bosco.
Saidan, Aḥmad Salim
1. *The earliest extant Arabic arithmetic.* Isis. 57 (1966) 475–490.
2. *The development of Hindu-Arabic arithmetic.* Diss. Khartoum 1966. [Masch.-Schr.].
3. *Arabic arithmetic. The arithmetic of Abū al-Wafā' al-Būzajānī (10. Jh.) Mss. Or 103 Leiden u. 42 M Cairo. The arithmetic of al-Karaǧī (11. Jh.) Ms. 855 Istanbul.* [Arab.] Amman [1971].
s. al-Tūsī, Naṣīr al-Dīn [2]; al-Uqlīdisī [1], [2].
Salah Aḥmad
s. al-Samaw'al.
Salomon, Johann Michael Joseph
* 1793 Oberdürrbach b. Würzburg; † 1856 Wien. Prof. der Mathematik am Polytechn. Inst. in Wien; später auch Prof. an der Universität.
Lehrbuch der Arithmetik und Algebra. Wien (1821), 5. Aufl. 1852.
s. Euler [11].
Salvius Iulianus (Lucius Octavius Cornelius Salvius Iulianus Aemilianus)
Aus Nordafrika; wirkte im 2. Jh. n. Chr. als einer der einflußreichsten römischen Juristen der hadrianischen Zeit.
al-**Samaw'al (Al-Samaw'al ben Yaḥyā ben ᶜAbbās al-Maġribī)**
† 1174/75 Maragha. Zum Islam übergetretener Jude. Mathematiker und Mediziner.
Al-Bahir en algèbre d'As-Samaw'al. Ed. Salah Ahmad, Roshdi Rashed. Damaskus 1972.
s. Rashed [1].
al-**Samḥ**
s. Ibn al-Samḥ.
Samplonius, Yvonne
s. Waiǧan ibn Rustam al-Kūhī.
Sánchez Pérez, José A.
s. Ibn Badr.
Sanford, Vera
The history and significance of certain standard problems in algebra. New York 1927.
Sarasa, Alfons Anton de
* 1618 Nieuport/Flandern; † 1667 Antwerpen. Jesuit; lehrte in Gent, Brüssel und Antwerpen; gehörte zu den Korrespondenten Mersennes.
Sarkar, Akshya Kumar
The coins and weights in ancient India. The Indian hist. quarterly. 7 (1931) 689–702).
Sarma, K. V.
s. Āryabhaṭa I [4; **1.3**].
Sarma, Sreeramula Rajeswara
s. Aryabhaṭa II [2].
Sarton, George
1. *The first explanation of decimal fractions and measures (1585). Together with a history of the decimal idea and a facsimile (no. XVII) of Stevin's Disme.* Isis. 23 (1935) 153–244.
2. *Introduction to the history of science.* Washington. Bd 1. 1927; Bd 2, Tl 1.2. 1931; Bd 3, Tl 1. 1947, Tl 2. 1948.
3. *Minoan mathematics.* Isis. 24 (1935) 375–381.
Śāstrī, Sāmbaśiva
s. Āryabhaṭa I [2].

Śāstrī, T. S. Kuppanna
s. Bhāskara I.
Satterthwaite, Linton (jr.)
Concepts and structures of Maya calendrical arithmetics. Philadelphia/Penns. 1947.
Savasorda
s. Abraham bar Ḫijja.
Schepp, A.
s. Genocchi.
Scheybl (Scheubel), Johann
* 1494 Kirchheim/Württ.; † 1570 Kirchheim. Prof. der Mathematik an der Univ. Würzburg.
1. *De numeris et diversis rationibus.* Leipzig 1545.
2. *Scheubel as an algebraist. Being a study of algebra in the middle of the 16th century.* Faks., engl. Übers. u. Komm., ed. M. S. Day. New York 1926.
s. Euklid [5].
Schickard, Wilhelm
* 1592 Herrenberg/Württ.; † 1635 Tübingen. Mathematiker, Astronom und Orientalist; Prof. der biblischen Grundsprache in Tübingen; Schüler und Nachfolger von Mästlin; Erfinder einer Rechenmaschine.
Schilbach, Erich
1. *Byzantinische Metrologie.* München 1970. = Handb. d. Altertumswiss. Abt. 12, T. 4.
2. *Byzantinische metrologische Quellen.* Düsseldorf 1970.
Schillmann, F.
Eine Kellereirechnung des Deutschordenshauses in Marburg aus dem 14. Jahrhundert. Arch. f. Kulturgesch. 8 (1910) 146–160.
Schirmer, Alfred
1. *Wörterbuch der deutschen Kaufmannssprache auf geschichtlichen Grundlagen.* Straßburg 1911.
2. *Der Wortschatz der Mathematik.* Straßburg 1912. (= Z. f. dt. Wortforschung. 14, Beih.)
Schlesinger, Ludwig
s. Descartes [3]; Euler [4].
Schmeller, Andreas J.
Bayerisches Wörterbuch. 2. Aufl. Bd. 1.2. München 1877.
Schmid, Wolffgang
Das erst buch der Geometria. Nürnberg 1539.
Schmidt, Erhard
* 1876 Dorpat; † 1959 Berlin. Prof. der Mathematik in Zürich, Breslau und Berlin.
s. Rohrbach.
Schmidt, Fritz
Geschichte der geodätischen Instrumente und Verfahren im Altertum und Mittelalter. Neustadt an der Haardt 1935. (= Veröffentlichungen der Pfälz. Ges. z. Förderung d. Wissenschaften. 24.)
Schmidt, Max
Zur Entstehung und Terminologie der elementaren Mathematik. 2. Aufl. Leipzig 1914. (= Kulturhistorische Beiträge zur Kenntnis des griechischen und römischen Altertums. 1.)
Schmidt, Wilhelm
s. Heron von Alexandria.
Schneider, Ivo
1. *Der Mathematiker Abraham de Moivre (1667–1754).* Arch. hist. ex. sciences. 5 (1968/69) 177–317.
2. *Der Einfluß der Praxis auf die Entwicklung der Mathematik vom 17. bis zum 19. Jahrhundert.* Zentralblatt f. Didaktik d. Math. 9 (1977) 195–205.
Schönberger, Leander
s. Proklos [2].
Schöne, Hermann
s. Heron von Alexandria.
Schöner, Johann
s. Peurbach [2]; Regiomontanus [1].
Scholz, Heinrich
Der klassische und der moderne Begriff einer mathematischen Theorie. Math.-phys. Semesterberichte 3 (1953) 30–47.
s. Hasse / Scholz.
Schoner, Lazarus
s. Ramus [5].
Schooten, Frans van (Franciscus à)
* Leiden um 1615; † 1660 Leiden. Niederländischer Mathematiker; Herausgeber bedeutender mathematischer Werke.
s. Descartes [4 a]; Viète [1].
Schott, Kaspar
* 1608 Königshofen; † 1666 Würzburg. Prof. der Mathematik am Gymnasium zu Würzburg.
Cursus mathematicus, Sive absoluta omnium mathematicarum disciplinarum encyclopaedia. (Würzburg 1661.) Bamberg 1677.
Schoy, Karl
Gnomonik der Araber. Berlin u. Leipzig 1923. = Die Geschichte der Zeitmessung und der Uhren. Ed. E. von Bassermann-Jordan. Bd 1. Lfg. F.
s. al-Bīrūnī [4].
Schrader, M. (Sister M. Walter Reginald Schrader O. P.)
The "Epistola de proportione et proportionalitate" of Ametus Filius Iosephi. Diss. Univ. of Wisconsin 1961.
Schreyber, Heinrich
s. Grammateus.
Schriften der römischen Feldmesser
Die Schriften der römischen Feldmesser. Ed. F. Blume, K. Lachmann ([Bd 2:] Th. Mommsen) u. A. Rudorff. Bd 1.2. Berlin 1848–1852.

Schröbler, Ingeborg
Die St. Galler Wissenschaft um die Jahrtausendwende und Gerbert von Reims. Z. f. dt. Altertum u. dt. Literatur. 81 (1944) 32–43.

Schröter, Friedrich August
Versuch einer Anleitung zur praktischen Rechenkunst. Halle 1795.

Schröter, Heinrich
s. Steiner.

Schülke, Albert Martin Wilhelm
* 1856 Marienwerder; † 1943 Berlin. Studienrat in Königsberg; später Oberstudiendirektor des Realgymnasiums Tilsit.
Neuere Bewegungen in der Logarithmenrechnung. Z. math. u. nat. Unterricht. 60 (1929) 289–296.

Schulte, Mary Leontius
Additions in arithmetic, 1483–1700, to the sources of Cajori's „History of mathematical notations" and Tropfke's „Geschichte der Elementarmathematik". Diss. Ann Arbor/Michigan 1935.

Schulz, Friedrich
Handlungs-Akademist. Bd 1. Berlin 1803.

Schweicker, Wolfgang
Wohnte 1549 in Venedig; aus Nürnberg. (Vgl. Kheil [76].)
Zwifach Buchhalten. Nürnberg 1549.

Schwenter, Daniel
* 1585 Nürnberg; † 1636 Altdorf. Prof. der orientalischen Sprachen und der Mathematik an der Universität Altdorf.
1. *Geometriae practicae novae et auctae tractatus 1.* Nürnberg 1622.
2. *Deliciae physico-mathematicae. Oder mathematische u. philosophische Erquickstunden.* Nürnberg 1636. Forts. s. Harsdörffer.

Scott, Robert
s. Liddell/Scott.

Scriba, Christoph J.
1. *Wallis und Harriot.* Centaurus. 10 (1964/65) 248–257.
2. *Zur Entwicklung und Verbreitung der Algebra im 17. Jahrhundert.* Mededelingen uit het Seminarie voor Geschiedenis van de Wiskunde en de Natuurw. aan de Katholieke Universiteit te Leuven. 4 (1971) 13–22.

Sēḇōḵt
s. Severus Sēḇōḵt.

Segal', V. S.
s. al-Kāšī.

Segner, Johann Andreas von
* 1704 Preßburg; † 1777 Halle. Praktischer Arzt; später Prof. der Physik u. Mathematik in Göttingen, dann in Halle.
1. *Deutliche und vollständige Vorlesungen über Rechenkunst und Geometrie.* Lemgo (1747), 2. Aufl. 1767.
2. *Methodus simplex et universalis omnium aequationum radices detegendi.* Novi Comm. Acad. Sc. Petrop. 7 (1758/59) 211–226.

Seki, Takakazu
* 1642 [?] Huziokal [?]/Japan; † 1708 Edo [Tokyo]. Japanischer Mathematiker; arbeitete als Leiter eines Beschaffungsbüros.
Collected works. Ed. Akira Hirayama, Kazuo Shimodaira, Hideo Hirose. Übers. ins Engl. von Jun Sudo. Osaka 1974.

Sems, Johann
Geodät im 16./17. [?] Jh., wird von J. H. Beyer [1; 19] und Kepler [1; **17**, 277, 486] erwähnt.

Sen, S. N.
The mathematics of Āryabhaṭa. Bulletin of the National Institute of Sciences in India 21 (1963) 297–319.
s. Bose/Sen/Subbarayappa.

Serre, Jean Pierre
s. Frobenius [1].

Serret, Joseph Alfred
* 1819 Paris; † 1885 Paris. Franz. Mathematiker; Prof. am Collège de France und der Faculté des Sciences in Paris.
Cours d'algèbre supérieure. Paris 1849.
s. Lagrange [1].

Servois, François Joseph
* 1767 Mont-de-Laval/Doubs; † 1847 Mont-de-Laval. Prof. der Mathematik an den Artillerieschulen von Besançon, Châlon sur Marne, Metz und la Fère; nach 1816 Kurator des Artilleriemuseums in Paris.
Essai sur un nouveau mode d'exposition du calcul différentiel. Annales de math. pures et appliqués. 5 (1814) 93–140.

Sesiano, Jacques
s. Diophant [5].

Sethe, Kurt
1. *Von Zahlen und Zahlworten bei den alten Ägyptern.* Straßburg 1916. (= Schriften Wiss. Ges. Straßburg. 25.)
2. *Die Zeitrechnung der alten Ägypter im Verhältnis zu der der anderen Völker.* Göttingen. 1. Das Jahr. 1919. 3. Einteilung des Tages und des Himmelskreises. 1920. (= Nachrichten Ges. Wiss. Göttingen, phil.-hist. Kl.)

Severus Sēḇōḵt
† 666/667 n. Chr. Syrischer Gelehrter, bes. Astronom u. Mathematiker. Bischof von Qinnasrīn (am Oberlauf des Euphrat).

Seyffert, Rudolf
s. Ludovici.

Sezgin, Fuat
Geschichte des arabischen Schrifttums. Bd 5: Mathematik bis ca. 430 H. Leiden 1974.

Sfortunati, Giovanni
* um 1500; aus Siena.

Shên Kua
* 1030 Chekiang; † 1093 Shensi. Chinesischer Mathematiker u. Astronom; Hersteller von Instrumenten. In seinem Hauptwerk „Mêng-ch'i pi-t'an" (Aufsätze vom Strom der Träume) geht es vor allem um Mathematik und Musiktheorie; es enthält erstmals in der Literatur einen Hinweis auf eine Magnetnadel.

Shimodaira, Kazuo
s. Takakazu.

Shirley, John W.
Binary numeration before Leibniz. American j. physics. 19 (1951) 452–454.

Shukla, Kripa Shankar
s. Āryabhaṭa I [4; 1.2]; Śrīdhara [4]; Sūrya-Siddhānta.

Sibṭ al-Māridīnī
* 1423; † 1506. (Vgl. Luckey [2; 65]). Wirkte in Damaskus und Kairo; Schüler von Šihābaddīn in Kairo.
Raqā'iq al-ḥaqā'iq fī ḥisāb al-daraǧ wad-daqā'iq. [Feinheiten der Wahrheiten über die Rechnung der Grade und Minuten. Arab.]

Siddhānta (= klassisches Werk)
s. Brahmagupta [3] (Brāhmasphuṭasiddhānta); Puliśa-Siddhānta; Sūrya-Siddhānta; Varāhamihira (Pañca-Siddhāntikā).

Silberberg, Moritz
s. Abraham ben Ezra.

Simon, M.
Geschichte der Mathematik im Altertum. Berlin 1909.

Simonov, R. A.
O formirovanii drevnerusskoj numeracii. [Über die Bildung der altrussischen Numerierung. Russ.] Istoriko-matematičeskie issledovanija. 22 (1977) 237–241.

Simplikios
* Cilicia. Wirkte in Athen bis 529; dann bis 533 in Persien; einer der letzten griechischen Neuplatoniker.
1. *In Aristotelis physicorum libros quattuor commentaria.* Bd 1.2. Ed. H. Diels. Berlin 1882–1885. (= Commentaria in Aristotelem Graeca. 9.10.)
2. *Der Bericht des Simplicius über die Quadraturen des Antiphon und des Hippokrates.* Griech. u. dt. von F. Rudio Leipzig 1907.

Singh, Avadhesh Narayan
On the use of series in Hindu mathematics. Osiris. 1 (1936) 606–628.
s. Datta/Singh.

Sluse, René François de
* 1622 Visé b. Lüttich; † 1685 Lüttich. Abt von Amas; Kanonikus und Kanzler von Lüttich; Mitgl. d. Royal Society.
Mesolabum. Lüttich (1659), 2. Aufl. 1668.

Smeur, A. J. E. M.
1. *De zestiende-eeuwse Nederlandse rekenboeken.* Den Haag 1960.
2. *The rule of false applied to the quadratic equation, in three sixteenth century arithmetics.* Archives int. d'histoire des sciences. 28, No 102 (1978) 66–101.
s. Georg von Ungarn.

Smith, David Eugene
1. *Rara arithmetica.* Boston u. London 1908. Nachdr. New York 1970.
2. *A Greek multiplication table.* Bibl. math. (3) 9 (1908/09) 193–195.
3. *The law of exponents in the work of the sixteenth century.* Napier tercentenary memorial volume, ed. C. G. Knott. Edinburgh 1915, 81–91.
4. *On the origin of certain typical problems.* Amer. math. mon. 24 (1917) 64–71.
5. *The first printed arithmetic (Treviso, 1478).* Isis. 6 (1924) 311–331.
6. *History of mathematics.* Boston. Bd 1: General survey of the history of elementary mathematics. 1923. Bd 2: Special topics of elementary mathematics. 1925.
s. Descartes [2].

Smith, D. E. / Karpinski, Louis C.
The Hindu-Arabic numerals. Boston u. London 1911.

Smith, D. E. / Mikami, Yoshio
A history of Japanese mathematics. Chicago 1914.

Smith, Sidney
A pre-Greek coinage in the Near East. The numismatic chronicle and J. of the R. Numismatic Soc. (5) 2 (1922) 176–185.

Solon
* um 640 v. Chr.; † nach 561 v. Chr. Athenischer Gesetzgeber.

Someśvara
s. Āryabhata I [4; 2].

Souissi, Mohammed
s. al-Bannā' [2].

Spasskij, I. G.
Proischoždenie i istorija russkich sčetov. [Herkunft und Geschichte der russ. Rechenmaschinen. Russ.] Istoriko-matematičeskie issledovanija. 5 (1952) 269–420.

Speier, Jacob von
s. Jacob von Speier.

Speiser, Andreas
s. Euler [2]; Lambert [1].

Spon, Charles
s. Cardano [1].

Śrīdhara
Indischer Mathematiker zwischen 850 und 950.

1. *Triśatikā*. Ed. S. Dvivedī, Benares 1899.
2. *The Triśatikā of Śrīdharācarya*. Ed. N. Ramanujacharia und G. R. Kaye. Bibl. math. (3) 13 (1912/13) 203–217.
3. *O matematičeskom traktate Žridchary „Patiganita"*. [Über die mathematische Abhandlung „Pāṭīgaṇita" des Śrīdhara. Russ.] Ed. A. J. Volodarskij. Fiziko-mat. nauki v stranach vostoka. Sbornik statej i publikacij. 1 (4) (1966) 141–246.
4. *The Patiganita of Sridharacarya with an ancient Sanskrit commentary*. Ed. K. Sh. Shukla. Lucknow 1959. (= Hindu astron. and math, text series. 2.)

Srinivasiengar, C. N.
The history of ancient Indian mathematics. Kalkutta 1967.

Śrīpati
Wirkte um 1039 (vgl. Datta/Singh [137]). Indischer Mathematiker u. Astronom.
Gaṇitalika. Sanskrit-Text mit Komm. von Siṁhatilaka Sūri. Ed. H. R. Kāpadiā. Baroda 1937.

ST
Susa – Texte
s. Bruins/Rutten.

Stäckel, Paul
s. Euler [13]; Jacobi [3] u. [6].

Stampioen, Jan Jansse [d. J.]
† 1610 Rotterdam. Holländischer Mathematiker.
Algebra ofte Nieuwe Stel-Regel. Den Haag 1639.

Steck, Max
s. Proklos [2].

Steele, Robert
The earliest arithmetics in English. London 1922.

Stegmann, Joachim
* Mark Brandenburg; † 1632 Clausenburg/Siebenbürgen. Rektor am Gymnasium zu Rakow; zuletzt Pastor bei den Gocinianern in Clausenburg.
Institutionum mathematicarum libri II. Rakow 1630.

Steiner, Jacob
* 1796 Utzendorf; † 1863 Bern. Oberlehrer der Mathematik an der Gewerbeschule in Berlin, dann Prof. an der dortigen Universität.
Die Theorie der Kegelschnitte. Bearb. v. H. Schröter. 2. Aufl. Leipzig 1876. = Vorlesungen über synthetische Geometrie. Bd 2.

Steinitz, Ernst
* 1871 Laurahütte/Oberschlesien; † 1928 Kiel. Prof. der Mathematik an der Techn. Hochschule Berlin-Charlottenburg u. Breslau, dann an der Univ. Kiel.
Algebraische Theorie der Körper. J. reine angew. Math. 137 (1910) 167–309. Neu hrsg. von R. Baer u. H. Hasse. Berlin 1930. Nachdr. New York 1950.

Steinschneider, Moritz
1. *Abraham ibn Esra. Zur Geschichte der mathematischen Wissenschaften im 12. Jh.* Abh. Gesch. Math. 3 (1880) 57–128.
2. *Die arabischen Übersetzungen aus dem Griechischen*. Neudr. v. Abhandlgn. in versch. Zeitschriften, ersch. 1889–1896. Graz 1960.

Stéphanou, E.
s. Pachymeres.

Sternberg, Shlomo
s. Gandz [6].

Sterner, Matthäus
Geschichte der Rechenkunst. München, Leipzig 1891.

Stevin, Simon
* 1548 Brügge; † 1620 Den Haag. Finanzverwalter in Brügge; Ingenieur, später im Dienst des Prinzen von Oranien.
1. *The principal works of Simon Stevin*. Bd 2: Mathematics, ed. D. J. Struik. Amsterdam 1958.
2a. *L'arithmetique*. Leiden 1585. 2b. *La pratique d'arithmetique*. Leiden 1585. [2a u. b in einem Bd mit getrennter Paginierung.]
3. *De Thiende*. (Leiden 1585.) Faks.-Nachdr. mit Einl. von H. Bosmans. Antwerpen, Den Haag 1925. Faks-Nachdr. mit engl. Übers. nach R. Norton, in: [1; 371–454].
4. *De Thiende*. Ins Dt. übers. u. erl. von H. Gericke u. K. Vogel. Frankfurt a. M. 1965. (= Ostwalds Klassiker. N.F. 1.)

Stifel, Michael
* 1487 [?] Eßlingen; † 1567 Jena. Studierte in Wittenberg; Augustinermönch, dann lutherischer Pfarrer u.a. in Holzdorf; hielt mathematische u. theologische Vorlesungen an den Univ. Königsberg u. Jena.
1. *Arithmetica integra*. Nürnberg 1544.
2. *Deutsche Arithmetica*. Nürnberg 1545.
3. *Rechenbuch von der Welschen und Deutschen Practick*. Nürnberg 1546.
4. *Die Coß Christoffs Rudolffs. Durch Michael Stifel gebessert und sehr gemehrt*. Königsberg 1553 (1554).
5. *Michael Stifels handschriftlicher Nachlaß*. Ed. E. Hoppe. Mitt. d. Math. Ges. in Hamburg. 3 (1900) 411–423.

Straßburger Keilschrifttexte
s. Frank.

Stromer, Wolfgang von
Das Schriftwesen der Nürnberger Wirtschaft vom 14. bis zum 16. Jahrhundert. Zur Geschichte Oberdeutscher Handelsbücher, in: Beiträge zur Wirtschaftsgeschichte Nürnbergs. Bd 2. Nürnberg 1967, 751–799.

Struik, Dirk J.
Sull'opera matematica di Paolo di Middelburg. Nota del D. J. Struik. Atti della Reale Accademia Naz. dei Lincei. A. 322 (1925) Ser. 6. Rendiconti. Cl. di scienze fis., mat. e nat., 305–308.
s. Stevin [1].
Struve, W. W.
s. Papyrus Moskau.
Sturm, Johann Christoph
* 1635 Hippoltstein; † 1703 Altdorf. Pfarrer in Deiningen; dann Prof. der Mathematik und Physik an d. Univ. Altdorf.
1. *Des unvergleichlichen Archimedis Kunst-Bücher.* Nürnberg 1670.
2. *Mathesis enucleata.* Nürnberg 1689.
3. *Mathesis juvenilis.* Nürnberg 1699.
Sturm, Leonhard Christoph
* 1669 Altdorf; † 1719 Blankenburg. Prof. der Mathematik an der Univ. Frankfurt; später Oberbaudirektor in Schwerin u. Braunschweig.
Kurtzer Begriff der gesamten Mathesis. (Nürnberg 1707.) Frankfurt a.d.O. 1710.
Su^c^aydan, A. S.
s. Saidan.
Subbarayappa, B. V.
s. Bose / Sen / Subbarayappa.
Suda (Suidas)
Byzantinisches Lexikon aus dem 10. Jh. Suda ist der Name des Werkes; früher glaubte man, daß Suidas der Name des Autors sei (vgl. Cambridge medieval history 4, 2. 1967, 248).
Suidae lexicon. Ed. Imm. Bekker. Berlin 1854.
Sudo, Jun
s. Takakazu.
Suevus, Sigismund
* 1526 Freystadt/Schlesien; † 1596. Privatlehrer in Reval; evangelischer Theologe u. Prediger in Breslau u. Thorn.
Arithmetica Historica. Die Löbliche Rechenkunst. Breslau 1593. [Zit. nach Jackson [14].]
al-**Ṣūfī (Abū al-Ḥusain ^c^Abd al-Raḥmān ibn ^c^Umar al-Ṣūfī al-Rāzī)**
* 903 Ray; † 986. Einer der bedeutendsten arabischen Astronomen.
Suidas
s. Suda.
Suiset
s. Swineshead.
Sundwall, Joh.
Minoische Rechnungsurkunden. Helsingfors 1932. (= Societas Scientiarum Fennicae.- Commentationes humanarum litterarum. 4.4.)
Sun Tzu
Chinesischer Mathematiker des 3. Jhs. n. Chr.
O matematičeskom trude Sun Czy. Ed. E. I. Berezkina. [Über die mathematische Arbeit von Sun-Tsu. Russ.] Iz istorii nauki i techn. v stranach vostoka. 3 (1963) 5–70.
Sūri, Ṣiṁhatilaka
s. Śrīpati.
Sūryadāsa
Schrieb um 1541 einen Kommentar zu Bhaskara II.
Sūrya-Siddhānta
(Siddhānta = klassisches Werk); ist einer der fünf astronomischen Siddhāntas (Pañca-Siddhāntikā, s. Varāhamihira); der einzige Siddhānta, dessen Originaltext vollständig erhalten ist. Sarton [2; 1. 386 f.] nimmt an, daß er in der ersten Hälfte des 5. Jhs. n. Chr. entstanden ist.
Suter, Heinrich
1. *Das Mathematiker-Verzeichnis im Fihrist des ibn Abī Ja^c^ḳūb an-Nadīm.* Leipzig 1892. (= Abh. Gesch. Math. 6,1.)
2. *Die Mathematiker und Astronomen der Araber und ihre Werke.* Leipzig 1900. (= Abh. Gesch. math. Wiss. 10.) Nachtr. u. Berichtgn in: 14 (1902) 155–185.
3. *Das Rechenbuch des Abū Zakarījā el-Ḥaṣṣār.* Bibl. math. (3) 2 (1901) 12–40.
4. *Über die Geometrie der Söhne des Mūsā ben Schākir.* Bibl. math. (3) 3 (1902) 259–272.
5. *Über das Rechenbuch des Alī ben Aḥmed el-Nasawī.* Bibl. math. (3) 7 (1906/07) 113–119.
6. *Die Abhandlung Qosṭā ben Lūqās und zwei andere anonyme über die Rechnung mit zwei Fehlern und mit der angenommenen Zahl.* Bibl. math. (3) 9 (1908/09) 111–122.
7. *Das Buch der geometrischen Konstruktionen des Abu'l Wefâ'*, in: Beiträge zur Geschichte der Mathematik bei d. Griechen u. Arabern. Erlangen 1922 (= Abhandlungen z. Gesch. d. Naturwiss. u.d. Medizin. 4.), 94–109.
s. Abū Kāmil [3]; Björnbo; al-Hwārizmī [6].
Swineshead, Richard (Suiset, Suisseth, Suinset, Calculator; Vorname auch: **Roger)**
Wirkte um 1350. * Glastonbury [?] Fellow des Merton College, Oxford; Zisterzienser in Swineshead/Lincolnshire.
Subtilissimi Doctoris Anglici Suiset Calculationum liber. Padua 1485 [?]. [Auch u.d. T.:] Calculationes Astronomicae [mehrere Ausg.].
Sylow, Ludvig
s. Abel [1].
Sylvester II. Papa
s. Gerbert von Aurillac.
Sylvester, James Joseph
* 1814 London; † 1897 London. Rechts-

anwalt; Prof. der Mathematik in Woolwich, Baltimore, Oxford.
1. *A method of determining by mere inspection the derivatives from two equations of any degree.* (Philos. magazine 16 (1840) 132–135). In: The collective mathematical papers. Ed. H. F. Baker. Bd 1. Cambridge 1904, 54–57.
2. *Examples of the dialytic method of elimination as applied to ternary systems of equations.* (Cambridge math. j. 2 (1841) 232–236). In: The coll. math. papers. Bd 1. 1904, 61–65.

Szabó, Árpád
Anfänge der griechischen Mathematik. Budapest 1969.

Ṭabarī, Moḥammed ibn Ayyūb
Lebte in der 2. Hälfte des 11. Jhs. in Āmul südöstl. des Kaspi-Sees.
1. *Šumār-nāmeh.* [Rechenbuch. Persisch.] Ed. Taqī Bīneš. Teheran 1966.
2. *Miftāḥ al-mu^{c}āmalāt.* [Schlüssel der Transaktionen Persisch.] Ed. Moḥammed Amīn Riyāḥī. Teheran 1970.

Ṯābit ibn Qurra (Abū al-Ḥasan Ṯābit ibn Qurra ibn Marwān al-Ḥarrānī)
* 836; † 901. Aus Ḥarrān/Mesopotamien; wirkte in Bagdad. Mathematiker, Astronom, Übers. aus dem Griechischen und Syrischen ins Arabische; Gründer einer Übersetzerschule.
s. Björnbo; Moody/Clagett.

Tacquet, Andreas
* 1612 Antwerpen; † 1660 Antwerpen. Lehrer der Mathematik in den jesuitischen Ordenskollegien zu Löwen und Antwerpen.
Arithmeticae theoria et praxis. (Löwen u. Antwerpen 1656.) Brüssel 1683.

Takakazu
s. Seki

Tanner, Rosalind C. H.
Thomas Harriot (1560–1621). Actes du Symposium International „La géométrie et l'algèbre au début du XVIIe siècle". Dubrovnik, 29.IX.–3.X.1968. Zagreb 1969, 161–174.

Tannery, Paul
1. *Mémoires scientifiques,* Ed. J.-L. Heiberg, H.-G. Zeuthen. Bd 1–17. Toulouse u. Paris 1912–1950.
2. *Sur l'invention de la preuve par neuf.* Bull. sciences mathém. (2) 9 (1882) 142–144. In [1; **1**, 185–188].
3. *Le scholie du moine Néophytos.* Revue archéologique (3) série, 5 (1885) 99–102. In [1; **4**, 20–26].
4. *Les chiffres arabes dans les manuscrits grecs.* Revue archéologique (3) 7 (1886) 355–360. In [1; **4**, 199–205].
5. *Sur le „Liber augmenti et diminutionis" compilé par Abraham.* Bibl. math. (3) 2 (1901) 45–47.
s. Descartes [1]; Diophant [1]; s. Fermat [1]; Nikolaos Artabasdos Rhabdas; Pachymeres.

Tartaglia, Niccolò
* 1499 Brescia; † 1557 Venedig. Italienischer Mathematiker; Privatlehrer, später Prof. der Mathematik in Venedig.
1. *General trattato di numeri et misure.* Bd 1–3. Venedig 1556–1560.
2. *Qvesiti et inventioni diverse.* Venedig 1554. Nachdr., ed. A. Masotti, Brescia 1959.
s. Bortolotti [2].

Taub, A. H.
s. Neumann, Johan v.

Taylor, Brook
* 1685 Edmonton; † 1731 London. Jesuit u. Mathematiker; Mitgl. der Royal Soc., von 1714–1748 deren Sekretär.
An attempt towards the improvement of the method of approximating in the extraction of the roots of equations in number. Philos. trans. 30 (1717) 610–622.

Tellkampf, Johann Dietrich Adolf
* 1798 Hannover; † 1869 Hannover. Oberlehrer am Gymnasium in Hamm; dann Prof. u. Direktor der höheren Bürgerschule in Hannover.
Vorschule der Mathematik. Berlin (1829), 4. Aufl. 1847.

Tempelhoff, Georg Heinrich
s. Clairaut [2].

Thaer, Clemens
s. Euklid [11].

Thales
* 625 [?] v. Chr. Milet; † 547 [?] v. Chr. Galt im Altertum als der erste jonische Naturphilosoph; wurde zu den Sieben Weisen gezählt; war als Mathematiker und Staatsmann tätig.

Theaetet (Theaitetos)
* zwischen 415 u. 413 v. Chr.; † 369 v. Chr. Mathematiker; aus Athen; Freund u. Schüler Platons; beschäftigte sich u.a. mit Zahlentheorie u. der Lehre von Irrationalitäten.

Theon von Alexandria
Wirkte um 370 n. Chr. Neuplatonischer Mathematiker u. Astronom; Vater der Hypatia.
Commentaires de Pappus et de Théon d'Alexandrie sur l'Almageste. Ed. A. Rome. Bd 2: Théon d'Alexandrie. Commentaire sur les livres 1 et 2 de l'Almageste. Rom 1936. (= Studi e testi. 72.)

Theon von Smyrna
Wirkte Mitte des 2. Jh. n. Chr. Griechischer Philosoph u. Mathematiker; Platoniker.
Expositio rerum mathematicarum ad legendum Platonem utilium. Ed. E. Hiller. Leipzig 1878.

Thibaut, Bernhard Friedrich
* 1775 Harburg; † 1832 Göttingen. Prof. der Mathematik an der Univ. Göttingen.
Grundriss der reinen Mathematik zum Gebrauch bey academischen Vorlesungen. Göttingen (1801), 4. Aufl. 1822.

Thibaut, Georg Friedrich Wilhelm
Astronomie, Astrologie und Mathematik = Grundriß der indo-arischen Philologie und Altertumskunde. Bd 3, H. 9. Straßburg 1899.
s. Varāhamira.

Thiele, Thorvald-Nicolai
s. Wessel [2].

Thomas, Cyrus
Numeral systems of Mexico and Central America. Bureau of Am. Ethn., Smithonian Inst. Washington. – Annual report 19 (1901) 853–955.

Thomasin von Zercläre
s. Oechelhäuser.

Thompson, J. Eric S.
Maya arithmetic. Washington 1941. (= Contributions to American anthropology and history. 36.)

Thorndike, Lynn
Science and thought in the fifteenth century. New York 1929. Nachdr. New York u. London 1963.

Thureau-Dangin, François
1. *Les chiffres fractionnaires dans l'écriture babylonienne archaique.* Beiträge z. Assyriologie. 3 (1898) 588–589.
2. *Les mesures angulaires „ammatū" et „ubânu".* Revue d'assyriologie, 28 (1931) 23–25.
3. *Esquisse d'une histoire du systéme sexagesimal.* Paris 1932.
4. *La mesure du „Qa".* Revue d'assyriologie et d'archéologie orientale. 34 (1937) 80–86.
5. *Textes mathématiques babyloniens* [*TMB*]. Leiden 1938.

Thymaridas von Paros
Mathematiker in der ersten Hälfte des 4. Jhs. v.Chr.
s. Iamblichos [1; 62–63].

TMB
Textes mathématiques babyloniens.
s. Thureau-Dangin [5].

Tonstall
s. Tunstall.

Totok, Wilhelm
s. Hofmann, J.E. [3].

Travaux
Travaux de la 2e Conférence Internationale sur la Métrologie Historique, Rijeka, 19.–21.9.1973. Zagreb 1973.

Trenchant, Jean
* um 1525. Französischer Mathematiker in Lyon.
1. *L'arithmétique.* Lyon 1558.
2. *L'arithmétique.* 4. Aufl. Lyon 1578.

Treue, Wilhelm
Achse, Rad und Wagen. 5000 Jahre Kultur- und Technikgeschichte. München 1965.

Treutlein, Josef Peter
1. *Geschichte unserer Zahlzeichen.* Programm Gymnasium Karlsruhe 1875.
2. *Das Rechnen im 16. Jahrhundert.* Abh. Gesch. Math. 1 (1877) 1–100.
3. *Die Deutsche Coss.* Abh. Gesch. Math. 2 (1879) 1–124.
s. Jordanus Nemorarius [1].

Treviso-Arithmetik
[Treviso-Arithmetik.] Treviso 1478. [hs. Paginierg von 1572, Ex. New York.]

Trienter Algorismus
Ältestes gedrucktes Rechenbuch in deutscher Sprache. Gedr. bei Alfred Kumme, Trient 1475.
s. Vogel [15].

Tropfke, Johannes
Zur Geschichte der quadratischen Gleichungen über dreieinhalb Jahrtausend. Jahresbericht DMV 43 (1933) 98–107; 44 (1934) 26–47, 95–119.

Tschirnhaus, Ehrenfried Walter von
* 1651 Kieslingswalde b. Görlitz; † 1708 Dresden. Privatgelehrter; arbeitete in Paris mit Leibniz zusammen.
Methodus auferendi omnes terminos intermedios ex data aequatione. Acta Eruditorum. 1683, 204–207.

Tunstall (Tonstall), Cuthbert
* 1474 Hackforth/Yorkshire; † 1559 London. Englischer Bischof und Diplomat.
De arte svpputandi libri quatuor. Paris 1538.

al-**Ṭūsī, Nāṣir al-Dīn (Abū Ǧaʿfar Muḥammad ibn al Ḥasan, Nāṣir al-Dīn al-Ṭūsī, al-Muḥaqqiq)**
* 1201 Sāvah oder Ṭūs/H̱urāsān; † 1274 Bagdad. Persischer Philosoph, Mathematiker, Astronom und Physiker; einer der bedeutendsten islamischen Wissenschaftler; bis 1256 (Einfall der Mongolen) Gefangener des Herrschers Quhistān in Alamūt; dann im Dienst des mongolischen Khāns Hūlāgū. Ab 1259 Leiter der neuen Sternwarte Marāgu.
1. *Sbornik po arifmetike s pomošč'ju doski i pyli.* Abschn. 11: Ob opredelenii drugich osnovanij stepenej (134^{v}–137^{r}).

[Sammlung zur Arithmetik mit Hilfe von Brett und Staub. Abschn. 11: Über die Bestimmung anderer Basen von Potenzen. Russ.] Übers. von S. A. Achmedov und B. A. Rozenfeld: Istoriko-matematičeskie issledovanija. 15 (1963) 431–444.
2. *Ǧawāmiᶜ al-Ḥisāb bi al-taḫt wa al-turāb. The comprehensive work on computation with board and earth of Nasir al-Din al-Tusi.* [Arab. u. engl.] Ed. A. S. Saidan. Al-Abḥāṯ. Quarterly J. of the Amer. Univ. of Beirut. 20 (1967) 91–163, 213–292.

al-Ṭūsi, Šaraf-al-Din (al-Muẓaffar ibn Muḥammad ibn al-Muẓaffar Šaraf al-Din al Ṭūsi)
† wahrsch. 1213 in Ṭūs/Ḫurāsān. Persischer Mathematiker u. Astronom; unterrichtete in Damaskus und Mossul.
s. Rashed [2].

al-Umawi (Yaᶜiš ibn Ibrāhim ibn Yūsuf ibn Simāk al-Umawi)
Wirkte im 14. Jh. im westlichen islamischen Kulturbereich.
Marāsim al-intisāb fi ᶜilm al-ḥisāb.

Unger, Friedrich
Die Methodik der praktischen Arithmetik in historischer Entwickelung. Leipzig 1888.
s. Bernhard.

Unterricht
Underricht der Wechsel-Handlung. Übers. vom Holl. ins Deutsche und korr. von J. P. Zubrodt. Frankfurt a.M. 1669.

al-Uqlidisi (Abū al-Ḥasan Aḥmad b. Ibrāhim al-Uqlidisi)
Über sein Leben ist nichts bekannt.
Hs., geschr. in Damaskus im Jahre 952/53: Kitāb al-fuṣūl fi al-ḥisāb al-Hindi, s. Saidan [2].
1. *History of Arabic arithmetic.* Bd 2: The arithmetic of Al-Uqlidisi. Ta'riḫ ᶜilm al ḥisāb ál ᶜarabi. Bd 2 (al ǧuz' al-ṯāni): Al-fuṣūl fi al-ḥisāb al-hindi li Abi ibn Aḥmad ibn Ibrāhim al-Uqlidisi. [Arab.] Ed. A. S. Saidan. Amman 1973.
2. *The arithmetic of al-Uqlidisi.* Engl. Übers. [von 1] u. Anm. v. A. S. Saidan. Dordrecht/Holland, Boston/U.S.A. 1978.

Ursinus (Behr), Benjamin
* 1587 Sprottau/Schlesien; † 1633 [1634?] Frankfurt a.d. Oder. Hofmeister in Prag; Gymnasiallehrer in Linz und Berlin; ab 1630 an der Univ. Frankfurt a.d.O.
1. *Cursus mathematici practici volumen primum continens . . . J. Neperi . . . trigonometriam logarithmicam usibus discentium accomodatam.* Köln a.d. Spree 1618.
2a. *Trigonometria cum magno logarithmorum canone.* Köln a.d. Spree 1625.
2b. *Magnus canon triangulorum logarithmicus.* Köln a.d. Spree 1624. [Sondertitel in 2a].

Ursus, Nikolaus Raimarus
† 1600; stammte aus Henstedt/Ditmarschen; Astronom u. Mathematiker; lehrte in Straßburg u. als Kaiserl. Mathematiker u. Professor in Prag, das er aber dann, von Tycho Brahe des Plagiats beschuldigt, verlassen mußte.

Uttarādhyāyana-sūtra
Indisches philosophisches Werk, Jaina-Lehrbuch.
1. Jh. n. Chr. (vgl. BSS [158]).

Vajman, A. A.
1. *Šumero-Vavilonskaja matematika.* [Sumerisch-babylonische Mathematik. Russ.] Moskau 1961.
2. *Protešumerskie sistemy mer i sčeta.* [Vorsumerische Maß- u. Zahlsysteme. Russ.] Beiträge zum 13. Intern. Kongreß für Gesch. der Wissenschaft Moskau, 18.–24. Aug. 1971, Sekt. 3/4. Moskau 1974, 6–11.

Valentiner, Herman
s. Wessel [2].

Vandermonde, Alexandre Théophile
* 1735 Paris; † 1796 Paris. Direktor des Conservatoire des Arts et Métiers in Paris; Mitgl. der Académie des Sciences.
1. *Mémoire sur la résolution des équations.* Histoire Acad. Sc. Paris. (1771) 1774, 365–416.
2. *Mémoire sur l'élimination.* Histoire Acad. Sc. Paris (1772), T. 2. 1776, 516–532.

Van der Waerden, Bartel L.
s. Waerden.

Vanhée, Louis (Hee, L. von)
1. *Les cent volailles ou l'analyse indéterminée en Chine.* T'oung Pao. 14 (1913) 203–210, 435–450.
2. *Li-Yé, mathématicien chinois du XIIIᵉ siècle.* T'oung Pao. 14 (1913) 537–568.
3. *The great treasure house of Chinese and European mathematics.* Amer. math. mon. 33 (1926) 502–506. [Gekürzte engl. Übers. aus: Archivio di storia della scienza 7 (1926) 18–24; dort in franz. Spr.]
4. *Le classique de l'Île Maritime, ouvrage chinois du 3ᵉ siècle.* Quellen u. Studien Gesch. Math. Abt. B. 2 (1933) 255–280.

Varāhamihira (Varāha Mihira)
Wirkte um 505 n. Chr. in der Nähe von Ujjain; indischer Astronom und Dichter.
The Panchasiddhāntikā. The astronomical work of Varāha Mihira. Mit. Komm. in

Sanskrit u. engl. Übers., ed. G. Thibaut u. M. S. Dvivedi. Benares 1889. Nachdr. Lahore 1930.
s. Neugebauer/Pingree.

Varro, Marcus Terentius
* 116 v. Chr.; † 27 v. Chr.; stammte aus Reate/Sabinerland; einer der bedeutendsten römischen Gelehrten; wollte die Kulturgeschichte des römischen Volkes mit Hilfe der Methode griech. Forschung schreiben. Von seinen zahlreichen Werken ist nur seine Schrift über die Landwirtschaft „Res rusticae" vollständig erhalten.

Vega, Georg von
* 1756 Sagoritza; † 1802 Nussdorf. Österreichischer Offizier.
Vorlesungen über die Mathematik. Bd 1, die Rechenkunst und Algebra enthaltend. Wien 1821.

Ver Eecke, Paul
s. Pappos von Alexandria [2].

Veselovskij, I. N.
Vavilonskaja matematika. [Babylonische Mathematik. Russ.] Trudy Inst. Ist. Estestvozn. Techn. 5. Ist.fiz.-mat. nauk. Moskau 1955, 241–303.
s. Diophant [4].

Vettius Valens
Aus Antiocheia; verfaßte im 2. Jh. n. Chr. eine griechische Astrologie.

Victorius von Aquitanien
Wirkte um 457 n. Chr.; Astronom und Mathematiker.
Victorii calculus ex codice Vaticano. Ed. G. Friedlein. Bolletino bibliogr. storia scienze mat. fis. 4 (1871) 443–463.

Viète, François
* 1540 Fontenay-le-Comte; † 1603 Paris. Französischer Jurist; Berater u.a. Koenig Heinrichs IV.; Privatlehrer f. Mathematik.
1. *Opera mathematica.* Ed. Fr. v. Schooten. Leiden 1646. Nachdr. Hildesheim 1970.
2. *Canon mathematicus seu ad triangula.* Paris 1579.
3. *In artem analyticem Isagoge.* Tours 1591. (In [1; 1–12].)
4. *Zeteticorum libri quinque.* Tours 1593. (In [1; 42–81]).
5. *Ad logisticen speciosam; notae priores.* Ed. J. de Beaugrand. (Paris 1631.) In [1; 13–41].
6. *De aequationum recognitione et emendatione tractatus duo.* Ed. A. Anderson. (Paris 1615). In [1; 82–161].
7. *De numerosa potestatum purarum, atque adfectarum Ad Exegesin resolutione tractatus.* (Paris 1600.) In [1; 162–228].
8. *Effectionum geometricarum Canonica recensio.* (Tours zwischen 1591 u. 1593.) In [1; 229–239].
9. *Supplementum Geometriae.* (Tours 1593.) In [1; 240–257].
10. *Ad angulares sectiones theoremata καϑολικώτερα demonstrata per Alexandrum Andersonum.* (Paris 1615.) In [1; 286–404].
11. *Ad problema, quod omnibus mathematicis totius orbis construendam proposuit Adrianus Romanus responsum.* (Paris 1595.) In [1; 305–327].
12. *Einführung in die neue Algebra.* Übers. u. erl. von K. Reich u. H. Gericke. München 1973. (= Historia scientiarum elementa. 5.)
s. Hume [2]; Rashed [2].

Vitruvius Pollio, Marcus
Lebte um Christi Geburt. Baumeister; unter Kaiser Augustus Aufseher über die Kriegsmaschinen, dann über die öffentlichen Gebäude in Rom.
Vitruvius on architecture. Engl. Übers. aus d. Lat. von Fr. Granger. Bd 1.2. Cambridge/Mass., London 1955–1956.

Vlacq, Adriaan
* 1600 Gouda; † Ende 1666 oder Anfang 1667 s'Gravenhage. Buchhändler in Gouda.
Trigonometria artificialis: sive magnus canon triangulorum logarithmicus. Ab radium 10 000,00000 et ad dena scrupula secunda, ab Adriano Vlacco . . . constructus. Cui accedunt Henrici Briggii . . . chiliades logarithmorum. Gouda 1633.
s. Briggs [3].

VM
Vorgriechische Mathematik.
s. Vogel [12].

Voellmy, Erwin
Jost Bürgi und die Logarithmen. Basel 1948. (= Elemente der Mathematik. Beih. 5.)

Vogel, Kurt
1. *Die Grundlagen der ägyptischen Arithmetik in ihrem Zusammenhang mit der 2:n Tabelle des Papyrus Rhind* (Diss. München.) München 1929. Nachdr. Wiesbaden 1970.
2. *Erweitert die Lederrolle unsere Kenntnis ägyptischer Mathematik?* Arch. Gesch. Math. Naturw. Techn. 11 (1929) 386–407.
3. *Die Algebra der Ägypter des mittleren Reiches.* Archeion. 12 (1930) 126–162.
4. *Eine neue Quelle ältester griechischer Algebra.* Z. math. u. nat. Unterricht. 62 (1931) 266–271.
5. *Zur Berechnung der quadratischen Gleichungen bei den Babyloniern.* Unterrichtsblätter f. Math. u. Nat. wiss. 39 (1933) 76–81.
6. *Babylonische Mathematik.* Bayer. Blätter f. d. Gymnasialschulw. 71 (1935) 16–29.
7. *Beiträge zur griechischen Logistik.* Sitzungsber. Bayer. Ak. Wiss. München, Math.-nat. wiss. Abt. Jg. 1936, 357–472.

8. *Bemerkungen zu den quadratischen Gleichungen der babylonischen Mathematik.* Osiris. 1 (1936) 703–717.
9. *Zur Geschichte der linearen Gleichungen mit mehreren Unbekannten.* Deutsche Math. 5 (1940) 217–240.
10. *Das älteste deutsche gedruckte Rechenbuch, Bamberg 1482,* in: Gymnasium u. Wissenschaft. Festschr. d. Maximiliansgymnasiums. München 1950, 231–277.
11. *Die Practica des Algorismus Ratisbonensis.* [Enthält nur Teil 3.] München 1954.
12. *Vorgriechische Mathematik [VM]. Bd 1.2.* Hannover u. Paderborn 1958–1959. (= Mathematische Studienhefte. 1.2.)
1. Vorgeschichte u. Ägypten. 2. Die Mathematik der Babylonier.
13. *Buchstabenrechnung und indische Ziffern in Byzanz,* in: Akten d. 11. Int. Byzantinistenkongresses 1958. München 1960, 660–664.
14. *Adam Ries(e) und sein Werk. Gedenkrede anl. der Adam-Riese-Feier in Staffelstein am 9. Mai 1959.* Staffelstein 1959.
15. *Der Trienter Algorismus von 1475.* Nova Acta Leopoldina. N. F. 27, Nr. 167 (1963), 183–200.
16. *Ein byzantinisches Rechenbuch [BR] des frühen 14. Jhs.* Text, Übers. u. Komm. Wien 1968. (= Wiener byzantinistische Studien. 6.)
17. *Der Donauraum, die Wiege mathematischer Studien in Deutschland.* München 1973. (= Neue Münchner Beiträge zur Geschichte der Medizin u. Naturwissenschaften. Naturwissenschaftshist. Reihe. 3.)
18. *Francesco Balducci Pegolotti als Mathematiker (ca. 1290–1347).* Deutsches Museum. – Abhandlungen u. Berichte. 41 (1973), H. 1, 8–18.
19. *K predystorii logaritmov.* [Russ.] Voprosy istor. estestvozn. techn. 1974, H. 2/3 ⟨47/48⟩, 124–128. Dt.: Bemerkungen zur Vorgeschichte des Logarithmus, in: [26; 54–66].
20. *Ein arithmetisches Problem aus dem Mittleren Reich in einem demotischen Papyrus.* Enchoria. 4 (1974) 67–70.
21. *Besprechung von Parker, R. A.: Demotic mathematical papyri. London 1972.* Sudhoffs Archiv. 59 (1975) 94–96.
22. *Wittich, Paul,* in: DSB [14. 1976, 470–471].
23. *Srednevekovye kupečeskie rukovodstva po praktičeskoj arifmetike.* [Mittelalterliche kaufmännische Leitfäden zur praktischen Arithmetik. Russ.] Istoriko-matematičeskie issledovanija. 23 (1978) 235–249. Dt.: Überholte arithmetische kaufmännische Praktiken aus dem Mittelalter, in [26; 67–87].
24. *Ein italienisches Rechenbuch aus dem 14. Jahrhundert (Columbia X 511 A 13).* München 1977. (= Veröffentlichungen des Forschungsinstituts des Deutschen Museums. C 33.)
25. *Das Bamberger Blockbuch. Ein xylographisches Rechenbuch aus dem 15. Jahrhundert.* München [1978 in Druck].
26. *Beiträge zur Geschichte der Arithmetik.* Zum 90. Geb. d. Verf., mit Lebensbeschreibung u. Schriftenverz., hrsg. vom Forschungsinstitut des Deutschen Museums f. d. Gesch. d. Naturw. u. d. Technik. München 1978.
s. Chiu Chang Suan Shu [3]; Gerstinger/Vogel; Hunger/Vogel; al-Ḫwārizmī [2]; Stevin [4].

Voigt, Johann Heinrich
* 1751 Gotha; † 1823 Jena. Prof. der Mathematik u. Physik an der Univ. Jena und Korrespondent der Kgl. Gesellschaft der Wissenschaften zu Göttingen.
Grundlehren der reinen Mathematik. Jena 1791.

Volodarskij, A. I.
Očerki istorii srednevekovij indijskoj matematiki. [Studien zur Geschichte der mittelalterlichen indischen Mathematik. Russ.] Moskau 1977.
s. Śrīdhara [3].

Volusius Maecianus, Lucius
Wirkte im 2. Jh. n. Chr. Römischer Jurist; Lehrer von Kaiser Marc Aurel.
Assis distributio, in: Hultsch [1; **2**, 61–71].

Vonessen, Franz
s. Leibniz [5].

Waerden, Bartel Leendert van der
1. *Zenon und die Grundlagenkrise der griechischen Mathematik.* Math. Annalen. 117 (1940/41) 141–161.
2. *Erwachende Wissenschaft.* [Bd 1]. (Basel und Stuttgart 1956.) 2. erg. Aufl. Basel 1966.
3. *Pythagoreische Wissenschaft,* in: Pauly/Wissowa, Abschn. Pythagoreer, 1 D [**24** = Halbbd 47. 1963, Sp. 277–300].
4. *Anfänge der Astronomie.* Groningen 1966. = Erwachende Wissenschaft. Bd 2.

Wäschke, Hermann
s. Maximos Planudes [2].

Wagner, Rudolf
Gespräche mit Carl Friedrich Gauß in den letzten Monaten seines Lebens. Ed. H. Rubner. Göttingen 1975. (= Nachrichten Ak. Wiss. Gött. I. Phil.-hist. Kl. 1975, 6.)

Waiǧan ibn Rustam al-Kūhī (Abū Sahl Waiǧan ibn Rustam al-Kūhī)
Wirkte um 988 in Bagdad; Mathematiker und Astronom.
Die Konstruktion des regelmäßigen Siebenecks. Nach Abu Sahl al-Qûhi Waiǧan ibn Rustam. Ed. Y. Samplonius. Janus. 50 (1961/63) 227–249.

Walīd I
Aus der Dynastie der Omajjaden; 705–715 Kalif in Damaskus; unter seiner Regierung wurde 711 Spanien erobert.

Wallies, Max
s. Alexander von Aphrodisias.

Wallis, John
* 1616 Ashford/Kent; † 1703 Oxford. Prediger in London, dann Prof. der Geometrie an der Univ. Oxford; Gründungsmitglied der Royal Society.
1. *Opera mathematica.* Bd 1–3. Oxford 1693–1699. Nachdr. Hildesheim, New York 1972.
2. *Arithmetica infinitorum.* (Oxford 1655.) In [1; **1.** 1695, 355–478].
3. *Mathesis universalis.* (Oxford 1657.) In [1; **1**, 17–228].
4. *Treatise of algebra, both historical and practical.* (Oxford 1685.) Lat.: *De algebra tractatus,* in [1; **2.** 1693, 1–529].
s. Newton [3].

Walther von der Vogelweide
* um 1170; † um 1230 wahrsch. Würzburg. Mittelhochdeutscher Lyriker.
Die Gedichte Walthers von der Vogelweide. Urtext mit Prosaübers. von Hans Böhm. 3. Aufl. Berlin 1964.

Wang, L./Needham, J.
Horner's method in Chinese mathematics: its origins in the root-extraction procedures of the Han Dynasty. T'oung Pao. 43 (1955) 345–401.

Wang Hsiao-T'ung
Wirkte im 7. Jh. (ca. 625); chinesischer Mathematiker der T'ang-Zeit.

Wappler, Hermann Emil
1. *Zur Geschichte der deutschen Algebra im 15. Jahrhundert.* Zwickau 1887. Progr. Gymn. Zwickau 1886/87.
2. *Zur Geschichte der deutschen Algebra.* Abh. Gesch. Math. 9 (1899) 537–554.
s. Wolack.

Waring, Edward
* 1734 bei Shrewsbury; † 1798 Plealy bei Shrewsbury. Mediziner; Prof. der Mathematik in Cambridge; Mitgl. der Royal Society und des Board of Longitude.
1. *Miscellanea analytica.* Cambridge 1762.
2. *Meditationes algebraicae.* Oxford 1770.

Warner, W.
s. Harriot.

Warren, John
* 1796 Bangor; † 1852 Bangor. Kanzler der Diözese Bangor und Pfarrherr (Rektor) von Graveley/Cambridgeshire u. Caldecott/Huntingdonshire; Mitgl. der Royal Society.
A treatise on the geometrical representation of the square roots of negative quantities. Cambridge 1828.

Waschow, Heinz
1. *Angewandte Mathematik im alten Babylonien.* Archiv für Orientforschung. 8 (1932) 127–131.
2. *Reihen in der babylonischen Mathematik.* Quellen u. Studien Gesch. Math. Astr. Phys. Abt. B. 2 (1932) 298–304.

Wassén, Henry
The ancient Peruvian abacus, in: Comparative ethnographical studies, ed. E. Nordenskiöld. 9 (1931) 189–205.

Waters, E. G. R.
A thirteenth century algorism in French verse. Isis. 11 (1928) 45–84.

Weber, Heinrich
* 1842 Heidelberg; † 1913 Straßburg. Prof. der Mathematik an den Universitäten Königsberg, Marburg, Göttingen und Straßburg.
Lehrbuch der Algebra. Bd 1.2. Braunschweig 1895–1896.
s. Dedekind [4]; Euler [5].

Weber, Heinrich/Wellstein, Josef
Encyclopädie der Elementarmathematik. Bd 1: Elementare Algebra und Analysis. Leipzig 1903.

Weidler, Johann Friedrich
* 1691 [1692?] Neuhausen/Thür.; † 1755 Wittenberg. Mathematiker, Astronom u. Physiker; Prof. der Astronomie in Wittenberg.
Institutiones matheseos selectis observationibus illustratae. 6. Aufl. Ed. J. J. Ebert. Leipzig 1784. ([1. Aufl. u.d.T.:] Institutiones mathematicae . . . mixtaeque matheseos disciplinas comlexae. Wittenberg 1718).

Weierstrass, Karl (Theodor Wilhelm)
* 1815 Ostenfelde/Westf.; † 1897 Berlin. Mathematiker; Gymnasiallehrer in Deutsch-Krone und Braunsberg/Ostpr.; später Prof. der Mathematik an der Univ. Berlin; Mitgl. der Berliner Akademie der Wiss.
1. *Mathematische Werke.* Bd 1–7. Berlin 1894–1927. Nachdr. Hildesheim, New York [o.J.].
2. *Zur Theorie der Potenzreihen.* Münster 1841. In [1; **1.** 1894, 67–74].
3. *Zur Theorie der aus n Haupteinheiten gebildeten complexen Größen.* Nachrichten Ges. Wiss. Göttingen 1884, 395–414. In [1; **2.** 1895, 311–332].
s. Dugac; Jacobi [1].

Weigel, Erhard
Tetractys; Summum tum Arithmeticae tum Philosophiae discursivae compendium, artis magnae sciendi genuina Radix. Jena 1673. [Zit. nach Zacher [384, Nr. 66].]
Weißenborn, Hermann
1. *Die Entwicklung des Ziffernrechnens.* Programm Realgymn. Eisenach 1877.
2. *Zur Geschichte der Einführung der jetzigen Ziffern in Europa durch Gerbert.* Berlin 1892.
Wellstein, Josef
s. Weber/Wellstein.
Werner, Johannes W.
* 1468 Nürnberg; † 1528 Nürnberg. Astronom u. Mathematiker; nach längerem Studienaufenthalt in Italien Pfarrer in Nürnberg.
De triangulis sphoericis libri quatuor. (Krakau 1557 [nur Titelbl. u. Vorwort gedr.].) Ed. A.A. Björnbo. Leipzig 1907. (= Abh. Gesch. math. Wiss. 24, T. 1.)
Wertheim, Gustav
s. Diophant [3]; Elia Misrachi.
Wessel, Caspar
* 1745 Vestby bei Oslo; † 1818 Kopenhagen. Dänischer Feldmesser und Kartograph; Mitgl. der Königl. Dänischen Gesellsch. der Wissenschaften.
1. *Om directionens analytiske betegning.* Kopenhagen 1799 (vorgel. 1797). (= Nye samling af det K. Danske Videnskabernes Selskabs skrifter. T. 5, 3.)
2. *Essai sur la représentation analytique de la direction.* Franz. Übers. [von 1] von H. Valentiner u. T.-N. Thiele. Kopenhagen 1897.
Whiston, William
Herausgeber von Newtons „Arithmetica universalis" 1707.
Whiteside, Derek Thomas
Patterns of mathematical thought in the later seventeenth century. Arch. hist. ex. sciences. 1 (1960/62) 179–388.
s. Newton [2].
Widman (Widmann), Johannes, von Eger
* um 1460 Eger. Prof. der Mathematik in Leipzig u. Rektor der Universität.
Behend vnd hüpsch Rechnung vff allen Kauffmanschafften. (Leipzig 1489.) Pforzheim 1508.
s. Kaunzner [1].
Wieber, Reinhard
Das Schachspiel in der arabischen Literatur von den Anfängen bis zur zweiten Hälfte des 16. Jahrhunderts. Walldorf-Hessen 1972. (= Beiträge zur Sprach- u. Kulturgeschichte des Orients. 22.)
Wiedemann, Eilhard
1. *Aufsätze zur arabischen Wissenschaftsgeschichte.* Bd 1.2. Hildesheim, New York 1970.
2. *Notiz über ein von Ibn al-Haiṯam gelöstes arithmetisches Problem,* in [1; **2**, 756].
3. *Über das Schachspiel und dabei vorkommende Zahlenprobleme.* (Sitzungsberichte der Phys.-Med. Societät zu Erlangen. 40 (1908) 41–64). In [1; **1**, 440–463].
4. *Über eine besondere Art des Gesellschaftsrechnens nach Ibn al-Haiṯam.* (= Beiträge zur Gesch. der Naturwiss. 68.) (Sitzungsberichte der Phys.-Med. Societät zu Erlangen. 58 (1926) 191–196.) In [1; **2**, 616–621].
Wieleitner, Heinrich
1. *Besprechung von J. Tropfke, Geschichte der Elementarmathematik in system. Darstellung. 2. Aufl.* Isis. 5 (1923) 182–186.
2. *Zur Geschichte der gebrochenen Exponenten.* Isis. 6 (1924) 509–520.
3. *Zur ägyptischen Mathematik.* Z. math. u. nat. Unterricht. 56 (1925) 129–137.
4. *Rechnen und Algebra.* Berlin 1927. = Math. Quellenbücher. Bd 1. (= Math.-nat.-techn. Bücherei. 3.)
5. *Besprechungen.* Mitt. Gesch. Med. Naturw. 28 (1929) 147–149.
Wildermuth, Johann David
s. Huswirt.
Wing (Wingius), Vincent
* 1619 Luffingham/Rutlandshire; † 1668 [Ort?]. Mathematiker in London.
1. *Harmonicon coeleste or the coelestiall harmony of the visible world.* London 1651.
2. *Astronomia Britannica.* 1. Logistica astronomica. 2. Trigonometria. 3. Doctrina sphaerica. 4. Theoria planetarum. 5. Tabulae novae astronomicae. London 1669.
Winter, H. J. J.
s. al-Ḫayyām [2].
Winter, John Garret
s. Papyrus Michigan.
Witmer, T. Richard
s. Cardano [4].
Witt, Jan de
* 1625 Dordrecht; † 1672 Den Haag. Niederländischer Mathematiker und Staatsmann.
Wittich, Paul
* 1555 [?] Breslau; † 1587 Breslau. Arbeitete 1580 kurze Zeit bei Tycho Brahe auf der Insel Hven.
Woepcke, Franz
1. *Extrait du Fakhri* [des al-Karaǧī]. Paris 1853.
2. *Recherches sur l'histoire des sciences mathématiques chez les orienteaux, d'après des traités inédits arabes et persans.* J. asiatique (5) 4 (1854) 348–384.
3. *Sur une donnée historique relative à l'emploi des chiffres indiens par les Arabes.*

Annali di scienze math. et fis. 6 (1855) 321–323.
4. *Sur l'introduction de l'arithmétique indienne en Occident.* Rom 1859.
5. *Mémoire sur la propagation des chiffres indiens.* J. asiatique (6) 1 (1863) 27–79, 234–290 u. 442–529.
6. *Muqadama fi'l-ḥisāb al-ġubārī wa'l-hawā'ī. Introduction au calcul gobari et Hawai.* [Franz.] Ed. F. Woepcke. Atti dell'Accad. Pont. de' Nuovi Lincei. 19 (1865/66) 365–383.
s. al-Ḫayyām [1]; al-Qalaṣādī.

Wolack, Gottfried
Wirkte in der 2. Hälfte d. 15. Jhs.; * wahrsch. in Bercka. Rektor der Univ. Erfurt.
Zur Geschichte der Mathematik im 15. Jahrhundert. Vorlesung 1467–1468 in Erfurt gehalten von G. Wolack. Ed. E. Wappler. Z. Math. Phys. 45 (1900) hist.-lit. Abt., 47–56.

Wolf, Rudolf
1. *Jost Bürgi,* in: Astronomische Mitteilungen der Eidgen. Sternwarte Zürich. 1872–1876 (Nr. 31–40), 7–28.
2. *Geschichte der Astronomie.* München 1877.
3. *Handbuch der Astronomie.* Bd 1. Zürich 1890.

Wolff, Christian von
* 1679 Breslau; † 1754 Halle. Philosoph u. Mathematiker; Prof. der Mathematik an den Universitäten Halle u. Marburg.
1. *Der Anfangsgründe aller mathematischen Wissenschaften. Erster Theil.* (Halle 1710.) Neue Aufl. Frankfurt u. Leipzig 1750.
2. *Elementa matheseos universae.* T. 1. (Halle 1713.) 2. Aufl. Halle, Magdeburg 1730.
3. *Mathematisches Lexicon.* Leipzig 1716.
4. *Auszug aus den Anfangsgründen der mathematischen Wissenschaften.* 3. Aufl. Marburg 1728.

Wolff, Georg
s. Reidt/Wolff.

Wright, Edward
* 1558 Graveston; † 1615 London. Mathematiker; Seekartenzeichner; nahm 1589 an einer Forschungsreise zu den Azoren teil; übersetzte Napiers „Description" [1] ins Englische [2].

Wright, George Gilson Neill
The writing of Arabic numerals. London 1952.

Wright, R. Ramsay
s. al-Bīrūnī [5].

Wussing, Hans
Die Genesis des abstrakten Gruppenbegriffs. Berlin 1969.

Xenophon
* um 430 Attika; † 354 Korinth [?]. Griech. Schriftsteller; Schüler von Sokrates.
1. *Xenophon.* Bd 7: Scripta minora. Ed. E. C. Marchant, G. W. Bowersock. Cambridge/Mass. 1925. Nachdr. London, Cambridge/Mass. 1971.
2. *Anábasis.* Ed. W. Müri. München 1954.

Xylander
s. Holtzmann.

Yajvan, Suryadeva
s. Aryabhata [4; **3**].

Yang Hui (Ch'ien Kuang)
* in Ch'ien-t'ang; wirkte 1261–1275; verfaßte einen Kommentar zum „Chiu-chang suan-shu" (s. Lam Lay Yong [1]): „Hsiang-chieh chiu chang suan fa" (eine ausführliche Untersuchung der mathematischen Methoden in den „neun Büchern").

Yeldham, Florence A.
The story of reckoning in the Middle Ages. London, Calcutta, Sydney 1926.

Ympyn, Jan Christoffels
Nieuwe Instructie Ende bewijs der looffelijcker Consten des Rekenboeckse. Antwerpen 1543. [Zit. nach Kheil [4]. Franz. Übers.: Antwerpen 1543, s. Kheil [5]. Engl. Übers.: London 1547, s. Kheil [65 f.].

Yule, Henry
s. Polo.

Zacher, Hans J.
Die Hauptschriften zur Dyadik von G. W. Leibniz. Frankfurt a.M. 1973. (= Veröffentlichungen des Leibniz-Archivs. 5.)

Zamberti, Bartolomeo
s. Euklid [3].

Zaslavsky, Claudia
Africa counts: Number and pattern in African culture. Boston 1973.

Zermelo, Ernst
s. Cantor, G.

Zeuthen, Hieronymus Georg
Geschichte der Mathematik im Altertum und Mittelalter. Kopenhagen 1896.
s. Archimedes [2]; Tannery [1].

Zimmermann, Monika
1. *‚Algorismus Ratisbonensis',* in: Die Deutsche Literatur des Mittelalters, Verfasserlexikon, 2. Aufl., Bd. 1, Lfg. 1 (1977) 237–239.
2. *Der Algorismus Ratisbonensis und seine Bearbeitungen.* Krit. Ausgabe des gesamten AR aufgrund aller Hss. [in Vorbereitung].

Zimmern, Heinrich
Das Princip unserer Zeit- und Raumteilung. Berichte über die Verhandlungen der Königl. Sächs. Ges. d. Wiss. zu Leipzig, Phil.-hist. Kl. 53 (1901) 47–61.

Zinner, Ernst
Geschichte der Sternkunde. Berlin 1931.

Zubrodt, Johann Peter
s. Underricht [Unterricht] der Wechsel-Handlung.

Zupko, Ronald Edward
A dictionary of medieval English weights and measures. Diss. Univ. of Wisconsin, Madison 1966.

Register

Das Register ist ein Personen- und Sachregister. Während im Personenregister alle Stellen genannt werden, an denen der Name im Text vorkommt – das selbe gilt auch für Codices, Papyri usw. –, gilt das für das Sachregister nicht. Hier sind, wenn es sinnvoll erschien, nur die Stellen angeführt, an denen der jeweilige Begriff besonders eingehend behandelt wird. Nicht im Sachregister stehen alle die Begriffe, die aus dem Inhaltsverzeichnis hervorgehen.